Frank Dehn, Gert König, Gero Marzahn

Konstruktionswerkstoffe im Bauwesen

Frank Dehn
Gert König
Gero Marzahn

Konstruktionswerkstoffe im Bauwesen

Dr.-Ing. Frank Dehn
MFPA Leipzig GmbH
Bereich I – Werkstoffe im Bauwesen
Hans-Weigel-Straße 2b
04319 Leipzig

Prof. Dr.-Ing. Gert König
Universität Leipzig
Institut für Massivbau und Baustofftechnologie
Marschnerstraße 31
04109 Leipzig

Dr.-Ing. Gero Marzahn
König und Heunisch Planungsgesellschaft mbH
Sebastian-Bach-Straße 4–6
04109 Leipzig

Bibliografische Information Der Deutschen Bibliothek
Die Deutsche Bibliothek verzeichnet diese Publikation in der Deutschen Nationalbibliografie; detaillierte bibliografische Daten sind im Internet über <http://dnb.ddb.de> abrufbar.

ISBN 3-433-01652-6

Umschlaggestaltung: SCHULZ Grafik-Design, Fußgönheim
Druck: Strauss Offsetdruck GmbH, Mörlenbach
Bindung: Großbuchbinderei J. Schäffer GmbH & Co. KG, Grünstadt

Printed in Germany

Vorwort

Zahlreiche bau- und werkstofftechnologische Entwicklungen der letzten Jahre haben dem Bauwesen zu neuen Chancen und Möglichkeiten verholfen. Dabei sind es vor allem die Werkstoffverbunde, die zunehmend an Bedeutung gewinnen. Die genaue Kenntnis der einzelnen mechanischen, chemischen und physikalischen Werkstoffeigenschaften und deren Kombination in einem Konstruktionswerkstoff ist eine unabdingbare Voraussetzung, um die richtige und optimale Auswahl im Hinblick auf den vorgesehenen Anwendungsfall treffen zu können. Im Sinne einer ganzheitlichen Betrachtung des Bauens, d.h. bei Berücksichtigung der technischen, ökonomischen sowie ökologischen Gegebenheiten und Randbedingungen, bedarf es zukünftig zusätzlicher Konzepte und Anstrengungen. Vor diesem Hintergrund vermittelt das vorliegende Buch „Konstruktionswerkstoffe im Bauwesen“ alle wesentlichen Kenntnisse über die Grundlagen und das Verhalten der gebräuchlichsten Werkstoffe im Bauwesen, gibt einen Überblick über deren baupraktische Anwendbarkeit und stellt die neuesten normativen Regelungen vor.

Die Herausgeber danken allen Beteiligten für die Mitarbeit bei der Erstellung des Buches, insbesondere

Dipl.-Min. Elke Maul
(MFPA Leipzig); Kapitel 5.3

Prof. Dr.-Ing. Peter Bauer
(MFPA Leipzig); Kapitel 2.3, 2.4, 6

Dipl.-Ing. Michael Becker
(MFPA Leipzig); Kapitel 5.2, 5.4

Dr. rer. nat. Frank Häußler
(Universität Leipzig); Kapitel 1.2, 7

cand. Ing. Michael Juknat
(Universität Leipzig)
Kapitel 5.6

Dipl.-Ing. (FH) Daniel Kehl
(Universität Leipzig); Kapitel 4.1

Dr.-Ing. Robert Krumbach
(Salzgitter Gruppe); Kapitel 3.1, 3.2

Dr.-Ing. André Reiche
(MFPA Leipzig); Kapitel 3.1, 3.2, 3.3

Dr.-Ing. Wulf Stappenbeck
(MFPA Leipzig); Kapitel 5.2, 5.4

Dipl.-Ing. (FH) René Stein
(Universität Leipzig); Kapitel 4.1

Dr. rer. nat. Rainer Stich
(MFPA Leipzig); Kapitel 4.2

Unser Dank gilt auch cand. Wirtsch.-Ing. Franziska Herzog für das Korrekturlesen, Dipl.-Ing. Gerald Matz für die Bearbeitung der Grafiken und Dipl.-Ing. Marko Orgass für die unermüdliche Unterstützung bei der Formatierung. Ohne diese Helfer wäre das Buch nicht möglich gewesen.

Dem Verlag Ernst & Sohn danken wir für die sehr gute Zusammenarbeit und für die sorgfältige Gestaltung des Buches. Für die Fortentwicklung des Buches ist den Autoren die Resonanz und Kritik der Leser sehr wichtig. Dankbar werden daher entsprechende Hinweise angenommen.

Frank Dehn, Gert König und Gero Marzahn

Leipzig, April 2003

Inhaltsverzeichnis

1 Einführung zu den Konstruktionswerkstoffen im Bauwesen

1.1 Bedeutung der Werkstoffe im Bauwesen für die Konstruktion

Ingenieurmäßiges Planen und Entwerfen beinhaltet das Aufstellen und die Umsetzung von Forderungen und Bedingungen mit einer für das Vorhaben geeigneten Konstruktion. Bereits im Planungsprozess spielt die Wahl der Konstruktionswerkstoffe eine wesentliche, oft entscheidende Rolle. Kein Schritt des Planungsprozesses und der baulichen Verwirklichungen ist „stofflos" möglich. Immer muss abgewogen werden zwischen verschiedenen Alternativen von Werkstoffen, um den gestellten Anforderungen an das spätere Bauwerk hinsichtlich Baugestaltung, Konstruktion, Bauweise und Funktion gerecht zu werden (Bild 1-1).

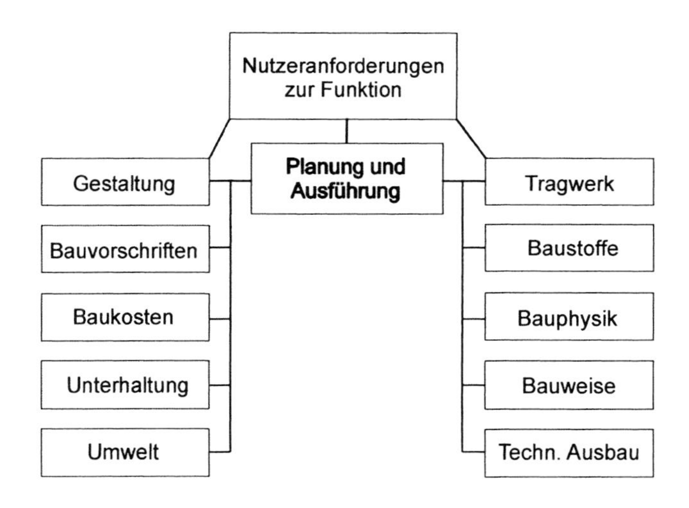

Bild 1-1 Einflüsse auf Planung und Ausführung von Bauwerken [1.1]

Aber auch die Anwendungsgrenzen der Baustoffe sind zu beachten, weil ansonsten aus einer falschen Baustoffauswahl u.U. schwerwiegende Bauschäden mit in die Konstruktion „eingeplant" werden können. Immer öfter stellt sich auch die Frage nach der ökologischen Verträglichkeit der Konstruktionswerkstoffe, so dass auf der einen Seite die Entscheidungsvielfalt für oder gegen einen Werkstoff und auf der anderen Seite der Anforderungskatalog an unsere heutigen Konstruktionswerkstoffe stetig erweitert wird. Während der Begriff „Baustoff" eher traditionell belegt ist, entstammt der Begriff „Werkstoff" dem Maschinenbau und beschreibt Stoffe, aus denen Werkstücke gefertigt wurden. Inzwischen haben sich die Inhalte beider Bezeichnungen angenähert, weil auf der einen Seite Bauteile auch Werkstücke darstellen und auf der anderen Seite die Baustoffe in einigen Bereichen sich innovativ zu Hochleistungswerkstoffen weiterentwickelt haben. In weiten Bereichen haben beide Begriffe einen einheitlichen Sinn, weshalb Werkstoffe, die für konstruktive Aufgaben eingesetzt werden, auch „Konstruktionswerkstoffe“ genannt werden.

1.2 Historischer Überblick

Die kulturelle Entwicklung der Menschheit ist eng mit der Entwicklung der Bau- und Werkstoffe verbunden. Ganze Epochen, wie Steinzeit, Bronzezeit und Eisenzeit, sind nach Baustoffen benannt und vermitteln, welche überragende Bedeutung das jeweilige Material im Leben der Menschen, für die Kunst, das Handwerk und Kultur besessen haben muss.

Natursteine sind die ältesten Baustoffe. Sie wurden bereits 200000 Jahre v. Chr. als Material für Behausungen und Werkzeuge genutzt. Ebenso lange ist Holz als Baustoff bekannt. Die ersten gebrannten Ziegel kennzeichnen den Beginn des Einsatzes von Steinzeug und Keramik und datieren zurück auf etwa 4000 Jahre v. Chr. Bereits 3000 v. Chr. bildete sich im Süden Mesopotamiens die erste Hochkultur von mauerumwehrten Städten aus, die für die Bautätigkeit zwei Entwicklungsrichtungen für alle späteren Kulturen vorgab. Während Wohn- und Vorratsgebäude aus einfachen Materialien, vorwiegend Holz, gebaut wurden, verwendete man für Monumentalbauten bereits handwerklich bearbeitete Natursteine. In der Römerzeit wird vor allem die Entwicklung des Mauerwerks vorangetrieben. Mit der Entwicklung des wasserfesten Mörtels „Opus Caementicum“ nahm die Bautätigkeit einen ungeahnten Aufschwung. Viele Aquädukte und Wehranlagen können noch heute bewundert werden.

Die erste Verhüttung von Kupfer wurde bereits 8000 v. Chr. praktiziert. Das Legieren von Kupfer mit Zinn zu Bronze wird seit etwa 3000 v. Chr. betrieben. Der Bronzezeit folgte etwa 1500 v. Chr. die Eisenzeit, so dass fortan eine reichliche Palette an Metallen für Werkzeuge, Waffen, Schmuck und Gebrauchsgegenstände zur Verfügung stand.

Das Mittelalter markiert einen Stillstand in der Entwicklung von Baustoffen, welcher erst durch die aufkommenden Naturwissenschaften im 17. Jahrhundert abgelöst wurde. Neue Denkansätze und Methoden förderten fortan stürmisch die Entwicklung von Bau- und Werkstoffen [1.1]. Mit der Erfindung des Portlandzementes setzte der Betonbau ein. Neue Entwicklungen in der Roheisenherstellung, das Frischen des Stahls und das Legieren zu hochwertigen Stählen verbesserten die Güte und leiteten die Massenproduktion von Walzprofilen ein. Das 20. Jahrhundert ist überwiegend durch Qualitätssteigerung und Fortentwicklung der Bau- und Werkstoffe gekennzeichnet. In diesen Zeitraum fällt die Entwicklung der Aluminiumlegierungen, der Kunststoffe und der Verbundwerkstoffe (faserverstärkte Kunststoffe, Stahlbeton, Spannbeton).

Aber auch der Wandel der Bauweisen forciert die Werkstoffentwicklung. Früher wurde mit nur wenigen Baustoffen gearbeitet, die Konstruktionsformen waren begrenzt, die Planung und Ausführung war sorgfältig und mit einem entsprechenden Zeitaufwand versehen. Mit nur wenigen Baustoffen konnten alle Forderungen hinsichtlich Baugestaltung, Tragfähigkeit, Wärme-, Feuchte- und Schallschutz erfüllt werden. Durch handwerkliches Können und Erfahrung war die Zahl der Bauschäden gering. Unsere Zeit ist durch hohe Personalkosten gekennzeichnet, die zu neuen Bauweisen und Baustoffen führen. Die Gewährleistung kurzer Bauzeiten ist nur noch mit hochentwickelten bzw. spezialisierten Werkstoffen möglich, die aber im Wesentlichen nur noch eine der eingangs an sie gestellten Anforderungen erfüllen, eben jene, für die sie entwickelt wurden. Daher sind Kombinationen mehrerer Baustoffe in einem Bauteil unumgänglich, wodurch neuartige Probleme in der Verträglichkeit und Dauerhaftigkeit bei verschlechterten Umweltbedingungen gegenüber früher auftreten können [1.1]. Neben überhasteten Bauabläufen stehen diese Probleme sicherlich im Zusammenhang mit der gegenwärtig dramatischen Zunahme von Bauschäden. Nur mit einem fundierten Wissen um die Bau- und Werkstoffe sowohl beim Planer als auch beim Bauausführenden kann eine erfolgreiche Gegenwehr angetreten werden. Dieses Buch möge dazu beitragen.

1.3 Einteilung der Werkstoffe im Bauwesen

Konstruktionswerkstoffe im Bauwesen werden zu Stoffgruppen zusammengefasst, die auch der Systematisierung des vorliegenden Buchinhaltes dienen. Folgende Baustoffgruppen werden betrachtet: metallische Werkstoffe (Stahl und Eisenguss, Nichteisenmetalle), organische Werkstoffe (Holz, Kunststoffe, Bitumen), mineralische Baustoffe (Lehm, mineralische Bindemittel, Gesteinskörnungen, Mörtel, Estrich, Beton, Mauerwerk, Keramik, Glas, Naturstein), Dämmstoffe. Eine Sondergruppe bilden die Verbundbaustoffe. Darunter sind gezielte Materialpaarungen zu verstehen, die im Verbund bessere Eigenschaften besitzen als die Ausgangsmaterialien.

Die Aufgaben, die Bauwerke erfüllen sollen, sind ausschlaggebend für die Anforderungen, die an die Baustoffe gestellt werden. Dazu zählen vor allem die technische Eignung, die Verarbeitbarkeit, wie Form- und Fügbarkeit, sowie die Wirtschaftlichkeit der Baustoffe. Die technische Eignung umfasst alle Eigenschaften, die das Verhalten unter einer Kraftbeanspruchung, unter Temperatur, chemischen und physikalischen Einflüssen sowie Brand beeinflussen. Hinsichtlich der Verarbeitung ist von Interesse, wie Baustoffe ge- und verformt, gefügt und verbunden werden können. Schließlich bestimmt die Wirtschaftlichkeit eines Baustoffes, ob er im Wettbewerb mit anderen Werkstoffen bestehen kann und welche Stoffkosten zu erwarten sind. Stoffkosten machen i.d.R. einen beträchtlichen Anteil an den Baukosten aus [1.1].

Um herauszufinden, ob Baustoffe der jeweiligen Aufgabe gerecht werden können, müssen Vergleiche der entsprechenden Materialparameter oder des Materialverhaltens angestellt werden. Dazu ist es notwendig, die Konstruktionswerkstoffe zu klassifizieren. Die Einteilung der Werkstoffe kann nach unterschiedlichen Gesichtspunkten erfolgen. Die Beschreibungsmerkmale beziehen sich im Allgemeinen auf folgende, zumeist quantitativ erfassbare Eigenschaften und Aspekte (objektive Präferenzen):

- *mechanische Aspekte*: Dichte, Festigkeit, Härte etc.,
- *chemische Aspekte*: Dauerhaftigkeit, Verhalten gegenüber anderen Materialien, Korrosionsverhalten, Auslaugverhalten etc.,

- *physikalische Aspekte*: Wärmeleitfähigkeit, Diffusionsverhalten, Wasseraufnahmeverhalten, spezifische Wärmekapazität, akustisches Verhalten etc.,
- *ökologische Aspekte*: Umweltbelastung bei der Gewinnung, Herstellung, Verarbeitung und Entsorgung etc.,
- *ökonomische Aspekte*: Lieferpreis, Liefermenge etc. und
- *gesundheitliche Aspekte*: Toxizität, Geruch, Einfluss auf das Raumklima, Radioaktivität etc.

Nicht quantifizierbare Aspekte (subjektive Präferenzen), nach denen Baustoffe ausgesucht werden, sind die architektonische Wirkung und das Image, das der Baustoff genießt. All zu oft begegnet man „gebrauchten" Materialien oder Bauteilen mit Vorurteilen und versucht eine gewisse Minderwertigkeit festzustellen, obwohl es dafür, objektiv gesehen, mitunter keine Anhaltspunkte gibt.

Aus praktischen Erfahrungen heraus, werden bei der Baustoffauswahl neben der grundsätzlichen technischen Eignung entsprechend den technischen Anforderungen der Preis, die Qualität und die Verarbeitbarkeit des Baustoffs, die toxischen Wirkungen, aber auch die genannten subjektiven Präferenzen bewertet [1.5]. Zur Beurteilung der technischen Eignung ist die Leistungsfähigkeit des Baustoffs ein wichtiges Kriterium.

1.4 Technische Anforderungen und Leistungsfähigkeit

1.4.1 Technische Anforderungen an Werkstoffe im Bauwesen

Entsprechend der EG-Bauproduktenrichtlinie (BPR) [1.5] gelten bei der Werkstoffauswahl sechs wichtige Anforderungen:

- mechanische Festigkeit und Standsicherheit,
- Brandschutz,
- Hygiene, Gesundheit und Umweltschutz,
- Nutzungssicherheit,
- Schallschutz sowie
- Energieeinsparung und Wärmeschutz.

Diese sechs Anforderungen gründen sich auf technischen und ökologischen Aspekten, die zum Teil in [1.5] festgelegt sind. Bei einigen Punkten, insbesondere zu ökologischen Zusammenhängen, müssen die Festlegungen entsprechend dem kontinuierlichen Wissenszuwachs angepasst werden. Es besteht weiterhin erheblicher Forschungsbedarf.

In der Planungsphase sind vornehmlich technische Merkmale, wie die mechanische Festigkeit (Bruchfestigkeiten oder zulässige Spannungen) und Verformungsfähigkeit (Dehnungen, Elastizitätsmodul), der Brandschutz (Brennbarkeit und Nichtbrennbarkeit von Baustoffen, Brandwiderstände) und die bauphysikalischen Eigenschaften der Materialien (Wärme-, Feuchte- und Schallschutz) von Bedeutung.

1.4.2 Leistungsfähigkeit der Werkstoffe im Bauwesen

Die Leistungsfähigkeit eines Baustoffes ist keine objektive Größe. Sie ergibt sich vielmehr als Verhältnis von Materialeigenschaften zueinander. Zum Beispiel muss es nicht ausschlaggebend sein, welcher Baustoff die höchste absolute Festigkeit besitzt, sondern es ist i.d.R. bedeutsamer zu wissen, welcher Baustoff das günstigste Verhältnis zwischen Festigkeit und Eigengewicht aufweist. Mit weniger festen, aber leichteren Baustoffen kann u.U. eine geringere absolute Festigkeit um ein Mehrfaches durch eine Einsparung an Konstruktionseigengewicht aufgewogen werden, was sich nicht nur für die Gründung von Gebäuden vorteilhaft auswirken kann. Die Leistungsfähigkeit eines Baustoffes kann eindrucksvoll anhand von Grenzhöhe, Grenzdurchmesser, Reißlänge oder Grenzspannweite von Bauteilen oder Bauwerken verdeutlicht werden.

Grenzhöhen

Die Grenzhöhe ist diejenige Höhe, die ein Baukörper aus einem bestimmten Material erreichen kann, bevor er allein unter seinem Eigengewicht versagt. Im Bild 1-2 ist dazu ein Baukörper mit der Grundfläche A, der Höhe H unter Wirkung seines Eigengewichts G dargestellt.

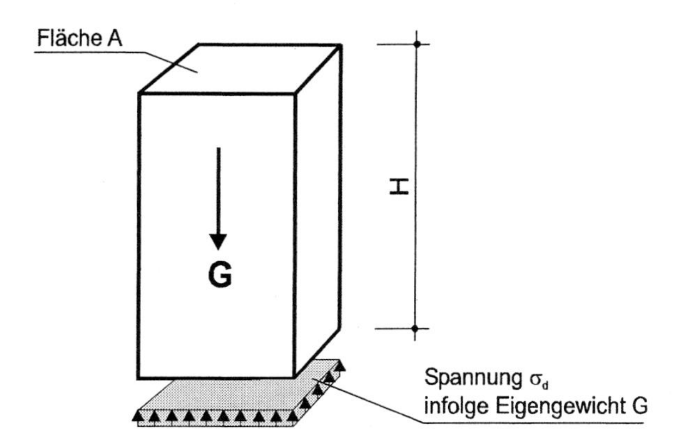

Bild 1-2 Baukörper mit konstantem Querschnitt unter Wirkung seines Eigengewichts

Aus der Gleichgewichtsbeziehung generiert die Eigengewichtskraft G eine Spannung σ, die maximal die Materialdruckfestigkeit f_c erreichen kann. Erst mit Überschreiten von f_c tritt ein instabiler Zustand ein, der zum Versagen führt:

$$\sigma = \frac{G}{A} = \frac{\gamma \cdot H \cdot A}{A} \leq f_c \tag{1.1}$$

Dabei bedeuten G = Eigengewichtskraft, γ = spezifische Wichte des Werkstoffs ($\gamma = \rho \cdot g$ mit g als Erdbeschleunigung und ρ als Stoffdichte), A = Querschnittsfläche (= konst.),

H = Bauwerkshöhe, f_c = Druckfestigkeit des Werkstoffes, σ = aus dem Eigengewicht generierte Druckspannung.

Die Grenzhöhe wird erreicht bei:

$$\sigma = f_c$$

$$\underline{\underline{H_u = \frac{f_c}{\gamma}}} \quad (1.2)$$

Die Grenzhöhe H_u (Index u = ultimate) ist demnach die maximal erreichbare Höhe eines Bauteils mit bekanntem Querschnitt aus einem bestimmten Werkstoff, bevor ein Versagen durch Überschreiten der Materialdruckfestigkeit f_c allein durch das Eigengewicht eintritt. Entscheidend für die Größe der Grenzhöhe ist demnach nicht allein die absolute Festigkeit, sondern das Verhältnis von Materialdruckfestigkeit zu spezifischer Wichte. So hat z.B. Nadelholz im Vergleich zu Stahl und hochfestem Beton eine geringere Druckfestigkeit, besitzt jedoch eine wesentlich geringere spezifische Wichte. Dadurch erreicht Nadelholz eine größere Grenzhöhe und stellt sich, bezogen auf sein Eigengewicht, als leistungsfähiger heraus. In Tabelle 1-1 ist eine Übersicht über die Grenzhöhen von einigen Baustoffen abgebildet, die für druckbeanspruchte Bauteile geeignet sind. Derartige Grenzhöhen sind nicht ausführbar, auch wenn durch Zusatzmaßnahmen (z.B. Abspannen) ein Stabilitätsversagen durch Knicken verhindert wird. Zusätzlich muss eine Sicherheit gegen Druckversagen eingehalten werden. Setzt man einen Sicherheitsfaktor von $\eta = 2{,}0$ voraus, wird die Materialfestigkeit um diesen Faktor abgemindert und die Grenzhöhen dadurch in zulässige Höhen überführt. Die zulässigen Höhen sind bei $\eta = 2{,}0$ nur noch halb so groß wie die Grenzhöhen.

Tabelle 1-1 Grenzhöhen und abgeleitete zulässige Höhen verschiedener Baustoffe

Baustoff	**Druckfestigkeit** f_c **[MN/m²]**	**Spezifische Wichte** γ **[kN/m³]**	**Grenzhöhe** H_u **[km]**	**Zulässige Höhe** H_{zul} **[km]**[1)]
Normalbeton	45	22	2,0	1,0
Hochfester Beton	100	24	4,2	2,1
Hochwertiger Baustahl	520	78	6,7	3,3
Nadelholz	50	5	10	5,0

[1)] unter Beachtung eines Sicherheitsfaktors von 2,0

Grenzdurchmesser

Neben Grenzhöhen lassen sich auch Grenzquerschnitte (bei Kreisquerschnitten auch Grenzdurchmesser) ermitteln, die erforderlich sind, wenn ein nur durch sein Eigengewicht belastetes Bauwerk bekannter Höhe und stetig änderndem Querschnitt den wirkenden Eigengewichtsspannungen standhalten soll. Die Grenzdurchmesser leiten sich aus der Querschnittsfläche ab, die in jedem Schnitt notwendig ist, um die Materialdruckfestigkeit einzuhalten.

Am Beispiel eines Turms mit konzentrischem Querschnitt, jedoch sich stetig veränderndem Durchmesser (Bild 1-3) und einer Belastung nur aus Eigengewicht ergibt sich in jedem Schnitt ein Grenzdurchmesser in Abhängigkeit vom verwendeten Werkstoff. Vorausgesetzt wird, dass der Körper in jedem Schnitt voll ausgenutzt ist.

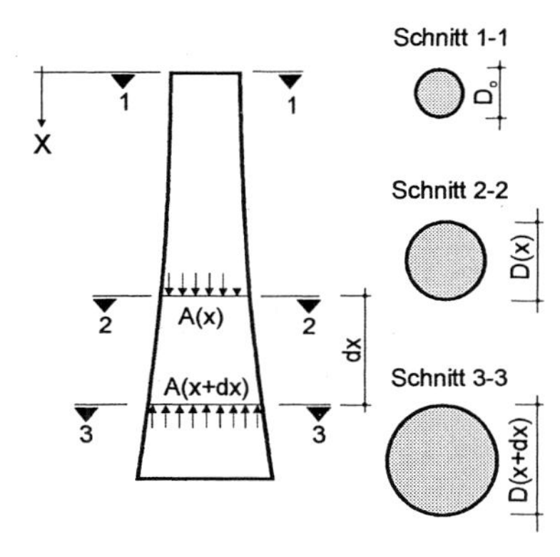

Bild 1-3 Baukörper mit veränderlichem Querschnitt unter Wirkung seines Eigengewichts

Die stetig veränderliche Querschnittsfläche kann wie folgt beschrieben werden:

$$A(x + dx) = A(x) + \frac{\partial A(x)}{\partial x} dx \tag{1.3}$$

Gleichgewichtsbetrachtungen zufolge kann die aus der Eigengewichtskraft erzeugte Druckspannung σ maximal die Materialdruckfestigkeit f_c erreichen. Daher wirkt an der Stelle x eine Druckspannung, die dem Produkt aus Querschnittsfläche und Materialfestigkeit $f_c \cdot A(x)$ entspricht. Für einen benachbarten Querschnitt im Abstand dx muss der Anteil der Gewichtskraft $\gamma \cdot A(x)\, dx$ hinzugezählt werden:

$$f_c \cdot A(x) + \gamma \cdot A(x) dx = f_c \cdot A(x + dx)$$

$$\gamma \cdot A(x) dx = f_c \cdot [A(x + dx) - A(x)]$$

$$\gamma \cdot A(x) dx = f_c \left(\frac{\partial A}{\partial x} \right) dx \tag{1.4}$$

Dabei bedeuten γ = Wichte des Werkstoffs, f_c = Druckfestigkeit des Werkstoffs, $A(x)$ = veränderliche Querschnittsfläche.

Den Grenzdurchmesser erhält man, wenn die Differentialgleichung (1.4) aus den Gleichgewichtsbedingungen integriert wird:

$$\frac{dA(x)}{dx} - \frac{\gamma}{f_c} \cdot A(x) = 0$$

Lösungsansatz: $A(x) = C \cdot e^{\frac{\gamma}{f_c} x}$

Randbedingungen: $C = A_0 = A(x=0)$

Mit den Flächeninhalten $A_0 = \pi/4 \cdot D_0^2$ und $A(x) = \pi/4 \cdot D^2(x)$ ergibt sich als Lösung der Grenzdurchmesser $D_u(x)$:

$$A(x) = A_0 \cdot e^{\frac{\gamma}{f_c} x} \rightarrow D^2(x) = D_0^2 \cdot e^{\frac{\gamma}{f_c} x} \rightarrow D(x) = D_0 \cdot e^{\frac{\gamma}{2 \cdot f_c} x}$$

Der Exponent enthält die Grenzhöhe von Baukörpern mit konstantem Querschnitt $H_u = f_c/\gamma$ gemäß Gleichung (1.2).

$$D_u(x) = D_0 \cdot e^{\frac{x}{2 \cdot H_u}} \qquad (1.5)$$

Tabelle 1-2 nennt die Grenzdurchmesser der Aufstandsflächen für verschiedene Materialien, die sich ergeben, wenn der Turm (Bild 1-3) einen Kopfdurchmesser von $D_0 = 1{,}0$ m und eine Höhe von $x = 20$ km aufweisen soll.

Unter alleiniger Berücksichtigung der Leistungsfähigkeit der zur Verfügung stehenden Baustoffe ist es theoretisch möglich, beliebig hoch zu bauen. Neben dem Eigengewicht wirken aber noch weitere Belastungen auf Bauwerke ein, die bei der Bemessung der Konstruktion beachtet werden müssen und zu einer Reduzierung der theoretischen Werte führen. Diese Einwirkungen können auf Wind, Verkehrslasten, Nutzlasten, Erdbeben und weiteren Zusatzlasten beruhen und begrenzen die erreichbaren Höhen auf ein realistisches Maß.

Tabelle 1-2 Grenzdurchmesser von Baukörpern aus unterschiedlichen Baustoffen für D_0 = 1,0 m und x = 20 km

Baustoff	Druck festigkeit f_c [MN/m²]	Spezifische Wichte γ [kN/m³]	f_c/γ [10³]	Grenzdurch-messer D_u [m]
Normalbeton	45	22	2,0	148,4
Hochfester Beton	100	24	4,2	10,8
Baustahl	520	78	6,7	4,4
Nadelholz	50	5	10,0	2,7

Grenzspannweiten

Sollen Straßen, Wege, Flüsse oder Gebirgstäler überbrückt werden bzw. Wohnräume ein Dach oder eine Geschossdecke erhalten (Bild 1-4), so ist für die Auswahl von Konstruktion und geeigneten Konstruktionswerkstoffen die Grenzspannweite ein wichtiges Kriterium.

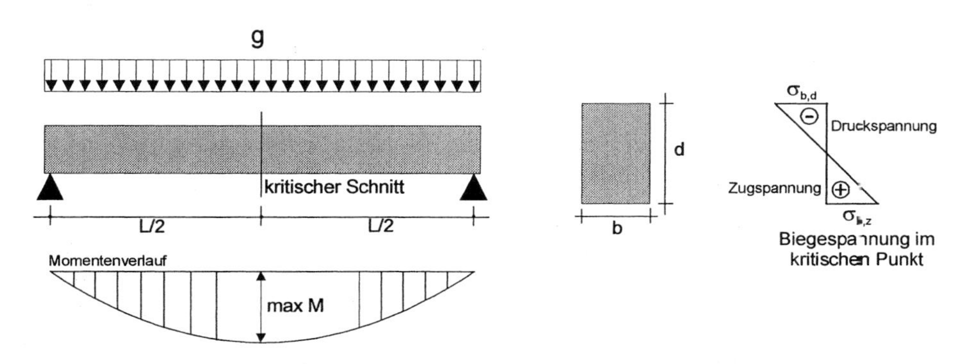

Bild 1-4 Biegebelastung eines Einfeldträgers infolge Eigengewicht

Die Grenzspannweite ist dabei hauptsächlich von der Biegetragfähigkeit des Tragwerkes abhängig. Wichtige Einflussgrößen auf die Biegetragfähigkeit sind der Querschnitt (Geometrie) des Trägers und die Biegefestigkeit (Zug und Druck) des Werkstoffes.

Gemäß der Darstellung im Bild 1-4 ergibt sich für den Einfeldträger der kritische Querschnitt, d.h. der Querschnitt mit der größten Materialauslastung, genau in Feldmitte bei $L/2$. Die Biegemomentenbeanspruchung infolge Eigengewicht g des Trägers kann wie folgt abgeschätzt werden:

$$M_{max} = \frac{g \cdot L^2}{8}$$

Der Widerstand des Querschnittes gegenüber Biegung ergibt sich aus dem Widerstandsmoment, das bei kompakten Querschnitten im Wesentlichen von der Querschnittshöhe d abhängt:

$$W = \frac{b \cdot d^2}{6}$$

Daraus lassen sich die Biegerandspannungen für die Oberseite (Druck) und die Unterseite (Zug) des Querschnittes errechnen:

$$|\sigma|_{max} = \frac{M_{max}}{W} = \frac{3}{4} \cdot \frac{g \cdot L^2}{b \cdot d^2} = \frac{3}{4} \cdot \frac{\gamma \cdot L^2}{d} \tag{1.6}$$

mit: $g = \gamma \cdot b \cdot d$.

Dabei bedeuten γ = Wichte des Werkstoffes, b = Querschnittsbreite und d = Querschnittshöhe, g = Eigengewichts des Trägers und L = Spannweite des Trägers.

In den meisten praktischen Fällen wird ein Biegezugversagen des Bauteils eintreten, d.h. die Biegespannungen am Zugrand (im Bild 1-4 die Bauteilunterseite) erreichen die Biegezugfestigkeit des Materials und es kommt zum Reißen der äußeren Fasern. Diesen Zustand kann man rechnerisch erfassen, indem die maximale Biegezugspannung σ_{max} der Biegezugfestigkeit $f_{t,fl}$ (die Spannung, bei der die Materialfasern reißen) gegenübergestellt wird:

$$\sigma_{max} = f_{t,fl}$$

Aus dieser Beziehung lässt sich bei bekannter Querschnittshöhe d die Grenzspannweite L_u ermitteln:

$$\underline{\underline{L_u = \sqrt{\frac{4}{3} \cdot \frac{f_{t,fl} \cdot d}{\gamma}} = 1{,}15 \cdot \sqrt{\frac{f_{t,fl} \cdot d}{\gamma}}}} \tag{1.7}$$

Ebenso kann die erforderliche Bauteilhöhe d_{erf} ermittelt werden, wenn die Zugfestigkeit des Materials bekannt und die Spannweite L vorgegeben ist:

$$\underline{\underline{d_{erf} = \frac{3}{4} \cdot \frac{\gamma}{f_{t,fl}} L^2}} \tag{1.8}$$

Die Spannweite geht quadratisch in die Rechnung ein, d.h. eine doppelte Spannweite erfordert eine vierfache Querschnittshöhe des Bauteils, um die Standsicherheit gewährleisten zu können.

Ein Vergleichswert, bei dem sowohl die Spannweite als auch die Querschnittshöhe eines Bauteils einfließen, ist die Schlankheit λ. Sie ist definiert als Verhältniswert von Spannweite L zur Querschnittshöhe d:

$$\lambda = \frac{L}{d} \tag{1.9}$$

Demzufolge lässt sich aus der erforderlichen Querschnittshöhe bei vorgegebener Spannweite eine maximale Schlankheit $\lambda_{\max}$ des Bauteils angeben:

$$\lambda_{\max} = \frac{L}{d_{erf}} = \frac{4}{3} \cdot \frac{f_{t,fl}}{\gamma \cdot L} \tag{1.10}$$

Allgemein sind folgende Zusammenhänge zu beachten:

- die Grenzspannweite L_u ist nicht nur vom Verhältnis der Materialfestigkeit zur spezifischen Wichte $f_{t,fl}/\gamma$, sondern auch von der Querschnittshöhe d abhängig,
- d_{erf} wächst im Verhältnis zur Spannweite L quadratisch,
- maximale Schlankheiten λ können immer nur für einen bestimmten Erfahrungsbereich von der Spannweite L gelten; bei günstigerer Querschnittswahl (I-Träger, Plattenbalken- oder Hohlkastenträger) lassen sich größere Grenzspannweiten bzw. Schlankheiten erzielen.

Als Beispiel, wie die Trägerform den Biegewiderstand und damit auch die Grenzspannweite bzw. Grenzschlankheit beeinflusst, soll ein I-Träger untersucht werden.

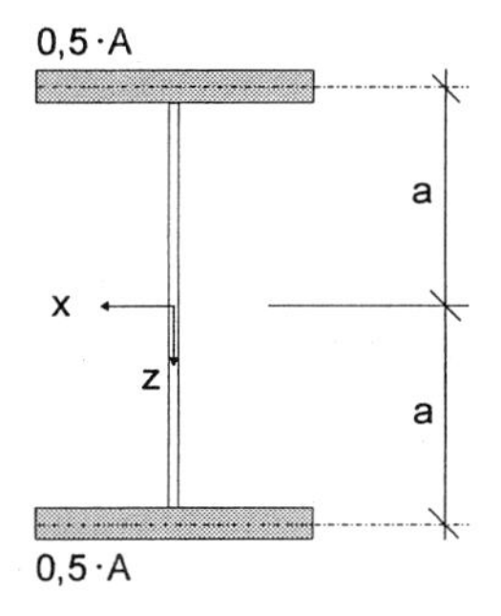

Bild 1-5 I-Träger mit großen Flanschen

Der im Bild 1-5 dargestellte I-Träger stellt einen Zweipunktquerschnitt dar, weil der Tragfähigkeitswiderstand des Querschnittes sich im Wesentlichen aus den Flanschquerschnitten und dem Abstand (Spreizung) der Flansche zueinander ergibt. Die Spreizung der Flansche geht quadratisch in die Berechnung des Trägheitsmomentes des Querschnitts als Steiner'scher Anteil ein:

Querschnittswerte: $I = I_y = 2\left(\frac{A}{2}\right)a^2 = A \cdot a^2 \rightarrow W = W_y = \frac{I}{a} = A \cdot a$

Eigengewicht: $g = \gamma \cdot A$

Beanspruchung: $M_{\max} = \frac{g \cdot L^2}{8} = \frac{\gamma \cdot A \cdot L^2}{8}$

Biegespannung: $|\sigma|_{\max} = \frac{M}{W} = \frac{\gamma \cdot L^2}{8 \cdot a}$

Wird für die Biegezugspannung $\sigma_{\max}$ die Biegezugfestigkeit $f_{t,fl}$ des Materials eingesetzt, erhält man die Grenzspannweite L_u:

$$L_u = \sqrt{\frac{8 \cdot a \cdot f_{t,fl}}{\gamma}} = 2\sqrt{\frac{f_{t,fl}}{\gamma} \cdot 2a} \tag{1.11}$$

beziehungsweise bei bekannter Trägerlänge L den erforderlichen Flansch-Schwerpunkts-abstand $2 \cdot a_{\text{erf}}$:

$$2 \cdot a_{erf} = \left(\frac{L}{2}\right)^2 \cdot \frac{\gamma}{f_{t,fl}} \tag{1.12}$$

Die maximal mögliche Schlankheit $\lambda_{\max}$ des Bauteils lautet:

$$\lambda_{\max} = \frac{L}{2 \cdot a} = 4\frac{f_{t,fl}}{\gamma \cdot L} \tag{1.13}$$

Der Vergleich mit der maximal zulässigen Schlankheit des Rechteckquerschnittes zeigt, dass der Zweipunktquerschnitt (Bild 1-5) eine dreifach höhere Schlankheit bzw. eine größere Grenzspannweite ermöglicht und somit wesentlich zu einer wirtschaftlicheren und ästhetisch anspruchsvolleren Konstruktionslösung führt. Die Wirtschaftlichkeit ergibt sich aus geringerem Materialverbrauch bei gleicher Spannweite und eine anspruchsvollere Konstruktion durch die Feingliedrigkeit der Bauteile.

Reißlänge

In dem Maße, wie die Grenzhöhe vom Verhältnis der Druckfestigkeit zur Dichte des Baustoffes abhängt, bestimmt die Zugfestigkeit im Verhältnis zur Materialdichte die Reißlänge. Wiederum sind nicht absolute Größen, sondern bezogene Tragfähigkeiten zur Beschreibung der Leistungsfähigkeit eines Baustoffes wichtig.

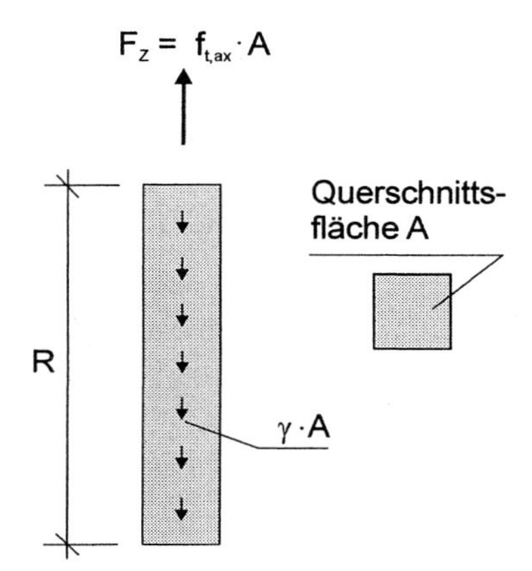

Bild 1-6 Frei hängender Zugstab unter Wirkung seines Eigengewichts

Die Reißlänge R_u (Index u = ultimate) ist die Länge R eines Stabes, unter der er mit seinem Eigengewicht gerade versagt, d.h. reißt (Bild 1-6). Die vom Stab ertragbare Zugkraft F_z entspricht dem Produkt aus Zugfestigkeit $f_{t,ax}$ des Materials und der Querschnittsfläche A des Stabes. Aus den Gleichgewichtsbedingungen ergibt sich, dass die über die Stablänge R wirkende Eigengewichtskraft $F = \gamma \cdot A$ kleiner ist als bzw. höchstens im Gleichgewicht mit der vom Zugstab aufnehmbaren Zugkraft $F_z = f_{t,ax} \cdot A$ ist:

$$R \cdot \gamma \cdot A \leq f_{t,ax} \cdot A \qquad (1.14)$$

Durch Umstellung der Gleichung (1.14) gelangt man zur maximal möglichen Stablänge, der Reißlänge R_u:

$$R_u = \frac{f_{t,ax}}{\gamma} \qquad (1.15)$$

Tabelle 1-3 Reißlängen verschiedener zugfester Baustoffe

Baustoff	**Materialzugfestigkeit** $f_{t,ax}$ **[MN/m²]**	**Materialwichte** γ **[kN/m³]**	**Reißlänge** R_u **[km]**
Hochwertiger Baustahl	520	78	6,7
Stahlseile höchster Qualität	2100	78	27
Glasfaser	1500	25	60
Polyacrylnitrit	900	12	75
Kohlefaser	2100	15	140

Tabelle 1-3 gibt einen Überblick über die Reißlängen verschiedener Baustoffe, die geeignet sind, Zugspannungen aufzunehmen.

Grenzspannweite eines Seils

Seile werden als biegeweich angesehen, d.h. sie können nur Zugkräfte übertragen. Aufgrund ihres Eigengewichts hängen Seile zwischen den Widerlagern mit einem bestimmten Seilstich f gegenüber der Horizontalen durch und beschreiben dabei eine Verformungslinie, die der Kettenlinie bzw. der Cosinushyperbolikus-Funktion (cosh) entspricht (Bild 1-7). Der Seilstich ist abhängig von der Spannweite und vom Eigengewicht des Seils. Bei kleinen Seillängen kann die Verformungsfigur durch eine Parabelfunktion approximiert werden, was in vielen Fällen den Rechengang vereinfacht.

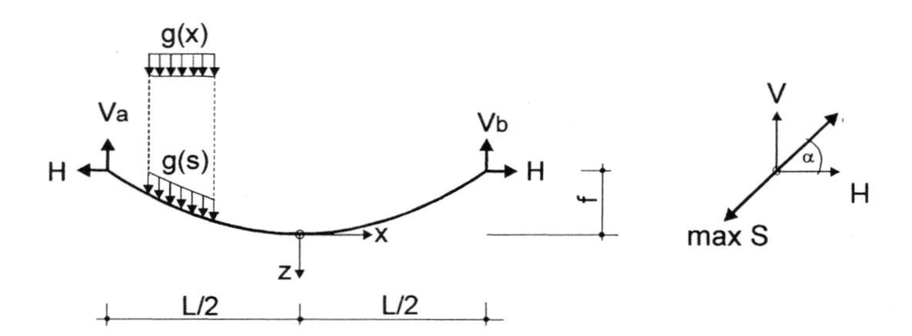

Bild 1-7 Horizontal gespanntes Seil unter Wirkung seines Eigengewichts

Infolge des Eigengewichts wirken im Seil Zugspannungen. Übersteigen diese Spannungen die Zugfestigkeit des Seilmaterials, führen sie zum Reißen des Seils. Da die Zugbeanspruchung im Seil mit wachsender Länge zunimmt, ergibt sich eine Seilspannweite bei der genau das Gleichgewicht zwischen Beanspruchung und Beanspruchbarkeit erreicht ist. Diese Spannweite nennt man die Reißlänge oder Grenzspannweite $L_{s,u}$ eines Seils.

Im Bild 1-7 ist ersichtlich, dass das Seil in jedem Punkt eine andere Neigung einnimmt. Aus dem veränderlichen Neigungswinkel α entlang der Seilkurve sowie den Gleichgewichtsbedingungen zwischen den Schnittgrößen und dem Seileigengewicht $g = g(s)$ ergibt sich folgende Differenzialgleichung:

$$z''(x) = 0 = \frac{g}{H} \cdot \sqrt{1 + (z'(x))^2} \tag{1.16}$$

Für ein Seil konstanten Querschnitts mit g = konst. ist die Lösung der Differenzialgleichung die Seilkurve $z(x)$, die auch Seilgleichung genannt wird:

$$z(x) = -\frac{H}{g} \cdot \cosh\left(\frac{g}{H} x\right) \tag{1.17}$$

Die größte Seilkraft S_{max} tritt an der Stelle auf, wo $z'(x)$ zum Maximum wird, d.h. am oberen der beiden Befestigungspunkte:

$$S_{max} = \frac{H}{\cos\alpha} = H \cdot \sqrt{1 + (z')^2} = H \cdot \cosh\left(\frac{g}{H} \cdot \frac{L}{2}\right) \tag{1.18}$$

Die maximale Seilkraft S_{max} steht somit in Abhängigkeit sowohl zur Spannweite L als auch zum Seileigengewicht g. Wenn S_{max} die Zugtragfähigkeit des Seils erreicht, gilt die Tragkraft des Seils als erschöpft. Das ist genau dann der Fall, wenn die Grenzspannweite $L_{s,u}$ erreicht wird.

Zur Lösung dieser Aufgabe wird das Verhältnis der Eigenlast g zur Horizontalkraft H substituiert: $K = g/H$.

$$S_{max} = \frac{g}{K} \cdot \cosh\left(\frac{K \cdot L}{2}\right) = S_{max}(K) \tag{1.19}$$

Wenn die Seilkraft infolge Seileigengewicht an den Befestigungspunkten minimal wird, d.h. die Funktion der maximalen Seilkraft $S_{max}(K)$ ein Minimum einnimmt (min S_{max}), erreicht die Spannweite die größte Ausdehnung. Die maximale Spannweite des Seils bei gegebenem Seileigengewicht entspricht der Grenzspannweite $L_{s,u}$. Diese Optimierungsaufgabe kann mittels Nullsetzung der 1. Ableitung nach K von Gleichung (1.19) gelöst werden:

$$\frac{dS_{max}}{dK} = -\frac{g}{K^2} \cdot \cosh\left(\frac{K \cdot L}{2}\right) + \frac{g}{K} \cdot \frac{L}{2} \cdot \sinh\left(\frac{K \cdot L}{2}\right) = 0 \tag{1.20}$$

Nach Umstellen von Gleichung (1.20) gelangt man zu folgendem Ausdruck:

$$\tanh\left(\frac{K \cdot L}{2}\right) = \frac{2}{K \cdot L} = \frac{1}{\frac{K \cdot L}{2}} \tag{1.21}$$

Am einfachsten lässt sich Gleichung (1.21) grafisch lösen, wenn der Ausdruck $0{,}5 \cdot K \cdot L$ durch x substituiert wird (Bild 1-8). Der Schnittpunkt beider Kurven liegt bei etwa $x = 1{,}2$.

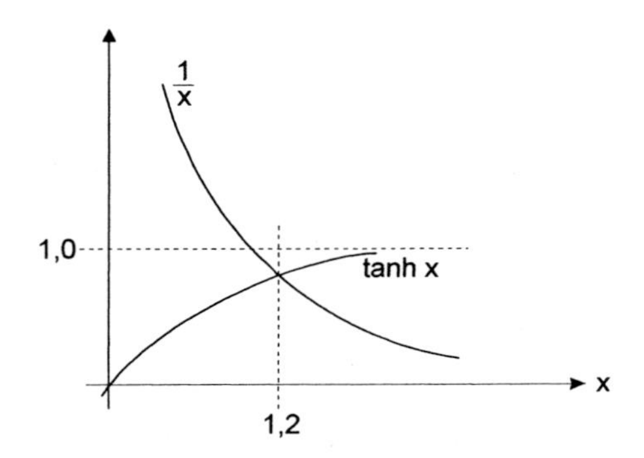

Bild 1-8 Grafische Lösung von Gleichung (1.21)

Folglich gilt für die Lage des Minimums von $S_{\max}$:

$$\frac{K \cdot L_{s\mu}}{2} = 1{,}2 \tag{1.22}$$

Nach Einsetzen der Werkstoffparameter (Zugfestigkeit) und Beachtung der geometrischen Verhältnisse des Seils (Durchmesser, Fläche) ergibt sich aus der Seilzugkraft der zugehörige Beiwert K. Die maximale Seilzugkraft $S_{\max}$ kann dabei sowohl durch Gleichung (1.19) als auch durch die Zugtragfähigkeit als Produkt aus Zugfestigkeit $f_{t,ax}$ und Seilfläche A ausgedrückt werden:

$$S_{\max} = A \cdot f_{t,ax} = \frac{g}{K} \cdot \cosh(1{,}2) \quad \rightarrow \quad A \cdot f_{t,ax} = 1{,}81 \cdot \frac{g}{K}$$

$$K = 1{,}81 \cdot \frac{\gamma}{f_{t,ax}} \tag{1.23}$$

mit: $g = \gamma \cdot A$.

Dabei bedeuten g = Eigenwicht des Seils, γ = Wichte des Seils, A = Querschnittsfläche, $f_{t,ax}$ = Zugfestigkeit des Seilmaterials und K = Verhältniswert von Seileigengewicht zur Horizontalkraft.

Durch Einsetzen des Beiwertes K in die Gleichung (1.22) kann aus der Minimumlage von S_{max} die Grenzspannweite $L_{s,u}$ errechnet werden:

$$\frac{K \cdot L_{s,u}}{2} = \frac{\left(1{,}81 \cdot \frac{\gamma}{f_{t,ax}}\right) \cdot L_{s,u}}{2} = 1{,}2$$

$$L_{s,u} \cong \frac{4}{3} \cdot \frac{f_{t,ax}}{\gamma} \qquad (1.24)$$

Im Vergleich zur Reißlänge R_u eines geraden Zugstabes nach Gleichung (1.15) ist die Grenzspannweite von Seilen um 1/3 größer:

$$L_{s,u} = \frac{4}{3} R_u \qquad (1.25)$$

Ähnlich der Schlankheit als Konstruktionskriterium für biegebeanspruchte Bauteile kann für Seile das Stichverhältnis $f/L_{s,u}$ herangezogen werden, um Vergleichswerte zu erzeugen. Mit Erreichen der Grenzspannweite $L_{s,u}$ wird der Seilstich f maximal.

Das zugehörige Stichverhältnis errechnet sich aus der Seilgleichung folgendermaßen:

$$f = \left| z\left(x = L_{s,u}/2\right) - z(x = 0) \right|$$

$$f = \left| -\frac{H}{g} \cdot \cosh\left(\frac{g}{H} \cdot \frac{L_{s,u}}{2}\right) + \frac{H}{g} \cdot \cosh(0) \right| = \left| -\frac{\cosh\left(0{,}5 \cdot K \cdot L_{s,u}\right)}{K} + \frac{1}{K} \right|$$

$$f = \left| \frac{1}{K}\left(1 - \cosh\left(0{,}5 \cdot K \cdot L_{s,u}\right)\right) \right| = \left| \frac{1}{K}\left(1 - \cosh(1{,}2)\right) \right|$$

$$f = \frac{1}{K}(1{,}81 - 1) \qquad (1.26)$$

mit: $K = \dfrac{g}{H}$ und $0{,}5 \cdot K \cdot L_{s,u} = 1{,}2$.

Es bedeuten g = Eigenwicht des Seils, H = Horizontalkraft als konstante Komponente der Seilzugkraft, K = Verhältniswert von Seileigengewicht zur Horizontalkraft und $L_{s,u}$ = Grenzspannweite von Seilen.

Wird berücksichtigt, dass der Beiwert K nach Gleichung (1.23) dem 1,81-fachen Verhältniswert von spezifischem Seileigengewicht γ zur Seilzugfestigkeit $f_{t,ax}$ entspricht und die Reißlänge R_u eines Zugstabes gemäß Gleichung (1.15) genau so groß ist, wie es das Verhältnis von $f_{t,ax}$ zu γ zulässt, errechnet sich das Stichverhältnis $f/L_{s,u}$ zu:

$$\frac{f}{L_{s,u}} = \frac{\dfrac{f_{t,ax}}{1{,}81 \cdot \gamma} \cdot (1{,}81 - 1)}{\dfrac{4}{3} \cdot \dfrac{f_{t,ax}}{\gamma}} \cong \frac{1}{3}$$

$$\frac{f}{L_{s,u}} \cong \frac{1}{3} \qquad (1.27)$$

Zusammenfassend kann festgestellt werden, dass die Reißlängen und Grenzspannweiten nicht allein von der Zugfestigkeit der Zugtragglieder abhängen, sondern vielmehr vom Verhältniswert der Zugfestigkeit zum Eigengewicht des Bauteils und damit direkt von der Dichte bzw. Wichte des Konstruktionswerkstoffes.

1.5 Nachhaltigkeit und Ökologie

1.5.1 Bedeutung von Nachhaltigkeit und Ökologie für die Bauwirtschaft

Bauen bedeutet Veränderung der Umwelt mit dem Ziel, die Lebensbedingungen des Menschen entsprechend seinen zivilisatorischen, sozialen und kulturellen Wertvorstellungen zu sichern und zu verbessern. Die vom Menschen verursachten und betriebenen Prozesse der Stoff- und Energienutzung wirken auf das ökologische System, d.h. auf den Zustand und die Wechselbeziehungen zwischen den Lebewesen in ihrer belebten und unbelebten Natur. Dabei können ökologische Veränderungen je nach Interessenlage und Betroffenheit unterschiedlich bewertet werden, so dass sich entsprechend der Interpretation der ökologischen Wechselbeziehungen und der jeweiligen Wertbestimmung – nicht immer vorteilhaft – immer eine Verträglichkeit von Ökonomie und Ökologie nachweisen lässt.

Bauen stellt eine Dienstleistung dar mit den Rahmenbedingungen, die die Gesellschaft entsprechend ihrer Wirtschafts- und Lebensweise vorgibt. Die vom Menschen geschaffenen Güter setzen das Vorhandensein von natürlichen Ressourcen voraus, die er nur nutzen und umwandeln, jedoch nicht erzeugen kann. Daher hat der Schutz von Umwelt und Natur im Rahmen der nachhaltigen Entwicklung nicht nur in der Bauwirtschaft eine ganz wichtige Rolle. Denn nur in einer intakten Umwelt und Natur können wirtschaftliche Entwicklung und Wohlergehen der Menschen dauerhaft gesichert werden. Damit die Lebensgrundlagen kommender Generationen nicht ernsthaft geschädigt werden, müssen Natur und Umwelt heute und zukünftig geschützt werden. Bisher sind in dieser Richtung weltweit nur geringe Erfolge erzielt worden. Weil der gegenwärtige Verbrauch an Rohstoffen und Energie sehr hoch (ggf. zu hoch) ist, besteht die Gefahr, dass der Naturhaushalt diese Eingriffe auf Dauer nicht verkraften kann [1.2].

Bereits 1992 hat sich die Konferenz der Vereinten Nationen für Umwelt und Entwicklung (UNCED) in Rio de Janeiro, Brasilien, mit diesen Fragen beschäftigt. Als Ergebnis wurde dazu ein weltweites Aktionsprogramm für das 21. Jahrhundert, die so genannte Agenda 21, aufgestellt, das gewissermaßen Leitlinien für eine nachhaltige Entwicklung vorgibt. Das Programm einer nachhaltigen Entwicklung zielt in erster Linie auf eine dauerhafte Lösung von Umwelt- und Sozialproblemen, die die Interessen nicht nur der heutigen, sondern auch zukünftiger Generationen berücksichtigt. In dem Leitbild werden Umwelt, Wirtschaft und Gesellschaft als gleichberechtigte Aspekte der Nachhaltigkeit verstanden [1.3]. Neben ökologischen Problemen werden somit auch ökonomische und soziale Faktoren betrachtet. Der Begriff der Nachhaltigkeit umspannt somit ökologisches Gleichgewicht, ökonomische Sicherheit und soziale Gerechtigkeit, die als gleichrangig zu betrachten sind. Dabei ist die Nachhaltigkeit keine messbare Größe, sondern ein Leitbild, das sinnvoll ausgefüllt werden muss.

Ausgehend von der Erklärung in Rio de Janeiro sind zur Thematik Nachhaltigkeit viele Aktivitäten zu verzeichnen gewesen. In dem 1998 erschienenen Bericht der vom 13. Deutschen Bundestag eingesetzten Enquete-Kommission „Schutz des Menschen und der Umwelt“ wurden für Deutschland Konzepte zur Umsetzung des Leitbildes „Nachhaltige Entwicklung“ erarbeitet, die am Beispiel des Bau- und Wohnungswesens als „Nachhaltiges Bauen“ konkretisiert werden.

Das Bauen trägt in dieser Hinsicht eine besondere Verantwortung, weil es immer mit massiven Eingriffen in die Natur verbunden ist. Neben der städtebaulichen Planung, der architektonischen Gestaltung und der gewählten Bauart hat auch die Wahl der Konstruktionswerkstoffe einen großen Einfluss auf die Umweltverträglichkeit von Bauwerken. Es ist zu klären, wie lange genügend Rohstoffe für unsere Werkstoffe vorhanden sind, wie viel Energie wird für ihre Herstellung benötigt und welche Auswirkungen auf die Umwelt und auf den Menschen sind zu erwarten. Bei steigenden Produktionszahlen, sinkender Verfügbarkeit von Ressourcen und eine sich stetig verkürzende Einsatzdauer der Produkte [1.5] drängt sich die Frage nach einem Recycling, d.h. einer Wiederverwendung von ganzen Bauteilen oder einer Wiederverwertung von Recyclingprodukten in das Bewusstsein nicht nur von Fachleuten (Bild 1-9). Es bleibt zu hoffen, dass das „Nachhaltige Bauen“ nicht nur ein abstrakter Begriff bleibt, sondern zunehmend mit Leben ausgefüllt wird.

1.5.2 Nachhaltiges Bauen

Nachhaltiges Bauen ist die Umsetzung des Prinzips der Nachhaltigkeit im Bereich des Bauens und umfasst aus Sicht der Ökologie [1.1] und [1.3]:

- Reduzierung des Verbrauchs nicht erneuerbarer Ressourcen; die Nutzung von Rohstoffen und Energie darf auf Dauer nur so hoch sein, wie sich diese Ressourcen wieder erneuern oder durch andere ersetzt werden (Wiederherstellung der Regenerations- oder Substitutionsrate),
- nachhaltige Nutzung erneuerbarer Ressourcen,
- Freisetzung von Stoffen darf auf Dauer die Belastbarkeit von Umwelt und Natur nicht überschreiten (Tragfähigkeit der Umweltmedien oder deren Assimilationsfähigkeit),
- das Zeitmaß der vom Menschen verursachten Eingriffe in die Umwelt muss in einem ausgewogenen Verhältnis zur Zeit stehen, die die Umwelt zu ihrer Erholung benötigt (selbststabilisierende Reaktion),
- Vermeidung von Gefahren für den Menschen und der Umwelt infolge von Umweltbelastungen.

Als Grundgedanke gilt, die Prinzipien, Regeln und Mechanismen, die sich über Jahrmillionen im Naturhaushalt ausgebildet haben, zu übernehmen und in Form von Ökosystemen auf das Bauwesen zu übertragen. Hierfür wurde auch der Begriff „Ökologisches Bauen" geprägt. Eines dieser Prinzipien, welches für Baustoffe allein schon wegen der angewandten großen Massen und Volumina von Bedeutung ist, muss die Steuerung der Stoff- und Energieflüsse über den gesamten Lebenszyklus der Werkstoffe sein. Der Lebenszyklus eines Bauwerks oder Werkstoffes kann dafür in die, im Bild 1-9 dargestellten Phasen unterteilt werden.

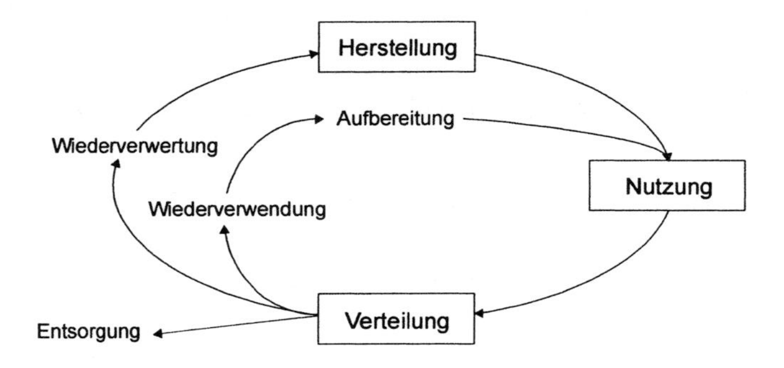

Bild 1-9 Lebenszyklus eines Werkstoffes oder daraus errichteten Bauwerks [1.5]

Am Lebenszyklus eines Werkstoffes oder Gebäudes orientieren sich ebenfalls die ökonomischen Aspekte [1.3]:

- kostengünstige Erstellung,
- kostengünstiger Betrieb und Unterhaltung,
- Dauerhaftigkeit und Werterhaltung,
- kostengünstiger Abbruch und kostengünstige Entsorgung.

Als soziale Komponenten sind zu beachten [1.3]:

- Vermeidung von Gefahren für die menschliche Gesundheit,
- behagliches Wohnklima,
- Ästhetik und Gestaltung des Bauwerks,
- Wärme-, Feuchte-, Schall- und Brandschutz,
- Schaffung und Sicherung von Arbeitsplätzen im Bau- und Wohnungswesen.

Für alle am Bau Beteiligten bieten sich entsprechend ihrer Verantwortlichkeit verschiedene Möglichkeiten, Einfluss auf die Nachhaltigkeit eines Bauwerks zu nehmen. Die Politik muss den gesetzlichen Rahmen schaffen, die Bauproduktenhersteller haben Einfluss auf die Herstellung und die Qualität der Bauprodukte, Planer und Bauherrn nehmen Einfluss über die Planungskonzeption und die Produktauswahl, die Baufirmen wählen die Bauprozesse und Bauweisen aus, Nutzer und Betreiber beeinflussen über den Betrieb und die Instandsetzung von Gebäuden und schließlich wird über die Wahl der Abbruchprozesse und der Verwertungs- oder Beseitigungskonzepte der Baumassen Einfluss auf die Nachhaltigkeit eines Bauwerks durch die Abbruchunternehmen ausgeübt.

1.5.3 Instrumente der Nachhaltigkeitspolitik und deren Auswirkungen auf die Bauwirtschaft

Die Schonung von Rohstoffen und Energie ist ein zentrales Anliegen der Nachhaltigkeitspolitik. Der Umweltpolitik stehen verschiedene Instrumente zur Umsetzung einer nachhaltigen Entwicklung zur Verfügung [1.2], die Einfluss auf das Baugeschehen haben:

- *ordnungsrechtliche Instrumente*: Genehmigungspflichten, Grenzwerte, Umweltverträglichkeitsprüfung,
- *planungsrechtliche Instrumente*: Bauleitplanung, Umweltprüfung für Pläne und Programme,
- *ökonomische Instrumente*: Umweltabgaben, Quotenregelungen, umweltbezogene Steuern, handelbare Umweltlizenzen,
- *Stärkung der Eigenverantwortung*: Selbstverpflichtungen, integrierte Produktpolitik, Bildungsangebote.

Gesetzliche Mindestanforderungen, die im Bauwesen einzuhalten sind, werden durch das Umwelt- und Bauordnungsrecht geregelt. Der Umweltschutz beinhaltet die Befolgung einer Vielzahl von Rechtsnormen, die nach allgemeinen Grundlagen (Umweltverträglichkeitsprüfung), Schutzgütern (Natur, Boden, Gewässer), Gefährdungen (Immissionen, Strahlen, gefährliche Stoffe) und Zielen umweltgerechten Handelns (Naturschutz, Energieeinsparung, Kreislaufwirtschaft) systematisiert werden können [1.3]. Insbesondere sind zu beachten:

- Gesetz über die Umweltverträglichkeitsprüfung (UVPG): Standortanforderungen,
- Bundesimmissionsschutzgesetz (BImSchG): Betrieb von Anlagen,
- Chemikaliengesetz (ChemG), Chemikalienverbots- und Gefahrstoffverordnung (ChemVerbotsV, GefStoffV): Schutz vor gefährlichen Stoffen,
- Wasserhaushaltsgesetz (WHG): Reinhaltung von Gewässern,
- Bundes-Bodenschutzgesetz (BBodSchG): Auf- und Einbringen von Materialien auf oder in den Boden,
- Kreislaufwirtschafts- und Abfallgesetz (KrW-AbfG): Verwertung und Vermeidung von Abfällen,
- Energieeinsparungsgesetz (EnEG), Wärmeschutz-Verordnung (WärmeschutzV), Energieeinsparverordnung (EnEV): Anforderungen an den Wärmeschutz bei der Nutzung von Gebäuden.

Rechtsgrundlage des Bauordnungsrechts sind die Bauordnungen der Bundesländer. Das Bauproduktrecht ist Bestandteil des Bauordnungsrechts. Die Bauordnungen der Bundesländer basieren auf der Musterbauordnung (MBO) und sind in vielen Bereichen einheitlich. Europäsche Regelungen zur Harmonisierung der Anforderungen an Bauprodukte ergeben sich aus der EG-Bauproduktenrichtlinie (BPR). Die BPR versteht sich als Rahmenordnung, die durch so genannte „Technische Spezifikationen“ inhaltlich konkretisiert wird. Hierzu zählen harmonisierte europäische technische Zulassungen und Normen sowie nicht harmonisierte, jedoch auf Gemeinschaftsebene anerkannte Zulassungen und Normen. Die europäische Bauproduktenrichtlinie kann nur durch die nationale Gesetzgebung Rechtskraft erlangen. In Deutschland wurde dies durch das Bauproduktengesetz (BauPG) übernommen.

Nach wie vor sind Bund, Länder und Gemeinden die größten Bauherren der Bundesrepublik. Daher bestehen günstige Voraussetzungen, Nachhaltigkeit beim Bauen als politische Zielstellungen durchzusetzen und eine Vorreiterrolle für private Bauherrn zu übernehmen. Zum Beispiel hat das Bundesministerium für Verkehr-, Bau- und Wohnungswesen (BMVBW) den „Leitfaden Nachhaltiges Bauen“ herausgegeben, der öffentliche Baumaßnahmen von der Planung, über das Bauen bis hin zur Nutzung anhand von Checklisten strategisch auf die Nachhaltigkeit ausrichtet. U.a. werden die Flächennutzung, die Dauerhaftigkeit der Gebäude, Einsatz von umweltfreundlichen Baustoffen, Investitions- und Baufolgekosten, Energieeffizienz während der Nutzung und der Rückbau bewertet. Nachhaltigkeitsziele werden durch die öffentliche Hand auch durch Förderprogramme und –richtlinien umgesetzt. Hierunter fallen z.B. die Förderung des Niedrigenergiehausstandards, des Photovoltaic-Programm (das 100000-Dächer-Programm) oder des CO_2-Gebäudesanierungsprogramm des Bundes.

1.5.4 Nachhaltigkeitsanalysen

Nachhaltigkeitsanalysen dienen der Überprüfung, ob die gesteckten Ziele bzw. die Vorgaben des Umwelt- und Bauordnungsrechts erreicht wurden. Wissenschaftlich fundierte Methoden, die die Nachhaltigkeit ganzheitlich darstellen, existieren zwar, lassen sich jedoch nicht durchsetzen. In der Regel werden einzelne Dimensionen oder Ziele betrachtet. Allgemein anerkannte Methoden der Nachhaltigkeitsanalysen sind die Ökobilanz (Lebenszyklusanalyse) für die ökologische Bewertung von Werkstoffen und daraus errichteten Bauwerken sowie die Analyse der Lebenzykluskosten (Life cycle costs) für die ökonomische Bewertung von Bauwerken.

1.5.4.1 Ökobilanzen (Life Cycle Assessment Methodology)

Die Aufstellung von Ökobilanzen ermöglicht die Erfassung und Bewertung der mit Produkten, Systemen und Verfahren verbundenen Stoff- und Energieströme und deren Wirkung auf Menschen und Umwelt. Die Methode ist international anerkannt und genormt (DIN EN ISO 14040 bis 14043). Die gewonnenen Ökobilanzen sind produktbezogen und wertvoll sowohl für die Auswahl alternativer Produkte als auch für das Aufspüren von Schwachstellen und das Finden von Optimierungsmöglichkeiten von Produkten und Produktionsprozessen. Eine vollständige Ökobilanz umfasst den gesamten Lebenszyklus der Produkte einschließlich aller Energieflüsse und der notwendigen Transporte [1.3], [1.5]. Die Bilanz umfasst vier Schritte:

- *Festlegung des Ziels und des Untersuchungsrahmens* (Goal and Scope Definition, DIN EN ISO 14041 [1.13]): Definition der Ziele und der Untersuchungsmethoden.
- *Sachbilanz* (Inventory Analysis, DIN EN ISO 14041 [1.13]): Definition von räumlichen und/oder geografischen Systemgrenzen; Festlegung von zeitlichen Systemgrenzen; Quantifizierung der Input- und Outputströme von Ressourcen, Energieträgern, Luft, Wasser, Boden durch Analyse des Lebenszyklus' eines Baustoffes unter Beachtung der Verflechtung der verschiedenen Altersstufen und der existierenden Stoff- und Energieströme zwischen Umwelt und Baustoff.
- *Wirkungsabschätzung* (Impact Assessment, DIN EN ISO 14042 [1.14]): Abschätzen möglicher Wirkungen aufgrund der Daten aus der Sachbilanz; Bildung von Wirkungskategorien und Zusammenfassung in einem Gesamtwirkungspotential; Bewertung anhand von Referenzsubstanzen.
- *Auswertung* (Interpretation, DIN EN ISO 14043 [1.15]): Bewertung und Vergleich der Daten; Ergebnis ist z.B. eine Vorzugsvariante bei Produktvergleichen oder ein Maßnahmenkatalog bei Schwachstellenanalysen.

1.5.4.2 Lebenszykluskosten (Life Cycle Costs)

Die Methode der Bewertung der Lebenszykluskosten ist der Finanzwirtschaft entlehnt und wird vorrangig bei Investitionsentscheidungen angewandt. Die Besonderheit dieser Methode ist, nicht nur den Anschaffungspreis eines Produktes, sondern auch die Folgekosten zu betrachten. Deshalb dient es auch der Entscheidungsfindung. Für Bauwerke sind folgende Kosten und Erlöse zu analysieren: Grunderwerbs- oder Pachtkosten, Herstellungskosten des Bauwerks, Betriebskosten, Erlöse während der Nutzung, Instandhaltungskosten, Kosten für Abbruch und Beseitigung sowie Erlöse aus Verwertungen. Zur besseren Vergleichbarkeit aller Kosten während der Lebensdauer eines Gebäudes werden diese auf den aktuellen Zeitwert abdiskontiert. Eine detaillierte Auflistung der einzelnen Schritte ist in der Norm ISO 15686 [1.16] gegeben.

Neben der technischen Eignung werden Nachhaltigkeitsanalysen zukünftig stärker an Bedeutung gewinnen. Auch wenn Ökobilanzen noch nicht flächendeckend für alle Konstruktionswerkstoffe verfügbar sind und Lebenszykluskosten bisher nicht für alle zu errichtenden Bauwerke vollständig analysiert werden, so haben sich gerade in jüngster Zeit vielversprechende Anknüpfungspunkte entwickelt. In dieser Hinsicht bietet sich weiterhin genügend Forschungspotential. Nur durch die Fortentwicklung von Werkstoffen und Bauweisen sowohl in technischer als auch ökologischer Sicht lassen sich neue Anwendungsfelder erschließen und Fortschritte im Bauwesen erzielen. Nur mit dieser Herangehensweise lassen sich neue, fortschrittliche Bauwerke, wie sie in der nachfolgenden Übersicht dargestellt sind, von der Idee zum fertigen Bauwerk umsetzen.

1.6 Überblick über hohe Bauwerke und weitgespannte Brücken

Die Entwicklung von Konstruktionswerkstoffen, die stets von der Forschung begleitet wird, ermöglicht die Erschließung neuer Anwendungsfelder. Darauf aufbauend hat sich der Trend zu immer kühneren Konstruktionen durchgesetzt. Herausragende Bauwerke, die höchsten technischen, architektonischen und zunehmend auch ökologischen Anforderungen genügen müssen, sind z.B. Hochhäuser oder Brücken. Sie zeugen von der meisterlichen Umsetzung einer „stofflich" richtigen Planung und geben Einblicke in die Leistungsfähigkeit der Ingenieurbaukunst. Ein Überblick über die derzeit höchsten Gebäude der Welt wird in Tabelle 1-4 gegeben.

Tabelle 1-4 Hohe Gebäude

Bauwerk	Bemerkung	Höhe [m]
Ulmer Münster	höchster Kirchturm	161
Kochertalbrücke	Pfeiler	180
Trianon, Frankfurt am Main	erstmaliger Einsatz von hochfestem Beton in Deutschland (B 85)	186
Messeturm, Frankfurt am Main	höchstes Bürogebäude in Europa bis 1996	256
Two Prudential Plaza, Chicago, USA		296
Commerzbank-Tower; Frankfurt am Main	seit 1996 das höchste Bürogebäude in Europa	299
Empire State Building, New York City, USA	1931, Bauzeit 14 Monate, war für 42 Jahre höchstes Bauwerk der Welt	381
World Trade Center, New York City, USA	1973, seinerzeit höchstes Gebäude der Welt	417
Jin-Mao Tower, Shanghai, China		425
Sears Tower, Chicago, USA	1974, seinerzeit höchstes Gebäude der Welt, hält bis heute den Weltrekord der höchstgelegenen bewohnbaren Geschosse	443
Petronas Twin Towers, Kuala Lumpur, Malaysia	seit 1997 das höchste Gebäude der Welt	450
Taipei Financial Center, Taipei, Taiwan	demnächst das höchste Gebäude der Welt, Fertigstellung ca. 2004	508
New World Trade Center, New York City, USA	Daniel Libeskind gewann 2003 den Architekturwettbewerb zum Wiederaufbau des World Trade Centers (WTC); das höchste Gebäude des Ensembles besteht aus einer spiralförmigen Konstruktion mit vertikalen „World Gardens“ in den oberen Geschossen; die Höhe von genau 1776 ft verweist auf das Gründungsjahr der USA 1776	541

Der Hochhausbau wurde vornehmlich durch die USA vorangetrieben. Im letzten Jahrzehnt sind aber vor allem Entwicklungen in Asien zu verzeichnen gewesen (Bild 1-11). Der Höhentrend zeigt eindeutig nach oben, obwohl mit einer Höhe von ca. 450 m derzeit eine Sättigung festzustellen ist. In Deutschland sind die Gebäude deutlich kleiner und hauptsächlich auf das Rhein-Main-Gebiet um Frankfurt konzentriert. Die Commerzbank, fertiggestellt 1999, ist derzeit mit einer Höhe von 299 m das höchste Bürogebäude in Europa (Bild 1-12).

Im Bild 1-10 ist die Höhenentwicklung der Hochhäuser der letzten 120 Jahre zu sehen [1.6].

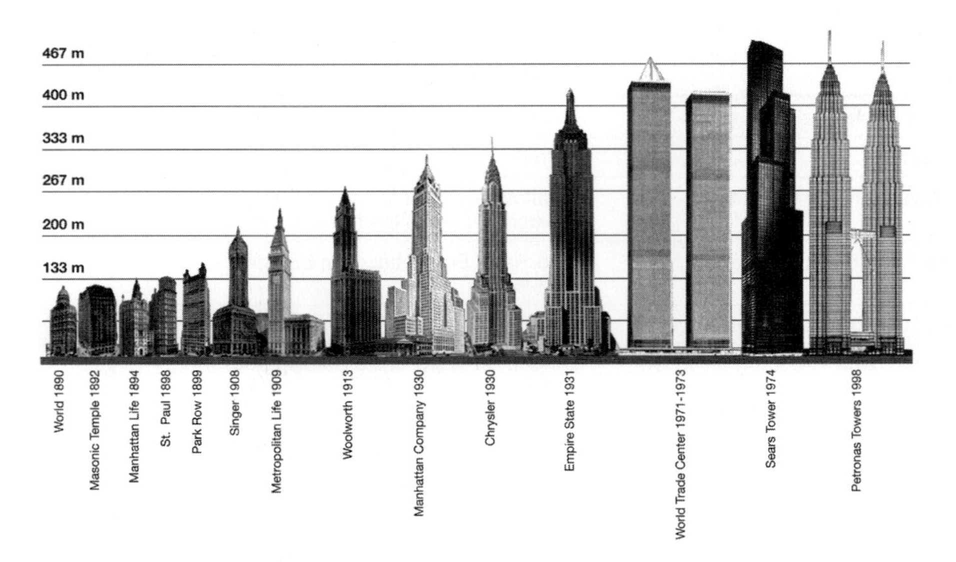

Bild 1-10 „The World's Tallest Towers" – Entwicklung der Hochhaushöhen [1.6]

Die höchsten Türme dienen in der Regel der Telekommunikation. Deshalb werden sie in der Auflistung gesondert betrachtet. Die Turmhöhen sind in Tabelle 1-5 angegeben.

Tabelle 1-5 Hohe Türme

Bauwerk	Bemerkung	Höhe [m]
Eifelturm, Paris, Frankreich		300
Fernsehturm, Frankfurt am Main		331
Fernsehturm, Berlin	höchster Turm in Deutschland	366
Fernsehturm, Moskau, Russland		537
Fernsehturm, Toronto, Kanada	derzeit höchster Turm der Welt	549

Bild 1-11 Petronas Towers

Bild 1-12 Commerzbank

Im Juni 2002 wurde vom italienischen Ministerpräsidenten der Bau der längsten Hängebrücke der Welt angekündigt. Die Messina Strait Bridge (Bild 1-13) soll die Straße von Messina überbrücken und eine kontinuierliche Verbindung zwischen dem italienischen Festland (Kalabrien) und Sizilien bilden. Die Hauptspannweite wird 3300 m betragen, gefolgt von einer 960 m langen Vorbrücke auf sizilianischer Seite und einer 810 m langen Vorbrücke auf kalabrischer Seite. Wenn die Planungen 2003 erfolgreich verlaufen, könnte nach italienischer Meinung der Baubeginn ca. 2005 erfolgen, so dass etwa 2010 die gesamte Brücke fertiggestellt sein wird. Die Brücke wird eine Breite von 60 m aufweisen, so dass 12 Fahrspuren für den Straßenverkehr und 2 Eisenbahnlinien Platz haben werden. Die Baukosten werden mit ca. 4,8 Milliarden Euro veranschlagt [1.7].

Bild 1-13 Messina Strait Bridge – längste Hängebrücke der Welt (Computersimulation) [1.7]

Eine Zusammenstellung über die weit gespanntesten Brücken der Welt, unterschieden nach Massivbrücken, Schrägseilbrücken und Hängebrücken, ist in Tabelle 1-6 gegeben.

Tabelle 1-6 Weitgespannte Brücken

Brücke	Bemerkung	Spannweite [m]
Massivbrücken		
Rheinbrücke Bendorf, Deutschland	Balkenbrücke aus Stahlbeton mit größter Spannweite in Deutschland	208
Kylltalbrücke, Deutschland	seit 1999 weitest gespannte Betonbogenbrücke in Deutschland	223
Hamana-Bridge, Japan	weitest gespannte Balkenbrücke der Welt in Stahlbeton	240
Jiangjihe-Brücke Weng'an, Guizhou, China	Betonbogenbrücke	330
Brücke zur Insel Krk, Kroatien	Betonbogenbrücke	390
Yangtze-Brücke Wanxian, Sichuan, China	seit 1997 weitest gespannte Betonbogenbrücke der Welt	425
Schrägseilbrücken		
Rheinbrücke Düsseldorf-Flehe, Deutschland	weitest gespannte Schrägseilbrücke Deutschlands	367
Ponte de Normandie, Frankreich	weitest gespannte Schrägseilbrücke der Welt	856
Rion-Antirion Bridge, Griechenland	im Bau befindliche, längste Schrägkabelbücke der Welt; abgespannte Länge 2252 m, Hauptspannweite 560 m, Fertigstellung 2004	2252 (Hauptfeld 560)
Hängebrücken		
Brooklyn-Bridge, USA	1883, seinerzeit längste Hängebrücke der Welt, Gesamtlänge 1825 m	486
George Washington Bridge, USA	1931, seinerzeit längste Hängebrücke der Welt, Gesamtlänge 1451 m	1067
Fatih Sultan Mehmet Bridge, Türkei		1090
Mackinac Strait Bridge, USA		1158
Golden Gate Bridge, USA	1937, seinerzeit längste Hängebrücke der Welt für 27 Jahre	1280
Verrazano-Narrows Bridge, USA	1964, seinerzeit längste Hängebrücke der Welt, Gesamtlänge 2195 m	1298
Grand Belt Bridge, Dänemark	seit 1998 weitest gespannte Hängebrücke in Europa	1624
Akashi-Kaikyo Bridge, Japan	seit 1996 weitest gespannte Hängebrücke der Welt	1990
Messina Strait Bridge, Italien	längste Hängebrücke der Welt, im Planungsstadium, Fertigstellung ca. 2010	ca. 3300

Bevor man sich der Planung von derartigen Konstruktionen zuwenden kann, ist ein Studium der Werkstoffe des Bauwesens, ihrer Eigenschaften, ihres Einsatzgebietes, aber auch ihrer Einsatzgrenzen unabdingbar. Aus der Koppelung zwischen dem Verhalten einerseits und der Struktur und dem Gefüge andererseits leiten sich Möglichkeiten zur Verbesserung des Werkstoffverhaltens und Kriterien der Einsetzbarkeit ab. Das Verhalten eines Baustoffes kann nicht berechnet, sondern nur durch Experimente im Rahmen einer Materialprüfung erforscht werden. Dabei wird zwischen zerstörenden und zerstörungsfreien Prüfverfahren unterschieden. Für die Auswertung der Versuchsergebnisse stützt man sich auf statistische Methoden, die die Aussagekraft streuender Prüf- und/oder Messergebnisse bewerten und quantifizieren.

Die Eigenschaften der Werkstoffe sind in hohem Maße vom atomaren und molekularen Aufbau, der Struktur und des Gefüges des jeweiligen Stoffes abhängig. Grundlegende Fragen zum Aufbau, der Struktur und dem Zusammenhalt der Werkstoffe, ja der Materie, berühren alle Werkstoffe und werden übergreifend im Folgenden in der Analyse des Aufbaus und der Struktur der Werkstoffe behandelt.

1.7 Aufbau und Struktur der Werkstoffe

Die Bausteine der Materie sind die Atome. Die Materialeigenschaften werden wesentlich durch die Elektronen in der Elektronenhülle bestimmt. Die Elektronen auf der äußersten Schale (Bohrsches Atommodell) sind in besonderem Maße entscheidend für die Eigenschaften. Die zwischen den Atomen wirkenden Bindungs- und Gitterkräfte bedingen u.a. solche Eigenschaften wie die Festigkeit.

1.7.1 Bindungsarten und Bindungsenergie

Atome bilden Kristalle und Moleküle. Die einzelnen Bausteine stehen miteinander in Wechselwirkung. Die Wechselwirkungskräfte setzen sich aus einer anziehenden (Coulombkraft) und einer abstoßenden (Abstoßung der Elektronenhülle, Quantenmechanik) Komponente zusammen. Die Wirkung beider Komponenten führt zu einem Gleichgewichtsabstand zwischen den Bausteinen. Die Realisierung einer Bindung zwischen zwei oder mehreren Atomen erfolgt mit dem Ziel, möglichst eine gefüllte Achterschale (exakter: die am nächsten gelegene Edelgaskonfiguration der Valenzelektronen) bei der Elektronenkonfiguration zu erzielen. Unter Valenzelektronen versteht man die Elektronen der äußersten, unvollständig besetzten Elektronenschale. Diese bestimmen die chemischen Eigenschaften eines Elements und sind folglich verantwortlich für die Art der eingegangenen chemischen Bindung. Der Hintergrund besteht darin, dass die Atome mit gefüllter Achterschale (8 Elektronen auf der äußeren Elektronenhülle) besonders stabil sind (vergleiche die chemischen Eigenschaften der Edelgase). Hierfür gibt es je nach Elektronenkonfiguration der verschiedenen Atome unterschiedliche Lösungsstrategien. Man unterscheidet dabei zwischen starken und schwachen chemischen Bindungen.

Die starken chemischen Bindungen (mitunter auch als intramolekulare Bindungen bezeichnet) sind innerhalb eines Moleküls, eines Ionenkristalls oder eines Metalls anzutreffen. Sie werden in heteropolare, auch Ionenbindung genannt, homöopolare oder kovalente Bindung, auch als Atombindung oder Elektronenpaarbindung bezeichnet, und in Metallbindung unterteilt. Bei den schwachen chemischen Bindungen handelt es sich um Bindungen zwischen einzelnen Molekülen, welche auch als intermolekulare Bindungen bezeichnet werden. Diese schwachen Bindungen sind auf van-der-Waals-Wechselwirkungen, auf Dipol-Dipol-Wechselwirkungen sowie auf Wechselwirkungen der Wasserstoffbrückenbindungen zurückzuführen. Die drei starken Wechselwirkungsarten und die van-der-Waals-Wechselwirkung als ein Beispiel für eine schwache Wechselwirkung werden nachstehend erläutert:

- *Heteropolare Bindung* (Ionenpaarbindung): Diese Art der chemischen Bindung ist typisch zwischen Metall- und Nichtmetallatomen. Durch Elektronenaustausch wird bei einem Bindungspartner die Achterschale aufgefüllt, während der andere ein Elektron abgibt. Die Ionenpaarbindung beruht auf der allseitigen elektrostatischen Anziehung der dadurch entstandenen entgegengesetzt geladenen Ionen. Im Ergebnis dessen sind die Bindungspartner nach außen nicht mehr elektrisch neutral. Diesen Bindungstyp trifft man in kristallinen Strukturen an. So gibt beispielsweise (im Salz NaCl) das Na-Atom sein einziges Außenelektron an das Cl-Atom ab. Die Verbindung CaF_2 ist ein Beispiel dafür, wie auch drei Moleküle eine derartige Bindung miteinander eingehen.

- *Homöopolare Bindung* (kovalente Bindung, Elektronenpaarbindung): Diese Bindungen entstehen zwischen Nichtmetallatomen. Ein Austausch von Elektronen wie bei der heteropolaren Bindung führt nicht mehr zum Ziel. Hier beruht die Bindung darauf, dass benachbarte Atome ihre äußeren Elektronen derartig austauschen, dass Elektronenpaare entstehen, welche dann jene Atomkerne umkreisen, die eine Bindung miteinander eingehen, um auf diese Weise die angestrebte Edelgaskonfiguration (vollbesetzte Achterschale) zu erreichen. Im Gegensatz zur heteropolaren Bindung ist diese räumlich gerichtet und weitestgehend absättigbar. Beispiele für diesen Bindungstyp sind Moleküle, welche aus gleichen Atomen bestehen, also H_2 und Cl_2.

- *Metallische Bindung*: Sie tritt auf, da die Anzahl der Valenzelektronen kleiner ist als vier. Überdies haben die Atome eines Metalls in der Regel eine relativ niedrige Ionisierungsenergie, wodurch sie ihre Valenzelektronen recht leicht abgeben. Hier besteht lediglich die Möglichkeit, dass die an der Bindung beteiligten Metallatome ihre Valenzelektronen abgeben, die dann ein so genanntes Elektronengas bilden und innerhalb der zurückbleibenden positiv geladenen Atomrümpfe (Metallgitter) mehr oder weniger frei beweglich sind. Diese Elektronen gehören dann dem gesamten System an. Insofern besteht eine gewisse Ähnlichkeit zur homöopolaren Bindung. Bei der kovalenten Bindung sind die Elektronen lokalisiert, bei der Metallbindung nicht mehr.

- *Van-der-Waals-Bindung*: Dieser Bindungstyp beruht nicht mehr auf dem Austausch von Elektronen, sondern auf einer zwischenmolekularen Wechselwirkung. Der Ladungsschwerpunkt der Elektronenhülle fällt nicht mit dem Mittelpunkt des Atomkerns zusammen; es bildet sich ein Dipolmoment aus. Zwischen den Dipolmomenten findet eine Wechselwirkung statt. Für die Bindungsenergie findet man $V(r) \sim const./r^6$ mit *r* als Abstand [1.10]. Diese van-der-Waals-Kräfte wirken zwischen neutralen und chemisch abgesättigten Molekülen eines Gases oder einer Flüssigkeit sowie auch in Molekülgittern. Sie können aber auch bei allen anderen Bindungstypen zusätzlich auftreten.

Diese einzelnen Bindungsarten unterscheiden sich nicht nur in der Art der Wechselwirkung, sondern als Folge auch in der Höhe der Bindungsenergie. Zahlreiche Eigenschaften wie die elektrische Leitfähigkeit, Sprödigkeit, Phasenübergänge (beispielsweise der Schmelzpunkt) werden auch durch den Bindungstyp bestimmt [1.8] bis [1.11].

1.7.2 Kristallinität und Amorphie

Festkörper kommen meistens in amorpher oder kristalliner Form vor, wobei sich viele Materialien im festen Aggregatzustand, wie zum Beispiel Gläser und Polymere, nicht klar in diese Klassifizierung einordnen lassen. Kristalline Festkörper, oder einfach Kristalle, weisen eine in alle drei Raumrichtungen regelmäßige und periodisch wiederkehrende Atomstruktur (Kristallgitter) auf. Man spricht hier auch von einer Translationssymmetrie des Kristallgitters. Amorphe Festkörper zeigen keine Fernordnung, wobei eine gewisse Nahordnung in Umgebung des einzelnen Atoms vorhanden sein kann.

Das Kristallgitter ist durch die Art und die Position der Atome charakterisiert. Es bestimmt durch seine geometrische Struktur (mikroskopische Eigenschaft) die äußere Erscheinung des Kristalls (makroskopische Eigenschaft) sowie dessen physikalische Eigenschaften. Die Kristallstruktur wird eindeutig festgelegt durch die Angabe des Raum- oder Punktgitters (als mathematische Abstraktion des Kristallgitters unter Vernachlässigung der Art der Atome oder Moleküle an den Punkten bzw. Gitterplätzen) und der Basis (als Gruppe von Atomen oder Molekülen, welche an jedem Punkt des Punktgitters sitzen). Zur geometrischen Beschreibung führt man noch den Begriff der Elementarzelle ein. Deren Aneinanderreihung ergibt das Raumgitter (Kristallgitter) [1.8] bis [1.11].

Kristallstrukturen lassen sich bei Metallen, keramischen Werkstoffen und Polymeren finden. Auch im hydratisierenden Zementstein bzw. Zementmörtel lassen sich kristalline Strukturen nachweisen. Diese sind entweder Bestandteile des noch unhydratisierten Zementklinkers oder bereits Hydratationsprodukte. Zementstein enthält viele kristalline Phasen. Im Verlauf des Hydratationsprozesses werden die kristallinen Bestandteile des Zementes, die Klinkerminerale, wie C_3S, C_2S, C_3A und $C_2(A,F)$, in neue Strukturen überführt (siehe Abschnitt 5.2.2). Unter anderem entsteht Portlandit $Ca(OH)_2$ als neue kristalline Phase. Eine Analyse des Phasenbestands (qualitative oder quantitative Phasenanalyse) gibt auf diese Weise Auskunft über den Fortschritt der Hydratation.

1.7.3 Oberflächenenergie

Die Eigenschaft von Flüssigkeiten und Festkörpern zusammenzuhängen und folglich Schichten oder nicht abreißende Fäden zu bilden, nennt man Kohäsion. Die Ursache hierfür sind die anziehenden Kräfte zwischen den Molekülen (vgl. Abschnitt 1.7.1). Im Gegensatz hierzu werden mit Adhäsion die Zusammenhangskräfte zwischen Molekülen zweier verschiedener Stoffe bezeichnet.

Eine Flüssigkeitsoberfläche bildet eine Grenzfläche (auch Phasengrenzfläche, vgl. Abschnitt 1.7.4). Innerhalb der Flüssigkeit wirken die Kohäsionskräfte gleichmäßig in alle Raumrichtungen (Bild 1-14). Jedes Flüssigkeitsmolekül ist in jeder Richtung in gleicher Weise von anderen Molekülen umgeben. In unmittelbarer Umgebung der Flüssigkeitsoberfläche wirkt dagegen eine resultierende Kohäsionskraft in Richtung der Flüssigkeit. Damit die Oberfläche dennoch stabil ist, muss eine gleichgroße, aber entgegensetzt gerichtete Kraft wirken. Diese pro Flächeneinheit wirkende Kraft ergibt einen Druck. Zur isothermen Vergrößerung der Oberflächenschicht einer Flüssigkeit müssen Teilchen aus dem Inneren an die Grenzfläche gebracht werden (Bild 1-15). Hierzu muss Arbeit verrichtet werden, wodurch die Oberflächenenergie der Flüssigkeit erhöht wird.

Die Änderung der spezifischen Oberflächenenergie entspricht der Arbeit ΔW. Wird die Arbeit ΔW auf die Oberfläche ΔA bezogen, erhält man daraus eine Spannung, die als Oberflächenspannung σ bezeichnet wird. Als Definitionsgleichung für die Oberflächenspannung σ gilt:

$$\Delta W = \sigma \cdot \Delta A \tag{1.28}$$

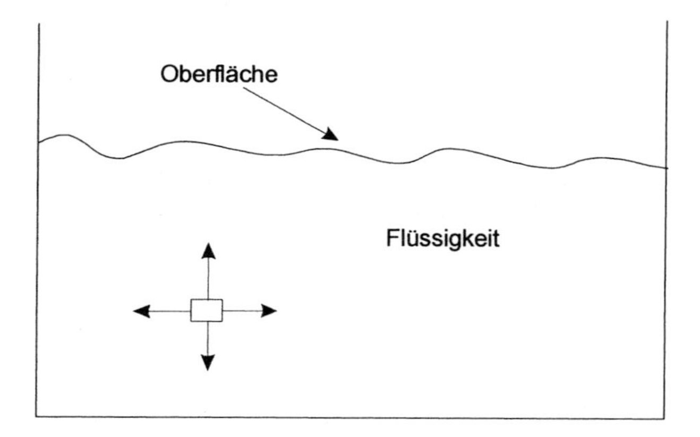

Bild 1-14 Kraftwirkungen auf ein Molekül im Inneren der Flüssigkeit

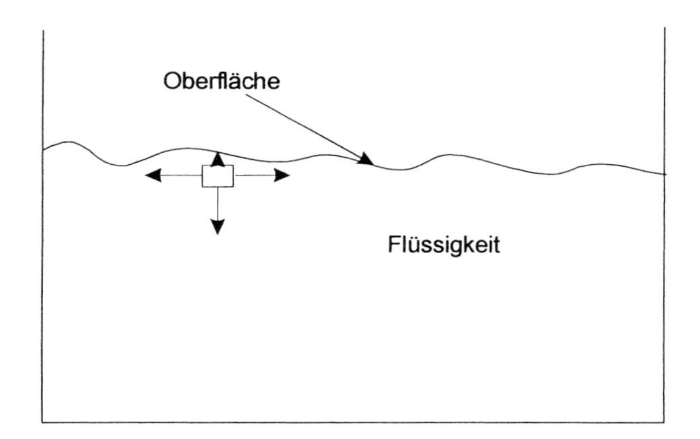

Bild 1-15 Kraftwirkungen auf ein Molekül in unmittelbarer Oberflächennähe

Die Oberflächenspannung σ in [N/m] oder [J/m²] wirkt der Vergrößerung der Oberfläche ΔA entgegen. Als Beispiel beträgt die Oberflächenspannung bei Kohlenwasserstoffen etwa 0,02 N/m, bei Wasser etwa 0,07 N/m und bei Quecksilber etwa 0,49 N/m [1.10].

Jedes System ist bestrebt, den Zustand minimaler (potentieller) Energie einzunehmen. Daher sind Flüssigkeitsoberflächen stets Minimalflächen. Darunter ist zu verstehen, dass die Fläche bei gegebenem Volumen minimal sein soll. Geometrische Überlegungen erklären, dass die Kugeloberfläche eine solche Minimalfläche ist. Demzufolge nimmt ein Flüssigkeitstropfen Kugelform an, sofern auf ihn keine anderen Kräfte wirken.

Man kann zeigen, dass die Oberflächenspannung σ gleich dem auf die Längeneinheit der Begrenzungslinie L bezogenen Betrag der Oberflächenkraft F ist. Es gilt dann:

$$\sigma = \frac{F}{L} \tag{1.29}$$

Die Oberflächenkräfte führen in dem Medium, von welchem aus die Oberfläche konkav erscheint, einen Überdruck Δp. So ergibt sich für den Überdruck im Inneren eines kugelförmigen Flüssigkeitstropfens mit dem Radius r:

$$\Delta p = \frac{2 \cdot \sigma}{r} \tag{1.30}$$

Treffen drei Medien (feste Unterlage, Flüssigkeitstropfen und Luft) aufeinander, so greifen drei tangentiale Oberflächenkräfte an. Bei freier Beweglichkeit arrangieren sich die drei Grenzflächen so, dass die Kräfte im Gleichgewicht stehen. Da die drei Medien über eine gemeinsame Begrenzungslinie verfügen, können in Übereinstimmung mit Gleichung (1.29) an Stelle der Kräfte auch die Oberflächenspannungen als Vektoren dargestellt werden (Bild 1-16).

Für den Randwinkel φ zwischen fester Unterlage und der Flüssigkeit ergibt sich:

$$\sigma_{fest,Luft} = \sigma_{fest,fl.} + \sigma_{Luft,fl} \cdot \cos\varphi \tag{1.31}$$

und damit:

$$\cos\varphi = \frac{\sigma_{fest,Luft} - \sigma_{fest,fl.}}{\sigma_{Luft,fl}} \tag{1.32}$$

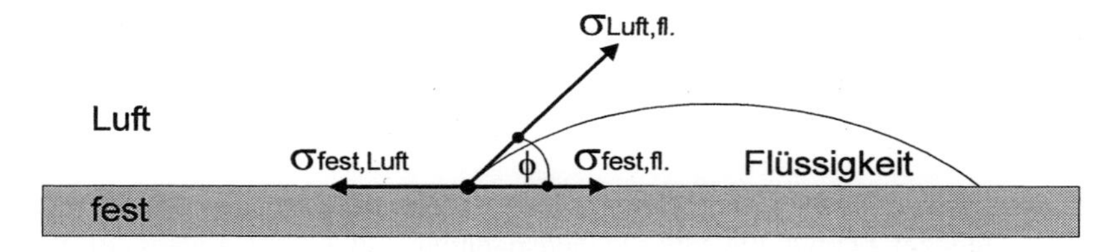

Bild 1-16 Gleichgewicht zwischen den drei Oberflächenspannungen

Mit Bild 1-16 kann erklärt werden, warum es benetzende und nicht benetzende Flüssigkeiten gibt. Überwiegen die Adhäsionskräfte (Zusammenhangskräfte zwischen Molekülen verschiedener Stoffe) gegenüber den Kohäsionskräften (Zusammenhangskräfte zwischen Molekülen des gleichen Stoffes), breitet sich die Flüssigkeit über die gesamte Oberfläche aus; es liegt eine vollkommene Benetzung vor und das Saugvermögen des Untergrundes ist entsprechend stark. Überwiegen die Kohäsionskräfte, dann zieht sich die Flüssigkeit tropfenförmig zusammen. Die Stoffoberfläche ist schlecht benetzbar und es stellt sich ein nur untergeordnetes kapillares Saugvermögen ein. Eine unmittelbare Folgerung hieraus ist das Verhalten einer Flüssigkeit in einer Kapillare. Man findet dort eine kapillare Hebung (Aszension) benetzender und eine kapillare Senkung (Depression) nicht benetzender Flüssigkeiten [1.8] bis [1.11].

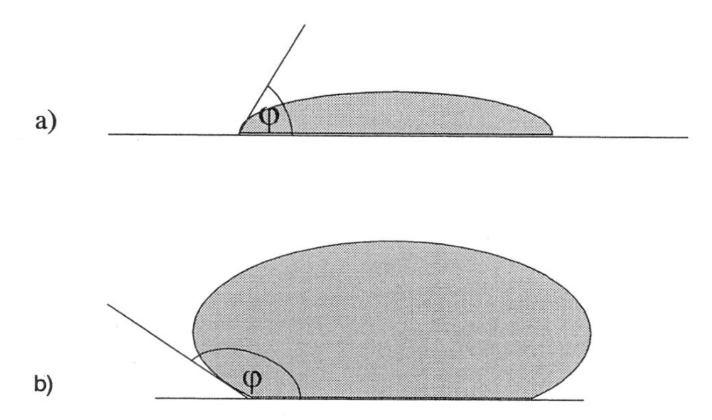

Bild 1-17 Benetzung einer Oberfläche
a) benetzende Tropfenbildung infolge Kapillaraszension, b) perlende Tropfenbildung infolge Kapillardepression

1.7.4 Homogenität und Isotropie

Zur Charakterisierung physikalischer Systeme verwendet man auch Begriffe wie Homogenität und Isotropie [1.8] bis [1.11]. Dabei bedeuten:

Homogenität: In einem homogenen System sind die Eigenschaften in allen Teilen gleich. Im Gegensatz dazu ändern sich in einem heterogenen System die Eigenschaften an bestimmten Grenzflächen. Während beispielsweise ein Behälter mit trockener Luft unter Normalbedingungen ein homogenes System darstellt, liegt in einem Behälter mit Wasser, Wasserdampf und Luft ein heterogenes System vor.

Hieraus leitet sich sogleich der Begriff „Phase“ ab. Hierunter ist der homogene Teil eines heterogenen Systems zu verstehen. Die trennende Grenzfläche zwischen zwei Phasen bezeichnet man als Phasengrenzfläche. Die Flüssigkeitsoberfläche ist eine solche Phasengrenzfläche, weil sie die flüssige Phase von der Gasphase trennt.

Ferner spricht man von der Homogenität des Raumes, wenn alle physikalischen Gesetze überall im Raum gleich sind. Homogenität der Zeit bedeutet, dass sich alle physikalischen Gesetze nicht mit der Zeit ändern. Das gilt insbesondere auch für die physikalischen Konstanten. Hieraus lassen sich zwei Erhaltungssätze ableiten: der Energie- und der Impulserhaltungssatz.

Isotropie: Hier ist keine Raumrichtung ausgezeichnet. Die gemessenen Eigenschaften eines isotropen Materials sind unabhängig von der Prüf- oder Messrichtung in allen Richtungen gleich. Im Gegensatz dazu sind bei einem anisotropen Festkörper bestimmte Raumrichtungen bevorzugt und die Eigenschaften stehen in Abhängigkeit zur Raumrichtung.

Beispielsweise sind in Kristallen, bedingt durch deren Atomstruktur (Kristallgitter), bestimmte Eigenschaften anisotrop. So ist in derartigen kristallinen Stoffen beispielsweise die Wärmeleitung richtungsabhängig. Amorphe Festkörper sind oftmals isotrop. Auch aus der Isotropie des Raumes lässt sich ein weiterer Erhaltungssatz, und zwar der Drehimpulserhaltungssatz, ableiten.

2 Grundlagen des Werkstoffverhaltens

2.1 Mechanisches Verhalten

Das mechanische Verhalten eines Werkstoffes ist Ausdruck, wie sich der Werkstoff unter einer äußeren oder inneren Beanspruchung verhält und damit wichtig für die Herstellung von Maschinen, Tragwerken etc. Insbesondere ist im Bauwesen das Festigkeits- und Verformungsverhalten von Bedeutung. Aus Gründen der Tragsicherheit müssen Bauteile und Konstruktionen eine genügende Materialfestigkeit aufweisen und die auftretenden Verformungen müssen zur Sicherung der Gebrauchstauglichkeit auf kleine Werte begrenzt werden. Andererseits ist im Bruchzustand eine angemessene Verformbarkeit der Werkstoffe erwünscht, um verformungsarme Sprödbrüche zu vermeiden. Im Folgenden werden die mechanischen Kenngrößen erläutert. Festigkeit und Verformbarkeit werden allgemein als mechanisches Verhalten zusammengefasst.

2.1.1 Mechanische Kenngrößen

2.1.1.1 Verformungen

Unter mechanischer Beanspruchung zeigt ein Konstruktionswerkstoff ein charakteristisches Verformungsverhalten. Dabei können drei Stadien unterschieden werden:

- *Reversible Verformung*, bei der die Formänderung sofort bzw. eine bestimmte Zeit nach Beendigung der Krafteinwirkung wieder verschwindet und der verformte Körper in seine ursprüngliche Form zurückkehrt (elastisches Verhalten bzw. verzögert elastisches Verhalten).
- *Irreversible Verformung*, bei der ein Anteil der Formänderungen auch nach Beendigung der Krafteinwirkung erhalten bleibt (plastische Verformung).
- *Bruch* als Trennung des Werkstoffes infolge der Ausbreitung von Rissen im makroskopischen Bereich.

Bei einem hohen irreversiblen (plastischen) Verformungsanteil spricht man von duktilem bzw. zähem Werkstoffverhalten. Große plastische Verformungen auf Bruchlastniveau deuten auf Überlastung hin und kündigen so den Versagenszustand an. Überwiegt dagegen im Bruchstadium die reversible (elastische) Verformung, liegt ein sprödes Werkstoffverhalten vor. In solchen Baustoffen sind große Energiemengen gespeichert, die nicht durch plastische Verformungsarbeit abgebaut werden. Die gespeicherte Energie wird bei Entlastung verlustfrei wiedergewonnen oder beim Bruch schlagartig frei. Dagegen zeigen fast alle Konstruktionswerkstoffe im unteren Lastbereich, und zwar unabhängig davon, wie sie im höheren Lastbereich reagieren, ein elastisches Materialverhalten.

Das Verformungsverhalten eines Bauteils bis zum Bruch hängt allgemein sowohl von der Struktur und dem Gefüge des Werkstoffes, den Umgebungsbedingungen (z.B. Temperatur, Feuchte etc.) sowie von seiner Beanspruchung ab.

2.1.1.2 Spannungen

Mechanische Beanspruchungen können im Tragwerk auf vielfältige Weise hervorgerufen werden. Das Eigengewicht und die Nutzlasten der Konstruktion sowie Wind oder Erddruck erzeugen Beanspruchungen, die lastabhängig sind. Daneben gibt es lastunabhängige Beanspruchungen, die infolge von Temperatur oder durch das Schwind- bzw. Quellverhalten von Werkstoffen ausgelöst werden.

Aus physikalischer Sicht werden durch eine mechanische Beanspruchung im Bauteil und damit im Werkstoff innere Kräfte erzeugt, die mit den äußeren Kräften im Gleichgewicht stehen. Die auf die Flächeneinheit bezogenen inneren Kräfte werden als Spannungen bezeichnet. Dabei ist zwischen den *Normalspannungen* σ, die senkrecht zu einer betrachteten Fläche wirken, und den in dieser Fläche auftretenden *Schubspannungen* τ zu unterscheiden (Bild 2-1).

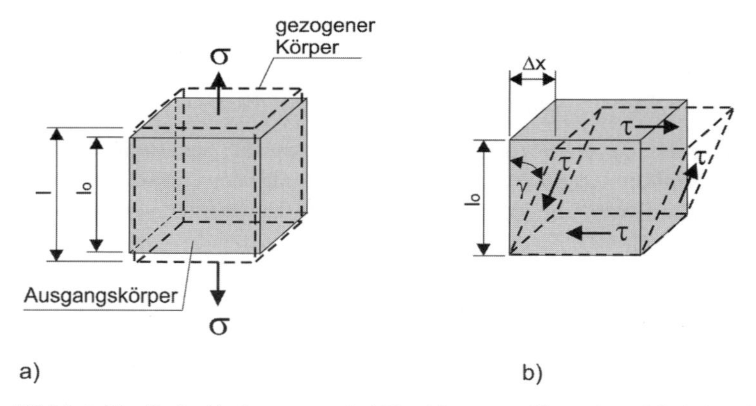

Bild 2-1 Elastische Verformungen bei Einwirkung von Normal- und Schubspannungen
a) Normalspannung σ bewirkt eine Längenänderung und eine Querschnittsverjüngung bzw. –verbreiterung $\Delta l = l - l_0$, b) Schubspannung τ bewirkt eine Verzerrung um das Maß des Gleitwinkels γ

Eine Normalkraftbeanspruchung liegt vor, wenn eine äußere Längskraft in Richtung der Stabachse angreift. Sie erzeugt im Stab Spannungen, die längs der Stabachse wirken. Wird die zu untersuchende Schnittführung so gewählt, dass die Spannungen senkrecht zu der Schnittebene wirken, werden sie als *Normalspannungen* bezeichnet. Auf jedes Flächenelement entfällt ein Spannungsanteil, die über den Querschnitt aufsummiert eine resultierende Kraft ergeben, die mit der äußeren Längskraft im Gleichgewicht steht (Bild 2-2).

$$N = \sigma \cdot A \quad \text{bzw.} \quad \sigma = \frac{N}{A} \tag{2.1}$$

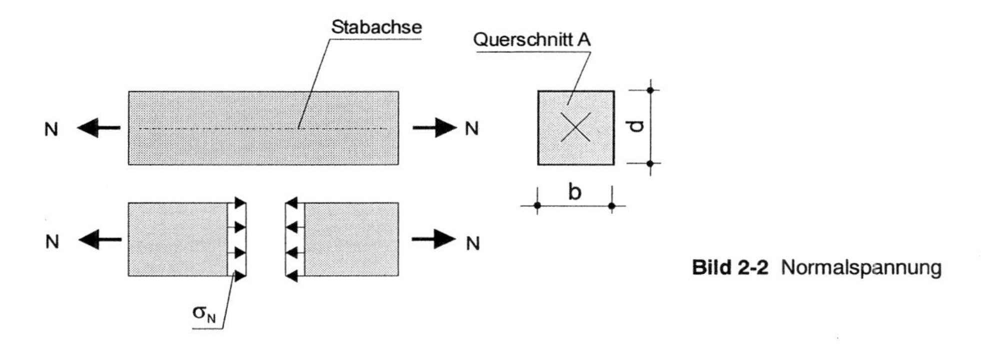

Bild 2-2 Normalspannung

Eine Schub- oder Scherbeanspruchung liegt vor, wenn entgegengesetzt gerichtete Kräfte in engem Abstand voneinander wirken und die Schnittufer gegeneinander verschieben wollen, ohne dass sich der Abstand zwischen den Schnittufern ändert. Die entstehenden *Schub-* oder *Scherspannungen* wirken innerhalb einer Ebene, die als Scherfläche bezeichnet wird. Werden die Spannungen über die Scherfläche aufsummiert, entsteht eine resultierende Schubkraft, die im Gleichgewicht mit der angreifenden Kraft steht (Bild 2-3).

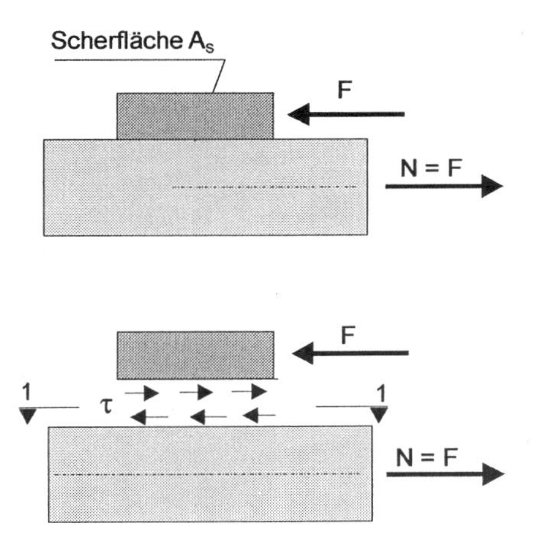

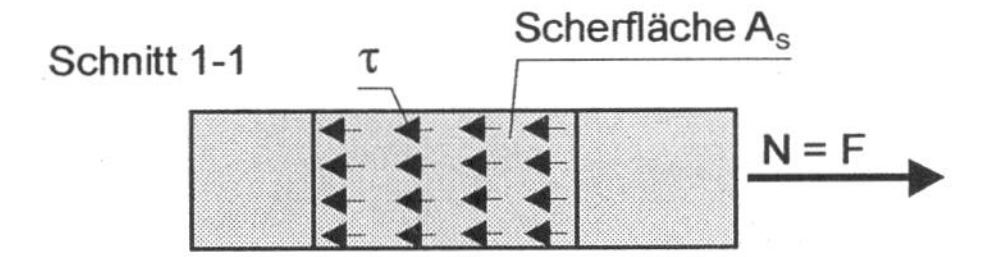

Bild 2-3 Schubspannung

$$F = \tau \cdot A_s \quad \text{bzw.} \quad \tau = \frac{F}{A_s} \tag{2.2}$$

Im realen Bauteilverhalten wirken Normal- und Schubspannungen nicht voneinander getrennt, sondern treten i.d.R. in Kombination auf (vgl. *Mohr'scher Spannungskreis*). Anhand einer zur Stabachse schräg gerichteten Schnittführung lassen sich beide Spannungsgrößen voneinander eliminieren.

Eine äußere Längskraft erzeugt im Stab Spannungen, die in Richtung der Kraft und der Stabachse wirken. Bezogen auf den Querschnitt des Stabes (Schnitt senkrecht zur Stabachse) werden diese als Längsspannungen bezeichnet. Werden diese Längsspannungen auf den Schrägschnitt verteilt, so erhält man die Schrägspannungen. Schrägspannungen sind nicht sehr anschaulich, weshalb sie in ihre Komponenten zerlegt werden (Bild 2-4). Eine Komponente ist senkrecht zur Schnittebene gerichtet. Sie wird als Normalspannung bezeichnet. Die andere Komponente wirkt parallel zum Schrägschnitt und bildet die Schubspannung. Durch vektorielle Addition beider Spannungen und Integration über den Querschnitt ergibt sich eine Resultierende, die mit der angreifenden äußeren Kraft im Gleichgewicht steht. Die Größe von Normal- und Schubspannung ist vom Schnittwinkel α abhängig (Bild 2-5).

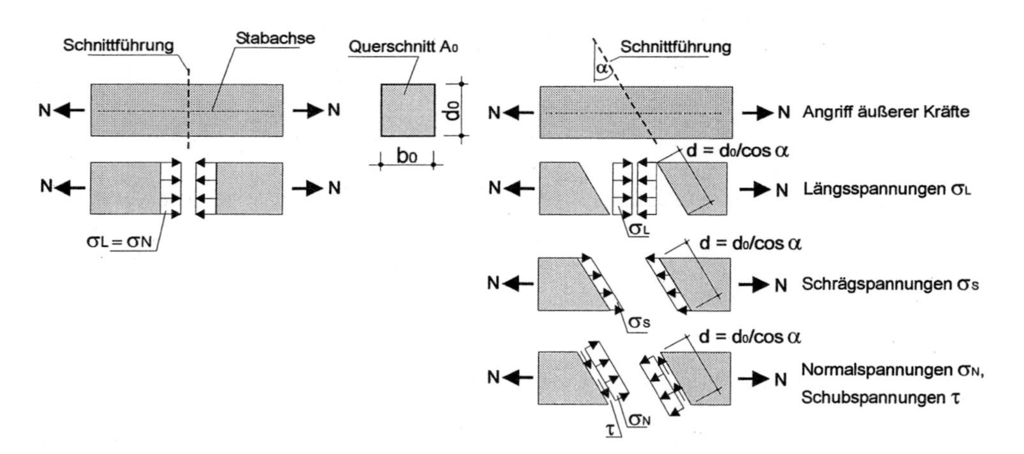

Bild 2-4 Abhängigkeit der Spannungen vom Schnittwinkel bei einachsigem Zug

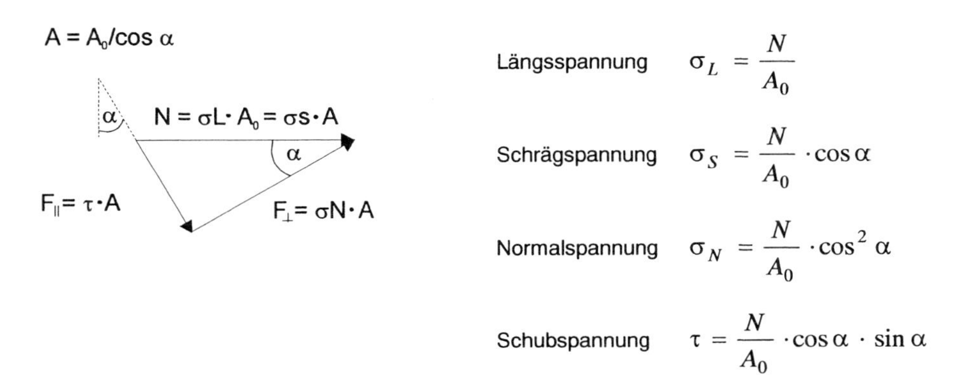

Bild 2-5 Zusammenhang zwischen Normal- und Schubspannung

Die Schubspannung wird maximal bei einem Schnittwinkel von $\alpha = 45°$ und die Normalspannung bei $\alpha = 0°$. Bei maximaler Normalspannung (Hauptspannung) verschwindet die Schubspannung. Welche Spannungsart zum Versagen des Bauteils führt, hängt vom Bruchverhalten des Materials und von der Größe der wirkenden Spannungen ab. Der zugehörige Winkel α gibt Auskunft über die zu erwartende Bruchlinie [2.3].

Die entlang der Stabachse angreifenden äußeren Kräfte N können auf das Bauteil drücken oder daran ziehen. Beim Zusammendrücken des Bauteils von beiden Seiten erfährt der Körper eine Verkürzung; wird der Körper gezogen, verlängert er sich. Werden diese Verformungen auf die Ausgangslängen des Bauteils bezogen, so spricht man von Dehnungen und Stauchungen (= negative Dehnungen). Schubspannungen bewirken dagegen eine Verschiebung der Fasern und ein Abscheren um den Winkel γ, der Schiebung genannt wird. Die mechanischen Größen Spannung, Dehnung, Stauchung und Schiebung stellen bezogene Größen dar, die unabhängig von den Bauteilabmessungen sind und sich daher für Bemessungen und Vergleiche heranziehen lassen. Häufig verwendete mechanische Größen sind in der Tabelle 2-1 dargestellt.

Tabelle 2-1 Häufig verwendete mechanische Kenngrößen

Mechanisches Verhalten	Mechanische Kenngröße	Zeichen	SI-Einheit
Spannungen	Normal- u. Längsspannung	σ	N/mm²
	Schubspannung	τ	N/mm²
Verformungen	Dehnung und Stauchung	ε	–
	Querdehnzahl	μ	–
	Gleitung, Gleitwinkel, Schiebung	γ	–
Zusammenhang zwischen Spannung und Verformung[1)]	Elastizitätsmodul	E	N/mm²
	Schubmodul	G	N/mm²

[1)] Dieser Zusammenhang gilt nur im elastischen Bereich des Materialverhaltens.

Bei vielen Konstruktionswerkstoffen besteht in bestimmten Bereichen zwischen den Spannungen und den elastischen Verformungen ein linearer Zusammenhang, der in Form des Hooke'schen Gesetzes (Bild 2-6) wiedergegeben werden kann. Spannungen und Verformungen verhalten sich proportional zueinander. Der Proportionalitätsfaktor ist eine Werkstoffkonstante und wird als Elastizitätsmodul E für Normalspannungs-Dehnungsbeziehungen und als Schubmodul G für Schubspannungs-Verzerrungsbeziehungen bezeichnet. Elastizitätsmodul und Schubmodul haben die Einheit einer Spannung [N/mm^2].

$$\sigma = \varepsilon \cdot E \tag{2.3}$$

$$\tau = \gamma \cdot G \tag{2.4}$$

$$\varepsilon = \Delta l / l \tag{2.5}$$

$$\sigma = F / A \tag{2.6}$$

$$E = \tan\alpha = \frac{\Delta\sigma}{\Delta\varepsilon} = \frac{\sigma_o - \sigma_u}{\varepsilon_o - \varepsilon_u} \tag{2.7}$$

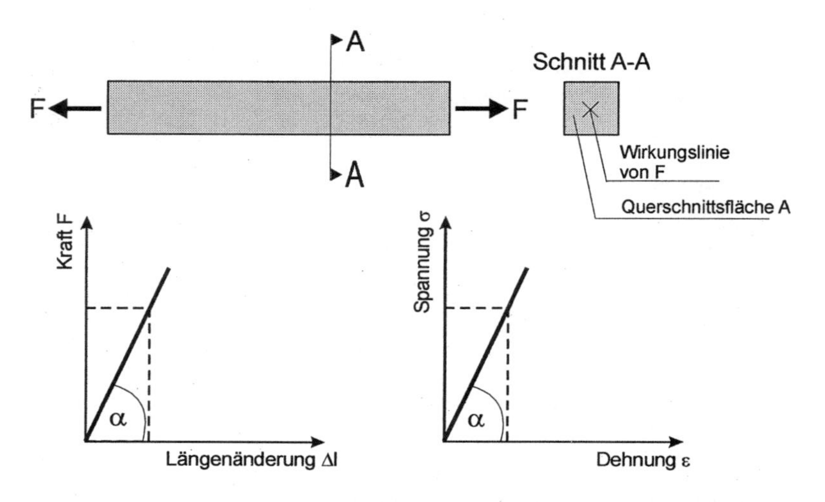

Bild 2-6 Zusammenhang zwischen Spannung und Dehnung im elastischen Zustand

Wie im Bild 2-6 ersichtlich ist, entspricht der Tangens des Steigungswinkels α im elastischen Bereich dem E-Modul. Je größer der E-Modul eines Werkstoffes, desto geringer ist bei gleicher vorhandener Spannung die auftretende Dehnung. Der Schubmodul G beeinflusst das Material analog. Zu beachten ist, dass das Hooke'sche Gesetz nur bis zur Proportionalitätsgrenze, d.h. innerhalb des elastischen Bereiches gültig ist. Darüber hinausgehend weicht die Spannungs-Dehnungslinie von der Geraden ab und es gelten keine linearen Gesetzmäßigkeiten mehr.

Zusammenfassend ergibt sich, dass für Konstruktionswerkstoffe in erster Linie das Verformungsverhalten und die Festigkeit von Bedeutung sind. Einerseits erfahren Bauteile im Gebrauchszustand Verformungen, die allerdings nicht zu groß oder störend sein dürfen, andererseits werden im Bauteil Spannungen aufgebaut, die im Bruchzustand mit erforderlichem Sicherheitsabstand unter den Materialfestigkeiten liegen müssen, um Gefahrenzustände auszuschließen.

2.1.2 Beanspruchungsarten

Allgemein kann zwischen folgenden Beanspruchungen, die auf ein Bauteil oder einen Werkstoff einwirken können, unterschieden werden:

- mechanische Beanspruchung (statisch oder dynamisch),
- thermische Beanspruchung,
- chemische Beanspruchung,
- physikalische Beanspruchung und
- biologische Beanspruchung.

Diese Beanspruchungsarten treten sehr selten allein, sondern nahezu immer in Kombination miteinander auf.

Typische und grundlegende Bauteilbeanspruchungen werden hinsichtlich ihrer wichtigsten Merkmale eingeteilt. Diese sind bei:

- *Normalbeanspruchung* (Spannung senkrecht zur betrachteten Schnittfläche):
  Zug, Druck, Biegung und

- *Tangentialbeanspruchung* (Spannung in der Ebene der Schnittfläche):
  Schub, Torsion.

Die Kenntnisse über die Art der Beanspruchung und über ihre Wirkungsdauer (lang, kurz) bzw. ihrer Wirkungsweise (statisch, dynamisch) haben eine hohe Bedeutung, nicht nur für die Dimensionierung der Tragwerke im Bauwesen, sondern auch für die Sicherstellung der Gebrauchstauglichkeit ganzer Konstruktionen.

2.1.3 Wirkung äußerer Kräfte auf Tragwerke

Grundsätzlich werden bei Einwirkung äußerer Kräfte auf ein Tragwerk oder ein Bauteil Spannungen und Verformungen erzeugt, wobei zwischen der Erzeugung eines einachsigen sowie der Erzeugung eines mehrachsigen Spannungszustandes unterschieden wird.

Einachsige Beanspruchung

Einachsige Spannungszustände sind dadurch charakterisiert, dass Spannungen im Bauteil erzeugt werden, die vorwiegend einachsig ausgerichtet sind. Sie treten häufig in gelenkig angeschlossenen Stäben, Seilen und seltener bei Biegebalken auf.

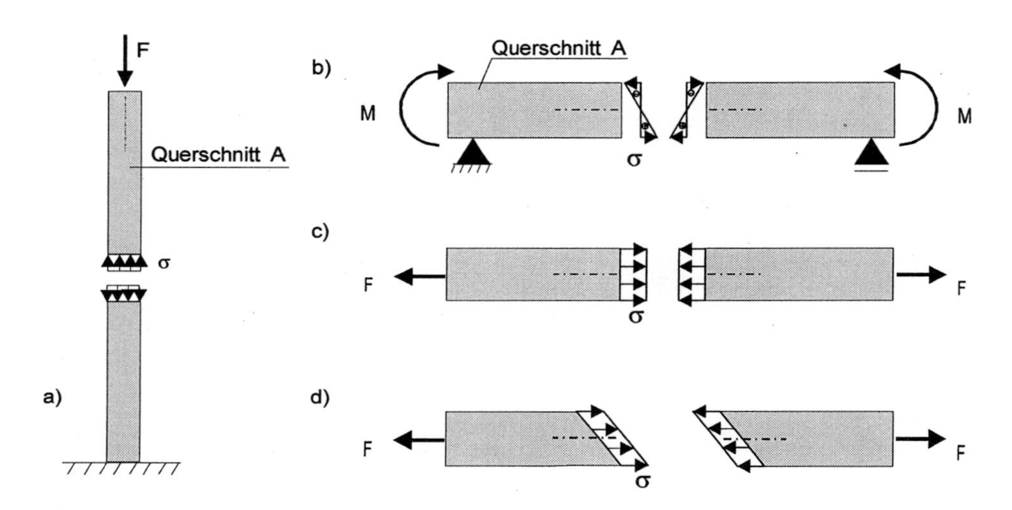

Bild 2-7 Einachsige Spannungszustände in Bauteilen
a) Drucknormalspannungen, b) Biegenormalspannungen, c) Zugnormalspannungen, d) Schrägspannungen

Beim zentrisch beanspruchten Zug- oder Druckstab wirkt die Kraft F auf einer Wirkungslinie identisch zur Stabachse. Die aus den Spannungen resultierende Kraft $F_s = \sigma \cdot A$ steht im Gleichgewicht mit der angreifenden Kraft F (Bild 2-7). Im normalkraftbeanspruchten Stab treten Normal- und Tangentialspannungen in Abhängigkeit vom betrachteten Schnittwinkel zur Vertikalen auf. Die Normalspannungen gemäß Gleichung (2.8) haben ihr Maximum im Schnitt senkrecht zur Stabachse.

$$\sigma = \frac{F_s}{A} = \frac{F}{A} \tag{2.8}$$

In Schnitten längs zur Stabachse treten keine Spannungen auf. Dies gilt bedingt auch für Biegeträger, wenn sich ein einachsiger Spannungszustand einstellen kann. Dies ist möglich, wenn die Trägerlänge im Vergleich zu den Querschnittsabmessungen groß ist und die Biegespannungen maßgebend werden.

Mehrachsige Beanspruchung

Bei mehrachsiger Beanspruchung wird die aufgebrachte Last in mehrere Richtungen weitergeleitet. Die Spannungsrichtungen stehen senkrecht zueinander. Der einfachste Fall, der zweiachsige Spannungszustand, ergibt sich aus dem Bild 2-8. Ein unter Innendruck stehender Behälter wird durch Zugspannungen in Längs- und Ringrichtung beansprucht. Bei der zweiachsig gespannten Deckenplatte (Bild 2-9) werden die aufgebrachten Lasten in x- und y-Richtung weitergeleitet, d.h. es werden Biegemomente und damit Biegespannungen in x- und y-Richtung aufgebaut.

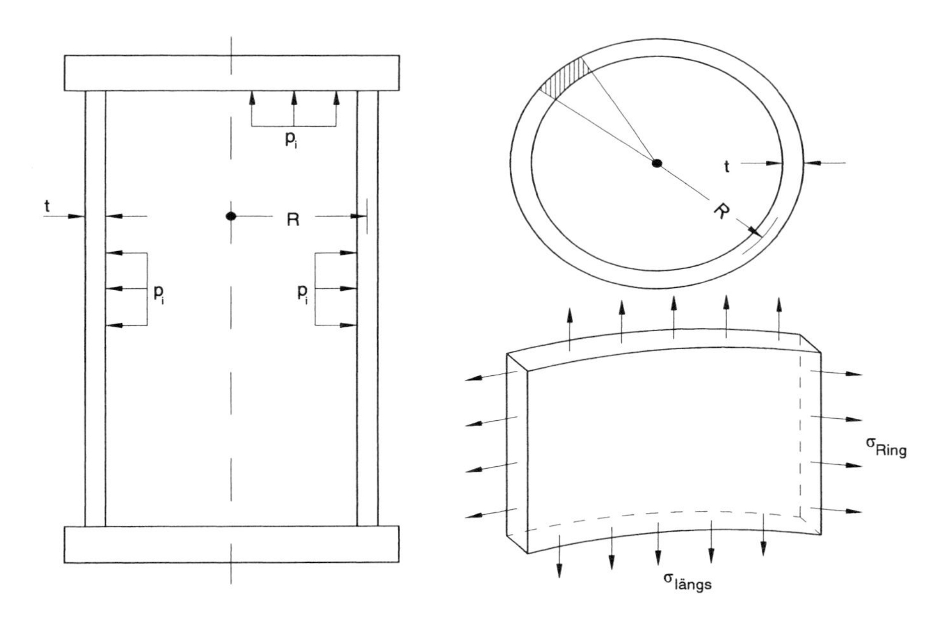

Bild 2-8 Zweiachsiger Spannungszustand bei einem zylindrischen Druckbehälter

Bei einer dreiachsigen Beanspruchung sind alle Seiten eines Elements von Spannungen beansprucht. Das Materialverhalten, insbesondere die Festigkeit und die Verformbarkeit, wird durch die Mehrachsigkeit der Spannungen beeinflusst.

Ob die äußere Belastung einen einachsigen oder einen mehrachsigen Spannungszustand hervorruft, hängt in erster Linie von der Belastung selbst, aber auch von der Art des

Tragwerkes und seiner Lagerung ab. Auch die innere Werkstoffstruktur entscheidet über die Spannungszustände im Inneren eines Bauteils.

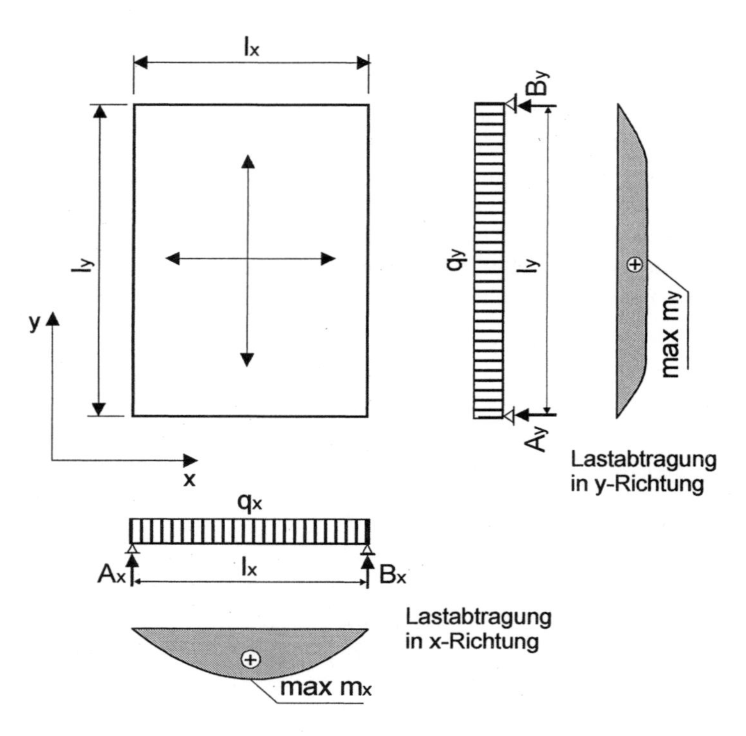

Bild 2-9 Zweiachsiger Spannungszustand bei einer zweiachsig gespannten Deckenplatte

2.1.4 Grundlegende bzw. häufig auftretende Beanspruchungsfälle

2.1.4.1 Beanspruchung in Stablängsrichtung

Wenn eine Normalkraft in Richtung und in Höhe der Stabachse wirkt, wird ein einachsiger Spannungszustand erzeugt (Bild 2-10). Die Kraft bzw. die daraus abgeleiteten Normalspannungen wirken parallel zur Stabachse und ziehen oder drücken den Stab in Richtung seiner Achse.

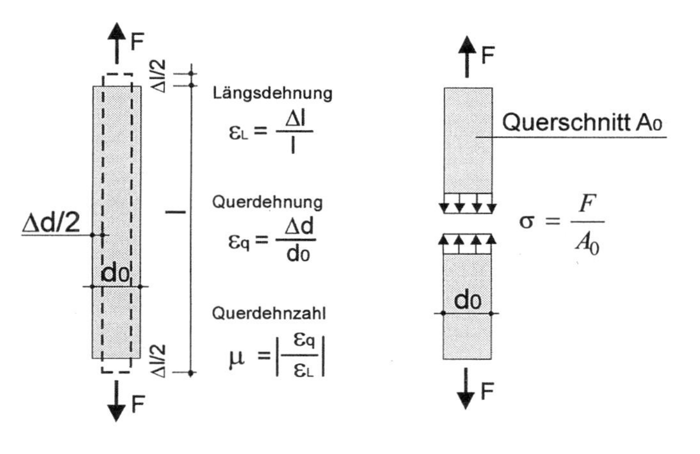

Bild 2-10 Beanspruchung in Stablängsrichtung

Folglich erfährt das Bauteil in Längsrichtung eine Längenänderung oder eine Verkürzung. Bei einer Verlängerung um Δl zieht sich der Querschnitt in der Breite und Dicke geringfügig um das Maß Δd zusammen, bei einer Druckstauchung wölbt er sich um dieses Maß aus. Bezogen auf den Ausgangsquerschnitt ergibt sich daraus die Querkontraktion bzw. die Querdehnung. Im elastischen Materialbereich sind Längs- und Querdehnung über eine Werkstoffkonstante, die Querdehnzahl (auch Querkontraktionszahl) μ miteinander gekoppelt. Bei der Bemessung von Bauteilen kann jedoch vereinfachend die Querdehnung oft vernachlässigt werden, so dass man vereinfachend von einem reinen einachsigen Spannungszustand ausgehen kann. Die Formel für die Querdehnzahl μ lautet:

$$\mu = \left|\frac{\varepsilon_q}{\varepsilon_l}\right| \tag{2.9}$$

mit: ε_q = Querdehnung, ε_l = Längsdehnung und μ = Querdehnzahl.

2.1.4.2 Biegung

In nahezu allen Konstruktionen werden zumindest einzelne Komponenten auf Biegung beansprucht. Es werden innere Schnittgrößen als Biegemomente und Querkräfte hervorgerufen. Infolge des Biegemoments werden die Fasern auf der Zugseite gezogen, während die Fasern der gegenüberliegenden Bauteilseite gedrückt werden. Die äußeren Fasern werden dabei am stärksten beansprucht (Bild 2-11). In der Mittelfaser, auch neutrale Faser oder Nulllinie genannt, ist die Spannung bei reiner Biegung Null. Der Querschnittsteil, in dem Zugspannungen auftreten, wird Zugzone genannt. Den anderen

Querschnittsteil, in dem Druckspannungen vorhanden sind, nennt man Druckzone. Als Folge der unterschiedlichen Spannung und damit auch der unterschiedlichen Dehnungen über die Querschnittshöhe erfährt das Bauteil unter Biegung eine Verkrümmung. Die Größe der Verkrümmung hängt von der Höhe der Last und den Materialeigenschaften ab.

In der Regel treten bei Biegeträgern neben Biegemomenten auch Querkräfte auf, die den Stab abscheren wollen. Nur wenn die Schubspannungen vernachlässigbar klein im Verhältnis zu den Biegespannungen in den Randfasern sind, kann von einem einachsigen Spannungszustand ausgegangen werden. Oft werden jedoch beide Spannungsarten gleichzeitig in Form von Vergleichsspannungen betrachtet; man geht in diesen Fällen von einem zweiachsigen Spannungszustand (σ und τ) aus.

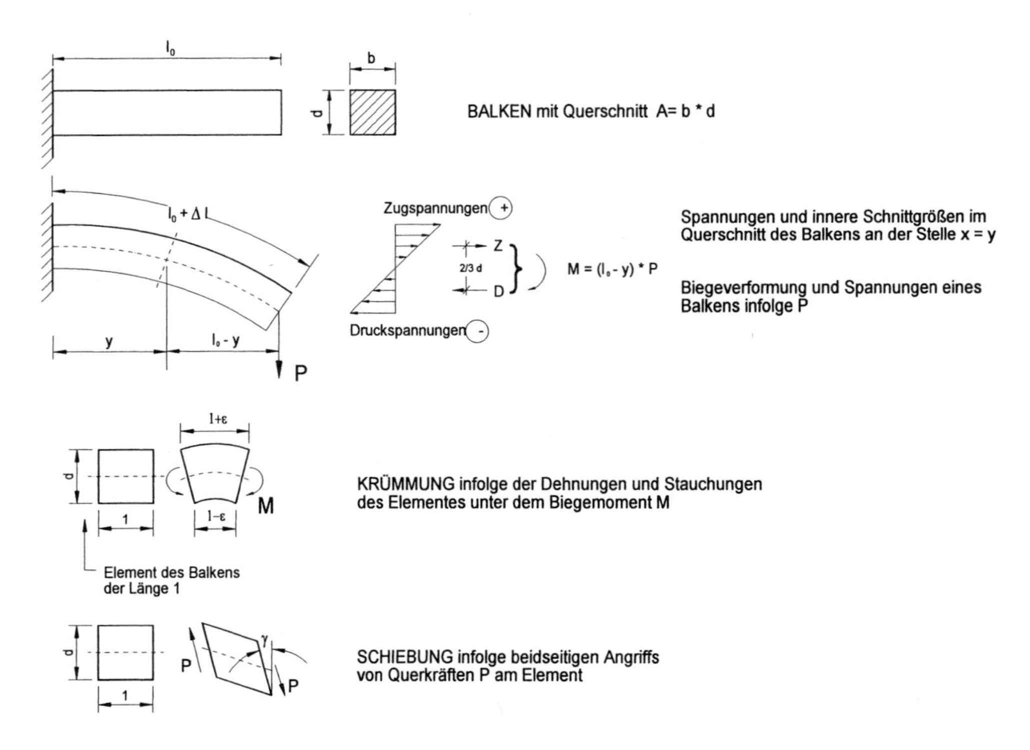

Bild 2-11 Spannungen und Verformungen bei Biegung

2.1.4.3 Schub- und Scherbeanspruchung

Im Bild 2-12 und im Bild 2-13 sind eine Scherbeanspruchung sowie eine Beanspruchung auf Schub in einem Kragarm schematisch dargestellt. Beide Beanspruchungsfälle führen zur Schubspannung τ. Die lotrechten Schubspannungen resultieren aus der Querkraft und stehen als Summe mit der äußeren Vertikallast im Gleichgewicht. Wie im Bild 2-13 zu erkennen ist, sind paarweise gleichgroße horizontale Schubspannungen erforderlich, um die Gleichgewichtsbedingungen für das Elementteilchen zu erfüllen und ein Verdrehen und Verzerren zu verhindern. Dagegen werden Schraub- oder Nietverbindungen auf Abscheren beansprucht, weshalb in diesen Fällen auch von der Scherspannung τ gesprochen wird (Bild 2-12).

Betrachtet man in beiden Belastungsfällen die Wirkung auf ein kleines Bauteilelement, kann man feststellen, dass dieses beiderseits einer Gleitung unterliegt. Diese Gleitungen wiederum sind zerlegbar in Stauchungen und Dehnungen, d.h. die Wirkung einer Scher- und Schubbeanspruchung kann durch die gleichzeitige Wirkung von diagonalem Zug und Druck (wirkende Hauptspannungen) beschrieben werden.

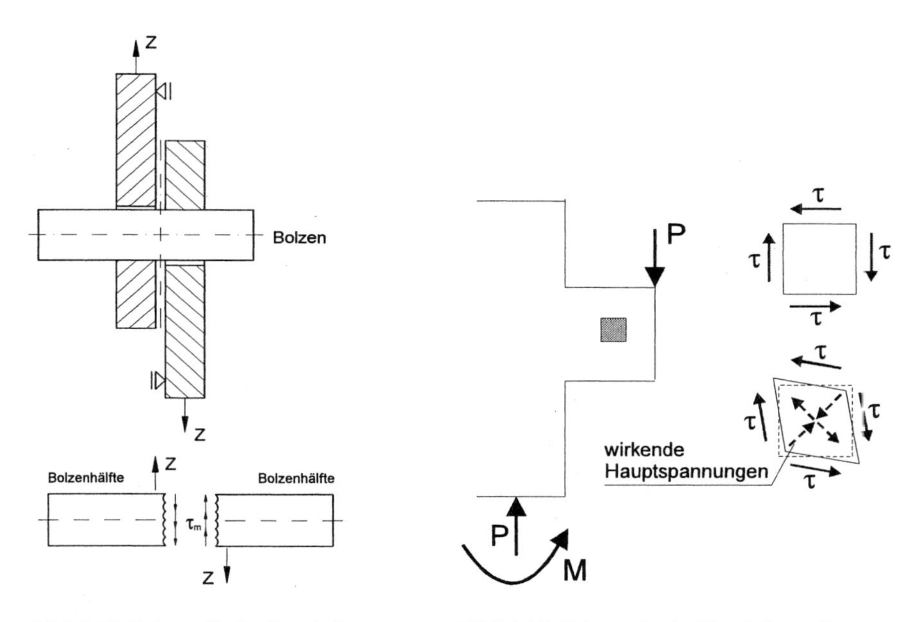

Bild 2-12 Schematische Darstellung der Scherbeanspruchung

Bild 2-13 Schematische Darstellung der Beanspruchung auf Schub

2.1.4.4 Verdrehen (Torsion)

Ist ein gerader Stab an einem Ende ($x_1 = 0$) fest eingespannt und am anderen Ende ($x_1 = l$) durch ein Torsionsmoment M_T belastet, dann verdreht sich der Endquerschnitt gegenüber dem Einspannquerschnitt um den Winkel υ (Bild 2-14). Dabei verwindet sich der gesamte Stab um die Stablängsachse, d.h. jedes Stabelement trägt mit einer eigenen Verwindung zum Gesamtdrehwinkel υ bei. Die Verwindung ist direkt proportional zum jeweils vorhandenen Torsionsmoment und indirekt proportional zum Verdrehwiderstand.

Dieser wiederum ist abhängig vom Gleitmodul G und der Querschnittsform an jeder Stelle des Stabes.

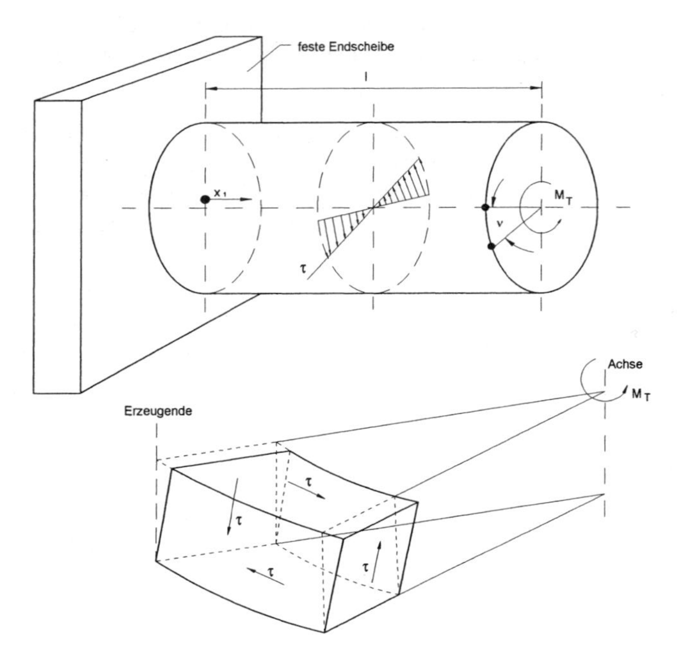

Bild 2-14 Torsion bei einem Kreiszylinder

2.1.5 Das ideale Verformungsverhalten

Will man die mechanischen Eigenschaften von Werkstoffen beschreiben, benutzt man in der Regel die Beziehungen, die zwischen den Verformungen und Spannungen bestehen. Auf Grund dieser bestehenden Beziehungen kann das mechanische Verhalten von Werkstoffen oder Bauteilen beschrieben werden durch:

- das elastische Verhalten,
- das plastische Verhalten,
- das viskose Verhalten sowie
- daraus abgeleitete Kombinationen.

2.1.5.1 Das elastische Verhalten

Von einem elastischem Verhalten eines Werkstoffs wird dann gesprochen, wenn nach Wegnahme der zuvor aufgebrachten Last die eingetragene Verformung wieder zurückgeht und der beanspruchte Körper sich wieder im unveränderten Ausgangszustand befindet (Bild 2-15). Be- und Entlastungslinie decken sich. Bei linear-elastischem Verhalten besteht zwischen Kraft und Verformung bzw. zwischen Spannung und Dehnung ein linearer Zusammenhang. Der Proportionalitätsfaktor zwischen beiden Größen wird Elastizitätsmodul E (E-Modul) genannt. Der E-Modul verkörpert im σ-ε-Diagramm den Anstieg der σ-ε-Kurve und ist ein Maß für die Materialsteifigkeit, d.h. den Widerstand des Materials gegenüber Verformungen. Je steiler die Gerade, desto größer wird E und umso steifer reagiert der Baustoff. Neben dem Elastizitätsmodul existiert als weitere Kenngröße der Gleit- oder Schubmodul G, der den Widerstand des Materials gegenüber Gleitung beschreibt. Beide Kennwerte sind nur für den linear-elastischen Zustand definiert. Mit ausreichender Genauigkeit zeigt jedoch fast jeder Baustoff im unteren Lastbereichen ein derartiges Verhalten.

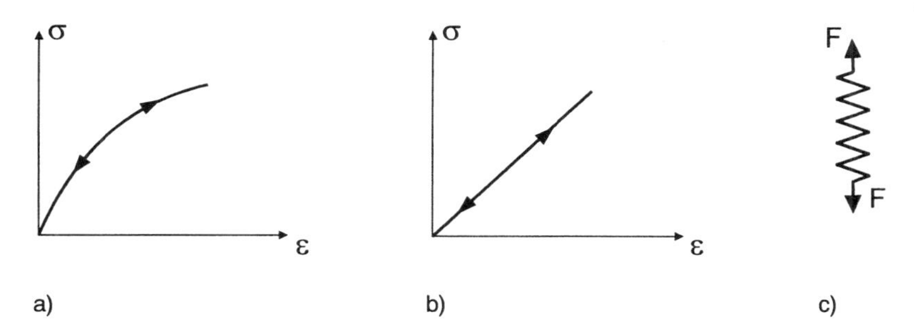

Bild 2-15 Das elastische Verformungsverhalten
a) allgemein elastisch, b) linear-elastisch, c) Hooke'sche Feder

Eine Sonderform des elastischen Verhaltens stellt das so genannte verzögert-elastische Verhalten dar. Beim linear-elastischen Verhalten wird davon ausgegangen, dass entsprechend dem Hooke'schen Gesetz jedem Spannungswert ein bestimmter Dehnungswert zugeordnet ist, unabhängig von der Zeitdauer der Belastung. Tatsächlich ist aber vor allem bei metallischen Werkstoffen oder Beton häufig eine elastische Nachwirkung zu beobachten. Darunter versteht man das Auftreten einer zeitabhängigen Verformung, die nach der Entlastung erst allmählich wieder abklingt. Man spricht in diesem Fall von einem verzögert-elastischen Verhalten. Das Auftreten solcher Verformungen hat bei einem geschlossenen Be- und Entlastungszyklus Energieverluste zur Folge, die sich als Hystereseschleife in einem Spannungs-Dehnungsdiagramm darstellen lassen (schraffierter Bereich in Bild 2-16).

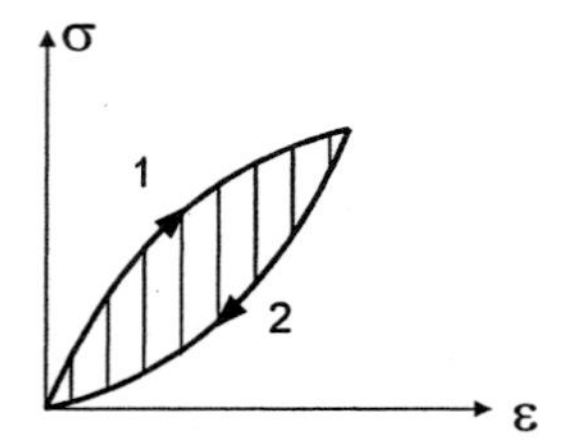

Bild 2-16 Hystereseschleife im σ-ε-Diagramm (1) elastische Verformung, (2) verzögert-elastische Rückverformung

2.1.5.2 Das plastische Verhalten

Im Anschluss an die elastische (reversible) Verformung können entweder bleibende Verformungen auftreten oder es kommt zum spröden Bruch. Stellen sich bleibende Verformungen nach dem Überschreiten eines Schwellenwertes (Proportionalitäts- oder Elastizitätsgrenze allgemein, Streck- oder Fließgrenze bei Metallen) ein, so bezeichnet man diese als plastische Verformungen (Bild 2-17). Diese bleiben auch nach der Entlastung bestehen, nur der elastische Verformungsanteil an der Gesamtverformung geht zurück. Man erkennt, dass sich die Formänderungsenergie w_{ges} aus einem elastischen Anteil w_{el} und einem plastischen Anteil w_{pl} zusammensetzt.

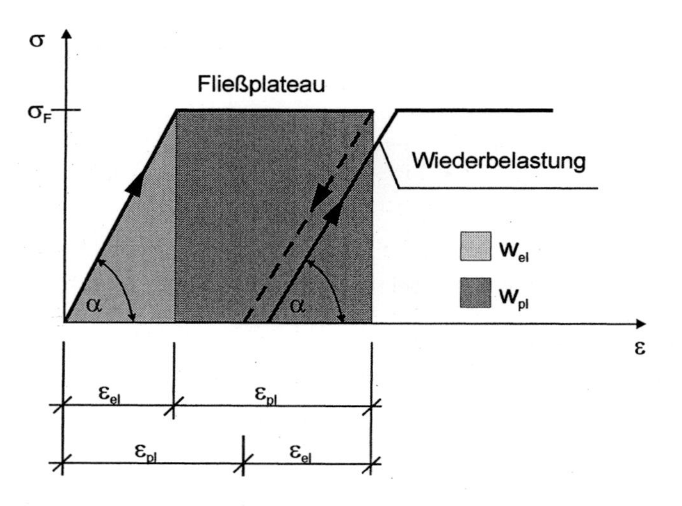

Bild 2-17 Linear-elastisches ideal-plastisches Verhalten eines Werkstoffes

Im Gebrauchszustand dürfen in Konstruktionen keine plastischen Verformungen auftreten, weil damit die Gebrauchstauglichkeit nicht gewährt wäre. Dagegen zeigen Bauteile aus Konstruktionswerkstoffen mit plastischem Verformungsvermögen eine Überlastung durch große bleibende Verformungen an und sind so in der Lage, ein bevorstehendes Versagen anzukündigen.

Hinsichtlich der Art der plastischen Verformung werden elastisch-ideal plastisches Verhalten, starr plastisches Verhalten (Bild 2-18).

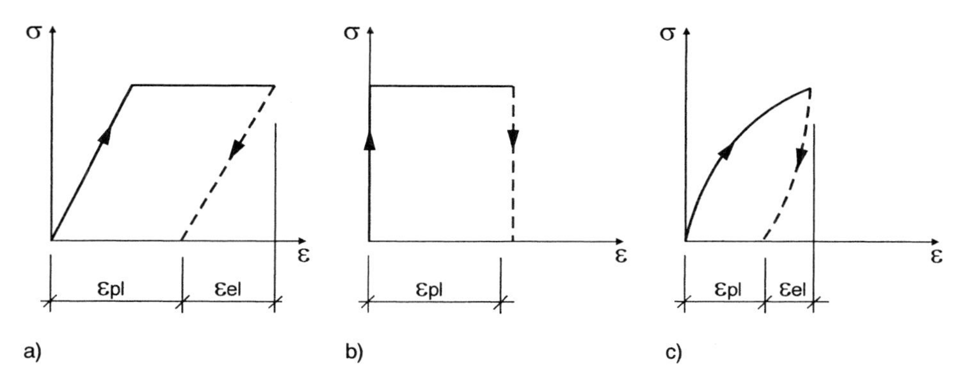

Bild 2-18 Das plastische Verformungsverhalten
a) linear elastisch-ideal plastisch, b) starr plastisch, c) nichtlinear plastisch

2.1.5.3 Das viskose Verhalten

Vom plastischen Verhalten eines Werkstoffes spricht man, wenn bleibende Verformungen nach dem Überschreiten eines Schwellenwertes erfolgen. Ist das Auftreten einer plastischen Verformung jedoch an keinen Schwellenwert gebunden, dann spricht man von viskoser Verformung. Diese Werkstoffeigenschaft ist temperatur- und zeitabhängig, d.h. unter konstanter Spannung nimmt die Verformung mit der Zeit auch zu.

Viskose Eigenschaften zeigen vor allem Flüssigkeiten, die einer Scherbeanspruchung ausgesetzt sind. Jedoch zeigen einige Baustoffe unter Gebrauchslast, z.B. Beton oder Bitumen, Wesenszüge der Viskosität auf. Erhärteter Beton kriecht unter dauernder Druckspannung und verkürzt sich dabei. Bitumenbeläge auf Wänden sacken über Jahre nach unten und bilden Wellen. Frischbeton zeigt eine ausgeprägte Viskosität.

In Bild 2-19 ist das Verformungsverhalten einer viskosen Flüssigkeit dargestellt.

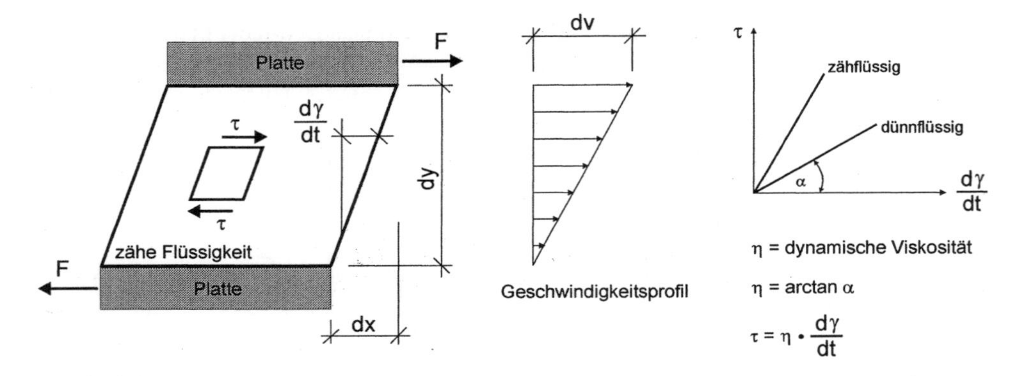

Bild 2-19 Schematische Darstellung der Viskosität

Zwischen zwei planparallelen Platten befindet sich eine eingeschlossene Flüssigkeit. Werden die Platten gegeneinander verschoben, so wird die an den Platten haftende Flüssigkeit mit verschoben. Durch den Scherwiderstand der Flüssigkeit ist dafür eine Kraft erforderlich, die um so größer wird, je schneller die Platten gegeneinander verschoben werden. Über die Plattenfläche verteilt, ergibt sich aus der messbaren Kraft die Scherspannung τ. Aus der gegenseitigen Verschiebung der Platten pro Zeiteinheit lässt sich die Viskosität ermitteln. Sie ist als Maß der inneren Reibung einer Flüssigkeit zu verstehen und wird um so größer, je zähflüssiger das Medium ist. Der *Newton'sche Dämpfer* stellt ein mechanisches Modell des viskosen Fließens dar.

2.1.6 Festigkeits- und Verformungsverhalten der Werkstoffe

2.1.6.1 Allgemeines

In der Regel muss ein Bauteil oder eine Konstruktion so bemessen sein, dass sowohl die Gebrauchstauglichkeit und Dauerhaftigkeit als auch die Standsicherheit (Tragfähigkeit) gewährleistet sind. Die Gründe, die zu einem Versagen führen können, sind folgender Art:

- große bleibende Verformung,
- lokales oder vollständiges Versagen infolge Bruch,
- Instabilitäten sowie
- Korrosion und Verschleiß.

In Abhängigkeit möglicher Belastungsfälle müssen Konstrukteure und Planer solche Werkstoffe auswählen, die den Beanspruchungen einen möglichst hohen Widerstand entgegensetzen und damit ein Versagen ausschließen.

2.1.6.2 Kraft-Verformungsverhalten unter statischer Beanspruchung

Eine für technische Zwecke ausreichende Übersicht über das elastische und plastische Verhalten eines Werkstoffes vermittelt das Spannungs-Dehnungsdiagramm (Bild 2-20). Dieses Diagramm wird im einachsigen Zug- oder Druckversuch an speziellen Probekörpern bestimmt. In einer Zugprüfmaschine wird der Prüfling steigenden Belastungen unterworfen und die jeder Belastung entsprechende Dehnung gemessen. Die einander zugeordneten Wertepaare von Spannung und Dehnung werden in ein rechtwinkliges Koordinatensystem eingetragen und durch einen glatten Linienzug miteinander verbunden. Für Druckversuche ist das Vorgehen analog. Statt Dehnung wird in diesen Fällen der Begriff Stauchung (= negative Dehnung) verwendet. Die Proben werden bis zum Bruch belastet. Das Versagen tritt ein, wenn entweder durch übermäßige Verformungen keine Laststeigerung mehr möglich ist oder wenn ein Bruch durch Trennung des Materials erfolgt. Die zum Versagen führende Spannung (Maximalspannung) entspricht der Materialfestigkeit.

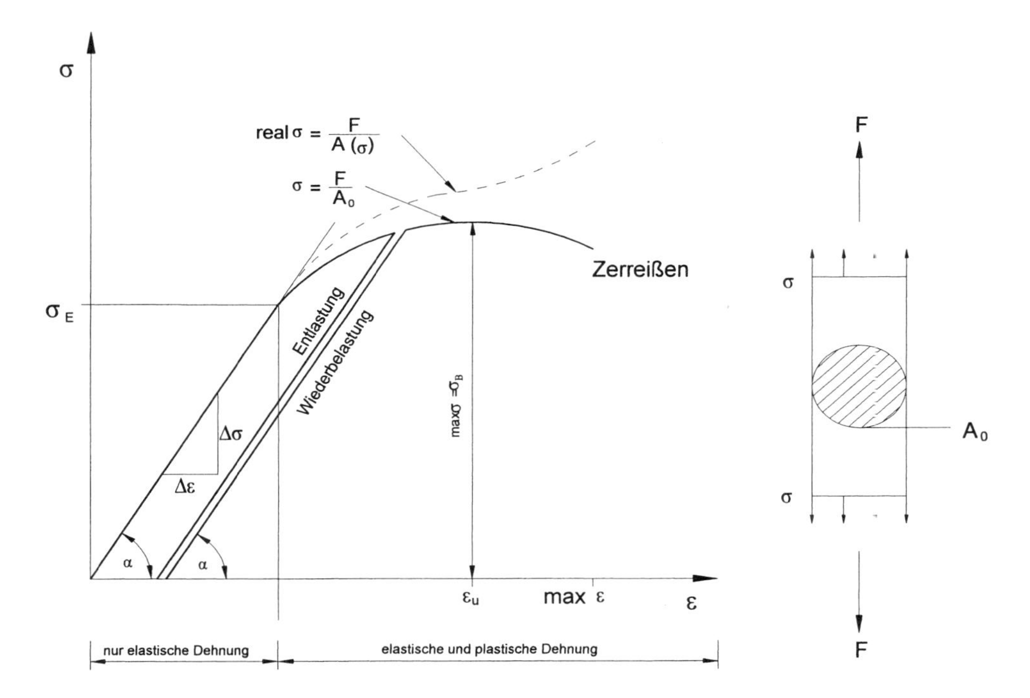

Bild 2-20 Spannungs-Dehnungsdiagramm

Bei einer Zugbeanspruchung besteht zwischen der angreifenden Kraft F und der elastischen Verlängerung Δl das nachstehende Hooke'sche Gesetz:

$$\sigma = \varepsilon \cdot E \tag{2.10}$$

$$\text{mit: } \varepsilon = \Delta l / l \text{ , } \sigma = F/A \text{ , } \Delta l = \frac{l \cdot F}{E \cdot A} \text{ .}$$

Hierin bedeuten l die Ausgangslänge, A der Querschnitt und E der Elastizitätsmodul der Probe. Nach dem Überschreiten einer Grenzbelastung, die für jeden Werkstoff verschieden ist, tritt neben der elastischen Verformung eine nach der Entlastung nicht wieder zurückgehende Verformung auf (plastische Verformung). Durch überproportionale Verformungen ist keine Kraftaufnahme mehr möglich, das Material gerät ins ***Fließen***. Die Grenzspannung vom Übergang der Elastizität zur Plastizität wird als Proportionalitätsgrenze oder bei Metallen als Streckgrenze (Fließgrenze) bezeichnet. Anhand des Spannungs-Dehnungsdiagramms können folgende Eigenschaften des Werkstoffes direkt abgelesen werden:

- Verhalten vor dem Fließen ($\sigma = E \cdot \varepsilon$),
- Streck- bzw. Fließgrenze,
- Festigkeit,
- Verhalten nach dem Fließen und
- Duktilität.

Bei einigen Werkstoffen, z.B. höherfeste Stähle, ist der Übergang von der Elastizität zur Plastizität nicht oder nur schwach ausgeprägt. Auch eine vorangegangene Kaltverformung des Werkstoffes führt zu dieser Erscheinung. Es wird deshalb eine technische Fließgrenze definiert, ab der rechnerisch ein rein plastisches Werkstoffverhalten angenommen wird. Für höherfeste Stähle und Betonstahl ist diejenige Spannung als Fließgrenze definiert, bei der nach Entlastung eine bleibende Verformung von 0,2 % auftritt. Sie wird Dehngrenze bei nichtproportionaler Verlängerung oder Fließspannung genannt. Das Kurzzeichen für diese Spannung ist R_p oder $R_{p0,2}$, im Stahlbetonbau f_{yk}. Im Spannbetonbau wurde die Fließgrenze bei einer bleibenden Verformung des Spannstahls von 0,1 % definiert und ist mit $f_{p0,1k}$ bezeichnet.

Die elastische Verformung, beispielsweise von Metallen, macht sich im Gefüge des Werkstoffes nicht bemerkbar. Lediglich das Kristallgitter erfährt sehr geringfügige Änderungen in seinen Abmessungen und in seiner Form, die röntgenographisch ermittelt werden können.

Die plastische Verformung verläuft hingegen nach ganz bestimmten Gesetzmäßigkeiten, die eine Folge des geregelten atomaren Aufbaus der Metallkristalle sind. Es können bleibende Verformungen durch Abgleiten und durch Zwillingsbildung erfolgen, die sich auf die Gefügeausbildung auswirken. Bei der Gleitverformung verschieben sich Kristallteile ähnlich wie ein Kartenspiel gegeneinander, jedoch nur auf festgelegten Kristallebenen und -richtungen. Einige Metalle, wie z.B. Zinn, Zink, Wismut und Antimon, werden außer durch Abgleitung auch durch Zwillingsbildung verformt. Bei diesem Verformungsmechanismus klappt ein Kristallteil längs einer Zwillingsebene spiegelsymmetrisch zu dem restlichen Kristallteil um.

In der Regel ist für die Sicherheit eines Bauwerks ein verwendeter Konstruktionswerkstoff mit großer plastischer Verformung im Bruchzustand besser geeignet als ein Baustoff mit geringer Bruchdehnung, da sich ein mögliches Versagen durch eine hinreichend große Verformung ankündigen kann. Das Verhalten des Materials im plastischen Bereich ist aus diesem Grund nahezu von der gleichen Bedeutung wie das Verhalten im elastischen Bereich.

2.1.6.3 Brucharten

In Abhängigkeit von der Zusammensetzung bzw. Vorbehandlung eines Werkstoffes kann dieser gezielt eingesetzt werden. Bricht der Werkstoff auseinander, werden Atomverbindungen zerstört und Riss- sowie Bruchflächen im Inneren des Stoffes erzeugt. Unterteilt wird ein Bruch in zwei Grenzfälle: dem spröden und dem duktilen Werkstoffversagen. Zwischen diesen beiden Extrema kann eine ganze Reihe so genannter Mischbruchformen auftreten, die vor allem abhängig sind von der Art der Belastung (statisch, dynamisch), von der Beanspruchungsgeschwindigkeit sowie von der Richtung der Beanspruchung.

Der spröde Bruch, bei dem nahezu keine plastischen Verformungsanteile vorhanden sind, besteht aus zwei aufeinander folgenden Phasen: der Risseinleitung und der sich sofort anschließenden instabilen Rissausbreitung mit einhergehender Energiefreisetzung. Der Anriss kann durch eine Werkstoffinhomogenität, eine Oberflächenkerbe, innere Kerben oder durch eine schlagartige mechanische Beanspruchung etc. entstanden sein. Die Trennung erfolgt durch ein Zerreißen der Atombindungen. Ein Sprödbruch tritt schlagartig ohne Vorwarnung ein und muss aus Sicherheitsgründen vermieden werden.

Beim zähen bzw. duktilen Bruch erfolgt erst eine plastische Verformung, ehe der Werkstoff bei genügend hoher Last spröde bricht. Die Risseinleitung findet hier zumeist ebenfalls an einer Werkstoffunregelmäßigkeit statt. Zuerst breitet sich der Riss mit zunehmender Belastung bzw. mit abnehmender Elastizität aus (stabile Rissausbreitung, d.h. Rissausbreitung nur bei ständiger Energiezufuhr). Ab einer kritischen Risstiefe, schlägt die stabile Rissausbreitung in die instabile Rissausbreitung um, der Werkstoff versagt spröde. Die Bruchfläche setzt sich somit aus einem Anteil Verformungsbruch und einem Anteil Sprödbruch zusammen.

Allgemein kann davon ausgegangen werden, dass metallische Werkstoffe duktil versagen, währenddessen Werkstoffe wie Glas, Beton oder Ziegel bei Zugbeanspruchung ein sprödes Werkstoffversagen aufweisen. Auf Druck hingegen weisen Stoffe, wie z.B. Beton, eine gewisse Verformungsfähigkeit auf. In der Regel nimmt die Duktilität mit steigender Festigkeit ab.

2.1.6.4 Festigkeit der Baustoffe

Die Festigkeit eines Werkstoffes ist der größte Materialwiderstand, den dieser einer äußeren Beanspruchung entgegensetzen kann. Bedingt durch die chemisch-physikalische Natur und durch die technische Herstellung gibt es keine ideale Verbindung eines Stoffes in sich als Werkstoff. Werkstoffe weisen immer Materialinhomogenitäten und andere Imperfektionen auf.

Die Zugfestigkeit eines ideal reinen, kristallinen Stoffs kann aus den Bindekräften des Atomaufbaus wie folgt abgeschätzt werden [2.3]:

$$\sigma_{theor} = \frac{E}{5 \; bis \; 15} \tag{2.11}$$

Verschiedene Untersuchungen haben jedoch gezeigt, dass die tatsächlichen Werte nur etwa 1/100 bis 1/10 der theoretischen Zugfestigkeit betragen. Ursache hierfür sind vor allem mikro- und makroskopische Fehler im Gefüge eines jeden Werkstoffes. Die technische Festigkeit ist abhängig von:

- Beanspruchungsart (ein- oder mehrachsig, Zug- oder Druckbeanspruchung),
- Beanspruchungsrichtung (Anisotropie,vor allem bei Holz) und
- Beanspruchungsgeschwindigkeit etc.

Die technische Festigkeit von Werkstoffen wird fast ausschließlich an Werkstoffproben unter einachsiger Beanspruchung (Zug oder Druck) ermittelt. Der im Spannungs-Dehnungsdiagramm erhaltene Maximalwert der Spannung im Bruchzustand entspricht der Materialfestigkeit. Je nach Wirkung der Belastung sprechen wir von Zug- oder Druckfestigkeit. Die Festigkeiten stellen nicht immer wahre Eigenschaften der Werkstoffe dar. Die Anordnung und Durchführung des Versuchs hat einen großen Einfluss auf die messbare Kraftaufnahme. Weiterhin wird die Festigkeit vom zeitlichen Ablauf und der Belastungsdauer beeinflusst. In Tabelle 2-2 sind Festigkeitswerte gebräuchlicher Baustoffe zusammengefasst.

Tabelle 2-2 Festigkeiten gebräuchlicher Baustoffe

Werkstoff	Druckfestigkeit [N/mm²]	Zugfestigkeit [N/mm²]
Stahl	200...2000	
Beton	5...100	0,5...8
Ziegel	5...50	0,5...5
Mörtel	5...50	0,5...5
Gips	5...40	0,1...4
Glas	700...900	100...200
Kunststoff	20...120	20...120

2.1.7 Werkstoffverhalten unter dynamischer Beanspruchung

2.1.7.1 Allgemeines

Eine Vielzahl von Bauwerken und Konstruktionen (Brücken, Maste, Ölplattformen) werden nicht nur statisch, sondern auch zyklisch beansprucht. Die zeitlich veränderliche Last übt auf das Bauwerk oder Bauteil eine schwingende Beanspruchung aus. Der ideale zeitliche Verlauf einer zyklischen Beanspruchung kann wie folgt dargestellt werden:

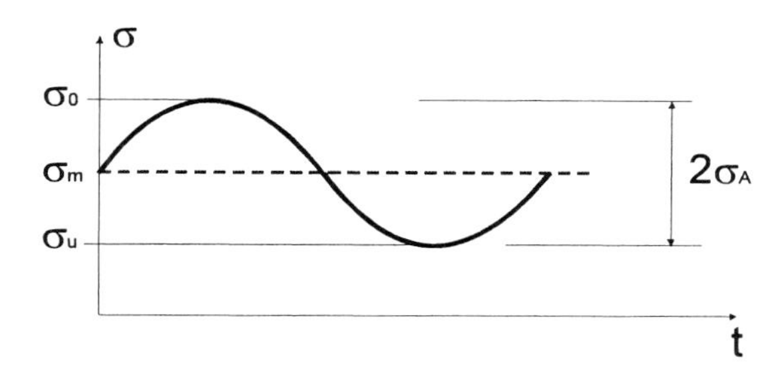

Bild 2-21 Zeitlicher Verlauf einer zyklischen Beanspruchung

Diese zeitliche Belastungsfunktion wird durch folgende Größen beschrieben (Bild 2-21):

- Oberspannung σ_o; Mittelspannung σ_m; Unterspannung σ_u,
- Spannungsamplitude $\sigma_A = (\sigma_o - \sigma_u)/2$,
- Form der Spannungsamplitude und
- Frequenz.

Durch eine Vielzahl von schwingungsbedingten Bauschäden (sogar Brückeneinstürze) erkannte man, dass ein Baustoff weit unterhalb der im einachsigen Zugversuch ermittelten Bruchfestigkeit versagen kann, wenn die verursachende Last zeitlich veränderlich in einer genügend hohen Lastspielzahl N_u (Schwingungswiederholung) mit einer bestimmten Amplitude σ_A eingetragen wird. Die ständige Spannungswiederholung führt zu einer Werkstoffschädigung, die allgemein als *Ermüdung* bezeichnet wird und letztlich zum Dauer- bzw. Ermüdungsbruch führen kann. Die Ermüdung beruht auf plastischen Wechselverformungen, d.h. auf einem ständigen Hin- und Herbewegen der Gefügebestandteile des Werkstoffes, dem Einsetzen von Gleitprozessen und Versetzungen mit nachfolgender Bildung von kleinsten Materialschädigungen (Bildung von feinsten Anrissen der Materialfasern). Durch Schadensakkumulation über eine gewisse Zeit wird letztlich die Gesamtschädigung so groß, dass ein schlagartiger Ermüdungsbruch einsetzt. Diese Bruchart ist ein Sprödbruch ohne Vorankündigung und muss verhindert werden.

Um das Materialverhalten von Stählen unter Ermüdungsbeanspruchung festzustellen, werden in der einfachsten Variante Versuche an Proben mit einer zeitlich sich sinusförmig veränderlichen Kraft durchgeführt (Dauerschwingversuche). Der Zusammenhang zwischen der Spannungsamplitude σ_A und der Anzahl der Schwingungen (Lastspiel zahl N_u), die zum Bruch geführt haben, wird in der so genannten Wöhlerlinie (Bild 2-22) dargestellt. Aus der Wöhlerlinie kann die Spannungsamplitude σ_A abgelesen werden, die von der Stahlprobe nahezu unendlich oft aufgenommen werden kann, ohne einen Ermüdungsbruch zu erleiden. Diese Spannung wird als Dauerschwingfestigkeit bezeichnet $\sigma_D = \sigma_m \pm \sigma_A$. Für Stahl wurde die technische Dauerschwingfestigkeitsgrenze bei $2 \cdot 10^6$ Lastspielen festgelegt.

Der einstufige Dauerschwingversuch stellt eine starke Vereinfachung der in der Praxis vorkommenden Schwingbeanspruchungen mit dem Ziel einer Minimierung des Versuchsaufwandes dar.

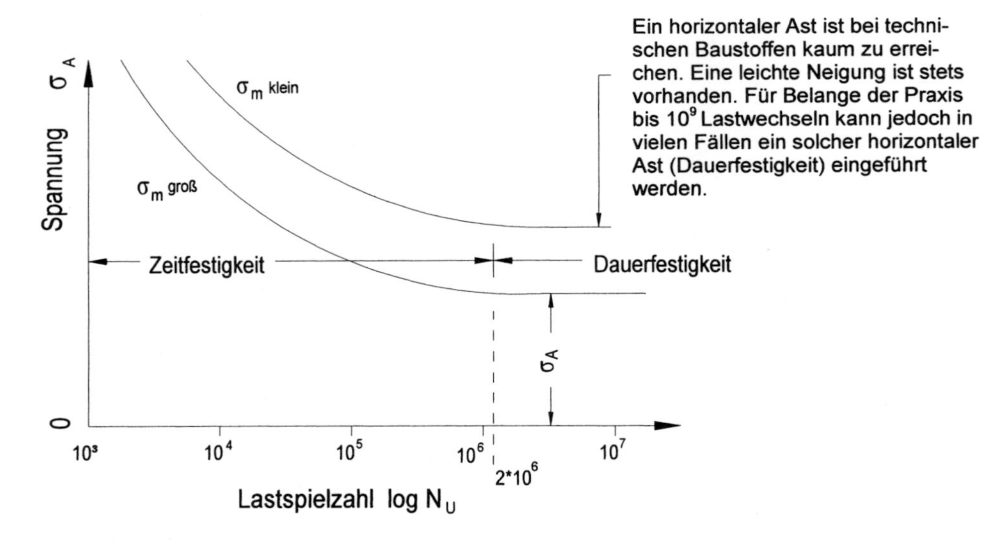

Bild 2-22 Dauerfestigkeit (Wöhlerlinie)

2.1.7.2 Ermüdungsbruch

Der Ermüdungsbruch hängt mit Versetzungsbewegungen bzw. mit Abgleitungen entlang aktiver Gleitebenen zusammen. Wie unter Abschnitt 2.1.7.1 beschrieben, spiegelt die zyklische Spannungs-Dehnungslinie das mechanische Verhalten bei schwingender Beanspruchung wieder. Im Bereich des beginnenden Kurvenabfalls verformt sich die Probe in der Regel homogen (gleichförmig). Im Probeninneren bildet sich dabei eine charakteristische Versetzungsstruktur (Aderstruktur) aus. Bevor das Fließplateau erreicht ist, entstehen so genannte Ermüdungsgleitbänder. Diese Bänder haben eine leiterförmige Struktur, die sich deutlich von der Anordnung der Versetzungen im übrigen Werkstoff unterscheidet. In ihnen konzentriert sich bei fortschreitender Belastung die Bewegung der Versetzungen, wodurch das sichtbare Oberflächenrelief verändert werden kann, indem sich Auspressungen (Extrusionen) und Einsenkungen (Intrusionen) bilden (Bild 2-23). Unabhängig ob Ex- oder Intrusionen, in jedem Fall bestehen potentielle Risskeime und Versagensherde, die beispielsweise an einem Aluminiumdraht nach wiederholtem Hin- und Herbiegen deutlich sichtbar sind.

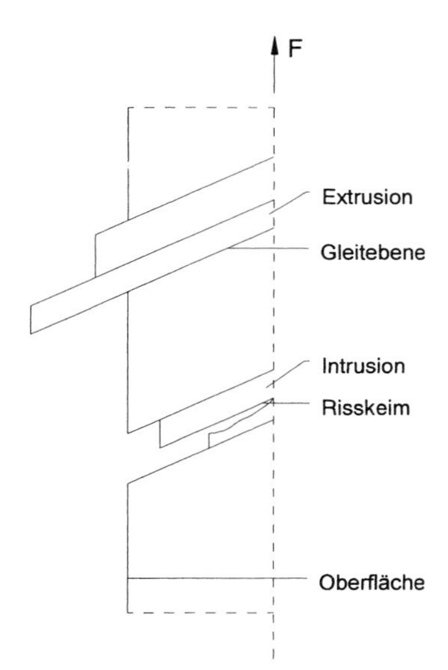

Bild 2-23 Bildung von Gleitbändern bei schwingender Beanspruchung

Untersuchungen bzw. Beobachtungen haben gezeigt, dass Ermüdungs- bzw. Dauerbrüche zumeist von der Werkstoffoberfläche ausgehen. Vor allem Stellen mit hoher Kerbwirkung (Spannungsmehrachsigkeit mit starker räumlicher Behinderung von plastischen Verformungen) sind als sehr kritisch anzusehen, da dort die Anrissbildung einsetzt. Kerbwirkungen, d.h. Orte mit erhöhter Spannungskonzentration, entstehen u.a. durch folgende Ursachen:

- konstruktive Kerben infolge von Querschnittssprüngen (Spannungsumlenkung und -anhäufung),
- Risse an Schweißnähten und
- Korrosionsnarben sowie sonstige mikro- und makroskopische Gefügefehler.

Im Bild 2-24 ist die Entstehung eines Ermüdungsbruches am Beispiel eins Stahlstabes dargestellt. Die Rissbildung beginnt an der Oberflächenkerbe und schreitet nach innen mit zunehmender Lastspielzahl fort. Dabei kann es auch zeitweilig zum Stillstand der Rissausbreitung kommen. Kann der Restquerschnitt die angreifende Kraft F_0 nicht mehr tragen, ist die Folge ein spröder Restbruch.

$$F_0 = \sigma_0 \cdot A_0 = (\sigma_m + \sigma_A) \cdot A_0 \tag{2.12}$$

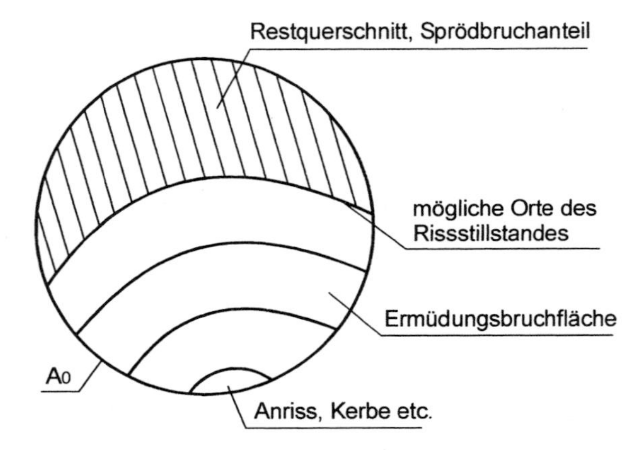

Bild 2-24 Form eines Ermüdungsbruches in einem Stahlstab

Zur besseren Unterscheidung des Bruchverhaltens eines Gewaltbruches (plötzliches Überschreiten der Materialfestigkeit) vom Schwingbruch dient Bild 2-25. Dort sind die Bruchflächen einer Stahlabspannung eines Gittermastes dargestellt.

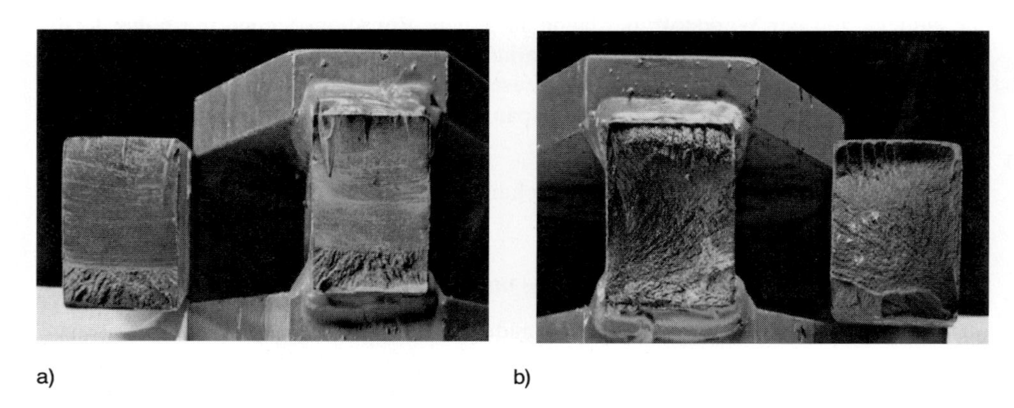

a) b)

Bild 2-25 Brucharten und Bruchflächen
a) Schwingbruch und Restgewaltbruch, b) Gewaltbruch

Durch Schwingungsanregung des Windes am Gittermasten kam es in einer Abspannstange zu einem Schwingbruch. Die glatte Ermüdungsbruchfläche ist deutlich zu sehen. Mit Fortschreiten des Schwingrisses wird der verbleibende Querschnitt zunehmend stärker beansprucht, bis letztlich die Materialfestigkeit überschritten wird und ein Restgewaltbruch eintritt. Durch Ausfall der einen Stange konnte die zweite Abspannstange die gesamte Restlast nicht mehr aufnehmen, so dass sie in Form eines Gewaltbruches (Überschreiten der Materialzugfestigkeit) versagte und der Mast zusammenstürzte.

2.2 Verhalten gegenüber Verschleiß, Abnutzung und Abrieb

Allgemeines

Substanzverluste an der Oberfläche infolge mechanischer Beanspruchung werden allgemein als Verschleiß und Abnutzung bezeichnet. Verschleiß und Abnutzung mindern in der Regel nicht die Tragfähigkeit, sondern verkürzen die Gebrauchsdauer. Im Bauwesen tritt Verschleiß bei Belägen, die begangen und/oder befahren werden sowie bei Rinnen oder Rohren mit strömenden Gewässern etc. auf. Unter Verschleiß ist ein fortschreitender Materialverlust an der Oberfläche eines Bauteils zu verstehen, der durch Kontakt, Kontaktdruck und Relativbewegungen eines anderen, den Verschleiß erzeugenden Körpers (fester, flüssiger oder gasförmiger Gegenkörper) bewirkt wird. Durch Verschleiß werden kleinste Teilchen aus dem Material losgetrennt. Dadurch entsteht eine Abnutzung oder ein Abrieb bzw. andere Formen von Verschleißerscheinungen. Der Begriff Abnutzung erweitert den Verschleißbegriff, indem hierunter auch witterungsbedingte Materialverluste eingeschlossen werden. Der Verschleißwiderstand eines Stoffes stellt ein wichtiges Auswahlkriterium dar, wenn die Bauteile für eine hohe planmäßige Beanspruchung ausgelegt werden sollen.

Verschleißvorgang

Am Verschleißvorgang sind in der Regel vier stoffliche Partner-Elemente beteiligt (Bild 2-26): der Grund- und Gegenkörper, der Zwischenstoff im Kontaktbereich sowie das umgebende Medium.

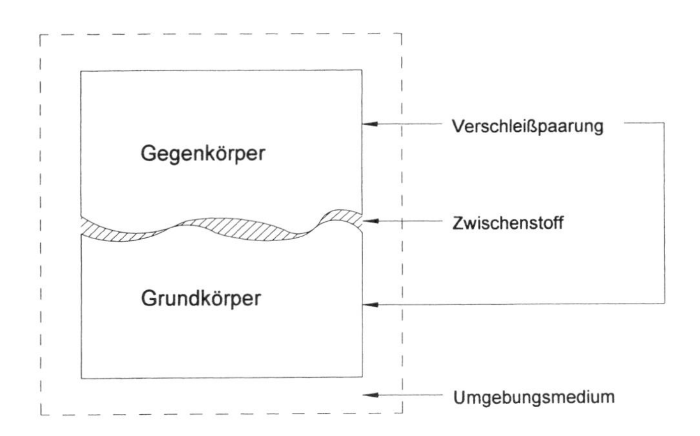

Bild 2-26 Verschleißvorgang durch gegenseitige Relativbewegung zweier Verschleißpartner

Im Bauwesen liegt das Hauptaugenmerk auf dem Verschleiß des Grundkörpers. Das Umgebungsmedium ist im Bauwesen die Umgebungsluft, beschrieben durch Temperatur und relativer Feuchte. Die Art der Beanspruchung kann elementaren Bewegungsformen zugeordnet werden, die auch kombiniert auftreten können. Der Grundkörper ist dabei stets ein fester Werkstoff, während der Gegenkörper fest, flüssig oder gasförmig sein kann.

Folgende Beanspruchungsarten können unterteilt werden:

- Gleiten (Schieben und Strömen),
- Rollen,
- Bohren und
- Prallen.

Die Beanspruchung umfasst folgende Größen:

- Normalkraft F_N,
- Relativgeschwindigkeit v zwischen Grund- und Gegenkörper,
- Temperatur im Kontaktbereich und
- Beanspruchungsdauer.

Die Normalkraft erzeugt in der Kontaktfläche eine Flächenpressung, die wegen der tatsächlichen Oberflächenrauhigkeit von der nominell errechneten abweicht. Die reale Flächenpressung erfährt durch den Verschleiß Veränderungen (Oberfläche raut auf oder ebnet sich ein). Bei den Beanspruchungen Gleiten, Rollen und Bohren herrscht eine relative Verschiebegeschwindigkeit v parallel zur Kontaktfläche. Das bedeutet, dass die Haftreibung überwunden wurde und auf die Oberfläche des Grundkörpers eine Gleit- und Reibungskraft $R = \mu \cdot F_N$ einwirkt, was zum Lostrennen von Teilchen vornehmlich aus dem Grundkörper führt. F_N ist die wirkende Normalkraft und μ der Reibungskoeffizient. Abhängig ist μ nicht von der Kontaktfläche, sondern von der Werkstoffpaarung und der Oberflächenbeschaffenheit.

Zur Prüfung der Verschleißfestigkeit anorganischer nichtmetallischer Werkstoffe hat sich die Verschleißprüfung mit der Schleifscheibe nach *Böhme* gemäß DIN 52108 [2.5] durchgesetzt. Dafür werden quadratische Prüfflächen (50 cm^2) eines Werkstoffes mit einem Norm-Schleifmittel (meist künstlicher Korund) bestreut, das Verschleiß-Prüfgerät nach *Böhme* (Böhme-Scheibe) aufgesetzt und unter einer normalen Druckbelastung von ca. 295 N über 16 Prüfperioden von jeweils 22 Umdrehungen mit einer Drehzahl von 30/min gedreht. Nach jeder Periode ist das Schleifmittel auszutauschen und die Prüffläche um 90° zu drehen. Als Schleifverschleiß nach 16 Perioden ist der Dickenverlust oder ggf. der Volumenverlust zu bestimmen. Die Böhme-Scheibe besteht im Wesentlichen aus einer Schleifscheibe (Durchmesser 750 mm) mit Schleifbahn (200 mm breite Ringfläche auf der Schleifscheibe) und einer Haltevorrichtung für die Probe und Belastungseinrichtung.

Bei Bodenbelägen, wie z.B. Glasuren von keramischen Fliesen oder Platten, wird der Widerstand gegen Oberflächenverschleiß gemäß DIN EN 154 [2.6] bestimmt. Als Verschleißmedien dienen Stahlkugeln unterschiedlichen Durchmessers in Wasser (feuchtes Medium) oder kleine Porzellanzylinder und Siliciumkarbidkörner (trockenes Medium). Das Verschleißmedium wird auf der Oberfläche mittels eines PEI-Gerätes rotiert, und anschließend wird die Oberfläche visuell begutachtet. Als Vergleich zur Festlegung der Verschleißwirkung dienen nicht beanspruchte Proben. Zur Begutachtung der Verschleißwirkung sind die geforderten Lichtverhältnisse zu beachten. Zuvor sind nach der Verschleißprüfung die Fliesenoberflächen unter fließendem Wasser ggf. unter Zusatz verdünnter Salzsäure zu säubern.

Im Bauwesen ist bei den üblichen Verschleiß- und Abnutzungsproblemen im Kontaktbereich kein Schmiermittel vorhanden, sondern es liegt im Regelfall trockene Reibung vor. Verschleiß und Abnutzung nehmen mit Zunahme der Flächenpressung zu. Der zugehörige Reibungsbeiwert μ ist tabelliert. Er ist streng genommen keine Konstante einer bestimmten Verschleißpaarung, sondern auch abhängig vom Verschiebeweg sowie der Verschiebegeschwindigkeit. Im Regelfall geht man jedoch von einem konstanten, von der Verschleißpaarung abhängigen Reibungskoeffizient μ aus.

2.3 Verhalten bei Temperaturänderung

2.3.1 Allgemeines

Bei der Nutzung bzw. beim Gebrauch eines Bauwerkes werden, bezogen auf den Wärmeschutz, u.a. folgende Ziele verfolgt:

- Schutz der Nutzer vor extremen klimatischen Einwirkungen und Schaffung eines behaglichen Raumklimas,
- Schutz der Bauwerke selbst, da ein fehlender bzw. fehlerhafter Wärmeschutz zu Feuchteschäden an Baustoffen führen kann,
- energiesparender Betrieb von Heizungs- und Klimaanlagen.

Kenntnisse über das Verhalten der Werkstoffe gegenüber thermischer Beanspruchung stellen in diesem Zusammenhang eine Grundvoraussetzung für die richtige Auswahl der Konstruktionswerkstoffe und für die Dimensionierung des Wärmeschutzes dar.

2.3.2 Arten der Wärmeübertragung

Wärme unterliegt gemäß den Naturgesetzen einem natürlichen Ausgleichbestreben. Überall dort, wo ein Temperaturgefälle vorhanden ist, erfolgt ein Wärmetransport von Bereichen höherer zu Bereichen tieferer Temperatur. Die auf die Zeit bezogene transportierte Wärmemenge nennt man den Wärmestrom:

$$\dot{Q} = \frac{dQ}{dt} \tag{2.13}$$

Die Wärmeausbreitung kann durch Konvektion, Strahlung oder Leitung erfolgen. Diese drei Vorgänge können einzeln, aber auch gemeinsam auftreten.

- *Konvektion:* Mitführung von Wärme durch Teilchen (Moleküle) in Flüssigkeiten und Gasen (z.B. Wasserdampf bei kochendem Wasser),
- *Wärmestrahlung:* Übertragung von Wärme in einem Gas (Luft) durch Strahlung, ausgehend von Oberflächen fester Körper,
- *Wärmeleitung*: Fließen eines Wärmestromes durch einen Körper; der Wärmestrom $\dot{Q}$ ist der Temperaturdifferenz ΔT stets proportional; für den Wärmestrom durch einen Körper mit dem Querschnitt A und der Dicke d gilt $\dot{Q} = \lambda \cdot \Delta T \cdot A/d$, der Proportionalitätsfaktor λ ist eine Materialkonstante und wird Wärmeleitfähigkeit oder Wärmeleitzahl genannt.

Für den bautechnischen Wärmeschutz hat die Wärmeleitung eines Baustoffes eine herausragende Rolle. In Bild 2-27 ist der Vorgang der Wärmeleitung innerhalb eines Baustoffes dargestellt:

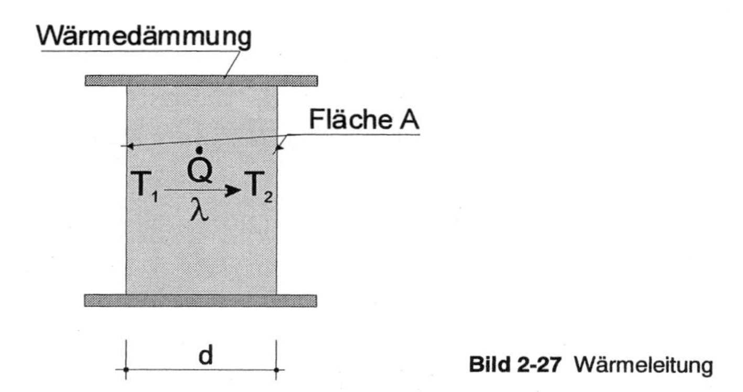

Bild 2-27 Wärmeleitung

Der Wärmestrom und damit verbundene Temperaturschwankungen auf der der Wärmequelle gegenüberliegenden Seite können durch die richtige Auswahl von Werkstoffen positiv beeinflusst werden, z.B. durch den Einbau von Dämmschichten mit geringer Wärmeleitfähigkeit.

2.3.3 Wärmeleitfähigkeit von Baustoffen

Die Wärmeleitfähigkeit λ ist eine Stoffeigenschaft, die jene Wärmemenge darstellt, die durch eine 1 m^2 große Fläche eines 1 m dicken Bauteils bei einer Temperaturdifferenz von 1 K pro Sekunde hindurchströmt. Die Wärmeleitfähigkeit wird vorwiegend von der Struktur, der Porosität, der Rohdichte sowie vom Feuchtegehalt und der Temperatur eines Werkstoffes beeinflusst (Bild 2-28). Die Wärmeleitfähigkeit hat die Einheit [W/(m · K)]; die ältere Einheit lautet [kcal/(m · grd · h)].

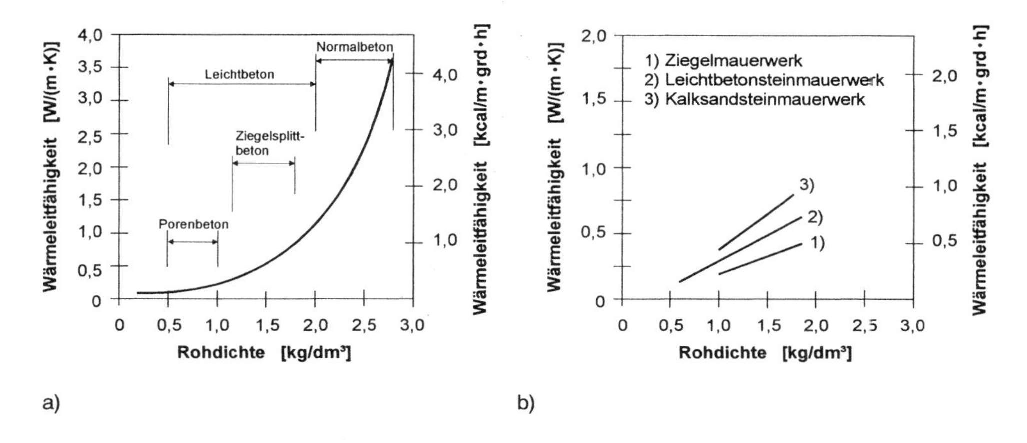

Bild 2-28 Abhängigkeit der Wärmeleitfähigkeit von der Rohdichte
a) mineralische Werkstoffe allgemein, b) Mauerwerk

Tabelle 2-3 Beispiele der Wärmeleitfähigkeit einiger wichtiger Baustoffe nach DIN 4108-4 [2.9]

Werkstoff		**Rohdichte ρ [kg/m³]**	**Wärmeleitfähigkeit λ [W/(m · K)]**
Steine Mörtel Betone	dichte Natursteine	2800	3,50
	porige Natursteine	1600	0,55
	Gipsputzmörtel	1400	0,70
	Kalkputzmörtel	1800	0,87
	Zementmörtel	2200	1,40
	Leichtmörtel LM 36	≤ 1000	0,36
	Leichtmörtel LM 21	≤ 700	0,21
	Normalbeton	2200	1,60
	Leichtbeton, dicht	1600	0,81
	Porenbeton, dampfgehärtet	600	0,19
Mauerwerk	Kalksand-Vollstein	1800	0,99
	Vollziegel-Mauerwerk	1800	0,81
	Hochlochziegel-Mauerwerk	1200	0,50
	Porenbeton-Mauerwerk	600	0,24
Holz- und Holzwerkstoffe	Fichte, Kiefer, Tanne	600	0,13
	Eiche, Buche	800	0,20
	Sperrholz	800	0,15
	Faserplatten, porös	≤ 400	0,07
	Flachpressplatten	700	0,13
Dämmstoffe	Faserstoffe, mineralisch	8...500	0,035...0,045
	Faserstoffe, pflanzlich	8...500	0,040...0,050
	Holzwolle-Leichtbauplatten	360...460	0,065...0,090
	Korkplatten	80...500	0,045...0,055
	Schaumkunststoffe	10...50	0,025...0,045
	Schaumglas	100...150	0,045...0,060
Sonstige Stoffe	Glas	2500	0,80
	Stahl	7850	50
	Aluminium	2700	200
	Blei	11300	35
	Kupfer	9000	380

Auf Grund der großen Packungsdichte im atomaren Stoffgerüst besitzen kristalline Stoffe eine größere Wärmeleitfähigkeit als amorphe Stoffe. Sämtliche Baustoffe, die vorzugsweise der Wärmedämmung dienen, sind keine dichten Stoffe im strengen Sinn, sondern weisen eine bestimmte unvermeidbare oder auch gezielt hergestellte Porosität auf. Die Porosität ist das Verhältnis zwischen Porenvolumen und Gesamtvolumen und entsteht durch Einschlüsse ruhender Luft (dichte Luftporen) innerhalb der Materialstruktur. Für Baustoffe mit ähnlicher bis gleicher chemischer Zusammensetzung, kann der Einfluss der Porosität durch die Rohdichte ausgedrückt werden. Die Wärmeleitfähigkeit nimmt im Allgemeinen mit Zunahme der Rohdichte (Abnahme der Porosität) zu. In Bild 2-28 sind die Zusammenhänge aufgetragen. Tabelle 2-3 gibt einen Überblick über die Wärmeleitfähigkeit einiger Konstruktionswerkstoffe.

Ähnlich wie die Rohdichte hat auch der Feuchtegehalt einen großen Einfluss auf die Wärmeleitfähigkeit der Werkstoffe. Mit zunehmendem Feuchtegehalt nimmt die Wärmeleitfähigkeit zu (Bild 2-29). Die Erklärung hierzu ist im großen Unterschied der Wärmeleitfähigkeit von ruhender Luft ($\lambda_L = 0{,}022$ W/(m · K)) und von Wasser ($\lambda_W = 0{,}6$ W/(m · K)) zu suchen. Nimmt außerdem die Feuchte in den Poren von Konstruktionswerkstoffen zu, kann ein Teil der Wärme durch Wasserdampfdiffusion transportiert werden. Es ist folglich wichtig, wärmedämmende Baustoffe vor Be- und Durchfeuchtung zu schützen, damit einerseits die Gesundheit der Nutzer nicht gefährdet wird und andererseits der Aufwand an Heizenergie nicht ansteigt. In der Regel nimmt die Wärmeleitfähigkeit mit steigender Temperatur ebenfalls zu.

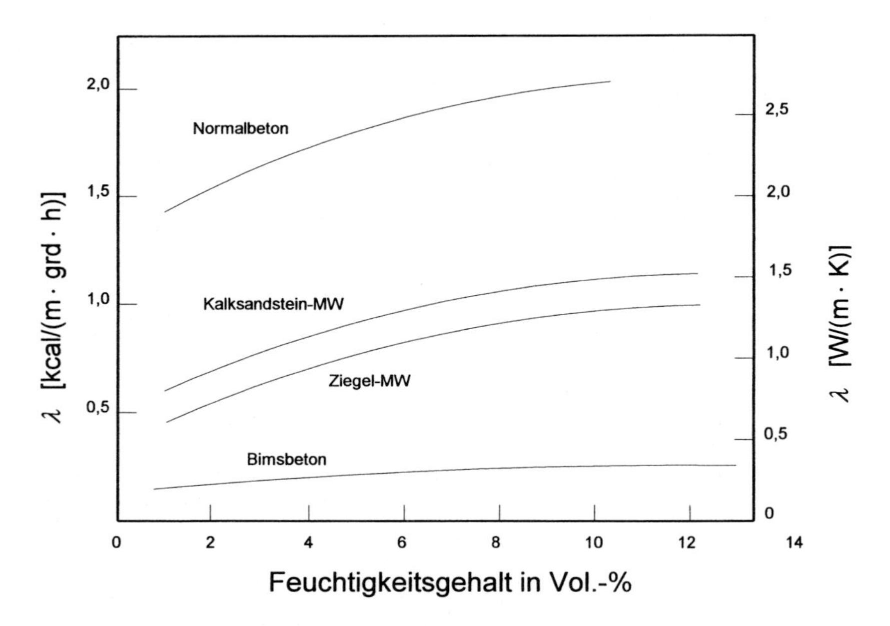

Bild 2-29 Zunahme der Wärmeleitfähigkeit mit steigender Feuchte

2.3.4 Wärmespeicherfähigkeit der Baustoffe

Außenbauteile, wie z.B. Wand- und Deckenplatten, müssen eine gewisse Wärmespeicherfähigkeit aufweisen, damit bei kurzzeitigen Schwankungen der Außenlufttemperatur die Raumtemperatur in etwa konstant bleibt.

Tabelle 2-4 Zahlenwerte der spezifischen Wärmekapazität, Rohdichte und Wärmespeicherfähigkeit gebräuchlicher Baustoffe

Werkstoff		Spezifische Wärmekapazität c [J/(kg · K)]	Rohdichte ρ [kg/m³]	Wärmespeicherfähigkeit, (volumenbezogen) Q'_{sp} [kJ/(m³ · K)]
Steine Mörtel Betone	Gipsmörtel	838	1700	1592
	Kalkmörtel	838	1900	1675
	Zementmörtel	838	2200	1926
	Normalbeton	1050	2400	2512
	Bimsbeton, porig	1050	800	837
	Leichtbeton, dicht	1050	1700	1884
	Porenbeton	1050	600	628
Mauerwerk	Kalksand-Vollstein	860	1800	1507
	Vollziegel-Mauerwerk	860	1800	1507
	Lochziegel-Mauerwerk	860	1200	1005
	Porenbeton-Mauerwerk	860	800	670
Holz- und Holzwerkstoffe	Fichte	1465	600	837
	Sperrholz	1465	600	837
	Faserplatten	1465	300	440
	Pressplatten	1465	400	586
Dämmstoffe	Faserstoffe, mineralisch	838	100	84
	Faserstoffe, pflanzlich	1047	100	105
	Holzwolle-Leichtbaupl.	1340	200	272
	Korkplatten	1675	160	272
	Schaumkunststoffe	1382	25	33
Sonstige Stoffe	Kunststoffe, dicht	1256	1100	1382
	Glas	840	2500	2093
	Stahl	502	7850	3936
	Aluminium	896	2700	1340
	Blei	126	11300	1423
	Kupfer	395	9000	3391

Die Wärmespeicherfähigkeit wird von den Werkstoffeigenschaften Rohdichte ρ in [kg/m³] und spezifische Wärmekapazität c in [J/(kg · K)], auch als Stoffwärme bezeichnet, bestimmt. Die spezifische Wärmekapazität ist ein Materialkennwert und entspricht derjenigen Wärmemenge, die ein Körper von 1 kg Masse bei der Erwärmung um 1 K aufnimmt bzw. bei der Abkühlung um 1 K abgibt. Mit der spezifischen Wärmekapazität kann man den Wärmeinhalt von Körpern bei bestimmten Temperaturen bzw. auch die Temperaturänderungen bei Zufuhr oder Entzug von Wärme ermitteln. Sie ist unabhängig von der Rohdichte. Auch die Abhängigkeit von der Temperatur ist gering. Bei einer

Zunahme der Feuchtigkeit steigt hingegen die spezifische Wärmekapazität an. Wasser hat die höchste spezifische Wärmekapazität aller Stoffe, sie beträgt 4,19 kJ/(kg · K). Aus der Gleichung für die Wärmemenge Q eines Werkstoffes bei Abkühlung oder Erwärmung lässt sich die Wärmespeicherfähigkeit eines Werkstoffes angeben:

$$Q = c \cdot m \cdot \Delta T = c \cdot \rho \cdot V \cdot \Delta T = c \cdot \rho \cdot d \cdot A \cdot \Delta T \tag{2.14}$$

mit: $Q_{sp}^{'} = c \cdot \rho$ volumenbezogene Wärmespeicherfähigkeit bzw.

$Q_{sp}^{'} = c \cdot \rho \cdot d$ flächenbezogene Wärmespeicherfähigkeit eines Werkstoffes.

In Tabelle 2-4 sind die wichtigsten Baustoffe hinsichtlich ihrer Wärmespeicherfähigkeit zusammengetragen.

2.3.5 Wärmedehnverhalten

Während der Nutzung unterliegen alle Bauteile eines Tragwerks Temperaturänderungen, die zu allseitigen Ausdehnungen (bei Temperaturzunahme) oder Verkürzungen (bei Temperaturabnahme) führen. Ändert sich die Temperatur, so ist die Temperaturverteilung bzw. der Temperaturgradient über dem Querschnitt des Bauteils i.d.R. nicht gleichmäßig, d.h. es können neben Längenänderungen gleichzeitig auch Krümmungen auftreten. Die Verformung infolge Temperaturänderung stellt dann ein Problem dar, wenn die Bauteile diese Verformung nicht frei, also zwanglos, ausführen können. Durch die Behinderung einer freien Verformbarkeit werden Zwangspannungen aufgebaut, die zu Bauschäden führen können. Bei behindertem Zusammenziehen entstehen Zugspannungen und bei behinderter Ausdehnung Druckspannungen. Ein häufiger Fall von Zwang sind beidseitig eingespannte Träger, die sich bei Erwärmung ausdehnen wollen, daran aber gehindert werden. Innerhalb eines Stabes bauen sich in diesen Fällen Druckspannungen als Zwangspannungen auf, die zu einem vorzeitigen Stabilitätsversagen (Knicken) führen können. Aus Gleichgewichtsbetrachtungen ergibt sich, dass die Zwangkräfte mit den Kräften, die die Verformung behindern, im Gleichgewicht stehen.

Inwieweit sich ein Baustoff unter thermischer Beanspruchung verformen will, hängt neben der Temperatur stark von einem Materialkennwert, dem linearen Wärmeausdehnungskoeffizienten (Wärmedehnzahl) α_T des Baustoffes, ab. Das thermische Dehnvermögen eines Baustoffes wird durch die Wärmedehnzahl α_T beschrieben.

Mit dieser Materialkonstanten lassen sich die thermische Längenänderung Δl eines Bauteils der Länge l_0 oder auch die thermische Dehnung ε_T unter einer Temperaturbeanspruchung ΔT angeben:

$$\Delta l = \alpha_T \cdot \Delta T \cdot l_o \quad \text{und} \quad \varepsilon_T = \alpha_T \cdot \Delta T \tag{2.15a, b}$$

In der Tabelle 2-5 sind die Wärmedehnzahlen gebräuchlicher Werkstoffe dargestellt.

Tabelle 2-5 Wärmedehnzahlen gebräuchlicher Werkstoffe

Werkstoff		**Lineare Wärmedehnzahl α_T [$10^{-6} \cdot 1/K$]**
Metallische Werkstoffe	Stahl	12
	Kupfer	12
	Messing	19
	Zink	33
	Aluminium	24
	Blei	30
Mineralische Werkstoffe	Beton	9...12
	Porenbeton	6...8
	Bimsbeton	8...10
	Granit	5
	Sandstein	3
	Kalkstein	1,5
	Ziegel, Klinker, Fliesen	5...8
	Glas	8...9
Holz	Vollhölzer ll zur Faser	3...10
	Vollhölzer ⊥ zur Faser	25...60
Kunststoffe	PVC-hart	70...80
	PVC-weich	125...180
	PP	160...180
	PE-H	115...185
	PE-N	200...230
	PMMA	70...80
	PIB	70...80
	PS	60...80
	PA	70...120

2.4 Verhalten bei Feuchteänderung

2.4.1 Allgemeines

Das Verhalten von Baustoffen gegenüber Wasser- und Wasserdampf, was das Feuchteeindring- und Austrocknungsverhalten einschließt, besitzt eine große Bedeutung im Bauwesen. Der Feuchteschutz umfasst insbesondere den Schutz des Bauwerks vor schädlichem Eindringen und schädlicher Anreicherung von Feuchte. Ebenso kann eine Feuchteänderung im Bauteil zu zusätzlichen Verformungen führen, was Auswirkung auf die Gebrauchstauglichkeit haben kann.

Die Teilgebiete Feuchteschutz und Wärmeschutz sind eng miteinander verbunden, da die Durchfeuchtung eines Baustoffes dessen Wärmedurchlasswiderstand mindert. Feuchtigkeit (im Bauwesen wird i.d.R. von Feuchte gesprochen) kann auf vielfältige Weise in den Baustoff gelangen bzw. in ihm vorhanden sein. Als einfachstes Beispiel dient hier sicher die Herstellung von Beton, wozu Wasser notwendig ist. Nur ein Teil des Wassers (ca. 40 % der Zugabewassermenge) ist chemisch gebunden. Der Rest des Wassers verbleibt in den Poren des Betons und kann nur langsam durch Wasserdampfdiffusion, Kapillarleitung und Verdunstung aus dem Betonkörper austreten. Ebenfalls kann bei fehlendem Schutz unter Einfluss der Witterung während der Lagerung, des Transports und der Bauzeit Wasser in die Stoffe eindringen.

Die Feuchteaufnahme und die Austrocknung eines Baustoffes sind Ausgleichsprozesse (ähnlich der Wärmeleitung), d.h. es werden Gleichgewichtszustände mit der Umgebung angestrebt. Dabei spielen die Zeit, die Bauteilabmessungen und die klimatischen Bedingungen eine bedeutende Rolle. So verlieren Bauteile mit einer großen luftumspülten Oberfläche die Feuchtigkeit schneller als gedrungene Bauteile.

2.4.2 Arten des Transports von Feuchte in porösen Baustoffen

Wenn zwischen einem Körper und dessen Umgebung ein Feuchteungleichgewicht herrscht, kann ein Feuchteaustausch stattfinden. Die Wassermoleküle durchwandern den Körper. Nach der Wirkungsrichtung des Feuchtestroms untergliedert man in Wasseraufnahme (Sorption) und in Wasserabgabe (Desorption).

In Abhängigkeit vom Feuchtezustand, der Porenstruktur und der Umgebungsfeuchte werden folgende wesentliche Arten des Feuchtetransports unterschieden:

- *Diffusion*: Transport von Wasserdampf,
- *Kapillarleitung*: Transport von flüssigem Wasser in Kapillarporen und
- *Sickerströmung*: Transport von flüssigem Wasser infolge Schwerkraftwirkung.

Die *Wasserdampfdiffusion* ist wie der Temperaturausgleich infolge Wärmeleitung ein Ausgleichsprozess, der in der Luft, also auch innerhalb poröser Körper stattfindet. Der Transportvorgang der Wassermoleküle wird durch ein Konzentrationsgefälle hervorgerufen. Bild 2-30 zeigt als Beispiel den Vorgang der Wasserdampfdiffusion zweier benachbarter Luft-Wasserdampf-Gemische unterschiedlichen Wasserdampfteildrucks, also auch unterschiedlicher relativer Feuchten.

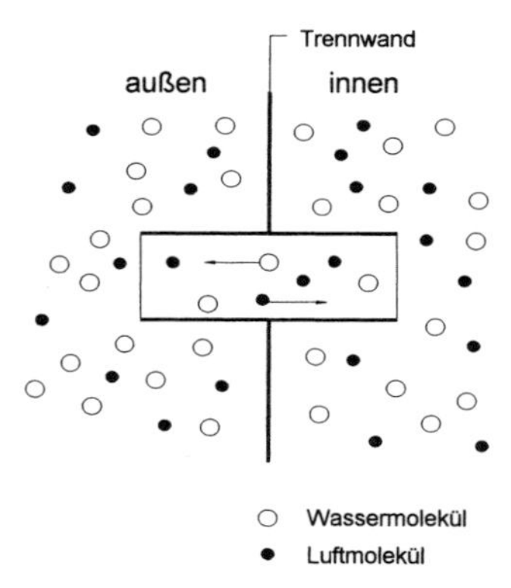

Bild 2-30 Wasserdampfdiffusion in Luft

Durch die Röhre hindurch findet die Stoffvermischung so lange statt, bis die Dampfteildrücke auf beiden Seiten gleich sind. Wäre die Röhre mit einem porösen Baustoff gefüllt, so fände die Wasserdampfdiffusion ebenfalls statt, allerdings deutlich langsamer, da der poröse Stoff einen gewissen Diffusionswiderstand leistet.

Unter *kapillarer Wasseraufnahme* (Kapillarleitung) eines porösen Stoffes ist das „selbständige" Einsaugen von Wasser in dessen Kapillarporen zu verstehen, wenn der Stoff an seiner Oberfläche von Wasser berührt wird. Die kapillare Wasseraufnahme kann auch entgegen der Wirkung der Schwerkraft erfolgen und wird von inneren Kapillarsaugkräften erzeugt (z.B. aufsteigende Feuchte im Mauerwerk). Es kann gezeigt werden, dass die kapillare Steighöhe H_k von der Eigenschaft des Stoffes und der Größe der Kapillarporen abhängig ist (Bild 2-31).

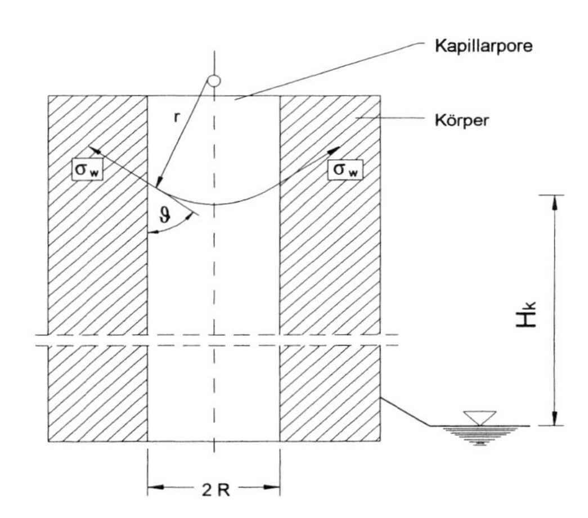

Bild 2-31 Zur Erklärung de- kapillaren Steighöhe H_k

$$G_w = \rho_w \cdot H_k = P_k \quad (2.16)$$

(Masse des Wasserfadens)

$$R = r \cdot \cos \vartheta \quad (2.17)$$

(geometrischer Zusammenhang zwischen Meniskus und Kapillarpore)

$$P_k = \frac{2 \cdot \sigma_w \cdot \cos \vartheta}{R} \quad (2.18)$$

(Kapillarspannung)

$$H_k = \frac{2 \cdot \sigma_w \cdot \cos \vartheta}{R \cdot \rho_w} \quad (2.19)$$

(kapillare Steighöhe)

Innerhalb der Kapillarpore wird ein Wasserfaden durch wirkende Kapillarspannungen transportiert und erreicht die kapillare Steighöhe H_k. Infolge adhäsiver Kräfte ist die Oberfläche des Wasserfadens leicht gewölbt und schließt mit einem Benetzungswinkel ϑ an die Kapillarwand an. Die seitliche Hochwölbung des Wasserfadens wird als Ausbildung eines Meniskus' bezeichnet. Eine Umfangskraft unter der Neigung des Winkels ϑ entlang der Berührungslinie von Meniskus und Kapillarwandung nimmt die Masse des Wasserfadens auf. Die Umfangskraft wird aus der Oberflächenspannung des Wassers σ_W gebildet, welche sich wie in einer gespannten Membran über die gesamte gewölbte Fadenoberfläche verteilt und sich an der Kapillarwandung festhält. Aus den Gleichgewichtsbedingungen unter Einschluss von geometrischen Zusammenhängen (Bild 2-31) ergibt sich die kapillare Steighöhe H_k. Dabei wird die Steighöhe um so größer, je kleiner der Durchmesser der Kapillarpore ist (z.B. feinporöse Stoffe). Ebenso wächst sie bei einer Zunahme der Oberflächenspannung σ_w des Wassers bzw. der Flüssigkeit (vgl. Abschnitt 1.7.3).

Die kapillare Wasseraufnahme ist ein zeitabhängiger Prozess. Die Steighöhe stellt sich nicht sofort ein, sondern nach geraumer Zeit. Versuche bestätigten, dass der zeitliche Verlauf durch ein Wurzel-Zeit-Gesetz beschrieben werden kann: $H_k(t) = k \cdot \sqrt{t}$ mit der Zeit t. Der Wassereindringkoeffizient k ist ein Materialkennwert und beschreibt die Sauggeschwindigkeit.

Die Benetzbarkeit einer Bauteiloberfläche mit Wasser wird durch den Benetzungswinkel ϑ beschrieben. Der Winkel ϑ hängt von der Oberflächenspannung des Wassers und vom Baustoff selbst ab. Zu den Baustoffen, die sich gut mit Wasser benetzen lassen, zählen die mineralischen Baustoffe, wie z.B. Ziegel, Beton usw. Hier bildet sich ein Benetzungswinkel von $0 \leq \vartheta \leq 90°$ aus (Bild 2-32a). Übersteigt der Winkel ϑ die 90°-Marke, so wird der Baustoff zunehmend wasserabweisend, er reagiert hydrophob (Bild 2-32b). Zu den wasserabweisenden Stoffen zählen z.B. Kunstharze. Nur wenn der Stoff sich mit Wasser benetzen lässt, findet eine kapillare Wasseraufnahme statt. Mineralische Bauteiloberflächen lassen sich entweder durch Beschichtungen (z.B. Kunstharz) oder durch Imprägnierungen (z.B. Dispersionen, Emulsionen) hydrophob ausbilden. Diese Methoden finden besonders bei schlagregenbeanspruchten Fassaden, im Brückenbau oder bei mineralischen Dämmstoffen Anwendung.

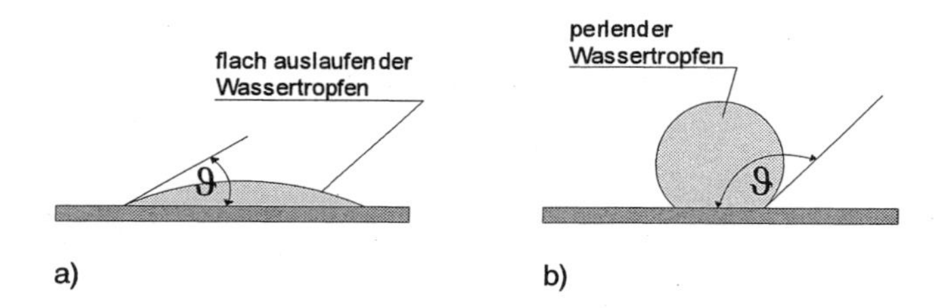

Bild 2-32 Benetzbarkeit von Baustoffen mit Flüssigkeiten
a) gut benetzbarer Baustoff, starkes kapillares Saugvermögen, b) schlecht benetzbarer Baustoff, kein kapillares Saugvermögen

2.5 Brandverhalten

2.5.1 Allgemeines

Die Aufgabe des Brandschutzes besteht im Falle eines Brandes (Schadensfeuer) im:

- Schutz von Personen sowie im
- Schutz von Sachwerten.

Dabei versteht man unter vorbeugendem baulichen Brandschutz alle baulichen Maßnahmen, die der Ausbreitung eines Feuers über den Entstehungsort hinaus auf weitere Gebäudeteile vorbeugen sowie ein Versagen der Tragkonstruktion mindestens über den Zeitraum der Rettung und Brandbekämpfung verhindern. Hinzu kommen anlagentechnische und organisatorische Maßnahmen, die die Brandsicherheit eines Gebäudes erhöhen. Die Ursachen eines Brandes lassen sich jedoch durch Brandschutzmaßnahmen nicht allein beheben. Alle Maßnahmen zur Brandbekämpfung können unter dem Begriff *abwehrender Brandschutz* zusammengefasst werden.

Die Anforderungen an den baulichen Brandschutz sind in den jeweiligen Bauordnungen der Länder geregelt. Sie ergeben sich zum Teil aus den Randbedingungen des abwehrenden Brandschutzes (z.B. Rettungszeiten → Feuerwiderstandsklassen; vorhandene Länge von Steck- und Drehleitern der Feuerwehr → zulässige Gebäudehöhen). In den Landesbauordnungen (LBO) finden sich Anforderungen an das Brandverhalten von verwendeten Baustoffen (z.B. schwerentflammbare Baustoffe) sowie an des Brandverhalten von Bauteilen (z.B. feuerhemmende Wände). Darüber hinaus werden beispielsweise Angaben zu Fluchtwegen und Brandabschnitten gemacht. Brandschutzanforderungen sind neben den LBO auch in den bauaufsichtlich eingeführten Richtlinien (z.B. Industriebaurichtlinie, bauaufsichtliche Richtlinie über brandschutztechnische Anforderungen an Lüftungsanlagen) und Technischen Baubestimmungen zu finden (Bild 2-33).

2.5.2 Brandentstehung

Für die Entstehung und Entwicklung eines Feuers sind drei Faktoren von ausschlaggebender Bedeutung, bei deren Fehlen sich kein Brand entwickeln kann: Zündung, brennbares Material, Sauerstoff.

Arten der Zündung

Die Zündung kann durch Unachtsamkeit (unbeaufsichtigtes Feuer) oder technische Mängel (elektrischer Kurzschluss) verursacht werden oder vorsätzlich durch Brandstiftung oder Vandalismus erfolgen.

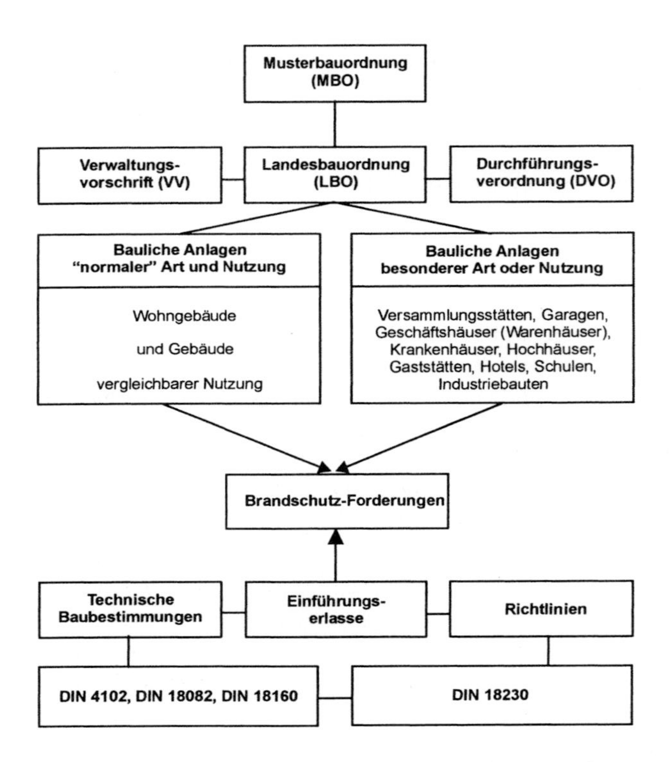

Bild 2-33 Aufteilung der bauaufsichtlichen Brandschutzanforderungen [2.10]

Brennbares Material

Die Menge des brennbaren Materials als weitere Voraussetzung für die Entstehung eines Schadensfeuers entscheidet – neben anderen Faktoren wie Lüftungsverhältnisse, Packdichte – über die Höhe der Brandtemperaturen sowie über die Dauer des Brandes. Ohne das Vorhandensein von brennbarem Material ist keine Brandentstehung und keine Brandausbreitung möglich. In der Regel wird die Menge des brennbaren Materials als Brandlast oder Brandlastdichte bezeichnet. Die Dimension lautet [MJ/m^2] oder [kWh/m^2]. Die Brandlast ist die Summe der Energien, die in den im Brandraum vorhandenen Materialien (Einrichtungsgegenstände, brennbare Materialien von Installationen und raumumschließenden Bauteilen) gespeichert sind und beim Verbrennen in Form von Wärme und Licht frei werden können. Mit Brandraum wird der Ort des Schadensfeuers bezeichnet. Es kann sich sowohl um Räume und Hallen als auch um Schächte, Zwischendeckenbereiche u.ä. handeln.

Bedeutung des Sauerstoffs

Bei einem ausreichenden Sauerstoffangebot kann sich ein Vollbrand entwickeln, der im folgenden Abschnitt näher beschrieben wird. Ist nur unzureichend Sauerstoff vorhanden, entsteht ein Schwelbrand, der mit einer starken Rauchentwicklung einhergeht, bei dem aber keine Flammenbildung auftritt. Die Brandraumtemperaturen sind in diesem Fall wesentlich geringer als bei einem Vollbrand.

2.5.3 Brandverlauf

Ein Brand kann in 3 Phasen unterteilt werden:

- Brandbeginn/Brandentwicklung,
- Vollbrand und letztlich
- Abkühlphase.

Am Beispiel eines Raumbrandes wird nachfolgend ein typischer Brandverlauf erläutert. Setzt man ein ausreichendes Sauerstoffangebot voraus, steigen kurze Zeit nach der Zündung die Temperaturen im Brandraum in Abhängigkeit von der Brandraumgröße und Brandlast auf mehrere hundert Grad Celsius an. Es entstehen entzündbare Gase, die sich zusammen mit den Rauchgasen unterhalb der Decke sammeln, bis es bei einer entsprechend hohen Temperatur zur Durchzündung dieser Gase kommt (flash over, Feuerübersprung). Zu diesem Zeitpunkt beginnt die Vollbrandphase. Die Brandraumtemperaturen steigen schlagartig an und können je nach Brandraum und Brandlast bis zu > 1000°C erreichen. Die gesamte vorhandene Brandlast wird nun infolge von Wärmestrahlung oder direkter Entflammung in das Schadensfeuer einbezogen. Die Temperaturen beginnen wieder zu sinken, sobald keine weitere Brandlast mehr hinzukommt (Abkühlphase).

2.5.4 Brandverhalten von Baustoffen

2.5.4.1 Allgemeines

Ein Brand ist immer ein stofflicher Umsatz, der mehrere Teilvorgänge umfasst. Der wichtigste Teilvorgang ist die Verbrennung der brennbaren Bestandteile. Hierbei wird Energie in Form von Licht und Wärme frei. Es entstehen teilweise sehr hohe Temperaturen und die brennbaren Baustoffe werden vernichtet. Die nichtbrennbaren Stoffe können jedoch gleichfalls Veränderungen von Eigenschaften, die bis zu ihrer Zerstörung führen können, erfahren.

Das Brandverhalten von Baustoffen wird, vor allem in der Phase des Entstehungsbrandes, von folgenden Teilproblemen bestimmt:

- Entflammbarkeit,
- Flammenausbreitung,
- Wärmeentwicklung und
- Brandnebenerscheinungen.

Unter Brandnebenerscheinung wird die Entwicklung von Rauch und toxischen Brandgasen verstanden. Die beiden Risiken sind vor allem für die Flucht, Rettung und Brandbekämpfung von großer Bedeutung.

2.5.4.2 Einteilung der Baustoffe in Baustoffklassen nach DIN 4102-1

Nach DIN 4102-1 [2.11] unterscheidet man zwischen nichtbrennbaren und brennbaren Baustoffen (Tabelle 2-6). Darunter werden nicht nur Baustoffe für tragende Konstruktionen, sondern auch solche für Verkleidungen, Beschichtungen, Rohre etc. verstanden.

Tabelle 2-6 Erläuterungen und Beispiele zu den Baustoffklassen nach DIN 4102 [2.11]

Baustoffklasse		Erläuterungen	Beispiele
A nichtbrennbare Baustoffe	A1	anorganische Stoffe und Stoffe mit einem organischen Anteil ≤ 1 %	Stahl, Metall, Sand, Lehm, Kies, Gips, Zement, Beton, Glas, Steine, Steinzeug, Keramik, Mineralfaserplatten
	A2	Baustoffe, die zwar brennbare Bestandteile enthalten, jedoch nur ein geringes Brandrisiko darstellen	Gipskartonplatten, Mineralfaserplatten mit organischen Bindemitteln
B brennbare Baustoffe	B1	enthalten nennenswerte Mengen brennbarer Bestandteile, deren Entflammbarkeit durch verschiedene Maßnahmen reduziert wurde	Holzwolleleichtbauplatten, Gipskartonplatten
	B2	normalentflammbare Baustoffe	Holz und Holzwerkstoffe mit einer Dicke d > 2 mm; PVC-Beläge, Linoleum, Dachpappen etc.
	B3	Einsatz im Bauwesen untersagt	Holz d < 2 mm, Papier

Die Bestimmung der Baustoffklassen erfolgt nach den Prüfverfahren, die in DIN 4102-1 [2.11] dargestellt sind. Zusätzlich werden bei Prüfungen nach DIN 4102-1 die Ergebnisse über das brennende Abtropfen, das Abfallen brennender Probeteile und Werte zur Rauchentwicklung festgestellt (Tabelle 2-7).

Tabelle 2-7 Baustoffklassen nach DIN 4102 [2.11]

Baustoffklasse		Bauaufsichtliche Benennung
A		***nichtbrennbare Baustoffe***
	A1, A2	nichtbrennbare Baustoffe
B		***brennbare Baustoffe***
	B1	schwerentflammbare Baustoffe
	B2	normalentflammbare Baustoffe
	B3	leichtentflammbare Baustoffe

2.5.4.3 Einteilung der Baustoffe nach DIN EN 13 501-1

Die europäische Norm DIN EN 13 501-1 [2.13] unterscheidet sieben Baustoffklassen: A1 und A2 sowie B bis F (Tabelle 2-8). Zusätzlich werden neben der Brennbarkeit Angaben

- zur Rauchentwicklung und
- zu brennendem Abtropfen/Abfallen

gemacht (Tabelle 2-9).

Die Prüfverfahren zur Bestimmung der Baustoffklassen sind in DIN EN 13 501-1 [2.13] angegeben.

Tabelle 2-8 Baustoffklassen nach DIN EN 13 501-1 [2.13]

Baustoffklasse		Erläuterungen
A nichtbrennbar	A1	leisten in keiner Phase des Brandes, einschließlich des vollentwickelten Brandes, einen Beitrag
	A2	halten einer Beanspruchung durch einen einzelnen brennenden Gegenstand mit ausreichend verzögerter und begrenzter Wärmefreisetzung stand; liefern unter den Bedingungen eines Vollbrandes keinen wesentlichen Beitrag zur Brandlast und zum Brandanstieg
B schwerentflammbar		wie Klasse C, aber mit strengeren Anforderungen
C schwerentflammbar		wie Klasse D, aber mit strengeren Anforderungen
D normalentflammbar		halten dem Angriff einer kleinen Flamme ohne wesentliche Flammenausbreitung über einen längeren Zeitraum stand; halten einer Beanspruchung durch einen einzelnen brennenden Gegenstand mit ausreichend verzögerter und begrenzter Wärmefreisetzung stand
E normalentflammbar		halten dem Angriff durch eine kleine Flamme ohne wesentliche Flammenausbreitung für eine kurze Zeit stand
F leichtentflammbar		Bauprodukte, für die das Brandverhalten nicht bestimmt wird oder die nicht in eine der Klassen A bis E klassifiziert werden können

Tabelle 2-9 Erläuterungen der zusätzlichen Angaben zur Klassifizierung des Brandverhaltens von Baustoffen

Kurzzeichen	Kriterium
s (smoke)	Rauchentwicklung
d (droplets)	brennendes Abtropfen/Abfallen

2.5.5 Brandverhalten von Bauteilen (Feuerwiderstand)

2.5.5.1 Allgemeines

Bauteile setzen sich in der Regel aus mehreren Konstruktionswerkstoffen zusammen. Zu den Bauteilen zählen z.B. tragende und nichttragende Wände, Decken und Unterdecken, aber auch Türen, Verglasungen, Dübel etc. Sie können im Falle eines Brandes zur Sicherstellung des Personen-, Sachwerte- und Objektschutzes erforderlich sein.

Während das Brandverhalten von Baustoffen vor allem in der Phase des Entstehungsbrandes von Bedeutung ist, ist die in Bauteilen hervorgerufene Reaktion durch eine thermische Beanspruchung vor allem in der Phase des Vollbrandes und der Abkühlphase relevant. Das Brandverhalten von Bauteilen wird von folgenden Hauptproblemen beeinflusst:

- *Wahrung des Raumabschlusses*: Verhinderung eines Flammendurchtritts und somit einer Brandweiterleitung,
- *Wärmedämmung*: Temperaturbegrenzung auf der unbeflammten Seite des Bauteils,
- *Tragfähigkeitserhalt*.

Wie lange die Bauteile die an sie gestellten Anforderungen erfüllen können, hängt neben der Beflammungszeit von vielen weiteren Kriterien ab. Hierzu zählen u.a.:

- die einseitige oder mehrseitige thermische Beanspruchung,
- die Bauteilabmessungen,
- die Höhe der statischen Belastung bzw. des statischen Ausnutzungsgrades der Konstruktion,
- die Verformungsmöglichkeiten des Bauteils,
- die Eigenschaften der verwendeten Werkstoffe sowie
- Detailausführungen (z.B. die Fugenausbildung).

2.5.5.2 Feuerwiderstandsdauer

Der Zeitraum, in dem ein Bauteil die gestellten Anforderungen (z.B. Raumabschluss und Wärmedämmung) erfüllt, bezeichnet man als Feuerwiderstandsdauer dieses Bauteils. Dies ist die Mindestdauer in Minuten, während der z.B. ein tragendes Bauteil unter Gebrauchslast seine Standsicherheit nicht verliert. Die Feuerwiderstandsklasse F 30

(Feuerwiderstandsdauer 30 min) gilt als feuerhemmend, die Feuerwiderstandsklasse F 90 gilt als feuerbeständig.

2.5.5.3 Einteilung der Bauteile in Feuerwiderstandsklassen nach DIN 4102-2

Die Feuerwiderstandsdauer eines Bauteils wird durch Normprüfungen (Brandversuch) entsprechend den Prüfanforderungen nach DIN 4102, Teil 2 bis 18 [2.12] ermittelt. Dabei befindet sich das Bauteil (ggf. realistisch belastet) vor, auf oder in einer Brandkammer und wird über den für die Feuerwiderstandsdauer angestrebten Zeitraum beflammt. Die Temperatur im Brandraum steigt während des Brandversuchs nach einer definierten Zeit-Temperatur-Charakteristik, der so genannten Einheits-Temperaturzeitkurve (ETK) an. Der Verlauf dieser Kurve ist in Bild 2-34 dargestellt. Sie widerspiegelt in idealisierter Form einen realen Brand beginnend mit dem "flash over", erfasst jedoch nicht die Abkühlphase, sondern steigt kontinuierlich an.

Die Funktion der Einheits-Temperaturzeitkurve (ETK) lautet:

$$\vartheta - \vartheta_0 = 345 \lg(8 \cdot t + 1) \tag{2.20}$$

mit: ϑ = Brandraumtemperatur in [K], ϑ_0 = Temperatur der Probekörper bei Versuchsbeginn in [K], t = Zeit in Minuten.

In Bild 2-34 ist die Einheits-Temperaturzeitkurve dargestellt.

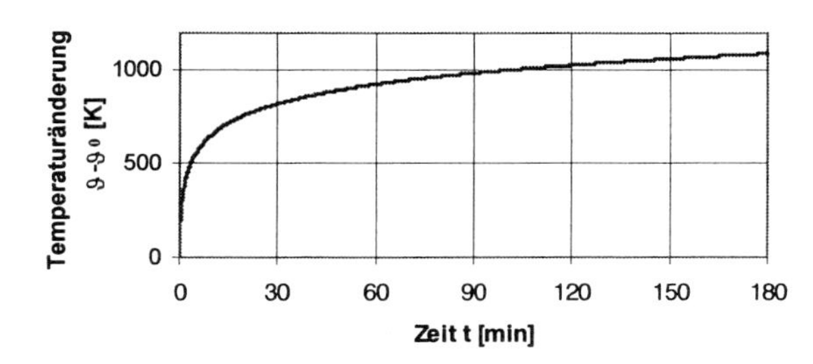

Bild 2-34 Einheits-Temperaturzeitkurve (ETK)

Natürliche Brände laufen meist etwas "milder" als nach ETK ab. Die thermischen Einwirkungen und damit die Brandbeanspruchung des Bauteils nach ETK sind vielfach schärfer als bei Naturbränden. Dennoch besitzt die ETK eine wichtige Bedeutung als Bezugsbasis für den Vergleich von Brandprüfungen.

Entsprechend der erzielten Feuerwiderstandsdauer (in Minuten) werden Bauteile in Feuerwiderstandsklassen eingeteilt. Die bauaufsichtliche Benennung hängt von den verwendeten Werkstoffen ab (Tabelle 2-10).

Tabelle 2-10 Feuerwiderstandsdauer nach DIN 4102-2 [2.12]

Bauaufsichtliche Benennung	Feuerwiderstandsdauer	Feuerwiderstands-klasse nach DIN 4102-2
Feuerhemmend	≥ 30 Minuten	F 30 – B
Feuerhemmend und in den wesentlichen Teilen aus nichtbrennbaren Baustoffen	≥ 30 Minuten	F 30 – AB
Feuerhemmend und aus nichtbrennbaren Baustoffen	≥ 30 Minuten	F 30 – A
Feuerbeständig	≥ 90 Minuten	F 90 – AB
Feuerbeständig und aus nichtbrennbaren Baustoffen	≥ 90 Minuten	F 90 – A

Des Weiteren gibt es in Deutschland die Feuerwiderstandsklassen F 120 und F 180. Das Kurzzeichen F gilt jedoch nur für die nach DIN 4102-2 [2.12] geprüften Bauteile. Weitere Kurzzeichen sind in der folgenden Tabelle 2-11 aufgeführt.

Tabelle 2-11 Kurzzeichen für Feuerwiderstandsklassen nach DIN 4102-2 [2.12]

Bauteil	DIN 4102	Kurzzeichen
Wände, Decken, Stützen, Unterdecken	Teil 2	F
Brandwände	Teil 3	F
Nichttragende Außenwände, Brüstungen	Teil 3	W
Feuerschutzabschlüsse (z.B. Türen)	Teil 5	T
Lüftungsleitungen	Teil 6	L bzw. K
Kabelabschottungen	Teil 9	S
Installationsschächte und -kanäle	Teil 11	I
Rohrabschottungen	Teil 11	R
Funktionserhalt von elektrischen Kabeln	Teil 12	E
Verglasungen, strahlungsundurchlässig	Teil 13	F
Verglasungen, strahlungsdurchlässig	Teil 13	G

2.5.5.4 Einteilung der Bauteile in Feuerwiderstandsklassen nach DIN EN 13 501-2

Die Feuerwiderstandsklassen nach DIN EN 13 501-2 [2.14] setzen sich ebenfalls aus Kurzzeichen und der Angabe der Feuerwiderstandsfähigkeit in Minuten zusammen

(Tabelle 2-12). Die Buchstaben kennzeichnen hier, jedoch im Unterschied zur DIN 4102-2 [2.12], die Leistungskriterien.

Tabelle 2-12 Kurzzeichen für Feuerwiderstandsklassen nach DIN EN 13 501-2 [2.14], Darstellung nach [2.15]

Kurzzeichen	Leistungskriterium
R (Résistance)	Tragfähigkeit
E (Etanchéité)	Raumabschluss
I (Isolation)	Wärmedämmung (unter Brandeinwirkung)
W (Radiation)	Begrenzung des Strahlungsdurchtritts
M (Mechanical)	Mechanische Einwirkung auf Wände (Stoßbeanspruchung)
S (Smoke)	Begrenzung der Rauchdurchlässigkeit (Dichtheit, Leckrate)
C (Closing)	selbstschließende Eigenschaft (ggf. mit Anzahl der Lastspiele) einschließlich Dauerfunktion
P	Aufrechterhaltung der Energieversorgung und/oder Signalübermittlung
I1, I2	unterschiedliche Wärmedämmungskriterien
... 200, 300, ... (°C)	Angabe der Temperaturbeanspruchung
i→o i←o i↔o (in - out)	Richtung der klassifizierten Feuerwiderstandsdauer
a→b a←b a↔b (above - below)	Richtung der klassifizierten Feuerwiderstandsdauer
f (full)	Beanspruchung durch „volle“ ETK (Vollbrand)
ve, ho (vertical, horizontal)	für vertikalen/horizontalen Einbau klassifiziert

Die Klassifizierung kann für folgende Feuerwiderstandsdauern erfolgen: 15, 20, 30, 45, 60, 90, 120, 180, 240 und 360 Minuten. Jeder Mitgliedstaat der Europäischen Union kann aus dieser Vielzahl der Feuerwiderstandsklassen diejenigen auswählen, die zur Erfüllung seiner nationalen Brandschutzanforderungen erforderlich sind.

Zum Beispiel ergab die Feuerwiderstandsprüfung einer tragenden Wand eine Feuerwiderstandsdauer von 91 Minuten. Die Kriterien Raumabschluss und Wärmedämmung wurden eingehalten; sie blieben auch bei einer definierten Stoßbeanspruchung erhalten. Die Wand kann damit in die Feuerwiderstandsklasse REI-M 90 (Brandwand) eingestuft werden.

2.6 Lichttechnisches Verhalten

2.6.1 Kenngrößen der Lichttechnik

Zur Formulierung von Strahlungsgesetzen müssen Strahlungsgrößen definiert werden. Eine zentrale Größe nimmt hierbei der Strahlungsfluss ein, welcher jene Strahlungsenergie beschreibt, die pro Zeiteinheit von einer Strahlungsquelle abgestrahlt oder von einem Empfänger aufgenommen wird. Er hat die Dimension einer Leistung W und wird mitunter auch als Strahlungsleistung bezeichnet. Auf weitere Strahlungsgrößen soll hier nicht eingegangen werden. Aufgrund der spektralen Empfindlichkeit des Auges ist der vom Beobachter wahrgenommene Helligkeitseindruck nicht proportional zum Strahlungsfluss bzw. Energiestrom. In der Photometrie (Bezeichnung für Lichtmessung) sind folglich Strahlungsgrößen nicht verwendbar. An deren Stelle treten analog definierte lichttechnische Größen. Jeder dieser lichttechnischen Größen entspricht eine energetische Größe. Lichttechnische Größen basieren auf der Strahlungsbewertung durch das Auge. Der Lichtstrom Φ tritt an die Stelle des Strahlungsflusses [2.19] bis [2.22].

Der Kennzeichnung, Berechnung, Messung und Bewertung von Licht dienen folgende Grundgrößen, die auch für lichttechnische Bemessung der Tages- und/oder Kunstlichtbeleuchtung von Räumen von Bedeutung sind:

$$\textit{Lichtstärke}: I \text{ in [cd]} \tag{2.21}$$

$$\textit{Lichtstrom}: \Phi = \int I \cdot d\omega \text{ in [lm]} \tag{2.22}$$

$$\textit{Lichtmenge}: Q = \int \Phi \cdot dt \text{ in [lm} \cdot \text{s]} \tag{2.23}$$

$$\textit{Beleuchtungsstärke}: E = \frac{d\Phi}{dA} \text{ in [lx]} \tag{2.24}$$

$$\textit{Leuchtdichte}: L = \frac{dI}{dA \cdot \cos \varphi} \text{ in [cd} \cdot \text{m}^{-2}\text{]} \tag{2.25}$$

Die Basiseinheit der Basisgröße Lichtstärke ist die Candela [cd]. Die Maßeinheit für den Lichtstrom Φ ist das Lumen [lm] und jene für die Beleuchtungsstärke das Lux [lx]. Mit A wird die Empfängerfläche, mit $d\omega$ das Raumwinkelelement und mit φ der Winkel zwischen Strahlrichtung und der Flächennormalen bezeichnet. Zwischen den zum Teil historisch gewachsenen Maßeinheiten gibt es Umrechnungen:

$$1lm = 1cd \cdot 1sr$$
$$1lx = 1lm \cdot 1m^{-2} = 1cd \cdot sr \cdot m^{-2} \qquad (2.26a, b)$$

Das photometrische Entfernungsgesetz besagt, dass die Bestrahlungsstärke (energetische Größe) mit dem Quadrat des Abstandes zum Sender abnimmt (Kugelsymmetrie, das heißt keine Richtungsabhängigkeit, ohne Reflexion und Absorption).

2.6.2 Bautechnische Bedeutung

Trifft ein Lichtstrom auf ein Bauteil, wird dieser aufgrund der Eigenschaften des Bauteils in verschiedener Weise beeinflusst. Eine wesentliche Eigenschaft eines Bauteils besteht darin, lichtundurchlässig oder lichtdurchlässig zu sein. Ist das Bauteil lichtundurchlässig, wird der Lichtstrom sowohl reflektiert als auch absorbiert. Hier geht die Transmission (Lichtdurchlässigkeit) gegen Null. Bei einem lichtdurchlässigen Bauteil wird der Lichtstrom teilweise reflektiert, absorbiert und transmittiert.

Diese lichtoptischen Vorgänge in Bauwerken üben auf das Wohlbefinden des Menschen (Wiedergabe von Farben, Beleuchtung im Innen- und Außenbereich, Bauteil- und Raumtemperatur) einen nachhaltigen Eindruck aus. Wichtig für alle Erscheinungen und Maßnahmen in der Lichttechnik ist die Abhängigkeit der Größen voneinander. Bei Festlegung der lichttechnischen Stoffkennzahlen ist deren Abhängigkeit von der spektralen Helligkeitsempfindlichkeit (Lichtempfindlichkeit) des menschlichen Auges sowie den in DIN 5036 [2.23] vereinbarten Voraussetzungen über z.B. Lichtart, Polarisationszustand, Lichteinfall, Körperoberfläche und Körperdicke zu beachten.

2.6.3 Optische Eigenschaften

Trifft ein Lichtstrahl auf einen Körper, so werden, wie eingangs erwähnt, die Strahlen reflektiert, absorbiert und bei lichtdurchlässigen Körpern auch transmittiert. Die jeweiligen Anteile an der gesamten auftreffenden Strahlung, die reflektiert, absorbiert bzw. transmittiert werden, bestimmen den Reflexionsgrad ρ, den Absorptionsgrad α bzw. den Transmissionsgrad τ (vgl. Abschnitt 5.8.4.5). Der Transmissionsgrad τ beschreibt die Lichtdurchlässigkeit, der Reflexionsgrad ρ die Reflexionseigenschaft und der Absorptionsgrad α die Umwandlung der kurzwelligen Lichtstrahlung in langwellige Wärmestrahlung, jedoch nur in quantitativer Hinsicht. Angaben über die spektrale Zusammensetzung oder die Verteilung des Lichts werden durch diese Kennwerte nicht gegeben [2.3].

Aufgrund der Energieerhaltung besteht zwischen den Strahlungsanteilen folgender Zusammenhang:

$$1 = \rho + \alpha + \tau \tag{2.27}$$

mit: ρ = Reflexionsgrad, α = Absorptionsgrad, τ = Transmissionsgrad.

Diese Beziehung ist allgemein gültig. Für die Glasherstellung lässt sich daraus ableiten, dass eine Verringerung der Transmission nur möglich ist, wenn die Absorptions- und Reflexionsanteile vermehrt werden. Für undurchlässige Körper strebt τ gegen Null [2.19] bis [2.22].

2.7 Elektrisches Verhalten

2.7.1 Allgemeines

Bei der Diskussion der verschiedenen Bindungstypen (vgl. Abschnitt 1.6) wurde bereits darauf verwiesen, dass über die Bindungstypen auch elektrische Eigenschaften erklärt werden können. Die elektrische Leitfähigkeit ist eine Materialeigenschaft und eng mit den elektronischen Eigenschaften des Festkörpers verknüpft. Bei Metallen sind die freien Elektronen für die Leitfähigkeit, das heißt den Stromfluss, verantwortlich. Hier kann man sich den elektrischen Widerstand dadurch erklären, dass im realen Metallgitter (Kristallstruktur) Verunreinigungen und Gitterdefekte auftreten. Die sich bewegenden freien Elektronen treten mit diesen in Wechselwirkung und geben dadurch Energie an das Metallgitter ab, wodurch eine Erwärmung stattfindet. In metallischen Leitern hängt der elektrische Widerstand mit der mittleren freien Weglänge der Elektronen (Wegstrecke zwischen zweien solcher Wechselwirkungsorte, zum Beispiel an Verunreinigungen und Defekten) zusammen. In Gläsern und Ionenkristallen findet Ionenleitung statt. Diese Art der elektrischen Leitung kann dann auftreten, wenn genügend Ionen für den Ladungstransport zur Verfügung stehen. Die mikroskopischen Betrachtungen können im Weiteren nicht vertieft werden. Hier ist auf entsprechende Lektüre verwiesen.

2.7.2 Grundlagen elektrischer Leitfähigkeit, elektrischer Widerstand, Dielektrizitätskonstante

Die wirkende Schwerkraft auf einen Körper ist die Ursache für dessen (freien) Fall in Richtung Erdoberfläche (Wirkung). In gleicher Weise ist eine angelegte elektrische Spannung Ursache für einen fließenden elektrischen Strom (Wirkung). Die zwischen Ursache und Wirkung vermittelnde Materialeigenschaft ist in diesem Fall die elektrische Leitfähigkeit. Deren reziproker Wert wird als elektrischer Widerstand bezeichnet, da dieser beschreibt, in welcher Weise der stromdurchflossene Körper dem elektrischen Strom einen Widerstand entgegenbringt.

Das Ohmsche Gesetz stellt den Zusammenhang zwischen anliegender elektrischer Spannung U und dem fließenden elektrischen Strom I her. Es gilt:

$$U = R \cdot I \text{ in Volt [V]} \tag{2.28}$$

mit: R = elektrischer Widerstand in Ohm [Ω] und I = Stromstärke in Ampere [A].

Es gilt die Umrechnung 1Ω = 1 V/A. Dementsprechend gilt für den Leitwert G:

$$I = G \cdot U \text{ in Ampere [A]} \tag{2.29}$$

Der elektrische Leitwert G, die reziproke Größe zum elektrischen Widerstand R, wird in Siemens [S] angegeben, wobei die Umrechnung 1 S = 1 Ω^{-1} = 1A/V gilt.

Mit Hilfe von Plausibilitätsbetrachtungen kann man sich vorstellen, dass der Widerstand proportional zur Länge l des stromdurchflossenen Körpers und umgekehrt proportional zu seiner Querschnittsfläche A ist. Als Proportionalitätsfaktor führt man den spezifischen elektrischen Widerstand ρ ein. In Analogie zum Leitwert wird als Kehrwert des spezifischen Widerstandes die Leitfähigkeit κ eingeführt. Man erhält somit:

$$R = \rho \cdot \frac{l}{A} = \frac{1}{\kappa} \cdot \frac{l}{A} \tag{2.30}$$

Der spezifische elektrische Widerstand wird in [Ωm] und die elektrische Leitfähigkeit in [S/m] gemessen.

Zur Charakterisierung von *Dielektrika* führt man die Verschiebungsdichte oder die elektrische Flussdichte $\underline{D}$ ein. Diese vektorielle Größe ist ein Maß für die durch Influenz verschobene Ladungsmenge pro Flächenelement. Sie wird in [C/m²] angegeben (C = Coulomb). Derartige Prozesse findet man beim Trennen zweier leitender Flächen (beispielsweise das Trennen oder Verschieben zweier Kondensatorplatten). Zwischen der Verschiebungsdichte $\underline{D}$ und dem wirkenden elektrischen Feld $\underline{E}$ (Maßeinheit [V/m]) besteht eine Proportionalität, welche durch die elektrische Feldkonstante (Dielektrizitätskonstante) ε_0 vermittelt wird (Dimension in [As/Vm]). Es gilt:

$$\underline{D} = \varepsilon_o \cdot \underline{E} \tag{2.31}$$

In Materie ist die Relation zwischen der Verschiebungsdichte und dem elektrischen Feld komplizierter. Hier tritt eine materialabhängige Größe auf, welche selbst von anderen physikalischen Größen wie der Temperatur abhängig ist. Dies führt zu dem Begriff *Dielektrikum*, worunter ein Isolator zu verstehen ist, welcher in ein elektrisches Feld gebracht wird. Bringt man Nichtleiter zwischen zwei Kondensatorplatten, das heißt in ein elektrisches Feld, wird das eingebrachte Material polarisiert. Die Polarisation ist ebenfalls ein Vektor und wird mit $\underline{P}$ bezeichnet. Es gilt:

$$\underline{D} = \varepsilon_o \cdot \underline{E} + \underline{P} = \varepsilon_o \cdot \varepsilon_r \cdot \underline{E} = \varepsilon \cdot \underline{E} \tag{2.32}$$

Die Permittivitätszahl ε_r oder Dielektrizitätszahl ε_0 ist eine dimensionslose materialabhängige Größe. Sie kennzeichnet die Abnahme der elektrischen Feldstärke nach dem Einbringen eines Materials, dem Dielektrikum, in ein elektrisches Feld. Die Dielektrizitätszahl des Vakuums ist identisch eins, jene für Luft kann näherungsweise gleich eins gesetzt werden. Für die meisten Dielektrika liegt sie zwischen 1 und 100; in Einzelfällen kann sie auch Werte bis zu 10000 annehmen [2.21]. Je größer, desto stärker ist die Abnahme der elektrischen Feldstärke. Das Produkt aus Permittivitätszahl ε_r und Dielektrizitätskonstante ε_0 nennt man Permittivität ε; es gilt $\varepsilon = \varepsilon_0 \cdot \varepsilon_r$.

Weiterhin führt man die elektrische Suszeptibilität χ ein. Sie stellt eine Beziehung zwischen der elektrischen Polarisation $\underline{P}$ und der elektrischen Feldstärke $\underline{E}$ her. Man erhält:

$$\underline{P} = \varepsilon_o \cdot \chi \cdot \underline{E} \tag{2.33}$$

Zwischen der elektrischen Feldkonstanten ε_r und der elektrischen Suszeptibilität χ besteht folgender Zusammenhang:

$$\varepsilon_r = 1 + \chi \tag{2.34}$$

Abschließend soll darauf aufmerksam gemacht werden, dass die mikroskopische Natur der elektrischen Leitung sowie jene der Wärmeleitung Analogien aufweisen. Die Wärmeleitung in Metallen erfolgt überwiegend durch die Energieübertragung der Leitungselektronen. Sehr oft gilt, dass gute elektrische Leiter auch gute Wärmeleiter sind [2.19] bis [2.22].

2.7.3 Elektrische Isolatoren

Feste Werkstoffe kann man entsprechend ihrer elektrischen Leitfähigkeit klassifizieren. Man unterscheidet zwischen Metallen (metallische Leiter), Halbleiter und Isolatorstoffen (Isolatoren). Sehr gute Isolatoren weisen einen spezifischen elektrischen Widerstand von ca. 10^{20} Ωm auf. Dieser liegt bei Halbleitern (Raumtemperatur) zwischen ($10^{7}...10^{-4}$) Ωm und bei guten metallischen Leitern (bei tiefen Temperaturen, keine Supraleitung) zwischen ($10^{-9}...10^{-10}$) Ωm. Hieraus wird ersichtlich, dass es eine strenge Einteilung in elektrische Leiter, Halbleiter und Isolatoren nicht geben muss. Es gilt, ein Isolator bzw. elektrischer Nichtleiter verfügt nicht über frei bewegliche Ladungsträger, während gute elektrische Leiter über frei verschiebbare Ladungsträger verfügen.

3 Metallische Werkstoffe

3.1 Stahl und Eisengusswerkstoffe

3.1.1 Allgemeines

Die auch heute noch überragende Bedeutung der Eisenwerkstoffe (Stähle und Eisengusswerkstoffe) beruht auf der Häufigkeit, mit der das Eisen in der erschlossenen Erdkruste auftritt, auf dem vergleichsweise geringen Energieverbrauch bei der Herstellung und vor allem auf der Wandelbarkeit ihrer Eigenschaften. Diese können durch Legierungsbildung (Zumengung anderer Elemente) und Wärmebehandlung (spezifische Herstellungsmechanismen) in so weiten Grenzen verändert werden, wie es bei keinem anderen Werkstoff möglich ist. Es kommt hinzu, dass bei den Eisenwerkstoffen nahezu alle bekannten Verfahren der Formgebung und Verarbeitung (Ziehen, Walzen, Schmieden, Pressen etc.) anwendbar sind.

Im Bauwesen hat der Werkstoff Stahl auf Grund seiner hervorragenden Eigenschaften wie Duktilität, hohe Zug- und Druckfestigkeit eine große Bedeutung. Vornehmlich eingesetzt wird er dabei als Konstruktionswerkstoff im Stahlbau, als Bewehrungsmaterial im Stahlbeton- und Spannbetonbau sowie vermehrt auch als Verbundwerkstoff Stahl-Stahlbeton. Darüber hinaus ist der Werkstoff Stahl vollständig wiederverwendbar, d.h. kann zu 100 % recycelt werden. Als entscheidende Nachteile beim wirtschaftlichen Einsatz von Stahl im Bauwesen gelten demgegenüber seine allgemeine Korrosionsempfindlichkeit sowie seine Empfindlichkeit gegenüber hohen und tiefen Temperaturen.

Die nennenswerte Verwendung von Stahl für Bauteile der Tragwerkskonstruktionen lässt sich bis in die Mitte des 19. Jahrhunderts zurückverfolgen. Mit dem Beginn der Herstellung von Walzprofilen und Bewehrung entstanden Bauprodukte, die dann in der ersten Hälfte des 20. Jahrhunderts neuen Konstruktionsformen wie der Stahlskelett- und Stahlbetonbauweise zu einem enormen Aufschwung verhalfen.

Anfänglich erfolgte die Verarbeitung von hochkohlenstoffartigem Roheisen im Flammenofen unter ständigem Umrühren (engl. puddle = rühren) zu niederkohlenstoffhaltigem Stahl (Puddelstahl). Dabei wurden die bei der Reduktion der Eisenoxide entstandenen Eisenschwammteilchen, so genannte Luppen, zu größeren Blöcken verschmiedet oder verwalzt. Der Stahl weist eine stark heterogene Struktur durch den schichtartigen Aufbau von Verunreinigungen, wie z.B. Schlacken, Seigerungen und Poren, auf. Weiterhin besteht eine ausgeprägte Anisotropie der mechanisch-technologischen Eigenschaften infolge des durch den Umformprozess hervorgerufenen Faserverlaufes. Die chemische Zusammensetzung ist stark streuend, hohe Gehalte bestehen neben Kohlenstoff vor allem an Phosphor und Schwefel. Deshalb besteht keine Schweißeignung.

Bild 3-1 Flansch eines Doppel-T-Profils aus Puddelstahl

Die Erzeugung von so genanntem Flussstahl begann 1855 mit dem *Bessemer-Verfahren*, einem Blasverfahren im Konverter. Nachfolgend wurden weitere verbesserte Verfahren entwickelt, z.B. ab 1864 das *Siemens-Martin-Verfahren* zum Umschmelzen von Stahlschrott und Roheisen im Herdofen und ab 1879 das *Thomas-Verfahren* zur Verarbeitung von phosphorreichem Roheisen.

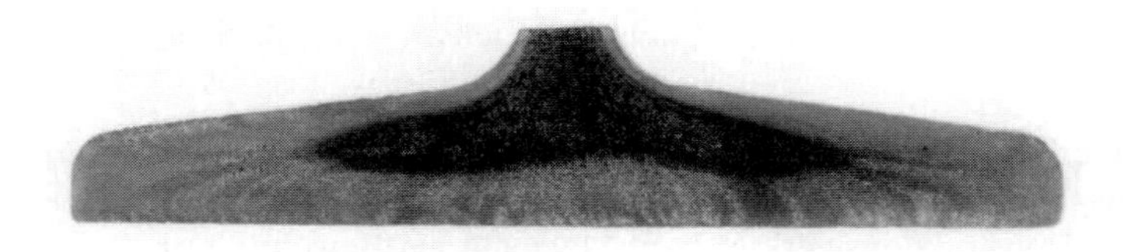

Bild 3-2 Flansch eines Doppel-T-Profils aus Flussstahl

Flussstahl weist ausgeprägte Phosphor- und Schwefelseigerungszonen im Kernbereich von Profilen auf. Im Randbereich befindet sich die so genannte Speckschicht mit verringerter Konzentration an Verunreinigungen. Infolge des hohen Stickstoffgehaltes besteht eine starke Alterungsanfälligkeit. Der Stahl ist, abhängig vom Verfahren, bedingt schweißgeeignet.

Bauteile aus Pudel- und Flussstählen finden sich noch in zahlreichen alten Konstruktionen des Industrie-, Hoch- und Brückenbaues. Die heute eingesetzten Stähle werden nach dem *Elektrostrahl-Verfahren* (seit 1925) oder dem *Sauerstoffblas-Verfahren* (ab 1960) hergestellt.

3.1.2 Metallkundliche Grundlagen

Aufbau metallischer Werkstoffe

Der kristalline Aufbau lässt sich bei oberflächlicher Betrachtung von glatt und einheitlich erscheinenden metallischen Werkstoffen zumeist nicht ohne Weiteres erkennen. Erst nach Anfertigung eines metallografischen Schliffes mit nachfolgender Ätzung wird unter dem Mikroskop eine Kornstruktur erkennbar. Diese Struktur wird als Gefüge bezeichnet. Da nur Reinstmetalle theoretisch aus einer Atomart bestehen, wird man selten ein reines, ungestörtes Gefüge vorfinden. Bei den technischen Metallen liegt der Reinheitsgrad durch den Einschluss anderer Atomarten aus Gasen, nichtmetallischen Einschlüssen und gelösten Fremdmetallen bei etwa 99 bis 99,9999 %. Gegebenenfalls können auch noch höhere Reinheitsgrade erzielt werden, z.B. bei der industriellen Züchtung von Einkristallen für die Chip-Industrie.

Das Gefüge technischer Metalle wird aus einer Vielzahl von so genannten Kristalliten (Elementarzellen) gebildet, die unter den herrschenden technologischen Bedingungen beim Erstarren aus der Metallschmelze entstehen. Die dreidimensionale Anordnung der Elementarzellen bilden das Raumgitter. Das Raumgitter wird durch ein Koordinatensystem beschrieben. Die Richtungen dieses Systems werden mit x, y und z bezeichnet. Der Abstand der Atome in Richtung x, y und z (so genannte Translationsrichtung) wird als Gitterkonstante bezeichnet.

Alle in der Natur vorkommenden Kristallarten lassen sich in sieben verschiedene Systeme einordnen, die sich in der relativen Größe, ihrer Gitterkonstanten und der Größe der Achsenwinkel unterscheiden (kubisch, tetragonal, rhomboedrisch, hexagonal, monoklin, triklin). Die meisten Metalle kristallisieren kubischflächenzentriert (kfz) oder kubischraumzentriert (krz), einige hexagonal. Reines Eisen hat beispielsweise in Abhängigkeit von der Temperatur ein kubisch-raumzentriertes (krz) oder ein kubisch-flächenzentriertes (kfz) Gitter. Im Bild 3-3 sind die beiden Gitterstrukturen schematisch dargestellt.

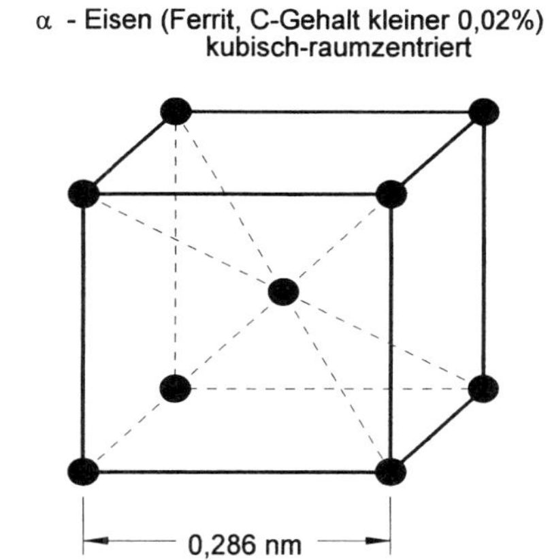

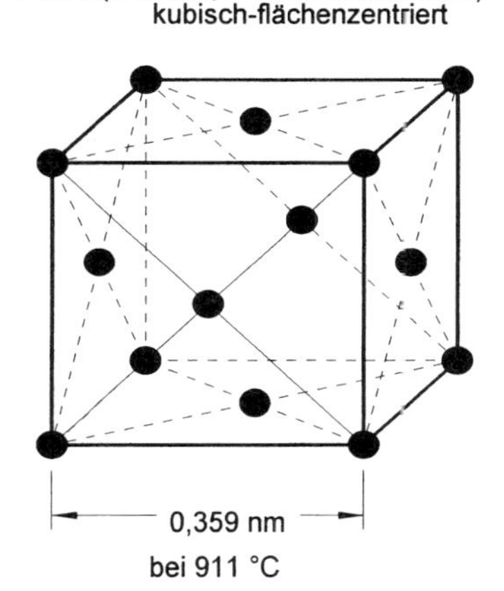

Bild 3-3 Gittertypen des Eisens

Sämtliche verschieden ausgerichtete Gefügebestandteile sind durch Gefügegrenzen (Korngrenzen, Phasengrenzflächen) voneinander getrennt. Die Gefügegrenzen können als „innere Oberflächen" des Werkstoffes angesehen werden. Sie sind physikalisch aber so beschaffen, dass ein fester Zusammenhalt und die Kompatibilität der Gefügebestandteile im Werkstoff gewahrt sind.

Bei Stählen ist Eisen das Grundmetall für die wichtigsten technischen Legierungen. Technisch reines Eisen (99,9 % Fe) enthält immer noch Spuren der Elemente C, P, Mn, Si, S, Cu und Ni. Die Legierung Stahl hingegen enthält verschieden „gewollte“ sowie auch „ungewollte“ Stoffe. Gewollte Stoffe sind solche, die bei der Stahlherstellung zugegeben werden, um die Eigenschaften des Stahls entsprechend dem Verwendungszweck zu beeinflussen. Ungewollte Stoffe sind Verunreinigungen im Eisenerz, in Brennstoffen und in Zusatzstoffen, die bei der Herstellung des Stahls nicht entfernt werden können. Der Schmelzpunkt des Eisens wird in Abhängigkeit vom Reinheitsgrad mit 1528 bis 1536 °C angegeben.

Ein Eisenwerkstoff entsteht durch Erstarren aus dem flüssigen Zustand der Schmelze. Während des Abkühlens aus der Schmelze treten eine Reihe von Zustandsänderungen auf. Diese Zustandsänderungen lassen sich in so genannten Zustandsschaubildern anschaulich darstellen. Bei reinem Eisen verursacht das Abkühlen nicht nur Änderungen des Aggregatzustandes, sondern führt auch zu Veränderungen im Gitteraufbau sowie zum Umschlagen vom ferromagnetischen in den paramagnetischen (nicht magnetischen) Zustand (Grenztemperatur nach *Curie* bei 769 °C, Curietemperatur), d.h. bereits erstarrter Stahl ist bis zum Erreichen dieser Temperatur unmagnetisch.

Hauptmerkmal eines vielkristallinen Werkstoffes ist, dass sich die Kristalle (Körner) während ihrer Entstehung (Keimbildung und Keimwachstum) gegenseitig behindern, so dass eine unregelmäßige Anordnung und somit auch unregelmäßige Grenzflächen entstehen. Diese Hauptmerkmale beeinflussen die chemischen und physikalischen Eigenschaften des Werkstoffes entscheidend. Durch gezielte Herstellungs- und Bearbeitungsmethoden ist es möglich, spezifische Gefügeausbildungen und -ausrichtungen und somit gewünschte Eigenschaften zu erhalten. Durch Verunreinigungen und/oder Legierungselemente wird das kristalline Eisengitter gestört, es entstehen so genannte Mischkristalle. In Bild 3-4 ist schematisch dargestellt, wie die Mischkristalle durch Einlagerungen oder durch den Ersatz von Metallatomen entstehen können.

Werden Fremdatome zwischen den Fe-Atomen eingelagert, so spricht man von Einlagerungsmischkristallen. Das gilt insbesondere für Fremdatome mit einem Durchmesser kleiner als der des Fe-Atoms, z.B. Kohlenstoff oder Stickstoff (verantwortlich für Alterungsanfälligkeit). Haben die Fremdatome in etwa den gleichen Durchmesser wie die Eisenatome, so können sie an die Stelle der Fe-Atome treten. Es bilden sich Substitutions-Mischkristalle aus. Dies ist der Fall, wenn Chrom oder Nickel als Legierung in die Schmelze gegeben werden.

Wenn eine Mischkristallbildung weder durch Einlagerung noch durch Austausch von Atomen möglich ist, können Kristallgemische entstehen, deren Eigenschaften mit der Art und dem Verhältnis ihrer Zusammensetzung stark veränderlich sind. Außerdem können sich richtungsabhängige Kristalleigenschaften, z.B. bei der Kaltverformung, herausbilden.

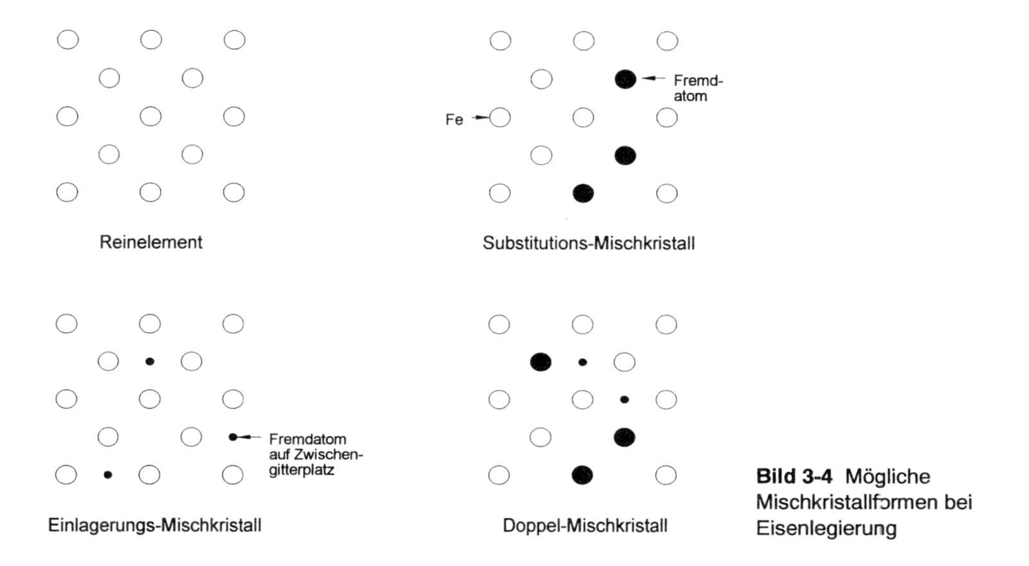

Bild 3-4 Mögliche Mischkristallformen bei Eisenlegierung

In Bild 3-5 sind schematisch die Zustandsänderungen von Eisen an Hand einer Abkühlungs- und Erwärmungskurve mit den dazugehörigen Umwandlungspunkten (auch Haltepunkte genannt) dargestellt.

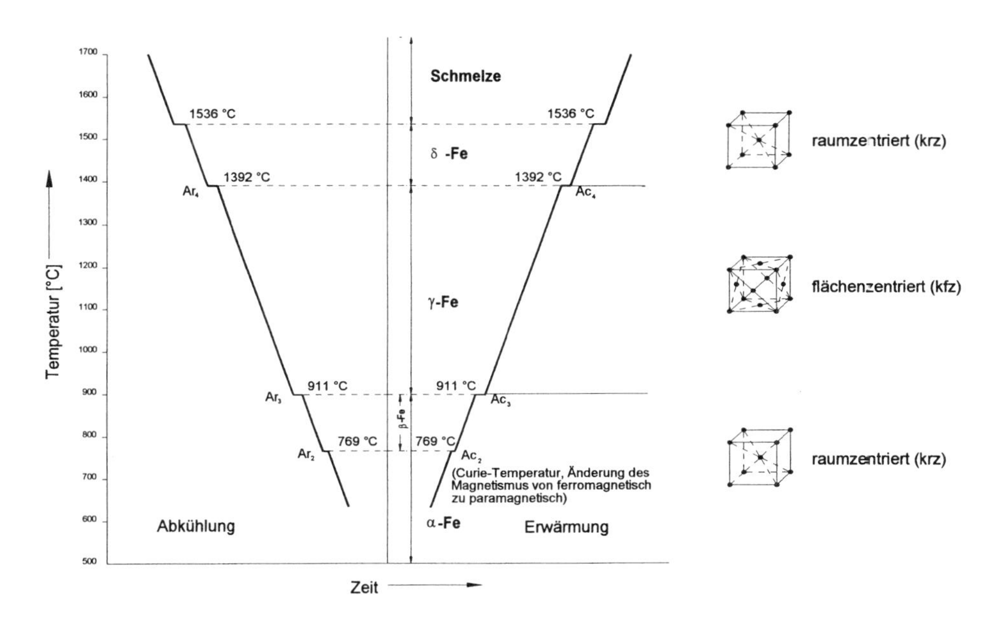

Bild 3-5 Abkühlungs- und Erwärmungskurven von reinem Eisen und zugehörige Gittertypen

Die Umwandlungspunkte des reinen Eisens bezeichnet man, von niederen zu höheren Temperaturen ansteigend, mit A_2, A_3 und A_4. A ist die Abkürzung des französischen Wortes Arrêt = Haltepunkt. Ermittelt man die Haltepunkte durch Abkühlungskurven, so erhält A noch einen Index r, der die Abkürzung des französischen Wortes **r**efroidissement = Abkühlung ist. Im Falle der Bestimmung der Erwärmungskurve fügt man als Index ein c hinzu, das vom französischen Wort **c**hauffage = Erwärmung kommt. Eine Sonderform innerhalb des raumzentrierten α-Eisens ergibt sich oberhalb der Curie-Temperatur von 769 °C, weil sich hier zwar nicht der Gittertyp, doch aber der Magnetismus ändert. Die frühere Bezeichnung dafür war β-Eisen. Die einzelnen Phasen des reinen Eisens (allotrope Modifikationen) tragen folgende Bezeichnung:

Tabelle 3-1 Einzelphasen des Eisens

Existenzbereich	Bezeichnung	Gittertyp
Bis 769°C	α-Fe (Ferrit)	kubisch-raumzentriert
769...911°C	spezielle Form des α-Fe (Ferrit) (frühere Bezeichnung β-Fe)	kubisch-raumzentriert
911...1392°C	γ-Fe (Austenit)	kubisch-flächenzentriert
1392...1536°C	δ-Fe	kubisch-raumzentriert

Diese sehr komplexen und komplizierten Phasenumwandlungen können auch so aufgefasst werden:

Eisen besitzt ein kubisch-raumzentriertes Gitter, welches aber zwischen 911 und 1392 °C durch das stabilere kubisch-flächenzentrierte γ-Fe verdrängt wird. Neben dem Magnetismus werden andere physikalischen Eigenschaften außer einer Änderung des spezifischen Volumens kaum beeinflusst. Die strenge Unterscheidung zwischen der Lage der Umwandlungspunkte beim Erwärmen und beim Abkühlen ist notwendig, weil die einzelnen Umwandlungstemperaturen besonders in legiertem Eisen in hohem Maße von der Größe der Abkühlungs- bzw. Erwärmungsgeschwindigkeit abhängig sind. Das nutzt man zur Erstellung von Zeit-Temperatur-Umwandlungsschaubildern (Z-T-U-Schaubilder) für Wärmebehandlungsmaßnahmen zur gezielten Beeinflussung der Eigenschaften.

Eisen weist bei Raumtemperatur das für kubisch-raumzentrierte Phasen typische Gefüge, den Ferrit (lateinisch Ferrum = Eisen) auf. Solange der Kohlenstoffgehalt kleiner als 0,02 % ist, lagert sich dieser zwischen den Fe-Atomen im Gitter ein. Dadurch entspricht der Ferrit praktisch reinem Eisen.

Übersteigt der Kohlenstoffgehalt jedoch 0,02 %, so ist im Gefüge neben dem Ferrit in zunehmenden Maße ein weiterer Gefügebestandteil, der Perlit, vorhanden. Bei einem C-Gehalt von über 0,8 % kristallisiert neben Perlit so genannter Sekundärzementit (Fe_3C) aus.

Zustandsschaubilder

Das weitaus wichtigste Legierungselement des Eisens ist der Kohlenstoff. Schon relativ geringe Mengen genügen, um den Charakter und die Eigenschaften des Eisens weitgehend zu verändern. Die ohne weitere Nachbehandlung schmiedbaren Stähle enthalten bis zu 2,06 % Kohlenstoff. Legierungen mit mehr als 2,06 % C sind normalerweise nicht schmiedbar, sondern spröde. Deshalb werden sie hauptsächlich im Gusszustand benutzt und man bezeichnet derartige hochkohlenstoffhaltige Legierungen als *Gusseisen*.

Der bedeutende Einfluss des Kohlenstoffs auf die Eigenschaften des Eisens geht auch daraus hervor, dass die Zugfestigkeit der Stähle im Walzzustand je 0,1 % Kohlenstoff um etwa 100 N/mm^2 und die Streckgrenze um ca. 40 N/mm^2 zunimmt. Vergleichsweise sind für ähnliche Festigkeitssteigerungen 1 % Mn, Si oder Cr erforderlich.

Kohlenstoff kann in zwei verschiedenen Formen im Eisen vorliegen: entweder als elementarer Kohlenstoff (Graphit) oder in chemischer Verbindung mit dem Eisen als Fe_3C (Eisenkarbid, Zementit). Demzufolge werden die Umwandlungsverhältnisse (Kristallisationsverhältnisse) in den Eisen-Kohlenstoff-Legierungen durch zwei verschiedene Zustandsschaubilder beschrieben:

- durch das System Eisen-Eisenkarbid und
- durch das System Eisen-Graphit.

Die reinen Eisen-Kohlenstoff-Legierungen (Stähle) kristallisieren praktisch stets nach dem System Eisen-Eisenkarbid (Fe-Fe_3C). Weil sich Legierungen beim Glühen (Erwärmen und Abkühlen) stets in Richtung des thermodynamischen Gleichgewichts verändern, bezeichnet man die Legierungen bzw. das System Fe-Fe_3C als metastabil.

Beim Erwärmen von Eisen und Stahl finden bereits im festen Zustand umfangreiche Kristallumwandlungen statt, die durch Diffusion der Atome möglich werden. Dabei klappt z.B. das raumzentrierte α-Eisen in das flächenzentrierte γ-Eisen (Austenit) um. Austenit kann einen maximalen Kohlenstoffgehalt von 2 % besitzen. Die Kohlenstoffatome diffundieren dabei auf Zwischengitterplätze des γ-Eisens. Die Umwandlungstemperaturen hängen vom C-Gehalt der Schmelze und der Geschwindigkeit der Temperaturänderung ab. Oberhalb 723 °C wandelt sich der Perlit in Ferrit und Austenit um.

Der Zusammenhang zwischen Temperatur, C-Gehalt und Kristallgefüge bei langsamen Temperaturänderungen ist im Eisen-Kohlenstoff-Diagramm (metastabiles System Fe-Fe_3C) dargestellt. In der in Bild 3-6 dargestellten Form bildet reines Eisen die linke, das Eisenkarbid Fe_3C die rechte Begrenzung des Zustandsschaubildes. Das Eisenkarbid Fe_3C enthält 6,67 % C und wird in der Metallographie als Zementit bezeichnet. In Abhängigkeit vom C-Gehalt und von der Temperatur können sich vielfältige Phasen bilden. Auch im festen Zustand finden Phasenumwandlungen statt (Diffusions- und Umlagerungsmechanismen), wodurch die gezielte Werkstoffbeeinflussung durch Wärmebehandeln (Glühen, Härten, Vergüten) ermöglicht wird.

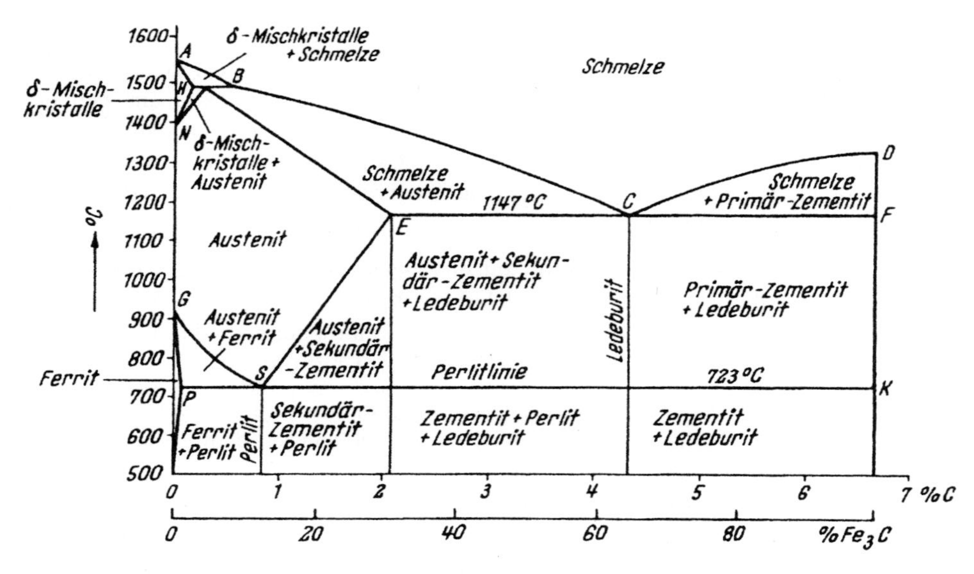

Bild 3-6 Das Eisen-Kohlenstoff-Diagramm [3.3]

Die Komplexität auf der Eisenseite wird durch verschiedene Modifikationen des Eisens (verschiedene Kristallformen) und deren unterschiedliches Lösungsvermögen für Kohlenstoff hervorgerufen. In den Eisen-Kohlenstoff-Legierungen treten unterschiedliche Eisen-Kohlenstoff-Mischkristalle auf (Tabelle 3-2).

Tabelle 3-2 Kristallformen des Eisens

Bezeichnung	Maximaler C-Gehalt	Metallographische Bezeichnung
δ-Mischkristall	1493°C: 0,10 %	δ- Ferrit
γ-Mischkristall	1147°C: 2,06 %	Austenit
α-Mischkristall	723°C: 0,02 %	Ferrit

Demnach ist die Löslichkeit des kubisch-flächenzentrierten *γ*-Mischkristalls für Kohlenstoff wesentlich größer als die der kubisch-raumzentrierten *α*- oder *δ*-Mischkristalle. Der Kohlenstoff befindet sich im *α*-, *γ*- und *δ*-Eisen in den Gitterlücken zwischen den Eisenatomen (Einlagerungsmischkristalle). Diese Tatsache ist von außerordentlicher Bedeutung für die Eigenschaften der Stähle, beruht doch darauf ihre hohe Härte und Festigkeit im abgeschreckten und gehärteten Zustand.

Von den homogenen Kristallarten (Phasen), die in Eisen-Kohlenstoff-Legierungen auftreten (α-, γ- und δ-Eisen, Fe_3C), sind die Gefügebestandteile zu unterscheiden, die zusammengesetzter (heterogener) Natur sind. Einzelheiten dazu sind in Tabelle 3-3 genannt.

Tabelle 3-3 Gefügebestandteile des Eisens

Bezeichnung	Zusammensetzung	Beständigkeitsgebiet
Perlit	88 % Ferrit + 12 % Zementit	$T \leq 723$°C; 0,02 bis 6,67 % C
Ledeburit I	51,4 % Austenit + 48,6 % Zementit	$T \leq 1147$ bis 723°C; 2,06 bis 6,67 % C
Ledeburit II	51,4 % Perlit + 48,6 % Zementit	$T \leq 723$°C; 2,06 bis 6,67 % C

Der Perlit ist ein eutektoides[1] Gemenge zwischen Ferrit und Zementit und entsteht durch Zerfall von γ-Mischkristallen mit 0,80 % C beim Abkühlen. Der Ledeburit I ist ein eutektisches[2] Gemenge zwischen Austenit und Zementit und entsteht durch Erstarrung einer 4,3 % C enthaltenden Fe-C-Legierung bei der eutektischen Temperatur von 1147°C. Der Ledeburit II entsteht beim Abkühlen aus dem Ledeburit I durch eutektoiden[3)] Zerfall der darin enthaltenen 51,4 % Austenit in Perlit bei 723 °C.

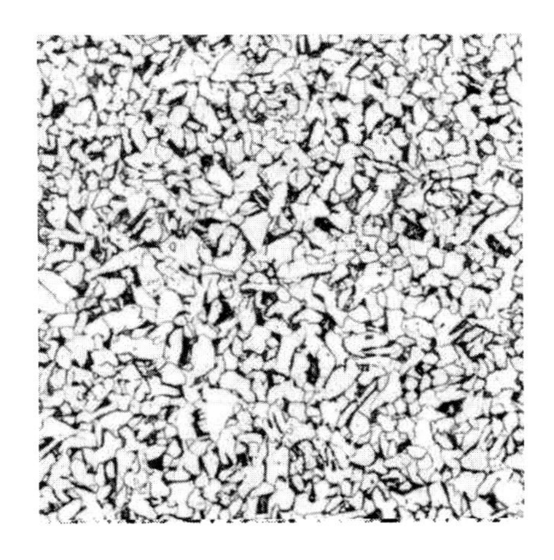

Bild 3-7 Baustahl; heller Ferrit + dunkler Perlit

Die *Liquiduslinie* (liquid = flüssig) der Eisen-Kohlenstoff-Legierungen wird von dem mehrfach gebrochenen Linienzug *ABCD* gebildet, die *Soliduslinie* (solid = fest) von dem

[1] eutektoid = entspricht der eutektischen Reaktion, wenn anstelle der Schmelzphase *S* die Mischkristallphase γ gesetzt wird.

[2] eutektisch = homogene Schmelze zerfällt in ein heterogenes Gemenge aus den in der Schmelze enthaltenen Kristallarten (T = konst.)

Linienzug *AHIECF*. Oberhalb der Liquiduslinie sind alle Legierungen vollständig flüssig (Schmelze), unterhalb der Solidusline sind sämtliche Fe-C-Legierungen vollständig kristallisiert und fest. Zwischen diesen beiden Linienzügen sind die Legierungen breiförmig und bestehen aus heterogenen Gemengen aus Schmelze und festen Kristallen (δ-Fe, γ-Fe, Fe_3C) unterschiedlicher Zusammensetzung und in wechselnden Mengenverhältnissen.

Während der Erstarrung bzw. der Abkühlung finden in den Eisen-Kohlenstoff-Legierungen drei isotherme Umsetzungsreaktionen statt und zwar eine peritektische, eine eutektische und eine eutektoide Reaktion.

Schmelzen mit 0,10 bis 0,51 % C scheiden während der Abkühlung längs der Linie *AB* primäre δ-Mischkristalle aus. Bei 1493 °C setzen sich die 0,10 % C enthaltenden δ-Mischkristalle peritektisch mit der Restschmelze von 0,51 % C zu γ-Mischkristallen mit 0,16 % C um gemäß der peritektischen Reaktionsgleichung[3]:

$$\delta - \textit{Mischkristalle} + \textit{Restschmelze} \xrightarrow{1493°C} \gamma - \textit{Mischkristall}$$

Schmelzen mit 2,06 bis 6,67 % C scheiden im Verlauf der Abkühlung längs der Linie BC primäre γ-Mischkristalle bzw. längs der Linie *CD* primäre Fe_3C-Kristalle aus. Die Restschmelze erhöht bzw. erniedrigt dadurch ihren Kohlenstoffgehalt. Bei der eutektischen Temperatur von 1147°C zerfällt die 4,3 % C enthaltende Restschmelze eutektisch zu γ-Mischkristallen mit 2,06 % *C* und Zementit mit 6,67 % C entsprechend der eutektischen Reaktionsgleichung:

$$\textit{Schmelze} \xrightarrow{1147°C} (\gamma - \textit{Mischkristall} + \textit{Eisenkarbid})$$

Bereits erstarrte Legierungen mit bis zu 6,67 % C enthalten γ-Mischkristalle. Diese scheiden während der weiteren Abkühlung im festen Zustand kohlenstoffarme α-Eisenmischkristalle längs der Linie *GOS* bzw. kohlenstoffreiche Fe_3C-Kristalle längs der Linie *ES* aus. Die restlichen γ–Mischkristalle erhöhen bzw. erniedrigen dadurch ihren C-Gehalt. Bei der eutektoiden Temperatur von 723 °C zerfallen die 0,80 % C enthaltenden γ-Mischkristalle eutektoidisch zu α-Mischkristallen mit 0,02 % C und Zementit Fe_3C mit 6,67 % C zufolge der eutektoiden Reaktionsgleichung:

$$\gamma - \textit{Mischkristalle} \xrightarrow{723°C} (\alpha - \textit{Mischkristalle} + \textit{Eisenkarbid})$$

Das bei langsamer Abkühlung aus dem Austenit durch die eutektoide Umsetzung entstehende, feinverteilte heterogene und charakteristische Gemenge wird als Perlit bezeichnet. Durch die Lage zum eutektischen Punkt *C* bzw. zum eutektoiden Punkt *S* bedingt, teilt man die Eisen-Kohlenstoff-Legierungen wie folgt ein:

---

[3] peritektisch = sämtliche aus der Schmelze ausgeschiedenen Mischkristalle reagieren mit der Restschmelze bei der peritektischen Temperatur (T = konst.) vollständig in eine andere Kristallart

Tabelle 3-4 Eisen-Kohlenstoff-Legierungen

Bezeichnung	Anteil C [%]
Untereutektoide Stähle	0,00...< 0,80
Eutektoider Stahl	0,80
Übereutektoide Stähle	> 0,80...< 2,06
Untereutektisches Gusseisen	2,06...< 4,30
Eutektisches Gusseisen	4,30
Übereutektisches Gusseisen	> 4,30...< 6,67

In Bild 3-8 sind schematisch die Strukturen der infolge der beschriebenen Zustandsänderungen entstandenen Kristalle und deren Eigenschaften zusammengestellt.

Gefüge	Bezeichnung	Typ	Kohlenstoff gehalt [%]	Eigenschaften
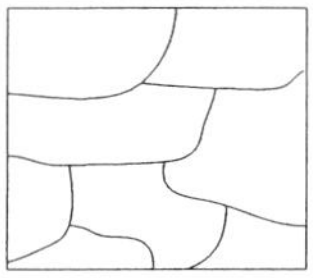	Ferrit	α - MK krz	0...0,02	kohlenstoffarm, weich, wenig fest aber zäh, gut verformbar
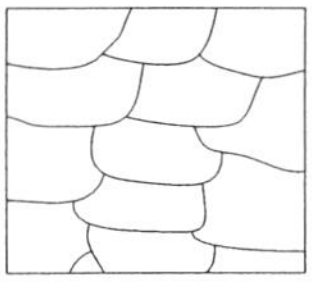	Austenit	γ - MK kfz	0...2,1	sehr zäh und sehr gut verformbar, nur bei legierten Stählen bei Raumtemperatur existent
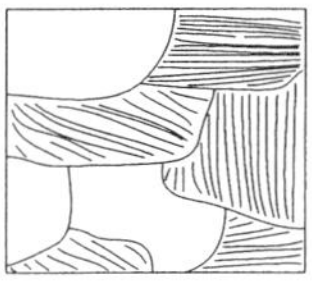	Ferrit + Perlit	α - MK + Zementit	< 0,8	Gefüge der schweißbaren Baustähle mit $C \leq 0,3$ %; mit C-Gehalt steigt Festigkeit und Härtbarkeit; Versprödung nimmt zu, Verformbarkeit sinkt
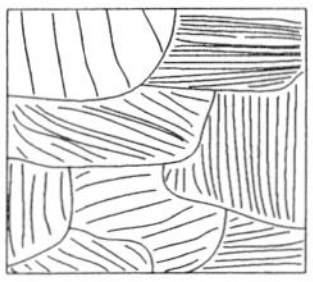	Perlit = Ferrit + Zementit	α - MK + Zementit	0,8	fest und noch gut verformbar, härtbar, nicht schweißbar
	Perlit + Sekundärzementit um die Perlitkörnchen herum	α - MK + Zementit	> 0,8	hart und spröde; Verformbarkeit sinkt

Bild 3-8 Gefügetypen von Stahl

Rasche Abkühlung verändert die Verhältnisse. Die Kohlenstoffatome haben dann nicht genügend Zeit zur Diffusion innerhalb des Kristallverbandes. Hierdurch entstehen Gefügeverzerrungen und innere Spannungszustände, die sich in einer Steigerung der Härte, Sprödigkeit und Festigkeit ausdrücken. Des Weiteren verschieben sich die Umwandlungstemperaturen zu niedrigeren Werten, bei denen die Umwandlung des γ-Eisens in das α-Eisen stattfindet. Auf dieser Tatsache beruhen die Wärmebehandlungsverfahren, bei denen sich durch kontrollierte Erwärmungs- und Abkühlungsvorgänge des Stahls bestimmte erwünschte Gefüge- und Härtezustände herausbilden.

Wie erwähnt, nimmt mit der Zunahme des C-Gehaltes der Anteil des harten Zementits und somit die Stahlfestigkeit zu. Dies gilt bei Baustählen uneingeschränkt bis 0,8 % C. Bis zu einem C-Gehalt von 0,21 % ist das Material schweißgeeignet.

3.1.3 Gusseisen

Unter Gusseisen versteht man Eisen-Kohlenstofflegierungen mit mehr als 2 % C, meist mit 2 bis 4 % C, die durch gute Gießbarkeit und verhältnismäßig hohe Sprödigkeit gekennzeichnet sind. Die Formgebung erfolgt daher meist durch Gießen und spanabhebende Bearbeitung, nicht aber durch plastische Verformung (z.B. Warmwalzen). Im Allgemeinen liegt der Siliciumgehalt (bis zu 3 %) und der Phosphorgehalt (bis zu 2 %) wesentlich höher als bei Stählen. Nach der Farbe des Bruches unterscheidet man zwischen weißem Gusseisen (*Weißguss* bzw. *Hartguss*), das gefügemäßig aus Perlit und Ledeburit besteht, meliertem Gusseisen, bestehend aus Perlit, Ledeburit und elementarem Kohlenstoff in Form von Graphitblättern, sowie grauem Gusseisen (*Grauguss*), das aus einer perlitischen oder ferritisch-perlitischen Grundmasse mit eingelagertem Graphit besteht. Die Art des Gusseisens ist von der chemischen Zusammensetzung (C- und Si-Gehalt) sowie von der Abkühlungsgeschwindigkeit abhängig. Eine hohe Abkühlungsgeschwindigkeit begünstigt die Entstehung von weißem Gusseisen, eine geringe Abkühlungsgeschwindigkeit die von grauem Gusseisen. Weißes Gusseisen wird vorwiegend für kleine Gussteile, wie Schlossteile, Schlüssel und Beschläge, verwendet. Je nach Zähigkeit des grauen Gusses (Anteil C-Gehalt) wird er vorwiegend für Gussteile in schweren Baumaschinen, Gusswasserleitungen und Heizkörpern verwendet.

Im Bauwesen wurde Gusseisen bereits frühzeitig für druckbeaufschlagte Bauteile verwendet. Beispiele sind die zuerst in Großbritannien errichteten gusseisernen Brücken. Auch heute findet man noch zahlreiche gusseiserne Details an unterschiedlichen Konstruktionen (Bild 3-9).

Bild 3-9 Gusseiserne Stütze einer Eisenbahnbrücke

Die wesentlichen Unterscheidungsmerkmale gegenüber Stahl sind die erheblich höheren C-Gehalte, um damit günstigere Gusseigenschaften zu erzielen. Die Festigkeit des Gusseisens wird jedoch nicht durch die Graphitbereiche, sondern im Wesentlichen durch die sie umlagernde Fe-Matrix bestimmt. Von signifikantem Einfluss auf die mechanisch-technologischen Eigenschaften sind weniger die Größe und die Verteilung als vielmehr die Form der Einschlüsse. Lamellenförmige Einschlüsse (Bild 3-10) bewirken bei eingebrachten Zugbeanspruchungen hohe Kerbwirkungen an den Lamellenspitzen, die selbst bei einem duktilen Matrixverhalten zum Aufreißen dieser führen.

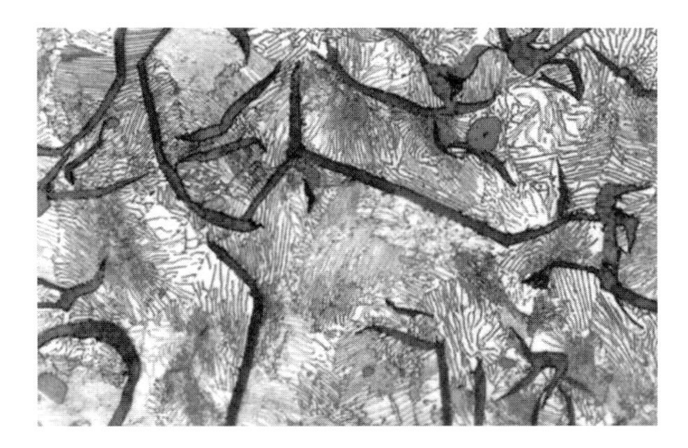

Bild 3-10 Gusseisen mit Lamellengraphit

Auf Grund dieser werkstoffspezifischen Eigenheit ist im Zusammenhang mit einer lamellenförmigen Ausbildung des Graphits immer eine Verminderung der Zugfestigkeit und damit sprödes Werkstoffverhalten zu erwarten.

Dem Stahl vergleichbare Eigenschaften lassen sich durch Einstellung kugeliger Graphiteinschlüsse erzielen (Bild 3-11), wodurch die kerbwirkenden Einflüsse gegenüber lamellenförmigen Einschlüssen erheblich reduziert und somit die mechanischen Eigenschaften fast ausschließlich durch die Matrix bestimmt werden.

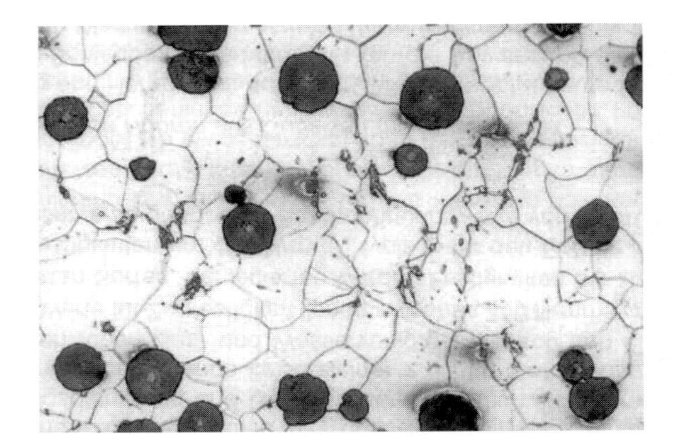

Bild 3-11 Gusseisen mit Kugelgraphit

3.1.4 Beeinflussung der Stahleigenschaften durch die chemische Zusammensetzung, Wärmebehandlung und Umformung

3.1.4.1 Wirkung der Stahlbegleiter und Legierungen

Während der Kohlenstoff das wesentliche Legierungselement im Stahl ist, gelangen über das Eisenerz, über Zuschläge, Brennstoffe etc. bei der Roheisen- und Rohstahlerzeugung weitere Elemente in die Schmelze. Diese Elemente, Stahlbegleiter genannt, sind in der Regel:

- Spuren der Elemente Mn, Si, Cu und Ni (meist erwünscht) sowie
- S, O, N und H (zumeist unerwünscht).

In Tabelle 3-5 werden die Wirkungen der genannten Stoffe auf die unterschiedlichen Eigenschaften des Stahls zusammenfassend dargestellt.

Tabelle 3-5 Einflüsse der wesentlichen Legierungselemente und Stahlbegleiter

Eigenschaft	C	Si	Mn	P	S	O	N	H
Festigkeit	+	+	+	+	–	o	+	o
Verformbarkeit	–	–	–	–	–	–	o	–
Kerbschlagzähigkeit	–	–	+	–	–	o	–	–
Kaltverformbarkeit	–	–	–	–	–	o	–	–
Warmverformbarkeit	–	–	+	–	–	o	o	o
Schweißbarkeit	–	–	+	–	–	–	–	o

\+ positiver Einfluss, verbessernd
– negativer Einfluss, verschlechternd
o ohne wesentlichen Einfluss

In diesem Zusammenhang ist die besondere Wirkung von Wasserstoff zu erwähnen. Das Eindringen von Wasserstoff in das Stahlgefüge führt zu einer Versprödung des Stahls insgesamt, die jedoch nicht mit einer Festigkeitssteigerung verbunden ist. Das sehr kleine Wasserstoffatom lagert sich, nachdem es in die Stahlmatrix hinein diffundiert ist, an Gefügeinhomogenitäten und Gitterfehlern (traps), wie Versetzungen (Gleitungen), Korngrenzen oder Phasengrenzflächen, an. Dort übt es, vereinfacht ausgedrückt, hohe Drücke aus. Dieser Druck kann bei ausreichender Stärke zum Aufreißen einzelner Gitterbereiche führen, die bei Belastung als Keime für eine Rissbildung dienen können.

Beim bisher besprochenen Stahl, einer fast reinen Fe-C-Legierung, spielen die natürlichen Stahlbegleiter wie Si und Mn nicht die Rolle von Legierungselementen. Besonders bei hohen Beanspruchungen und unter besonderen Einsatzbedingungen (tiefe und hohe Temperaturen, aggressive Medien, Strahlung etc.) reicht jedoch die Leistungsfähigkeit dieser unlegierten Stähle nicht mehr aus. Durch Zugabe von Legierungselementen können durch die Bildung neuer Kristallarten bestimmter Größe und Ausrichtung die Eigenschaften der Stähle soweit verändert werden, dass nahezu jedem Beanspruchungszustand widerstanden werden kann. In Tabelle 3-6 sind die am häufigsten verwendeten Legierungselemente und ihre Einflüsse auf die Stahleigenschaften dargestellt.

Tabelle 3-6 Wirkung von Legierungselementen auf die Eigenschaften von Stählen

Eigenschaften	C	Si	Mn	Cr	Al	Ti	Mo	Ni	V	W	Nb
Festigkeit	+	+	+	+	+	+	+	o	+	+	+
Streckgrenze	+	+	+	+	+	+	+	o	+	+	+
Härte	+	+	+	+	+	+	+	o	+	+	+
Verformungsvermögen	–	–	–	–	–	–	–	+	–	–	–
Kerbschlagzähigkeit	–	–	+	–	o	–	o	+	o	o	o
Kaltverformbarkeit	–	–	–	–	–	–	–	o	–	–	o
Warmverformbarkeit	–	–	+	o	–	o	o	o	o	o	o
Schweißbarkeit	–	–	+	o	–	+	o	o	o	o	+
Kaltverfestigung	+	+	+	+	+	o	o	+	o	o	o
Härtbarkeit, Vergütbarkeit	+	+	+	+	+	+	+	o	+	o	o
Korrosionsbeständigkeit	o	+	+	+	+	+	+	+	+	+	o
Verschleißfestigkeit	o	+	+	o	o	o	+	o	+	+	+
Warmfestigkeit	o	o	o	+	+	o	o	o	+	+	+
Kaltzähigkeit	o	+	o	–	–	o	o	+	–	–	–

\+ positiver Einfluss, verbessernd
– negativer Einfluss, verschlechternd
o ohne wesentlichen Einfluss

3.1.4.2 Wärmebehandlung von Stahl

Unter der Wärmebehandlung werden Verfahren verstanden, bei denen mit Hilfe der Temperatur, der Abkühlungsgeschwindigkeit und/oder bestimmter Medien (Gase, Salze) gezielt die Eigenschaften metallischer Werkstoffe beeinflusst werden können. Diese Verfahren untergliedern sich in thermische, thermo-chemische und thermo-mechanische Verfahren. Die Wärmebehandlungsverfahren erlauben es, durch die Einstellung bestimmter Gefügeausbildungen, Eigenschaften, die nicht durch Legieren oder Ähnlichem zu erreichen sind, zu erhalten.

Die bisher vorgenommene Gefügebetrachtung hatte im Allgemeinen eine langsame und kontinuierliche Abkühlung der Schmelze zur Voraussetzung. Beim Erhöhen der Abkühlungsgeschwindigkeit wird das Gleichgewicht von Schmelze, Kristallen und Mischkristallen gestört. Eine ungestörte Kristallumwandlung kann nicht mehr ungehindert ablaufen, spezielle Gefügearten (z.B. Gemenge aus verzerrten Gittern und noch nicht vollständig umgewandelten Mischkristallen etc.) sind die Folge. Wichtig für Wärmebehandlungsvorgänge sind die so genannten Z-T-U-Schaubilder (Zeit-Temperatur-Umwandlungsschaubilder).

Glühen

Bei dieser Art der Wärmebehandlung wird der Stahl auf eine bestimmte Temperatur oberhalb der Linie *GS* (Bild 3-12) erhitzt (abhängig von der chemischen Zusammensetzung), dort gehalten und anschließend langsam und geregelt auf Raumtemperatur abgekühlt. Die wichtigsten Glühbehandlungen sind das Weichglühen, das Normalglühen und das Spannungsarmglühen.

Ziel bei allen Glühbehandlungen ist es, nicht erwünschte Zustände im Werkstoff zu beseitigen bzw. abzuschwächen.

- *Weichglühen*: Es erfolgt ein mehrstündiges Erwärmen bis dicht unterhalb der Perlit-Linie *PSK* oder um diese pendelnd bei jeweils langsamer Abkühlung. Das Weichglühen wird mit dem Ziel durchgeführt, ein Gefüge mit feinkörnig verteiltem Zementit in einer ferritischen Grundmatrix zu erhalten. Dadurch wird vor allem die spanabhebende Verarbeitbarkeit sowie die Kaltverformbarkeit verbessert.
- *Normalglühen*: Es wird hierbei auf eine Temperatur ca. 20 bis 40°C oberhalb *GS* erwärmt, dort etwa 30 bis 60 min gehalten und anschließend an ruhender Luft abgekühlt. Durch die zweimalige α-γ-Umwandlung entsteht ein gleichmäßiges feinkörniges Gefüge. Es wird vor allem bei Stahlguss zur Kornverfeinerung des Gussgefüges und bei kaltverformten Stahlteilen zur Beseitigung der alterungsbedingten Versprödung angewendet.
- *Spannungsarmglühen*: Hier erfolgt ein mehrstündiges Erwärmen auf Temperaturen von 450 bis 650°C und anschließend ein sehr langsames Abkühlen. Die Streckgrenze von Stahl wird oberhalb von 300°C merklich erniedrigt, so dass z.B. Eigenspannungen im Werkstoff, die durch Kaltumformen oder ungleichmäßiges Abkühlen beim Schweißen entstehen können, durch Fließvorgänge weitestgehend abgebaut oder zu-

mindest abgeschwächt werden. Das langsame Abkühlen ist erforderlich, um das Entstehen erneuter Eigenspannungen durch zu große Temperaturunterschiede im Querschnitt zu vermeiden.

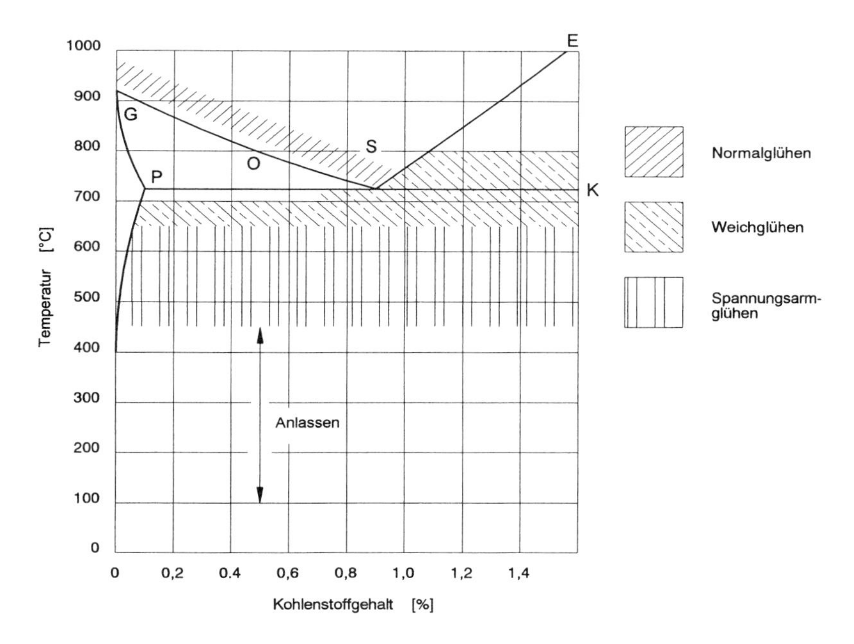

Bild 3-12 Temperaturgebiete für verschiedene Glühbehandlungen

Härten

Unter *Härten* versteht man ein Erwärmen des Stahls auf Temperaturen, die 30 bis 60°C oberhalb des Linienzuges *GSK* liegen. Dort wird das Werkstück solange belassen (gehalten), bis es mit Sicherheit „durchgewärmt" ist und eine vollständige Umwandlung in Austenit erfolgt ist. Anschließend erfolgt eine schnelle Abkühlung auf unter 300°C mit dem Ziel, ein sehr hartes Gefüge (Martensit) zu erhalten. Beim schroffen Abkühlen bilden sich α-Kristalle, die nicht aus reinem Eisen (Ferrit) bestehen, sondern sie enthalten so viel Kohlenstoff in fester und übersättigter Lösung, wie es der Gesamtlegierung entspricht. Das bedeutet, beim schnellen Umklappen vom γ-Eisen zum α-Eisen (Abkühlungsgeschwindigkeit > ca. 600°C/s) haben die Kohlenstoffatome nicht genügend Zeit, aus der Würfelmitte herauszudiffundieren, womit sich dort ein C-Atom und ein Fe-Atom zusammen befinden. Dieses durch Abschrecken erhaltene und an Kohlenstoff stark übersättigte α-Eisen kristallisiert nicht mehr wie bei einer langsamen Abkühlung kubisch, sondern tetragonalraumzentriert (verzerrt) und wird als Martensit bezeichnet. Dieses Gefüge ist auf Grund hoher innerer Gitterspannungen glashart und extrem spröde.

Die Abkühlung eines zu härtenden Stahls muss so schnell verlaufen, dass eine volle Martensitbildung gewährleistet werden kann. Bei unlegierten Stählen ist dazu meist eine Wasserabschreckung erforderlich (Beweglichkeit der Atome ist bei unlegiertem Stahl größer, womit schneller abgekühlt werden muss), währenddessen legierte Stähle in Öl und hochlegierte Stähle an Luft abgeschreckt werden.

Bild 3-13 zeigt die Zunahme der Härte in Abhängigkeit vom Kohlenstoffgehalt.

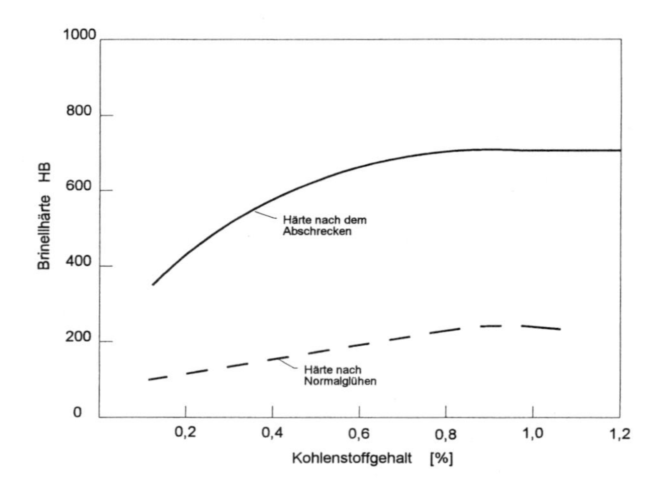

Bild 3-13 Zunahme der Härte in Abhängigkeit vom Kohlenstoffgehalt und dem Wärmebehandlungszustand

Vergüten und Patentieren

Unter *Vergüten* versteht man das Härten und nachfolgendes Anlassen eines Stahls bei Temperaturen von 150 bis ca. 400°C mit anschließendem Abkühlen. Einem Teil der C-Atome gelingt es dadurch, aus der Würfelmitte heraus zu diffundieren und damit die hohen Gitterspannungen und das harte Martensitgefüge teilweise abzubauen. Der Zweck des Vergütens besteht also darin, dem Stahl bei hohen Festigkeitswerten eine hohe Zähigkeit zu verleihen. Vergütet werden unlegierte und legierte Baustähle mit einem Kohlenstoffgehalt zwischen 0,2 und 0,6 %. Das Anlassen wird zumeist in 3 Stufen durchgeführt. Je nach Erwärmung zeigt der Stahl charakteristische Anlassfarben, die auf der Ausbildung von Oxidschichten beruhen.

1. Anlassstufe:

- Erwärmung auf 150°C,
- die im tetragonalen Martensit eingefrorenen Kohlenstoffatome können sich freier bewegen und diffundieren auf Zwischengitterplätze,
- Verzerrung des Gitters verringert sich.

2. Anlassstufe:

- Erwärmung auf 290 °C,
- Umlagerung der Kohlenstoffatome ist beendet, Bildung des kubischen Martensits,
- Ausscheidung feinster Karbide.

3. Anlassstufe (wichtig beim Vergüten):

- Erwärmung auf 400 °C,
- Ausscheidung des gesamten Kohlenstoffs aus dem kubischen Martensit und damit Bildung von Eisenkarbiden,
- kubisches Martensitgitter geht in das kubische kohlenstofffreie Ferritgitter über.

Die Werkstücke werden nach dem Anlassen normal an Luft weiter abgekühlt. Härte, Zugfestigkeit und Streckgrenze eines gehärteten Stahls nehmen beim Anlassen ab, während Dehnbarkeit, Einschnürung, Kerbschlagzähigkeit und Biegevermögen zunehmen.

Das *Patentieren* wird bei gezogenem Stahldraht (Seildrähte und Spannlitzen) angewendet. Die kaltgezogenen Stahldrähte werden bis zum Austenitisieren (> *GOS*) geglüht und anschließend im Salz- oder Bleibad bei 400 bis 550 °C abgeschreckt und auf dieser Temperatur bis zur vollständigen Perlitumwandlung gehalten, danach an der Luft abgekühlt. Kaltziehen und Patentieren werden zur Erreichung hochfester Spanndrähte auch mehrfach hintereinander durchgeführt.

Wärmebehandlung beim Walzen

Durch besondere Walztechniken ist es möglich, auf eine nachträgliche Wärmebehandlung zu verzichten und dennoch sehr hochwertige Stähle herzustellen:

- *Normalisierendes Walzen*: Die Endwalztemperatur wird hier auf Normalisierungstemperatur (ca. 850 °C) eingestellt. Beim Abkühlen stellt sich ein dem Normalglühen entsprechendes gleichmäßiges und feines Korngefüge ein. Gleichzeitig wird eine geringere Verzunderung der Oberfläche erreicht.

- *Thermo-mechanisches Walzen*: Hier werden die letzten Walzstiche auf eine Endwalztemperatur von ca. 750 °C eingestellt. Dadurch erhält man ein feines ferritisches Gefüge, was eine höhere Streckgrenze und eine bessere Zähigkeit zur Folge hat. Gleichfalls wird, wie beim normalisierenden Walzen auch, eine Verbesserung der Oberfläche erreicht.

- *Beschleunigte Abkühlung aus der Walzhitze* (Intensivkühlung): Hier werden z.B. Bleche aus der Walzhitze mit Wasser und anschließend an der Luft auf eine Temperatur von ca. 550 °C schnell abgekühlt. Ein sehr feines und gleichmäßiges Gefüge mit guter Festigkeit und unveränderter Zähigkeit ist die Folge.

- *Direkthärten und Anlassen aus der Walzhitze*: Bei Blechen nennt man das Verfahren „Direct Quenching and Tempering (DQT)“, bei großen Profilen „Quenching and Self-Tempering (QST)“. Beim QST wird nur die Oberfläche der Profile mit Wasser abgeschreckt und anschließend durch den noch wärmeren Kern wieder angelassen.

3.1.4.3 Formgebung des Stahls

Zur Herstellung von Fertigteilen (z.B. Werkzeuge) und Halbzeugnissen (Bleche, Profile, Drähte etc.) müssen die Rohmaterialien (Brammen und Blöcke) umgeformt werden. Dabei wird je nach Umformungstemperatur zwischen Warm- und Kaltumformung unterschieden.

Warmverformung

Die Warmverformung wird bei Temperaturen oberhalb der Rekristallisationsgrenze A_3 durchgeführt. Das Metall befindet sich in einem Zustand größter Bildsamkeit und lässt sich durch entsprechende Arbeitsverfahren in beliebige Formen bringen. Die hauptsächlichsten Warmformgebungsverfahren sind: Warmwalzen, Freiformschmieden, Gesenkschmieden, Pressen und Strangpressen. Damit werden Halbzeuge, Bleche, Bänder, Rohre, Drähte und Profile sowie Fertigfabrikate hergestellt. Durch die mechanisch bewirkte plastische Verformung des Stahls bei hoher Temperatur im γ-Gebiet verwischen zunächst die Korngrenzen der γ-Mischkristalle zwischen den einzelnen Kristallen im Gefüge des Werkstoffes. Die Temperatur des Stahls ist aber hoch genug, um nach der Verformung sofort wieder ein Kristallwachstum zu ermöglichen. Diese Kornbildung führt schließlich wieder zu einem vollkommen regelmäßigen Gefüge; man sagt, es hat eine Rekristallisation stattgefunden. Mit jedem Umformstich wird jedoch die gröbere Körnung wieder zertrümmert. Da bei abnehmender Temperatur auch die Rekristallisationsgeschwindigkeit abnimmt, verringert sich die Korngröße von Stich zu Stich.

Kaltverformung

Eine mechanisch bewirkte plastische Formänderung unterhalb der Rekristallisationstemperatur – meist bei Raumtemperatur – bezeichnet man als Kaltverformung. Wegen der fehlenden Rekristallisation und durch spezifische Ausrichtungen der Kristalle bei und nach der Kaltverformung kommt es zur Änderung der Stahleigenschaften, z.B. zu einer Zunahme der Festigkeit und Härte bei Verminderung der Duktilität und des Formänderungsvermögens.

Die Kaltverformbarkeit ist abhängig vom kristallinen Aufbau und somit von der Möglichkeit, innerhalb der Kristalle Gleitebenen zu bilden. Unter Gleitebenen (bewegliche Versetzungen) versteht man vereinfacht Bahnen, auf denen die Kristalle bei Verformung ungestört entlang gleiten können. Die Beschaffenheit dieser Gleitebenen (evtl. Vorhandensein von Gleithindernissen) sowie deren Anzahl und Ausrichtung sind ein charakteristisches Maß für die Elastizität eines Werkstoffes (Biegsamkeit, Formänderungsvermögen etc.). Nach Überschreiten des elastischen Bereiches (Bereich, wo nach einer Entlastung keine Rückkehr in den Ausgangszustand erfolgt) tritt unter Einwirkung von Schubspannungen eine Verschiebung einzelner Kristalle entlang strukturbedingter Gleitebenen ein: der Stahl verformt sich plastisch, er „fließt". Durch die Verformung wird das Kristallgitter verspannt und durch das Fließen deformiert. Es kommt zur Verfestigung.

Folgende Arten der Kaltverformung werden unterschieden:

- *Kaltwalzen*: für dünne Bleche, Folien; durch das Strecken der Kristalle ergeben sich in Längsrichtung (bei Beanspruchung auf Zug) höhere Festigkeiten als in Querrichtung,
- *Kaltpressen* und *Kaltschlagen*: für Schrauben, Muttern, Drahtstifte sowie
- *Kaltziehen* und *Kaltrecken*: für Drähte, Rohre, Beton- und teilweise Spannstahl.

3.1.5 Stähle im Bauwesen

3.1.5.1 Stähle für den Stahlbau

Zum Stahlbau zählen Industriebereiche wie Stahlhoch-, Kran-, Brücken-, Pipeline-, Behälter-, Reaktor- oder Stahlwasserbau (z.B. Schleusen, Schiffshebewerke). Ein Spezialgebiet des Stahlbaus ist der Schiffbau. Das gemeinsame Merkmal von Stahlbauprodukten besteht darin, dass sie fast ausschließlich durch Schweißen zusammengefügt werden. Daher spielt die Schweißeignung für im Stahlbau verwendbare Stähle die entscheidende Rolle. Für bestimmte Produkte, wie mobile Baukräne, schweres Bergungs- oder Offshoregerät werden darüber hinaus hohe Festigkeiten verlangt. Eine problemlose Schweißbarkeit setzt aber einen reduzierten C-Gehalt (≤ 0,21 %) und eine ausreichende Sprödbruchsicherheit voraus, so dass sich gute Schweißbarkeit und hohe Festigkeit zunächst einmal ausschließen. Durch eine konsequente Anwendung metallurgischer und metallkundlicher Grundlagen ist es jedoch gelungen, das Festigkeitsniveau schweißbarer Baustähle bis in den Bereich höchstfester Stähle anzuheben.

Grundsätzlich lassen sich die Stähle im Stahlbau wie folgt unterscheiden:

- warmgewalzte Baustähle,
- wetterfeste Baustähle,
- hochfeste schweißgeeignete Feinkornbaustähle,
- verschleißfeste Baustähle,
- Edelstähle,
- Stähle für Schrauben, Muttern und Niete,
- Stähle für Seildrähte sowie
- hitzebeständige Baustähle.

Gemäß DIN EN 10020 [3.11] werden die Stähle nach der chemischen Zusammensetzung in unlegierte und legierte Stähle unterteilt. Die für den Stahlbau wichtigen Stähle gehören der ersten Sorte an, welche nochmals in die Hauptgüteklassen Grundstähle *B*, Qualitätsstähle *Q* und Edelstähle *S* unterteilt sind.

Flach- und Langerzeugnisse aus warmgewalzten (unlegierten) Grund- und Qualitätsstählen unterscheiden sich hinsichtlich der Streckgrenze, der chemischen Zusammensetzung und der Gütegruppe, die in Abhängigkeit von der Kerbschlagarbeit sowie deren Prüftemperatur festgelegt ist. Stähle mit einer Kerbschlagarbeit von mindestens 27 J werden durch *J* und solche mit mindestens 40 J durch *K* gekennzeichnet. Der Informationsgehalt dieser Buchstaben- und Zahlenkombination ging früher aus den Anhängen 2 und 3 (z.B. St37-2, St37-3) hervor. Mit wachsender Kerbschlagarbeit und fallender Prüftemperatur steigt die Schweißeignung und sinkt die Sprödbruchgefahr.

Die Bezeichnung der Baustähle *S* erfolgt i.d.R. über Kurznamen mit Hauptsymbolen nach DIN EN 100027-1 [3.13] und Zusatzsymbolen nach DIN 17006-100 [3.16]. Dem Symbol *S* folgt der Mindestwert der Streckgrenze (f_y, R_{eH}) in [N/mm²] für Dicken ≤ 16 mm. Die Zusatzsymbole der Gruppe 1 kennzeichnen die Gütegruppe und den Lieferzustand (unberuhigt *FU*, beruhigt *FN*, besonders beruhigt *FF*), welcher in der Stahlbezeichnung für warmgewalzte Erzeugnisse aus unlegierten Baustählen nach DIN EN 10025 [3.12] mit *G1* bis *G4* abgekürzt wird. Zusatzsymbole der Gruppe 2 kennzeichnen bestimmte Verwendungszwecke (z.B. *H* = Hohlprofil, *W* = Wetterfest) und werden der Gruppe 1 angehängt. So hat z.B. ein beruhigt vergossener Stahl mit einer Streckgrenze von 235 N/mm² und einer Kerbschlagarbeit von 27 J bei 20°C Prüftemperatur im normalgeglühten (oder normalisierend gewalzten) Lieferzustand die Bezeichnung *S235JRG2*.

Warmgewalzte unlegierte Baustähle

Der Anteil der allgemeinen Baustähle (mittlerer C-Gehalt zwischen 0,12 und 0,7 %) an der Weltstahlproduktion beträgt über 50 %. Sie werden hauptsächlich im warmgewalzten, seltener im normalgeglühten Zustand eingesetzt. In der Regel handelt es sich um unlegierte, schweißgeeignete Stähle (genormt nach DIN EN 10025 [3.12] bzw. früher DIN 17100 [3.17]). Im Bild 3-14 sind die Spannungs-Dehnungslinien einiger Baustähle dargestellt.

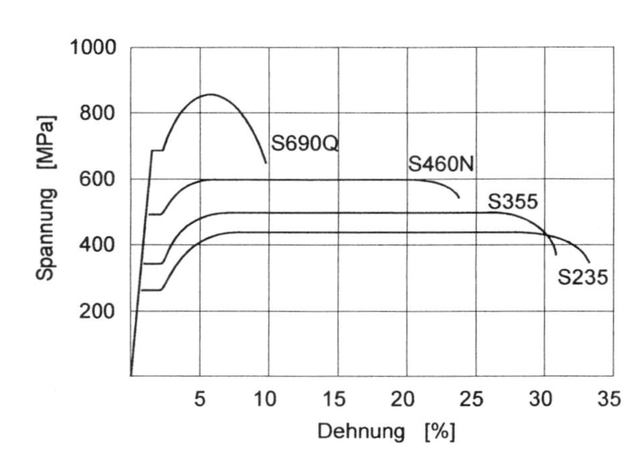

Bild 3-14 Spannungs-Dehnungslinien von Baustählen

In der Praxis werden die beiden Stahlsorten S235 und S355 (alte Bezeichnung St 37 und St 52) am häufigsten verwendet. Der Bezeichnung liegen die Streckgrenzen in [N/mm²] zugrunde. Bei der alten Bezeichnung wird die Mindestzugfestigkeit in [kN/cm²] angegeben.

Die Stähle sind in Gütegruppen 2 und 3 eingeteilt, wodurch der Anteil der schädlichen Stahlbegleiter Phosphor, Schwefel und Stickstoff beschrieben wird. Zähigkeit, Alterungsbeständigkeit und Schweißeignung nehmen mit Abnahme der Stahlbegleiter P, S und N zu. Je weniger P, S und N enthalten sind, desto "beruhigter" ist der Stahl und desto weniger ist die Sprödbruchempfindlichkeit ausgeprägt. Aus diesem Grunde ist die besonders beruhigte Gruppe 3 der beruhigten Gruppe 2 vorzuziehen, insbesondere wenn Schweißarbeiten am Stahl vorgenommen werden sollen. Dabei sind die DASt-Richtlinie 009 [3.24] und die DASt-Richtlinie 014 [3.25] heranzuziehen.

Baustähle korrodieren im ungeschützten Zustand, so dass in jedem Fall ein aktiver oder passiver Korrosionsschutz erforderlich ist.

Wetterfeste Baustähle

Durch die Entwicklung wetterfester oder korrosionsträger Baustähle nach DIN EN 10155 (Bezeichnung WTSt) [3.21], kann in der Regel auf einen Korrosionsschutz verzichtet werden; es besteht ein erhöhter Widerstand gegen atmosphärische Korrosion. Der Schutz des Stahls ergibt sich von selbst durch die kombinierte Wirkung der Legierungselemente Kupfer, Nickel, Chrom, z.T. auch Phospor und Vanadium. Unter Einfluss der Witterung bildet sich im Laufe einiger Jahre auf der Stahloberfläche eine festhaftende, dichte oxidische Passivschicht. Die Oberfläche wird abgedichtet und die Korrosion kommt zum Stillstand. Entstehung, Bildungsdauer und Schutzwirkung der Deckschicht hängen weitgehend von der konstruktiven Gestaltung und den witterungs- und umgebungsbedingten Beanspruchungen ab. Die örtliche Luftbelastung durch Schadstoffe ist von großer Bedeutung und entsprechend zu berücksichtigen. Permanente Feuchteeinwirkung, z.B. in engen Spalten, führt zu der analogen Korrosionsrate eines normalen Baustahles.

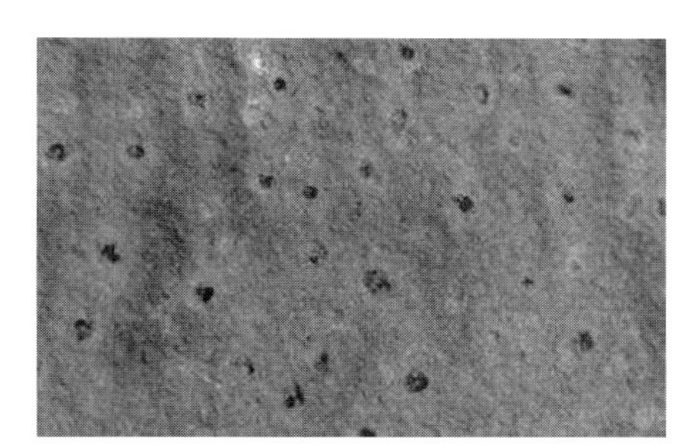

Bild 3-15 Schutzschichtausbildung eines wetterfesten Baustahls [3.4]

Da der anfänglich einsetzende Korrosionsvorgang sich erst allmählich verlangsamt, dürfen wetterfeste Baustähle erst ab einer Mindestdicke von 3 mm eingesetzt werden. Bei ständig feuchter Oberfläche und auch bei Einwirkung von Chloriden (Meerwasser) kommt es zu keiner Ausbildung der Schutzschicht. Für die Lieferung, Verarbeitung und Anwendung der Stähle gibt die DASt-Richtlinie 007 [3.23] konkrete Hinweise. Entsprechend der zu erwartenden Abrostungsrate sind bei der Auslegung Abrostungszuschläge bis zu 1,5 mm je bewitterter Seite erforderlich.

Aus wetterfestem Baustahl werden zumeist die Gittermasten von Überlandleitungen gefertigt. Im Brückenbau wird der Stahl nach anfänglichen Rückschlägen inzwischen ebenfalls mit Erfolg eingesetzt.

Beim Schweißen wetterfester Stähle nach DIN EN 10155 [3.21] ist sicherzustellen, dass das Schweißgut ebenfalls wetterfest ist.

Hochfeste Feinkornbaustähle

Unlegierte Baustähle mit erhöhter Festigkeit werden von jeher für genietete und geschraubte Konstruktionen genutzt. Infolge ihres erhöhten Kohlenstoffgehaltes waren sie aber nicht zum Schweißen geeignet. Daraus ergab sich die Notwendigkeit schweißgeeignete hochfeste Feinkornbaustähle einzuführen. Die hochfesten, schweißgeeigneten Feinkornbaustähle nach DIN EN 10113 [3.20] haben ein ferritisch-perlitisches Gefüge und kommen im warmgewalzten oder normalgeglühten Zustand zum Einsatz. Da der Kohlenstoffgehalt zur Gewährleistung der Schweißbarkeit nicht mehr als 0,21 % betragen darf, wird die erhöhte Festigkeit über eine Mischkristallverfestigung, vorzugsweise durch Zusatz von Mangan (bis etwa 1,5 %), über ein feinkörniges Gefüge (Korngrenzenverfestigung) sowie in steigendem Maße durch eine Ausscheidungshärtung erbracht. Die wichtigsten Mikrolegierungselemente in diesem Zusammenhang sind Nb und V, teilweise auch Ti. Ihre Bedeutung beruht darauf, dass sie im Gefüge als fein verteilte Carbide, Nitride oder Carbonitride kornfeinend und aushärtend wirken. Die kornfeinende Wirkung ergibt sich dadurch, dass fein ausgeschiedene Teilchen eine Kornvergrößerung bei einer Warmumformung oder beim Schweißen behindern und bei der Umwandlung des Austenits in Ferrit als gefügefeinende Fremdkeime (z.B. Nb) zur Verfügung stehen. Aushärtend wirken dagegen solche Elemente (z.B. V), die im Austenitgebiet in Lösung gehen und nach entsprechender Unterkühlung als fein verteilte Teilchen zur Ausscheidung kommen.

Entwickelt wurden sie für Bauteile, die besonders hoch auf Zug beansprucht werden. Hochfeste Feinkornbaustähle werden im Bauwesen bei Geschossbauten, Stahlbrücken, Masten, Türmen, Industrie- und Lagerhallen sowie Gerüsten verwendet. Die vorrangig im Bauwesen eingesetzten Stähle S460N und S690Q (alte Bezeichnung StE 460 und StE 690) besitzen eine Zulassung des DIBt Berlin. Außerhalb des Bauwesens finden hochfeste Feinkornbaustähle Verwendung für Bagger, Kräne, Bergbaugeräte, im Fahrzeugbau und im Schachtbau, beim Bau von Gas- und Ölpipelines, Druckrohrleitungen von Wasserkraftwerken, für Behälter und Druckbehälter sowie Offshore-Plattformen.

Nichtrostende Stähle

Die Einteilung der nichtrostenden Stähle erfolgt nach DIN EN 10020 [3.11], die Anforderung an die einzelnen Legierungen enthält DIN EN 10088 [3.15]. Neben meist 13 bis 21 % Chrom und 0,02 bis 0,16 % Kohlenstoff bewegt sich der Nickelgehalt bei dieser Stahlsorte zwischen 5 und 20 %. Chrom übernimmt dabei die Funktion des Passivierens durch die Ausbildung dünnster Oxidschichten (Selbstheilungseffekt beim Korrosionsschutz) und Nickel dient der Steigerung der Zähigkeit bei gleichbleibender Festigkeit. Die Herstellungskosten übertreffen die der anderen Baustähle jedoch beträchtlich. Aus diesem Grund wird diese Stahlsorte nur dort angewendet, wo der Gebrauch der anderen ausgeschlossen ist. Man kann die Anwendung in folgende Gruppen einordnen:

- selbsttragende Außenbauteile, wie Fassaden und Gestaltungselemente im Gebäudeinneren, Geländer,
- Schwimmbecken für Hallenbäder und
- tragende Verankerungselemente für Betonfertigteile.

Förderlich für den ersten größeren Einsatz der nichtrostenden Stähle war die Entwicklung der Marke „Nirosta“ in den zwanziger Jahren in Deutschland. Der neue, mit Chrom und Nickel legierte Stahl, auch bekannt als *V2A*, wurde beim Erbauen des Chrysler Buildings (1928-1932) in New York zur Außenbekleidung und Deckung des riesigen Turmhelmes in über 300 m Höhe verwendet. Es ist heute noch intakt.

Bild 3-16 Anwendungsbeispiel; Abspannung aus nichtrostendem Stahl

In den letzten Jahren hat sich die Dachklempnerei für die nichtrostenden Stähle zunehmend als Einsatzgebiet entwickelt. Nichtrostender Stahl für Dächer und Fassaden in der Klempnertechnik ist als kaltgewalztes Blech und Band im Handel. Je nach Einsatzzweck und Beanspruchung werden Chrom-Stahl-, Chrom-Nickel-Stahl- und Chrom-Nickel-Molybdän-Stahlqualitäten verwendet. Hauptsächlich eingesetzt werden austenitische (nicht magnetische) Stähle, deren Korrosionsbeständigkeit besonders hoch ist. Für geringe Korrosionsbeanspruchungen kommen so genannte ferritische Stähle, chromlegiert und mit begrenztem Kohlenstoffgehalt zum Einsatz. Die besonders ausgeprägte Korrosionsbeständigkeit sowie die Unempfindlichkeit gegen Tauwasser und aggressive Atmosphären haben den Einsatz nichtrostender Stähle im Bauwesen gefördert. Auch seine hohe mechanische Belastbarkeit und die geringe Wärmedehnung sprechen für dieses Metall.

Das Aussehen der Bauteile aus nichtrostenden Stählen ist abhängig von der jeweils verwendeten Güte. Naturbelassen (walzblank) glänzt die Oberfläche entweder silbrig blank oder hellgrau. Mit verzinnten, gestrahlten oder walzmattierten Qualitäten erreicht man eine gleichmäßig mattgraue Sichtfläche. Aus gestalterischen Gründen werden auch farbige Oberflächen eingesetzt.

Nichtrostender Stahl für Dachklempnerarbeiten wird in Blechen und Bändern in den für das Handwerk gängigen Abmessungen geliefert. Die Blechdicken liegen zwischen 0,4 und 2,0 mm. Zur Vermeidung von Fremdrost dürfen die Werkzeuge und Maschinen nur für nichtrostenden Stahl verwendet werden.

Stähle für Schrauben, Muttern und Niete

Bei den Stählen für Schrauben und Muttern handelt es sich um unlegierte, unlegiert-vergütete und legiert-vergütete Stähle mit C-Gehalten unter 0,25 %. Nach DIN EN 20898-1 [3.22] werden für Schrauben und Muttern die Festigkeitsklassen 4.6, 5.6, 8.8 und 10.9 festgelegt. Hierin bedeuten die erste Zahl 1/100 der Mindestzugfestigkeit, die zweite Zahl das 10-fache des Streckgrenzenverhältnisses R_e/R_m mit R_e = Streckgrenze (Fließgrenze) und R_m = Zugfestigkeit des Materials. Je niedriger die zweite Zahl ist, um so höher ist die Bruchdehnung und um so besser ist die Umformbarkeit.

Stähle für Seildrähte

Für die Herstellung von Seildrähten werden in der Regel Walzdrähte nach DIN 17140 [3.18] verwendet. Die Kohlenstoffgehalte der angewendeten Stahlsorten bewegen sich zwischen 0,35 bis 0,90 % (in jedem Fall keine Schweißeignung). Es handelt sich dabei um Qualitätsstähle D 35-2 und D 88-2 (S- und P-Gehalt ≤ 0,04 %) sowie Edelstähle D 53-3 und D 88-3 (S-Gehalt ≤ 0,025 %). Die Zusatzkennungen 2 und 3 bedeuten Qualitäts- bzw. Edelstahl. Die Walzdrähte erhalten ihre endgültigen Eigenschaften erst durch nachfolgendes Kaltziehen oder -walzen. Durch Patentieren werden Zugfestigkeiten bis über 2000 N/mm² bei guter Biegbarkeit erreicht. Das dabei entstehende Stahlgefüge wird heute auch bereits beim Walzen durch entsprechende Steuerung des Abkühlvorgangs erreicht. Die Tragfähigkeit von Drahtseilen ist im wesentlichen von der Qualität der Seildrähte abhängig, jedoch auch der Aufbau der Seile und die Verseilungsart haben einen Einfluss.

Feuerresistente (hitzebeständige) Stähle

Speziell für die Belange des Stahlbaues erfolgte in jüngster Zeit die Entwicklung feuerresistenter bzw. hitzebeständiger Baustähle (FR-Stähle). Erstmals wurde für den warmgewalzten, schweißgeeigneten Feinkornsonderbaustahl *FRS275N* durch das DIBt Berlin die Allgemeine bauaufsichtliche Zulassung Z-30.10-13 [3.27] erteilt. Durch den Werkstoff können ungeschützte Profile beliebiger Geometrie bei entsprechend angepasster Ausnutzung der Feuerwiderstandsklasse F 30 zugeordnet werden. Der neue FR-Stahl wird als Grobblech im normalisierten Zustand in Blechdicken zwischen 5 und 50 mm geliefert. Er ist ebenso wie die konventionellen Baustähle ein Stahl mit einem Kohlenstoffgehalt ≤ 0,2 %. Er enthält angepasste Zusätze von Cr und Mo sowie eine Mikrolegierung mit V. Die Stahlerschmelzung erfolgt im Oxygen-Stahlwerk nach dem TBM-Verfahren. Bleche aus FR-Stahl weisen ein ferritisches Gefüge auf. Charakteristisch ist die höhere Warmfestigkeit. Bei den für das Brandgeschehen typischen Temperaturen von 600 bis 800 °C werden gegenüber konventionellen Baustählen doppelt so hohe Streckgrenzen und Zugfestigkeitswerte erreicht. Dies führt zu dem gewünschten Effekt, dass für die Bemessung im Brandfall bei gleicher Lastausnutzung die Versagenstemperatur um bis zu 100 K zu höheren Werten verschoben ist. Folglich sind mit dem FR-Stahl deutlich höhere Feuerwiderstandsdauern erreichbar. Ursache hierfür ist die Wirkung feiner Carbid-Ausscheidungen, die aus den Elementen Cr, Mo und V gebildet werden. Gleichzeitig wird ein Kornwachstum im Stahl bei erhöhten Temperaturen und damit eine Versprödung verhindert. Hierdurch werden die für die Verformung verantwortlichen Abgleitprozesse im Gefüge entscheidend verzögert.

3.1.5.2 Betonstahl

Die Betonstähle nach DIN 488 [3.6] sind unlegierte Massenstähle. Sie werden in Form von Stäben mit Kreisquerschnitt und in Form von Betonstahlmatten hergestellt. Man unterscheidet heute den Betonstahl nach Herstellungsart und Oberflächengestalt. Der Betonstahl nimmt im Stahlbeton Zugkräfte auf, trägt aber auch zur Erhöhung der Drucktragfähigkeit bei. Bei zweckmäßiger Anordnung können auch Biegemomente in Stahlbetonbauteilen mit Hilfe des Betonstahls aufgenommen werden. Nachfolgend werden die Herstellungsart genannt:

- *Warmgewalzter, naturharter Betonstahl*: Das Warmwalzen naturharten Betonstahls zählt neben den Sonderformen zu den ursprünglichen Herstellungsverfahren der modernen Betonstähle. Dazu gehörten die Betonstähle in Form von Stäben und Drähten verschiedener Durchmesser mit niedriger Festigkeit (Kurzname BSt 220 S, Kurzzeichen St I); der Kurzname richtet sich nach der Höhe der Streckgrenze in [N/mm^2] und ist noch heute die übliche Bezeichnung, das *S* steht für Stabstahl. Stahl St I wurde ausschließlich als Stabstahl geliefert, wird aber heute nicht mehr hergestellt. Hergestellt wurden diese Betonstähle durch Warmformgebung (Walzen). Beim naturharten Betonstahl werden die mechanischen Eigenschaften ausschließlich von der chemischen Zusammensetzung bestimmt (das Kurzzeichen dafür ist: *U*). Hauptmerkmal dieser Stahlsorte ist die hohe Dehnfähigkeit.
- *Kaltverformter Betonstahl*: Dazu gehören Betonstabstähle oder daraus gefertigte Betonstahlmatten verschiedener Durchmesser mit höherer Festigkeit (Kurzname BSt 420 S bzw. BSt 500 S/M, Kurzzeichen St III bzw. St IV); die Kurznamen richten sich nach Höhe der Streckgrenze in [N/mm^2] und sind die übliche Bezeichnung; das S steht für Stabstahl, das M für Mattenstahl; Betonstahlmatten werden ausschließlich aus Betonstählen der Festigkeit BSt 500 gefertigt. Ein weiteres Produkt ist der kaltgerippte Betonstahl in Ringen (BSt 500 KR). Dabei handelt es sich um einen warmge-

walzten, naturharten Stahl, auf dem anschließend eine Rippung durch Kaltwalzen aufgebracht wird. Im Gegensatz dazu wird der warmgewalzte Betonstahl in Ringen (BSt 500 WR) nach der Walzung der Rippung aus der Walzhitze heraus einem nachfolgenden Recken (Kaltverformung) unterworfen. Zusammenfassend kann gesagt werden, dass die mechanischen Eigenschaften i.d.R. durch Kaltverformung (Kaltziehen) des naturharten Ausgangsmateriales bestimmt werden (das Kurzzeichen dafür ist K bzw. KR); beim weniger festen Betonstahl BSt 420 können die Eigenschaften aber auch durch die chemische Zusammensetzung bestimmt werden (das Kurzzeichen dafür ist U). Mit wachsender Festigkeit verringert sich die Dehnfähigkeit; die Bruchdehnung ist geringer als beim BSt 220.

- *Warmgewalzter, mikrolegierter Betonstahl*: Das Herstellungsverfahren dieser Betonstahlsorte ist durch die Zulegierung so genannter Mikroelemente zur Festigkeitssteigerung gekennzeichnet. Die Bezeichnung als Mikroelemente resultiert aus dem Umstand, dass diese Legierungselemente in der Regel unter 0,12 % liegen. Die Zulegierung bestimmter Elemente, wie Vanadium, Titan und Bor führt zu einer Feinkornbildung mit der Ausscheidung von Sonderkarbiden und Karbonitriden (Feinkornhärtung). Weiterhin kommt es zu einer Erschwerung der Versetzungsbewegungen (Teilchenhärtung), was zu einer Erhöhung der Streckgrenze des Stahls führt. Die Feinkornbildung erhöht die Zähigkeit der Stähle. Je nach Mikroelement, restlicher chemischer Zusammensetzung und der Temperaturführung beim Walzen ändert sich der Anteil von Feinkornhärtung und Teilchenhärtung auf die Festigkeit. Das Verfahren wird zur Herstellung von Stabstahl (BSt 500 S) eingesetzt.

- *Wärmebehandelter, naturharter* (THERMEX- bzw. TEMPCORE-) *Betonstahl*: Das Herstellungsverfahren wird erst seit 1977 großtechnisch eingesetzt und liefert Betonstähle hoher Qualität. Die Vorteile bestehen in einer großen Sicherheit bei der Verarbeitung des damit hergestellten Produktes und in günstigen Kosten, da durch die Herstellungsart der Einsatz teurer Mikrolegierungselemente nicht erforderlich ist. Das Verfahren nutzt die Festigkeitssteigerung über die so genannte Abschreckhärtung. Das Prinzip beruht darauf, dass die Streckgrenze stark angehoben wird, wenn im Matrixgitter eine stark anisotrope elastische Verzerrung durch interstitiell eingelagerte Atome hervorgerufen wird. Bei der Betonstahlherstellung wird der Verzerrungseffekt des Kohlenstoffes genutzt, der im γ-Mischkristall eine höhere Löslichkeit besitzt als im α-Eisen. Die zwangsweise Lösung des Kohlenstoffgehaltes bei der Abschreckung bewirkt die Härtesteigerung. Der Abschreckvorgang führt zu einer starken Verringerung der Zähigkeit, so dass ein anschließendes Anlassen erforderlich ist. Die Besonderheit des TEMPCORE-Prozesses besteht in der Einbeziehung der Wärmebehandlung, bestehend aus Abschrecken und Anlassen, in den Walzvorgang. Der Selbstanlassvorgang, bewirkt durch die ununterbrochene Kühlung, führt zu einem Werkstoff, der in den Randzonen angelassenen Martensit und in der Stabmitte ein perlitisches Gefüge besitzt. Das Verfahren wird zur Herstellung von Stabstahl (BSt 500 S) eingesetzt.

Bild 3-17 Querschliff eines thermisch verfestigten Betonstahls

Betonstähle werden mit einer glatten (Kurzzeichen *G*), gerippten (Kurzzeichen *R*) oder profilierten (Kurzzeichen *P*) Oberflächengestalt geliefert. Die Rippung bzw. Profilierung des Betonstahls ist die Voraussetzung für die Verbundwirkung und für eine gute Kraftübertragung vom Stahl zum Beton und umgekehrt. Die Oberflächengestalt der Betonstähle hat also maßgebenden Einfluss auf die Tragfähigkeit des Verbundbaustoffes Stahlbeton. Während die üblichen Bewehrungsstähle eine Rippung bzw. Profilierung nach außen aufweisen, gibt es neuere Entwicklungen mit tiefgeripptem Bewehrungsstahl. Die tiefe Profilierung bewirkt einen etwas weicheren Verbund, was zu einer verbesserten Energiedissipation, insbesondere bei hochfesten Betonbauteilen, beiträgt.

In Bild 3-18 sind typische Spannungs-Dehnungslinien für den warmgewalzten und kaltverformten Stahl dargestellt. Neben den bereits erwähnten Eigenschaften, wie hinreichender Verbund sowie hinreichende Duktilität ist die Eignung zum Schweißen ein weiterer baupraktisch sehr wesentlicher Fakt.

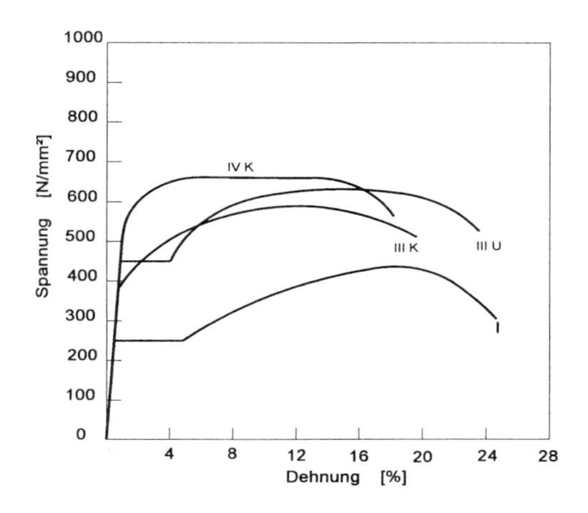

Bild 3-18 Typische Spannungs-Dehnungslinien von Betonstählen

Die Tabelle 3-7 zeigt die in DIN 488 [3.6] benannten Betonstähle hinsichtlich Ausführung, Oberflächenausbildung und Herstellungsverfahren und die Tabelle 3-8 die zugehörigen Eigenschaften. Die DIN 488 [3.6] befindet sich zur Zeit in Überarbeitung, um die Konformität mit der neuen, auf Teilsicherheitsfaktoren basierenden Generation der Stahl- und Spannbetonnormen (DIN 1045-1: 2001) herzustellen.

Tabelle 3-7 Übersicht über Betonstahlarten nach DIN 488 [3.6] bezogen auf Ausführung, Oberflächenausbildung und Herstellungsverfahren

Betonstahlart	**Betonstabstahl**		**Betonstahlmatte**		**Bewehrungsdraht**[1]	
Ausführung	technisch gerade Stäbe für die Einzelstabbewehrung, in Regellängen von 12 bis 15 m lieferbar. Inzwischen ist Betonstabstahl auch in Ringen bauaufsichtlich zugelassen.		werkmäßig vorgefertigt aus sich kreuzenden Stäben, sie sind an den Kreuzungsstellen durch Widerstandspunktschweißung scherfest miteinander verbunden.		als Ring hergestellt und vom Ring werkmäßig zu Bewehrungen weiterverarbeitet	
Oberflächenausbildung	Stäbe gerippt; zwei Reihen von Schrägrippen		Stäbe gerippt; drei Reihen von Schrägrippen		Drähte	
	[3]	[4]	[5]		glatt	profiliert [6]
Sorte[2]	BSt 420 S	BSt 500 S	BSt 500 M		BSt 500 G	BSt 500 P
Kurzzeichen[2]	III S	IV S	IV M		IV G	IV P
Werkstoff-Nr.[2]	1.0428	1.0438	1.0466		1.0464	1.0465
Herstellungsverfahren	Warmwalzen (mit und ohne anschließende Nachbehandlung aus der Walzhitze)[7] Kaltverformung (Verwinden oder Recken)[8]		Kaltverformung (Ziehen und/oder Kaltwalzen)		Kaltverformung	

[1] Bewehrungsdraht darf nur durch Herstellerwerk von geschweißten Betonstahlmatten ausgeliefert werden. Er ist unmittelbar vom Hersteller an den Verarbeiter zu liefern. Die Verarbeitung von Bewehrungsdraht ist auf werkmäßig hergestellte Bewehrungen zu beschränken, deren Fertigung, Überwachung und Verwendung in technischen Baubestimmungen geregelt ist (z.B. DIN 4035 [3.9] oder DIN 4223 [3.10]).

[2] siehe auch Tabelle 3-8

[3] BSt 420 S mit 2 Reihen zueinander parallelen Rippen. Außer bei den durch Kaltverwinden hergestellten Stäben haben die Schrägrippen auf beiden Umfanghälften unterschiedliche Abstände (Bild 3-19)

[4] BSt 500 S mit 2 Rippenreihen, wovon eine zueinander parallele Rippen, die andere alternierend geneigte Schrägrippen besitzt (Bild 3-20)

[5] Drei Reihen mit jeweils parallelen Rippen; eine Rippenreihe muss gegenläufig sein. Umfangsanteil jeder Reihe $\geq 0{,}27 \cdot \pi \cdot d_S$. Rippenenden laufen stetig in die Oberfläche aus. Die einzelnen Rippenreihen dürfen gegeneinander versetzt sein

[6] Drei möglichst gleichmäßig über den Umfang in die Länge verteilte Profilreihen

[7] Die Vergütung aus der Walzhitze ist derzeit das am häufigsten angewendete Nachbehandlungsverfahren für Betonstabstahl

[8] Nicht verwundener Betonstabstahl kann mit und ohne Längsrippen hergestellt werden. Kalt verwundener Betonstabstahl hat eine Ganghöhe von etwa 10 bis 12 d_S und muss Längsrippen aufweisen. Die sichelförmigen Schrägrippen dürfen nicht in vorhandene Längsrippen einbinden.

Tabelle 3-8 Sorteneinteilung und Eigenschaften der Betonstähle

	1	2	3	4	5
	Kurzname	BSt 420 S	BSt 500 S	BSt 500 M[2]	Wert p in [%] [3]
	Kurzzeichen [1]	III S	IV S	IV M	
	Werkstoffnummer	1.0428	1.0438	1.0466	
	Erzeugnisform	Betonstab stahl	Betonstab stahl	Betonstahl-matte[2]	
1	Nenndurchmesser d_S [mm]	6...28	6...28	4...12 [4]	–
2	Streckgrenze R_e (β_S) [5] bzw. 0,2 %-Dehngrenze $R_{p0,2}$ ($\beta_{0,2}$) [5] [N/mm²]	420	500	500	5,0
3	Zugfestigkeit R_m (β_Z) [5] [N/mm²]	500 [6]	550 [6]	550 [6]	5,0
4	Bruchdehnung A_{10} (δ_{10}) [5] [%]	10	10	8	5,0
5	Dauerschwing-festigkeit – Schwingbreite [N/mm²] – gerade Stäbe [7] $2\sigma_A$ $(2 \cdot 10^6)$	215	215	–	10,0
6	gebogene Stäbe $2\sigma_A$ $(2 \cdot 10^6)$	170	170	–	10,0
7	gerade freie Stäbe $2\sigma_A$ $(2 \cdot 10^6)$	–	–	100	10,0
8	von Matten mit Schweißstelle $2\sigma_A$ $(2 \cdot 10^5)$	–	–	200	10,0
9	Rückbiegeversuch mit Biegerollendurchmesser für Nenndurchmesser d_S in [mm]: 6...12	5 d_S	5 d_S	–	1,0
10	14...16	6 d_S	6 d_S	–	1,0
11	20...28	8 d_S	8 d_S	–	1,0
12	Biegedorndurchmesser beim Faltversuch an der Schweißstelle	–	–	6 d_S	5,0
13	Knotenscherkraft S [N]	–	–	$0{,}3 \cdot A_S \cdot R_e$	5,0
14	Unterschreitung des Nennquerschnittes A_S [8] [%]	4	4	4	5,0
15	Bezogene Rippenfläche f_R	siehe DIN 488-2 [3.7]		siehe DIN 488-4 [3.8]	0

(Fortsetzung von Tabelle 3-8)

	1		2	3	4	5
16	Chemische Zusammensetzung bei der Schmelz- und Stückanalyse [9] Massengehalt in % max.	C	0,22 (0,24)	0,22 (0,24)	0,15 (0,17)	–
17		P	0,050 (0,055)	0,050 (0,055)	0,050 (0,055)	–
18		S	0,050 (0,055)	0,050 (0,055)	0,050 (0,055)	–
19		N [10]	0,012 (0,013)	0,012 (0,013)	0,012 (0,013)	–
20	Schweißeignung für Verfahren [11]		E, MAG, GP, RA, RP	E, MAG, GP, RA, RP	E[12], MAG[12], RP	–

[1] Für Zeichnungen und statische Berechnungen
[2] Die in dieser Spalte festgelegten Anforderungen gelten mit Ausnahme der Zeilen 7, 8, 12, 13 und 15 auch für Bewehrungsdraht.
[3] Der p-Wert für eine statistische Wahrscheinlichkeit W = 1 – a = 90 (einseitig, bezogen auf die Produktion eines Werkes).
[4] Für Betonstahlmatten mit Nenndurchmesser von 4,0 und 4,5 mm gelten die in Anwendungsnormen festgelegten einschränkenden Bestimmungen, die Dauerschwingfestigkeit braucht nicht nachgewiesen zu werden. Bewehrungsdraht wird ebenfalls mit Nenndurchmesser von 4 bis 12 mm hergestellt.
[5] Früher verwendete Zeichen
[6] Für die Ist-Werte des Zugversuchs gilt, dass R_m min. 1,05 · R_e (bzw. $R_{p0,2}$), beim Betonstahl BSt 500 M mit Streckgrenzwerten über 550 N/mm² min. 1,03 · R_e (bzw. $R_{p0,2}$) betragen muss.
[7] Die geforderte Dauerschwingfestigkeit an geraden Stäben gilt als erbracht, wenn die Werte nach Zeile 6 eingehalten werden.
[8] Die Produktion ist so einzustellen, dass der Querschnitt im Mittel mindestens dem Nennquerschnitt entspricht.
[9] Die Werte in Klammern gelten für die Stückanalyse.
[10] Die Werte gelten für den Gesamtgehalt an Stickstoff. Höhere Werte sind nur dann zulässig, wenn ausreichende Gehalte an stickstoffabbindenden Elementen vorliegen.
[11] Die Kennbuchstaben bedeuten; E = Metall-Lichtbogenschweißen, MAG = Metall-Aktivgasschweißen, GP = Gaspressschweißen, RA = Abbrennstumpfschweißen, RP = Widerstandspunktschweißen.
[12] Der Nenndurchmesser der Mattenstäbe muss mindestens 6 mm beim Verfahren MAG und mindestens 8 mm beim Verfahren E betragen, wenn Stäbe von Matten untereinander oder Stabstählen ≤ 14 mm Nenndurchmesser verschweißt werden.

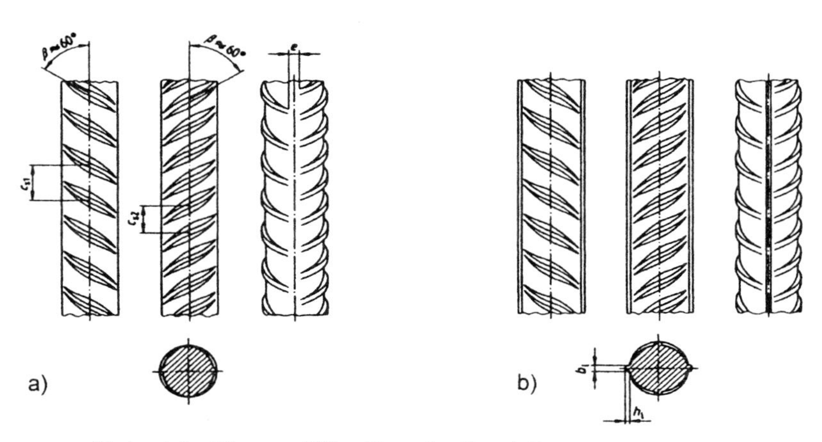

$$c_S = \frac{\text{Abstand der Rippen – Mitten über eine Ganghöhe}}{\text{Anzahl der Rippen – Abstände über eine Ganghöhe}}$$

Bild 3-19 Nicht verwundener Betonstabstahl BSt 420 S nach DIN 488-2 [3.7]
a) ohne Längsrippen, b) mit Längsrippen

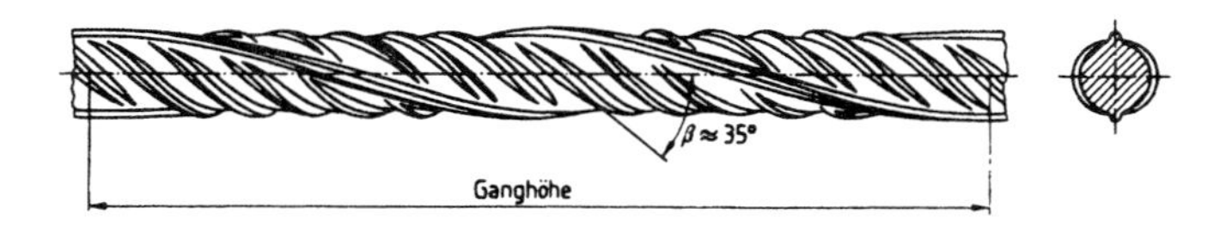

Bild 3-20 Kaltverwundener (tordierter) Betonstabstahl BST 420 S nach DIN 488-2 [3.7]

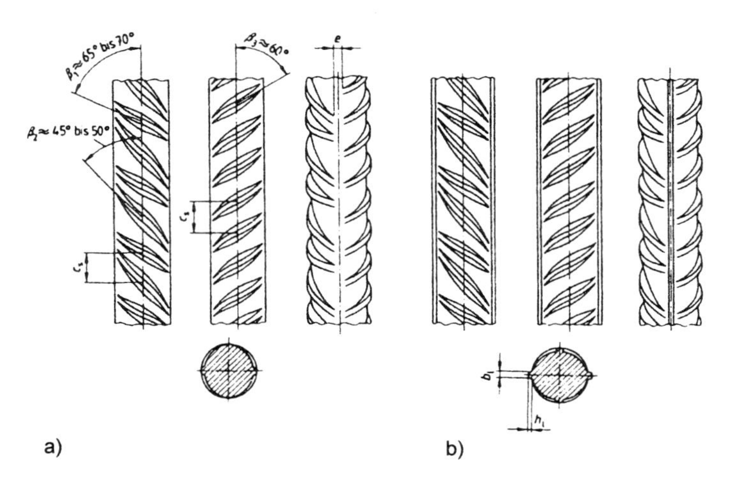

Bild 3-21 Nicht verwundener Betonstabstahl BSt 500 S nach DIN 488-2 [3.7]
a) ohne Längsrippen, b) mit Längsrippen

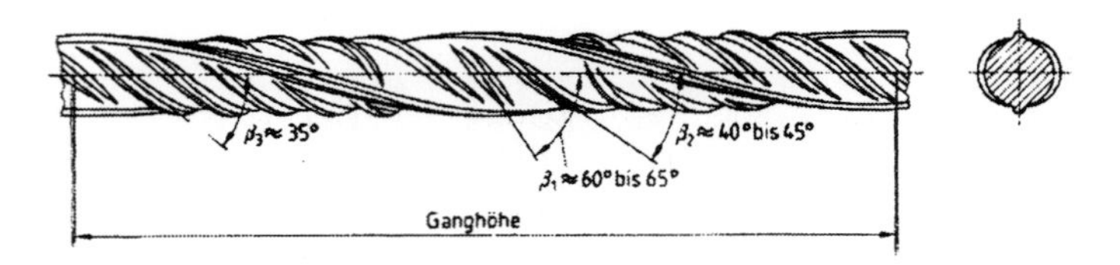

Bild 3-22 Kaltverwundener Betonstabstahl BSt 500 S nach DIN 488-2 [3.7]

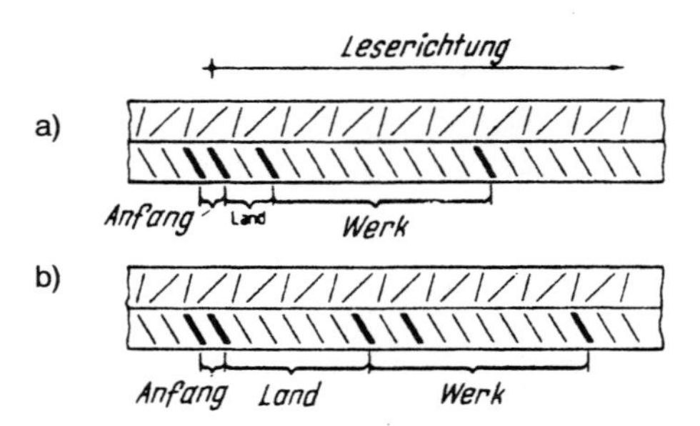

Bild 3-23 Werkkennzeichen nach DIN 488-1 [3.6] von BSt 420 S und BSt 500 S (Stabstahl), BSt 500 WR (Ring) und BSt 550 MW (Matte)
a) Landnummer 1 und Werknummer 8, b) Landnummer 5 und Werknummer 16

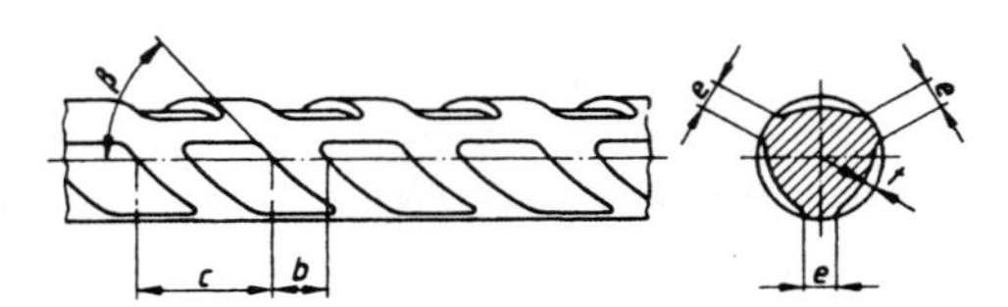

Bild 3-24 Profilierter Bewehrungsdraht BSt 500 P nach DIN 488-4 [3.8]

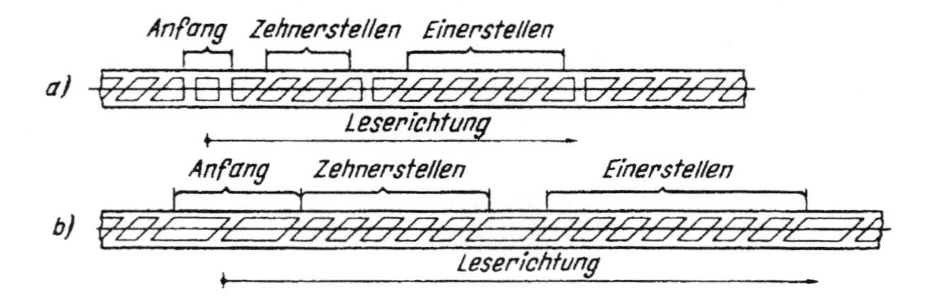

Bild 3-25 Werkkennzeichen nach DIN 488-1 [3.6] von profiliertem Bewehrungsdraht BSt 500 P
a) Werknummer 35, b) Werknummer 68

Zu den Betonstählen mit einem erhöhten Korrosionswiderstand zählen:

- *Feuerverzinkte Betonstähle*: Betonstahlsorten: BSt 420 S, BSt 500 S und BSt 500 M. Die Stähle besitzen eine Zinkschicht mit einer maximale Dicke von 200 µm. Die Dauerschwingfestigkeit beträgt ca. 75 % des unverzinkten Stahls. Das Schweißen ist bei feuerverzinkten Stählen nicht zulässig; punktförmige Berührung mit unverzinkten Stäben ist erlaubt.
- *Nichtrostende Stähle*: Nach DIN 17440 [3.19] ist der Betonrippenstahl BSt 500 NR zugelassen. Der E-Modul beträgt ca. $1{,}6 \cdot 10^5$ N/mm². Der Stahl gilt als schweißgeeignet für die Verfahren E, MAG, RA und RP (siehe Tabelle 3-8).
- *Epoxidharzbeschichtete Stähle*: Betonstähle BSt 500 SB, BSt 500 SB-GEWI und BSt 500 MB werden angeboten. Die Dicke der Beschichtung beträgt ca. 130 bis 300 µm. Nach dem Verlegen sind Beschädigungen nur bis 1 % der Oberfläche zugelassen. Die gesamte Bewehrung eines Bauteils soll normalerweise beschichtet sein. Gegebenenfalls ist das Brandverhalten nachzuweisen.
- *PVC-beschichtete Betonstahlmatten*: Betonstähle BSt 500 M mit einer PVC-Beschichtung von 240 bis 400 µm Dicke werden angeboten. Bei Temperaturen > 150°C treten Chloride in den Beton ein und der Verbund geht verloren.

3.1.5.3 Spannstahl

Allgemeines

Spannstähle werden vornehmlich für den Spannbetonbau verwendet. Die Spannglieder werden mit einer gewissen Vordehnung gegenüber dem umgebenden Beton eingebaut und leiten dadurch Druckkräfte in den Beton ein. Die infolge Eigengewicht und Nutzlasten herrührenden Zugspannungen werden dadurch teilweise überdrückt.

Spannstähle sind in Deutschland nach DIN EN 10138 [3.14] genormt, bedürfen jedoch oft einer zusätzlichen bauaufsichtlichen Zulassung (Zulassungspflicht beim Deutschen Institut für Bautechnik DIBt Berlin). Nach Art der Herstellung und den hierbei erzielten Festigkeiten kann man die Spannstähle in die in Tabelle 3-9 aufgeführten Klassen unterteilen. In Bild 3-26 sind die Querschnittsformen und die Durchmesser dargestellt.

Wegen der hohen Zugspannungen, die im Spannstahl herrschen, werden hohe Anforderungen an die Spannstähle gestellt:

- Hohe Zugfestigkeit und hohe Streckgrenze (0,1 %-Dehngrenze als definierte Spannung, bei der rechnerisch das Fließen einsetzt, da diese kaltverformten Stähle kein Fließplateau aufweisen; früher war die Fließspannung als 0,2 %-Dehngrenze definiert); dadurch ergeben sich hohe zulässige Gebrauchsspannungen.
- Hohe Dauerschwingfestigkeit (Ermüdungsfestigkeit).
- Ausreichende Zähigkeit im Bruchzustand (Duktilität) zur Vermeidung von Sprödbrüchen.

- Geringe Relaxation und geringes Materialkriechen (zeitlich verlaufender Spannungsabbau durch Materialveränderung).
- Fertigungsgenauigkeit (vor allem Einhalten des Querschnitts), guter Haftverbund, Korrosionsschutz.

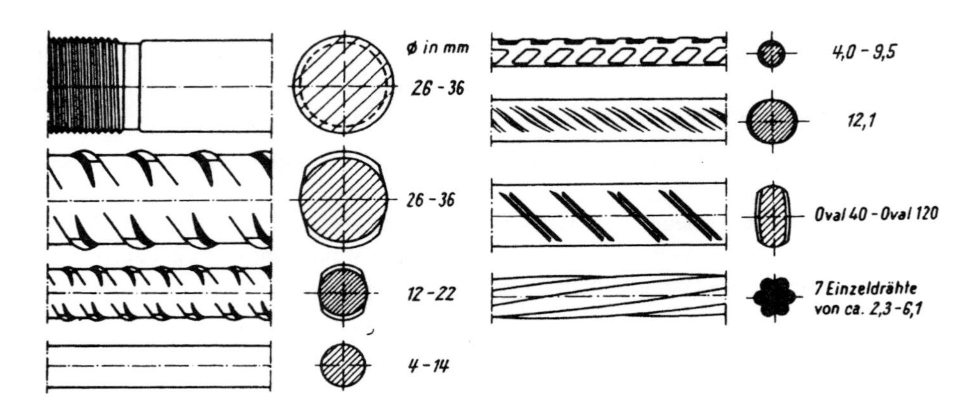

Bild 3-26 Querschnittsformen und Durchmesser der Spannstähle [3.3]

Warmgewalzte, gereckte und angelassene Stabstähle sind meist niedrig legiert. Die Verankerung wird erreicht durch aufgerollte oder aufgewalzte Gewinde in Verbindung mit Ankerplatten und Schraubmuttern. Stabstöße und Spanngliedkopplungen mit Gewindemuffen sind ebenfalls möglich (System Allspann-Dywidag).

Die Anwendung der hochfesten, vergüteten oder kaltgezogenen Drähte ermöglicht geringere Stahlquerschnitte, jedoch ist ein erhöhter Aufwand für Verankerungen und Kopplungen notwendig. Es kommen Reibungs- oder Keilverankerungen (System Vorspann-Technik, System Hochtief u.a.), Klemmverankerungen (System Interspann-Holzmann) oder aufgestauchte Nietköpfchen in Verbindung mit Ankerkörpern (System BBRV-Suspa) zum Einsatz.

Litzen entstehen durch Verseilen von bis zu sieben kaltgezogenen Einzeldrähten. Sie werden einzeln mittels Klemmmuffen oder Keilen an Platten verankert. Diese Ankerplatten fassen mehrere Litzen zu einem Bündel zusammen, das gemeinsam vorgespannt wird (System VSL, System Allspann).

Gleichfalls, wie auch die Spannstähle, bedürfen die Verankerungen und Befestigungen einer Zulassung durch die oberste Baubehörde (Deutsches Institut für Bautechnik DIBt).

Tabelle 3-9 In Deutschland zugelassene Spannstähle (Auszug; Kennwerte nach Angaben aus der Zulassung)

Bezeichnung[1]	Herstellungs-verfahren	Oberfläche	Durch-messer Ø	Chemische Zusammensetzung				Mechanische Kennwerte				
				C	Si	Mn	Rest	$R_{p0,01}$	A_{10}	A_G	$\Delta\sigma$ [2]	$2\sigma_A$ [3]
			[mm]	[M.-%]	[M.-%]	[M.-%]	[M.-%]	[N/mm²]	[%]	[%]	[%]	[N/mm²]
St 835/1030	warmgewalzt, gereckt, angelassen (naturhart)	rund – glatt	26...36	0,65... 0,80	0,65... 0,85	1,10... 1,70	–	735	7	4	3,3	320
		rund – gerippt	26,5...26									230
St 1080/1230		rund – glatt	26...36	0,65... 0,80	0,65... 0,85	1,10... 1,70	0,1... 0,4 V	950	6	4	3,3	320
		rund - gerippt	26,5...36									230
St 1420/1570	vergütet	rund – glatt	6...14	0,45... 0,65	1,60... 2,0	0,40... 0,80	0,20... 60 Cr	1220	6	2	2,0	340
		rund, oval, eckig - gerippt	5...14 (40... 120 mm²)									295
St 1375/1570	patentiert gezogen, angelassen (stabilisiert)	rund - glatt	8...12,2	0,70... 0,90	0,10... 0,35	0,50... 0,90	–	1150 (1200)	6	2	7,5 (2,0)	320
St 1470/1670		rund – glatt	6...7,5					1250 (1300)				430 (585)
		rund – profiliert	5,5...7,5									300 (350)
St 1570/1770		rund - glatt	4,0...5,5					1300 (1350)				540
		rund - profiliert	5									270
		7-drähtige Litze	9,3...15,3					1150 (1350)				340... 210

[1] Verhältnis $R_{p0,1}/R_m$ in N/mm²
[2] Relaxation für $\sigma_i = 0,7 \cdot R_m$ bei 20°C für 1000 h
[3] Schwingbreite für $N = 2 \cdot 10^0$; $\sigma_O = 0,55 \cdot H_m$ (Anhaltswerte)

Das Bild 3-27 zeigt typische Spannungs-Dehnungslinien von Spannstählen. Im Gegensatz zu den Betonstählen mit deutlichem Fließplateau ist bei den hochfesten Spannstählen keine ausgeprägte Streckgrenze vorhanden, an ihrer Stelle wird die 0,2 %-Dehngrenze ermittelt. Die angegebenen Festigkeiten sind Nennfestigkeiten, die maximal zu 5 % überbeansprucht werden dürfen. Mit Zunahme der Festigkeit nimmt allgemein die Verformbarkeit ab.

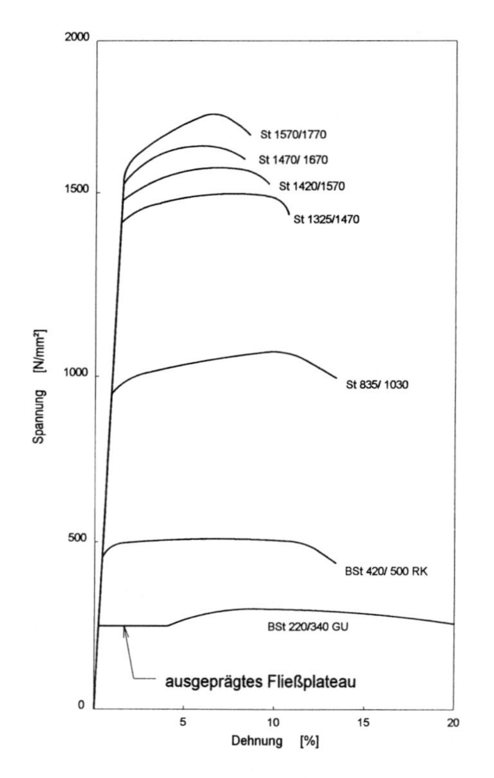

Bild 3-27 Spannungs-Dehnungslinien von Spannstählen und Betonstählen im Vergleich

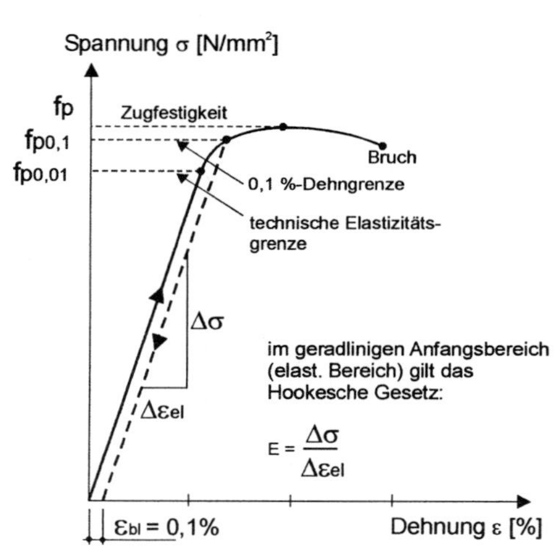

Bild 3-28 Spannungs-Dehnungslinie eines kaltverfestigten Stahls (schematisch)

Spannstahl – Eigenschaften und Besonderheiten

Als allgemeines charakteristisches Werkstoffmerkmal der Spannstähle kann primär seine hohe technische Elastizitätsgrenze (0,01 %-Dehngrenze $f_{p0,01}$; alte Bezeichnung $\beta_{0.01}$) bzw. seine hohe 0,1 %-Dehngrenze $f_{p0,1}$; früher als 0,2 %-Dehngrenze $\beta_{0,2}$ bzw. β_S definiert) angesehen werden, die notwendig ist, damit der auf die Anfangsvorspannung bezogene Spannkraftverlust infolge Kriechen und Schwinden des Betons gering bleibt. Dieser Spannkraftverlust ist um so geringer, je größer die beim Vorspannen erreichbare elastische Dehnung des Stahls ist. Diese ist wiederum abhängig von der absoluten Höhe der 0,01 %-Elastizitätsgrenze bzw. der 0,1 %-Dehngrenze des Spannstahls.

Als technische Elastizitätsgrenze $f_{p0,01}$ ist die Spannung definiert, bei der nach Entlastung maximal eine bleibende Verformung von 0,01 %, bezogen auf die Ausgangslänge, auftritt. Man kann davon ausgehen, dass bis zur $f_{p0,01}$-Grenze der Stahl sich wirklich elastisch verhält, d.h. er nach Entlastung keine bleibende Verformung aufzeigt. Dagegen ist als 0,1 %-Dehngrenze diejenige Spannung $f_{p0,1}$ zu verstehen, bei der nach Entlastung eine bleibende Verformung von maximal 0,1 % zur Ausgangslänge eintritt (Bild 3-28). Nach Erreichen dieser Spannung wird rechnerisch ein Fließen des Stahls angenommen, d.h. der Stahl ist vom elastischen in den ideal-plastischen Zustand übergegangen. Im ideal-plastischen Bereich ist auf Grund überproportionaler Verformungszunahme kein Lastanstieg mehr möglich, die Grenztragfähigkeit ist erreicht. Die 0,1 %-Dehngrenze ist somit vergleichbar mit der Streckgrenze bzw. Fließspannung f_y bei normalfesten Stählen mit ausgeprägtem Fließplateau.

Der Bereich zwischen $f_{p0,01}$ und $f_{p0,1}$ ist im Spannungs-Dehnungsdiagramm (Bild 3-28) dadurch gekennzeichnet, dass die σ-ε-Kurve aus ihrem geradlinigen Verlauf mit konstantem Anstieg (reine Elastizität) durch einsetzende Plastizität im Material allmählich in den horizontalen Verlauf einschwenkt. Der bleibende Verformungsanteil von 0,1 % ist sehr gering, so dass jedoch mit ausreichender Genauigkeit eine Elastizität des Materials, also ein geradliniger Kurvenverlauf im σ-ε-Diagramm, angenommen werden kann.

Eingangs wurden die hohen Anforderungen, die an die Spannstähle gestellt werden, bereits genannt. Im Nachfolgenden wird darauf näher eingegangen.

Erforderlich bei Spannstählen sind sehr hohe 0,01 %-Elastizitätsgrenzen bzw. 0,1 %-Dehngrenzen und Zugfestigkeiten, damit nach dem Ablauf der Verkürzungsvorgänge des Betons ausreichend hohe Stahldehnungen und damit Druckvorspannungen im Beton erhalten bleiben. Spannstähle sollen deshalb ein möglichst großes Arbeitsvermögen im elastischen Bereich aufweisen. Die Dehngrenze muss hoch sein, damit beim Vorspannen die Proportionalität zwischen Vorspannkraft und Spannweg gewährleistet wird. Eine hohe Dehngrenze wirkt sich ebenfalls positiv auf das Relaxationsverhalten des Spannstahls aus.

Zur Vermeidung von Sprödbrüchen ist trotz der hohen Festigkeit ein duktiles Bruchversagen anzustreben, d.h. im Bruchzustand muss das Material noch eine gewisse Zähigkeit aufweisen können. Insbesondere gilt dies, wenn bei Krümmungen und Umlenkungen die Spanndrähte größere Randdehnungen aufweisen und die Stahloberfläche kleinste Schädigungen (Kerben) haben könnte.

Dynamische Beanspruchungsverhältnisse, z. B. Verkehrslasten auf Spannbetonbauteilen, führen zu einer Zugschwellbeanspruchung der Spannstähle, die sich mit der eingebrachten Vorspannung überlagert. Entsprechend der Bemessung in Spannbetonbauteilen müssen die Anforderungen an eine hinreichend hohe *Dauerschwingfestigkeit* der Spannstähle gegeben sein. Beachtet werden muss in diesem Zusammenhang, dass die zur Verankerung der Spannstähle notwendigen Maßnahmen (Biegen, Wellen, Verkeilen) die Dauerschwingfestigkeit absenken.

Bei Langzeitbeanspruchungen durch statischen Zug treten schon bei niedrigen Spannungen, verglichen mit kurzzeitiger Beanspruchung, nichtelastische Dehnungsbeträge auf.

Bei Langzeitbeanspruchungen durch statischen Zug treten schon bei niedrigen Spannungen, verglichen mit kurzzeitiger Beanspruchung, nichtelastische Dehnungsbeträge auf. Das Ausmaß dieser Dehnung hängt außer von der Stahlart (chemische Zusammensetzung) auch von der Höhe der angelegten Spannung, der Temperatur und der Zeit ab. Dieses Langzeitverhalten führt bei Spannstählen in Spannbetonkonstruktionen oft zu einem Abfall der Anfangsvorspannung. Der Spannkraftrückgang wird überlagert durch Verkürzungseffekte des Betons infolge Schwinden und Kriechen. Bezogen auf den Stahl kann das Langzeitverhalten daher entweder durch das *Kriechen* (Längenänderung bei gleichbleibender Spannung) oder durch *Relaxation* (Abfall der Spannung bei gleichbleibender Dehnung) beschrieben werden. Ein entsprechender Widerstand gegenüber diesen Entfestigungsmechanismen ist daher zur Wahrung der Dauerhaftigkeit eines Spannbetonbauteils notwendig. In Bild 3-29 ist als Beispiel das Relaxationsverhalten eines kaltgezogenen Spannstahls St 1470/1670 dargestellt.

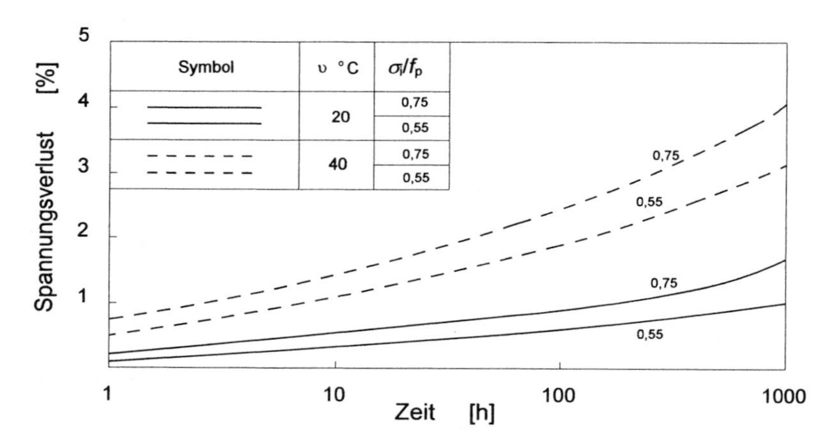

Bild 3-29 Relaxationsverhalten von gezogenem und stabilisiertem Draht St 1470/1670; ∅ 7 mm; glatt

Das Verhalten von Stahl unter korrosiven Bedingungen ist ein sehr komplexes Problem. Im Normalfall übernimmt der Beton bzw. der Einpressmörtel die Schutzfunktion (Passivschichtbildung an der Stahloberfläche infolge Alkalität des Zementleims). Wesentliche Faktoren, die in diesem Zusammenhang eine Rolle spielen, sind die Betongüte, die Betondeckung sowie der Wasserhaushalt des Betons.

Weiterhin ist zu bemerken, dass eine lokale elektrolytische Korrosion des Stahls in erster Linie auf Reaktionen beruht, die sich an der Phasengrenze Metall/Elektrolyt abspielen. Dabei ist die Korrosion von Stahl (Sauerstoffkorrosion) an folgende Voraussetzungen gebunden:

- eine ungehinderte Eisenauflösung an der Anode,
- die Anwesenheit von Sauerstoff an der Kathode und
- das Vorhandensein eines Elektrolyten mit möglichst hoher Ionenleitfähigkeit.

Nur wenn diese Voraussetzungen im Zusammenhang erfüllt sind, ist eine örtliche Korrosion möglich.

Anhand von Untersuchungen von aufgetretenen Schadensfällen an Spannbetonkonstruktionen wurde eine teilweise extreme Anfälligkeit vor allem vergüteter Spannstähle gegenüber *Spannungsrisskorrosion* festgestellt. Bei dieser Korrosionsart unterscheidet man zwischen der anodischen sowie der bei Spannstählen weitaus häufiger vorkommenden wasserstoffinduzierten (kathodischen) Spannungsrisskorrosion. Das Versagensbild in beiden Fällen ist der plötzliche Bruch der beanspruchten Stähle, oftmals ohne eine sichtbare, durch Korrosionsangriff geschädigte Stahloberfläche. Zu beachten ist, dass die Anfälligkeit gegenüber Spannungsrisskorrosion mit steigender Festigkeit und Ausnutzung der Spannstähle zunimmt. Noch durchzuführende Untersuchungen werden zeigen, durch welche Maßnahmen, z.B. Festlegen von Grenzvorspannungen, höhere Ausnutzung niedrigfester Stähle etc., ein spannungsrisskorrosionsfreies Bauen ermöglicht werden kann.

Zur Vermeidung von Spannungsrisskorrosion können bisher folgende Maßnahmen abgeleitet werden:

- Vermeidung von örtlichem Korrosionsangriffen an ungespannten oder gespannten Spannstählen, die noch nicht verpresst sind.
- Vermeidung von Situationen, die im Bauzustand die Passivierung des Stahls durch den Verpressmörtel verhindern oder verzögern können.
- Keine Verwendung von Baustoffen, welche direkt oder indirekt Korrosion und Spannungsrisskorrosion fördern können.
- Verwendung von Spannstählen, die unter baupraktischen Verhältnissen eine ausreichende Unempfindlichkeit gegenüber korrosionsbedingten Brüchen aufweisen.

Die Anforderungen an die Verbundwirkung mit dem umgebenden Beton sind etwas anderer Art als die für Betonstähle in Stahlbetonbauten. Bei Spannbetonkonstruktionen müssen die Verbundspannungen auf Grund der hohen einzuleitenden Kräfte begrenzt werden, da ansonsten unzulässige Rissbildungen des Betons im Verankerungsbereich auftreten können. Dies ist auch einer der Gründe, weshalb die Rippengeometrie der Spannstähle von denen der Betonstähle abweicht.

Um die geforderten Eigenschaften einzustellen, sind verschiedene Herstellungsverfahren denkbar. Im Prinzip handelt es sich bei Spannstählen um einen Federstahl, an den, wie beschrieben, gleich hohe Anforderungen an seine elastischen Eigenschaften wie an einen Federstahl der höchsten Güteklasse für den Maschinenbau gestellt werden. Die Herstellung bzw. der Einsatz kann in verschiedenen Festigkeitsklassen als naturharter, als kaltgezogener oder als vergüteter Stahl erfolgen.

Spannstahlarten

Naturharte Spannstähle: Bei den naturharten Spannstählen handelt es sich um warmgewalzte Stähle, deren Festigkeitseigenschaften sich durch Legierungsverfestigung bei der Luftabkühlung nach dem Walzen ergeben. Die maximal erreichbare Festigkeit beträgt ca. 1200 N/mm². Auf Grund der sehr niedrigen Elastizitätseigenschaften von warmgewalzten und an der Luft abgekühlten Stählen, werden einige dieser Stähle durch Recken verbessert. Die damit verbundene leichte Kaltformgebung führt zu einer deutlichen Anhebung sowohl der Elastizitäts- als auch der Streckgrenze. Naturharte Stähle werden in der Regel mit glatter Oberfläche, in Ausnahmefällen auch gerippt, produziert. Eine besondere Form sind Stabstähle mit Gewinderippen, wodurch die Verbindung beliebiger Längen mit Hilfe von Schraubmuffen ermöglicht wird. Bild 3-30a zeigt das Gefüge eines naturharten Spannstahls.

Kaltgezogene Spannstähle: Bei diesem sehr weit verbreiteten Herstellungsverfahren werden Walzdrähte auf Federhärte kaltgezogen. Es ist damit möglich, verschiedenste Abmessungen auf eine gewünschte Festigkeitsklasse zu bringen. Vor dem eigentlichen Kaltziehen wird der Walzdraht vorpatentiert, das heißt, es erfolgt eine Wärmebehandlung zur Erzielung eines feinen Sorbitgefüges (Sorbit = engliegender, feinstreifiger Perlit), welches die hohe Verfestigung ermöglicht. Das eigentliche Kaltziehen wird in mehreren hintereinander geschalteten Ziehstufen vollzogen und zwar solange, bis die Federhärte aufgebracht ist. Festigkeiten bis zu ca. 2000 N/mm² sind bei dünneren Drähten erreichbar. Bei dem sehr breit gefächerten Sortiment wird als kleinster noch herstellbarer Durchmesser 5,5 mm angegeben. Kaltgezogene Drähte werden in der Regel als glatte Drähte mit einer Dimpelung oder flachen Rippen versehen. Heute werden sie fast ausnahmslos zu Litzen (Siebendraht-Litze) verarbeitet. Im Bild 3-30c ist das beim Kaltziehen ausgerichtet Gefüge, wodurch hohe innere Gitterverspannungen entstehen, gut erkennbar. Diese Gitterverspannungen führen zu einem enormen Festigkeitsanstieg in Stablängsrichtung (Ziehrichtung).

Kaltgezogene und *angelassene Spannstähle*: Allgemein ist die Elastizitätsgrenze bei kaltgezogenen Stählen relativ gering. Durch ein dem Ziehen nachgeschaltetes Anlassen, ist eine Steigerung der Elastizitätsgrenze von federhart gezogenen Spannstählen möglich. Der Anlassprozess erfolgt bei einer Temperatur von ca. 300°C. Verbunden mit einer Anhebung der technischen Elastizitätsgrenze ist eine Erhöhung der 0,1 %-Dehngrenze.

Eine weitere Steigerung der Elastizitätsgrenze von kaltgezogenen Spannstählen ist durch eine so genannte Stabilisierungsbehandlung möglich. Hierbei wird die Anlassbehandlung an einem unter Zugspannung stehenden Draht durchgeführt, indem der Draht z.B. von einer mit Bremse versehenen Ablaufhaspel durch einen Wärmofen mit einer definierten Zugkraft hindurchgezogen wird.

Vergütete Spannstähle: Die vergüteten Stähle werden noch in weitere Untergruppen unterteilt, da der Vorgang des Vergütens an Walzstäben oder Drähten unmittelbar aus der Walzhitze oder in einem gesonderten Arbeitsgang sowie auch an kaltgezogenen Drähten durchgeführt werden kann. Diese Stähle lassen sich in allen Festigkeitsklassen herstellen. Die Kosten der Herstellung und somit auch die Stahlpreise liegen weit unter denen von vergleichbaren kaltgezogenen Drähten. Ziel des Vergütens ist in jedem Fall das Erhalten eines hochfesten, feinkörnigen Gefüges mit feindispersiven Ausscheidungen. (Bild 3-30b)

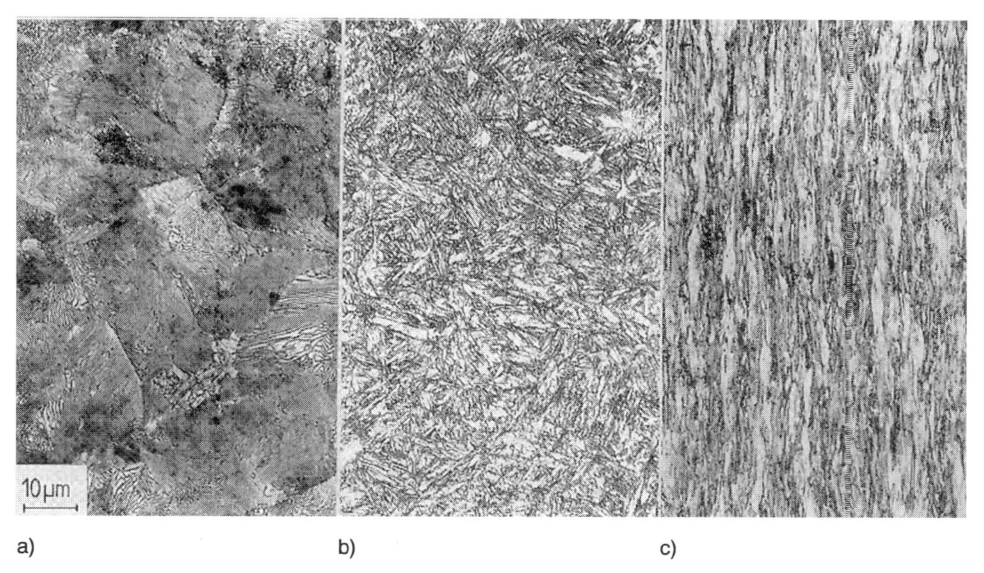

a) b) c)

Bild 3-30 Gefüge von Spannstählen (Schliffaufnahme)
a) naturharter Spannstahl mit perlitischem Gefüge, b) vergüteter Spannstahl mit Vergütungsgefüge, c) kaltgezogener Spannstahl mit verformtem perlitischen Gefüge

Schlussvergütete Spannstähle: Schlussvergütete Spannstähle sind in mehreren Ländern im Produktionsprogramm. Das Schlussvergüten erfolgt an Walzdrähten oder kaltgezogenen Drähten als abschließender Herstellungsprozess – daher „schlussvergütete" Spannstähle. Die Erwärmung zum Härten erfolgt meist durch Ziehen in gas- oder elektrobeheizte Öfen. Es ist aber auch das Durchziehen durch Schmelzbäder oder eine induktive oder konduktive Erwärmung möglich. Das eigentliche Härten erfolgt zumeist in Ölabschreckbädern und das Anlassen in Blei- oder Salzbädern. Neben diesen herkömmlichen Herstellungsverfahren kann das Vergüten auch mittels einer induktiven Erwärmungsanlage erfolgen.

3.2 Nichteisenmetalle

3.2.1 Allgemeines

Neben Stahl und Gusseisen kommen im Bauwesen noch andere metallische Werkstoffe (*Nichteisenmetalle*) zur Anwendung. Zu den wichtigsten Nichteisenmetallen im Bauwesen zählen:

- Aluminium,
- Kupfer,
- Zink,
- Zinn und
- Blei.

Nichteisenmetalle besitzen meist eine bessere Formbarkeit und eine höhere Beständigkeit gegenüber atmosphärischen Einflüssen verglichen mit Eisen und Stahl. Ihre erreichbaren Festigkeiten sind im Gegensatz dazu geringer. Bei Benutzung dieser Metalle als Konstruktionswerkstoff muss berücksichtigt werden, dass der E-Modul in der Regel wesentlich kleiner ist als der des Stahls, d.h. die Beschränkung der Verformung spielt eine dominierende Rolle. Darüber hinaus erfordern lange Bauteile aus Nichteisenmetallen, auf Grund ihres höheren Wärmausdehnungskoeffizienten, bewegliche Befestigungen und Verbindungen.

Unterteilt werden die Nichteisenmetalle in Abhängigkeit von ihrer Dichte ρ in:

- Leichtmetalle $\rho < 4{,}5$ g/cm³
  (z.B. Aluminium, Magnesium)
- Schwermetalle $\rho > 4{,}5$ g/cm³
  (z.B. Blei, Kupfer, Nickel, Zink, Zinn)

Im Vergleich zu Stahl ist der Verbrauch an Nichteisenmetallen im Bauwesen jedoch wesentlich geringer.

3.2.2 Aluminium und Aluminiumlegierungen

Allgemeines

Der Einsatz von Aluminium und seinen Legierungen im Bauwesen erhöht sich zusehends. Diese Tatsache ist auf mehrere günstige Eigenschaften von Aluminiumwerkstoffen zurückzuführen:

- geringe Dichte von ca. 2,7 g/cm³ (Gewichtsersparnis gegenüber Stahl),
- einstellbare Festigkeiten bis 600 N/mm² bei guter Verformbarkeit,
- gute atmosphärische Beständigkeit,
- hohes Reflexionsvermögen für Licht und Wärme,
- Schweißbarkeit und
- gute Verformbarkeit.

Aluminium ist mit 7,5 % das häufigste Metall der Erdrinde. Als Ausgangsmaterial für die Aluminiumgewinnung dient das Bauxit, welches aus 50 bis 60 % Tonerde Al_2O_3 mit Beimengungen von Fe_2O_3, SiO_2, TiO_2 und Hydratwasser besteht. Gewonnen wird das Aluminium durch elektrolytische Abscheidung aus heißflüssiger Tonerde. Die Schmelzflusselektrolyse erfordert einen sehr hohen Energieaufwand.

Auf Grund seiner ausgezeichneten Korrosionsbeständigkeit wird Reinaluminium vorwiegend in der Nahrungsmittelindustrie, als Folie für Einpackpapier oder als Plattierwerkstoff verwendet. Wegen seiner geringen Dichte findet es ebenfalls im Flugzeugbau und bei schnelllaufenden Motoren Anwendung.

Für die Anwendung im Bauwesen und anderen Industriezweigen werden dem Reinaluminium Legierungselemente beigemengt, die vor allem zu einer Steigerung der Festigkeit führen sollen. Die wichtigsten Legierungselemente sind: Si, Cu, Mg, Zn und Mn.

Methoden zur Steigerung der Festigkeit bei Aluminiumwerkstoffen

Reinaluminium (99,99 % Al) besitzt für die konstruktive Anwendung im Bauwesen eine zu geringe Festigkeit (Zugfestigkeit von 70 bis 100 N/mm^2). Zur Erhöhung der Festigkeiten werden folgende Methoden angewandt: das Legierungshärten, das Ausscheidungshärten und die Kaltverfestigung.

Legierungshärten

Reinaluminium kristallisiert kubisch-flächenzentriert. Die Fähigkeit des Aluminiums mit anderen Metallen Mischkristalle zu bilden, ist auf Grund seines niedrigen Schmelzpunktes von 660°C nur gering. Dies bedeutet, nur wenn das flüssige Aluminium genügend hoch erhitzt wird, ist ein Hinzulegieren und somit eine vollständige Löslichkeit von Legierungskomponenten möglich. Die nicht aufgelösten Anteile der Legierungskomponenten bilden meist harte und spröde Kristalle (heterogene Gefügebestandteile), die aus den Elementen selbst oder aus intermetallischen Verbindungen mit Aluminium bestehen. Die Art der Mischkristallbildung (zumeist Substitutionsmischkristalle) und die Ausbildung der heterogenen Gefügebestandteile oder intermetallischen Phasen (Menge, Größe, Form und Verteilung) bestimmen die physikalischen, chemischen und technologischen Eigenschaften der Legierungen. In Abhängigkeit von der Höhe des Legierungszusatzes unterscheidet man zwischen:

- Knetlegierungen (Fremdmetallanteil < 5 %) und
- Gusslegierungen (Fremdmetallanteil > 5 %).

Die Knetlegierungen sind durch Verformung wie Walzen, Ziehen, Strangpressen etc. umformbar. Die Gusslegierungen hingegen können nur durch Gießen geformt werden. In Tabelle 3-10 ist der Einfluss einiger wichtiger Legierungselemente am Beispiel der Zugfestigkeit dargestellt.

Tabelle 3-10 Einfluss von Legierungszusätzen auf die Zugfestigkeit bei Aluminiumlegierungen

Bezeichnung	Legierungszusätze [%]					Zugfestigkeit [N/mm²]
	Mn	Mg	Si	Cu	Zn	0 100 200 300 400 500
Reinaluminium						
Al Mn	0,8 bis 1,5					
Al Mg 3	0 bis 0,4	2,6 bis 3,3				
Al Mg 5	0 bis 0,6	4,3 bis 5,5				
Al Mg Mn	0,5 bis 1,5	1,6 bis 2,5				
Al Mg Si 1	0 bis 1,0	0,6 bis 1,4	0,6 bis 1,6			
Al Cu Mg 2	0,3 bis 1,1	1,2 bis 1,8		3,8 bis 4,9		
Al Zn Mg Cu 1,5	0 bis 0,3	2,1 bis 2,9	0 bis 0,5	1,2 bis 2,0	5,1 bis 6,1	

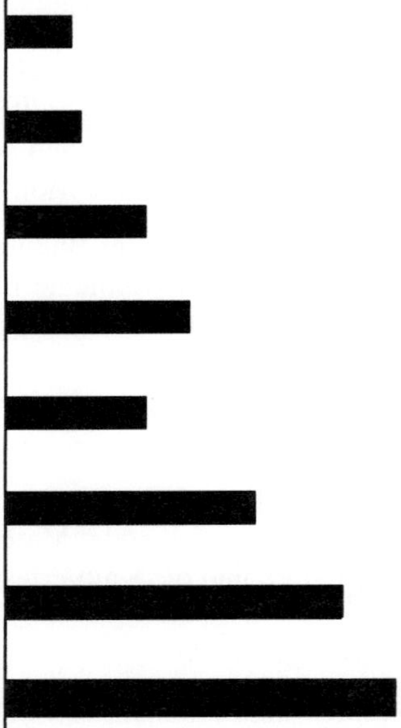

Ausscheidungshärten

Das Ausscheidungshärten ist eine Wärmebehandlung. Dabei wird die Aluminiumlegierung zunächst einem Glühvorgang unterworfen und anschließend abgeschreckt. Die Legierungselemente im Al-Mischkristall werden durch den Glühvorgang gelöst und durch ein anschließendes Abschrecken ungebunden mit Al-Atomen im Mischkristall konzentriert. Dadurch sind die reinen Legierungsatome in gesättigter Form vorhanden. Nach längerer Auslagerungszeit diffundieren die Legierungsatome an die Korngrenzen des Mischkristalls. Diese Ausscheidungsvorgänge im gebildeten bzw. sich bildenden Mischkristall bewirken eine Änderung des kristallinen Aufbaus des Gitters. Das bedeutet, dass das Festigkeits- und Zähigkeitsverhalten von Aluminiumlegierungen davon abhängt, inwieweit Störungen im Gitter bei bestimmter Zusammensetzung auftreten. Gitterverzerrungen und Ausscheidungen bewirken dabei immer eine Festigkeitssteigerung.

Am Beispiel des Zustandsschaubildes einer Al-Cu-Legierung (Bild 3-31) soll dies verdeutlicht werden.

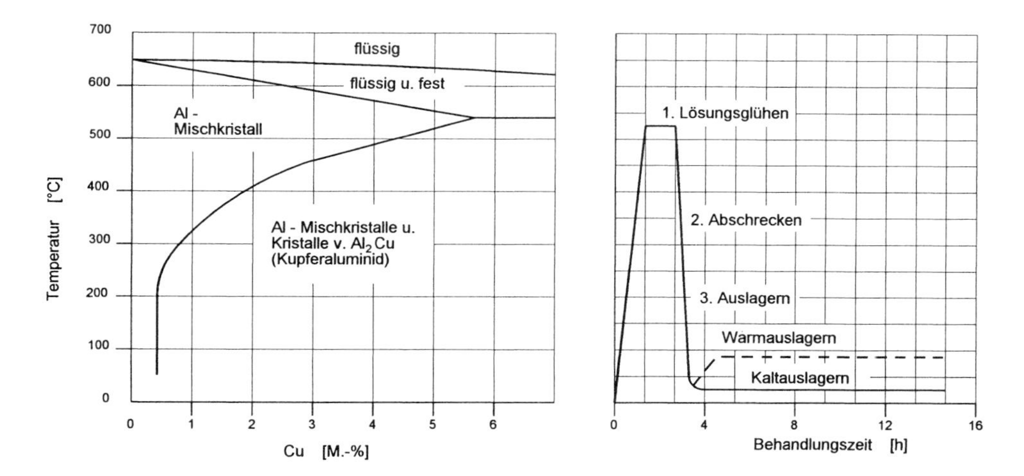

Bild 3-31 Aushärtung von Al-Cu-Legierungen (schematisch)

Bei einer Temperatur T > 500°C geht Cu in Lösung und wird bei langsamer Abkühlung zur intermetallischen Verbindung Al_2Cu (Lösungsglühen). Kühlt man dagegen schnell ab (Abschrecken), so ist ein „in Lösung gehen" eingeschränkt oder unterbleibt ganz; die Cu-Atome verbleiben ungebunden im übersättigten Mischkristall. Infolge der äußerst geringen Beweglichkeit der Cu-Atome bei Raumtemperatur kommt es zu keinen Ausscheidungen. Nach dem Abschrecken befindet sich das gesamte System in keinem kristallinen Gleichgewichtszustand.

Der Gleichgewichtszustand stellt sich jedoch bei Raum- oder bei erhöhter Temperatur nach einer gewissen Zeit ein (abhängig von der Temperatur, der Abkühlungsgeschwindigkeit, Legierungselementgehalt), d.h. die mechanischen Eigenschaften erreichen erst nach eben dieser vergangenen Zeit ihren endgültigen Wert (Atome streben energetisch günstigeren Zustand an (Bild 3-32).

Bei Raumtemperatur spricht man von der so genannten *Kaltauslagerung* und der gesamte Behandlungsvorgang wird als Kaltaushärtung bezeichnet. Wenn die Aushärtung nicht bei Raumtemperatur, sondern bei erhöhten Temperaturen abläuft, bilden sich vor allem entlang der Korngrenzen Ausscheidungen, welche die mechanischen Eigenschaften des Gefüges entsprechend Bild 3-32 beeinflussen. Dieser Vorgang wird dann adäquate *Warmauslagerung* bezeichnet.

In Abhängigkeit von den Legierungselementen können bei der Abkühlung aus der Schmelze auch stabile Mischkristalle (gehen vollständig in Lösung) entstehen, d.h. es besteht keine Möglichkeit des Härtens, da Ausscheidungen nicht gebildet werden können. Es entstehen naturharte oder nichtaushärtbare Aluminiumlegierungen. Dazu gehören:

- AlSi,
- AlMn,

- AlMgMn und
- AlMg.

Zu den härtbaren Aluminiumlegierungen gehören demgegenüber:

- AlCuMg,
- AlMgSi,
- AlZnMg und
- AlSiCu.

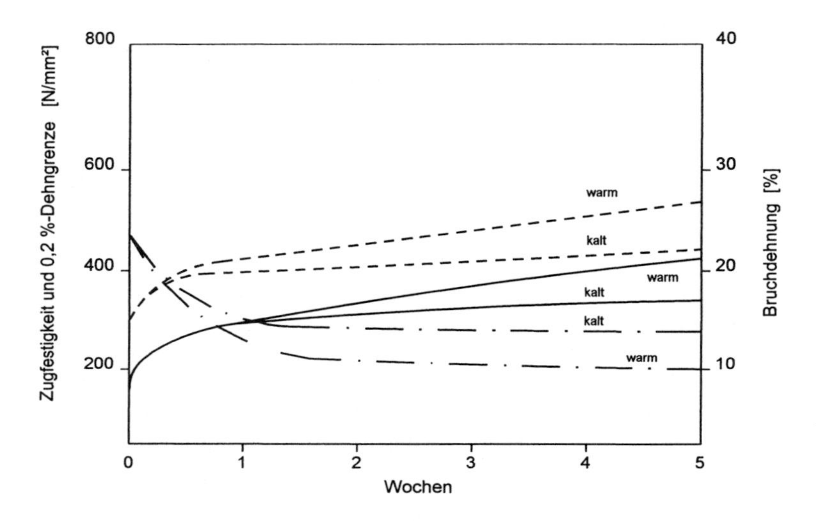

Bild 3-32 Einfluss der Aushärtung auf die Festigkeit und Verformung von Aluminiumlegierungen

Kaltverformung

Die Zugfestigkeit des weichen Reinaluminiums kann durch Recken (Kaltverformung) gesteigert werden. Ähnlich wie bei Stahl ändert sich bei genügend hohen Spannungen (jenseits der Elastizitätsgrenze) durch Kristallverschiebungen entlang von Gleitebenen die Struktur des Werkstoffes. Auf Grund des vielkristallinen Aufbaus und vorherrschenden Inhomogenitäten im realen Werkstoff sind die Gleitebenen nicht in eine Richtung ausgebildet.

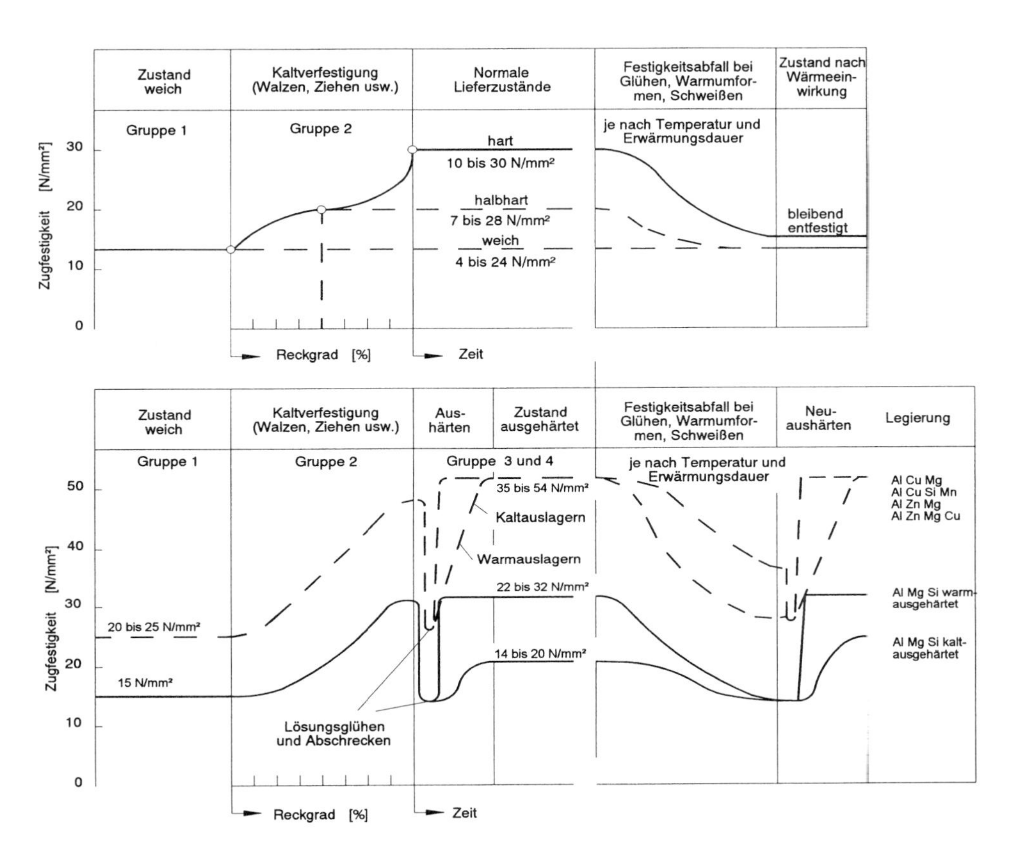

Bild 3-33 Einfluss von Kaltverformung und Aushärtung und anschließender Erwärmung auf die Zugfestigkeit

Hinzu kommt, dass die Gleitbewegungen, z.B. durch Korngrenzen oder Phasengrenzen, gestört werden. Bei genügend hoher Beanspruchung führt die Gleitbehinderung zu Verzerrungen im Gitter und somit zu einer Steigerung der Festigkeit und Absenkung der Zähigkeit. Der ursprüngliche Gitterzustand und somit die Ausgangseigenschaften (nicht die Form) können wieder erreicht werden, wenn den Atomen durch genügend hohe Werkstofftemperatur die Chance gegeben wird, ihre geometrisch richtigen Gitterplätze wieder einnehmen zu können. Diese Gefügeum- und -neubildung, die Rekristallisation, führt abhängig von verschiedenen Bedingungen zu einem groben oder feinkörnigen Gefüge. Für die aushärtbaren und nichtaushärtbaren Al-Legierungen ist der Einfluss der Kaltverfestigung auf die Zugfestigkeit unter Berücksichtigung der Temperaturverhältnisse in Bild 3-33 dargestellt.

Aluminiumwerkstoffe im Bauwesen

Für den konstruktiven Ingenieurbau wurden Regellegierungen nach DIN 4113 [3.32] entwickelt, die sowohl aushärtbare als auch nichtaushärtbare Werkstoffe umfassen (Tabelle 3-11). Für die Bezeichnung gelten folgende Zusammenhänge:

- Al 99,5 H Reinaluminium mit 99,5 % Al; Hüttenaluminium,
- Al Mg 3 Knetlegierung mit 3 % Mg,
- G-Al Si 10 Mg Gusslegierung mit 10 % Si sowie einem Anteil Mg.

Die Zahl hinter dem Legierungselement gibt den prozentualen Legierungsanteil an. Aluminium-Gusslegierungen werden zusätzlich durch ein vorgestelltes *G* gekennzeichnet.

Durch eine nachgestellte Zusatzbezeichnung *F* im Werkstoffnamen von Aluminiumlegierungen wird die Mindestzugfestigkeit charakterisiert, z.B.:

AL Zn Mg 1 F 36 Werkstoff mit einer zu gewährleistenden Mindestzugfestigkeit von 360 N/mm².

Tabelle 3-11 Festigkeitseigenschaften und chemische Zusammensetzung einiger Regellegierungen nach DIN 4113 [3.32]

Werkstoff-kurzzeichen		AlZnMg1	AlMgSi1		AlMgSi0,5	AlMg4,5Mn		AlMgMn			AlMg	
		F36	F32	F28	F22	F30	F28	F23	F20	F18	F23	F18
Minimale Zugfestigkeit [N/mm²]		360	320	280	220	300	280	230	200	180	230	180
Minimale Streckgrenze [N/mm²]		280	260	200	160	210	125	140	100	80	140	80
Minimale Bruchdehnung [%]		10	10	12	12	10	12	9		10	9	17
Chemische Zusammensetzung [Gew.-%]	Cu	< 0,10	< 0,10		< 0,05	< 0,10		< 0,10			< 0,05	
	Mn	0,1...0,5	0,4...1,2		< 0,1	0,6...1,0		0,5...1,1			0...0,5	
	Mg	1,0...1,4	0,6...1,2		0,4...0,8	1,6...2,5		1,6...2,5			2,6...3,4	
	Si	< 0,5	0,75...1,3		0,35...0,7	< 0,4		< 0,4			< 0,4	
	Fe	< 0,5	< 0,5		< 0,3	< 0,4		< 0,5			< 0,4	
	Zn	4,0...5,0	< 0,2		< 0,2	< 0,2		< 0,2			< 0,2	
	Cr	0,1...0,25	0...0,3		< 0,05	0...0,3		0...0,3			0...0,3	
	Ti	0,01...0,2	< 0,1		< 0,1	< 0,1		< 0,1			< 0,1	
Festigkeit durch		Legieren und Aushärten (aushärtbar)				Legieren und Kaltverformen (nicht aushärtbar)						

Verwendung im Bauwesen

Aluminium hat im Bauwesen eine breite Anwendung gefunden, so z.B. als Halbzeug, Gussteile Fertigteilerzeugnisse und sonstige Anwendungen.

Halbzeuge

- Bleche,
- profilierte Bleche und Bänder ab 0,35 mm Dicke (DIN 1745-1[3.33]) für Dachdeckungen und Wandbekleidungen,
- dünne Bänder von 0,021 bis 0,35 mm Dicke für Abdichtungszwecke oder Dampfsperren in bituminierten Dichtungsbahnen,
- Stangen und Drähte (DIN 1747-1 [3.34]),
- Strangpressprofile (DIN 1748 [3.35]) für Fenster,
- Türen und tragende Konstruktionen des Leichtbaus,
- Winkelprofile (DIN 1771 [3.36]) und Doppel-T-, U- und T-Profile sind erhältlich (DIN 9712 [3.37] und DIN 9713 [3.38]).

Im Bereich der Bauklempnerei haben Aluminiumbauteile ein großes Anwendungsspektrum. Es reicht von den verschiedenen Ausführungen der Metallbedachung und Fassadenbekleidung über die Dachentwässerung bis zu An- und Abschlüssen, so genannten Verwahrungen, Mauer-, Attika- und Außenfensterbankabdeckungen. Für Metallbedachungen, Außenwandbekleidungen, Fassaden etc. wird Aluminium als Blech und Band (Tafeln und Coils) sowie in Form von Profiltafeln eingesetzt. Außer Halbzeuge sind alle erforderlichen Fertigteile und entsprechendes Zubehör sowie zahlreiche Systemkomponenten zu nennen. In der Klempnertechnik kommt schwerpunktmäßig Aluminiumblech und -band in so genannter „Falzqualität" (1/8 bis 1/4 hart) zur Anwendung. Die praxisübliche Materialdicke für Doppelstehfalzdächer ist 0,7 mm. Die Legierungsbezeichnung lautet *AlMn 1 Mg 0,5*, Falzqualität H 41. Für profilierte Aluminium-Bauelemente wird die Legierung *AlMn 1 Mg 1* eingesetzt.

Aluminium wird im Bedachungsbereich je nach Bausituation und eingesetzter Qualität in den üblichen klempnertechnischen Methoden handwerklich und maschinell verarbeitet. Dazu gehören die gängigen, in der Metallverarbeitung bekannten Umform- und Verbindungstechniken. Unbeschichtetes Aluminium wird, beispielsweise bei Eckausbildungen und Dachdurchführungen, schutzgasgeschweißt. Beschichtete Bauteile werden häufig geklebt. Außer den klassischen Falzverbindungen kommen mechanische Verbindungstechniken wie Bohrschraube und Bohrniet zum Einsatz.

Gussteile

- Platten mit reliefartiger oder strukturierter Oberfläche für Wandbekleidungen; Beschläge für Fenster und Türen,
- Gerüstkupplungen u.a.m.

Fertigerzeugnisse

- Aluminiumfenster; zur Vermeidung von Kondensatbildung an den Profilen verhindert eine Kunststoffzwischenlage eine Wärmebrücke;
- Holz-Aluminium-Fenster als integrierte Verbundkonstruktion,
- Türen und Tore,
- Schaufensteranlagen,
- Heizkörper,
- Gerüste sowie
- Dachprofile u.a.m.

Verschiedenes

- Schilder,
- Zierleisten,
- Vorhangschienen,
- Lampenkörper;
- Aluminiumpulver zum Auftreiben von Porenbeton und für Rostschutzanstriche sowie
- Hilfsstoff für Thermit-Schweißungen.

Eigenschaften von Aluminiumwerkstoffen

Physikalische Eigenschaften

Die Dichte von Aluminium beträgt ca. 2,7 g/cm³ und entspricht somit etwa 1/3 der von Stahl. Gleiches gilt für den Elastizitätsmodul, der für Aluminium ca. $7 \cdot 10^4$ N/mm² (Stahl ca. $21 \cdot 10^4$ N/mm²) beträgt. Die Schmelztemperatur liegt bei ca. 645 bis 665 °C. Der Wärmeausdehnungskoeffizient ist mit $24{,}6 \cdot 10^{-3}$ mm/(m · K) doppelt so groß wie die von Stahl. Aluminium ist wegen seines geringen elektrischen Widerstandes von 0,02 bis 66 $\Omega \cdot \text{mm}^2/\text{m}$ der drittbeste elektrische Leiter.

Mechanische Eigenschaften

Aluminium ist sehr weich und dehnbar. Es lässt sich walzen, treiben, ziehen, schmieden, hämmern.

Durch die verschiedenen Verfestigungsmechanismen (Aushärten, Kaltverformen, Legieren) ist die Festigkeit von ca. 50 bis 550 N/mm² einstellbar. Die Streckgrenze ist nicht ausgeprägt und wird aus diesem Grund als 0,2 %-Dehngrenze $R_{0,2}$ angegeben (Bild 3-34).

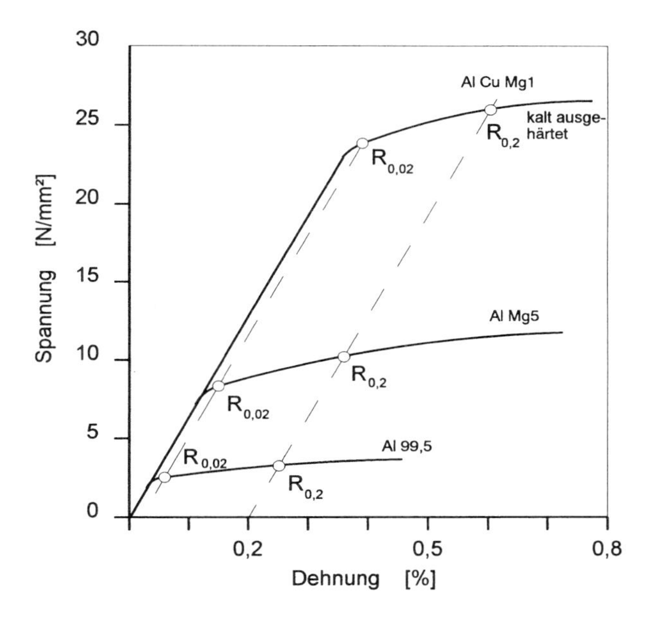

Bild 3-34 Spannungs-Dehnungsdiagramm von verschiedenen Al-Legierungen

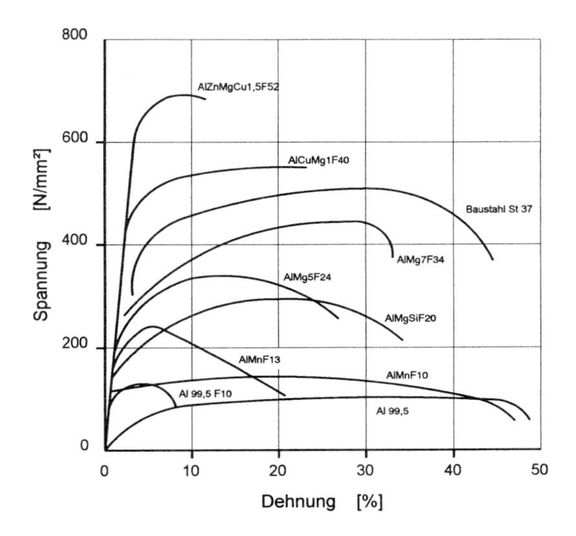

Bild 3-35 Festigkeiten und Bruchdehnungen verschiedener Al-Legierungen

Mit zunehmender Festigkeit nimmt die Bruchdehnung A_{10} ab, erreicht jedoch auch bei der Festigkeitsklasse F 52 noch rund 10 % (Bild 3-35). Im Gegensatz zu Stahl steigt zwar bei niedriger Temperatur die Festigkeit an, jedoch nimmt die Zähigkeit (Duktilität = Verformungsvermögen vor Eintritt des Bruches) nicht ab. Erhöhte Temperaturen von ca. 150°C führen zu einer Abnahme der 0,2 %-Dehngrenze und der Festigkeit. Da Aluminiumlegierungen einen wesentlich geringeren Schmelzpunkt als z.B. Stahl besitzen und erhöhte Temperaturen (ab ca. 100°C) zu nennenswerten Veränderungen im Gefüge führen, sind spezielle Anforderungen an den Brandschutz vor allem bei tragenden Bauteilen aus Aluminium zu beachten.

In Tabelle 3-12 sind die wichtigsten Eigenschaften zusammengefasst.

Tabelle 3-12 Eigenschaften des Aluminiums

Name	Kurzzeichen	Dimension	Wert
Dichte	ρ	g/cm^3	2,7
Schmelztemperatur	ϑ_S	°C	660
Wärmeleitfähigkeit	λ	W/(m · K)	204
Wärmedehnzahl	α_T	1/K	24,6 · 10^{-6}
Zugfestigkeit	β_Z (ggf. R_m)	N/mm^2	Reinstaluminium 40 bis 100 Reinaluminium bis 200 Al-Legierung bis 500
E-Modul	E	N/mm^2	70000
Bruchdehnung	A	%	4...50

Korrosionsverhalten und Oberflächenbehandlung

Aluminium ist sehr witterungs- und korrosionsbeständig und damit langlebig und unempfindlich gegen Umwelteinflüsse. Auf walzblankem Material bildet sich durch Bewitterung eine natürliche Schutzschicht, welche die Abtragung des Metalls durch atmosphärische Korrosion sehr niedrig hält. Sie besteht aus einer dünnen, aber äußerst dichten und festen Oxidschicht aus Aluminiumoxid Al_2O_3 (Dicke etwa 0,01 bis 0,1 µm), die das darunterliegende Metall vor weiterer Korrosion schützt. Die Schutzwirkung der Oxidhaut ist um so wirkungsvoller, je weniger Fehlstellen sie aufweist, d.h. sie nimmt mit dem Reinheitsgrad zu. Wird die Oxidschicht verletzt, so wird sie an dieser Stelle neu gebildet und schließt die Schutzhülle. Man spricht dabei von Selbstheilung. Ein bekanntes Beispiel für die Langlebigkeit von Aluminiumbauteilen ist die historische Kuppel der Kirche von San Gioaccino in Rom aus dem Jahr 1897.

Die natürliche, graue Oxidschicht genügt oft nicht den ästhetischen Ansprüchen. Aus diesem Grunde bedient man sich des Verfahrens der elektrolytischen Korrosion, bei der eine künstliche anodische Oxidation (Eloxalverfahren = elektrolytische Oxidation des Aluminiums) an der Metalloberfläche hervorgerufen wird. Dabei entstehen bis zu 30 µm dicke, fest haftende Oxidschichten verschiedener Farbtöne mit metallischem Glanz infolge Transparenz. Im Bedachungsbereich kommen seit einigen Jahren zunehmend Zweischicht-Einbrennlackierungen zur Beschichtung von Dachplatten und Dachschindeln zum Einsatz. Dachelemente wie Rinnen und Rohre erfahren eine Oberflächenveredlung im *Coil-Coating-Verfahren*.

Eine geringfügige Unbeständigkeit des Aluminiums und seiner Legierungen konnte gegenüber Salzsäure, Siliciumoxid und Chloriden beobachtet werden, die unter Umständen Lochfraß und Narben hervorrufen kann. Von stark alkalischen Medien mit pH > 10 (Frischbeton, Kalk- und Zementmörtel) wird Aluminium angegriffen.

Der direkte Kontakt mit Kupfer führt zu Kontaktkorrosion.

3.2.3 Kupfer und Kupferlegierungen

Allgemeines

Kupfer kommt in geringem Umfang gediegen, in der Hauptsache aber als sulfidisches Mineral, das mit Eisen, Blei, Antimon, Arsen, Nickel vergeschwistert ist, vor. Das wichtigste Kupfermineral ist der Kupferkies ($CuFeS_2$) mit etwa 34 % Cu-Anteil. Andere Minerale sind der Kupferglanz (Cu_2S), der Bournonit ($CuPbSbS_3$) und der Malachit ($CuCO_3 \cdot Cu(OH)_2$). Da die Kupfererze relativ arm an reinem Kupfer sind (meist < 10 %), werden sie vor der Verhüttung durch besondere Verfahren auf 20 bis 25 %ige Kupferkonzentrate aufbereitet.

Kupfer besitzt eine Dichte von ca. 8,9 g/cm³. Die Zugfestigkeit des reinen Kupfers ist gering (ca. 200 N/mm²), währenddessen die Verformbarkeit sehr hoch ist (Bruchdehnung von ca. 40 bis 50 %; Einschnürung von mehr als 50 %). Vor allem die Festigkeit kann durch eine gezielte Kaltverformung sowie durch Hinzulegieren geeigneter Metalle gesteigert werden. Kupfer besitzt eine hohe elektrische und Wärmeleitfähigkeit sowie einen hohen Korrosionswiderstand.

Im Bauwesen findet ausschließlich Kupfer mit der Qualität SF-Cu nach DIN 1787 [3.31] Anwendung. Hierbei handelt es sich um ein sauerstofffreies, phosphorarmes Kupfer mit einem Reinheitsgrad von mindestens 99,90 %. Durch den Restkupfergehalt ist der Werkstoff sehr gut schweiß- und lötbar. Der Einsatz erfolgt vorwiegend in Form von Kupferblechen für Dachrinnen, Rohre, Gesims- und Wandbekleidungen und für den dekorativen Innenausbau in Dicken von 0,1 bis 2,0 mm sowie für Bedachungen, vorzugsweise zwischen 0,6 und 0,7 mm dick. Im europäischen Raum ist Kupfer als Metall für Dachdeckungen etwa seit dem ausgehenden Mittelalter bekannt. Ein interessantes Beispiel dafür ist der Dom zu Hildesheim, der im Jahr 1280 eine Kupferdeckung erhielt, die rund 700 Jahre Bestand hatte.

Das Gefüge des kubisch-flächenzentrierten Kupfers besteht aus polyedrischen Kristalliten, die stark verzwillingt sind. Infolge des hohen Schmelzpunktes von ca. 1083 °C ist die Legierbarkeit des Kupfers mit anderen Metallen sehr gut. Die Hauptlegierungselemente des Kupfers sind Nickel, Zink, Zinn, Aluminium, Silizium, Mangan, Beryllium, Silber und Gold. Die wichtigsten Kupferlegierungen sind:

- *Kupfer-Zink* (Messing) besteht aus mindestens 55 % Cu (der Rest ist Zink).

- *Kupfer-Zink mit Zusätzen* (Sondermessing) wird im Bauwesen für Armaturen, Fassadenprofile und Verkleidungen, Zierbleche, Beschläge, Fittings u.a. verwendet.
- *Kupfer-Zinn* (Bronze) Zinngehalt von 2 bis 20 % Sn wird im Bauwesen für Ventile; Armaturen oder Pumpen verwendet; dienen auch zum Guss von Glocken oder Statuen; Korrosionsprodukt bei Bronze ist die so genannte Patina (z.B. bei Kirchendächern).
- *Kupfer-Zinn-Zink* (Rotguss) wird im Bauwesen vorwiegend für Armaturen verwendet.
- *Kupfer-Nickel* mit 10 bis 44 % Ni, werden im Bauwesen für Rohre und Armaturen, z.B. bei Hafen- und Meerwasserentsalzungsanlagen eingesetzt, ansonsten für Münzen.
- *Kupfer-Aluminium* (Aluminiumbronze) mit 14 % Al wird im Bauwesen als funkensicheres Werkzeug, im Fassadenbau und als Gitter, Roste, Tore usw. eingesetzt.
- *Kupfer-Nickel-Zink* (Neusilber) wird im Bauwesen im Innenausbau für Wand- und Türverkleidungen, Geländer, Beschläge, Armaturen für Gas und Wasser, Kleiderablagen und Ähnliches eingesetzt.

Eigenschaften und Verwendung im Bauwesen

Kupfer ist ein rotglänzendes Buntmetall, das für seine Langlebigkeit und Witterungsbeständigkeit bekannt ist. Es ist sehr weich, dehnbar, lässt sich walzen, ziehen, löten und schweißen. Die handwerkliche und maschinelle Verarbeitung umfasst alle in der Bauklempnerei üblichen und erforderlichen Techniken, wie Bördel-, Stauch-, Treib- und Streckarbeiten. Wegen seiner guten Korrosionsbeständigkeit verzeichnet Kupfer zunehmenden Einsatz als Bedachungsmaterial. Je nach Einsatzzweck wird weiches Kupfer (= „R 220“ für schwierige Anschlüsse oder komplizierte Bauformen) oder halbhartes Material (= „R 240“ für flächige Anwendung und für die Dachentwässerung) verwendet. Die Witterungsbeständigkeit von Kupfer beruht auf der Eigenschaft zur Bildung einer natürlichen Schutzschicht. Unter atmosphärischen Einflüssen bezieht sich die Kupferoberfläche mit einer anfangs rotbraunen, später grünen dünnen Patina aus basischen Kupfersalzen. Die Patinaschicht ist sehr dauerhaft und zeigt wie die Oxidschicht beim Aluminium Selbstheilungseffekte bei mechanischer Verletzung.

Die Patina ist das typische Erscheinungsbild alter Kupferdächer. Es dauert viele Jahre, ehe sich die blanke, im Neuzustand rotgoldene Metalloberfläche mit dem begehrten Hellgrün überzieht. Kupferarbeiten jüngeren Datums zeigen eine charakteristische Braunfärbung, die auch anthrazit- oder braunschwarz erscheinen kann. Die ersehnte Grünfärbung erfolgt erst nach und nach, bei flacheren Dachneigungen schneller, benötigt aber, je nach Standort und Atmosphäre, etwa 8 bis 15 Jahre. Um dieses vermeintliche Manko auszugleichen, haben Kupferhersteller ein Verfahren zur Vorpatinierung von Kupfertafeln entwickelt. Diese sind dann bereits im Lieferzustand hellgrün. Ferner gibt es seit einigen Jahren beidseitig verzinntes Kupfer mit silbergrauer Oberfläche.

Bild 3-36 Dachentwässerung (Leipzig, Kroch-Hochhaus 1927/28)

In Tabelle 3-13 sind die wichtigsten Eigenschaften zusammengefasst.

Tabelle 3-13 Eigenschaften des Kupfers

Name	Kurzzeichen	Dimension	Wert
Dichte	ρ	g/cm^3	8,9
Schmelztemperatur	ϑ_S	°C	1083
Wärmeleitfähigkeit	λ	W/(m · K)	385
Wärmedehnzahl	α_T	1/K	$17 \cdot 10^{-6}$
Zugfestigkeit	β_Z (ggf. R_m)	N/mm^2	Bleche, Bänder 200 bis 360 weiches Cu (F 22) 220 bis 250 halbhartes Cu (F 25) 240 bis 300
E-Modul	E	N/mm^2	100000 bis 130000
Bruchdehnung	A_5	%	Bleche, Bänder 2 bis 40 weiches Cu (F 22) ≥ 45 halbhartes Cu (F 25) ≥ 15

Kupfer ist unempfindlich gegenüber Zement, Kalk und Gips. Gegen Trink- und Brauchwasser ist Kupfer gut beständig, ebenso gegen Tauwasser. Bei Verarbeitung mit unedleren Metallen (Eisen, Aluminium, Zink) können diese elektrolytisch angegriffen werden (vgl. Abschnitt 3.4). Bei Rohrinstallationen ist dies dahingehend zu beachten, dass in Fließrichtung gesehen Kupferrohre immer nach den anderen Rohren angeordnet werden müssen. Bei Bedachungen muss ein Kontakt von Kupfer mit unedleren Metallen (z.B. Zinknägel) vermieden werden.

3.2.4 Blei und Bleilegierungen

Allgemeines

Das wichtigste Bleimineral ist der Bleiglanz (PbS). Der Bleiglanz ist fast stets silberhaltig und oft auch zink-, eisen- und kupferhaltig. Der Bleigehalt der abbauwürdigen Lagerstätten liegt bei 5 bis 10 %.

Durch Schmelzen der Bleierze erfolgt deren Reduktion. Zur Steigerung des Reinheitsgrades von Bleigehalten (Pb) bis 99,9 % wird eine Raffination nachgeschaltet.

Eigenschaften und Verwendung im Bauwesen

Blei ist ein sehr weiches, duktiles Metall und lässt sich im kalten Zustand mit dem Messer schneiden. Die Zugfestigkeit beträgt nur etwa 10 bis 20 N/mm², die Bruchdehnung 50 bis 70 % und die Einschnürung nahezu 100 %. Durch die Legierungselemente Arsen und Antimon ist eine Festigkeitssteigerung bis auf 60 N/mm² möglich. Blei lässt sich ziehen, walzen, löten und gießen. Es färbt ab und wirkt im menschlichen Körper giftig. Blei neigt unter Dauerbelastung sehr zum Kriechen des Materials. Das Kriechen von Bleiabdeckungen von geneigten Dächern kann durch einen geeigneten Unterbau vermindert werden. Bekannte historische Bauwerke mit einer Bleideckung sind die Kuppeln von San Marco in Venedig, der Hagia Sophia in Istanbul oder des Schlosses von Versailles sowie des Petersdoms in Rom.

Blei ist mit einer Dichte von 11,34 g/cm³ ein sehr dichtes Schwermetall. Sein Schmelzpunkt liegt bei 327°C. Blei ist an der Atmosphäre und auch gegen zahlreiche Säuren beständig. Nur gegenüber hochbasischen Medien, wie Kalkmörtel, sowie weichen, kohlensäurehaltigen Wässern ist es unbeständig. Durch seine große Dichte absorbiert es Schallwellen, Röntgen- und radioaktive Strahlen.

Wegen seiner Langlebigkeit und hohen Beständigkeit gegen Wettereinflüsse und aggressive Inhaltsstoffe in der Atmosphäre wird Blei im Bauwesen vorwiegend als Bedachungsmaterial sowohl bei Neubauten als auch im Bereich der Altbauerneuerung und Denkmalpflege ausgeführt. Die Schutzfunktion an der Luft ergibt sich aus der Bildung einer Bleikarbonat-Schutzschicht (analog wie bei Kupfer „Patina“ genannt). Wirkt zusätzlich Schwefeldioxid SO_2 ein oder kommt Blei mit Gips in Berührung, so bildet sich vorwiegend eine Schutzschicht aus einem schwerlöslichem Bleisulfat aus. Weiche Wässer (unter 8°dH) lösen aus Bleitrinkwasserleitungen gesundheitschädliches $Pb(OH)_2$ heraus, bei hartem Wasser dagegen kommt es zur Bildung einer unbedenklichen Schutzschicht aus Blei-Kalzium-Karbonat. Wegen dieser gesundheitsschädlichen Bedenken wurde das Blei in der Haustechnik fast vollständig durch Kunststoffe oder Kupfer/Kupferlegierungen verdrängt.

Die Anwendung von Blei im Bauwesen betrifft zu etwa 80 % die Herstellung von Verwahrungen, d.h. Abdeckungen, Einfassungen und Anschlüsse. Dazu gehören beispielsweise Rohrdurchführungen, Wandanschlüsse, Auskleidungen von Kehlrinnen, Schornstein- und Dachfensteranschlüsse, Erker-, Auer- und Fensterbankabdeckungen. Im Bauwesen lassen sich folgende Verwendungsformen unterscheiden:

- *Bleibleche* sind zwischen 0,5 bis 10 mm dick und bis zu 1,25 m hoch. Vom Klempnerhandwerk verarbeitetes Blei wird umgangssprachlich als Walzblei bezeichnet. Es ist als Bleiblech in verschiedenen Formen im Handel, in der Regel auf Rollen sowie in Tafelform. Seine Kurzbezeichnung lautet *Pb 99,94 Cu*; die Werkstoffnummer ist 2.3035. Neben Standardmaterial mit walzblanker, ebener Oberfläche ist auch gewelltes, zinnplattiertes, farbbeschichtetes und einseitig selbstklebendes Bleimaterial im Handel. Die Dicke soll für Flachdächer nicht unter 2,0 mm, für Rinnenauskleidungen nicht unter 2,5 mm und für Maueranschlüsse nicht unter 1,75 mm betragen. Für Feuchtigkeitsisolierungen werden zwischen Bitumendachbahnen 1 mm dicke Bleibleche oder 0,1 bis 0,3 mm dicke eingeklebte Bleifolien verwendet („Siebelpappe"), auch als Dampfsperre. Walzblei wird vor allem für Absperrungen im Säureschutzbau, für Schall- und Strahlenschutzzwecke (Reaktorbau, Röntgenräume) eingesetzt.
- *Bleiwolle und Riffelblei* sind Dichtungsmaterialien zum kalten Verstemmen des Hanfstricks von Muffenrohren anstelle von Gießblei.
- *Bleidraht* gibt es weich und hart (Durchmesser 0,5 bis 15 mm), in Ringen von 25 bis 50 kg.
- *Bleirohre* sind leicht verarbeitbar, biegsam, dämpfen Wasserfließgeräusche („Wasserschläge"), vertragen wiederholtes Zufrieren und sind nachgiebig bei Erdbewegungen.
- Druckrohre aus Blei (DIN 1262 [3.29]) sind für einen Nenndruck von 10 bar ausgelegt. Sie bestehen aus Weich- oder Hartblei mit Innendurchmesser 10 bis 40 mm.
- Mantelrohre werden mit innerer 0,5 bis 1 mm dicker Verzinnung für weiche und kohlensäurehaltige Wässer verwendet.
- Abflussrohre und -bogen aus Blei für Entwässerungsanlagen (DIN 1263 [3.30]) bestehen aus Rohrblei und haben einen Innendurchmesser von 30 bis 125 mm.

In Tabelle 3-14 sind die wichtigsten Eigenschaften zusammengefasst.

Tabelle 3-14 Eigenschaften von Blei

Name	Kurzzeichen	Dimension	Wert
Dichte	ρ	g/cm^3	11,3
Schmelztemperatur	ϑ_S	°C	327
Wärmedehnzahl	α_T	1/K	$29{,}1 \cdot 10^{-6}$
Zugfestigkeit	β_Z (ggf. R_m)	N/mm^2	Weichblei 10 bis 20 Hartblei (Legierung) bis 60
E-Modul	E	N/mm^2	18000

Bild 3-37 Bleielemente in einer Turmbedachung

Die Verarbeitung von Blei erfordert spezielle handwerkliche und werkstoffspezifische Kenntnisse und Fertigkeiten. Dabei muss vor allem auf die richtige Dicke und die davon abhängige Bauteilgröße geachtet werden. Ferner müssen die Befestigungsmittel dauerhaft alle Belastungsarten aufnehmen, ohne die Wärmeausdehnung zu behindern. Die Verbindungen sind regensicher auszuführen und erfolgen, je nach Situation, durch Falzen, Schweißen oder Weichlöten; für flächige Befestigungen ist auch die Klebetechnik mit Enkolit üblich. Bleidächer und Fassaden werden in den dafür typischen Verlegearten ausgeführt.

3.2.5 Zink und Zinklegierungen

Allgemeines

Die Gewinnung erfolgt durch Reduktion von Zinkkarbonat ($ZnCO_3$, Zinkspat) und Zinkblende (ZnS) mittels Koks bei etwa 1250°C. Das dabei verdampfende Zink wird kondensiert. Das wichtigste Zinkmaterial ist die Zinkblende (ZnS) mit ca. 67 % Zn und ca. 33% S.

Zur Verbesserung der Eigenschaften werden Legierungselemente zugegeben. Die wichtigste Zinklegierung im Bauwesen ist Titanzink mit einem Reinheitsgrad von 99,995 % (0,1 bis 0,2 % Titan (Ti) und etwa 1 % Kupfer (Cu), DIN 17 770 [3.39]). Durch das Element Titan weist die Zinklegierung eine verbesserte Dauerstandsfestigkeit auf und besitzt eine geringere Wärmedehnung als reines Zink. Die Zugfestigkeit wird gesteigert auf mindestens 170 N/mm^2, die Festigkeit bei Erreichen der 0,2 %-Dehngrenze auf mindestens 100 N/mm^2. Zugleich verbessert sich durch Titanzusatz die Kaltverformbarkeit.

Eigenschaften und Verwendung im Bauwesen

Die Dichte von unlegiertem Zink beträgt 7,2 g/cm³, der Schmelzpunkt liegt bei ca. 419 °C. Die Wärmeausdehnungszahl ist mit rund $29 \cdot 10^{-6}$ K^{-1} etwa dreimal so hoch wie die von Stahl und mit die größte von allen Baumetallen. Die Ausdehnungsmöglichkeiten sind durch geeignete Maßnahmen, wie z.B. Falznähte oder Schiebenähte konstruktiv zu beachten.

Die Festigkeit und Zähigkeit können durch Walzen auf ca. 100 bis 200 N/mm² bzw. um 30 bis 50 % gesteigert werden. Der E-Modul beträgt ca. 100000 N/mm². Bei Normaltemperatur ist Zink spröde, bei einer Erwärmung auf ca. 100 °C lässt es sich jedoch leicht ziehen und walzen. Ein großer Vorteil des Zinks für den Einsatz auf Baustellen besteht in seiner leichten Gieß- und Lötbarkeit.

Zink ist an der Atmosphäre durch die Bildung einer Schutzschicht aus Zinkkarbonat und Zinkhydroxid bedeutend beständiger als Stahl. Die matte, blaugraue Patina ist wasserunlöslich und sehr dauerhaft. Daher spielt Zink beim Korrosionsschutz eine bedeutende Rolle. So werden beispielsweise Karosserieteile im Automobilbau durch einen Zinküberzug auf lange Sicht gegen Korrosion geschützt oder im Bauwesen z.B. Betonstähle „feuerverzinkt". Gegenüber Säuren und Basen reagiert Zink sehr empfindlich (Lötwasser zur Oberflächenaufrauhung). Bei Berührung mit edleren Metallen, z.B. Kupfer, entsteht eine elektrolytische Korrosion. Farbanstriche haften ohne Vorbehandlung auf blanken Zinkflächen sehr schlecht. Mit Ausbildung der natürlichen Bewitterungsschicht (Patina) wird die Oberfläche haftfähig für Anstriche. Außer walzblankem Material wird auch werkseitig „vorbewittertes" Titanzink geliefert: es hat schon im Neuzustand matte, gleichmäßig blaugraue Oberflächen.

Eine lange Lebensdauer von Dächern aus Zinkblech setzt die Bildung von schützenden basischem Zinkkarbonat voraus. Das Entstehen dieses Zinkkarbonats ist an die Anwesenheit von Kohlendioxid (aus der Luft) und einer nicht zu geringen Luftfeuchte gebunden:

$$2\,Zn + O_2 + H_2O + CO_2 \rightarrow x\,ZnCO_3 \cdot Zn(OH)_2$$

Zink + Sauerstoff + Wasser + Kohlendioxid → basisches Zinkkarbonat

Wenn nicht ausreichend Kohlendioxid an die Blechunterseite gelangt, kann sich die schützende Zinkkarbonatschicht nicht bilden. In diesem Fall reagieren Wasser, Sauerstoff und Zink zu wasserlöslichem Zinkhydroxid (Weißrost).

$$2\,Zn + O_2 + H_2O \rightarrow Zn(OH)_2$$

Zink + Sauerstoff + Wasser → Zinkhydroxid

Da diese Reaktion bei hohen Temperaturen beschleunigt abläuft, wird sie als Heißwasserkorrosion bezeichnet. Kohlendioxid steht nur dann für die Bildung von Zinkkarbonat ausreichend zur Verfügung, wenn an die Blechunterseite größere Luftmengen gelangen können. Das ist aber dann nicht sichergestellt, wenn die Zinkfläche unmittelbar auf einer luftdichten Schicht aufliegt.

Bild 3-38 Fassadengestaltung durch Titanzink-Elemente (Berlin, Jüdisches Museum 2001)

Die gute Witterungs- und Korrosionsbeständigkeit, Langlebigkeit und einfache Verarbeitbarkeit von Zink sind Grundvoraussetzungen für dessen Einsatz am Bau. Diese Eigenschaften wurden bei Titanzink noch verbessert. Zusätzlich weist es weitere Eigenschaften auf, die es von älteren Zinkqualitäten abhebt: zum Beispiel sehr gute Umformbarkeit (Duktilität), verringerte thermische Längenänderung (Ausdehnung) und erhöhte Rekristallisationsgrenze (für besseres Weichlöten).

In Tabelle 3-15 sind die wichtigsten Eigenschaften zusammengefasst.

Tabelle 3-15 Eigenschaften des Zinks

Name	Kurzzeichen	Dimension	Wert
Dichte	ρ	g/cm^3	7,2
Schmelztemperatur	ϑ_S	°C	419
Wärmedehnzahl	α_T	1/K	reines Zink $29 \cdot 10^{-6}$ Titanzink $20 \cdot 10^{-6}$
Zugfestigkeit	β_Z (ggf. R_m)	N/mm^2	reines Zink 120 bis 140 Titanzink > 190
E-Modul	E	N/mm^2	100000
Bruchdehnung	A	%	reines Zink 52 bis 60 Titanzink 35

Titanzink kam 1965 auf dem Markt. Es gehört heute zu den in der Bauklempnerei meistverwendeten Werkstoffen. Für klempnertechnische Anwendungen wird Titanzink hauptsächlich als Band- und Tafelmaterial (Halbzeug) sowie als Service-Profil und -Zuschnitt objektbezogen geliefert. Titanzinkbandmaterial wird in Breiten zwischen 500 und

1000 mm geliefert. Titanzink lässt sich allen Bauformen anpassen und in gängigen Handwerkstechniken mit üblichen Klempnerwerkzeugen und Maschinen verarbeiten.

Die Verwendung von Zink und Titanzink im Bauwesen kann wie folgt unterteilt werden:

- Zinkblech (DIN 17770 [3.39]),
- Dacheindeckungen, Außenwandverkleidungen und Fassadensysteme,
- Verzinkung als Korrosionsschutz von Stahlteilen,

Bauelemente: Dachrinnen, Fallrohre, Bauklempnerprofile.

3.2.6 Zinn und Zinnlegierungen

Die Gewinnung von Zinn erfolgt aus Zinnstein (SnO_2) durch Reduktion. Seine Dichte beträgt 7,3 g/cm³, der Schmelzpunkt liegt bei ca. 232°C. Zinn ist beinahe so weich wie Blei, sehr dehnbar und knirscht beim Biegen infolge Reibung der Kristalle („Zinngeschrei"). Es lässt sich löten. Zinn ist an Luft sowie gegen schwache Säuren und Laugen beständig. Bei unlegiertem Zinn kann unterhalb von + 13°C der Zerfall zu Pulver eintreten („Zinnpest").

Im Bauwesen werden Zinn und seine Legierungen wie folgt verwendet:

- Rostschutzüberzug: z.B. Weißblech (feuerverzinntes Stahlblech) für Konservendosen,
- Überzug: speziell die in der Erde liegenden Blitzableiter (bleiben blank),
- Zinnrohre: z.B. für Mineralwasser- oder Bierleitungen,
- Mantelrohre: Legierungsmetall für Bronze und für Lötzinn bzw. Weichlot.

3.2.7 Titan und Titanlegierungen

Titan ist nach Aluminium, Eisen und Magnesium das vierthäufigste Metall der Erdrinde. Es wird aus Ilmenit ($FeTiO_3$) erschmolzen und zu Rohren, Blechen, Stangen, Drähten usw. verarbeitet. Die Schmelztemperatur von Titan liegt bei 1727°C und ist sehr hoch, weshalb Titan für Aufgabenbereiche mit hoher Hitzebeständigkeit und geringer Wärmeleitung gut geeignet ist. Titan hat eine Zugfestigkeit so hoch wie Stahl, ist aber 40 % leichter als Stahl. Die Dichte beträgt ca. 4,5 g/cm³. Der E-Modul liegt bei 105000 N/mm².

Titan ist in Luft und Seewasser korrosionssicher und ebenfalls beständig gegenüber vielen Säuren und Laugen.

Hauptsächlich als Legierungselement findet Titan im Bauwesen Verwendung. Mit Titan legierter Stahl ist besonders widerstandsfähig gegen Stoß und Schlag, z.B. bei Eisenbahnrädern. Titanzinkblech hat eine wesentlich geringere Wärmedehnung als Reinzink und verbesserte Festigkeitseigenschaften.

3.2.8 Nickel und Nickellegierungen

Über Reduktion mit Koks werden Nickelerze wie Garnierit aufgeschlossen und man erhält reines Nickel. Nickel hat eine Dichte von 8,9 g/cm^3. Sein Schmelzpunkt liegt bei 1435 °C. Nickel ist hart, kann jedoch warm durch Walzen, Pressen oder Schmieden geformt werden. Gegenüber Basen in der Atmosphäre ist Nickel sehr gut korrosionsbeständig. Von schwachen Säuren wird es nur wenig angegriffen.

Reines Nickel wird im Bauwesen kaum verwendet. Als Korrosionsschutzüberzug oder als Legierungsbestandteil für nichtrostende Nickel- oder Chrom-Nickel-Stähle oder für Legierungen mit Kupfer hat es ein weites Anwendungsgebiet.

3.2.9 Magnesium und Magnesiumlegierungen

Magnesium wird hauptsächlich aus Magnesit ($MgCO_3$) oder aus Dolomit ($CaMg(CO_3)_2$) durch Schmelzflusselektrolyse gewonnen. Es ist das leichteste Metall der Technik mit einer Dichte von nur 1,74 g/cm^3. Der Schmelzpunkt liegt bei 650 °C und es glänzt silberweiß. Sein chemisches Verhalten ist dem des Aluminiums sehr ähnlich. Magnesium lässt sich gut walzen und ziehen.

In Form von Legierungen ist Magnesium wichtiger als das reine Metall. Besondere Bedeutung hat Magnesium als Legierungsbestandteil von Aluminiumlegierungen. Man unterscheidet dabei zwischen Knet- und Gusslegierungen.

Magnesiumlegierungen ähneln stark den Aluminiumlegierungen, haben jedoch geringere Festigkeiten. Mit steigendem Anteil an Magnesium wächst die Korrosionsbeständigkeit. Empfindlichkeiten bezüglich des Korrosionsschutzes zeigen Magnesiumlegierungen gegenüber Chloriden aus dem Seewasser. An der Luft reagiert Magnesium mit Sauerstoff, so dass sich eine matte Oxidschicht an der Metalloberfläche ausbildet. Unter Wärmeeinwirkung brennt Magnesium leicht.

Zur Erhöhung der Korrosionsbeständigkeit wird die Oberfläche oft im Beizverfahren behandelt, so dass sich zusätzliche Schutzschichten ausbilden.

Wegen seiner Stellung in der elektrochemischen Spannungsreihe ist Magnesium sehr anfällig gegenüber elektrolytischer Korrosion, wenn es auf edlere Metalle trifft. Daher muss die direkte Berührung mit Kupfer oder Stahl vermieden werden; ggf. sind Sperrschichten anzuordnen.

Die Bedeutung des Magnesiums für das Bauwesen liegt hauptsächlich in der Anordnung als Opferanode für aktive Korrosionsschutzmaßnahmen von Stahlkonstruktionen. Als Halbwerkzeug wird es in geringer Zahl ebenfalls als Blechware, für Geländer, Handläufe oder Bau- und Möbelbeschläge verwendet.

3.2.10 Zusammenfassung der technisch wichtigen Eigenschaften metallischer Werkstoffe

In der Tabelle 3-16 sind die wichtigsten Eigenschaften metallischer Werkstoffe zusammengefasst.

Tabelle 3-16 Zusammenfassung der wichtigsten Eigenschaften ausgesuchter metallischer Werkstoffe

Werkstoff	Dichte [g/cm³]	E-Modul [N/mm²]	Wärmeausdehnungskoeffizient [mm/m · K]	Farbe	Formbarkeit und Schweißeignung	Korrosionsangriff durch
Aluminium	2,7	70000	0,023...0,024	silberweiß	in der Regel gut verformbar, je nach Legierung unter Schutzgas schweißgeeignet	Säuren, Rauchgase, Kalk- und Zementmörtel, Chloride
Zink	7,2	100000	0,029	bläulichweiß	spröde, bei 160 bis 150°C formbar	Säuren, Rauchgase, Kalk- und Zementmörtel, Chloride, Tauwasser
Eisen	7,2... 7,9	100000... 210000	0,010...0,012	dunkelweißgrau	je nach Kohlenstoffgehalt und Vorbehandlung spröde bis zäh, ggf. schweißgeeignet	Feuchtigkeit und Sauerstoff, Säuren Gips, Chloride
Zinn	7,3	55000	0,020	glänzendweiß	sehr weich und dehnbar	Zerfall bei Kälte
Blei	11,3	18000	0,029	bläulichgrau	besonders weich und dehnbar, schweißgeeignet	Salpetersäure, organische Säuren, weiches und kohlensäurehaltiges Wasser, Kalk- und Zementmörtel
Kupfer	8,9	100000... 130000	0,017	hellrot	sehr geschmeidig, schweißgeeignet	Ammoniak, Chloride
Titan	4,5	105000	< 0,014	silbermatt	schmiedbar	–

3.3 Schweißen

3.3.1 Allgemeines

Schweißen ist nach DIN 1910-1 [3.40] als das Vereinigen von Werkstoffen in der Schweißzone unter Anwendung von Wärme und/oder Kraft mit oder ohne Schweißzusatz definiert. Es kann durch Hilfsstoffe, zum Beispiel Schutzgase, Schweißpulver oder Pasten, ermöglicht oder erleichtert werden. Die zum Schweißen notwendige Energie wird von außen zugeführt. Nach dem Zweck des Schweißens wird unterschieden in Verbindungsschweißen und Auftragschweißen, nach dem physikalischen Ablauf des Schweißens in Pressschweißen und Schmelzschweißen. Im Bauwesen haben verschiedene Schweißverfahren auf Grund ihrer hohen Wirtschaftlichkeit und Sicherheit eine breite Anwendung gefunden, viele Bauteile und Konstruktionen des Bauwesens aus metallischen und nichtmetallischen Werkstoffen werden durch Schweißverbindungen realisiert. Bei der Planung dieser Verbindungen ist stets die Schweißbarkeit im konkreten Fall zu berücksichtigen.

3.3.2 Schweißbarkeit – Schweißeignung, Schweißsicherheit und Schweißmöglichkeit

Die Schweißbarkeit stellt einen Komplex von werkstofflichen, konstruktiven und fertigungstechnischen Komponenten dar. Sie ist gegeben, wenn durch einen Schweißprozess eine Konstruktion aus einem metallischen Werkstoff so hergestellt werden kann, dass sie alle baulichen Anforderungen ohne Schädigungen erfüllt. Die Schweißbarkeit hängt also von den Eigenschaften des Werkstoffes, von den Bedingungen der schweißtechnischen Fertigung und von der Lage und der konstruktiven Gestaltung der Schweißverbindungen in der Konstruktion ab. Sie wird unterteilt in die drei komplexe Einflussgrößen: *Schweißeignung*, *Schweißsicherheit* und *Schweißmöglichkeit* [3.41].

Schweißeignung

Die Schweißeignung ist die werkstoffliche Voraussetzung, um durch einen Schweißprozess stoffschlüssige Verbindungen herzustellen, die geforderten Eigenschaften und Festigkeitswerten genügen. Die Schweißeignung eines Werkstoffes ist um so besser, je weniger zusätzliche fertigungstechnische und konstruktive Maßnahmen notwendig sind, um eine einwandfreie Schweißverbindung zu erhalten. Keine Schweißeignung liegt vor, wenn es bei einem wirtschaftlich vertretbaren fertigungstechnischen Aufwand nicht gelingt, eine von groben Fehlern freie Schweißverbindung mit bestimmten mechanischen Mindestwerten herzustellen. Die Schweißeignung eines metallischen Werkstoffes wird durch seine chemische Zusammensetzung, seine metallurgische Erzeugung (Vorhandensein von Seigerungen, Verunreinigungen oder Einschlüsse) und durch seinen strukturellen Aufbau gegeben.

Schweißsicherheit

Die Schweißsicherheit eines Bauteils oder eines Bauwerkes wird von der Lage und Gestaltung der Schweißverbindungen in der Konstruktion bestimmt. Sie ist vorhanden, wenn alle betriebsbedingten Beanspruchungen ohne funktionsstörende Schädigungen ertragen werden. Die Schweißsicherheit wird im Kontext der schweißgerechten Gestaltung einer Konstruktion mit der Art und dem Umfang der betrieblichen Beanspruchungen bestimmt. Die Schweißeignung und die Schweißmöglichkeit beeinflussen die Schweißsicherheit.

Schweißmöglichkeit

Die Schweißmöglichkeit umfasst den Einfluss der Fertigung vor, während und nach dem Schweißen. Sie besteht, wenn ein werkstoff- und konstruktionsmäßig vorgegebenes technisches Gebilde beanspruchungs- und funktionsgerecht geschweißt werden kann. Zur Schweißmöglichkeit zählen alle technischen Parameter und die technologischen Bedingungen des schweißtechnischen Fertigungsprozesses.

3.3.3 Prüfung der Schweißbarkeit

Die Schweißbarkeit als komplexe Größe lässt sich nicht messen und zahlenmäßig erfassen. Deshalb kann es auch kein universelles Prüfverfahren zur Feststellung der Schweißbarkeit geben. In der Literatur angegebene Schweißbarkeitsprüfungen sind zumeist Schweißeignungsprüfungen.

Um Aussagen über die Schweißeignung eines metallischen Werkstoffes zu erhalten, muss der Einfluss des Schweißens auf die Eigenschaften untersucht und erfasst werden. Dazu sind mehrere, sich ergänzende Prüfungen erforderlich. Für den Nachweis einer ausreichenden Schweißeignung sind für das jeweils angewandte Prüfverfahren bestimmte Kriterien oder Zahlenwerte festgelegt. Allgemein gilt, dass eine technologisch und ökonomisch optimale Gestaltung schweißtechnischer Fertigungsprozesse die Ergebnisse von Schweißeignungsprüfungen erfordert.

Prüfungen der Schweißsicherheit sollen Aussagen über das voraussichtliche Verhalten geschweißter Gebilde im Betrieb ergeben. Dabei wird festgestellt, ob die Anordnung und Gestaltung der Schweißnähte in einer Konstruktion eine hinreichende Sicherheit gegen die betrieblichen Beanspruchungen für die Dauer des Einsatzes gewährleistet. Ähnlich wie bei der Schweißeignung reicht auch für die Untersuchung der Schweißsicherheit ein einzelnes Prüfverfahren in der Regel nicht aus. Am aussagefähigsten sind aufwendige Bauteilprüfungen [3.41].

3.3.4 Gefügeaufbau der Schweißnaht

Die am häufigsten im Bauwesen verwendeten metallischen Konstruktionswerkstoffe sind die Stähle, zu denen alle Eisenwerkstoffe mit Kohlenstoffgehalten bis maximal 2 % gehören. Die Eigenschaften der Stähle lassen sich durch die chemische Zusammensetzung und durch Wärmebehandlungen in weiten Grenzen verändern (vgl. Abschnitt 3.1). Diese Feststellung gilt prinzipiell auch für die Schweißeignung.

Grundgefüge der unlegierten und niedriglegierten Stähle

Das Gefüge der unlegierten und niedriglegierten Stähle wird im untereutektoiden Bereich durch die Bestandteile Ferrit und Perlit gekennzeichnet. Mikroskopisch erscheinen dabei Ferritkörner hell, Perlit ist dagegen durch dunkel gefärbte Lamellen gezeichnet. Das Bild 3-39 zeigt beide Bestandteile.

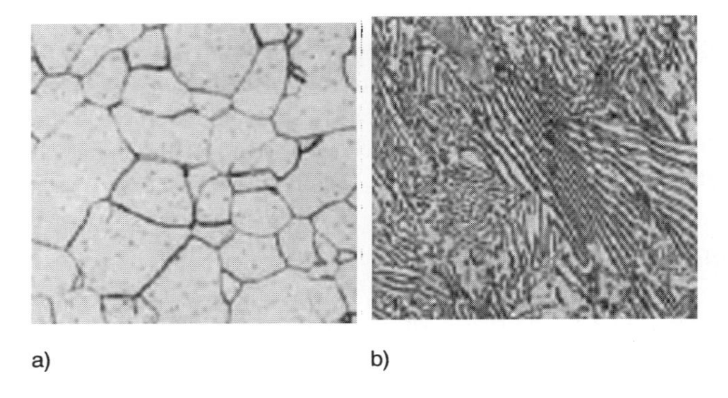

a) b)

Bild 3-39 Gefügebestandteile
a) Ferrit, b) Perlit

Beim Abkühlen aus dem Gebiet der γ-Mischkristalle (Austenit) scheiden sich im Temperaturintervall zwischen A_{r3} und A_{r1} aus den γ-Mischkristall-Körnern α-Mischkristall-Körner aus. Bei der eutektoiden Temperatur A_1 wird der verbliebene Anteil der γ-Mischkristalle vollständig eutektoid umgesetzt (gleichzeitige Ausscheidung von α-Mischkristallen (Ferrit) und Fe_3C (Zementit). Diese eutektoide Ausscheidung erfolgt nicht körnig, sondern lamellar.

Das Gefüge (Bild 3-40) zeigt helle α-Mischkristallkörner (Ferrit) neben dunklem Eutektoid (Perlit) in Lamellenform. Der eutektoide Gefügeanteil (dessen Menge mit steigendem C-Gehalt zunimmt) besteht aus α-Mischkristalllamellen (Ferrit) und Fe_3C-Lamellen (Zementit).

Die Gefügestruktur des Stahls wird bereichsweise durch Anomalien gestört, die aus dem Vergießungs- und Verarbeitungsprozess stammen (Seigerungen, Lunker).

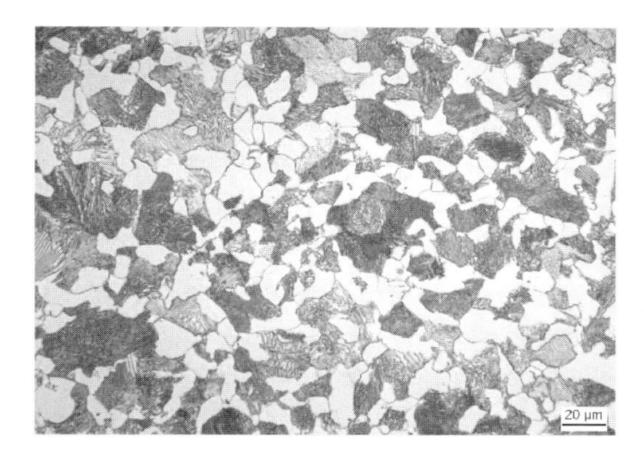

Bild 3-40 Gefüge eines untereutektoiden Stahls

Gefügeaufbau der Wärmeeinflusszone

Durch die mit einem Wärmeeintrag gekennzeichnete Schweißung erfolgt in Abhängigkeit von der örtlichen Temperaturerhöhung und Abkühlgeschwindigkeit eine abgestufte Veränderung der Gefügestruktur. Das heißt, mit zunehmender Abkühlgeschwindigkeit verändern sich Form, Anordnung, Art und Menge der Gefügebestandteile.

Bei den Umwandlungen im festen Zustand finden zeitabhängige Diffusions- und Platzwechselvorgänge statt. Während bei langsamer Abkühlung genügend Zeit für die Kohlenstoffdiffusion zur Verfügung steht, werden mit zunehmender Abkühlgeschwindigkeit Beginn und Ende der Umwandlung zu tieferen Temperaturen verschoben. Die Gefüge bilden sich unterschiedlich aus. Während bei langsamer Abkühlung die Umwandlung in der Perlitstufe erfolgt und das Endgefüge, abhängig vom Kohlenstoffgehalt, vom Legierungsgehalt und von der Abkühlgeschwindigkeit, aus Ferrit und Perlit besteht, bildet sich bei sehr schneller Abkühlung ein Zwangsgefüge, der Martensit. Unter bestimmten Abkühlbedingungen kommt es zur Bildung einer weiteren Gefügeart, dem Zwischenstufengefüge (Bainit). Es besteht vor allem aus Zwischenstufenferrit und Karbiden (Zementit).

In der aus [3.42] entnommenen Darstellung im Bild 3-41 sind die Gefügebereiche in der Wärmeeinflusszone (WEZ) eines unlegierten Stahls mit 0,20 % Kohlenstoff schematisch im Zusammenhang mit dem Eisen-Kohlenstoff-Diagramm (vgl. Abschnitt 3.1, Bild 3-6) dargestellt. Vom Schweißgut bis zum gefügemäßig von der Schweißwärme unbeeinflusst gebliebenen Grundwerkstoff ist eine Folge unterschiedlicher, stetig ineinander übergehender Gefügezustände festzustellen. Danach tritt unmittelbar an der Schmelzlinie zum Schweißgut grobkörniges Widmannstätten´sches Gefüge auf. Mit zunehmender Entfernung von der Schmelzlinie wird das Gefüge feinkörniger. Ferrit- und Perlitkörner sind zunächst gleichmäßig verteilt, die ursprünglich zeilige Anordnung dieser Gefügebestandteile ist nicht mehr vorhanden.

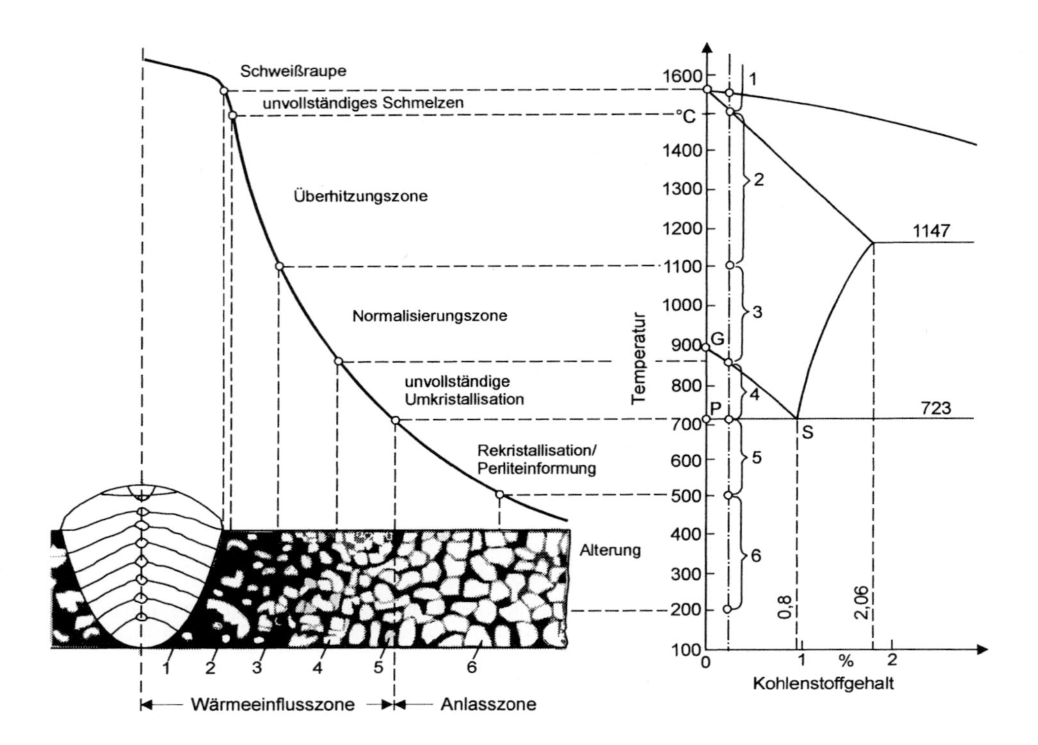

Bild 3-41 Gefügebereiche in der Wärmeeinflusszone einer Einlagenschweißung an einem unlegierten Stahl [3.42]

Die Lamellen des Perlits sind stellenweise koaguliert (ausgeflockt, abgeschieden). Das Erscheinungsbild des Gefügeaufbaus ist mit den nach gezielten Wärmebehandlungen auftretenden Gefügezuständen vergleichbar. Es bestehen, abhängig von den beim Schweißprozess jeweils wirkenden Temperaturbereichen, Zonen unterschiedlicher Gefügezustände:

- *Zone des unvollständigen Schmelzens*: die höchsten Temperaturen des thermischen Zyklus liegen zwischen der Liquidustemperatur (Linie *AB*) und der Solidustemperatur (Linie *AE*, vgl. Abschnitt 3.1, Bild 3-6). Diese räumlich begrenzte Zone liegt unmittelbar neben dem Schweißgut.
- *Überhitzungszone*: die höchsten Temperaturen liegen zwischen der Temperatur der Soliduslinie (Linie *A-E*, vgl. Abschnitt 3.1, Bild 3-6) und etwa 1000°C. Es bildet sich in dieser Zone ein grobkörniges Gefüge, das dem beim Grobkornglühen entspricht.
- *Normalisierungszone*: die Temperaturen liegen bis 50°C oberhalb A_{c3} (Linie *GOS*, vgl. auch Abschnitt 3.1, Bild 3-6). Ferrit und Perlit sind feinkörnig und gleichmäßig angeordnet, das Gefüge entspricht dem nach einem Normalglühen erhaltenen Zustand.

- *Zone des teilweisen oder unvollständigen Umkristallisierens*: die Temperaturen liegen zwischen A_{c1} und A_{c3} (Linien *PS* und *GOS*, vgl. auch Abschnitt 3.1, Bild 3-6). Es erfolgt nur eine teilweise Umwandlung des Ferrit-Perlit-Gefüges.
- *Zone der Rekristallisation/Perliteinformung*: die Temperaturen erreichen Werte um A_{c1} (Linie *PS*, vgl. auch Abschnitt 3.1, Bild 3-6). Die Zementitlamellen des Perlits beginnen zu koagulieren, es entsteht kugeliger Zementit. Der Gefügezustand entspricht einem kurzzeitigen Glühen oberhalb A_{c1}.

Die Temperatur des anschließenden Bereiches der Wärmeeinflusszone liegt unter 700 °C; gegenüber dem nicht wärmebeeinflussten Grundwerkstoff lassen sich keine Gefügeveränderungen auf lichtmikroskopischem Weg nachweisen. Ungeachtet dessen bestehen jedoch werkstoffstrukturelle Einflüsse, wie Ausscheidungen. Dadurch können Aufhärtungs- und Alterungsvorgänge stattfinden.

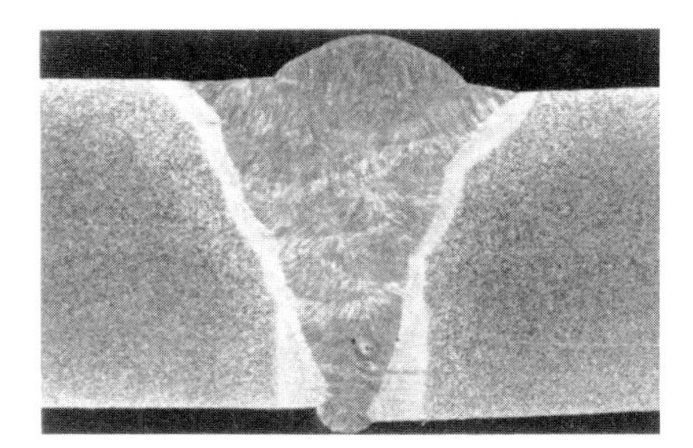

Bild 3-42 Gefügeausbildung an einer Schweißnaht; Makroschliff (2:1)

Anhand eines Makroschliffes an einer Schweißnaht an einem Stahl S235 (Bild 3-43) sollen die unterschiedlichen Gefügeausbildungen in Abhängigkeit von der Temperaturbeanspruchung und der Entfernung von der Schmelzlinie dargestellt werden (Bild 3-43).

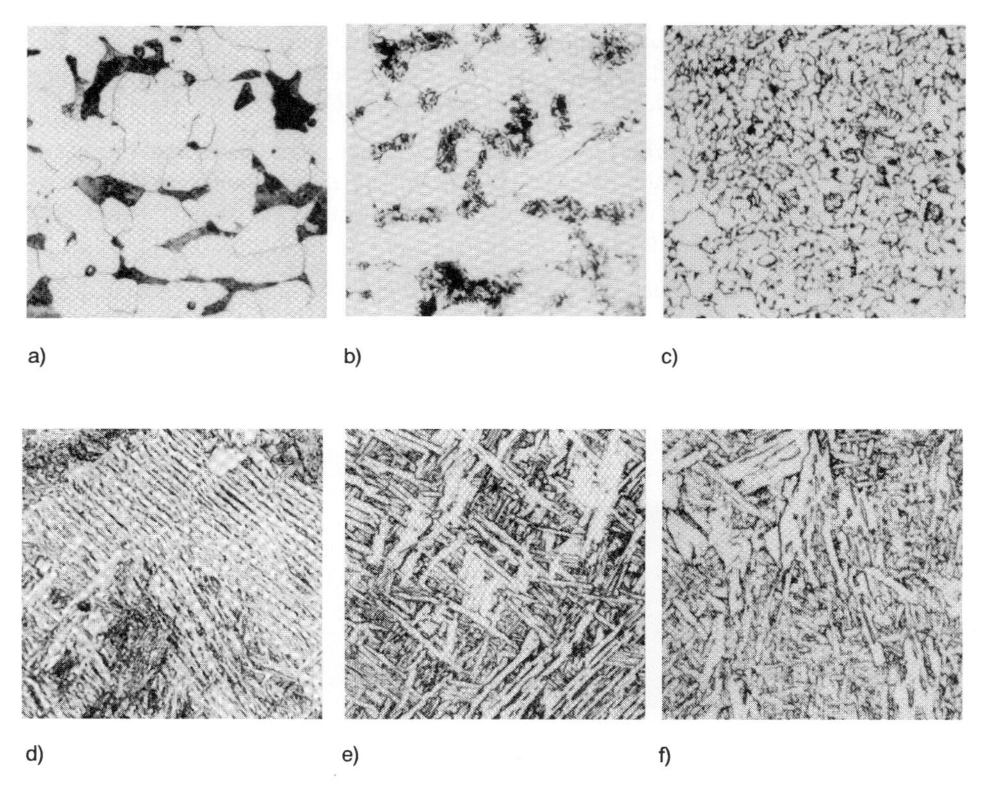

Bild 3-43 Schliffaufnahmen von Gefügeausbildungen an einer Schweißnaht; geätzter Querschliff [3.43]
a) unbeeinflusster Grundwerkstoff (200:1), b) wärmebeeinflusster Grundwerkstoff: Perlitauflösung (200:1), c) wärmebeeinflusster Grundwerkstoff: Feinkornzone (200:1), d) wärmebeeinflusster Grundwerkstoff: Grobkornzone (400:1), e) Schweißgut: Zwischenstufengefüge (400:1), f) Schweißgut: Zwischenstufe und Ferrit (400:1)

3.3.5 Einflüsse auf das Werkstoffverhalten

3.3.5.1 Aufhärtung und Kaltrissbildung

Als Folge der thermischen Zyklen in der Wärmeeinflusszone bilden sich Werkstoffbereiche mit unterschiedlichen mechanischen Eigenschaften aus. Ungünstige Gefügeausbildungen sind vor allem im unmittelbar an der Schweißnaht angrenzenden Bereich zu erwarten, da hier hohe Temperaturen und Abkühlgeschwindigkeiten im Umwandlungsbereich erreicht werden. In der Folge kann es zu einer Aufhärtung durch Martensitbildung und zur Entstehung von Kaltrissen kommen. Bereits bei einem Martensitanteil von 60 % sind Kaltrisse zu erwarten. Hierfür bestehen verschiedene Ursachen.

Beurteilungskriterien für die Kaltrissneigung an Schweißübergängen sind die K_{30}- und K_{50}-Werte. Der K_{30}-Wert ist die Abkühlzeit von A_3 auf 500°C, bei der im Schweißübergang 30 % Martensit gebildet werden. Der K_{50}-Wert entspricht der Abkühlzeit, bei der 50 % Martensit entstehen.

3.3.5.2 Chemische Zusammensetzung und Kohlenstoffäquivalent

Kohlenstoffgehalt

Der Kohlenstoffgehalt hat den größten Einfluss auf die Schweißeignung des Stahls und muss deshalb auf einen Wert von maximal 0,21 % begrenzt werden. Mit steigendem Kohlenstoffgehalt treten am Schweißübergang immer ausgeprägtere Härtespitzen auf. Überschlägig kann die maximale Vickershärte am Schweißübergang durch folgende Beziehung ermittelt werden:

$$\text{maximale Härte} = 939\ \%\ C + 284 \tag{3.1}$$

Gehalt an Legierungselementen

Die Aufhärtung und die Neigung zur Kaltrissbildung im Schweißübergang werden durch die Begleit- und Legierungselemente im Stahl unterschiedlich beeinflusst (vgl. Abschnitt 3.1). Im Allgemeinen wird durch sie die kritische Abkühlgeschwindigkeit herabgesetzt, das heißt, die Gefahr der Aufhärtung und der Kaltrissbildung besteht auch bei langsamerer Abkühlung.

Um den Einfluss der verschiedenen Elemente zu erfassen, wurde ein Kohlenstoffäquivalent (CEV) eingeführt, von dem heute zahlreiche Varianten bestehen. Nach DIN EN 10025 [3.44] wurde das folgende CEV in seiner allgemeinen Form formuliert:

$$CEV = \%\ C + \frac{\%\,Mn}{6} + \frac{\%\,Cr + \%\ Mo + \%\ V}{5} + \frac{\%Ni + \%\ Cu}{15} \tag{3.2}$$

Das CEV darf nur innerhalb der folgenden Grenzwerte der Zusammensetzung angewendet werden: C < 0,5 %; Mn < 1,0 %; Cr < 1,0 %; Ni < 3,5 %; Mo 0,6 %.

Wasserstoffgehalt

Da die Diffusionsgeschwindigkeit des Wasserstoffs im Eisen sehr groß ist, kann er schon bei Raumtemperatur das Eisengitter verlassen und austreten. An Korngrenzen, Einschlüssen und Gitterfehlstellen assoziiert der atomare Wasserstoff zu Molekülen. Diese können nicht diffundieren und bleiben an ihrem Bildungsort eingeschlossen. Der sich hierbei ausbildende Wasserstoffdruck kann die Streckgrenze und sogar die Bruchgrenze erreichen, so dass der Stahl plastisch verformt wird oder aufreißt.

3.3.5.3 Thermischer Zyklus am Schweißübergang

Besondere Bedeutung kommt der Abkühlgeschwindigkeit im Temperaturbereich von 800 bis 500°C zu, da die Gefahr unzulässiger Aufhärtungen mit der Abkühlgeschwindigkeit zunimmt. Zur Bestimmung der zulässigen Abkühlgeschwindigkeit werden deshalb ZTU-Schaubilder (Bild 3-44) benötigt. Diese setzen die Kenntnis des zeitlichen Abkühlungsverlaufs im Temperaturbereich von 800 bis 500°C voraus. Die Ermittlung der entsprechenden Werte erfolgt am zuverlässigsten über direkte Messungen.

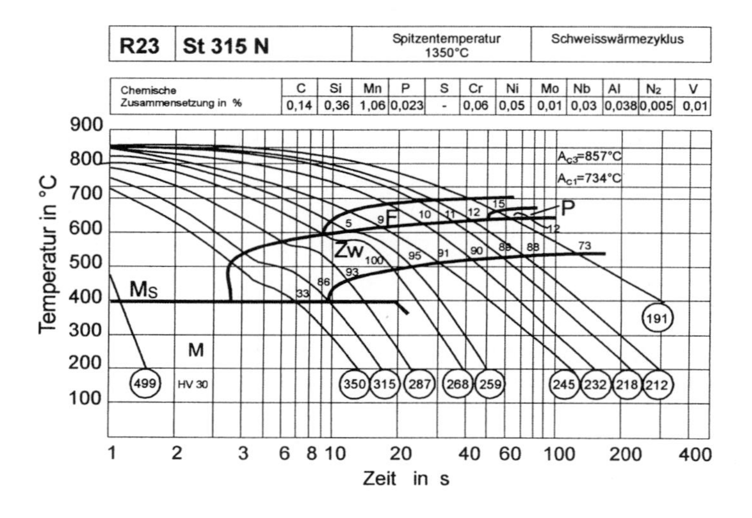

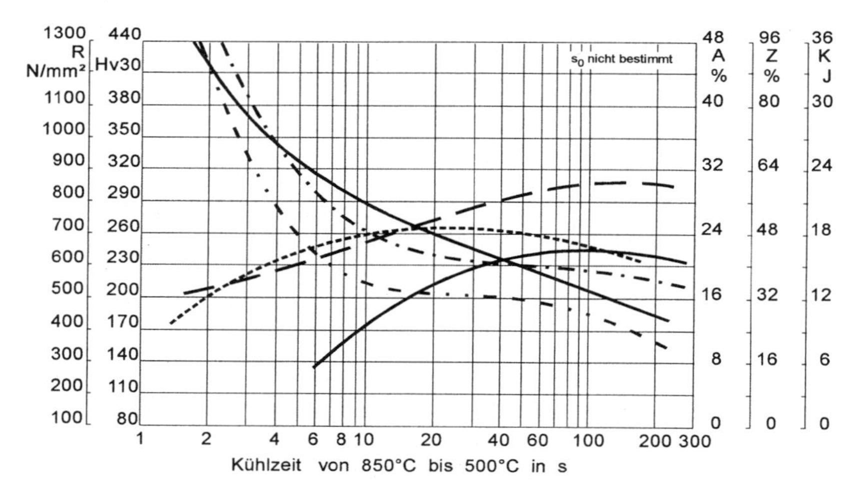

Bild 3-44 Beispiel für ein Schweiß-ZTU-Schaubild [3.45]

Die normalen (kontinuierlichen) ZTU-Schaubilder der Stähle können nicht auf die Abkühlvorgänge in der WEZ angewendet werden, um Gefügeausbildungen und mechanische Eigenschaften im Bereich einer Schweißverbindung abschätzen zu können. Kontinuierliche ZTU-Schaubilder (vgl. Abschnitt 3.1) sind in der Regel entlang der eingezeichneten Abkühlkurven zu lesen. Da beim Schweißen wesentlich andere Austenitisierungsbedingungen herrschen, wurden dem thermischen Zyklus entsprechende spezielle Schweiß-ZTU-Schaubilder entwickelt. Diese isothermen ZTU-Schaubilder werden entlang einer Temperaturhorizontalen (Isotherme) gelesen.

Die Schweiß-ZTU-Schaubilder ermöglichen genauere Voraussagen über das Umwandlungsgeschehen der WEZ als andere Methoden. Ein gewisser Nachteil ist ihre Chargenabhängigkeit. Bereits verhältnismäßig geringe Unterschiede innerhalb der zulässigen Analysegrenzen eines Stahls oder Art, Größe der nichtmetallischen Einschlüsse beeinflussen das Umwandlungsgeschehen. Eine weitere häufige Fehlerquelle bei der Anwendung der Schaubilder sind Ungenauigkeiten bei der Bestimmung der Abkühlzeiten [3.41].

Die Prüfung der Kaltrissbeständigkeit des Schweißgutes und der WEZ erfolgt nach verschiedenen Prüfverfahren mit sich selbstbeanspruchenden oder mit fremdbeanspruchten Proben.

3.3.5.4 Heißrissbildung

Heißrisse sind Werkstofftrennungen im Schweißgut und in der Wärmeeinflusszone, die während des Schweißens im Bereich zwischen Solidus- und Liquidustemperatur entstehen. Heißrisse treten an verschiedenen Stellen einer Schweißverbindung senkrecht und parallel zur Schweißrichtung auf. Man unterscheidet nach der Herstellungsform und dem Entstehungsort. Die bei der Erstarrung im Schweißgut gebildeten Heißrisse sind Kristallisationsrisse, während es sich bei den Heißrissen in der WEZ um Wiederaufschmelzungsrisse handelt. Heißrisse sind in der Regel klein und deshalb schwer auffindbar. Zur Erklärung der Heißrissentstehung wurden verschiedene Theorien erarbeitet. Danach entstehen Heißrisse im Schweißgut und in der WEZ als unmittelbare Folge des Zusammenwirkens von Spannungen und Korngrenzenfilmen. Es wird davon ausgegangen, dass im Grundwerkstoff unmittelbar neben dem geschmolzenen Schweißgut die Korngrenzen aufschmelzen. Bei der Ausbildung von Zugspannungszuständen können diese schmelzflüssigen Korngrenzen diese Spannungen nicht durch plastisches Dehnen abbauen. Es entstehen Mikrorisse. Neuere Theorien berücksichtigen Diffusionsvorgänge von Legierungselementen in die Korngrenzenbereiche.

Zur Prüfung der Heißrissbeständigkeit wurde eine größere Anzahl von Verfahren vorgeschlagen. Bei den meisten Verfahren werden die beim Schweißen ablaufenden Vorgänge nachvollzogen. Man unterscheidet auch bei der Prüfung der Heißrissbeständigkeit Prüfverfahren mit sich selbstbeanspruchenden oder mit fremdbeanspruchten Proben.

3.3.6 Schweißverfahren

Schweißverfahren können nach unterschiedlichen Kriterien eingeordnet werden:

- nach der Art des Energieträgers (z.B. Gas, Strom),
- nach der Art des Grundwerkstoffes (z.B. Metalle, Kunststoffe),
- nach dem Zweck des Schweißens (z.B. Verbindungsschweißen, Auftragsschweißen),
- nach dem Ablauf des Schweißens (z.B. Schmelzschweißen, Pressschweißen),
- nach der Art der Fertigung (z.B. Handschweißen, Automatisches Schweißen).

3.3.6.1 Gasschmelzschweißen

Beim Gasschmelzschweißen, auch Autogenschweißen genannt, dient eine Flamme als Wärmequelle. Zu ihrer Entstehung und Unterhaltung ist ein Brenngas erforderlich sowie Sauerstoff, der die Verbrennung unterstützt. Die Flamme schmilzt den Grundwerkstoff auf, Schweißzusatz wird in Stabform zugegeben. Das Gasschmelzschweißen ist universell einsetzbar und benötigt einen geringen Investitionsbedarf.

Der zum Schweißen benötigte Sauerstoff wird meist durch Luftzerlegung gewonnen. Der übliche Reinheitsgrad ist 99,5 %. Bei geringem Verbrauch ist es üblich, den Sauerstoff gasförmig in Stahlflaschen mit einem Fassungsvermögen von 40 oder 50 Liter und unter einem Druck von 150 bzw. 200 bar zu beziehen. Die Flaschen haben einen blauen Farbanstrich. Beim Gasschmelzschweißen wird als Brenngas meist Acetylen (C_2H_2) eingesetzt, es ergibt beim Verbrennen mit Sauerstoff die höchste Flammenleistung.

Im Zeitalter des modernen Schutzgasschweißens hat das Gasschmelzschweißen für das Verbindungs- und Auftragsschweißen auf Grund der relativ niedrigen Abschmelzleistung und der geringen Möglichkeiten des Mechanisierens viel an Bedeutung verloren. Beim Verbindungsschweißen kommt das Verfahren hauptsächlich im Rohrleitungsbau an un- und niedriglegierten Stahlrohren des unteren Durchmesser- und Wanddickenbereiches zum Einsatz. Ferner werden Nichteisenmetalle und Gusseisen geschweißt. Im Heizungs- und Sanitärbereich wird das Verfahren wegen der guten Schweißbadbeherrschung in Zwangslagen und wegen des geringen Aufwandes an Einrichtungen bei Baustelleneinsätzen gegenüber anderen Schmelzschweißverfahren bevorzugt, da es unabhängig vom Vorhandensein einer Stromquelle einsetzbar ist. Weitere Einsatzgebiete sind der Fahrzeugbau und Reparaturschweißen in allen Schweißpositionen außer Fallnaht. Die schweißbare Werkstückdicke beträgt abhängig vom Bauteil bis ca. 6 mm. Schweißnahtfehler (Unregelmäßigkeiten) sind beim Gasschmelzschweißen meist die Folge ungünstiger Fugenvorbereitung oder falscher Arbeitsweise des Schweißers. Am meisten treten ungenügende Durchschweißung, Einbrandkerben, Bindefehler und Poren auf. Ferner können Oxideinschlüsse und Risse vorkommen.

Ungenügende Durchschweißung ist meist die Folge eines zu kleinen Wurzelspaltes. Dieser kann sich auch durch Schrumpfung beim Schweißen infolge ungenügender Heftung verengen. Einbrandkerben entstehen, wenn der Schweißzusatz nicht gleichmäßig bis zu den Rändern der Fuge verteilt wird. Meist ist eine falsche Brennerhaltung oder ungenügendes Rühren mit dem Schweißstab die Ursache. Bindefehler sind *Kaltstellen*, meist in der Bindezone oder zwischen zwei Schweißlagen, die entstehen, wenn der gewählte Brennereinsatz für die zu schweißende Materialdicke nicht ausreicht oder wenn zu schnell geschweißt wird. Auch beim zu langsamen Schweißen können Bindefehler durch vorlaufendes Schweißgut auftreten. Poren werden beim Gasschmelzschweißen meist durch Kohlenmonoxidbildung im Schweißgut verursacht, wenn das Schweißgut wegen eines relativ hohen Kohlenstoffgehaltes bei gleichzeitig hohem Sauerstoffgehalt unberuhigt wird.

3.3.6.2 Lichtbogenschweißen

Das Verfahren beruht auf der Erzeugung eines Lichtbogens, der den Werkstoff aufschmilzt. Während des Lichtbogenschweißens ist der Lichtbogen das bewegliche Leiterstück, das den Stromkreis schließt. Zu seinem Zünden und zu seinem Betrieb sind Stromquellen erforderlich, welche die zum Schweißen erforderliche hohe Stromstärke und niedrige Spannung liefern. Da die Luft normalerweise ein schlechter Leiter für den elektrischen Strom ist, muss sie erst elektrisch leitend gemacht werden. Dies erfolgt durch Ionisierung der sich im Spalt zwischen Elektrode und Werkstück befindlichen Moleküle der Luft und anderer zugeführter Gase. Dabei werden diese zunächst dissoziiert und dann in Elektronen und Ionen zerlegt. Der Lichtbogen wird gezündet durch einen zeitlich begrenzten Kurzschluss oder durch Anlegen von Hochspannungsimpulsen zu Beginn des Schweißens. Der Verlauf von Stromstärke und Spannung im Lichtbogen wird durch die Kennlinie beschrieben. Die Lichtbogenkennlinie ist nicht linear. Im Bereich niedriger Stromstärken fällt die Spannung mit zunehmendem Strom ab, im Ohmschen Bereich, der zum Schweißen verwendet wird, steigt die Spannung mit zunehmendem Strom. Ein langer Lichtbogen brennt bei gleicher Stromstärke mit höherer Spannung als ein kurzer.

Beim Schweißen muss die magnetische Blaswirkung beachtet werden, da der stromdurchflossene Lichtbogen von einem Magnetfeld umgeben ist. Dadurch, dass der Strom von der Elektrode durch den Lichtbogen zum Werkstück übergeht, und diese in einem bestimmten Winkel zueinander stehen, wird das Magnetfeld im Bereich des Lichtbogens abgeknickt, und es weitet sich dabei nach einer Seite hin aus. Das führt zu einer Ablenkung des Lichtbogens. Auch die magnetische Leitfähigkeit in Eisen führt bei Schweißungen am Rand einer großen ferromagnetischen Masse zu einer Ablenkung, durch die Bindefehler entstehen können. Der Schweißer muss deshalb den Lichtbogen durch entsprechende Neigung der Elektrode wieder gerade richten. Der Werkstoffübergang des Schweißzusatzwerkstoffes im Lichtbogen erfolgt tropfenförmig. Auf die Bildung und Loslösung der Tropfen von der Elektrodenspitze haben verschiedene Kräfte Einfluss. Bei Stabelektroden mit sauren oder rutilhaltigen Umhüllungen entstehen die Tropfen durch heftige Gasexplosionen im Inneren des flüssigen Elektrodenendes im Hüllenkrater. Bei basischumhüllten Elektroden erfolgt der Werkstoffübergang grobtropfig; es bilden sich in gewissen Zeitabständen Kurzschlüsse zwischen Elektrode und Schmelzbad.

Die für das Lichtbogenschweißen verwendeten Stromquellen weisen fallende, waagerechte oder leicht fallende statische Kennlinien auf. Die Schweißstromquellen stellen Wechselstrom (Schweißtransformator) oder Gleichstrom (Schweißgleichrichter, Schweißumformer) bereit. Beim Bau moderner Schweißstromquellen werden elektronische Bauelemente verwendet.

3.3.6.3 Metalllichtbogenschweißen

Das bekannteste Verfahren ist das *Lichtbogenhandschweißen*. Der Lichtbogen brennt zwischen einer umhüllten abschmelzenden Stabelektrode und dem Werkstück. Das flüssige Schweißgut und der Lichtbogen werden vor dem Zutritt der Luft durch das sich aus der Umhüllung der Elektrode bildende Schutzgas und einer Schlacke geschützt. Es kommen Gleich- und Wechselstromquellen zur Anwendung. Die Auswahl der Stabelektroden erfolgt nach ISO 2560 (für unlegierte Stähle) [3.46]. Die Aufgaben ihrer Umhüllung sind:

- Leitfähigkeit der Lichtbogenstrecke verbessern,
- Bilden eines Schutzgases,
- desoxidierende und teilweise auflegierende Wirkung.

Sowohl die Schweißeigenschaften einer umhüllten Stabelektrode als auch die mechanischen Eigenschaften des Schweißgutes werden durch die Umhüllung entsprechend beeinflusst. Diese homogene Mischung enthält im Allgemeinen die folgenden fünf Hauptbestandteile:

- schlackenbildende Stoffe,
- desoxidierende Stoffe,
- schutzgasbildende Stoffe,
- lichtbogenstabilisierende Stoffe,
- Bindemittel und falls nötig
- Legierungsbestandteile.

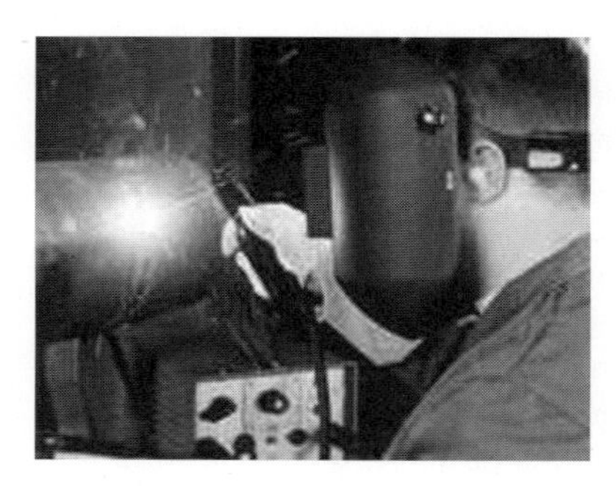

Bild 3-45 Lichtbogenhandschweißen

Zusätzlich kann Eisenpulver hinzugefügt werden, um das Schweißgutausbringen zu erhöhen. Dadurch kann das Schweißen in verschiedenen Schweißpositionen beeinflusst werden. Das Bild 3-45 zeigt eine Anwendung des Verfahrens beim Rohrschweißen.

In Tabelle 3-17 sind die unterschiedlichen Umhüllungstypen aufgeführt.

Tabelle 3-17 Stabelektroden

Umhüllungstyp	Eigenschaften
Sauerumhüllte Stabelektrode (A)	hohe Eisenoxidbestandteile; desoxidierende Stoffe (Ferromangan); sehr feiner Tropfenübergang; erzeugt flache und glatte Schweißnähte; nur bedingt einsetzbar in Zwangspositionen; empfindlich für das Entstehen von Erstarrungsrissen
Zelluloseumhüllte Stabelektrode (C)	hoher Anteil verbrennbarer organischer Substanzen; auf Grund des intensiven Lichtbogens besonders geeignet für das Schweißen in Fallpositionen
Rutilumhüllte Stabelektroden (R)	grober Tropfenübergang; deshalb für das Schweißen von dünnen Blechen geeignet; für alle Schweißpositionen - ausgenommen Fallposition - geeignet
Dick rutilumhüllte Stabelektroden (RR)	Verhältnis von Umhüllungs- zu Kernstabdurchmesser < 1,6; hoher Rutilgehalt der Umhüllung; gutes Wiederanzünden; feinschuppige und gleichmäßige Nähte
Rutilzellulose-umhüllte Stabelektroden (RC)	Zusammensetzung ähnlich der rutilumhüllten Stabelektroden, jedoch mit größerem Zellulose-Anteil in dicker Umhüllung
Rutilsauer-umhüllte Stabelektroden (RA)	Schweißverhalten mit sauerumhüllten Stabelektroden vergleichbar; Ersatz wesentlicher Anteile an Eisenoxid durch Rutil in dicker Umhüllung, deshalb für das Schweißen in allen Positionen, ausgenommen der Fallposition, geeignet
Rutilbasisch-umhüllte Stabelektroden (RB)	hohe Anteile an Rutil sowie gehobenen basischen Anteilen in dicker Umhüllung; gute mechanische Eigenschaften des Schweißgutes; gute Schweißeigenschaften in allen Schweißpositionen, außer Fallposition
Basischumhüllte Stabelektroden (B)	großer Anteil an Erdalkali-Carbonaten in dicker Umhüllung; hohe Kerbschlagfestigkeit des Schweißgutes besonders bei tiefen Temperaturen; höhere Risssicherheit als bei den anderen Typen; hoher metallurgischer Reinheitsgrad des Schweißgutes bewirkt hohe Sicherheit gegen Heißrisse; geringer Wasserstoffgehalt begrenzt die Kaltrissempfindlichkeit; gute Schweißeigenschaften in allen Schweißpositionen, außer Fallposition

3.3.6.4 Schutzgasschweißen

Wolfram-Schutzgasschweißen

Bei der im Bauwesen vorrangig eingesetzten Verfahrensvariante des *Wolfram-Inertgas-Schweißen* (WIG) brennt der Lichtbogen zwischen einer Wolfram-Elektrode und dem Werkstück in einem inerten Schutzgasmantel. Der Schweißstab wird stromlos in dem Lichtbogen abgeschmolzen. Die Schweißstabzufuhr erfolgt manuell oder mechanisch. Es werden Stromquellen mit fallender Kennlinie, WIG-Schweißgeräte mit Hochfrequenz-Zündung und zusätzlichen Steuerfunktionen eingesetzt. Wolframelektroden sind nach DIN EN 26848 [3.47] genormt. Als Schutzgase werden Argon, Helium, Wasserstoff und Formiergas (reduzierende Gase in Form von Argon mit Zugabe von Wasserstoff in Stickstoff) verwendet. Beim Schweißen von hochlegierten CrNi-Stählen sind Wurzelschutzgase zur Verhinderung des Entstehens von Oxidschichten und Verzunderungen erforderlich. Die häufigsten äußeren Fehler beim WIG-Schweißen sind eine zu große Nahtüberhöhung, Einbrandkerben, ungenügende Durchschweißung und zu große Wurzelüberhöhung. Innere Schweißnahtfehler sind Poren (Gaseinschlüsse), Oxideinschlüsse, Bindefehler und eine nicht erfasste Wurzel.

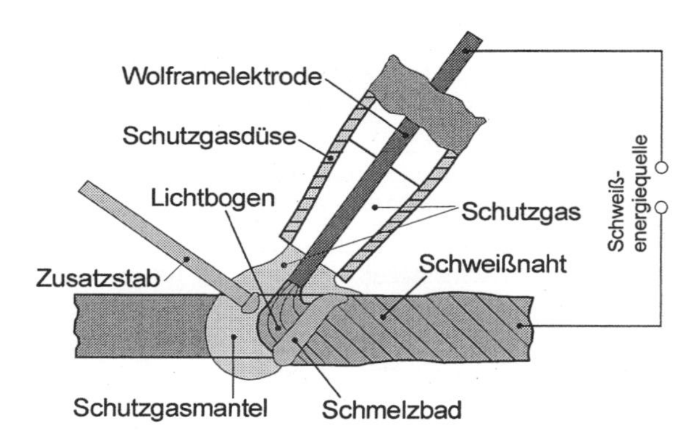

Bild 3-46 Wolfram-Inertgas-Schweißen

Das WIG-Schweißen findet Anwendung hauptsächlich zum Verbindungsschweißen an legierten Stählen, Leichtmetallen und anderen Nichteisen-Metallen. Da die Abschmelzleistung im Vergleich zu anderen Schmelzschweißverfahren gering ist, liegt ein Hauptanwendungsbereich bei dünneren Blechen. Zum Auftragsschweißen wird es im Fahrzeugbau angewendet. Mit dem WIG-Verfahren können Schweißnähte mit einer hohen Qualität hergestellt werden. Es sind schmale Wärmeeinflusszonen möglich. Spritzer treten selten auf. Fertigungsbeispiele sind das Einschweißen von Rohren in Rohrböden, Rohrschweißen im Energieanlagenbau, Schweißen von Aluminium im Bauwesen, WIG-Punktschweißen und WIG-Schweißen im Kleinbehälterbau.

Metall-Schutzgas-Schweißen

Bei dem Metall-Schutzgas-Schweißen wird eine endlose Drahtelektrode von einer Drahtfördereinrichtung dem Lichtbogen zugeführt und unter einem Schutzgasmantel aus einem inerten Gas – *Metall-Inertgas-Schweißen* (MIG) – oder einem Aktivgas – *Metall-Aktivgas-Schweißen* (MAG) – abgeschmolzen.

Im Gegensatz zu den Stabelektroden, wo Kernstab und die Umhüllung eine feste Einheit bilden, handelt es sich beim Schutzgasschweißen um eine Kombination aus Drahtwerkstoff und Schutzgas. Die Stromquelle verfügt über eine flache Belastungskennlinie und spezielle Schweißeigenschaften. Es können sich in Abhängigkeit von der Schweißstromstärke verschiedene Lichtbogenformen ausbilden. Das Impulsschweißen bringt Vorteile beim Verschweißen von Aluminium- und Chrom-Nickel-Werkstoffen.

Das Metall-Schutzgas-Schweißen ist heute in einem sehr großen Arbeitsbereich von 25 bis 700 Ampere einsetzbar. Dabei können Parameter wie Drahtdurchmesser, Drahtvorschubgeschwindigkeit, Schweißstrom, Schutzgas und Schweißspannung verändert werden. Innerhalb dieses Arbeitsbereiches ändert sich mit der zugeführten Energie und der Drahtvorschubgeschwindigkeit die Lichtbogenform und damit die Art der Werkstoffübertragung im Schweißlichtbogen. Unterschiede hinsichtlich der Werkstoffübertragung und der Lichtbogenform treten auch beim Schweißen von Baustählen, niedrig- und hochlegierten Stählen sowie beim Schweißen von Aluminium oder anderen Nichteisenmetallen auf. In den letzten Jahren hat vor allem das Impulslichtbogenschweißen beträchtliche Fortschritte erzielt. Durch die Entwicklung von elektronischen Schweißstromquellen wurde eine stufenlose Frequenzeinstellung der Stromimpulse von 10 bis 400 Hz technisch möglich. Damit kann eine kurzschlussfreie, spritzerarme Tropfenablösung von der Drahtelektrode erzielt werden.

Tabelle 3-18 Fülldrahtelektroden

Elektrodentyp	Eigenschaften
R-Typ (rutilbasisch, langsam erstarrende Schlacke)	sehr feintropfiger Werkstoffübergang, geringe Spritzerbildung; geeignet für Ein- und Mehrlagenschweißungen; in Wannen-, Horizontal- und Vertikalposition
P-Typ (rutilbasisch, schnellerstarrende Schlacke)	durch die schnell erstarrende Schlacke entsteht ein Stützeffekt, daher für alle Schweißpositionen geeignet; diese Fülldrahtelektroden werden mit kleinen Durchmessern hergestellt
B-Typ (basische Schlacke)	stabiler Lichtbogen, mittel- bis großtropfiger Werkstoffübergang; dünnflüssige und leicht entfernbare Schlacke; mittel- bis grobschuppiges Nahtaussehen; Schweißgut mit bester Kerbschlagzähigkeit und Risssicherheit
M-Typ (Metallpulverfüllung)	breiter stabiler Lichtbogen mit feintropfigen, sehr spritzerarmen Werkstoffübergang; für Zwangslagenschweißungen geeignet; fast keine Schlacke; im Kurzlichtbogen gute Spaltüberbrückbarkeit; durch Eisenpulver, Legierungselemente und Lichtbogenstabilisatoren als Füllung entsteht hohe Abschmelzleistung; Zwangslagenschweißung im Kurzlichtbogenbereich oder mit Impulsstromquellen möglich
V-, W- und Y-Typ	selbstschützende Fülldrahtelektroden; Schweißen im Freien möglich; Y-Typ mit sehr guter Kerbschlagzähigkeit bei tiefen Temperaturen und hohe Risssicherheit

In diesem Zusammenhang gewinnen Fülldrahtelektroden zunehmend an Bedeutung. Sie vereinen die schweißmetallurgischen Vorteile der Stabelektroden mit denen der hohen Produktivität der Massivdrahtelektroden beim Metall-Schutzgasschweißen (Bild 3-47).

Es stehen Fülldrahtelektroden mit unterschiedlichen Eigenschaften zur Verfügung (Tabelle 3-18).

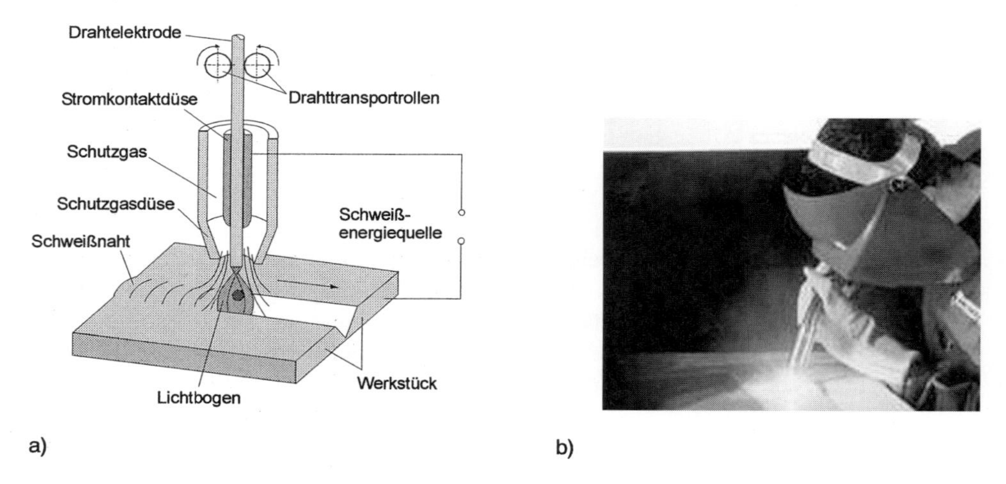

Bild 3-47 Metall-Schutzgas-Schweißen
a) schematisch, b) praktisch

3.3.7 Spezifische Schweißverfahren im Bauwesen

3.3.7.1 Lichtbogenbolzenschweißen

Es werden heute zwei wesentliche Verfahrensgruppen unterschieden:

- Lichtbogenbolzenschweißen mit Hubzündung,
- Lichtbogenbolzenschweißen mit Spitzenzündung.

Für den Einsatz im *Stahlbetonverbundbau* ist das *Lichtbogenbolzenschweißen mit Hubzündung* relevant. Das Verfahren wird für Bolzen von etwa 2 bis 25 mm Durchmesser bei Stromstärken bis etwa 3000 A und Schweißzeiten bis 3000 ms eingesetzt. Als Stromquellen dienen Schweißgleichrichter. In der Regel wird der Pluspol der Stromquelle an das Werkstück geklemmt (Bild 3-48).

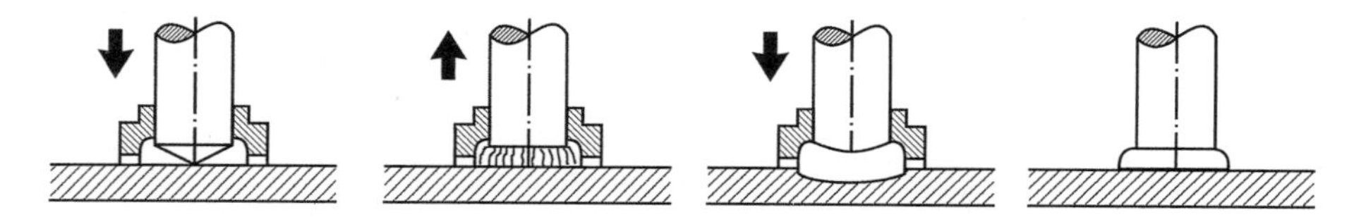

Bild 3-48 Arbeitsphasen beim Lichtbogenbolzenschweißen mit Hubzündung [3.48]

Der Bolzen wird in den Bolzenhalter der Pistole oder des Schweißkopfes eingeschoben sowie eventuell mit einem Keramikring versehen und auf das Werkstück aufgesetzt. Zu Beginn des Schweißvorganges wird der Bolzen durch einen Hubmechanismus angehoben und zuerst ein Hilfslichtbogen (Pilotlichtbogen) geringerer Stromstärke, dann der Hauptlichtbogen zwischen Bolzenspitze und Werkstück gezündet. Der Hauptlichtbogen hoher Stromstärke muss auf den Bolzendurchmesser abgestimmt sein. Die Bolzenstirnfläche und das gegenüberliegende Werkstück schmelzen nun an. Nach Ablauf der eingestellten Schweißzeit wird der Bolzen zum Werkstück bewegt, beide Schmelzzonenvereinigen sich. Dann wird die Stromquelle abgeschaltet; die Schmelzzone erstarrt und kühlt ab. Bei Verwendung eines Keramikringes wird dieser anschließend entfernt. Der Keramikring hat folgende Aufgaben:

- *Schutz des Schweißbades* durch Metalldampfbildung in der Brennkammer bei ausreichend hoher Stromstärke,
- *Konzentration des Lichtbogens und Stabilisierung*, dadurch Verringerung der Blaswirkung und
- *Formung der weggedrückten Schmelze* zu einem Schweißwulst und Stützung des Schweißbades an senkrechter Wand.

Es ist möglich, den Schweißbereich zusätzlich durch ein von außen zugeführtes Schutzgas abzuschirmen und so den Porengehalt wesentlich zu reduzieren. Beim Schweißvorgang tritt ein Längenverlust durch Abschmelzen auf. Die Bolzenhersteller beziehen ihre Maßangaben auf die Länge nach dem Schweißen. Die Spitzenformen sind teilweise sind teilweise unterschiedlich. Die Bolzenspitze ist beim Bolzenschweißen mit Keramikring von unlegierten und zum Teil von legiertem Stahl mit Aluminium beschichtet oder mit einer eingepressten Aluminiumkugel versehen, um den Lichtbogen leichter zu zünden und das Schweißbad zu desoxidieren.

Bild 3-49 Probeschweißung von Kopfbolzen

Mit dem Verfahren lassen sich Bolzen aus unlegierten, nichtrostenden und hitzebeständigen Stählen sowie aus Aluminium und Aluminiumlegierungen aufschweißen. Dabei sind sowohl artgleiche als auch artfremde Bolzen-Grundwerkstoff-Kombinationen möglich, sofern die Vermischung von Bolzen- und Grundwerkstoff nicht zu spröden Legierungen führt. Bei guter Schweißeignung und artgleichen Verbindungen tritt bei fehlerfreier Ausführung der Bruch unter vorwiegend ruhender Belastung im Bolzenschaft und nicht in der Schweißverbindung auf.

Bolzenwerkstoffe

Bei unlegierten Baustählen wird vorzugsweise der Bolzenwerkstoff S235FF mit den Werkstoffeigenschaften nach DIN EN ISO 13918 [3.49] verwendet. Bei anderen unlegierten Baustählen sind folgende Werkstoffeigenschaften zu beachten:

- *Aufhärtungsneigung*: zur Verringerung der Aufhärtungsneigung muss der Kohlenstoffgehalt auf 0,18 % begrenzt sein.
- *Alterungsanfälligkeit und Feinkörnigkeit*: es soll vorzugsweise ein doppelt beruhigt vergossener Bolzenwerkstoff verwendet werden.
- *Verformungsfähigkeit*: die Bruchdehnung A_5 des Bolzens soll ≥ 14 % sein.

Grundwerkstoffe

Bei unlegierten Baustählen wird im Stahlbau vorzugsweise S235 und S355 nach DIN EN 10025 [3.44] verwendet. Daneben werden, vor allem in anderen Anwendungsbereichen, auch andere Grundwerkstoffe verwendet. Sofern die eingesetzten Grundwerkstoffe hinsichtlich ihrer mechanischen Eigenschaften, chemischen Zusammensetzung und Schweißeignung nicht den Stahlsorten S235 und S355 zugeordnet werden können, ist nachzuweisen, dass keine unzulässige Beeinträchtigung der Grundwerkstoffeigenschaften durch das Bolzenschweißen erfolgt.

3.3.7.2 Schweißen von Betonstahl

Die Verbindungen von Stahlbetonfertigteilen des Stahlbetonbaus müssen voll tragfähig, auf engstem Raum ausgeführt und wegen der häufig auftretenden Abweichungen der Lage der Bewehrungsstähle von der zeichnungsmäßigen Position sehr flexibel gestaltet werden können. In diesen Fällen ist das Schweißen das nahezu einzige Fügeverfahren, das allen Anforderungen gerecht wird. Hervorzuheben ist, dass durch das Schweißen die Standsicherheit bereits im Montagezustand erreicht werden kann und man mit relativ kleinen Ortbetonfugen auskommt. Das Schweißen kann auch eingesetzt werden, um Betonstähle mit anderen (schweißgeeigneten) Stählen zu verbinden.

Die Schweißeignung wird gemäß DIN 488-7 [3.52] anhand der Analyse und von Schweißeignungsprüfungen an Betonstahlverbindungen ermittelt. Auf Grund der Festlegungen in DIN 488-7 ist sichergestellt, dass alle Betonstähle untereinander, unabhängig von der Stahlsorte und Herstellungsart, schweißbar sind. Mögliche Gefahren bestehen beim Betonstahlschweißen durch:

- Sprödbruchempfindlichkeit durch Härteneigung,
- Entfestigung und
- Mängel an der vollen Beanspruchbarkeit.

Das Schweißen im Stahlbetonbau ist nach DIN 4099 [3.50] geregelt. Danach kommen folgende Schweißverfahren zur Anwendung:

- Abbrennstumpfschweißen (RA),
- Widerstandspunktschweißen (RP),
- Gaspressschweißen (GP),
- Lichtbogenschweißen (E) sowie
- Schutzgasschweißen (SG).

Die Zahl der Verbindungsformen für Betonstahlschweißungen ist begrenzt. Es handelt sich entweder um Verbindungen zur Übertragung von Längskräften, wie Stumpfstöße, Laschenstöße bzw. Überlappstöße, oder um Verbindungen zur Übertragung von Scherkräften, wie Kreuzungsstöße, Bolzen oder geschweißte Verankerungen.

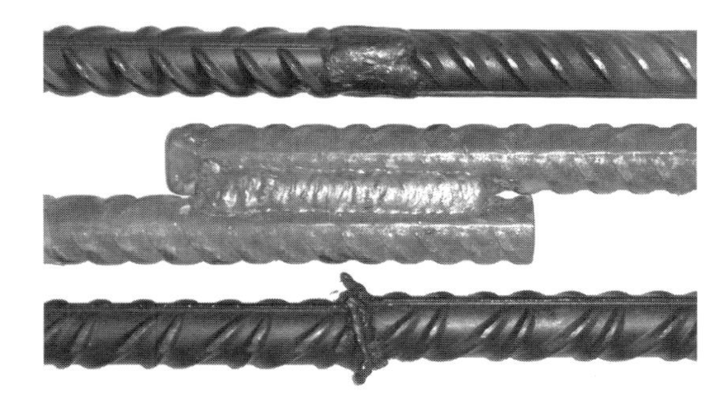

Bild 3-50 Probeschweißung an Bewehrungsstäben

Die DIN 4099 [3.50] trägt dieser Situation Rechnung und legt die Verbindungen von Betonstäben in Abhängigkeit vom Schweißverfahren und Durchmesser fest [3.51].

3.4 Korrosion und Korrosionsschutz

3.4.1 Allgemeines zur Korrosion metallischer Werkstoffe

Bauwerke sind im Allgemeinen der Witterung ausgesetzt und unterliegen dabei mehr oder weniger stark der atmosphärischen Korrosion, der Korrosionsbeanspruchung im Boden und im Wasser.

Korrosion (lateinisch corrodere = zerfressen, zernagen) kann in Anlehnung an DIN 50900 [3.53] wie folgt definiert werden: "Korrosion ist die Reaktion eines Werkstoffes mit seiner Umgebung, die eine messbare Veränderung des Metalls bewirkt (Eigenschaftsänderung) und zu einer Beeinträchtigung der Funktion des metallischen Bauteils oder einer gesamten Konstruktion (Korrosionsschaden) führen kann.“ In den meisten Fällen ist diese Reaktion elektrochemischer Natur, in einigen Fällen kann sie jedoch auch chemischer oder metallphysikalischer Art sein.

Korrosionsfördernde Stoffe in der Luft sind vor allem das bei der Verbrennung von Öl oder Kohle entstehende Nebenprodukt Schwefeldioxid SO_2 (verantwortlich auch für die Entstehung von saurem Regen), Meeresluft und Luftverunreinigungen in der Industrieatmosphäre. Ebenfalls sind Streusalzlösungen sehr korrosiv. Das Luftkohlendioxid CO_2 hat auf die Metallkorrosion keinen direkten negativen Einfluss, spielt aber bei der Korrosion von im Beton eingebettetem Stahl eine große Rolle (vgl. Abschnitt 5.4). Die Korrosionsbeanspruchung von Metall durch Böden hängt vor allem von der Aggressivität und dem Sauerstoffgehalt des Wassers sowie der mineralogischen Bodenzusammensetzung ab. Bei Bauwerken, die im Wasser stehen, sind besonders die Wasserwechsel- und Spritzwasserzonen, die einen höheren Sauerstoffgehalt aufweisen als die Unterwasserzone, korrosionsgefährdet. Der Sauerstoffgehalt des Wassers, die Art und Menge der im Wasser gelösten Stoffe und auch die Wassertemperatur bestimmen den Korrosionsgrad.

Hervorgerufen wird die Korrosion durch das Bestreben der Metalle als elementarer Stoff (außer Edelmetalle), sich durch Energieabgabe vom energiereicheren in einen energieärmeren Zustand (Erze) zurückzuwandeln. Die aus den Erzen gewonnenen Metalle befinden sich folglich in einem thermodynamisch instabilen Zustand und wollen in den stabileren, oxidischen Zustand zurückkehren. Die Korrosionsreaktion der Metalle ist als Oxidation die Umkehr der Reduktion während der Herstellung der Metalle aus den Erzen. Bei der Korrosion wird Energie wieder freigesetzt, die bei der Herstellung aufgewendet werden musste.

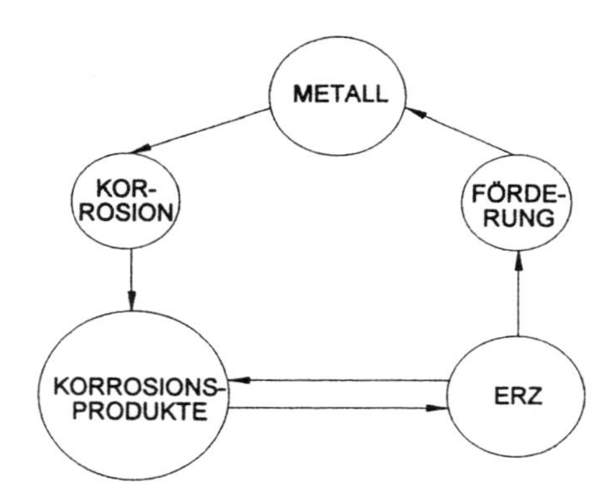

Bild 3-51 Einordnung der Korrosion in den Stoffkreislauf

Infolge der Korrosion entstehen den Volkswirtschaften weltweit beträchtliche Schäden. So kann der Stahlverlust durch Korrosion auf ca. 1/3 der Weltstahlproduktion beziffert werden. Die ökonomischen Folgen bzw. Verluste sind dabei:

- *Direkter Art*: Kosten für Ersatz und Reparaturen sowie den Korrosionsschutz.
- *Indirekter Art*: Kosten für Folgeschäden, z.B. Produktionsausfall, Ertragseinbuße, Unfallschutz etc.

3.4.2 Korrosionsprozess

Sowohl bei den Metallen als auch bei anderen Werkstoffen können neben chemischen Reaktionen auch physikalische Vorgänge an der Korrosion beteiligt sein. Der Werkstoff (fest) und das umgebende Medium (flüssig oder gasförmig) sind als ein System zu betrachten, in dem Korrosionsreaktionen in der Grenzregion benachbarter Phasen ablaufen. Die Reaktion eines Metalls mit seiner Umgebung wird als eine Phasengrenzreaktion betrachtet, z.B. Reaktion einer wässrigen Lösung mit einer Metalloberfläche. Diese setzt sich bei in der Praxis überwiegend vorkommender elektrochemischer Korrosion aus der anodischen und der kathodischen Teilreaktion zusammen. Beide Reaktionen müssen gleichzeitig, können aber örtlich getrennt voneinander ablaufen.

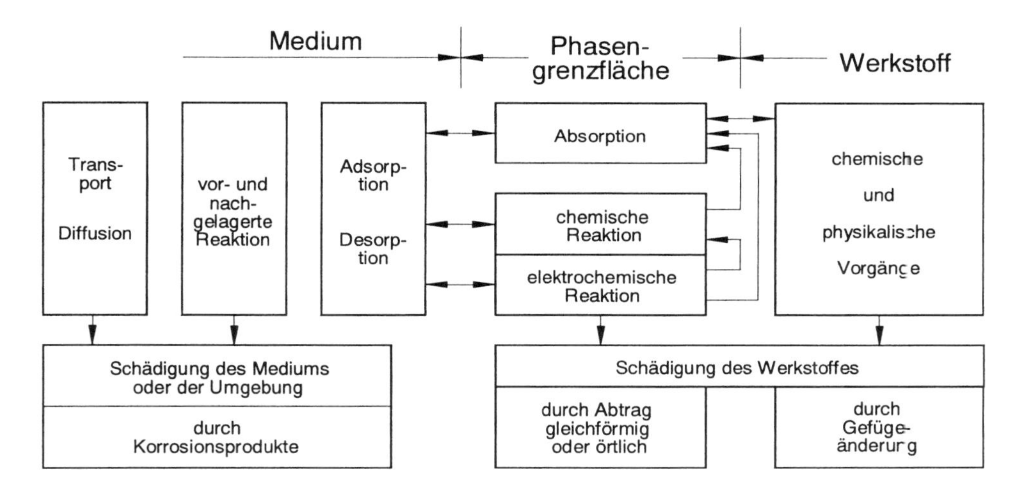

Bild 3-52 Wesentliche Teilvorgänge der Korrosion von Werkstoffen

Formal gesehen besteht ein Korrosionsvorgang aus mehreren Teilschritten, die innerhalb eines komplexen Gesamtprozesses ablaufen:

- Antransport der korrosionsauslösenden Stoffe zum Metall (Medium),
- Adsorption (Anlagerung) dieser Stoffe an der Metalloberfläche,
- deren Reaktion an der Phasengrenze,
- Abtransport der Korrosionsprodukte oder Bildung von Deckschichten aus Korrosionsprodukten.

Die Kombination der Reaktionspartner Metall und Medium bilden an der Grenzfläche ein Korrosionssystem. Nicht die Eigenschaften der Reaktionspartner selbst, sondern deren Wechselwirkungen miteinander bestimmen, ob und in welchem Umfang Korrosion auftritt. Es gibt folglich keine korrosionsanfälligen bzw. korrosionsbeständigen Werkstoffe oder aggressive bzw. nichtaggressive Medien an sich, sondern die Anfälligkeit eines Metalls bezieht sich immer auf ein bestimmtes Medium. Zwecks Feststellung der Korrosionsanfälligkeit darf somit ein metallischer Werkstoff nie allein, sondern nur in Verbindung mit seiner Umgebung betrachtet werden, z.B. unlegierter Stahl wird in der Atmosphäre angegriffen, nicht dagegen im alkalischen Beton.

Wie in Bild 3-52 dargestellt, erstrecken sich Korrosionsschäden nicht ausschließlich auf den Werkstoff. Auch das umgebende Medium kann als Folge der Korrosion eine Minderung seiner Gebrauchseigenschaften erfahren, z.B. Rostfahnen an Sichtbetonflächen, korrosionsbedingte Betonabplatzungen.

Während der Nutzung von Bauteilen oder Anlagen können sich Korrosion und gleichzeitig mechanische Belastungen überlagern (Bild 3-53), die zur Schwingungsrisskorrosion oder Spannungsrisskorrosion führen können. Andere komplexe Schädigungsarten entstehen, wenn die Korrosion kombiniert mit einer mechanischen Schädigung der Oberfläche auftritt, z.B. mit:

- *Erosion*, d.h. einer abtragenden Wirkung durch bewegte Flüssigkeiten oder Gase, die Festkörperteilchen enthalten (Absandungen oder Unterspülungen),
- *Kavitationserosion*, bei der starke Flüssigkeitsschläge durch Zusammenbrechen von örtlich entstandenen Vakuen (vor allem bei hohen Strömungsgeschwindigkeiten von Flüssigkeiten) zu Zerstörungen von Rohr- oder Behälterwerkstoffen führen können sowie
- *Reibung* und *Verschleiß*.

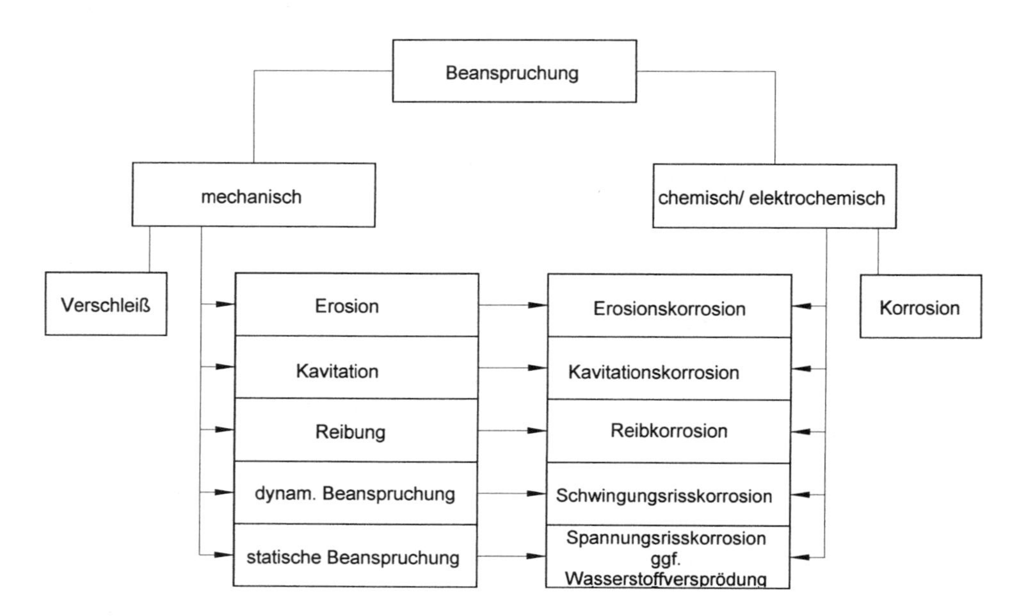

Bild 3-53 Korrosionsarten bei gleichzeitiger chemisch, elektrochemischer und mechanischer Beanspruchung

Korrosionsreaktionen führen zu messbaren Veränderungen des Werkstoffs (Korrosionserscheinung):

- Bildung von Korrosionsprodukten,
- Metallabtrag und
- gegebenenfalls Korrosionsrisse.

Deutlich zu unterscheiden sind die Begriffe Korrosionserscheinung und Korrosionsschaden. Eine Korrosionserscheinung kann, muss aber nicht zwangsläufig ein Korrosionsschaden sein. Oxidschichten auf Aluminium oder Kupfer (Patina) sind z.B. gewünschte Korrosionserscheinungen, weil sie den weiteren Flächenabtrag vermindern und so einen echten Korrosionsschaden verhindern helfen bzw. zeitlich sehr verzögern. Ein Korrosionsschaden liegt erst dann vor, wenn das Ausmaß der tolerierbaren Korrosionserscheinungen einen Grenzwert überschritten hat und es zu einer Beeinträchtigung der Funktion des Bauteils oder der Konstruktion kommt, z.B. undicht gewordene Kupferabdeckung durch Lochkorrosion. Auch der Anwendungsfall trägt zur Bewertung einer Korrosionserscheinung bei. So müssen 1 mm tiefe Korrosionsnarben bei Baustahl oder Betonstahl die Tragfähigkeit nicht zwangsläufig mindern, während bereits 0,1 mm tiefe Narben die Dauerhaftigkeit von hochfesten Spannstählen herabsetzen.

Bei der Korrosion metallischer Werkstoffe wird hinsichtlich der Erscheinungsform zwischen einer gleichmäßigen Flächenkorrosion und den Lokalkorrosionsarten unterschieden (Tabelle 3-19).

Technisch am leichtesten beherrschbar ist die gleichmäßige Flächenkorrosion, bei der die Korrosionsgeschwindigkeit, d.h. der Abtrag an jeder Stelle der Oberfläche, nahezu gleich groß ist. Zu ihrer quantitativen Charakterisierung wird der flächenbezogene Massenverlust (Korrosionsverlust) oder die Dickenänderung (Abrostungsgrad) herangezogen.

Wesentlich gefährlicher als ein gleichmäßiger Abtrag ist die ungleichförmige Korrosion, d.h. nicht alle Bereiche eines Bauteils sind gleichermaßen angegriffen. Sie ist schwerer kontrollierbar und wegen der örtlichen Schwächung des tragenden Querschnittes auch für die Funktionssicherheit eines Bauteils mit einem größerem Risiko verbunden. Zur Charakterisierung des ungleichförmigen Abtrags werden andere Kenngrößen als bei der gleichmäßigen Korrosion herangezogen.

Tabelle 3-19 Die wichtigsten Erscheinungsformen der Korrosion der Metalle

Angriffsform	Beschreibung	Schema
Gleichmäßige Flächenkorrosion (gleichmäßiger Flächenabtrag)	*Flächenkorrosion* (Δh = Dickenverlust); Anoden und Kathoden dicht nebeneinander, statistisch über gesamte Metalloberfläche verteilt, Ausbildung einer homogenen Mischelektrode	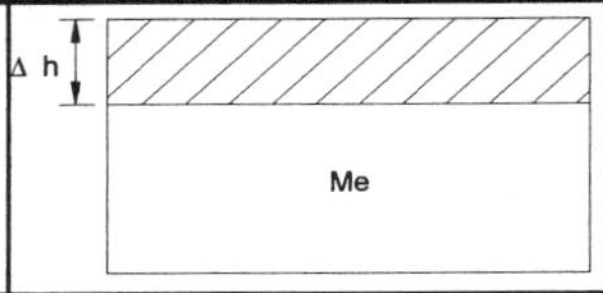 Δ h; Me
Lokalkorrosion (ungleichmäßiger Flächenabtrag)	*Lochkorrosion* (Lochfraß); örtliche Vertiefung bei praktisch nicht angegriffener Umgebung Anoden und Kathoden örtlich getrennt, Anoden und Kathoden haben endliche Ausdehnung	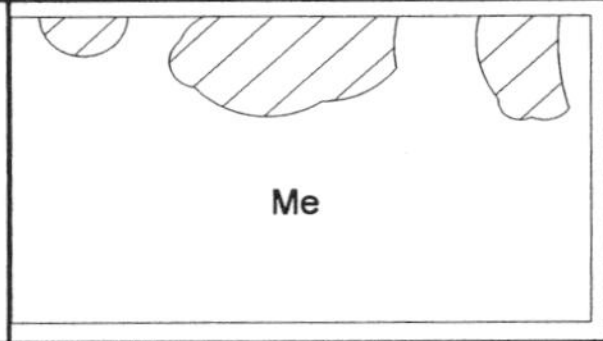 Me
	Kontaktkorrosion; bevorzugter Angriff des unedleren Metalls Me II (unedles Metall wird zur Anode des Korrosionselements)	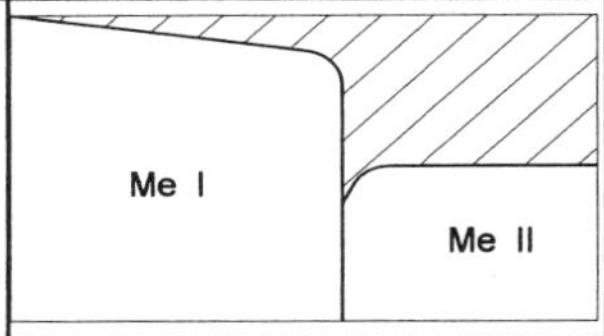 Me I; Me II
	Spaltkorrosion; bevorzugter Angriff des Spaltgrundes (Metall wird zur Anode des Korrosionselements, hier oft als Belüftungselement)	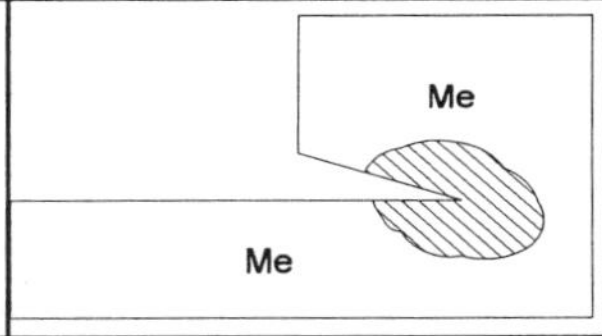 Me; Me
	Selektive Korrosion; Herauslösen unedler Gefügebestandteile, hier β-Phase, z.B. Entzinkung bei Messing	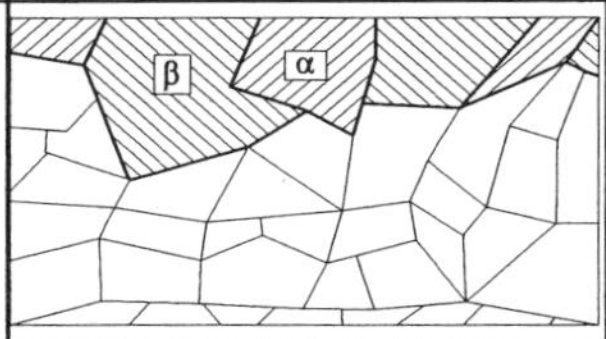 β; α
Risskorrosion (Zerfall des Metallgefüges)	*Interkristalline Korrosion*; Angriff bevorzugt im Korngrenzenbereich bzw. entlang der Korngrenzen, Kornzerfall	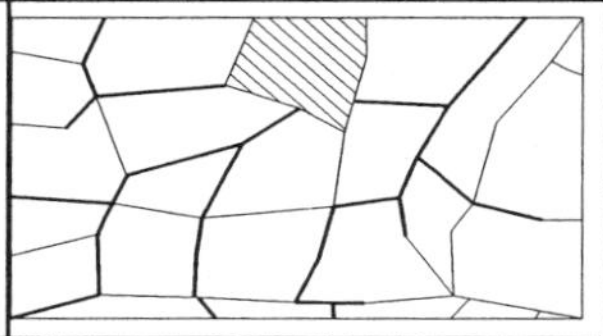
	Transkristalline Korrosion; Korrosion durch die Körner hindurch (Aufreißen der Körner bei Belastung)	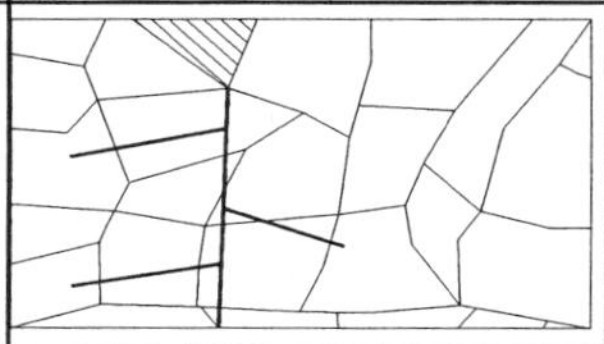

Am gefährlichsten sind Korrosionsrisse, die bei ausschließlich ruhend (statisch) beanspruchten Konstruktionen meist die Folge von Spannungsrisskorrosion und bei nicht vorwiegend ruhend (dynamisch) beanspruchten Bauteilen als Folge von Schwingungsrisskorrosion auftreten können.

3.4.3 Korrosionsmechanismen

Es lassen sich verschiedene Mechanismen von Korrosionsreaktionen unterscheiden:

- chemische Korrosion,
- physikalisch induzierte Korrosion und
- elektrochemische Korrosion (für die Praxis am bedeutsamsten).

Chemische Korrosion

Bei der chemischen Korrosion kommt es zumeist durch die Gegenwart von Sauerstoff zu einer Oxidation der Metalloberfläche. Stahl und andere Gebrauchsmetalle sind gegenüber Luft und anderen sauerstoffhaltigen Gasen chemisch nicht beständig und reagieren insbesondere bei hohen Temperaturen. Demnach reagiert das Metall vorwiegend bei hohen Temperaturen mit Sauerstoff und bildet ein Metalloxid:

$$m\,Me + \frac{n}{2} O_2 \rightarrow Me_m\,O_n$$

Diese Oxidschicht kann sehr unterschiedliche Eigenschaften aufweisen. Ein typisches Oxid entsteht beispielsweise bei der Reaktion von Aluminium und Sauerstoff, das Aluminiumoxid Al_2O_3 (Al glänzt nicht mehr metallisch blank). Dieses Oxid ist sehr dicht und gut haftend sowie bei Beschädigung selbstheilend. Im Gegensatz dazu ist z.B. eine Eisenoxidschicht nach thermischer Behandlung (Walzzunder) sehr viel poröser und blättert leicht ab. Eine Schutzwirkung für den darunter liegenden Werkstoff existiert hier praktisch nicht. Ein häufiger Fall von chemischer Korrosion tritt beim Warmwalzvorgang von Stahl auf. Dabei bildet sich an der Stahloberfläche Zunder als Korrosionsprodukt, welches für die weitere korrosionsschützende Stahlbehandlung (z.B. Beschichtung) unbedingt entfernt werden muss (Entzunderung).

Zum Typ der chemischen Korrosion gehören auch Angriffe nichtmetallischer Werkstoffe wie Glas und Keramik in Alkalien sowie lösende und treibende Angriffe in Beton und Auflösungsvorgänge von Kunststoffen in organischen Lösungsmitteln.

Physikalisch induzierte Korrosion

Zu den physikalisch induzierten Korrosionsschäden von Metallen ist die Rissbildung unter Anwesenheit von Wasserstoff zu zählen. Atomarer Wasserstoff vermag in das Metallgitter von Bauteilen hinein zu diffundieren. Dringen kathodisch abgeschiedene Wasserstoffatome in den Stahl ein, so ist dieser Vorgang noch ein meist ungefährlicher Angriff, aber mit einer sehr gefährlichen Sekundärwirkung wie Blasenbildung innerhalb des Metallgefüges, die zu einer Versprödung des Werkstoffes und Rissbildung führt. Man spricht in diesem Zusammenhang von wasserstoffinduzierter Spannungsrisskorrosion bzw. Wasserstoffversprödung.

Des Weiteren spielen physikalische Prozesse auch bei der Korrosion durch UV-Strahlung (Alterung von Kunststoffen) und bei Frostschäden in Beton eine Rolle.

Elektrochemische Korrosion

Die elektrochemische Korrosion ist eine Reaktion, bei der meist unter Einwirkung von Feuchtigkeit an der Phasengrenze Metall/Elektrolyt ein Ladungsaustausch (Elektronen) und ein Stoffaustausch (Ionen) stattfindet. Dabei laufen zwei Teilreaktionen örtlich voneinander getrennt ab:

- anodische Teilreaktion (Metallauflösung),
- kathodische Teilreaktion (Bildung von Korrosionsprodukten).

Als wesentliche Voraussetzung für den Ablauf des elektrochemischen Korrosionsprozesses ist anzusehen:

- Es müssen mindestens *zwei Metallphasen* mit unterschiedlichen elektrochemischen Potenzialen vorhanden sein, die elektrisch leitend miteinander verbunden sind. Diese beiden Metallphasen können auch auf einem Werkstück existieren, weil durch Gefügeunterschiede im Werkstoff selbst oder infolge lokaler Verunreinigungen unterschiedliche Potenziale entstehen können.

- Es muss ein *Elektrolyt* (Medium) vorhanden sein, das ionenleitfähig (ionenstromleitend) ist.

3.4.4 Korrosion der Metalle in wässrigen Medien

Wässrige Medien sind Elektrolytlösungen, die Kationen und Anionen der im Wasser gelösten Stoffe (Säuren, Basen, Salze) enthalten. Sie sind Ionenleiter, d.h. der Stromtransport erfolgt durch Wanderung von Kationen und Anionen unter der Wirkung eines elektrischen Feldes. Die Leitfähigkeit liegt zwischen 10^{-4} und 10^{2} S/m. Je stärker der Dissoziationsgrad der gelösten Stoffe, desto stärker ist das elektrische Leitvermögen.

Auch Gase können in Wasser gelöst sein. Ihre Gleichgewichtskonzentration ist nach dem Henry'schen Gesetz dem Partialdruck des Gases p_i über der Lösung proportional. Für die Korrosion ist besonders der in allen natürlichen Wässern und in den meisten in der Technik verwendeten Medien gelöste Sauerstoff von Bedeutung. Die Löslichkeit von Gasen sinkt in Gegenwart gelöster Salze mit deren Konzentration sowie mit steigender Temperatur (Tabelle 3-20).

Tabelle 3-20 Löslichkeit von Sauerstoff

Temperatur [°C]	Lösung/Gas H_2O/O_2 [cm^3/l]	0,5 molare $NaCl/O_2$ [cm^3/l]	H_2O/Luft [cm^3/l]
15	34,1	29,2	7,04
25	28,3	24,0	5,78
80	17,6	–	–

3.4.4.1 Grundlagen der elektrolytischen Korrosion

Die meisten in der Praxis vorkommenden Korrosionsvorgänge sind elektrochemischer Natur.

Unter Einwirkung von Feuchtigkeit findet an der Phasengrenze Metall/Elektrolytlösung ein Stoff- und Ladungstransport in Form von Ionen und Elektronen statt. Zwei Teilreaktionen, die anodische und kathodische Reaktion, müssen gleichzeitig, können aber örtlich getrennt voneinander ablaufen. Die *anodische Teilreaktion* ist eine Oxidation mit materialzerstörendem Charakter:

$$Me \rightarrow Me^{n+} + ne^{-}$$

Sie ist gleichbedeutend mit einer Metallauflösung in Metallionen unter Abgabe von Elektronen. Der Bereich der Metallauflösung wird bei der Mischelektrode als Anode (Pluspol) bezeichnet. Hier tritt ein Gleichstrom in die ionenleitende Phase (Elektrolyt) ein.

An der Phasengrenze werden dann die frei gewordenen Elektronen durch im Elektrolyten vorhandene oxidierende Stoffe gebunden (kathodische Teilreaktion). In den meisten Fällen von Korrosion in schwach saurem bis alkalischem Milieu, wie z.B. Korrosion in der Atmosphäre, in Wässern, in Böden oder bei Kontakt mit Baustoffen, ist das Oxidationsmittel im Elektrolyt gelöster Sauerstoff.

Es findet eine Reduktion von Sauerstoff statt, so dass OH^--Ionen für die spätere Metalloxidbildung frei werden (kathodische Teilreaktion):

$$\frac{1}{2} O_2 + H_2O + 2e^{-} \rightarrow 2OH^{-}$$

Der Bereich der Mischelektrode, in der die kathodische Teilreaktion abläuft, ist die Kathode (Minuspol). Hier tritt der Gleichstrom aus der ionenleitenden Phase (Elektrolyt) wieder in das Metall ein.

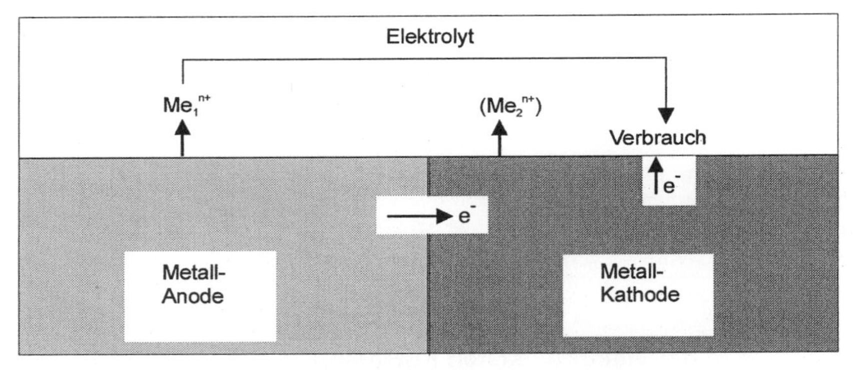

Bild 3-54 Korrosionselement

Bei elektrochemischen Korrosionsvorgängen läuft die Oxidation der Metallatome und die Reduktion des Oxidationsmittels an örtlich getrennten Bereichen der Metalloberfläche ab, wobei sich ein Stromkreis bestehend aus einem Elektronenstrom im Metall und einem Ionenstrom im Elektrolyten ausbildet (Bild 3-54). Sind die Teilvorgänge und damit die Teilstromdichten der Anoden- und Kathodenreaktion zeitlich und örtlich gleichmäßig über die Metalloberfläche verteilt, dann liegt eine homogene Mischelektrode und damit eine gleichmäßige Flächenkorrosion vor. Sind die anodischen und kathodischen Teilstromdichten örtlich unterschiedlich verteilt, bilden sich endliche Bereiche mit vorwiegend anodischem bzw. kathodischem Charakter aus. Diese örtliche Konzentration führt zur Bildung von heterogenen Mischelektroden. Viele örtliche Korrosionserscheinungen sind auf heterogene Mischelektroden zurückzuführen, so etwa die Loch-, Spalt-, Kontakt-, Spannungsriss- und Schwingungsrisskorrosion.

Zur Entstehung der elektrochemischen Korrosion müssen anodische und kathodische Teilreaktionen gleichermaßen ablaufen können. Sofern das Metall sich aktiv verhält, ist eine ungehinderte Metallauflösung möglich. Die frei gewordenen Elektronen können nur durch die Anwesenheit eines Oxidationsmittels (meist Sauerstoff, seltener Wasserstoff) an der Kathode gebunden werden. Passiv- oder nichtleitende Oxid- bzw. Deckschichten an der Metalloberfläche können die kathodische Reaktion behindern (z.B. Patinabildung bei Aluminium, Kupfer, Zink), weil keine Elektronen zur Kathode gelangen können, und sich somit kein Stromfluss einstellen kann. Von der anodischen und kathodischen Teilreaktion bestimmt die langsamste (die gehemmteste) die Korrosionsgeschwindigkeit. Bei einem unlegierten Stahl in wässriger Lösung mit gehemmtem Zutritt von Sauerstoff ist die Wasserstoffreduktion an der Kathode gehemmt. In diesem Fall herrscht eine kathodisch gesteuerte Korrosion vor. Umgekehrt gibt es auch anodisch gesteuerte Korrosionsvorgänge, z.B. bei Verwendung von legierten Stählen.

Voraussetzung für eine elektrochemische Korrosion sind hauptsächlich Potenzialunterschiede auf der Metalloberfläche. Des Weiteren müssen weitere Bedingungen erfüllt sein:

- Anode und Kathode müssen elektrisch (über das Metall) und elektrolytisch (über den Elektrolyten) miteinander verbunden sein.
- Die anodische Metallauflösung muss ungehindert ablaufen können.
- An der Kathode werden die bei der Metallauflösung frei werdenden Elektronen gebunden.

Die Ausbildung einer *Potenzialdifferenz* ist Grundvoraussetzung für die Entstehung einer elektrochemischen Korrosion. Als Potenzial ist eine Spannungsdifferenz infolge von elektrischer Ladungstrennung zu verstehen. Das Potenzial eines Metalls gilt als ein Anhaltswert für das Auflösungsbestreben, d.h. wie schnell das Metall durch Elektronenabgabe in die positiv geladene Ionenform übergehen will. Die Potenzialdifferenz kann zum einen auf unterschiedlichen elektrochemischen Potenzialen zweier elektrisch leitend miteinander verbundenen Metallphasen beruhen. Dies ist entweder der Fall, wenn zwei unterschiedliche Metalle aufeinandertreffen oder wenn in einem Werkstoff selbst Gefügeunterschiede, Fremdatome oder Gefügedeformationen (örtliche Verfestigungen) auftreten.

Zum anderen können auch Konzentrationsunterschiede im elektrisch leitenden Elektrolyten, der die Metalloberfläche benetzt, zu korrosionsauslösenden Potenzialdifferenzen führen. Ein wesentlicher Grund für Konzentrationsunterschiede im Elektrolyten ist oftmals unterschiedlich starker Sauerstoffzutritt (Belüftung) einzelner Bereiche der benetzten Metalloberfläche. Diesen Fall bezeichnet man in der Technik als Belüftungselement. In einem Korrosionselement sind oft die Anoden schwächer, die Kathoden dagegen stärker belüftet, wodurch sich eine Potenzialdifferenz aufbaut. Die Anode hat stets das negativere Potenzial.

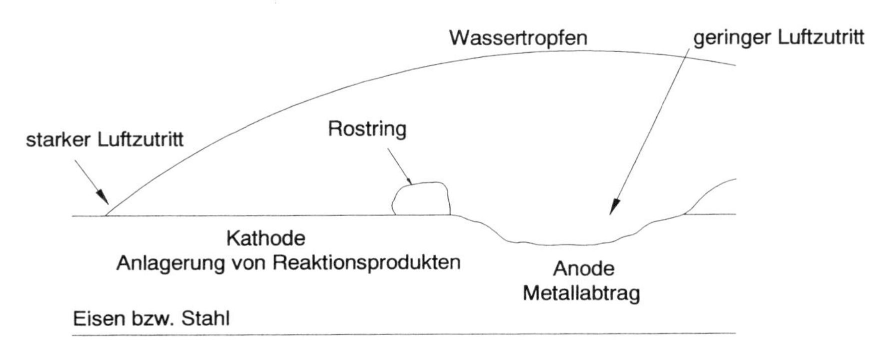

Bild 3-55 Wirkungsweise eines Belüftungselementes

Unterschiedlich stark belüftete Bereiche auf einer Metalloberfläche können ebenfalls entstehen, wenn sich örtlich Schmutzablagerungen ansammeln und den Sauerstoffzutritt zum Metall unter der Ablagerung behindern oder wenn eine Korrosionsschutzschicht defekte Stellen aufweist (Bild 3-56).

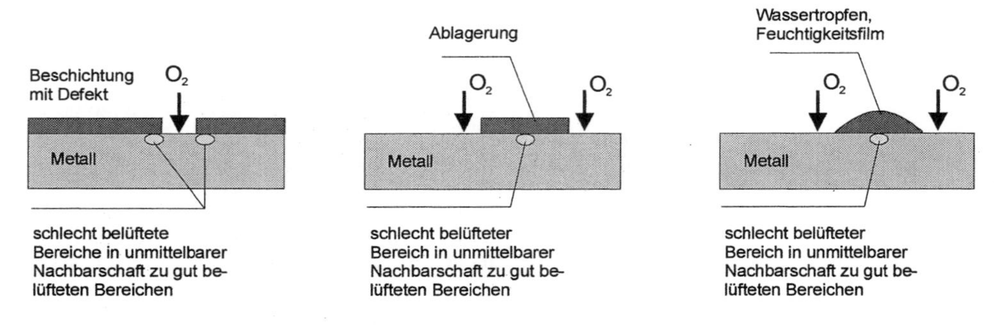

Bild 3-56 Arten von Belüftungselementen

3.4.4.2 Elektrochemische Spannungsreihe

Metalle haben, wenn sie in einen Elektrolyten getaucht werden, das Bestreben, ihre Atome in Form positiver Kationen in Lösung zu geben. Die treibende Kraft für dieses Auflösungsverhalten nennt sich Lösungsdruck und ist von der Bindungsenergie der Atome abhängig, also eine reine Stoffeigenschaft. Das Auflösungsbestreben ist je nach Metall und Elektrolyt (Angriffsmittel) verschieden. Zur Kennzeichnung der Ionisierbarkeit von Metallen (Auflösung) dient die elektrochemische Spannungsreihe, in der die Metalle von oben nach unten mit abnehmendem Auflösungsbestreben geordnet sind (Tabelle 3-21). Da zwischen Metall und Lösung während des Korrosionsvorganges elektrische Ströme fließen, baut sich dort folglich eine Spannungsdifferenz auf, die auch als Potenzialdifferenz bezeichnet wird. Je negativer das Potenzial, desto höher der Stromfluss und desto stärker und schneller vollzieht sich die Auflösung des Metalls in der Lösung.

Die Spannungsreihe beinhaltet eine Ordnung der Metalle entsprechend ihres Standardpotenzials E^0 (Normalpotenzial) in Bezug zur Wasserstoffelektrode als Vergleichselektrode in einem schwach saurem Elektrolyten. Als Nullpunkt dieser Reihe ergibt sich das Potenzial der Wasserstoffelektrode selbst (Tabelle 3-21). Negative Potenziale charakterisieren unedle Metalle, also Metalle mit einem hohem Auflösungsbestreben. Diese Metalle gehen sehr schnell eine Verbindung mit anderen Stoffen ein. Dagegen besitzen die edlen Metalle positive Standardpotenziale und sind zunehmend unlöslicher.

Die Spannungsreihe gibt einen ungefähren Anhalt dafür, welches von zwei Metallen in einem Elektrolyten gelöst wird. Befinden sich Eisen und Kupfer in einem Korrosionselement wird das Eisen zur Anode und wird aufgelöst, während Kupfer intakt bleibt.

Die Aussagefähigkeit bzw. Anwendbarkeit der Spannungsreihe für praktische Korrosionsfälle wird häufig überschätzt. Tatsächlich lassen sich für das Korrosionsverhalten eines Metalls in einem bestimmten System bzw. einer Kombination zweier Metalle nur erste Anhaltspunkte oder Tendenzen aus der elektrochemischen Spannungsreihe ableiten. Dafür gibt es eine Reihe von Gründen:

- Thermodynamische Daten, wie das Normalpotenzial, beziehen sich auf reine Elemente. In der Praxis aber werden technische Metalle oder Legierungen verwendet. Es liegen dann auch keine Standard- bzw. Idealbedingungen vor.
- Durch die Bildung von Deckschichten (z.B. Patina bei Kupfer) oder anderen Hemmungserscheinungen für den Durchtritt von Elektronen an der Phasengrenze (z.B. Wasserstoffabscheidung als Gasblasenfilm an der Metalloberfläche) stellt sich kein Gleichgewicht an der Phasengrenze ein. Es kommt zu einer Anreicherung von Elektronen. Diesen Vorgang nennt man Überspannung. Er führt zu einer Passivität der Metalle (vgl. Bild 3-57).

Tabelle 3-21 Elektrochemische Spannungsreihe

Metall	gebildetes Kation	Standard-potenzial $E°$	praktisches Potenzial *EH* bei		
	$Me \leftrightarrow Me^{n+} + ne^-$	[V]	pH = 6 [V]	pH = 7 [V]	
Magnesium	Mg^{2+}	- 2,34			unedle Metalle $E° < 0$
Titan	Ti^{2+}	- 1,75	+ 0,2	- 0,1	
Aluminium	Al^{3+}	- 1,67	- 0,2	- 0,7	
Zink	Zn^{2+}	- 0,76	- 0,8	- 0,3	
Chrom	Cr^{2+}	- 0,71	- 0,2	- 0,3	
Eisen	Fe^{2+}	- 0,44	- 0,4	- 0,3	
Nickel	Ni^{2+}	- 0,25	+ 0,1	+ 0,04	
Zinn	Sn^{2+}	- 0,14	- 0,3	- 0,8	
Blei	Pb^{2+}	- 0,13	- 0,3	- 0,2	
Wasserstoff	H^+	0			$E° = 0$
Kupfer	Cu^{2+}	+ 0,34	+ 0,2	+ 0,1	edle Metalle $E° > 0$
Silber	Ag^+	+ 0,80	+ 0,2	+ 0,15	
Platin	Pt^{2+}	+ 1,20			
Gold	Au^{2+}	+ 1,68	+ 0,3	+ 0,2	

Dem Bedürfnis der Praxis nach einfachen und überschaubaren Regeln, z.B. für den Einsatz von Werkstoffverbundstoffen unter bestimmten korrosiven Bedingungen, tragen die praktischen Spannungsreihen (praktische Potenziale) Rechnung. Sie enthalten Ruhepotenziale technischer Metalle und Legierungen in häufig vorkommenden Medien wie Brauchwasser, künstlichem Meerwasser oder Kochsalzlösung, die nach Vorzeichen und Betrag geordnet sind. Die Eignung einer Werkstoffpaarung nimmt dabei für den Einsatz unter den gegebenen Bedingungen mit zunehmender „Entfernung", d.h. zunehmender Potenzialdifferenz ΔU ab.

3.4.5 Passivität und Inhibition

In einer Reihe von Fällen erleiden Metalle und Legierungen beim Einbringen in ein Korrosionsmedium nur anfänglich einen Angriff, z.B. Eisen in konzentrierter Salpetersäure. Danach sinkt die Korrosionsgeschwindigkeit plötzlich ab, das Metall verhält sich zunehmend passiv, es ist praktisch vor weiterer Korrosion geschützt. Die anodische Stromdichte-Potenzial-Kurve (*i*-*U*-Kurve) eines passivierbaren Metalls ist durch einen Rückgang der Stromdichte bei steigendem Potenzial gekennzeichnet (Bild 3-57).

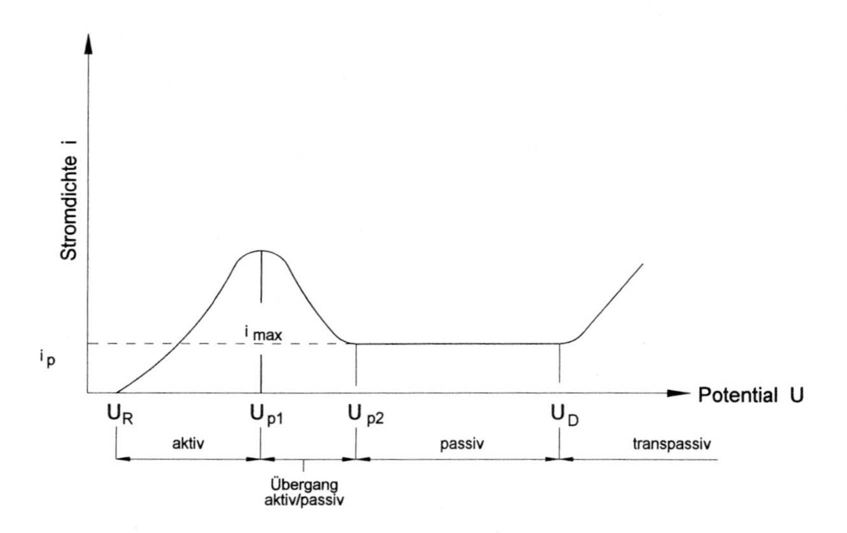

Bild 3-57 Anodische Stromdichte-Potenzial-Kurve eines passivierbaren Metalls

Der Zustand des Metalls im Bereich der stark verringerten Stromdichte wird als passiv und die Gesamterscheinung als *Passivität* (Überspannung) bezeichnet. Stromdichte ist der Quotient aus Stromstärke und wirksamer Elektrodenfläche bei der Elektrolyse.

Grundsätzlich lassen sich verschiedene charakteristische Abschnitte der *i*-*U*-Kurve unterscheiden. Im Aktivbereich gehen die Metallionen direkt in die Lösung über (Korrosion ist dann möglich). Bei höheren Potenzialen reagiert das Metall außerdem mit Wasser und bildet Metalloxid, das sich schließlich zu einer meist sehr dünnen (bis 10 nm), porenfreien und festhaftenden Deckschicht (Passivschicht) formiert. Im Verlauf der Passivschichtbildung fällt die Stromdichte nach Durchlaufen eines Maximalwertes i_{max} beim Passivierungspotenzial Up1 wieder ab. Am Potenzial U_{p2} ist der Bedeckungsvorgang und damit der Aktiv-Passiv-Übergang abgeschlossen. Die dann noch bestehende Passivstromdichte i_p entspricht der stark verringerten Korrosion des Metalls im passiven Zustand. Sie beträgt z.B. für Eisen, dessen maximale Stromdichte bei U_{p1} sich in neutralen Lösungen auf ungefähr 10^{-3}A/cm² beläuft, nur noch etwa 10^{-8} A/cm².

Bei Metallen mit elektronenleitenden Passivschichten wie Fe, Ni, Cr ist mit Überschreiten eines bestimmten Durchbruchpotenzials U_D ein neuerliches Ansteigen der Stromdichte gegeben. Dieser Potenzialbereich wird als Transpassivbereich bezeichnet. Ursache dafür ist eine Strukturänderung (damit auch Leitänderung) der Passivschicht.

Mit der Ausbildung von Passivschichten wird eine vollständige Trennung des Metalls vom korrosiven Medium und damit eine weitgehende Korrosionsbeständigkeit erreicht. Aufwachsende Oxidschichten, die selbst keine hohe Korrosionsbeständigkeit aufweisen, durch ihre Anwesenheit jedoch einen weiteren Zutritt des korrosiven Mediums an das Metall erschweren, werden Deckschichten genannt. Dies ist zum Beispiel bei wetterfesten Baustählen der Fall. Die Ausbildung von Passiv- bzw. Deckschichten besonders auf Aluminium und Zink behindert die kathodische Teilreaktion der elektrochemischen Korrosion, weil diese Schichten nicht elektronenleitend sind.

Der passive Zustand ist für den praktischen Einsatz der Werkstoffe von großem Interesse. Hochlegierte Stähle mit Chrom- und Nickelanteilen sowie mit Silicium und Aluminium legiertes Sondergusseisen bilden bereits an der Luft Passivschichten aus. Sie sind in solchen Elektrolyten beständig, die den passiven Zustand auf der gesamten Oberfläche aufrechterhalten. Andere Metalle müssen erst künstlich passiviert werden. Dazu polarisiert man z.B. mit Hilfe einer äußeren Gleichspannungsquelle das Metall soweit, dass es die Stromdichte-Potenzial-Kurve bis zu einem Potenzial $U \geq U_{p2}$ durchläuft, wobei eine Stromdichte $i \geq i_{max}$ aufgebracht werden muss. Dieses Verfahren wird als anodischer Schutz bezeichnet.

Eine andere Möglichkeit, die Korrosionsgeschwindigkeit zu vermindern, besteht darin, dass an der Werkstoffoberfläche geeignete Verbindungen aus dem umgebenden Medium adsorbiert (angelagert) werden. Stoffe, die dem Korrosionsmittel absichtlich zugesetzt werden und die die Korrosion zu hemmen vermögen, werden als *Inhibitoren* bezeichnet. Sie sind vorzugsweise im aktiven Zustand der Werkstoffe wirksam, wie bei der Säurekorrosion und beim Beizen (z.B. von Blechen zur Entfernung des Walzzunders). Es wird angenommen, dass sie über die Bildung eines Adsorptionsfilms die Metalloberfläche blockieren und die Metallauflösung (Korrosion) erschweren.

3.4.6 Erscheinungsformen der Korrosion

Auf die möglichen Erscheinungsformen der Korrosion wurde bereits in Tabelle 3-19 hingewiesen. Nachfolgend sollen diese Erscheinungsformen näher betrachtet werden.

3.4.6.1 Gleichmäßige Flächenkorrosion

Eine korrodierende Metalloberfläche ist vereinfacht eine Ansammlung elektrochemischer Elemente mit Bereichen anodischer Metallauflösung (Anoden) und nicht angegriffenen Stellen (Kathoden). Der Abstand von Anode zu Kathode kann von mikroskopisch kleinen Abständen bis zu mehreren Metern reichen. Wenn die Anoden und Kathoden sehr eng neben einander liegen, gleichmäßig auf der Metalloberfläche verteilt sind und häufig ihre Lage ändern, dann erfolgt ein mehr oder weniger gleichmäßiger Flächenabtrag. In diesem Fall spricht man von gleichmäßiger Flächenkorrosion.

Die Abtragungsrate dieser Korrosionsart ist relativ gering und wird durch anhaftende Korrosionsprodukte (Rost) gehemmt. Dementsprechend geht die Querschnittsschwächung eines Bauteils relativ langsam vor sich. Wegen der guten Erkennbarkeit dieser Korrosionsart sind Gegenmaßnahmen vor Eintritt eines Korrosionsschadens möglich. Vor allem für die atmosphärische Korrosion von aktiven Baumetallen (Stahl, verzinkter Stahl) ist dies typisch (vgl. Abschnitt 3.4.10.2). Aktive Metalle bilden keine diffusionsdichte und damit korrosionshemmende Schicht von Korrosionsprodukten. Bild 3-58 zeigt die Erscheinungsform.

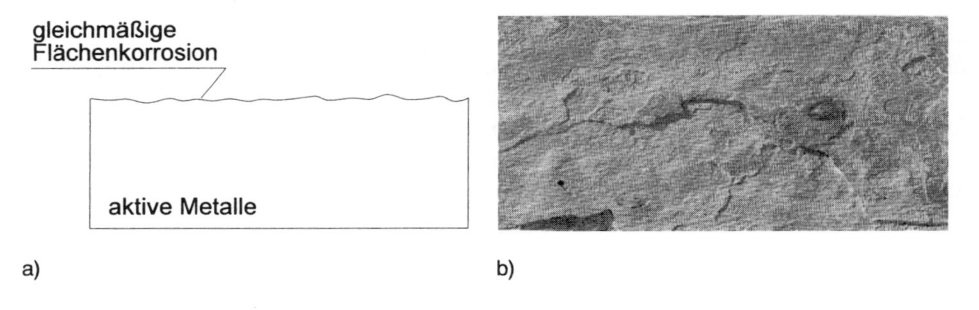

Bild 3-58 Gleichmäßige Flächenkorrosion [3.4]
a) schematisch, b) Flächenkorrosion an unlegiertem Baustahl

3.4.6.2 Mulden- und Lochkorrosion

Haben Anode und Kathode bei elektrochemischer Korrosion endliche Ausdehnungen und laufen die Teilprozesse örtlich weiter getrennt voneinander ab, findet eine Lokalkorrosion (lokal begrenzte Korrosion) statt. Im ungünstigsten Fall konzentriert sich die Metallauflösung auf kleinste Oberflächenbereiche. Es bilden sich schnell kraterförmige, nadelstichartige oder auch die Oberfläche unterhöhlende Vertiefungen aus. Ein derart betroffenes Bauteil gelangt schnell in den Versagenszustand, weil starke örtliche Querschnittsschwächungen zu Überlastung führen.

Zu unterscheiden sind Mulden- und Lochkorrosion. Mulden sind flacher und haben einen größeren Durchmesser als Löcher. Außerhalb der Mulde kann flächenhafter Abtrag erfolgen, oft überlagern sich beide Erscheinungsformen. In Bild 3-59 ist die Muldenkorrosion dargestellt.

Bei der Lochkorrosion dagegen ist die Tiefe wesentlich größer als der Lochdurchmesser und außerhalb liegt meist kein Flächenabtrag vor. Sie tritt vorwiegend bei passiven Metallen, wie Aluminium oder Chrom-Nickel-Stählen, an der Luft oder bei Betonstahl im Beton unter Wirkung von Chloriden auf. Unter idealen Bedingungen bilden passive Metalle korrosionshemmende Schutzschichten. Sind diese örtlich geschädigt, erfolgt ein lokaler Angriff des freiliegenden Metalls. Auch bei intakter Schutzschicht ist eine Lochkorrosion möglich, wenn so genannte Depassivatoren die schützende Oxidschicht lokal durchdringen und dort den passiven Zustand aufheben. Zu einer lokalen Aufhebung des passiven Zustandes sind vor allem Halogenidionen wie Chlorid-, Bromid- und Jodidionen (Cl^-, Br^-, J^-) befähigt.

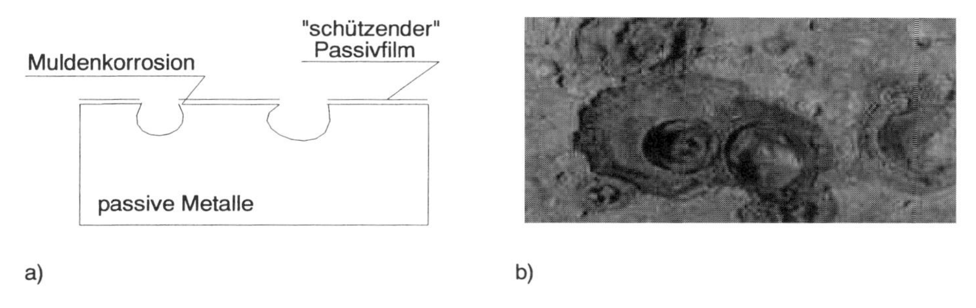

Bild 3-59 Erscheinungsform der Muldenkorrosion [3.4]
a) schematisch, b) Muldenkorrosion an verzinktem Stahl mit örtlich defekter Zinkschicht

Der gesamte Vorgang der Lochkorrosion (Lochfraß) lässt sich zeitlich gesehen in die Lochbildung und das Lochwachstum unterteilen. Die Lochbildung wird durch die Adsorption (Anlagerung) geeigneter Ionen an der Oberfläche eingeleitet. Bevorzugt findet sie an Störstellen der Passivschicht statt. Es bilden sich Korrosionselemente mit kleinen aktiven Stellen als Anode und einer sehr großen passiven Umgebungsfläche als Kathode (Bild 3-60). Je größer die Kathode im Verhältnis zur Anode ist, desto schneller schreitet die Metallauflösung örtlich bei hoher anodischer Stromdichte rasch in die Tiefe fort.

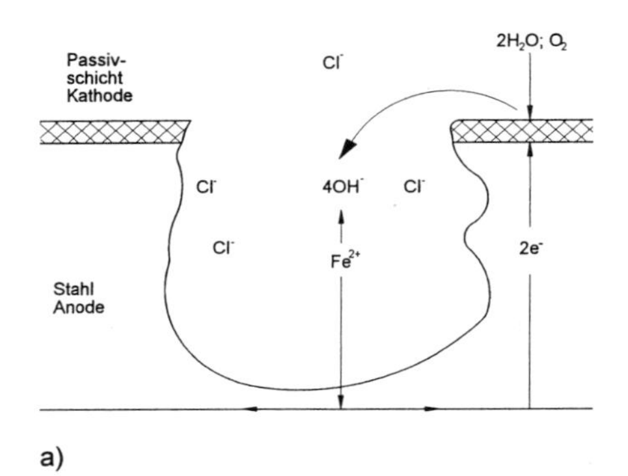

a)

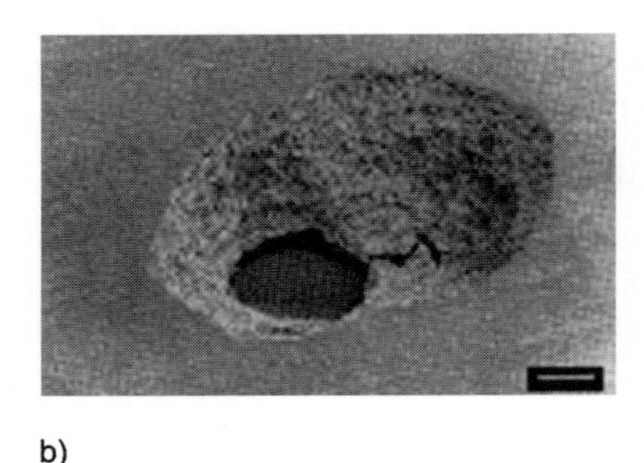

b)

Bild 3-60 Lochkorrosion durch Chlorideinwirkung [3.4]
a) schematisch, b) Chloridinduzierte Lochkorrosion bei einen Rohr aus Aluminium

Lochkorrosion führt rasch zur vollständigen Durchlöcherung. Gerade bei hochbeanspruchten Werkstoffen mit geringer Zähigkeit (z.B. Spannstähle) können durch Spannungsspitzen im Kerbgrund von Lochnarben Sprödbrüche und durch die Kerbwirkung Ermüdungsbrüche ausgelöst werden. Bevorzugt tritt auch Spannungsrisskorrosion auf.

Die Lochkorrosion (Lochfraß) lässt sich vermeiden, wenn die Halogenidionen aus der Lösung entfernt werden oder wenn das Metallpotenzial auf einen Wert unterhalb des Lochfraßpotenziales gesenkt wird. Letzteres ist z.B. durch ein kathodisches Schutzverfahren möglich. Die Beständigkeit gegen Lochfraß kann ferner von der Metallseite her durch Legierungszusätze wie Cr, Mo und Ni bei Stählen erhöht werden.

3.4.6.3 Spaltkorrosion

Spaltkorrosion gehört zu den konstruktiv bedingten Lokalkorrosionen. Hierunter ist eine örtlich verstärkte Korrosion (Flächen-, Mulden- und Lochkorrosion) an nicht einschaubaren Stellen, z.B. Spalten, zu verstehen. Spaltkorrosion ist vorrangig auf Belüftungselemente zurückzuführen.

Im Spalt kann einerseits ein Mangel an Sauerstoff eintreten, wodurch der Elektrolyt im Spalt sauerstoffärmer als außerhalb des Spalts ist. Dadurch ergeben sich im Elektrolyten korrosionsauslösende Konzentrationsunterschiede an gelöstem Sauerstoff (Bild 3-61).

Da in Spalten die Feuchtigkeit länger zurückgehalten wird, liegt auch eine zeitlich längere Korrosionsbeanspruchung vor. Wegen dieser Zusammenhänge bilden sich im Spalt bevorzugt die anodischen Bereiche mit einem verstärktem Metallabtrag aus.

Die Spaltgeometrie hat einen wesentlichen Einfluss auf die Belüftung und die Wasserhaltung. Deshalb wird Spaltkorrosion durch konstruktive Gestaltung maßgebend beeinflusst.

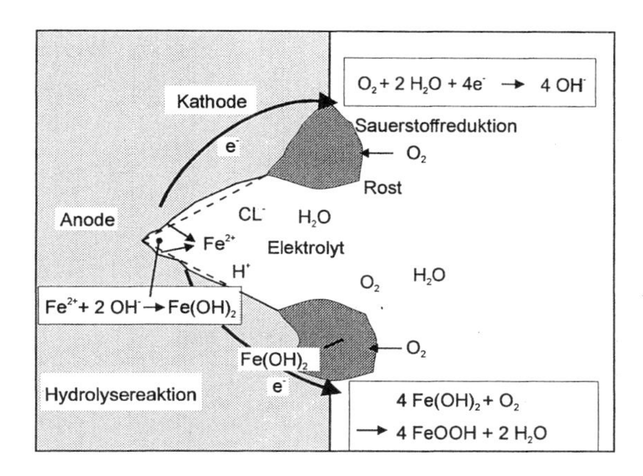

Bild 3-61 Spaltkorrosion

Im Bauwesen spielt diese Korrosionserscheinung bei Nieten- und Schraubverbindungen eine große Rolle. Mit Zunahme der Spalttiefe nimmt die Sauerstoffkonzentration ab. Die Spaltkorrosion setzt an Stellen niedriger O_2-Konzentration ein. Auch in einem Spalt zwischen einem Metall und einem Nichtmetall (z.B. Kunststoffabdichtung) kann es zu Spaltkorrosion kommen.

3.4.6.4 Kontaktkorrosion

Kontaktkorrosion ist möglich, wenn zwei Metalle mit unterschiedlichem elektrochemischen Potenzial miteinander sowohl in elektrischem (Elektronenfluss) als auch elektrolytischem (Ionenfluss über den Elektrolyten) Kontakt stehen.

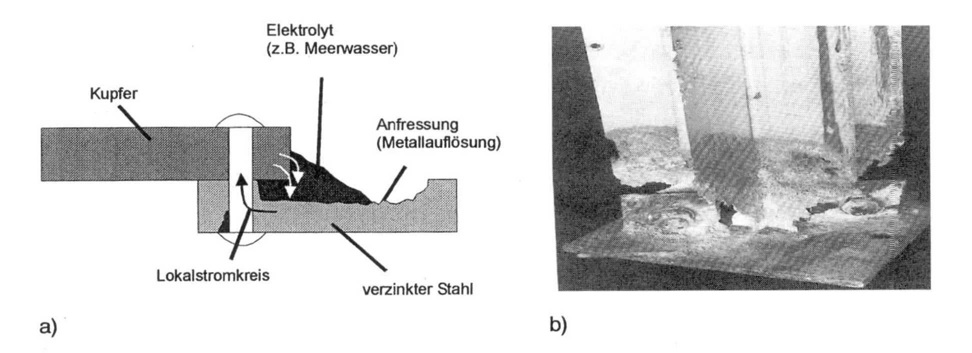

Bild 3-62 Kontaktkorrosion [3.4]
a) schematisch, b) Kontaktkorrosion zwischen einer Aluminiumstütze und einer Platte aus unlegiertem Stahl

Es kommt zum Stromfluss zwischen anodischen (unedel) und kathodischen (edel) Werkstoffbereichen. Dabei tritt eine verstärkte Korrosion und Auflösung des unedleren Partners ein.

Die Kontaktkorrosion ist um so heftiger, je weiter die Metalle in der Spannungsreihe auseinander liegen und je größer die Kathode im Verhältnis zur Anode ist. Häufig anzutreffen ist diese Korrosionsform bei Mischbaukonstruktionen z.B. bei Schraubverbindungen zwischen Mutter und Unterlegscheibe. Eiserne Rohrleitungen können dagegen problemlos in Verbindung mit Messingarmaturen montiert werden, weil die Kathode (Messingarmatur) sehr klein ist im Verhältnis zur großen Anode (Stahlrohre).

Zur Abschätzung der Gefährdung durch Kontaktkorrosion gibt die Normalspannungsreihe der Metalle, besser jedoch die praktische Spannungsreihe, Anhaltswerte (vgl. Abschnitt 3.4.4.2).

3.4.6.5 Spannungsrisskorrosion

Elektrochemische Risskorrosion ist im Allgemeinen die gefährlichste Korrosionsart, da sie bis zum Schadensfall nur mikroskopisch zu erkennen ist. Der Korrosionsangriff kann entweder entlang der Korngrenzen des Metalls stattfinden (interkristalline Korrosion) oder durch die Körner hindurchgehen (transkristalline Korrosion). Wenn die Risskorrosion durch eine mechanische Zugspannung gefördert wird, spricht man von Spannungsrisskorrosion (interkristallin oder transkristallin). Die Spannungsrisskorrosion führt oft zu einer sehr schnellen Zerstörung des Bauteils, da durch die Zugspannung die Rissfortpflanzung beschleunigt wird. Sie führt ohne sichtbare Veränderungen der Metalloberfläche zum plötzlichen Versagen (Undichtwerden von Behältern, Einsturz von Konstruktionen). Die Rissausbreitungsgeschwindigkeit ist sehr hoch, mitunter vergehen vom Anriss bis zum Bauteilversagen nur Tage. Vielfach treten bei Spannungsrisskorrosion keinerlei Korrosionsprodukte in erkennbaren Mengen auf. Oft geht der Rissausbildung eine Lochkorrosion voraus.

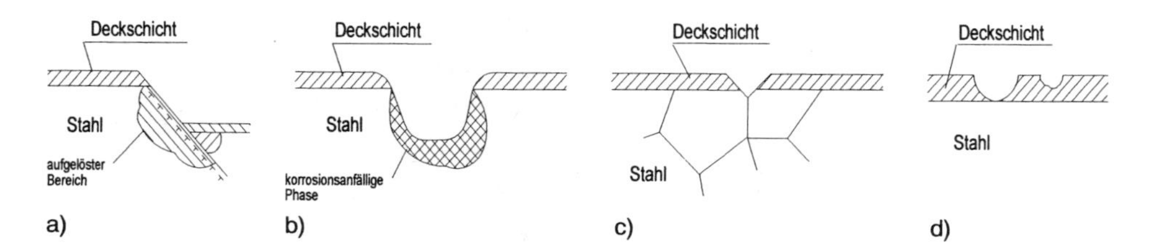

Bild 3-63 Schematische Darstellung von Schwachstellen, die an mit Deckschichten behafteten Oberflächen zur anodischen Spannungsrisskorrosion führen
a) Gleitstufe, b) korrosionsanfällige Phase, c) Korngrenze, d) lokale Schwachstellen der Stahlschicht

Ebenso wie die Lochkorrosion wird die Spannungsrisskorrosion überwiegend an deckschichtbildenden metallischen Werkstoffen (passiven Metallen) wie un-, niedrig- und hochlegierten Stählen, Nickellegierungen, Aluminium, Messing oder Magnesium beobachtet. Sie tritt immer dann auf, wenn ein Metall unter einer äußeren oder inneren Zugspannung steht und gleichzeitig ein bestimmtes Korrosionsmittel einwirkt. Hinsichtlich des zur Zerstörung führenden Vorgangs unterscheidet man zwischen anodischer und kathodischer (wasserstoffinduzierter) Spannungsrisskorrosion, die in bestimmten Fällen auch kombiniert auftreten können.

Bei der anodischen Spannungsrisskorrosion wird der Vorgang der Risseinleitung (Rissbildung) durch anodische Auflösungsprozesse an der Werkstoffoberfläche und die Rissausbreitung durch anodische Metallauflösung an der Rissspitze bestimmt. Es besteht die Vorstellung, dass das Korrosionsmedium, das vielfach Halogenidionen (z.B. Chloride) enthält, die Deckschicht örtlich an Defektstellen (Bild 3-63) zerstört und unterwandert. Die sich daran anschließende Auflösung des Grundwerkstoffes führt zur Bildung von Oberflächenkerben. Ist die Kerbe ausreichend scharf, dann können sich im Kerbgrund Risse bilden. Infolge der erhöhten Spannung an der Rissspitze und der Einwirkung des Korrosionsmediums breitet sich der Riss bis zum nächsten Hindernis aus. Dort wird erneut durch den Auflösungsprozess eine Kerbe gebildet, von der aus sich wiederum Risse ins Werkstoffinnere ausbreiten. Die wirkenden Zugspannungen verhindern oder stören eine selbsttätige Passivschichtausbildung des Werkstoffes im Rissgrund. Damit aktivieren sie die elektrochemischen Vorgänge mit materialzerstörendem Charakter. Durch die Querschnittsschwächung erhöhen sich wiederum die Zugspannungen mit wachsender Gefahr der Rissfortpflanzung. Folglich stimulieren sich die elektrochemische Korrosion und mechanischen Zugspannungen gegenseitig.

Die kathodische Spannungsrisskorrosion, auch als Wasserstoffversprödung bezeichnet, tritt in Korrosionsmedien wie H_2S, NH_3, HCN auf, bei denen im kathodischen Teilvorgang atomarer Wasserstoff H_{ad} gebildet wird, der in den Werkstoff hineindiffundiert und ihn versprödet. Günstige Bedingungen hierfür liegen in plastisch verformten Materialbereichen vor. Als Ursachen für die Versprödung sind die Rekombination des Wasserstoffs (Molekülbildung $2\ H_{ad} \rightarrow H_2$ mit einhergehender Volumenvergrößerung) und die damit verbundene Spannungserhöhung im Metallgitter anzusehen (vgl. Abschnitt 3.4.9).

Der Rissverlauf kann unabhängig von der Entstehungsursache entlang den Korngrenzen des Gefüges (*interkristallin*) oder durch die Körner hindurch (*transkristallin*) erfolgen (Bild 3-64). In Bild 3-65 ist eine REM-Aufnahme einer Spannungsrisskorrosion dargestellt.

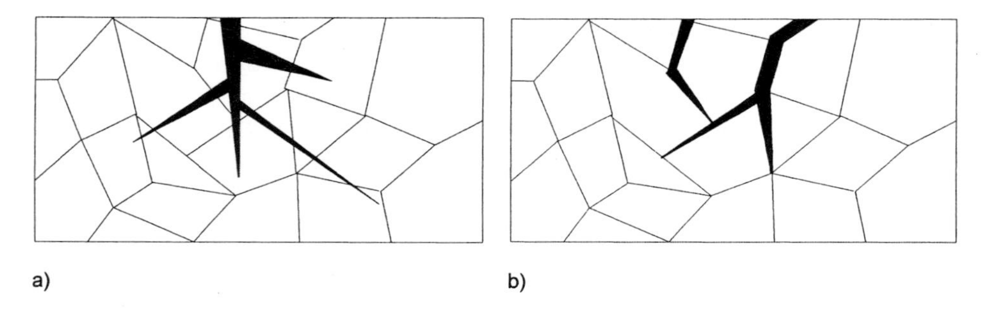

Bild 3-64 Rissverlauf bei der Spannungsrisskorrosion
a) transkristalline Korrosion, b) interkristalline Korrosion

Zur Vermeidung von Spannungsrisskorrosion genügt es eine der folgenden Einflussgrößen auszuschalten:

- Spannungsrissgefährdete Materialien vermeiden: Legierungstechnik erweitern; Einsatz bzw. Vermeidung bestimmter Wärmebehandlungen des Stahls.
- Durch geeignete Überzüge das Bauteil vor elektrochemischen Angriffen schützen: richtige konstruktive Gestaltung, enge Spalten vermeiden, anodische/kathodische Schutzmaßnahmen.
- Spannungskonzentrationen infolge ungünstiger Krafteinleitung oder konstruktiver Kerben vermeiden.

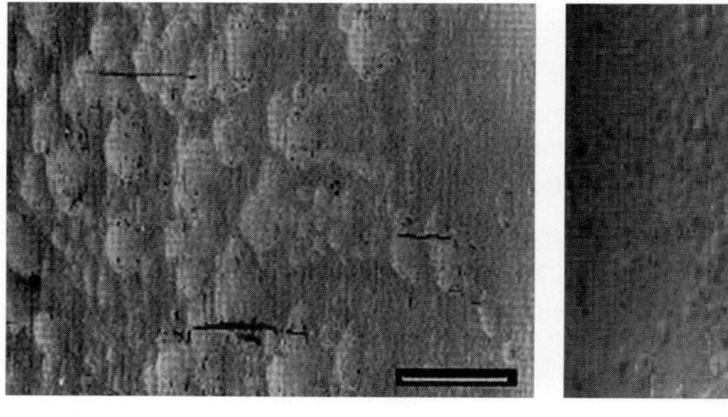

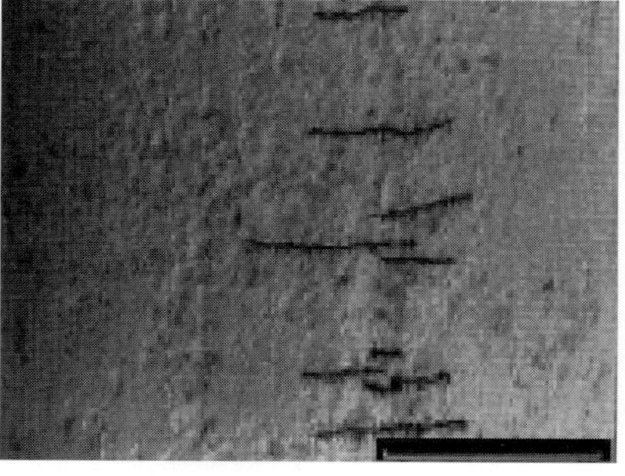

a) b)

Bild 3-65 Wasserstoffinduzierte Spannungsrisskorrosion an einem Spannstahl [3.4]
a) REM-Aufnahme, b) REM-Aufnahme vergrößert

3.4.6.6 Schwingungsrisskorrosion

Ist dem elektrochemischen Korrosionsvorgang eine zyklische Belastung (Wechsel-, Schwell- oder Zugschwellbelastung) überlagert, so kann eine Schwingungsrisskorrosion ausgelöst werden. Die kombinierte Wirkung kommt darin zum Ausdruck, dass die Wöhlerkurve (Schwingfestigkeitskurve) unter der für nichtkorrosive Bedingungen ermittelten liegt (Bild 3-66). Daher kann in diesem Fall nicht mehr mit einer ohne Korrosionseinfluss festgestellten Bruchschwingspielzahl gearbeitet werden, sondern nur eine Korrosionszeitfestigkeit angegeben werden.

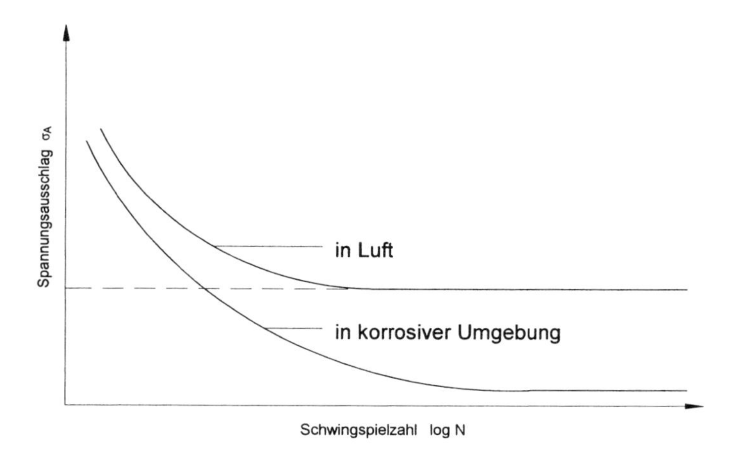

Bild 3-66 Veränderung der Wöhlerkurve durch Schwingungsrisskorrosion

Das kennzeichnende Erscheinungsbild der Schwingungsrisskorrosion sind Korrosionsrisse, die meist transkristallin (Risse durch die Gefügekörner hindurch) und stets senkrecht zur Hauptnormalspannung verlaufen.

Wie die Spannungsrisskorrosion gehört die Schwingungsrisskorrosion zu jenen Korrosionsarten, die plötzlich und unerwartet auftreten. Durch rasche Rissbildung und das Auftreten von verformungsarmen Brüchen (Sprödbrüche) können Bauteile schon nach kurzer Nutzungsdauer versagen. Korrosionsprodukte fehlen meist, so dass ein frühzeitiges Erkennen von Schwingungsrisskorrosion fast unmöglich ist. Betroffen von dieser Korrosionsart sind vor allem die geschweißten, stählernen Eisenbahn- und Straßenbrücken, Schweiß- oder Schraubverbindungen von Kranbahnen sowie Offshore-Konstruktionen. Im Massivbau sind vorrangig hochfeste Spannstähle bei Spannbetonkonstruktionen durch die Abminderung ihrer Schwingfestigkeit betroffen.

Ausgangspunkt für Risse sind Kerben durch Querschnittsübergänge oder Korrosionsnarben. Durch die Kerbwirkung liegt eine Spannungsüberhöhung vor, die eine Rissbildung begünstigt. Das gemeinsame Auftreten von mechanischen Spannungen und Korrosionsvorgängen führt zu einer Lokalisierung des elektrolytischen Angriffs und ermöglicht so stetig wachsende Risse, bis schließlich ein Restgewaltbruch eintritt. Vorrangig tritt die Schwingungsrisskorrosion an plastisch verformten Metalloberflächen auf.

Die Schwingungsrisskorrosion wird um so mehr begünstigt, je stärker der Korrosionsangriff, je niedriger die Frequenz und je höher die Anzahl der Schwingspiele ist. Bei langsamen Schwingspielen (niedrige Frequenz) ist die Dauer der korrosiven Beanspruchung und damit die korrosive Schädigung pro Schwingspiel größer als bei hohen Frequenzen.

Im Gegensatz zur Spannungsrisskorrosion ist die Schwingungsrisskorrosion weitgehend unabhängig von der Art des Metalls, seiner Zusammensetzung und Wärmebehandlung, da die Anrissbildung meist allein eine Folge der Gleitvorgänge, die mit der zyklischen Beanspruchung einsetzen, ist. Es gibt auch kein spezifisches Angriffsmedium, was die Schwingungsrisskorrosion bevorzugt auslöst. Sie kann praktisch in allen Medien ausgelöst werden.

Möglichkeiten zum Schutz vor Schwingungsrisskorrosion sind:

- Wahl eines korrosionsbeständigen Materials, z.B. nichtrostende Stähle,
- Berücksichtigung konstruktiver Gesichtspunkte, wie Vermeidung von Spannungskonzentrationen, Vermeidung von Kerbwirkungen, Verringerung der Schwingwirkung durch eine steifere Bauweise,
- Fernhalten von korrosiven Medien durch geeignete metallische/nichtmetallische Überzüge sowie
- kathodischer Korrosionsschutz.

3.4.7 Korrosion des Baustahls an der Atmosphäre

Unter atmosphärischer Korrosion versteht man die Gesamtheit der Korrosionsvorgänge, die unter natürlichen klimatischen Bedingungen ablaufen (Außen- und Innenklima). Dabei können in Abhängigkeit von den jeweiligen Gegebenheiten sämtliche Korrosionserscheinungen auftreten.

Grundlage für die Korrosion metallischer Werkstoffe an der Atmosphäre sind (vgl. Abschnitt 3.4.4.1):

- eine ungehinderte Eisenauflösung an der Anode,
- die Anwesenheit von Sauerstoff an der Kathode und
- das Vorhandensein eines Elektrolyten mit möglichst hoher Ionenleitfähigkeit.

Nur wenn alle drei dieser Voraussetzungen im Verband erfüllt sind, ist eine Korrosion möglich.

Zur Verdeutlichung des Korrosionsvorganges soll das Korrosionsverhalten von Stahl in wässriger, sauerstoffhaltiger Lösung mit neutralem bis alkalischem Charakter erläutert werden. Das ist meist der Fall, wenn der unlegierte Stahl ungeschützt der Atmosphäre, dem Boden oder dem Wasser ausgesetzt ist, also der vorherrschende Fall in der Praxis. Auch bei korrosionsgeschützten Stählen, die eine Oberflächenschutzbeschichtung aufweisen, kann Korrosion auftreten, wenn die Schutzschicht kleinste Fehlstellen aufweist. In den meisten Fällen bildet sich das Korrosionselement in Form eines Belüftungselementes aus. Weil der Sauerstoff das Oxidationsmittel darstellt, wird diese Form der Korrosionsreaktion dem Sauerstofftypus (Sauerstoffkorrosion) zugeordnet.

Befindet sich auf einer unlegierten und ungeschützten Stahloberfläche ein Wassertropfen oder auch nur ein dünner Feuchtigkeitsfilm, so kommt es durch unterschiedliches Belüftungsverhalten (Sauerstoffzutritt) zu einer Ausbildung eines Potenzialgefälles zwischen einzelnen Bereichen der Metalloberfläche und damit zur Ausbildung von Anode/Anoden und Kathode/Kathoden. In Bereichen der Anode überwiegt die anodische Metallauflösung, die Sauerstoffreduktion ist an diesen Stellen gehemmt. Dagegen überwiegt in den Kathodenbereichen durch die kathodische Reduktion das positive Potenzial, hier ist örtlich die Metallauflösung gebremst.

In der eintretenden anodischen Reaktion geht das im Stahl enthaltene Eisen unter Elektronenabgabe als positives Ion in Lösung:

$$Fe \rightarrow Fe^{2+} + 2e^-$$

In der kathodischen Sauerstoffreduktion, bei welcher Sauerstoff mit Wasser unter Aufnahme von Elektronen schließlich OH^--Ionen bildet, wird der pH-Wert im oberflächennahen Bereich vom neutralen in das alkalische Milieu verschoben:

$$\frac{1}{2} O_2 + H_2O + 2e^- \rightarrow 2OH^-$$

Die Metallionen Fe^{2+}, die an der Anode freigesetzt werden, und die OH^--Ionen aus der Kathodenreaktion wandern im Elektrolyten dank ihrer positiven und negativen elektrischen Ladungen aufeinander zu und bilden das wasserlösliche Korrosionsprodukt Eisen(II)hydroxid:

$$Fe^{2+} + 2\,OH^- \rightarrow Fe(OH)_2$$

Die zwei Einzelreaktionen lassen sich auch in einer Gleichung zusammenfassen:

$$Fe + H_2O + \tfrac{1}{2}\,O_2 \rightarrow Fe(OH)_2$$

Das gebildete Eisen(II)-hydroxid wird, wenn der Elektrolyt weiterhin mit genügend Sauerstoff belüftet wird, zur stabileren Verbindung des Rostes (schwerlösliches Oxyhydroxid des 3-wertigen Eisens) aufoxidiert:

$$2\,Fe(OH)_2 + \tfrac{1}{2}\,O_2 \rightarrow \underbrace{2\,FeOOH}_{Rost} + H_2O$$

Im Bild 3-67 sind die Zusammenhänge zusammengefasst.

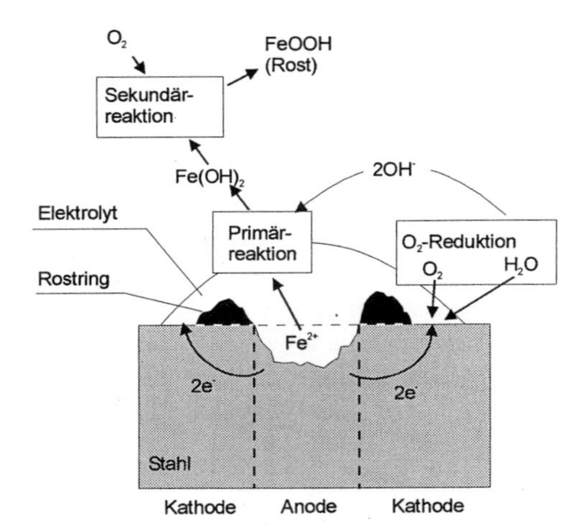

Bild 3-67 Korrosion von Stahl in wässrigen Lösungen

Bei gleichmäßiger Benetzung der Stahloberfläche mit einem Feuchtigkeitsfilm wird die Korrosion ebenfalls gleichförmig ablaufen. Korrosion ist ein zeitabhängiger Vorgang, d.h. die Korrosionsgeschwindigkeit i_{korr} nimmt mit zunehmender Zeit ab (Bild 3-68).

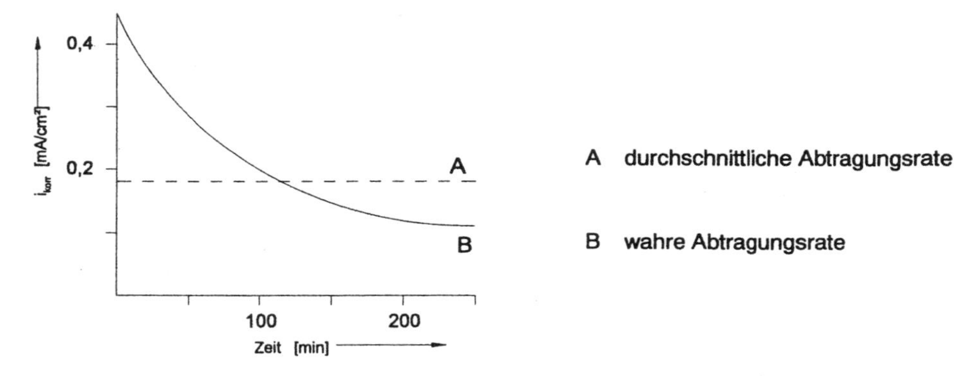

Bild 3-68 Zeitabhängige Änderung der Korrosionsgeschwindigkeit von Stahl in luftgesättigtem Meerwasser

Wie aus den Bedingungen bzw. Voraussetzungen für eine Korrosion entnommen werden kann, besteht für die Geschwindigkeit des Korrosionsablaufes zwischen der Feuchtigkeit und dem Sauerstoffgehalt ein direkter Zusammenhang. Die maximale bzw. minimale relative Luftfeuchtigkeit, bei der Rostbildung auftritt, liegt zwischen 60 bis 90 %. Oberhalb bzw. unterhalb ist mit einer erwähnenswerten Korrosion nicht mehr zu rechnen, da entweder Sauerstoff oder Wasser nicht in ausreichendem Maße vorhanden sind. Durch Luftverunreinigungen bzw. Luftverschmutzung, insbesondere durch Schwefeldioxid, werden diese kritischen Werte der relativen Luftfeuchtigkeit verändert (Bild 3-69).

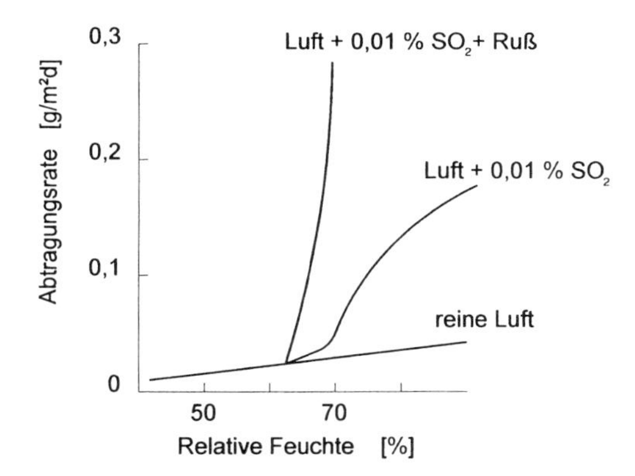

Bild 3-69 Einfluss der Luftverunreinigung auf die atmosphärische Korrosion von Stahl als Funktion der relativen Luftfeuchtigkeit

Luftverunreinigungen verursachen Veränderungen des Elektrolyten, insbesondere eine Verschiebung des pH-Wertes. In Industriegegenden sowie Großstädten und Ballungszentren ist die Korrosionsanfälligkeit im Allgemeinen am größten (pH-Wert kann bis auf 3 sinken, Bild 3-70). Ab pH < 4 setzt bei ausreichendem Sauerstoffangebot eine heftige Korrosion mit Wasserstoffentwicklung ein, während bei alkalischen Elektrolyten pH > 9 keine Stahlkorrosion stattfindet, da sich der Stahl passiviert. Die Korrosion in Meeresatmosphäre hängt vom Abstand zum Meer ab. Meerwasser ist, auch in kleinsten Tröpfchen in der Luft, wegen seines hohen Gehalts an gelösten Salzen (Chloride und Sulfate) sehr stahlaggressiv.

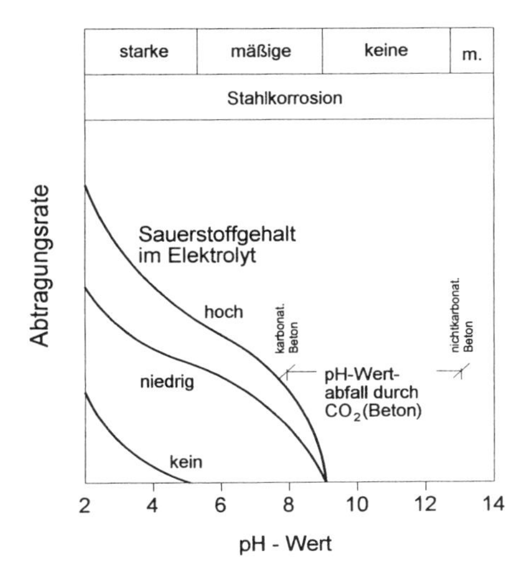

Bild 3-70 Abtragungsrate bei atmosphärischer Stahlkorrosion in Abhängigkeit vom Sauerstoffgehalt und pH-Wert des Elektrolyten

Neben Luftverschmutzungen können auch Legierungs- und Begleitelemente Einfluss auf das Korrosionsverhalten ausüben. So wirkt Schwefel allgemein korrosionsfördernd, währenddessen Cu, Cr, Ni und P, vor allem in Kombination miteinander, eine bessere Beständigkeit gegenüber atmosphärischer Korrosion bewirken (Bild 3-71).

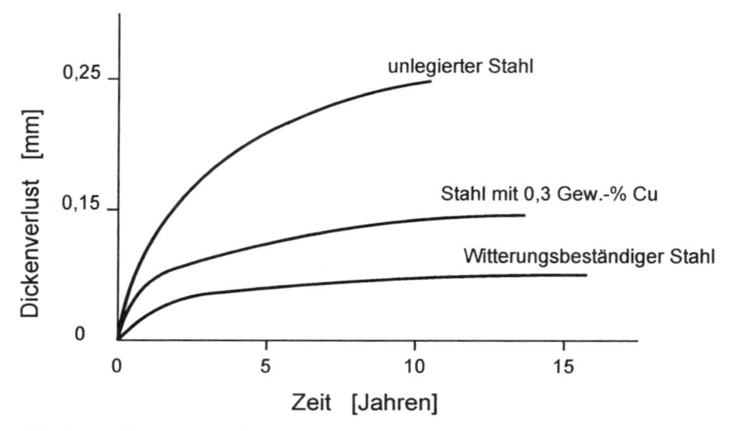

Bild 3-71 Einfluss der Stahlzusammensetzung auf das Korrosionsverhalten

In sauren Medien (pH ≤ 5) tritt eine andere Art der Korrosion auf. Bei Angriff von Säuren ist vor allem der Wasserstoff das Oxidationsmittel, und es wird Wasserstoffgas H_2 freigesetzt. Diese Art der Reaktion wird dem Wasserstofftypus (Wasserstoffkorrosion) zugeordnet und tritt weniger bei Stahl als vielmehr beim Lötvorgang von Zink oder Kupfer (Aufrauhen der Lötflächen) auf. Die Gesamtreaktion lässt sich wie folgt darstellen:

$$Me + 2H^{+} \rightarrow Me^{2+} + H_2$$

Die entstehenden Reaktionsprodukte sind Salze des Metalls und Wasserstoff. Die kathodische Reaktion ist eine Wasserstoffentladung (kathodische Abscheidung von atomarem Wasserstoff):

$$2\,H^{+} + 2\,e^{-} \rightarrow 2\,H_{ad} \text{ (atomarer Wasserstoff)}$$
$$2\,H_{ad} \rightarrow H_2 \text{ (Wasserstoffgas)}$$

Durch die Reduktion der Wasserstoffionen entsteht zuerst adsorbierbarer (anlagerungsfähiger), atomarer Wasserstoff, welcher in das Eisengefüge hinein diffundiert. Durch die spätere Bildung von Wasserstoffmolekülen H_2 kommt es wegen der Volumenzunahme zu hohen Drücken innerhalb des Metallgefüges und damit zu einer einhergehenden Versprödung des Materials. Dieser Vorgang ist Basis für eine Wasserstoffversprödung bzw. für die wasserstoffinduzierte Spannungsrisskorrosion.

3.4.8 Korrosion des Betonstahls und Spannstahls im Beton

3.4.8.1 Allgemeines

Unter Normalbedingungen bietet der Beton dem vollständig von Beton umhüllten und eingebetteten Stahl einen ausreichenden Korrosionsschutz sowohl a) chemischer als auch b) physikalischer Art:

a) Im Porensystem des Betons besitzt die wässrige Phase durch die stark alkalische Reaktion bei der Hydratation des Zementes (Entstehung von Calciumhydroxid $Ca(OH)_2$) einen hohen pH-Wert ($11{,}5 \leq pH \leq 13{,}8$); auf der Oberfläche des Stahls bildet sich dadurch eine Passivschicht (festhaftendes Fe_2O_3) aus, womit eine vollständige Hemmung der anodischen Metallauflösung verbunden ist.

b) Auf Grund seines Diffusionswiderstandes bildet der Beton ein physikalisches Hindernis gegenüber dem Zutritt korrosionsfördernder Medien (Sauerstoff, Kohlendioxid, Schwefeldioxid) und anderer schädlicher Stoffe (z.B. Chloride) zur Stahloberfläche; dadurch wird eine Korrosion indirekt behindert; eine geringe Festbetonporosität unterstützt den Diffusionswiderstand.

Dennoch kann es zu Korrosionserscheinungen von Betonstahl im Beton kommen. Die wesentliche Voraussetzung für die Korrosion der Bewehrung ist die Depassivierung der Stahloberfläche, also die Auflösung der Passivschicht. Dies ist einerseits möglich durch ein Absinken des pH-Wertes des Betonporenwassers unter die "Passivierungsschwelle" ($pH < 9$) oder durch Einwirkung lochkorrosionsauslösender Chloridionen, die eine lokale Zerstörung der Passivschicht bewirken. Das Absinken der Alkalität beruht auf den Verbrauch des im Porenwasser gelösten Calciumhydroxids $Ca(OH)_2$ infolge der Reaktion mit in den Beton eindringenden sauren Bestandteilen aus der Atmosphäre, wie Luftkohlendioxid CO_2 (Karbonatisierung) oder seltener Schwefeldioxid SO_2 (Sulfatisierung).

Bei einer Korrosion von Stahl in einem wässrigen Elektrolyten laufen die gleichen Reaktionsgleichungen (vgl. Abschnitt 3.4.7) ab.

Bei Unterschreitung von $pH < 7$ des Porenwassers kann neben oder anstelle der Sauerstoffreduktion eine Wasserstoffentladung stattfinden (wird z.B. durch SO_2 in Industriegegenden gefördert).

$$2H^+ + 2e^- \rightarrow 2H_{ad}$$

Die Bedeutung des atomaren, adsorbierbaren Wasserstoffes im Korrosionsverhalten von Spannstahl wird in Abschnitt 3.4.9 geklärt. Der atomare Wasserstoff kann nach Unterschreitung des Gleichgewichtspotenzials der Reaktion der Wasserstoffentwicklung ebenfalls durch Wasserzersetzung gebildet werden.

Da die korrosionsauslösenden Stoffe von der Betonoberfläche zu den Bewehrungseinlagen vordringen müssen, ist die Höhe und Dichtigkeit der Betondeckung für den Korrosionsvorgang von entscheidender Bedeutung. Risse im Beton erleichtern den Zutritt und den Weitertransport der Schadstoffe zum Betonstahl.

Im Hinblick auf die Dauerhaftigkeit von Stahl- und Spannbetonkonstruktionen gilt besondere Aufmerksamkeit der:

- Betontechnologie: Einbringen, Verdichtung, Nachbehandlung,
- Betonzusammensetzung: geringer *w*/*z*-Wert, geringe Porosität, ausreichend hoher Zementgehalt,
- Betongüte,
- ausreichend dicke und dichte Betondeckung,
- Beschränkung der Rissbreite unter Last- und Zwangbeanspruchung (Mindestbewehrung einhalten),
- wirkungsvolle Ableitung von Oberflächenwasser,
- Entwurf betoniergerechter Bauteile: Rüttelgassen für Verdichtung einhalten, keine zu dichten Bewehrungslagen.

Sobald der Bewehrungsstahl korrodiert, können folgende Korrosionserscheinungen bzw. Schäden auftreten:

- Abplatzungen über den Stahleinlagen,
- Abrostungen an den Stäben (Querschnittsminderungen),
- Längsrisse über den äußeren Bewehrungslagen.

Risse und Abplatzungen sind Folge der Sprengwirkung der Korrosionsprodukte. Rost nimmt je nach Sauerstoffgehalt etwa das 2- bis 6-fache Volumen des abgetragenen Stahls ein. Insbesondere wenn die Betondeckung sehr gering ist und die Stahldurchmesser größer werden, steigt die Gefahr der Abplatzungen und der Rissbildung (Bild 3-72).

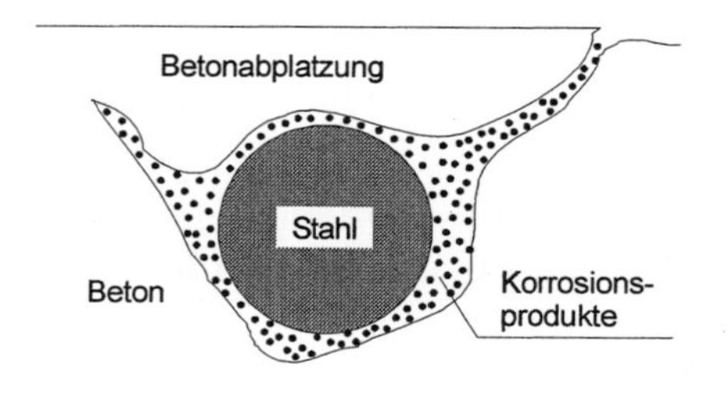

a)

b)

Bild 3-72 Betonabplatzung infolge Stahlkorrosion [3.4]
a) schematisch, b) Rissbildung im Beton infolge der Sprengwirkung der voluminösen Korrosionsprodukte (Pfeil)

3.4.8.2 Karbonatisierung von Beton

Die Atmosphäre bewirkt durch ihren Gehalt an Luftkohlendioxid CO_2 eine Entalkalisierung der oberflächennahen Betonschichten in Form der Karbonatisierung. Bei der Karbonatisierung reagiert das im Porenwasser gelöste Calciumhydroxid $Ca(OH)_2$ unter Anwesenheit von Wasser mit dem Kohlendioxid der Luft und bildet Calciumcarbonat und Wasser:

$$Ca(OH)_2 + \underbrace{CO_2 + H_2O}_{H_2CO_3} \rightarrow CaCO_3 + 2\,H_2O$$

Diese Reaktion, die sich von außen nach innen fortsetzt, kann in drei Phasen unterteilt werden:

1. Eindiffundieren von Kohlendioxid in das Porensystem,
2. Reaktion des Kohlendioxids mit den anwesenden Wassermolekülen zu Kohlensäure H_2CO_3,
3. Reaktion der entstandenen Kohlensäure mit dem alkalischen Calciumhydroxid zu Calciumcarbonat.

Infolge des Eindringens des Luftkohlendioxids wird der Beton von außen nach innen neutralisiert, wodurch der pH-Wert unter den Passivitätsgrenzwert von pH = 9,0 fällt. Dadurch kommt es zu einer Depassivierung bzw. Auflösung der Passivschicht auf der Stahloberfläche und der Stahl ist der Korrosionsgefahr ausgesetzt.

Der karbonatisierte Bereich kann durch Besprühen mit Phenolphthalein sichtbar gemacht werden. Auf einer frischen Betonbruchfläche erscheint der Bereich unterhalb von pH = 9,0 farblos, während der Bereich über pH = 9,0 eine deutliche Rotfärbung aufweist.

Maßgebend für den Korrosionsschutz der Bewehrung ist die Karbonatisierungstiefe und damit für die Schutzdauer die Karbonatisierungsgeschwindigkeit. Beide Größen sind abhängig von den Umweltbedingungen, der Betonzusammensetzung und der Nachbehandlung.

Umweltbedingungen

Die Umweltbedingungen beeinflussen den Feuchtegehalt des Betons (Tabelle 3-22). Vollständig trockene oder wassergesättigte Betone karbonatisieren praktisch nicht. Bei vollständiger Trockenheit kann zwar leicht das CO_2 in den Beton hineindiffundieren, doch fehlt das für die Kohlensäurebildung mit anschließender Dissoziation nötige Wasser. Dagegen sind bei hohen Wassergehalten die Poren des Betons mit Wasser gefüllt, so dass kein Luftkohlendioxid in die Poren gelangen kann. Der schnellste Fortschritt der Karbonatisierung tritt bei relativen Luftfeuchten von 50 bis 70 % auf. Erhöhte CO_2-Konzentrationen und erhöhte Temperaturen beschleunigen die Karbonatisierung.

Tabelle 3-22 Gefährdung des Bewehrungsstahls durch Umwelteinflüsse

Gefährdung	Gering	Mittel	Stark	Sehr stark
Umwelt-bedingungen	ständig feucht oder trocken	Feuchtigkeits-wechsel	Feuchtigkeits-wechsel mit sehr unterschiedlicher relativer Feuchte	korrosionsför-dernde Medien, schädliche Gase
Ort dieser Umwelt-bedingungen	Wohn- und Büroräume, auch zuge-hörige Küchen und Bäder, Schulen, Kran-kenhäuser	Bauteile im Freien, Gara-gen, offene Hallen	Wäschereien, ge-werbliche Küchen, Badeanstalten, in-dustrielle Feucht-räume; gut belüftete Viehställe, Fassaden (Schlagregen)	hoher CO_2-Ge-halt (Viehställe, Industriege-genden), chemischer Betonangriff durch Tausalze

Betonzusammensetzung

Neben den Umweltbedingungen wird der Karbonatisierungsfortschritt primär durch die Dichtheit des Betons bestimmt. Geringe Wasserzement-Werte (w/z-Werte) lassen die Kapillarporosität des Zementsteins klein werden. Der Diffusionswiderstand solcher Betone gegenüber dem Eindringen von Sauerstoff und Kohlendioxid ist sehr groß. Kritische Porosität kann bereits bei Wasserzementwerten oberhalb 0,6 auftreten, da ab $w/z = 0{,}6$ die Porosität exponentiell anwächst.

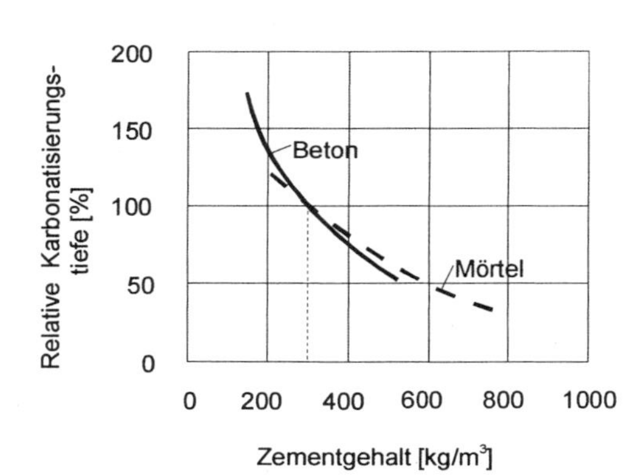

Bild 3-73 Einfluss des Zementgehaltes auf die relative Karbonatisierungstiefe

Weiterhin hat der Zementgehalt und die Zementart im Beton einen Einfluss auf die Karbonatisierung. Hohe Zementgehalte bewirken, dass bei der Hydratation viel Calciumhydroxid $Ca(OH)_2$ gebildet wird, welches das Luftkohlendioxid binden kann und daher eine große Alkalitätsreserve zur Verfügung steht (Bild 3-73). Die Verwendung von Portlandzementen ist wegen des größeren Anteils an entstehendem $Ca(OH)_2$ der anderer Zemente vorzuziehen. Die schnellere Erhärtungsgeschwindigkeit des Portlandzements (insbesondere bei höherer Mahlfeinheit) führt weiterhin zu höheren Hydratationsgraden und damit zu einer höheren Dichtigkeit der Betonaußenhaut.

Nachbehandlung

Die Nachbehandlung beeinflusst den Hydratationsgrad und damit die Dichtigkeit insbesondere in den oberflächennahen Bereichen. Ein normal nachbehandelter Beton mit $w/z = 0{,}60$ kann ähnlich dicht werden wie ein schlecht nachbehandelter Beton mit $w/z = 0{,}50$, was sich natürlich auf die Karbonatisierungstiefe auswirkt. Dieser Sachverhalt gilt vor allem bei Zementen mit niedriger Erhärtungsgeschwindigkeit.

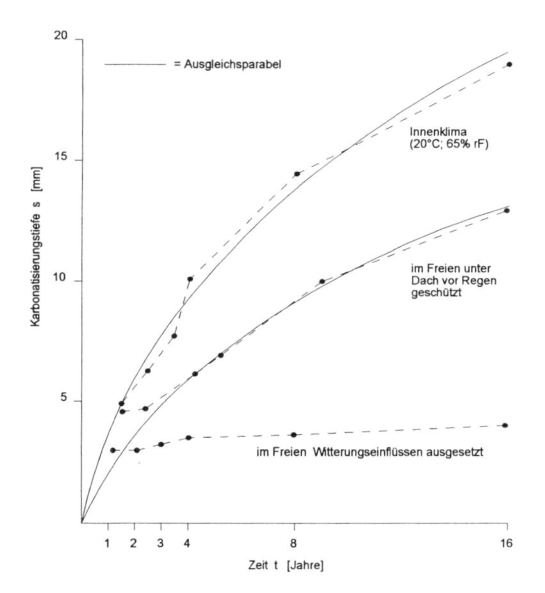

Bild 3-74 Entwicklung der Karbonatisierungstiefen bei unterschiedlichen Umgebungsbedingungen

Der zeitliche Verlauf der *Karbonatisierung* lässt sich durch die Funktion:

$$s = k \cdot \sqrt{t} \tag{3.3}$$

beschreiben (Bild 3-74). Dabei bedeuten s = Karbonatisierungstiefe, c = Karbonatisierungsbeiwert und t = Bewitterungszeit.

Zum Anfang wächst die Karbonatisierungstiefe sehr schnell an und nach 20 bis 30 Jahren nur noch sehr langsam. Der Karbonatisierungsbeiwert c ist eine Stoffgröße, die von der Betonzusammensetzung, der Nachbehandlung des Betons und den Umweltbedingungen abhängt.

Die Kenntnis des Karbonatisierungsverhaltens erlaubt Abschätzungen über die Restnutzungsdauer bzw. über den Zeitraum bis zu einer Sanierung von Stahlbetonbauten, die der Karbonatisierung unterlagen.

Zum Beispiel wurde an einem 10 Jahre altem Bauwerk eine Karbonatisierungstiefe von 8 mm gemessen. Die Betondeckung beträgt nach Planungsunterlagen 25 mm. Gefragt ist der Zeitraum, nach welchem eine Sanierung erfolgen müsste, damit der Bewehrungsstahl nicht durch atmosphärische Korrosion beschädigt wird.

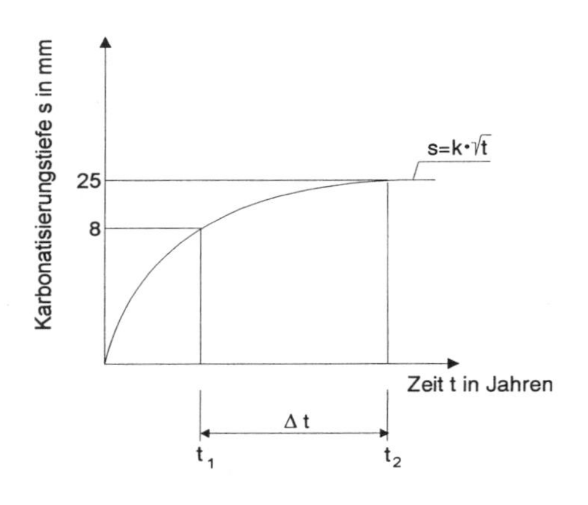

Bild 3-75 Beispiel zum Karbonatisierungsverhalten

$$s = k \cdot \sqrt{t}$$

$$8\,mm = k \cdot \sqrt{10\,a} \qquad \rightarrow \qquad k = \frac{8}{\sqrt{10}} = 2{,}5298 mm \cdot a^{1/2}$$

$$t_2 = \left(\frac{s_2}{k}\right)^2 = \left(\frac{nom\,c}{k}\right)^2 = \left(\frac{25mm}{2{,}5298}\right)^2 = 97{,}6a \approx 98a$$

$$\Delta t = t_2 - t_1 = 98 - 10 = 88a$$

Folglich hat nach 88 Jahren die Karbonatisierungsfront die Stahloberfläche des Bewehrungsstahls erreicht, es müsste eine Sanierung erfolgen.

Solange die Karbonatisierung nicht bis zum Bewehrungsstahl vordringt und solange der Stahl demnach von nicht karbonatisiertem Beton umgeben ist, kann er nicht rosten (passiv). Eine mangelhafte Zusammensetzung und Herstellung des Betons sowie eine fehlerhafte bzw. zu geringe Betondeckung können allerdings bewirken, dass die Karbonatisierung einen Bewehrungsstahl erreicht. Dadurch geht die Alkalität des Betons verloren und es ist kein ausreichender passiver Schutz mehr vorhanden, der Stahl kann korrodieren (Bild 3-76).

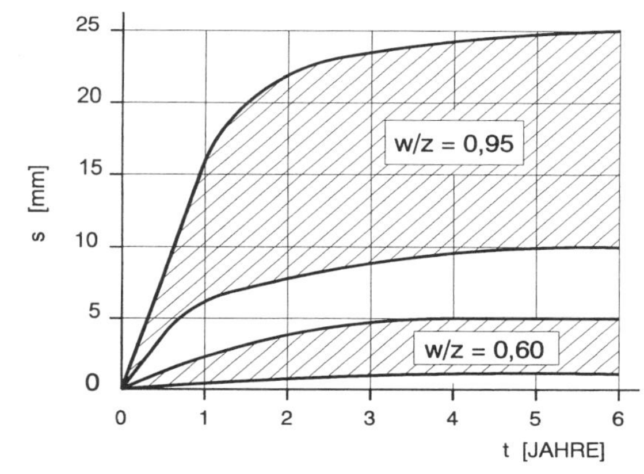

Bild 3-76 Karbonatisierungstiefe in Abhängigkeit vom Betonalter und vom *w/z*-Wert

Durch Risse im Beton, Verdichtungsporen und Kiesnester können in der Karbonatisierungsfront örtliche Spitzen auftreten.

3.4.8.3 Korrosion des Bewehrungsstahls durch Chlorid-Einwirkung

Der passive Zustand des Betonstahls kann auch im alkalischen Beton mit $11{,}5 \leq pH \leq 13{,}8$ durch aggressive Anionen wie Chloride, Sulfate und Nitrate verlorengehen. Vor allem einwirkende Chloride, die z.B. durch Tausalze, Meerwasser oder durch PVC-Brandgase in den Beton gelangen können, führen sehr oft zu einer erheblichen Beeinträchtigung. Der kritische Chlorid-Gehalt im Beton, bei dem eine Bewehrungskorrosion wahrscheinlich ist, hängt von den Umgebungsbedingungen, der Betonzusammensetzung und der Dichtigkeit des Betons ab.

Eine begrenzte Menge von Chloriden wird im Zementstein chemisch oder adsorptiv gebunden. Die darüber hinausgehenden freien Cl^--Ionen können folglich auch in nicht karbonatisierten Bereichen die passivierende Deckschicht auf der Stahloberfläche an örtlich begrenzten Stellen zerstören. Dabei verdrängen die Chloride die an der Stahloberfläche adsorbierten passivierenden OH^--Ionen und verursachen als häufigstes Erscheinungsbild Lochkorrosion (Bild 3-77). Bei konstantem Sauerstoffzutritt ist der Korrosionsabtrag um so stärker, je kleiner der durchbrochene anodische Bereich gegenüber dem noch geschützten kathodischen Bereich ist. Die Chloride werden dabei nicht "verbraucht", sondern sie bleiben weiter korrosionsfördernd wirksam.

Bild 3-77 Chloridinduzierte Lochkorrosion bei einbetoniertem Bewehrungsstahl [3.4]

Chloride diffundieren in den Beton ein und bilden entgegen der Karbonatisierung keine definierten Chloridfronten, sondern kontinuierliche Chloridverteilungen. Maßgebend für den Korrosionsschutz der Bewehrung und damit für die wartungsfreie Nutzungsdauer der Bauteile ist, nach welcher Zeit in einer bestimmten Tiefe ein kritischer Chloridgehalt erreicht wird. Wie beim Eindringen von Luftkohlendioxid in den Beton ist das Diffusionsverhalten der Chloride stark von den Umweltbedingungen, der Betonzusammensetzung, dem Betonalter und der Nachbehandlung abhängig. Betone mit geringen w/z-Werten und guter Nachbehandlung wirken sich sehr hemmend auf das Chlorideindringen aus. Ebenfalls vermindert der Einsatz von Betonzusatzstoffen wie Steinkohlenflugasche oder Silicastaub zuverlässig den Chloridzutritt.

Als kritisch wird ein Chloridgehalt angesehen, bei dem eine Gesamtchloridkonzentration von 0,4 M.-% bezogen auf den Zementgehalt bei Stahlbeton und 0,2 M.-% bezogen auf den Zementgehalt bei Spannbeton auftritt (vgl. Abschnitt 5.4).

3.4.9 Spannungsrisskorrosion als Sonderform der Spannstahlkorrosion

Bei Spannbetonkonstruktionen kann neben den bisher genannten Korrosionserscheinungen die gefürchtete Spannungsrisskorrosion auftreten.

Vor allem nach dem Auftreten einiger spektakulärer Schadensfälle Mitte der achtziger Jahre an Spannbetonbauteilen aus der Zeit von 1950 bis 1965 wurde verstärkt untersucht, inwieweit verschiedene Einflussfaktoren ein Versagen des Spannstahls oder sogar der Spannbetonkonstruktion infolge Spannungsrisskorrosion begünstigen.

Grundsätzlich können Spannstahlbrüche heute auf anodische sowie die weitaus häufiger auftretende und als sehr viel gefährlicher einzustufende wasserstoffinduzierte (kathodische) Spannungsrisskorrosion zurückgeführt werden. Das Versagensbild ist in beiden Fällen der plötzliche Bruch der beanspruchten Stähle zumeist ohne eine sichtbare, durch Korrosionsangriff geschädigte Stahloberfläche.

Die anodische Spannungsrisskorrosion tritt nur im passiven Zustand auf, d.h. es müssen ein der speziellen Empfindlichkeit des Stahls angepasstes spezifisches Medium, ausreichend hohe Zugspannungen und ein empfindliches Material vorhanden sein. In der

Spannbetonbauweise ist das Zusammentreffen der Voraussetzungen selten der Fall, weshalb Spannstahlbrüche infolge reiner anodischer Spannungsrisskorrosion äußerst selten auftreten. Typische spannungsrisserzeugende Medien sind nitrathaltige Elektrolyte, wie sie in Betonbauteilen von Viehstalldecken oder Düngemittellagern vorkommen.

Die für eine wasserstoffinduzierte (kathodische) Spannungsrisskorrosion notwendigen Bedingungen sind dagegen weniger spezifisch. Als wesentliche Voraussetzung werden folgende Faktoren angesehen:

- spezifisch wirkende Korrosionsmedien bzw. Elektrolyte,
- spezifische Empfindlichkeit des Stahls bzw. Werkstoffs und
- äußere mechanische Belastung als Zugspannungen.

Neben der anodischen Eisenauflösung kommt der Wirkung von Wasserstoff, der durch den kathodischen Teilstrom bei einem Korrosionsvorgang, insbesondere bei Sauerstoffmangel, gebildet wird, bei Spannungsrisskorrosionsprozessen eine entscheidende Rolle zu (kathodische Wasserstoffabspaltung):

$$2\,H^{+} + 2\,e^{-} \rightarrow 2\,H_{ad}$$

$$2\,H_{ad} \rightarrow H_2$$

Der Wasserstoffversprödung liegt im Prinzip Folgendes zu Grunde:

Der Durchmesser des Wasserstoffatoms ist weitaus geringer als der des Eisens. Hinzu kommt eine sehr gute Diffusionsfähigkeit. Ist nun durch kathodische Abspaltung atomarer Wasserstoff an der Stahloberfläche vorhanden, dringt dieser bei genügend hohem Druck in den Werkstoff ein. Die Wasserstoffatome H_{ad} rekombinieren nach dem Eindringen in den Werkstoff zu Wasserstoffmolekülen H_2. Diese haben das Bestreben wieder in die Gasphase zu entweichen. Dies gelingt im festen Metallgefüge jedoch nur sehr begrenzt. Sie lagern sich vielmehr an Ausscheidungen und Gitterlücken entlang von Korngrenzen oder anderen Gefügeinhomogenitäten an. Die Moleküle haben im Vergleich zu den Atomen einen viel größeren Durchmesser, sie entwickeln also im Gefügeverband einen sehr hohen Druck. Dieser kann zum mikroskopischen Aufreißen einzelner Gitterbereiche führen. Ist das Gitter nicht mehr in der Lage, die äußeren Zugbeanspruchungen an diesen gestörten Bereichen zu kompensieren, reißt das Gitter weiter auf und es entsteht ein Makroriss, der als Versagensherd beim Bruch eines Spanndrahtes angesehen werden kann.

3.4.10 Korrosionsschutz

Der Korrosionsschutz erstreckt sich von der Verringerung der Korrosionsgeschwindigkeit bis hin zur völligen Vermeidung von Korrosionsschäden. Die Wahl geeigneter Korrosionsschutzmaßnahmen richtet sich nach den jeweiligen Ursachen der Korrosion. Dabei spielen wirtschaftliche Erwägungen, d.h. ob dauerhaft oder nur zeitlich begrenzt wirkende Maßnahmen ergriffen werden, eine nicht unwesentliche Rolle. Zu 80 % und mehr gehören die Schutzmaßnahmen denen des *passiven Korrosionsschutzes* an, bei dem die Reaktionspartner durch eine Beschichtung getrennt werden, deren Qualität außer von der Beständigkeit der Schichtsubstanz selbst auch von der Dichtheit und der Haftung der Schicht auf dem Grundwerkstoff bestimmt wird. Andere Maßnahmen sind die des *aktiven Korrosionsschutzes*, die in einer Beeinflussung des Korrosionssystems selbst bestehen und die sich vorzugsweise auf das Legieren der Werkstoffe, auf den Zusatz von Inhibitoren zum angreifenden Medium oder auf den Eingriff in den elektrochemischen Vorgang konzentrieren. Durch geeignete Werkstoffauswahl lässt sich von vornherein auch eine Korrosion verhüten. So sollten z.B. solche Materialien zum Einsatz gelangen, die sich unter den vorliegenden Korrosionsbedingungen als korrosionsbeständig erwiesen haben. Beispielsweise sind nichtrostende Stähle durch selbstpassivierende Schutzschichten gegen atmosphärische Angriffe ohne Chloridwirkung beständig, normale Baustähle dagegen nicht.

3.4.10.1 Aktiver Korrosionsschutz

Vorzugsweise sollte der Korrosionsschutz einer Konstruktion oder eines Bauteils bereits beim Entwurf eine wichtige Rolle spielen. Dies beginnt bei der Gesamtgestaltung (schnelle Ableitung von Oberflächenwasser, Verhinderung von Kondenswasser, Schmutzablagerungen etc.), bei der Auswahl der Werkstoffe (entsprechend den Umweltbedingungen) sowie bei der Wahl möglicher Verbindungen der Werkstoffe (geschweißte Verbindungen sind korrosionssicherer als Schraub- oder Nietverbindungen) untereinander. Bei einer nötigen Profilauswahl sollte darauf geachtet werden, dass diese möglichst kleine bewitterte Außenflächen besitzen. Weiterhin spielt die Auswahl des Standorts (vorherrschende Windrichtung, Industriegegend, Landluft, Meeresluft etc.) und die Wahl von Werkstoffkombinationen bei Mischbauwerken (Gefahr der Kontaktkorrosion) eine wesentliche Rolle.

Der konstruktive Schutz (*korrosionsschutzgerechte Gestaltung*) hat in der Baupraxis die größte Bedeutung (Bild 3-78).

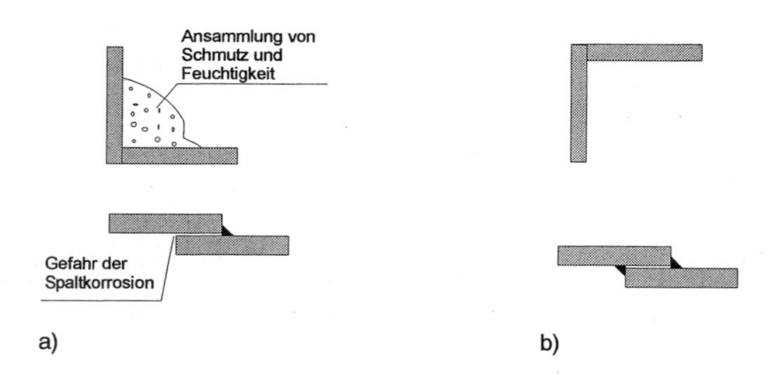

Bild 3-78 Korrosionsschutzgerechte Gestaltung
a) ungünstige Ausbildung, b) günstige Ausbildung

Oft reichen die genannten konstruktiven Maßnahmen nicht aus, um eine Korrosion des Stahls zu verhindern. In einigen Fällen kann es deshalb notwendig sein, dass in den elektrochemischen Korrosionsprozess selbst eingegriffen wird. Das Wesen dieser Schutzmaßnahme besteht darin, dass das zu schützende Bauteil zur Kathode gewandelt wird, an der eine Metallauflösung nicht mehr stattfinden kann. In der Praxis wird dieses Verfahren als *kathodischer Korrosionsschutz* bezeichnet.

Beim kathodischen Schutz mittels Opferanode aus unedlem Metall (z.B. Zink oder Magnesium) wird das zu schützende, edlere Metall (z.B. Stahl) mit der Anode verbunden, d.h. der Stahl wird zur Kathode (Bild 3-79).

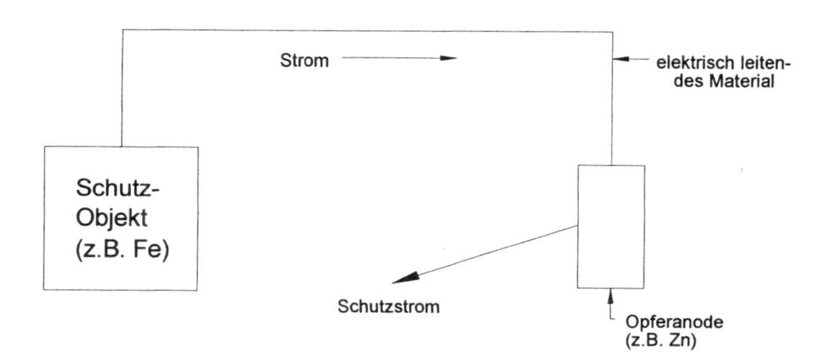

Bild 3-79 Prinzip des kathodischen Korrosionsschutzes mittels Opferanode

In dem dadurch entstandenen Element korrodiert dann die unedlere Opferanode. Durch kathodischen Schutz werden in großem Maße Schiffskörper, Kabel und erdverlegte Rohre sowie Behälter der chemischen Industrie vor Korrosion bewahrt.

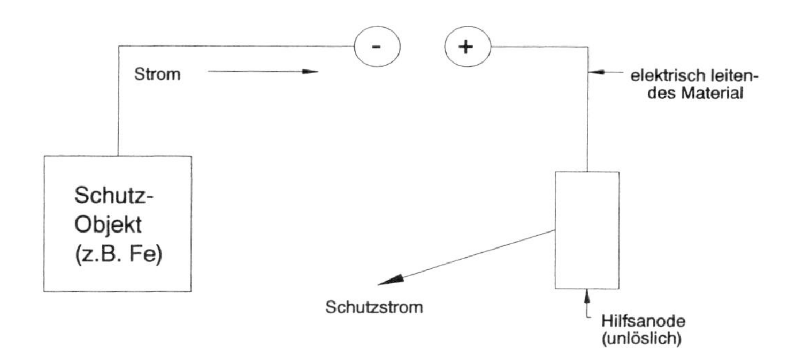

Bild 3-80 Prinzip des kathodischen Schutzes mittels Fremdstrom

Bei dem als „kathodischen Schutz mittels Fremdstrom" bezeichneten Verfahren (Bild 3-80) wird das zu schützende Werkstück an eine äußere Gleichspannungsquelle unter Verbindung mit einer möglichst wenig löslichen Fremdstromanode (meist aus Ferrosilicium oder Graphit) angeschlossen. Der anzulegende Gleichstrom muss dem Korrosionsstrom entgegengerichtet sein. Das zu schützende Werkstück wird zur Kathode und ist vor Korrosion geschützt.

3.4.10.2 Passiver Korrosionsschutz

Als Hauptmerkmal des passiven Schutzes gilt die Überdeckung der zu schützenden Oberfläche durch eine dünne geschlossene Schicht aus fremden Stoffen. Nach der Stoffart unterscheidet man zwischen:

- anorganischen und nichtmetallischen Überzügen (z.B. Farbanstriche, Beton etc.),
- metallischen Überzügen (aus edlerem oder unedlerem Metall als das Grundmaterial),
- organischen Beschichtungen (z.B. EP-Harze, Fette etc.).

Anorganische und nichtmetallische Überzüge sind Glasuren, Emaillierungen oder Beschichtungen. Glas und Emaille sind meist aufgeschmolzene Silicate und können in mehreren Schichten aufgebracht werden. Sie werden im Bauwesen jedoch kaum verwendet.

Einen guten, in der Regel aber teuer erkauften Schutz bieten metallische Schutzschichten vorzugsweise dann, wenn ihre Oberfläche spontan passiviert bzw. durch einen anderweitig schützenden Film bedeckt wird, oder das Schichtmetall hinreichend edel ist. Ihre Stärke kann zwischen einigen µm und mm liegen. Dicke Schichten, die vorzugsweise für den chemischen Apparatebau wichtig sind, werden durch *Plattieren* erzeugt. Un- und niedriglegierte Stähle werden so mit hochlegierten rost- und säurebeständigen Stählen beschichtet. Für den Schutz gegenüber atmosphärischer Korrosion und Korrosion in Wässern werden auf Stählen Schutzschichten aus Zink oder Aluminium durch *Galvanisieren* (Elektrolysebad), durch *Schmelztauchen* (z.B. Feuerverzinken) oder *Thermisches Metallspritzen* aufgebracht. Dem Schutz gegen atmosphärische Korrosion dienen auch für dekorative Zwecke (z.B. im Fahrzeugbau) eingesetzte dünne Nickel- oder Chromschichten, die entweder auf elektrolytischem Wege oder durch das *Diffusionsverfahren* (z.B. Einbettung in ein Nickel-Metallpulver) aufgebracht werden. Bei allen metallischen Überzügen ist auf mögliche Fehlstellen zu achten, die wiederum Ausgangspunkt für eine mögliche Korrosion sein könnten. Das Korrosionsverhalten zwischen Überzug und Grundmetall wird von der Stellung der Werkstoffpartner in der elektrochemischen Spannungsreihe bestimmt. Ist der Überzug unedler als das Grundmetall, so wird er angegriffen und umgekehrt.

Beschichtungen mit organischen Stoffen (Anstriche, Beizen etc.) sind die häufigsten Korrosionsschutzüberzüge. Die Beschichtung kann dabei aus ein oder mehreren Schichten bestehen, wobei der Dauerschutz in der Regel aus Grundbeschichtungen (GB) und Deckbeschichtungen (DB) besteht. Die Qualität der Beschichtung hängt von folgenden Faktoren ab:

- Vorbehandlung der Oberfläche,

- Beschichtungsstoff und
- Umweltbedingungen.

Die Beschichtungsstoffe bestehen im Wesentlichen aus Bindemittel, Pigmenten sowie Lösungs- und Verdünnungsmitteln. Das Bindemittel hält und verteilt die Pigmente, sorgt für die Haftung auf der Oberfläche sowie für eine geschlossene Schicht mit bestimmten Widerstand gegen Abrieb. Pigmente können einen aktiven oder passiven Schutz leisten. Aktive Pigmente (z.B. Zinkstaub, Zinkphosphat) in der GB schützen den Stahl durch Passivierung. Passive Pigmente wirken nur bei unverletzter Deckbeschichtung. Pigmente dienen auch der farblichen Gestaltung. Die Wirksamkeit und Schutzdauer einer Beschichtung hängen von der Vorbereitung der zu beschichtenden Oberfläche (Untergrund) ab. Durch die Oberflächenvorbereitung soll eine bestimmte Reinheit und Rauheit erreicht und eine gute Haftung der Beschichtung ermöglicht werden. Tabelle 3-23 gibt einen Überblick über gebräuchliche Pigmente und Füllstoffe.

Tabelle 3-23 Gebräuchliche Pigmente und Füllstoffe

Pigmente für		**Füllstoffe für**
GB (aktive Pigmente)	**DB (passive Pigmente)**	**DB**
Bleimennige[1)]	Aluminiumpulver[1)]	
Zinkchromat	Bleiweiß	Bariumsulfat
Zinkphosphat[1)]	Eisenglimmer[1)]	Glimmer
Zinkstaub[1)]	Eisenoxid	Graphit
Bleistaub	Titanoxid	Talkum
Basisches Bleisilichromat	Zinkoxid	

[1)] werden z.Z. bevorzugt verwendet

Zur Oberflächenvorbereitung sind verschiedene Verfahren anwendbar:

- *Mechanische Entrostung*: Handentrostung oder maschinelle Entrostung (St), Strahlen (Sa), maschinelles Schleifen (Ma),
- *Thermische Entrostung*: Flammstrahlen (Fl),
- *Chemische Entrostung*: Beizen (Be).

Steht vor den Kurzzeichen ein P, so bedeutet dies partielle Entrostung, d.h. bei fest haftenden Beschichtungen können diese erhalten bleiben.

Entsprechend dem gewählten Schutzsystem, der Korrosionsbeanspruchung, des Ausgangszustandes und dem gewählten Verfahren sind verschieden definierte Reinheitsgrade der zu beschichtenden Oberflächen durch die Oberflächenvorbereitung zu erreichen. Die Tabelle 3-24 gibt einen Überblick über die wichtigsten Norm-Reinheitsgrade.

Tabelle 3-24 Norm-Reinheitsgrade [3.54]

Norm-Reinheitsgrad	**Oberflächenzustand**
Sa 1	Stahloberfläche frei von losem Zunder, losem Rost und losen Beschichtungen
Sa 2	nahezu aller Zunder, Rost und nahezu alle Beschichtungen sind entfernt
Sa 2 ½	Zunder, Rost und Beschichtungen sind soweit entfernt, dass Reste auf der Stahloberfläche lediglich als leichte Schattierungen erscheinen
Sa 3	Stahloberfläche frei von Zunder, Rost und Beschichtungen
St 2	lose Beschichtungen und loser Zunder sind entfernt. Rost ist soweit entfernt, dass die Stahloberfläche nach der Nachreinigung einen schwachen, vom Metall herrührenden Glanz aufweist
St 3	lose Beschichtungen und loser Zunder sind entfernt. Rost ist soweit entfernt, dass die Stahloberfläche nach der Nachreinigung einen deutlichen vom Metall herrührenden Glanz aufweist
Fl	Beschichtungen, Zunder und Rost sind soweit entfernt, dass Reste auf der Stahloberfläche lediglich als Schattierung verbleiben
Be	Beschichtungsreste, Zunder und Rost sind vollständig entfernt

Zur Zeit werden auf dem Markt mehrere Korrosionsschutzsysteme angeboten (Tabelle 3-25). Die GB und DB werden dabei aufeinander abgestimmt. Das zu wählende Korrosionsschutzsystem richtet sich in erster Linie nach der atmosphärischen Beanspruchung. Weiterhin ist bei der Auswahl der Beschichtung auf die Zugänglichkeit der Bauteile zu achten.

Tabelle 3-25 Korrosionsschutzsysteme

Ort	Korrosionsbeanspruchung			Norm-rein-heits-grad	Bindemittel	Beschichtungs-system		
						Zahl der GB	Zahl der DB	Schicht-dicke [μm]
In ge-schlos-senen Räumen	gering	zugängliche Bauteile	r. F.[2] ≤ 70%	Sa ½		1	-	40
			r. F.[2] ≤ 70%	Sa ½		1	2	120
	mittel	unzugängliche Bauteile	r. F.[2] ≤ 70%	Sa ½	Alkydharz	1	1	80
			r. F.[2] ≤ 70%	Sa ½	Alkydharz-kombination,	2	2	160
Im Feien	mittel	Land- und Stadtatmosphäre ohne oder mit durchschnittlich Immission, keine ständige oder übermäßig lange andauernde erhöhte Luftfeuchte		Sa ½	Epoxidharz-ester	2	2	160
	erhöht	Industrie- und Großstadtatmosphäre ständige u. wiederholte andauernde Luftfeuchte, Kondensatbildung, Meeresatmosphäre		Sa ½	Chlorkaut-schuk, Vinylchlorid-Copolymerisat	2[1]	1[1]	240
	extrem	Chemische Beanspruchung und besonders aggressive Industrieatmosphäre		Sa ½	Epoxidharz, Polyurethan	1[1]	3[1]	320

[1] Deckbeschichtungen mit 80 μm, sonst immer 40 μm.
[2] Relative Luftfeuchte in [%].

4 Organische Werkstoffe

4.1 Holz und Holzwerkstoffe

4.1.1 Holz

Der Holzbau erfreut sich steigender Beliebtheit. Die Zahl der Holzbauwerke nimmt besonders im Wohnungsbau seit Jahren kontinuierlich zu. Dabei werden heute verschiedenste Anforderungen an Holz gestellt. Während Nutzer und Architekt einer Konstruktion auf die Ästhetik achten, muss der Tragwerksplaner die elastomechanischen Eigenschaften des Werkstoffs kennen und den Einsatzbereich beachten. Dabei ist zu berücksichtigen, dass Holz ein natürlicher, organischer und inhomogener Baustoff ist, der sich in vielerlei Hinsicht von anderen Baustoffen unterscheidet. Charakteristisch ist die wuchsbedingte Abhängigkeit der Eigenschaften. Das grundlegende Wissen über den Aufbau, das Verhalten und die Merkmale von Holz als Baustoff ist entscheidend für den Umgang mit diesem Werkstoff. Deshalb wird die Wechselwirkung von Struktur und Eigenschaft in den folgenden Ausführungen in den Vordergrund gestellt.

4.1.2 Aufbau des Holzes

Holz kann in zwei Hauptgruppen unterteilt werden. Zur Gruppe der heimischen Laubhölzer gehören Eiche, Esche, Birke usw. Der zweiten Gruppe, den Nadelhölzern, sind Kiefer, Fichte, Tanne, Lärche usw. zugeordnet. Nicht nur Laub- und Nadelholz unterscheiden sich in Aufbau und Struktur, sondern auch zwischen den verschiedenen Holzarten der einzelnen Gruppe. Sogar innerhalb einer Holzart sind verschiedene Eigenschaften zu finden. Da der größte Teil des verwendeten Holzes im Bauwesen aus Nadelhölzern besteht, wird vertiefend auf Nadelhölzer eingegangen.

Chemische Zusammensetzung

Holz besteht in wesentlichen Teilen aus:

- Zellulose: ca. 40...60 %,
- Hemizellulose: ca. 20 %,
- Lignin: ca. 20...30 %,
- Holzinhaltsstoffen: ca. 5...10 %.

Die einzelnen Bestandteile übernehmen unterschiedliche Funktionen. Die Zellulose bildet die wesentliche Zellwandsubstanz. Sie ist ein fadenförmiges Makromolekül und stellt das tragende Gerüst des Holzes dar. Der Grundbaustein besteht aus polymerem Zucker (Glukose), verknüpft zu langen Ketten, die ihrerseits wieder mit benachbarten Ketten verknüpft sind. Dadurch entstehen die hohen Zugfestigkeiten der Zellulosefasern und damit auch des Holzes.

Der zweite wesentliche Bestandteil Lignin ist mit für den Zusammenhalt der micellaren (innerhalb der Zellwand enthaltenen) Gerüstsubstanz verantwortlich. Das Lignin hat aufgrund seines hohen Kohlenstoffgehaltes eine relativ hohe Dichte. Die Einlagerung von Lignin zwischen den Holzzellen erfolgt erst gegen Ende des Zellwachstums und bewirkt eine Versteifung des Zellulosegerüstes. Lignin ist somit verantwortlich für die Druckfestigkeit des Holzes.

Die Holzinhaltsstoffe bestimmen vor allem Farbe, Geruch und die Dauerhaftigkeit des Holzes. Besonders hervorzuheben sind Harze und Gerbstoffe. Harze behindern den Wasserzutritt bei äußeren Verletzungen und dienen auch bei inneren Verletzungen der Wundheilung. Nachteilig hingegen ist, dass es bei harzreichen Hölzern zu Problemen bei Verleimungen und Beschichtungen kommen kann. Gerbstoffe sind im Holzbau von Interesse, da sie boizide (abwehrende) Wirkung auf holzschädigende Organismen haben.

Biologischer Aufbau

Mikroskopischer Aufbau

Die Holzzellen werden im Kambium (k) (Bild 4-1) gebildet und bestehen aus einer festen Zellwand und dem Zellhohlraum. Beim Wachstum der Zellen, die sich vorwiegend in der Länge vergrößern, wird zunächst die Primärwand gebildet. Nach Erreichen der endgültigen Form entsteht zusätzlich die so genannte Sekundärwand. Diese vorwiegend aus Lignin und Hemizellulose bestehende Schicht trägt im Wesentlichen zum Dickenwachstum und zur Festigung des Holzes bei. Durch die längliche Form der Zellen wird eines der wichtigsten Merkmale des Holzes bestimmt, die Anisotropie, das unterschiedliche Verhalten in verschiedenen Richtungen.

Beim Wachstum des Baumes werden verschiedene Zellen gebildet, die sich nach Form, Größe und Orientierung unterscheiden. Die Zellen übernehmen je nach Art dreierlei Funktionen: leiten, stützen und speichern. Dabei muss nach Laub- und Nadelholz unterschieden werden (Tabelle 4-1).

Tabelle 4-1 Funktionen einzelner Zellarten

Funktion	Laubholz	Nadelholz
Leiten	Tracheen	Tracheiden (Frühholz)
Stützen	Sklerenchym	Tracheiden (Spätholz)
Speichern	Parenchym	Parenchym

Makroskopischer Aufbau

Teile des makroskopischen Aufbaus lassen sich mit dem bloßen Auge erkennen. Durch die jahreszeitbedingte unterbrochene Wachstumsperiode der nördlichen Hemisphäre wird jedes Jahr eine ringförmige Zuwachsschicht gebildet. Der so entstehende Jahrring (jr) setzt sich aus Früh- (f) und Spätholz (s) zusammen (Bild 4-1). Dabei wird Frühholz zu Beginn der Vegetationsperiode gebildet und besteht aus dünnwandigen Zellen mit großen Hohlräumen. Es dient vorwiegend der Versorgung des Baumes. Das Spätholz hingegen wird im Herbst gebildet und besteht aus dickwandigen, kleinlumigen Zellen, die vorwiegend der Festigkeit dienen.

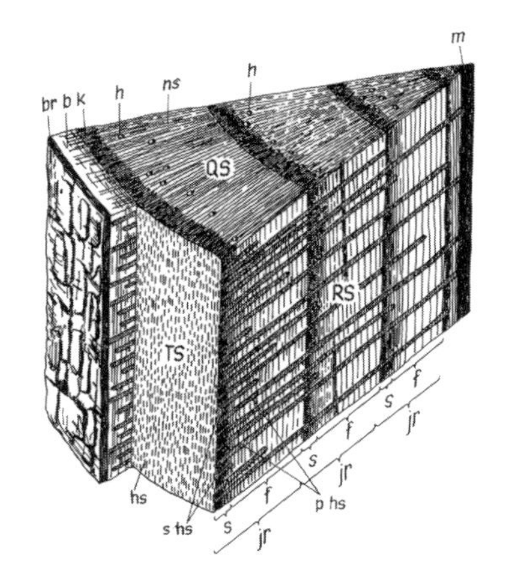

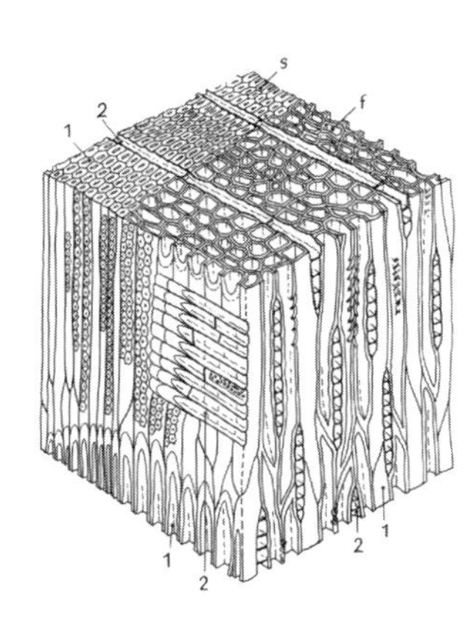

Bild 4-1 Schematische Darstellung des strukturellen Aufbaus von Holz (Makro- und Mikrostruktur) Borke (br), Bast (b), Kambium (k), Harzkanal (h), Holzstrahl (hs), Markröhre (m), Primärholzstrahl (phs), Sekundärholzstrahl (shs), Jahrring (jr), Frühholz (f), Spätholz (s), Tracheiden (1), Holzstrahl (2) [4.1]

Durch die unterschiedliche Dichte von Früh- und Spätholzzellen erscheint das Frühholz heller als das Spätholz. Schneidet man das Holz in unterschiedlichen Richtungen auf sind die Jahrringe unterschiedlich zu erkennen. Dabei zeigt der senkrecht zur Stammachse liegende Querschnitt (Hirnschnitt) die mehr oder weniger kreisrunden Jahrringe, im Tangentialschnitt erscheinen die Jahrringe in angeschnittener, elliptischer Form und im Radialschnitt als parallele Streifen (Bild 4-2).

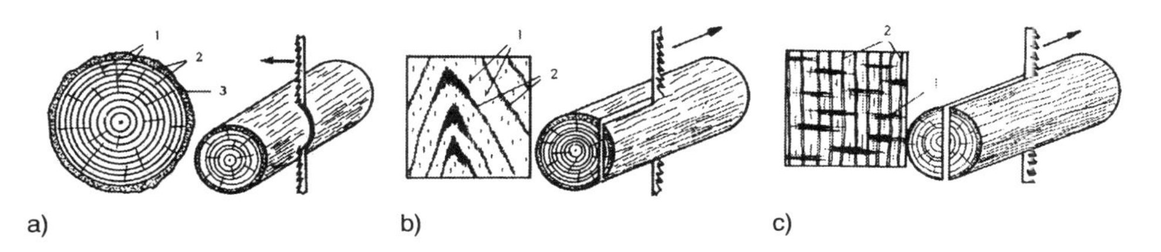

Bild 4-2 Verschiedene Schnitte durch Holz: Holzstrahlen (1), Jahrringe (2), Rinde (3)
a) Querschnitt b) Tangentialschnitt c) Radialschnitt [4.2]

Innerhalb des Querschnitts bilden sich je nach Baumart verschiedene Bereiche aus. So unterscheidet man Splint-, Kern- und Reifholz (Bild 4-3):

- Im *Splintholz* findet der Nährstofftransport von den Wurzeln bis zur Baumkrone statt. Folglich hat Splintholz eine relativ hohe Holzfeuchte. Der Splintholzanteil ist je nach Baumart sehr unterschiedlich stark ausgebildet. Splintholzbäume sind z.B. Ahorn, Birke, Erle, Weißbuche.

- *Kernholz* besteht aus abgestorbenen Zellen, die nicht mehr dem Nährstofftransport dienen und ist aufgrund eingelagerter Stoffe oft auffallend dunkel verfärbt. Die eingelagerten Fette, Harze und Gerbstoffe verändern die Eigenschaften des Holzes. So ist es im Vergleich zu Splintholz schwerer, härter und dauerhafter gegenüber holzzerstörenden Pilzen und Insekten. Zusätzlich kommt es am lebendem Baum zur Verthyllung der Zelltüpfel wodurch der Wassertransport behindert wird. Kernholz ist dadurch trockener als das Splintholz. Zu den Kernholzbäume gehören z.B. Kiefer, Lärche, Douglasie, Eiche, Robinie, Nussbaum.

- *Reifholz* unterscheidet sich farblich nicht vom Splintholz, hat aber andere physiologische und biochemische Eigenschaften. Die Eigenschaften liegen zwischen denen von Splint und Kernholz. Der Wassergehalt liegt deutlich höher als beim Kernholz, doch unter dem des Splintholzes. Dadurch, dass im Reifholz keine Stoffe einlagert sind, ist es weniger dauerhaft. Am lebendem Baum kommt es nicht zur Verthyllung, wodurch sich frisch geschlagenes Holz gut imprägnieren lässt. Allerdings kommt es, z.B. bei der Tanne, während der Trocknung zum Tüpfelverschluss, so dass nur die äußeren Bereiche des Holzes (1-2 mm) bei kurzzeitiger Befeuchtung Wasser aufnehmen. Vertreter der Reifholzbäume sind z.B. Fichte, Tanne, Rotbuche.

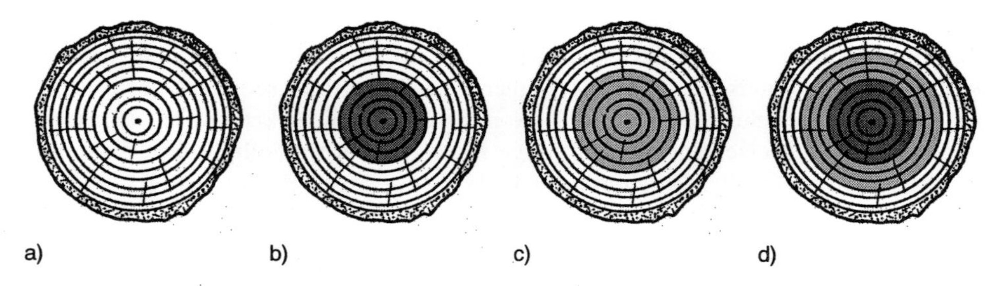

Bild 4-3 Bereiche innerhalb des Holzquerschnitts
a) Splintholz, b) Kernholz, c) Reifholz, d) Kern-Reifholz

4.1.3 Eigenschaften von Holz

Die mechanischen Eigenschaften stehen immer in direktem Zusammenhang mit dem Aufbau und den Merkmalen des Holzes. Die im Bauwesen relevanten Größen der Tragfähigkeit und Elastizität sind von diesen Parametern abhängig. Die Qualität des Holzes wird durch verschiedene Kriterien bestimmt. Im Wesentlichen sind das: Rohdichte, Jahrringbreite, Feuchte, Risse und Ästigkeit.

4.1.3.1 Rohdichte

Die Reindichte (Dichte eines theoretisch hohlraumfreien Holzkörpers) beträgt bei allen Hölzern in etwa 1,55 g/cm³. Die Rohdichte (Dichte eines mit allen Poren, Hohlräumen und Leitungsgängen durchsetzten Holzkörpers) schwankt hingegen in Abhängigkeit von der Holzart, von der Probeentnahmestelle, vom Feuchtegehalt u.a.m. Aus diesem Grund erfolgt die Angabe der Rohdichte stets mit zugehörigem Feuchtegehalt. Allgemein nehmen mit steigender Rohdichte die Härte, der Abnutzungswiderstand, die Wärmeleitfähigkeit sowie die Festigkeit und die elastomechanischen Eigenschaften, wie z.B. der E-Modul, zu.

4.1.3.2 Jahrringbreite

Bei den meisten Nadelhölzern und ringporigen Laubhölzern besteht eine Korrelation zwischen Jahrringbreite und Rohdichte. Die wesentliche Änderung in der Jahrringbreite wird durch mehr Frühholzzellen mit niedriger Rohdichte hervorgerufen. Somit ist der Anteil des Spätholzes mit höherer Rohdichte bei breiten Jahrringen geringer als bei schmalen. Folglich gilt, je breiter der Jahrring wird, desto mehr nimmt die Festigkeit ab (Bild 4-4). Bei ringporigem Laubholz ist dies genau umgekehrt.

Bild 4-4 Schematischer Zusammenhang zwischen Jahrringbreite, Spätholzanteil, Rohdichte und Festigkeit von Nadelholz

4.1.3.3 Feuchteverhalten

Holz ist ein hygroskopisches Material, d.h. es kann Feuchte aufnehmen und abgeben. Der wieder abgegebene Feuchtigkeitsgehalt bei frisch geschlagenem Holz schwankt zwischen 40 und 60 M.-%. Holz mit einer Holzfeuchte von 0 M.-% wird als darrtrocken bezeichnet. Die Feuchte des Holzes hängt aufgrund der hygroskopischen Eigenschaften somit vom umgebenden Klima ab (Bild 4-5, Bild 4-6). Die Holzfeuchte schwankt bei der

Außenanwendung zwischen ~12 und 22 M.-% und im Innenraum zwischen ~6 und 12 M.-%. In der Baupraxis liegen die Holzfeuchten je nach Einsatzbereich zwischen 6 und 18 M.-%.

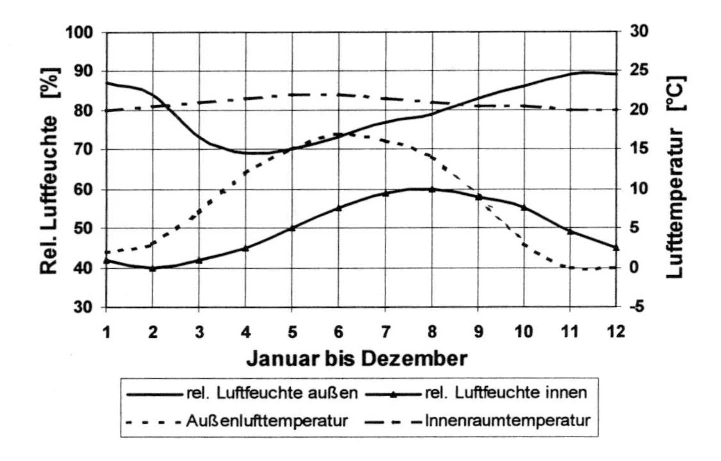

Bild 4-5 Außen- bzw. Innenklima in Deutschland

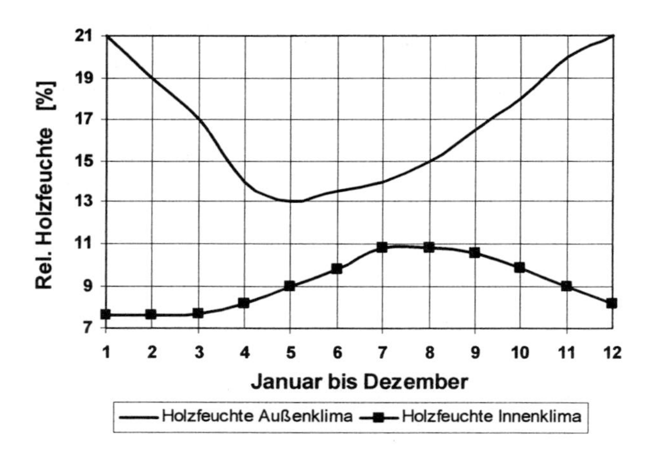

Bild 4-6 Zusammenhang zwischen Außen- bzw. Innenklima (siehe oben) und relativer Holzfeuchte [4.3]

Holzfeuchtebestimmung

Über das Klima lässt sich die Holzfeuchte abschätzen, aber nicht exakt bestimmen. Zur genauen und direkten Holzfeuchtebestimmung gibt es zwei Verfahren: die Darrmethode und das Widerstandsmessverfahren.

Darrmethode

Bei der Darrmethode wird zunächst die Masse des feuchten Prüfkörpers bestimmt m_u. Danach wird der Prüfkörper bei 105 °C bis zur Gewichtskonstanz getrocknet. Der Feuchtegehalt beträgt dann 0 M.-%; das Holz ist darrtrocken. Die nachfolgende Wägung des abgekühlten darrtrockenen Prüfkörpers ergibt die Masse m_0. Danach kann der Feuchtegehalt nach folgender Gleichung berechnet werden.

$$u = \frac{m_u - m_o}{m_o} \cdot 100 \; [\%] \quad (4.1)$$

mit: m_u = Masse der feuchten Holzprobe, m_0 = Masse der darrtrockenen Holzprobe.

Die Darrmethode ist ein sehr exaktes Verfahren zur Bestimmung der Holzfeuchte. Da es allerdings nicht zerstörungsfrei und mit einem erhöhten Aufwand verbunden ist, wird es fast ausschließlich für wissenschaftliche Untersuchungen oder zur Kalibrierung verwendet. In vielen Fällen reicht auch die Genauigkeit des praktikableren Widerstandsmessverfahrens.

Widerstandsmessverfahren

Beim Widerstandsmessverfahren wird der elektrische Widerstand zwischen zwei ins Holz eingeschlagenen Elektroden gemessen. Zwischen dem elektrischen Widerstand und der Holzfeuchte besteht eine gute Korrelation. Er steigt mit abnehmendem Feuchtegehalt und wird durch die Schnittrichtung, die Holzart und die Temperatur des Holzes beeinflusst. Diese Einflussfaktoren sind bei der Messung zu berücksichtigen. Über das richtige Einschlagen der Messelektroden wird die Richtung festgelegt, Holzart und Temperatur können am Messgerät eingestellt werden.

Einfluss der Feuchte auf die mechanischen Eigenschaften

Nahezu alle mechanischen Eigenschaften des Holzes werden durch die Holzfeuchte beeinflusst. Die Bindungen zwischen den Zellulosefasern werden bei zunehmender Feuchte gelockert; das Holz wird elastischer, die Festigkeit nimmt ab (Bild 4-7). Zwischen 8 und 20 M.-% relativer Holzfeuchte ist der größte Abfall der mechanischen Eigenschaften zu verzeichnen. Er kann als linear angenommen werden. Danach kommt es nur noch zu geringen Veränderungen. Eine weitere Reduzierung der Eigenschaften ist bei Feuchten über ~ 30 M.-% nicht mehr festzustellen, da nach Überschreiten des Fasersättigungspunktes (je nach Holzart zwischen 28 und 32 M.-%) eine weitere Lockerung des Fasergefüges nicht eintritt, sondern nur noch Hohlräume der Zellen mit Wasser aufgefüllt werden.

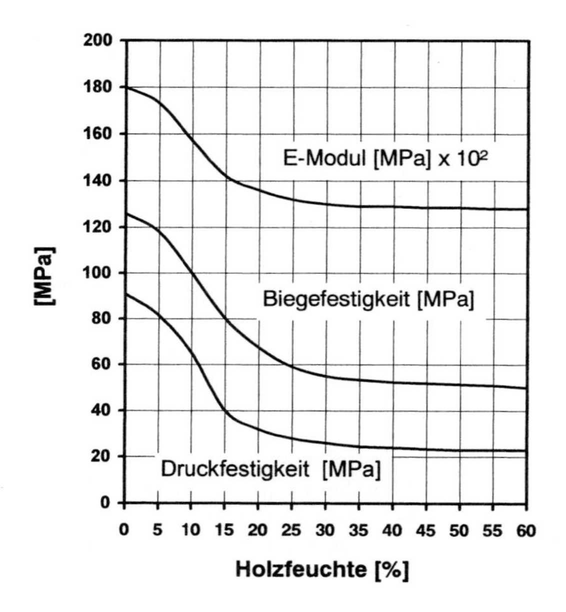

Bild 4-7 Zusammenhang zwischen Holzfeuchte und Festigkeitseigenschaften

Tabelle 4-2 Relative Holzfeuchten in bestimmten Umgebungsklimas

Holzfeuchte	Umgebung
9 % (± 3%)	bei allseitig geschlossenen Bauwerken mit Heizung
12 % (± 3%)	bei allseitig geschlossenen Bauwerken ohne Heizung
15 % (± 3%)	bei überdeckten, offenen Bauwerken
18 % (± 6%)	bei Konstruktionen, die der Witterung ausgesetzt sind

Bei der Verwendung von Holz im Bauwesen ist die Berücksichtigung der Ausgleichsfeuchte entsprechend dem späteren Einsatzbereich erforderlich (Tabelle 4-2). Neben der Verringerung der Tragfähigkeit kommt es je nach Dauer der Beanspruchungen und Höhe des Feuchtegehalts zu Kriechverformungen. Die zu erwartende Holzfeuchte wird daher bei der Berechnung der Tragfähigkeit und Gebrauchstauglichkeit berücksichtigt (Nutzungsklasse, Tabelle 4-3).

Tabelle 4-3 Einteilung der Holzfeuchten in Nutzungsklassen

Nutzungsklasse	**Holzfeuchte**	**Umgebungsklima**
Nutzungsklasse 1	≤ 12 %	Holzfeuchtegehalt bei einer Temperatur von 20°C und 65 % relativer Luftfeuchte, der nur für einige Wochen pro Jahr überschritten wird.
Nutzungsklasse 2	≤ 20 %	Holzfeuchtegehalt bei einer Temperatur von 20°C und 85 % relativer Luftfeuchte, der nur für einige Wochen pro Jahr überschritten wird.
Nutzungsklasse 3	> 20 %	Alle Klimabedingungen, die zu höheren Feuchtegehalten führen als in Nutzungsklasse 2 angegeben.

Quellen und Schwinden

Bei Feuchteänderungen ändert das Holz sein Volumen. Es schwindet bei Feuchteabgabe und quillt bei Feuchteaufnahme. Dabei lagert sich die Feuchte in den Zellwänden an und drückt diese auseinander. Sind die Zellwände gesättigt, verändert sich das Volumen nicht mehr. Dieser Punkt wird als Fasersättigungsbereich bezeichnet und liegt bei den meisten Hölzern zwischen 28 und 32 M.-%. Auch hier ist die Anisotropie des Holzes in die verschiedenen Richtungen erkenn- und erklärbar (Bild 4-8). Da die Zellen des Spätholzes dickwandiger sind, ist die Volumenänderung in tangentialer Richtung ungefähr doppelt so groß wie in radialer Richtung. In der Länge hingegen bestehen nur sehr wenige Zellwände, so dass die Längenänderung für Holz im Bauwesen bis auf sehr große Spannweiten vernachlässigt werden kann (Tabelle 4-4).

Tabelle 4-4 Rechenwerte für Quell- und Schwindmaße einzelner Holzarten

Holzart	**Quell- und Schwindmaß in % bei einer Holzfeuchteänderung von Δu = 1 %[1)]**		
	radial (1)	**tangential (2)**	**längs (3)**
Fichte	0,16	0,32	0,01
Kiefer	0,16	0,32	0,01
Lärche	0,16	0,32	0,01
Buche	0,20	0,40	0,01
Eiche	0,16	0,32	0,01

1) Im Mittel kann das Quell- und Schwindmaß bei Nadelhölzern und Eiche mit 0,24 %/Δ % und bei Buche mit 0,30 %/Δ % angesetzt werden.

Die Formänderungen sind bei der Planung sowie beim Einbau zu beachten. Das Holz sollte mit der später in der Konstruktion zu erwartenden Holzfeuchte eingebaut werden, um Bauschäden infolge nicht beachteter Schwind- oder Quellverformungen möglichst auszuschließen. Die Richtwerte aus Tabelle 4-2 geben dafür ausreichend genau Werte.

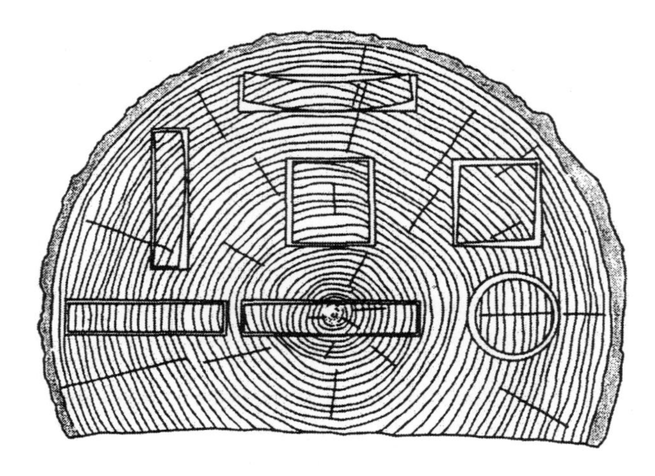

Bild 4-8 Quell- und Schwindverahlten von Holz

4.1.3.4 Risse, Krümmung, Verdrehung

Da Holz in tangentialer Richtung etwa doppelt so stark schwindet wie in radialer Richtung, entstehen während des Trocknungsvorgangs unterhalb des Fasersättigungspunktes Spannungen innerhalb des Holzes, wodurch es zu *Schwindrissen, Krümmungen* und *Verdrehungen* kommen kann.

Alle Merkmale lassen sich allerdings durch die richtige Wahl des Querschnitts und der richtigen Einschnittart stark verringern. Man unterscheidet den herzfreien und herzgetrennten Einschnitt. Infolgedessen werden die entstehenden Spannungen verringert und eine deutliche Abnahme der Rissbildung, Krümmung und Verdrehung erreicht. Die Werte in Tabelle 4-5 verdeutlichen den positiven Effekt. Die Einschnittart führt zu einem höheren Anteil rissarmer Kanthölzer. Außerdem verringern sich bei den restlichen Hölzern die Rissbreiten und -tiefen. Des Weiteren beeinflusst die Wahl des Querschnitts die Rissanfälligkeit. Je größer der Querschnitt, desto mehr Spannung und desto mehr Risse können entstehen. Folglich werden bei statisch notwendig großen Querschnitten keine Vollhölzer, sondern geleimte Hölzer verwendet (vgl. Abschnitt 4.1.6.2).

Tabelle 4-5 Rissbildung bei Kanthölzern in Abhängigkeit von Einschnitt und Querschnitt [4.4]

	Querschnitt [mm x mm]		herzgetrennt	herzfrei
Anzahl rissfreier Kanthölzer [%]	80 x 180	64	60	89
	140 x 260	7	11	42
	160 x 160	0	1	28
Mittlere maximale Rissbreite [mm]	80 x 180	1,3	1,3	0,5
	140 x 260	7,1	3,8	1,4
	160 x 160	7,1	2,9	1,0
Mittlere maximale Risstiefe [mm]	80 x 180	12	17	11
	140 x 260	57	41	32
	160 x 160	66	42	26

4.1.3.5 Ästigkeit

Äste sind mit der Markröhre (m) (Bild 4-1) verbunden. Wenn der Stammumfang wächst, umhüllen die nachfolgenden Jahrringe den Ast; er ist mit dem Holz verwachsen. Sterben Äste ab, schließen die nachfolgenden Jahrringe den toten Aststumpf ein. Diese fallen oft nach der Holztrocknung heraus und werden deshalb auch als Durchfalläste bezeichnet.

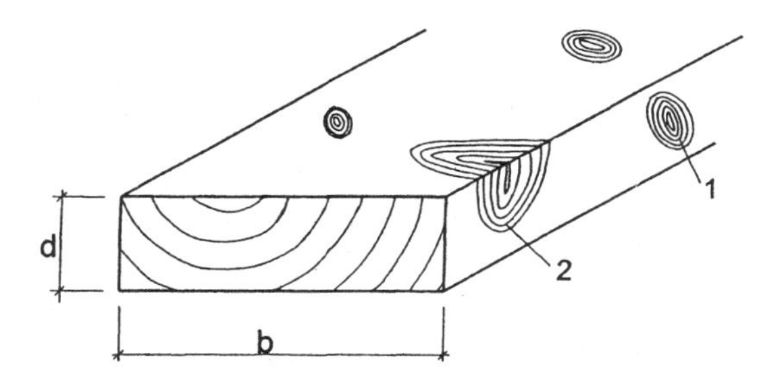

Bild 4-9 Äste: Schmalseiterast (1), Kantenast (2)

Äste treten im Schnittholz je nach Holzabmessungen und Einschnittart in vielfältiger Form auf (Bild 4-9). Die Festigkeitsveränderung wird nicht durch den Ast selbst, sondern durch die von ihm hervorgerufenen erheblichen Faserabweichungen und ggf. Querschnittsschwächungen im umgebenden Holz verursacht (vgl. Abschnitt 4.1.5).

4.1.4 Sortierung von Holz

Visuelle Sortierung

In Deutschland wird Nadelholz nach DIN 4074-1 „Sortierung von Nadelholz nach der Tragfähigkeit; Nadelschnittholz“ [4.5] sortiert. Dabei wird die Holzqualität nach den Holzmerkmalen, im Wesentlichen nach Ästigkeit, Jahrringbreite, Schrägfasrigkeit, Baumkanten, Rissen und Verformungen beurteilt. Je nach Beschaffenheit wird das Holz in drei Sortierklassen eingeteilt (Tabelle 4-6).

Tabelle 4-6 Sortierklassen für visuelle Sortierung

Sortierklassen (DIN 4074)	Festigkeitsklassen (DIN EN 338)	Beschreibung
S 7	CD 16	Schnittholz mit geringer Tragfähigkeit
S 10	CD 24	Schnittholz mit normaler Tragfähigkeit
S 13	CD 30	Schnittholz mit überdurchschnittlicher Tragfähigkeit

Den einzelnen Sortierklassen sind charakteristische Eigenschaften zugeordnet, die in DIN EN 338 [4.6] tabelliert sind. Die Ziffer der Klassenbezeichnung entspricht der charakteristischen Biegefestigkeit des Holzes (5 %-Fraktilwert f_{mk}). Die Bezeichnung CD 24 kennzeichnet z.B. eine Biegefestigkeit von 24 N/mm² (vgl. Tabelle 4-8) Die meisten Hölzer werden in die Klasse S 10 einsortiert und somit am häufigsten im Bauwesen eingesetzt. Werden höhere Festigkeiten bei der Bemessung benötigt, wird Brettschichtholz (BSH) oder maschinell sortiertes Holz verwendet.

Maschinelle Sortierung

Die visuelle Sortierung ist stets mit einer gewissen Unschärfe behaftet. Insbesondere durch das hohe Arbeitstempo (2 Hölzer je Sekunde), der subjektiven Beurteilung und der Tagesform des Sortierers ist die Streuung innerhalb sowie zwischen den einzelnen Sortierklassen recht hoch und die Ausbeute in den Sortierklassen S 10 und S 13 nicht optimal. Aus diesem Grund werden mittlerweile verschiedene maschinelle Sortierverfahren eingesetzt. Viele dieser Sortierverfahren arbeiten mit dem so genannten *Biegeverfahren* (Bild 4-10). Dabei wird die Durchbiegung unter einer bestimmten Last F gemessen. Da die Durchbiegung w außer von den bekannten Querschnittsgrößen I und der Last F noch vom unbekannten E-Modul E abhängt, kann von der Durchbiegung auf den E-Modul geschlossen werden. Zwischen E-Modul und den Festigkeitseigenschaften besteht eine hohe Korrelation (Übereinstimmung 70 bis 80 %).

Einfeldträger mit mittiger Einzellast

Messung der Durchbiegung

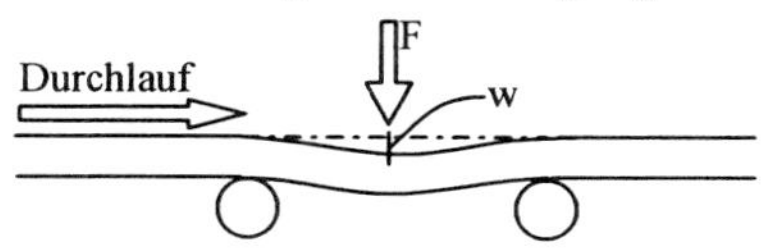

Formel für die Durchbiegung

$$w = \frac{1}{48}\frac{F \cdot l^3}{E \cdot I} \text{ [mm]} \quad \Rightarrow \quad \boxed{E = \frac{1}{48}\frac{F \cdot l^3}{w \cdot I} \text{ [N/mm}^2\text{]}} \tag{4.2}$$

Bild 4-10 Funktionsweise der maschinellen Sortierung

Ergänzend zum reinen Biegeverfahren wird oft ein optisches Verfahren zur Bestimmung der Ästigkeit eingesetzt. Dies kann über Videokameras oder mittels Mikrowellen bzw. weichen Gammastrahlen geschehen. Die Kombination aus E-Modul und Ästigkeit verbessert die Korrelation mit den Festigkeitseigenschaften (Übereinstimmung > 80 %). Nach DIN 4074-1 [4.5] gibt es für die maschinelle Sortierung folgende Klasseneinteilung:

Tabelle 4-7 Sortierklassen der maschinellen Sortierung

Sortierklassen (DIN 4074)	Festigkeitsklassen (DIN EN 338)	
MS 7	CD 16	Schnittholz mit geringer Tragfähigkeit
MS 10	CD 24	Schnittholz mit normaler Tragfähigkeit
MS 13	CD 35	Schnittholz mit überdurchschnittlicher Tragfähigkeit
MS 17	CD 40	Schnittholz mit besonders hoher Tragfähigkeit

Über die maschinelle Sortierung verringert sich die Streuung, wodurch sich der 5 %-Fraktilwert der Festigkeit erhöht. Infolgedessen kann zum einen der Sortierklasse MS 13 eine höhere Festigkeitsklasse zugeordnet werden, zum anderen wird eine weitere Sortierklasse MS 17 eingeführt (Tabelle 4-8).

4.1.5 Festigkeitseigenschaften

Die Festigkeits- und Verformungseigenschaften von Holz werden, wie die meisten Eigenschaften auch, durch die Anisotropie des Holzgefüges und die Holzmerkmale maßgeblich beeinflusst. Die Holzfeuchte hat auch einen erheblichen Einfluss auf die Festig- und Steifigkeit von Holz (vgl. Abschnitt 4.1.3.3). Insgesamt besitzt Holz gute mechanische Festigkeitseigenschaften parallel zur Faserlängsrichtung. Die Zugfestigkeit einer ungestörten Holzprobe erreicht in etwa das Doppelte der Druckfestigkeit. Dies gilt allerdings nur für eine fehlerfreie, kleine Probe (Bild 4-11).

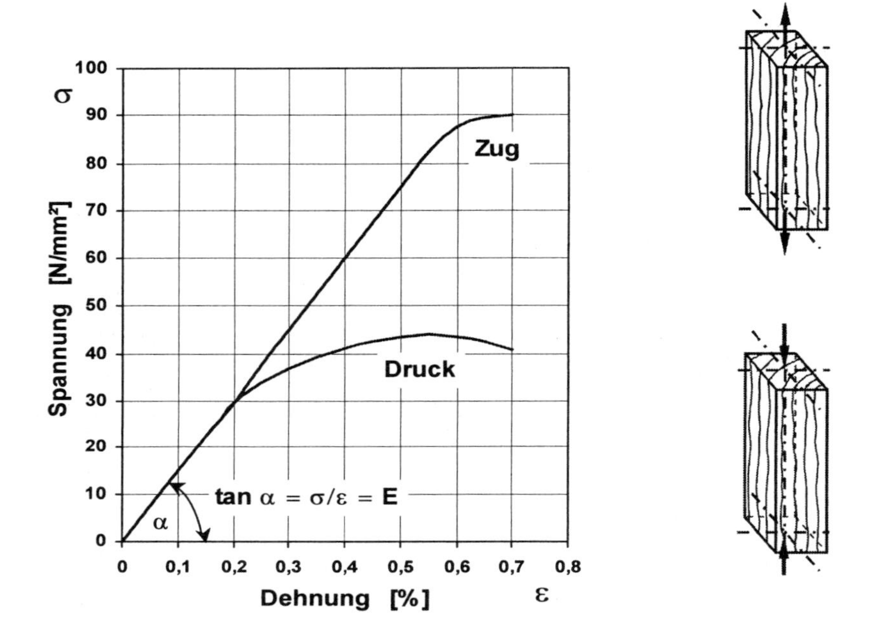

Bild 4-11 Spannungs-Dehnungsdiagramm einer ungestörten Holzprobe

Im Bauwesen existieren aber in den seltensten Fällen fehlerfreie Hölzer, sondern es sind Hölzer mit Ästen, Schrägfasrigkeit, Rissen etc. Gerade in der Zugzone liegende Äste und die damit verbundenen schräg verlaufenden Fasern mindern die Biege- und Zugfestigkeiten ab (Bild 4-12). Dementsprechend sind bei der Bemessung geringere Zug- als Druckfestigkeiten anzusetzen (Tabelle 4-8).

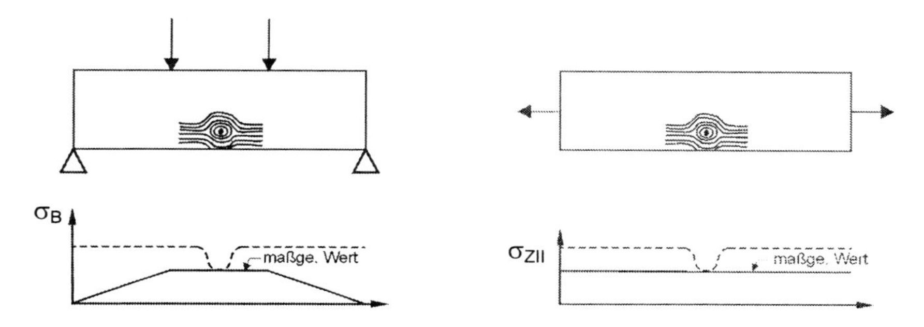

Bild 4-12 Einfluss einer lokalen Störung, z.B. ein Ast, auf die Festigkeit eines Stabes

Tabelle 4-8 Rechenwerte der charakteristischen Festigkeits-, Steifigkeits- und Rohdichtekennwerte für Nadelholz (Auszug aus E DIN EN 1052 [4.7])

Festigkeitsklasse nach EN 338 **Sortierklasse nach DIN 4074**		**CD 16** **S 7**	**CD 24** **S 10**	**CD 30** **S 13**	**CD 35** **MS 13**	**CD 40** **MS 17**
Festigkeitskennwerte in N/mm²						
Biegung	f_{mk}	16	24	30	35	40
Zug parallel rechtwinklig	$f_{t,0,k}$ $f_{t,90,k}$	10 0,4	14 0,4	18 0,4	21 0,4	24 0,4
Druck parallel rechtwinklig	$f_{c,0,k}$ $f_{c,90,k}$ 1)	17 2,2	21 2,5	23 2,7	25 2,8	26 2,9
Schub und Torsion	f_{vk}	2,7	2,7	2,7	2,7	2,7
Rollschub	f_{Rk} 3)	1,0	1,0	1,0	1,0	1,0
Steifigkeitskennwerte in N/mm²						
Elastizitätsmodul parallel rechtwinklig	 $E_{0,mean}$ 2) $E_{90,mean}$ 2)	 8000 270	 11000 370	 12000 400	 13000 430	 14000 470
Schubmodul	G_{mean} 2) 3)	500	690	750	810	880
Rohdichtekennwerte in kg/m³						
Rohdichte	ρ_k	310	350	380	400	420

1) Bei unbedenklichen Eindrückungen dürfen die Werte für $f_{c,90,k}$ um 25 % erhöht werden.
2) Für die charakteristischen Steifigkeitskennwerte $E_{0,05}$, $E_{90,05}$ und G_{05} gelten die Rechenwerte: $E_{0,05} = 2/3 \cdot E_{0,mean}$, $E_{90,05} = 2/3 \cdot E_{90,mean}$, $G_{05} = 2/3 \cdot G_{mean}$.
3) Der zur Rollschubbeanspruchung gehörende Schubmodul darf mit $G_{R,mean} = 0{,}10 \cdot G_{mean}$ angenommen werden.

Wie aus Tabelle 4-8 hervorgeht, ist die Festigkeit parallel und quer zur Faser sehr unterschiedlich. Da häufig Holzbauteile unter unterschiedlichen Winkeln belastet werden, ist die Beanspruchbarkeit unter verschiedenen Winkeln zu berücksichtigen (Bild 4-13).

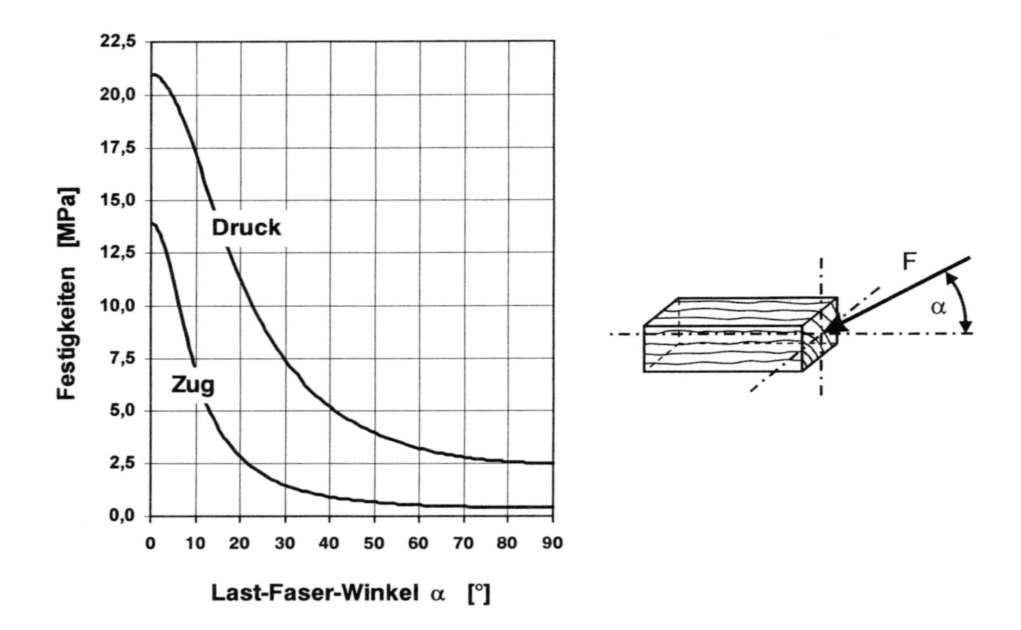

Bild 4-13 Beanspruchbarkeit des Holzes unter verschiedenen Winkeln

Bei Druckbeanspruchung senkrecht zur Faserrichtung wird der Festigkeitsverlust vor allem durch das Zusammendrücken der Holzzellen verursacht. Da die Zellen bei Querdruck bis zur völligen Porenfreiheit verdichtet werden könnten und sich daher keine Druckfestigkeit als Maximalspannung messen ließe, wird die Spannung bei einer bestimmten Querverformungen des Holzes (z.B. 1 %) als Querdruckfestigkeit definiert.

Die Querzugfestigkeit von Holz sinkt praktisch auf Null und kann rechnerisch fast nicht in Ansatz gebracht werden.

4.1.6 Konstruktive Vollholzprodukte

Konstruktive Vollholzprodukte sind Holzerzeugnisse, die in ihrem Gefüge nicht oder nur wenig verändert werden. Sie setzt man für konstruktive, d.h. tragende und aussteifende Zwecke ein. Die Bearbeitung beschränkt sich nur auf Sägen, Trocknen, Festigkeitssortierung sowie erforderlichenfalls Hobeln, Profilieren, Heraustrennen von Fehlstellen, Keilzinken und Kleben.

Als Grundprodukt gilt Schnittholz nach DIN 4074-1 [4.5]. Es ist definiert, als Holzerzeugnis von mindestens 6 mm Dicke, das durch Sägen oder Spanen von Rundholz parallel zur Stammachse hergestellt wird. Es werden folgende Schnitthölzer unterschieden:

Tabelle 4-9 Schnittholzeinteilung nach DIN 4074-1 [4.5]

Schnittholzart	Dicke *d* bzw. Höhe *h*	Breite *b*
Latte	$d \leq 40$ mm	$b < 80$ mm
Brett[1] Bohle[2]	$d \leq 40^b$ mm $d > 40$ mm	$b \geq 80$ mm $b > 3d$
Kantholz	$b \leq h \leq 3b$	$b > 40$ mm

[1] Vorwiegend hochkant biegebeanspruchte Bretter und Bohlen sind wie Kantholz zu sortieren und entsprechend zu kennzeichnen
[2] Dieser Grenzwert gilt nicht für Bretter für Brettschichtholz.

4.1.6.1 Konstruktionsvollholz (KVH®)

Konstruktionsvollholz ist Schnittholz aus Nadelholz nach dem Stand der Technik für die Anwendung im modernen Holzbau. Es werden höhere Anforderungen, als die üblichen Normen und bauaufsichtlichen Belange es fordern, gestellt. Das Produkt wird in zwei Sortimenten hergestellt, KVH® für sichtbare (KVH-Si®) und nicht sichtbare (KVH–NSi®) Holzkonstruktionen.

Als Holz werden ausschließlich Fichte, Tanne, Kiefer und Lärche verwendet und in der Sortierklasse S 10 nach DIN 4074-1 [4.5] angeboten. Über DIN 4074-1 hinausgehend, werden in Bezug auf Holzfeuchte, Maßhaltigkeit, Einschnittart, Begrenzung der Rissbreite unter anderem folgende erhöhte Anforderungen gestellt:

- Holzfeuchte 15 ± 3 %,
- Einschnittart herzfrei bzw. herzgetrennt,
- Rissbreite bei Trockenrissen max. $b \leq 3$ %, jedoch nicht mehr als 6 mm und
- Maßhaltigkeit ± 1 mm.

Ein weiterer wichtiger Unterschied zum sonstigen Bauschnittholz ist, dass KVH® in Vorzugsquerschnitten hergestellt und bei Produzenten und Händlern als Lagerware vorgehalten wird (Tabelle 4-10).

Tabelle 4-10 Vorzugsmaße von Konstruktionsvollholz

Dicke [mm]	Breite [mm]					
	120	140	160	180	200	240
60	•	•	•	•	•	•
80	•	•	•		•	•
100	•				•	
120	•				•	•

4.1.6.2 Brettschichtholz (BSH)

Der Einsatz von Konstruktionsvollholz ist auf Grund des Stammeinschnitts in seinen Dimensionen bis ca. 120 x 240 cm² begrenzt. Bei größeren Querschnitten ist die Trocknung schwieriger und aufwendiger, so dass die Gefahr der Rissbildung und geringerer Dimensionsstabilität gegeben ist. Aus diesem Grund wird bei größeren Spannweiten bzw. höheren Lasten Brettschichtholz eingesetzt. Neben größeren Dimensionen sind verbesserte Materialeigenschaften erreichbar.

Herstellung

Brettschichtholz besteht aus Einzelbrettern, die technisch getrocknet und anschließend verleimt werden. Die einzelnen Brettlamellen haben eine Dicke von maximal 45 mm und eine Länge zwischen 1,5 und 5,0 m (Bild 4-14).

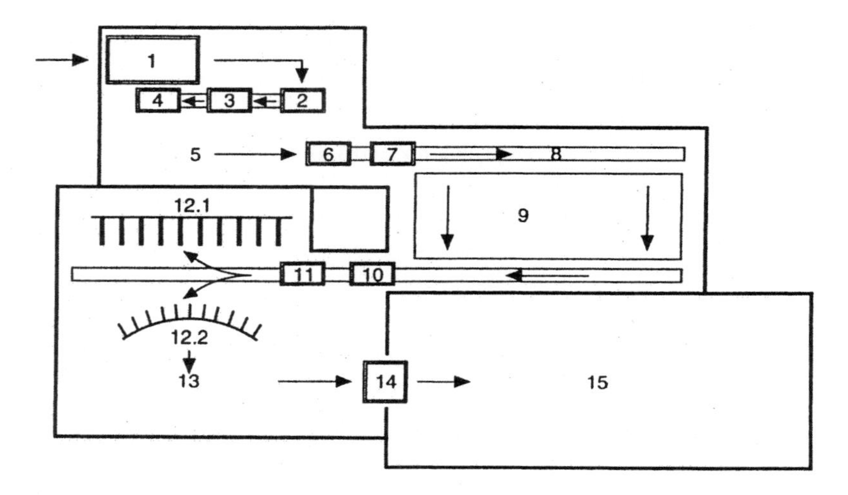

Bild 4-14 Herstellung von Brettschichtholz [4.8]

Die Bretter kommen mit einer Holzfeuchte von maximal 15 M.-% in die Verarbeitung (1). Danach werden die Bretter gehobelt (2), sortiert (3), zu große Äste und Fehlstellen herausgekappt (4) und gestapelt (5). Die einzelnen Lamellen werden mittels Keilzinken an den Hirnflächen miteinander verbunden; es entsteht eine Endloslamelle. Die Keilzinken werden gefräst (6) und zusammengepresst (7) und dann auf die gewünschte Länge geschnitten (8). In der anschließenden Lagerung (9) härtet der Leim aus, bevor er weiter verarbeitet wird.

Bevor die Bretter zu einem Binder gepresst werden, werden sie nochmals gehobelt (10) und anschließend auf den Seiten beleimt (11). Danach gelangen die Bretter in eine der beiden Pressvorrichtungen. Es können entweder gerade (12.1) oder gekrümmte (12.2)

Brettschichtholzbinder hergestellt werden. Bereits ein Tag nach dem Pressen werden die Träger bis zum Abbund zwischengelagert (13). Die fast fertigen Träger werden abschließend seitlich gehobelt (14) und abgebunden (15) d.h. Löcher gebohrt, Verbindungsmittel eingebracht und evtl. mit Holzschutz versehen.

Eigenschaften

Infolge des Heraustrennens großer Äste oder anderer Wuchsmerkmale und dem anschließenden Wiederverbinden der Brettlamellen mittels Keilzinken verbessern sich die Festigkeitskennwerte des Konstruktionswerkstoffes Holz.

Tabelle 4-11 Vergleich zwischen Bauschnittholz und homogenem Brettschichtholz [4.7]

Festigkeitsklasse des Holzes und Brettschichtholzes		BS 24h[1) (BS 11)	BS 28h[1) (BS 14)	BS 32h[1) (BS 16)	BS 36h[1) (BS 18)	CD 24 (S 10) als Vgl.
Festigkeitskennwerte in N/mm²						
Biegung	f_{mk}	24	28	32	36	24
Zug parallel	$f_{t,0,k}$	16,5	19,5	22,5	26	14
Zug rechtwinklig	$f_{t,90,k}$	0,5	0,5	0,5	0,5	0,4
Druck parallel	$f_{c,0,k}$	24	26,5	29	31	21
Druck rechtwinklig	$f_{c,90,k}$	2,7	3,0	3,3	3,6	2,5
Schub und Torsion	f_{vk}	3,5	3,5	3,5	3,5	2,7
Rollschub	f_{Rk}	1,0	1,0	1,0	1,0	1,0
Steifigkeitskennwerte in N/mm²						
Elastizitätsmodul parallel	$E_{0,mean}$	11600	12600	13700	14700	11000
Elastizitätsmodul rechtwinklig	$E_{90,mean}$	390	420	460	490	370
Schubmodul	G_{mean}	720	780	850	910	690
Rohdichtekennwerte in kg/m³						
Rohdichte	ρ_k	380	410	430	450	350

[1) Die Festigkeiten der Brettschichthölzer wird durch unterschiedliche Festigkeitsklassen der Lamellen erzeugt; z.B. BS24h wird mit C24er Lamellen und BS32h mit CD35er Lamellen hergestellt.

Hinzu kommt, dass durch das Zusammenleimen der Bretter die restlichen Fehlstellen „gleichmäßiger“ auf den Querschnitt verteilt werden und somit Brettschichtholz homogenere Eigenschaften als Vollholz aufweist. Anhand der Gegenüberstellung der Eigenschaften von Konstruktionsvollholz S 10/C 24 zu Brettschichtholz (Tabelle 4-11) lässt sich dies nachvollziehen.

4.1.7 Holzwerkstoffe

Holzwerkstoffe sind plattenförmige Produkte, die durch Zusammenfügen von unterschiedlich großen Holzteilen (Bretter, Stäbe, Furniere, Furnierstreifen, Späne, Fasern) mit Klebstoff oder mineralischen Bindemitteln entstehen. Das Zerkleinern und Zusammenfügen des Holzes bewirkt eine Homogenisierung der richtungsabhängigen Holzeigenschaften. Holzfehler wie Äste, Risse und Drehwuchs, die bei naturgewachsenen Hölzern unvermeidbar sind und die Festigkeit des Holzes deutlich herabsetzen, werden bei Holzwerkstoffen auf ein Minimum reduziert oder sind nicht vorhanden. Es werden deutlich höhere Festigkeiten als beim Massivholz erreicht. Die Platteneigenschaften können durch die gezielte Anordnung der Späne in den einzelnen Lagen modifiziert und den spezifischen Anforderungen des Einsatzgebietes angepasst werden.

Die Holzwerkstoffe werden nach der jeweiligen Verwendung eingeteilt (Bild 4-15).

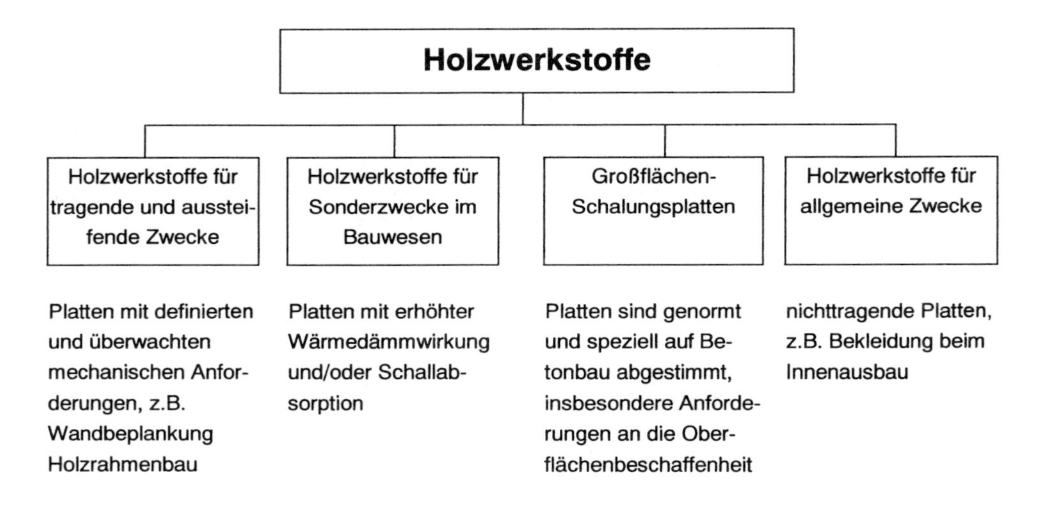

Bild 4-15 Einteilung der Holzwerkstoffe

Bei Anwendung der Holzwerkstoffe zu tragenden und aussteifenden Zwecken muss entweder eine allgemeine bauaufsichtliche Zulassung des Deutschen Institutes für Bautechnik (DIBt) vorliegen oder die Herstellung wird nach einer bauaufsichtlich eingeführten DIN-Norm ausgeführt. Das Deutsche Institut für Bautechnik veröffentlicht jedes Jahr im Einverständnis mit den obersten Bauaufsichtsbehörden die Bauregellisten, in denen geregelte und ungeregelte Bauprodukte sowie ungeregelte Bauarten aufgeführt sind. Für die Bauprodukte und Bauarten werden technische Regeln angegeben, die nach Landesbauordnung eingehalten werden müssen.

Derzeit können bei den national genormten Produkten im Bauwesen vier Arten definiert werden (Bilder entnommen aus [4.9]):

1) *Sperrholz* besteht aus mindestens drei miteinander verleimten Holzlagen, die aufeinanderfolgend rechtwinklig zueinander angeordnet werden, um in Plattenebene einen „Absperreffekt" zu erzielen. Unterschieden werden Furnier-, Stab- und Stäbchensperrholz. Der Begriff „Tischlerplatte" wurde früher für Stab- und Stäbchensperrholz verwendet.

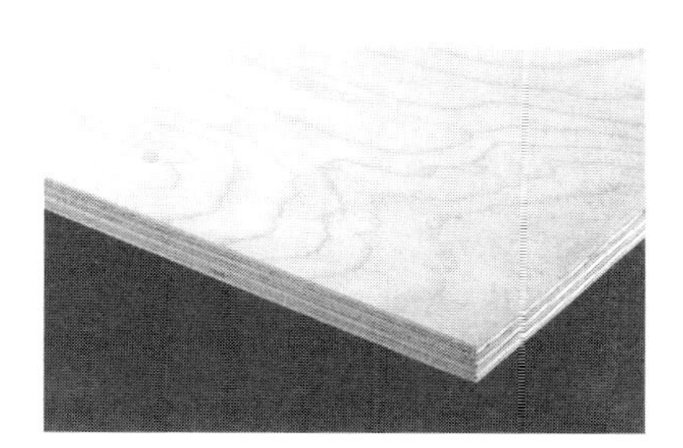

DIN 68705-3 Bau-Furniersperrholz [4.10]

DIN 68705-4 Bau-Stabsperrholz, Bau-Stäbchensperrholz [4.11]
(Vornorm: DIN ENV 14272 [4.12])

2) *Spanplatten* bestehen aus relativ kleinen Holzspänen, die unter Hitzeeinwirkung und Zugabe von Klebstoffen verpresst werden. Man unterscheidet nach der Herstellweise zwischen Flachpress- und Strangpressplatten. Bei Flachpressplatten werden die Späne mehrschichtig parallel zur Plattenebene angeordnet. Dagegen sind die Späne der Strangpressplatten technologisch bedingt quer zur Plattenebene ausgerichtet. Bei Biege-, Druck- oder Zugbeanspruchung wird bei Strangpressplatten, die als reine Mittellageplatten fungieren, beidseitig eine zusätzliche Beplankung (z.B. Furniere) aufgebracht. Im Bauwesen werden für tragende und aussteifende Zwecke Flachpressplatten bevorzugt.

DIN 68763 Spanplatten – Flachpressplatten für das Bauwesen [4.13]
(Entwurfsnorm E DIN EN 312 [4.14])

3) *Holzfaserplatten* werden aus verholzten Fasern hergestellt und durch Nutzung holzeigener Bindungskräfte mit oder ohne zusätzliche Bindemittel unter Druck und/oder Hitze verpresst. Es wird zwischen harten und mittelharten Holzfaserplatten und Holzfaserdämmplatten unterschieden. Die Einteilung kann vereinfacht nach der vorhandenen Rohdichte erfolgen:

- harte Holzfaserplatten ab 800 kg/m³,
- mittelharte Holzfaserplatten zwischen 330 und 800 kg/m³,
- Holzfaserdämmplatten bis maximal 400 kg/m³.

DIN 68754 Harte und mittelharte Holzfaserplatte [4.15]

DIN 68755 Holzfaserdämmplatten [4.16] (Norm-Entwurf: E DIN EN 622 [4.17])

4) *Holzwolle-Leichtbauplatten* bestehen aus Holzwolle und mineralischen Bindemitteln (Zement oder Magnesit). Im Bauwesen werden sie meist als Putzträgerplatten im Außenbereich eingesetzt.

DIN 1101 Holzwolle-Leichtbauplatten [4.18]

Im Zuge der europäischen Normungsarbeit wurden für folgende Plattenarten Anforderungen für die Verwendung im Bauwesen festgelegt:

1) *Zementgebundene Spanplatten* bestehen aus naturbelassenen oder chemisch behandelten Holzspänen der Holzarten Fichte und Tanne, die als Armierung und Füllstoff für die Zementmatrix dienen.

DIN EN 633 Zementgebundene Spanplatten [4.19]

2) *OSB* (= Oriented Strand Board) ist durch parallel zur Plattenlängsseite verlaufende großflächige Späne gekennzeichnet. In der Mittelschicht verlaufen die Späne vorzugsweise quer zur Plattenlängsseite, wodurch anisotrope Platteneigenschaften hervorgerufen werden. In Längsrichtung der Platte ist die Biegefestigkeit wesentlich höher als in Querrichtung.

DIN EN 300 OSB-Flachpressplatten [4.20]

Stellvertretend für die stetigen Neuentwicklungen von Holzwerkstoffen mit bauaufsichtlicher Zulassung oder Normenentwurf seien die nachfolgenden Holzwerkstoffarten genannt:

1) *Furnierschichtholz* wird aus 3 mm dicken flächig miteinander verleimten Furnieren hergestellt. Die Furniere, die aus gütesortiertem Nadelholz gewonnen werden, sind parallel zueinander angeordnet. Zur Erhöhung der Platten-Querstabilität können einzelne Furniere quer verlaufen.

   Z-9.1-100, Z-9.1-291, ...

   E DIN EN 14279 Furnierschichtholz [4.21]

2) *Furnierstreifenholz* besteht aus Schälfurnierstreifen der Holzarten Douglas Fir (DF) oder Southern Yellow Pine (SYP). Die Furnierstreifen dürfen nur in Längsrichtung angeordnet werden.

   Z-9.1-241

3) *Mehrschichtige Massivholzplatten* bestehen aus mindestens drei kreuzweise miteinander verleimten Brettlagen aus Nadelholz. Die Holzfasern der benachbarten Lagen verlaufen rechtwinklig zueinander.

   Z-9.1-209, Z-9.1-242, ...

   E DIN EN 13353 Massivholzplatten [4.22]

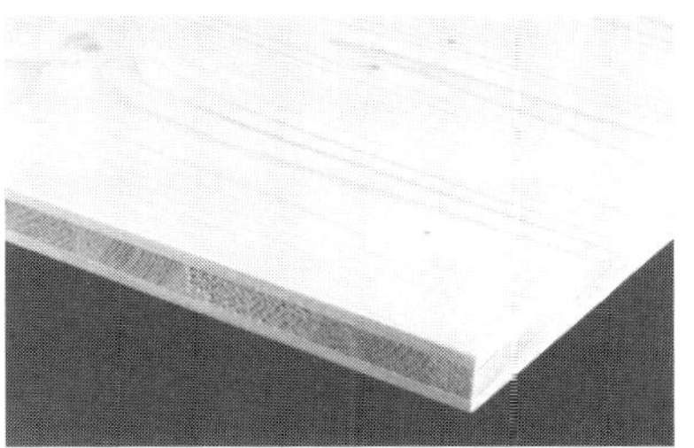

4.1.8 Eigenschaften von Holzwerkstoffen

Feuchteverhalten

Holzwerkstoffe werden vor allem als Bekleidung oder Beplankung von Decken, Wänden und Fußböden eingesetzt. Bei diesen raumabschließenden Bauteilen müssen zur Ermittlung des Wärme- und Feuchteschutzes die bauphysikalischen Eigenschaften der Holzwerkstoffe bekannt sein.

In den Holzwerkstoffplatten stellt sich nach dem Einbau eine Ausgleichsfeuchte ein, die von den umgebenden Klimabedingungen abhängig ist (Tabelle 4-12).

Tabelle 4-12 Ausgleichsfeuchten von Holzwerkstoffen bei 20°C [4.23]

Holzwerkstoff	Ausgleichsfeuchten in M.-% bei den rel. Luftfeuchten		
	35 %	65 %	85 %
Sperrholz	5...7	9...12	13...17
Spanplatte	5...7	9...12	15...19
Zementgebundene Spanplatte	6	9	13
Faserplatte	4...6	6...8	10...14
Massivholzplatte, mehrschichtig	5...7	7...10	12...16

Die vorhandene Einbaufeuchte der Holzwerkstoffe soll annähernd im Bereich der zu erwartenden Ausgleichsfeuchte liegen, um die Formänderungen der Platte möglichst gering zu halten. Die entstehenden Formänderungen der Platten durch wechselnde Klimabedingungen, die unvermeidlich sind, müssen konstruktiv berücksichtigt werden (Tabelle 4-13).

Tabelle 4-13 Prozentuale Quell- und Schwindmaße von Holzwerkstoffen [4.23]

Holzwerkstoff	Quell- und Schwindmaß in % für Feuchteänderung von Δu = 1 %	
	in Plattenebene	quer zur Plattenebene
Sperrholz	0,020	0,3
Spanplatte	0,035	0,6
Zementgebundene Spanplatte	0,030	0,3
Faserplatte	0,030	0,8
Massivholzplatte, mehrschichtig	0,015	0,3

Bei Feuchteaufnahme quellen plattenförmige Holzwerkstoffe quer zur Plattenebene stärker als in Plattenebene. In der Regel liegen die Werte über den Quell- und Schwindmaßen von Vollholz. Dies lässt sich durch den Pressvorgang der Zellen im Herstellungsprozess erklären. Neben dem normalen Quellverhalten gehen die gepressten Zellen in ihren Ursprungszustand zurück. Dieser Vorgang ist nicht reversibel (rückgängig zu machen).

In Abhängigkeit von der Feuchteresistenz des verwendeten Klebstoffes oder mineralischen Bindemittels werden die Holzwerkstoffe bestimmten Holzwerkstoffklassen zugeordnet (Tabelle 4-14). Die Einteilung der Holzwerkstoffe erfolgt in Holzwerkstoffklasse 20, 100 und 100 G. Die Bezeichnungen 20 und 100 sind auf die Wassertemperatur in [°C], bei der die Holzwerkstoffproben vor der Verklebungsprüfung gelagert werden, zurückzuführen. Bei der Holzwerkstoffklasse 100 G wird dem Klebstoff ein zugelassenes Holzschutzmittel gegen holzzerstörende Pilze zugegeben. Die Anwendungsbereiche der Holzwerkstoffe sind durch obere Grenzwerte der massebezogenen Feuchte im Gebrauchszustand gekennzeichnet. Die Holzwerkstoffe sollen die maximale Feuchte langfristig nicht überschreiten.

Tabelle 4-14 Holzwerkstoffklasse und maximale Plattenfeuchte

Holzwerkstoffklasse	max. Plattenfeuchte im Gebrauchszustand
20	15 % (12 % bei Holzfaserplatten)
100	18 %
100 G	21 %

Die Zuordnung genormter Plattentypen zu Holzwerkstoffklassen und Anwendungsbereichen kann DIN 68800-2 [4.23] entnommen werden. Bei nicht genormten Holzwerkstoffen ist in den Zulassungsbescheiden ein Querverweis zu dieser Norm vorhanden.

Mechanische Eigenschaften von Holzwerkstoffen

Die mechanischen Eigenschaften der Holzwerkstoffe können durch die Anordnung und Dicke der Einzellagen sowie durch die Variation der Holzart gesteuert werden. Beeinflusst werden die mechanischen Eigenschaften durch den Feuchtegehalt, die Temperatur und die Dauer der Belastung (Bild 4-16).

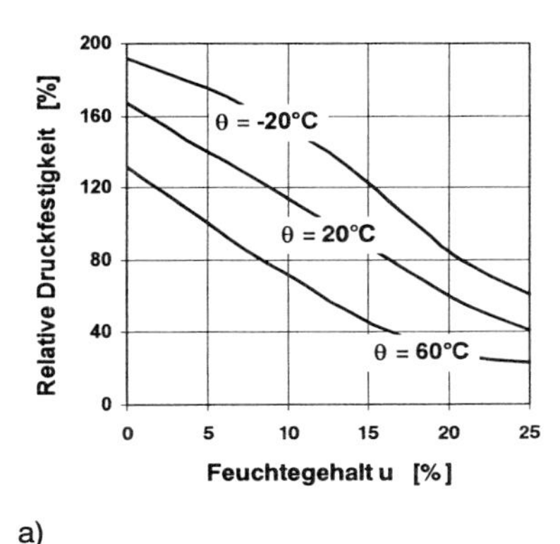

a)

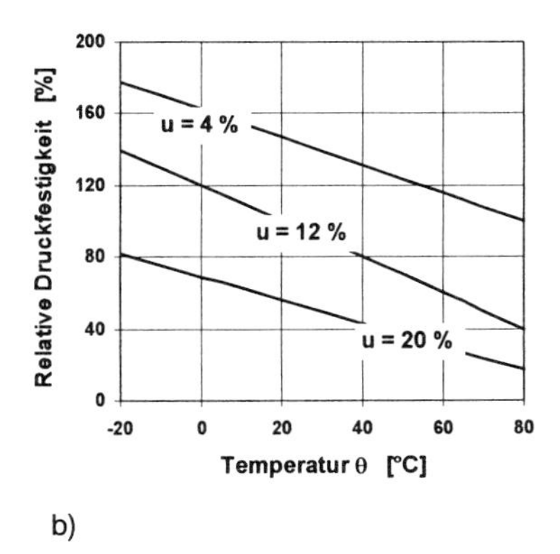

b)

Bild 4-16 Einfluss des Feuchtegehaltes und der Temperatur auf die Druckfestigkeit von Furniersperrholz [4.23]
a) Einfluss des Feuchtegehaltes, b) Einfluss der Temperatur

Mit steigendem Feuchtegehalt werden die elastischen Eigenschaften und Festigkeiten verringert. Dieses Verhalten ist durch unterschiedliche Modifikationsbeiwerte, die in der entsprechenden Norm (DIN 1052 [4.7] oder EC5 [4.25]) festgelegt sind, berücksichtigt. Die mechanischen Eigenschaften werden bei Temperaturerhöhungen verschlechtert. Da eine Temperaturerhöhung bei Holzwerkstoffen gleichzeitig mit einer Austrocknung verbunden ist, müssen Temperaturänderungen bei reinen Holzkonstruktionen nicht berücksichtigt werden.

Die Verformung nimmt bei anhaltender Belastungsdauer zu. Der Werkstoff beginnt zu kriechen. Das Kriechverhalten ist abhängig von der Holzwerkstoffart, von dem Umgebungsklima und von dem Belastungsgrad. Die zusätzliche Verformung kann vereinfacht mit einer Verringerung des Elastizitätsmoduls erklärt werden.

4.2 Kunststoffe

4.2.1 Allgemeines

Kunststoffe sind Werkstoffe makromolekularer Natur, die entweder synthetisch aus Monomeren oder durch chemische Behandlung von vorgebildeten natürlichen Makromolekülen hergestellt werden. Rohstoffbasis bilden dabei hauptsächlich Erdöl, Erdgas oder Kohle. Die Entwicklung der Kunststoffe begann erst Mitte des 19. Jahrhunderts mit der chemischen Umwandlung von Naturprodukten, wie Zellulose und Rohkautschuk, zu Zelluloid bzw. Naturgummi. Mit der Herstellung des ersten vollsynthetischen Kunststoffs *Bakelit* (1907) setzte der Beginn der Kunststoffproduktion ein. Heute werden 41 % aller produzierten Kunststoffe allein als Verpackungsmaterial eingesetzt. Im Bauwesen haben sich (die) Kunststoffe vor allem in der Haus- und Sanitärtechnik, als Ausbaustoffe und als Stoffe für den Bautenschutz, die Bauphysik und Bauchemie seit langem bewährt, während der Einsatz im konstruktiven Bereich bislang begrenzt geblieben ist.

Vorteile der Kunststoffe

Kunststoffe weisen im Vergleich zu anderen Werkstoffen die nachfolgenden Vorteile auf:

- leichte Formbarkeit,
- geringes Gewicht durch geringe Rohdichte (ρ = 0,9 bis 1,5 kg/dm^3, aufgeschäumt ρ > 0,01 kg/dm^3),
- niedrige Wärmeleitfähigkeit (λ = 0,15 bis 0,40 W/(m · K), Schaumstoff λ = 0,03 bis 0,04 W/(m · K)),
- gute Korrosions- und Chemikalienbeständigkeit,
- relativ hohe Zugfestigkeit,
- i.d.R. große Bruchdehnung,
- gutes elektrisches Isoliervermögen,
- große Beständigkeit gegenüber Wasser und aggressiven Stoffen.

Nachteile der Kunststoffe

Dagegen weisen Kunststoffe auch Nachteile auf:

- niedriger E-Modul (E = 100 bis 10000 N/mm^2),
- ausgeprägte zeit- und temperaturabhängige Verformbarkeit und Zeitstandfestigkeit,
- großer Wärmeausdehnungskoeffizient ($\alpha_T \leq 200 \cdot 10^{-6} \cdot K^{-1}$, etwa 10 bis 20-mal so groß wie der von Beton oder Stahl),
- Versprödungsgefahr bei tiefen Temperaturen,
- im Allgemeinen nicht formbeständig bei höheren Temperaturen.

Die Eigenschaften von Kunststoffen werden vom strukturellen Aufbau ihrer Makromoleküle und dem Grad ihrer Vernetzung bestimmt und können darüber hinaus durch Zusatz von Hilfs-, Füll- und Verstärkungsstoffen gezielt verändert werden. Somit ist es möglich, für den jeweiligen Anwendungsfall Produkte mit maßgeschneiderten Eigenschaften herzustellen.

Kunststoffe lassen sich nach ihrem Herstellungsprinzip (Bildungsreaktion) aus monomeren Bausteinen zu Makromolekülen, nach ihrer chemischen Struktur und den daraus resultierenden Eigenschaften oder auch nach ihrer elementaren Zusammensetzung in verschiedene Gruppen einteilen.

4.2.2 Bildungsreaktionen der Kunststoffe

4.2.2.1 Ausgangsstoffe

Kunststoffe sind Makromoleküle, deren relative Molekülmasse meist mehr als 10000 beträgt. Sie sind aus vielen (oft gleichen) Monomeren aufgebaut, die durch *Polymerisation*, *Polykondensation* und/oder *Polyaddition* miteinander verknüpft werden.

4.2.2.2 Polymerisation

Ausgangsstoffe für die Polymerisationsreaktion sind in der Regel ungesättigte monomere Kohlenwasserstoffe mit Kohlenstoff-Kohlenstoff-Doppelbindung(en). Die Bezeichnung ungesättigte Verbindung ist auf das Bestreben der C = C-Doppelbindung zurückzuführen, unter Anlagerung weiterer Atome in eine C – C-Einfachbindung überzugehen (gesättigter Zustand). Die Bildung des Polymers erfolgt demnach in einer Kettenreaktion durch Verknüpfung vieler ungesättigter monomerer Bausteine unter Aufspaltung der Doppelbindungen (Bild 4-17). Sie kann nach verschiedenen Mechanismen ablaufen.

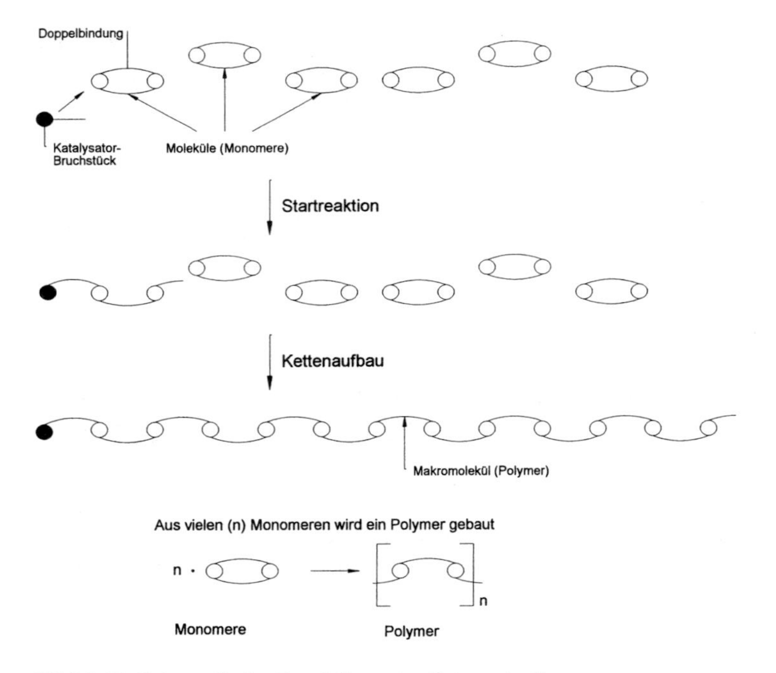

Bild 4-17 Schematische Darstellung der Polymerisation

Die Startreaktion wird häufig durch Zusatz von Initiatoren (Anregern) ausgelöst, die sich an Monomere unter Aufspaltung der Doppelbindung anlagern. Das entstehende reaktive Teilchen nimmt dann schrittweise weitere Monomermoleküle unter Wachstum der Kette auf (Kettenaufbau). Am Ende der Kette wird die Absättigung der freien Valenz (Bindung) z.B. durch Ausbildung einer Doppelbindung erreicht (Kettenabbruch). Da keine Nebenprodukte entstehen, besitzt das Polymer die gleiche prozentuale Zusammensetzung der chemischen Elemente wie der monomere Ausgangsstoff, weist aber ein Vielfaches des Molekulargewichtes auf.

Nach diesem Schema wird aus Ethylen C_2H_4, dem einfachsten ungesättigten Kohlenwasserstoff, Polyethylen hergestellt. Dabei bildet sich durch katalytisches Aufspalten der Doppelbindung des Ethylens an einem C-Atom eine freie Valenz aus. Diese bindet ein weiteres Monomermolekül und es entsteht eine neue freie Valenz am letzten C-Atom der Molekülkette. Auf diese Weise werden immer mehr monomere Bausteine gebunden.

Polyethylen ist ein lineares Makromolekül mit einer relativen Molekülmasse von etwa 25000. Im Vergleich dazu besitzt das monomere Ethylen nur eine Molekülmasse von 28.

Die Polymerisation gleicher Grundbausteine wird als Isopolymerisation bezeichnet, z.B. Polyethylen (PE), Polystyrol (PS) und Polyvinylchlorid (PVC).

Polyethylen (PE)

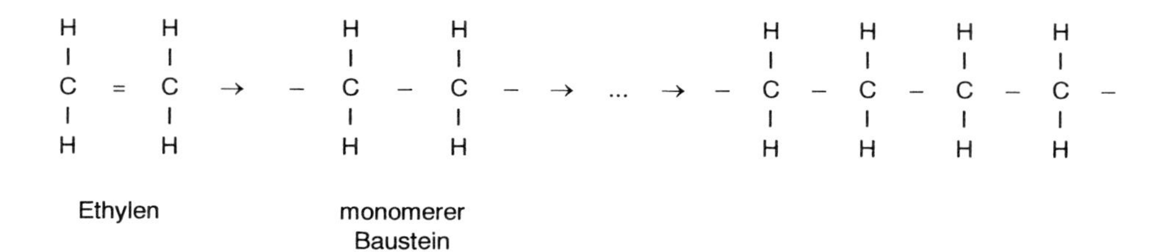

Der gesamte Vorgang kann durch folgende Reaktionsgleichung wiedergegeben werden:

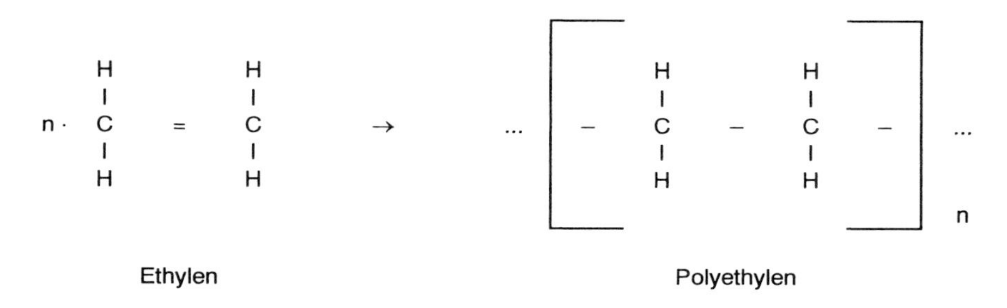

Polyvinylchlorid (PVC)

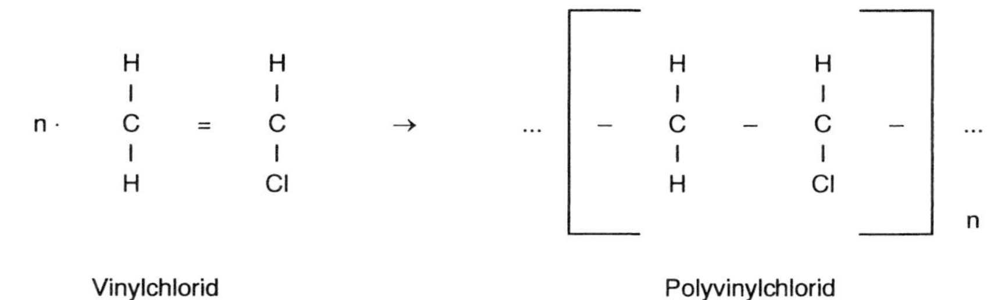

Verwendet man zwei oder mehr verschiedene Monomere, so liegt eine Mischpolymerisation vor. Prinzipiell läuft jede Polymerisation in den drei beschriebenen Stufen ab:

- Startreaktion,
- Wachstumsreaktion und
- Abbruchreaktion.

4.2.2.3 Polykondensation

Bei der Polykondensation reagieren gleich- oder verschiedenartige reaktionsfähige Gruppen von Verbindungen (Monomeren) unter Abspaltung niedermolekularer Nebenprodukte wie Wasser, Ammoniak, Salzsäure, Alkoholen u. a. m. miteinander (Bild 4-18).

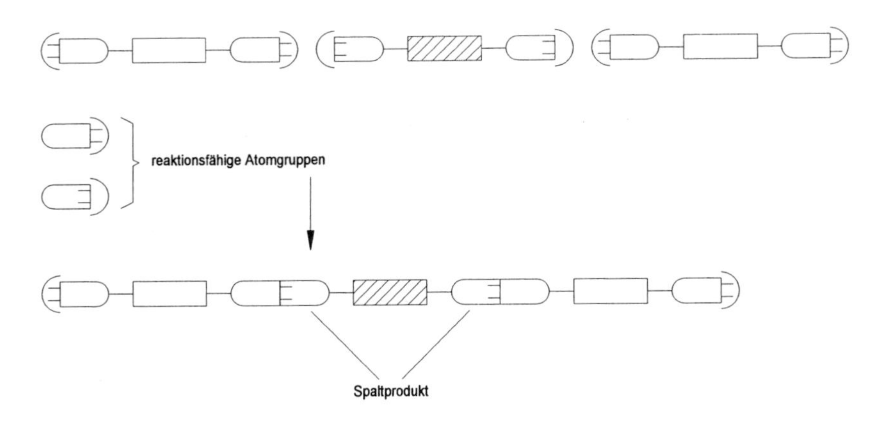

Bild 4-18 Schematische Darstellung der Polykondensation

Bei Verwendung von bifunktionellen Ausgangsprodukten, d.h. Molekülen mit zwei Verknüpfungsstellen, entstehen lineare Polymere. So bilden sich z.B. aus Dicarbonsäuren und Dialkoholen (Glykolen) unter Abspaltung von Wasser Polyester. Die erste Stufe der Reaktion ist in nachfolgender Gleichung dargestellt:

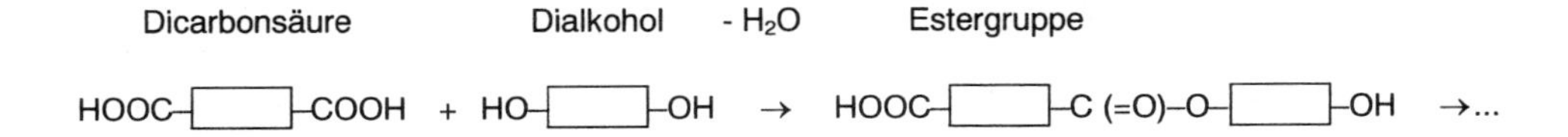

Bei polyfunktionellen Monomeren bilden sich vernetzte Endprodukte, so z.B. bei der Reaktion von Phenol und Formaldehyd zu Phenol-Formaldehydharz (Phenoplast):

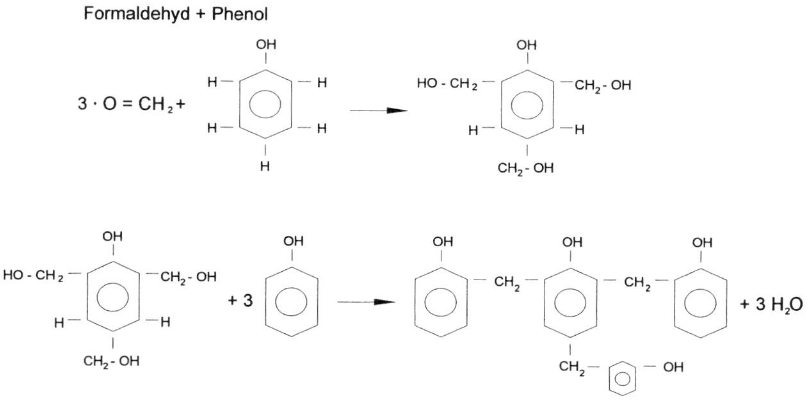

Formaldehyd + Phenol

$$3 \cdot O = CH_2 + C_6H_5OH \longrightarrow (HO\text{-}CH_2)_3C_6H_2OH$$

$$(HO\text{-}CH_2)_3C_6H_2OH + 3\,C_6H_5OH \longrightarrow \text{Phenol-Formaldehyd-Harz} + 3\,H_2O$$

Phenol - Formaldehyd-Harz

Die Polykondensation ist ein Gleichgewichtsprozess, d.h. wenn während der Reaktion eine gewisse Menge an Nebenprodukten abgeschieden ist, stellt sich ein chemisches Gleichgewicht ein und die Reaktion bricht von selbst ab. Sie kann durch Änderung der Kondensationsbedingungen, wie Temperatur und Druck, wieder in Gang gebracht werden. Diese Eigenschaft wird in der Praxis ausgenutzt, indem man die im Allgemeinen flüssigen Zwischenstufen der Polykondensate verarbeitet und erst danach durch geeignete Maßnahmen zum Endprodukt verfestigt.

Eine weitere wichtige Gruppe von Kunststoffen die durch Polykondensation aus kleinen Molekülbausteinen hergestellt werden, sind die Silicone (Polysiloxane). Im Unterschied zu den organischen Polymeren bestehen die Makromoleküle im wesentlichen aus einer anorganischen Silicium-Sauerstoff-Hauptkette und organischen Seitengruppen. Die verschiedenen Silicon-Typen (Siliconharz, Siliconkautschuk, Siliconöl) sind wasserabweisend, wärmebeständig und besitzen eine gute Korrosionsbeständigkeit. Sie finden im Bauwesen vorrangig im Bautenschutz Anwendung. Eine Vernetzung von linearen Siliconkautschuken zu Elastomeren bei Raumtemperatur ist z.B. durch den Einbau von reaktiven Gruppen in die Seitenkette und anschließende Polykondensations- oder Polyadditionsreaktionen möglich. Der Aufbau eines Silicons ist nachfolgend schematisch dargestellt:

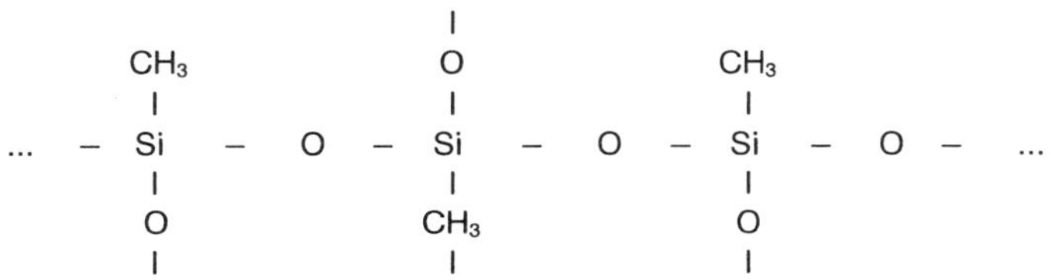

```
                         I
       CH3               O               CH3
        I                I                I
... –  Si   –   O   –   Si   –   O   –   Si   –   O   –  ...
        I                I                I
        O               CH3               O
        I                I                I
```

4.2.2.4 Polyaddition

Unter Polyaddition versteht man die Verknüpfung gleicher oder verschiedenartiger Moleküle (Monomere) ohne Abspaltung eines Nebenproduktes (Bild 4-19).

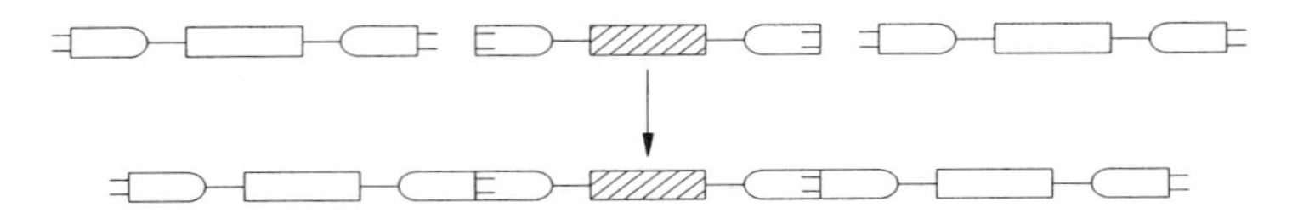

Bild 4-19 Schematische Darstellung der Polyaddition

Die Reaktion der Polyaddition beruht auf dem Abwandern der beweglichen Atome, vorzugsweise der Wasserstoffatome, an andere Plätze in den Molekülketten. Dabei wird je Gruppe eine Valenz frei, die die Moleküle miteinander verbindet. Ein Beispiel ist die Polyaddition von Diisocyanat mit Dialkohol zu Polyurethan (PUR) (Bild 4-20).

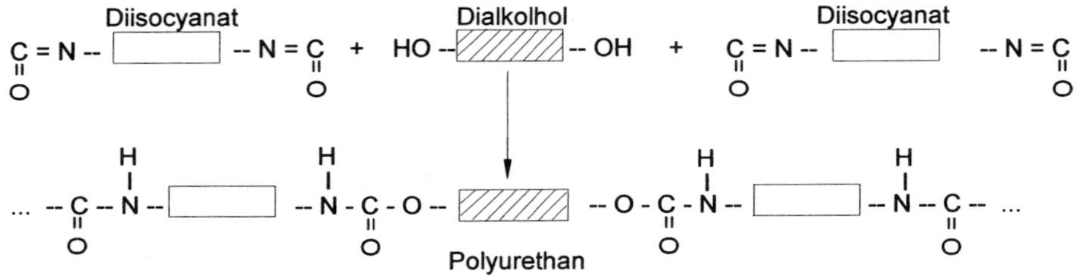

Diisocyanat Dialkolhol Diisocyanat

C = N -- [ ] -- N = C + HO -- [ ] -- OH + C = N -- [ ] -- N = C

(jeweils C = O)

... -- C(=O) -- N(H) -- [ ] -- N(H) - C(=O) - O -- [ ] -- O - C(=O) - N(H) -- [ ] -- N(H) -- C(=O) -- ...

Polyurethan

Bild 4-20 Polyaddition von Diisocyanat und Dialkohol

4.2.2.5 Kombinierte Bildungsreaktion

Es gibt eine große Anzahl von Monomeren für Polyreaktionen, wobei ständig neue Produktions- und Reaktionsmöglichkeiten hinzukommen. Bei dieser Vielfalt fällt es häufig schwer, die einzelnen Polymere einem Bildungstyp eindeutig zuzuordnen.

So werden z.B. ungesättigte Polyester (UP) durch Kondensationsreaktion von gesättigten und ungesättigten Dicarbonsäuren mit Glykolen hergestellt (vgl. Abschnitt 4.2.2.3). Diese durch Polykondensation erhaltenen, kettenförmigen Kunststoffe können aufgrund ihrer Doppelbindungen mit ungesättigten Monomeren zu vernetzten Makromolekülen reagieren. In der Praxis werden dazu die ungesättigten Polyester in reaktionsfähigen Lösungsmitteln wie Styrol gelöst. Die Vernetzung erfolgt durch Polymerisation der Doppelbindungen nach Zugabe eines Initiators bzw. Härters (Bild 4-21).

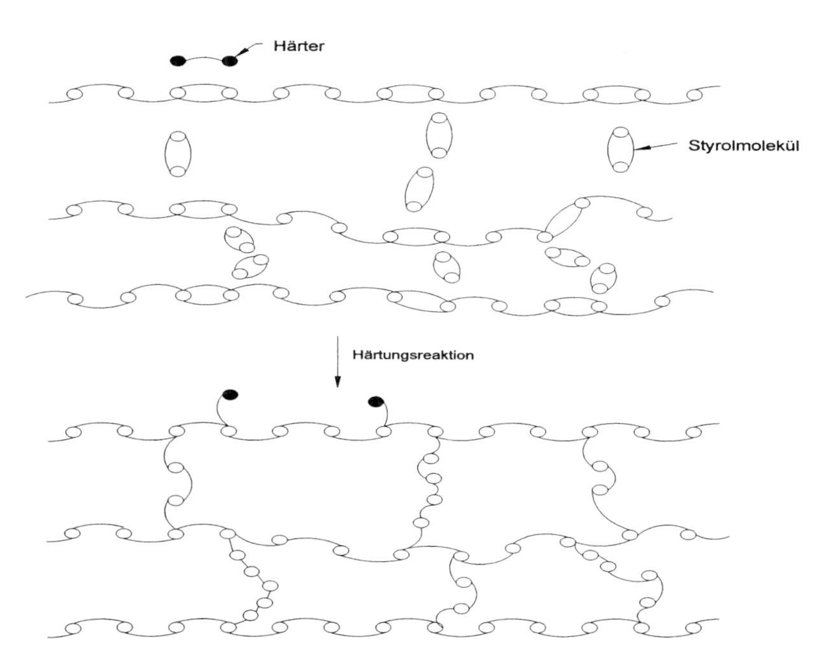

Bild 4-21 Schematische Darstellung der Vernetzung von ungesättigten Polyesterharzen

Auf ähnlichem Wege erfolgt die weiträumige Vernetzung von fadenförmigen Kautschukmolekülen. Naturkautschuk ist z.B. zu 20 bis 60 % im Latex (Milchsaft des Kautschukbaumes) enthalten. Das ungesättigte, kettenförmige Polymer besitzt eine relative Molekülmasse von ca. 350000. Auf der Basis von Butadien lässt sich Kautschuk aber auch leicht synthetisieren. In Gegenwart von Schwefel bilden die Doppelbindungen Schwefelbrücken zum benachbarten Kautschukmolekül aus und vernetzen die Moleküle untereinander zu Elastomeren (Vulkanisation). Mit dem Vernetzungsgrad lassen sich die Eigenschaften der Produkte variieren und durch Zugabe von Hilfsstoffen wie Stabilisatoren, Alterungsschutzmitteln usw. auf die jeweilige Anwendung hin orientieren. So werden aus Kautschuk und seinen Vulkanisationsprodukten, z.B. Schläuche, Fensterdichtungen oder Elastomer-Fugenbänder (vgl. Abschnitt 4.2.5.2), hergestellt.

4.2.3 Aufbau, Struktur und Aggregatzustände der Kunststoffe

Aufbau und Struktur

Hinsichtlich des Aufbaus der Kunststoffe unterscheidet man zwischen linearen, faden- oder kettenförmig eindimensional aufgebauten Makromolekülen (Thermoplaste) und räumlich vernetzt aufgebauten Makromolekülen (Duroplaste und Elastomere). Im Bild 4-22 sind beide Arten dargestellt.

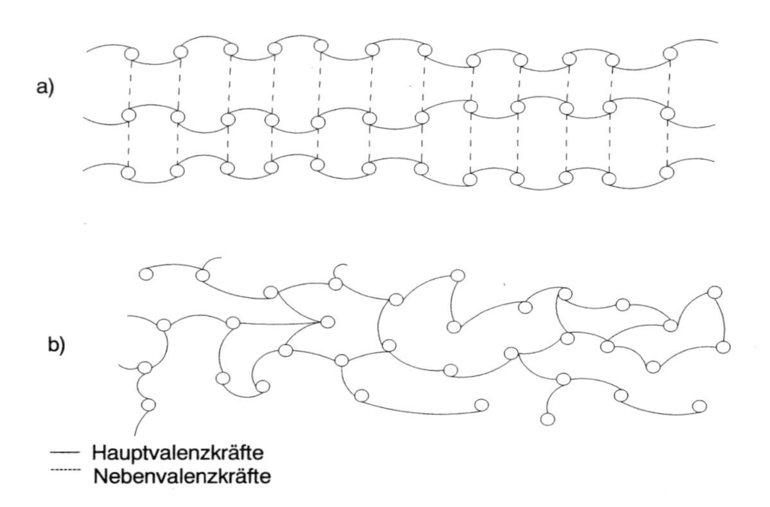

Bild 4-22 Schematische Darstellung der Makromoleküle
a) Thermoplaste, b) Duroplaste

Die Eigenschaften der Thermoplaste werden weitgehend von den Nebenvalenzkräften (elektrostatische Oberflächenkraft und Dipolkraft) bestimmt. Man unterscheidet bei den Thermoplasten zwischen amorphen (PVC) und teilkristallinen Thermoplasten (PE). Makromoleküle mit starken Verzweigungen und sperrigen Seitengruppen, die die zwischenmolekularen Kräfte verringern, sind dabei eher in einem knäuelförmigen Haufwerk (amorphe Thermoplaste mit Filzstruktur) angeordnet, während teilkristalline Thermoplaste aus einfach gebauten Molekülketten mehr oder weniger starke Orientierungen und in Teilbereichen eine parallele Ordnung aufweisen.

Bei den Duroplasten und den Elastomeren dominieren die Hauptvalenzkräfte. Das sehr engmaschige Raumnetzmolekül der Duroplaste führt zu ausgehärteten und spröden Kunststoffen. Sie lassen sich durch Zugabe von Füll- und Verstärkungsstoffen in ihren Eigenschaften variieren.

Das weitmaschige Raumnetzmolekül der Elastomere lässt sich durch äußere Krafteinwirkung strecken und nimmt nach der Entlastung den alten Zustand wieder ein. Elastomere sind daher gummielastisch.

Bei Duromeren bildet der Molekülverband ein räumlich vernetztes Maschenwerk. Der Zusammenhalt dieses Maschenwerks wird durch Hauptvalenzkräfte bewirkt, die bis zur Zersetzungstemperatur wirksam bleiben. Bild 4-23 zeigt schematisch den strukturellen Aufbau der Kunststoffe.

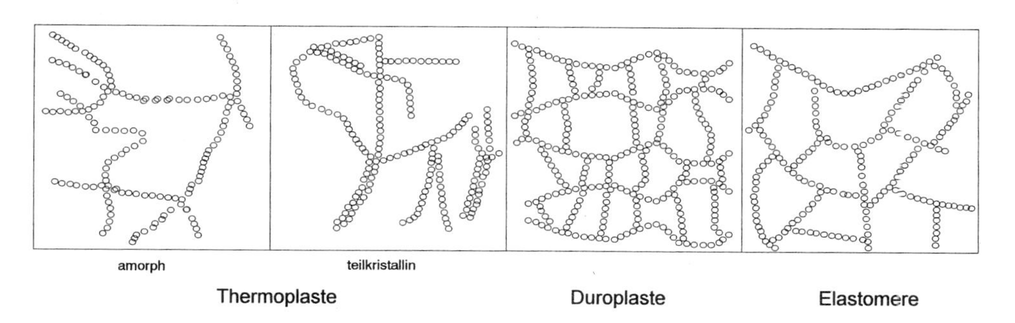

Bild 4-23 Struktureller Aufbau der Kunststoffe

Aggregatzustand der Kunststoffe

Amorphe Thermoplaste

Amorphe Thermoplaste sind warmverformbare Kunststoffe mit fadenförmigen Molekülketten. Auf Grund der Temperaturabhängigkeit der Bindungskräfte sind die Kettenmoleküle der Kunststoffe in der Lage, sich zu bewegen. Ihre Bewegungsmöglichkeit richtet sich nach der Molekularstruktur und der Höhe der Temperatur (Wärmeschwingungen). Für einen amorphen Thermoplast kann das Zustandsdiagramm entsprechend Bild 4-24 dargestellt werden.

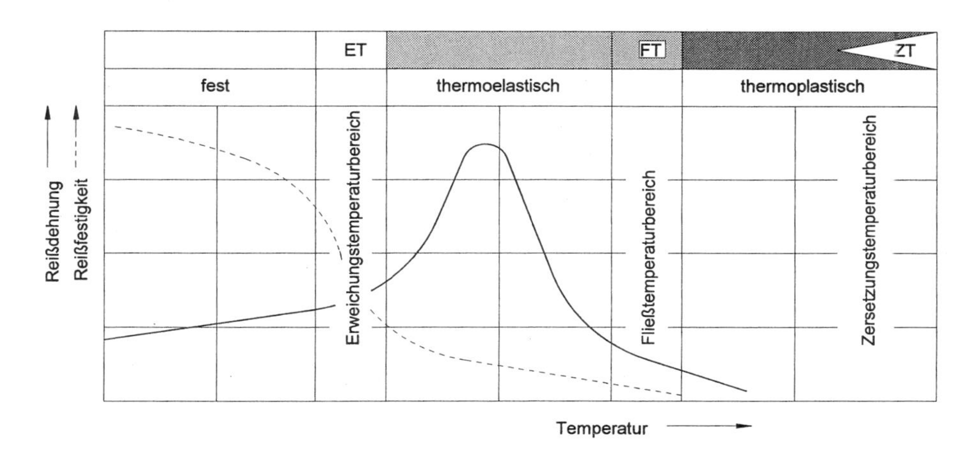

Bild 4-24 Festigkeits- und Verformungsverhalten amorpher Thermoplaste

Zwischen den Zustandsbereichen herrschen keine scharfen Temperaturübergänge. Es bestehen vielmehr Temperaturübergangsbereiche. Dabei werden Erweichungstemperaturbereich (ET), Fließtemperaturbereich (FT) und Temperaturbereich der Zersetzung

(ZT) unterschieden. Hierbei ist zu beachten, dass eine niedrige, aber lange Temperatureinwirkung den gleichen Effekt hat wie eine höhere, aber kurze Einwirkung. Sowohl die Höhe der Temperatur als auch die Dauer der Wärmeeinwirkung sind von Bedeutung. In der Tabelle 4-15 sind die wichtigen Eigenschaften der amorphen Thermoplaste zusammengestellt.

Tabelle 4-15 Eigenschaften der amorphen Thermoplaste

Zustandsbereich	**Fest**	**Thermoelastisch**	**Thermoplastisch**	**Zersetzung**
Zustandsform	hartelastisch-spröder Ausgangszustand (Glaszustand)	zäh- bis weichelastischer Zustand, gummielastische Dehnung	teigig-zäher bis ölig flüssiger Zustand, zähviskoses Fließen	–
Molekulare Struktur	ineinander verknäulte Makromoleküle, zwischenmolekulare Bindungskräfte groß	noch weitgehend verknäulte Makromoleküle, zunehmende Beweglichkeit der Molekülketten	Makromoleküle gegeneinander verschiebbar, zwischenmolekulare Bindungskräfte weitgehend aufgehoben	molekularer Abbau des Thermoplasten
Verarbeitung	spanendes und spanloses Trennen, lösbares und unlösbares Fügen (Kleben), Oberflächenveredelung	Umformen[1]: Biege-, Druck-, Zug- und Zugdruckumformen	Urformen[2]: Spritzgießen, Extrudieren, Pressen, Schäumen, Kalandrieren, Rotationsformen usw., unlösbares Fügen (Schweißen)	–

[1] Umformen ist ein Bearbeitungsverfahren im thermoelastischen, warmbildsamen Zustand. Nach Abkühlung werden die Thermoplaste wieder hart, die neue Form muss wegen der Rückstellkräfte bis zur Erhärtung "eingefroren" werden. Die Fadenmoleküle stehen dabei wegen ihres Rückstellbestrebens unter Spannung. Bei erneuter Erwärmung gehen die unter Spannung stehenden Fadenmoleküle wieder in ihre Urform zurück.

[2] Urformen ist das Grundverarbeitungsverfahren im thermoplastischen Zustand unterhalb der Zersetzungstemperatur. Zwischenmolekulare Kräfte verlieren ihre Wirkung, Rückstellspannungen treten nicht auf.

Teilkristalline Thermoplaste

Teilkristalline Thermoplaste verhalten sich im Glaszustand ähnlich wie amorphe Thermoplaste. Der Temperaturbereich des Glaszustandes ist jedoch größer. Auf Grund des starken Zusammenhalts der Kristalle ist der Abfall der Festigkeitseigenschaften bei Erreichen des Erweichungspunktes nicht so ausgeprägt wie bei amorphen Thermoplasten. Teilkristalline Thermoplaste weisen zusätzlich den Temperaturbereich der Kristallschmelze (KSB) auf. Oberhalb des Erweichungstemperaturbereiches bis zum Kristallschmelzbereich werden die amorphen Anteile zunehmend thermoelastisch, während die kristallinen Anteile noch hart sind. Erreicht die Temperatur den KSB, schmelzen auch die kristallinen Anteile, so dass mit Erreichen des Fließtemperaturbereiches (FT) thermoplastische Eigenschaften auftreten.

In der Tabelle 4-16 sind die wichtigen Eigenschaften der teilkristallinen Thermoplaste zusammengestellt.

Tabelle 4-16 Eigenschaften der teilkristallinen Thermoplaste

Zustands-bereich	Fest	Thermoelastisch		Thermo-plastisch	Zersetzung
Zustands-form	hartelastisch-spröder Ausgangs-zustand (Glaszustand)	fest, zähelastisch bis weichelastisch		teigig-zäher bis ölig flüssiger Zustand, zähviskoses Fließen	–
Molekulare Struktur	Amorphe und kristalline Bereiche fest, zwischen-molekulare Bindungskräfte groß	amorphe Bereiche zunehmend beweglich, kristalline Bereiche noch fest	kristalline Bereiche zunehmend gelöst	Makromoleküle gegeneinander verschiebbar	molekularer Abbau des Thermo-plasten
Verarbei-tung	in diesem Bereich nicht üblich	spanendes und spanloses Trennen, lösbares und unlösbares Fügen (Kleben), Oberflächenveredelung Umformen[1]: Biege-, Druck-, Zug- und Zugdruckumformen		Urformen[2]: Spritzgießen, Extrudieren usw., unlösbares Fügen (Schweißen)	–

[1] Umformen ist ein Bearbeitungsverfahren im thermoelastischen, warmbildsamen Zustand. Nach Abkühlung werden die Thermoplaste wieder hart, die neue Form muss wegen der Rückstellkräfte bis zur Erhärtung "eingefroren" werden. Die Fadenmoleküle stehen dabei wegen ihres Rückstellbestrebens unter Spannung. Bei erneuter Erwärmung gehen die unter Spannung stehenden Fadenmoleküle wieder in ihre Urform zurück.

[2] Urformen ist das Grundverarbeitungsverfahren im thermoplastischem Zustand unterhalb der Zersetzungstemperatur. Zwischenmolekulare Kräfte verlieren ihre Wirkung, Rückstellspannungen treten nicht auf.

Die wichtigsten Eigenschaften teilkristalliner Thermoplaste bei entsprechender Temperatur sind im Bild 4-25 dargestellt.

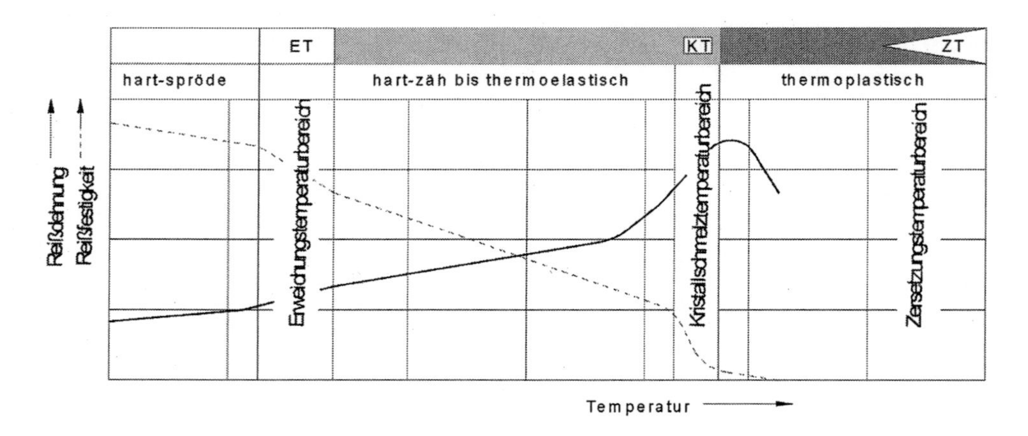

Bild 4-25 Festigkeits- und Verformungsverhalten teilkristalliner Thermoplastess

Duroplaste

Bei Duroplasten wird die Beweglichkeit der Segmente des Raumnetzmoleküls vom Grad der Vernetzung bestimmt. Im Allgemeinen sind die Duroplaste stark vernetzt und zeigen deshalb nur eine geringe Temperaturabhängigkeit ihrer physikalischen Eigenschaften (Bild 4-26). Sie können praktisch nicht erweichen, also auch nicht geschweißt werden. Der Aushärtvorgang ist irreversibel, d.h. nicht umkehrbar. Sie sind unlöslich, nur schwach quellbar und chemisch sehr widerstandfähig.

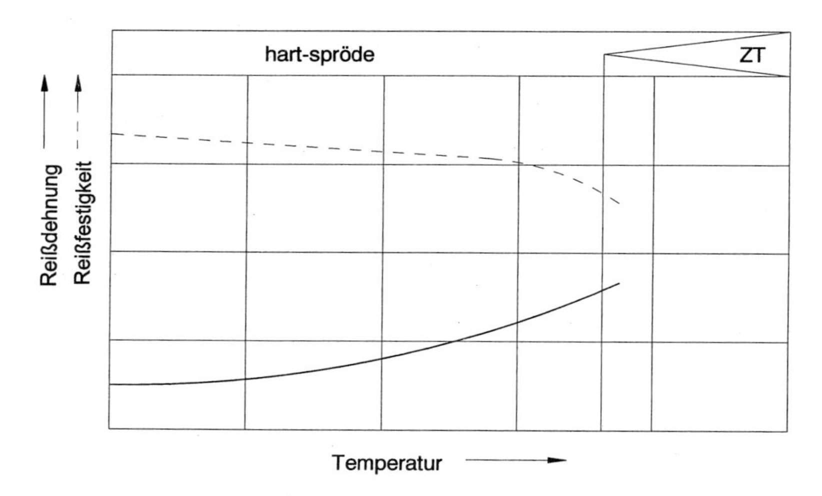

Bild 4-26 Festigkeits- und Verformungsverhalten von Duroplasten

In Tabelle 4-17 sind die wichtigen Eigenschaften der Duroplaste zusammengestellt.

Tabelle 4-17 Eigenschaften der Duroplaste

Zustandsbereich	Fest	Zersetzung
Zustandsform	hartelastisch-spröder Ausgangszustand (Glaszustand)	–
Molekulare Struktur	vernetzte Makromoleküle	molekularer Abbau des Duroplasten
Verarbeitung	spanendes und spanloses Trennen, lösbares und unlösbares Fügen, Oberflächenveredelung	–

Elastomere

Das Zustandsdiagramm der Elastomere zeigt das Bild 4-27. Dabei ist besonders die gute Dehnbarkeit der Elastomere bei Temperaturen oberhalb des Einfrierbereiches hervorzuheben. Die Elastomere sind mit geringen Kräften um mehrere 100 % dehnbar (meist 200 bis 1000 %).

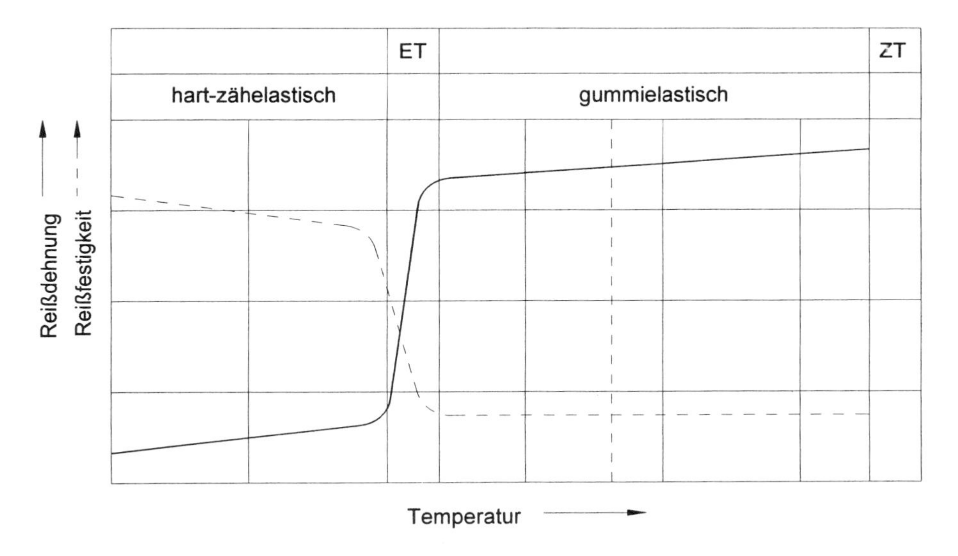

Bild 4-27 Festigkeits- und Verformungsverhalten der Elastomere

Nach dem Aufheben der Spannung kehren die gestreckten Molekülfadenstücke in ihre ursprüngliche Lage zurück (elastisches Verhalten). Elastomere zeigen dieses Verhalten unter Gebrauchstemperatur und behalten es bis zum Zersetzungsbereich bei. Beim Erhitzen zeigen sie keine thermoplastichen Eigenschaften, sondern sie zersetzen sich, ohne viskos-flüssig zu werden.

In Tabelle 4-18 sind die wichtigen Eigenschaften der Elastomere zusammengestellt.

Tabelle 4-18 Eigenschaften der Elastomere

Zustands-bereich	**Fest**	**Thermoelastisch**	**Zersetzung**
Zustandsform	hartelastisch-spröder Ausgangszustand (Glaszustand)	gummielastisch	–
Molekulare Struktur	weitmaschig vernetzte Makromoleküle noch zwischenmolekulare Bindungskräfte zwischen einzelnen Polymerketten	nur Haftpunkte zwischen linearen Makromolekülen durch Valenzbindungen	molekularer Abbau
Verarbeitung	in diesem Bereich nicht üblich	spanendes und spanloses Trennen, lösbares und unlösbares Fügen, Oberflächenveredelung	–

4.2.4 Eigenschaften der Kunststoffe

4.2.4.1 Mechanische Eigenschaften

Die mechanischen Eigenschaften der Kunststoffe werden von der Molekularstruktur, der Temperatur sowie von der Belastungsart und -dauer beeinflusst. Gezielte Veränderungen der mechanischen Eigenschaften sind bei der Verarbeitung möglich. Dabei werden folgende Maßnahmen angewandt:

- *Nachhärtung* durch Wärmezufuhr zur Erhöhung des Vernetzungsgrades.
- *Verstreckung* (parallele Orientierung der Kettenmoleküle) von amorphen und teilkristallinen Thermoplasten bei der Formgebung führt zu einer Festigkeitssteigerung und Versteifung.
- Durch *Weichmacher* (schwer flüchtige Lösungsmittel) kann die Glasübergangstemperatur von Thermoplasten in Richtung höherer Temperatur verschoben werden. Der Kunststoff kann dadurch weichelastisch eingestellt werden.
- Durch *Füllstoffe*, die den Vorprodukten beigegeben werden, können die mechanischen, thermischen, elektrischen und chemischen Eigenschaften verändert werden; Füllstoffe sind körnige oder faserige Zusätze anorganischer oder organischer Herkunft; Füllstoffe führen zu einer Verfestigung und zum Abbau des Kriechens.

- Eine *Festigkeitssteigerung* kann durch Faserverstärkung erzielt werden.

Festigkeit und Verformung im Kurzzeitversuch

Das Verformungsverhalten und die Festigkeit der Kunststoffe hängen wesentlich von der Belastungsgeschwindigkeit und der Temperatur ab (Bild 4-28). Die Festigkeits- und Verformungskennwerte müssen aus diesem Grund stets im Zusammenhang mit den anzugebenden Werten der Prüftemperatur und der Verformungsgeschwindigkeit gesehen werden.

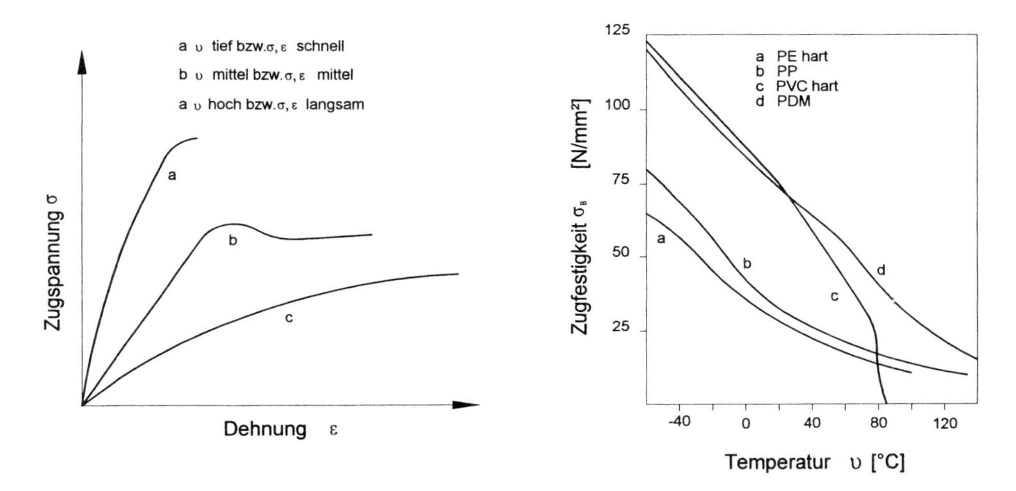

Bild 4-28 Abhängigkeit der Eigenschaften von Temperatur und Dehngeschwindigkeit

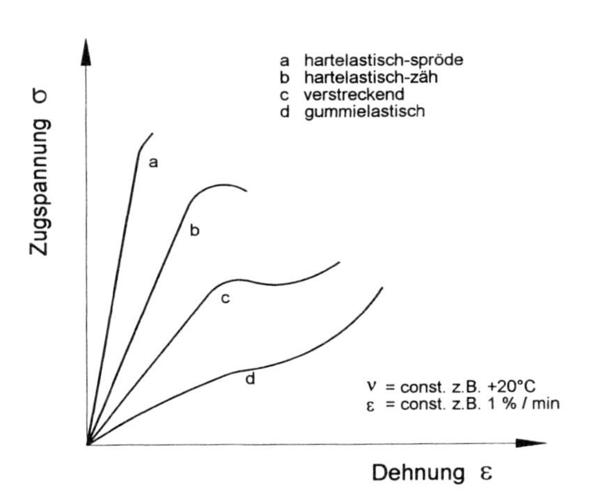

Bild 4-29 Typische Spannungs-Dehnungs-Kennlinien einiger Kunststoffe

In Bild 4-21 sind einige typische Spannungs-Dehnungslinien verschiedener Kunststoffe dargestellt. Die hartelastischen Duromere besitzen einen deutlich elastischen Bereich. Die Linie c beschreibt einen verstreckbaren Thermoplast (der Hochpunkt ist die Streckspannung), während Elastomere ein gummielastisches Verhalten zeigen Zeitstandverhalten

Weil Kunststoffe bereits bei mäßigen Beanspruchungen ein zeitabhängiges, viskoelastisches Verformungsverhalten aufweisen, ist für ihren Einsatz das Zeitstandverhalten maßgebend. Zur Bemessung von Kunststoffbauteilen ist neben der höchsten Gebrauchstemperatur auch noch die Betriebsdauer von entscheidender Bedeutung. Die zulässigen Gebrauchsspannungen müssen mit einem Sicherheitsabstand unterhalb der Zeitstandfestigkeit liegen.

Das Zeitstandverhalten wird im Kriechversuch ermittelt. Hier wird die Kunststoffprobe bei definierter Temperatur einer konstanten Dauerspannung unterworfen und die Dehnung zeitabhängig gemessen. Das Bild 4-30 zeigt am Beispiel von Polypropylen (PP) die gemessenen Zeitdehnlinien. Die bei den hohen Spannungen von 20 und 25 N/mm² rasch anwachsenden Dehnungen signalisieren den Kriechbruch. Verbindet man die Versagensdauer mit den Bruchspannungen (Bild 4-31), so erhält man die Zeitbruchlinie. Auf ihr liegen jene Spannungen, die nach einer bestimmten Zeit zum Kriechbruch führen. Unterhalb der Zeitbruchlinie liegt die Zeitdehnlinie. Beide Linien vereinigen jene Spannungen und zugehörige Belastungszeiten, nach deren Ablauf sich eine bestimmte Dehnung einstellt.

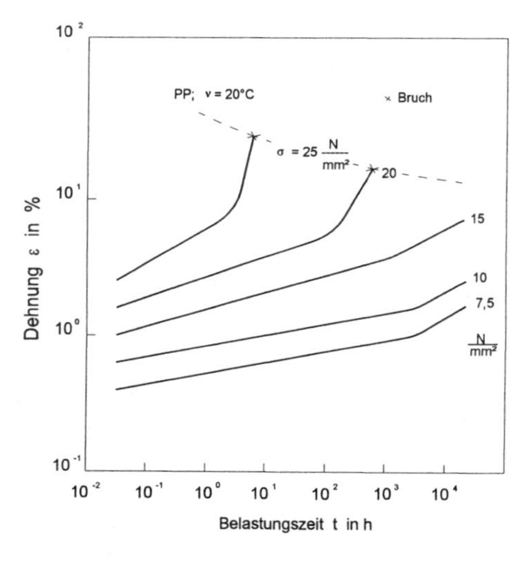

Bild 4-30 Zeitdehnlinie von Polypropylen (PP)

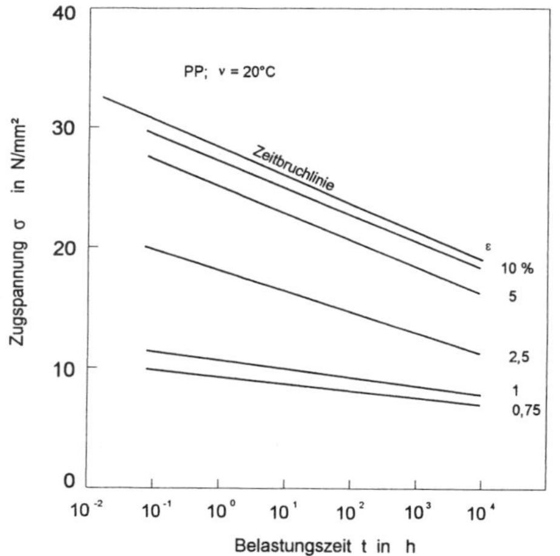

Bild 4-31 Zeitstandschaubild von Polypropylen (PP)

4.2.4.2 Thermische Eigenschaften

Wegen der eingeschränkten thermischen Beweglichkeit der Molekülketten sind Kunststoffe schlechte Wärmeleiter. Die Wärmeleitzahl liegt bei dichten Kunststoffen zwischen 0,1 und 0,4 W/(m · K). Stahl hat als Vergleich 50 W/(m · K). Füllstoffe und Verstärkungsfasern erhöhen die Wärmeleitzahl. Besonders niedrige Wärmeleitzahlen besitzen Schaumkunststoffe $\lambda \approx 0{,}03$ bis 0,04 W/(m · K).

Tabelle 4-19 Haupteigenschaften der Baukunststoffe

Kunststoff-bezeichnung		Dichte 10^2 [kg/m³]	Maximale Gebrauchs-temperatur [°C]	Wärme-dehn-zahl [10^{-6}/K]	Wärme-leitzahl [W/(m · K)]	Anhaltswerte bei Raumtemperatur		
						Zug-festigkeit [N/mm²]	Druck-festigkeit [N/mm²]	E-Modul [N/mm²]
PE	hart	9,4...9,7	100...120	–	0,419	25,0	30,0	1000
	weich	9,1...9,3	85	200	0,326	11,0	–	200
PP		9,1	130	160	0,157	34,0	–	1400
PIB		9,3	60...120	Folien mit gummielastischem Verhalten				
PVC	hart	13,9	60	80	0,157	45,0...60,0	80,0	3000
	weich	12,0... 13,9	55	200	0,163... 0,233	13,0...30,0	–	30
PMMA		12,0	75	80	0,174	74,0	120,0	3000
PVAC		–	–	–	–	–	–	–
PS	hart	10,6	50...70	70	0,203	55	100,0	3200
	Schaum	0,15... 0,65	70...90	–	0,031	0,2...1,3	0,08...0,05	–
PTFE		22,0	250	70...180	0,233	13,0...27,0	–	400
PA		11,0	80	90	0,302	35,0...75,0	–	2000
UP		12,0	bis 120	140	0,163	40,0...80,0	120...190	4000
EP		13,0	bis 200	75	-	40,0...80,0	90,0... 170,0	4000
PUR	hart	12,0	100	160	0,35	20,0...56,0	–	900
	Schaum	0,32... 3,0	80...120	–	0,026... 0,037	0,2...2,0	1,2...7,0	-
Si		12,5	200	–	–	1,5	Si-Kautschuk	
MF		15,0... 20,0	100	55	0,465	15,0...55,0		5000... 12000
PF, Pressmasse		14,0... 20,0	100...150	15...50	0,523	15,0...45,0		4000... 15000

Die Wärmeausdehnungskoeffizienten der Kunststoffe sind im Allgemeinen hoch und betragen ca. das 10- bis 20-fache von Stahl und Beton. Durch Füllstoffe und Fasern kann die Wärmedehnzahl gesenkt werden.

4.2.4.3 Chemikalien- und Wetterbeständigkeit

Kunststoffe sind allgemein chemisch beständig, wobei es Unterschiede zwischen den Kunststoffarten in Abhängigkeit zum aggressiven Medium gibt (Tabelle 4-20).

Tabelle 4-20 Beständigkeit von Kunststoffen gegenüber chemischem Angriff

Kunststoffe		Angriffsstoffe																
		Säuren					Laugen		Lösungsmittel					Treibstoffe und Öle				
		schwach	stark	oxidierend	Flusssäure	Halogene	schwach	stark	Alkohole	Ester	Ketone	Ether	CKW	Benzol	Benzin	Treibstoffgemische	Mineralöl	Fette, Öle
PE	hart	+	-	+	+	-	+	+	+	+	+		⊕		⊕	⊕	⊕	+
	weich	+	-	+	+	-	+	+				-	-	-	⊗	-		⊗
PP		+	-		+	⊗	+	+	+	⊕	⊕	O	⊗	⊗	⊕	O	+	+
PIB		+	+	O	+	O	+	+	+	-	O	-	-	-	-	-	-	
PVC	hart	+	+	⊕	⊕	O	+	+	+	-	-	-	⊗	-	+	⊗	+	+
	weich	+	⊕	O		-	+	O	O	-	-	-	-	-	⊗	-	O	O
PMMA		+	+	O	O	O	+	+	O	-	-	O	-	-	+	-	+	+
PVAC									-	-	-		-	-	⊕		⊕	
PS	hart	+	⊕	+	⊕	-	+	+	+	-	-	-	-	-	O	-	O	+
	Schaum																	
PTFE		+	+	+	+	+	+	+	+	+	+	+	+	+	+	+	+	+
PA		-	-	-	-	-	+	O	+	+	+	+	+	+	+	+	+	+
UP		+	O	⊗	⊗	⊗	O	⊗	⊕	⊗	-	-	-	⊗	+	+	+	+
EP		+	+	-	⊕	+	⊕	⊕	+	O	⊕	+	O	+	+	+	+	+
PUR	hart	O	-	O	⊗		+	-	⊕	O	⊗	+	O	+	+	O	+	O
	Schaum	+	O	-	-	-	O	O	⊕	-	-	⊕	-	⊗	+	O	+	+
Si		+	-	-	-		+	⊕	⊗	⊗	+	-	-		O	O	O	⊕
MF		O	-				+	-	+	+	+	+	+	+	+	+	+	+
PF, Pressmasse		+	-				+	-	+	+	+	+	+	+	+	+	+	+

+ = beständig
O = bedingt beständig
- = unbeständig
⊕ = bedingt beständig bis beständig
⊗ = bedingt unbeständig bis unbeständig

Die langsame und nachhaltige Veränderung der Eigenschaften durch den Angriff chemischer Agenzien wird als chemische Alterung bezeichnet. Kunststoffe erfahren im Freien unter komplexer Einwirkung von Feuchtewechseln, Temperatureinwirkung und Sonnenlicht (UV-Licht) strukturelle Veränderungen, die als Alterung bezeichnet werden. Folgen davon sind z.B. Versprödung und Verlust der Festigkeit, Verschlechterung der Transparenz, Verfärbung sowie Abnahme der Lichtbeständigkeit.

4.2.4.4 Brandverhalten

Kunststoffe sind brennbare Baustoffe und werden nach DIN 4102 [4.26] in die Klassen B1 (schwer entflammbar) oder B2 (normal entflammbar) eingestuft. Im Brandfall scheiden Kunststoffe Rauch und ggf. toxische oder korrosionsfördernde Schadstoffe ab. Die Entflammbarkeit kann durch den chemischen Einbau anorganischer oder organischer Brandschutzausrüstungen (Addition) herabgesetzt werden.

4.2.5 Anwendungsgebiete der Kunststoffe im Bauwesen

4.2.5.1 Überblick

Kunststoffe werden heute in nahezu allen Gebieten des Bauwesens angewendet:

- Bautenschutz, insbesondere Feuchteschutz und Bauwerkabdichtung,
- Wärme- und Schallschutz,
- Bindemittel für mineralische und organische Stoffe,
- Kleber und Leime,
- technischer Ausbau,
- Innenausbau, Möbelbau, Baugestaltung,
- Hilfsstoffe für die Bauausführung (Schalung) und
- tragende Elemente.

Die wichtigsten Baukunststoffe und ihre Anwendungsgebiete sind in Tabelle 4-21 zusammengefasst.

Tabelle 4-21 Anwendungsgebiete der Baukunststoffe

Typ	Herstellung	Beispiel		Kurzbe-zeichnung	Einige Anwendungsgebiete
Thermo-plaste	Herstellung durch Poly-merisation	Polyethylen	weich	PE-LD	Wetterschutzfolien
			hart	PE-HD	Dichtungsbahnen, Trinkwasserrohre, Betonschutzplatten
		Polypropylen		PP	Relat. temperaturstandfeste Formteile, Bahnen
		Polyisobutylen		PIB	Folien, Dichtungsbahnen
		Polyvinychlorid	hart	PVC-U	Rohre, Profile
			weich	PVC-P	Bodenbeläge, Folien, Schaumstoff
		Polymethylmethacrylat		PMMA	Lichtwände, -decken, -kuppeln, Fassadenteile, Anstrich und Imprägnierung in dispergiertem Zustand, Kleber im gelösten Zustand
		Polyvinylacetat		PVAC	Dispersionen, Bindemittel für Spachtelmassen, Anstrichmittel, Klebstoff
		Polystyrol		PS	Schaumstoff
		Polytetrafluorethylen		PTFE	Gleitlager, Dichtungsmaterial
	Polyaddition und Polykonden-sation	Polyamide		PA	Formstücke für Armaturen, Beschläge, Fasern
Elasto-mere	Polyaddition	Polyurethan		PUR	Bindemittel für Estrich und Beschichtungsmassen, Klebstoffe, Schaumstoffe
		Alkyl-Polysulfid		SR	Fugenabdichtungen, Beschichtungen, Auskleidungen
	Polymeri-sation	Polychlorbutadien		CR	Auflager, Fugenabdichtungen, Dichtungsbahnen
Duro-mere	Polykonden-sation	Aminoplaste Harnstoff-Formaldehydharze Melaminharze		UF MF	Bindemittel für Pressmassen und Holzwerkstoffe, Holzleime, Schaumstoffe, Dekorationsplatten
		Phenolharze		PF	Schaumstoffe, Wandbekleidungen
		ungesättigte Polyesterharze		UP	Bindemittel für Kunstharzbeton und Estrich, Kleber, Imprägnierungen, Harz für GFK
		Epoxidharz		EP	wie UP
Silicone		Siliconharze Siliconkautschuk Siliconöl		SI	Imprägnierungen, Lacke, Anstriche Dichtungen Imprägnierungen

4.2.5.2 Kunststoffe im Bautenschutz

Gerade im Bautenschutz haben die Kunststoffe eine große Bedeutung, insbesondere wegen ihres resistenten Verhaltens und ihrer Zähigkeit. In der Tabelle 4-22 werden wesentliche Kunststoffe, deren Schutzaufgaben und Anwendungsfelder beschrieben.

Tabelle 4-22 Kunststoffe für den Bautenschutz

Aufgabe	**Kunststoff**		**Anwendung**
Flüssigkunststoffe für Anstriche, Beschichtungen, Versiegelungen zum Oberflächen-/ Korrosionsschutz und zur Gestaltung	Polyvinylacetat Polyvinylpropionat Polyacrylester Alkydharz	PVAC PVP AY	Dispersionen für den Oberflächenschutz von mineralischen Untergründen
	Reaktionsharz Siliconharz Alkydharz	EP UP PUR SI	Beschichtungen für beliebige Untergründe
	Silicon Polyurethan	SI PUR	Imprägnierungen und Versiegelungen
Folien und Bahnen für den Feuchteschutz und für Dichtungen	Polyethylen Polyvinylchlorid Polyisobutylen Polytetrafluorethylen	PE PVC PIB PTFE	Dünne durchsichtige Folien ggf. verstärkt bzw. auf Trägerschichten
	Polyethylen Polyisobuthylen Polyvinylchlorid, weich Butylkautschuk Polychloropren	PE PIB PVC IIR CR	Abdichtungsbahnen für Dächer, Erdbau, Wasser- und Deponiebau
Kunststoffmassen zur Abdichtung von Fugen, Fugenprofile	Acrylmassen		plastisch, weiche Fugenmasse
	Butylkautschuk		plasto-elastische Fugenmasse
	PIB-Mastix		plasto-elastische Fugenmasse
	PUR-Masse		elastische Fugenmasse
	Polysulfidmasse		elastische Fugenmasse
	Siliconkautschuk, Siliconkautschuk-masse		hochdehnfähige Fugenmasse
	Weich-PVC Butylkautschuk Chloropren	PVC-P IIR CR	Gummielastische Dichtungsprofile und -bänder oder Fugenabdeckungen

Bild 4-32 Abwasserrohre aus PE, PVC und UP (glasfaserverstärkt)

Bild 4-33 Dachdichtungsbahnen aus thermoplastischen Kunststoffen

Fugenbänder

Betonbauwerke müssen aufgrund werkstoff- und umweltbedingter Einflüsse (Schwinden, Quellen, Temperaturänderung, Kriechen, Baugrundverformung) durch Anlegen von Fugen vor übermäßiger Beanspruchung geschützt und in Abschnitte unterteilt werden. Als abdichtendes Element zwischen den Abschnitten werden die Fugen mit Fugenbändern ausgerüstet. Nach der Fugenart (Konstruktions- und/oder Bewegungsfuge), den vorgegebenen Einflussgrößen (angenommener Verformungsweg) und der zu erwartenden Beanspruchung richtet sich das Profil und die Werkstoffauswahl des Fugenbandes.

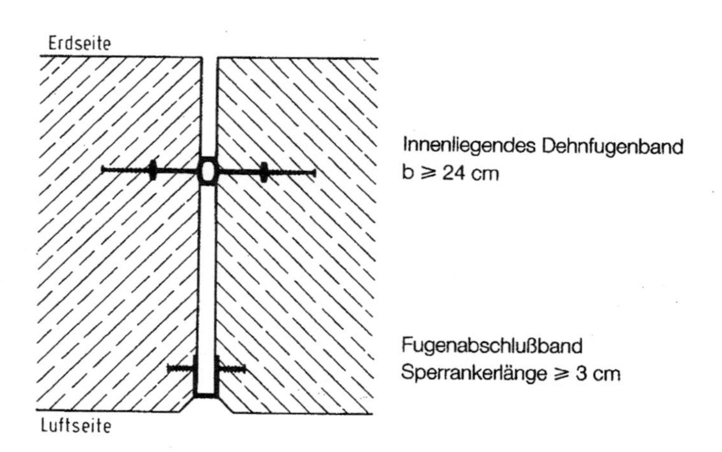

Bild 4-34 Mögliche Einbauart von Fugenbändern in einer Dehnfuge

Grundsätzlich unterscheidet man folgende Fugenausbildungen:

- Konstruktionsfugen (Arbeits- und Schwindfugen/ -gassen),
- Bewegungsfugen (Dehn-, Schein-, Press-, Setzungs- und Breitfugen),
- Sonderfugen (Gelenkfugen und feuerhemmende Fugen),

die innen oder außen angelegt werden können (Bild 4-34).

DIN 7865-2 [4.27] legt die Werkstoffanforderungen an Fugenbänder fest (Tabelle 4-23).

Tabelle 4-23 Werkstoffanforderungen nach DIN 7865-2 [4.27]

Werkstoffeigenschaft	Anforderungen
Shore A-Härte	62 +/- 5
Zugfestigkeit	min. 10 N/mm^2
Reißdehnung	min. 380 %
Druckverformungsrest 168h/23°C 24h/70°C	 max. 20% max. 35%
Weiterreißfestigkeit	min. 8 N/mm^2
Verhalten nach Wärmealterung: Shore A-Härte-Änderung Zugfestigkeit Reißdehnung	 max. + 8 min. 9 N/mm^2 min. 300 %
Kälteverhalten	max. 90 Shore-A
Verhalten nach Ozonalterung	Rissstufe 0
Zugverformungsrest	max. 20 %
Metallhaftung	Strukturbruch im Elastomer
Formbeständigkeit gegen Heißbitumen	keine Gestaltänderung

Bezogen auf diese bauphysikalischen Anforderungen kommen Fugenbänder aus Weich-PVC, aus Elastomer SBR (Styrol-Butadien-Rubber bzw. -Kautschuk) oder aus einem Kombinationspolymerisat (PVC + Nitrilkautschuk) zum Einsatz. Angaben hinsichtlich der chemischen Beständigkeit werden in DIN 7865-2 [4.27] nicht gemacht, so dass je nach Verwendungszweck die Beständigkeit gegenüber Kontaktmedien gesondert geprüft werden muss.

4.2.5.3 Wärme- und Schalldämmung durch Schaumstoffe

Nahezu alle Kunststoffe sind schäumbar, d.h. die Rohdichte, Porosität und auch die dynamische Steifigkeit der Schaumkunststoffe sind einstellbar. Aus diesem Grund werden die Schaumkunststoffe für die Wärme- und Schallisolierung vorwiegend verwendet.

Die übliche Lieferform sind Halbzeuge, wie Platten und Blöcke. In der Tabelle 4-24 sind die einzuhaltenden Richtwerte aufgeführt. UF- und PUR-Schaum werden auch als Ortschaum verwendet. Durch Ausschäumen von Trapezblechelementen entsteht ein Verbundteil (Sandwichkonstruktion), wo der Schaum das Blech aussteift und die Wärmedämmung besorgt.

Tabelle 4-24 Eigenschaften von Hartschaumkunststoffen

Eigenschaften	Einheit	Phenol-harz	Harnstoff-harz	Polystyrol		Polyurethan schaum
		PF	UF	Partikel-schaum PS	Extruder schaum EPS	PUR
Rohdichte	kg/m³	40...100	5...15	15...30	40	20...100
Zugfestigkeit	N/mm²	≥ 0,5	–	≥ 0,5	≥ 0,5	0,2...1,1
E-Modul (Biegung)	N/mm²	6...27	–	2...20	> 15	2...20
Wärmeleitzahl	W/(m · K)	0,04	0,05	0,04	0,04	0,03...0,04
Langzeitige Gebrauchs-temperatur	°C	130	90	75	80	80
Wasserdampf-diffusions-widerstandszahl	–	30...300	4...10	30...70	150...300	30...130

Bild 4-35 Wärmedämmelement aus Polystyrol (PS) und Leichtbeton (hier in Längsrichtung aufgeschnitten)

4.2.5.4 Kunstharze als Bindemittel für Beton, Mörtel und Putz

Kunststoffe werden i.d.R. dann als Bindemittel für Betone, Mörtel und Putze eingesetzt, wenn spezielle Anforderungsfälle, wie eine schnelle Festigkeitsentwicklung, eine hohe Festigkeit, eine hohe Beständigkeit oder ein gutes Haftungsvermögen zu gewährleisten sind.

Als Bindemittel für Kunstharzbeton haben sich EP- und UP-Harze bewährt. Der Harzgehalt in [Gew.-%] entspricht etwa dem Zementgehalt von Normalbeton. In der Tabelle 4-25 sind in einer Gegenüberstellung die Eigenschaften von Kunstharzbeton bzw. -mörtel und Normalbeton zusammengefasst.

Tabelle 4-25 Eigenschaften von Kunstharzbeton bzw. -mörtel im Vergleich zu Normalbeton

Eigenschaft	Einheit	Normalbeton	Kunstharzbeton bzw. Klebemörtel
Bindemittelgehalt	M.-%	> 12	8...15
Dichte	kg/dm³	≈ 2,4	2,0...2,4
Druckfestigkeit	N/mm²	30...60	70...150
Biegezugfestigkeit	N/mm²	4...7	15...40
Druckelastizitätsmodul	kN/mm²	30...40	15...30
Wärmeausdehnungszahl	$10^{-6} \cdot K^{-1}$	10	10...20

4.2.5.5 Glasfaserverstärkte Kunststoffe (GFK)

Ähnlich wie bei der Stahlbewehrung im Beton erhöht die Einlagerung von Fasern, deren Festigkeit und Zähigkeit höher sind als die der Zementmatrix, allgemein die Tragfähigkeit und Steifigkeit von Bauteilen, hier von Kunststoffbauteilen. Auf diese Art und Weise ist es möglich, Kunststoffe auch für tragende Elemente zu verwenden. Obwohl zahlreiche Kunststoffe in Verbindung mit verschiedenen Fasermaterialien denkbar sind, sind im Bauwesen wegen der zu stellenden Anforderungen und aus wirtschaftlichen Gründen fast ausschließlich glasfaserverstärkte Polyesterharze von Bedeutung. Der Verbundbaustoff GFK wird dabei i.d.R. als quasihomogener Stoff angesehen.

Neben der Erhöhung der Festigkeit und des E-Moduls bewirken die Fasern auch eine Herabsetzung des Schwindens, des Kriechens, der Temperaturempfindlichkeit und der Brennbarkeit. Aus einer Reihe von Spezialeinsatzgebieten haben Serienbauteile aus fabrikmäßig hergestellten GFK einen festen Marktanteil z.B.:

- platten- und schalenförmige Dachkonstruktionen,
- Lichtwände und Kuppeln,
- Fassadenelemente,
- Silos,

- Flüssigkeitsbehälter, Tanks,
- Großrohre, Kühltürme,
- Betonschalungen,
- Gewächshäuser,
- Schwimmbecken etc.

In Bild 4-36 ist als Beispiel der Einfluss von Glasfasern auf die Eigenschaften der Kunststoffe dargestellt.

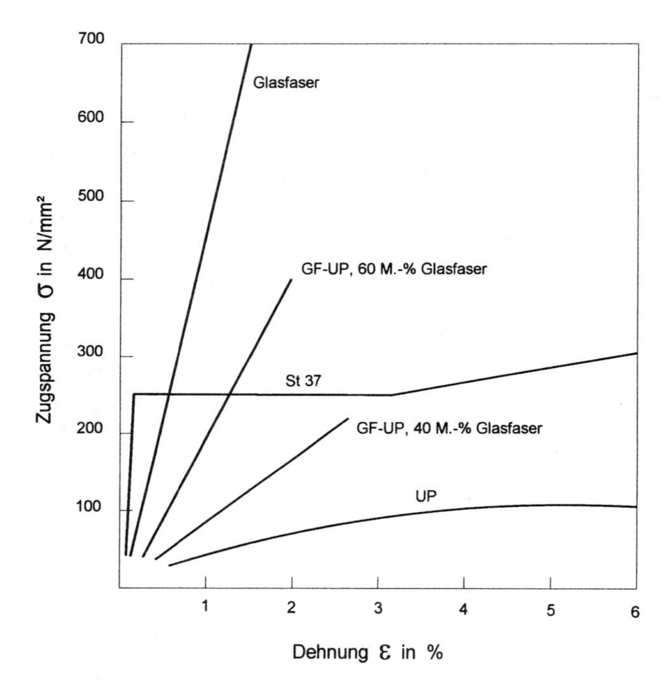

Bild 4-36 Einfluss von Glasfasern auf die Eigenschaften von Kunststoffen

Weitere Angaben und Hinweise zu Ausgangsstoffen, Eigenschaften und Anforderungen an die unterschiedlichen Kunststoffe können [4.28] bis [4.54] entnommen werden.

5 Mineralische Werkstoffe

5.1 Lehm

5.1.1 Allgemeines

Lehm gilt als einer der ersten Baustoffe der Menschheit. Er ist weltweit nahezu unbegrenzt verfügbar, lässt sich einfach aufbereiten, besitzt hervorragende bautechnische Eigenschaften, ist rezyklierbar und lässt sich zudem vielfältig einsetzen. Wegen seines großen Wärmespeicher- und Sorptionsvermögens bietet der Baustoff Lehm ein besonders behagliches und gesundes Wohnklima. Vor allem im Mauerwerkbau, bei Ausfachungen in Skelettbauten, als Mörtel, als Putz, als Estrich und im Ofenbau war Lehm traditionell als Werkstoff zu finden. Werden alte Lehmbauteile nicht wieder aufbereitet, so ist eine Rückführung in den Naturkreislauf i.d.R. problemlos möglich. Heute findet Lehm als Baustoff vor allem in der Sanierung historischer Bausubstanz, aber auch im Neubau, z.B. im ökologischem Hausbau, Verwendung. Nicht nur regenerative Energien, sondern auch energiearme Bauverfahren mit naturnahen und behaglichen Baustoffen finden zunehmendes Interesse. Der Lehmbau ist durchaus nicht als antik und überholt einzustufen. Mit der Gründung des Dachverbandes Lehm 1992, der die überlieferten Lehmbauregeln wieder aufgriff und hinsichtlich moderner Anforderungen an die Standsicherheit, den Wohnkomfort und die Bauphysik weiterentwickelte und beim Deutschen Institut für Bautechnik (DIBt) in die Musterliste der Technischen Baubestimmungen aufnehmen ließ [5.1], ist der Lehmbau eine ebenso anerkannte Bauart der Gegenwart, wie andere Bauarten auch. Bei richtiger Anwendung und Nutzung können Lehmbauten eine Lebensdauer von mehreren 100 Jahren erreichen.

5.1.2 Entstehung

Lehm ist ein weitestgehend kalkarmes bzw. kalkfreies sedimentäres Gemenge aus Ton, Schluff und Sand. Die Anteile der Einzelkomponenten können dabei ebenso variieren, wie auch die Arten der Tone und Sande. Je nach Tonanteil unterscheidet man zwischen tonarmen (mageren oder sandigen) Lehmen und tonreichen (fetten) Lehmen. *Niemeyer* [5.6] führte den Begriff der „Bindigkeit" ein, mit welchem er die Zugfestigkeit in erdfeuchtem Zustand charakterisiert, die ihrerseits einen Anhaltswert für den Tongehalt darstellt. Ist der Sandanteil verschwindend gering und liegt fast reines Tonmineral vor (z.B. Kaolin), spricht man nicht mehr von Lehm, sondern von Tonerden.

Lehm ist vorwiegend ein Verwitterungsprodukt aus feldspatreichen Gesteinsarten der Erdkruste, welches durch Eisenbeimengungen gelblich bis bräunlich verfärbt ist. Zu den jüngeren Lehmen, die noch über dem Muttergestein lagern aus welchem sie entstanden sind und so genannte primäre Lagerstätten oder Verwitterungsböden bilden, gehören Gehängelehm und Berglehm. Zum Teil sind auch die Lehmböden durch Gletscher, Flüsse oder Wind fortgeführt und an anderer Stelle abgelagert worden und bilden so genannte sekundäre oder tertiäre Lagerstätten. Diese umgelagerten Böden werden dann als Blocklehm, Geschiebelehm, Lößlehm, Schwemmlehm, Auelehm, Tertiärlehm, Letten und Salzlehm bezeichnet. Treten andere Mineralien in ausreichender Menge hinzu, z.B. Kalk, entsteht Mergel (kalkreicher Geschiebelehm) oder Geschiebemergel. Trotz der weltweiten Verfügbarkeit können sich die Lehme in ihrer Zusammensetzung in den einzelnen Lagerstätten erheblich voneinander unterscheiden, was eine verallgemeinerte Betrachtung etwas erschwert.

5.1.3 Bestandteile und Beimengungen von Lehm

5.1.3.1 Zusammensetzung von Lehm

Die Besonderheiten von Lehm ergeben sich aus seiner stofflichen Zusammensetzung. In einer Mischung aus Ton, Schluff und Sand stellt der Sand das Korngerüst bereit, das durch den Ton als Bindemittel zusammengehalten wird. Die Tonpartikel geben dem Lehm im feuchten Zustand die Plastizität und im trockenen Zustand die Festigkeit. Die Bindefähigkeit des Tons beruht hauptsächlich auf elektrostatischen Anziehungskräften und ist reversibel [5.1]. Ähnlich dem Beton ist für die Baustoffeigenschaften von Lehm vor allem das Zusammenwirken von Bindemittel (Art und Menge der tonigen Anteile) mit den Gesteinskörnungen (Kornverteilung der mineralischen Füllstoffe) bestimmend.

Der Ton selbst entstand durch Sedimentation feldspathaltiger Gesteine, wie z.B. Glimmer, Feldspat, Hornblende oder Augit und entspricht chemisch einem Aluminiumsilicathydrat. Zu den wichtigsten Tonmineralien zählen Kaolinit, Montmorillonit (Bentonit), Illit und Halloysit [5.3]. Kaolinit hat z.B. folgenden Aufbau:

$$Al_2O_3 \cdot 2SiO_2 \cdot 2H_2O \tag{5.1}$$

Tonminerale sind sehr klein und bestehen aus Stäbchen oder in geschichteter Form als Blättchen und sind im trockenen Zustand sehr fest. Die Größe der einzelnen Minerale liegt zwischen 2 und 20 µm. Die Tonminerale unterscheiden sich durch den Gitteraufbau, der aus SiO_4-Tetraedern, $Al(O,OH)_6$-Oktaedern oder $Mg(O,OH)_6$-Oktaedern bestehen kann [5.4] und einzelne Schichten bildet, die flächig miteinander verwachsen. Dabei wird zwischen Paketen aus Zweischichtmineralien (Kaolinit, Halloysit) und Dreischichtmineralien (Montmorillonit, Illit) unterschieden. Die Schichten haben einen konstanten Abstand zueinander; nur bei Montmorillonit sind sie gegeneinander beweglich, so dass zwischen den Schichten eine zusätzliche Wasserspeicherung (Quellen) möglich wird. Zum Teil ersetzen genügend kleine Metallionen (Fe, Mg) einzelne Si-Ionen im Kristallgitter und bewirken dadurch eine elektrische Ladung, die durch die Einlagerung von anderen Ionen (Na, Ca, K) neutralisiert werden kann [5.3].

Tonminerale besitzen ein beachtliches Wassersaug- und Wasserspeichervermögen. Durch kapillares Saugen kann soviel Wasser aufgenommen werden, dass der Ton plastisch („bildsam“) wird:

$$Al_2O_3 \cdot 2SiO_2 \cdot 2H_2O \quad + \quad nH_2O \quad \Leftrightarrow \quad Al_2O_3 \cdot 2SiO_2 \cdot (H_2O)_{n+2} \qquad (5.2)$$

Dieser Vorgang ist reversibel, d.h. der weiche, bildsame Ton trocknet aus, gibt dabei das zuvor aufgenommen Hydratwasser ab und wird wieder hart. Die Fähigkeit, Hydratwasser aufzunehmen und abzugeben, hängt von den im Tonmineral gebundenen zwei Hydratwassermolekülen ab. Wird Ton, z.B. bei der Keramikherstellung gebrannt, wird auch das chemisch gebundene Wasser vollständig ausgetrieben. Der Scherben ist hart und wasserbeständig.

5.1.3.2 Füllstoffe

Füllstoffe im Lehm können unterschiedlicher Art sein. Sie strecken nicht nur den Tonanteil, sondern sollen den vorliegenden Lehm gezielt beeinflussen.

- *Mineralische Füllstoffe* sind als Sande oder Kiese im Lehm selbst enthalten oder können als Gesteinskörnung (Sand, Kies, Splitt, Gesteinsmehl, Schamottmehl) dem Lehm zugegeben werden. Um die wärmedämmenden Eigenschaften von Lehm zu erhöhen, können auch mineralische leichte Gesteinskörnungen dem Lehm beigemischt werden. Dazu gehören vorrangig Blähton, Blähschiefer, Perlite, Blähglimmer, Blähglas, Naturbims, Lavagestein, Sinterbims und Hüttenbims.
- *Pflanzliche Füllstoffe* (Bild 5-1) dienen zum Teil der Verbesserung der wärmedämmenden Eigenschaften. Im Vordergrund steht jedoch ihr positiver Einfluss auf das Festigkeitsverhalten, weil pflanzliche Fasern die Lehmteilchen förmlich zusammenhalten. Man unterscheidet langfaserige (Stroh, Heu, Hanf, Jute oder getrocknetes Seegras) von kurzfaserigen (Hanfwolle, Spreu, Strohhäcksel, Kokosfasern, Baumnadeln, Flachs, Sägespäne, Textilfasern) Zuschlägen.
- *Holzige Zugaben* wie Schwachholz, Staken, Papierwickel, grobe Hackschnitzel, Reisig sollen die Stabilität von Lehmwänden in der Bau- als auch Nutzungsphase erhöhen.
- *Tierische Fasern* (Haare) können ebenfalls das Festigkeitsverhalten von Lehm positiv beeinflussen.

5.1.3.3 Zusatzstoffe

Zusatzstoffe sollen die Verarbeitbarkeit, Festigkeit, Härte und Dauerhaftigkeit von verbautem Lehm erhöhen. Es ist im Einzelfall zu prüfen, ob bei der vorliegenden Lehmzusammensetzung die gewünschten Eigenschaften erreicht werden. Bekannte Zusatzstoffe sind: Kalk, Zement, Gips, Ton, Trass, Asche, Öl und ölhaltige Substanzen, Kautschuk, Harze, Wachse, Erdölprodukte, Kunststoffe, Wasserglas, Soda, Salz, Huminsäure, Sulfitablauge, Seife, Stärke, tierische Fäkalien, Urin, Kasein oder auch Molke.

a) b)

Bild 5-1 Herstellung von Leichtlehm
a) Strohhäcksel und Lehm vor dem Mischen, b) Leichtlehmmischung nach dem Mischen im Zwangsmischer

5.1.3.4 Bewehrungselemente

Sofern Lehm tragende Aufgaben wahrnimmt oder lokal hoch beansprucht wird, kann er auch bewehrt ausgeführt werden. In der Regel werden eingebaute Holzteile verwendet, die keine besondere Form aufweisen müssen. Von alters her wird dem Lehm eine gewisse konservierende Wirkung in Bezug auf das eingebettete Holz nachgesagt.

5.1.4 Materialeigenschaften

5.1.4.1 Dichte

Es werden verschiedene Dichten unterschieden: Reindichte, Rohdichte, Schüttdichte.

Die *Reindichte* bezieht sich auf ein Material ohne jegliche Lufteinschlüsse. Sie liegt bei Lehm zwischen $\rho = 2300$ bis 2700 kg/m^3 und kann bei bekannter Lehmzusammensetzung aus den Tonanteilen ($\rho = 2200$ bis 2500 kg/m^3) und den mineralischen Füllstoffanteilen ($\rho_{Sand} = 2500$ bis 2800 kg/m^3) errechnet werden [5.5].

Als *Rohdichte* versteht man die Materialdichte, die das natürlich vorkommende oder eingebaute Material mit sämtlichen Lufteinschlüssen einnimmt. Nach [5.5] kann für europäische Lehmvorkommen die Rohdichte mit $\rho = 1600$ bis 2400 kg/m^3 abgeschätzt werden. In Tabelle 5-1 sind einige Rohdichten verschiedener Lehme genannt.

Die *Schüttdichte* bezieht sich auf ein geschüttetes, unverdichtetes Material und kann mit $\rho = 1400$ bis 1800 kg/m^3 für Lehm beziffert werden. Dabei ergeben sich kleinere Dichten für schluffige und höhere Dichten für steinige Lehme.

Tabelle 5-1 Rohdichte ausgewählter Lehme [5.5]

Lehmart	Rohdichte [kg/m³]
Sandige Lehme und Lößlehme	1750
Mittelfette Lehme	1850
Fette Lehme	1900
Fette Lehme mit Kiesanteil	2000
Sehr fette und steinige Lehme	2200...2400

5.1.4.2 Verhalten gegenüber Feuchtigkeit

Der Feuchtigkeitsschutz für Lehmbauten hat wegen der von der Materialfeuchte abhängigen Tragfähigkeit große Bedeutung. Auf Grund der Verschiedenartigkeit der Lehmvorkommen unterscheidet sich die vom Material gespeicherte Wassermenge. Selbst bei gleicher Bindigkeit können je nach Tongehalt und Tonart die Werte schwanken. *Niemeyer* [5.6] gibt Werte für erdfeuchten Lehm zwischen 10 M.-% (magere Lehme) bis 20 M.-% (fette Lehme) an. Reiner Ton kann bei gleicher Konsistenz je nach Tonmineral weit mehr, zum Teil über 100 M.-% Wasser aufnehmen (z.B. Bentonite).

Ist der Lehm eingebaut, stellt sich über kurz oder lang eine Ausgleichsfeuchte ein. Damit besteht ein Gleichgewicht zwischen dem im Material vorhandenen Wasser, der relativen Feuchtigkeit der angrenzenden Luft und des Wassergehaltes angrenzender Bauteilschichten. Im Rauminneren stellt sich für reine Lehmbauteile eine Ausgleichsfeuchte von etwa 2,5 bis 4,5 M.-% [5.5] ein. Deutlich geringere Ausgleichsfeuchten (allerdings an 20 x 20 x 20 cm^3 Lehmwürfeln gemessen) von 0,7 M.-% bei 65 % relativer Luftfeuchte bzw. 1,3 M.-% bei 88 % relativer Luftfeuchte werden in [5.11] genannt. Im Vergleich zu Lehm mit organischen Beimengungen sind diese Werte sehr gering. Lehme mit organischen Füllstoffen besitzen meist eine höhere Ausgleichsfeuchte, weil die organischen Beimengungen (Stroh oder Holz) im Gleichgewichtszustand mehr Feuchtigkeit (10 bis 15 M.-%) speichern können als Lehm. Allerdings wurde bei Lehm mit höherem organischen Zuschlaganteil, z.B. Leichtlehm, beobachtet [5.5], dass die erwartete hohe Gleichgewichtsfeuchte sich nicht in der Art einstellte. Folglich reduziert der Lehm die Gleichgewichtsfeuchte der organischen Füllstoffe und bewahrt diese vor Verrottung.

Welchen Widerstand der Lehm gegenüber der Aufnahme und Abgabe von Wasserdampf aufweist, wird durch die Diffusionswiderstandszahl μ ausgedrückt. Diese hängt sowohl von der Dichte, als auch von der Porenstruktur des Lehms ab und schwankt mit dem Verdichtungsgrad, der Kornzusammensetzung und dem in den Poren gespeicherten Wasser. So ist verständlich, dass fette Lehme oder Lehme mit hoher Ausgleichsfeuchte einen höheren Widerstand gegenüber einem Dampfstrom haben als magere oder trockene Lehme; dennoch zählen alle Lehme zu den diffusionsoffenen Massivbaustoffen. In der Literatur [5.5] werden dichteabhängige Werte für μ angegeben (Tabelle 5-2).

Tabelle 5-2 Diffusionswiderstandszahlen und Wärmeleitfähigkeit für Lehmbaustoffe [5.5]

Lehm	Dichte ρ [kg/m³]	Diffusionswiderstandszahl μ	Wärmeleitfähigkeit λ [W/(m · K)]
Massivlehm	2000	9,0...12,0	0,93
Strohlehm	1200...1700	8,0...10,0	0,47
Leichtlehm	300...900	4,0...8,0	0,23

Das Diffusionsverhalten von Lehm ist vergleichbar mit dem von Ziegelmauerwerk; das Sorptionsvermögen von Lehm ist jedoch drei- bis fünffach größer. Nach [5.1] findet in Lehmbaustoffen der Feuchteausgleich zur Umgebung nicht nur durch Kapillarkondensation, sondern auch durch Wasserdampfsorption an den Oberflächen der Tonminerale, insbesondere der Schichtsilicate, statt. Deshalb ist aus Gründen der Begrenzung der Schwindverformung, der Anteil der Schichtsilicate nach oben zu begrenzen. Auch sind für innenseitige Beschichtungen von Lehmwänden nur diffusionsoffene Systeme, z.B. Kalkputze oder Kalkfarben, zu verwenden, um die raumklimaregulierende Sorptionsfähigkeit nicht einzuschränken. Auf Grund seines großen Sorptionsvermögens wird der Einsatz von Lehm selbst in Archiven angedacht, um bei Ausfall der künstlichen Klimaregelung das Raumklima über längere Zeiträume konstant zu halten. In welchem Maße Lehm entfeuchtend auf die Raumluft einwirkt und welche Konsequenzen auf die Druckfestigkeit der Lehmkonstruktionen zu erwarten sind, kann Bild 5-2 und Bild 5-3 entnommen werden.

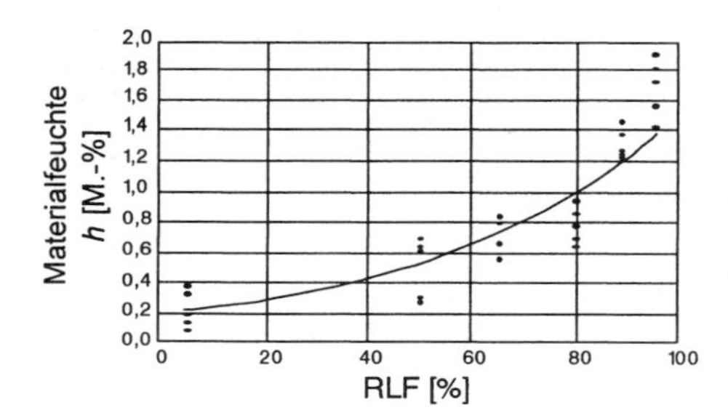

Bild 5-2 Beziehung zwischen Materialfeuchte in Lehmwürfeln und relativer Feuchtigkeit der umgebenden Luft [5.1]

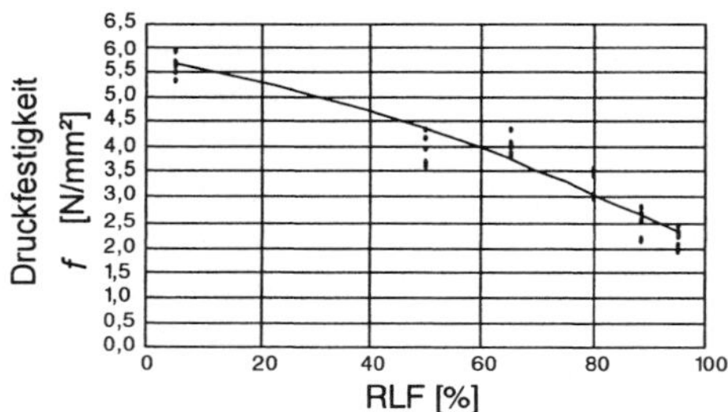

Bild 5-3 Beziehung zwischen Druckfestigkeit und relativer Feuchtigkeit der umgebenden Luft [5.1]

Sind Lehmbauteile frei bewittert, Regen oder aufsteigender Nässe ausgesetzt, so sind sie nicht sehr dauerhaft. Bei dauernder Feuchteeinwirkung verliert Lehm seine Festigkeit und geht in den bildsamen Zustand über. Aus statischer Sicht ist diese Eigenschaft sehr nachteilig; für eine Wiederverwendbarkeit im Baustoffkreislauf dagegen hervorragend.

Lehmbauten müssen deshalb aus Gründen der Dauerhaftigkeit mit einem konstruktiven Witterungsschutz ausgeführt werden. Dazu zählen nach DIN 18951 [5.7]:

- Die Außenflächen von Lehmwänden sind – zumindest an der Wetterseite – mit einem dauerhaften Wetterschutz zu versehen.
- Keller-, Sockel- und Grundmauern dürfen nicht aus Lehm ausgeführt werden.
- Zum Schutz der Lehmwände vor Durchfeuchtung infolge Spritzwasser müssen Sockelmauern aus dauerhaften Materialien mindestens 50 cm (bei abfallendem Gelände 30 cm) über das Gelände hochgeführt werden.
- Sockelvorsprünge, Gesimse und äußere Fensterleibungen sind zu vermeiden.
- Dächer müssen an den Traufen mindestens 30 cm, an den Giebeln mindestens 20 cm überstehen.

In Räumen mit zeitweilig hoher Luftfeuchtigkeit bzw. temporärer Tauwasserbildung sind Lehmwände wegen ihres hohen Feuchtigkeitspeichervermögens gut geeignet; allerdings widerstehen sie nicht einer längeren Feuchtigkeitseinwirkung. Daher sind Lehmwände auch nicht als Fliesenuntergrund zu empfehlen; bei sorgfältiger Beachtung von Feuchteschutzmaßnahmen jedoch möglich.

Die Gefahr des Auffrierens, wenn noch nicht abgetrockneter Lehm Frosttemperaturen ausgesetzt ist, besteht nach [5.1] nur bei Feuchtigkeitsgehalten über 5 M.-%. In diesen Fällen kann die Druckfestigkeit abfallen.

5.1.4.3 Verhalten gegenüber Wärme

Lehm gilt als mäßiger Wärmeleiter. Da die Wärmeleitfähigkeit nicht nur von der Dichte, sondern auch vom Wassergehalt abhängt, müssten eigentlich stets beide Größen genannt werden, wenn die Wärmeleitfähigkeit angegeben wird. In der Regel bezieht man sich jedoch nur auf die Rohdichte von Lehm und Lehmbaustoffen. Für üblichen Lehm mit Dichten zwischen $\rho = 1800$ bis 2000 kg/m^3 kann die Wärmeleitfähigkeit mit $\lambda \approx 0{,}9$ W/(m · K) angegeben werden. Weitere Werte finden sich in Tabelle 5-2. Im Allgemeinen erfüllen Lehmwände mit annehmbaren Wanddicken nicht die Anforderungen an den Wärmeschutz, so dass eine zusätzliche außenseitige Wärmedämmung anzuordnen ist. Diese sollte in jedem Falle diffusionsoffen sein, um einen rückwärtigen Feuchtigkeitsstau zu vermeiden.

Die Wärmespeicherfähigkeit von Lehm ist gut. In DIN 18953 [5.8] werden Werte für die spezifische Wärmekapazität für unvermischten oder nur mit mineralischen Stoffen vermischten Lehm mit $c = 1{,}0$ kJ/(kg · K) genannt. Werden organische Stoffe mit höherer Wärmekapazität, z.B. Holz ($c = 2{,}5$ kJ/(kg · K)) oder Stroh ($c = 2{,}0$ kJ/(kg · K)) zugemischt, so kann die Wärmekapazität für Lehm nach der Mischregel:

$$c_{Mischung} = \frac{c_{Lehm,0} \cdot m_{Lehm,o} + c_{Holz} \cdot m_{Holz}}{m_{Lehm,o} + m_{Holz}} \tag{5.3}$$

laut DIN 18953 [5.18] auf bis zu c = 1,7 kJ/(kg · K) gesteigert werden. Allerdings hat der Wassergehalt durch die sehr hohe spezifische Wärmekapazität von Wasser (c = 4,19 kJ/kg · K) einen nicht zu unterschätzenden Einfluss auf das Gesamtergebnis.

5.1.4.4 Brandverhalten

Obwohl Lehm in Deutschland nicht brandschutztechnisch genormt ist, ist sein Feuerwiderstand durch zahlreiche, den Feuerbrünsten vergangener Jahrhunderte widerstehender Lehmbauten erwiesen. Die feuerhemmende Wirkung von Lehm ist ähnlich der vom Gips. Im Brandfall verdunstet das an den Oberflächen der Tonminerale angelagerte Wasser und bei höherer Temperaturbeaufschlagung auch das in die Struktur eingebundene Kristallwasser. Nach DIN 4102-4 [5.15] sind Lehm und mineralische Gesteinskörnungen als Baustoffklasse A1 (nicht brennbar) eingestuft. Lehmbaustoffe im Einzelnen sind nicht klassifiziert. Als nicht brennbar gelten Lehmbaustoffe mit einer Rohdichte $\rho > 1200$ kg/dm^3 bzw. als schwer entflammbar bei $\rho > 600$ kg/dm^3. Einige weitere Aussagen zum Brandverhalten sind in DIN 18951 [5.7] zu finden:

- Lehmwände gelten ab einer Wandstärke von 25 cm als feuerbeständig.
- Brandwände dürfen aus Lehm hergestellt werden, wenn die Mindestwandstärke von 38 cm eingehalten ist und wenn sie frei von Holz oder Holzeinbindungen ausgeführt werden.

Entsprechend den Lehmbau Regeln [5.9] kann eine 25 cm starke gemauerte oder gestampfte Lehmwand mit einer Mindestdichte von 1700 kg/m^3 der Feuerwiderstandsklasse F90 A eingestuft werden.

5.1.4.5 Festigkeit

Druckfestigkeit

Die Druckfestigkeit von Lehmbauteilen steht in direkter Abhängigkeit zur Rohdichte des Lehms. Folglich haben das Mischungsverhältnis der Lehmmischung, die Art der Körnung, die Packungsdichte des Korngerüstes, die Bindekraft des Tons als auch die Herstellungs- und Verdichtungsmethoden Einfluss auf das Ergebnis. Meist werden Würfel verschiedener Kantenlänge oder Lehmsteine in Einbaulage einer Druckprüfung unterzogen. Die maximal gemessene Spannung entspricht definitionsgemäß der Materialfestigkeit. DIN 18954 [5.10] gibt einige Werte für die Druckfestigkeit in Abhängigkeit von der Rohdichte und der Probeköperform an (Tabelle 5-3). In einigen Fällen, z.B. Leichtlehm mit einer Dichte kleiner 1200 kg/m^3, kann die Druckfestigkeit nicht direkt aus dem Spannungsbild abgelesen werden. Insbesondere wenn Strohbeimengungen quer zur Lastrichtung liegen, kommt es bei Laststeigerung zu einer fortwährenden Verdichtung des Materials verbunden mit einem steten Spannungszuwachs. Hier muss die Druckfestigkeit durch eine Begrenzung der auftretenden Verformung, z.B. 2 % Stauchung, definiert werden.

Tabelle 5-3 Druckfestigkeit von Lehmbaustoffen nach DIN 18594 [5.10]

Rohdichte [kg/m³]	Druckfestigkeit [N/mm²]
1600	2,0
1900	3,0
2200	4,0

Für Lehmsteine werden in DIN 18953 [5.8] Mindestdruckfestigkeiten von 2,5 N/mm² genannt. Die Festigkeit der mit einem hohen Anteil an organischen Leichtkörnungen (z.B. Stroh) versehenen Leichtlehmsteine ist deutlich geringer und wird in DIN 18594 [5.10] mit 0,1 N/mm² angegeben. Holzhackschnitzel als Leichtkörnung ermöglichen eine etwa doppelt so hohe Festigkeit. Werden dagegen mineralische Leichtzuschläge, wie z.B. Blähton, zugegeben, erreicht der Leichtlehm trotz geringer Dichte hohe Druckfestigkeiten. *Minke* [5.11] ermittelte Druckfestigkeiten von 3,6 N/mm² bei einer Rohdichte von nur 800 kg/m³. Für Stampflehm mit Rohdichten von 2047 bis 2236 kg/m³ werden in [5.1] Druckfestigkeiten von 2,28 bis 3,68 N/mm² angegeben.

Die Druckfestigkeit von Stampflehmwänden ist in den Wänden selbst i.d.R. größer als die mit Probewürfeln im Labor ermittelten Festigkeiten. Dies liegt vor allem an den begrenzten Möglichkeiten, die Probewürfel in der gleichen Art und Weise wie praktische Lehmmischungen herzustellen, zu verarbeiten und zu verdichten. Insbesondere treten diese Schwierigkeiten auf, wenn organische Beimengungen, wie z.B. Stroh, zugegeben werden. Versuche mit aus den Wänden herausgeschnittenen Probewürfeln führten nicht zum Erfolg, weil die Würfel oft ungenau waren und die Ergebnisse große Streubreiten aufwiesen.

Die Druckfestigkeit von Lehm ist auch abhängig von seinem Feuchtegehalt (Bild 5-4). Dieser Zusammenhang kann den Baufortschritt beeinflussen, weil i.d.R. erdfeuchter Lehm schichtweise eingebaut wird und dieser ggf. nach einer gewissen Trocknungszeit genügend Festigkeit („Anfangsfestigkeit“) zum Einbau der nachfolgenden Schicht besitzen muss. Erfahrungsberichten [5.1] zufolge, kann die Anfangsfestigkeit von Stampflehm groß genug sein, um einen Einsatz von Kletterschalung zu ermöglichen. Aber auch für den Nutzungszustand ist die Frage nach der Druckfestigkeit eines zuvor abgetrockneten tragenden Lehmbauteils bei einer anhaltend hohen, vom Normklima abweichenden Luftfeuchtigkeit von Interesse. Denkbar wäre die Einführung eines Abminderungsfaktors, der die Festigkeitsentwicklung in Abhängigkeit zur Luftfeuchtigkeit der Umgebungsluft gegenüber Laborbedingungen berücksichtigt.

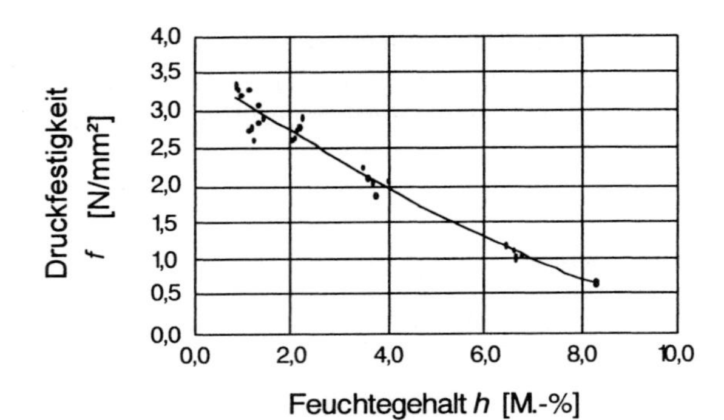

Bild 5-4 Beziehung zwischen Druckfestigkeit und Feuchtegehalt von Lehmwürfeln [5.1]

Die Zugabe von Fasern, insbesondere solcher mit rauer Oberfläche, erhöhen nachweislich die Querzugfestigkeit und damit auch die Druckfestigkeit. Systematische Untersuchungen und quantitative Ergebnisse liegen allerdings nicht vor. Mit Eignungsprüfungen vor Baubeginn ist die optimale Fasermenge zu bestimmen.

Zugfestigkeit

Die Zugfestigkeit von Lehm ist stark vom Feuchtigkeitsgehalt abhängig. Erdfeuchter Lehm hat eine Zugfestigkeit (Bindigkeit) von 0,004 bis 0,08 N/mm^2 [5.5]. Nach der Trocknung liegt die Zugfestigkeit zwischen 0,3 und 1,0 N/mm^2, d.h. 10-fach höher. Die Scherfestigkeit liegt in gleicher Größenordnung. Das Verhältnis zwischen Trockenzug- und Druckfestigkeit erreicht Werte von etwa 1/6 bis 1/3 und zwischen Scher- und Biegezugfestigkeit etwa 1,5.

Die Biegezugfestigkeit von Lehm – oft in Anlehnung an DIN 1048 [5.12] an Prismen 15 x 15 x 70 cm^3 gemessen – ist erstaunlich hoch und liegt bei fettem Lehm bei ca. 2,0 N/mm^2 [5.5]; magere Lehme liegen darunter. Werden faserige Stoffe, z.B. Stroh oder Textilien, zugemischt, wirken diese verstärkend und die Biegezugfestigkeit steigt weiter an. Trockene Strohlehmbauteile sind daher ausgesprochen biegesteif. Nach [5.5] wurden bei Leichtlehmen (Rohdichten von 700 bis 800 kg/m^3) mit Roggenstrohfasern und teilweiser Holzbewehrung Biegezugfestigkeiten zwischen 1,20 und 1,70 N/mm^2 gemessen. Die in [5.1] angegebenen Werte für Stampflehm (Rohdichte etwa 2000 kg/dm^3) liegen bei ca. 0,50 bis 0,60 N/mm^2.

5.1.4.6 Verformungskennwerte

Spannungs-Dehnungslinie, Elastizitätsmodul

Lehm zählt mit zu den elasto-plastischen Baustoffen. In Bild 5-5 ist beispielhaft die an einem Probekörper 15 x 15 x 30 cm^3 gemessene Spannungs-Dehnungslinie dargestellt [5.1]. Charakteristisch sind die gegenläufigen Krümmungen der Arbeitslinie. Zu Belastungsbeginn wird der Baustoff zunehmend verdichtet (konkave Kurve) und gewinnt damit an Steifigkeit. Mit Erreichen einer gewissen Steifigkeit reagiert der Lehm fast linear bevor er im Bruchlastbereich stärkere plastische Verformungen aufzeigt und der Kurvenzug in eine gegenläufige Krümmung einschwenkt (konvexe Kurve). Der Druck-E-Modul kann aus der σ-ε-Linie abgelesen werden oder wird in Anlehnung an die Betonnorm DIN 1048 [5.12] bestimmt.

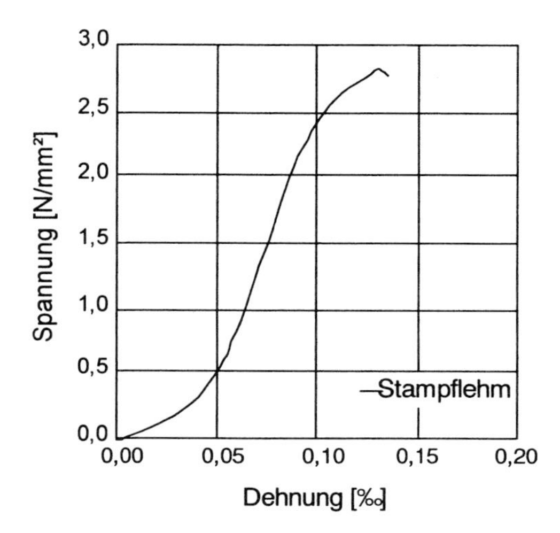

Bild 5-5 Spannungs-Dehnungslinie von prismatischen Probekörpern aus Lehm [5.1]

Es ist verständlich, dass das Verformungsvermögen wie auch die Festigkeit des Lehms stark durch Rohdichte und Feuchtigkeit beeinflusst wird. Für gut verdichteten Stampflehm (Rohdichte 1700 kg/m^3) gibt [5.5] einen E-Modul von 4350 N/mm^2 an. Für Stampflehm mit beigemischten Flachsfasern (Rohdichte 2047 bis 2236 kg/dm^3) werden in [5.1] E-Moduln von 550 bis 960 N/mm^2 genannt.

Schwinden und Kriechen

Das Schwinden von Lehm ist stark von den darin enthaltenen Tonmineralien abhängig. Fetter Lehm schwindet deutlich mehr als magerer Lehm, weil mit der Menge an enthaltenem Ton auch die aufnehmbare und abgebbare Wassermenge zunimmt. DIN 18952 [5.13] gibt mittlere Trockenschwindmaße an, die an Prismen 4 x 2,5 x 22 cm^3 bei Lufttrocknung von normsteifem Lehm gemessen wurden (Tabelle 5-4). Zur besseren Veranschaulichung der Schwindwirkung ist für einen Probekörper der Länge von 22 cm die entsprechende Verkürzung in der Tabelle 5-4 aufgeführt.

Tabelle 5-4 Trockenschwindmaße von Lehm nach DIN 18952 [5.13]

Lehm entsprechend seiner Bindigkeit	Schwindmaß	Längenänderung in mm (für Probekörperlänge L = 22 cm)
Magerer Lehm	0,010...0,025	2...5
Mittelfetter Lehm	0,020...0,035	4...7
Fetter Lehm	0,035...0,055	6...10
Ton	0,045...0,075	8...20

Das Schwindmaß kann i.a. klein gehalten werden, wenn die Sieblinie des Korngerüstes gut abgestuft ist, der Tongehalt nicht zu hoch gewählt wird und die Einbaufeuchte gering ist. In den Lehmbau Regeln [5.9] wird mit 0,02 eine obere Grenze der Schwinddehnung genannt. *Dierks* und *Ziegert* [5.1] ermittelten an Stampflehmen Schwindmaße von 0,001 bis 0,0015, was sehr gering erscheint. Die offensichtliche Variationsbreite der Lehme führt die Notwendigkeit von Eignungsprüfungen vor Bauausführung vor Augen.

Nach ersten Untersuchungen [5.1] stellt sich das spannungsabhängige Kriechen im Bereich der Gebrauchslasten, zumindest für Stampflehm, ähnlich dem Beton dar. Dabei waren die Kriechverformungen geringer, je höher die Packungsdichte der Mischung war. Da in den Lehmbau Regeln [5.9] außer der Druckfestigkeitsprüfung keine weiteren Parameterbestimmungen (z.B. das Kriechen) vorgeschrieben sind, werden die zulässigen Spannungen mit einem sehr hohem Sicherheitsbeiwert von γ=8 gegenüber den Bruchfestigkeiten abgesichert. Hier stellt sich dringender Forschungsbedarf nach genaueren und umfassenderen Materialkenntnissen.

5.1.4.7 Abnutzungsverhalten

Das Abnutzungsverhalten von Lehm ist mäßig und insbesondere für Lehmfußböden von Interesse. Grundsätzlich sind Lehmfußböden in Kellern und auch Wohnräumen möglich. In Vorratskellern für Obst und Getränke werden sie sogar bevorzugt eingebaut, weil Lehmfußböden für eine ausgeglichene Luftfeuchtigkeit sorgen. Fußböden aus Lehm sind befahrbar, leicht zu reparieren und für Tiere huffreundlich [5.5] und werden deshalb auch gern in landwirtschaftlich genutzten Gebäuden eingebaut.

5.1.4.8 Schallschutz

Auf Grund der Dichte und der größeren Wanddicken besitzen Lehmwände ein gutes Schalldämmmaß. Der niedrige Elastizitätsmodul und die Porigkeit von Lehmbaustoffen erhöhen zusätzlich das Schalldämmvermögen [5.1], so dass Lehmbaustoffe bessere Schallschutzwerte ergeben als Porenbeton- oder Leichtbetonbaustoffe.

5.1.4.9 Winddichtigkeit

Lehmbaustoffe gelten in der Fläche als winddicht, wenn die Rohdichte zumindest 900 kg/dm^3 beträgt [5.9]. Anderenfalls ist mindestens einseitig ein 2-lagiger Lehmputz vollflächig aufzutragen.

5.1.5 Prüfung von Baulehm

Nicht alle Lehme sind zur Herstellung von Lehmbauteilen geeignet. Um die Eignung von Lehm für eine gewünschte Lehmbauweise einzuschätzen und die erforderlichen Maßnahmen zur Aufbereitung festlegen zu können, müssen zuvor seine bautechnischen Eigenschaften bestimmt werden. Insbesondere sind dazu die Bindekraft, die Druckfestigkeit, das Trockenschwindverhalten sowie die Aufschlämmbarkeit zu prüfen. Als Bindekraft ist derjenige Widerstand zu verstehen, den bildsamer Lehm beim Zugversuch aufbringt (Bindigkeit). Diese Kraft gibt Auskunft über den Tongehalt und hat maßgeblichen Einfluss auf die zu wählende Aufbereitung bzw. das zu wählende Lehmbauverfahren. Die Bindekraft wird sofort nach der Herstellung an noch plastischen Probekörpern (mindestens drei Probekörper) mit einem Zugfestigkeitsprüfgerät geprüft. Lehm mit einer Bindekraft kleiner 0,005 N/mm^2 ist als Baulehm ungeeignet.

Die Druckkraft von Lehm ist nur für getrocknete Probekörper im Sinne einer statischen Nutzung von Interesse und wird meist an Würfeln mit 20 cm Kantenlänge geprüft (Bild 5-6). DIN 18952 [5.13] schreibt die Verwendung von Würfeln mit einer Kantenlänge von 7 cm bzw. 20 cm vor, um die Ergebnisse reproduzierbar und vergleichbar zu gestalten. Der Baulehm für die Würfel soll in der gleichen Art und Weise hergestellt und verdichtet werden wie es auch bei der Bauausführung geplant ist.

Bild 5-6 Druckprüfung an Lehmwürfeln

Das Trockenschwindmaß wird an mindestens zwei Prismen mit den Kantenlängen 4 x 2,5 x 22 cm^3 gemessen. Dabei werden die noch frischen Prismen an der Luft getrocknet und die dabei auftretenden Längenänderungen aufgezeichnet (siehe auch Tabelle 5-4).

Die Aufschlämmbarkeit des Lehms wird an ebensolchen Probekörpern wie das Trockenschwindmaß bestimmt und gibt Auskunft über den Bindemittelgehalt der Lehmmischung. Dafür wird ein Probekörper 50 mm in Wasser eingetaucht und die Zeit gemessen, bis zu welcher der sich im Wasser befindliche Teil vom übrigen Körper getrennt hat. Ist die Zeitspanne bis zum Lösen des eingetauchten Körpers kürzer als eine Stunde, gilt der Lehm als leicht aufschlämmbar, anderenfalls als schwer aufschlämmbar. Lehme mit einer Aufschlämmzeit von weniger als 45 Minuten sind nicht als Baulehme geeignet, weil wegen des hohen Feinsandanteils und der geringen Tonbeimengungen daraus hergestellte Bauteile zu leicht zerfallen können.

5.1.6 Anwendung von Lehm im Bauwesen (Lehmbau)

5.1.6.1 Allgemeines

Lehm kann sowohl gestalterische als auch statische Aufgaben in Decken, Wänden und Fußböden übernehmen. Weiterhin kann er als Putz, Estrich oder Mörtel verwendet werden. Für die statische Nutzung sind Grundkenntnisse zur Eignung und Zusammensetzung von Lehmmischungen unabdingbar.

5.1.6.2 Baulehm

Um Lehm als Baulehm verwenden zu können, muss eine gewisse Bindigkeit nachgewiesen werden. In der Regel müssen geeignete Lehmmischungen zusammengestellt werden, da sie wegen der Bindekraft nicht zu mager sein dürfen. Gegebenenfalls kann Tonmehl zugemischt werden, um die Bindigkeit zu erhöhen. Fette Lehme können dagegen mit Kies, Schotter, Splitt, aber auch mit rezykliertem Beton oder Mauerwerk geleichtert („gestreckt“) werden. Scharfkantiges Material mit rauher Oberfläche führt zu höherer Lehmfestigkeit als Körnungen aus runden und glatten Körnern. Optimale Körnungslinien für mineralische Zuschläge werden oftmals anhand der Betonbauregeln bestimmt. Die Druckfestigkeit des beigefügten Zuschlags ist von untergeordneter Bedeutung, weil der Bruch von Lehmkörpern i.d.R. durch Überschreitung der Bindekraft des die Körner verkittenden Tons ausgelöst wird. Fasern, vor allem jene mit rauher Oberfläche (z.B. Flachs), verbessern die Querzugfestigkeit des Lehms und erhöhen somit die Druck- als auch Zugfestigkeit von Baulehm. Die Festigkeitssteigerung ist von der Fasermenge abhängig [5.1], jedoch liegen keine systematischen Versuche dazu vor. Im Lehmbau kann bisher nicht ohne Weiteres auf eine optimale Mischungszusammensetzung geschlossen werden. Oftmals werden unterschiedliche Mischungen hergestellt, um dann durch Eignungsprüfung die geeignetste Mischung unter Beachtung der örtlichen Gegebenheiten herauszufinden.

Lehm ist chemisch neutral, selten leicht basisch. Bisher sind keine nachteiligen chemischen Reaktionen mit Einbauteilen aus anderen Materialien bekannt. Wegen der fehlenden Alkalität stellt der Lehm keinen chemischen passiven Korrosionsschutz für Stahleinbauteile bereit. Dennoch wirkt sich die geringe Ausgleichsfeuchte innerhalb intakter Lehmbauteile korrosionshemmend aus. Diese geringe Eigenfeuchte des Lehms, auch bei hohen relativen Luftfeuchten der umgebenden Luft, bewirkt, dass organische Beimengungen dauerhaft vor Feuchte und Verrottung bewahrt werden.

5.1.6.3 Wandkonstruktionen

Hinsichtlich Wandkonstruktionen aus Lehm wird zwischen tragenden Lehmbauweisen und Skelettbauten unterschieden, in denen Lehm nur ausfachende und raumabschließende Aufgaben zu übernehmen hat. Folgende vier Arten von tragenden Lehmwänden werden hauptsächlich angewandt:

- *Stampflehmwände*: lagenweiser Einbau (10 bis 15 cm Schichtdicke) von erdfeuchtem Lehm (Feuchtigkeitsgehalt 7 bis 8 M.-%) und Verdichten durch Stampfen; der einzubauende Lehm darf nicht zu feucht sein, weil entweder keine Verdichtungswirkung eintritt oder der Lehm am Verdichtungsgerät haften bleibt; zu trockener Lehm kann nur schlecht verdichtet werden und geht keine Verbindung untereinander ein [5.1]; als Mindestwanddicken gelten 38 cm für Außenwände und 25 cm für Innenwände; Stampflehmbau ist für die Praxis am bedeutsamsten.

- *Lehmsteinwände*: luftgetrocknete Lehmsteine werden als Mauerwerk mit Lehmmörtel im Mauerwerkverband versetzt (Adobe Bauweise).

- *Lehmbatzen*: erdfeuchte Lehmbatzen (Lehmbrote) werden ohne Mörtel übereinander als Wand aufgeschichtet.

- *Wellerbau*: für untergeordnete Bauten können auch schwere Mischungen von Strohlehm ohne Schalung schichtenweise (Schichthöhe ca. 80 cm) aufgesetzt, festgetreten und nach dem Trocknen mit einem Spaten fluchtgerecht abgestochen werden.

Je nach ermittelter Würfeldruckfestigkeit gibt DIN 18594 [5.10] Werte für zulässige Spannungen an, die bei der Planung von Lehmwänden und -stützen ausgenutzt werden können (Tabelle 5-5).

Skelettkonstruktionen werden dagegen so errichtet, dass ein Skelett (meist ein Holzskelett) die tragende Funktion ausübt und der Lehm raumabschließende Funktionen als Ausfachung übernimmt. Da der Lehm keine Lasten ableiten muss, eignet sich insbesondere der Einsatz von Leichtlehm mit hohem Wärmedämmvermögen [5.2]. Der Halterung der Ausfachung im Skelett ist besondere Aufmerksamkeit zu widmen. Als Skelettbauweisen sind bekannt:

- *Leichtlehmbau*: Leichtlehm kann erdfeucht eingebracht und festgestampft oder als vorgefertigtes trockenes Element in die Skelettzwischenräume eingesetzt werden.

- *Zinseltechnik*: In die Skelettzwischenräume wird ein Flechtwerk (z.B. Weidengeflecht) eingebaut und beidseitig mit feuchtem Lehm beworfen.
- *Staken*: Staken sind Holzleisten, die vor dem Lehmeinbau abschnittsweise zwischen den Holzstützen befestigt werden und somit den zwischen den Stützen stehenden Strohlehm tragen und stabilisieren helfen.

Tabelle 5-5 Zulässige Druckspannungen für Wände und Stützen aus Lehm [5.10]

Rohdichte des trockenen und verdichteten Lehms	Druckfestigkeit	Zulässige Druckspannungen					
		Wand	Pfeiler mit einer Schlankheit *h*/*d* von				
			11	12	13	14	15
kg/m³	MN/m²	MN/m²					
1600...2200	2	0,3	0,3	0,2	0,1	–	–
	3	0,4	0,4	0,3	0,2	0,1	–
	4	0,5	0,5	0,4	0,3	0,2	0,1

Werden Lehmwände geputzt (zu bevorzugen sind Lehm, Luft- oder Wasserkalke), sollen die Putze einen kleineren *E*-Modul als der Lehmuntergrund aufweisen, um Schalenbildung und eine Abtrennung der Putzschale vom Untergrund zu vermeiden. Kalke gehen mit Lehm keine Bindung ein, weshalb im Falle von Kalkputzen mechanische Haftbrücken (z.B. Putzleisten) vorzusehen sind.

5.1.6.4 Deckenkonstruktionen

Wie bei den Wänden kann der Lehm auch in Deckenkonstruktionen tragend und nichttragend eingebaut werden. Nichttragend wird Lehm vorrangig als Füllmaterial zwischen den Deckenbalken oder als Abdeckmaterial (Lehmschlagdecken) auf der tragenden Deckenkonstruktion verwendet, vorrangig um das Deckengewicht zu erhöhen und damit den Trittschallschutz zu verbessern oder einen Fußbodenaufbau herzustellen. Die Holzstaken, die den Lehm zwischen den Deckenbalken halten, können vor dem Einbau mit Strohlehm umwickelt sein und nachträglich mit Lehm verstrichen werden (Wickeldecken) oder sie werden trocken eingebaut und anschließend mit Lehm verfüllt.

5.1.6.5 Lehmmörtel und Lehmputze

Auf nahezu allen rauen Oberflächen kann Lehm sowohl als Mauer- oder auch als Putzmörtel aufgetragen werden. Wegen der geringen Witterungsbeständigkeit sind Lehmmörtel vorwiegend im Innenbereich einsetzbar, anderenfalls sind Schutzkonstruktionen notwendig. Aus Gründen der Rissanfälligkeit sind fette (tonreiche) Lehmputze abzumagern, am besten durch scharfkantige Quarzsande, weil diese die Untergrundhaftung verbessern. Zusätzlich können Faserstoffe wie Strohhäcksel oder Flachs zugegeben werden, um die Bindekraft des Lehmmörtels zu erhöhen. Früher mischte man auch etwas Rinderblut zu, was sich festigkeitssteigernd auswirkte.

5.1.6.6 Lehmestriche

Lehmestriche werden durch schichtweisen Einbau und Feststampfen von erdfeuchtem und nicht zu grobkörnigem Lehm hergestellt. Die Estrichdicke kann Werte zwischen 8 und 20 cm annehmen. Auftretende Trocknungsrisse werden wieder zugestampft. Faserstoffe (Strohhäcksel, Spreu, Tierhaare) vermindern die Rissanfälligkeit. Wenn Kalk zugemischt wird, erhöht sich die Steifigkeit des Estrichs, jedoch ist mit einer erhöhten Rissanfälligkeit im späteren Alter zu rechnen, weil das Lehm-Kalkgemisch mörtelartig reagiert und selbst bei geringer Dehnung reißen kann.

5.1.6.7 Lehmsteine (Adobe)

Im nassen Zustand ist Lehm beliebig formbar, im trockenen Zustand erreicht er eine beachtliche Festigkeit, die so genannte Trockenfestigkeit. Daher wird Baulehm nicht nur im Verbund mit Holzfachwerken oder als Fußbodenbelag, sondern seit den ersten Hochkulturen der Menschheit im Zweistromland auch in Form von luftgetrockneten Lehmsteinen, den Adobeziegeln, für Hochbauten verwendet. Auf diese Weise sind wegen der guten Tragfähigkeit der Lehmsteine die Errichtung mehrgeschossiger Häuser möglich, die mehrere Jahrhunderte überdauern können. Beispiele von bis zu zehngeschossigen Hochhäusern finden sich vor allem in Nordafrika, Zentralasien, Indien und Südamerika. Während dauernd einwirkende Nässe aus naheliegenden Gründen die Lehmsteine aufweicht und sich schädlich auf Lehmbauwerke auswirkt, werden von den Lehmsteinen kurze Starkregenfälle in den Subtropen mehr oder weniger gut überstanden, da bei Befeuchtung eines trockenen Lehmsteins dieser sich anfangs durch das Aufquellen der Tonminerale selbständig abdichtet. Heute schätzt man, dass der Anteil der Lehmsteine am Weltbaustoffaufkommen noch immer ca. 70 bis 80 % beträgt [5.14].

5.1.7 Ausblick

Der Lehmbau hat nicht nur in Europa eine lange Tradition. Etwa ein Drittel der Menschheit lebt in Lehmbauten. Dieses Drittel der Weltbevölkerung wächst jährlich um etwa 3 % und hat sich in 20 Jahren fast verdoppelt [5.1]. Um den kommenden Generationen genügend Wohnraum zu schaffen, müssen bisher ungenutzte Ressourcen erschlossen werden. Dabei sind jene Baustoffe am besten geeignet, die sich mit geringer Energiezufuhr erschließen, gewinnen und aufbereiten lassen und dennoch eine lange Nutzungsfähigkeit bei behaglichem Wohnklima gewährleisten. Lehm erfüllt diese Anforderungen in hohem Maße. Deshalb darf eine zukunftsorientierte Baustoffforschung Lehmbaustoffe nicht ausschließen, sondern muss sie intensiv einbeziehen. Aufbauend auf dem breiten Erfahrungsschatz und dem Zugewinn von neuen ingenieurwissenschaftlichen Erkenntnissen zum Trag- und Verformungsverhalten können dem Lehmbau breitere Anwendungsfelder erschlossen werden. Richtig angewandt sind Bauten aus Lehm trocken, warm, feuersicher und dauerhaft. Die uneingeschränkte und kostengünstige Wiederverwendbarkeit des Baustoffs ohne Rest- oder gar Sondermüll hat einen wesentlichen Vorsprung gegenüber anderen Baustoffen. Insofern stärkt der Lehmbau das Bewusstsein und die Verantwortung gegenüber unseren natürlichen Ressourcen und kann gleichzeitig zur Problemlösung eines anhaltenden globalen Bevölkerungswachstums beitragen.

5.2 Mineralische Bindemittel

5.2.1 Allgemeines

Viele Baustoffe, wie z.B. Betone (vgl. Abschnitt 5.4), weisen einen groben Gefügeaufbau auf und bestehen aus mehreren Einzelkomponenten. Um diese einzelnen Bestandteile dauerhaft miteinander zu verbinden, werden Stoffe verwendet, die sich unter dem Begriff Bindemittel zusammenfassen lassen. Prinzipiell unterscheidet man anorganische und organische Bindemittel.

Organische Bindemittel finden verstärkt bei der Entwicklung von so genannten Verbundwerkstoffen Anwendung. Organische Bindemittel sind beispielsweise Polymerharze und -kleber (vgl. Abschnitt 4.2) sowie Bitumen. Dagegen sind anorganische Bindemittel zumeist mineralischen Ursprungs, d.h. sie sind aus mineralischen Stoffen, wie Zement, Kalk, Gips oder Magnesiabinder, aufgebaut. Mit einigen Ausnahmen werden anorganische bzw. mineralische Bindemittel aus bestimmten Gesteinen durch Brennen gewonnen und fein gemahlen. Wird ein mineralisches Bindemittel mit Wasser gemischt, entsteht zunächst der so genannte Bindemittelleim. Die Verarbeitbarkeit, insbesondere die Geschmeidigkeit und die Eigenschaft Wasser abzusondern (Bluten) oder zurückzuhalten, ist je nach Bindemittelart, Feinheit und ggf. Zugabe von Zusatzstoffen sehr verschieden. Nach der Art der Erhärtung unterscheidet man zwischen:

- *hydraulischen Bindemitteln*, die an der Luft und im Wasser erhärten können (Zemente, hydraulische Kalke, Putz- und Mauerbinder etc.),
- *nicht hydraulischen Bindemitteln* (*Luftbindemittel*), die nur an der Luft erhärten (Luftkalke, Gips und Magnesiabinder etc.).

Nachfolgende Tabelle 5-6 gibt einen Überblick über die verschiedenen Bindemittelarten und deren spezifisches Erhärtungsverhalten.

Tabelle 5-6 Einteilung der anorganischen Bindemittel

Bindemitteltyp	**Grundstoffe**	**Erhärtungs-verhalten**	**Bindemittelart**	**Einsatzgebiete**
Zemente				
Calciumsilicate, Calcium-aluminate	Kalkstein ($CaCO_3$), Quarzsand (SiO_2), Tonerde (Al_2O_3), Eisenoxid (Fe_2O_3)	an Luft oder unter Wasser, hydraulische Bindemittel	Zemente nach DIN 1164-1 [5.16] bzw. DIN EN 197-1 [5.17]	Betonbau, Mauermörtel, Putz, Estrich
Baukalke				
nicht hydraulisch erhärtende Kalke	Kalkstein ($CaCO_3$) bzw. dolomitisches Gestein ($CaCO_3 \cdot MgCO_3$)	an Luft (Luftkalke)	Weißkalk, Dolomitkalk, Karbidkalk nach DIN 1060-1 [5.18]	Putz- und Mauermörtel, Kalkfarbanstriche, Bodenverfestigung
hydraulisch erhärtende Kalke	Kalkstein ($CaCO_3$) Quarzsand (SiO_2) Tonerde (Al_2O_3) Eisenoxid (Fe_2O_3)	anfänglicher Luftzutritt erforderlich, danach Erhärtung auch unter Wasser	Wasserkalk, hydraulischer und hochhydraulischer Kalk, Trasskalk nach DIN 1060-1 [5.18]	Putz- und Mauermörtel höherer Festigkeit, Kalksandsteine, Bodenverfestigung und -stabilisierung
Baugipse				
Calciumsulfat-bindemittel	Gipsstein $CaSO_4 \cdot 2H_2O$ Anhydrit $CaSO_4$	an Luft	Stuckgips, Putzgips, Estrichgips, Anhydritbinder nach DIN 1168 [5.19]	Putze, Stuck- und Rabbitzarbeiten, Estrich, Gipskartonplatten, Gipsfaserplatten
Magnesiabinder				
Magnesium-bindemittel	Magnesit $MgCO_3$ Magnesia MgO	an Luft mit $MgCl_2$, $MgSO_4$, $CaCl_2$, $ZnCl_2$	Magnesiabinder nach DIN 272 [5.20]	Steinholzestriche, Magnesiaestriche, Holzwolle-Leichtbauplatten

5.2.2 Zement

5.2.2.1 Arten und Bestandteile

Zemente sind hydraulisch erhärtende Bindemittel, die sowohl an der Luft als auch unter Wasser erstarren und steinartig erhärten sowie danach wasserbeständig sind. Gegenüber anderen hydraulischen Bindemitteln, wie z.B. hydraulische Kalke, zeichnen sich Zemente durch eine wesentlich höhere Festigkeit aus.

Die Eigenschaften, Anforderungen, Bestandteile, Festigkeitsklassen und Konformitätskriterien für so genannte Normalzemente werden in DIN EN 197-1 [5.17] normativ erfasst. Diese Norm regelt insgesamt 27 Zementarten (vgl. Tabelle 5-9), die entsprechend der europäischen Klassifikation in fünf Hauptarten aufgeteilt werden:

- CEM I: Portlandzemente,
- CEM II: Portlandkompositzemente,
- CEM III: Hochofenzemente,
- CEM IV: Puzzolanzemente,
- CEM V: Kompositzemente.

Die Normalzemente sind unterschiedlich zusammengesetzt. Sie enthalten so genannten Haupt- und Nebenbestandteile. Alle Bestandteile sind feingemahlen und entsprechend reaktiv (vgl. Abschnitt 5.2.2.2). Die Hauptbestandteile sind festigkeitsbildend. Die Nebenbestandteile werden den Zementen im Wesentlichen zur Verbesserung der physikalischen Eigenschaften hinzugegebenen. Tabelle 5-7 enthält die gemäß [5.17] möglichen Hauptbestandteile sowie die zugehörigen Kurzbezeichnungen.

Tabelle 5-7 Hauptbestandteile der Zemente nach DIN EN 197-1 [5.17]

Hauptbestandteil	**Kurzzeichen**	
Portlandzementklinker	K	Hydraulisches Material, das zu mindestens 2/3 aus Calciumsilicaten ($3CaO \cdot SiO_2$ und $2CaO \cdot SiO_2$) bestehen muss. Der Rest sind Aluminiumoxide (Al_2O_3) und Eisenoxide (Fe_2O_3) enthaltende Klinkerphasen und andere Verbindungen. Herstellung durch Sinterung einer Rohstoffmischung (vgl. Abs. 5.2.2.2).
Hüttensand (granulierte Hochofenschlacke)	S	Weist bei geeigneter Anregung hydraulische Eigenschaften auf. Entsteht durch schnelles Abkühlen einer Schlackenschmelze geeigneter Zusammensetzung, die im Hochofen beim Schmelzen von Eisenerz gewonnen wird. Mindestens 2/3 der Masse sind glasig erstarrte Bestandteile; Hüttensand muss zu mindestens 2/3 der Masse aus Calciumoxid (CaO), Magnesiumoxid (MgO) und Siliciumdioxid (SiO_2) bestehen; der Rest enthält Aluminiumoxid und geringe Anteile anderer Verbindungen.
Puzzolane (vgl. Abschnitt 5.2.3.3)		Natürliche Stoffe mit kieselsäurehaltiger oder alumosilicatischer Zusammensetzung oder eine Kombination davon. Puzzolane erhärten in bei Anwesenheit von Wasser Calciumhydroxid ($Ca(OH)_2$) dabei entstehen festigkeitsbildende Calciumsilicat- und Calciumaluminatverbindungen.
Natürliches Puzzolan	P	I.a. Stoffe vulkanischen Ursprungs oder Sedimentgestein mit geeigneter chemisch-mineralogischer Zusammensetzung.
Natürliches getempertes Puzzolan	Q	Thermisch aktivierte Gesteine vulkanischen Ursprungs, Tone, Schiefer oder Sedimentgesteine.
Silicastaub	D	Sehr feine kugelige Partikel mit einem Gehalt an amorphen Siliciumdioxid (SiO_2) von $\geq$ 85 %. Entsteht bei der Reduktion von hochreinem Quarz mit Kohle in Lichtbogenöfen bei der Herstellung von Silicium- und Ferrosiliciumlegierungen.

(Fortsetzung von Tabelle 5-7)

Hauptbestandteil	Kurzzeichen	
Flugasche		Gewonnen durch elektrostatische oder mechanische Abscheidung von staubartigen Partikeln aus Rauchgasen von Feuerungen, die mit feingemahlener Kohle betrieben werden.
Kieselsäurereiche Flugasche	V	Feinkörniger Staub aus hauptsächlich kugeligen Partikeln mit puzzolanischen Eigenschaften; wesentliche Bestandteile: - reaktionsfähiges Siliciumdioxid (SiO_2) ≥ 25 M.-% - Aluminiumoxid (Al_2O_3) - Eisen(III)oxid (Fe_2O_3) und andere Verbindungen.
Kalkreiche Flugasche	W	Feinkörniger Staub mit hydraulischen und/oder puzzolanischen Eigenschaften; wesentliche Bestandteile: - reaktionsfähiges Calciumoxid (CaO) zwischen 10 bis 15 M.-% - reaktionsfähiges Siliciumdioxid (SiO_2) ≥ 25 M.-% - Aluminiumoxid (Al_2O_3) - Eisen(III)oxid (Fe_2O_3) und andere Verbindungen.
Kalkstein		Der aus dem CaO-Gehalt berechnete Calciumkarbonatgehalt ($CaCO_3$) muss einen Massenanteil von mindestens 75 % erreichen; Tongehalt darf 1,20 g/100 g nicht übersteigen.
Kalkstein	L	Gesamtgehalt an organischem Kohlenstoff nach dem Prüfverfahren prEN 13639 TOC[1] ≤ 0,5 M.-%.
Kalkstein	LL	Gesamtgehalt an organischem Kohlenstoff nach dem Prüfverfahren prEN 13639 TOC[1] ≤ 0,2 M.-%.

[1] TOC = Gehalt an organischen Bestandteilen

Die in DIN EN 197-1 [5.17] aufgeführten Normalzemente sind mit dem CE-Konformitätszeichen gekennzeichnet. Zusätzlich zu den in [5.17] erfassten Normalzementen gibt es Zemente mit besonderen Eigenschaften. Diese werden in DIN 1164-1 [5.16] normativ geregelt. Für diese Zemente ist weiterhin das Ü-Zeichen entsprechend den Landesbauordnungen zu verwenden. Zu den Zementen mit besonderen Eigenschaften gehören:

- *Zement mit niedriger Hydratationswärme (NW)*: Zemente mit niedriger Hydratationswärmeentwicklung (Wärmetönung) dürfen in den ersten 7 Tagen eine Wärmemenge von höchstens 270 J je g Zement entwickeln (vgl. Abschnitt 5.2.2.4).
- *Zement mit hohem Sulfatwiderstand (HS)*: als Zemente mit einem hohem Sulfatwiderstand gelten:
  a) Portlandzement (CEM I) mit höchstens 3 M.-% C_3A (vgl. Abs. 5.2.2.3 und 5.2.2.4) und höchstens 5 M.-% Aluminiumoxid (Al_2O_3),
  b) Hochofenzemente (CEM III/B und C)
  Der Gehalt an Tricalciumaluminat (vgl. Abschnitt 5.2.2.3 und 5.2.2.4) wird aus der

chemischen Analyse nach folgender Formel errechnet (Angaben in M.-%):
$C_3A = 2{,}65 \cdot Al_2O_3 - 1{,}69 \cdot Fe_2O_3$.

- *Zement mit niedrigem Alkaligehalt (NA)*: Der niedrige wirksame Alkaligehalt wird über die Begrenzung des Gehaltes an Alkalien im Zement erreicht. Maßgebend für die Einstufung ist das so genannte Na_2O-Äquivalent. Gemäß Tabelle 5-8 darf der Gesamtalkaligehalt einen Wert von 0,60 M.-% nicht überschreiten. Bei Zementen, die als Hauptbestandteil Hüttensand aufweisen (CEM II und CEM III) kann von dieser Anforderung abgewichen werden (Tabelle 5-8). Hintergrund dieser Regelung ist eine evtl. mögliche Alkali-Kieselsäure-Reaktion (AKR) (vgl. Abschnitt 5.3) in Verbindung mit entsprechend kieselsäurereichen Gesteinskörnungen.

Tabelle 5-8 Zemente und deren Eigenschaften hinsichtlich des Alkaligehaltes

Zementart	Gesamtalkaligehalt [M.-%] Na_2O-Äquivalent	Hüttensandgehalt [M.-%]
Alle	≤ 0,60	–
CEM II/B-S	≤ 0,70	21...35
CEM III/A	≤ 0,95	36...49
CEM III/A	≤ 1,10	50...65
CEM III/B	≤ 2,00	66...80
CEM III/C	≤ 2,00	81...95

Im Hinblick auf die Verwendung der oben aufgeführten Normalzemente sowie den Zementen mit besonderen Eigenschaften für den Betonbau ist in Tabelle 5-10 eine Zusammenstellung geeigneter Zemente in Abhängigkeit möglicher Umgebungsbedingungen (Expositionsklassen) der damit hergestellten Betone aufgeführt. Dabei wird gemäß DIN 1045-2 [5.21] bzw. DIN EN 206-1 [5.22] zwischen nicht korrosiven und korrosiven Expositionen (Bewehrungs- bzw. Betonkorrosion) unterschieden. Näheres kann Abschnitt 5.4 entnommen werden. Die in Tabelle 5-10 mit (+) gekennzeichneten Zemente liegen im gültigen Anwendungsbereich der DIN 1045-2, die mit (–) gekennzeichneten Zemente können nicht für die Herstellung von Beton nach [5.21] verwendet werden.

Außer den Zementen mit normalen und besonderen Eigenschaften werden für besondere Anwendungen auch weitere Zemente, wie Weißzement, hydrophobierender bzw. hydrophilierender Zement, Tonerdezement, Tiefbohrzement, Schnellzement, Spritzbetonzement oder Quellzement, hergestellt und in der Praxis verwendet.

Tabelle 5-9 Normalzemente nach DIN EN 197-1 [5.17]

Haupt-zement-arten	Bezeichnung der 27 Normalzementarten		Hauptbestandteile [M.-%]										
			Portland-zement-klinker	Hütten-sand	Silica-staub	Puzzolane natürlich	Puzzolane natürlich getempert	Flugasche kiesel-säure-reich	Flugasche kalk-reich	Ge-brannter Schiefer	Kalkstein		Neben-bestand-teile
			K	S	D[1]	P	Q	V	W	T	L	LL	
CEM I	Portland-zement	CEM I	95...100	–	–	–	–	–	–	–	–	–	0...5
CEM II	Portland-hütten-zement	CEM II/A-S	80...94	6...20	–	–	–	–	–	–	–	–	0...5
		CEM II/B-S	65...79	21...35	–	–	–	–	–	–	–	–	0...5
	Portland-silicastaub-zement	CEM II /A-D	90...94	–	6...10	–	–	–	–	–	–	–	0...5
	Portland-puzzolan-zement	CEM II/A-P	80...94	–	–	6...20	–	–	–	–	–	–	0...5
		CEM II/B-P	65...79	–	–	21...35	–	–	–	–	–	–	0...5
		CEM II/A-Q	80...94	–	–	–	6...20	–	–	–	–	–	0...5
		CEM II/B-Q	65...79	–	–	–	21...35	–	–	–	–	–	0...5
	Portland-flugasche-zement	CEM II/A-V	80...94	–	–	–	–	6...20	–	–	–	–	0...5
		CEM II/B-V	65...79	–	–	–	–	2...35	–	–	–	–	0...5
		CEM II/A-W	80...94	–	–	–	–	–	6...20	–	–	–	0...5
		CEM II/B-T	65...79	–	–	–	–	–	21...35	–	–	–	0...5
CEM II	Portland-kalkstein-zement	CEM II/A-L	80...94	–	–	–	–	–	–	–	6...20	–	0...5
		CEM II/B-L	65...79	–	–	–	–	–	–	–	21...35	–	0...5
		CEM II/A-LL	80...94	–	–	–	–	–	–	–	–	6...20	0...5
		CEM II/B-LL	65...79	–	–	–	–	–	–	–	–	21...20	0...5
	Portland-komposit-zement[2]	CEM II/A-M	80...94	← 6...20 →									0...5
		CEM II/B-M	65...79	← 21...35 →									0...5

(Fortsetzung Tabelle 5-9)

Hauptzementarten	**Bezeichnung der 27 Normalzementarten**		**Hauptbestandteile [M.-%]**										
			Portlandzementklinker	Hüttensand	Silicastaub	Puzzolane natürlich	Puzzolane natürlich getempert	Flugasche kieselsäurereich	Flugasche kalkreich	Gebrannter Schiefer	Kalkstein	Kalkstein	Nebenbestandteile
			K	S	D[1]	P	Q	V	W	T	L	LL	
CEM III	Hochofenzement	CEM III/A	35...64	36...65	–	–	–	–	–	–	–	–	0...5
		CEM III/B	20...34	66...80	–	–	–	–	–	–	–	–	0...5
		CEM III/C	5...19	81...95	–	–	–	–	–	–	–	–	0...5
CEM IV	Puzzolanzement[2]	CEM IV/A	65...89	–	←		11...35		→	–	–	–	0...5
		CEM IV/B	45...64	–	←		36...55		→	–	–	–	0...5
CEM V	Kompositzement[2]	CEM V/A	40...64	18...30	–	←	18...30	→	–	–	–	–	0...5
		CEM V/B	20...38	31...50	–	←	31...50	→	–	–	–	–	0...5

[1] Der Anteil von Silicastaub ist auf 10 % begrenzt.

[2] In den Portlandkompositzementen CEM II/A-M und CEM II/B-M, in den Puzzolanzementen CEM IV/A und CEM IV/B und in den Kompositzementen CEM V/A und CEM V/B müssen die Hauptbestandteile außer Portlandzementklinker durch die Bezeichnung des Zementes angegeben werden.

Tabelle 5-10 Expositionsklassen nach DIN 1045-2 [5.21] und mögliche Zemente

Expositions-klassen			Kein Korrosion und Angriffs-risiko	Bewehrungskorrosion										Betonangriff										Spannstahl-verträglichkeit
				durch Karbonatisierung verursachte Korrosion				durch Chloride verursachte Korrosion						Frostangriff				Aggressive chemische Umgebung			Verschleiß			
								andere Chloride als Meerwasser			Chloride im Meerwasser													
			X 0	XC 1	XC 2	XC 3	XC 4	XD 1	XD 2	XD 3	XS 1	XS 2	XS 3	XF 1	XF 2	XF 3	XF 4	XA 1	XA 2[4])	XA 3[4])	XM 1	XM 2	XM 3	
CEM I			+	+	+	+	+	+	+	+	+	+	+	+	+	+	+	+	+	+	+	+	+	+
CEM II	S A/B		+	+	+	+	+	+	+	+	+	+	+	+	+	+	+	+	+	+	+	+	+	+
	D		+	+	+	+	+	+	+	+	+	+	+	+	+	+	+	+	+	+	+	+	+	+[5])
	P/Q A/B		+	+	+	+	+	+	+	+	+	+	+	+	–	+	–	+	+	+	+	+	+	–
	V	A	+	+	+	+	+	+	+	+	+	+	+	+	–	+	–	+	+	+	+	+	+	+
		B	+	+	+	+	+	+	+	+	+	+	+	+	–	–	–	+	+	+	+	+	+	+
	W	A	+	+	+	–	–	–	–	–	–	–	–	–	–	–	–	–	–	–	–	–	–	–
		B	+	–	+	–	–	–	–	–	–	–	–	–	–	–	–	–	–	–	–	–	–	–
	T A/B		+	+	+	+	+	+	+	+	+	+	+	+	+	+	+	+	+	+	+	+	+	+
	LL	A	+	+	+	+	+	+	+	+	+	+	+	+	+	+	+	+	+	+	+	+	+	+
		B	+	+	+	–	–	–	–	–	–	–	–	–	–	–	–	–	–	–	–	–	–	+
	L	A	+	+	+	+	+	+	+	+	+	+	+	–	–	–	–	+	+	+	+	+	+	+
		B	+	+	+	–	–	–	–	–	–	–	–	–	–	–	–	–	–	–	–	–	–	+
	M[5])	A	+	+	+	–	–	–	–	–	–	–	–	–	–	–	–	–	–	–	–	–	–	–
		B	+	–	+	–	–	–	–	–	–	–	–	–	–	–	–	–	–	–	–	–	–	–
CEM III	A		+	+	+	+	+	+	+	+	+	+	+	+	+	+	+[2])	+	+	+	+	+	+	+
	B		+	+	+	+	+	+	+	+	+	+	+	+	+	+	+[3])	+	+	+	+	+	+	+
	C		+	–	+	–	–	–	+	–	–	+	–	–	–	–	–	+	+	+	–	–	–	–
CEM IV[5])	A		+	–	+	–	–	–	–	–	–	–	–	–	–	–	–	–	–	–	–	–	–	–
	B		+	–	+	–	–	–	–	–	–	–	–	–	–	–	–	–	–	–	–	–	–	–
CEM V[5])	A		+	–	+	–	–	–	–	–	–	–	–	–	–	–	–	–	–	–	–	–	–	–
	B		+	–	+	–	–	–	–	–	–	–	–	–	–	–	–	–	–	–	–	–	–	–

Tabelle 5-11 Anwendungsbereiche für CEM-II-M-Zemente mit drei Hauptbestandteilen nach DIN EN 197-1 und 1164 zur Herstellung von Beton nach DIN 1045-2[1)]

Expositionsklassen				Kein Korrosion und Angriffsrisiko	Bewehrungskorrosion										Betonangriff										Spannstahlverträglichkeit
					durch Karbonatisierung verursachte Korrosion				durch Chloride verursachte Korrosion						Frostangriff				Aggressive chemische Umgebung			Verschleiß			
									andere Chloride als Meerwasser			Chloride im Meerwasser													
				X0	XC1	XC2	XC3	XC4	XD1	XD2	XD3	XS1	XS2	XS3	XF 1	XF 2	XF 3	XF 4	XA 1	XA 2[4)]	XA 3[4)]	XM1	XM2	XM3	
CEM II	M	A	S-D; S-T; S-LL; D-T; D-LL; T-LL	+	+	+	+	+	+	+	+	+	+	+	+	+	+	+	+	+	+	+	+	+	+[6)]
	M	A	S-P; S-V; D-P; D-V; P-V; P-T; P-LL; V-T; V-LL	+	+	+	+	+	+	+	+	+	+	+	+	–	+	–	+	+	+	+	+	+	+[6) 7)]
	M	B	S-D; S-T; D-T	+	+	+	+	+	+	+	+	+	+	+	+	+	+	+	+	+	+	+	+	+	+[6)]
	M	B	S-P; D-P; P-T	+	+	+	+	+	+	+	+	+	+	+	+	–	+	–	+	+	+	+	+	+	–[6) 7)]
	M	B	S-V; D-V; P-V; V-T	+	+	+	+	+	+	+	+	+	+	+	+	–	–	–	+	+	+	+	+	+	+[6) 7)]
	M	B	S-LL; D-LL; P-LL; V-LL; T-LL	+	+	+	–	–	–	–	–	–	–	–	–	–	–	–	–	–	–	–	–	–	+[6) 7)]

Tabelle 5-12 Anwendungsbereiche für CEM IV und CEM V mit zwei bzw. drei Hauptbestandteilen nach DIN EN 197-1 und DIN 1164 zur Herstellung von Beton nach DIN 1045-21)

Expositionsklassen			Kein Korrosion und Angriffsrisiko	Bewehrungskorrosion										Betonangriff										Spannstahlverträglichkeit
				durch Carbonatisierung verursachte Korrosion				durch Chloride verursachte Korrosion						Frostangriff				Aggressive chemische Umgebung			Verschleiß			
								andere Chloride als Meerwasser			Chloride im Meerwasser													
			X0	XC1	XC2	XC3	XC4	XD1	XD2	XD3	XS1	XS2	XS3	XF 1	XF 2	XF 3	XF 4	XA 1	XA 2[4]	XA 3[4]	XM1	XM2	XM3	
CEM IV	B	(P)[8]	+	+	+	+	+	+	+	+	+	+	+	+	–	+	–	+	+	+	+	–	–	–
CEM V	A	(S-P)[9]	+	+	+	+	+	+	+	+	+	+	+	+	–	+	–	+	+	+	+	–	–	–
	B		+	+	+	+	+	+	+	+	+	+	+	+	–	+	–	+	+	+	+	–	–	–

Erläuterungen zu Tabellen 5-10 bis 5-12:

[1] Einige nach diesen Tabellen nicht anwendbare Zemente können durch einen Nachweis nach den Deutschen Anwendungsregeln zu DIN EN 197-1 [5.17] angewendet werden.

[2] Festigkeitsklasse ≥ 42,5 oder Festigkeitsklasse ≥ 32,5 R mit einem Hüttensand-Massenanteil von ≤ 50 %.

[3] CEM III/B darf nur für folgende Anwendungsfälle verwendet werden:

a) Meerwasserbauteile: $w/z \leq 0{,}45$; Mindestfestigkeitsklasse C35/45 und $z \geq 340$ kg/m³,

b) Räumerlaufbahnen: $w/z \leq 0{,}35$; Mindestfestigkeitsklasse C40/50 und $z \geq 360$ kg/m³; Beachtung von DIN 19569-1 [5.25]. Auf Luftporen kann in beiden Fällen verzichtet werden.

[4] Bei chemischen Angriff durch Sulfate (ausgenommen bei Meerwasser) muss oberhalb der Expositionsklassen XA1 Zement mit hohem Sulfatwiderstand (HS-Zement) verwendet werden. Zur Herstellung von Beton mit hohem Sulfatwiderstand darf bei einem Sulfatgehalt des angreifenden Wassers von $SO_4^{2} \leq 1500$ mg/l anstelle von HS-Zement eine Mischung aus Zement und Flugasche verwendet werden.

[5] Spezielle Kombinationen können günstiger sein. Für CEM II-M-Zemente mit drei Hauptbestandteilen siehe DIN 1045-2, Tabelle 4.4.1 [5.21]. Für CEM IV und CEM V Zemente mit zwei bzw. drei Hauptbestandteilen siehe DIN 1045-2, Tabelle 4.4.2 [5.21].

[6] Der verwendete Silicastaub muss die Anforderungen der Zulassungsrichtlinien des Deutschen Institutes für Bautechnik (DIBt) für anorganische Betonzusatzstoffe bzgl. des Gehaltes an elementarem Silicium erfüllen.

[7] Zemente, die P enthalten, sind ausgeschlossen, da sie bisher für diesen Anwendungsfall nicht überprüft wurden.

[8] Gilt nur für Trass nach DIN 51043 [5.26] als Hauptbestandteil bis maximal 40 % (Massenanteil).

[9] Gilt nur für Trass nach DIN 51043 [5.26] als Hauptbestandteil.

5.2.2.2 Herstellung

Zur Herstellung von Zement müssen die verwendeten Ausgangsstoffe überwiegend Calciumoxid (CaO) und Siliciumoxid (SiO_2) enthalten. Zur Steuerung bestimmter Zementeigenschaften sollten auch geringe Mengen an Aluminiumoxid (Al_2O_3) und Eisenoxid (Fe_2O_3) enthalten sein. Als Ausgangsmaterialien werden hauptsächlich Kalkstein oder Kreide und Ton sowie deren natürlich vorkommendes Gemisch, der Kalksteinmergel, verwendet.

Die Rohstoffe werden zunächst im Steinbrecher zerkleinert (gebrochen) und getrennt nach ihrer Zusammensetzung im Freien gelagert (Mischbett). Aus dem Lager gelangt das Rohmaterial in festgelegten Mischungsverhältnissen über genau geregelte Dosiereinrichtungen in die Rohmaterialaufbereitung, in der es durch verschiedene Mühlen mehlfein zermahlen und gleichzeitig getrocknet wird. Bei der Zusammensetzung der Rohmischung ist zur Erlangung eines Zementes mit optimalen Eigenschaften möglichst genau ein bestimmtes Verhältnis von Kalk und den sauren Bestandteilen (SiO_2, Al_2O_3, Fe_2O_3) einzuhalten. Das Rohstoffgemisch wird im Drehrohrofen zum so genannten Klinker bzw. Portlandzementklinker gebrannt. Die Temperatur erreicht rund 1450°C. Der Klinker wird nach Austritt aus dem Drehrohrofen gekühlt, im Klinkersilo gelagert und daran anschließend unter Zugabe von Gips und/oder Anhydrit sowie ggf. anderen Zumahlstoffen (Hüttensand, Puzzolane, Flugasche, gebrannter Schiefer, Kalkstein oder Silicastaub) (vgl. Abschnitt 5.2.2.1) zu Zement fein gemahlen.

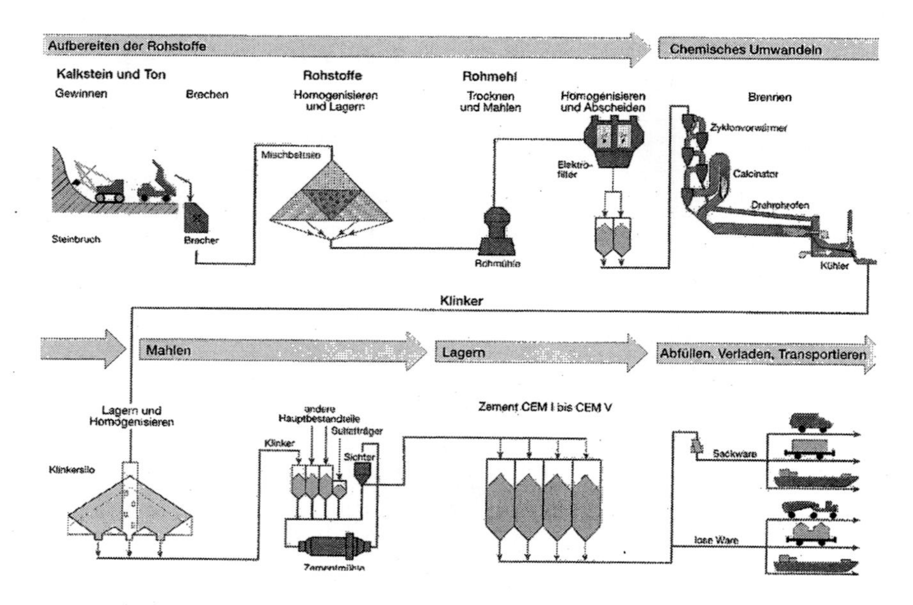

Bild 5-7 Herstellung von Zement

Nachfolgende Tabelle 5-13 fasst die wesentlichen chemischen Reaktionen, die durch das Brennen der Zementrohstoffe ablaufen, zusammen.

Tabelle 5-13 Chemische Reaktionen beim Brennen der Zementrohstoffe

Temperatur	Reaktion
Ab 100°C	Verdampfen des im Rohmehl enthaltenen Wassers
Bis 600°C	Adsorbtiv und chemisch gebundenes Wasser im Ton (Al_2O_3, Tonerde) entweicht
Bei 500 bis 550°C	Beginn der Entsäuerung des Calciumcarbonats ($CaCO_3$) aus dem Kalkstein bzw. Kalksteinmergel in Gegenwart von SiO_2, Al_2O_3 und Fe_2O_3
Über 900°C	beschleunigtes Voranschreiten der Entsäuerung; es bilden sich Dicalciumsilicat ($2CaO \cdot SiO_2$) und verschiedene Zwischenverbindungen mit Al_2O_3 und Fe_2O_3
Über 1280°C	bei dieser Temperatur beginnt das Schmelzen des Klinkers; die oberhalb von 900°C entstandenen Zwischenverbindungen zerfallen
Bei 1450°C	das im Klinker enthaltene Al_2O_3 und Fe_2O_3 ist vollständig in der Schmelze gelöst; ein noch im Klinker vorhandener Überschuss an Calciumoxid reagiert mit dem Dicalciumsilicat (Belit) zu Tricalciumsilicat (Alit)
Abkühlung	im Anschluss an den Brennvorgang erfolgt ein Abkühlprozess, der zu einem Erstarren der Schmelze führt; dieser Vorgang bedingt die Ausscheidung von Tri- und Dicalciumsilicat-, Tricalciumaluminat- und Calciumaluminatferrit-Kristallen (vgl. Abschnitt 5.2.2.3)

5.2.2.3 Chemische Zusammensetzung

Wie in Abschnitt 5.2.2.2 erläutert, besteht Portlandzementklinker auf Grund seiner Ausgangsstoffe in erster Linie aus Calciumoxid (CaO), Siliciumoxid (SiO_2), Aluminiumoxid (Al_2O_3) und Eisenoxid (Fe_2O_3). Tabelle 5-14 zeigt die Mittelwerte der chemischen Zusammensetzung eines reinen Portlandzementes (CEM I) im Vergleich zu einem Hochofenzement (CEM III).

Tabelle 5-14 Chemische Zusammensetzung von Zementen (M.-%)

	Portlandzement (CEM I)	Hochofenzement (CEM III)
CaO	64	53
SiO_2	20	25
$Al_2O_3 + TiO_2$	5	9
Fe_2O_3 (Fe)	2,5	1,6
Mn_2O_3 (MnO)	0,1	0,5
MgO	1,5	3,5
SO_3	2,5	2,5

Die in Tabelle 5-13 aufgeführten Brenn- bzw. Sintertemperaturen und die dabei ablaufenden chemischen Reaktionen bedingen die Bildung neuer reaktiver Zwischen- und Endverbindungen, die so genannten Klinkerphasen. Man unterscheidet die Folgenden vier Klinkerphasen:

- C_3S – Tricalciumsilicat,
- C_2S – Dicalciumsilicat,
- $C_4(A,F)$ – Calciumaluminatferrit,
- C_3A – Tricalciumaluminat.

Daneben liegen noch in geringen Mengen Freikalk (freies CaO) und Periklas (MgO) vor. Zusätzlich können noch Alkalien, wie Natrium- und Kaliumdioxid (Na_2O, K_2O) und Titandioxid (TiO_2), im Portlandzementklinker enthalten sein.

Das Tricalciumsilicat C_3S (Alit) ist die Verbindung, welcher der Zement seine wesentlichen Eigenschaften verdankt. Feingemahlen und mit Wasser verrührt, erhärtet es schnell, entwickelt dabei durch einen exothermen Reaktionsprozess (Hydratation, vgl. Abschnitt 5.2.2.4) Wärme (Hydratationswärme, vgl. Tabelle 5-16 und Bild 5-9) und erreicht sehr hohe Festigkeiten. Das Tricalciumsilicat C_3S bestimmt maßgebend die Frühfestigkeit des Zementes. Das kalkärmere Dicalciumsilicat C_2S (Belit) erhärtet ebenso wie das Tricalciumsilicat hydraulisch, jedoch wesentlich langsamer, erreicht aber nach längerer Zeit annähernd die gleichen Festigkeiten. Wegen der geringeren Erhärtungsgeschwindigkeit ist die pro Zeiteinheit abgegebene Hydratationswärme ebenfalls geringer als bei C_3S. Dicalciumsilicat trägt wesentlich zur Festigkeitsentwicklung im höheren Alter bei. Im Calciumaluminatferrit $C_4(A,F)$ ist praktisch das gesamte im Klinker enthaltene Eisenoxid und ein Teil des Aluminiumoxids gebunden. Zur hydraulischen Erhärtung trägt es wenig bei. Der im Calciumaluminatferrit nicht gebundene Teil des Aluminiumoxids bildet das Tricalciumaluminat (C_3A). Es reagiert mit Wasser sehr schnell und steift rasch an. Bei der Herstellung von Beton würde ein sofortiges Abbinden sehr stören, da es die Verarbeitbarkeit erheblich beeinträchtigt. Durch Gips- oder Anhydritzusätze (Calciumsulfate) bis maximal 5 M.-% des Portlandzementklinkers wird dieser Effekt aufgehoben. Die hydraulischen Eigenschaften des C_3A sind nicht sehr ausgeprägt. Es trägt jedoch in Verbindung mit Silicaten zur Erhöhung der Anfangsfestigkeit des Zementsteins bei.

In der Zementchemie sind für die einzelnen Klinkerphasen die unten aufgeführten Kurzbezeichnungen üblich (Tabelle 5-15).

Tabelle 5-15 Zementchemische Kurzbezeichnungen

Kurzzeichen	Chemische Bedeutung
C	CaO
S	SiO_2
A	Al_2O_3
F	Fe_2O_3
CH	$Ca(OH)_2$
H	H_2O
Cs	$CaSO_4$
M	MgO

Praktisch sind in jedem Klinker alle vier Klinkerphasen enthalten, nur sind auf Grund unterschiedlicher Rohmehlzusammensetzungen die Mengenanteile ggf. verschieden. Das C_3S und das C_2S sind die Hauptträger der Zementerhärtung und Festigkeitsbildung. Dies bezieht sich sowohl auf die Menge, da die Summe von C_3S und C_2S in jedem Klinker etwa 75 % erreicht, als auch auf die ausgeprägten hydraulischen Eigenschaften beider Phasen.

Die einzelnen Klinkerphasen reagieren mit Wasser unterschiedlich schnell und wirken sich auf das Erstarrungs- bzw. Erhärtungsverhalten sowie auf die Hydratationswärmeentwicklung unterschiedlich aus (Tabelle 5-16).

Tabelle 5-16 Eigenschaften der Klinkerbestandteile des Zementes

Klinkerphasen	Chemische Formel	Kurzbezeichnung	Eigenschaften	Anteile im Klinker [M.-%]
Tricalciumsilicat	$3CaO \cdot SiO_2$	C_3S	schnelle Erhärtung, viel Hydratations wärme, hohe Festigkeit	45 ... 80
Dicalciumsilicat	$2CaO \cdot SiO_2$	C_2S	langsame, stetige Erhärtung, wenig Hydratationswärme, hohe Festigkeit	0 ... 32
Tricalcium-aluminat	$3CaO \cdot Al_2O_3$	C_3A	schnelle Reaktion mit H_2O, hohe Hydratationswärme, geringe Festigkeit, anfällig gegen Sulfatwässer	7 ... 15
Calcium-aluminatferrit	$4CaO \cdot Al_2O_3 \cdot Fe_2O_3$	$C_4(A,F)$	langsame und geringe Erhärtung, widerstandsfähig gegen Sulfatwässer	4 ... 14
Freies CaO (Freikalk)	CaO	C	in geringen Mengen unschädlich, sonst Kalktreiben	0,1 ... 3
Freies MgO (Periklas)	MgO	M	in größeren Mengen Magnesiatreiben	0,5 ... 4,5

5.2.2.4 Hydratation des Zementes

Beim Anmachen des Zements mit Wasser entsteht der so genannte Zementleim, eine flüssige bis plastische Suspension. Unmittelbar nach dem Anmachen finden chemische Reaktionen des Zements mit dem Wasser statt (Hydratation). Sie führen kontinuierlich über Ansteifen und Erstarren zum Erhärten des Zementleims und damit zur Bildung des Zementsteins. Durch die Hydratation entstehen feinste kolloidale, wasserunlösliche Reaktionsprodukte (Hydratphasen bzw. Hydratationsprodukte).

Der Hydratationsprozess des Zements ist ein zeitlicher Prozess, der mit zunehmendem Alter zum Stillstand strebt. Je nach Größe des Zementkorns ist die Zeit bis zur vollständigen Umsetzung in Hydrate (vollständige Hydratation) sehr verschieden. Das bereits an den Außenflächen des Klinkerpartikel gebildete Zementgel behindert den weiteren Zutritt des Wassers zu dem noch nicht hydratisierten Kern des Zementkorns, so dass die Zeit bis zur vollständigen Hydratation (Hydratationsgrad m von 100 %) eines Zementteilchens sehr von der Korngröße der Partikel (Mahlfeinheit) abhängt. Kleinste Teilchen können schon in Stunden umgewandelt sein (schnell erhärtende Zemente mit hoher Frühfestigkeit), gröbere Teilchen erst nach Tagen, Wochen oder Jahren (gute Nacherhärtung bei grobgemahlenen Zementen).

Die für die Festigkeitsbildung wichtigsten wasserhaltigen Verbindung sind die Calciumsilicathydrate (CSH-Phasen). Sie entstehen aus den silicatischen Klinkerphasen C_3S und C_2S und sind in Abhängigkeit vom Wasserzement-Wert w/z (vgl. Abschnitt 5.4) unterschiedlich zusammengesetzt. Die CSH-Phasen haben eine mit dem natürlichen Mineral Tobermorit vergleichbare Kristallstruktur und werden deshalb als tobermoritähnlich bezeichnet. Die Calciumsilicathydrate haben eine Morphologie ähnlich nadelförmiger Fasern, die sich zu leisten- und blättchenartigen Strukturen zusammenlagern können. Die Art der sich bildenden Hydratphasen aus dem Tricalciumaluminat (C_3A) wird entscheidend vom vorhandenen Sulfatangebot beeinflusst. Bei Abwesenheit von Sulfat bildet sich hexagonales Tetracalciumaluminathydrat (C_4AH_{19}), das beim Trocknen an der Luft in die wasserärmere Verbindung C_4AH_{13} übergeht. Ist dagegen genügend Sulfat vorhanden, entstehen bevorzugt Calciumaluminatsulfathydrate. In sulfatreichen Lösungen bilden die Calciumaluminatsulfathydrate nadelförmiges Trisulfat (Ettringit), das sehr rasch und unter Volumenvergrößerung entsteht sowie bei sulfatärmeren aber kalkreicheren Lösungen hexagonales dünntafeliges Monosulfat. Die Hydratation der Calciumaluminatferrite verläuft ähnlich. Bei Anwesenheit von Sulfat bildet sich Aluminatferrit-Trisulfat (Eisenettringit) und Aluminatferrit-Monosulfat. Unter der Einwirkung von Kohlendioxid aus der Luft (Carbonatisierung, vgl. Abschnitt 5.4) kann sich Monosulfat in Monocarbonat umwandeln. Gleiches gilt für die Anwesenheit von Chloriden, z.B. aus einer Taumittelbeanspruchung. Hierbei wird das Monosulfat in Monochlorid (Friedelsches Salz) umgewandelt.

Aus chemischer Sicht, kann der Hydratationsprozess in folgende Stufen unterteilt werden (Bild 5-8).

- *Stufe I (0 bis 6 Stunden nach dem Anmachen)*: Nach dem Anmachen mit Wasser werden geringe Mengen von Calciumhydroxid $Ca(OH)_2$ und Trisulfat (Ettringit) gebildet. Das Trisulfat kristallisiert in langen Nadeln von der Oberfläche des Zementkornes aus und verbindet die einzelnen Zementpartikel miteinander. Das führt zum ersten Ansteifen, das aber in diesem Stadium durch eine mechanische Bearbeitung wieder weitgehend aufgehoben werden kann. Daneben kommt es durch die Reaktion des C_3S zur Bildung von ersten CSH-Phasen. Diese lagern sich ebenfalls an der Oberfläche der Klinkerpartikel an und hemmen den weiteren Hydratationsfortschritt. Die erste Hydratationsphase kommt zur Ruhe (Ruhe- bzw. Induktionsperiode). Nach Abschluss der Ruheperiode setzt erneut die Hydratation der Klinkerphasen ein (Stufe II).
- *Stufe II (zwischen 6 Stunden und einem Tag nach dem Anmachen)*: Die Ettringitbildung, die für das Erstarren maßgebend ist, aber nicht zur Erhärtung beiträgt, schreitet fort. Gleichzeitig setzt die Hydratation der Calciumsilicate verstärkt ein. Es bilden sich langfaserige, ineinander übergreifende Calciumsilicathydrate, die sich um die Klinkerpartikel als Zementgel anlagern und damit die wassergefüllten Zwischenräume zwischen den Zementpartikeln überbrücken und dabei das Gefüge verfestigen. Zeitgleich beginnen sich die Calciumaluminathydrate und die Calciumaluminatferrithydrate zu bilden.
- *Stufe III (ab einem Tag nach dem Anmachen)*: In die noch vorhandenen Poren wachsen kurzfaserige Calciumsilicathydrate und langfaserige Calciumsilicathydrat-Kristalle hinein, verdichten dabei das Gefüge und erhöhen die Festigkeit. Das C_3S und das C_2S spalten große Mengen von Kalkhydrat ($Ca(OH)_2$) ab, das zwar selbst zur Festigkeit keinen Beitrag leistet, aber zu einer hohen Basizität ($pH > 12{,}6$) des Porenwassers führt (Passivierung = Korrosionsschutz). Das Calciumhydroxid fällt kristallin in hexagonaler Morphologie aus der Porenlösung aus. Das in den beiden ersten Hydratationsstufen entstandene Trisulfat wandelt sich durch Reaktion mit weiterem C_3A allmählich in das sulfatärmere Monosulfat um.

Die Zementerhärtung ist ein exothermer Vorgang, bei dem die Hydratationswärme freigesetzt wird. Die Wärmemenge und die Geschwindigkeit ihrer Freisetzung sind für die einzelnen Klinkerphasen sehr unterschiedlich (Tabelle 5-16). Vor allem das Tricalciumaluminat C_3A entwickelt eine große Wärme in kurzer Zeit (Bild 5-9). Die Kenntnis des Verhaltens der Klinkerphasen macht es möglich, Zemente mit geringer Wärmetönung (Hydratationswärmeentwicklung) gezielt herzustellen.

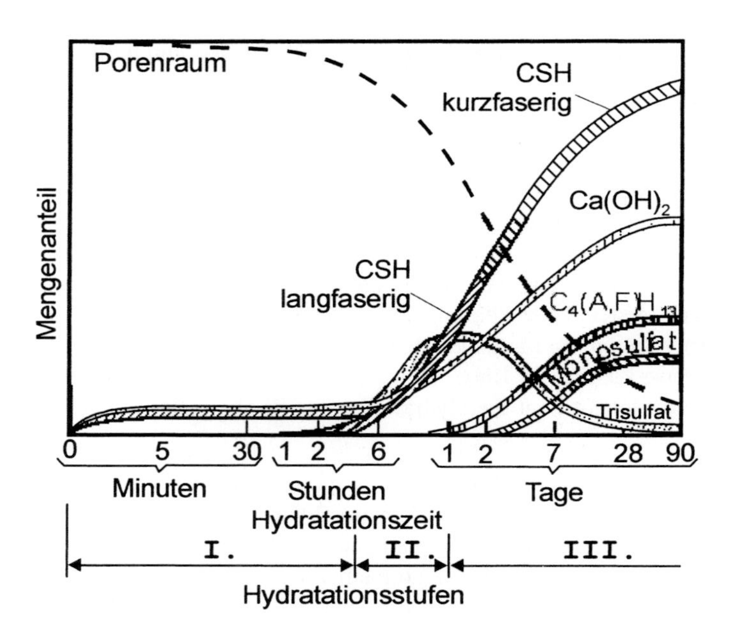

Bild 5-8 Bildung der Hydratphasen bei der Zementhydratation

Die Entwicklung der Hydratationswärme ist betontechnologisch besonders in den ersten Tagen von Bedeutung. Die Wärmeentwicklung ist dabei nicht nur von der Zementzusammensetzung, sondern auch von der Mahlfeinheit und von der Umgebungstemperatur abhängig. So ist die Hydratationswärme beim Betonieren im Winter von Vorteil, um durch schnelle Wärmefreisetzung die Gefrierbeständigkeit des frischen Betons zu erreichen. Im Sommer ist sie dagegen von Nachteil, besonders bei massigen Bauteilen. Da die Wärmeleitfähigkeit von Beton relativ gering ist, führt eine schnelle Hydratationswärmeentwicklung zur Erhitzung des Bauteilinneren. Kühlt sich die Außenhaut schneller ab als der innere Kern, entstehen Wärmespannungen (Zwang) über den Betonquerschnitt, die zu Rissen führen können. Diese Tatsache spielt eine große Rolle für die Bemessung von Betonkonstruktion (Mindestbewehrung). Durch Auswahl geeigneter Zementarten (geringer Tricalciumaluminatgehalt, gröbere Mahlfeinheit) und entsprechende Betonrezepturen kann man dieses Problem deutlich entschärfen (vgl. Abschnitt 5.2.2.1, NW-Zemente).

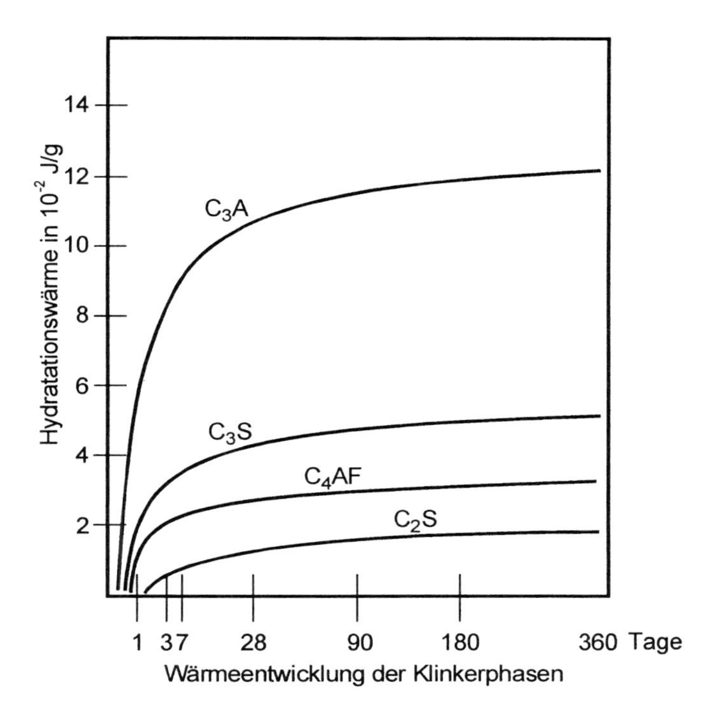

Bild 5-9 Wärmeentwicklung der Klinkerphasen während der Zementhydratation

Durch den geringen Anteil an Portlandzementklinker (ca. 20 M.-%) erhärten Hochofenzemente (CEM III) deutlich träger als reine Portlandzemente und entwickeln entsprechend langsamer und weniger Hydratationswärme. Daher sind Hochofenzemente besonders für Massenbetonteile geeignet. Spielt der Korrosionsschutz der Bewehrung eine übergeordnete Rolle, so wird meist reiner Portlandzement verwendet, da, bedingt durch den hohen Portlandzementklinkeranteil, viele den Stahl passivierende Kalkhydrate $Ca(OH)_2$ gebildet werden.

5.2.2.5 Struktur und Porosität des Zementsteins

Die Festigkeit des Zementsteins ist hauptsächlich eine Funktion seiner Porosität. Gegenüber der Porosität sind andere Einflüsse, wie chemische Zusammensetzung oder Erhärtungsgeschwindigkeit deutlich geringer. Andere Größen wie Wassergehalt, Verdichtungsgrad, Alter des Zementsteins sind nur Umschreibungen der Porosität. Ein porenfreier Zementstein ist praktisch nicht möglich. Das leuchtet auch ein, wenn man bedenkt, dass Portlandzement eine Anmachwassermenge von nur etwa 25 % des Zementgewichts chemisch binden kann (nichtverdampfbares Wasser) und damit in echte Festsubstanz umwandelt. Interessanterweise ist aber der Zementstein zur vollständigen Hydratation, also zur chemischen Bindung von etwa 25 % Wasser, nur dann befähigt, wenn man ihm wesentlich größere Wassermengen, nämlich 35 bis 40 % Anmachwasser (bezogen auf das Zementgewicht) zur Verfügung stellt. Die Differenz wird als Gelwasser bezeichnet, das chemisch ungebunden in den Gelporen (Tabelle 5-17) enthalten ist. Man spricht in diesem Zusammenhang von physikalisch gebundenem Wasser (verdampfbares Wasser). Nach neueren Erkenntnissen ist ein Wasserzement-Wert von etwa 0,4 als Minimalwert für eine restlose Hydratation (Hydratationsgrad m = 100 %) anzusehen. Das überschüssige Wasser verlässt durch Verdunstung wieder den Porenraum.

Im Zementleim ist zunächst jedes Zementkorn von einer Wasserhülle umschlossen. Durch die Hydratation wird das Zementgel gebildet. Die im Zementgel verbleibenden Zwischenräume, die Gelporen, sind mit Wasser gefüllt, das unter normalen Austrocknungsbedingungen nicht verdunstet, da die Gelporen in sich geschlossen und nicht miteinander verbunden sind. Mit fortschreitender Hydratation wächst das Zementgel in die wassergefüllten Räume zwischen den Zementkörnern hinein. Trocknet der Zementstein nicht vorzeitig aus, so kommt dieser Vorgang erst zum Stillstand, wenn der gesamte Zement hydratisiert ist oder wenn die Zwischenräume ganz ausgefüllt sind. Welche der beiden Möglichkeiten eintritt, hängt vom Wasserzement-Wert ab. Bei der Hydratation wird eine bestimmte Wassermenge chemisch als Hydratwasser und Zwischenschichtwasser sowie physikalisch als Gelwasser gebunden (verdampfbares Wasser). Enthält der Zementleim eine größere Wassermenge, so verbleiben Hohlräume, die so genannten Kapillarporen. Die Kapillarporen sind vom Durchmesser etwa 1000mal größer als die Gelporen und miteinander verbunden, so dass das in ihnen vorhandene Wasser bei Lagerung an der Luft austrocknen kann. Sie beeinflussen somit die Durchlässigkeit des Zementsteins, verringern dessen Festigkeit und erhöhen die Schwindneigung des Zementsteins erheblich. In Tabelle 5-17 sind die Porenarten und -größen zusammengefasst.

Tabelle 5-17 Porenarten und Porengrößen im Zementstein

Porenart	Porenradien [nm]	Porenradien [mm]	Porenmenge [Vol.-%]
Gelporen	$10^{0}...10^{1}$	$10^{-6}...10^{-5}$	26
Kapillarporen	$10^{1}...10^{5}$	$10^{-5}...10^{-1}$	20
Luftporen	$10^{3}...10^{6}$	$10^{-3}...10^{0}$	
Gesamtporosität	$10^{0}...10^{6}$	$10^{-6}...10^{0}$	46

Bild 5-10 zeigt die zeitliche Entwicklung der Porosität im Zementstein in Abhängigkeit von der Hydratationsdauer und vom Wasserzement-Wert.

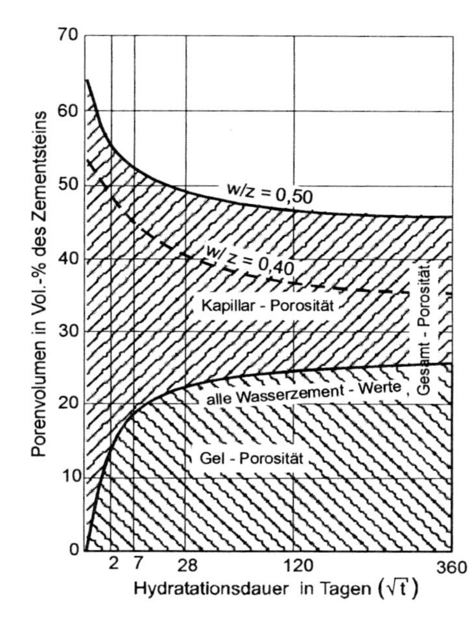

Bild 5-10 Zeitliche Entwicklung der Porosität im Zementstein

Mit wachsendem Wasserzement-Wert nimmt die Kapillarporosität zu und bei konstantem Wasserzement-Wert mit wachsendem Hydratationsgrad *m* ab. Bei einem Wasserzement-Wert von ca. w/z = 0,40 entspricht das Volumen des Zementgels bei vollständiger Hydratation dem Volumen der ursprünglichen Zementkörner. Daher verbleiben bei w/z = 0,40 theoretisch keine Kapillarporen (Bild 5-11).

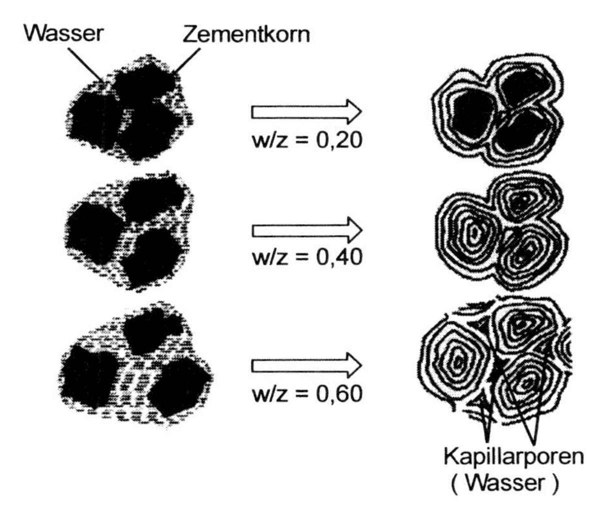

Bild 5-11 Erhärtung von Zementleim mit unterschiedlichen Wasserzement-Werten [5.101]

Bei kleineren *w/z*-Werten sind die Poren bereits mit Zementgel gefüllt, bevor der Zement vollständig hydratisiert ist. Da sich die noch nicht hydratisierten Bereiche im Inneren eines Zementkorns befinden, tragen sie auch in diesem Zustand zur Festigkeitsbildung des Zementsteins bei. Aus vielen praktischen Untersuchungen konnte abgeleitet werden, dass höhere Zementsteinfestigkeiten selbst bei vollständiger Hydratation nur erreichbar sind, wenn der *w/z*-Wert 0,60 nicht übersteigt. Ab $w/z > 0{,}60$ wächst die Kapillarporosität exponentiell an (vgl. Bild 5-12).

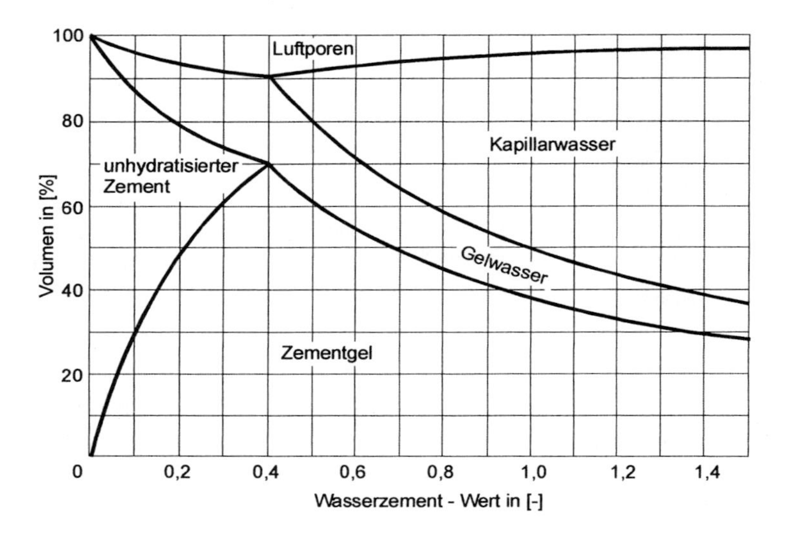

Bild 5-12 Volumenanteile der Zementsteinkomponenten in Abhängigkeit vom Wasserzement-Wert (bei einem Hydratationsgrad *m* von 100%) [5.101]

Für den Aufbau und damit für die Eigenschaften des Zementsteins, wie z.B. die Porosität, ist das Massenverhältnis von Wasser zu Zement (*w/z*-Wert) maßgebend. Es bestimmt die Dicke des Wasserfilms zwischen den Zementkörnern. Dieser bezogene Verhältniswert ist die wichtigste Steuergröße in der Betontechnologie (Abschnitt 5.4).

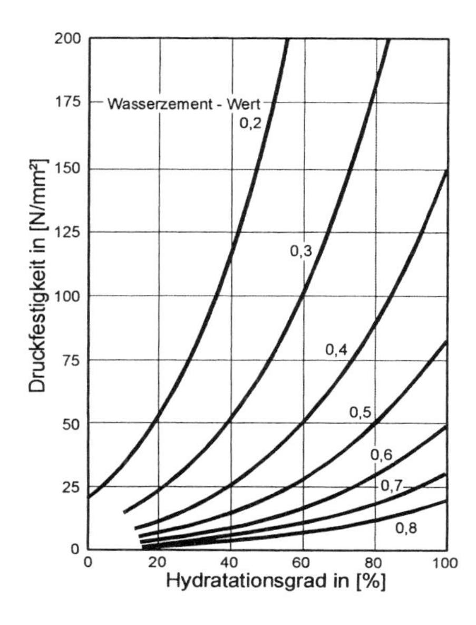

Bild 5-13 Einfluss des Wasserzement-Wertes auf die Druckfestigkeit von Zementstein [5.101]

Nach Untersuchungen von *Powers* [5.27] können mittels theoretischer Ansätze die Zusammenhänge zwischen den charakteristischen Zementsteingrößen (Menge an verdampfbarem und nichtverdampfbarem Wasser und Gelwasser), dem Volumen des Zementgels und der Kapillarporen sowie dem Hydratationsgrad, dem Wasserzement-Wert und den Volumenanteilen der Zementsteinkomponenten berechnet werden. Die hierzu erforderlichen Gleichungen sind nachfolgend aufgeführt.

1) Charakteristische Kenngrößen

Menge an nichtverdampfbarem Wasser

$$w_n = 0{,}24 \cdot m \cdot z \tag{5.4}$$

mit: w_n = Masse des chemisch gebundenen Wassers, z = Gesamtgewicht des Zementes, m = Hydratationsgrad.

Menge an Gelwasser im wassergesättigten Zementstein

$$w_g = 0{,}18 \cdot m \cdot z \tag{5.5}$$

mit: w_g = Gewicht des Gelwassers.

- Reindichten

$\rho_w = 1{,}0 \; \frac{kg}{dm^3}$ freies Wasser

$\rho_{wn} = 1{,}33 \frac{kg}{dm^3}$ chemisch gebundenes Wasser

$\rho_{wg} = 1{,}001 \frac{kg}{dm^3} \approx 1{,}0 \frac{kg}{dm^3}$ Gelwasser

- Volumen des Zementgels

$$V_g = \frac{m \cdot z}{\rho_z} + \frac{w_n}{\rho_{wn}} + \frac{w_g}{\rho_{wg}} \tag{5.6}$$

└── Volumen des Gelwassers bzw. der Gelporen

└── Volumen des chemisch gebundenen Wassers

└── ursprüngliches Volumen des chemisch gebundenen Wassers

$$V_g = \frac{m \cdot z}{\rho_z} + \frac{0{,}24 \cdot m \cdot z}{\rho_{wn}} + \frac{0{,}18 \cdot m \cdot z}{\rho_{wg}} \tag{5.7}$$

mit: ρ_z = Reindichte des Zementes (3,1 kg/dm³), ρ_{wn} = Reindichte des chemisch gebundenen Wassers (1,33 kg/dm³), ρ_{wg} = Reindichte des Gelwassers (1,0 kg/dm³).

Zusammenfassend ergibt sich aus Gleichung (5.7)

$$V_g = 2{,}12 \cdot \frac{m \cdot z}{\rho_z} \tag{5.8}$$

Das ursprüngliche Volumen von Zement und Wasser (V_{go}) kann wie folgt bestimmt werden (vgl. Gl. (5.9)).

- Ursprüngliches Volumen von Zement und Wasser

$$V_{g0} = \frac{m \cdot z}{\rho_z} + \frac{1}{\rho_w} \cdot (w_n + w_g) \tag{5.9}$$

mit: $w_n = 0{,}24 \cdot m \cdot z$, $w_g = 0{,}18 \cdot m \cdot z$

Gleichung (5.9) zusammengefasst ergibt:

$$V_{g_0} = 2{,}30 \cdot \frac{m \cdot z}{\rho_z} \qquad (5.10)$$

2) Kapillarporenvolumen

- Ursprüngliches Volumen

$$V_0 = \frac{z}{\rho_z} + \frac{w_0}{\rho_w} \qquad (5.11)$$

mit: w_0 = Masse des freien Wassers.

- Zementgelvolumen

$$V_g = 2{,}12 \cdot \frac{m \cdot z}{\rho_z} \qquad (5.12)$$

- Volumen des noch nicht hydratisierten Zementes

$$V_{nh} = (1 - m) \cdot \frac{z}{\rho_z} \qquad (5.13)$$

mit: m = Hydrationsgrad.

- Kapillarporenvolumen

$$V_k = V_0 - V_g - V_{nh}$$

$$V_k = \frac{z}{\rho_z} \cdot \left(\frac{w_0}{z} \cdot \frac{\rho_z}{\rho_w} - 1{,}12 \cdot m\right) \qquad (5.14)$$

- Auf das Gesamtvolumen bezogen ergibt sich:

$$\frac{V_k}{V_0} = \frac{\frac{w_0}{z} \cdot \frac{\rho_z}{\rho_w} - 1{,}12 \cdot m}{\frac{w_0}{z} \cdot \frac{\rho_z}{\rho_w} + 1} \tag{5.15}$$

Mit einem Verhältnis von $\rho_z/\rho_w = 3{,}15$ erhält man:

$$\frac{V_k}{V_0} = \frac{\frac{w_0}{z} - 0{,}36 \cdot m}{\frac{w_0}{z} + 0{,}32} \tag{5.16}$$

3) Hydratationsgrad (m), Wasserzement-Wert (w_0/z) und Volumenanteile der Zementsteinkomponenten

- Wieviel Wasser ist notwendig, damit der gesamte Zement gerade noch hydratisieren kann?

$$w_{min} = 0{,}24 \cdot m \cdot z + 0{,}18 \cdot m \cdot z = 0{,}42 \cdot m \cdot z \tag{5.17}$$

Für eine vollstädige Hydratation (Hydrationsgrad m = 1) lässt sich Folgendes ableiten:

$$\left(\frac{w_o}{z}\right)_{min} = 0{,}42 \tag{5.18}$$

- Wie klein müsste der Wasserzement-Wert (w_0/z) sein, damit bei vollständiger Hydratation ($m = 1$) das Kapillarvolumen (V_k) zu Null wird?

$$V_k = 0 \Rightarrow \frac{w_0}{z} - 0{,}36 \cdot m = 0 \tag{5.19}$$

Für $m = 1$ ergibt sich:

$$\left(\frac{w_0}{z}\right)_{min} = 0{,}36 \tag{5.20}$$

- Volumenanteile des Zementsteines in Abhängigkeit von m und w_0/z

Zementgelvolumen aus (5.11) und (5.12):

$$\frac{V_g}{V_0} = \frac{2{,}117 \cdot m \cdot z}{\rho_{z \cdot V_0}} = \frac{0{,}68 \cdot m}{\frac{w_0}{z} + 0{,}32} \tag{5.21}$$

Kapillarporenvolumen aus (5.16):

$$\frac{V_k}{V_0} = \frac{\frac{w_0}{z} - 0{,}36 \cdot m}{\frac{w_0}{z} + 0{,}32} \tag{5.22}$$

Volumen des nicht hydratisierten Zementes aus (5.11) und (5.13):

$$\frac{V_{nh}}{V_0} = \frac{(1 - m) \cdot z}{\rho_z \cdot V_0} = \frac{0{,}32 \cdot (1 - m)}{\frac{w_z}{z} + 0{,}32} \tag{5.23}$$

Bei versiegelter Lagerung, d.h. ein Wasserverlust durch Austrocknung oder eine zusätzliche Wasseraufnahme von Außen wird unterbunden, ist der Anteil leerer Poren im Kapillarporensystem mit Gleichung (5.24) bestimmbar:
Aus (5.8), (5.10) und (5.11) folgt:

$$\frac{V_{kleer}}{V_0} = \frac{V_{g_0} - V_g}{V_0} = \frac{0{,}06 \cdot m}{\frac{w_0}{z} + 0{,}32} \tag{5.24}$$

Zusammenfassend kann festgehalten werden, dass der Zementstein eine poröse Struktur hat, wobei die Poren im Wesentlichen in zwei Arten unterteilt werden. Die Gelporosität ist unabhängig vom Wasserzement-Wert und vom Anteil her konstant. Sie beeinflusst die Festigkeit und Durchlässigkeit des Zemensteins i.d.R. nicht. Die Kapillarporosität nimmt mit Zunahme des Wasserzement-Wertes zu und beeinflusst sowohl die Festigkeit als auch Durchlässigkeit des Zementsteins entscheidend. Um eine große Festigkeit zu erreichen, muss die Kapillarporosität durch eine Reduzierung des Wasserzement-Wertes in Grenzen gehalten werden. Dabei muss man aber in Kauf nehmen, dass die Zementkörner nicht vollständig hydratisieren können.

5.2.2.6 Ansteifen und Erstarren

Im Zementleim sind die einzelnen Zementkörner von einer Wasserhülle umgeben und gegeneinander verschiebbar. Die Steife des Zements wird überwiegend durch den Wassergehalt bestimmt. Mit steigendem Wasserzement-Wert wird der Zementleim dünner. Einfluss auf den Wasseranspruch haben die Mahlfeinheit des Zements und insbesondere die Korngrößenverteilung der Klinkerpartikel. Sehr feine Korngemische bedürfen einer wesentlich größeren Wassermenge als gröbere. Durch die unmittelbar mit der Wasserzugabe einsetzende Hydratation (vgl. Abschnitt 5.2.2.4) werden die Zementkörner zunehmend starr miteinander verbunden. Dies führt zu einem anfangs geringen, nach einiger Zeit verstärktem Ansteifen. Erst wenn das Ansteifen einen bestimmten Wert erreicht, spricht man vom Erstarren. Die sich fortsetzende Verfestigung wird Erhärtung genannt. Maßgebend für den zeitlichen Verlauf des Ansteifens und des Erstarrens sind der Gehalt an Tricalciumaluminat (C_3A) sowie Art und Menge des zugesetzten Sulfatträgers ($CaSO_4$). Unmittelbar nach dem Anmachen des Zements geht ein Teil des C_3A in Lösung und reagiert mit dem ebenfalls in Lösung vorliegenden Calciumsulfat unter der Bildung von Trisulfat (Ettringit) (vgl. Abschnitt 5.2.2.4). Das Ettringit bildet einen dünnen Film um die Zementkörner, der aber noch zu dünn zum Ausfüllen der Zwischenräume zwischen den Zementkörnern ist. Die Konsistenz wird dadurch nur ein wenig steifer. Erst nach 1 bis 3 Stunden beginnt ein merkliches Ansteifen mit Übergang zum Erstarren. Höhere Frischbetontemperaturen bewirken bei allen Zementen ein rascheres Ansteifen und eine Vorverlagerung des Erstarrungsbeginns. In ähnlicher Weise wirken Betonzusatzmittel, wie Beschleuniger (BE). Entgegengesetzt wirken Verzögerer (VZ) (vgl. Abschnitt 5.4). Üblicherweise liegen Erstarrungsbeginn und -ende bei Portlandzement zwischen 2 und 4, bei Hochofenzement zwischen 3 und 6 Stunden. Zu beachten ist, dass die Erstarrungszeiten nicht identisch mit den Verarbeitungszeiten sind. Die Verarbeitung sollte möglichst schnell erfolgen, um die sich einstellende Verkittung der Zementkörner nicht zu stören. Die Prüfung von Erstarrungszeiten ist in DIN EN 196-3 [5.24] über die so genannte definierte Ausgangsviskosität (Normsteife) geregelt, die mit dem Vicat'sches Nadelgerät gemessen/kontrolliert wird.

5.2.2.7 Festigkeitsentwicklung des Zementsteins und Einflussfaktoren

Beton verdankt seine Festigkeit der verkittenden Wirkung des erhärteten Zementsteins. Die Bindekraft des Zements beurteilt man anhand seiner Normdruckfestigkeit, die nach DIN EN 196-1 [5.23] zu bestimmen ist. Im Allgemeinen steigt die Betondruckfestigkeit mit der Zunahme der Normdruckfestigkeit des Zementsteins an. Die Endfestigkeit des Zementsteins hängt neben der Zementfestigkeitsklasse fast ausschließlich von der Porosität ab. Dagegen wird die Festigkeitsentwicklung bis zum Erreichen der Endfestigkeit durch die Mahlfeinheit, die Korngrößenverteilung und die chemisch-mineralogische Zusammensetzung des Zements einerseits und von der Feuchtigkeit und der Temperatur andererseits bestimmt. Die wesentlichen Einflussfaktoren auf die Zementfestigkeitsentwicklung sind nachfolgend aufgeführt.

Einfluss der Zementfestigkeitsklasse

Gemäß DIN EN 197-1 [5.17] werden die Zemente nach ihrer Norm(druck)festigkeit in die Festigkeitsklassen 32,5, 42,5 und 52,5 eingeteilt. Die Kennzahl entspricht dem Zahlenwert der Mindestdruckfestigkeit einer Probe an Prismen der Größe 4 x 4 x 16 cm^3 im Alter 28 Tagen geprüft nach DIN EN 196-1 [5.23] an einem definierten Normmörtel (Mischungsverhältnis Zement : Normsand = 1:3, Wasserzement-Wert $w/z = 0{,}50$), der bis zum entsprechenden Prüftag unter Wasser bei 20°C gelagert wurde (Tabelle 5-18). Innerhalb der Festigkeitsklassen wird weiterhin zwischen Zementen mit normaler Anfangserhärtung (32,5 N bzw. 32,5, 42,5 N bzw. 42,5 und 52,5 N bzw. 52,5) und schneller Anfangserhärtung (32,5 R, 42,5 R, 52,5 R) unterschieden. Zemente höherer Festigkeitsklassen erreichen nicht nur bis zum Alter von 28 Tagen deutlich höhere absolute Festigkeiten, sondern zu großen Prozentteilen auch schon wesentlich früher. Zemente unterschiedlicher Festigkeitsklassen unterscheiden sich neben der Klinkerzusammensetzung wesentlich durch die Mahlfeinheit und Korngrößenverteilung. Hohe Festigkeitsklassen bedingen große Mahlfeinheiten. Langsam und schnell erhärtende Zemente einer Festigkeitsklasse weisen unterschiedlich schnelle Festigkeitsentwicklungen auf. Im Alter von 28 Tagen müssen sie jedoch die gleiche Normfestigkeit erreichen (Bild 5-14).

Tabelle 5-18 Zementfestigkeitsklassen nach DIN EN 197-1 bzw. DIN 1164-1

<table>
<tr><th rowspan="3">Festigkeits-
klasse</th><th colspan="4">Druckfestigkeit in N/mm²</th></tr>
<tr><th colspan="2">Anfangsfestigkeit</th><th colspan="2">Normfestigkeit</th></tr>
<tr><th>2 Tage</th><th>7 Tage</th><th colspan="2">28 Tage</th></tr>
<tr><td>32,5 (N)</td><td>–</td><td>≥ 16,0</td><td rowspan="2">≥ 32,5</td><td rowspan="2">≤ 52,5</td></tr>
<tr><td>32,5 R</td><td>≥ 10,0</td><td>–</td></tr>
<tr><td>42,5 (N)</td><td>≥ 10,0</td><td>–</td><td rowspan="2">≥ 42,5</td><td rowspan="2">≤ 62,5</td></tr>
<tr><td>42,5 R</td><td>≥ 20,0</td><td>–</td></tr>
<tr><td>52,5 (N)</td><td>≥ 20,0</td><td>–</td><td rowspan="2">≥ 52,5</td><td rowspan="2">–</td></tr>
<tr><td>52,5 R</td><td>≥ 10,0</td><td>–</td></tr>
</table>

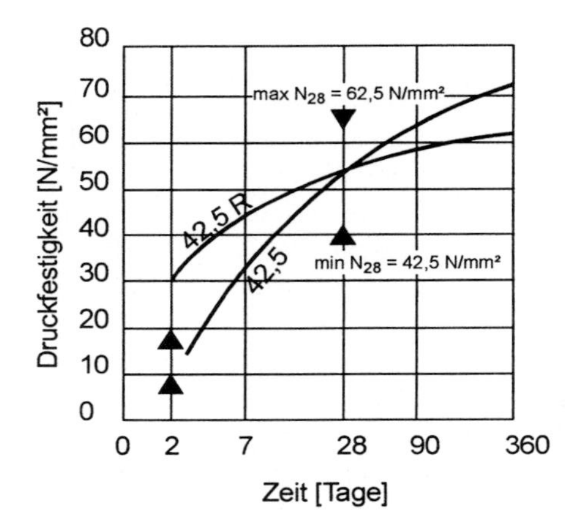

Bild 5-14 Festigkeitsentwicklung von Zementen der Festigkeitsklasse 42,5 (N) bzw. 42,5 R

Die Festigkeit in jungem Alter wird als Anfangs- oder Frühfestigkeit bezeichnet und ist für die heutigen Betonbaustellen wegen der kurzen Schalfristen von großer Bedeutung. Die Nacherhärtung bestimmt den Festigkeitszuwachs ab einem Alter von 28 Tagen bis zu einigen Monaten oder Jahren. Frühfestigkeit und Nacherhärtung stehen in einem Zusammenhang. Allgemein weisen Zemente mit hoher Frühfestigkeit nur eine geringe Nacherhärtung auf und umgekehrt (Tabelle 5-19).

Tabelle 5-19 Frühfestigkeit und Nacherhärtung einiger Zemente

Festigkeits-klasse	Zementart	Eigenschaften	
		Frühfestigkeit	**Nacherhärtung**[1)]
32,5 (N)	überwiegend Hochofenzement	niedrig	gut
32,5 R	überwiegend Portland-, Portlandkalkstein- und Portlandhüttenzement	normal	normal
42,5 (N)	überwiegend Hochofenzement	normal	gut
42,5 R	überwiegend Portland- und Portlandhüttenzement	hoch	normal
52,5 (N)	Portlandzement	hoch	gering
52,5 R	Portlandzement	sehr hoch	gering

[1)] über 28 Tage hinaus

Einfluss der Mahlfeinheit

Die Mahlfeinheit ist ein Maß für die spezifische Oberfläche des Zements (massenbezogene Oberfläche oder Blainezahl in [cm²/g]). Die Blainezahl ist nicht identisch mit der wahren Oberfläche, sondern nur ein Relativwert. Je größer die Mahlfeinheit und damit die Oberfläche ist, die sich dem Anmachwasser darbietet, desto mehr Zementgel wird zunächst gebildet und desto höher werden die Anfangsfestigkeiten ausfallen. Die Messung der Mahlfeinheit erfolgt meist nach dem Verfahren von *Blaine* mittels einer Luftdurchlässigkeitsmessung an einer Pulverprobe. Als mittlere Mahlfeinheit gilt der Bereich von 2800 bis 4000 cm^2/g. Zemente unterhalb 2800 cm^2/g gelten als grob, Zemente oberhalb 4000 cm^2/g als fein. Sehr feine Zemente können eine massenbezogene Oberfläche von 5500 bis zu 7000 cm^2/g aufweisen. Mit zunehmender Mahlfeinheit nimmt neben der Anfangserhärtung ebenfalls die Druckfestigkeit des Zementsteins wie auch des Betons zu, weil kleinere Körner schneller durchhydratisieren. Jedoch führen extreme Feinmahlungen auch zu sehr hohen Schwindmaßen des Zementsteins (vgl. Abschnitt 5.2.2.8).

Neben der Mahlfeinheit ist auch die Partikel- oder Korngrößenverteilung von entscheidender Bedeutung. So können Zemente mit gleicher Blainezahl durch eine unterschiedliche Korngrößenverteilung einen sehr unterschiedlichen Wasseranspruch mit allen Rückwirkungen auf den Wasserzement-Wert besitzen. Grob gemahlene Zemente binden im Verarbeitungszustand nur wenig Wasser (geringere spezifische Oberfläche, die mit Wasser benetzt wird) und neigen deshalb zum Absondern von Wasser (Bluten). Dagegen benötigen feingemahlene Zemente zur Benetzung der Kornoberfläche sehr viel Wasser. Wird diesem Wasserverlangen nicht durch verflüssigende Zusatzmittel (Fließmittel) (vgl. Abschnitt 5.4), sondern durch eine erhöhte Wasserzugabe entsprochen, tritt ein verstärktes Schwinden (vgl. Abschnitt 5.2.2.8) und eine geringe Festigkeit auf.

Einfluss der Temperatur und Feuchtigkeit

Die Temperaturabhängigkeit der Erhärtungsgeschwindigkeit ist von großer Bedeutung. Eine höhere Temperatur beschleunigt, eine niedrige Temperatur verzögert den Erhärtungsablauf. Ist die Erhärtungsentwicklung bei einer bestimmten Erhärtungstemperatur (z.B. 20 °C) bekannt, kann der Erhärtungszustand des Zementsteins bei anderen Erhärtungstemperaturen überschlägig anhand seiner Reife beurteilt werden. Die Reife ist ein Maß für den Erhärtungszustand zu einem bestimmten Zeitpunkt. Sie ist so definiert, dass bei einem gegebenen Beton bei einer bestimmten Reife unabhängig vom Alter und vom zeitlichen Verlauf der Betontemperatur die gleiche Betondruckfestigkeit erreicht wird.

Der Einfluss der Feuchtigkeit erstreckt sich maßgeblich auf die Feuchthaltung des Zementsteins in der ersten Erhärtungszeit. Denn nur in den wassergefüllten Kapillarporen kann sich durch hydraulische Erhärtung Zementgel abscheiden und so zur Festigkeit und Dichtigkeit des Zementsteins beitragen.

Die Maßnahmen zum Schutz des jungen Zementsteins vor Austrocknung werden als Nachbehandlungsmaßnahmen zusammengefasst (vgl. Abschnitt 5.4).

5.2.2.8 Baupraktische Eigenschaften des Zementsteins

Elastizitätsmodul

Zementstein ist werkstofftechnologisch ein visko-elastisches Material, d.h. die Verformung nimmt unter konstanter Spannung mit der Zeit zu. Der Elastizitätsmodul, der das

Verhältnis von Spannung zu reversibler Dehnung beschreibt, ist näherungsweise konstant, obwohl die gesamten Verformungen, auch im Kurzzeitversuch, überproportional mit der Spannung ansteigen. Der E-Modul nimmt mit steigender Porosität ab.

Schwinden und Quellen

Schwinden bezeichnet die lastunabhängige, aber zeitveränderliche Verkürzung des Zementsteins durch Austrocknen (vgl. Abschnitt 2.1). Quellen stellt eine zeitabhängige Volumenzunahme durch Feuchtezunahme dar.
Unterschiedliche Zemente können bei der Prüfung des Normmörtels (vgl. Abschnitt 5.2.2.7) zu einem unterschiedlichen Schwindmaß führen. Das Ausmaß der Volumenänderung kann sehr verschieden sein und ist von den Austrocknungsbedingungen, der relativen Luftfeuchtigkeit, der Größe der luftberührten Fläche des Bauteils und der Geschwindigkeit der berührenden Luft, aber auch von der Beschaffenheit des Zementsteins (w/z-Wert, Hydratationsgrad, Zementart) abhängig. Der Einfluss der Zementart auf das Schwinden größerer Betonkonstruktionen ist aber gegenüber anderen Einflüssen, wie z.B. Betonzusammensetzung, Umweltbedingungen, Bauteilabmessungen, i.d.R. vernachlässigbar.

Kriechen

Als Kriechen bezeichnet man die zeitabhängige und lastabhängige Zunahme der Verformungen des Zementsteins unter dauernd einwirkenden Spannungen (Bild 5-15).

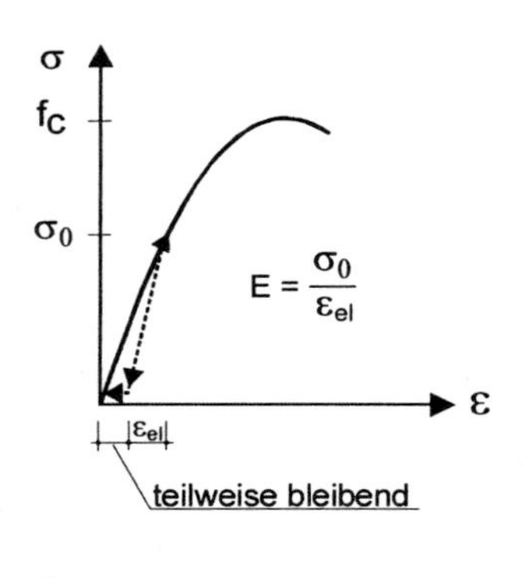

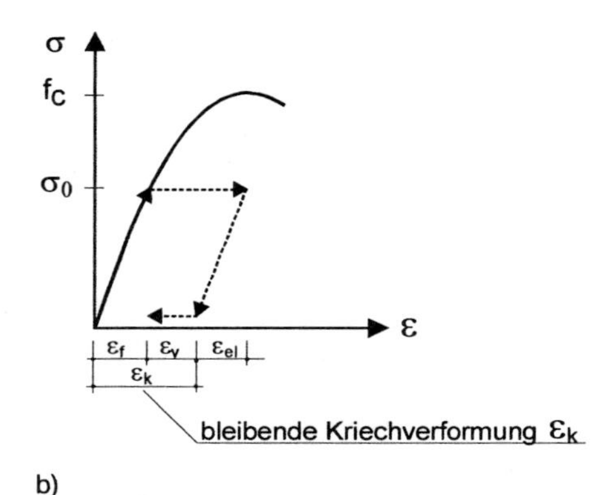

Bild 5-15 Darstellung der Kriechverformung
a) Kurzzeitbelastung, b) Langzeitbelastung

Kriechverformungen ε_k können ein Mehrfaches der sofort eintretenden elastischen Verformung ε_{el} ausmachen. Die Höhe des Kriechens hängt unter sonst gleichen Bedingungen hauptsächlich von der Festigkeit des Zementsteins bei Lastaufnahme ab. Die Festigkeit wiederum wird vom w/z-Wert und vom Alter bestimmt. Die Kriechverformungen sind auf Wanderungen von Wassermolekülen im Zementstein und auf die Bildung von Mikrorissen zurückzuführen. Die Kriechverformung ε_k besteht aus zwei Anteilen (Bild 5-16) und strebt mit abnehmender Intensität einem Endwert zu:

- viskoses Fließen ε_f (bleibende plastische Verformungen),
- verzögerte elastische Verformung ε_v (geht nach Entlastung allmählich wieder zurück).

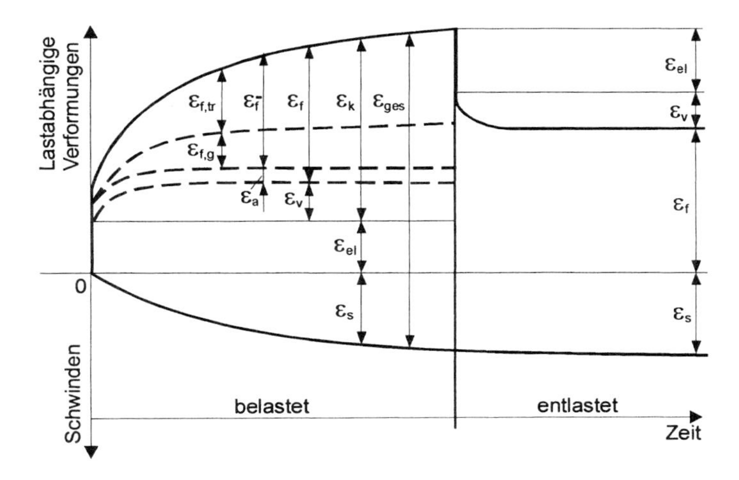

lastabhängig: ε_{el} = elastische Verformung, ε_k = Kriechverformung ($\varepsilon_k = \varepsilon_v + \varepsilon_f$), ε_v = verzögert elastische Verformung, ε_f = Fließverformung ($\varepsilon_f = \varepsilon_a + \varepsilon_{f,g} + \varepsilon_{f,tr}$ mit ε_a Anfangsverformung, $\varepsilon_{f,g}$ Grundfließen, $\varepsilon_{f,tr}$ Trocknungsfließen)
lastunabhängig: ε_s = Schwindverformung

Bild 5-16 Formänderungen unter Dauerlast

Schwind- und Kriechverformungen sind eng miteinander gekoppelt, weil wachsende Schwindverformungen zu einer Abnahme der Dauerspannung und demzufolge auch zu einer Abnahme des Zuwachses der Kriechverformung führen.

Wird die Belastung stets bei konstanten Verhältnis zwischen Zementsteinfestigkeit und Belastung bis hin zur Endfestigkeit aufgebracht, so kann der Einfluss der Zementart nicht festgestellt werden. Dies bedeutet aber, dass der Beton mit langsam erhärtendem Zement im gleichen Alter und bei gleicher Temperatur bei aufgebrachter Belastung stärker kriecht als gleichartig zusammengesetzter Beton mit schnell erhärtendem Zement.

Wärmedehnzahl

Die Wärmedehnzahl α_T des Zementsteins ist stark von dem Feuchtegehalt abhängig. Sie ist mit ca. $10 \cdot 10^{-6}$ 1/K am kleinsten bei vollständig trockenem oder wassergesättigtem Zementstein.

Raumbeständigkeit

Zemente müssen raumbeständig sein. Durch diese Forderung soll sichergestellt werden, dass keine Volumenausdehnungen (Treiben) infolge schädlicher und unerwünschter chemischer Reaktionen während oder nach der Erhärtung auftreten, die das Gefüge des Zementsteins aufsprengen. Folgende Treiberscheinungen können auftreten und zur mangelhaften Raumbeständigkeit führen:

- *Kalktreiben*: Wenn die Zementkörner in ihrem Inneren zuviel freien ungelöschten Kalk (CaO) einschließen, zu dem das Wasser erst vordringen kann, wenn der Zementleim weitgehend erhärtet ist, führt ein nachträgliches Löschen des freien Kalks mit einhergehender Volumenvergrößerung zu einer schnellen Zerstörung des Gefüges im Zementstein. Risse und Absprengungen sind die Folge.
- *Magnesiatreiben*: Es entsteht durch zeitlich verzögerte Hydratation von Magnesiumoxid (MgO). Da das Magnesiatreiben erst nach Jahren auftreten kann (MgO reagiert sehr viel langsamer mit Wasser als das CaO), ist es gefährlicher als Kalktreiben. Im Labor kann eine zeitliche Raffung durch den Autoklavversuch vorgenommen und so eine mögliche Gefahr erkannt werden.
- *Sulfattreiben* (*Ettringittreiben*): Es entsteht, wenn der zur Erstarrungsregelung zugegebene Gips oder Anhydrit an den Al_2O_3 Anteil und die Mahlfeinheit des Zementes nicht richtig angepasst wurde, so dass sich durch Sulfatüberangebot im bereits erhärteten Zementstein noch Trisulfat (Ettringit) und Monosulfat bilden, die durch Kristallisationsdruck das Gefüge auflockern. Ein Ettringittreiben kann auch entstehen, wenn dem erhärteten Beton durch sulfathaltige Böden oder Grundwässer nachträglich Sulfate angeboten werden und für die Betonherstellung kein HS-Zement mit hohem Sulfatwiderstand (vgl. Abschnitt 5.2.2.1) verwendet wurde.

Chemische Widerstandsfähigkeit

Man unterscheidet zwischen lösendem und treibendem Angriff. Ein lösender Angriff wird durch verschiedene Säuren und bestimmte austauschfähige Salze hervorgerufen. Er löst den Zementstein aus dem Beton heraus. Dabei schreitet die Schädigung von außen nach innen fort und ist bereits kurze Zeit nach Beginn der Entwicklung an einem Absanden der Oberfläche zu erkennen. Dagegen wird Treiben meist durch in den Zementstein eindringende Ionen bewirkt, die mit den Hydratationsprodukten reagieren und dabei Verbindungen mit größerem Raumbedarf bilden. Durch den eintretenden hohen Kristallisationsdruck werden Zugspannungen erzeugt, die letztlich die Zugfestigkeit des Zementsteins überwinden und ihn zertreiben können. Diese Form des chemischen Angriffs ist äußerlich erst dann erkennbar, wenn es bereits zu tiefgreifenden Schädigungen gekommen ist. Der Widerstand gegen alle chemischen Angriffe hängt in erster Linie von den Eigenschaften des Betons, vorrangig von seiner Dichtigkeit, ab. Allgemein kann davon ausgegangen werden, dass Zementstein unter normalen Umgebungsbedingungen ausreichend beständig ist.

Frostbeständigkeit

Die Dauerhaftigkeit eines Zementsteins wird weitgehend von seiner Widerstandsfähigkeit gegen eine Frost-Tau-Wechselbeanspruchung beeinflusst. Der Mechanismus des Frostangriffs beruht weitgehend auf der Volumenvergrößerung (ca. 10 %) des gefrierenden Wassers. Normaler Zementstein erfährt bei Frostwirkung eine enorme Dehnung, die mit einer Gefügesprengungen einhergeht. Die eingetretene Gefügeauflockerung geht beim Auftauen nicht wieder vollständig zurück. Bei erneuter Wassersättigung werden die entstandenen Haarrisse ebenfalls mit Wasser gefüllt und auf diese Weise steigert sich der Angriff von einem Frost-Tau-Wechsel zum anderen in seiner Wirksamkeit, bis schließlich eine völlige Zerstörung eingetreten ist.

Das Ausmaß des Frostangriffs hängt vom Anteil des gefrierbaren Wassers im Zementstein ab. Das chemisch gebundene Wasser und das Gelwasser gefrieren nicht. Nur das Kapillarwasser ist gefrierbar. Zunächst gefriert es in den großen Kapillaren, erst bei tieferen Temperaturen sind auch kleine Kapillaren betroffen.

Trockener Beton oder Zementstein, der kein oder nur wenig Kapillarwasser enthalten, sind praktisch unempfindlich gegenüber Frost-Tau-Wechseln. Im erhärteten Zementstein ist soviel Hohlraumvolumen vorhanden, um der Eisbildung des wenigen Kapillarwassers Platz zu geben. Durch Zugabe an luftporenbildenden Zusatzmitteln (Luftporenbildner) (vgl. Abschnitt 5.4) wird der Zementstein durch eine große Anzahl feinstverteilter Luftbläschen durchsetzt und so vor Frostschädigung bewahrt. Es entstehen kugelige Luftporen, die im Gegensatz zu Kapillarporen nicht miteinander verbunden sind und sich auch bei intensiver Durchfeuchtung nicht mit Wasser füllen. Es kommt einerseits darauf an, mit Hilfe der LP-Bildner genügend Hohlraum für das gefrierbare Wasser zu schaffen, andererseits aber den mit der Hohlraumbildung unvermeidlichen Festigkeitsabfall so gering wie möglich zu halten. Dieses Optimum erhält man bei etwa 5 Vol.-% Luftporen. Dadurch ist sichergestellt, dass die künstlichen Luftporen genügend eng benachbart sind, um dem gefrierenden Wasser genügend Expansions- bzw. Retensionsraum zu gewähren, ehe der Eisdruck bis zur Gefügezerstörung anwachsen kann.

5.2.3 Kalk

Baukalk nach DIN 1060-1 [5.18] wird entweder aus Kalkstein ($CaCO_3$), aus Dolomitkalk ($CaCO_3 \cdot MgCO_3$) oder aus Kalkmergel (tonhaltiger Kalk, Tonerde Al_2O_3) durch Brennen bei etwa 1100°C unterhalb der Sintergrenze hergestellt. Kalkstein und Dolomitkalk ergeben Luftkalke, Kalk- oder Kalktonmergel dagegen hydraulisch erhärtende Kalke.

5.2.3.1 Luftkalke

Die durch Brennen erhaltenen Branntkalke (CaO) werden mit Wasser gelöscht und erhärten nur an der Luft durch Aufnahme von Luftkohlendioxid (CO_2) und Wasser. Die Herstellung von Luftkalken stellt sich chemisch wie folgt dar:

1) Brennen

$CaCO_3$ Kalkstein	→	CaO gebrannter Kalk	+	CO_2 entweichendes Kohlendioxid

2) Löschen

CaO Gebrannter Kalk	+	H_2O Mörtelwasser	=	$Ca(OH)_2$ gelöschter Kalk (Calciumhydroxid, Kalkhydrat)

3) Erhärten

$Ca(OH)_2$ Gelöschter Kalk	+	$H_2O + CO_2$ Mörtelwasser und Kohlendioxid aus der Luft (Kohlensäure H_2CO_3)	=	$CaCO_3$ + erhärteter Kalk (Kalkstein)	$2H_2O$ Baufeuchte

Die Erhärtung von Luftkalken in Mörteln erfolgt durch eine langsame, von außen nach innen fortschreitende Kohlensäureaufnahme, die das Calciumhydroxid ($Ca(OH)_2$) wieder zu Calciumkarbonat ($CaCO_3$, Kalkstein) umwandelt. Dieser Vorgang lässt sich unter dem Begriff Karbonatisierung (vgl. Abschnitt 5.4) zusammenfassen. Die Karbonatisierung kann nur in dem Maße erfolgen, wie das CO_2 aus der Luft in die Mörtelporen einzudringen im Stande ist und sich hier mit Feuchtigkeit (Anmachwasser sowie ausscheidendes Hydratwasser) zu Kohlensäure umsetzt. Die Erhärtung von Luftkalken ist ein lang andauernder Prozess, wobei ständig Mörtelwasser vorhanden sein muss. Nur durch Luftkohlendioxid, also ohne Wasser, ist keine Erhärtung möglich.

Zu den Luftkalken gehören die Weißkalke, Karbidkalke (entsteht bei der Herstellung des Schweißgases Acetylen als Nebenprodukt) und Dolomitkalke. Luftkalke werden vorwiegend für Putz- und Mauermörtel mit geringen Festigkeitsanforderungen verwendet. Der erhärtete Kalkputzmörtel besitzt auf Grund seiner großen Porosität eine große Wasserdampfdurchlässigkeit. Deshalb eignet sich ein Kalkputz für Innenräume wegen der günstigen Beeinflussung des Innenklimas.

Für Außenputz- und Mauermörtel ist Luftkalk nur bedingt brauchbar, da er eine geringe Schutzwirkung gegen Durchfeuchtung und eine geringe Festigkeit besitzt.

5.2.3.2 Hydraulisch erhärtende Kalke

Hydraulisch erhärtende Kalke enthalten Bestandteile, die durch Reaktion mit Wasser zementähnlich, also hydraulisch durch Hydratbildung (Hydratation), erhärten. Die Hydrate sind wasserunlöslich, weshalb hydraulisch erhärtende Kalke auch unter Wasser erhärten können. Daneben ist jedoch mehr oder weniger freies CaO enthalten, das nur an der Luft (Luftkalk) erhärten kann. Bei der Herstellung hydraulischer Kalke entstehen durch die hohen Brenntemperaturen neben dem üblichen Kalk ($CaCO_3$) zusätzlich reaktive Kalk-Kieselsäureverbindungen, wie z.B. Dicalciumsilicat C_2S. Diese Nebenprodukte nennt man Hydraulefaktoren: Quarzsand SiO_2, Tonerde Al_2O_3 und Eisenoxid Fe_2O_3, vgl. Abschnitt 5.2.2.3). Üblicherweise wird für die Herstellung von hydraulischen Kalken Kalkmergel als Ausgangstoff eingesetzt und bei ca. 1200°C gebrannt. Je nach Zusammensetzung der Rohstoffe entstehen durch den Brennvorgang saure oder basische Komponenten. Von entscheidender Bedeutung ist jedoch der Anteil an freiem Kalk. Nachfolgend wird der Erhärtungsprozess von hydraulischen Kalken erläutert:

1) Hydraulische Erhärtung von hydraulischem Kalk:

$2\,(2CaO \cdot SiO_2)$ +	$4H_2O$ →	$3CaO \cdot SiO_2 \cdot 3H_2O$ +	$Ca(OH)_2$
Dicalcium-silicat (C_2S)	Anmach-wasser	festes, wasserun-lösliches Calcium-silicathydrat (CSH)	Kalkhydrat hydrat

2) Lufterhärtung bei $Ca(OH)_2$ - Überschuss

$Ca(OH)_2$ +	CO_2 →	$CaCO_3$ +	H_2O
Kalkhydrat	Luftkohlen-dioxid	fester Kalkstein	Baufeuchte

Aufsteigend nach wachsendem Anteil der hydraulisch erhärtenden Bestandteile unterscheidet man zwischen Wasserkalk, hydraulischem Kalk und hochhydraulischem Kalk (Romankalk). Trasskalke sind Gemische aus Trass (natürliches Puzzolan) und CaO und verhalten sich wie hochhydraulische Kalke. Mit steigendem Anteil an Hydraulefaktoren nimmt die Festigkeit des erhärteten Kalkes zu. Hochhydraulische Kalke stellen den Übergang zu den Zementen dar.

5.2.3.3 Latent-hydraulische Zusätze und Puzzolane

Latent-hydraulische Zusätze sind Stoffe, die allein mit Wasser keine Mörtel bilden, die aber bei der Zugabe von Luftkalk den typisch hydraulischen Erhärtungsprozess aufweisen. Die hydraulische Bindung der Puzzolane (vgl. Tabelle 5-7) ist latent, d.h., sie werden erst wirksam, wenn sie durch Kalkhydrat bzw. Calciumhydroxid ($Ca(OH)_2$) oder ähnliche Stoffe angeregt werden. Die Bindekraft beruht wesentlich auf dem Vorhandensein von verbindungsfähigen Kieselsäuren. Diese verwandeln das $Ca(OH)_2$ auch bei

Luftabschluss zu unlöslichem Calciumsilicathydrat (CSH). Folgender Reaktionsmechanismus ist für die Puzzolane typisch:

SiO_2	+	$Ca(OH)_2$	→	$CaSiO_3$	+	H_2O
reaktionsfähige Kieselsäure		Kalkhydrat (Calciumhydroxid)		festes Calciumsilicat		gebundenes Kristallwasser

Man unterscheidet folgende Puzzolane:

- natürliche Puzzolane und
- künstliche Puzzolane.

Natürliche Puzzolane sind z.B. Puzzolanerden, Santorinerden oder Trass. Künstliche Puzzolane können hingegen Ziegelmehle, Tonerdesilicate, Hochofenschlacken, Elektrofilteraschen aus der Braunkohle- oder Steinkohlefeuerungen sowie Silicastäube sein.

5.2.3.4 Baupraktische Eigenschaften von Kalk

Baukalke werden vorwiegend als Bindemittel für Mauer- und Putzmörtel sowie für Kalkfarbanstriche verwendet. Feinkalke eignen sich ebenfalls für die Herstellung von Kalksandsteinen. Des Weiteren finden Luft- und hydraulische Kalke Anwendung im Grundbau bei der Bodenverfestigung und Bodenstabilisierung. Dabei wird den bindigen Böden (z.B. Tone oder Schluffe) gebrannter Kalk (CaO) oder Kalkhydrat ($Ca(OH)_2$) untergemischt, wodurch das Wasser des Bodens gebunden wird (Reduktion des Wassergehaltes im Boden) und zugleich eine Verbesserung seiner Konsistenz erreicht wird. Dadurch ist eine bessere Verdichtbarkeit, höhere Festigkeit und Stabilität gegenüber Wasser und Frost möglich. Die Stabilisierung beruht hauptsächlich auf einem Ionenaustausch mit den zugeführten Ca^{2+} Ionen und anschließender hydraulischer Verfestigung.

Auf Grund des Gehaltes an gelöstem Calciumhydroxid im Kalk werden Zink, Blei und Aluminium stark angegriffen. Das gilt auch für erhärteten und stark durchfeuchteten Beton, wenn $Ca(OH)_2$ durch Diffusions- und Verdunstungsvorgänge an die Betonoberfläche gelangt und noch nicht durch Luftzutritt in ungefährliches, schwer lösliches $CaCO_3$ umgewandelt wurde. Für Stahleinbauteile verhindert dagegen der Gehalt an Kalkhydraten eine Korrosionswirkung, aber nur solange der Kalk noch nicht erhärtet ist. Anders als im Beton steht nach der Erhärtung des Kalkes kein freies $Ca(OH)_2$ mehr zur Verfügung. Außerdem besitzt der Kalk infolge seiner größeren Porosität einen wesentlich geringeren Diffusionswiderstand gegenüber korrosiver Luft und Luftfeuchtigkeit als Beton. Kupfer und Zinn werden kaum von Kalk angegriffen, weshalb sie oft als Fassadenverzierungsmaterial anzutreffen sind.

5.2.4 Gips

5.2.4.1 Allgemeines

Gipse nach DIN 1168 [5.19] werden mit und ohne Zusätze zur Erzielung bestimmter Eigenschaften angeboten. Prinzipiell kann zwischen Baugipsen mit (Stuckgips und Putzgipse) und ohne (Fertigputzgips, Haftputzgips, Maschinenputzgips, Ansetz- und Fugengips sowie Spachtelgips) Zusätzen unterschieden werden. Für Sonderanwendungen kommen noch Estrich-, Marmor-, Modell-, Leicht- und Isoliergipse hinzu. Auch werden Spachtelmassen zu den Gipsen gezählt.

In der Natur gibt es natürliche Vorkommen von Gipsstein ($CaSO_4 \cdot 2H_2O$),das so genannte Doppelhydrat, sowie auch Vorkommen von kristallwasserfreiem Calciumsulfat ($CaSO_4$) Anhydrit. Außerdem fällt Gips bei chemischen Aufbereitungsverfahren, z.B. bei der Herstellung von Phosphorsäure und bei der Rauchgasentschwefelung (REA-Gips) als Nebenprodukt an. Der natürlich gewonnene Gips muss vor einem Einsatz als Bindemittel aufbereitet werden. Aus dem als Rohgips bezeichneten Calciumsulfat-Dihydrat entstehen dabei durch Entwässern infolge thermischer Behandlung (Brennen) kristallwasserarme Halbhydrate bzw. kristallwasserfreie Anhydrite, d.h. verschiedene Phasen des Calciumsulfats (Tabelle 5-20 und Bild 5-17). Nach erfolgter Zerkleinerung erhärten pulverförmigen Stoffe in Kombination mit Wasser steinförmig (Abbinden). Die Erhärtungsprodukte sind chemisch gesehen wiederum Calciumsulfat-Dihydrat ($CaSO_4 \cdot 2H_2O$).

Tabelle 5-20 Übersicht über die Hydratstufen des Calciumsulfat-Dihydrates

Chemische Formel	Hydratstufe (Phase)		Technische Entstehungstemperatur ca. [°C]
	Bezeichnung	Form	
$CaSO_4 \cdot 2H_2O$	Calciumsulfat-Dihydrat		
$CaSO_4 \cdot ½H_2O$	Calciumsulfat-Halbhydrat	α	100
		β	125
$CaSO_4$	Anhydrit (III)		180
$CaSO_4$	Anhydrit (II)		300...800
$CaSO_4$	Anhydrit (I)		1200

Je nach Brenn- bzw. Herstellungstemperatur bestehen die gebrannten Gipse entweder aus Halbhydrat oder Anhydrit oder aus einem Gemisch von beiden Phasen.
Die Halbhydrate treten je nach Brennvorgang in zwei Kristallformen mit verschiedenen Eigenschaften auf:

- *α-Halbhydrat*: Entsteht beim so genannten nassen Brennen bei ca. 100°C unter Dampfeinwirkung in dichter, kristalliner Form. Gips aus α-Halbhydrat hat eine hohe Druckfestigkeit.
- *β-Halbhydrat*: Entsteht beim so genannten trockenen Brennen bei ca. 125°C im Drehofen. Infolge des schnelleren Austreibens des Kristallwassers bildet sich eine flockigere Kristallform. Gipse aus β-Halbhydrat weisen im Vergleich zum obigen α-Halbhydrat geringere Druckfestigkeiten auf.

Anhydrite bilden sich bei weiterer Entwässerung des Halbhydrats infolge einer höherern Erhitzung. Beim Erhitzen über 180°C wird Kristallwasser bis auf geringe Reste ausgetrieben. Es entsteht Anhydrit (III). Ab 300°C tritt eine völlige Entwässerung des Gipses ein. Es entsteht Anhydrit (II), der nur schwer löslich ist. Dieser entspricht chemisch dem natürlichen Anhydrit (Calciumsulfat, $CaSO_4$). Durch gemeinsames Brennen von Gips mit Calciumoxid (CaO) bei ca. 800 bis 1000°C erhält man Estrichgips. Der bei Temperaturen über 1000 bis 1200°C entstehende Anhydrit (I) ist ohne praktische Bedeutung. Er wird als totgebrannter Gips bezeichnet.

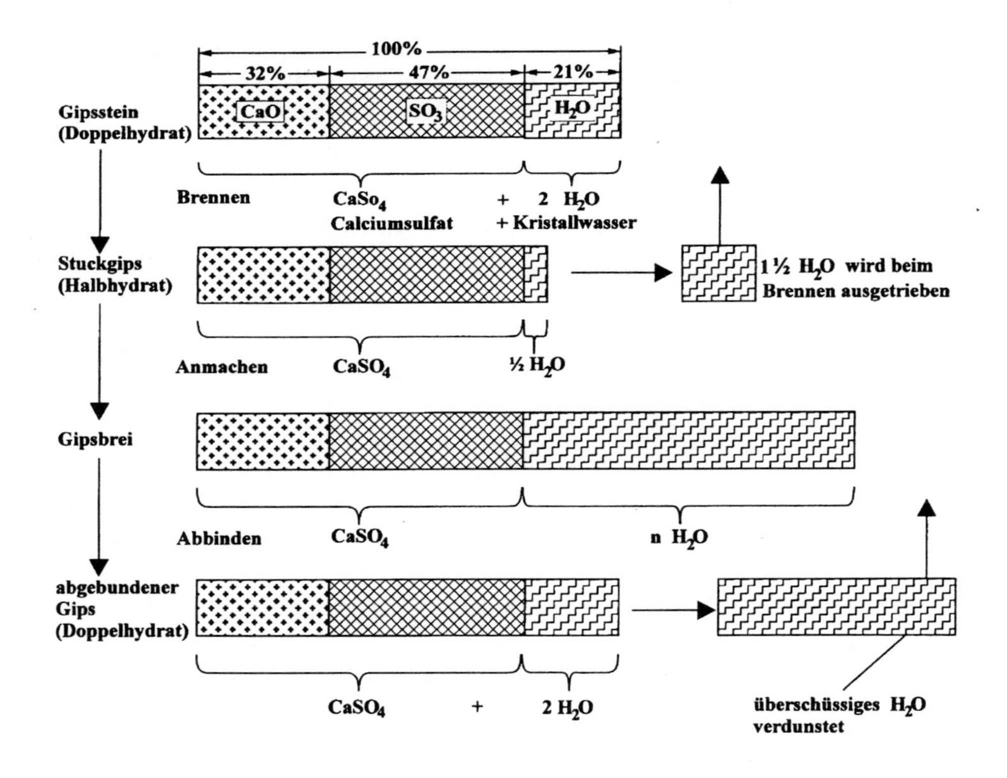

Bild 5-17 Phasenänderungen des Gips (Brennen, Anmachen, Abbinden)

5.2.4.2 Erhärtungs- bzw. Abbindeverhalten

Gips erfährt durch das Brennen keine chemische Umwandlungen. Gips bleibt stets $CaSO_4$, nur der Kristallwassergehalt wird verändert (Tabelle 5-18). Dementsprechend verläuft auch der Erhärtungs- bzw. Abbindevorgang anders im Vergleich zu den sonstigen mineralischen Bindemitteln. Das Abbinden und Erhärten ist ein Kristallisationsvorgang. Aus der Gipslösung des angemachten Gipsbreis kristallisiert der Gips unter Wiederaufnahme des durch den Brand ausgetriebenen Kristallwassers zurück zu Calciumsulfat-Dihydrat ($CaSO_4 \cdot 2H_2O$). Die Verfestigung des Gipsbreis ist eine Folge des Ineinanderwachsens (Verfilzung) der sich bildenden Gipskristallite. Nach vollständiger Auskristallisation verdunstet das im Überschuss zugegebene Anmachwasser. Der zeitlich unterschiedliche Verlauf dieser Erhärtung, der werkseitig durch so genannte Stellmittel zusätzlich beeinflusst werden kann, ist ein wesentliches Unterscheidungsmerkmal der verschiedenen Gipssorten. Die während der Erhärtung erreichten Stadien (Versteifungsbeginn und Versteifungsende) sind daher wichtige Kenngrößen der verschiedenen Gipse und für ihre Anwendung und Verarbeitung von ausschlaggebender Bedeutung. Die Geschwindigkeit des Erhärtungs- bzw. Abbindevorgangs von Gips kann wie folgt beeinflusst werden:

- *Beschleunigter Vorgang*: Wärme, Zusätze an abbindebeschleunigenden Salzen, wie z.B. Glaubersalz ($Na_2SO_4 \cdot 10\ H_2O$) und Natriumsulfat (Na_2SO_4).
- *Verzögerter Vorgang*: Kälte, Zugabe von Wasser und abbindeverzögernden Zusätzen, wie z.B. Leim, Dextrin, Zucker, Alaun, Wasserglas (Alkalisilicate in Wasser gelöst ~ $Na_2SiO_3 \cdot 5H_2O$) und Kalkmilch.

Bei Anhydrit (II) kann die Kristallwasseraufnahme zur Erhärtung in kurzer Zeit nur durch Zugabe von Anregern (z.B. 5 % Kalk oder Portlandzement) erfolgen. Fehlerhafte oder ungenaue Zugabe von Anregern führt sehr oft zu erheblichen Estrichschäden.

5.2.4.3 Baupraktische Eigenschaften von Gips

Das vom Gips während der Erhärtung gebundene Wasser hat für Baukonstruktionen nachstehende Vorteile:

- *Feuerhemmend*: Im Brandfall wird das Kristallwasser wieder frei und tritt als Wasserdampf aus. Dadurch wird die Temperatur an der Gipsoberfläche für längere Zeit niedrig gehalten, was der Brandentwicklung hinderlich ist. Gipsumkleidungen (z.B. Gipsplatten und -putze) gelten deshalb als feuerhemmend und sind für Ummantelungen von feuergefährdeten Konstruktionen geeignet.
- *Volumenvergrößerung beim Abbinden*: Durch die Wasseranlagerung beim Auskristallisieren erhöht sich das Volumen der Ausgangsmischung. Der Kristallisationsdruck von Gips ist sehr geeignet zum Eindübeln und Ausgießen von Formen.

Weiterhin sind folgende Eigenschaften der Gipse von Bedeutung:

- *Löslichkeit*: Bei starker Feuchtigkeitsaufnahme geht der Gips teilweise in Lösung und kann bei Austrocknung wieder auskristallisieren. Daher ist Gips nur unter trockenen Bedingungen zu verwenden, sofern ihm keine hydrophobierenden Zusätze beigemengt wurden (z.B. wasserabweisende Imprägnierungen für Feuchtraumplatten). Kurzzeitige Feuchtigkeitsaufnahmen mit anschließender Austrocknung sind i.a. unbedenklich. Da Gips wasserlöslich ist, ist Vorsicht bei der Verarbeitung an oder auf Beton angeraten. Die in den Beton eindringende Gipslösung ($CaSO_4$) kann im Betongefüge zum Sulfattreiben durch nachträgliche starke Ettringitbildung führen.
- *Chemische Neutralität*: Gips ist chemisch neutral und nicht wie Mörtel oder Beton basisch. Daher ist für Eisen oder Stahl im Gips keine Passivierung und kein natürlicher Korrosionsschutz gegeben. Weiterhin enthalten frische, aber auch bereits erhärtete und wieder durchfeuchtete Gipsmörtel gelöstes Sulfat, das Stahl korrodieren lässt. Deshalb müssen im Gips eingebettete Stahlteile durch Schutzanstriche oder Verzinkung vor Korrosion geschützt werden. Nichteisenmetalle, wie z.B. Zinn, Aluminium, Blei und Kupfer, sind unempfindlich gegenüber Gipssulfaten.
- *Festigkeit*: Die Festigkeit des Gipses ist hauptsächlich von der Kristallausbildung und vom Wassergipswert abhängig und ist in DIN 1168 [5.19] geregelt. Zu den im Bauwesen bedeutsamen Festigkeiten des Gipses gehören die Druckfestigkeit, die Biegezugfestigkeit und die Härte.

5.2.5 Magnesiabinder

Magnesiabinder (MgO) wird durch Brennen von Magnesit ($MgCO_3$) oder Dolomit ($MgCO_3 \cdot CaCO_3$) hergestellt. Die Herstellung des Binders erfolgt durch Brennen bei Temperaturen zwischen 800 und 900°C. Magnesiabinder werden in DIN 272 [5.20] normativ erfasst.

5.2.5.1 Erhärtung

Angemacht wird der Mörtel (MgO + Füllstoffe) mit einer wässrigen Magnesiumchloridlösung ($MgCl_2$). Die Erhärtung erfolgt durch chemische Reaktion und Kristallisation ($5MgO + MgCl_2 + 12H_2O \Rightarrow MgCl_2 + 5Mg(OH)_2 + 7H_2O$).

5.2.5.2 Baupraktische Eigenschaften von Magnesiabinder

Der Magnesiabinder ist basisch, wirkt ätzend und reagiert sehr gut mit Wasser. Bei sehr hohen Brenntemperaturen um 1600°C entsteht sintergebranntes MgO, das nicht mehr mit Wasser reagiert und zur Herstellung hochfeuerfester Steine (Magnesitsteine) verwendet wird.

Durch Zusatz von Salzlösung zweiwertiger Metalle, am häufigstem $MgCl_2$ oder $MgSO_4$, entsteht eine plastische Masse, die durch Füllstoffe wie Holzspäne, Korkschrot oder Papier gestreckt wird und schließlich durch Kristallbildung zu $MgCO_3$ aushärtet. Die Bildung von $MgCO_3$ erfolgt analog der Kalkerhärtung durch Aufnahme von Luftkohlendioxid.

Magnesiabinder werden hauptsächlich zur Herstellung von Magnesiaestrichen und von Holzwolle-Leichtbauplatten verwendet. Infolge ihres Gehaltes an $MgCl_2$ wirken Magnesiamörtel auf Stahlteile korrosionsfördernd und greifen außerdem Blei, Kupfer, Zink und Aluminium an. Daher muss Magnesiamörtel gegen diese Metalle durch Sperranstriche oder Umwicklungen mit Korrosionsschutzbinden abgesperrt und vor einer späteren Durchfeuchtung geschützt werden. Die Verwendung von weniger korrosivem $MgSO_4$ anstelle $MgCl_2$ für Holzwolle-Leichtbauplatten ermöglicht, dass diese mit verzinkten Nägeln befestigt werden dürfen.

5.3 Gesteinskörnungen

Als Gesteinskörnung bezeichnet man ein Gemenge von körnigen Materialien unterschiedlicher Größe für die vorrangige Verwendung im Beton- und Straßenbau. Gesteinskörnungen können natürlich, künstlich oder rezykliert sein (Tabelle 5-21). Der Begriff „Gesteinskörungen" ersetzt die bisherigen Begriffe „Zuschlag" und „Mineralstoffe".

Natürliche Gesteinskörnungen sind Gesteinskörnungen aus mineralischen Vorkommen, die ausschließlich einer mechanischen Aufbereitung unterzogen worden sind. Man unterscheidet in ungebrochene Gesteinskörnungen (Rundkorn) als Kiese und Sande sowie in gebrochene Gesteinskörnungen (Brechkorn), wie z.B. Schotter, Splitt, Brechsand-Splitt, Edelsplitt, Edelbrechsand, Füller nach E DIN EN 933-10 [5.28] (weitgehend inerte Gesteinskörnungen mit einem Größtkorn < 0,063 mm), Lava, Bims und Tuff.

Künstliche Gesteinskörnungen sind Gesteinskörnungen mineralischen Ursprungs, die in einem industriellen Prozess unter Einfluss einer thermischen oder sonstigen Behandlung entstanden sind. Dazu gehören die industriell hergestellten gebrochenen und ungebrochenen dichten Gesteinskörnungen, wie kristalline Hochofenschlacken, Metallhüttenschlacken, ungemahlene Hüttensande nach DIN 4301 [5.29] und Schmelzkammergranulate mit 8 mm Größtkorn sowie andere durch Aufschmelzen, Brennen oder Sintern hergestellte, größtenteils leichte Gesteinskörnungen mineralischen Ursprungs, wie z.B. Blähton, Blähglas und Hüttenbims.

Rezyklierte Gesteinskörnungen sind aufbereitete, gebrauchte natürliche oder künstliche Gesteinskörnungen.

Gesteinskörnungen finden in den einzelnen Bereichen des Bauwesens im gebundenen und/oder ungebundenen Zustand die unterschiedlichste Verwendung:

- Gebunden als Gesteinskörnungen für Beton, z.B. im Hoch-, Tief- ,Wasser- und Verkehrsbau (vgl. Abschnitt 5.4).
- Gebunden als Gesteinskörnungen für Asphalt.
- Ungebunden als Gesteinskörnungen, z.B. für Trag- und Frostschutzschichten im Verkehrs- und Wegebau, als Verfüll- und Dammschüttmaterial im Tief- und Erdbau, als Filter- und Dränagematerial im Wasser- und Tiefbau, als Gleisbaumaterial und für Korngemische (vgl. Abschnitt 5.3.2) im Eisenbahnbau sowie als Rasentrag- und Deckschichten im Sportplatzbau.

5.3.1 Gesteinskörnungen für Beton und Mörtel

Für die Herstellung von Beton (vgl. Abschnitt 5.4) dürfen gemäß DIN 1045-2 [5.21] bzw. DIN EN 206-1 [5.22] nur Gesteinskörnungen verwendet werden, die nach der entsprechenden Norm für Gesteinskörnungen (DIN 4226 [5.30]) geeignet sind.

Man unterscheidet in normale und schwere Gesteinskörnungen (Normal- und Schwerzuschläge) (DIN 4226-1, [5.31]), in leichte Gesteinskörnungen (Leichtzuschläge) (DIN 4226-2, [5.32]) und in rezyklierte Gesteinskörnungen (rezyklierte Zuschläge) (DIN 4226-100, [5.33]). Die genannten drei Vorschriften regeln die Anwendungsbereiche, die Anforderungen, die Überwachung und Prüfung der Gesteinskörnungen für die Herstellung von Beton und Mörtel. Europäisch werden die Gesteinskörnungen zukünftig in EN 12620 [5.34] normativ erfasst.

Tabelle 5-21 Übersicht über die wichtigsten Arten von Gesteinskörnungen für Beton und Mörtel nach DIN 4226 [5.31] bis [5.33]

Gesteinskörnung	**Natürliche Gesteinskörnungen**		**Künstliche Gesteinskörnungen**
	natürlich gekörnt	**Mechanisch zerkleinert (gebrochen)**	
Normale Gesteinskörnungen nach DIN 4226-1 Kornrohdichte 2,0...3,0 kg/dm^3	Flusssand, Flusskies, Grubensand, Grubenkies, Moränensand, Moränenkies, Dünensand	Brechsand, Splitt und Schotter aus geeigneten Natursteinen	Hochofenschlacken, Metallhüttenschlacken, Klinkerbruch, Sintersplitt, Hartstoffe (künstlicher Korund und Siliciumkarbid)
Leichte Gesteinskörnungen nach DIN 4226-2 Kornrohdichte $\leq$ 2,0 kg/dm^3	Bims, Lavakies, Lavasand	Gebrochener Bims, gebrochene Schaumlava, gebrochene Tuffe	Blähschiefer, Blähton, gesinterte Flugasche, aufbereitete Feuerungs- oder Müllschlacken, Hüttenbims, Ziegelsplitt, Perlit, Vermikulit, Schaumglasgranulat, Schaumkunststoffe

Schwere Gesteinskörnungen nach DIN 4226-1 Kornrohdichte $\geq$ 3,0 kg/dm³	Baryt (Schwerspat), Magnetit	Baryt, Magnetit, Roteisengestein, Ilmenit, Hämatit	Stahlpartikel, Sintererze, Ferrosilicium
Rezyklierte Gesteinskörnungen nach DIN 4226-100 Kornrohdichte > 1,5 kg/dm³	rezyklierte Gesteinskörnung	rezyklierter Brechsand, rezyklierter Splitt	Betonbruch, Mauerwerkbruch

5.3.2 Normale und schwere Gesteinskörnungen

Gemäß DIN 4226-1 [5.31] bezeichnet man normale und schwere Gesteinskörnungen als Gesteinskörnungen aus natürlichen mineralischen Vorkommen, die ausschließlich einer mechanischen Aufbereitung unterzogen wurden oder industriell unter Einfluss eines thermischen oder sonstigen Prozesses entstanden sind.

Normale Gesteinskörnung weisen Kornrohdichten (ofentrocken) (vgl. Abschnitt 5.3.2.2 bzw. Tabelle 5-30) im Bereich von 2,0 bis 3,0 kg/dm³ auf. Hingegen spricht man bei Kornrohdichten von mindestens 3,0 kg/dm³ von schweren Gesteinskörnungen. Die Kornrohdichte bestimmt man nach DIN EN 1097-6 [5.35].

Alle Gesteinskörnungen werden in so genannte Korngruppen (Lieferkörnung) eingeteilt, deren Benennung durch die untere (d) und obere (D) Siebgröße als d/D-Verhältnis ausgedrückt wird. Dabei ist ein definierter Anteil an Unterkorn (Körner, die durch das untere Sieb fallen) und Überkorn (Körner, die auf dem oberen Sieb liegen bleiben) mit eingeschlossen. Prinzipiell unterscheidet man in feine und grobe Gesteinskörnungen sowie Korngemische, d.h. Gesteinskörnungen, die aus einer Mischung grober und feiner Gesteinskörnungen bestehen (Bild 5-18 bis Bild 5-20).

Feine Gesteinskörnungen sind Gesteinskörnungen kleinerer Korngruppen im Korngrößenbereich von $d = 0$ bis maximal $D = 4$ mm (Sand). Feine Gesteinskörnungen können durch den natürlichen Zerfall von Felsgesteinen oder Kies und/oder durch das Brechen von Felsgestein oder Kies oder die Aufbereitung industriell hergestellter oder rezyklierter Gesteinskörnungen entstehen.

Grobe Gesteinskörnungen sind Gesteinskörnungen größerer Korngruppen, bei denen das Kleinstkorn (d) nicht kleiner als 2 mm und das Größtkorn (D) nicht kleiner als 4 mm sein darf. Man unterscheidet grobe Gesteinskörnungen zwischen enggestuft (Korngrößenverteilung zwischen zwei nah beieinander liegenden Begrenzungssieben) und weitgestuft (Korngrößenverteilung erstreckt sich über eine Reihe weiter auseinander liegender Siebe) (Bild 5-19 und Bild 5-20). Je nach Vorkommen und Herstellart teilen sich die groben Gesteinskörnungen in gebrochene (Splitt, Schotter) und ungebrochene (Kies) Gesteinskörnungen auf.

Korngemische sind Gemische aus feinen und groben Gesteinskörnungen von 0 bis maximal 45 mm. Sie können sowohl ohne vorherige Trennung in grobe und feine Gesteinskörnungen als auch durch Zusammenfügen grober und feiner Gesteinskörnungen hergestellt werden.

Der Anteil der Gesteinskörnungen bis 0,125 mm Korngröße wird dem Mehlkorn zugeordnet. Menge und Art des Mehlkorns sind von großer Bedeutung für die Betonherstellung, insbesondere hinsichtlich der Verarbeitbarkeit sowie der erzielbaren Frisch- und Festbetoneigenschaften (vgl. Abschnitt 5.4).

Tabelle 5-22 Übersicht zur Bezeichnung und Definition von Gesteinskörnungen nach [5.31]

Bezeichnung	Definition		Beispiele
Feine Gesteinskörnungen	$D \leq 4$ mm und $d = 0$		0/1 0/2 0/4
Grobe Gesteinskörnungen	$D \geq 4$ mm $d \geq 2$ mm	enggestuft $D/d \leq 2$ oder $D \leq 11{,}2$ mm	2/8 8/16 16/32
		weitgestuft $D/d > 2$ und $D > 11{,}2$ mm	4/32
Korngemisch	$D \leq 45$ mm und $d = 0$		0/32

Nachfolgende Bilder (Bild 5-18 bis Bild 5-20) zeigen die zulässigen Abweichungen von einer typischen Sieblinie (vgl. Abschnitt 5.3.2.1) bei einer feinen Gesteinskörnung sowie einer eng- bzw. weitgestuften, groben Gesteinskörnung. Die Siebdurchgänge sind nach DIN 4226-1 [5.31] in M.-% und nicht wie bei Regelsieblinien üblich in Vol.-% angegeben (vgl. DIN 1045-2 [5.21]).

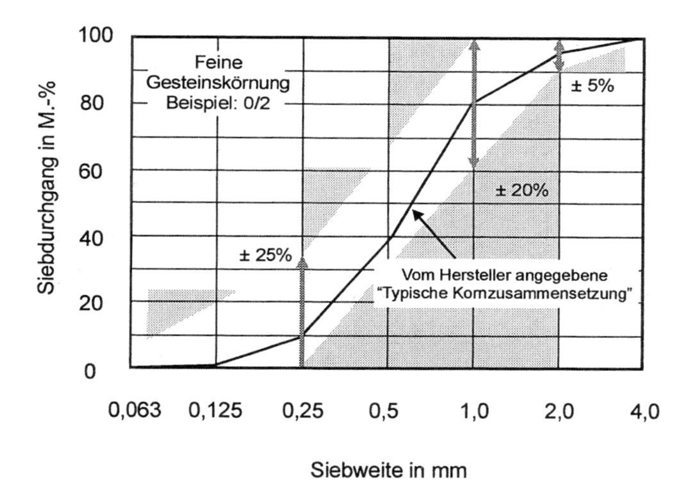

Bild 5-18 Zulässige Abweichungen von der „typischen Sieblinie" bei feinen Gesteinskörnungen

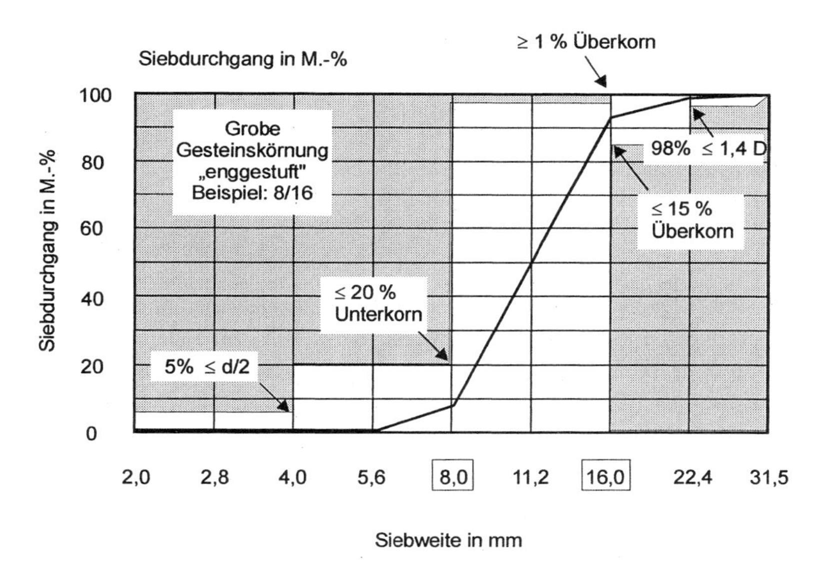

Bild 5-19 Sieblinie einer groben Gesteinskörnung, enggestuft (Beispiel 8/16)

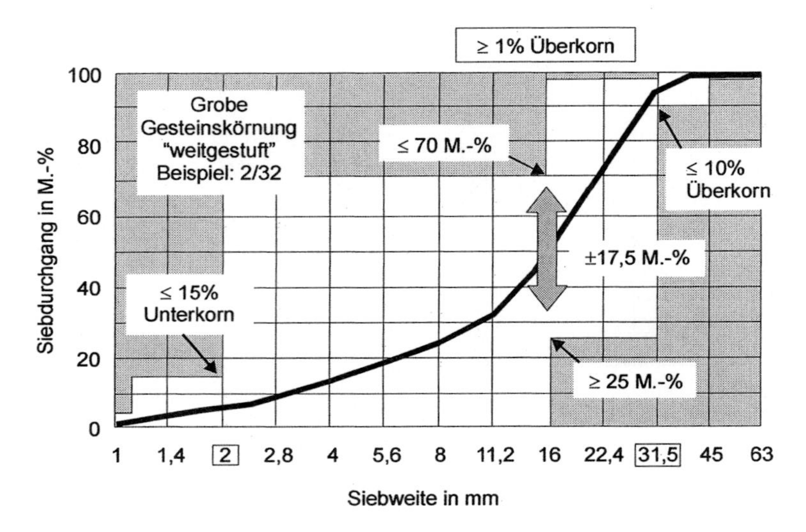

Bild 5-20 Sieblinie einer groben Gesteinskörnung weitgestuft (Beispiel 2/32)

Gesteinskörnungen für Beton unterliegen einer geregelten Fremdüberwachung und Zertifizierung. Dazu muss der Hersteller eine werkseigene Produktionskontrolle (Qualitätsmanagement) nach DIN 18200 [5.36] durchführen, in der die Abläufe im Herstellerwerk nachvollziehbar geregelt sind und die Anforderungen der DIN 4226-1 [5.31] an die entsprechenden Gesteinskörnungen eingehalten werden. Die Fremdüberwachung durch eine unabhängige Prüfstelle dient zur Überprüfung dieser werkseigenen Produktionskontrolle (WPK).

Anforderungen sowie Art, Umfang und Häufigkeit dieser werkseigenen Qualitätskontrolle sind in Anhang H von DIN 4226-1 normativ festgelegt. Die Zertifizierungsstelle erstellt ein Zertifikat, in dem die Übereinstimmung der Gesteinskörnungseigenschaften mit den Anforderungen nach [5.31] festgestellt werden.

Für eine Reihe von Anforderungen gibt es keine festen Grenzwerte, sondern Anforderungskategorien, die vom Hersteller angegeben und eingehalten werden müssen. Man unterscheidet Regelanforderungen (Eigenschaften, für die es mehrere Anforderungskategorien gibt) (Tabelle 5-24) und Anforderungen an Eigenschaften, die nur in speziellen Anwendungsfällen zu stellen sind (Tabelle 5-23). Für diese letztgenannten Eigenschaften gilt die Regelanforderung „keine Anforderung" (NR: No Requirement, Tabelle 5–27) Die in den nachfolgenden Tabellen aufgeführten Bezeichnungen können DIN 4226-1 [5.31] und den Abschnitten 5.3.2.1, 5.3.2.2 und 5.3.2.3 entnommen werden.

Tabelle 5-23 Anforderungen an Eigenschaften von Gesteinskörnungen für bestimmte Anwendungen nach [5.31]

Eigenschaft	Anforderungskategorien		Regelanforderung
Widerstand gegen Zertrümmerung[1]	Los Angeles-Koeffizient	$\leq$ 15 (LA_{15}); $\leq$ 20 (LA_{20}); $\leq$ 25 (LA_{25}); $\leq$ 30 (LA_{30}); $\leq$ 35 (LA_{35}); $\leq$ 40 (LA_{40}); $\leq$ 50 (LA_{50}); keine Anforderungen (LA_{NR})	LA_{NR}
	Schlagzertrümmerungswert in [%]	$\leq$ 18 (SZ_{18}); $\leq$ 22 (SZ_{22});	SZ_{NR}
		$\leq$ 26 (SZ_{26}); $\leq$ 32 (SZ_{32});	
		keine Anforderungen (SZ_{NR})	
Widerstand gegen Verschleiß	Micro-Deval-Koeffizient	$\leq$ 10 (M_{DE}10); $\leq$ 15 (M_{DE}15); < 20 (M_{DE}20); $\leq$ 25 (M_{DE}25); $\leq$ 35 (M_{DE}35); keine Anforderungen (M_{DE}NR)	M_{DE}NR
Widerstand gegen Polieren	Polierwert	$\geq$ 68 (PSV_{68}); $\geq$ 62 (PSV_{62}); $\geq$ 56 (PSV_{56}); $\geq$ 50 (PSV_{50}); $\geq$ 44 (PSV_{44}); keine Anforderungen (PSV_{NR})	PSV_{NR}
Widerstand gegen Abrieb	Abriebwert	$\leq$ 10 (AAV10); $\leq$ 15 (AAV15); $\leq$ 20 (AAV_{20}); keine Anforderungen (AAV_{NR})	AAV_{NR}
Widerstand gegen Abrieb durch Spike-Reifen	Nordischer Abriebwert	$\leq$ 7 (A_N7); $\leq$ 10 (A_N10); $\leq$14 (A_N14); $\leq$ 19 (A_N19); $\leq$ 30 (A_N30); keine Anforderungen (A_NNR)	A_NNR
Frost-Taumittel-Widerstand	Magnesiumsulfat-Wert[2]	$\leq$ 18 (MS_{18}); $\leq$ 25 (MS_{25}); $\leq$ 35 (MS_{35}); keine Anforderungen (MS_{NR})	MS_{NR}

[1] Für übliche Gesteinskörnungen wird ohne Prüfung davon ausgegangen, dass die Anforderungen der Kategorie LA_{50} oder SZ_{32} erfüllt sind.

[2] Alternativ kann auch eine Prüfung in 1 %iger NaCl-Lösung nach DIN EN 1367-1, Anhang B, vereinbart werden (Grenzwert: 8 M.-% Absplitterung). Darüber hinaus ist es möglich, den Nachweis des Frost-Taumittel-Widerstandes über einen Betonversuch nach Anhang L in [5.31] zu führen.

Tabelle 5-24 Festgelegte Regelanforderungen, Eigenschaften und Anforderungskategorien an Gesteinskörnungen für Beton und Mörtel nach [5.31]

Eigenschaften	Anforderungskategorien		Regelanforderung
Kornzusammensetzung	feine Gesteinskörnung	Grenzabweichungen für die vom Lieferanten angegebene typische Kornzusammensetzung entweder nach Tabelle 4 in [5.31] oder nach Anhang C in [5.31]	Tabelle 4 in [5.31]
	grobe Gesteinskörnung	enggestuft 15 M.-% Überkorn (G_{D85}) 20 M.-% Überkorn (G_{D80})	G_{D85}
		weitgestuft 10 M.-% Überkorn (G_{D90})	G_{D90}
	Korngemisch	10 M.-% Überkorn (G_{D90})	G_{D90}
		15 M.-% Überkorn (G_{D85})	
Kornform	Plattigkeitskennzahl; Anteil ungünstig geformter Körner $\leq$ 15 % (FI_{15}); 20 % (FI_{20}); 35 % (FI_{35}); 50 % (FI_{50}): keine Anforderungen (FI_{NR})		FI_{50}
Muschelschalengehalt	Muschelschalengehalt für grobe Gesteinskörnungen darf 10 M.-% nicht überschreiten		
Feinanteile, Höchstwerte für den Gehalt an Feinanteilen $\leq$ 0,063 mm in [M.-%]	feine Gesteinskörnung	4 (f_4); 10 (f_{10}); 16 (f_{16}); 22 (f_{22}); keine Anforderungen (f_{NR})	f_4
	grobe Gesteinskörnung	1,0 ($f_{1,0}$); 1,5 ($f_{1,5}$); 4 (f_4); keine Anforderung (f_{NR})	$f_{1,0}$
	Korngemisch	2 (f_2); 11 (f_{11}); keine Anforderung (f_{NR})	f_2
Frostwiderstand	Zulässiger Masseverlust in [%] nach Frostversuch in Wasser: $\leq$ 1 (F_1); $\leq$ 2 (F_2); $\leq$ 4 (F_4); keine Anforderung (F_{NR})		F_4
Chloridgehalt	Höchstwerte für den Gehalt an wasserlöslichen Chloridionen in [M.-%]: 0,02 ($Cl_{0,02}$); 0,04 ($Cl_{0,04}$); 0,15 ($Cl_{0,15}$)		$Cl_{0,04}$
Schwefelhaltige Bestandteile	säurelöslicher Sulfatgehalt SO_3 in [M.-%]	$\leq$ 0,2 ($AS_{0,2}$); $\leq$ 0,8 ($AS_{0,8}$)	$AS_{0,8}$
	Gesamtschwefelgehalt	$\leq$ 1% (Massenanteile)	
Organische Stoffe	Natronlaugenversuch, Prüfung auf Fluvosäure oder Versuch mit Vergleichs-Mörtelprismen		
Leichtgewichtige organische Verunreinigungen Höchstwert in [M.-%]	feine Gesteinskörnung	$\leq$ 0,50 % ($Q_{0,50}$); $\leq$ 0,25 % ($Q_{0,25}$)	$Q_{0,50}$
	grobe Gesteinskörnung und Korngemische	$\leq$ 0,10 % ($Q_{0,10}$); $\leq$ 0,05 % ($Q_{0,05}$)	$Q_{0,10}$

Von besonderer Bedeutung für die Verwendung von normalen und schweren Gesteinskörnungen für die Betonherstellung sind folgende Eigenschaften bzw. Regelanforderungen, die in Abhängigkeit von der vorgesehenen Endanwendung untersucht und eingehalten werden müssen. Man unterscheidet geometrische, physikalische und chemische Anforderungen.

5.3.2.1 Geometrische Anforderungen

Korngruppen

Korngruppen (Lieferkörnungen) werden nach dem Verhältnis zwischen der oberen Siebgröße *D* (Größtkorn) und der unteren Siebgröße *d* (Kleinstkorn) unterteilt. Dabei darf das Verhältnis *D*/*d* nicht kleiner als 1,4 sein. Eine zielsichere Herstellung von Beton gleichbleibender Qualität und Verarbeitbarkeit erfordert die Aufbereitung der Gesteinskörnungen in Korngruppen, z.B. durch Sieben. Die Korngruppen werden nach den unteren und oberen Grenzwerten der Korngröße, der so genannten Prüfkorngröße, bezeichnet. Folgende Korngruppen kommen zur Anwendung (Tabelle 5-25).

Tabelle 5-25 Übliche Korngruppen (Lieferkörnungen) nach DIN 4226-1 (Anhang A) [5.31]

Gesteinskörnung	Korngruppe *d*/*D*								Zusammenstellung der geometrischen Anforderungen siehe
Feine Gesteinskörnung (Sand)	0/1	0/2	0/4						Tabelle A.2 der DIN 4226-1
Grobe Gesteinskörnung $D/d \leq 2$	2/4	2/8	4/8	8/16	16/32				Tabelle A.3 der DIN 4226-1
oder $D \leq 11{,}2$ mm	2/5	5/8	5/11	8/11	11/16	11/22	16/22	22/32	Tabelle A.4 der DIN 4226-1
Grobe Gesteinskörnung $D/d > 2$	2/16	4/16	4/32	8/32					Tabelle A.5 der DIN 4226-1
oder $D > 11{,}2$ mm	5/16	5/22	5/32	8/22	11/32				Tabelle A.6 der DIN 4226-1
Korngemisch $D \leq 45$ mm und $d = 0$	0/8	0/16	0/32						Tabelle A.7 der DIN 4226-1

Gesteinskörnungen für Normalbeton bestehen i.d.R. aus einem Gemisch von Korngruppen oder einem fertigen Korngemisch mit einer dem Anwendungszweck entsprechenden Zusammensetzung.

Kornzusammensetzung

Die Überprüfung der Kornzusammensetzung erfolgt durch Sieben nach DIN EN 933-1 [5.37] mit so genannte Maschensieben (DIN ISO 3310-1 [5.38]) bis einschließlich 2 mm Korngröße oder so genannte Lochsieben (DIN ISO 3310-2 [5.39]) ab 4 mm Korngröße. Dabei werden nach DIN 4226-1 [5.31] die Siebdurchgänge als M.-% durch eine festgelegte Anzahl von Sieben ausgedrückt. Eine Übersicht über die Anforderungen an alle möglichen Kornzusammensetzungen für die Betonherstellung sind in Tabelle 5-26 zusammengestellt.

Tabelle 5-26 Allgemeine Anforderung an die Kornzusammensetzung nach [5.31]

Gesteins-körnung	Korngröße [mm]	Durchgang D* [M.-%]					Kategorie
		2D	1,4*D*[1), 2)]	*D*[3)]	*D*[2)]	*d*/2[1) 2)]	G_D
Grob	*D*/*d* ≤ 2 oder *D* ≤ 11,2	100	98...100	85...99	0...20	0...5	G_{D85}
		100	98...100	80...99	0...20	0...5	G_{D80}
	D/*d* > 2 und D > 11,2	100	98...100	90...99	0...15	0...5	G_{D90}
Fein	*D* ≤ 4 und d = 0	100	95...100	85...99	–	–	G_{D85}
Natürlich zusammen-gesetzte Gesteins-körnung 0/8	*D* = 8 und *d* = 0	100	98...100	90...99	–	–	G_{D90}
Korngemisch	*D* ≤ 45 und *d* = 0	100	98...100	90...99	–	–	G_{D90}
		100	98...100	85...99	–	–	G_{D85}

[1)] Wenn die aus 1,4*D* und *d*/2 errechneten Siebgrößen nicht mit der Reihe R 20 nach DIN ISO 565 [5.40] übereinstimmen, ist statt dessen das nächstliegende Sieb der Reihe heranzuziehen.

[2)] Für Beton mit Ausfallkörnung oder andere spezielle Verwendungszwecke könne zusätzliche Anforderungen vereinbart werden.

[3)] Der Siebdurchgang durch *D* darf unter Umständen auch mehr als 99 % Massenanteil betragen. In diesen Fällen muss der Lieferant die typische Kornzusammensetzung aufzeichnen und angeben, wobei die Siebgrößen *D*, *d*, *d*/2 und die zwischen *d* und *D* liegenden Siebe des Grundsiebsatzes plus Ergänzungssiebsatz 1 oder des Grundsiebsatzes plus Ergänzungssiebsatz 2 enthalten sein müssen. Siebe, die nicht mindestens 1,4-mal größer sind als das nächst kleinere Sieb, können davon ausgenommen werden.

Üblicherweise wird die Kornzusammensetzung in so genannten Sieblinien graphisch angegeben (vgl. Bild 5-21). Zur übersichtlichen Darstellung wird für die Lochweiten-Achse ein logarithmischer Maßstab gewählt. Die Sieblinie gibt über jeder Sieblochweite den Volumenanteil des Gesamtgemisches an, der durch das entsprechende Sieb hindurchfällt (Durchgang *D**) bzw. liegen bleibt (Rückstand *R**). Für die Betonzusammensetzung ist maßgebend, welches Volumen die Gesteinskörnung mit ihren unterschiedlichen Korngrößen im Korngemisch einnimmt. Insofern muss die Kornzusammensetzung bei Sieblindendarstellungen volumetrisch in [Vol.-%] angegeben werden. Bei gleicher Kornrohdichte der Gesteinskörnungen des Durchganges entsprechen die Stoffraumanteile für den Betonmischungsentwurf den Massenanteilen in [M.-%] . Üblicherweise sind die Kornrohdichten der einzelnen Gesteinskörnungsfaktionen zu berücksichtigen. Aus wirtschaftlichen und qualitativen Überlegungen ist der Stoffraumanteil der Gesteinskörnungen am Betonvolumen möglichst groß zu wählen.

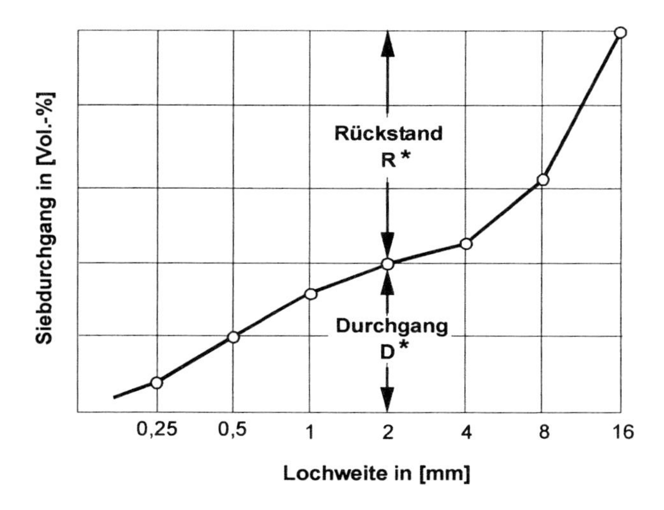

Bild 5-21 Qualitative Darstellung der Kornzusammensetzung (Sieblinie)

In DIN 1045-2 [5.21] werden so genannte Regelsieblinien für Gesteinskörnungsgemische in Abhängigkeit vom Größtkorndurchmesser angegeben, die nach praktischen Erfahrungen festgelegt wurden. Sie dienen auch zur Ermittlung der Richtwerte für den Wasseranspruch w des Frischbetons einer entsprechenden Konsistenz (vgl. Abschnitt 5.4) in Abhängigkeit von einem spezifischen Kennwert des Korngemischs, der Körnungsziffer k (Tabelle 5-27 und Tabelle 5-28).

Das Größtkorn wird zusammen mit der entsprechenden Regelsieblinie angegeben, z.B. B 16 für die Regelsieblinie B mit einem Größtkorn von 16 mm (Bild 5-22). Prinzipiell gibt es für ein Größtkorn von 8, 16, 32 und 63 mm entsprechende Regelsieblinien. Der Aufstellung von Regelsieblinien (Grenzsieblinien) liegen folgende Überlegungen zu Grunde:

- Die Gesteinskörnungen sollen ein hohlraumarmes und möglichst dichtes Korngemisch im Betongefüge ergeben.
- Die spezifische Oberfläche des Korngemisches soll wegen der Wasserbenetzbarkeit klein sein.

- Das Korngemisch soll einen gut verarbeitbaren und gut verdichtbaren Beton ermöglichen.

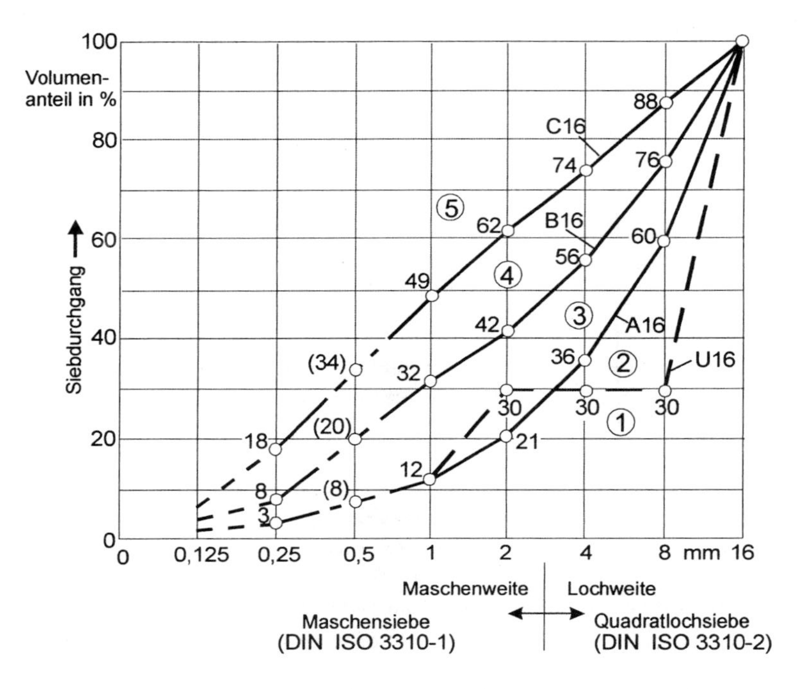

Bild 5-22 Regelsieblinie für ein Größtkorn von 16 mm nach DIN 1045-2 [5.21]

Zwischen den Regelsieblinien A, B und C (Bild 5-22) ergeben sich Bereiche mit unterschiedlicher Wertung (1: grobkörnig, 2: Ausfallkörnung, 3: grob- bis mittelkörnig, 4: mittel- bis feinkörnig, 5: feinkörnig). Sieblinien im Bereich oberhalb von C sind ungünstig, da zu feinkörnig (zu hoher Wasseranspruch, zu hoher Zementleimbedarf, technologisch und wirtschaftlich ungünstig). Sieblinien im Bereich zwischen B und C sind brauchbar. Dagegen gelten Sieblinien zwischen A und B als günstig und werden bei der üblichen Betonprojektierung favorisiert. Liegen Sieblinien unterhalb der Regelsieblinie A, so sind diese grobkornreich und damit schwer verarbeitbar und verdichtbar. Hinzu kommen unstetige Korngemische (U = Ausfallkörnungen). Hierbei handelt es sich um Korngemische, bei denen mindestens eine Korngruppe fehlt (meist im mittleren Bereich, z.B. 2/8 mm). Diese fehlende Korngruppe bezeichnet man auch als Fehlkorn. Ausfallkörnungen können den Vorteil haben, dass die Luft bei der Betonverdichtung besser entweichen kann und der Frischbeton weniger zum Entmischen neigt.

Mit den Regelsieblinien sind Möglichkeiten gegeben, Korngemische auszuwählen, mit denen sich bei der Betonherstellung ein Kompromiss zwischen guter Verarbeitbarkeit und optimaler Packungsdichte einerseits und einem geringen bis mäßigen Wasseranspruch andererseits erreichen lässt. Auf diese Weise ist ein zielsicheres Erreichen der geforderten Betoneigenschaften sowohl im frischen als auch im festen Zustand möglich.

Kornform

Die Kornform wird bei groben Gesteinskörnungen nach DIN EN 933-3 [5.41] durch die Ermittlung des Anteils an ungünstig geformten Körnern mit Kornformstabsieben untersucht und als Plattigkeitskennzahl FI bezeichnet. Sie ist zu beachten, da ungünstig geformte Körner (plattige Körner und längliche Körner, deren Verhältnis von Länge zu Dicke ungünstig ist) die gewünschte dichte Packung des Betongefüges und den Wasseranspruch des Frischbetons negativ beeinflussen.

Gebrochene Gesteinskörnungen sowie hohe Mehlkorngehalte erhöhen den Wasseranspruch. Zur Beurteilung eines Korngemisches hinsichtlich des Wasseranspruchs eines Frischbetons und seiner spezifischen Oberfläche wurden für die Betonpraxis entsprechende Gesteinskörnungskennwerte eingeführt. Die gebräuchlichsten Kennwerte sind die Körnungsziffer k und die Durchgangssumme D' (Tabelle 5-27):

$$k = \sum \frac{R^*_i}{100} \tag{5.25}$$

$$D' = \sum_1^n D^*_i \tag{5.26}$$

mit: R^*_i = Rückstand auf dem Sieb i [M.-%], D^*_i = Durchgang durch das Sieb i [M.-%]; es sind alle Siebe von 0,25 bis 63 mm zu betrachten; $D^*_i = 100 - R^*_i$ [M.-%], n = Anzahl der Siebe.

Je kleiner die Körnungsziffer k und je größer die Durchgangssumme D', um so sandreicher ist das Korngemisch und um so größer ist der Wasseranspruch bzw. der Zementleimbedarf des Frischbetons (vgl. Tabelle 5-28).

Tabelle 5-27 Körnungsziffer und Durchgangssumme für die in DIN 1045-2 [5.21] angegebenen Regelsieblinien

Sieblinie	Körnungsziffer *k*	Durchgangs-summe *D´*
A 32	5,48	352
B 32	4,20	480
C 32	3,30	570
A 16	4,60	440
B 16	3,66	534
C 16	2,75	625
A 8	3,63	537
B 8	2,90	610
C 8	2,77	673

Tabelle 5-28 Wasseranspruch *w* des Frischbetons in Abhängigkeit von der Konsistenz (vgl. Abschnitt 5.4)

Sieblinie	Wasseranspruch *w*	Konsistenzklassen (vgl. Abschnitt 5.4)		
		F1	F2	F3
A 8	hoch niedrig	155 ± 20 150 ± 20	190 ± 15 185 ± 15	210 ± 10 205 ± 10
B 8	hoch niedrig	175 ± 20 170 ± 20	205 ± 15 200 ± 15	225 ± 10 220 ± 10
C 8	hoch niedrig	200 ± 20 185 ± 20	230 ± 15 215 ± 15	250 ± 10 235 ± 10
A 16	hoch niedrig	140 ± 20 120 ± 20	170 ± 15 155 ± 15	190 ± 10 175 ± 10
B 16	hoch niedrig	150 ± 20 140 ± 20	185 ± 15 180 ± 15	205 ± 10 200 ± 10
C 16	hoch niedrig	185 ± 20 175 ± 20	215 ± 15 205 ± 15	235 ± 10 225 ± 10
A 32	hoch niedrig	130 ± 20 105 ± 20	155 ± 15 135 ± 15	175 ± 10 150 ± 10
B 32	hoch niedrig	140 ± 20 130 ± 20	175 ± 15 165 ± 15	195 ± 10 185 ± 10
C 32	hoch niedrig	165 ± 20 160 ± 20	200 ± 15 195 ± 15	220 ± 10 215 ± 10
A 63	hoch niedrig	120 ± 20 95 ± 20	145 ± 15 125 ± 15	160 ± 10 140 ± 10
B 63	Hoch niedrig	135 ± 20 115 ± 20	160 ± 15 145 ± 15	180 ± 10 165 ± 10
C 63	Hoch niedrig	140 ± 20 135 ± 20	180 ± 15 175 ± 15	200 ± 10 190 ± 10

Feinanteile (abschlämmbare Bestandteile)

Feinanteile sind Anteile mit einem Größtkorn $D < 0{,}063$ mm. Ihr Gehalt ist nach DIN EN 933-1 (Abschlämmversuch) [5.37] zu bestimmen. Die in Tabelle 5-29 angegebenen Grenzwerte sind einzuhalten. Der Feinanteil der Gesteinskörnung kann als unschädlich betrachtet werden, wenn dessen Anteil weniger als 3 M.-% beträgt, der nach DIN EN 933-8 [5.42] bestimmte Sandäquivalent-Wert (SE) einen bestimmten unteren Grenzwert überschreitet oder der nach dem Methylenblau-Verfahren ermittelte Wert MB kleiner als ein bestimmter Grenzwert ist (DIN EN 933-9) [5.43]. In erster Linie geht es bei den zuvor genannten Prüfungen um die Verifizierung etwaig im Korngemisch enthaltener Bestandteile, die eine mögliche Betonschädigung hervorrufen können. Insbesondere der Eintrag von quellfähigen Tonmineralien in den Beton ist zu vermeiden, da es durch ihr Wasserspeichervermögen zu einer Volumenvergrößerung kommen kann, die das Betongefüge nachhaltig schädigt. Auch wird der Hydratationsprozess bestimmter Bindemittel (vgl. Abschnitt 5.2) beeinträchtigt.

Tabelle 5-29 Kategorien für Höchstwerte des Gehaltes an Feinanteilen in den Gesteinskörnungen nach DIN 4226-1 [5.31]]

Gesteinskörnung	Maximaler Siebdurchgang durch das 0,063-mm Sieb (Massenanteil)	Kategorie f
Grobe Gesteinskörnung	1	$f_{1,0}$
	1,5	$f_{1,5}$
	4	f_4
	Keine Anforderung	f_{NR}
Natürlich zusammengesetzte Gesteinskörnung 0/8	3	f_3
	10	f_{10}
	16	f_{16}
	Keine Anforderung	f_{NR}
Korngemisch	2	f_2
	11	f_{11}
	Keine Anforderung	f_{NR}
Feine Gesteinskörnung	4	f_4
	10	f_{10}
	16	f_{16}
	22	f_{22}
	Keine Anforderung	f_{NR}

5.3.2.2 Physikalische Anforderungen

Festigkeit/Widerstand gegen Zertrümmerung

Die Prüfung der Festigkeit von Gesteinskörnungen erfolgt in der Prüfung des Widerstandes gegen Zertrümmerung (Ermittlung des Los-Angeles-Koeffizient (LA) nach DIN EN 1097-2 [5.44] oder Schlagzertrümmerungswert (SZ) ebenfalls nach [5.44]). Aus natürlichen Vorkommen gewonnene Gesteinskörnungen besitzen im Allgemeinen eine ausreichende Festigkeit, so dass sie für die Herstellung von Normalbeton die Regelanforderungen erfüllen. In Zweifelsfällen, bei z.B. stark verwitterten Gesteinskörnungen, bei künstlich hergestellten Gesteinskörnungen oder bei Spezialanwendungen, wie hochfestem Beton, ist eine Prüfung erforderlich.

Widerstand gegen Verschleiß

Der Widerstand gegen Verschleiß ist nach DIN EN 1097-1 [5.45] an groben Gesteinskörnungen als Mikro-Derval-Koeffizient (M_{DE})zu bestimmen. Dabei wird der Abriebwiderstand einer Gesteinsprobe gemessen.

Widerstand gegen Polieren und Abrieb

Der Widerstand gegen Polieren und Abrieb ist an groben Gesteinskörnungen nach DIN EN 1097-8 [5.46] als Polierwert (PSV) und als Abriebwert (AAV) zu ermitteln. Der Polierwert ist ein Maß für die Beständigkeit von Gesteinskörnungen gegen die Polierwirkung von Fahrzeugreifen. Der Abriebwert ist ein Maß für die Beständigkeit einer Gesteinskörnung gegen Oberflächenverschleiß durch Abrieb unter Verkehrslast.

Elastizitätsmodul

Der *E*-Modul des Betons wird von der Art und der Beschaffenheit der Gesteinskörnungen erheblich beeinflusst. Breite Schwankungen sind möglich.

Rohdichte, Wasseraufnahme und Porosität

Alle Gesteinskörnungen bestehen im Wesentlichen aus Quarz (SiO_2), Kalk ($CaCO_3$) und Tonerde (Al_2O_3). Ihre Reindichte (Kornmasse bezogen auf das porenfreie Volumen) ist daher keiner erheblichen Schwankung unterworfen (2,5...3,5 kg/dm^3).

Die Kornrohdichte (Kornmasse bezogen auf ein mit Poren durchsetztes Volumen nach DIN EN 1097-6 [5.47]) dagegen ist stark abhängig von der Kornporosität. Die Kornporosität ist das Verhältnis des Porenvolumens zum Gesamtvolumen. Je größer das Porenvolumen, um so höher ist das Wasseraufnahmevermögen.

Tabelle 5-30 Anhaltswerte für Kornrohdichten ausgewählter Gesteinskörnungen

Gesteinsart	Rohdichte ρ [kg/dm³]
Quarzitisches Gestein	2,60...2,70
Grauwacke	2,60...2,65
Sandsteine	2,00...2,65
Kalkstein	2,65...2,85
Granit	2,60...2,80
Diorit, Gabbro	2,80...3,00
Diabas	2,75...2,95
Quarzporphyr	2,55...2,80
Basalt	2,90...3,05
Hochofenschlacke	2,50...2,90

Wassergehalt

Der Gesamtwassergehalt oder die Eigenfeuchte der Gesteinskörnungen ist nach DIN EN 1097-5 [5.48] durch Trocknung bei 110°C in einer belüfteten Wärmekammer zu bestimmen. Der Gesamtwassergehalt setzt sich zusammen aus dem Wasser an der Oberfläche (Oberflächenfeuchte) und dem Porenwasser (Kernfeuchte).

Frostwiderstand

Die Widerstandsfähigkeit einer Gesteinskörnung gegenüber Frost hängt vorrangig vom Klima, dem Verwendungszweck, der petrographischen Zusammensetzung, dem Verwitterungsgrad und dem Porengehalt ab. Dichte Gesteine haben einen größeren Frostwiderstand. Nach DIN 4226-1 [5.31] gehören zu den Prüfverfahren zur Bestimmung der Frostbeständigkeit die so genannten indikativen Prüfverfahren, wie z.B. die petrographische Untersuchung nach DIN EN 932-3 [5.49] durch die Bestimmung der Gesteinszusammensetzung und die Ermittlung verwitterter und stark saugender Anteile durch Auslesen, die Bestimmung der Wasseraufnahme nach DIN EN 1097-6 [5.47] sowie die physikalischen oder direkten Prüfverfahren. Hierzu zählen die Bestimmung des Frost-Tau-Wertes nach DIN EN 1367-1 [5.50] oder des Magnesiumsulfat-Wertes nach DIN EN 1367-2 [5.51], bei dem die Gesteinskörnungen einer gesättigten Magnesiumsulfatlösung ausgesetzt werden.

Tabelle 5-31 Nachweisverfahren für den Frost- und Frost-Taumittel-Widerstand von Gesteinskörnungen [5.31]

Eigenschaft	Frostprüfung an der Gesteinskörnung	Alternativ: Frostprüfung am Beton
Frostwiderstand	Frostversuch in Wasser	Frostprüfung mit Wasser an einem Standardbeton, der aus der zu prüfenden Gesteinskörnung hergestellt wird
Frost-Taumittel-Widerstand	Magnesiumsulfatversuch	Frostprüfung mit 3 %iger NaCl-Lösung an einem Standardbeton, der aus der zu prüfenden Gesteinskörnung hergestellt wird
	Alternativ: Prüfung in 1 %iger NaCl-Lösung	

Tabelle 5-32 Anforderungen an den Frost- bzw. Frost-Taumittel-Widerstand von Gesteinskörnungen in Abhängigkeit von der Expositionsklasse des Betons nach DIN 1045-2 [5.21]

Expositionsklasse des Betons nach DIN 1045-2	Erforderlich Anforderungskategorie für die Gesteinskörnung (vgl. Tabelle 5-24 und Tabelle 5-25)
XF 1: mäßige Wassersättigung, ohne Taumittel (normale Außenbauteile)	F_4
XF 2: mäßige Wassersättigung, mit Taumittel (Spritzwasserbereich von taumittelbehandelten Verkehrsflächen)	MS_{25}
XF 3: hohe Wassersättigung, ohne Taumittel (offene Wasserbehälter)	F_2
XF 4: hohe Wassersättigung, mit Taumittel (taumittelbehandelte Verkehrsflächen)	MS_{18}

5.3.2.3 Chemische Anforderungen

In den Gesteinskörnungen können Bestandteile enthalten sein, die den Beton entsprechend seines vorgesehenen Einsatzzwecks schädigen können. Um Schäden zu vermeiden, sind die Gesteinskörnungen in Abhängigkeit von deren Herkunft und Endanwendung auf spezielle chemische Eigenschaften zu prüfen. Zu den betonschädigenden Bestandteilen zählen Stoffe, die das Erstarren oder das Erhärten des Betons stören, die Festigkeit oder die Dichtheit des Betons herabsetzen, zu Absprengungen und Treiberscheinungen führen oder bei bewehrten Betonbauteilen den Korrosionsschutz der Stahleinlagen beeinträchtigen. In der Hauptsache sind dies:

- *Organische Stoffe,* wie Humusstoffe oder Kohle (Natronlaugetest) und *zuckerähnliche Stoffe* (Prüfung auf Fulvosäure), die Prüfung auf derartige Stoffe erfolgt nach DIN EN 1744-1 [5.52].
- *Schwefelverbindungen* (Prüfung nach [5.52]).
- *Säurelösliche Sulfate* können Treiberscheinungen verursachen (Prüfung nach [5.52]).
- *Alkalilösliche Kieselsäure*: Alkali-Kieselsäure-Reaktion (AKR) erfolgt zwischen Alkalien aus dem Zement (vgl. Abschnitt 5.2), Betonzusatzstoffen und/oder -mitteln und kieselsäurereichen Gesteinskörnungen, wie z.B. kreidekrustenführenden, reaktionsfähigen Flinten oder Opalsandstein unter Bildung von so genannten Kieselgelen. Es kann zu Treiberscheinungen und Rissbildungen innerhalb der Gesteinskörnung und damit des Betongefüges kommen. Hinsichtlich der Anforderungen an die Gesteinskörnungen sowie die Prüfung auf deren AKR-Empfindlichkeit gilt die entsprechende Richtlinie des DAfStb [5.53]. Nachfolgendes Bild 5-23 zeigt die hinsichtlich AKR betroffenen Gebiete.

Bild 5-23 Anwendungsbereich der DAfStb-Richtlinie (Alkali-Richtlinie) [5.53]

- *Stahlangreifende Stoffe* (Nitrate, Halogenide und insbesondere wasserlösliche Chloride) beeinträchtigen den Korrosionsschutz der Bewehrung (Prüfung nach [5.52]).
- *Eisenhaltige Verbindungen,* wie Pyrit, Markasit, Brauneisen, Magnetit oder Kohle sowie pyritisierte Kohle sind Bestandteile, die die Oberflächenbeschaffenheit des Betons durch rostbraune Fleckenbildungen, Verfärbungen, Quellen oder Aussprengungen negativ beeinflussen und sind bei der Herstellung von Sichtbeton besonders zu beachten; sie sind durch petrographische Analysen festzustellen.

5.3.3 Leichte Gesteinskörnungen

Leichte Gesteinskörnungen nach DIN 4226-2 [5.31] sind Gesteinskörnungen mineralischen Ursprungs mit Kornrohdichten von maximal 2,0 kg/dm³ (ofentrocken nach DIN EN 1097-6 [5.47]) oder einer Schüttdichte nach DIN EN 1097-3 [5.54] von nicht mehr als 1,20 kg/dm³. Dazu gehören natürliche Gesteinskörnungen (Lava, Naturbims und Tuff) aus natürlichen Rohstoffen und/oder aus industriellen Nebenprodukten hergestellte Gesteinskörnungen (Blähglas, Blähglimmer, Blähperlit, Blähschiefer, Blähton, gesinterte Steinkohlenflugasche, Ziegelsplitt) und industrielle Nebenprodukte (Hüttenbims, Kesselsand etc.). Für die leichten Gesteinskörnungen wurden wie für die normalen und schweren Gesteinskörnungen Eigenschaften festgelegt. Die Anforderungen und Prüfungen hängen von der Herkunft und der vorgesehenen Endanwendung der Gesteinskörnungen ab. Sie sind in DIN 4226-2 als geometrische (Bestimmung der Korngruppe und der Kornverteilung etc.), chemische (Glühverlust, Alkali-Kieselsäure-Reaktion, stahlangreifende Stoffe etc.) und physikalische (Frostwiderstand, Raumbeständigkeit, Kornfestigkeit, Dichte, Wassergehalt, Wasseraufnahme etc.) Anforderungen vorgegeben und zu untersuchen. Auch für die leichten Gesteinskörnungen muss der Hersteller durch eine werkseigene Produktionskontrolle die Übereinstimmung mit der Norm nachweisen und diese durch die Erteilung eines Übereinstimmungszertifikates durch den Fremdüberwacher bestätigen lassen. Leichte Gesteinskörnungen bilden die Grundlage zur Herstellung von Leichtbeton (vgl. Abschnitt 5.4).

5.3.4 Rezyklierte Gesteinskörnungen

Rezyklierte Gesteinskörnungen nach DIN 4226-100 [5.33] sind Gesteinskörnungen aus aufbereitetem, anorganischem Material, das zuvor als Baustoff eingesetzt wurde. Die Kornrohdichte muss mindestens einen Wert von 1,5 kg/dm³ aufweisen. Für den Einsatz rezyklierter Gesteinskörnungen sind über die Anforderung der DIN 4226-1 hinaus noch zusätzliche Aspekte zu beachten:

- stoffliche Zusammensetzung,
- Kornrohdichte und Wasseraufnahme sowie
- Umweltverträglichkeit.

Wenn Baustoffe als rezyklierte Gesteinskörnungen für die Herstellung von Beton wiederverwendet werden, sind durch die Umweltverträglichkeitsprüfung am Feststoff und am Eluat wasserwirtschaftliche Grenzwerte für bestimmte Schwermetalle sowie organische und anorganische Verbindungen einzuhalten. Betonschädigende Stoffe sind festzustellen und die Grenzwerte dürfen nicht überschritten werden. Die rezyklierten Gesteinskörnungen sind mit einem „R“ vor der Lieferkörnung auf dem Lieferschein zu kennzeichnen.

5.4 Beton

5.4.1 Normalbeton

5.4.1.1 Definition

Normalbeton (kurz: Beton) ist ein Konglomerat (künstlicher Stein) aus den unterschiedlichen Bestandteilen Zement (vgl. Abschnitt 5.2), Gesteinskörnungen (vgl. Abschnitt 5.3) sowie Wasser und wird deshalb als 3-Stoff-System bezeichnet. Neue Entwicklungen, wie z.B. hochfeste, selbstverdichtende oder ultrahochfeste Betone (vgl. Abschnitt 5.4.3, 5.4.5 und 5.4.6) erfordern jedoch die Verwendung von bestimmten Betonzusatzstoffen (vgl. Abschnitt 5.4.1.6) und Betonzusatzmitteln (vgl. Abschnitt 5.4.1.6), so dass nach dem heutigen Entwicklungsstand der Verbundwerkstoff Beton als 5-Stoff-System bezeichnet werden kann. Betonzusatzstoffe und -mittel werden dem Beton zugegeben, um seine Frisch- und Festbetoneigenschaften zu verbessern. Grundsätzlich kann Beton als Zweiphasen-Werkstoff aufgefasst werden. Dabei ist die Gesteinskörnung die eine und das erhärtete Bindemittel (Matrix) die zweite Phase.

Beton ist der am häufigsten verwendete Konstruktionswerkstoff im Bauwesen. Dieser Umstand ist in einer Reihe von Vorzügen begründet:

- nahezu unbegrenzte Gestaltungsmöglichkeit,
- verhältnismäßig einfach und preisgünstig zu gewinnende Ausgangsstoffe,
- gute Einstellbarkeit der Eigenschaften hinsichtlich einer Vielzahl von Beanspruchungsarten,
- Dauerhaftigkeit bei sachgemäßer Herstellung,
- niedriger Unterhaltungsaufwand.

Die Nachteile des Betons liegen in seiner im Vergleich zur Druckfestigkeit (vgl. Abschnitt 5.4.1.10) hohen Rohdichte (vgl. Abschnitt 5.4.1.9), in seinen nachteiligen zeitabhängigen Materialeigenschaften, wie z.B. Kriechen und Schwinden (vgl. Abschnitt 5.4.1.10) und vor allem in seiner sehr geringen Zugfestigkeit (vgl. Abschnitt 5.4.1.10). Die Idee der Übernahme von auftretenden Zugspannungen durch zugfestere Werkstoffe führte zur Entwicklung des Verbundbaustoffs Stahl- und Faserbeton, bei dem die hohe Druckfestigkeit des Betons und die hohe Zugfestigkeit des Stahls oder der Fasern zusammen wirken. Die Verbundwirkung derartiger Werkstoffe wird durch die etwa gleichen Wärmeausdehnungskoeffizienten (z.B. Stahl $\alpha_T = 12 \cdot 10^{-6}$ 1/K; Beton

$\alpha_T = 10 \cdot 10^{-6}$ 1/K) sowie durch die schützende Wirkung des alkalischen Betonmilieus (pH ≥ 12,6) möglich (vgl. Abschnitt 5.4.1.11).

In der Baupraxis haben sich vielfältige Arten, Klassen, Gruppen und Sorten von Betonen bewährt (vgl. Abschnitt 5.4.1.2 bis 5.4.1.4). Resultierend aus den Möglichkeiten der Zusammensetzung, der Anwendung, des Verfahrens u.a.m. ergeben sich folgende Unterscheidungen:

- Nach dem *Erhärtungszustand*: Frischbeton, grüner Beton, junger Beton, Festbeton.
- Nach der *Rohdichte* bzw. *Trockenrohdichte*: Leichtbeton, Normalbeton, Schwerbeton.
- Nach der Art der *Bewehrung*: Stahl- und Spannbeton (DIN 1045-1) [5.55], Faserbeton (Stahl-, Kunststoff-, Kohlenstoff- und Glasfasern) [5.56], SIFCON, SIMCON und DUCON [5.56].
- Nach der *Festigkeit*: normalfester Beton, hochfester Beton (f_c > C 55/67) (vgl. Tabelle 5-37), ultrahochfester Beton (f_c > C 100/105).
- Nach der *Betonsorte*: Beton nach Eigenschaften, Beton nach Zusammensetzung, Standardbeton.
- Nach dem Ort der *Herstellung*: Baustellenbeton, Transportbeton, Trockenbeton.
- Nach dem Ort des *Einbaus*: Ortbeton, Betonerzeugnisse und Betonwerkstein.
- Nach der Art des *Förderns*, des *Verarbeitens* und des *Verdichtens*: Pump-, Spritz-, Schütt-, Unterwasser-, Stampf-, Rüttel-, Schock-, Schleuder-, Walz-, Press- und Vakuumbeton, Roller Compacted Concrete.
- Nach der *Frischbetonkonsistenz*: sehr steif, steif, plastisch, weich, sehr weich, fließfähig, sehr fließfähig, selbstverdichtend (vgl. Abschnitt 5.4.5),
- Nach dem *Gefüge*: geschlossenes Gefüge, haufwerksporiges Gefüge, Luftporenbeton, Schaum- und Porenbeton.
- Nach der Art der verwendeten *Gesteinskörnung* (vgl. Abschnitt 5.3): Grobbeton, Feinbeton, Strahlenschutzbeton (z.B. Barytbeton), Blähschiefer-, Blähton-, Bims- oder Polystyrolbeton, Beton mit rezyklierten Gesteinskörnungen.
- Nach besonderen *Eigenschaften*: wasserundurchlässiger Beton, Sperrbeton, Beton mit hohem Widerstand gegen chemische Angriffe, Beton mit hohem Verschleißwiderstand, Beton mit hohem Frostwiderstand, Beton mit hohem Frost- und Taumittel-Widerstand, Beton für hohe Gebrauchstemperaturen bis 250 °C.

5.4.1.2 Betonklassen

In den neuen Betonnormen DIN 1045-2 [5.57] bzw. DIN EN 206-1 [5.58] werden Normalbetone in Festigkeitsklassen eingeteilt (vgl. Tabelle 5-37). Zusätzlich zu den Festigkeitsklassen werden konstruktive Leichtbetone in Rohdichteklassen (Trockenrohdichte) eingeteilt (vgl. Abschnitt 5.4.2). Zur Einteilung der Betone in Festigkeitsklassen wird die bei der Übereinstimmungsprüfung (Konformitätsprüfung) nach 28 Tagen ermittelte Druckfestigkeit (Kurzzeitversuch) herangezogen. Gemäß [5.57] und [5.58] sind als Prüfkörper Zylinder (∅ 150/300 mm³) und Würfel (150/150/150 mm³) zu wählen. Entsprechend DIN EN 12390-2 [5.59] sind die Probekörper bis zum Prüftermin in Wasser (20°C) zu lagern (vgl. Abschnitt 5.4.1.7 und Bild 5-25). Bei der Zuordnung der Festigkeitsklassen aus DIN 1045-2 mit den Werten nach DIN 1045 (07.88) [5.60] ist zu beachten, dass hierin von Würfeln mit einer Kantenlänge von 200 mm und einer Lagerung nach dem Entschalen von 6 Tagen feucht (in Wasser) und 21 Tagen im Normklima 20°C/65 % rel. Luftfeuchte ausgegangen wurde. Daraus ergeben sich in Abhängigkeit von der Festigkeitsklasse Umrechnungsfaktoren, die sowohl die unterschiedlichen Probenkörpergeometrien als auch die differierenden Lagerungsbedingungen berücksichtigen. Die Umrechnungsfaktoren können z.B. [5.57] entnommen werden. Tabelle 5-37 gibt die Festigkeitsklassen für Normalbeton nach DIN 1045-2 an.

Tabelle 5-37 Festigkeitsklassen nach DIN 1045-2 für Normalbeton [5.57]

Druckfestigkeitsklasse	**Charakteristische Mindestdruckfestigkeit (Zylinder) $f_{ck,cyl}$ [N/mm²]**	**Charakteristische Mindestdruckfestigkeit (Würfel) $f_{ck,cube}$ [N/mm²]**
C8/10	8	10
C12/15	12	15
C16/20	16	20
C20/25	20	25
C25/30	25	30
C30/37	30	37
C35/45	35	45
C40/50	40	50
C45/55	45	55
C50/60	50	60
C55/67	55	67
C60/75	60	75
C70/85	70	85
C80/95	80	95
C90/105	90	105
C100/115	100	115

Die Druckfestigkeitsklassen tragen eine Doppelbezeichnung. Der erste Wert gibt die charakteristische Mindestdruckfestigkeit am Zylinder $f_{ck,cyl}$, der zweite Wert $f_{ck,cube}$ die charakteristische Mindestdruckfestigkeit am Würfel an. Bei beiden Werten handelt es sich um Fraktilwerte (5 %-Fraktil). Eine Einteilung des Normalbetons in Rohdichteklassen ist auf Grund der geringen Schwankungsbreite der Rohdichte nicht erforderlich.

Die Festigkeits- und Rohdichteklassen für konstruktiven Leichtbeton nach DIN 1045-2 [5.57] können Abschnitt 5.4.2 entnommen werden.

5.4.1.3 Betonüberwachungsklassen

Für die Überprüfung der maßgebenden Frisch- und Festbetoneigenschaften wird der Beton in Abhängigkeit von der Druckfestigkeits- und Expositionsklasse in drei Überwachungsklassen eingeteilt (DIN 1045-3 [5.61]) (vgl. Tabelle 5-38). Aus der Zuordnung des Betons zu der entsprechenden Überwachungsklasse resultiert der zugehörige Umfang und die Häufigkeit von Prüfungen (DIN 1045-3, Anhang A), mit derer sich ableiten lässt, ob die Bauausführung in Übereinstimmung mit DIN 1045-2 bzw. DIN EN 206-1, DIN 1045-3 und der Projektbeschreibung erfolgt ist. Hinsichtlich der Prüfhäufigkeit und dem Umfang wird zwischen Beton nach Eigenschaften und Beton nach Zusammensetzung unterschieden (vgl. Abschnitt 5.4.1.4).

Tabelle 5-38 Überwachungsklassen nach DIN 1045-3 [5.61]

Überwachungsklasse	**1**	**2**	**3**
Druckfestigkeitsklasse (vgl. Tabelle 5.4.1)	≤ C 25/30 [1]	≥ C 30/37 und ≤ C 50/60	≥ C 55/67
Expositionsklasse (vgl. Abschnitt 5.4.1.7)	X0, XC, XF1	XS, XD, XA, XM [2], XF2, XF3, XF4	–
Besondere Eigenschaften		Beton für WU-Bauwerke (z.B. weiße Wannen) [3], UW-Beton, Beton für hohe Gebrauchstemperaturen T ≤ 250°C, Strahlenschutzbeton (außerhalb des Kernkraftwerkbaus), Verzögerter Beton, Fließbeton, Betonbau beim Umgang mit wassergefährdenden Stoffen (vgl. entsprechende DAfStb-Richtlinien)	

[1] Spannbeton der Festigkeitsklasse C 25/30 ist stets in Überwachungsklasse 2 einzuordnen.
[2] Gilt nicht für übliche Industrieböden.
[3] Beton mit einem hohem Wassereindringwiderstand darf in die Überwachungsklasse 1 eingeordnet werden, wenn der Baukörper nur zeitweilig aufstauendem Sickerwasser ausgesetzt ist und wenn in der Projektbeschreibung nichts anderes festgelegt ist.

5.4.1.4 Betonsorten

Betonfertigteilwerke mit eigenen Betonmischanlagen und Transportbetonwerke hinterlegen die jeweiligen Betonrezepturen im so genannten Sortenverzeichnis. In diesem Verzeichnis sind für jede zur Lieferung vorgesehene Betonsorte entsprechende Angaben zur Verwendung des Betons (unbewehrter oder bewehrter Beton), zur Festigkeitsklasse und Konsistenz (vgl. Abschnitt 5.4.1.9), für die einzelnen Ausgangstoffe sowie zur endgültigen Betonmischung enthalten. In DIN 1045-2 [5.57] wird bei Transportbeton zwischen den Sorten Beton nach Zusammensetzung, Beton nach Eigenschaften und Standardbeton unterschieden.

Beton nach Zusammensetzung

Beim Beton nach Zusammensetzung werden die Zusammensetzung und die Ausgangsstoffe, die verwendet werden müssen, dem Betonhersteller vorgegeben. Dabei ist der Betonhersteller verantwortlich für die Lieferung des Betons mit der festgelegten Zusammensetzung. Die Einhaltung der geforderten Betoneigenschaften liegt jedoch im Verantwortungsbereich des Betonbestellers. Für Beton nach Zusammensetzung gelten die folgenden Anforderungen:

- Zementgehalt, -art und -festigkeitsklasse (Herkunft),
- Wasserzement-Wert oder Konsistenzklasse (vgl. Abschnitt 5.4.1.7 und 5.4.1.9),
- maximaler Chloridgehalt und -klasse,
- Art und Kategorie der Gesteinskörung (vgl. Abschnitt 5.3), Nennwert des Größtkorns der Gesteinskörnung und jeweilige Beschränkung der Sieblinie,
- Art und Menge der Zusatzmittel und Zusatzstoffe (Herkunft).

Beton nach Eigenschaften

Für den Beton nach Eigenschaften werden die geforderten Betoneigenschaften und zusätzliche Anforderungen dem Betonhersteller vorgegeben. Der Hersteller wählt zur Erzielung der Eigenschaften und Anforderungen eine entsprechende Zusammensetzung und die zugehörigen Ausgangsstoffe. Der Betonhersteller ist für die Lieferung des Betons, der den Eigenschaften und zusätzlichen Anforderungen entsprechen soll, verantwortlich. Nachfolgend sind die grundlegenden und zusätzlichen Anforderungen für Beton nach Eigenschaften aufgeführt. Zu den grundlegenden Anforderungen zählen:

- Druckfestigkeits- und Expositionsklasse,
- Nennwert des Größtkorns der Gesteinskörnung,
- Klasse des Chloridgehalts und
- Art und Verwendung des Betons.

Die zusätzlichen Anforderungen sind wie folgt:

- besondere Arten oder Klassen von Zement und Gesteinskörnungen,
- zusätzlich erforderliche Eigenschaften für den Widerstand gegen Frost- und Frost-Taumittel-Angriff (vgl. Abschnitt 5.4.1.11) sowie
- Anforderungen an die Frischbetontemperatur, Festigkeits- und Wärmeentwicklung, Wassereindringwiderstand, Abriebwiderstand etc.

Standardbeton

Ein Standardbeton ist ein Beton nach Zusammensetzung, dessen Zusammensetzung (z.B. Mindestzementgehalte) in einer am Ort der Verwendung des Betons gültigen Norm vorgegeben ist. Standardbetone können nur für bestimmte Mindestdruckfestigkeitsklassen (C 8/10, C 12/15 und C 16/20, vgl. Tabelle 5-37) und Expositionsklassen (vgl. Abschnitt 5.4.1.7) angewendet werden. Standardbeton darf keine Betonzusätze (vgl. Abschnitt 5.4.1.6) enthalten.

Nachfolgende Tabelle 5-39 fasst die Verantwortlichkeiten der an der Betonherstellung und -verwendung Beteiligten zusammen.

Tabelle 5-39 Verantwortlichkeiten nach DIN 1045-2 [5.57]

	Beton nach Eigenschaften	**Beton nach Zusammensetzung**
Verfasser	Festlegung der Eigenschaften	Festlegung der Eigenschaften Erstprüfung
Betonhersteller	Erstprüfung Zusammensetzung und Konformitätsnachweis	Zusammensetzung
Betonverwender	Annahmeprüfung	Annahmeprüfung

5.4.1.5 Betonfamilien

Unter einer Betonfamilie wird eine Gruppe von Betonen verstanden, für die ein verlässlicher Zusammenhang zwischen der Betonzusammensetzung und den Eigenschaften festgelegt und dokumentiert ist (vgl. DIN 1045-2, Anhang K). Das Prinzip der Betonfamilien darf nicht für hochfeste Betone angewendet werden. Mit der Kenntnis der Zusammensetzung und Eigenschaften der Betone einer Betonfamilie wird eine Voraussage für die Eigenschaften vergleichbar zusammengesetzter Betone ermöglicht, ohne dass diese nochmals gesondert geprüft werden müssen. Unter folgenden Voraussetzungen dürfen Betone zu Betonfamilien zusammengefasst werden:

- Betone der Festigkeitsklasse C 8/10 bis C 50/50 müssen in mindestens zwei Betonfamilien eingeteilt werden,
- Zement einer Art, Festigkeitsklasse und eines Ursprungs (Herstellwerk),
- Nachweisbar ähnliche Gesteinskörnungen (vgl. Abschnitt 5.3) und Zusatzstoffe des Typs I, d.h. inerte Stoffe, wie z.B. Gesteinsmehle (vgl. Abschnitt 5.4.1.6),
- Betone sowohl mit als auch ohne wasserreduzierende/verflüssigende Zusatzmittel (vgl. Abschnitt 5.4.1.6),
- Gesamter Bereich der Konsistenzklassen (vgl. Abschnitt 5.4.1.9).

Betone mit puzzolanischen und latent-hydraulischen Zusatzstoffen (Typ II) (vgl. Abschnitt 5.4.1.6) und/oder mit Zusatzmitteln, die Auswirkungen auf die Druckfestigkeit haben (Verzögerer, Beschleuniger, Luftporenbildner, Betonverflüssiger und Fließmittel, (vgl. Tabelle 5-40), sind als einzelne Betone zu betrachten oder in getrennte Familien einzuordnen.

5.4.1.6 Ausgangsstoffe

Zement

Die Festigkeit von Beton hängt vorrangig von den Erhärtungseigenschaften des Zementleims (Suspension aus Zement und Wasser) ab, der die einzelnen Gesteinskörner (vgl. Abschnitt 5.3) dauerhaft miteinander verkittet. Zement zählt zu den hydraulisch erhärtenden Bindemitteln (vgl. Abschnitt 5.2). Er besteht aus einem Gemisch feingemahlener, anorganischer Bestandteile. Wesentlich für die Reaktivität des Zementes ist die Kombination der so genannten Hydraulefaktoren (SiO_2, Al_2O_3 und Fe_2O_3), die beim Brennen mit CaO die Klinkerphasen bilden. Zement wird vorrangig durch das gemeinsame Vermahlen des Zementklinkers mit anderen Haupt- und Nebenbestandteilen oder durch Mischen getrennt feingemahlener Haupt- und Nebenbestandteile hergestellt. Als Hauptbestandteile des Zementklinkers gelten z.B. Hüttensand, natürliche oder industriell hergestellte Puzzolane, Flugaschen, Kalkstein und Silicastäube. Genaue Angaben zur Zementherstellung, der Festigkeitsbildung und -entwicklung (Hydratation) sowie den Zementeigenschaften kann Abschnitt 5.2 entnommen werden.

Nach DIN 1045-2 [5.57] bzw. DIN EN 206-1 [5.58] eignen sich Zemente gemäß DIN EN 197-1 und DIN 1164 für die Betonherstellung (vgl. Abschnitt 5.2). Die Anwendungsbereiche für die in diesen Normen verankerten Zemente zur Herstellung von Beton nach DIN 1045-2 können den Tabellen 5.10 bis 5.12 in Abschnitt 5.2 in Abhängigkeit von den Umgebungsbedingungen (Expositionsklassen) (vgl. Tabelle 5-45) entnommen werden. Daraus ergeben sich je nach Exposition des Betonbauwerks entsprechende Mindestzementgehalte (vgl. Tabelle 5-44). Der zu verwendende Zement muss so ausgewählt werden, dass eine allgemeine Eignung zur Betonherstellung nachgewiesen werden kann. Dabei ist folgendes zu berücksichtigen:

- Ausführung der Betonierarbeiten,
- Endverwendung des Betons,
- Nachbehandlungsbedingungen (vgl. Abschnitt 5.4.1.8),
- Maße des Bauwerks,
- Umgebungsbedingungen, denen das Betonbauwerk ausgesetzt ist (Exposition, vgl. Tabelle 5-45),
- Mögliche Reaktivität der Gesteinskörnung gegenüber Alkalien der Ausgangsstoffe (Alkali-Kieselsäure-Reaktion, vgl. Abschnitt 5.3).

Zusätzlich zu den Normalzementen (DIN EN 197-1) und Zementen mit besonderen Eigenschaften (DIN 1164) gibt es eine Reihe von anderen Bindemitteln, die üblicherweise als Zement bezeichnet werden, aber keine Zemente im eigentlichen Sinne darstellen (Magnesiazement, Phospatzement, Schwefelzement, Romanzement u.a.). Für diese Zementarten ist durch eine entsprechende Erstprüfung deren Eignung zur Betonherstellung gesondert nachzuweisen.

Gesteinskörnungen

Die Gesteinskörnungen (vgl. Abschnitt 5.3) nehmen im Mittel etwa 70 % des Betonvolumens ein und bilden dementsprechend mengenmäßig den größten Bestandteil des Betons. Die für die Betonherstellung erforderlichen Gesteinskörnungen können in der Natur bereits in geeigneter Form vorhanden sein. Erforderlichenfalls werden die Gesteinskörnungen durch mechanische Prozesse (Zerkleinern, Sieben, Waschen) aufbereitet.

Zur Herstellung von Beton sind Gesteinskörnungen mit einem Größtkorn von 8, 16 oder 32 mm üblich. Größere Korngrößen sind prinzipiell möglich, bedürfen jedoch betontechnologisch einer größeren Sorgfalt. Die Eignung ist durch entsprechende Erstprüfungen zu verifizieren. In Abhängigkeit des Größtkorns sind in DIN 1045-2, Anhang L [5.57], Regelsieblinien angegeben (vgl. Abschnitt 5.3). Der Aufstellung der Regelsieblinien (Grenzsieblinien) liegen folgende Überlegungen zugrunde:

- Die Gesteinkörnungen sollen ein hohlraumarmes und möglichst dichtes Korngemisch ergeben.
- Die spezifische Oberfläche des Korngemischs soll wegen der Wasserbenetzbarkeit klein sein.
- Das Korngemisch soll einen gut verarbeitbaren und gut verdichtbaren Beton ergeben (vgl. Abschnitt 5.4.1.7).

Mit den Regelsieblinien sind Möglichkeiten gegeben Korngemische so aufzubereiten, dass sich bei der Betonherstellung ein Kompromiss zwischen guter Verarbeitbarkeit und optimaler Packungsdichte einerseits und einem geringen bis mäßigen Wasseranspruch andererseits erreichen lässt. Auf diese Weise ist ein zielsicheres Erreichen der geforderten Betoneigenschaften sowohl im frischen als auch im festen Zustand möglich. Bei der Kornzusammensetzung sollen die Anforderungen an den Beton berücksichtigt werden. Aus verschiedenen Lieferkörnungen, z.B. 0/2, 2/8, 4/8, 8/16, 16/32, lassen sich gezielt Korngemische zusammensetzen oder vorhandene Gesamtgemische, z.B. 0/32, verbessern (Sieblinienverbesserung).

Nach DIN 1045-2 gelten zur Betonherstellung als geeignet:

- normale und schwere Gesteinskörnungen mit den Regelanforderungen nach DIN 4226-1 (vgl. Abschnitt 5.3),
- leichte Gesteinskörnungen nach DIN 4226-2 (vgl. Abschnitt 5.3 und 5.4.2) und
- rezyklierte Gesteinskörnungen nach der Richtlinie Beton mit rezykliertem Zuschlag des DAfStb [5.62].

Zur Betonherstellung sind die Gesteinskörnungen nach Art, Korngröße und Kategorie (vgl. Abschnitt 5.3) unter Berücksichtigung der nachfolgenden Kriterien auszuwählen:

- Ausführung der Betonierarbeiten.

- Umgebungsbedingungen, denen das Betonbauwerk ausgesetzt ist (Exposition, vgl. Tabelle 5-45).
- Ggf. Anforderungen an die Gesteinskörnungen, wenn sie an der Bauteiloberfläche frei liegen oder die Betonoberfläche zusätzlich bearbeitet wird.

Das Nennmaß des Größtkorns der Gesteinskörnung (D_{max}) ist unter Berücksichtigung der Betondeckung (vgl. DIN 1045-1, Tabelle 4 [5.55]), der kleinsten Querschnittsmaße des Bauteils (nicht größer als ein 1/3 besser 1/5) und der Bewehrungsanordnung zu wählen. Bei engliegender Bewehrung soll der überwiegende Teil der Körner kleiner als der kleinste Stababstand sein. Gut sind ca. 4/5 des kleinsten Bewehungsabstandes. Zudem sollte das Größtkorn so groß gewählt werden, dass der Zementleimbedarf des Betons möglichst gering gehalten wird (spezifische Oberfläche).

Natürlich zusammengesetzte, d.h. nicht aufbereitete Gesteinskörnungen nach DIN 4226-1 dürfen nur für die Herstellung von Beton der Druckfestigkeitsklasse C 12/15 (vgl. Tabelle 5-37) verwendet werden. Aus Restwasser (vgl. Abschnitt 5.4.1.6) oder aus Frischbeton wiedergewonnene Gesteinskörnungen (≥ 0,25 mm) können prinzipiell zur Betonherstellung verwendet werden. Es sind jedoch die Angaben in der DAfStb-Richtlinie zur Herstellung von Beton unter Verwendung von Restwasser, Restbeton und Restmörtel [5.161] zu beachten. Die zuvor genannten Gesteinskörnungen dürfen höchstens zu 5 % der Gesamtmenge der Gesteinskörnungen beigemengt werden.

Ist mit einer Reaktion kieselsäurereicher Gesteinskörnungen mit Alkalien (Na_2O und K_2O) aus dem Zement oder anderen Quellen, z.B. Fließmitteln (FM) (vgl. Tabelle 5-40), zu rechnen (Alkali-Kieselsäure-Reaktion) sind entsprechende Maßnahmen zu treffen, um eine Schädigung des Betons auszuschließen. Für die Beurteilung und die Verwendung derartig empfindlicher Gesteinskörnungen gilt die DAfStb-Richtlinie Alkalireaktion im Beton [5.53]. Darin angegeben sind auch die schädlichen Mengen an alkalilöslicher Kieselsäure sowie die zu ergreifenden Gegenmaßnahmen zur Schadensverhinderung. Für die Herstellung von hochfestem Beton (vgl. Abschnitt 5.4.3) dürfen nur AKR-unbedenkliche Gesteinskörnungen verwendet werden.

Zugabewasser

Als Zugabewasser wird das beim Mischen des Frischbetons zugegebene Wasser bezeichnet. Zusammen mit der Eigenfeuchte der Gesteinskörnung (Oberflächen- und Kernfeuchte), ggf. auch mit dem Wasseranteil der wassergelösten Betonzusätze (vgl. Abschnitt 5.4.1.6), wie z.B. Silicasuspension (Slurry), bildet es das Anmachwasser, das zur Erhärtung bzw. Hydratation des Zementsteins und zur Gewährleistung der Verarbeitbarkeit benötigt wird. Die Anforderungen und Eigenschaften sind in DIN EN 1008 Zugabewasser für Beton enthalten [5.64].

Nach DIN 1045-2 kann als Zugabewasser das in der Natur vorkommende Wasser verwendet werden, soweit es nicht Bestandteile enthält, die das Erhärten, die Raumbeständigkeit oder andere Eigenschaften des Betons (Druckfestigkeit) ungünstig beeinflussen. Beim Stahl- und Spannbeton darf der Korrosionsschutz der Bewehrung nicht beeinträchtigt werden. Leitungs- bzw. Trinkwasser ist generell geeignet. In Zweifelsfällen ist die

Unschädlichkeit durch eine chemisch-physikalische Untersuchung im Labor oder mittels halbquantitativer Schnellprüfverfahren an Ort und Stelle zu überprüfen (DIN 18999-14 oder DBV-Merkblatt Zugabewasser für Beton [5.64]). Daraus lassen sich Aussagen hinsichtlich der Brauchbarkeit, bedingten Brauchbarkeit oder Unbrauchbarkeit des Wassers treffen. Wesentlich für die Beurteilung des Wassers sind nachfolgende Prüfungen und die Gegenüberstellung der daraus gewonnenen Werte mit entsprechenden Grenzwerten:

- Farbe und Geruch,
- Detergentien, Öl, Fette,
- Absetzbare Stoffe,
- pH-Wert,
- Gehalt an Chlorid (Cl^-) ($\leq$ 600 mg/l bei Spannbetonbauteilen bzw. $\leq$ 2000 mg/l bei Stahlbetonbauteilen),
- Sulfat (SO^{2-}_4), Phosphat (P_2O_5), Nitrat (NO^-_3), Zink (Zn^{2+}), Zucker und Huminstoffe.

Außerdem darf Restwasser, d.h. Brauchwasser, das beim Auswaschen von Gesteinskörnungen für Beton und Mörtel und von Restbeton oder -mörtel anfällt, zur Betonherstellung wiederverwendet werden. Bei der Verwendung von Restwasser sind für Beton einschließlich der Festigkeitsklasse C 50/60 die Angaben in der DAfStb-Richtlinie zur Herstellung von Beton unter Verwendung von Restwasser, Restbeton und Restmörtel zu beachten. Für die Herstellung von hochfestem Beton darf Restwasser nicht verwendet werden. Im Regelfall ist die Zugabemenge des Restwassers so zu begrenzen, dass sein Feststoffgehalt höchstens 1 M.-% der Gesamtgesteinskörnung beträgt. Diese Forderung gilt als erfüllt, wenn die Dichte des homogenisierten Restwassers $\rho \leq 1{,}07$ kg/dm³ ist. Zur Herstellung von Beton mit einem hohen Sulfatwiderstand gilt immer 1 M.-% Feststoff als Obergrenze.

Betonzusatzmittel

Betonzusatzmittel werden dem Beton zugegeben, um durch chemische und physikalische Wirkung die Eigenschaften von Frisch- und Festbeton entsprechend den technologischen und mechanischen Erfordernissen zu beeinflussen. Da sie nur in geringen Mengen dem Beton zugegeben werden, sind sie bei der Stoffraumrechnung üblicherweise nicht zu berücksichtigen. Eine Ausnahme bildet der Luftporenbildner (LP) (vgl. Tabelle 5-40). Betonzusatzmittel sind flüssig, pulverförmig, granuliert oder suspendiert erhältlich.

Die Betonzusatzmittelmenge darf nach DIN 1045-2 einen Wert von 50 g/kg Zement nicht überschreiten. Bei der Verwendung mehrerer Betonzusatzmittel bis zu einer Gesamtzugabemenge von 60 g/kg Zement ist kein gesonderter Nachweis erforderlich. Bei höheren Dosierungsmengen muss nachgewiesen werden, dass die mechanischen und Dauerhaftigkeitseigenschaften des Betons nicht beeinträchtigt werden. Bei Dosierungen unter 2 g/kg des Zementgewichtes muss die Zusatzmittelmenge im Zugabewasser oder in einem Teil davon zuvor aufgelöst werden, wobei Wasseranteile in gelösten Zusatzmitteln über 3 l/m³ Beton bei der Berechnung des tatsächlichen Wasserzement-Wertes zuzurechnen sind.

Für hochfesten Beton ist die Zugabemenge an Betonverflüssiger bzw. Fließmittel auf 70 g/kg bzw. 70 ml/kg Zement begrenzt. Bei der Verwendung mehrerer Betonzusatzmittel darf bei hochfestem Beton die insgesamt zugegebene Menge 80 g/kg bzw. 80 ml/kg Zement nicht überschritten werden.

Betone der Konsistenzklassen ≥ F4 (vgl. Abschnitt 5.4.1.9) sind mit Fließmitteln (FM) herzustellen.

Die Wirksamkeit der Betonzusatzmittel sowie deren Unschädlichkeit hinsichtlich einer Beton- und Bewehrungskorrosion muss durch eine Erstprüfung, die die Baustellenbedingungen berücksichtigt, nachgewiesen werden. Ihre bautechnische Anwendung bedarf einer allgemeinen bauaufsichtlichen Zulassung oder einer europäischen technischen Zulassung.

Betonzusatzmittel werden in Wirkungsgruppen eingeteilt. Durch den Einfluss von Temperatur, Zeitdauer, Betonzusammensetzung, Art und Schwankung der Gesteinskörnungen können Zusatzmittel mitunter auch nachteilige Wirkungen (Wasserabsondern, Umschlagen des zu erzielenden Effekts, Erhöhung des Kriechens, Erhöhung der Entmischungsneigung des Frischbetons etc.) haben, insbesondere bei einer Fehldosierung. Bei der Herstellung von Beton mit alkaliempfindlichen Gesteinskörnungen darf die durch das Zusatzmittel eingebrachte Alkalimenge, ausgedrückt durch das Na_2O-Äquivalent (vgl. Abschnitt 5.2), einen Wert von 0,02 M.-% bezogen auf das Zementgewicht nicht überschreiten. Auch muss der Gesamtgehalt an Halogenen (außer Fluor), ausgedrückt durch den Chloridgehalt, die im Zusatzmittel zulässig sind, beachtet werden. Tabelle 5-40 gibt einen Überblick über wichtige Betonzusatzmittel.

Tabelle 5-40 Zusammenstellung der wichtigsten Betonzusatzmittel

Wirkungs-gruppe	Kurz-zeichen	Farb-kennung	Wirkstoffe (WS) und Wirkungsweise (WW) im Frischbeton
Betonver-flüssiger	BV	gelb	WS: überwiegend Ligninsulfonate, Melaminharze, Naphthalinsulfonsäurekondensate, Polyacrylate und Polycarboxylatether. Weniger verbreitet sind Hydroxycarbonsäuren und deren Salze. WW: beruht auf einer elektrischen Ladungsverteilung und Polarisation der Molekülketten, die sich an Zementpartikel sowie feinen Gesteinskörnungen anlagern und zum gegenseitigen Abstoßen (Dispergierung) der Teilchen führen - was bei einer Überdosierung auch zu einer Verzögerung des Erstarrungsverhaltens und der Anfangserhärtung führen sowie zum s.g. „Bluten“ und zur Entstehung von Luftporen führen kann. Betonverflüssiger bewirken eine Verminderung des Wasseranspruchs des Frischbetons und führen zu einer besseren Verarbeitbarkeit.

(Fortsetzung von Tabelle 5-40)

Wirkungs-gruppe	Kurz-zeichen	Farb-kennung	Wirkstoffe (WS) und Wirkungsweise (WW) im Frischbeton
Fließmittel	FM	grau	WS: überwiegend Ligninsulfonate, Melaminharze, Naphthalinsulfonsäurekondensate, Polyacrylate und Polycarboxylatether. Weniger verbreitet sind Hydroxycarbonsäuren und deren Salze. WW: Wirkungsweise vergleichbar mit der von Betonverflüssigern. Hinzu kommen jedoch noch sterische und tribologische Eigenschaften, die zu einer stärkeren Verflüssigung führen. Sie verringern bei gleicher und bis zu einer Stunde gleichbleibender Verarbeitbarkeit erheblich den Wasseranspruch bzw. die erforderliche Zugabewassermenge. Fließmittel werden zur Herstellung von Fließbeton und selbstverdichtendem Beton (vgl. Abschnitt 5.4.5) verwendet.
Luftporen-bildner	LP	blau	WS: Seifen aus natürlichen Harzen, wie z.B. Vinsol-Resin (Extrakt aus Kieferwurzeln), Alkylarcrylsulfonate, Ligninsulfonate, Salze von Carboxylverbindungen und Proteinsäuren (ionische und nichtionische Tenside). WW: Erzeugung kugeliger, geschlossenzelliger und gleichmäßig verteilter Mikroluftporen zur vorrangigen Erhöhung des Frost- und des Frost-Taumittel-Widerstandes.
Dichtungs-mittel	DM	braun	WS: Salze höherer Fettsäuren, z.B. Calciumstearate. WW: Verminderung der Wasseraufnahme des Betons infolge kapillaren Saugens durch porenfüllende, quellfähige und/oder hydrophobierende Chemikalien (Silicate, Phosphate bzw. Silicone, Silane). Sie wirken jedoch auch verflüssigend und vermindern somit u.U. auch den Wassergehalt im Frischbeton.
Verzögerer	VZ	rot	WS: Es wird unterschieden in anorganische Verzögerer (Natriumpyrophosphat, Borsäure, Oxide) und organische Verzögerer (Saccharose, Gluconat, Ligninsulfonat, Aceton, Zitronensäure). WW: Überzug der Zementkörner mit einem schwer löslichen Filmen, die die Hydratation/Hydrolyse behindern und dadurch die Erstarrung des Zements verzögern bzw. die Verarbeitbarkeitszeit verlängern. Die Mindestzugabemengen von Verzögerern sind der DAfStb-Richtlinie für Beton mit verlängerter Verarbeitbarkeitszeit (Verzögerter Beton) [5.72] zu entnehmen.
Beschleu-niger	BE	grün	WS: Silicate, Aluminate, Carbonate, Formiate, amorphe Aluminiumhydroxide, Aluminiumsulfate Chloride (Natriumchlorid). WW: Zusatzmittelbestandteile, die durch die Beschleunigung des Inlösunggehens der Zementbestandteile eine Intensivierung der Hydratation bewirken, d.h. einer Beschleunigung der Erstarrung des Zements. Dieser Vorgang ist nicht immer gleich-bedeutend mit einer beschleunigten Erhärtung oder einer Entwicklung einer schnellen Frühfestigkeit des Betons.

(Fortsetzung von Tabelle 5-40)

Wirkungs-gruppe	Kurz-zeichen	Farb-kennung	Wirkstoffe (WS) und Wirkungsweise (WW) im Frischbeton
Einpress-hilfen	EH	weiß	WS: Aluminiumpulver. WW: Verbesserung der Fließfähigkeit des Frischbetons bzw. -mörtels. Durch die Verwendung von Einpresshilfen kann der Wasseranspruch und das Absetzen reduziert werden. Einpresshilfen führen üblicherweise zu einem leichten Quellen.
Stabilisierer	ST	violett	WS: Polysaccharide, Celluloseether, Polyethylenoxid (UCR). WW: Stabilisierung des homogenen Gefüges von Frischbetons auch bei sehr weicher Konsistenz. Sie verhindern die Sedimentation und verringern die Wasserabsonderung ("Bluten").
Recycling-hilfen für Wasch-wasser	RH	schwarz	WS: vgl. Verzögerer (VZ). WW: vgl. Verzögerer (VZ), was zur Wiederverwendung von Waschwasser, das beim Reinigen von Mischfahrzeugen und Mischern anfällt, führt.
Recycling-hilfe für Restbeton	RB	schwarz	WS: vgl. Verzögerer (VZ). WW: Verzögerung von Restbeton im Mischfahrzeug bis zu 72 Stunden. Die Wiederverwendung des Restbetons wird durch die Zuladung von Frischbeton ermöglicht.
Chromat-reduzierer	CR	rosa	WS: Reduktionsmittel Eisen(II)sulfat WW: Reduktion von Chrom (VI) zu Chrom (III) hinsichtlich des allergische Hautreaktionen auslösenden Chromatgehalts.
Schaum-bildner	SB	orange	WS: Proteinhydrolysate, Sulfonate, Laurylsulfonate, Naturharze, Seifen, Saponin. WW: Einführung von Luftporen zur Herstellung eines Schaumbetons bzw. Betons mit porosiertem Zementstein. Die durch den Schaumbildner eingetragenen Luftporen sind wesentlich gröber als bei einem Luftporenbildner (LP).

Zusätzlich zu den in Tabelle 5-40 aufgeführten Betonzusatzmitteln werden für bestimmte Sonderzwecke die nachfolgenden Stoffe verwendet:

- Gasbildner (Aluminiumpulver) zur Herstellung von dampfgehärtetem Porenbeton. Durch die chemische Reaktion des präparierten Aluminiumpulvers mit dem durch die Hydratation gebildeten Calciumhydroxid ($Ca(OH)_2$) kommt es zur Wasserstoffentwicklung. Dabei entstehen vorwiegend geschlossene, kugelförmige Luftporen.
- Entschäumer (Dibutylphthalat, wasserlösliche Alkohole, wasserunlösliche Kohlensäure- oder Borsäureester, Silicone, Tributylphosphat) zur Austreibung überschüssiger Luftporen.

- Fettalkohole (natürliche, reduzierte Fettsäuren) können dem Beton zugemischt werden, um die Gefahr der Schrumpfrissbildung infolge einer zu schnellen Austrocknung der freien Betonoberfläche zu vermindern.
- Pilz-, keim- und insektentötende Zusatzmittel (halogenisierte Polyphenole, Dieldrin-Emulsionen, Kupferverbindungen).
- Zusatzmittel zum Korrosionsschutz der Bewehrung (Natriumnitrit, Kaliumnitrit, Calciumnitrit) führen zu einer ausgeprägteren Passivschicht an der Bewehrungsoberfläche und damit zu einem erhöhten Korrosionsschutz. Langzeituntersuchungen stehen noch aus.

Bislang regelt die Richtlinie des Deutschen Instituts für Bautechnik (DIBt) die Zulassung und Überwachung von Betonzusatzmitteln. Zukünftig wird deren Herstellung, Überwachung und Einteilung nach der Normenreihe DIN EN 934 geregelt.

Betonzusatzstoffe

Betonzusatzstoffe gemäß DIN 1045-2 sind feinste mineralische oder organische Stoffe, die dem Beton zugegeben werden und deren Zugabemenge bei der Stoffraumrechnung berücksichtigt werden muss. Sie dienen der Verbesserung von Frischbetoneigenschaften (Ansteifen, Erhärten, Verarbeitbarkeit, Wasserrückhaltevermögen etc.) als auch der Festbetoneigenschaften (Festigkeit, Dichtigkeit, Dauerhaftigkeit etc.).

Im Allgemeinen werden Betonzusatzstoffe in organische Stoffe (Kunststoffdispersionen, d.h. feinverteilte Kunststoffpartikel, wie z.B. Styrolbutadiene oder Styrolacrylate, in Wasser zur Herstellung kunststoffmodifizierter Zementbetone, wie z.B. Polymer-Cement-Concrete PCC oder Epoxy-Cement-Concrete ECC), Pigmente (anorganische oder organische, mehlfeine Zusätze zur dauerhaften Farbgebung des Betons) (DIN EN 12878) [5.66], Fasern (Glas-, Stahl-, Kunststoff- oder Kohlenstofffasern, vgl. Abschnitt 5.4.4) und anorganische Stoffe (mineralische, mehlfeine Stoffe geringer Größe) unterschieden. Insbesondere die anorganischen Stoffe werden dem Beton zugegeben, um bestimmte Eigenschaften zu verbessern oder um bestimmte Eigenschaften zu erreichen.

Gemäß DIN 1045-2 bzw. DIN EN 206-1 werden zwei Grundtypen von Betonzusatzstoffen unterschieden:

- Typ I: nahezu inaktive (inerte) Zusatzstoffe, wie z.B. Gesteinsmehle (Quarz- oder Kalksteinmehl) nach DIN 4226-1 [5.66] und Pigmente nach DIN EN 12878 [5.66], die unter normalen Temperatur- und Druckbedingungen nicht mit Zement und Wasser reagieren.
- Typ II: puzzolanische oder latent-hydraulische Zusatzstoffe, wie z.B. Trass nach DIN 51043, Flugasche nach DIN EN 450 [5.68] sowie Silicastaub mit einer allgemeinen bauaufsichtlichen Zulassung oder nach prEN 13263: 1998 [5.69], die aktiv zur Erhärtung des Betons beitragen. Durch deren Zugabe können die nachfolgenden Effekte erzielt werden, die letztlich der Verbesserung der Betoneigenschaften dienen:

- Verbesserung des Porensystems im Zementstein durch den Füller- und Kugellager-Effekt, der durch die Partikelgröße verursacht wird. Dabei sind die kleinen Partikel in der Lage, nahezu alle Zwickelräume zwischen den zum Teil unhydratisierten Zementkörnern zu füllen und somit die Packungsdichte in der Zementsteinmatrix deutlich zu erhöhen.
- Bildung von zusätzlichen Calciumsilicathydrat-Phasen (CSH-Phasen) als primäre Festigkeitsträger des Zementsteins durch die puzzolanische Reaktion (vgl. Bild 5-24). Dabei wird die puzzolanische Reaktionsfähigkeit maßgeblich durch den Gehalt an reaktiven, überwiegend silicatischen Bestandteilen des Betonzuatzstoffs bestimmt, die mit dem bei der Hydratation entstehenden Calciumhydroxid $Ca(OH)_2$ reagieren. Auch ist die zur Verfügung stehende Oberfläche des Puzzolans wichtig.
- Verbesserung der Kontaktzone zwischen den Gesteinskörnungen und Zementstein durch die Reduzierung des Porenvolumens und Bildung zusätzlicher CSH-Phasen in diesem Bereich.

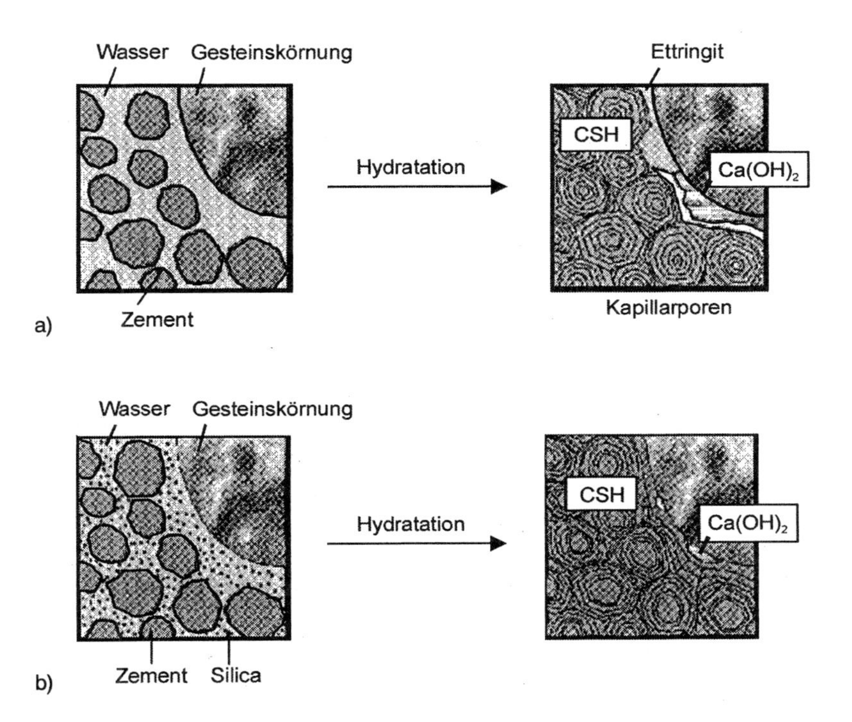

Bild 5-24 Schematische Darstellung der puzzolanischen Reaktion
a) Normalbeton, b) Hochleistungsbeton

Nachfolgend werden zu den einzelnen Betonzusatzstoffen erläuternde Ergänzungen gegeben:

- *Gesteinsmehle*: Feingemahlene Gesteinsmehle (Füller) nach DIN 4226-1 werden dem Beton zugesetzt, um bei zementarmen Betonen oder feinteilarmen Sanden einen ausreichend hohen Mehlkorngehalt (vgl. Abschnitt 5.4.1.7) zu erzielen, der für die Verarbeitbarkeit und ein entsprechend dichtes Betongefüge erforderlich ist. Gesteinsmehle sind i.d.R. inert, können aber auch puzzolanische oder latent-hydraulische Eigenschaften aufweisen. Für die Verarbeitbarkeit von Beton ist insbesondere der Bereich bis 0,125 mm entscheidend. Tabelle 5-42 fasst wesentliche Eigenschaften und Kennwerte von Quarz- und Kalksteinmehl zusammen.
- *Pigmente*: Farbpigmente sind i.d.R. mineralischen Ursprungs. Zur Gewährleitung einer dauerhaften Farbgebung des Betons müssen Pigmente lichtecht, wasserfest und alkalibeständig sein. Zusätzlich dürfen sie das Erhärten und Erstarren des Betons nicht beeinträchtigen. Die Zugabemenge von Pigmenten liegt zwischen 2 und 10 M.-% der Zementmenge. Höhere Zugabemengen sind nicht ratsam, weil dadurch ein Übermaß an feinen Bestandteilen in die Betonmischung eingetragen wird, die den Wasseranspruch erhöht und sich somit negativ auf bestimmte Betoneigenschaften (Schwinden, Frostwiderstand etc.) auswirken kann. Tabelle 5-41 zeigt die wichtigsten Oxidpigmente zur Einfärbung von Beton.

Tabelle 5-41 Darstellung der wichtigsten Oxidpigmente

Farbe	Chemische Bezeichnung	Trivialname
Rot	Eisen(III)oxid	Eisenoxidrot
Gelb	Eisen(III)hydroxid	Eisenoxidgelb
Grün	Chrom(III)oxid	Chromoxidgrün
Blau	Cobaltaluminat	Cobaltblau
Braun	Mischung aus Eisen(III)hydroxid und/oder Eisen(III)oxid mit Eisen(II, III)oxid	Eisenoxidbraun
Schwarz	Eisen(II, III)oxid	Eisenoxidschwarz
Weiß	Titan(IV)oxid	Titandioxid

- *Trass*: Trass ist gemahlener, vulkansicher Tuffstein. Trass zählt zu den vulkanischen Gläsern und besteht überwiegend aus Kieselsäure, Tonerde sowie chemisch und physikalisch gebundenem Wasser. Trass ist ein natürliches Puzzolan (vgl. Abschnitt 5.2) und bildet mit Wasser und dem bei der Zementhydratation abgespaltenen Calciumhydroxid $Ca(OH)_2$ zementsteinähnliche Reaktionsprodukte. Tabelle 5-42 fasst wesentliche Eigenschaften und Kennwerte von Trass zusammen.

Tabelle 5-42 Kennwerte für Trass und Gesteinsmehle

Eigenschaften/ Kennwerte		Trass nach DIN 51043	Gesteinsmehl nach DIN 4226-1	
			Quarz	Kalkstein
Spezifische Oberfläche	[cm²/g]	≥ 5000	≥ 1000	≥ 3500
Glühverlust	[M.-%]	≤ 12	0,2	ca. 40
Sulfat (SO_3)	[M.-%]	≤ 1,0	≤ 1,0	≤ 1,0
Chlorid (Cl)	[M.-%]	≤ 0,10	≤ 0,02	≤ 0,02
Dichte [1)]	[kg/dm³]	2,40...2,60	2,65	2,60...2,70
Schüttdichte [1)]	[kg/dm³]	0,70...1,00	1,30...1,50	1,00...1,30

[1)] Richtwert für bisherigen Erfahrungsbereich

- *Flugasche*: Flugaschen sind Rückstände aus der Kohleverbrennung, die mit Hilfe von Elektrofiltern den Rauchgasen entzogen werden. Sie sind feinkörnige, überwiegend glasige, mineralische Stäube mit einer spezifischen Oberfläche von ca. 2000 bis 8000 cm^2/g. Die chemische Zusammensetzung der Flugasche ist ungefähr vergleichbar mit der von natürlich gewonnenen Puzzolanen, wie z.B. Trass. Die Wirkungsweise von Flugaschen ist sowohl auf deren physikalische (Füller-Effekt und Kugellager-Effekt) als auch auf deren chemische (Bildung von CSH-Phasen durch die puzzolanische Reaktion) Eigenschaften zurückzuführen. Wegen ihrer puzzolanischen Reaktionsfähigkeit werden Flugaschen seit Jahren auch zur Herstellung von Normalbeton eingesetzt, insbesondere bei massiven Bauteilen zur Reduzierung der Bauteiltemperatur während der Hydratation. Nach DIN 1045-2 dürfen nur solche Flugaschen als Betonzusatzstoff verwendet werden, die DIN EN 450 Flugasche für Beton [5.68] entsprechen oder eine bauaufsichtliche Zulassung des DIBt besitzen. Regeln zur Anrechenbarkeit von Flugaschen hinsichtlich des Zementgehaltes und des Wasserzement-Wertes sind in Tabelle 5-43 angegeben.

- *Silicastaub*: Silicastaub ist ein kondensierter Filterstaub, der als Nebenprodukt bei der Herstellung von Ferrosilicium- bzw. Siliciummetall anfällt. Hauptbestandteil des Silicastaubs ist glasig erstarrtes, armorphes Siliciumdioxid SiO_2. Die Silicapartikel formen sich im Rauchabzug zu einer fast perfekten Kugelform. Die spezifische Oberfläche des Silicastaubs ist in der Größenordnung des 10fachen von Zement und liegt bei ca. 16 bis 22 m^2/g. Zusätzlich zur Bildung von CSH-Phasen infolge der puzzolanischen Reaktionsfähigkeit und den durch die Partikelgröße des Silicastaubs hervorgerufenen Füller-Effekt wird weiterhin die Kontaktzone zwischen den Gesteinskörnungen und der Zementsteinmatrix deutlich verbessert. Außer von der chemischer Zusammensetzung wird die Qualität des Silicastaubs entscheidend von der Korngrößenverteilung bestimmt. Die Zugabemenge an Silicastaub liegt in der Regel unter 10 M.-% des Zementgewichts. Jedoch reicht bereits eine Zugabemenge von ca. 2 M.-% vom Zementgewicht aus, um die Druckfestigkeit und Dauerhaftigkeit des

Betons positiv zu beeinflussen. Unter Berücksichtung des umsetzbaren Calciumhydroxids während der Hydratation liegt die Obergrenze für die Zugabemenge an Silicastaub bei ca. 15 M.-% vom Zementgewicht. Hinsichtlich der Verarbeitbarkeit ist zu beachten, dass die Verwendung von Silicastaub bzw. Silicasuspensionen die Klebrigkeit des Betons deutlich erhöht und somit große Mengen an Fließmittel benötigt werden, um die geforderte Konsistenz einzustellen.

Im Gegensatz zur alleinigen Verwendung von Silicastäuben kann die gemeinsame Anwendung von Flugasche und Silicastaub mitunter technologische Vorteile bringen. Durch die unterschiedliche Kornverteilung ist ein noch abgestufteres Kornband insbesondere im Feinbereich möglich. Das Betongefüge wird infolgedessen noch dichter, was zur Verbesserung der Dauerhaftigkeit führen kann. Ein zusätzlicher Effekt, der bei gleichzeitiger Verwendung von Silicastaub und Flugasche von Vorteil ist, liegt in der Verringerung der Hydratationswärme. Die insbesondere bei hochfesten Betonen festgestellte Rissbildungsgefahr kann diesbezüglich durch die zusätzliche Verwendung von Flugasche verringert werden. Bei gemeinsamer Verwendung von Silicastaub und Flugasche muss jedoch beachtet werden, dass der Gehalt an Calciumhydroxid sowohl für die puzzolanische Reaktion als auch für die dauerhafte Sicherstellung der Alkalität des Betons, hinsichtlich des Korrosionsschutzes der Bewehrung, in ausreichendem Maße vorhanden ist.

Generell dürfen Flugaschen, Silicastäube sowie die Kombination beider Stoffe nach DIN 1045-2 bzw. DIN EN 206-1 über den k-Wert-Ansatz auf den Wasserzement-Wert (vgl. Abschnitt 5.4.1.7) und den Mindestzementgehalt angerechnet werden. Nachfolgende Tabelle 5-43 fasst die zu berücksichtigenden Vorgaben zusammen.

Tabelle 5-43 *k*-Wert-Ansatz für Flugasche und Silicastaub

	Flugasche f	**Silicastaub *s***	**Flugasche *f* + Silicastaub *s***
Maximaler Zusatzstoffgehalt	keine Beschränkungen	max. $s = 0{,}11 \cdot z$	max. $s = 0{,}11 \cdot z$ max. $f = 0{,}66 \cdot z\text{-}3 \cdot s$ [1] bzw. max. $f = 0{,}45 \cdot z\text{-}3 \cdot s$ [2]
Äquivalenter Wasserzement-Wert $(w/z)_{eq}$ [3]	$w/(z+0{,}4 \cdot f)$ [3] bzw. $w/(z+0{,}7 \cdot f) \leq 0{,}6$ [4]	$w/(z+1{,}0 \cdot s)$ [3]	$w/(z+0{,}4 \cdot f+1{,}0 \cdot s)$ [3]
Anrechenbare Zusatzmenge	max. $f = 0{,}33 \cdot z$	max. $s = 0{,}11 \cdot z$	max. $f = 0{,}33 \cdot z$ und max. $s = 0{,}11 \cdot z$
Reduzierter Mindestzement-gehalt [3]	$z+f \geq 240$ kg/m³ [3) 5)] bzw. $z+f \geq 270$ kg/m³ [3) 6)] $z+f \geq 350$ kg/m³ [3) 4)]	$z+s \geq 240$ kg/m³ [3) 5)] bzw. $z+f \geq 270$ kg/m³ [3) 6)]	$z+f+s \geq 240$ kg/m³ [3) 5)] bzw. $z+f+s \geq 270$ kg/m³ [3) 6)]
Zulässige Zementarten	CEM I, CEM II/A-D [7], CEM II/A-S, CEM II/B-S, CEM II/A-T, CEM II/B-T, CEM II/A-LL, CEM III/A, CEM III/B mit max. 70 % Hüttensand	CEM I, CEM II/A-S, CEM II/B-S, CEM II/A-P, CEM II/B-P, CEM II/A-V, CEM II/A-T, CEM II/B-T, CEM II/A-LL, CEM II/B-SV, CEM III/A, CEM III/B	CEM I, CEM II/A-D [7], CEM II/A-S, CEM II/B-S, CEM II/A-T, CEM II/B-T, CEM II/A-LL, CEM III/A,

[1] bei CEM I
[2] bei CEM II-S, CEM II/A-D, CEM II-T, CEM II/A-LL, CEM III/A
[3] für alle Expositionsklassen mit Ausnahme von XF2 und XF4 (vgl. Abschnitt 5.4.1.7)
[4] bei Unterwasserbeton, Bohrpfahlbeton
[5] bei XC1, XC2 und XC3
[6] bei sonstigen Expositionsklassen (vgl. Abschnitt 5.4.1.7)
[7] der Silicastaub des Zementes ist mit $s = 0{,}1 \cdot z$ zu berücksichtigen

5.4.1.7 Festlegung der Betonzusammensetzung

Grundsätze

Die Betonzusammensetzung und die Ausgangsstoffe für Beton nach Eigenschaften oder Beton nach Zusammensetzung müssen so ausgewählt werden, dass unter Berücksichtigung des Herstellungs- und des gewählten Ausführungsverfahrens für die Betonarbeiten die festgelegten Anforderungen für Frischbeton und Festbeton, einschließlich Konsistenz, Rohdichte, Festigkeit, Dauerhaftigkeit und Schutz des eingebetteten Stahls gegen Korrosion, erfüllt werden. Grundlage für das Entwerfen oder Vorgeben einer Betonzusammensetzung sind die Ergebnisse der Erstprüfung bzw. Eignungsprüfung oder Ergebnisse aus nachweisbaren und nachvollziehbaren Langzeiterfahrungen mit vergleichbarem Beton unter Berücksichtigung der Grundanforderungen für Ausgangsstoffe und der Betonzusammensetzung.

In allen Fällen muss Frischbeton für die Baupraxis immer so zusammengesetzt sein, dass er sich gut durchmischen und ohne wesentliche Entmischung sachgerecht fördern, verarbeiten, einbringen und verdichten lässt, damit der Festbeton die geforderten Eigenschaften erreichen kann. Dies setzt zwingend einen Anspruch auf gegenseitige Informationen in zweckmäßiger Form (z.B. Sortenverzeichnis, Lieferschein o.ä.) zwischen Verwender, (Verwender, Verfasser und/oder Hersteller des Betons können dieselbe Partei sein - z.B. Baustellenbeton, Betonfertigteil-Hersteller) und Hersteller des Frisch- bzw. Transportbetons voraus. Diese Informationen entsprechen im Wesentlichen den durch den Verfasser gestellten allgemeinen und zusätzlichen Anforderungen an den Beton. Dementsprechend muss ein Lieferschein für Transportbeton mindestens folgende Angaben enthalten:

- Name des Transportbetonwerkes,
- Datum und Zeit des Beladens,
- Identifikationszeichen des Transportfahrzeuges,
- Name und Anschrift des Käufers,
- Bezeichnung und Lage der Baustelle,
- Einzelheiten und Verweise auf die Festlegung (Listenverzeichnis, Bestellnummer),
- Menge des Betons in Kubikmeter,
- Name und Zeichen der Zertifizierungsstelle des Herstellers,
- Bauaufsichtliches Übereinstimmungszeichen,
- Zeitpunkt des Eintreffens des Betons beim Verwender bzw. auf der Baustelle,
- Zeitpunkt des Beginns des Entladens und
- Zeitpunkt des Beendens des Entladens.

Der Verfasser der Festlegung des Betons (Betonentwurf) muss sicherstellen, dass alle relevanten Anforderungen für die Betoneigenschaften in der dem Hersteller zu übergebenden Festlegung enthalten sind. Der Verfasser der Festlegung muss auch alle Anforderungen an die Betoneigenschaften festlegen, die für den Transport nach der Lieferung, das Einbringen, die Verdichtung, die Nachbehandlung oder weiterer Behandlungen erforderlich sind. In besonderen Fällen (z.B. Sichtbeton, hochfester Beton, LP-Beton, selbstverdichtender Beton) sollten zusätzliche Angaben über die Betonzusammensetzung sowie Anforderungen an die Betonausgangsstoffe, z.B. Art und Herkunft, zwischen Hersteller, Verwender und Verfasser der Festlegung bzw. des Betonentwurfes vereinbart werden.

Nachfolgend werden die grundsätzlichen Zusammenhänge für die Festlegung der Betonzusammensetzung dargestellt.

Zusammensetzung der Gesteinskörnungen

Bereits in Abschnitt 5.4.1.6 wurden Angaben hinsichtlich der geeigneten Kornzusammensetzung der Gesteinskörnungen gemacht. Das Korngemisch von Beton setzt sich aus Gesteinkörnungen unterschiedlicher Größe, Form und Beschaffenheit zusammen. Die Größenverteilung der Körner, die Kornform und die Kornoberfläche bestimmen maßgebend den Wasseranspruch für eine ausreichende Frischbetonkonsistenz und den Bedarf an Zementleim zur Erzielung eines dichten Betongefüges. In Abschnitt 5.3 ist in Abhängigkeit von der geforderten Konsistenzklasse sowie der Regelsieblinie mit dem zugehörigen Größtkorndurchmesser der jeweilige Wasserbedarf zur Herstellung eines m^3 Frischbetons angegeben. Als wesentliche Kennwerte für die Ermittlung des Wasseranspruchs gelten der k-Wert und die D'-Summe (vgl. Abschnitt 5.3).

Bei einem festgesetzten Zementgehalt ist die Größenverteilung der Körner entscheidend für den Wasserzement-Wert und alle von diesem abhängigen Betoneigenschaften, wie z.B. die Druckfestigkeit. Bei Betonen mit einer geforderten Druckfestigkeit und daraus korrelierendem Wasserzement-Wert (vgl. Bild 5-25) bestimmt die Kornzusammensetzung den Zementbedarf.

Wasseranspruch

Unter Wasseranspruch versteht man das im Zementleim vorhandene, freie und wirksame Wasser, das als Volumenanteil des Betons zu berücksichtigen ist. Bei der Betonprojektierung (Mischungsentwurf) muss vorab eine bestimmte Frischbetonkonsistenz (Einbaukonsistenz) gewählt und hierfür der erforderliche Wasseranspruch abgeschätzt werden. Der Wasseranspruch des Betons hängt von den Eigenschaften der Ausgangsstoffe und ihrer Zusammensetzung ab. Der Wasseranspruch kann außerdem durch Betonzusatzmittel, wie. FM und BV (vgl. Abschnitt 5.4.1.6), oder durch Betonzusatzstoffe beeinflusst werden.

Neben der Kornzusammensetzung, der Kornform und der Oberflächenbeschaffenheit der Gesteinskörnungen hat auch der Zementgehalt und die Zementart einen großen Einfluss auf den Wasseranspruch. Große Zementgehaltunterschiede können bei Betonen mit mehlkorn- bzw. sandarmen Korngemischen, z.B. A 32 (vgl. Abschnitt 5.3) einen deutlichen Unterschied im Wasseranspruch von 10 bis 30 l/m^3 zur Folge haben (vgl. Tabelle 5-32). Mit zunehmendem Sand- und Mehlkornanteil geht der Einfluss des Zementgehalts auf den Wasseranspruch zurück. Bei Betonen mit gebrochenen Gesteinskörnungen ist der Einfluss des Zementgehaltes größer als bei Betonen mit ungebrochenen Gesteinskörnungen. Je feiner der Zement (*Blaine-Wert*), desto größer ist sein Wasseranspruch. So wird für einen feingemahlenen Zement der Festigkeitsklasse 52,5 deutlich mehr Wasser für die Verarbeitung benötigt, als für einen CEM 32,5.

Viele Betonzusatzmittel, wie z.B. Fließmittel oder Betonverflüssiger, bewirken eine Verflüssigung, so dass der Wasseranspruch mehr oder weniger vermindert wird. Die wassereinsparende Wirkung z.B. von Betonverflüssigern liegt im Allgemeinen zwischen 5 bis 15 %. Für Fließmittel kann eine Wassereinsparung von 25 bis 35 % festgestellt werden. Die nach DIN 1045-2 zulässigen Höchstmengen sind in Abschnitt 5.4.1.6 angegeben. Auch der Eintrag von Luftporen (LP) kann den Wasseranspruch vermindern, da die Luftporen eine bessere Verarbeitung des Frischbetons bewirken.

Feinkörnige Betonzusatzstoffe haben einen mit Zement vergleichbaren Einfluss auf den Wasseranspruch. Bei Betonen mit einem niedrigen Mehlkorngehalt bewirken sie eine Verbesserung der Verarbeitbarkeit und somit eine geringfügige Verminderung des Wasseranspruchs. Dagegen können die Zusatzstoffe bei mehlkornreichen Betonen, insbesondere bei hohen Zementgehalten (hochfester Beton, vgl. Abschnitt 5.4.4), den Wasseranspruch für eine bestimmte Konsistenz (vgl. Abschnitt 5.4.1.9) erhöhen.

Wasserzement-Wert und Zementgehalt

Der Wasserzement-Wert (w/z) und der Zementgehalt müssen so gewählt werden, dass die geforderten Frisch- und Festbetoneigenschaften zielsicher erreicht werden. Je niedriger der w/z-Wert, desto geringer ist die Porosität des Zementsteins. Daraus resultiert eine höhere Zementstein- bzw. Betonfestigkeit. Der Wasserzement-Wert ist der wichtigste betontechnologische Kennwert. Er ist in Abhängigkeit von den Umgebungsbedingungen, denen das Betonbauteil ausgesetzt ist, zu wählen (vgl. Tabelle 5-44).

Der erforderliche Zementgehalt korreliert mit dem w/z-Wert und ist zusammen mit dem Wasseranspruch der Gesteinkörnungen zu betrachten. Er darf bestimmte Grenzwerte nicht unterschreiten, damit der Beton genügend fest und dauerhaft ist (vgl. Tabelle 5-44).

Bild 5-25 stellt den Zusammenhang zwischen dem Wasserzement-Wert und der Betondruckdruckfestigkeit $f_{c,dry,cube}$ in Abhängigkeit von der Zementfestigkeitsklasse dar (vgl. Abschnitt 5.2). Darin bedeutet $f_{c,dry,cube}$ die mittlere Betondruckfestigkeit im Alter von 28 Tagen, bestimmt am Würfel mit einer Kantenlänge von 150 mm, der ein Tag in der Form, sechs Tage im Wasser (20 °C) und 21 Tage an der Luft (65 % rel. Luftfeuchte) gelagert werden. Diese Lagerungsbedingungen sind zusätzlich im nationalen Anhang zu DIN EN 12390-2 [5.59] enthalten und decken sich mit den DIN 1048-5 [5.70] gegebenen Regelungen (vgl. Abschnitt 5.4.1.2).

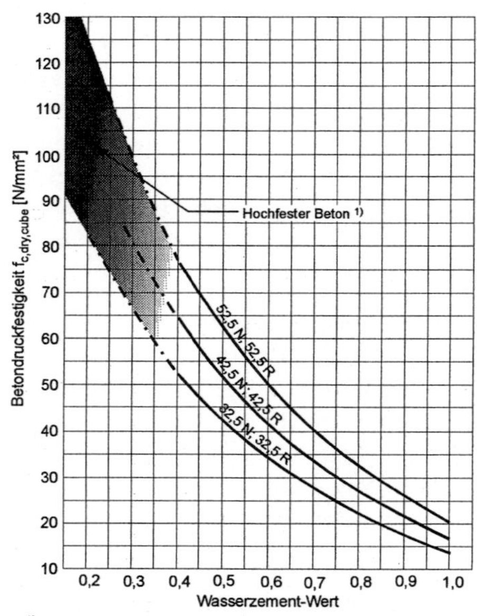

1) hier gelten gesonderte Regelungen und Annahmen

Bild 5-25 Zusammenhang zwischen Wasserzement-Wert w/z und der Betondruckfestigkeit $f_{c,dry,cube}$

In Abhängigkeit von den Umgebungsbedingungen (Exposition) ergeben sich zusätzliche Anforderungen an den Wasserzement-Wert und den Zementgehalt. Je nach möglicher Einwirkung sind in DIN 1045-2 sowohl für den Wasserzement-Wert und den Zementgehalt, getrennt für die Beton- oder Bewehrungskorrosion, Vorgaben enthalten. Tabelle 5-44 stellt diese Grenzwerte für die Zusammensetzung von Beton dar.

Tabelle 5-44 Mindestwerte für den Wasserzement-Wert und den Zementgehalt in Abhängigkeit von der Expositionsklasse (vgl. Tabelle 5-45)

Expositionsklasse (vgl. Tabelle 5-45)		**Maximaler Wasserzement-Wert max. *w/z***	**Mindestzementgehalt min. *z*** [2]
Kein Korrosions- oder Angriffsrisiko	X0	-	-
Bewehrungskorrosion, ausgelöst durch Karbonatisierung	XC1	0,75	240
	XC2	0,75	240
	XC3	0,65	260
	XC4	0,60	280
Bewehrungskorrosion, verursacht durch Chloride, ausgenommen Meerwasser	XD1	0,55	300
	XD2	0,50	320
	XD3	0,45	320
Bewehrungskorrosion, verursacht durch Chloride, aus Meerwasser	XS1	0,55	300
	XS2	0,50	320
	XS3	0,45	320
Frostangriff mit und ohne Taumittel	XF1	0,60	280
	XF2	0,55 (C25/30) [1] 0,50 (C35/45) [1]	300 320
	XF3	0,55 (C25/30) 0,50 (C35/45)	300 320
	XF4	0,50	320
Betonkorrosion durch chemischen Angriff	XA1	0,60	280
	XA2	0,50	320
	XA3	0,45	320
Betonkorrosion durch Verschleißbeanspruchung	XM1	0,55	300
	XM2	0,55 (C30/37) [1] 0,45 (C35/45) [1]	300 320
	XM3	0,45	320

[1] vgl. Tabelle 5-45

[2] bei bestimmten Expositionsklassen kann der Mindestzementgehalt durch die Anrechnung von Betonzusatzstoffen reduziert werden (vgl. DIN 1045-2, Tabelle F.2.1 und F.2.2)

Werden zusätzlich zum Zement die reaktiven, mehlfeinen Stoffe, wie z.B. Silicastaub und Flugasche, um den k-fachen Wert auf den Wassergehalt mit angerechnet, spricht man vom äquivalenten Wasserzement-Wert $(w/z)_{eq}$.

Umgebungsbedingungen

Hinsichtlich der Gebrauchstauglichkeit von Betontragwerken muss der Beton so zusammengesetzt sein, dass er einen ausreichenden Widerstand gegenüber den zu erwartenden Einwirkungen aufweist. Um einen entsprechend großen Widerstand zu gewährleisten, sind Mindestwerte für den Zementgehalt, den Höchstwert des Wasserzement-Wertes und die Druckfestigkeit festzulegen. Diese Mindestwerte richten sich nach der jeweiligen Expositionsklasse, in die der Beton eingeordnet wird. Die Expositionsklassen sind gekennzeichnet durch die maßgebenden Einwirkungen, denen der Beton während des Gebrauchszustands in den vorherrschenden Umgebungsbedingungen ausgesetzt ist. Dabei berücksichtigen die Expositionsklassen die möglichen und zu erwartenden Folgen für das Betonbauteil. Nachfolgende Tabelle 5-45 zeigt die nach DIN 1045-2 maßgebenden Expositionsklassen. Hierbei sind die Expositionsklassen von Beton und Bewehrung getrennt zu betrachten.

Tabelle 5-45 Expositionsklassen nach DIN 1045-2

Klassen-bezeich-nung	**Beschreibung der Umgebung**	**Beispiele für die Zuordnung von Expositionsklassen**	**Mindestdruck-festigkeitsklasse**
1. Kein Korrosions- oder Angriffsrisiko Für Bauteile ohne Bewehrung oder eingebettetes Metall in nicht betonangreifender Umgebung kann die Expositionsklasse X0 zugeordnet werden.			
X0	Für Beton ohne Bewehrung oder eingebettetes Metall; alle Expositionsklassen, ausgenommen Frostangriff mit und ohne Taumittel, Abrieb oder chemischer Angriff	Fundamente ohne Bewehrung ohne Frost, Innenbauteile ohne Bewehrung	C8/10
2. Bewehrungskorrosion, ausgelöst durch Karbonatisierung Wenn Beton, der Bewehrung oder ein anderes eingebettetes Metall enthält, Luft und Feuchtigkeit ausgesetzt ist, muss die Expositionsklasse wie folgt zugeordnet werden. Anmerkung: Die Feuchtigkeitsbedingung bezieht sich auf den Zustand innerhalb der Betondeckung der Bewehrung oder anderen eingebetteten Metalls; in vielen Fällen kann jedoch angenommen werden, dass die Bedingungen in der Betondeckung den Umgebungsbedingungen entsprechen. In diesen Fällen darf die Klasseneinteilung nach der Umgebungsbedingung als gleichwertig angenommen werden. Dies braucht nicht der Fall sein, wenn sich zwischen dem Beton und seiner Umgebung eine Sperrschicht befindet.			

(Fortsetzung von Tabelle 5-45)

Klassen-bezeich-nung	Beschreibung der Umgebung	Beispiele für die Zuordnung von Expositionsklassen	Mindestdruck-festigkeitsklasse
XC1	trocken oder ständig nass	Bauteile in Innenräumen mit üblicher Luftfeuchte (einschließlich Küche, Bad und Waschküche in Wohngebäuden)	C16/20
		Beton, der ständig in Wasser getaucht ist	
XC2	nass, selten trocken	Teile von Wasserbehältern; Gründungsbauteile	
XC3	mäßige Feuchte	Bauteile, zu denen die Außenluft häufig oder ständig Zugang hat, z.B. offene Hallen, Innenräume mit hoher Luftfeuchtigkeit z.B. in gewerblichen Küchen, Bädern, in Feuchträumen von Hallenbädern und in Viehställen	C20/25
XC4	wechselnd nass und trocken	Außenteile mit direkter Beregnung	C25/30
3. Bewehrungskorrosion, verursacht durch Chloride, ausgenommen Meerwasser Wenn Beton, der Bewehrung oder ein anderes eingebettetes Metall enthält, chloridhaltigem Wasser, einschließlich Taumittel, ausgenommen Meerwasser ausgesetzt ist, muss die Expositionsklasse wie folgt zugeordnet werden.			
XD1	mäßige Feuchte	Bauteile im Sprühnebelbereich von Verkehrsflächen	C25/30 (LP) möglich, wenn gleichzeitig XF C30/37
		Einzelgaragen	
XD2	nass, selten trocken	Solebäder	C30/37 (LP) möglich, wenn gleichzeitig XF C35/45
		Bauteile, die chloridhaltigen Industrieabwässern ausgesetzt sind	
XD3	wechselnd nass und trocken	Teile von Brücken mit häufiger Spritzwasserbeanspruchung	C30/37 (LP) möglich, wenn gleichzeitig XF C35/45
		Fahrbahndecken, Parkdecks	
4. Bewehrungskorrosion, verursacht durch Chloride aus Meerwasser Wenn Beton, der Bewehrung oder ein anderes eingebettetes Metall enthält, Chloriden aus Meerwasser oder salzhaltiger Seeluft ausgesetzt ist, muss die Expositionsklasse wie folgt zugeordnet werden.			
XS1	salzhaltige Luft, aber kein unmittelbarer Kontakt mit Meerwasser	Außenbauteile in Küstennähe	C25/30 (LP) möglich, wenn gleichzeitig XF C30/37
XS2	unter Wasser	Bauteile in Hafenanlagen, die ständig unter Wasser liegen	C30/37 (LP) möglich, wenn gleichzeitig XF C35/45

(Fortsetzung von Tabelle 5-45)

Klassen-bezeich-nung	Beschreibung der Umgebung	Beispiele für die Zuordnung von Expositionsklassen	Mindestdruck-festigkeitsklasse
XS3	Tidebereiche, Spritzwasser- und Sprühnebelbereiche	Kaimauern in Hafenanlagen	C30/37 (LP) möglich, wenn gleichzeitig XF C35/45
5. Frostangriff mit oder ohne Taumittel Wenn durchfeuchteter Beton erheblichem Angriff durch Frost-Tau-Wechsel ausgesetzt ist, muss die Expositionsklasse wie folgt zugeordnet werden.			
XF1	mäßige Wassersättigung, ohne Taumittel	Außenbauteile	C25/30
XF2	mäßige Wassersättigung, mit Taumittel	Bauteile im Sprühnebel- oder Spritzwasserbereich von taumittelbehandelten Verkehrsflächen, soweit nicht XF4	C25/30 (LP) C35/45
		Bauteile im Sprühnebelbereich von Meerwasser	
XF3	hohe Wassersättigung, ohne Taumittel	Offene Wasserbehälter	C25/30 (LP) C35/45
		Bauteile in der Wasserwechselzone von Süßwasser	
XF4	hohe Wassersättigung, mit Taumittel	Verkehrsflächen, die mit Taumitteln behandelt werden	C30/37 (LP)
		überwiegend horizontale Bauteile im Spritzwasserbereich von taumittelbehandelten Verkehrsflächen	
		Räumerlaufbahnen von Kläranlagen	
		Meerwasserbauteile in der Wasserwechselzone	
6. Chemischer Betonangriff Wenn Beton chemischem Angriff durch natürliche Böden, Grundwasser, Meerwasser nach Tabelle 5-46, und Abwasser ausgesetzt ist, muss die Expositionsklasse wie folgt zugeordnet werden. ANMERKUNG: Bei XA3 und unter Umgebungsbedingungen außerhalb der Grenzen von Tabelle 5-46, bei Anwesenheit anderer angreifender Chemikalien, chemisch verunreinigtem Boden oder Wasser, bei hoher Fließgeschwindigkeit von Wasser und Einwirkung von Chemikalien nach Tabelle 5-46, sind Anforderungen an den Beton oder Schutzmaßnahmen in Abschnitt 5.3.2. von DIN 1045-2, vorgegeben.			
XA1	chemisch schwach angreifende Umgebung nach Tabelle 2, DIN 1045-2	Behälter von Kläranlagen	C25/30
		Güllebehälter	
XA2	chemisch mäßig angreifende Umgebung nach Tabelle 2, DIN 1045-2 und Meeresbauwerke	Betonbauteile, die mit Meerwasser in Berührung kommen	C30/37 (LP) möglich, wenn gleichzeitig mindestens XF2 C35/45
		Bauteile in betonangreifenden Böden	

(Fortsetzung von Tabelle 5-45)

Klassen-bezeich-nung	**Beschreibung der Umgebung**	**Beispiele für die Zuordnung von Expositionsklassen**	**Mindestdruck-festigkeitsklasse**
XA3	chemisch stark angreifende Umgebung nach Tabelle 2, DIN 1045-2	Industrieabwasseranlagen mit chemisch angreifenden Abwässern	C30/37 (LP*) möglich, wenn gleichzeitig mindestens XF2 C35/45
		Gärfuttersilos und Futtertische der Landwirtschaft, Kühltürme mit Rauchgasabführung	
7. Betonangriff durch Verschleißbeanspruchung Wenn Beton einer erheblichen mechanischen Beanspruchung ausgesetzt ist, muss die Expositionsklasse wie folgt zugeordnet werden.			
XM1	mäßige Verschleißbeanspruchung	Tragende oder aussteifende Industrieböden mit Beanspruchung durch luftbereifte Fahrzeuge	C25/30 (LP*) möglich, wenn gleichzeitig mindestens XF2 C30/37
XM2	starke Verschleißbeanspruchung	Tragende oder aussteifende Industrieböden mit Beanspruchung durch luft- oder vollgummibereifte Gabelstapler	C30/37 (LP*) möglich, wenn gleichzeitig mindestens XF2 C35/45 C30/37 Oberflächenbe-handlung erforderlich
XM3	sehr starke Verschleißbeanspruchung	Tragende oder aussteifende Industrieböden mit Beanspruchung durch elastomer- oder stahlrollenbereifte Gabelstapler	C30/37 (LP*) möglich, wenn gleichzeitig mindestens XF2 Hartstoffe nach DIN 1100 C35/45 Hartstoffe nach DIN 1100
		Oberflächen, die häufig mit Kettenfahrzeugen befahren werden	
		Wasserbauwerke in geschiebebelasteten Gewässern, z.B. Tosbecken	

Nachfolgende Tabelle 5-46 enthält Grenzwerte, die hinsichtlich der Expositionsklasse XA (chemischer Angriff) eingehalten werden müssen. Dabei ist eine Trennung in einen chemischen Angriff durch natürlichen Boden oder Grundwasser zu beachten.

Tabelle 5-46 Grenzwerte für Expositionsklassen bei chemischem Angriff durch natürliche Böden und Grundwasser

Die folgende Klasseneinteilung chemisch angreifender Umgebungen gilt für natürliche Böden und Grundwasser mit einer Wasser-/Boden-Temperatur zwischen 5°C und 25°C und einer Fließgeschwindigkeit des Wassers, die klein genug ist, um näherungsweise hydrostatische Bedingungen anzunehmen.

ANMERKUNG Hinsichtlich Vorkommen und Wirkungsweise von chemisch angreifenden Böden und Grundwasser s. DIN 4030-1 [5.71]

Der schärfste Wert für jedes einzelne chemische Merkmal bestimmt die Klasse.

Wenn zwei oder mehrere angreifende Merkmale zu derselben Klasse führen, muss die Umgebung der nächsthöheren Klasse zugeordnet werden, sofern nicht in einer speziellen Studie für diesen Fall nachgewiesen wird, dass dies nicht erforderlich ist. Auf eine spezielle Studie kann verzichtet werden, wenn keiner der Werte im oberen Viertel (bei pH-Wert im unteren Viertel) liegt.

Chemisches Merkmal	Referenzprüf-verfahren	XA1	XA2	XA3
Grundwasser				
SO_4^{2-} mg/l	DIN EN 196-2	≥ 200 und ≤ 600	> 600 und ≤ 3000	> 3000 und ≤ 6000
pH-Wert	ISO 4316	≤ 6,5 und ≥ 5,5	< 5,5 und ≥ 4,5	< 4,5 und ≥ 4,0
CO_2 mg/l angreifend	DIN 4030-2	≥ 15 und ≤ 40	> 40 und ≤ 100	> 100 bis zur Sättigung
NH_4^+ mg/l [4]	ISO 7150-1 oder ISO 7150-2	≥ 15 und ≤ 30	> 30 und ≤ 60	> 60 und ≤ 100
Mg^{2+} mg/l	ISO 7980	≥ 300 und ≤ 1000	> 1000 und ≤ 3000	> 3000 bis zur Sättigung
Boden				
SO_4^{2-} mg/kg [1] insgesamt	DIN EN 196-2 [2]	≥ 2000 und ≤ 3000 [3]	> 3000 [3] und ≤ 12000	> 12000 und ≤ 24000
Säuregrad	DIN 4030-2	> 200 Baumann-Gully	in der Praxis nicht anzutreffen	

[1] Tonböden mit einer Durchlässigkeit von weniger als 10^{-5} m/s dürfen in eine niedrigere Klasse eingestuft werden.

[2] Das Prüfverfahren beschreibt die Auslaugung von SO_4^{2-} durch Salzsäure; Wasserauslaugung darf stattdessen angewandt werden, wenn am Ort der Verwendung des Betons Erfahrungen hierfür vorhanden ist.

[3] Falls Gefahr der Anhäufung von Sulfationen im Beton - zurückzuführen auf wechselndes Trocknen und Durchfeuchten oder kapillares Saugen - besteht, ist der Grenzwert von 3000 mg/kg auf 2000 mg/kg zu vermindern.

[4] Gülle kann, unabhängig vom NH_4^+-Gehalt, in die Expositionsklasse XA1 eingeordnet werden.

Bei chemischen Angriffen der Expositionsklasse XA3 oder stärker oder hoher Fließgeschwindigkeit von Wasser unter Mitwirkung der in der obigen Tabelle 5-46 angegebenen Chemikalien sind Schutzmaßnahmen für den Beton (Schutzschichten oder dauerhafte Bekleidungen) erforderlich, wenn nicht ein Gutachten eine andere Lösung vorschlägt. Bei der Anwesenheit anderer angreifender Chemikalien als in Tabelle 5-46 bzw. chemisch verunreinigtem Untergrund sind die Auswirkungen des chemischen Angriffs zu klären und ggf. Schutzmaßnahmen festzulegen.

Mehlkorn

Als Mehlkorn wird die Summe aus dem Zementgehalt, dem in den Gesteinskörnungen enthaltenen Kornanteil 0 bis 0,125 mm und dem Betonzusatzstoffgehalt verstanden. Der Mehlkorngehalt ist insbesondere für die Frischbetoneigenschaften von Bedeutung. Jedoch werden auch die Festbetoneigenschaften (dichtes Gefüge) beeinflusst. Die Art und Kornzusammensetzung des Mehlkorns spielt eine wesentliche Rolle. Entscheidend ist die spezifische Oberfläche. Sie ist umso größer, je feiner die Körner sind. Daraus resultiert ein größerer Wasseranspruch, der die damit zusammenhängenden Betoneigenschaften verschlechtern kann. Auch kann sich ein zu hoher Mehlkorngehalt im Beton negativ auf die Witterungsbeständigkeit und den Verschleißwiderstand auswirken.

Nach DIN 1045-2 muss in Abhängigkeit von der Betonfestigkeits- und Expositionsklasse sowie des Größtkorns der Gesteinskörnungen der Mehlkorngehalt beschränkt werden. Dabei wird zwischen normalfestem Beton (vgl. Tabelle 5-47) und hochfestem Beton unterschieden (vgl. Tabelle 5-48). Die höchstzulässigen Mehlkorngehalte in den untenstehenden Tabellen dürfen um 50 kg/m³ erhöht werden, wenn das Größtkorn 8 mm beträgt.

Tabelle 5-47 Höchstzulässiger Mehlkorngehalt für Beton mit einem Größtkorn von 16 bis 63 mm bis zur Betonfestigkeitsklasse C50/60 bei den Expositionsklassen XF und XM

Zementgehalt in kg/m³	Höchstzulässiger Mehlkorngehalt in kg/m³
≤ 300	400
≥ 350	450

Bemerkung: Bei Zementgehalten zwischen 300 kg/m³ und 350 kg/m³ ist linear zu interpolieren. Die höchstzulässigen Zementgehalte dürfen erhöht werden, wenn der Zementgehalt 350 kg/m³ übersteigt (um den über 350 kg/m³ hinausgehenden Zementgehalt) oder wenn ein puzzolanischer Betonzusatzstoff (Typ II) verwendet wird (um den Gehalt des Betonzusatzstoffes). Jedoch ist in beiden Fällen nur eine zusätzliche Menge von 50 kg/m³ möglich.

Tabelle 5-48 Höchstzulässiger Mehlkorngehalt für Beton mit einem Größtkorn von 16 bis 63 mm ab der Betonfestigkeitsklasse C55/67 bei allen Expositionsklassen

Zementgehalt in kg/m³	Höchstzulässiger Mehlkorngehalt in kg/m³
≤ 400	500
450	550
≥ 500	600

Bemerkung: Bei Zementgehalten zwischen 400 kg/m³ und 500 kg/m³ ist linear zu interpolieren.

Mischungsentwurf

Unter dem Mischungsentwurf bzw. der Stoffraumrechnung versteht man die massebezogene oder volumetrische Bestimmung der einzelnen Ausgangstoffe zur Herstellung von 1 m³ Frischbeton, der die geforderte Qualität an den Frisch- und Festbeton hinsichtlich Konsistenz, Druckfestigkeit sowie ggf. besonderen Anforderungen (Wasserundurchlässigkeit, chemischer Widerstand etc.) erfüllt. Zweckmäßigerweise wird folgendermaßen vorgegangen:

- Auswahl der geeigneten *Gesteinskörnungen* (vgl. Abschnitt 5.3 und 5.4.1.6): Festlegung der Sieblinie, Verwendung der Regelsieblinien nach DIN 1045-2, Anhang L, oder prozentuale Aufteilung des Korngemisches in Korngruppen aus Lieferkörnungen, Bestimmung der Rohdichte (ρ_g, vgl. Abschnitt 5.3) der Gesteinskörnungen, Ermittlung der Körnungsziffer k (vgl. Abschnitt 5.3), Ermittlung des Wasseranspruchs w (Rohdichte ρ_w) der Gesteinskörnungen in Abhängigkeit von der Körnungsziffer k und der gewünschten Konsistenz (vgl. Tabelle 5-32), Berücksichtung von Betonzusatzstoffen hinsichtlich Menge (zs) und Rohdichte (ρ_{zs}), Betonzusatzmittel gehen mit ihrem Wasseranspruch und ggf. Wassergehalt mit in die Stoffraumrechnung ein.

- Wahl eines geeigneten *Zementes* und der *Zementfestigkeitsklasse* (vgl. Abschnitt 5.2).

- Bestimmung des *Wasserzement-Wertes*: Bestimmung des w/z-Wertes in Abhängigkeit von der geforderten Betondruckfestigkeit und der verwendeten Zementfestigkeitsklasse nach Bild 5-25. Als Eingangswert der Zielfestigkeit des Betons gilt meist die Mindestdruckfestigkeit eines Betons bei der Erstprüfung. Die mindestens einzuhaltenden w/z-Werte und Zementgehalte (z) sind in Abhängigkeit von der Expositionsklasse nach Tabelle 5-44 zu wählen. Gleiches gilt für die zugehörige Mindestdruckfestigkeitsklasse (vgl. Tabelle 5-45). Die Rohdichte (ρ_z) des Zementes geht in die Stoffraumrechnung mit ein.

- Abschätzung des *Luftporengehaltes p*: Der Luftporengehalt kann mit 1,5 bis 2,0 Vol.-% angenommen werden.

- Ermitteln des Gehaltes an *Gesteinskörnungen*: Der Gehalt der Gesteinskörnung (g) für die Herstellung von 1 m³ Frischbeton kann mittels der Stoffraumgleichung bestimmt werden (vgl. Gleichung (5.27)).
- Kontrolle und ggf. Korrektur des *Mehlkorngehaltes*: (vgl. Tabelle 5-47 und 5–48)

Mit nachfolgender Gleichung (5.27) wird die Stoffraumrechnung durchgeführt.

$$1m^3 = 1000\ Liter = \frac{g}{\rho_g} + \frac{w}{\rho_w} + \frac{z}{\rho_z} + \frac{zs}{\rho_{zs}} + p \qquad (5.27)$$

5.4.1.8 Herstellung, Verarbeitung und Nachbehandlung

Herstellung

Das Mischen von Beton erfolgt heute nahezu ausschließlich in mittleren oder größeren Mischanlagen mit einem hohen Betonausstoß. Im Allgemeinen gilt ein Normalbeton bei einer Mindestmischzeit von 30 bis 60 Sekunden als homogen durchgemischt. Mögliche längere Mischzeiten sind unter Berücksichtigung der rheologischen Beeinflussung von bestimmten Zusatzstoffen und Zusatzmitteln durch entsprechende Erstprüfungen abzuprüfen. Auch muss beachtet werden, dass infolge einer zu langen Mischzeit eine Separierung der Ausgangsstoffe eintreten kann und somit die geforderten Frisch- und Festbetoneigenschaften negativ beeinflusst werden. Die Dosierung der Zusatzstoffe und Zusatzmittel, des Zementes sowie Wassers und die gesamten Gesteinskörnungen hat mit einer ± 3 %igen Mindestgenauigkeit zu erfolgen, wenn deren Masseanteil ≤ 5 M.-% vom Zementgewicht beträgt (vgl. DIN 1045-2, Abschnitt 9.7). Für die Aussteuerung der Frisch- und Festbetoneigenschaften können nach DIN 1045-2, Abs. 9.5, für die Betonzusammensetzung folgende Variationen vorgesehen werden: Zement: ± 15 kg/m³, Zusatzstoff Flugasche: ± 15 kg/m³, Zusatzmittel: 0 bis zur Höchstdosierung nach Abschnitt 5.4.1.6.

Problematisch ist zumeist die Dosierung des Zugabewassers, da es in Abhängigkeit von der Oberflächenfeuchte des Korngemisches, insbesondere des Sandes, abgemessen werden muss. Diese Oberflächenfeuchte ist zum Teil starken Schwankungen unterworfen (bedingt durch Tageszeit, Witterung etc.). Die Mischung erfolgt chargenweise durch Freifall- oder Zwangsmischer oder kontinuierlich durch Durchlaufmischer. Der Mischer muss in der Lage sein, mit seinem Fassungsvermögen innerhalb der Mischdauer eine gleichmäßige Verteilung der Ausgangsstoffe und eine gleichmäßige Verarbeitbarkeit des Betons zu erzielen. In einem Fahrmischer darf die Mischdauer nach Zugabe eines Zusatzmittels (nachträgliche Fließmitteldosierung) nicht weniger als 1 min/m³ und nicht kürzer als 5 min sein.

Verarbeitung

Die Eigenschaften des Betons müssen den Angaben in den bautechnischen Unterlagen entsprechen. Die Eigenschaften des Frischbetons (vgl. Abschnitt 5.4.1.9) sind mittels der Erstprüfung zu verifizieren. Gesonderte Verarbeitungsversuche, z.B. für hochfesten Betonen, innerhalb derer der Transport oder das Pumpen des Betons simuliert wird, sind je nach Bauvorhaben durchzuführen. Veränderungen des Frischbetons, wie Entmischen, Bluten, Verlust von Zementleim, während des Transports, Einbaus und Verdichtens sind so gering wie möglich zu halten. Prinzipiell sollte der Frischbeton vor schädlichen Witterungseinflüssen geschützt werden.

Üblicherweise werden Betone im frischen Zustand mittels Fahrmischern oder Fahrzeugen mit Rührwerk vom Transportbetonwerk zur Baustelle befördert. Unmittelbar vor dem Entladen sollte der Beton nochmals durchgemischt werden, um ihn nochmalig zu homogenisieren. Dies setzt jedoch eine entsprechende Ausgangskonsistenz des Frischbetons voraus (mindestens Konsistenz: F2 bzw. C2 nach Tabelle 5-49 und Tabelle 5-50). Fahrmischer oder Fahrzeuge mit Rührwerk sollten 90 Minuten nach der ersten Wasserzugabe zum Zement vollständig entladen sein. Bestimmte Randbedingungen auf der Baustelle (z.B. Einbausituation, Witterungsverhältnisse etc.) können jedoch dazu führen, dass mit einem beschleunigten oder verzögerten Erstarren des Frischbetons entweder planmäßig der unplanmäßig gerecht werden muss. Wenn durch die Zugabe von Verzögerern (vgl. Abschnitt 5.4.1.6) die Verarbeitbarkeitszeit um mindestens 3 Stunden verlängert wird, ist die DAfStb-Richtlinie für Beton mit verlängerter Verarbeitungszeit (Verzögerter Beton) [5.72] zu beachten. Der Beton kann mit einer so genannten Zielkonsistenz eingestellt werden. Das heißt, dass bei der Übergabe des Betons die vereinbarte bzw. projektierte Konsistenz aus der Erstprüfung erreicht werden muss.

Die Frischbetontemperatur darf nicht unter +5°C liegen. Nach oben wird die Frischbetontemperatur auf maximal +30°C beschränkt. Gemäß DIN 1045-3 [5.61] gilt, dass bei Lufttemperaturen zwischen +5°C und -3°C die Betontemperatur beim Einbringen +5°C nicht unterschreiten darf. Zusätzlich muss beachtet werden, dass die Frischbetontemperatur +10°C nicht unterschritten werden darf, wenn der Zementgehalt des Betons kleiner als 240 kg/m³ beträgt oder wenn NW-Zemente verwendet werden (vgl. Abschnitt 5.2). Bei Lufttemperaturen unter -3°C muss die Betontemperatur beim Einbringen mindestens +10°C betragen. Ist der Beton während der ersten Tage der Hydratation einer kalten Witterung ausgesetzt, darf er erst dann durchfrieren, wenn seine Temperatur vorher wenigstens drei Tage +10°C nicht unterschritten oder wenn er bereits eine mittlere Druckfestigkeit von f_{cm} = 5 N/mm² erreicht hat.

Der Einbau des Frischbetons in eine dichte, maßhaltige, saubere und wenig wassersaugende Schalung muss so erfolgen, dass ein Entmischen nicht stattfindet (Fallhöhe). Anderenfalls sind Betonrutschen oder Einfüllrohre zu benutzen.

Eine möglichst vollständige Verdichtung des Frischbetons ist wesentliche Voraussetzung für das Erreichen der angestrebten Gebrauchseigenschaften des Festbetons. Verdichtungsart und -gerät richten sich dabei nach der Konsistenz des Frischbetons (vgl. Abschnitt 5.4.1.9). Weiche Betone werden im Allgemeinen leicht gerüttelt oder gestochert. Steifere Betone werden u.a. gemäß DIN 4235-2 (Innenrüttler), DIN 4235-3 (Außenrüttler) oder DIN 4235-5 (Oberflächenrüttler) verdichtet. Die von Hand ausgeführten Verfahren, wie z.B. Stampfen (nur für untergeordnete Bauteile) und Stochern, sind den maschinellen Verfahren des Rüttelns unterlegen. Zur Herstellung von Betonen mit besonders widerstandsfähigen Oberflächen oder einer hohen Grünstandfestigkeit (vgl. Abschnitt 5.4.1.9) hat sich das Vakuumverfahren als besonders geeignet erwiesen. Hier wird durch das Absaugen von Überschusswasser ein Porenunterdruck erzeugt, der ein sofortiges Ausschalen erlaubt. Selbstverdichtende Betone (vgl. Abschnitt 5.4.6) bedürfen keiner zusätzlichen Verdichtung.

Nachbehandlung

Eine gründliche und ausreichend lange Nachbehandlung des Betons ist unerlässlich, damit er gerade in den oberflächennahen Bereichen die geforderten Eigenschaften (geringe Porosität, dichter Zementstein) auch tatsächlich erreicht. Nach Abschluss des Verdichtens oder der Oberflächenbearbeitung des Betons ist die Oberfläche unmittelbar nachzubehandeln. Durch die Nachbehandlung soll dem jungen Beton ein ausreichender Schutz gegen:

- vorzeitiges Austrocknen (frühzeitiges Schwinden),
- extreme Temperaturen sowie Temperaturänderungen (Rissbildung),
- mechanische Beanspruchungen (Störung des Gefüges und ggf. des Verbundes),
- chemische Angriffe und
- Erschütterungen

gewährleistet werden.

Wirksame Schutzmaßnahmen gegen das vorzeitige Austrocknen sind:

- Belassen des Betons in der Schalung,
- Abdecken mit Folien,
- Aufbringen wasserhaltender Abdeckungen,
- Aufbringen flüssiger Nachbehandlungsmittel,
- kontinuierliches Besprühen mit Wasser, ggf. Unterwasserlagerung sowie
- Kombination vorgenannter Verfahren.

Vor schädlichen Temperatureinflüssen kann Beton bei starker Sonneneinstrahlung und hoher Temperatur durch Sonnenschutz bzw. durch feuchte Abdeckungen geschützt werden. Chemisch angreifendes Wasser soll möglichst lange von jungem Beton ferngehalten werden. Dies kann zweckmäßigerweise auch durch eine Wasserhaltung geschehen.

Die Dauer der Nachbehandlung ist im Wesentlichen vom Verwendungszweck, von der Zusammensetzung und der Festigkeitsentwicklung des Betons, der Betontemperatur und den Umgebungsbedingungen abhängig. Sie sollte so bemessen sein, dass die oberflächennahen Zonen eine ausreichende Festigkeit und Dichtheit des Betongefüges erreichen. Die Mindestnachbehandlungsdauern können nachfolgender Tabelle 5-49 entnommen werden (vgl. DIN 1045-2, Tabelle 2).

Tabelle 5-49 Mindestdauer der Nachbehandlung von Beton bei den Expositionsklassen nach DIN 1045-2 außer X0, XC1 und XM (vgl. DIN 1045-3, Tabelle 3, [5.61])

Oberflächen-temperatur ϑ in °C [5]	**Mindestdauer der Nachbehandlung in Tagen** [1]			
	Festigkeitsentwicklung des Betons [3] $r = f_{cm2}/f_{cm28}$ [4]			
	$r \geq 0{,}50$	$r \geq 0{,}30$	$r \geq 0{,}15$	$r < 0{,}15$
$\vartheta \geq 25$	1	2	2	3
$25 > \vartheta \geq 15$	1	2	4	5
$15 > \vartheta \geq 10$	2	4	7	10
$10 > \vartheta \geq 5$ [2]	3	6	10	15

[1] Bei mehr als 5 Stunden Verarbeitbarkeitszeit ist die Nachbehandlungsdauer angemessen zu verlängern.
[2] Bei Temperaturen unter +5°C ist die Nachbehandlungsdauer um die Zeit zu verlängern, während die Temperatur unter +5°C lag.
[3] Die Festigkeitsentwicklung des Betons wird durch das Verhältnis der Mittelwerte der Druckfestigkeiten nach 2 Tagen und nach 28 Tagen (ermittelt nach DIN 1048-5; [5.70]) beschrieben, das bei der Erstprüfung oder auf der Grundlage eines bekannten Verhältnisses von Beton vergleichbarer Zusammensetzung (d.h. gleicher Zement, gleicher *w/z*-Wert) ermittelt wurde (vgl. auch DIN 1045-2, Tabelle 12).
[4] Zwischenwerte dürfen eingeschaltet werden.
[5] Anstelle der Oberflächentemperatur des Betons darf die Lufttemperatur angesetzt werden.

Für Betonoberflächen, die einer Verschleißbeanspruchung (XM, vgl. Tabelle 5-45) ausgesetzt sind, muss der Beton solange nachbehandelt werden, bis die Betonfestigkeit im oberflächennahen Bereich $0{,}7 \cdot f_{ck}$ des Betons erreicht hat. Ohne eine genaueren Nachweis sind die Werte nach Tabelle 5-49 zu verdoppeln.

5.4.1.9 Frischbeton

Verarbeitbarkeit und Konsistenz

Zur Erzielung der gewünschten Festbetoneigenschaften muss der Frischbeton eine gute Verarbeitbarkeit besitzen. Die Verarbeitbarkeit ist keine physikalisch messbare Größe, sondern sie ist die Summe der Eigenschaften, wie z.B. dem Zusammenhaltevermögen (keine Trennung von Zementleim und Gesteinskörnungen) und der Verdichtungswilligkeit des Frischbetons. Als Maß für die Verarbeitbarkeit hat sich in der Praxis die Konsistenz durchgesetzt. Die Konsistenz des Frischbetons ist generell vor dem Mischen in Abhängigkeit von den Bauteilabmessungen, der Bewehrungsdichte, den zu verwendenden Verdichtungsgeräten sowie der Temperatur festzulegen. Die Verarbeitbarkeit lässt sich über folgende Einflussgrößen steuern:

- Zusammensetzung des Korngemisches,
- Anmachwassergehalt des Frischbetons,
- Zementmenge,

- Zementleimmenge,
- Betonzusatzmittel und
- Betonzusatzstoffe.

Die Ermittlung des Konsistenzmaßes erfolgt i.d.R. mit dem Verdichtungsversuch (DIN EN 12350-4 [5.73]) oder Ausbreitversuch (DIN EN 12350-5 [5.74]). Für Splittbeton, mehlkornreichen Beton bzw. Leicht- und Schwerbeton hat sich der Verdichtungsversuch als zweckmäßiger erwiesen. Die Prüfverfahren sind nicht gegenseitig austauschbar. Die Festlegung des anzuwendenden Verfahrens hat vor der Bestimmung zu erfolgen. Zusätzlich zu den oben genannten Versuchen gibt es nach DIN 1045-2 bzw. DIN EN 206-1 die Möglichkeit auch andere Verfahren zur Konsistenzbestimmung zu verwenden (Setzmaß *S* nach DIN EN 12350-2 [5.75] und Vébe-Prüfung *V* nach DIN EN 12350-3 [5.76]). Nachfolgende Tabelle 5-50 und Tabelle 5-51 geben die Verdichtungsmaßklassen C und Ausbreitmaßklassen F an.

Tabelle 5-50 Verdichtungsmaßklassen nach DIN 1045-2 bzw. DIN EN 206-1

Klasse	Verdichtungsmaß	Konsistenzbeschreibung
C0	≥ 1,46	sehr steif
C1	1,45...1,26	steif
C2	1,25...1,11	plastisch
C3 [1)]	1,10...1,04	weich

[1)] vgl. Abschnitt 5.3.1 in DIN 1045-2

Tabelle 5-51 Ausbreitmaßklassen nach DIN 1045-2 bzw. DIN EN 206-1

Klasse	Ausbreitmaß (Durchmesser) [mm]	Konsistenzbeschreibung
F1 [1)]	≤ 340	steif
F2	350...410	plastisch
F3	420...480	weich
F4	490...550	sehr weich
F5	560...620	fließfähig
F6 [1), 2)]	≥ 630	sehr fließfähig

[1)] vgl. Abschnitt 5.3.1 in DIN 1045-2
[2)] bei Ausbreitmaßen über 700 mm ist die DAfStb-Richtlinie Selbstverdichtender Beton zu beachten. Sie ist zur Zeit in Vorbereitung. Bis zu ihrer Einführung bedarf es einer allgemeinen bauaufsichtlichen Zulassung oder einer Zustimmung im Einzelfall.

Die Konsistenz darf entweder mit einer Konsistenzklasse nach Tabelle 5-50 oder Tabelle 5-51 oder in besonderen Fällen mit einem Zielwert festgelegt werden. Für die Zielwerte sind die zugehörigen Abweichungen in folgender Tabelle 5-52 angegeben.

Tabelle 5-52 Zulässige Abweichungen für Zielwerte der Konsistenz nach DIN 1045-2 bzw. DIN EN 206-1

Verdichtungsmaß (Grad der Verdichtbarkeit)			
Bereich der Zielwerte (Grad der Verdichtbarkeit)	≥ 1,26	1,25...1,11	≤ 1,10
Abweichung (Grad der Verdichtbarkeit)	± 0,10	± 0,08	± 0,05
Ausbreitmaß			
Bereich der Zielwerte in mm	alle Werte		
Abweichung in mm	± 30		

Für wirtschaftliche Überlegungen sei angemerkt, dass die Materialkosten mit zunehmendem Ausbreitmaß steigen, die Kosten für die Verdichtung jedoch sinken. Die plastische bis fließfähige Konsistenz wird i.Allg. durch Betonverflüssiger (BV), die sehr flüssige Konsistenz nur mit Fließmitteln (FM) erreicht. Im Allgemeinen ist jede Zugabe von Zusatzmitteln bei der Lieferung verboten. In besonderen Fällen darf die Konsistenz unter der Verantwortung des Herstellers durch die Zugabe von Zusatzmitteln auf den festgelegten Wert gebracht werden, unter der Voraussetzung, dass die Grenzwerte, die nach der Festlegung erlaubt sind, nicht überschritten werden und dass die Zugabe von Zusatzmitteln im Betonentwurf vorgesehen ist. Die Mengen des jeweils im Fahrmischer zugegebenen Zusatzmittels müssen in jedem Fall auf dem Lieferschein vermerkt sein bzw. werden. Eine nachträgliche Wasserzugabe zur Konsistenzkorrektur ist nicht erlaubt, es sei denn, diese ist in besonderen Fällen planmäßig vorgesehen. In derartigen Fällen müssen jedoch nachfolgende Bedingungen erfüllt sein:

- Eine Angabe der Gesamt-, Anmach- und nachträglich zugebbare Wassermenge nach der Erstprüfung auf dem Lieferschein.
- Der Fahrmischer muss mit einer geeigneten und ausreichend genauen Dosiereinrichtung ausgestattet sein (Dosiertoleranz bzw. Toleranz zwischen Ziel- und Messwert ± 3 M.-%).
- Die Stichproben für die Produktions- bzw. Herstellerkontrolle sind nach der letzten Wasserzugabe zu entnehmen.

Frischbetonrohdichte

Unter der Frischbetonrohdichte versteht man das Verhältnis der Masse von frischem, vorschriftsmäßig verdichtetem Beton einschließlich der verbleibenden Poren zu seinem Volumen. Sie ermöglicht eine erste Beurteilung der Betongüte und gibt Hinweise auf die Gleichmäßigkeit der Betonzusammensetzung und ggf. auf mögliche Fehler bei der Betonherstellung. Sie wird gemäß DIN EN 12350-6 [5.77] bei der Herstellung von Probekörpern (Würfel, Zylinder) oder mit dem LP-Topf ermittelt. In Zweifelsfällen ist die mit dem LP-Topf ermittelte Frischbetonrohdichte maßgebend.

Luftporengehalt

Auch optimal verdichteter Beton enthält im Frischzustand noch einen restlichen Luftgehalt von ca. 1 bis 2 Vol.-%. Bei kleiner werdendem Größtkorn wird der von den Luftporen eingenommene Raum i.a. größer (bis zu 6 Vol.-%). Die Messung des Luftporengehaltes ergibt eine gute Aussage über den erreichbaren Verdichtungsgrad. Luftporen vermindern die Druckfestigkeit des Betons. Der Luftporengehalt wird mitunter (z.B. bei der Herstellung von Beton mit hohem Frost- und Taumittel-Widerstand, vgl. Abschnitt 5.4.1.11) bewusst erhöht. Dies geschieht durch Zugabe eines luftporenbildenden Betonzusatzmittels (LP) (vgl. Abschnitt 5.4.1.6). Diese gewollt entstehenden Poren sind erheblich kleiner als die Verdichtungsporen und haben eine geschlossenzellig, kugelige Form. Sie leiten und speichern kein Wasser. Die Messung des Luftporengehalts erfolgt üblicherweise mit dem Druckausgleichsverfahren (LP-Topf) nach DIN EN 12350-7 [5.78]. Dazu wird ein Luftgehalt-Prüfgerät mit Frischbeton gefüllt und verdichtet. Der Topf wird verschlossen und das Restvolumen mit (praktisch nicht kompressiblem) Wasser aufgefüllt. In einem Zylinder wird der Luftdruck p aufgebracht. Durch Öffnen eines Ventils wirkt der Luftdruck auf den eingefüllten Beton. Unter der Wirkung des Überdrucks verringern die im Beton enthaltenen Luftporen ihr Volumen. Dadurch verkleinert sich das Volumen des verdichteten Betons und ein Druckabfall im Luftzylinder ist die Folge. Dieser Druckabfall wird an der Manometerskala des Topfes angezeigt und wird als Luftgehalt in Prozent (LP-Gehalt) abgelesen. Als oberer Grenzwert des Luftgehaltes gilt der festgelegte Mindestwert +4 % absolut.

Frischbetontemperatur

Die Frischbetontemperatur (Ausgangstemperatur unmittelbar nach dem Mischen) beeinflusst im Zusammenhang mit der Außentemperatur den Beginn des Erstarrens und damit die Verarbeitbarkeit sowie die Entwicklung der Festigkeit. Sie wird aus den jeweiligen Temperaturen der einzelnen Komponenten berechnet. Höhere Temperaturen bewirken:

- schnelles Ansteifen und Erstarren,
- schlechte Verarbeitbarkeit,
- relativ hohe Frühfestigkeiten,
- geringe Endfestigkeiten und
- starke Schwindneigung.

Niedrige Frischbetontemperaturen verzögern das Ansteifen und Erhärten. Werden Austrocknungen und Gefügestörungen durch tiefe Temperaturen vermieden, so werden auch höhere Endfestigkeiten erreicht. Die Frischbetontemperatur beim Einbau muss mindestens +5°C und darf höchstens +30°C betragen (vgl. Abschnitt 5.4.1.8). Bei hohen Außentemperaturen kann durch die Zugabe von Scherbeneis oder die Vorkühlung der Gesteinskörnungen und/oder des Zementes eine Kühlung des Frischbetons erzielt werden. Jede Anforderung hinsichtlich künstlichen Kühlens oder Erwärmens des Betons vor der

Lieferung muss zwischen Hersteller und Verwender vereinbart werden und ist durch eine erweiterte Erstprüfung zu verifizieren.

Grünstandfestigkeit

Unter Grünstandfestigkeit versteht man die Standfestigkeit von „grünem“ Beton. Sie ist insbesondere bei der Herstellung von Betonwaren oder bei der Anwendung von besonderen Betonierverfahren (Gleitschalung) von Interesse. Die Gründstandfestigkeit soll so groß sein, dass das Bauteil unmittelbar nach dem Verdichten ausgeschalt werden kann. Der Frischbeton darf sich unter der Wirkung des Eigengewichtes nicht verformen. Die Grünstandfestigkeit lässt sich insbesondere durch gut abgestufte Korngemische oder durch die Anwendung des Vakuumverfahrens (Verdichtungsverfahren) günstig beeinflussen.

5.4.1.10 Festbeton

Die Reaktion zwischen dem Zugabewasser, dem Bindemittel sowie den Betonzusatzstoffen und -mitteln führt über das Ansteifen und Erstarren zum Erhärten des Betons. Erreicht die Festigkeit und der Verformungswiderstand einen technisch nutzbaren Wert spricht man vom Festbeton. Nachfolgend sind die wesentlichen Festbetoneigenschaften aufgeführt. Die Prüfung der Festbetoneigenschaften erfolgt nach der Normenreihe DIN EN 12390 [5.59].

Betondruckfestigkeit

Die Druckfestigkeit f_c ist die Eigenschaft, nach der der Beton beurteilt und klassifiziert wird (vgl. Tabelle 5-37). Je nach Größe der am Zylinder bzw. Würfel ermittelten Normdruckfestigkeit wird der Beton in Abhängigkeit der Stichprobengröße entsprechend dem Kriterium 1 (f_{cm}) und dem Kriterium 2 (f_{ci}) in Festigkeitsklassen eingeordnet (vgl. Tabelle 5-54). Die Betonfestigkeitsklasse bezeichnet die Festigkeit, die von jedem Zylinder oder Würfel bei der Güteprüfung mindestens erreicht werden muss (Mindestfestigkeit). Die an den Probekörpern ermittelten Ergebnisse müssen zeigen, dass die Druckfestigkeit des Betons mindestens dem Wert f_{ck} (Zylinder) bzw. $f_{ck,cube}$ (Würfel) entspricht (charakteristische Betonfestigkeit). Die Beurteilung der Übereinstimmung der experimentell ermittelten Festigkeiten mit den Normfestigkeiten muss auf der Grundlage von Prüfergebnissen erfolgen, die während eines Beurteilungszeitraums < 12 Monate bestimmt wurden (Konformitätsnachweis). Bei der Probenahme zur Herstellung der Probekörper wird zwischen der Betonproduktion und Baustelle, auf welcher der Beton eingebaut wurde, unterscheiden. Die Probenahme ist ein wesentliches Kriterium der Produktionskontrolle, um die Qualität des Betons beurteilen zu können. Tabelle 5-53 fasst die Mindesthäufigkeiten der Probenahme zur Beurteilung der Übereinstimmung bzw. Konformität zusammen.

Tabelle 5-53 Mindesthäufigkeiten der Probenahme zur Beurteilung der Konformität

Herstellung	Mindesthäufigkeit der Probenahme	
	ersten 50 m³ der Produktion	nach den ersten 50 m³ der Produktion [1)]
Erstherstellung (bis mindestens 35 Ergebnisse erhalten wurden)	3 Proben (aus 3 verschiedenen Mischungen jeweils mindestens 1 Würfel)	1/200 m³ oder 2/Produktionswoche
Stetige Herstellung [2)] (wenn mindestens 35 Ergebnisse verfügbar sind)	–	1/400 m³ oder 1/Produktionswoche

[1)] Die Probenahme muss über die Herstellung verteilt sein und sollte nicht mehr als eine Probe für 25 m³ sein.

[2)] Übersteigt die Standardabweichung der letzten 15 Prüfergebnisse $1{,}37 \cdot \sigma$, so ist die Probenahmehäufigkeit für die nächsten 35 Prüfergebnisse auf die bei der Ersterstellung geforderte zu erhöhen.

Aus einer Probe können eine oder mehrere Prüfkörper hergestellt werden. Für die Konformität der Druckfestigkeit gibt es zwei Kriterien. Diese sind in Tabelle 5-54 in Abhängigkeit von der Herstellung angegeben.

Tabelle 5-54 Konformitätskriterien für Ergebnisse der Druckfestigkeitsprüfung

Herstellung	Anzahl n der Ergebnisse in der Reihe	Kriterium 1	Kriterium 2
		Mittelwert von n Ergebnissen f_{cm} [N/mm²]	Jedes einzelne Prüfergebnis f_{ci} [N/mm²]
Erstherstellung	3	$\geq f_{ck} + 4$	$\geq f_{ck} -4$
Stetige Herstellung	15	$\geq f_{ck} + 1{,}48 \cdot \sigma$ [1)] $\sigma \geq 3$ N/mm²	$\geq f_{ck} -4$

[1)] σ entspricht der Standardabweichung der Prüfergebnisse

Bei gleichen Gesteinskörnungen ist die Betondruckfestigkeit von der Zementsteinfestigkeit abhängig, da der Zementstein das schwächere der beiden Glieder im Zweiphasenstoff Beton darstellt. Die Zementsteinfestigkeit wiederum wird vom Zementsteinporenraum (w/z-Wert, Verdichtungsgrad, Hydratationsgrad, Porosität) sowie von der Zementnormdruckfestigkeit (Zementfestigkeitsklasse) beeinflusst. Die Abhängigkeit der Betondruckfestigkeit von der Zementdruckfestigkeit ist linear. Auch die Festigkeitsentwicklung ist von der verwendeten Zementfestigkeitsklasse abhängig. Auf die Festigkeitsentwicklung kann auch durch die Verwendung von puzzolanischen oder latent-hydraulischen Zusatzstoffen Einfluss genommen werden (vgl. Abschnitt 5.4.1.6). Des Weiteren kann die Verbundwirkung zwischen Matrix und Gesteinskörnung verbessert werden, was auch zu einer Erhöhung der Druckfestigkeit führt.

Zugfestigkeit

Der Zugfestigkeit f_{ct} kommt im Betonbau (sowohl bewehrt als auch unbewehrt) eine besondere Rolle zu, da für eine Reihe von Bauteilen (z.B. Behälter, Rohre etc.) die Maßgabe der Rissfreiheit oder Rissbreitenbeschränkung besteht. Hierfür ist eine hohe Zugfestigkeit oder eine hohe Bruchdehnung erforderlich. Die Zugfestigkeit von Beton beträgt ca. 7 bis 15 % der Druckfestigkeit. Man unterscheidet zwischen zentrischer Zugfestigkeit f_{ct}, Biegezugfestigkeit $f_{ct,fl}$ und Spaltzugfestigkeit $f_{ct,sp}$.

Die Zugfestigkeit lässt sich durch Zugabe von geeigneten Fasern (vgl. Abschnitt 5.4.4) sowie durch nachträgliches Imprägnieren des Betons mit Kunstharz steigern.

- *Zentrische Zugfestigkeit*: Die zentrische Zugfestigkeit beschreibt die über die Querschnittsfläche gemittelte Zugspannung beim Versagen eines axial auf Zug beanspruchten Körpers. Die zentrische Zugfestigkeit kommt der „wahren" Zugfestigkeit am nächsten. Sie ist im Vergleich zur Biegezug- und Spaltzugfestigkeit am kleinsten. Eine Prüfung der zentrischen Zugfestigkeit wird nur in Ausnahmefällen erfolgen, da ihre experimentelle Bestimmung problembehaftet (Auftreten eines zweiachsigen Zugspannungszustandes im Krafteinleitungsbereich) und die Aussagekraft der Ergebnisse daher fragwürdig ist. Soll dennoch eine Bestimmung der zentrischen Zugfestigkeit erfolgen, so werden hierzu Bohrkerne (Zylinder mit einer Schlankheit von $h/d = 2$) mit Hilfe einer Ausziehvorrichtung gezogen. Zur Einleitung der Zugkraft in den Beton dient eine aufgeklebte Stahlplatte. Die zentrische Zugfestigkeit für Normalbeton beträgt ca. 1,5 bis 3,5 N/mm² (Kurzzeitbelastung).
- *Spaltzugfestigkeit*: Die Spaltzugfestigkeit beschreibt die Zugspannung, die sich unter Annahme der linearen Elastizitätstheorie beim Versagen eines auf Spalten beanspruchten Körpers in der Belastungsebene ergibt. Zur experimentellen Ermittlung der Spaltzugfestigkeit können dieselben Versuchskörper wie für die Ermittlung der Druckfestigkeit verwendet werden. Die Größe der Spaltzugfestigkeit ist weitestgehend unabhängig von der Größe des Versuchskörpers. Es können Zylinder, Würfel, Prismen und auch Balken durch Belastung auf zwei gegenüberliegenden Linien in einer Druckprüfmaschine bis zum Bruch geprüft werden. Bei Normalbeton beträgt die Spaltzugfestigkeit ca. 1 bis 4 N/mm².
- *Biegezugfestigkeit*: Die Biegezugfestigkeit beschreibt die Zugspannung, die sich unter Annahme der linearen Elastizitätstheorie beim Versagen eines auf Biegung beanspruchten Querschnitts unter dem Bruchmoment rechnerisch in der Randfaser ergibt. Die Ermittlung der Biegezugfestigkeit erfolgt zumeist an einem unter Wasser gelagerten Balken. Die ermittelte Größe ist daher zumeist für die Biegezugfestigkeit des Bauwerksbetons nicht repräsentativ. Die Balkenabmessungen sind mit $150 \times 150 \times 700$ mm^3 und einer Stützweite mit 600 mm festgelegt. In der Praxis ist ein Festigkeitsabfall von 20 bis 50 % möglich. Die Größe der ermittelten Biegezugfestigkeit ist von den Balkenabmessungen und der Stützweite sowie von der Verbundwirkung zwischen Matrix und Gesteinskörnung aber auch vom w/z-Wert, von der Kornform, vom Betonalter, der Belastungsanordnung und vom verwendeten Größtkorn abhängig.

Bild 5-26 fasst die für die Bestimmung der Zugfestigkeit relevanten Zusammenhänge zusammen. Nach DIN 1045-1 [5.55] darf die zentrische Zugfestigkeit f_{ct} näherungsweise mit 0,9 $\cdot f_{ct,sp}$ aus der Spaltzugfestigkeit bestimmt werden.

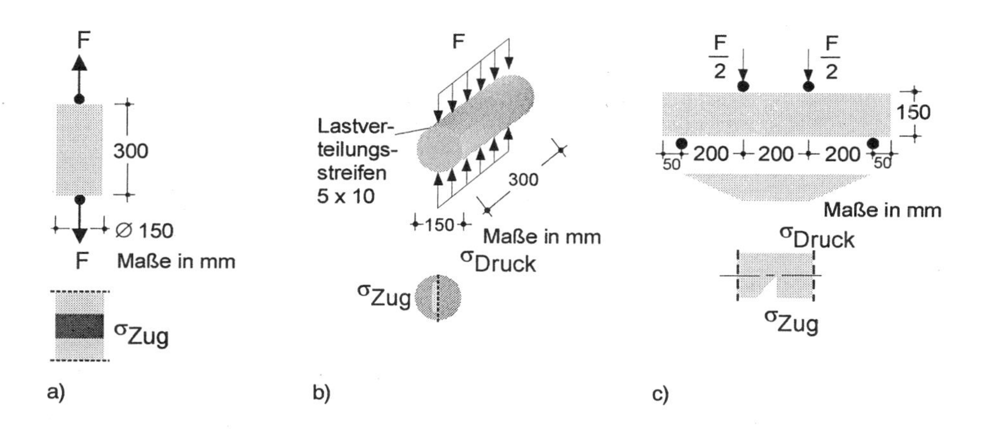

Bild 5-26 Verfahren zur Bestimmung der Betonzugfestigkeit
a) Zentrische Zugfestigkeit, b) Spaltzugfestigkeit, c) Biegezugfestigkeit

Verformungseigenschaften

Für Entwurf und Bemessung von Bauteilen sind die Verformungseigenschaften von Beton von gleichrangiger Bedeutung wie die Festigkeiten. Die Ursachen für die Verformungen des Betons sind:

- äußere Kräfte und die dadurch hervorgerufenen Spannungen,
- Temperaturänderungen,
- Schwinden und
- Kriechen.

Man unterscheidet lastabhängige (infolge Spannungen und Kriechen) und lastunabhängige (infolge Schwinden, Quellen und Temperatur) Verformungen. Beide Arten von Verformungen lassen sich wiederum in reversible (elastische) und irreversible (plastische) Verformungen unterteilen. Beim Beton treten alle vier Arten der Verformungen auf, sowohl die sofortige elastische (zeitunabhängige) Verformung als auch die verzögert elastische (zeitabhängige elastische) Verformung. Weiterhin haben die zeit- und lastabhängigen Fließverformung besondere Bedeutung.

Nach DIN 1045-1 [5.55] darf die lineare Wärmedehnzahl von Normalbeton im Allgemeinen gleich $10 \cdot 10^{-6}\ K^{-1}$ gesetzt werden.

- *Spannungs-Dehnungslinie*: Im nachfolgenden Diagramm (vgl. Bild 5-27) sind Spannungs-Dehnungslinien von Betonen unterschiedlicher Festigkeiten aufgetragen. Der gekrümmte Verlauf weist darauf hin, dass die Verformung neben elastischen auch plastische Anteile enthält. Die stärkere Krümmung in der Nähe der Höchstlast ist auf die kurz vor dem Bruch auftretende schnelle Risserweiterung zurückzuführen. Die Festigkeit ist abhängig von der Belastungszunahme (Einfluss der Dauerlast). Je langsamer die Belastungszunahme erfolgt, um so geringer wird auch die erreichte Festigkeit sein. Bei konstanter Belastungszunahme geht der Probekörper bei Erreichen der Höchstlast schlagartig zu Bruch. Bringt man auf den Beton Stauchungen mit konstanter Verformungszunahme auf, so kann der Beton auch nach Überschreiten der Höchstlast weiter verformt werden (weggesteuerter Versuch).

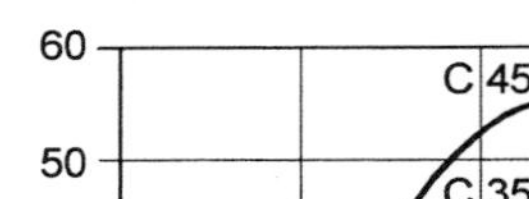
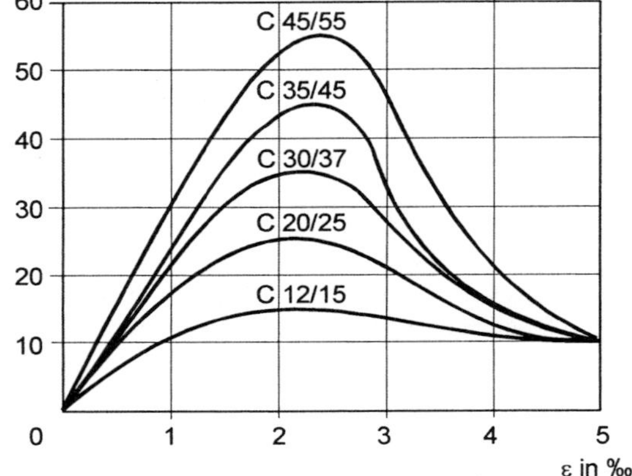

Bild 5-27 Spannungs-Dehnungslinien von Betonen verschiedener Festigkeiten

- *Elastizitätsmodul, Querdehnzahl*: Zur Berechnung der Verformungen von Bauteilen im Gebrauchszustand, welche im ungerissenen Zustand verbleiben, wird der Elastizitätsmodul (E-Modul) und die Querdehnzahl μ benötigt (unter Annahme eines elastischen Verhaltens). Der E-Modul von Beton ist kein konstanter Wert, er ist von der Größe der vorhandenen Spannung abhängig. Im Allgemeinen wird zwischen dem dynamischen und dem statischen E-Modul sowie zwischen Druck- und Zug-E-Modul unterschieden. Der statische Druck-E-Modul, als der wichtigste Kennwert (allgemein nur als E-Modul bezeichnet), beschreibt den Verformungswiderstand gegen eine stetig zunehmende oder ruhende Druckbelastung. Er kann aus dem Belastungsast der Arbeitslinie eines Druckversuchs (Spannungs-Dehnungslinie) als Tangenten-, Sekanten- oder Sehnenmodul bestimmt werden. Das nachfolgende Bild 5-28 soll zur Verdeutlichung dieser Zusammenhänge dienen. Für einzelne Betone können Richtwerte für den E-Modul aus DIN 1045-1, Tabelle 9 [5.55] entnommen werden. Diese als Sekantenmodule bestimmten Werte, wurden für $|\sigma_c| \approx 0{,}4 \cdot f_{cm}$ ermittelt (vgl. Tabelle 5-55).

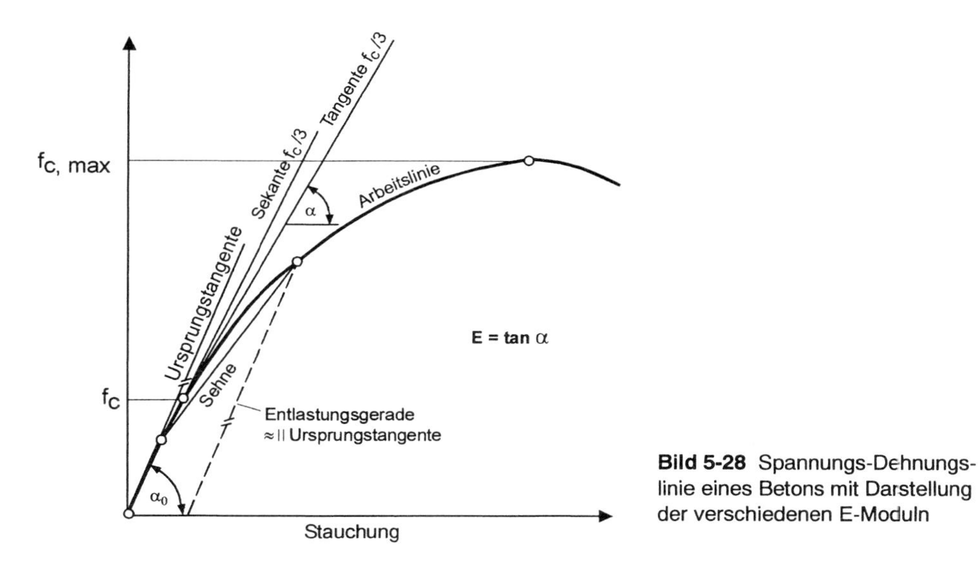

Bild 5-28 Spannungs-Dehnungslinie eines Betons mit Darstellung der verschiedenen E-Moduln

Die Größe des E-Moduls hängt vor allem von der Zusammensetzung und vom Alter des Betons, dem *w/z*-Wert, dem Hydratationsgrad sowie vom E-Modul der verwendeten Gesteinskörnungen ab. Die Art der Prüfung bestimmt ebenfalls in erheblichem Maße die Größe des E-Moduls.

Tabelle 5-55 Richtwerte für den E-Modul von Beton nach DIN 1045-1

Betonfestigkeitsklasse	C 16/20	C 20/25	C 25/30	C 30/37
E-Modul E_{cm}	27400	28800	30500	31900

Aus praktischen Überlegungen ist eine Festlegung dieser Werte geboten, weil bei der Berechnung der Bauwerke meist nicht bekannt ist, welche Gesteinskörnungen Verwendung finden. Ist für die statische Berechnung eine genaue Kenntnis des E-Moduls notwendig, so ist dieser experimentell zu bestimmen und zur Berechnung zu verwenden.

Die Querdehnzahl μ, als Verhältnis von Querdehnung zu Längsdehnung, liegt bei Beton im Bereich von 0,15 bis 0,25. Die niedrigeren Werte werden Betonen bei Verwendung von Korngemischen mit niedrigem E-Modul zugeordnet.

- *Kriechen* und *Relaxation*: Unter Kriechen versteht man die zeitabhängige Zunahme von Verformungen des Betons infolge Dauerlast unter Ausschluss von Schwinden und Quellen. Verformungen infolge Kriechen können erhebliche Größenordnungen erreichen (z.T. ein Mehrfaches der sofort eintretenden elastischen Verformungen). Sie sind für die Durchbiegung von Bauteilen unter Dauerbelastung von erheblicher

Bedeutung. So führen Kriechverformungen bei statisch unbestimmten Systemen oder beim Zusammenwirken von Beton mit anderen Baustoffen (Stahlbeton, Verbundbauweise) zu einer Umlagerung von Schnittkräften und Spannungen. Das Kriechen bewirkt einen Abbau (Entspannung) von Eigen- und Zwangspannungen. Kriechen strebt im Laufe der Zeit, meist sind es Jahre, mit abnehmender Intensität einem Endwert zu. Dieser Intensitätsverlust durch Spannungsabbau im Beton bei gleichbleibender Verformung wird Relaxation genannt (vgl. Bild 5-29).Ursache für das Kriechen ist in der Hauptsache das Kriechen des Zementsteins (vgl. Abschnitt 5.2). Das Kriechen der Gesteinskörnungen ist zu vernachlässigen. Vor allem auf die Bewegung und Umlagerung von Wassermolekülen im Zementstein in spannungsärmere Bereiche ist der Kriechvorgang zurückzuführen. Beton kriecht sowohl unter Druckspannung als auch unter Zugspannung. Das Druckkriechen besitzt in der Baupraxis die größere Bedeutung, vor allem bei Stahlbetonstützen oder im Spannbetonbau. Dort verringert sich durch die Kriechverformung des Betons die Spannkraft der Spannstähle (vgl. Abschnitt 3).

Das *Kriechverhalten* ist von einer Vielzahl von Einflüssen abhängig. Es nimmt zu bei: Zunahme der Mahlfeinheit des Zements, Anstieg des Zementgehalts, Zunahme des *w/z*-Wertes und der Wassermenge, Zunahme der Betonfeuchte im Gleichgewichtszustand, Abnahme des E-Moduls und der Menge der Gesteinskörnungen, Abnahme des Alters bei Erstbelastung, Abnahme der Festigkeit bei Erstbelastung, abnehmender relativer Luftfeuchte, Temperaturzunahme und mit abnehmender wirksamer Körperdicke.

Die Kriechverformung ε_k setzt sich aus einem irreversiblen Anteil, dem Fließen ε_f, und einem reversiblen Anteil, der verzögert elastischen Verformung ε_v, zusammen. Das Verhältnis der gesamten Kriechverformung zur elastischen Verformung im Alter von 28 Tagen wird durch die Kriechzahl ϕ_t beschrieben. Die Kriechzahl ϕ_t beschreibt das Verhältnis der Kriechverformung zum Zeitpunkt t zur elastischen Verformung, welche der Beton unter der Einwirkung der kriecherzeugenden Spannung im Alter von 28 Tagen erfahren würde.

In DIN 1045-1, Bild 18 und Bild 19 [5.55], sind so genannte Endkriechzahlen $\phi(\infty, t_0)$ sowohl für trockene als auch feuchte Umgebungsbedingungen in Form von Diagrammen angegeben, mit denen sich die Kriechverformungen berechnen lassen.

- *Schwinden* und *Quellen*: Das Schwinden ist eine spannungsunabhängige Verformung, die durch allmähliches Austrocknen des Betons hervorgerufen wird. Die Größe des Schwindanteils hängt von der Betonzusammensetzung, den Umgebungsbedingungen und den Abmessungen des Bauteils ab. Das Schwinden ist eine allseitige gleiche Volumenverminderung, die dem Endschwindmaß zustrebt. Das Schwinden wird unterteilt in plastisches Schwinden des jungen Betons (chemische Wasserbindung durch Hydratation) und Schwinden des erhärteten Betons (Trocknungsschwinden). Bei ausreichender Nachbehandlung kann plastisches Schwinden vermieden werden. Im baupraktischen Sprachgebrauch ist mit Schwinden stets das Schwinden des erhärteten Betons, d.h. das Trocknungsschwinden, gemeint.

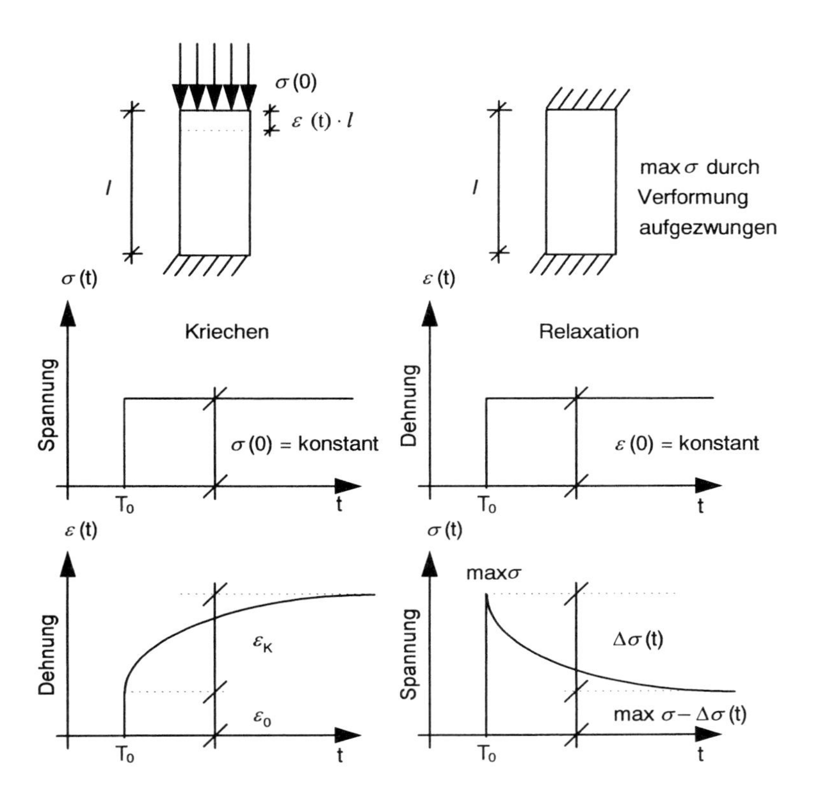

Bild 5-29 Kriechen und Relaxation bei Beton

Beim erstmaligen Austrocknen sind die Schwindverkürzungen am größten. Wird das Schwinden behindert, z.B. durch Einspannungen oder feste Auflagerung auf anderen Bauteilen, so entstehen Zugspannungen, welche wiederum die Rissbildung begünstigen. In DIN 1045-1, Bild 20 und Bild 21 [5.55], sind so genannte Schrumpf- und Trocknungsdehnungen $\varepsilon_{cds\infty}$ enthalten. Bei Befeuchtung des Betons quillt er unter Zunahme von Länge und Volumen, jedoch nicht auf seine ursprünglichen Maße. Das Quellen erreicht nur ca. 40 bis 80 % der Schwindverformung.

5.4.1.11 Dauerhaftigkeit von Beton

Unter Dauerhaftigkeit versteht man den Widerstand von Baustoffen und Bauteilen gegen mechanische, chemische und physikalische Angriffe. Diese können einerseits von den Ausgangsstoffen der Betonherstellung herrühren, d.h. aus Bindemitteln, Gesteinskörnungen und deren Zusammenwirken. Wichtiger sind jedoch die äußeren Einflüsse, die entweder übliche Umwelteinflüsse sein können (Feuchte, Temperatur, Frost, Luft- und

Wasserverschmutzung) oder aus dem Betrieb stammen (chemischer Angriff, Verschleiß, radioaktive Strahlung, Feuer etc.). Sie können zu Zerstörungen von unterschiedlichem Ausmaß führen und Aussehen, Funktion und Tragfähigkeit der Betonkonstruktion beeinträchtigen.

Transportvorgänge im Beton

Alle wesentlichen Zerstörungsvorgänge im oder am Beton basieren auf Transportvorgänge. Die treibenden Kräfte für den Transport von Flüssigkeiten im Beton können unterschiedlich sein. Je nach dem ob es sich um:

- Diffusion,
- Kapillares Saugen,
- Permeation (Eindringen unter Druck),
- Verdunstung oder/und
- Osmose

handelt, können sich die Transportgeschwindigkeiten und -mengen um Größenordnungen unterscheiden. Von entscheidender Bedeutung für den Transport von Flüssigkeiten sind der Gesamtporenraum, die Porengrößenverteilung und die Porenform (vgl. Abschnitt 5.2). Den maßgebenden Anteil an Transportvorgängen haben aber praktisch immer die untereinander verbundenen Kapillarporen.

Wasserdurchlässigkeit

Die Wasserdurchlässigkeit von Beton (bei Verwendung von normalen Gesteinskörnungen) ist vor allem von der Dichtheit des Zementsteins, aber auch von der Verbundwirkung Gesteinskörnung/Zementstein abhängig. Je reicher der Zementstein an größeren Kapillarporen ist, um so leichter kann das Wasser in den Beton ein- und durchdringen. Benötigt man einen wasserundurchlässigen Beton (WU-Beton), so ist der Anteil an Kapillarporen gering zu halten. Weitere Voraussetzungen für einen WU-Beton sind, dass keine durchgehenden Risse auftreten und dass er sorgfältig eingebaut und verdichtet wird. Ein optimal zusammengesetzter und hergestellter Beton ist i.a. ausreichend wasserdicht und bedarf keiner Dichtungsmittel (DM, vgl. Tabelle 5-40) Die folgenden Anforderungen werden nach DIN 1045-2 bzw. DIN EN 206-1 an einen Beton mit hohem Wassereindringwiderstand gestellt:

- bei Bauteildicken über 0,40 m gilt: $w/z \leq 0{,}70$,
- bei Bauteildicken bis 0,40 m gilt: $w/z \leq 0{,}60$ sowie ein Mindestzementgehalt von 280 kg/m^3 (bei Anrechnung von Zusatzstoffen 270 kg/m^3),
- eine Mindestdruckfestigkeit von C 25/30 ist einzuhalten.

Der Nachweis der Wassereindringtiefe an Probekörpern erfolgt nach DIN 1045-2 nur in Ausnahmefällen.

Öldurchlässigkeit

Ein wasserundurchlässiger Beton ist nicht auch gleichzeitig gegen leichtflüssige Öle, Benzin, Petroleum, Terpentin u.ä. undurchlässig, da diese Flüssigkeiten kein Quellen des Zementsteins verursachen und oft auch eine geringe Viskosität und Benetzbarkeit aufweisen. Bei Behältern zur Aufbewahrung der genannten Flüssigkeiten ist daher eine zusätzliche Schutzschicht erforderlich. Die DAfStb-Richtlinie für Betonbau beim Umgang mit wassergefährdenden Stoffen [5.79] beschreibt Entwurf, Bemessung und Überwachung von unbeschichteten Betonbauteilen, die als sekundäre Barrieren (Auffangtaschen) nach dem Versagen des primären Sicherheitssystems die Freisetzung von wassergefährdenden Stoffen in die Umwelt verhindern.

Gasdurchlässigkeit

Beton ist um so weniger gasdurchlässig, je dichter sein Gefüge ist. Noch stärker als von der Gefügestruktur wird die Gasdurchlässigkeit vom Feuchtigkeitsgehalt des Betons bestimmt; nasser Beton ist praktisch gasundurchlässig. Die Gasdurchlässigkeit spielt u. a. im Zusammenhang mit dem Luftkohlendioxid eine Rolle. Wenn CO_2 in den Beton eindringt, reagiert es beim Vorhandensein von Feuchtigkeit mit dem Calciumhydroxid $Ca(OH)_2$ aus der Zementhydratation:

$$Ca(OH)_2 + CO_2 \rightarrow CaCO_3 + H_2O$$

$$CaCO_3 + CO_2 + H_2O \rightarrow Ca(HCO_3)_2$$

Das Calciumkarbonat $CaCO_3$ wird in wasserlösliches Calciumhydrogenkarbonat $Ca(HCO_3)_2$ umgewandelt und aus dem Beton herausgelöst (Karbonatisierung). Der pH-Wert fällt unter 9, und der Beton wird zunehmend neutral. Mit der Zeit schreitet die Karbonatisierungsfront fort (um so schneller je poröser der Zementstein ist). Da im nichtalkalischen Milieu kein Korrosionsschutz für die Bewehrung gegeben ist, muss auf eine ausreichend dicke, dichte und intakte Betondeckung (vgl. DIN 1045-1, Tabelle 4 [5.55]) als mechanische Bremse geachtet werden.

Widerstand gegen chemische Angriffe

Beton wird durch bestimmte chemische Stoffe, die meist in Wasser gelöst vorliegen, chemisch angegriffen. Die Stärke ist dabei vor allem von der Konzentration der aggressiven Bestandteile des Wassers oder des Bodens abhängig. Stehendes Wasser in wenig durchlässigem Beton, in dem die angreifenden Stoffe nicht immer wieder von neuem herangeführt werden, ist weniger aggressiv als fließendes oder unter Druck einwirkendes Wasser. In DIN 4030-1 [5.71] sind Grenzwerte angegeben, mit denen man den Angriffsgrad von Wässern beurteilen kann (vgl. Tabelle 5-46). Dazu sind Wasserproben zu entnehmen und zu untersuchen. Der Widerstand gegen chemische Angriffe beruht im Wesentlichen auf der Wasserundurchlässigkeit (dichtes Gefüge) des Betons.

Bei den chemischen Angriffen unterscheidet man zwischen lösenden und treibenden Angriffen.

Ein lösender Angriff wird durch Säuren, bestimmte austauschfähige Salze, organische Fette und Öle und in geringem Maß auch durch weiches Wasser (Regenwasser) hervorgerufen. Der Beton wird durch Auslaugen der Reaktionsprodukte geschädigt.

- Angriff durch *Säuren*: Starke Säuren (z. B. Salzsäure, Salpetersäure, Schwefelsäure) lösen fast ausschließlich die Bestandteile des Zementsteins unter Bildung von Calcium-, Aluminium-, Eisensalzen und Kieselgel auf. Als Maß für den Angriffsgrad dient der pH-Wert des Wassers (der Säure). Gesteinskörnungen, meist aus silicatischem Material, sind i.d.R. beständig, lediglich Kalk- und Dolomitgestein können angegriffen werden. Schwache Säuren (Kohlensäure, viele organische Säuren, wie Humussäure, im Erdboden pH < 6, und Milchsäure) bilden nur mit wenigen Calciumverbindungen wasserlösliche Salze. Schäden sind hier erst nach längerer Einwirkung zu erwarten. Schwefelwasserstoff H_2S bildet sich bei der Zersetzung organischer Stoffe und ist in Wasser gelöst eine schwache Säure. Wenn H_2S aus Abwässern gasförmig entweicht und von der Betonfeuchtigkeit aufgenommen wird (z.B. schlecht belüftete Abwasserrohre aus Beton), kann er zu Schwefelsäure oxidieren und greift den Beton stark an. Dabei kommt es auch zu einem Sulfatangriff. Auch SO_2-Gas, z. B. aus Verbrennungsabgasen, kann in Gegenwart von Feuchtigkeit in schwefelige Säure und durch Oxidation in aggressive Schwefelsäure übergehen.

- Angriff durch *Laugen*: Während Beton gegen nicht zu starke Laugen beständig ist, sinkt die Beständigkeit bei Einwirkung starker Laugen (z.B. > 10 %ige NaOH).

- Angriff durch *austauschfähige Salze*: Zu den austauschfähigen Salzen, die in Wässern enthalten sein können, zählen vor allem die Salze des Magnesiums und des Ammoniums, von denen nahezu alle betonangreifend sind. Magnesium- und Ammoniumchlorid greifen den Beton dadurch an, dass sie mit dem Kalk des Zementsteins wasserlösliche Verbindungen eingehen, die aus dem Betongefüge herausgespült werden können. Magnesium scheidet sich bei allen Umwandlungen auf der Betonoberfläche als festes Hydroxid oder festes Silicat ab. Es bildet so eine vor weiteren Angriffen hemmende Schicht aus. Ammoniak entweicht gasförmig. Die Wirkung ist der von Säuren ähnlich. Chloride können über den Kontakt mit Meerwasser, Taumittellösungen, Salzsäure oder beim Brand von PVC in den Beton eingetragen werden. Dabei können sie mit den Calciumaluminathydraten des Zementes (vgl. Abschnitt 5.2) das nahezu wasserunlösliche Friedelsche Salz bilden, das nicht zum Treiben führt. Erst wenn die Aluminiumhydrate C_3A verbraucht sind, liegt das Chlorid im Beton frei vor. Salzsäure reagiert mit Zementstein unter Bildung von Calciumchlorid. Für Bewehrungsstähle können nur die in Porenlösungen enthaltenen „freien“ (ungebundenen) Chloride gefährlich werden. Bei starker Durchfeuchtung lässt man für Stahlbeton maximal eine Chloridkonzentration von 0,4 M.-% bei Spannbeton 0,2 M.-% (bezogen auf den Zementgehalt) zu. In zuverlässig trockenem Beton ist eine Chloridkorrosion (Lochfraßkorrosion) kaum zu befürchten.

- Angriff durch *Fette* und *Öle*: Ein weiterer wesentlicher chemischer Angriff auf den Beton ist nur durch Fette und Öle tierischer Herkunft zu erwarten; kaum durch pflanzliche und nicht durch herkömmliche Mineralöle. Die tierischen Fette enthalten gesättigte Fettsäuren, die wie andere schwache Säuren den Beton angreifen können.

Außerdem können auch die gebundenen Fettsäuren mit den Calciumverbindungen des Zementsteins unter Bildung der Calciumsalze (Kalkseifen) der Fettsäuren und Glyzerin reagieren.

Umsetzungen, die zu voluminösen Neubildungen im festen, erhärteten Beton führen, können Ursache von Treiberscheinungen und Rissbildungen an Bauteilen sein (treibender Angriff).

- *Sulfattreiben*: Diese Treiberscheinungen können auftreten, wenn gelöste Sulfate in den Beton eindringen. Das Sulfat reagiert mit den Aluminathydraten des Zementsteines. Dabei entsteht in erster Linie das Calciumaluminatsulfathydrat (Trisulfat bzw. Ettringit) (vgl. Abschnitt 5.2). Diese Verbindung hat infolge des hohen Wasseranteiles einen großen Volumenbedarf (beim Übergang von C_3A in Trisulfat vergrößert sich das Molvolumen auf das Sieben- bis Achtfache) und wirkt sprengend. Bei sehr hohen Sulfatkonzentrationen (etwa > 1200 mg/l) kann sich auch aus einer Calciumhydroxidlösung des erhärteten Betons Gips ausscheiden, der ebenfalls treibend wirkt. Gelöste Sulfate können in Böden (z.B. Gipsvorkommen) und Wässern auftreten. Meerwasser wäre auf Grund seines Magnesium- und Sulfatgehaltes als sehr stark betonangreifend einzustufen. Erfahrungen und Versuche haben jedoch gezeigt, dass das Meerwasser weniger stark angreift als reine Magnesium- und Sulfatlösungen gleicher Konzentration. Das ist darauf zurückzuführen, dass durch die Reaktion des im Meerwasser gelösten Hydrogenkarbonates mit dem Calciumhydroxid des Betons im Bereich der Oberfläche festes und dichtes Calciumkarbonat entsteht, das ein weiteres Eindringen der angreifenden Stoffe verhindert.
- *Alkalitreiben* (Alkali-Kieselsäure-Reaktion, AKR): Ursache für das Alkalitreiben ist die Reaktion zwischen kristallwasserhaltigen amorphen Silicaten der Gesteinskörnungen und den im Porenwasser enthaltenen Alkalioxiden (K_2O und Na_2O). Diese Reaktion ist nur bei hinreichender Feuchtigkeit des Betons möglich. Natrium- und Kaliumoxid sind Bestandteile des Zements und reagieren mit Wasser zu den Alkalihydroxiden, die mit den Silicaten weiter zu Wasserglas reagieren können. Das Volumen der Reaktionsprodukte ist zweimal so groß wie das der Ausgangsstoffe. Die Reaktion kann auch nach Monaten oder Jahren noch zu Rissen, Ausbrüchen der Gesteinskörnungen oder anderen Treiberscheinungen im Beton führen. Auffällig sind Risse und gallertartige Aussinterungen. Alkaliempfindliche Gesteinskörnungen treten in Deutschland im norddeutschen Raum sowie in Sachsen und Thüringen auf (vgl. Bild 5.23 in Abschnitt 5.3). Da der Alkaligehalt des Betons zum großen Teil aus dem Zement stammt, sind hauptsächlich zementreiche Betone gefährdet. Um die schädigende Alkalireaktion im Beton zu vermeiden, sind die Gesteinskörnungen auf alkaliempfindliche Bestandteile hin zu untersuchen und zu klassifizieren. Zusätzlich ist ein Zement mit niedrigem wirksamen Alkaligehalt (NA-Zement, vgl. Abschnitt 5.2) zu verwenden. Außerdem können Alkalien auch von Außen in den Beton eindringen, vor allem bei Einwirkung von Meerwasser, Tausalzen und bei Alkalisalzen im Industriebau.
- *Kalkreiben*: Die Reaktionsfähigkeit des Calciumoxids nimmt mit steigender Brenntemperatur ab. Enthält bei 1400 bis 1500°C hergestellter Portlandzement freien Kalk,

so hydratisiert dieser bei der Erstarrung nicht schnell genug. Die nicht reagierten Kalkanteile liegen damit im festen Mörtel oder Beton noch vor. Beim Eindringen von Feuchtigkeit findet eine allmähliche Hydratation statt. Das Volumen verdoppelt sich bei dieser Reaktion und führt bei > 2 % Freikalk (ungelöschter Kalk) im Klinker zu Sprengwirkungen und Gefügeschädigungen.

- *Magnesiatreiben*: Magnesiatreiben tritt ein, wenn der Zementklinker > 5 M.-% MgO enthält. Ungefähr 2,5 M-% MgO können die Klinkerphasen aufnehmen, der Rest liegt als Periklas vor. Bei Einwirkung von Wasser reagieren Periklaskristalle nur sehr langsam unter Bildung von Magnesiumhydroxid. Auch bei dieser Reaktion beruht die Sprengwirkung auf einer Volumenvergrößerung um etwa das 2,4-fache beim Übergang vom Oxid zum Hydroxid.

Widerstand gegen mechanische Beanspruchung

Eine andere Ursache des Eindringens von Wasser oder anderen Schadstoffen in Beton können neben dem Porensystem auch Risse (auch Mikrorisse) sein, die durch mechanische Beanspruchung, durch Frost- bzw. Frost-Taumittel-Einwirkung oder durch extreme Temperaturen hervorgerufen werden. Die Entstehung von Rissen im Beton hat folgende Einflussparameter: Größe des Schwindmaßes, Schwindverlauf, Größe der Verformungsbehinderung, Elastizitätsmodul, Abkühlung nach maximaler Hydratationswärmeentwicklung, Kriechen und die Zugfestigkeit.

Spannungen infolge Verkürzungen treten erst auf, wenn diese Verkürzungen behindert werden (Zwang). Die Verformbarkeit wird mit zunehmendem Alter kleiner (weil der Beton steifer wird, Zunahme des E-Moduls). Somit wächst bei verhinderter Verkürzung infolge Schwinden und Temperaturänderung die resultierende Zugspannung und damit die Gefahr der Entstehung von Rissen durch Überschreitung der Materialfestigkeit. Der Rissgefahr kann z.B. durch eine Optimierung der Betonzusammensetzung (Wahl geeigneter Zemente und Gesteinskörnungen), der Festlegung von Fugenabständen und einer hinreichenden Nachbehandlung des Betons begegnet werden.

Frost- und Frost-Taumittel-Beanspruchung

Die Dauerhaftigkeit des Betons wird weitgehend von seiner Widerstandsfähigkeit gegen Frost-Tauwechsel beeinflusst. Insbesondere Betone mit einem dichten Gefüge und damit mit einer geringen Porosität (vorausgesetzt sie haben keine Risse) gelten als sehr dauerhaft, da in ihr Porensystem nur wenig Wasser eindringen und unter Frosteinwirkung gefrieren kann. Der Mechanismus des Frostangriffes im Beton ist weitgehend erforscht. Er basiert auf der Tatsache, dass gefrierendes Wasser sein Volumen um ca. 9 % erhöht sowie auf den unterschiedlichen Wärmedehnzahlen von Matrix und Gesteinskörnungen. Eine Verstärkung der Schädigung tritt auch durch eine Gefrierpunktsverzögerung auf. Bei entsprechender Unterkühlung gefriert dann eine dickere Betonschicht schlagartig, wodurch hohe Porenwasserüberdrücke und damit Zugbeanspruchungen entstehen. Die Gefriertemperatur des Porenwassers ist um so niedriger, je kleiner der Porendurchmesser ist. Es ergibt sich dann eine Wasserbewegung zu den größeren Poren hin, in denen das

Wasser bereits gefroren ist (über Eis ist der Dampfdruck niedriger). Die Wirkung des Frostes kann sich in folgenden Schäden äußern:

- langsames Abwittern des Feinmörtels an der Oberfläche,
- Lockerung des Gefüges in oberflächennahen Bereichen,
- Ablösen von Oberflächenschichten, Abplatzungen,
- Gefügeschäden, bleibende Frostdehnung und letztlich
- Zerfall.

Ein hoher Frostwiderstand bedingt also einen wasserundurchlässigen Beton, außerdem ist die Verwendung von Gesteinskörnungen mit erhöhten Anforderungen an den Frostwiderstand erforderlich. Der Sand darf nur geringe Anteile an Feinanteilen und leichtgewichtige, organische Verunreinigungen enthalten. Tonige oder schluffige Anteile vermindern den Frostwiderstand entscheidend.

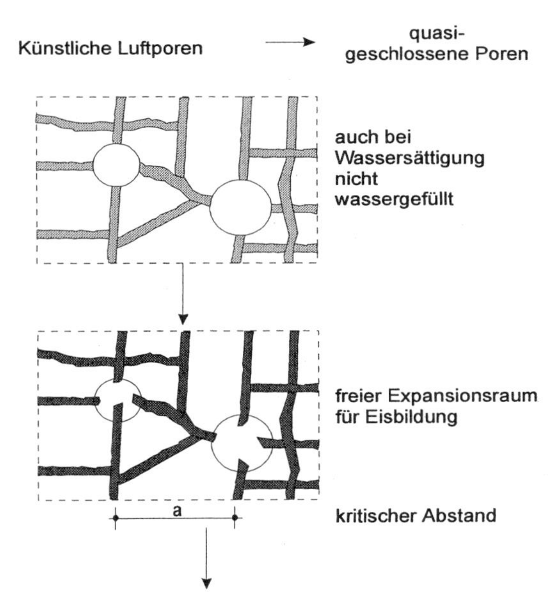

Bild 5-30 Einfluss von künstlichen Luftporen auf den Frostwiderstand von Beton

Taumittel bringen Schnee und Eis auf dem Beton durch Gefrierpunkterniedrigung des Wassers zum Schmelzen. Auf den Straßen wird meist Natriumchlorid (NaCl bis ca. -10°C) eingesetzt. Bei niedrigeren Temperaturen (bis ca. -20°C) kommen Calcium- oder Magnesiumchlorid ($CaCl_2$, $MgCl_2$) oder Magnesiumsulfat (Gesteinskörnungen) (vgl. Abschnitt 5.3) zum Einsatz. Die Frostschädigung wird durch den Einsatz von Taumitteln verstärkt. Die Taumittel dringen in die oberflächennahen Zonen ein und erniedrigen den Gefrierpunkt des Porenwassers. Es stellt sich ein Konzentrationsgefälle von Außen nach Innen ein. Der Gefrierpunkt ändert sich dementsprechend. Das Wasser gefriert zuerst an der Oberfläche und in tiefer gelegenen Schichten. Erst beim weiteren Abkühlen gefriert es in den dazwischen liegenden Schichten. Der Eis- bzw. Flüssigkeitsdruck in den Kapillarporen (ohne druckausgleichende Kugelporen) beim Gefrieren in der mittleren Schicht kann infolge der benachbarten gefrorenen Schichten bzw. den unterbrochenen Kapillarporen nicht abgeführt werden, was zu Abplatzungen in der Randzone führt (vgl. Tabelle 5-56).

Tabelle 5-56 Gleichzeitiges Einwirken von Frost und Taumitteln

Physikalische Einwirkungen	Chemische Einwirkungen
schichtweises Gefrieren, Wechselwirkung zwischen gefrorenen und ungefrorenen Bereichen, Wärmeentzug beim Auftauen	$MgCl_2$ und $CaCl_2$ lösen treibende Korrosion aus, auf Flugflächen wird künstlicher Harnstoff eingesetzt (stark schädigend)

Für den Frost- und Taumittelwiderstand des Betons ist zuerst seine Dichtigkeit maßgebend. Für die aus den Taumitteln entstehenden zusätzlichen Einwirkungen (korrosive Salzlösungen, meist mit Chloriden) sind Schutzmaßnahmen erforderlich. Hier gilt die Schaffung eines Mikroluftporensystems mit durch künstlich eingeführte, kugelige Mikroluftporen (Zugabe von LP-Mitteln). Diese sollten größer sein als die Kapillarporen (≥ 50 µm) aber ≤ 300 µm (Mikroluftporengehalt A_{300}) sowie gleichmäßig verteilt sein. Jeder Punkt im Zementstein sollte nicht weiter als 200 µm von der nächsten Luftpore entfernt sein (Abstandsfaktor L). Die Wirkung der Luftporen basiert auf der Aufnahme des Gefrierdruckes des Porenwassers (vgl. Bild 5-30). Des Weiteren kann die Verwendung von Betonzusatzstoffen sowie die Imprägnierung der Betonoberfläche den Frost- und Tausalzwiderstand verbessern.

Beanspruchung durch extreme Temperaturen

Beton üblicher Zusammensetzung weist i.d.R. einen ausreichenden Widerstand gegen Hitze bis ca. 250°C auf. Bei hohen Gebrauchstemperaturen sollten Gesteinskörnungen mit möglichst kleiner Temperaturdehnung verwendet und die Nachbehandlungszeit sollte mindestens verdoppelt werden. Im Allgemeinen führt eine dauerhafte Erwärmung zu einer Abnahme des E-Moduls und zu Festigkeitsverlusten. Aus Tonerdeschmelzzementen lassen sich Betone mit sehr hoher Hitzebeständigkeit herstellen – so genannte Feuerbetone (bis 1000°C).

Tiefe Temperaturen können zu einer beträchtlichen Erhöhung der Druckfestigkeit führen. Dieser Festigkeitszuwachs hängt insbesondere von der Feuchtigkeit des Betons ab.

5.4.2 Konstruktiver Leichtbeton

Allgemeines

Betone mit einer Trockenrohdichte $\rho \leq 2{,}0$ kg/dm³ werden als Leichtbetone bezeichnet. Bei Leichtbetonen wird die entsprechend niedrige Rohdichte durch die Verwendung von künstlich hergestellten oder natürlich vorkommenden leichten Gesteinskörnungen erzielt. Für Porenbetone und Schaumbetone gelten andere Verfahren. Im Allgemeinen wird zwischen einer Haufwerksporigkeit sowie der Matrix- und Kornporigkeit unterschieden. Leichtbeton mit haufwerksporigem Gefüge (Bild 5-31a) ist dadurch gekennzeichnet, dass bedingt durch den Verdichtungsprozess, eine definierte Anzahl von Hohlräumen, die so genannten Haufwerksporen, zwischen den einzelnen Gesteinskörnern vorhanden ist. Die Haufwerksporen werden erzeugt, indem der Zementleim- bzw. der Feinmörtelanteil auf die Menge verringert wird, die notwendig ist, um die einzelnen Körner gleichmäßig zu umhüllen und sie an den Berührungsstellen punktweise miteinander zu verkitten. Bedingt durch ihr offenporiges Gefüge besitzen haufwerksporige Leichtbetone eine geringe Betonrohdichte und damit ein günstiges Wärmedämmvermögen. Gerade im Wohnungs- und Industriebau besteht großes Interesse an leichten Baustoffen, die sich im Hinblick auf ein energiebewusstes und ökologisches Bauen durch ein ausgeprägt gutes bauphysikalisches Verhalten auszeichnen und trotzdem alle Festigkeits- und Gebrauchstauglichkeitsanforderungen erfüllen. Zu den Leichtbetonen mit einem ausgeprägten Wärmedämmvermögen zählt auch der matrixporige Leichtbeton, bei dem die Mörtelmatrix durch die Zugabe von Schaumbildnern oder Treibmitteln aufgeschäumt bzw. aufgebläht wird (Bild 5-31b). Porenleichtbeton wird im Schaum- oder Mischverfahren hergestellt. Beim Schaumverfahren wird der Schaum in die Mischung aus Zement, Wasser und evtl. Feinsand eingerührt, während beim Mischverfahren ein Schaumbildner zugegeben wird, der während des Mischens Luftporen erzeugt. Auf diese Weise wird leichter Leichtbeton hergestellt. Üblicherweise werden jedoch dichte, normalschwere Gesteinskörnungen durch porige Leichtgesteinskörnungen (z. B. Blähton, Blähschiefer oder Blähglas, gesinterte Flugasche, Bims etc.) (vgl. Abschnitt 5.3) ersetzt (Kornporigkeit). In diesem Fall spricht man von einem gefügedichten oder konstruktiven Leichtbeton (Bild 5-31c). Der Austausch der Gesteinskörnungen erfolgt zumeist im Grobkornbereich über 4 mm. Unterhalb dieses Bereichs kann aber auch Leichtsand anstatt Natursand zur Reduzierung der Betonrohdichte verwendet werden. Durch die Variation der Zusammensetzung der Leichtgesteinskörnungen kann die Trockenrohdichte eines konstruktiven Leichtbetons bis auf 0,80 kg/dm³ gesenkt werden.

Leichtbetone mit vorrangig wärmedämmenden Eigenschaften sind nicht Bestandteil der nachfolgenden Abschnitte. Es sollen konstruktive Leichtbetone mit hoher Leistungsfähigkeit hinsichtlich Festigkeit und Dauerhaftigkeit behandelt werden.

5.4.2.1 Technologie

Klassifizierung

Wie für Normalbeton und hochfesten Beton werden auch für konstruktiven Leichtbeton die Regelungen hinsichtlich Festlegung, Eigenschaften, Herstellung und die Konformitätskontrolle zukünftig in DIN EN 206-1 [5.58] bzw. DIN 1045-2 [5.57] zusammengefasst. Danach erfolgt eine Klassifizierung von Leichtbeton entsprechend der Druckfestigkeit f_{lc} (vgl. Tabelle 5-57) und der zugehörigen Rohdichte ρ (vgl. Tabelle 5-58). Als hochfest gilt dabei ein Leichtbeton ab der Festigkeitsklasse LC 55/60 und höher. Betontechnologisch sind derzeit für konstruktive Leichtbetone Zylinderdruckfestigkeiten f_{lc} zwischen 15 und 90 N/mm² bei Trockenrohdichten von $1{,}0 \leq \rho \leq 2{,}0$ kg/dm³ möglich. Für hochfeste Leichtbetone der Festigkeitsklassen LC 70/77 und LC 80/88 ist eine allgemeine bauaufsichtliche Zulassung oder eine Zustimmung im Einzelfall erforderlich.

Tabelle 5-57 Druckfestigkeitsklassen für konstruktiven Leichtbeton nach DIN 1045-2 [5.57]

Festigkeitsklasse	$f_{ck, cyl}$ [1) [N/mm²]	$f_{ck, cube}$ [2) [N/mm²]
LC 8/9	8	9
LC 12/13	12	13
LC 16/18	16	18
LC 20/22	20	22
LC 25/28	25	28
LC 30/33	30	33
LC 35/38	35	38
LC 40/44	40	44
LC 45/50	45	50
LC 50/55	50	55
LC 55/60	55	60
LC 60/66	60	66
LC 70/77	70	77
LC 80/88	80	88

1) charakteristische Mindestdruckfestigkeit an Zylindern (∅ 150/300 mm³)
2) charakteristische Mindestdruckfestigkeit an Würfeln (150/150/150 mm³)

Tabelle 5-58 Rohdichteklassen für konstruktiven Leichtbeton nach DIN 1045-2 [5.57]

Rohdichteklasse	Rohdichtebereich [kg/m³]
D 1,0	≥ 800 und ≤ 1000
D 1,2	> 1000 und ≤ 1200
D 1,4	> 1200 und ≤ 1400
D 1,6	> 1400 und ≤ 1600
D 1,8	> 1600 und ≤ 1800
D 2,0	> 1800 und ≤ 2000

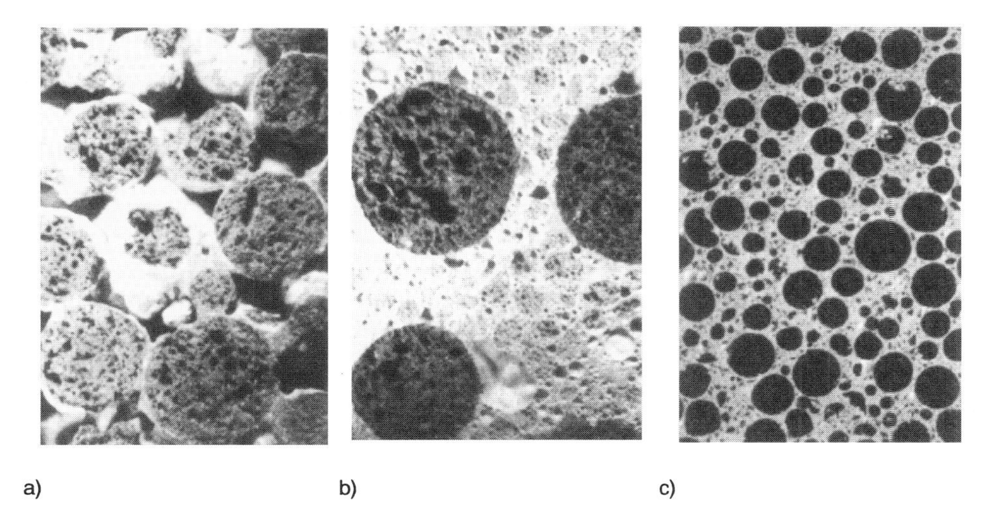

a) b) c)

Bild 5-31 Arten von Leichtbeton
a) Haufwerksporiger Leichtbeton, b) Matrixporiger Leichtbeton, c) Konstruktiver Leichtbeton

Leichte Gesteinskörnungen

Bei der Projektierung einer Mischung zur Herstellung von konstruktiven Leichtbetonen ist zu prüfen, welche Gesteinskörnungen unter Beachtung der geforderten Leichtbetonfestigkeit und -rohdichte verwendet werden können. Das Größtkorn beschränkt sich im Allgemeinen auf 8 bis 16 mm. Aus wirtschaftlichen Gründen kommen oftmals nur zwei Kornfraktionen zum Einsatz, z. B. ein Sand 0/4 in Verbindung mit einer gröberen Gesteinskörnung 4/8 oder als Ausfallkörnung mit der Korngruppe 8/16. Wenn Korngruppen mit unterschiedlichen Kornrohdichten zusammengesetzt sind, ist die Sieblinie auf

Stoffraumanteile umzurechnen. Die übrigen Einzelkomponenten sind auf die leichten Gesteinskörnungen abzustimmen.

Neben der Festigkeit und Rohdichte sind die Einzelkomponenten jedoch auch hinsichtlich der Misch-, Herstell- und Verarbeitungsbedingungen auszuwählen. Unverhältnismäßig große Differenzen zwischen den Rohdichten von grober Gesteinskörnung und Matrix führen zumeist zum Sedimentieren und Entmischen der Einzelbestandteile. Eine Kompensation durch die Verwendung von stabilisierenden Betonzusatzmitteln und -stoffen ist dann nur bedingt möglich.

Zement

Üblicherweise wird zur Herstellung von konstruktivem Leichtbeton ein Zementgehalt von ca. 350 bis 450 kg/m³ gewählt. Dabei kommt überwiegend reiner Portlandzement (CEM I) (vgl. Abschnitt 5.2) in den Festigkeitsklassen 42,5 und 52,5 zur Anwendung. Auch hat sich die Verwendung von HS-Zementen wegen der Vorteile des geringen C_3A-Gehalts als günstig erwiesen. Sind hinsichtlich der Hydratationswärme Einschränkungen zu beachten, können auch Hochofenzemente (CEM III) (vgl. Abschnitt 5.2) in den oben angegebenen Festigkeitsklassen verwendet werden. Es ist jedoch die verlangsamte Festigkeitsentwicklung zu beachten.

Wasser

Ein wesentlicher Aspekt, der bei Herstellung von konstruktiven Leichtbetonen berücksichtigt werden muss, liegt in der Wasseraufnahme der zumeist porösen Leichtgesteinskörnungen. Trockene oder nur wenig vorgesättigte Leichtgesteinskörnungen saugen einen Teil des Anmachwassers auf, der nicht mehr für die Hydratation des Zementes zur Verfügung steht. Daher muss bei Leichtbeton ein effektiver Wassergehalt als Differenz zwischen der Gesamtwassermenge im Frischbeton und des durch die Leichtgesteinskörnungen bis zum Erstarren des Betons aufgesaugten Wassers festgelegt werden. Die Gesamtwassermenge ist dabei die Summe aus Anmachwasser, Kern- und Oberflächenfeuchte der Leichtgesteinskörnungen sowie dem Wasser aus evtl. verwendeten Betonzusatzmitteln und -stoffen. Deshalb muss das Wasseraufnahmevermögen der leichten Gesteinskörnungen, dessen zeitlicher Verlauf und das daraus resultierende Ansteifungsverhalten bekannt sein. Mit einem hohen Vorsättigungsgrad können Schwankungen im effektiven Wassergehalt reduziert werden. In Deutschland wird die 30-minütige Wasseraufnahme unter Atmosphärendruck zur Verifizierung der erforderlichen Vorsättigung der Leichtgesteinskörnungen angesetzt. Auf diese Weise bekommt man einen Anhaltspunkt für den effektiven Wasserzement-Wert, dessen genaue Bestimmung nur bedingt möglich ist.

Es werden üblicherweise haldenfeuchte Gesteinskörnungen verwendet. Dies bietet Vorteile für die Rohdichte nach 28 Tagen, das Schwindmaß, den Brandschutz und die Wärmeleitfähigkeit. Dafür muss ein gewisses Vorhaltemaß bei der Wasserzugabe für Schwankungen der Saugwassermenge vorgesehen werden, das unter Berücksichtigung der angestrebten Festigkeiten des Leichtbetons festgelegt werden muss. Die Verwendung trockener Leichtgesteinskörnungen ist grundsätzlich nicht ratsam.

Betonzusatzmittel

Durch den relativ geringen effektiven Wassergehalt kann die Verarbeitbarkeit von konstruktiven bzw. Hochleistungsleichtbetonen nur durch die Verwendung von verflüssigenden Betonzusatzmitteln (Fließmittel) (vgl. Abschnitt 5.4.1) erreicht werden. Die Wirksamkeit der Fließmittel hängt jedoch entscheidend vom Wassergehalt der Leichtbetonmischung ab. Beim Einsatz von Fließmitteln muss diesbezüglich das zeitliche Wasseraufnahmeverhalten der Leichtgesteinskörnungen beachtet werden. Neben Fließmitteln werden oftmals auch Verzögerer verwendet, um die Verarbeitbarkeitsdauer des Leichtbetons zu verlängern. Zur Vermeidung von Sedimentations- oder Entmischungserscheinungen können Stabilisierer oder Luftporenbildner eingesetzt werden. Letztere dienen auch der Erhöhung des Frost- bzw. Frost-Taumittel-Widerstandes und führen somit insbesondere bei Mischungen mit Natursand zu einer Verbesserung der Dauerhaftigkeitseigenschaften.

Betonzusatzstoffe

Zur Verbesserung der Fließ-, Dauerhaftigkeits- aber insbesondere Festigkeitseigenschaften werden zur Herstellung von Hochleistungsleichtbetonen vorrangig Silicastäube bzw. Silicasuspension und Flugaschen als Betonzusatzstoffe verwendet (vgl. Abschnitt 5.2 und 5.4.1). Neben einer Festigkeitssteigerung durch die puzzolanische Reaktion, dem so genannten Füller-Effekt und einer Verbesserung der Kontaktzone zwischen Leichtgesteinskörnung und Matrix, reduzieren Silicastäube bzw. Silicasuspensionen, bedingt durch ihre Klebrigkeit, die Gefahr von Entmischungen.

Durch die Zugabe von Flugasche kann einerseits der Mehlkorngehalt, z.B. bei scharfen Sanden, erhöht und andererseits ein Teil des Zementes ersetzt werden. Eine Verringerung des Zementgehaltes ist bei Hochleistungsleichtbeton insbesondere hinsichtlich der Verringerung der Hydratationswärmeentwicklung und der damit verbundenen Zwangbeanspruchung sinnvoll.

5.4.2.2 Spezifische Materialeigenschaften

Druckfestigkeit

Setzt man zur Beschreibung des Tragverhaltens von konstruktivem Leichtbeton ein Zweikomponenten-Modell voraus, so wird das Tragverhalten bei Druckbeanspruchung wesentlich von den unterschiedlichen Festigkeits- und Steifigkeitsverhältnissen der Leichtgesteinskörungen und der Matrix beeinflusst. Je mehr sich die Festigkeits- und Steifigkeitskennwerte von Leichtgesteinskörnung und Matrix annähern, d.h. je weniger sich die E-Moduln der Einzelkomponenten unterscheiden, um so ausgeglichener wird der Lastabtrag des Verbundwerkstoffs.

Die leichten Gesteinskörnungen stellen die schwächere Komponente im konstruktiven Leichtbeton dar. Die erzielbare Druckfestigkeit eines konstruktiven Leichtbetons wird somit vorrangig von der Leistungsfähigkeit der Leichtgesteinskörnungen beeinflusst.

E-Modul

Die E-Moduln der Matrix und der leichten Gesteinskörnungen bestimmen zusammen mit der Wirksamkeit der Kontaktzone den E-Modul des Leichtbetons (E_{lc}).

Spannungs-Dehnungslinie

Die Spannungs-Dehnungs-Linie eines konstruktiven Leichtbetons zeigt im Wesentlichen drei abweichende Merkmale gegenüber einem Normalbeton:

- einen entsprechend dem geringeren E-Modul flacheren und nahezu linear ansteigenden Ast,
- kein horizontales Fließplateau,
- eine begrenzte Bruchstauchung und einen mehr oder weniger steil abfallenden Ast im Nachbruchbereich.

Insbesondere hochfester Leichtbeton zeichnet sich durch ein extrem sprödes Bruchverhalten aus. Die Kombination aus hochfester Matrix mit einer Gesteinskörnung niedriger Dichte, Steifigkeit und Festigkeit führt zu diesem spröden Versagen. Dabei ist nicht die absolute Festigkeit der Matrix ausschlaggebend, sondern die extreme Festigkeitsrelation zwischen der Matrix und den Leichtgesteinskörnungen.

Das Materialverhalten nach Überschreiten der kritischen Stauchung bei Erreichen der Traglast beeinflusst wesentlich die Möglichkeiten für Lastumlagerungen und damit die Sprödigkeit im Versagenszustand.

Mit steigender Betondruckfestigkeit und abnehmender Rohdichte nimmt bei starker Bewehrung die Duktilität des Leichtbetons ab. Zusammen mit der weitgehend linearen Abhängigkeit der Spannungen von den Dehnungen vor Erreichen der Bruchlast ergibt sich ein Tragverhalten, dem bei der Beurteilung der Tragfähigkeit von Bauteilen aus Leichtbeton und beim Erstellen von Bemessungskonzepten Rechnung getragen werden muss.

Zugfestigkeit

Die Zugfestigkeit f_{lct} von konstruktivem Leichtbeton wird vorrangig von den Zugfestigkeiten und dem E-Modul-Verhältnis der beiden Einzelkomponenten Matrix und Leichtgesteinskörnung und deren Kontaktzone bestimmt. Je mehr die E-Moduln von Matrix und Leichtgesteinskörnung angeglichen werden, desto effektiver können die beiden Komponenten zusammenwirken. Neben den Materialeigenschaften können Vorschädigungen, die z.B. aus Eigenspannungen durch Schwind- und Temperaturbeanspruchung resultieren, die Zugfestigkeit herabsetzen. Im Vergleich zu Normalbeton gleicher Druckfestigkeit ist die Zugfestigkeit der Matrix und die Qualität der Kontaktzone eines Leichtbetons größer, die Kornzugfestigkeit der groben Leichtgesteinskörnungen allerdings niedriger.

Kriechen und Schwinden

Im Allgemeinen kann davon ausgegangen werden, dass das Schwindmaß bei Leichtbetonen im Gegensatz zu Normalbeton größer ist. Dies muss jedoch nicht unbedingt für hochfesten Leichtbeton gelten. Der niedrige w/z-Wert in Kombination mit Füllern, wie Silicastaub oder Flugasche, verringert signifikant das Gesamtmaß des Betonschwindens.

Ein wesentlicher Einflussfaktor ist auch der Sättigungsgrad der leichten Gesteinskörnungen. Ähnliche Überlegungen gelten auch für das Kriechen.

Dauerhaftigkeit

Zahlreiche Untersuchungen belegen die hervorragenden Dauerhaftigkeitseigenschaften von konstruktivem Leichtbeton. Dies ist zunächst verwunderlich, da die porösen Leichtgesteinskörnungen dem Stofftransport einen geringeren Widerstand entgegensetzen können als dichte Gesteinskörnungen. Das Verbundverhalten der Einzelkomponenten, die ausgeprägt dichte Kontaktzone zwischen Matrix und Leichtgesteinskörnungen sowie die innere Nachbehandlung bei Wasserabgabe der Körner reduzieren jedoch den Stofftransport von aggressiven Medien über Mikrorisse und die Verbundfuge. Deshalb werden konstruktive und Hochleistungsleichtbetone auch für Bauteile zunehmend interessant, die einer extremen Exposition ausgesetzt sind.

5.4.2.3 Herstellung, Verarbeitung und Nachbehandlung von konstruktiven Leichtbetonen

Herstellung

Vor Beginn der Herstellung ist die Eigenfeuchte jeder Gesteinskörnungsgruppe durch Darren zu bestimmen. Gegebenenfalls ist eine Korrektur der beim Mischungsentwurf getroffenen Annahmen hinsichtlich der Eigenfeuchte und der daraus resultierenden Gesamtwassermenge vorzunehmen. Normalerweise werden die leichten Gesteinskörnungen zuerst mit einem Teil des Anmachwassers kurz vorgemischt, um eine teilweise Vorsättigung zu erhalten. Die Verwendung von geeigneten Mischern ist zu empfehlen. Unter Umständen sind die Mischwerkzeuge zu beschichten (Teflon), damit eine Zerstörung der Leichtgesteinskörnungen verhindert wird. Insbesondere bei runden Gesteinskörnungen mit ausgeprägter Sinterhaut sind sonst durch den damit verbundenen Eintrag von Feinbestandteilen Festigkeitseinbußen und eine erhöhte Wasseraufnahme die Folge. Nach dem Vormischen folgt die Zugabe des Zements, evtl. erforderlicher pulverförmiger Betonzusatzstoffe und des zurückbehaltenen Wassers.

Die flüssigen Betonzusatzstoffe sowie die Betonzusatzmittel sollten zum Schluss der Mischung zugegeben werden, so dass sie von den Leichtgesteinskörnungen nicht aufgesaugt werden können und ihre Wirkung nicht verloren geht. Nach Zugabe aller Stoffe sollte der Mischvorgang je nach Mischintensität noch mindestens 90 Sekunden betragen, um die Homogenität der Mischungsbestandteile zu gewährleisten. Die Konsistenz spielt innerhalb der Qualitätssicherung für die Leichtbetonherstellung eine wichtige Rolle.

Die Konsistenz von konstruktivem Leichtbeton wird in der Praxis bevorzugt über den Ausbreitversuch bestimmt. Es ist jedoch zu berücksichtigen, dass auf Grund der geringeren Rohdichte das Ausbreitmaß geringer ausfällt als bei Normalbetonen gleicher Konsistenz. Die Anwendung des Verdichtungsmaßes (vgl. Abschnitt 5.4.1) erscheint diesbezüglich sinnvoller. Für Hochleistungsleichtbetone ist der obere Bereich der Regelkonsistenz F 3 anzustreben (vgl. Abschnitt 5.4.1). Steifere Betone können eine mangelhafte Verdichtung zur Folge haben, die zu Haufwerksporen und Festigkeitseinbußen führt. Wird der Leichtbeton hingegen zu weich projektiert, kann er sich beim Verdichten entmischen, was zu einem Aufschwimmen der Leichtgesteinskörnungen führt.

Verarbeitung

Für die Verarbeitung, d.h. dem Einbau und die Verdichtung von konstruktiven Leichtbetonen, gelten die gleichen Grundsätze wie für Normalbeton. Bedingt durch die geringere Rohdichte der Leichtgesteinskörnungen muss für Leichtbeton ein größerer Verdichtungsaufwand aufgewendet werden. Deshalb sind die Abstände der Rüttelstellen im Idealfall auf die Hälfte der für Normalbeton bekannten Abstände zu reduzieren. Die Verwendung von Rüttelflaschen mit größerem Durchmesser ist ratsam. Die Höhe der einzelnen Schüttlagen sollte auf 50 cm beschränkt werden. Grundsätzlich muss die Verdichtungsdauer auf die entsprechende Konsistenz abgestimmt sein, damit ein Aufschwimmen der Leichtgesteinskörnungen verhindert wird. Ein glatter Oberflächenschluss ist bei Leichtbetonen schwieriger herzustellen als bei Normalbeton. Verbesserungen sind durch die Verwendung von Oberflächenrüttlern oder speziellen Walzen möglich. Der Einsatz von konstruktiven Leichtbetonen im konstruktiven Ingenieurbau erfordert für die meisten Anwendungsfälle den Einbau mit Betonpumpen. Verglichen mit der atmosphärischen Sättigung erhöht sich das Wasseraufnahmevermögen von Leichtgesteinskörnungen unter üblichen Pumpdrücken um nahezu 100 %. Bei niedrigen Kornrohdichten sind sogar Zuwächse bis 250 % möglich. Dies hat naturgemäß großen Einfluss auf die Konsistenz sowie auf die Festigkeit und Rohdichte des konstruktiven Leichtbetons.

Nachbehandlung

Die Nachbehandlung von konstruktiven Leichtbetonen dient in erster Linie der Aufrechterhaltung des für den Erhärtungsprozess erforderlichen Feuchtigkeitsangebots im Beton. Hierauf muss für Hochleistungsbetone ein noch strengeres Augenmerk im Vergleich zum Normalbeton gelegt werden. Durch die gesättigten Leichtgesteinskörnungen wird dem Kernbereich eines Bauteils kontinuierlich durch kapillares Saugen Feuchtigkeit zugeführt. Dagegen trocknen die Außenzonen schneller aus, was zu erheblichen Feuchtigkeitsgradienten und zu Zugspannungen an der Betonoberfläche führt.

Dies muss insbesondere bei Hochleistungsleichtbetonen, die auf Grund ihres geringen Wassergehaltes besonders empfindlich auf Austrocknungsprozesse reagieren, durch geeignete Maßnahmen, wie z.B. dem Abdecken mit Folien oder das Aufsprühen geeigneter Nachbehandlungsmittel, beachtet werden. Gleichzeitig stellt das Abdecken der freien Betonoberflächen einen wirksamen Schutz vor der Bildung von kapillaren Schwindrissen dar.

Weiterhin muss bei Leichtbetonen auf Grund ihrer geringeren Wärmeleitfähigkeit mit höheren Temperaturen während der Hydratation gerechnet werden. Entsprechend ist durch Vorversuche die Zementart und der Zementgehalt auszuwählen. Ein zu schnelles Abkühlen der oberflächennahen Bereiche wäre mit der Bildung von Oberflächenrissen verbunden. Durch eine Verlängerung der Ausschalfristen sowie durch die Verwendung von wärmedämmenden Abdeckungen kann dieses Risiko reduziert werden. Die ausreichende und sorgfältige Nachbehandlung ist Voraussetzung für die Erzielung einer hohen Qualität des Festbetons.

5.4.3 Hochfester Beton

Als hochfester Beton wird Beton mit einer Zylinderdruckfestigkeit > 60 N/mm^2 (Betondruckfestigkeitsklasse C 55/67, vgl. Abschnitt 5.4.1) bezeichnet. Die Entwicklung hochfester Betone geht bis in die 40er Jahre des 20. Jahrhunderts zurück. An Druckgliedern aus sehr hochwertigem Beton konnte damals nachgewiesen werden, dass bei einer Betonfestigkeit B 65 (C 55/67) bis zu 30 % an Gewicht eingespart werden können. In den 60er Jahren des 20. Jahrhunderts konnte ein bei niedrigen Temperaturen (5 °C) und unter Druck erhärteter Beton mit der Druckfestigkeit von 140 N/mm^2 hergestellt werden (vgl. Abschnitt 5.4.6). Einen Durchbruch für die Herstellung hochfester Betone mit Druckfestigkeiten von über 100 N/mm^2 brachte die Verwendung silicatischer Feinstäube (Silicastaub) als Betonzusatzstoff und die Entwicklung von so genannten Superverflüssigern in den 70er Jahren des vergangenen Jahrhunderts. Im Wesentlichen sind es drei, die Betoneigenschaften günstig beeinflussende Faktoren, die den Silicastaubzusätzen zuzuschreiben sind:

- Füllereffekt,
- puzzolanische Reaktion der Silicate,
- Verbesserung der Kontaktzone zwischen Gesteinskörnung und Zementsteinmatrix.

Die sehr kleinen Partikel des Silicastaubes (Mikrosilica) (ca. 0,1 µm) und/oder Nanosilica (ca. 0,015 µm) sind in der Lage, die Zwischenräume zwischen den Zementkörnern auszufüllen und somit die Packungsdichte in der Zementsteinmatrix wesentlich zu erhöhen. Des Weiteren besitzen Mikro- und Nanosilica sehr hohe Gehalte an reaktivem, amorphen Siliciumdioxid SiO_2 und auch eine große spezifische Oberfläche, was sich günstig auf die Reaktivität mit dem während der Hydratation entstehenden Calciumhydroxid $Ca(OH)_2$ auswirkt (puzzolanische Reaktion, vgl. Abschnitt 5.2). Calciumhydroxid und anfänglich gebildetes Ettringit werden während des Erhärtungsprozesses in stabile, festigkeitsfördernde und resistente CSH-Phasen umgewandelt (vgl. Abschnitt 5.2). Sowohl die Zementsteinmatrix als auch der Verbund Gesteinskörnung-Zementstein erhalten damit eine hohe Festigkeit sowie ein dichteres und homogeneres Gefüge.

Da hochfeste Betone neben ihrer außerordentlichen Druckfestigkeit eine Reihe von günstigen Eigenschaften, z.B. hohe Dichtheit und Abriebfestigkeit, gute Dauerhaftigkeit und Oberflächenbeständigkeit, geringe Korrosionsgefahr und hohen Frost-Taumittel-Widerstand besitzen, tritt dieser Aspekt in letzter Zeit zunehmend in den Hintergrund, so dass die Bezeichnung *Hochleistungsbeton* angemessen erscheint. Druckfestigkeiten bis ca. 100 N/mm² können mit üblichen Betonzusammensetzungen unter günstigen Bedingungen (evtl. besondere Misch-, Verdichtungs- und Erhärtungsverfahren) erreicht werden. Sollen Druckfestigkeiten darüber hinaus (bis zu 250 N/mm²) erzielt werden, sind zusätzliche Maßnahmen erforderlich (vgl. Abschnitt 5.4.6). Tabelle 5-59 gibt einen Überblick hinsichtlich der möglichen Anwendungsfälle und prinzipiellen Eigenschaftsverbesserungen bei Verwendung von hochfesten Betonen bzw. Hochleistungsbetonen. Eine eingehende Darstellung zu Betontechnologie, Bemessung und Ausführungsbeispielen kann [5.81]entnommen werden.

Tabelle 5-59 Anwendungsmöglichkeiten und prinzipielle Eigenschaftsverbesserungen

Bereich	Bauteil	Verbesserung
Hochbau	Stützen, Wände	kleine Querschnitte, Erhöhung der Tragfähigkeit
	Balken, Platten	geringe Bauteilhöhen, kleine Verformungen
Industriebau	Fertigteile	geringe Bauhöhen, hohe Belastbarkeit
	Böden	hoher Verschleißwiderstand, hoher Widerstand gegen chemischen Angriff
Verkehrsbau	Fahrbahnplatten für Straßen/Flugplätze	schnelle Verkehrsübergabe durch hohe Frühfestigkeit Frost- bzw. Taumittel-Widerstand nach extrem kurzer Erhärtungszeit, hoher Verschleißwiderstand
	Brücken	geringe Bauhöhe des Überbaus, lange Gebrauchstauglichkeit
Umweltbauten	„dichte Wannen“ Umschlagplätze	hoher Widerstand gegen das Eindringen von Chemikalien
	Kläranlagen Betonrohre	hoher Widerstand gegen chemischen Angriff und Verschleiß
Wasserbau	Kanäle Tosbecken	hohe Dichtigkeit, großer Erosionswiderstand hoher Frostwiderstand der Wasserwechselzone
Tunnelbau	(dicke) Spritzbetonschichten	hohe Betonqualität infolge geringer Auswaschung hohe Wirtschaftlichkeit durch geringen Rückprall und gutes Haftvermögen des Frischbetons
Bauwerkssanierung	Reparaturmörtel	gute Verarbeitbarkeit, hohe Haftzugfestigkeit, gute Dauerhaftigkeit
	(dünne) Spritzbetonschichten	geringer Rückprall, gute Haftung am „Altbeton“

Zweifellos kann der Einsatz hochfester Betone zur Einsparung von Bewehrung und/oder zur Verminderung des Querschnittes bei hochbeanspruchten Bauteilen bzw. Tragwerken führen, so dass trotz hoher Materialkosten wirtschaftliche Konstruktionen entstehen.

5.4.4 Stahlfaserbeton

Als Faserbetone werden solche Betone bezeichnet, denen nach oder während der Herstellung faserartige Werkstoffe zugegeben werden. Solche Fasern können sich sowohl in ihrer Geometrie (Länge, Form und Durchmesser), als auch in ihrem Material (Metalle, Kunststoffe) unterscheiden. Dabei führen unterschiedliche Fasern zu verschiedenen Beeinflussungen der Festbetoneigenschaften.

Fasereigenschaften

Die Palette der Werkstoffe, die als faserartige Zusatzstoffe dem Beton beigefügt werden können, ist nahezu unbegrenzt. Prinzipiell eignet sich jedes Material, das keinen schädigenden Einfluss auf den Beton ausübt. In Tabelle 5-60 sind einige Materialien aufgeführt, die bereits eingesetzt wurden. Die wesentlichen Werkstoffeigenschaften sind gegenübergestellt (vgl. Tabelle 5-61).

Tabelle 5-60 Ausgangsmaterialien zur Herstellung von Faserbetonen

Werkstoff	∅ [μm]	Länge [mm]	Dichte ρ [g/cm³]
AR-Glas [1)]	10...20	10...50	2,6
Zellulose	–	–	1,2
Nylon	> 4	5...50	1,14
Aramid	10	6...65	1,45
Polypropylen	50...4000	20...75	0,9
Stahl	100...1000	10...60	7,85

[1)] alkaliresistentes Glas

Tabelle 5-61 Werkstoffeigenschaften unterschiedlicher Faserwerkstoffe

Werkstoff	E-Modul [GN/m²]	Zugfestigkeit [N/mm]	Bruchdehnung [%]
AR-Glas[1)]	80	2500	3,6
Zellulose	10	300...500	–
Nylon	< 4	800	13,5
Aramid	130	2900	2,1
Polypropylen	8...10	400	8
Stahl	210	700...2000	3,5
Beton (zum Vergleich)	30...40	1...4	0,02

[1)] alkaliresistentes Glas

Der größte baupraktische Anwendungsbereich erschließt sich den Stahlfasern, auf den im Folgenden ausschließlich eingegangen wird.

5.4.4.1 Stahlfaserarten

Seit Ende der siebziger Jahre des 20. Jahrhunderts wurden unterschiedlichste Stahlfasertypen entworfen und getestet. Diese Typen unterscheiden sich durch ihr Ausgangsmaterial, das Herstellungsverfahren und ihre Geometrie und haben demzufolge auch einen unterschiedlichen Einfluss auf die Verbundfestigkeit sowie die Verformbarkeit des Betons. Die marktüblichen Stahlfasern lassen sich hinsichtlich ihrer Herstellung in drei Kategorien aufteilen:

Drahtfasern

Drahtfasern werden mittels des so genannten Düsenziehverfahrens aus kaltgezogenem Walzdraht hergestellt. Dabei wird ein Draht durch immer feinere Düsen gezogen, bis der gewünschte Durchmesser erreicht ist. Durch zwei gegenläufige Walzen wird der Draht dann in die gewünschte Form gebracht und anschließend in der gewählten Länge abgeschnitten. Durch die Walzen können die Stahlfasern sowohl mit Oberflächenprofilierungen, als auch mit Endverankerungen beliebiger Form versehen werden. Diese Methode erlaubt die Fertigung hochwertiger Stahlfasern, deren maximale Zugfestigkeit bei ca. 2000 N/mm² liegen kann. Aus verfahrenstechnischen Gründen ist der Durchmesser allerdings auf $d \geq 30\ \mu m$ begrenzt. Aus Gründen des Korrosionsschutzes können auch Fasern aus Edelstahl hergestellt bzw. mit einer nachträglichen Verzinkung versehen werden. In Bild 5-32 sind die Arbeitsschritte des Düsenziehverfahrens schematisch dargestellt.

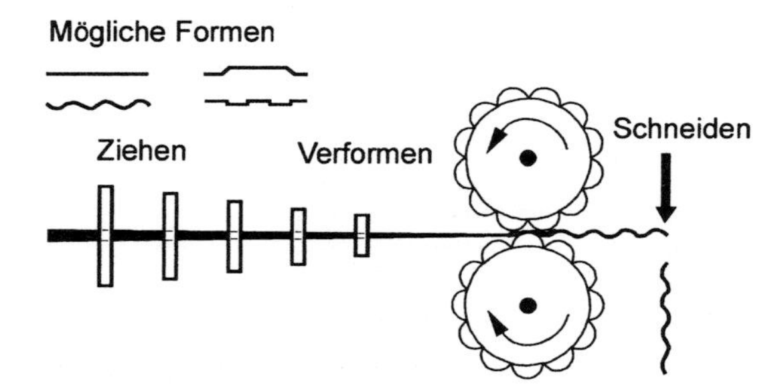

Bild 5-32 Schematische Darstellung der Herstellung von Drahtfasern

Für praktische Anwendungen im Betonbau haben sich Fasern mit Durchmessern zwischen 0,5 mm und 1 mm sowie Längen zwischen 30 mm und 60 mm durchgesetzt. Für Sonderanwendungen, wie z.B. beschusssichere Bauwerke (Bunker etc.) oder sehr filigrane Mörtelbauteile (Unterlegscheiben etc.) werden allerdings auch Spezialfasern gefertigt, deren Durchmesser 0,15 mm und Länge 6 mm betragen.

Gefräste Stahlfasern

Bei diesem Verfahren wird die Stahlfaser aus stählernen Walzblöcken, so genannte Brammen, herausgefräst. Die Faser ist verfahrensbedingt sehr unregelmäßig in ihrer Geometrie. Es entstehen sichelförmige, tordierte Querschnitte mit glatter Außen- und rauer Innenseite, die sehr spröde zerbrechen. Die maximalen Zugfestigkeiten liegen etwa 800 N/mm². Bild 5-33 zeigt schematisch den Herstellungsprozess.

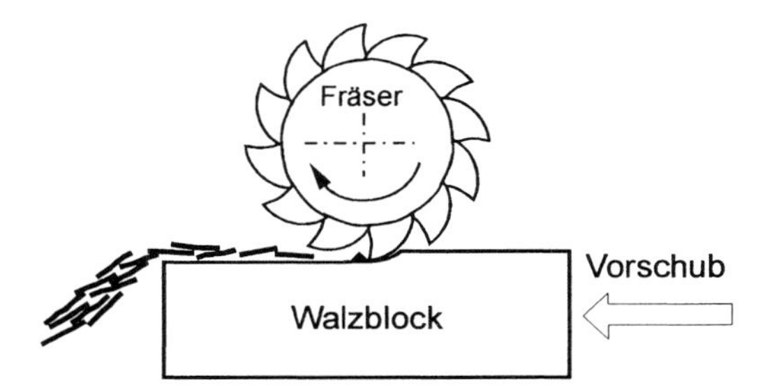

Bild 5-33 Schematische Darstellung der Herstellung von gefrästen Stahlfasern

Blechfasern

Bei diesem dritten Verfahren werden die Fasern aus einem gewalzten Blech gewonnen. Das Blech wird dabei zunächst in dünne Streifen, anschließend in einzelne Fasern zerschnitten.

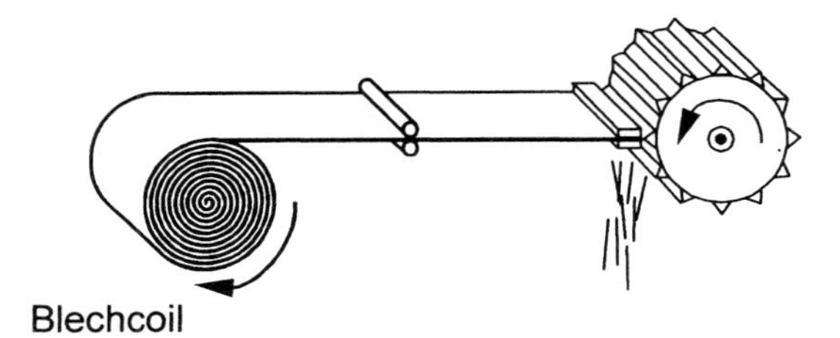

Bild 5-34 Schematische Darstellung der Herstellung von Blechfasern

Diese Blechstreifen werden in einem weiteren Arbeitsgang durch Druck plastisch verformt. Dabei können, analog zu den Drahtfasern, Oberflächenstrukturierungen sowie Endaufbiegungen hergestellt werden. Blechfasern sind rechteckig, mit einer Faserbreite zwischen 1,5 mm und 2,5 mm, einer Faserdicke zwischen 0,5 mm und 1 mm sowie einer Länge zwischen 25 mm und 45 mm. Die Zugfestigkeiten liegen zwischen 400 und 800 N/mm². Bild 5-34 zeigt schematisch den Herstellungsprozess.

Herstellung von Stahlfaserbeton

Bei der Herstellung und Nachbehandlung von Stahlfaserbetonen sind alle Regeln der Betonfertigung zu berücksichtigen. Bei der Erstellung des Mischungsentwurfes sind die Volumenanteile der Stahlfasern zu erfassen. Die Dichte der Stahlfasern kann hierbei mit $\rho = 7{,}85$ kg/m³ angenommen werden (Faustformel: 1 Vol.-% ≅ 80 kg/m³ Stahlfasern).

Der Verdichtungsaufwand kann, je nach eingesetzter Faserart und -volumen erheblich schwanken. Dabei nimmt mit zunehmender Betonfestigkeit (niedrigerer *w/z*-Wert) und ansteigendem Fasergehalt die Verarbeitbarkeit des Betons ab. Sind bei normalfesten Betonen (z.B. C 30/37) Fasergehalte von bis zu 2 Vol.-% problemlos verarbeitbar, so können bei hochfesten Betonen (C 100/115) nur noch ca. 1 Vol.-% Stahlfasern eingebracht werden. Die Verarbeitbarkeit ist allerdings auch von der Geometrie der Faser, insbesondere von dem Verhältnis Länge zu Durchmesser (l/d) (Schlankheit) abhängig. Erfahrungsgemäß zeigt sich hierbei, dass Fasern mit l/d -Verhältnissen zwischen 60 und 100 gut verarbeitbar sind. Bei dem Einsatz höherer Stahlfasergehalte bzw. ungünstiger l/d-Verhältnisse neigen die Stahlfasern dazu, sich ineinander zu verhaken. Diese örtliche Konzentration, die sich auch durch Zugabe verflüssigender Zusatzmittel nicht verbessert, wird als Igelbildung bezeichnet und erschwert sowohl den Mischvorgang, als auch die Verarbeitbarkeit des Frischbetons. Da bei der rechnerischen Erfassung der Materialeigenschaften eine homogene Verteilung der Fasern vorausgesetzt wird, ist auch aus diesem Grund eine Igelbildung unbedingt zu vermeiden. Die Zugabe von Stahlfasern führt außerdem zu einer Erhöhung des Luftporengehaltes sowie zu einer erhöhten Grünstandfestigkeit. Der Einfluss auf die Rohdichte ist im Allgemeinen sehr gering und kann vernachlässigt werden.

5.4.4.2 Festbetoneigenschaften

Druckfestigkeit

Die Druckfestigkeit wird im wesentlichen von den betontechnologischen Einflussgrößen, wie z.B. dem *w/z*-Wert und der Zementfestigkeitsklasse, bestimmt (vgl. Abschnitt 5.4.1). Die Druckfestigkeit wird durch die Stahlfasern dabei nur unwesentlich tangiert. Der Zusatz der Fasern bewirkt zwei wesentliche Effekte. Zum einen erhöht sich der Porenraum der Betonmatrix, mit einhergehender geringfügiger Abnahme der Festigkeit. Andererseits behindern die Stahlfasern eine einsetzende Rissbildung, was zu einer leichten Steigerung der Festigkeit führt. Beide Effekte neutralisieren sich in ihrer Wirkung.

Zentrische Zugfestigkeit

Die zentrische Zugfestigkeit des Betons wird durch die Zugabe von Stahlfasern nur unwesentlich verbessert. Nach Überschreiten der Zugfestigkeit vernähen die Stahlfasern die Risse. Dieser Effekt führt zu einem flacheren abfallenden Ast der Spannungs-Dehnungslinie und dadurch zu einer Zunahme der Bruchenergie. Baupraktisch bedeutet dies, dass ein plötzliches Versagen der Bauteile in der Regel vermieden wird und es zu einer kontrollierten Abnahme der Beanspruchbarkeit unter kontinuierlicher Zunahme der Rissweiten kommt.

Biegezug-/Spaltzugfestigkeit

Im Gegensatz zur zentrischen Zugfestigkeit kann nach der Zugabe von Stahlfasern oftmals eine leichte Erhöhung der Biege- bzw. Spaltzugfestigkeit festgestellt werden. Im Nachbruchbereich werden ähnliche Effekte beobachtet, wie bei der zentrischen Zugfestigkeit beschrieben.

E-Modul, Querdehnzahl

Die Zugabe von Stahlfasern in üblichen Dosierungen führt zu keiner signifikanten Änderung des Elastizitätsmoduls bzw. der Querdehnzahl. Der Einfluss auf das Kriech- und Schwindverhalten von Stahlfasern üblicher Dosierungen ist ebenfalls vernachlässigbar gering.

Verhalten bei mehraxialer Beanspruchung

Der beschriebene Vernähungseffekt der Stahlfasern verbessert unter mehraxialer Beanspruchung das Materialverhalten des Betons.

Verhalten unter dynamischer Beanspruchung

Der Einsatz von Stahlfasern führt zu einer deutlichen Verbesserung der Verformbarkeit von Beton. Dies hat eine Erhöhung der Energiedissipation unter einer dynamischer Belastung zur Folge. Die Dämpfungswerte nach dem Eintreten von Rissen sowie die Schlagfestigkeit und die Dauerschwingfestigkeit liegen deutlich über den Werten von faserfreiem Beton und steigen in Abhängigkeit zum Fasergehalt.

Korrosionsverhalten

Bei unbeschichteten Stahlfaserbetonbauteilen ist es unvermeidlich, dass Fasern die Oberfläche tangieren. Dadurch bedingt, kommt es zu Korrosionserscheinungen, die bei handelsüblichen Faserabmessungen nach den bisherigen Erfahrungen nicht zu Abplatzungen führen. Soll die Korrosion aus ästhetischen Gesichtspunkten vermieden werden, so müssen spezielle Maßnahmen ergriffen werden. Hierbei besteht entweder die Möglichkeit einer Oberflächenbehandlung des Betons (korrosionshemmender Anstrich bzw. Aufbringen einer Deckschicht) oder der Einsatz speziell vergüteter Fasern aus nichtrostendem Stahl. Baupraktisch spielt dabei bislang die erste Variante eine übergeordnete Rolle, da die Mehrkosten für vergütete Fasern nicht unerheblich sind.

Stahlfasern beeinflussen die Festigkeit von Betonen nicht. Wie am Beispiel des zentrischen Zugversuches erkennbar, steigern Stahlfasern allerdings erheblich die Verformungsfähigkeit (Duktilität) des Betons.

Normative Vorgaben

Im Gegensatz zu Bauteilen aus Beton bzw. Stahlbeton, deren Bemessung und konstruktive Durchbildung in DIN 1045-1 [5.55] geregelt ist, existieren für Faser- bzw. Stahlfaserbetone momentan noch keine verbindlichen Regelwerke. Jedoch wird von Seiten des Deutschen Ausschusses für Stahlbeton (DAfStb) gegenwärtig eine Richtlinie zum Stahlfaserbeton vorbereitet [5.80]. Für Faserbetone sind folgende Merkblätter des Deutschen Beton- und Bautechnikvereins (DBV) vorhanden :

- Technologie des Stahlfaserbetons und Stahlfaserspritzbetons,
- Grundlagen zur Bemessung von Industriefußböden aus Stahlfaserbeton,
- Bemessungsgrundlagen für Stahlfaserbeton im Tunnelbau,
- Kunststoffmodifizierter Spritzbeton / Spritzmörtel,
- Technische Lieferbedingungen für Kunststoffe für Spritzbeton / Spritzmörtel,
- Faserbeton mit synthetischen und organischen Fasern und
- Glasfaserbeton für Fertigteile.

Stahlfaserbeton ist rechnerisch viel schwieriger erfassbar als Stahlbeton, da die Fasern in zufälliger Orientierung vorliegen. Zur planmäßigen Aufnahme von Zugkräften müssten also sehr viele Stahlfasern eingebaut werden. Dies scheitert zum einen an der Verarbeitbarkeit des Frischbetons, zum anderen sind hohe Fasergehalte unwirtschaftlich. Stahlfaserbeton kann also folglich kein Ersatz für Stahlbeton sein. In Ergänzung zu diesem eröffnet er jedoch vielfältige neue Einsatzmöglichkeiten.

5.4.5 Selbstverdichtender Beton

Allgemeines

Selbstverdichtender Beton (SVB), in der internationalen Literatur als Self-Levelling Concrete (SLC), Self-Placing Concrete (SPC), zumeist jedoch als Self-Compacting Concrete (SCC) bezeichnet, ist in erster Linie dadurch gekennzeichnet, dass auf den zusätzlichen Eintrag von innerer und äußerer Rüttelenergie zur Verdichtung dieses Betons verzichtet werden kann. SVB verdichtet sich alleine auf Grund seines Eigengewichts und entlüftet fast vollständig während des Fließens in der Schalung. Er füllt selbst in sehr dichtbewehrten Bauteilen alle Aussparungen, Bewehrungszwischenräume und Hohlräume lückenlos aus und fließt dabei entmischungsfrei wie „Honig" beinahe bis zum vollständigen Niveauausgleich. Dadurch wird nicht nur der Einbau des Frischbetons wesentlich erleichtert, sondern auch eine beachtliche Qualitätsverbesserung im Hinblick auf eine nahezu luftporenfreie Oberflächenbeschaffenheit erzielt.

SVB ist charakterisiert durch seine exzellente Fließfähigkeit in Verbindung mit einer hohen Viskosität sowie einem großen Entmischungswiderstand. Nur das Vorhandensein all dieser Eigenschaften ermöglicht eine erfolgreiche Anwendung von SVB (vgl. Bild 5-35).

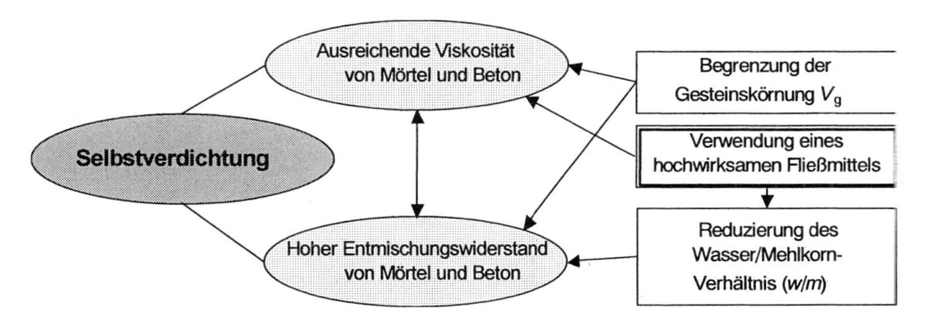

Bild 5-35 Grundprinzip zur Herstellung von SVB nach [5.81]

Seine Bestandteile sind dabei die gleichen, wie bei konventionellem Rüttelbeton. Unterschiede sind lediglich in der Dosierung der einzelnen Komponenten vorhanden. Ein erhöhter Mehlkornanteil wirkt als „Schmiermittel" für die groben Gesteinskörnungen und steigert ebenso die Viskosität des Mörtels wie der Einsatz von Stabilisierern (vgl. Abschnitt 5.4.1). Bei allen Ansätzen wird mit einem gegenüber Normalbeton erhöhten Fließmittelgehalt gearbeitet, um die Fließgrenze herabzusetzen und die Verarbeitbarkeit zu verbessern. Abgesehen von der Konsistenz entsprechen die Frisch- und Festbetoneigenschaften von SVB im Wesentlichen denen von konventionellen Rüttelbetonen.

Der Grundgedanke zur Herstellung von selbstverdichtendem Beton besteht darin, den Beton in hohem Maße fließfähig zu machen. Dies setzt einen Mörtel (Mörtel = Kombination aus Wasser, Fließmittel, Sand (vgl. Abschnitt 5.3) mit einem hohen Mehlkorngehalt voraus, in dem alle gröberen Gesteinskörner entmischungsfrei „schwimmen") mit einer hohen Viskosität für den Zeitpunkt schon direkt nach dem Einbringen in die Schalung voraus, so dass der Gefahr einer Entmischung, insbesondere dem Bluten des Betons, vorgebeugt wird. Für den Mörtel kann als Mehlkorn sowohl Zement, Silicastaub, Metakaolin, Flugasche oder ein inertes Gesteinsmehl, wie z.B. Kalksteinmehl oder Quarzmehl, verwendet werden. Wichtig ist, dass der zugehörige Leim, d. h. die Kombination aus Wasser und Mehlkorn, im Zusammenwirken mit einem entsprechenden hochwirksamen Fließmittel (vgl. Abschnitt 5.4.1), die geforderten Eigenschaften erfüllt. Die Eignung einer Betonmischung zur Herstellung von SVB sollte deshalb durch rheologische Untersuchungen bewertet werden. Im Mittelpunkt der Entwicklung eines SVB steht somit die Rheologie.

5.4.5.1 Mischungsentwurf für selbstverdichtende Betone

Die derzeitige Vorgehensweise zur Erstellung eines Mischungsentwurfs für SVB ist überwiegend empirisch und basiert auf Erfahrungen aus Japan, den Niederlanden, Frankreich und Schweden. Nachfolgendes Bild 5-36 zeigt exemplarisch die einzelnen Schritte zur Ermittlung der Mischungszusammensetzung für einen SVB (Puder-Typ). Eine detaillierte Beschreibung des Verfahrens kann *Dehn* in [5.81] entnommen werden.

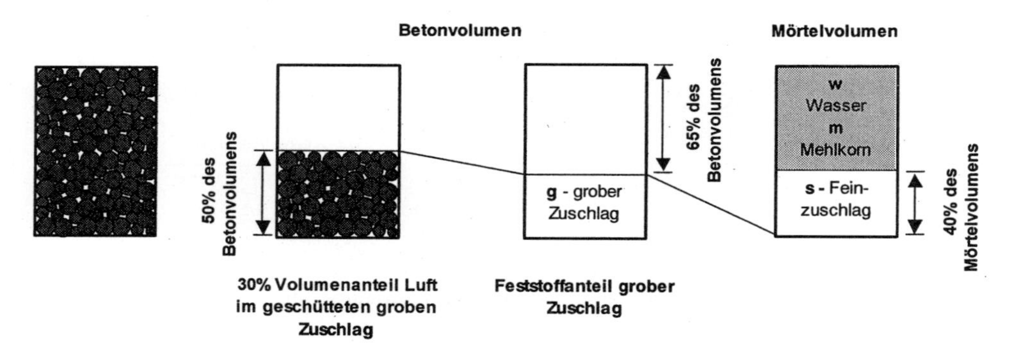

Bild 5-36 Mischungsentwurf nach *Okamura* [5.81]

Zur Prüfung der spezifischen Frisch- und Festbetoneigenschaften selbstverdichtender Betone wurden spezielle Prüfverfahren entwickelt. Insbesondere zur Verifizierung der Fließeigenschaften und der Viskosität sind verschiedene Methoden möglich. Diese sind z.B. in [5.81] vollständig zusammengefasst oder können der entsprechenden DAfStb-Richtlinie Selbstverdichtender Beton [5.82] entnommen werden.

Entsprechend der Herstellung von konventionellen Rüttelbetonen können zum Mischen von SVB alle gängigen Mischer verwendet werden, die eine besonders gute Mischwirkung erzielen. Die Zugabereihenfolge und die Mischdauer für die Mischungsbestandteile sollte im Vorfeld durch eine Erstprüfung verifiziert werden. Grundsätzlich sind die Fließmittel als letzte Komponente der Mischung zuzugeben.

5.4.5.2 Herstellung, Verarbeitung und Nachbehandlung selbstverdichtender Betone

SVB kann wie Rüttelbeton mit Kübeln oder Pumpen gefördert und eingebaut werden. Erfahrungen aus Japan zeigen, dass der Pumpweg nicht größer als 300 m betragen sollte. Wegen der großen Viskosität ist es möglich, den Beton mit freien Fallhöhen von bis zu 10 m in die Schalung einzubauen, ohne dass eine Entmischungsgefahr besteht. Hinsichtlich der Einbautechnik und den schalungstechnisch bedingten Randbedingungen ist darauf zu achten, dass SVB kontinuierlich fließen kann, damit er während des Fließens nahezu vollständig entlüftet. Wird das „freie“ Fließen nicht ermöglicht, kann es unter Umständen an den Oberflächen zu größeren Poren kommen. SVB sollte zügig, jedoch nicht zu schnell in die Schalung eingebracht werden. Bei komplizierten Schalungsgeometrien, bei Aussparungen und Hohlräumen ist darauf zu achten, dass sich keine Blasen bilden. Entsprechende Öffnungen in der Schalung sind unter Umständen erforderlich, damit die eingeschlossene Luft entweichen kann. Die freien Oberflächen von SVB können wie bei konventionellem Rüttelbeton geglättet werden. Die freien Betonoberflächen bedürfen jedoch einer sorgfältigeren Nachbehandlung auf Grund des evtl. erhöhten Früh- bzw. Kapillarschwindens, um die Bildung von Kapillarschwindrissen zu vermeiden. Das bedeutet, dass unmittelbar nach dem Abziehen ein wirksamer Verdunstungsschutz vorzusehen ist, z. B. durch Abdecken von dicht aufliegenden Kunststofffolien oder durch das Aufsprühen von entsprechenden Nachbehandlungsmitteln.

5.4.5.3 Praktische Erfahrungen mit selbstverdichtendem Beton

Selbstverdichtender Beton wurde vor rund 10 Jahren in Japan entwickelt. Das vorrangige Ziel war dabei, nach dem Einbringen des Betons in die Schalung auf jegliches Verdichten verzichten zu können, um somit im Zuge der Rationalisierung des Baufortschrittes insbesondere die Einbauleistung zu erhöhen. Gleichzeitig gewährleistet dieser Beton eine hohe Dauerhaftigkeit, da er unabhängig von der Qualifikation des Baustellenpersonals ohne jegliche Verdichtungsarbeit in die Schalung eingebracht wird.

Die größten Anstrengungen zur Erforschung von SVB wurden bisher in Japan unternommen. Damit wurde die Grundlage geschaffen, seit Ende 1998 ca. 1200000 m^3 SVB einzubauen. Aber auch aus den Niederlanden, Kanada, Frankreich, Österreich, Skandinavien und den USA werden über erste ausgeführte Bauvorhaben mit SVB berichtet. In Deutschland ist SVB bislang überwiegend im Form von Pilotprojekten für die Herstellung von Fertigteilen, im Tunnelbau aber auch für den Brückenbau angewendet worden. Derzeit existieren mehrere bauaufsichtlich zugelassene selbstverdichtende Betone, die zu einem deutlichen Anwachsen der SVB-Verwendung geführt haben. Auch wurden mehrere Zustimmungen im Einzelfall in Deutschland erteilt, auf deren Grundlage ein Erfahrungsschatz gewonnenen wurde, der zur weiteren Verbreitung des SVB und zur möglichen Einführung der entsprechenden DAfStb-Richtlinie [5.82] beiträgt.

Die Haupteinsatzgebiete von SVB weltweit sind der Brückenbau, Containments, Tunnelbauwerke sowie Wohn- und Bürogebäude. Beim Bau der 1998 eröffneten Akashi-Kaikyo-Brücke, der längsten Hängebrücke der Welt, mit einer Hauptspannweite von 1991 m und zwei Nebenspannweiten von jeweils 960 m, wurden über 300000 m^3 SVB verarbeitet. Allein in einem Ankerblock wurden 140000 m^3 SVB eingebaut. Auch bei der Betonage der Spannseilendverankerung der Waalbrücke in den Niederlanden konnte ein SVB erfolgreich im Brückenbau eingesetzt werden. 1998 wurden in Schweden drei kleinere Brücken mit SVB hergestellt. Das Einbauvolumen betrug in zwei Fällen je 230 m^3 und einmal 130 m^3. Dabei mussten zusätzlich die regionalen Vorgaben vor allem hinsichtlich des Frost-Taumittel-Widerstands berücksichtigt werden

Eines der ersten Bauwerke unter Verwendung von SVB in Europa war für die Fassade des Königlichen Schauspielhauses in Den Haag. SVB wurde hier vorrangig wegen der geforderten Qualität der Sichtbetonoberflächen verwendet. Für den Bau des Millennium-Tower in Wien entschied man sich für den Einsatz von SVB zur Verfüllung von 6 m hohen Stahlverbundrohrstützen. Ebenfalls in Wien wurde zur Verstärkung von Unterzügen im UNO-City-Center ein SVB eingesetzt. Neben den anspruchsvollen geometrischen und konstruktiven Anforderungen war hier vor allem das „Betonieren ohne Lärmbelästigung“ maßgebend.

Gegenwärtige betontechnologische Entwicklungen konzentrieren sich auf die Bereitstellung robuster Betonmischungen, auf selbstverdichtende Leichtbetone sowie auf hochfeste selbstverdichtende Betone. Aus statisch-konstruktiver Sicht sind weiterhin Fragen der Mindestbewehrung, des Schalungsdrucks sowie des vorgespannten SVB von Interesse.

5.4.6 Ultrahochfester Beton

Bereits in den 30er Jahren des vergangenen Jahrhunderts konnte *Freyssinet* zeigen, dass durch das Aufbringen von Druck während der Erhärtungsphase des Betons eine deutliche Festigkeitssteigerung erzielt werden kann. In den 60er Jahren wurden an Betonproben Druckfestigkeiten bis zu 650 N/mm² erreicht, die bei hohen Temperaturen und erhöhtem Druck nachbehandelt wurden.

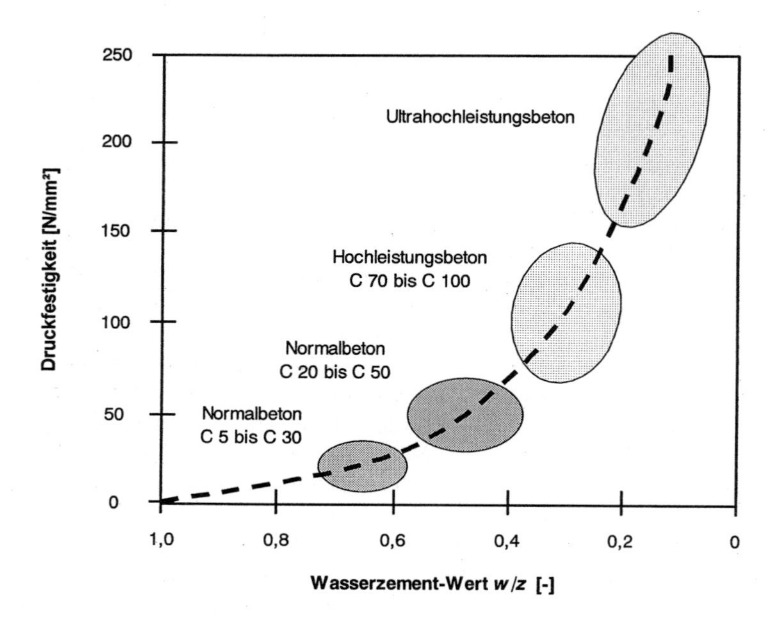

Bild 5-37 Spektrum der Betondruckfestigkeit in Abhängigkeit vom Wasserzement-Wert

Ende der 80er Jahre begannen in Frankreich und Kanada umfangreiche Forschungsaktivitäten zur Entwicklung von Hochleistungsbetonen mit extrem hohen Festigkeiten und deutlich verbesserten Dauerhaftigkeitseigenschaften. Auf Grund der Zusammensetzung dieser Betone, insbesondere durch die Beschränkung des Größtkorndurchmessers auf

Werte ≤ 1 mm, spricht man auch vom *Béton de Poudres Réactives (BPR)* bzw. *Reactive Powder Concrete (RPC)*. In Deutschland werden derartige Betone auch als *Feinkorn-* oder *Reaktionspulverbetone*, üblicherweise jedoch als *ultrahochfeste Betone (UHFB)* bezeichnet. Bild 5-37 zeigt einen Vergleich der Druckfestigkeiten unterschiedlicher Betone in Abhängigkeit vom Wasserzement-Wert.

Man unterscheidet ultrahochfeste Betone ebenfalls nach der Art der Herstellung. Bei Verwendung von hohen Fließmittelgehalten, hochreaktiven puzzolanischen Zusatzstoffen, wie z. B. Silicastäuben, sowie Gesteinskörnungen mit hohen Eigenfestigkeiten (Bauxit, Granit) und sehr geringer Korngröße (≤ 600 μm) spricht man vom *Compact Granular Matrix Concrete (CGM-Beton)* bzw. *Densified with Small Particles Concrete (DSP-Beton)*. Des Weiteren wurden kunststoffmodifizierte Hochleistungsmörtel unter Verwendung von Kompositzementen mit hohen Aluminatgehalten oder aber Tonerdezementen, so genannte *Macro Defect Free Concretes (MDF-Betone)*, entwickelt. Insbesondere mit den *MDF-Betonen* sind sehr hohe Zugfestigkeiten von bis zu 150 N/mm² und mehr möglich. Zur Reduktion der mit steigender Druckfestigkeit zunehmenden Sprödigkeit der Betone werden üblicherweise Stahlfasern zugegeben. Eine erste technische Anwendung fand ultrahochfester Beton bei der Fuß- und Radwegbrücke in Sherbrooke (Kanada) (vgl. Abschnitt 5.4.6.3). Weitere Anwendungen folgten, so z. B. für die Unterbauten und Rieseleinbauten des Kühlturms des Kraftwerks Cattenom in Frankreich. In Frankreich werden heute bereits marktfähige Produkte auf der Basis von UHFB angeboten.

5.4.6.1 Herstellung ultrahochfester Betone

Der mechanisch begründete Ausgangspunkt für die Herstellung ultrahochfester Betone ist die Minimierung von Gefügestörungen, zu denen u. a. Poren und Mikrorisse zählen. Die Ausgangstoffe müssen dazu entsprechend sorgfältig ausgewählt und aufeinander abgestimmt werden. Insbesondere muss das Betongefüge durch die Abstimmung der Partikelgröße der Gesteinskörnungen und Binder derart homogenisiert werden, dass der Werkstoff ein sehr dichtes Gefüge aufweist. Mit steigender Homogenität und sinkendem Porenvolumen steigt sowohl die Tragfähigkeit als auch die Dauerhaftigkeit des Betons an. Im Allgemeinen wird dieser Grundgedanke in folgenden Forderungen konkretisiert:

- Verbesserung der Homogenität des Betongefüges durch die Elimination von groben Gesteinskörnungen.
- Verbesserung der Packungsdichte durch Optimierung des Korngemisches und Aufbringung von Druck vor und während des Erstarrens bzw. Erhärtens des Betons.
- Verbesserung der Mikrostruktur durch Wärmebehandlung nach dem Erstarren.
- Verbesserung der Zähigkeit durch Zusatz von feinen Stahlfasern.
- Beibehaltung der herkömmlichen, für Normalbeton und hochfesten Beton bekannten Misch- und Betoniertechnologie.

Mit Hilfe der ersten drei Forderungen kann man eine Matrix mit sehr hoher Druckfestigkeit erzeugen. Die Zähigkeit des Betons ist jedoch nicht größer als bei einem herkömmlichen Mörtel. Durch den Zusatz von Stahlfasern wird die Zugfestigkeit verbessert und die Zähigkeit erhöht. Die Homogenität des Betongefüges als Folge eines optimierten Kornbandes und die daraus resultierende Packungsdichte ist die Grundlage zur Herstellung von ultrahochfesten Betonen. Eine Druckbehandlung ggf. ergänzt durch eine Wärmebehandlung führt weiterhin zu wesentlich verbesserten Werkstoffeigenschaften.

5.4.6.2 Auswahl der Ausgangsstoffe

Gesteinskörnungen

Zur Herstellung von ultrahochfesten Betonen werden vorwiegend quarzitische Gesteinskörnungen verwendet. Das Kornband wird indirekt über die gewünschte maximale bzw. minimale Korngröße bestimmt, wobei die maximale Korngröße d_{max} üblicherweise auf 600 µm und die minimale Korngröße auf 125 µm (Mehlkorn) begrenzt wird. Ungebrochener Sand hat einen etwas geringeren Wasseranspruch als Brechsand und wird deshalb bevorzugt.

Gemahlener kristalliner Quarz ist ein notwendiger Bestandteil bei wärmebehandelten ultrahochfesten Betonen. Eine maximale Reaktivität während der Wärmebehandlung wird bei einem Korndurchmesser zwischen 5 und 25 µm erreicht. Der mittlere Korndurchmesser des Quarzmehls beträgt ca. 10 µm. Damit liegt er in der gleichen Kornklasse wie der Zement (vgl. Abschnitt 5.2). Grundvoraussetzung für eine deutliche Druckfestigkeitssteigerung ist, dass durch die Quarzmehlzugabe der Wasserbindemittel-Wert nur unwesentlich verändert wird. In Versuchen konnte gezeigt werden, dass sich nahezu 20 M.-% des Zementes durch Feinstquarz ersetzen ließen, ohne dass dabei der Wasserbindemittel-Wert verändert werden musste. Dieser Effekt könnte einerseits in dem geringen Wasseraufnahmevermögen des Feinstquarzes liegen. Andererseits kann die Quarzmehlzugabe zur Verbesserung der Sieblinie im Bereich des Zementes führen und dort vorhandenes Wasser aus dem Porensystem verdrängen.

Zement

Die Auswahl des Zementes kann nicht von der des Fließmittels gelöst werden. Aus der Sicht der chemischen Zusammensetzung bringen Zemente mit niedrigen C_3A- Gehalten (vgl. Abschnitt 5.2) bessere Ergebnisse. Die spezifische Oberfläche des Zementes (Blaine-Wert) ist wie bei herkömmlichem hochfesten Beton (vgl. Abschnitt 5.4.3) ein wichtiger Orientierungswert. Insbesondere die Korngrößenverteilung des Zementes hat großen Einfluss auf dessen Wasseranspruch. Für die Rezepturentwicklung von ultrahochfesten Betonen sind Vorversuche zum Einfluss der großen Fließmittelmenge auf das Erhärtungsverhalten des Mörtels deshalb unverzichtbar.

Silicastaub

Silicastäube werden zur Herstellung von ultrahochfesten Betonen zur Füllung der Poren zwischen der nächstgrößeren Korngrößenklasse (Zement), zur Verbesserung der rheologischen Eigenschaften auf Grund des Schmierungseffektes, der aus der nahezu runden Form der Hauptkörner resultiert, und zur Bildung von sekundären Hydratationsprodukten (CSH-Phasen) durch die puzzolanische Reaktion mit dem in der primären Hydratation gebildeten Calciumhydroxid verwendet. Dabei spielen insbesondere der Grad der Partikelagglomeration, die Art und Menge der Verunreinigungen sowie der Hauptkorndurchmesser des Silicastaubes eine wesentliche Rolle bei der Auswahl. Das wichtigste Qualitätsmerkmal für Silicastäube ist das Ausbleiben von Agglomerationen. Deshalb müssen unverdichtete Silicastäube verwendet werden. Suspensionen (Slurry) können nicht benutzt werden, da ihr Wassergehalt den angestrebten Gesamtwassergehalt der Mischung überschreiten kann. Etwaige schädliche Verunreinigungen in den Stäuben, z. B. Kohlenstoff und Alkalien, können zu höheren Wasseransprüchen führen und das Reaktionsverhalten des Zementes beeinflussen. Die Korngröße der Silicastäube ist im Allgemeinen ein sekundärer Faktor, jedoch unter dem Gesichtspunkt der Zwickelfüllung für den Zement und den Gesteinskörnungen von Bedeutung. Typische Silicastaubgehalte für ultrahochfeste Betone liegen zwischen 10 und 25 M.-% bezogen auf den Zementgehalt. Mengen bis zu 30 M.-% bezogen auf das Zementgewicht wurden aber auch verwendet. Inwieweit dieser hohe Silicastaubgehalt Auswirkung auf die Alkalität dieses Betons hat, ist zu hinterfragen. Unverzichtbar bei der Anwendung von Silicastäuben ist der Einsatz von Fließmitteln. Sie verbessern die Dispergierbarkeit.

Wasser und Fließmittel

Für eine vollständige Hydratation des Zementes ist ein Wasserzement-Wert von ca. 0,40 erforderlich (vgl. Abschnitt 5.2). Um die angestrebte defektfreie Matrix zu erzeugen, sind zur Herstellung ultrahochfester Betone sehr kleine Wassergehalte nötig (üblich $w/z < 0{,}25$). Diese geringen Wasserzement-Werte sind nur durch den Einsatz großer Mengen an Fließmittel realisierbar. Dabei muss die Verträglichkeit von Fließmittel, Gesteinskörnung und Bindemittel gewährleistet sein. Es werden zumeist Fließmittel auf Polyacrylatbasis und Polycarboxylatetherbasis bevorzugt (vgl. Abschnitt 5.4.1). Fließmittel auf Naphtalinsulfonat- oder Melaminharz-Basis kommen dagegen seltener zur Anwendung (vgl. Abschnitt 5.4.1).

5.4.6.3 Praktische Anwendungen von ultrahochfesten Betonen

Der erste großtechnische Einsatz eines UHFB erfolgte 1996 in Kanada beim Bau der Fuß- und Radwegbrücke Sherbrooke. Die Hauptentwicklung fand jedoch auch in den darauffolgenden Jahren in Frankreich statt. Das Bauunternehmen Bouygues entwickelte, gemeinsam mit dem Baustoffhersteller Lafarge und dem Chemieunternehmen Rhodia, ein marktfähiges Produkt auf der Basis von UHFB. Dieses Produkt unter dem Namen „Ductal®" basiert auf chemisch aktiven Substanzen in Pulverform, metallischen und organischen Fasern sowie diversen Kunststoffen. Die Druckfestigkeit beträgt im ausgehärteten Zustand 180 bis 230 N/mm^2 bei einer Biegezugfestigkeit von 30 bis 50 N/mm^2 sowie einer sehr hohen Duktilität. Auf eine konventionelle Bewehrung kann laut Herstellern verzichtet werden. Der Beton ist feuchteundurchlässig, beständig gegen das Eindringen von Chlorid-Ionen und Sulfat-Ionen. Weiterhin besitzt er eine hohe Säurebeständigkeit und Abriebfestigkeit. Ein günstiges Fließverhalten und ein Schwindmaß von nahezu Null ermöglichen den Einsatz im Spannbetonbau. Das „Ductal®"-Programm umfasst fünf Produkte, die auf verschiedene Anwendungsbereiche abgestimmt sind.

Ultrahochfester Beton eignet sich für Bauwerke im Offshore-Bereich genauso wie für andere Ingenieurbauwerke. So wurde er z. B. für die Unterbauten und Rieseleinbauten des Kühlturms des Kraftwerks Cattenom verwendet. In den USA existiert ein Forschung- und Entwicklungsprojekt zum Einsatz von UHFB innerhalb des Construction Productivity Advancement Research (CPAR)-Programms des US Army Corps of Engineers. Das Ziel des Projektes ist die Entwicklung von Abwasserrohren, Druckrohrleitungen und Masten. Weitere Produktentwicklungen, wie vorgespannte Schleuderbetonmasten und vorgespannte Bahnübergangsteile werden ebenfalls gestartet. Darüber hinaus soll UHFB auch zur Erneuerung von Fahrbahnplatten zum Einsatz kommen. Auch ist an die Fertigung von dünnwandigen Fertigteilen mit Aussteifungsrippen für den Brücken- und Hochhausbau gedacht. In Deutschland begann das wissenschaftliche Interesse an ultrahochfesten Betonen vergleichsweise spät. Baupraktische Anwendungen in Deutschland sind bisher nicht bekannt.

5.4.7 Sonstige Betone

Massenbeton

Hierunter versteht man Beton, der in sehr dicken Querschnitten eingebaut wird, so dass das Abfließen der Hydratationswärme betontechnologisch berücksichtigt werden muss (meist durch Einhalten bestimmter Höchst-Zementgehalte oder NW-Zemente, vgl. Abschnitt 5.2).

Sichtbeton

Sichtbeton ist Beton, dessen Oberfläche ganz oder teilweise ein vorausbestimmtes Aussehen hat, z.B. durch die besondere Art der Schalung oder Verarbeitung oder durch eine nachträgliche Oberflächenbehandlung.

Fahrdeckenbeton

Für diesen Verwendungszweck wird Beton mit einer hohen Festigkeit, hohem Frost-Taumittel-Widerstand, hohem Verschleißwiderstand sowie guter Griffigkeit hergestellt.

Spritzbeton

Spritzbeton ist Beton, der in einer geschlossenen, überdruckfesten Schlauch- oder Rohrleitung zur Einbaustelle gefördert und dort durch Spritzen aufgetragen und dabei verdichtet wird. Man unterscheidet zwischen Trocken- und Nassspritzverfahren.

Weitere besondere Betone sind z.B. Strahlenschutzbeton, hitzebeständiger (feuerfester) Beton sowie Beton für Unterwasserschüttungen (Unterwasserbeton).

5.5 Mauerwerk

Allgemeines

Mauerwerk ist einer der ältesten Baustoffe, dessen Anwendung bis weit ins Altertum zurückreicht. Als die Menschen sesshaft wurden, begannen sie, Mauern aufzuschichten, die Schutz boten. Die ersten Orte wurden dauerhaft begründet. Neue, bisher unbekannte Baustoffe entwickelten sich: Mauersteine und Mörtel. Der Mörtel dient als Bindeglied und Toleranzausgleich zwischen den Steinen. Bitumen („Erdpech") als Bindemittel im Mörtel lässt sich in Mesopotamien bereits aus vorgeschichtlicher Zeit nachweisen. Luftgetrocknete Lehmsteine sind seit etwa 14000 v. Chr. bekannt. Die Kenntnis des Haltbarmachens von Lehmsteinen durch Brennen wird seit etwa 5000 v. Chr. angewandt [5.83]. Seit jener Zeit hat sich das Mauerwerk vielfältig weiterentwickelt, jedoch nie seine Ausstrahlung und Anziehungskraft verloren. Nach wie vor ist die Vielfalt an Gestaltungsmöglichkeiten nahezu unbegrenzt und die Wirtschaftlichkeit hoch. Insbesondere in den Wiederaufbauphasen nach Kriegsereignissen erreichte Mauerwerk eine große Bedeutung. Mit der Entwicklung des Stahlbetonbaus wurde die Bedeutung des Mauerwerks etwas zurückgedrängt, dennoch beträgt der Marktanteil im Wohnungsbau über 80 %. Doch auf Grund seiner Vorteile wie kostengünstige Herstellung, hervorragender bauphysikalischer Eigenschaften und Kombination von raumabschließender und statischer Funktion, gehört Mauerwerk unverändert zu den bevorzugten Baustoffen des Wohnungsbaus.

Mauerwerk besteht im Wesentlichen aus zwei Komponenten: Mauersteine und Mauermörtel, deren jeweilige Eigenschaften in Kombination miteinander die Eigenschaften des daraus errichteten Mauerwerks bestimmen. Daher kommt es nicht nur darauf an, die Eigenschaften der Mauersteine und des Mauermörtels für sich allein, sondern auch in Kombination miteinander zu sehen und zu erforschen. Die Qualitätsanforderungen sind in zahlreichen Baustoffnormen geregelt. Die Güteüberwachung wird in die werkseigene Produktionskontrolle (Eigenüberwachung) und die Fremdüberwachung seitens zertifizierter Überwachungsstellen unterteilt.

5.5.1 Mauersteine

Mauersteine werden in Natursteine und künstlich hergestellte Mauersteine unterschieden. Während für eine Anwendung im Mauerwerkbau Natursteine in der Mauerwerknorm DIN 1053-1 [5.84] bzw. DIN 1053-100 [5.85] geregelt sind, werden die Anforderungen an künstlich hergestellte Mauersteine je nach Ausgangsstoff in eigenen Baustoffnormen beschrieben.

Natursteine

Zu den Natursteinen, die im Natursteinmauerwerk Verwendung finden, können alle in der Natur vorkommenden Gesteinsarten gezählt werden, die über eine ausreichende Festigkeit verfügen und keine Struktur- oder Verwitterungsschäden aufweisen.

Die natürlichen Gesteine werden nach ihren Entstehungsbedingungen unterschieden:

Magmatite (Magmagesteine)

- Tiefengesteine (Granit, Syenit, Gabbro),
- Ergussgesteine (Basalt, Diabas, Bimsstein, Basaltlava),
- Ganggesteine (Granitporphyr),

Sedimentite (Sedimente)

- Klastische Sedimentgesteine (Sandstein, Grauwacke),
- Chemisch-biogene Sedimente (Dolomitstein, Kalkstein, Travertin) sowie

Metamorphite (Umwandlungsgesteine)

- Kristalline Schiefer (Glimmerschiefer, Tonschiefer),
- Gneis (Granitgneis, Syenitgneis),
- Felse (Marmor, Dolomitmarmor).

Die Auswahl der natürlichen Gesteine erfolgt je nach den Festigkeitsanforderungen und den Bewitterungsbelastungen des Mauerwerks. Um Natursteine verwenden zu können, müssen sie i.d.R. bearbeitet werden. Je nach Bearbeitbarkeit unterscheidet man dabei zwischen hellem Hartgestein (Granit, Gneis), dunklem Hartgestein (Basalt, Gabbro) und Weichgestein (Sandstein). Die Bearbeitungsstufen reichen dabei vom Bruchstein ohne feste geometrische Abmessungen, dem rechtwinklig geformten Haustein bis zum rechteckigen Werkstein mit bearbeiteter Oberfläche.

Tabelle 5-62 Auswahl von Natursteinen und deren wichtigste Eigenschaften

Naturstein	Druckfestigkeit [N/mm²]	Elastizitätsmodul [10^3 N/mm²]	Biegezugfestigkeit [N/mm²]
Granit, Syenit	160 ... 240	40 ... 60	10 ... 20
Granitporphyr	180 ... 300	20 ... 160	15 ... 20
Gabbro, Diorit	170 ... 300	100 ... 120	10 ... 22
Basalt	250 ... 400	50 ... 100	15 ... 25
Diabas	180 ... 250	60 ... 120	15 ... 25
Gneise	160 ... 280	30 ... 80	13 ... 25
Grauwacke, Quarzit	150 ... 300	50 ... 80	13 ... 25
Quarzitischer Sandstein	120 ... 200	20 ... 70	12 ... 20
Sonstige Sandsteine	30 ... 180	5 ... 30	3 ... 15
Dolomit, Marmor	80 ... 180	60 ... 90	6 ... 15
Sonstige Kalksteine	20 ... 90	40 ... 70	5 ... 8
Travertin	20 ... 60	20 ... 60	4 ... 10
Vulkanischer Tuffstein	5 ... 25	4 ... 10	1 ... 4
Basaltlava	80 ... 150	–	8 ... 12
Serpentin	140 ... 250	–	25 ... 35

Je nach Gesteinsart müssen die Natursteine eine gewisse Mindestdruckfestigkeit aufweisen, um sie in Natursteinverbände gemäß DIN 1053-1 [5.84] bzw. DIN 1053-100 [5.85] einbauen zu können. Weitergehende Kenntnisse zu den Materialparametern, z.B. Elastizitätsmodul, Schwind- und Quellverhalten, Frostbeständigkeit, Zugfestigkeit oder auch die Verwitterungsbeständigkeit, sind oftmals für Instandsetzungs- und Sanierungsarbeiten von Natursteinkonstruktionen oder allgemein von historischen Bauten erforderlich. Für einige Natursteine sind die Druckfestigkeit, der Elastizitätsmodul und die Biegezugfestigkeit in Tabelle 5-62 aufgelistet.

Künstliche Mauersteine

Während Natursteine auf ihre Form und Größe zugeschnitten oder zugehauen werden müssen, können künstliche Mauersteine durch besondere Formen ihre Gestalt erhalten. Je nach Ausgangsstoff und Herstellung unterscheidet man:

- Kalksandsteine,
- Mauerziegel,
- Beton- und Leichtbetonsteine,
- Porenbetonsteine und
- Hüttensteine.

Darüber hinaus werden für eine wirtschaftlichere Steinherstellung, für einen verbesserten Wärme- und Schallschutz, für eine ökonomischere Bauwerksherstellung und zur Erhöhung der Tragfähigkeit ständig neue Steinarten und -formen entwickelt.

Die künstlich hergestellten Mauersteine können sich in den Abmessungen, dem Lochanteil, dem Lochbild (Lochanordnung) und der Lochform (kreisförmige, rechteckige, elliptische, kammer- oder schlitzförmige Löcher etc.) unterscheiden. Auch können sie Unterschiede in den Festigkeiten, der Oberflächenbeschaffenheit und den bauphysikalischen Eigenschaften aufweisen.

Geometrisch werden künstliche Mauersteine in Steine, Blöcke und Elemente unterschieden. Bezüglich der Lochung differenziert man zwischen Vollsteinen (Lochanteil kleiner 15 %) und Lochsteinen (Hochlochsteine, Langlochsteine). Die Lochung wird eingearbeitet, um einerseits bauphysikalische Eigenschaften (z.B. Wärmeschutz) gezielt zu verbessern oder eine bessere Handhabung auf den Baustellen (Grifföffnungen, Grifftaschen) zu ermöglichen. Entsprechend der Entwicklung der heutigen Mauer- und Mörteltechnik (Dick-, Mittel- und Dünnbettfugen) sind auch die Mauersteine den Fugenmaßen angepasst worden, um das bestehende oktametrische Raster aufrecht zu erhalten. Für Dünnbettmauerwerk dürfen nur so genannte Plansteine, Planblöcke oder Planelemente verwendet werden, die im Vergleich zu den Mauersteinen des Dick- und Mittelbettmauerwerks deutlich geringere Maßtoleranzen von maximal ± 1 mm einhalten müssen. Je nach Art der Stoßfugenausbildung (mit oder ohne Stoßfugenvermörtelung) können die Stoßfugenflächen der künstlichen Mauersteine so ausgebildet sein, dass eine Mörtelauflage über die gesamte oder nur Teile der Stoßfugenfläche erforderlich ist, oder dass ganz auf eine Stoßfugenvermörtelung verzichtet werden kann und die Mauersteine knirsch aneinander gesetzt werden. Der mörtelfreie Stoß hat sich auf Grund der Rationalisierung im Bauablauf und verbesserter bauphysikalischer Eigenschaften gegenüber dem vermörtelten Stoß durchgesetzt.

Die wichtigsten Kriterien bei der Auswahl einer Mauersteinart sind vorwiegend statische (z.B. Festigkeit) und bauphysikalische (z.B. Wärmedämmvermögen, Schallschutz) Aspekte. Wesentlichen Einfluss auf beide Parameter hat die Trockenrohdichte des Steinmaterials. Hohe Steinfestigkeiten sind oft mit einer hohen Trockenrohdichte verbunden, die ihrerseits die Schallschutzeigenschaften des Mauersteins verbessern. Betrachtet man jedoch den Wärmedurchlasswiderstand eines Mauersteins, werden geringe Trockenrohdichten angestrebt, die ihrerseits nachteilig auf die Festigkeit einwirken. Für Sichtmauerwerk spielen weitere Eigenschaften, wie z.B. die kapillare Wasseraufnahmefähigkeit und der Frost- und Tauwechselwiderstand, eine entscheidende Rolle. Aspekte der örtlichen Verfügbarkeit, Baustoffkosten und rationelle Verarbeitbarkeit haben Einfluss auf die Wirtschaftlichkeit des Bauablaufs.

In der Regel werden künstlichen Mauersteine in der Reihenfolge der DIN-Hauptnummer, der Kurzbezeichnung, der Druckfestigkeitsklasse, der Rohdichteklasse und dem Format-Kurzzeichen benannt, z.B. für einen Mauerziegel:

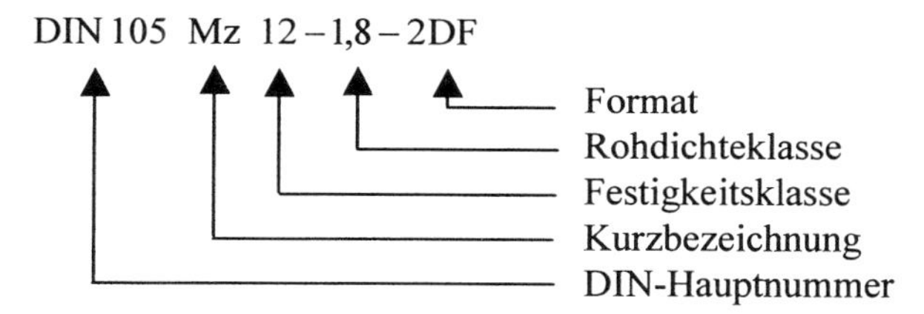

Für Mauersteine, die nicht dem Stein-Formatsystem zugeordnet werden können, sind zusätzlich die Maße (Länge x Breite x Höhe) hinzuzufügen. So werden z.B. Porenbeton-Plansteine der Festigkeitsklasse 2 und der Rohdichteklasse 0,5 wie folgt bezeichnet: DIN 4165 PP 2-0,5-499 x 300 x 240.

Kalksandsteine

Kalksandsteine werden zu den mineralisch gebundenen Baustoffen gezählt. Sie werden aus einer Rohmasse von ca. 10 % Luftkalk (ungelöschter Kalk bzw. Branntkalk mit einem Mindestgehalt von 90 % CaO) und 90 % Quarzsand (Körnung 0 bis 4 mm) trocken vorgemischt, mit Wasser abgelöscht und anschließend erdfeucht gepresst [5.86]. Beim exotherm ablaufenden Ablöschen des trockenen Branntkalkes in speziellen Reaktionsbehältern entsteht das eigentliche Bindemittel Kalkhydrat. Somit liegen dieselben Substanzen wie beim Weißkalk vor, der bei Luftzutritt durch Karbonatisierung erhärten würde.

Bild 5-38 Autoklaverhärtung von Kalksandsteinen

Bei der Kalksandsteinherstellung verzichtet man auf diese Erhärtungsreaktion, man verhindert sie sogar, indem die Rohmasse in einem Autoklaven (Überdruckkammer, Bild 5-38) anschließend 4 bis 8 Stunden bei einer Temperatur von ca. 160 bis 200°C und hohem Dampfdruck (16 bar) gehärtet wird [5.86]. Dabei werden die Oberflächen des kristallinen Quarzes gelöst, so dass eine innige Reaktionsverbindung zwischen dem SiO_2 des Quarzsandes und dem Kalkhydrat aufgebaut wird. Dabei entsteht das unlösliche Kalciumsilicathydrat, welches eine Verkittung der Zuschläge bewirkt. Die einzelnen Bindemittelphasen (Tobermorit, Xonolith und Grotit) sind ähnlich den verschiedenen

Phasen bei der Zementerhärtung und nur unter dem Elektronenmikroskop erkennbar [5.87].

Kalksandsteine sind wegen des Kalkgehaltes weiß, können jedoch durch zugemischte Pigmente farbig gestaltet werden. Nach einer Abkühlungsphase auf Raumtemperatur sind die Kalksandsteine gebrauchsfertig. Es erfolgt keine weitere Behandlung. Normativ sind die Kalksandsteine derzeit von DIN 106-1 [5.88] erfasst.

Tabelle 5-63 Genormte Kalksandsteine

Kurzzeichen	Bezeichnung	Rohdichteklasse	Festigkeitsklasse
KS KS(P)	Voll- und Blockstein Voll- und Blockstein, Planstein	1,6...2,2	4...60
KSL KSL(P)	Loch- und Hohlblockstein Loch- und Hohlblockstein, Planstein	0,6...1,6	4...60
KS-R KS-R(P)	Nut-Feder-System für Voll- und Blockstein, auch als Planstein	0,6...2,2	4...60
KSL-R KSL-R(P)	Nut-Feder-System für Loch- und Hohlblockstein, auch als Planstein	0,6...1,6	4...60
KSVm KSVmL	Vormauerstein als Vollstein Vormauerstein als Lochstein	1,0...2,2	12...60
KSVb KSVbL	Verblender als Vollstein Verblender als Lochstein	1,0...2,2	12...60
KSP	Bauplatten	–	–

a)

b)

Bild 5-39 Auswahl von Kalksandsteinen
a) Kalksand-Vollstein (KS), b) Kalksand-Lochstein (KSL)

Eine Zusammenstellung der derzeit genormten Kalksandsteine wird in Tabelle 5-63 gegeben. Man unterscheidet grundsätzlich Kalksand-Vollsteine bzw. Blocksteine (KS), Kalksand-Lochsteine (KSL) und Hohlblocksteine voneinander, die sowohl für Außen- als auch für Innenwände verwendet werden können. Erwähnenswert ist, dass die Löcher in den Lochsteinen abgesehen von Grifföffnungen nicht durchgehen und daher die KSL-Steine fünfseitig geschlossen sind. Für Sichtmauerwerk werden vorrangig Vormauersteine (KSVm, KSVmL) und Verblender (KSVb, KSVbL) eingesetzt. Vormauersteine und Verblender sind frostbeständig und können außenseitig glatt oder strukturiert ausgeführt werden.

Die Rohdichte der Kalksandsteine variiert zwischen 0,6 kg/dm^3 (Lochsteine) und 2,2 kg/dm^3 (Vollsteine). Kalksandsteine decken ein weites Spektrum an Druckfestigkeiten zwischen 4 bis 60 N/mm^2 ab. Sie sind in den Formaten DF, NF, 2DF bis 20DF erhältlich.

Mauerziegel

Mauerziegel werden aus Ton, Lehm oder tonigen Massen mit oder ohne Zusatzstoffen (porenbildende Stoffe) geformt und gebrannt. Nach einer Aufbereitung der Rohmischung im Kollergang werden aus dem Mischgut durch Strangpressen Endlosstränge erzeugt, die anschließend mit gespannten Drähten in einzelne Rohlinge zerschnitten werden. Auswechselbare „Mundstücke“ an den Strangpressen ermöglichen unterschiedlichste Formen und Lochungen. Die bereits formstabilen Rohlinge werden bei ca. 100°C getrocknet, um beim späteren Brennen ein Zertreiben des entstehenden Ziegels durch das verdampfende Anmachwasser zu verhindern. Die Verfestigung erfolgt im Brennofen durch Sinterung bei etwa 1000°C. Beim Vorgang der Sinterung bilden sich unter Freisetzung von Wasser und Kieselsäure aus den Tonmineralien (Aluminiumsilicate) neue Kristalle, die sich untereinander verflechten. Dabei entstehen an den Randzonen der Mineralkörner Schmelzen, die glasig erstarren und so ungeschmolzene Minerale fest einbinden [5.89]. Der Ziegelscherben (gebrannte Tonmasse) ist sehr dicht, hart und wasserbeständig. Beim Brennprozess findet also eine Verdichtung der Produkte statt, die sich durch Volumenverringerung infolge Schwinden und Abnahme der Porosität äußert. Beim Brennen verliert der Ton zudem alles chemisch gebundene Wasser. Nach 10 bis 50 Stunden können die fertigen Ziegel dem Ofen entnommen werden. Der gebrannte Ziegel besitzt seine endgültigen Eigenschaften und ist nach einer gewissen Abkühlungsphase sofort verwendungsfähig. Zur Erzeugung von Planziegeln müssen die Ziegel zusätzlich gefräst oder geschliffen werden. Farbliche Veränderungen weisen auf das Vorhandensein von Metalloxiden in der Ausgangsmischung hin. Rötliche Ziegel enthalten im Gegensatz zu gelben Ziegeln deutlich mehr Eisenoxide. Wenn zusätzlich die Ofenluft sauerstoffarm ausgelegt wird, schlägt die rötliche Färbung in eine Dunkelfärbung um [5.83].

Großen Einfluss auf die Eigenschaften der Ziegel hat die Brenntemperatur. Hohe Brenntemperaturen erhöhen die Dichte, die Festigkeit, die Witterungsbeständigkeit und die chemische Widerstandsfähigkeit. Bei niedriger Brenntemperatur entsteht ein leichter, poröser und wärmedämmender Scherben (Bild 5-40 und Bild 5-41).

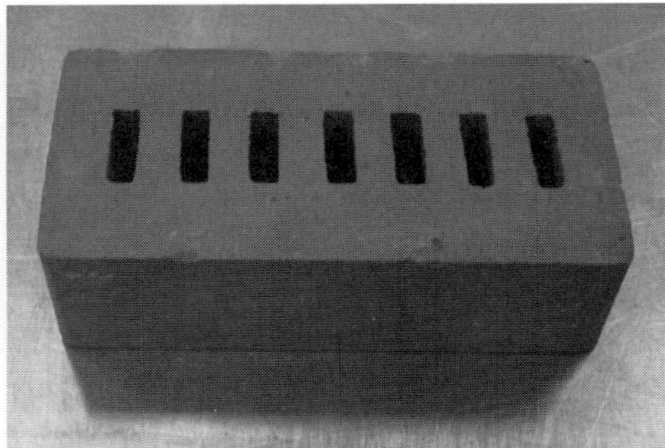

a) b)

Bild 5-40 Vollziegel
a) Vollziegel ohne Lochung, b) Vollziegel mit bis zu 15 % Lochanteil an der Lagerfläche

Mauerziegel werden als Voll-, Hochloch- und Langlochziegel hergestellt, wobei je nach Rohdichte (Rohdichteklassen) und Festigkeit (Festigkeitsklassen) weiter in Leichtziegel, hochfeste Ziegel, Klinker und hochfeste Klinker unterschieden wird. Ziegel mit einer Lochfläche von bis zu 15 % der Lagerfläche werden ebenfalls zu den Vollziegeln gezählt. Entsprechend der geometrischen Art und dem Anteil der Lochung an der Lagerfläche werden die Typen A, B und C speziell gekennzeichnet (HLzA, HLzB, HLzC). Tabelle 5-64 enthält einen Überblick zu genormten Ziegelarten und deren Kurzbezeichnung.

a) b)

Bild 5-41 Hochlochziegel mit Stoßfugenverzahnung und elliptischer Lochung
a) Hochlochziegel, b) Hochlochziegel als geschliffener Planziegel

Tabelle 5-64 Genormte Mauerziegelarten

Kurzzeichen	Bezeichnung	Rohdichteklasse	Festigkeitsklasse
Mz	Mauerziegel	1,2...2,2	4...28
HLz	Hochlochziegel Leichthochlochziegel	1,2...2,2 0,6...1,0	4...28 2...28
HLzT	Mauertafelziegel	0,8...1,0	6...28
VMz VHLz KMz KHLz	Vormauervollziegel Vormauerhochlochziegel Vollklinker Hochlochklinker	1,2...2,2	28 (36)...60
KK KHK	Keramikvollklinker Keramikhochlochklinker	1,4...2,2	60
LLz LLp	Leichtlanglochziegel Leichtlanglochziegelplatten	0,5...1,0	2...12

Leichtziegel werden durch Zugabe von Polystyrolkügelchen oder Sägemehl zur Rohmasse, welche beim Brennprozess der Rohlinge verdampfen und unzählige kleine Poren zurücklassen, hergestellt. Dadurch wird der Scherben leichter, sinkt seine Dichte und steigt sein Wärmedämmvermögen.

Klinker und Vormauerziegel, die aus dichtbrennendem Ton hergestellt werden, haben eine geringe Wasseraufnahmefähigkeit und sind frostbeständig.

Die Mauerziegel sind in DIN 105, Teile 1 bis 5 [5.90] genormt, die in Zukunft um einen sechsten Teil (Planziegel) erweitert wird. Die Mauerziegel werden in Rohdichten von 0,6 bis 2,2 kg/dm^3 und Druckfestigkeiten von 4 bis über 60 N/mm^2 angeboten. Mauerziegel sind standardmäßig in den Formaten NF, 2DF bis 24DF verfügbar. Für Spezialanwendungen können Ziegel auch in Sonderformen als Formziegel hergestellt werden.

Beton- und Leichtbetonsteine

Betonsteine bestehen aus mineralischen Zuschlägen (Sand, Kies, Splitt) und einem hydraulischen Bindemittel, i.d.R. Zement; ggf. wird Steinkohlenflugasche zugemischt. Für Leichtbetonsteine wird der gesamte dichte Zuschlag durch Leichtzuschläge mit porigem Gefüge (Naturbims, Hüttenbims, Tuff, Lavaschlacke, gesinterte Steinkohlenflugasche, Blähton, Blähschiefer oder Ziegelsplitt) ersetzt, um einen hohen Wärmedurchlasswiderstand zu erreichen. Zumischung von Zuschlägen mit dichtem Gefüge sind nur bis zu einem Volumenanteil von 15 % des verdichteten Betons zulässig, was aber aus Gründen des Wärmeschutzes in der Praxis kaum vorkommt. In der Regel wird Blähton und Naturbims oder ein Gemisch aus beiden verwendet [5.83]. Als Zumischung in geringer Dosierung sind für Beton- und Leichtbetonsteine ebenfalls Kalk, Gesteinsmehle und Betonzusatzstoffe, wie sie auch im Betonbau Verwendung finden, erlaubt.

Beton- und Leichtbetonsteine werden nach demselben Herstellverfahren produziert. Die Ausgangsstoffe werden zusammen mit Wasser gründlich gemischt und auf Bodenfertigern in entsprechende Schalkörper gegossen oder erdfeucht zu Steinen gepresst. Durch Auflasten oder leichte Vibration werden die „Grünlinge“ verdichtet und anschließend ausgeschalt. Einer Vorhärtung von etwa zwei Tagen in geschützter Witterungslage folgt eine Endhärtung bis zur Nennfestigkeit in größeren Steinpaketen. In dieser Zeit werden die Steine um 180 Grad gedreht, so dass die Hohlkammern, die vorher nach oben offen waren, nach unten zeigen. Somit liegen die Steine bereits in der Lage, wie sie auf der Baustelle zum Einbauen benötigt werden. In der Regel gehen die Hohlkammern nicht durch den Stein in voller Höhe hindurch, sondern die Steine sind mehrheitlich 5-seitig geschlossen.

Bild 5-42 Leichtbeton-Hohlblockstein

Bei den Betonsteinen unterscheidet man Vollsteine, Vollblöcke, Hohlblocksteine oder Hohlblöcke. Je nach Rohdichte, die zwischen 0,9 und 2,4 kg/dm^3 liegt, ergeben sich Druckfestigkeiten von 2 bis 48 N/mm^2. Leichtbetonsteine haben eine Rohdichte zwischen 0,5 bis 2,0 kg/dm^3 und erreichen Nennfestigkeiten von 2 bis 12 N/mm^2. Je nach Steinabmessung und gewünschter Rohdichte werden die Steine mit bis zu sechs Kammern ausgeführt (Bild 5-42). Eine Übersicht zu den derzeitig genormten Beton- und Leichtbetonsteinen ist in Tabelle 5-65 gegeben.

Die Betonsteine sind in DIN 18153 [5.91], die Leichtbetonsteine in DIN 18151 [5.92] und 18152 [5.93] geregelt. Die Anforderungen an die Wandbauplatten aus Leichtbeton sind in DIN 18148 [5.94] und 18162 [5.95] erfasst. Beton- und Leichtbetonsteine sind sowohl in den gängigen Mauersteinformaten DF bis 24DF als auch in den Abmessungen der Plansteine erhältlich. Die Plansteinrasterung berücksichtigt eine im Vergleich zum Dickbettmauerwerk deutlich geringere Fugendicke von etwa 1 bis 2 mm, um trotz der veränderten Fugendicke im oktametrischen Raster verbleiben zu können. Vollsteine weisen dagegen immer eine maximale Höhe von 115 mm und Vollblöcke von 238 mm auf.

Tabelle 5-65 Genormte Beton- und Leichtbetonsteine

Kurzzeichen	Bezeichnung	Rohdichteklasse	Festigkeitsklasse
Hbl	Hohlblöcke aus Leichtbeton (LB)	0,5...1,4	2...8
V Vbl VblS	Vollsteine aus LB Vollblöcke aus LB Vollblöcke aus LB mit Schlitzen	0,5...2,0	2...12
VblS-W	wie VblS, jedoch mit besonderen Wärmedämmeigenschaften	0,5...0,8	2...12
Hbn Tbn	Hohlblöcke aus Beton T-Hohlblöcke aus Beton	0,9...2,0	2...12
Vn Vbn	Vollsteine aus Beton Vollblöcke aus Beton	1,4...2,4	4...28
Vm Vbm	Vormauersteine aus Beton Vormauerblöcke aus Beton	1,6...2,4	6...48
Hpl Wpl	Hohlwandplatten aus LB Wandbauplatten aus LB, unbewehrt	–[1)] –[2)]	–[3)] –[4)]

[1)] Rohdichte deckt einen Bereich zwischen 0,6 bis 1,4 kg/dm^3
[2)] Rohdichte deckt einen Bereich zwischen 0,8 bis 1,4 kg/dm^3
[3)] Mindestdruckfestigkeit im Mittel 2,5 N/mm^2 und als Einzelwert 2,0 N/mm^2
[4)] Mindestwert der Biegezugfestigkeit im Mittel 1,0 N/mm^2 und als Einzelwert 0,8 N/mm^2

Porenbetonsteine

Porenbetonsteine, früher auch als Gasbetonsteine bezeichnet, werden aus feingemahlenem oder feinkörnigem Quarzsand (zementfein), ggf. Flug- oder Hochofenschlacke, Zement und/oder Kalk als Bindemittel und Wasser unter Verwendung von Treibmitteln (Aluminiumpulver, Alaunpulver, H_2O_2 oder Ca_2C) hergestellt und unter Dampfdruck bei einer Temperatur von ca. 180°C in einem Autoklaven gehärtet [5.87]. Die genaue Zusammensetzung der Mischung ist von den angestrebten Eigenschaften des Porenbetons und den Produktionsverfahren abhängig. Auch können sortenreine Abfallreste kleingemahlenen Recyclingmaterials zugegeben werden. Die Ausgangsstoffe werden in einer wässrigen Suspension angemacht, in Gießformen gefüllt und mehrere Stunden warm gehalten. In dieser Zeit reagiert das Treibmittel mit dem Kalciumhydroxid und setzt im alkalischen Milieu des Bindemittels Wasserstoffgas frei, das den Mörtel auftreibt. Dadurch entstehen im Mörtelkuchen zahlreiche 0,5 bis 2 mm große kugelige Poren (Bild 5-43). Das frei gewordene Wasserstoffgas diffundiert rückstandslos noch während des Herstellungsprozesses aus dem Beton, so dass sich im erhärteten Porenbeton nur noch Luft in den Poren befindet.

Bild 5-43 Porenbeton in natürlicher Größe

Der nach dem Auftreiben standfeste Rohblock wird vor dem Dampfhärten im Autoklaven mit gespannten Drähten horizontal und vertikal in Steine geschnitten. Der Härtungsprozess in gespanntem Dampf bei ca. 12 bar im Autoklaven dauert etwa 6 bis 12 Stunden. Wie bei der Kalksandsteinhärtung verbindet sich das Siliciumdioxid des Quarzsandes mit dem Kalkhydrat zum festen und wasserunlöslichen Kalciumsilicathydrat. Dieses entspricht dem natürlich vorkommenden Tobermorit Mineral und kann nur mit dem Elektronenmikroskop betrachtet werden.

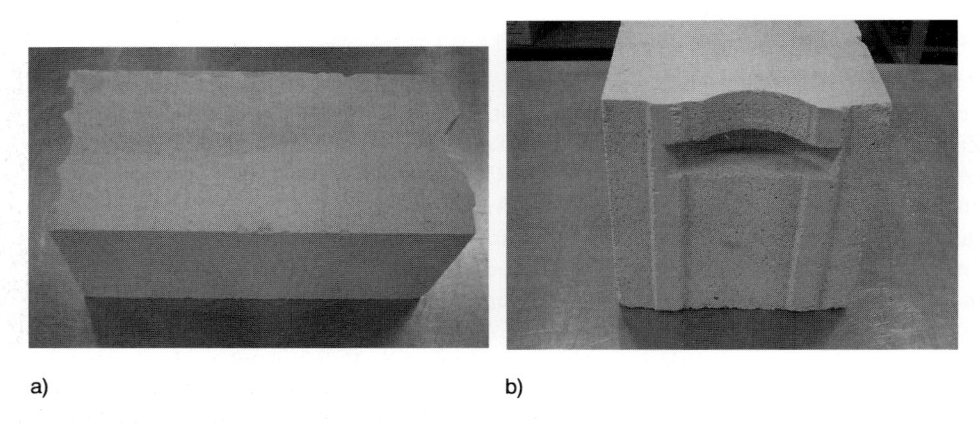

a) b)

Bild 5-44 Porenbetonstein
a) Porenbeton-Planblock, b) Ausbildung der Stoßfugenverzahnung am Porenbeton-Planblock

Porenbetonsteine sind baustofflich in DIN 4165 [5.96] und DIN 4166 [5.97] geregelt. Die Porenbetonsteine decken auf Grund ihrer geringen Dichte die unteren Rohdichtebereiche zwischen 0,3 und 1,0 kg/dm^3 ab und erreichen Druckfestigkeiten zwischen 2 und 8 N/mm^2. Die Abmessungen der Porenbetonsteine (Angabe Länge x Breite x Höhe) richten sich nicht nach den Formateinteilungen anderer Mauersteine. Die üblichen Abmessungen für Porenbetonsteine betragen z.B. 500 x 240 x 200 mm³. Die Bezeichnung gibt an, ob es sich um einen Blockstein (PB oder PP) oder eine Bauplatte (PPl oder PPpl) handelt; beides ist in normaler Ausführung und in Plansteinqualität verfügbar (Tabelle 5-66).

Tabelle 5-66 Genormte Porenbetonsteine

Kurzzeichen	Bezeichnung	Rohdichteklasse	Festigkeitsklasse
PB PP	Porenbeton-Blockstein Porenbeton-Planstein	0,4...0,5 0,6...0,8 0,7...0,8 0,8...1,0	2 4 6 8
Ppl PPpl	Porenbeton-Bauplatte Porenbeton-Planbauplatte	0,4...1,0	–

Hüttensteine

Hüttensteine werden aus künstlich hergestellten Zuschlägen als Hauptbestandteil, z.B. Hochofenschlacke meist in granulierter Form als Hüttensand, sowie Kalk und/oder Zement als hydraulisches Bindemittel, ggf. unter Zusatz weiterer silicatischer Stoffe, hergestellt. Die gemischten Ausgangsstoffe werden in Stahlschalungen gegeben, durch Vibration oder Pressendruck verdichtet, so dass die formstabilen Grünlinge anschließend entschalt werden können. Mittels gespannten Dampfes im Autoklaven, durch CO_2-Begasung oder einfaches Stehen an der Luft erreichen die Rohlinge die geforderte Festigkeit.

Hüttensteine sind in DIN 398 [5.98] baustofflich geregelt. Tabelle 5-67 gibt einen Überblick über die derzeit genormten Hüttensteine und deren wichtigste Eigenschaften.

Tabelle 5-67 Genormte Hüttensteine

Kurzzeichen	Bezeichnung	Rohdichteklasse	Festigkeitsklasse
HSV	Hüttenvollsteine	1,6...2,0	12...28
HSL	Hüttenlochsteine	1,2...2,6	6...12
HHbl	Hüttenhohlblocksteine	1,0...1,6	6...12

Hüttensteine werden in den Formaten 2DF bis 5DF und Hohlblöcke bis zu einer Höhe von 238 mm hergestellt. Lochsteine bzw. Hohlblocksteine besitzen je nach Größe bis zu 5 Reihen Hohlöffnungen. Diese sind nur einseitig vorhanden, so dass die Lochsteine bzw. Hohlblöcke fünfseitig geschlossen sind. Hüttensteine werden in Rohdichtebereichen von 1,0 bis 2,0 kg/dm³ und in Druckfestigkeitsbereichen von 6 bis 28 N/mm² hergestellt.

5.5.2 Mauermörtel

Mörtel ist ein Gemisch aus Gesteinskörnung (früher als Zuschlag bezeichnet) mit einem Korndurchmesser von i.d.R. bis zu 4 mm und einem oder mehreren Bindemitteln sowie ggf. Zusatzmitteln oder Zusatzstoffen. Beim Dünnbettmörtel ist das Größtkorn auf 1 mm begrenzt. Als Bindemittel kommen vorwiegend Kalke (Luftkalk, hydraulischer oder hochhydraulischer Kalk), aber auch Zemente (Portland- und Hochofenzement, Portlandhütten- und Portlandpuzzolanzement) sowie Putz- und Mauerbinder zum Einsatz.

Zusatzmittel und -stoffe werden in den Mörtel gegeben, um die Mörteleigenschaften (Haftverbund zum Mauerstein, Wasserrückhaltevermögen, Verarbeitbarkeit, Verarbeitungszeit, Frostwiderstand etc.) gezielt zu beeinflussen. Dabei dürfen Zusatzmittel, wie z.B. Luftporenbildner, Dichtungsmittel, Haftverbesserer, Beschleuniger, Verzögerer ect., nur in geringer Dosierung zugemischt werden, da ansonsten die chemisch-physikalischen Vorgänge auch nachteilig wirken können. Zusatzstoffe, z.B. Gesteinmehle oder Trass, dagegen können in größeren Mengen zugegeben werden. Durch Eignungs- und Güteprüfungen muss die Eignung und Anwendbarkeit des modifizierten Mauermörtels nachgewiesen und kontrolliert werden.

Im Mauerwerkbau werden Mörtel zwischen den Mauersteinen als Mauermörtel und auf den Sichtflächen des Mauerwerks als Putzmörtel verarbeitet. Der Mauermörtel übernimmt im Mauerwerk im Wesentlichen den kraftschlüssigen Verbund der Mauersteine und überträgt bzw. nimmt auftretende Druck-, Schub-, Zug- und Biegespannungen auf. Daneben bietet die Mörtelfuge einen Toleranzausgleich, so dass die nicht passgenauen Steine zu einem Mauerwerk zusammengefügt werden können. Die Mauermörtel werden hinsichtlich der Dicke der Mörtelfuge, der Trockenrohdichte und der Ausgangsstoffe nach Mörtelarten, nach Art der Herstellung oder nach Art des Bindemittels unterschieden [5.99]:

Einteilung in Mauermörtelarten (wichtigste Einteilungsart)

- Normalmörtel (NM),
- Leichtmörtel (LM),
- Mittelbettmörtel (MM),
- Dünnbettmörtel (DM),
- Vormauermörtel (VM),

Einteilung nach der Herstellung

- Baustellenmörtel (auf der Baustelle gemischter Mörtel),
- Werktrockenmörtel (Ausgangsstoffe werden im Werk trocken vorgemischt und in Säcken oder Silos geliefert, baustellenseitig wird nur noch Wasser nach Mischungsanweisung zugegeben),
- Werkfrischmörtel (als Vormörtel ohne Zement oder gebrauchsfertig gemischter Mörtel in verarbeitungsfähiger Konsistenz, i.d.R. 36 Stunden verarbeitbar),

- Mehrkammer-Silomörtel (in einem Silo sind in getrennten Kammern die Mörtelausgangsstoffe enthalten, die auf der Baustelle unter Wasserzugabe in einem fest einprogrammierten, baustellenseitig nicht veränderbaren Mischungsverhältnis gemischt werden),

Einteilung nach Art des Bindemittels

- nichthydraulisch erhärtende Mörtel (nichthydraulische Bindemittel wie Baukalk, Gips, Lehm, Anhydrit- oder Magnesiabinder erhärten nur an Luft, sind nicht resistent gegen ständige Durchfeuchtung),
- hydraulisch erhärtende Mörtel (hydraulische Bindemittel wie Zement, hydraulischer Kalk, Putz- und Mauerbinder erhärten sowohl an der Luft als auch unter Wasser und sind resistent gegen ständige Durchfeuchtung).

Die maßgebenden Eigenschaften von Mauermörtel entwickeln sich erst nach dem Vermauern. Daher werden die Eigenschaften der Mauermörtel nicht allein durch deren Zusammensetzung, sondern zu wesentlichen Teilen auch von den Eigenschaften der anliegenden Mauersteine (vor allem das Wassersaugvermögen), zwischen denen der Mörtel erhärtet, bestimmt. Aus diesem Grunde ist nicht jeder Mauermörtel für jede Steinart gleich gut geeignet. Die Werkmörtel-Industrie bietet deshalb eine Reihe verschiedener Mörtelarten an, die jeweils auf bestimmte Steinarten besonders abgestimmt sind (z.B. durch ein erhöhtes Wasserrückhaltevermögen oder eine verlängerte Verarbeitungszeit).

Normalmörtel (NM)

Normalmörtel wird für tragendes und nichttragendes Mauerwerk innen und außen eingesetzt. Die Fugendicke für Mauerwerk mit Normalmörtel beträgt 10 bis 12 mm für Dickbettmauerwerk und 5 bis 6 mm für Mittelbettmauerwerk.

Normalmörtel werden nach der Druckfestigkeit in 4 Mörtelgruppen eingeteilt: MG I, MG II, MG IIa, MG III, (MG IIIa). Sie können als Baustellen- oder Werkmörtel hergestellt werden und enthalten Sand, Kalk und/oder Zement. Die Trockenrohdichte ρ_d beträgt mindestens 1,5 kg/dm^3. Der Mörtel kann entsprechend einer vorgegebenen Rezeptur zusammengesetzt werden (Rezeptmörtel) oder nach den Regeln der Betontechnologie erstellt und mit Eignungsprüfungen kontrolliert werden (Entwurfsmörtel). Die Qualitätskontrolle des Mörtels erfolgt durch die Güteprüfung. Bei der Güte und Eignungsprüfung von Mauermörteln gelten nach DIN 1053-1 [5.84] bzw. 1053-100 [5.85] für die Mörtelgruppen Mindestanforderungen hinsichtlich der Druck- und der Haftscherfestigkeit Tabelle 5-68.

Tabelle 5-68 Anforderungen an Normalmörtel [5.84]

Mörtelgruppe	Mindestdruckfestigkeit nach 28 Tagen Mittelwert [N/mm²]		Mindesthaftscherfestigkeit Mittelwert [N/mm²]
	Eignungsprüfung	Güteprüfung	Eignungsprüfung
MG I	–	–	–
MG II	3,5	2,5	0,10
MG IIa	7,0	5,0	0,20
MG III	14,0	10,0	0,25
MG IIIa	25,0	20,0	0,30

Nach dem Vermauern entziehen die Steine dem Mörtel Wasser. Selbst bei optimal zusammengesetztem Mörtel ist bei stark saugenden Steinen (z.B. Kalksandsteine) u.U. ein Vornässen mit Wasser erforderlich. Anderenfalls würde dem Mörtel das für die Erhärtung notwendige Wasser entzogen, und der Mörtel kann nicht richtig erhärten (unvollständige Hydratation des Zementes).

Tabelle 5-69 Mörtelgruppen und Zusammensetzung von Normalmörteln in Raumteilen [5.84]

Mörtel-gruppe	Luftkalk und Wasserkalk		Hydraulischer Kalk	Hydraulischer Kalk, Putz- und Mauerbinder	Zement	Sand aus natürlichem Gestein (lagerfeucht)
	Kalkteig	Kalkhydrat				
I	1	–	–	–	–	4
	–	1	–	–	–	3
	–	–	1	–	–	3
	–	–	–	1	–	4,5
II	1,5	–	–	–	1	8
	–	2	–	–	1	8
	–	–	2	–	1	8
	–	–	–	1	–	3
IIa	–	1	–	–	1	6
	–	–	–	2	1	8
III,	–	–	–	–	1	4
IIIa[1)]	–	–	–	–	1	4

[1)] Die größere Druckfestigkeit von MG IIIa soll vorzugsweise durch geeignete Sande erreicht werden, Eignungsprüfung erforderlich.

Tabelle 5-69 zeigt die Zusammensetzung von Rezeptmörteln nach DIN 1053-1 [5.84], die ohne besonderen Nachweis die geforderte Festigkeit erwarten lassen.

Leichtmauermörtel (LM)

Leichtmauermörtel (kurz: Leichtmörtel) wurde entwickelt, um die wärmedämmende Wirkung von Mauerwerk weiter zu verbessern. Sie enthalten vorwiegend porigen Leichtzuschlag (Blähton, Hüttenbims, Naturbims, Perlite, Blähschiefer, Blähglasgranulat) und Bindemittel. Die Trockenrohdichte ist kleiner 1,5 kg/dm^3. Die Zusammensetzung ist mittels Eignungsprüfungen festzulegen. Leichtmauermörtel ist als Werk-Trockenmörtel oder als Werk-Frischmörtel lieferbar. Entsprechend den Rechenwerten der Wärmeleitfähigkeit und besonders dem Querdehnverhalten differenziert man die beiden Gruppen LM 21 mit geringem und LM 36 mit größerem Quer- und Längsdehnungsmodul. Zusätzlich unterscheiden sie sich in der Trockenrohdichte (Tabelle 5-70). Die Bezeichnung charakterisiert den 100-fachen Wert des jeweiligen Rechenwertes der Wärmeleitfähigkeit λ_R.

Tabelle 5-70 Normierter Leichtmauermörtel

			LM 21	LM 36
Trockenrohdichte	ρ_d	kg/dm^3	≤ 0,7	≤ 1 0
Querdehnmodul	E_q	N/mm^2	> 7500	> 15000
Rechenwert der Wärmeleitfähigkeit	λ_R	W/(m · K)	0,21	0,36

Leichtmauermörtel werden überwiegend in Außenwänden und in Verbindung mit wärmedämmenden Mauersteinen, z.B. Leichthochlochziegel, eingesetzt. Im Vergleich zu Normalmörtel verbessern sich dadurch die wärmedämmenden Eigenschaften des Mauerwerks um bis zu 25 %. Die Verwendung von LM 21 anstelle von LM 36 in den Außenwänden eines Gebäudes führt zu einer Heizkosteneinsparung von etwa 5 % [5.101]. Mit Leichtmörtel lassen sich Lagerfugen als Dickbett- und auch als Mittelbettlagerfugen herstellen. In gemauerten Gewölben, Verblendschalen und Sichtmauerwerk ist die Verwendung von Leichtmörtel wegen der geringeren Festigkeit nicht zulässig.

Mittelbettmörtel (MM)

Mittelbettmörtel ist derzeit noch nicht genormt; es wurden jedoch bereits baufaufsichtliche Zulassungen erteilt. Grundsätzlich entspricht die Zusammensetzung den Normal- oder Leichtmörteln, ggf. sind Faserzusätze enthalten. Sie sind als Werktrockenmörtel verfügbar. Der wesentliche Unterschied zu den Normal- und Leichtmörteln besteht in der Dicke der Lagerfuge, die mit 5 bis 7 mm deutlich geringer als die Dickbettfuge mit 12 mm ausfällt. Dadurch ergeben sich einerseits Tragfähigkeitssteigerungen, andererseits steigen aber auch die Anforderungen an die Maßtoleranzen der verwendeten Mauersteine. Die einzuhaltende Höhentoleranz der Mauersteine wird mit ± 2 mm vorgegeben und beträgt nur noch die Hälfte dessen, was für Mauersteine in Dickbettvermörtelung zulässig ist.

Dünnbettmörtel (DM)

Fugen aus Dünnbettmörtel sind 1 bis 3 mm dick. Sie können daher nur zum Vermauern von planebenen Steinen mit sehr kleinen Maßtoleranzen ± 1 mm (Plansteine) verwendet werden. Sie werden aus Zement und dichtem Feinzuschlag ≤ 1 mm zusammengesetzt und sind aus Gründen der Qualitätssicherung nur als Werk-Trockenmörtel lieferbar. Die Zusammensetzung wird durch Eignungsprüfungen festgelegt. Die Trockenrohdichte erreicht im Regelfall Werte größer 1,5 kg/dm^3. Dünnbettmörtel gibt es nur in einer Druckfestigkeitsklasse, die vergleichbar mit der Mörtelgruppe MG III bei Normalmörtel ist. Sowohl bei Porenbeton-Plansteinen als auch bei Kalksand-Plansteinen gehört der Dünnbettmörtel zum Stand der Technik. Inzwischen haben die Ziegelhersteller mit der Produktion von Planziegeln (mit geschliffenen Lagerflächen) und die Hersteller von Leichtbetonplansteinen gleichgezogen. Allerdings ist die Verwendung von Planziegeln und Leichtbeton-Plansteinen gegenwärtig noch nicht genormt und muss deshalb in bauaufsichtlichen Zulassungen geregelt werden.

Vormauermörtel (VM)

Verblendmauerwerk muss aus Gründen des Witterungsschutzes und der Ästhetik besonders sorgfältig ausgeführt werden. Auch an den Mörtel für Verblendmauerwerk sind besondere Anforderungen zu stellen (z.B. Ausblühungsfreiheit), obwohl die Anforderungen bisher nicht genormt sind. Übliche Normalmörtel sind nur bedingt geeignet. In Anlehnung an den Begriff der "Vormauersteine" nennen viele Mörtelhersteller ihren Mauermörtel, der für Verblendmauerwerk geeignet ist, deshalb "Vormauermörtel". Obwohl dies kein genormter Begriff ist, sollte darauf geachtet werden, dass Verblendmauerwerk nur mit dem dafür geeigneten Verblendmörtel bzw. Vormauermörtel ausgeführt wird. Bezüglich des Witterungsschutzes und der farblichen Gestaltung sind die Vormauermörtel mit dem Verblendmauerwerk abgestimmt. Vormauermörtel erfüllen die Anforderungen an die Mörtelgruppen MG II und MG IIa, bei einschaligem Verblendmauerwerk sogar die Anforderungen an die Mörtelgruppen MG II bis MG IIIa. Sie sind nur als Werkmörtel verfügbar.

5.5.3 Aufgaben des Mauerwerks

Die Aufgaben von Mauerwerk sind sehr vielfältig [5.104]:

- Belastungen aus Eigengewicht und Verkehrslast aufnehmen,
- Verformungen aus Belastung, Feuchte- und Temperaturänderung möglichst rissfrei ertragen,
- ausreichend wärmedämmend und wärmespeichernd sein,
- zu hohe Innenfeuchtigkeit vorübergehend speichern und nach außen abgeben,
- Eindringen von Außenfeuchtigkeit verhindern,
- Luftschallübertragung von außen nach innen und zwischen den Räumen verhindern,
- dem Feuer möglichst großen Widerstand bieten und lange die Tragfähigkeit gewährleisten,
- Raumabschluss,
- Ästhetik.

5.5.4 Eigenschaften des Mauerwerks

Durch die Heterogenität des Mauerwerks weicht das Festigkeits- und Verformungsverhalten wesentlich von anderen Baustoffen ab. Auf Grund der unterschiedlichen Materialien von Stein und Mörtel und auch der Stein- und Fugengeometrien ist Mauerwerk ein anisotroper Verbundwerkstoff, dessen Eigenschaften durch die Kombination von Stein- und Mörteleigenschaften bestimmt werden. Das Trag- und Verformungsverhalten von Mauerwerk kann folglich nur beschrieben werden, wenn die gegenseitige Beeinflussung von Stein und Mörtel berücksichtigt wird. Das Zusammenwirken beider Einzelbestandteile wird erst durch einen ordnungsgemäßen Verband ermöglicht.

Mauerwerk kann durch Lasten in seiner Ebene (Eigengewicht, Geschosslasten, Stabilisierungskräfte) und senkrecht dazu (Windlasten, Erddruck) belastet werden. Folglich kann das Mauerwerk auf Druck, Schub, Zug und/oder Biegung belastet werden. Weil die Drucktragfähigkeit von Mauerwerk ungleich höher als die Schub- oder Zugfestigkeit ist, wird Mauerwerk überwiegend für Drucktragglieder eingesetzt. Die Druckfestigkeit ist daher eine sehr wichtige Eigenschafts- und auch Klassifizierungsgröße zur Einteilung von Mauerwerk in Mauerwerkfestigkeitsklassen.

5.5.4.1 Druckfestigkeit

Die Druckfestigkeit des Mauerwerks hängt nicht nur von der Festigkeit der Steine und des Mörtels ab, sondern vornehmlich von deren Verformungsverhalten. Bei einer Belastung normal zur Lagerfuge bauen sich vertikale Druckspannungen verbunden mit vertikalen Stauchungen auf. Bedingt durch das Querdehnungsverhalten der Baustoffe werden gleichzeitig Zugdehnungen in Querrichtung erzeugt, die die Steine auf Zug beanspruchen (Bild 5-45).

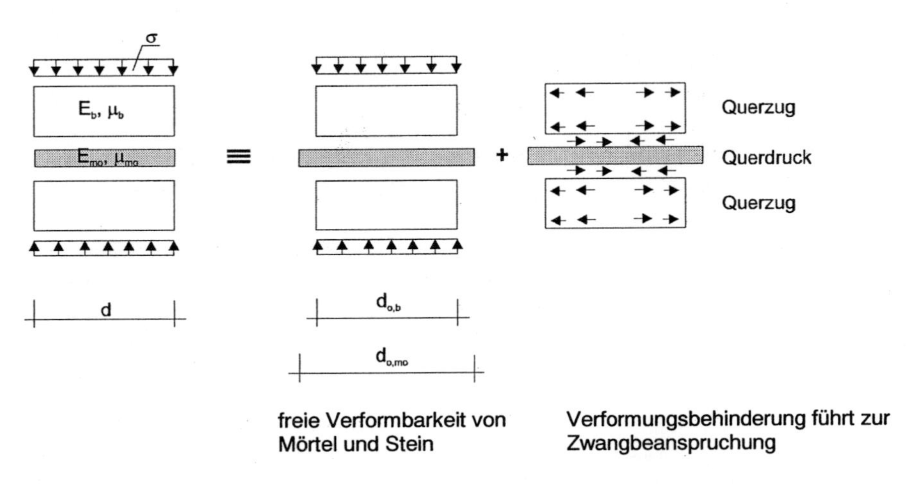

Bild 5-45 Spannungszustand von druckbelastetem Mauerwerk

Bei den üblichen Stein-Mörtelkombinationen verhält sich der Mörtel deutlich weicher als der Mauerstein, so dass der Mörtel sich seitlich mehr ausdehnen möchte als der Stein. Infolge des vollen Verbundes zwischen Mörtel und Stein ist eine freie Verformbarkeit der Einzelkomponenten nicht möglich. Beide Komponenten – Mörtel und Stein – verformen sich um dasselbe Maß und üben einen gegenseitigen Zwang dabei auf sich aus.

Folgende mechanischen Gesetzmäßigkeiten können abgeleitet werden:

$$d_{0,b} = \left(1 + \frac{\sigma}{E_b} \cdot \mu_b\right) \cdot d \tag{5.28}$$

$$d_{0,mo} = \left(1 + \frac{\sigma}{E_{mo}} \cdot \mu_{mo}\right) \cdot d \tag{5.29}$$

$$\Sigma H_b = \Sigma H_{mo} \tag{5.30}$$

mit: E_b = E-Modul Mauerstein, E_{mo} = E-Modul Mauermörtel,
μ_b = Querdehnzahl Mauerstein, μ_{mo} = Querdehnzahl Mauermörtel,
σ = Auflast, ΣH = Summe der Horizontallasten.

Auf Grund dieses Zwangzustandes entsteht ein dreiachsiger Spannungszustand, bei dem die Mörtelfuge gedrückt wird und der Stein zusätzliche Horizontalzugspannungen aufnehmen muss. Diese zusätzlichen Querzugspannungen im Stein überlagern sich mit den Querzugspannungen, die der Stein infolge der auf ihn wirkenden Auflast selbst erleidet, und es kommt zum Bruch, sobald die Steinzugfestigkeit überschritten ist. Der Mauerstein im Verbund mit dem Mörtel reißt folglich eher als wenn er allein belastet worden wäre. Der Mörtel dagegen wird durch den dreiachsigen Druck gestützt, was sich in einer Tragfähigkeitserhöhung für ihn auswirkt. Die Mauerwerkdruckfestigkeit liegt daher oberhalb der Mörteldruckfestigkeit, aber unterhalb der Steindruckfestigkeit. Daraus ableitend ergibt sich, dass der Unterschied im Querdehnungsverhalten zwischen Mörtel und Stein maßgeblichen Einfluss auf die Druckfestigkeit von Mauerwerk ausübt, und dass die Mauerwerkdruckfestigkeit durch die Querzugfestigkeit der Mauersteine begrenzt ist. Da nicht die Querdehneigenschaften von Stein und Mörtel, sondern die Verformungsdifferenz in Querrichtung maßgebend ist, sollten Steine und Mörtel aufeinander abgestimmt werden. Es macht wenig Sinn, hochfeste Steine mit Leichtmörteln oder hochfeste Mörtel mit Leichtmauersteinen vermauern zu wollen.

Bruchauslösende Risse sind vertikal gerichtet und verlaufen i.d.R. an der Schmalseite, so dass das Mauerwerk in seiner Ebene gespalten wird. Eindrucksvoll kann dieses typische Bruchverhalten an den Prüfkörpern zur Prüfung der Mauerdruckfestigkeit nach DIN 18554-1 [5.105] studiert werden (Bild 5-46).

Die Steinzugfestigkeit lässt sich versuchstechnisch nur sehr schwer bestimmen, die Steindruckfestigkeit sehr einfach. Aus Vergleichsversuchen ist bekannt, dass die Steinzugfestigkeit gut mit der Steindruckfestigkeit korreliert, so dass in Berechnungen eine Substitution der Zug- durch die Druckfestigkeit möglich ist.

Aus Gründen der Vereinfachung und Praktikabilität wird folglich die Druckfestigkeit von Mauerwerk, obwohl von vielen Stein- und Mörtelparametern, wie z.B. das Querdehnverhalten, Lochbild, Fugendicke und Steinhöhe abhängig, nur auf die Druckfestigkeit von Stein und Mörtel bezogen:

$$f_k = a \cdot f_b^{\,b} \cdot f_m^{\,c} \tag{5.31}$$

mit: f = Druckfestigkeit des Mauerwerks (frühere Bezeichnung $\beta_{D,mw}$) in [N/mm²],
f_b = normierte Mauersteindruckfestigkeit (früher $\beta_{D,st}$) in [N/mm²],
f_m = Druckfestigkeit des Mörtels (frühere Bezeichnung $\beta_{D,mo}$) in [N/mm²]
a, b, c = empirisch bestimmbare Koeffizienten bzw. Exponenten;
der Eurocode 6 gibt für die charakteristische Druckfestigkeit f_k von Mauerwerk mit Normalmörtel folgende Werte an: a = 0,3 bis 0,50 je nach Mauersteinart und -gruppe und b = 0,70, c = 0,30.

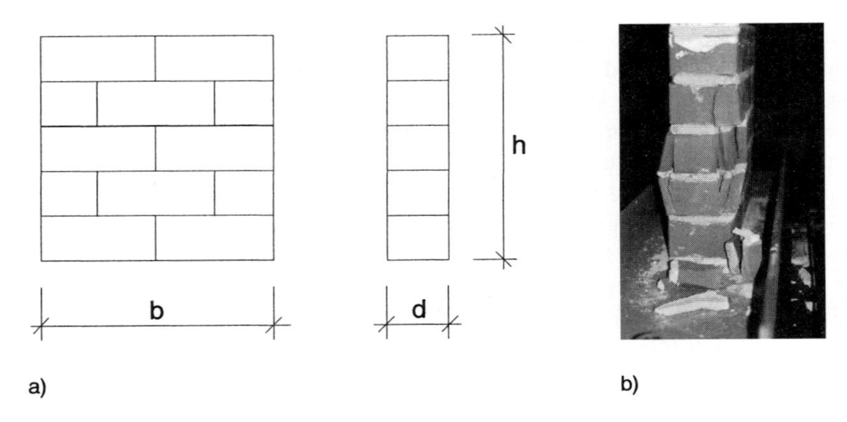

Bild 5-46 Ermittlung der Mauerwerkdruckfestigkeit nach DIN 18554-1 [5.105]
a) schematischer Prüfkörper, b) Prüfkörper nach Versuchsende

Experimentell wird die Druckfestigkeit von Mauerwerk nach DIN 18554-1 [5.105] an einem genormten Prüfkörper der Schlankheit $\lambda = h/d = 3$ bis 5, dem so genannten RILEM-Körper, geprüft. Dieser Körper ist repräsentativ für Mauerwerk, weil er die Schlankheit und das Fugenbild von realem Mauerwerk aufgreift. Aus vielen Messungen konnten für unterschiedliche Stein-Mörtelkombinationen verschieden große zulässige Spannungen für die Mauerwerkbemessung abgeleitet werden. Als zulässige Spannungen sind diejenigen Spannungen, dividiert durch einen Sicherheitsbeiwert γ, zu verstehen, die ein bestimmtes Mauerwerk unter einer Beanspruchung ertragen kann. In der derzeit gültigen Mauerwerknorm DIN 1053-1 [5.84] wird nicht mehr wie früher üblich vom Mittelwert, sondern vom unteren 5 %-Quantilwert (5 %-Fraktile) der Nennfestigkeit des Mauerwerks ausgegangen. Damit wird, begründet durch die Wahrscheinlichkeitstheorie, sichergestellt, dass die Mauerwerkdruckfestigkeit nur zu 5 % unterschritten wird, jedoch zu 95 % über diesem Mindestwert liegt.

Anhand Gleichung (5.31) ist erkennbar, dass mit steigender Steindruckfestigkeit bzw. Steinquerzugfestigkeit, aber auch mit steigender Mörteldruckfestigkeit die Mauerwerkdruckfestigkeit ansteigt. Der Einfluss der Mauersteine ist dabei maßgeblich. Der Einfluss der Fugen geht völlig verloren, wenn die Mörtelfuge dünner wird. Beim Dünnbettmauerwerk liegt die Druckfestigkeit ungleich höher und die Mauerwerkdruckfestigkeit hängt im Wesentlichen nur noch von den Mauersteinen ab, so dass der Term für den Fugeneinfluss in o.g. Gleichung verschwindet:

$$f_k = a \cdot f_b{}^b \tag{5.32}$$

Der Eurocode 6 gibt für die charakteristische Druckfestigkeit f_k von Dünnbettmauerwerk für a und b folgende Werte an: $a = 0{,}25$, $b = 0{,}85$.

Bei Leichtmörtel sind wegen der Leichtzuschläge die Verformungen bei gleicher Druckspannung größer als bei Normalmörtel, d.h. die Querverformung in der Mörtelfuge wird größer als bei Normalmörtel. In diesen Fällen steigt die zusätzliche Querzugbeanspruchung der Mauersteine und die Mauerwerkdruckfestigkeit fällt deutlich geringer aus.

Erheblichen Einfluss auf die Tragfähigkeit von Mauerwerk hat ebenso der Feuchtezustand der Mauersteine. Stark saugende Steine (z.B. Kalksandsteine) entziehen dem Mörtel viel Wasser, so dass bei nicht vorgenässten Steinen die Erhärtungsreaktion des Fugenmörtels behindert werden kann und u.U. unvollständig abläuft. Dadurch entstehen Risse und vor allem ein mangelnder Verbund zwischen Stein und Mörtel, der die Mauerwerkfestigkeit verringert und den Feuchtigkeitsdurchgang bei Schlagregen erhöht. Durch geeignete Maßnahmen, wie z.B. Vornässen der Steine, Verwendung von Mörteln mit erhöhtem Wasserrückhaltevermögen und eine gute Nachbehandlung (Befeuchtung) von Mauerwerk, soll dem "Verdursten" des Mörtels entgegengewirkt werden. Schwach oder nicht saugende Steine (z.B. Mauerziegel) sind nicht anzunässen, weil sonst das Wasser eine störende Trennschicht bildet, die den Verbund des Mörtels mit dem Stein verhindert. Weiterhin ist die Mauerwerkfestigkeit signifikant von der Qualität der Ausführung abhängig.

5.5.4.2 Verformungsverhalten

Wird Mauerwerk belastet, erfährt es Verformungen, die ihrerseits die Tragfähigkeit beeinflussen. Bei Nichtbeachtung der Baustoffverformung kann es leicht zu Überbeanspruchung und zu Rissbildung bereits unter Gebrauchslasten kommen. Solche Risse gefährden i.d.R. weniger die Standsicherheit, haben aber negative Auswirkungen auf die Gebrauchsfähigkeit.

Spannungs-Dehnungsbeziehung, Elastizitätsmodul

Zwischen Festigkeit und Verformung existiert eine Beziehung, die in relativen Größen als Spannungs-Dehnungsbeziehung wiedergegeben werden kann. Im Bild 5-47 sind die Spannungs-Dehnungslinien von Mauerwerkpfeilern dargestellt, die mit verschiedenen Mörteln hergestellt wurden. Die σ-ε-Linien von Zementmörtel und Kalkzementmörtel zeigen eine ähnliche Krümmung wie die des Betons. Bei den weicheren Kalkmörteln ist sie zunächst konvex zur Dehnungsachse gekrümmt, was auf eine anfängliche Verdichtung des Materials hindeutet.

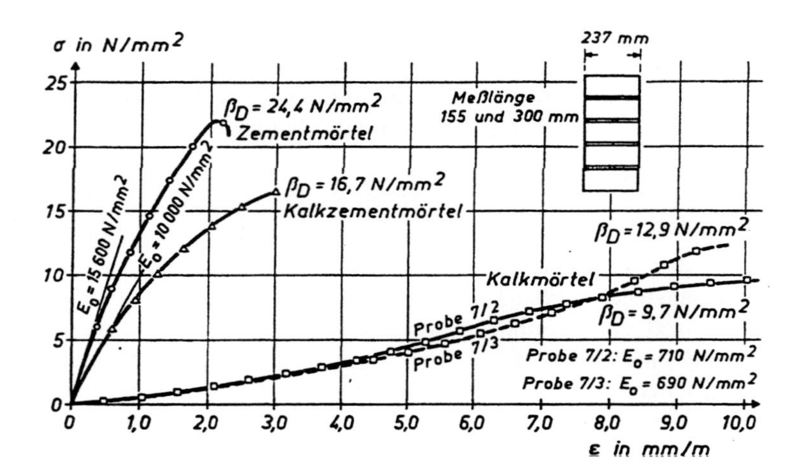

Bild 5-47 Spannung-Dehnungsbeziehung von Mauerwerk [5.104]

Im unteren Lastbereich entwickeln sich Spannung und Dehnung proportional zueinander, erkenntlich an der geraden Linie. Die Neigung der Linie entspricht dem Proportionalitätsfaktor, der auch Elastizitätsmodul E genannt wird. Im Gegensatz zum Beton wird der E-Modul von Mauerwerk als Sekantenmodul der σ-ε-Linien in der ersten Belastungsstufe angegeben. Er enthält dadurch bereits kleine Anteile zeitabhängiger Verformungen, die aber vernachlässigbar gering sind. Die parabolische Kurve ist im Bereich der Gebrauchsspannungen nur wenig oder gar nicht gekrümmt, so dass der E-Modul durch eine Sekante vom Ursprung bis zum Belastungspunkt, der in etwa einem Drittel der Maximalspannung *max* σ entspricht, ausgedrückt werden kann (Bild 5-48):

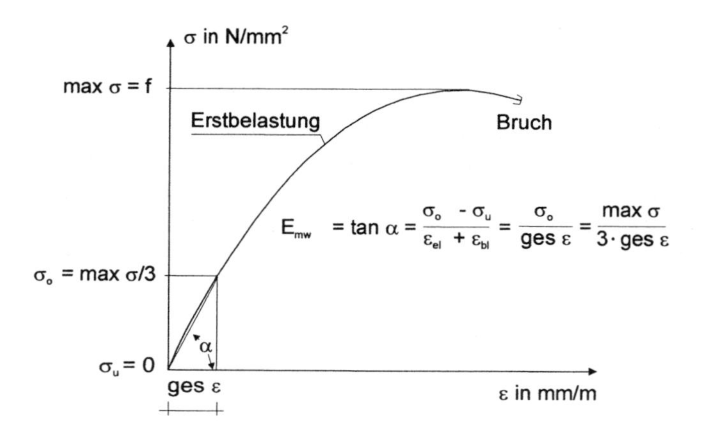

Bild 5-48 Zur Definition des E-Moduls von Mauerwerk

Genauso wie die Druckfestigkeit *f*, die der maximal ertragbaren Spannung $max\ \sigma$ gleichgesetzt wird, wird auch der E-Modul des Mauerwerks E_m vom Verformungsverhalten und Druckfestigkeit der Ausgangsstoffe bestimmt. Bezieht man den E-Modul auf die Mauerwerkdruckfestigkeit, so kann der E-Modul grob geschätzt werden:

$$E_m = 1000 \cdot f \tag{5.33}$$

mit: f = Mauerwerkdruckfestigkeit, E_m = E-Modul des Mauerwerks.

Die Streubreite des E-Moduls kann zwischen $500 \cdot f \leq E_m \leq 1500 \cdot f$ eingegrenzt werden. Genauere Angaben zu den Zusammenhängen zwischen E-Modul und Mauerwerkdruckfestigkeit zeigt das Bild 5-49.

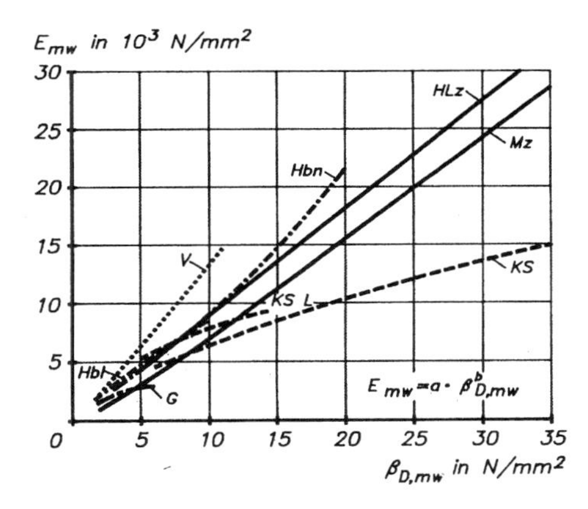

Bild 5-49 E-Modul von Mauerwerk in Abhängigkeit zur Mauerwerkdruckfestigkeit [5.104] mit $\beta_{D,mw} = f$

Formänderung von Mauerwerk

Neben den elastischen, reversiblen Verformungen ε_{el} unter Kurzzeitlast treten wie beim Beton infolge von Dauerlasten im Mauerwerk auch überwiegend irreversible Kriechverformungen ε_{cr} auf, die sich aus verzögert elastischer Verformung ε_v und Fließverformungen ε_f zusammensetzen. Hinzu kommen die Wärmedehnung ε_T und die Feuchtedehnung ε_h, zu der auch die durch chemische Wasserbindung auftretende bleibende Ausdehnung, das chemische Quellen, gerechnet wird (Bild 5-50). Das chemische Quellen wird nur bei Mauerziegeln beobachtet. Für die Gesamtverformung $ges\ \varepsilon$ gilt:

$$ges\ \varepsilon = \frac{\sigma}{E} \cdot (1 + \phi) + \varepsilon_T + \varepsilon_h \tag{5.34}$$

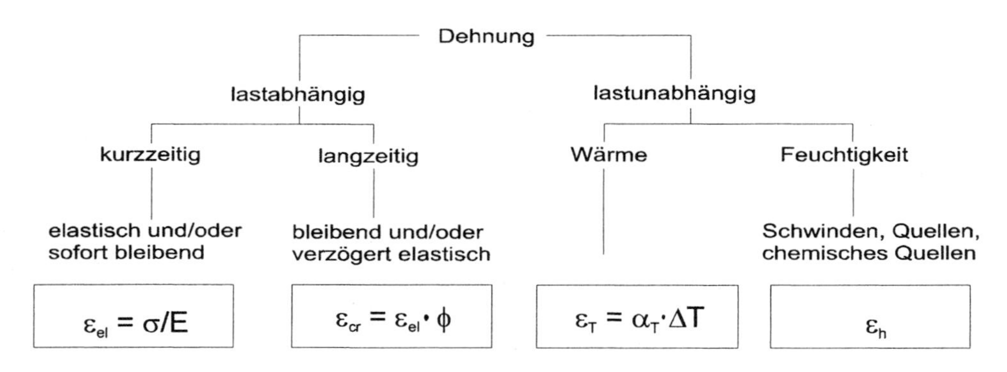

Bild 5-50 Formänderungen von Mauerwerk [5.83]

Die elastische Verformung ist reversibel und geht nach Entlastung wieder völlig zurück. Die Kriechverformung hat überwiegend bleibenden Charakter. Zwar geht die verzögert elastische Verformung nach Entlastung allmählich auf Null zurück, jedoch ist die bleibende Fließverformung um ein Vielfaches größer, so dass das Kriechen irreversibel wirkt. Im Gebrauchslastbereich ist die Kriechverformung ε_{cr} proportional der einwirkenden Dauerlast, so dass die Kriechdehnungen damit auch proportional zur elastischen Dehnung ε_{el} ist. Der Proportionalitätsfaktor wird Kriechzahl ϕ genannt. Es ergibt sich folgender mathematische Zusammenhang:

$$\varepsilon_{cr} = \phi \cdot \varepsilon_{el} \tag{5.35}$$

Die Kriechzahl ist keine konstante Größe, vielmehr eine Funktion der Zeit. Die Kriechverformungen wachsen nach Lasteintrag auch bei konstantem Lastniveau schnell an, die Intensität der Verformungszunahme nimmt jedoch mit der Zeit ab. Der Endwert wird erst nach einigen Jahren erreicht und kann aus Versuchswerten durch Extrapolation ermittelt werden. Aus dem Endwert der Kriechdehnungen können Endkriechzahlen ϕ_∞ abgeleitet werden. Diese sind im Gebrauchslastbereich spannungsunabhängig und können als konstant angesehen werden. In DIN 1053-1 [5.84] bzw. DIN 1053-100 [5.85] werden steinbezogene Rechenwerte für die Endkriechzahlen ϕ_∞ genannt.

Das Kriechverhalten von Mauerwerk wird in erster Linie von der Mauerwerkart, der Bauteilgeometrie, dem Feuchtezustand des Mauerwerks zu Belastungsbeginn und den Umgebungsbedingungen (Temperatur, Windaustrocknung etc.) bestimmt. Das Belastungsalter hat nur bei Betonsteinmauerwerk einen größeren Einfluss, weil beim Beton mit fortschreitender Hydratation eine Änderung der elastischen Materialeigenschaften einhergeht. Für die Rissbildung im Mauerwerk ist das Kriechen sehr bedeutungsvoll. Es kann sowohl spannungsmindernd als auch spannungserhöhend wirken.

Wärmedehnungen ergeben sich aus Temperaturänderungen ΔT, die auf einen Baustoff mit einem spezifischen Wärmeausdehnungskoeffizienten α_T einwirken. Der baustoffspezifische Wärmeausdehnungskoeffizient ist von den verwendeten Mauersteinen und

Mauermörteln sowie dem Feuchtezustand der Wände abhängig. Für Verformungsberechnungen im üblichen Temperaturbereich (-20 bis +80°C) darf er als konstant angesehen werden [5.83]. Rechenwerte für α_T sind steinbezogen in DIN 1053-1 [5.84] bzw. DIN 1053-100 [5.85] zusammengestellt. Temperaturverformung hat im Mauerwerkbau für die Risssicherheit geringere Bedeutung, weil die Wandbaustoffe heutzutage i.d.R eine hohe Wärmedämmung aufweisen und einwirkende Temperaturwechsel dadurch abgemindert werden.

Feuchtigkeitsänderungen können auf Grund physikalischer Vorgänge zum Schwinden (Wasserabgabe) oder Quellen (Wasseraufnahme) führen. Beide Vorgänge laufen im Wesentlichen reversibel ab. Das Schwinden und Quellen wird von den Mauersteinen, aber auch von den Mauermörteln sowie den Umgebungsbedingungen beeinflusst. Ebenfalls sind die Vorbehandlungsmaßnahmen der Steine, z.B. Vornässen, und die Wandabmessungen von Bedeutung. Für die Risssicherheit von Mauerwerk hat das Schwinden eine größere Bedeutung, weil bei behinderter Schwindverformung Zugspannungen erzeugt werden, die zu Rissen im Mauerwerk führen können. Dünne Wände, trockene Umgebungsbedingungen und schnell austrocknende Steine fördern das Schwinden. Trocknen die Wände zu schnell ab, kann der Feuchtigkeitsgradient über den Wandquerschnitt unerwünscht hohe Schwindspannungen (Eigenspannung) erzeugen, die ein Anreißen der Fugen oder der Mauersteine vor allem in oberflächennahen Bereichen bewirken. Wie das Kriechen ist das Schwinden nach drei bis fünf Jahren meist abgeklungen. Endschwindwerte lassen sich über eine Extrapolation aus Versuchen ermitteln und sind in DIN 1053-1 [5.84] bzw. DIN 1053-100 [5.85] genannt.

Anders als beim Quellen wird beim chemischen Quellen das Wasser nicht physikalisch gebunden, sondern in molekularer Form chemisch in die Struktur eingebaut. Diese Art der Volumenvergrößerung tritt nur bei Mauerziegeln auf und beginnt unmittelbar nach dem Brennen. Das chemische Quellen ist unter Normalbedingungen irreversibel, nur bei sehr hohen Temperaturen (> 600°C) kann es rückgängig gemacht werden. Das chemische Quellen wird durch die stoffliche Zusammensetzung der Ziegel (vor allem dem Kalkanteil) und dem Brennvorgang (Brenntemperatur, Brenndauer) entscheidend beeinflusst. Deshalb kann es sehr schnell auftreten oder sich über einen langen Zeitraum hinziehen. Der erst genannte Fall ist wünschenswert, weil dann im eingebauten Zustand das chemische Quellen der Ziegel weitgehend abgeschlossen ist, und ein mögliches Nachquellen entsprechend klein ausfällt und baupraktisch kaum mehr von Bedeutung ist. Tritt der Quellvorgang erst beim Aufmauern oder danach auf, kann es vor allem in Verbindung mit sich verkürzenden Bauteilen oder Baustoffen, z.B. Mischmauerwerk aus Ziegeln und Kalksandsteinen, rissfördernd wirken.

5.5.4.3 Verhalten gegenüber Feuchtigkeit

Durch die Feuchte des Mauerwerks wird die Wärmeleitfähigkeit und die Feuchtedehnung beeinflusst. Besonders Baustoffkenngrößen wie Wasserdampfdiffusionswiderstand, Wasseraufnahme- und Wasserabgabefähigkeit und das Saugvermögen spielen eine besondere Rolle. Die kapillare Wasseraufnahme des Mauerwerks ist von der Kapillarität der Mauersteine abhängig und verläuft, wie im Bild 5-51 dargestellt, nach einem Wurzel-Zeit-Gesetz. Ist die Feuchtigkeit im Mauerwerk zu hoch, ist die Wärmedämmung sehr gering.

Für die Gestaltung von Außenwänden ist die Schlagregensicherheit eine weitere wichtige Kenngröße. Bei Schlagregen wird das Niederschlagswasser unter dem Druck des Windes in die Wand gepresst. Die Außenwand muss in ihrer Konstruktion so beschaffen sein, dass sie wasserundurchlässig ist. Je nach Dichtigkeit der Steine und vor allem der Mörtelfugen wird eine Wand unterschiedlich stark durchfeuchtet. Ein guter Außenputz hat eine gute hemmende Wirkung gegenüber Schlagregen, ggf. sind andere geeignete Wetterschalen anzubringen.

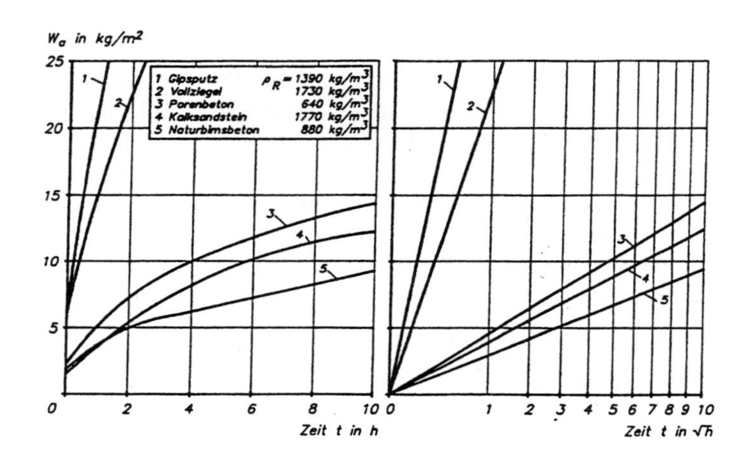

Bild 5-51 Kapillare Wasseraufnahme in Abhängigkeit zur Zeit [5.104]

5.5.5 Risse im Mauerwerk

Unbehinderte Verformungen tragen sich spannungsfrei in den Baukörper ein. In der Praxis kann ein Mauerwerkbauteil sich in der Regel nicht behinderungsfrei verformen, weil es mit anderen Bauteilen, die die Wand halten, verbunden ist. Verformen sich miteinander verbundene Bauteile oder Baustoffe unterschiedlich oder in anderen Zeitabständen, wirken sie gegenseitig aufeinander ein, behindern die Verformung des anderen und bauen auf diese Art eine Zwangbeanspruchung auf, die risserzeugend sein kann. Wirkt die verformungsbehindernde Kraft von außen auf das Bauteil ein, spricht man allgemein von Zwangspannungen; wirkt die Kraft von innen, z.B. durch ungleiche Erwärmung oder Austrocknung über den Wandquerschnitt, werden sie Eigenspannungen genannt. In beiden Fällen können die Spannungen, wenn sie die Zugfestigkeit des Materials erreichen, risserzeugend wirken. Die Größe der Beanspruchung wird beeinflusst durch die Größe der Formänderung, den Behinderungsgrad der freien Verformung und die Steifigkeitsverhältnisse der miteinander verbundenen Bauteile. Wirkt die Zwangbeanspruchung über einen längeren Zeitraum, kann sie durch Relaxation vom Material abgebaut werden. Relaxation ist dabei eine Materialeigenschaft, die eine zeitabhängige Spannungsabnahme bei aufgezwungener Verformung beschreibt.

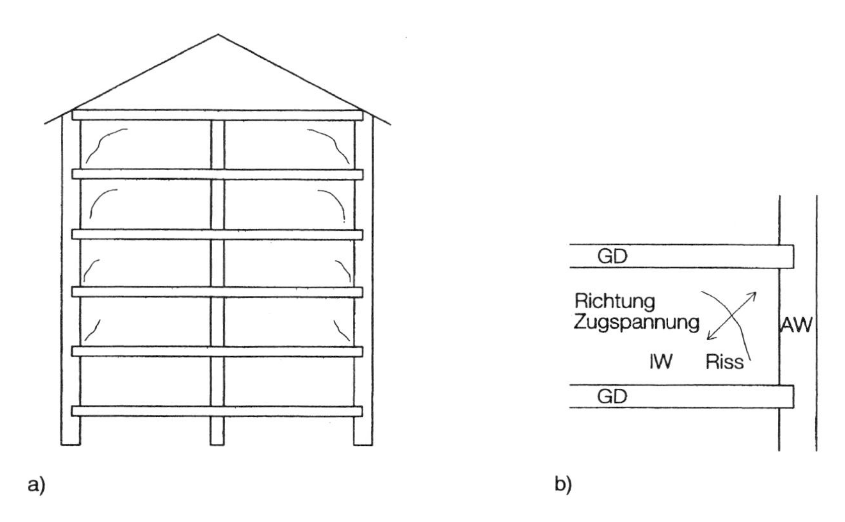

Bild 5-52 Rissbildung in Mauerwerkwänden infolge Zwang [5.83]
a) Schrägrisse in Innenwänden durch stärkere Verkürzung der Innenwand oder übermäßige Deckendurchbiegung, b) Detailpunkt mit Darstellung der Zugtrajektorien (GD = Geschossdecke, AW = Außenwand, IW = tragende Innenwand)

Empfindlich gegenüber Rissen sind Bereiche, in denen die eingeleitete Last nicht gleichmäßig fließen kann, sondern um Öffnungen herumgeleitet werden muss, oder wenn sich Querschnittsabmessungen sprunghaft ändern. Insbesondere trifft dies für Fensterbrüstungen zu. Rissfördernd ist zusätzlich die Tatsache, dass die Brüstung selbst kaum Lasten trägt, während die benachbarten Bereiche rechts und links der Öffnung infolge Lastsammlung deutlich stärker belastet sind. Im Bild 5-53 ist der Drucktrajektorienverlauf um eine Fensteröffnung herum dargestellt. Werden die Drucktrajektorien umgeleitet, erzeugen sie Zugkräfte, die Risse vornehmlich in den Eckbereichen provozieren.

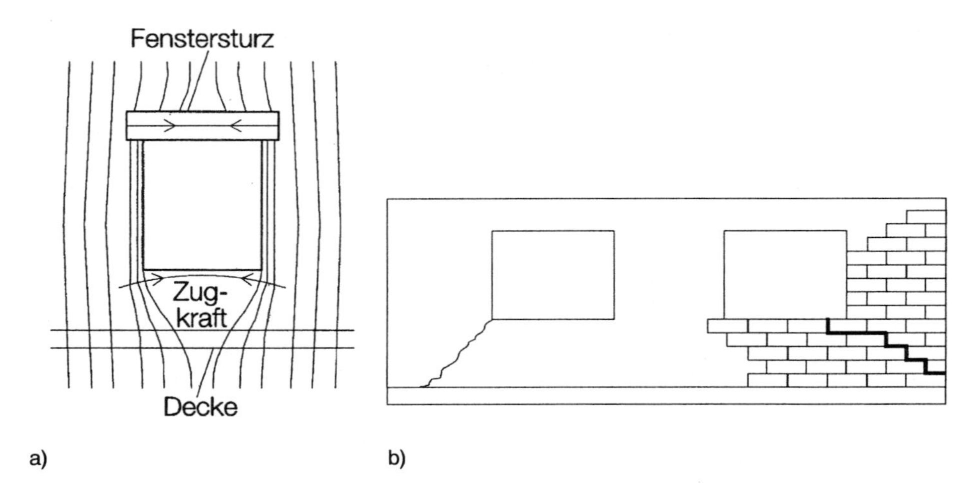

Bild 5-53 Typische Rissbildung bei Wandöffnungen,
a) Verlauf der Drucktrajektorien bei Wandöffnungen, b) Risse im Bereich von Öffnungen

Eine Rissgefährdung besteht auch, wenn die Verformungsfähigkeit (Bruchdehnung) des Baustoffes selbst überschritten wird. Im Hinblick auf die Sicherung der Tragfähigkeit ist hier besondere Aufmerksamkeit gefordert, weil die Zug- und Schubfestigkeit von Mauerwerk vergleichsweise gering ausfällt. Horizontale Risse im Mauerwerk weisen auf eine Überschreitung der Biegezug- oder Zugfestigkeit, diagonal verlaufende Risse auf eine Überschreitung der Schubfestigkeit hin. Oft verlaufen die Schubrisse diagonal in abgetreppter Form entlang den Stoß- und Lagerfugen.

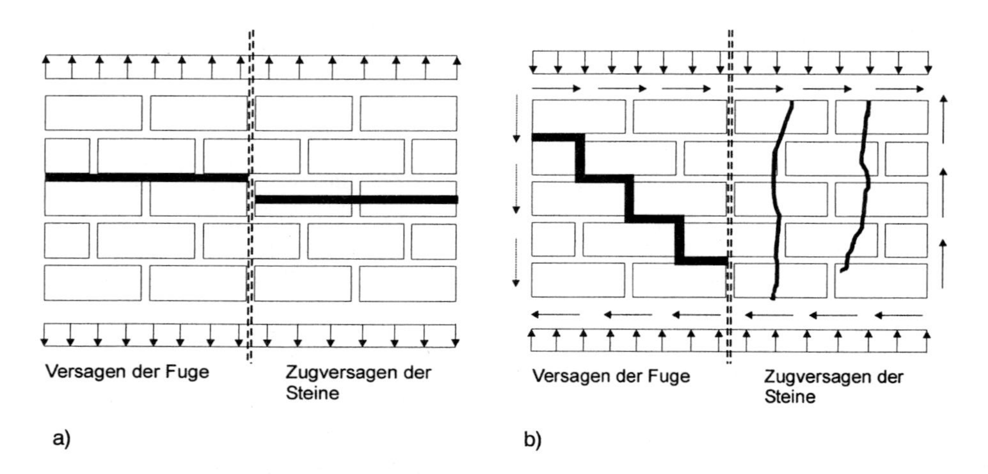

Bild 5-54 Typische Rissbildung bei Tragfähigkeitsüberschreitung,
a) Biegezugrisse bei Biegzugbeanspruchung senkecht zur Lagerfuge, b) Schubrisse

Wenn auch nicht jeder Riss zur Beeinträchtigung der Standsicherheit des Bauwerks führen muss, so können Risse den Wärme-, Feuchtigkeits- und Schallschutz und damit den Gebrauchswert des Gebäudes erheblich beeinträchtigen. Solange nur ein einziger Mauerwerkbaustoff verwendet wird und dessen Formänderungen nur gering sind, braucht i.a. auf das Verformungsverhalten keine Rücksicht genommen zu werden. Werden jedoch Mauerwerkbaustoffe mit z.T. sehr unterschiedlichen Verformungseigenschaften nebeneinander verwendet, besteht erhöhte Rissgefahr und das unterschiedliche Verformungsverhalten ist bei Planung und Ausführung zu berücksichtigen.

So bieten sich zur Schadensverhütung folgende Grundregeln an:

- *konstruktiv*: günstige Lastverteilung anstreben, Bewegungs- und Gleitfugen anordnen, außenseitige Wärmedämmung anbringen, Außenbekleidung der Außenwand (Wetterschale), Bewehrungseinlage;
- *stofflich:* Auswahl geeigneter Baustoffe nach Formänderungskenngrößen, Einbau von trockenen Steinen;
- *herstellungsbedingt:* Wahl des Bauzeitpunktes nach den günstigsten klimatischen Bedingungen.

5.5.6 Ausführung von Mauerwerk

Mauerwerkkonstruktionen

Konstruktionen aus Mauerwerk haben neben raumabschließenden und ästhetischen vor allem baustatische und bauphysikalische Aufgaben zu übernehmen. Deshalb werden Mauerwerkwände in statischer Hinsicht vorrangig in tragende und nicht tragende Wände unterteilt. Tragende Wände können vertikale und horizontale Lasten aufnehmen und sie sicher in den Baugrund leiten. Wirken Wände gebäudestabilisierend, werden sie i.a. als Aussteifungswände bezeichnet. Nichttragende Wände tragen nur ihr Eigengewicht und dürfen nicht zusätzlich belastet werden. Sie besitzen nur raumabschließende Funktion.

Aus bauphysikalischer Sicht unterscheidet man Außen- von Innenwänden, weil deren bauphysikalische Anforderungen hinsichtlich Wärmeschutz, Wärmespeicherung, Schallschutz, Brandschutz, Schlagregensicherheit etc. voneinander abweichen.

Mauerwerk kann ein- oder mehrschalig ausgeführt werden (Bild 5-55). Bei einschaligen Wänden besteht das Mauerwerk nur aus einer Wandschicht, die gleichzeitig die statischen und bauphysikalischen Anforderungen erfüllen muss. Bei mehrschaligen Wänden, in der Regel zwei Mauerwerkschalen, trägt die innere Schale die Lasten ab, während die äußere Schale, den bauphysikalischen Belangen gerecht werden muss. Es findet eine Spezialisierung statt, die dazu führt, dass die äußere Schale oftmals dünner als die Tragschale ausgeführt wird und aus anderem Material bestehen kann. Ist die äußere Schale ungeputzt der freien Bewitterung ausgesetzt, verwendet man so genannte Vormauer- oder Verblendschalen. Zusätzlich zu den Mauerwerkschalen können weitere Schichten eingeführt werden, die ausschließlich spezielle Aufgaben übernehmen, z. B. den Wärmeschutz. Dies können Wärmedämmputze, Wärmedämmverbundsysteme oder die oft angewandte Kerndämmung sein.

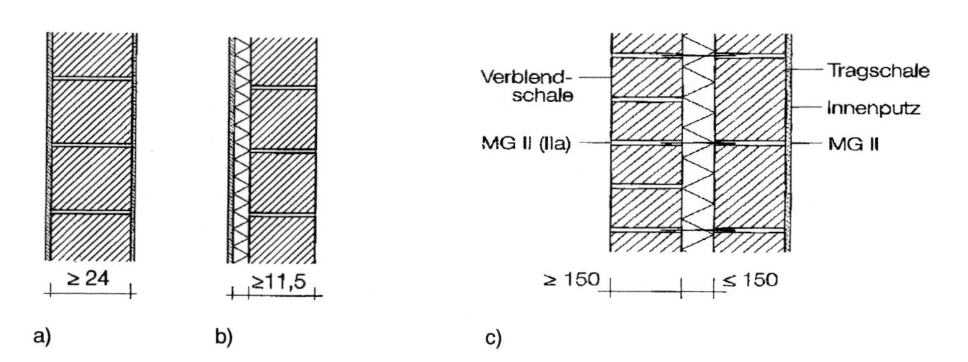

Bild 5-55 Beispiele ein- und zweischaliger Außenwände [5.83],
a) verputzte einschalige Außenwand, b) einschalige Außenwand mit Wärmedämmverbundsystem,
c) zweischalige Außenwand mit Kerndämmung

Mauerwerkverbände

Unter Mauerwerkverband versteht man die regelgebundene, horizontale und vertikale Ausrichtung von Mauersteinen zu Mauerwerk. Entsprechend der Schichtfolge wird in Läufer-, Binder, Roll- und Grenadierschicht unterschieden, die dann zu einem Binderverband, Kreuzverband, Läuferverband ect. erweitert werden können [5.83]. Bei der Läuferschicht werden die Steine längs hintereinander und bei der Binderschicht mit der Schmalseite aneinander in der Wand verlegt. Rollschichten dienen dem oberen Wandabschluss; die Steine stehen dabei auf der langen Schmalseite, so dass sich die Lagerfugenflächen berühren. Die Grenadierschicht ist eine um 90° gedrehte Rollschicht. Die Steine stehen auf den Kopfseiten und bilden oftmals einen scheitrechten Sturz über Fernster- oder Türöffnungen.

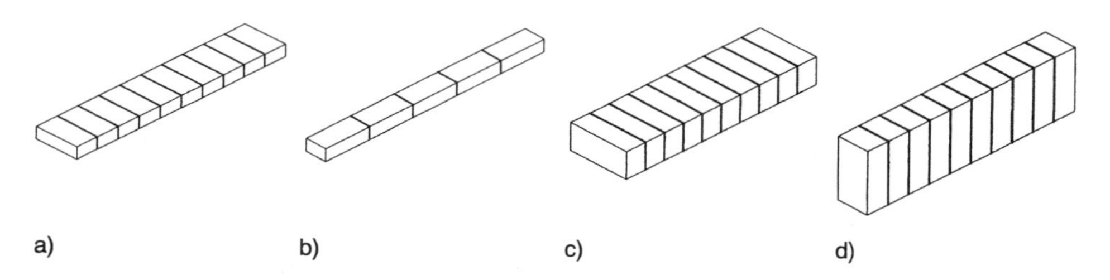

Bild 5-56 Mögliche Schichtfolge bei Mauerwerk [5.83]
a) Binderschicht, b) Läuferschicht, c) Rollschicht, d) Grenadierschicht

Aufgabe des Mauerwerkverbandes ist es, einwirkende Lasten gleichmäßig im Mauerwerk zu verteilen und die Mauersteine kraftschlüssig miteinander zu verbinden. Dazu müssen die Stoßfugen übereinander liegender Schichten um ein Überbindemaß gegeneinander verschoben sein. Nur wenn der Verband ordnungsgemäß ausgeführt ist, können Kräfte über Haftung und Reibung horizontal weitergeleitet oder vertikale Kräfte über den Mauerwerkquerschnitt gleichmäßig verteilt werden. Der Mörtel in den Lagerfugen hilft dabei, weil er einerseits Maßtoleranzen ausgleicht und die Formschlüssigkeit herstellt, so dass keine Spannungsspitzen entstehen, die das Mauerwerk schädigen können. Andererseits bildet sich zwischen Mörtel und Steinlagerfläche eine Haftfestigkeit aus, die für die Schub- und Zug-/Biegezugfestigkeit von großem Interesse ist. Mörtelfreien Fugen im Trockenmauerwerk fehlt die Mörtelpufferschicht. Bei Trockenmauerwerk gelten daher erhöhte Anforderungen an die Planebenheit und Maßhaltigkeit der Mauersteine. Dennoch tritt bei Trockenmauerwerk unter einer Druckbeanspruchung eine Fugenkonsolidierung ein, die auch als typisches Fugen-Setzungsverhalten bekannt ist [5.102].

5.5.7 Natursteinmauerwerk

Soll Natursteinmauerwerk hergestellt werden, sind einige Grundsätze zur Verlegung der Natursteine zu beachten [5.103]:

- Einbau der Natursteine so, dass sie Druck senkrecht zu ihrer Schichtung erfahren,
- schichtenweises Herstellen im Verband mit genügend Überdeckung der einzelnen Steine,
- Schichtenführung normal zur Beanspruchungsrichtung,
- Läufer- und Binderschichten anordnen,
- in der Ansicht dürfen nicht mehr als drei Fugen zusammentreffen,
- Fugenstärke gering halten (< 3 cm),
- an den Ecken und im Fundamentbereich die größten Steine einbauen (weniger Fugen).

Natursteinmauerwerk kann nach DIN 1053-1 [5.84] bzw. DIN 1053-100 [5.85] je nach Bearbeitung der Natursteine in Zyklopenmauerwerk, Bruchsteinmauerwerk, Schichtenmauerwerk, Quadermauerwerk, Verblendmauerwerk und Trockenmauerwerk unterteilt werden. Im Wesentlichen werden folgende drei Kriterien 1) Bearbeitungsgrad der Natursteine, 2) Mauerwerk mit oder ohne Mörtelfugen und 3) Schichtenaufbau zur praktischen Unterscheidung herangezogen.

Zyklopen- oder Findlingsmauerwerk

Das Zyklopen- oder Findlingsmauerwerk wird aus unbearbeiteten Steinen, so genannten Findlingen, hergestellt. Da die Steine unterschiedlichste Formen aufweisen können, rund oder eckig sind, ist eine ordnungsgemäße Schichtung oder eine Verlegung im Verband nur bedingt möglich und es ergibt sich ein sehr unregelmäßiges Fugenbild. Deshalb sind alle Fugen gut zu vermörteln und größere Steinzwischenräume mit kleineren Steinen auszufüllen. Zusätzlich werden die Eck- und Randsteine rechteckig behauen. Trotzdem die Einzelsteine eine beachtliche Festigkeit aufweisen können, weist das Zyklopenmauerwerk keine nennenswerte Druckfestigkeit auf. Es reagiert sehr weich und ist empfindlich gegenüber Schiebungen und/oder Setzungen.

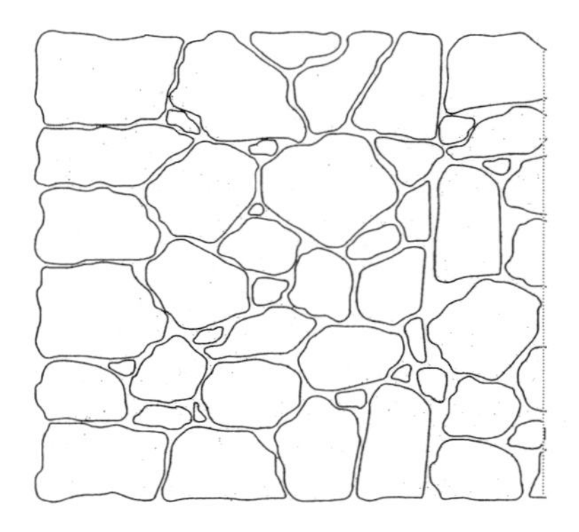

Bild 5-57 Zyklopenmauerwerk

Bruchsteinmauerwerk

Bruchsteinmauerwerk besteht aus bis zu 30 cm hohen, im Steinbruch gebrochenen Natursteinen, deren Lagerflächen nicht weiter bearbeitet worden sind. Die in lagerhaften Schichten aufgemauerten Steine können unterschiedliche Höhen aufweisen.

Bild 5-58 Bruchsteinmauerwerk

Die Schichten werden jeweils mit Mörtel der Mörtelgruppe II oder IIa abgeglichen. Hohlräume zwischen den größeren Steinen sind mit kleineren, vollständig in Mörtel eingebetteten Steinstückchen auszumauern. Wände aus Bruchsteinmauerwerk sollten eine Mindestdicke von 50 cm aufweisen [5.103]. Bruchsteinmauerwerk findet heute nur noch für untergeordnete Bauteile, z.B. Kellerwände oder Stütz- und Einfriedungsmauern, Verwendung.

Schichtenmauerwerk

Schichtenmauerwerk wird je nach Bearbeitungsgrad der Steine in hammerrechtes, unregelmäßiges und regelmäßiges Schichtenmauerwerk unterteilt.

Im Unterschied zum Bruchsteinmauerwerk werden die Natursteine für *hammerrechtes Schichtenmauerwerk* in der Sichtfläche bis zu einer Steintiefe von 12 cm bearbeitet. In der bearbeiteten Ansicht haben die Natursteine ein rechteckiges Aussehen, während sie in den dahinterliegenden Bereichen nur wenig oder unbearbeitet sind. Die Schichthöhe darf innerhalb einer Schicht und in den verschiedenen Schichten wechseln. Eine Vermörtelung der Fugen erfolgt wie beim Bruchsteinmauerwerk.

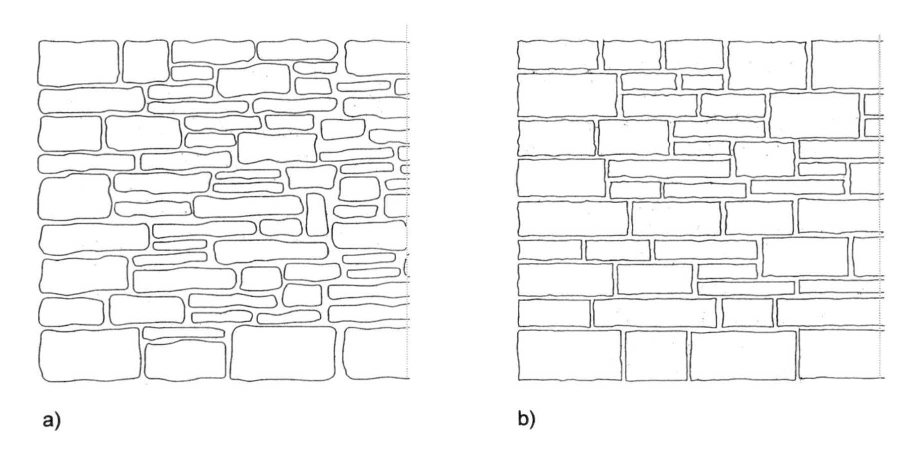

Bild 5-59 Hammerrechtes und unregelmäßiges Schichtenmauerwerk
a) Hammerrechtes Schichtenmauerwerk, b) Unregelmäßiges Schichtenmauerwerk

Beim *unregelmäßigen Schichtenmauerwerk* werden die Steine der Sichtfläche in den Stoß- und Lagerfugen auf 15 cm Tiefe bearbeitet, so dass ein horizontal und vertikal ausgerichtetes Muster entsteht. Die Schichthöhe darf innerhalb einer Schicht in mäßigen Grenzen wechseln. Die Fugen in der Sichtfläche sollten maximal 3 cm dick sein.

Für das *regelmäßige Schichtenmauerwerk* müssen die Steine in der Lagerfuge über die gesamte Steinlänge bearbeitet sein. In der Stoßfuge genügt eine Bearbeitung bis 15 cm Tiefe. Um ein regelmäßiges Aussehen der Sichtfläche zu erreichen, darf die Schichthöhe innerhalb einer Schicht nicht mehr wechseln. Das regelmäßige Schichtenmauerwerk findet bereits bei Kuppeln oder Gewölben Verwendung.

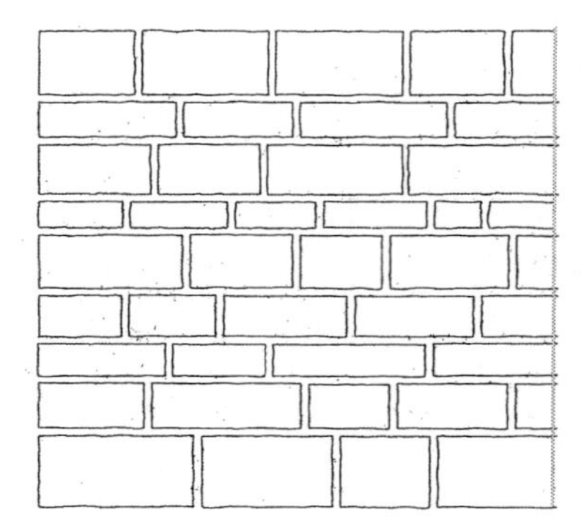

Bild 5-60 Regelmäßiges Schichtenmauerwerk

Quadermauerwerk

Das Quadermauerwerk erfordert den höchsten Bearbeitungsgrad der Natursteine. Die Steine werden dazu rechtwinklig behauen, so dass häufig von Werksteinen und daraus errichtetes Werksteinmauerwerk gesprochen wird. Die Schichten sind meist größer als 30 cm, anderenfalls spricht man vom Haussteinmauerwerk. Etwa ein Viertel der Ansichtsfläche sollte aus Bindern bestehen. Die Mörtelfugen sind 0,3 bis 1,2 cm dick [5.103].

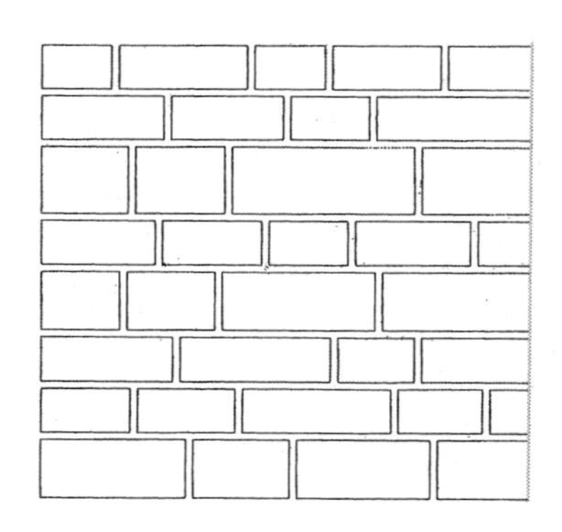

Bild 5-61 Quadermauerwerk

Quadermauerwerk bzw. das mit kleineren Steinen errichtete Haussteinmauerwerk wird überall dort eingesetzt, wo Mauern oder Pfeiler mit großen Anforderungen an Festigkeit und Standsicherheit erforderlich sind. Dies trifft u.a. für Widerlager, Stützen, Gewölbe, steinerne Brüstungen auf Brücken oder als Verblendung von minderwertigem Mauerwerk zu.

Trockenmauerwerk

Generell können alle zuvor genannten Mauerwerkformen als Trockenmauerwerk, d.h. Mauerwerk ohne Mörtelfugen ausgeführt werden. Gelegentlich sind die Steine von außen zu verkeilen und mit kleineren Steinen auszufüllen, wenn die gröberen Steine, insbesondere wenn es sich um Findlinge oder Bruchsteine handelt, zu große Hohlräume ergeben. Die oberste Schicht, die Deckschar, wird meist mit einem Mörtel mit hydraulischem Kalk oder Zement als Bindemittel vermörtelt, um ein Eindringen von Niederschlägen und damit eine mögliche Gefahr von Frostschäden weitestgehend zu vermeiden. Trockenmauerwerk wird für untergeordnete Bauwerke, z.B. Einfriedungen, Schwergewichtsmauern (Stützmauern) oder Verkleidungen von Erdböschungen verwendet.

5.5.8 Bewehrtes Mauerwerk

Eine effektive Art, Risse zu verhindern bzw. sehr klein zu halten, ist, das Mauerwerk zu bewehren. Durch das Einlegen von Bewehrungsstahl kann die Zugfestigkeit von Mauerwerk, die ohne Bewehrung sehr moderat ausfällt, erhöht und dadurch das Mauerwerk ertüchtigt werden. Dabei kann die Bewehrung aus rein konstruktiven Gründen zur Rissesicherung eingelegt werden oder um die Biege- bzw. Zugfestigkeit statisch wirksam zu erhöhen. Zugleich wird durch die Bewehrung die Verformungsfähigkeit (Duktilität) gesteigert und das Dämpfungsvermögen des Mauerwerks verbessert. Diese Eigenschaften sind insbesondere für Bauwerke in seismisch beanspruchten Gebieten von Interesse, um eine Resttragfähigkeit von Mauerwerk zu erhalten und plötzlich auftretende Versagenszustände auszuschließen.

Die Bewehrung kann horizontal und/oder vertikal eingebaut werden und nimmt die Zugkraft in der jeweiligen Richtung auf. Das Mauerwerk selbst trägt die Druckkraft. Horizontale Bewehrungseinlagen in den Lagerfugen sind insbesondere geeignet, um wandnormale Wind- oder Erddrucklasten aufzunehmen, z.B. bei Terrassen mit geringer oder fehlender Auflast. Auch können Ringanker durch bewehrte Lagerfugen ausgebildet werden. Zur Sicherung des Verbundes und aus Gründen des Korrosionsschutzes sind die Bewehrungseinlagen mit einer ausreichenden Betondeckung zu versehen.

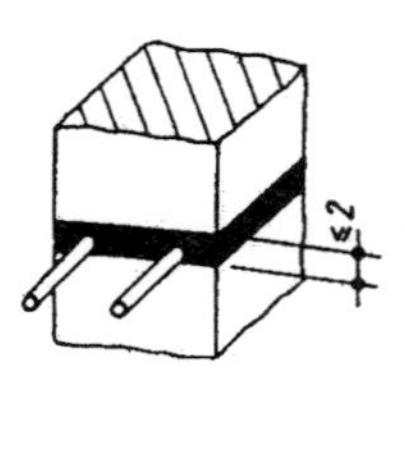

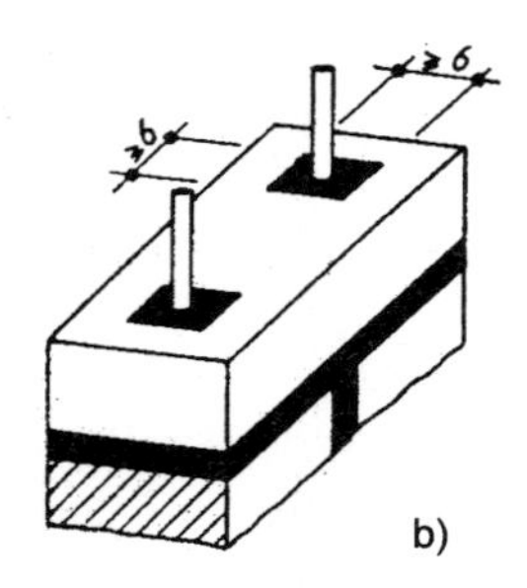

Bild 5-62 Bewehrtes Mauerwerk, a) horizontal bewehrt, b) vertikal bewehrt

Da der Karbonatisierungswiderstand des Fugenmörtels deutlich geringer als der von Beton ist, werden aus Korrosionsschutzgründen die Bewehrungseinlagen oft aus Edelstahl, feuerverzinkten oder epoxidharzbeschichteten Stählen oder Kunststoffen geformt. Für vertikale Bewehrung und teilweise auch für horizontale Bewehrungseinlagen werden speziell geformte Mauersteine verwendet, die u-förmig aussehen oder spezielle Aussparungen aufweisen, in denen die Bewehrung geführt werden kann.

5.6 Technische Keramik

5.6.1 Allgemeines

Keramische Werkstoffe sind üblicherweise aus nichtmetallischen und anorganischen Komponenten aufgebaut. Sie besitzen eine kompliziert ausgebildete kristalline Struktur, die aus mehr oder weniger geordneten Körnern, den so genannten Kristalliten, amorphen Einschlüssen sowie Rissen zusammengesetzt ist [5.107], [5.108].

Um diese Strukturen genauer beschreiben zu können, ist die Untersuchung einer Vielzahl von unterschiedlichen Parametern notwendig. Diese beginnt mit dem Phasendiagramm der entsprechenden Substanzen, umfasst aber vor allem die chemische Beschaffenheit des zu untersuchenden Werkstoffs, die Grenzflächenspannungen der Kristallite, deren Rauhigkeiten und viele andere Parameter, die mit hoher lokaler Auflösung an den Kornoberflächen bzw. den Korngrenzen bestimmt werden müssen. Die dafür benötigten experimentellen Untersuchungsmethoden verlangen nach Verfahren, die möglichst bis zu atomaren Auflösungen arbeiten können. Analog zu den Verbundwerkstoffen interessieren diesbezüglich vor allem Methoden zur Charakterisierung der inneren Grenzflächen, die aber noch nicht in ausreichendem Maße zur Verfügung stehen [5.108].

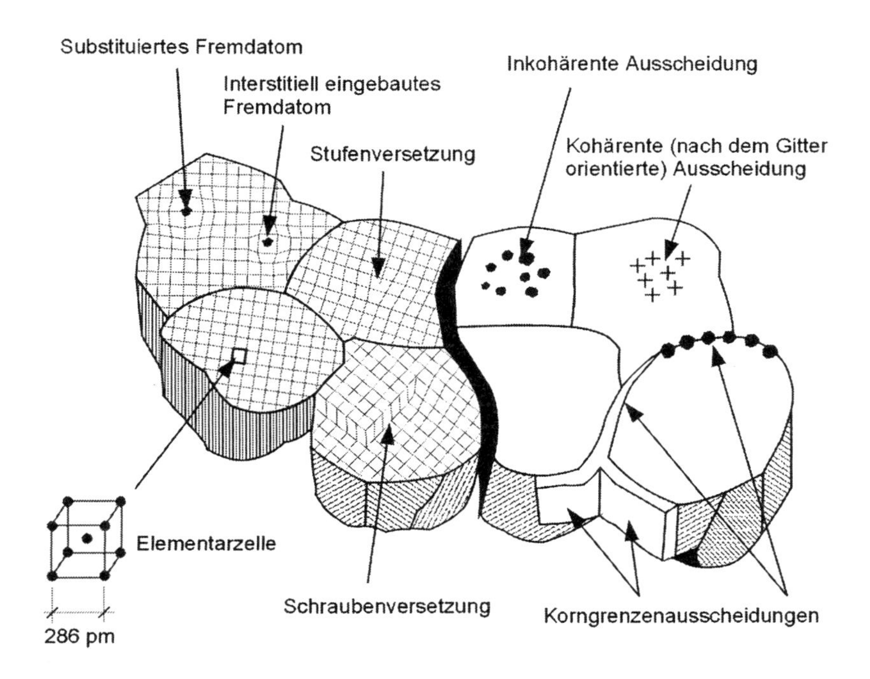

Bild 5-63 Schematische Darstellung eines polykristallinen keramischen Materials [5.108]

5.6.2 Einteilung keramischer Werkstoffe

Keramiken, wie Steinzeug, Ton und Porzellan, sind schon sehr lange Zeit bekannt [5.109]. Bereits 3500 v. Chr. wurden die ersten gebrannten Ziegel für ägyptische Bauwerke verwendet. In jüngerer Zeit wurden die keramischen Werkstoffe mit großem Aufwand systematisch verbessert und zum Teil aus grundlegend neuen Atomkombinationen entwickelt. Früher wurden für die Keramiken typischerweise Silicate als Hauptkomponenten verwendet, während heutzutage reine oder auch gemischte Metalloxide eine entscheidende Rolle im Herstellungsprozess spielen. Ebenso werden auch Nitride, Boride, Karbide und andere Materialien verwendet, um spezielle Eigenschaften, wie Temperaturbeständigkeit und Härte des Materials, entscheidend zu beeinflussen [5.108].

Um eine Einteilung der keramischen Werkstoffe vorzunehmen, gibt es viele verschiedene Möglichkeiten. Geht man aber diesbezüglich von einer Einteilung nach der chemischen Zusammensetzung aus, so lässt sich zum Beispiel folgende grobe Klassifizierung in Silicat-, Oxid- und Nichtoxidkeramik vornehmen. Ebenfalls ist oft eine weitere Untergliederung der Nichtoxidkeramik in Karbide, Nitride, Boride und Silicide anzutreffen [5.107].

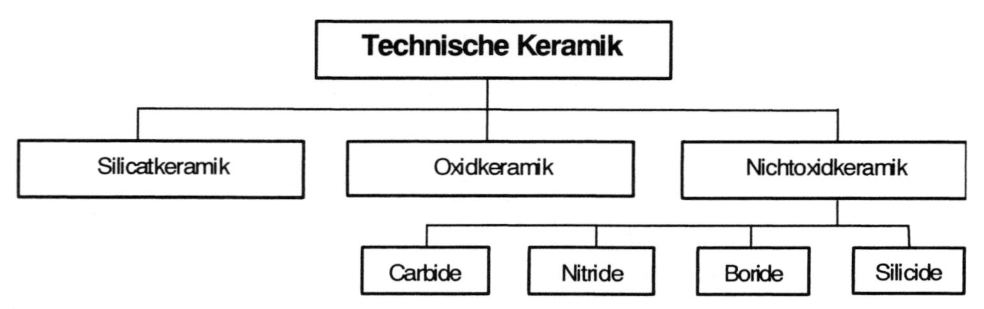

Bild 5-64 Werkstoffgruppen der technischen Keramik

5.6.2.1 Silicatkeramiken

Zu den Silicatkeramiken werden tieferschmelzende Keramiken mit einem SiO_2-Anteil von mehr als 20 % gezählt. Die unterschiedlichen Komponenten von Silicatkeramiken enthalten große Mengen an oxidischen Anteilen; unter dem Begriff der Oxidkeramik werden im Allgemeinen aber nur die relativ hochschmelzenden Oxide zusammengefasst (vgl. Abschnitt 5.6.2.2). Wesentlicher Bestandteil dieser mehrphasigen Werkstoffe, die auch als technische Porzellane bezeichnet werden, sind Ton, Schamott und Kaolin sowie Feldspat und Speckstein als Silicatträger, also Ausgangssubstanzen, die vor allem aus der oberen Erdrinde in Form von mineralischen Rohstoffen gewonnen werden. Weitere Komponenten wie Tonerde und Zirkon werden zur Verbesserung und zur Erzielung von speziellen Eigenschaften verwendet. Da sehr viele dieser Rohstoffe in großen Mengen existieren, sind Silicatkeramiken sehr kostengünstig [5.107], [5.110].

5.6.2.2 Oxidkeramiken

Als Oxidkeramiken werden hochschmelzende oxidische Werkstoffe bezeichnet, die nach konventionellen keramischen Verfahren produziert werden. Die Werkstoffe dieser Gruppe werden im Wesentlichen, d.h. zu mehr als 90 %, aus einphasigen und einkomponentigen Metalloxiden hergestellt. Diese Oxide sind in der Regel durch chemische Synthese hergestellt, sehr feinteilig und besitzen einen hohen Reinheitsgrad. Im weiteren Verlauf der Herstellungs- und Sinterprozesse kommt es gegebenenfalls bei den sehr hohen Sintertemperaturen in Verbindung mit weiteren zugeführten Mischoxidsystemen zu chemischen Reaktionen zwischen den einzelnen Komponenten. Dabei wird ein gleichmäßiges Gefüge mit ausgeprägten Eigenschaften, wie z.B. einer sehr hohen Hitzebeständigkeit, erzeugt [5.107], [5.110], [5.112].

5.6.2.3 Nichtoxidkeramiken

Zu dieser Gruppe werden im Allgemeinen Werkstoffe auf der Basis von Karbiden, Nitriden, Boriden und teilweise auch Siliciden gezählt. Im Gegensatz zu den Oxidkeramiken, die zum großen Teil aus ionischen Atomverbindungen aufgebaut sind, tritt bei den Nichtoxidkeramiken überwiegend ein kovalenter Bindungscharakter auf, was bedeutet, dass die bindenden Elektronen stärker an ihre Atome fixiert werden als bei ionischen Bindungen. Dadurch besitzen die Nichtoxidkeramiken einen großen mechanischen Widerstand. Diese Keramiken zeichnen sich durch extreme Härte, ausgezeichnete Festigkeit und hohe chemische Resistenz aus, sind aber im Vergleich zu den Oxidkeramiken in der Herstellung wesentlich teurer [5.107], [5.110], [5.112].

5.6.3 Eigenschaften technischer Keramiken

Keramische Werkstoffe zeichnen sich durch hervorragende mechanische Eigenschaften aus. Dazu gehören unter anderem eine hohe Festigkeit, Härte, Abriebsfestigkeit bei gleichzeitig relativ niedriger Massedichte [5.107].

Hinsichtlich der thermischen Eigenschaften handelt es sich bei technischen Keramiken meistens um sehr hochschmelzende, also temperaturbeständige Werkstoffe. Diese können entsprechend den Ausgangsmaterialien thermisch isolierend wirken oder auch eine recht hohe thermische Leitfähigkeit aufweisen. Gegenüber hohen Temperaturschwankungen ist eine Vielzahl der keramischen Werkstoffe jedoch sehr empfindlich. Diese geringe Temperaturwechselbeständigkeit ist für einige technische Anwendungen von Nachteil [5.107].

Des Weiteren zeichnen sich keramische Werkstoffe durch günstige chemische Eigenschaften aus. Das heißt, sie weisen meist eine hervorragende Korrosionsbeständigkeit auf, so dass sie als Passivierungsschichten eingesetzt werden können [5.107].

Ein großer Nachteil der keramischen Werkstoffe ist allerdings die relativ große Sprödigkeit, die den Einsatz bei einigen technischen Anwendungen erschwert. Aus diesem Grund zielen Neuentwicklungen für mechanisch beanspruchbare Keramikbauteile sowohl auf eine höhere Bruchdehnung als auch Bruchfestigkeit [5.108].

Eine Möglichkeit, eine höhere mechanische Bruchfestigkeit zu erreichen, ist die Nutzung der Phasentransformationshärtung. Dabei werden z.B. Zirkoniumoxidpartikel (ZrO_2) teilweise in den Werkstoff eingeschlossen und durch andere Oxidpartikel, wie Calciumoxid (CaO_2), Magnesiumoxid (MgO), Yttriumoxid (Y_2O_3) oder Cerumoxid (CeO) stabilisiert. Durch diese Zusätze wird die metastabile tetragonale Phase gegenüber der thermodynamisch stabileren monoklinen ZrO_2-Phase stabilisiert. Wenn ein Riss im Keramikbauteil entsteht, tritt in dem vor dem Riss auftretenden Stressfeld eine Phasenumwandlung der ZrO_2-Partikel in die monokline Phase ein, welche die freiwerdende Energie verbraucht. Diese Phasentransformation bewirkt zusätzlich eine geringe Volumenvergrößerung, die auf den Riss eine kompressive Kraft ausübt. Eine Rissausbreitung kann somit vollständig gestoppt werden (Bild 5-65) [5.108].

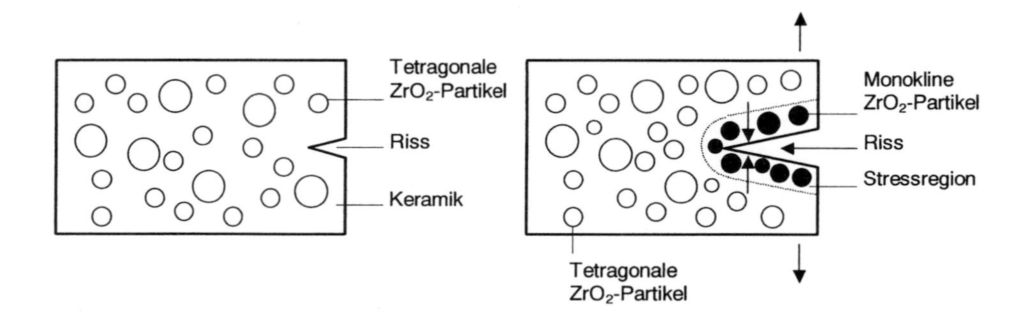

Bild 5-65 Schematische Darstellung der Phasenumwandlungshärtung durch Zusatz von stabilisierenden ZrO_2-Partikeln [5.108]

Eine weitere Variante, die Bruchfestigkeit von keramischen Werkstoffe zu erhöhen, ist der Einbau von anderen Keramikpartikeln in Faserform [5.108].

Die vielfältigen Variationsmöglichkeiten zur Beeinflussung der Mikrostruktur von keramischen Werkstoffen kann zum definierten Konfektionieren von verschiedenen Eigenschaften und Eigenschaftskombinationen ausgenutzt werden. Tabelle 5-71 zeigt einen Überblick über die Eigenschaften von keramischen Werkstoffen.

Tabelle 5-71 Eigenschaften von keramischen Werkstoffen [5.110], [5.112]

Elektrische Eigenschaften	Isolierfähigkeit/ elektrische Leitfähigkeit Durchschlagfestigkeit Dielektrische Eigenschaften Piezoelektrische Eigenschaften
Mechanische Eigenschaften	Verschleißfestigkeit Festigkeit Härte Formbeständigkeit
Thermische Eigenschaften	Hochtemperaturfestigkeit Geringe Temperaturwechselbeständigkeit Wärmeisolation/ Wärmeleitfähigkeit (Wärme-) Formbeständigkeit
Chemische Eigenschaften	Korrosionsbeständigkeit Katalytische Eigenschaften Biochemische Eigenschaften Lebensmittelverträglichkeit

5.6.4 Herstellungsprozess von technischen Keramiken

Der Herstellungsprozess von technischen Keramiken ist in folgendem Grobschema (Bild 5-66) dargestellt und wird in die einzelnen Arbeitschritte der Pulver- bzw. Masseherstellung, der Pulver- bzw. Masseaufbereitung, dem Formgebungsprozess mit evtl. Nachbearbeitung des Grünkörpers, der Brandvorbereitung, dem Sintern des Grünkörpers zum Weißkörper sowie der End- bzw. der evtl. notwendigen Nachbearbeitung des Weißkörpers unterteilt.

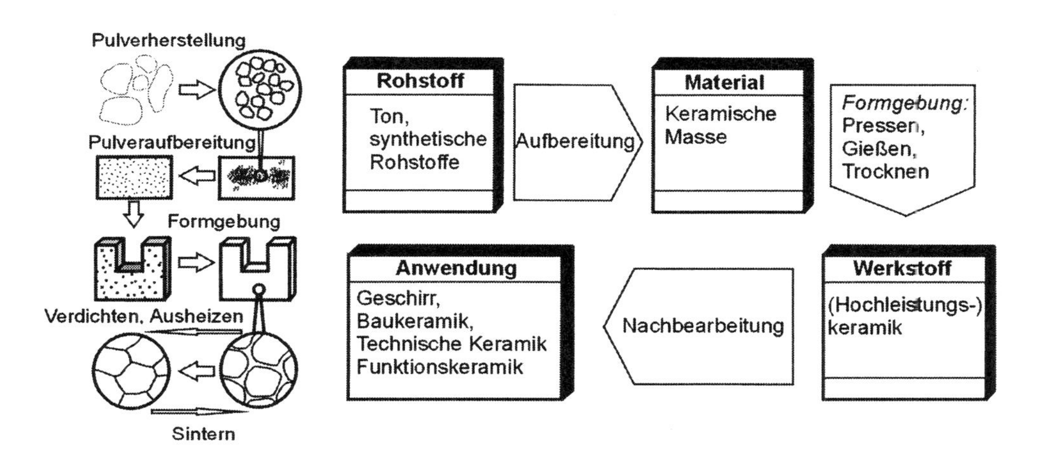

Bild 5-66 Schematische Darstellung des Herstellungsprozesses von technischen Keramiken – vom Rohstoff zum Werkstoff

Pulver- bzw. Masseherstellung

Keramiken werden üblicherweise aus einem Pulver einzelner oder mehrerer Ausgangsstoffe hergestellt. Dieses Pulver wird zu einem Großteil aus natürlichen Rohstoffen (vgl. Abschnitt. 5.6.2.1 und 5.6.2.2) durch verschiedene Arbeitsvorgänge, wie Sieben, Sichten, Schlämmen, Mahlen, Flotation, d.h. durch eine Schwimmaufbereitung von Erzen und/oder durch magnetische Abscheidung bestimmter Korngrößen, gewonnen [5.108]. Da heutzutage auch so genannte „Höchstleistungskeramiken“ oder auch High-Tech-Ceramics hergestellt werden, die mit sehr großem Aufwand systematisch verbessert bzw. grundlegend neu mineralogisch aufgebaut werden, gewinnen zunehmend auch synthetische Rohstoffe an Bedeutung. Dabei werden neuere Verfahren, wie das Hydrothermalverfahren oder das Sol-Gel-Verfahren, angewendet.

Beim *Hydrothermalverfahren* werden feinkörnige Silicate mit geringem Energieaufwand gewonnen, wozu man die hohe Reaktivität von Quarz unter hydrothermalen Bedingungen (erhöhte Luftfeuchtigkeit und erhöhte Temperatur) ausnutzt. Im Vergleich zum Sintern erhält man hierbei eine günstigere Energiebilanz, da die Temperaturen bei diesem Vorgang bei nur wenigen hundert °C gehalten werden [5.108].

Beim *Sol-Gel-Verfahren* wird zunächst eine kolloidale Lösung, d.h. eine Lösung mit äußerst fein verteilten Partikeln (Durchmesser von 1 bis 100 nm), hergestellt. Dieses Kolloid wird auch als Sol bezeichnet. Die fluiden Bestandteile werden in ein festes Netzwerk mit Submikrometerdimensionen (Gel) überführt [5.108].

Pulver- bzw. Masseaufbereitung

Die Art der Pulver- bzw. Masseaufbereitung wird nach der Art des anschließenden Formgebungsverfahrens gewählt. So werden für spätere Gießprozesse Suspensionen und z.B. für das Trockenpressen ein Granulat benötigt. Zuvor werden Arbeitsschritte, wie Mahlen, Mischen und Granulieren durchgeführt. Des Weiteren werden häufig auch Additive unter den Reinstoff gemischt, welche die späteren Eigenschaften des Endproduktes maßgeblich beeinflussen, als Brennhilfe dienen oder die entsprechende Konsistenz für den späteren Formgebungsprozess steuern sollen [5.110].

Formgebungsprozess

Beim Formgebungsprozess werden die Masseteilchen verdichtet und die aufbereitete Masse wird in eine entsprechende Form eingebracht. Die dabei entstandene Form wird Grünling genannt. Der Grünling lässt sich noch sehr leicht und somit auch kostengünstig bearbeiten [5.110].

Von den zahlreichen verschiedenen Formgebungsprozessen seien folgende erwähnt: Extrudieren, Kalandern, Spritzgießen, Foliengießen, Schlickergießen, Trockenpressen, isostatisches Pressen und heißisostatisches Pressen (HIP) [5.107].

Das einfache *Trockenpressen* ist dabei eine Möglichkeit, die in der Pulver- oder Masseaufbereitung hergestellten Körner miteinander zu verbinden, wobei aber das Zusammenhaltevermögen der Partikel und somit auch die mechanische Festigkeit dieser Formkörper nicht sehr hoch ist, so dass sich mindestens noch ein weiterer Verarbeitungsschritt diesem Formgebungsprozess anschließen muss.

Durch das *Schlickergießen* wird eine Verbesserung der Packungsdichte der einzelnen Teilchen erreicht. Dabei wird das Pulvermaterial in einem vorangegangenen Arbeitsschritt mit einem flüssigen Bindemittel (H_2O oder einer flüssigen organischen Substanz) vermengt. Anschließend wird das Rohmaterial in eine Form gegossen, die durch ihre Porosität einen Großteil des Bindemittels wieder aufnimmt. Eine Beschleunigung der Entwässerung kann durch ein Vakuum, durch erhöhten Druck oder durch die Beaufschlagung der Form mit einer Zentrifugalkraft erreicht werden. Anschließend folgt der Brennvorgang, bei dem das Bindemittel vollständig entfernt bzw. umgewandelt wird. Dabei kommt es zu einer Verdichtung des Materials. Im nachfolgenden Bild 5-67 werden zwei Formgebungsprozesse des Schlickergießens dargestellt:

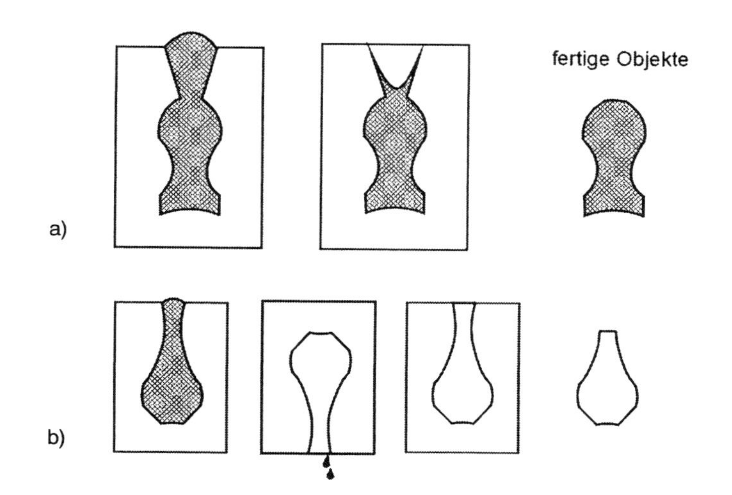

Bild 5-67 Formgebungsmöglichkeiten beim Schlickerguss [5.108]
a) massives Auffüllen der Form; Wasserentfernung; Ablösen aus der Form, b) Auffüllen der Form; Umdrehen der Form, wobei dünne Schicht an Form hängen bleibt; Ablösen der Keramik aus der Form

Beim *Spritzgießen* wird eine Suspension feiner Keramikteilchen in eine wassergekühlte Metallform gegossen. Nach dem Erstarren der Suspension muss dieser Polymeranteil durch einen Vorbrand vorsichtig entfernt werden, was aber nur bei sehr kleinen und dünnwandigen Werkstücken mit einem vertretbaren Zeitaufwand ausführbar ist. Des Weiteren ist zu erwähnen, dass der beim Spritzgießen verwendete Thermoplast einen erheblichen Kosten- und Umweltfaktor darstellt, der berücksichtigt werden muss [5.108].

Brandvorbereitung

Da organische Verunreinigungen oder noch im Material eingelagerte Bindemittel beim anschließenden Sintervorgang das Mikrogefüge des Werkstückes zerstören könnten, müssen diese während der Brandvorbereitung entfernt werden. Dies geschieht durch Erhitzen, bei dem die Temperatur so gewählt wird, dass die leicht flüchtigen Stoffe verdampfen, der Sintervorgang jedoch noch nicht beginnt. Bei dieser Temperaturerhöhung werden auch die Wassermoleküle entfernt, die sich in Form einer Hydrathülle an die keramischen Masseteilchen angelagert haben. Durch die Verdichtung der Masseteilchen und der damit verbundenen Volumenabnahme kommt es zum so genannten Trockenschwund [5.110].

Sintervorgang

Unter Sintern versteht man den Vorgang, bei dem eine Verbesserung der Stabilität durch eine starke Zunahme an Dichte und Festigkeit bei hohen Temperaturen (ca. 66 % - 75 % der absoluten Schmelztemperatur) erreicht wird. Den Sintervorgang kann man in drei

Stadien unterteilen: Im *ersten Stadium* findet ein Wachstum der Teilchenkontakte durch so genannte Sinterbrücken statt. Im *zweiten Stadium* kommt es zur Ausbildung eines zusammenhängenden Porenskelettes und im *dritten Stadium* wird eine fast vollständige Poreneliminierung erreicht. Dabei wird der noch verbleibende Porenraum von außen unzugänglich und es kommt zu einer weiteren Volumenab- und Dichtezunahme [5.110].

Je nach verwendeter Substanz werden verschiedene Sintervorgänge, z.T. unter verschiedenen Atmosphären, durchgeführt. In vielen Fällen wird das *Festphasensintern* durchgeführt, bei dem die Temperatur des Sintervorganges unterhalb der Schmelzpunkte aller beteiligten Komponenten liegt. Beim *Flüssigphasensintern* liegt bereits eine der Komponenten in geschmolzener Form vor oder es entsteht eine flüssige Phase. Dadurch wird der Sintervorgang stark beschleunigt und durch eine Benetzung der festen Partikel mit der flüssigen Komponenten verbessert. Auch Reaktionen zwischen den unterschiedlichen Phasen können das Sinterverhalten positiv beeinflussen. Wenn die Körner des Ausgangsmaterials nur schwer unter Normalbedingungen zu sintern sind, kann eine Erleichterung durch eine Veränderung des Atmosphärendrucks erreicht werden. Dies kann entweder bei konstanter Temperatur und steigendem Druck (*Drucksintern*) oder bei konstantem Druck und variabler Temperatur (*heißisostatisches Pressen, HIP*) erfolgen [5.108].

Im nachfolgenden Bild 5-68 sollen die Elementarprozesse, die beim Sintern unterhalb des Schmelzpunktes auftreten, schematisch dargestellt werden:

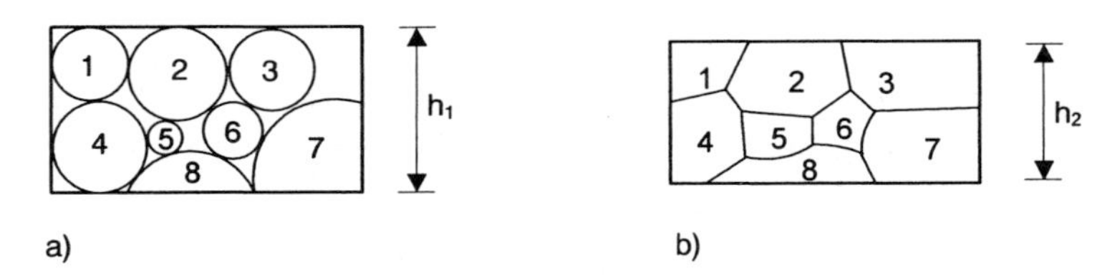

Bild 5-68 Elementarprozesse beim Sintern unterhalb des Schmelzpunktes [5.108]
a) vor dem Sintern: dicht zusammengelagerte Pulverteilchen, b) nach dem Sintern: die Teilchen sind zusammengewachsen ($h_2 < h_1$)

Endverarbeitung

Da auf Grund der hohen Härte von keramischen Werkstoffen eine Nachbearbeitung sehr kostenintensiv ist, spielt diese eher eine untergeordnete Rolle. Deshalb werden die Keramiken überwiegend „as fired“, also „wie gebrannt“, verwendet. Möglichkeiten der Endverarbeitungen sind z.B. das Nachpolieren mit Diamantwerkzeugen oder z.B. eine Lasertrennung bei Keramikrohren [5.110].

5.6.5 Beispiele und Anwendungen technischer Keramiken

Entsprechend der bereits in den Abschnitt 5.6.2 ff vorgenommenen Unterteilung der keramischen Werkstoffe sollen nun einige Vertreter und Anwendungen der entsprechenden Klassifizierungsgruppen näher erläutert werden.

Vertreter der Silicatkeramiken

Mullit ist ein kristallisiertes Aluminiumsilicat mit wechselnder stöchiometrischer Zusammensetzung von $2Al_2O_3 \cdot SiO_2$ bis $3Al_2O_3 \cdot 2SiO_2$, das sich nicht nur beim Erhitzen von Kaolinit, sondern in analoger Weise auch aus anderen Tonmineralien (Sillimanit und Montmorillonit) bildet. Technische Verwendung findet das Mullit als Bestandteil silicatkeramischer Materialien und Glaskeramiken in Feuerfestmaterialien und als Trägersubstanz von Abgaskatalysatoren [5.107].

Zu den magnesiumhaltigen Silicaten wird Steatit ($3MgO \cdot 4SiO_2 \cdot H_2O$) gezählt. Dabei handelt es sich um einen keramischen Werkstoff, der zu 95 % aus dem Rohstoff Speckstein und zu 5 % aus Beimengungen von Ton und Flussmitteln hergestellt wird. Bei der Steatitherstellung wird überwiegend das Trockenpressverfahren angewandt, d.h. er wird bei Temperaturen zwischen 1300°C und 1400°C gesintert. Technische Verwendung findet die Steatitkeramik bei der Herstellung von Isolatoren und zur Herstellung von keramischen Modellen [5.107], [5.110].

Vertreter der Oxidkeramiken

Als technisch wichtigster und verbreitetster oxidkeramischer Werkstoff ist das Aluminiumoxid in der Form von Sinterkorund bekannt. Das α-Aluminiumoxid wird hauptsächlich nach dem Bayer-Verfahren aus Bauxit gewonnen und bei Temperaturen von 1600°C bis 1700°C gesintert. Sinterkorund kann auf Grund der sehr differenzierten Eigenschaften, die durch den unterschiedlichen Reinheitsgrad des Ausgangsstoffes und durch sehr verschiedene Verarbeitungsweisen entstehen, vielfältig verwendet werden. So wird diese Keramik unter anderem als verschleißfestes Material im Maschinen- und Anlagenbau, für Schleifmittel, für integrierte Schaltungen, als Katalysatorträger, als Wärmeisolationsmaterial im Motorenbau und sogar für künstliche Hüftgelenke verwendet [5.107], [5.110].

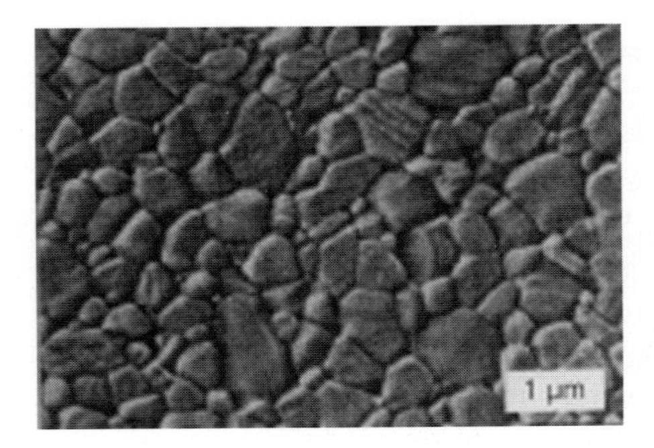

Bild 5-69 Submikrometergefüge einer Al_2O_3 – Keramik [5.111]

Zirkoniumoxid kann man in der Natur in Form des Minerals Baddeleyit vorfinden oder es wird aus Zirkon ($ZrSiO_4$) hergestellt. Aus Zirkoniumoxid hergestellte keramische Werkstoffe haben einen Schmelzpunkt bei ca. 2700 °C, zeichnen sich vor allem durch ihre vergleichsweise geringe Wärmeleitfähigkeit aus ($\lambda_{25°C} = 2{,}5$ W/m · K) und sind gegenüber Säuren und Laugen sehr beständig. Diese Materialien werden auf Grund ihrer Eigenschaften z.B. als Trägerwerkstoff für Katalysatoren, als Isoliermaterial und Schutzrohre für Hochtemperaturöfen, als Sauerstoffsensor in Form der λ-Sonde in Kfz-Abgaskatalysatoren eingesetzt. Des Weiteren kann man Produkte aus Zirkoniumoxid auch in der Textilindustrie als verschleißarme Fadenführer vorfinden [5.107].

Magnesiumoxid wird durch die thermische Zersetzung von Magnesiumcarbonat in reiner Form gewonnen. Sintermagnesia erfährt beim Erhitzen bis zum Schmelzpunkt von ca. 2800 °C keine Modifikationsänderung, kann aber unter reduzierter Atmosphäre lediglich bis 1700 °C eingesetzt werden. Gegenüber starken Laugen sind die Werkstoffe aus MgO resistent, werden aber durch Säuren angegriffen und zersetzt. Auf Grund des hohen elektrischen Isoliervermögens bis 1000 °C, bei gleichzeitig guter Wärmeleitfähigkeit wird MgO vor allem als Füllstoff und Einbettmasse in Rohren und Flächenheizkörpern verwendet [5.107].

Nichtoxidkeramiken

Die größte technische Bedeutung bei den nichtoxidkeramischen Werkstoffen hat das Siliciumkarbid erlangt. Dieses wird aus Sand und Koks bei ca. 2400 °C nach dem Acheson-Verfahren synthetisiert. Beim Siliciumkarbid unterscheidet man je nach Verarbeitung und speziellem Formgebungsverfahren zwischen drucklos gesintertem SiC (SSiC), reaktionsgebundenem SiC (RBSiC), heißgepresstem SiC (HPSiC), heißisostatisch gepresstem SiC (HIPSiC), rekristallisiertem SiC (RSiC) und SiC mit freiem Silicium (SiSiC). In Abhängigkeit von den eingesetzten Sinterhilfsmitteln liegen die Sintertemperaturen von SiC zwischen 1900 °C und 2150 °C. SiC besitzt einen kovalenten Bindungsanteil von ca. 85 % und ist des Weiteren durch extreme Härte, geringe Wärmeausdehnung, hohe Wärmeleitfähigkeit, hohe Verschleißfestigkeit sowie durch sehr gute chemische und thermische Beständigkeit gekennzeichnet. Verwendung findet Siliciumkarbid z.B. als Werkstoff für Schleifmittel und -werkzeuge, in Brennkammern, in Wärmeaustauschern, in Heizelementen (bis zu einer Temperatur von ca. 1600°C als Widerstandsheizung) und als Tiegelmaterial für metallurgische Prozesse [5.107].

Eine weitere Karbidkeramik ist das Borkarbid (B_4C). Dieses Material ist nach dem Diamant und dem kubischen Bornitrid der dritthärteste Werkstoff, so dass B_4C in der Gruppe der kovalenten Karbide wegen seiner extrem großen Härte den diamantartigen Karbiden zuzuordnen ist. Diese Härte bleibt im Gegensatz zu vielen anderen Hartwerkstoffen bis zu einer Temperatur von 1400°C erhalten. Borkarbid wird z.B. in Form von Schleifmitteln oder Reibmaterial eingesetzt [5.107].

Als wichtigster Vertreter der nitridischen Nichtoxidkeramiken ist derzeit noch das Siliciumnitrid zu nennen. Beim Siliciumnitrid ist der kovalente Bindungsanteil mit nur 65 % wesentlich geringer als beim Siliciumkarbid, besitzt aber ebenfalls eine extreme Härte und wird daher zur Gruppe der diamantartigen Nitride gezählt. Dominierend in seiner Werkstoffgruppe ist das Siliciumnitrid wegen der hervorragenden Eigenschaften, wie extrem hohe Festigkeit, hohe Zähigkeit, Verschleißfestigkeit, sehr gute chemische Beständigkeit und wegen der geringen Wärmeausdehnung. Gesintert wird dieses Material unter Schutzgasbedingungen bei Temperaturen zwischen 1700°C bis 1900°C [5.107], [5.110].

Cermets

Bei Cermets handelt es sich um einen durch zwei Phasen zusammengesetzten Verbundwerkstoff aus einer keramischen und einer metallischen Komponente. Der Begriff Cermets steht dabei als Abkürzung der englischen Bezeichnungen ceramics (Keramik) und metals (Metall). In der Regel werden als keramische Anteile Hartstoffe auf der Basis von Oxiden, Karbiden, Boriden und teilweise auch auf der Basis von Nitriden und Siliciden verwendet. Bei der metallischen Komponente werden überwiegend Nickel, Eisen, Chrom, Kobalt, Molybdän, Wolfram, Cadmium, Silber und Titan benutzt [5.107].

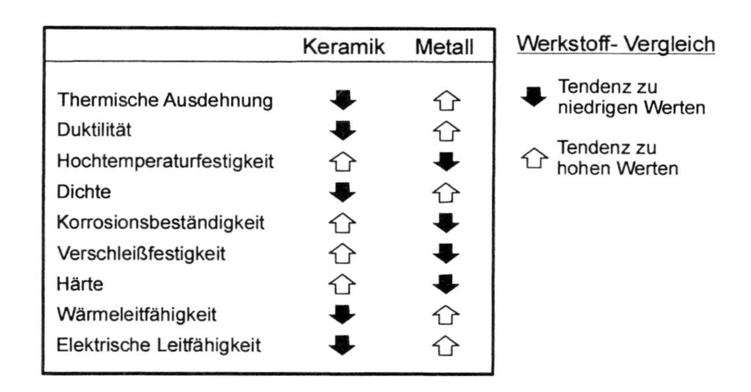

Bild 5-70 Werkstoffspezifische Eigenschaften der einzelnen Komponenten im Vergleich

Im Vergleich zu den in Bild 5-70 beschriebenen Eigenschaften der einzelnen Ausgangskomponenten, sollen die endgültigen Werkstoffeigenschaften durch günstige Kombination der keramischen und metallischen Anteile deutlich verbessert werden. Dabei soll der keramische Bestandteil den hohen Schmelzpunkt, die extreme Härte sowie die Warmfestigkeit und Zunderbeständigkeit hervorrufen. Die zugeführten metallischen Zusätze sollen dagegen die Eigenschaften wie Zähigkeit, Schlagfestigkeit und Temperaturwechselbeständigkeit positiv beeinflussen [5.107].

Cermets werden im Allgemeinen pulvermetallurgisch hergestellt. Nach dem Mischen von keramischem und metallischem Pulver werden die Formlinge unter hohem Druck hergestellt und anschließend meistens unter leichter Schutzatmosphäre gesintert. Nach dem Sintervorgang wird das so entstandene Produkt gemahlen und häufig durch das *Flammenspritzverfahren* dem zu beschichtenden Werkstück zugeführt [5.107].

Cermets finden unter anderem als hochtemperaturbeständige Werkstoffe, z.B. als Auskleidungsmaterialien für Verbrennungskammern, als extrem hartes Überzugsmaterial für Schneid- und Schleifwerkzeuge oder als Kontaktwerkstoffe in der Elektrotechnik ihre Verwendung [5.107].

Tabelle 5-72 Zusammenfassung von Eigenschaften und Anwendungen von keramischen Werkstoffen

Basisgruppe	**Hauptgruppe**	**Untergruppe**	**Beispiel**
Traditionelle Keramik (Klassische Keramik)	Gebrauchskeramik	Zierkeramik	Gefäße, Skulpturen
		Geschirrkeramik	Geschirr
	Baukeramik	Tragende Baukeramik	Mauerziegel, Klinker
		Verkleidungskeramik	Fliesen, Dachziegel, Ofenkacheln
		Tiefbaukeramik	Dränagerohre
		Sanitärkeramik	Waschbecken, Toiletten
Technische Keramik Wesentliche Eigenschaften:	Feuerfestkeramik	Ofenbaukeramik	Steine, Brennerdüsen
		Keramik in der Luft- und Raumfahrt	Hitzeschilde
Chemisch	Chemokeramik	chemisch beständige Keramik	Tiegel, Filter
		aktive Chemokeramik	Katalysatoren, Chemosensoren
Mechanisch	Mechanokeramik	Konstruktionskeramik	Kugellager, Gleitlager, Turbinenmotoren
		Schneidkeramik	Schneidplatten
		Schleifkeramik	Schleifscheiben, Mörser
Elektrisch	Elektrokeramik	passive Elektrokeramik	Isolatoren, Zündkerzen
		aktive Elektrokeramik	elektrische Leiter, Supraleiter
Optisch	Optokeramik	passive Optokeramik	Na-Dampflampen
		aktive Optokeramik	Laser, Wandler (el./opt.)
Magnetisch	Magnetokeramik		Spulkerne, Magnete
Strahlungsbeständig	Reaktorkeramik		Spaltstoffe, Absorber
Biologisch verträglich	Biokeramik	inaktive Biokeramik	Hüftgelenk-Prothesen
		aktive Biokeramik	Ohrenknochen-Prothesen

5.7 Technisches Glas

5.7.1 Einführung und bautechnische Bedeutung von Glas

„Glas“ ist im eigentlichen Sinne kein bestimmter Stoff, sondern ein bestimmter stofflicher (glasiger) Zustand chemischer Substanzen. Dabei sind aus technischer Sicht nicht alle bekannten, sondern nur einige wenige Substanzen, z.B. die Quarzschmelze, von Interesse. Das hieraus erzeugte „technische Glas“ versteht sich als Werkstoff, der vielseitig eingesetzt werden kann. Technisches Glas, oder einfach Glas, umfasst ein weites Feld von unterschiedlichen Gläsern, wobei Gläser mit bautechnischer Anwendung in diesem Buch vorrangig behandelt werden. Für die Bauwirtschaft hat insbesondere das Flachglas eine herausragende Bedeutung.

Die wichtigste Eigenschaft von Glas im Bauwesen ist seine Lichtdurchlässigkeit. Der Werkstoff Glas kann daher raumabschließende und zugleich lichtdurchlässige Funktionen erfüllen. Aber auch bauphysikalische Funktionen, wie Lärm-, Schall- , Wärme- und Brandschutz, spielen heute eine zunehmend bedeutendere Rolle, vor allem wenn Glas als Gestaltungsmaterial für die Architektur eingesetzt wird. Um die Lichtdurchlässigkeit von Glas nicht einzuschränken, die Durchsichtigkeit aber zu verhindern, werden die Glasoberflächen oft mit Flusssäure geätzt. Dadurch wird das Glas matt, ohne dass Beschädigungen an der Glasoberfläche entstehen oder die Festigkeit gemindert wird. Dieselbe Wirkung erhält man mittels Sandstrahlung. Hierbei wird allerdings die Oberfläche beschädigt, so dass mit einem Festigkeitsverlust zu rechnen ist.

Schon im Altertum war Glas bekannt. Bereits vor etwa 4000 Jahren stellten die Ägypter Gefäße aus Glas her. Auch die Römer beherrschten die Glaskunst und setzten Glas in Fenster und Türen ein. Angesichts der sehr hohen Herstellungskosten war Glas im Altertum ein kostbarer Schatz, und nur wenige Fenster konnten verglast werden. Den Durchbruch als Fenster- und Fassadenmaterial im Bauwesen fand das Glas im 19. Jahrhundert, als durch die Erfindung der Siemens-Martin-Feuerung und der fabrikmäßigen Herstellung von Soda (Flussmittel) eine preiswerte Massenproduktion möglich wurde [5.113], [5.89]. Das Anfang der sechziger Jahre von *Pilkington* entwickelte Floatglasverfahren erlaubt es heute, große Mengen von Flachglas in einem Arbeitsgang herzustellen. Die dadurch mögliche Kostensenkung hatte zur Folge, dass Glas für weitere Zwecke im Bauwesen interessant wurde, z.B. als Überdachungsmaterial.

Die heute verbreitete Anwendung großflächiger Fenster weist dem Glas auch andere Aufgaben zu:

- Abtragung von Lasten,
- Lärmschutz (Schallschutz),
- Schutz gegen Einbruch,
- Schutz gegen Feuer,
- geringer Wärmetransmissionsverlust,
- hohe Lichtdurchlässigkeit bei geringer Wärmestrahlungsdurchlässigkeit.

Die Vielseitigkeit der an das Glas gestellten Anforderungen führte schließlich zur Entwicklung verschiedener Glassorten. Außer für die gestalterische und raumabschließende Funktion wurde in letzter Zeit versucht, den Baustoff Glas im konstruktiven Bereich als tragenden Werkstoff einzusetzen. Erste Pilotprojekte, z.B. Glastreppen oder selbsttragende Fassaden, wurden bereits verwirklicht [5.114].

5.7.2 Chemische Zusammensetzung und Struktur des Glases

Glas ist ein anorganisches Schmelzprodukt, welches beim Abkühlen nicht kristallisiert, wie z.B. Stahl, sondern es bleibt in einem amorph-isotropen Stoffzustand, der auch als *Glaszustand* bezeichnet wird. Dieser Glaszustand ist gekennzeichnet durch ein energiereiches, metastabiles Gleichgewicht eines Stoffes mit hoher innerer Reibung. Es kommt zu keiner regelmäßigen Teilchenanordnung wie in Kristallen, sondern im Bindungsabstand und Bindungsenergie der Teilchen treten Änderungen und Verzerrung auf, weil bei der Abkühlung der Schmelze die Teilchen durch ihre relative Unbeweglichkeit nicht genügend Zeit haben, ein Raumgitter mit bestimmter Ordnung auszubilden. Die Schmelze erstarrt amorph, d.h. ohne Kristallbildung. Bei der Abkühlung tritt deshalb keine sprunghafte Änderung der Phase wie beim Gefrieren von Wasser ein, sondern es wird lediglich immer zähflüssiger, bis ein starrer, scheinbar "fester" Stoff entsteht [5.101]. Auf Grund der amorphen Struktur hat Glas keinen exakten Schmelzpunkt, wie er Kristallen eigen ist, sondern ein breites Erweichungsintervall. Das metastabile Gleichgewicht bewirkt zusätzlich, dass der Übergang vom flüssigen in den Glaszustand reversibel ist. Durch eine allmähliche Zunahme der Viskosität bildet Glas mechanische Eigenschaften (z.B. Druck- und Zugfestigkeit), die sonst nur festen Körpern zugeordnet werden können.

Die Glasstruktur ist ein unregelmäßiges, räumliches Netzwerk aus Silicium- und Sauerstoffatomen. Durch diese ungeordnete Netzstruktur nimmt Glas eine Zwischenstellung zwischen den Gasen (freie, ungeordnete Struktur) und den Festkörpern (feste, geordnete Struktur) ein. Glas ist folglich ein Stoff, der Eigenschaften eines Festkörpers aufweist und dennoch zu den Flüssigkeiten gezählt wird. Bild 5-71 zeigt die Modellvorstellung der Glasstruktur im Vergleich mit seinem Grundstoff Quarz SiO_2.

Glas besteht vorwiegend aus Siliciumdioxid (Quarz SiO_2), Alkalioxiden (Natriumoxid Na_2O oder Kaliumoxid K_2O) sowie aus Erdalkalioxiden (Calciumoxid CaO oder Magnesiumoxid MgO). Die Zusammensetzung der Schmelze bestimmt die Eigenschaften des Glases. Z.B. besitzt Glas aus reinem SiO_2 ohne weitere Zusätze, auch als Kiesel- oder Quarzglas bezeichnet, überlegene Eigenschaften:

- hoher Erweichungspunkt von etwa 1600 °C,
- geringe Wärmedehnung,
- hohe UV-Durchlässigkeit,
- Wasser- und Säurebeständigkeit (außer Flusssäure),
- geringe elektrische Leitfähigkeit.

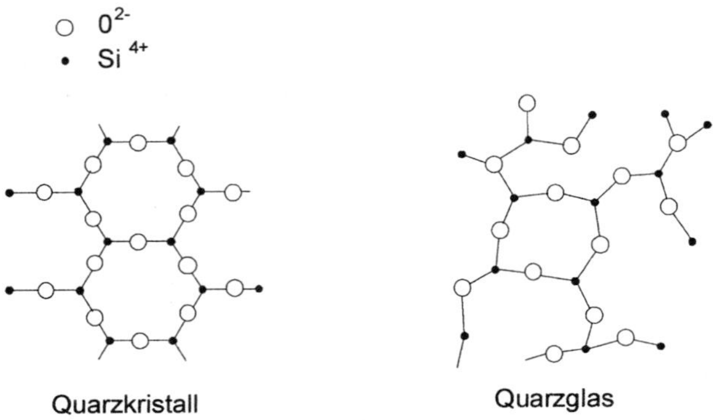

○ O^{2-}
• Si^{4+}

Quarzkristall Quarzglas

Bild 5-71 Strukturen von Quarz und Quarzglas [5.89]

Durch Variation in Art und Menge der zugegebenen Oxide können die Glaseigenschaften gezielt variiert werden. So kann Glas farblos oder gefärbt sein sowie klar oder getrübt hergestellt werden. Typische Färbungsoxide sind die von Chrom (Cr_2O_3, Grünfärbung), Kobalt (CoO, Blaufärbung), Kupfer (CuO_2, Rotfärbung), Zinn (SnO_2, Rotfärbung) und Antimon (Sb_2O_3, Rotfärbung). Außerdem werden bis zu 60 % Glasbruch zugegeben. Andere Eigenschaften werden stark durch die Abkühlgeschwindigkeit beeinflusst. Bei falscher Abkühlung kann es zu lokaler Kristallisation (Entglasung) kommen. Der bisherige Glaszustand wird dort nicht mehr erreicht oder wieder aufgehoben, was sich in einer Trübung des Glases äußert.

Bei neueren Werkstoffen, z.B. Vitrokerame mit extrem geringen Wärmeausdehnungskoeffizienten, wird ein mikrokristalliner Aufbau angestrebt, der, um die glasklare Erscheinung aufrecht zu erhalten, genauestens gesteuert werden muss [5.115]. Auf Grund des physikalischen Aufbaus nehmen Vitrokerame eine Mittelstellung zwischen den Gläsern und Keramiken ein. Dagegen steht die Emaille, die als niedrigschmelzende, getrübte und gefärbte glasige Silicatmasse auf Metalloberflächen aufgespritzt wird, nach Struktur und Eigenschaften in enger Beziehung zum Glas.

Für das Bauwesen kommen im Allgemeinen nur bestimmte Glasgruppen in Betracht, von denen die Silicatgläser - insbesondere die Alkali-Silicat-Gläser (z.B. Kalknatronglas) - den größten Anteil besitzen. Die Zusammensetzung von Silicatgläsern im Vergleich zu Quarzgläsern und Emaille zeigt Tabelle 5-73 [5.89], [5.115].

Tabelle 5-73 Zusammensetzung von Silicatgläsern [5.89], [5.115]

Rohstoffe		**Silicatglas**	**Quarzglas**	**Emaille**
Quarz (reiner weißer Sand ∅ ≤ 1mm)	SiO_2	72,5	100	40,5
Natriumoxid	Na_2O	14,5	–	9
Calciumoxid	CaO	6,5	–	–
Magnesiumoxid	MgO	4,5	–	1
Tonerde	Al_2O_3	1,3	–	1,5
Eisenoxid	Fe_2O_3	0,1	–	–
Kaliumoxid	K_2O	0,6	–	6
Borat	B_2O_3	–	–	10,2
Bleioxid	PbO	–	–	3,7
Titanoxid	TiO_2	–	–	15
Fluoride	–	–	–	13

5.7.3 Herstellung und Verarbeitung von Glas

Trotz der unterschiedlichen Zusätze und spezifischen Zusammensetzung sind auf Grund der gemeinsamen Grundstruktur für alle Gläser die Herstellungs- und Verarbeitungstechniken grundlegend vergleichbar. Drei Stufen der Glaserzeugung werden unterschieden [5.115]:

1. Glasbildungsprozess,
2. Läuterungsprozess und
3. Abstehprozess.

In der Praxis sind die einzelnen Schritte nicht streng voneinander trennbar, weil die Übergänge fließend sind. Zusätzlich laufen Nebenprozesse ab.

Die Gemenge der einzelnen Glassorten sind sehr unterschiedlich und liegen meist in Form von Oxiden, Karbonaten und Nitraten vor. Als Hauptbestandteil wird für Silicatgläser Quarzsand (SiO_2) zugegeben. Das Siliciumdioxid dient als Glas- bzw. Netzwerkbildner. In nichtsilicatischen Gläsern wird diese Aufgabe von Boraten (Oxiden des Borelementes), z.B. B_2O_3, übernommen, das als Borsäure oder Borax zugegeben wird. Zur Erniedrigung der Schmelzpunkttemperatur von etwa 1700°C auf 900°C werden Alkali-Metalloxide (Flussmittel) in Form von Karbonaten und Sulfonaten der Schmelze zugemischt, z.B. Soda $Na_2CO_3 \rightarrow Na_2O + CO_2 \uparrow$. Als Vorprodukt entsteht das wasserlösliche Wasserglas (Na_2SiO_3). Durch die Zugabe von Erdalkalien (Netzwerkwandler) in Form von Karbonaten (z.B. Kalk $CaCO_3 \rightarrow CaO + CO_2 \uparrow$) wird die Schmelze aus Soda und SiO_2 stabilisiert und wasserunlöslich. Die Zusetzung von Tonerde (Al_2O_3) in Form von Feldspaten oder Kaolin und von Erdalkalien in Form von Karbonaten (Na_2CO_3) dient zusätzlich der Verbesserung der thermischen und mechanischen Eigenschaften des Glases, der Erhöhung der chemischen Beständigkeit und allgemein der Erleichterung der Herstellung und Verarbeitung. Durch zugemischte Magnesium- und Kalciumoxide wird die Entglasungsneigung verbessert. Bestimmte Metalloxide (Chrom, Kobalt, Kupfer etc.) führen zu gewünschten farblichen Veränderungen. Das Glas kann auch getrübt werden, indem Stoffe zugesetzt werden, die in der Schmelze reagieren und dabei schwerlösliche Verbindungen in feindisperser Form ausfällen lassen, z.B. Ausscheidung von Bleiarsenat in bleihaltigen Gläsern.

Im Läuterungsprozess wird die Glasschmelze durch Läutermittel (Nitrate KNO_3, Sulfate Na_2SO_4), d.h. Stoffe, die sich in der Schmelze zersetzen und Gase freisetzen, entlüftet und homogenisiert. Während der Glasbildungsprozess das Aufschmelzen des Gemenges zur Schmelze beinhaltet, werden der Läuterungs- und Abstehprozess erst in der Schmelze wirksam. Das Läutern findet bei Temperaturen zwischen 1300 und 1550°C statt. Während des Abstehens sinkt die Temperatur der Schmelze auf etwa 1000°C ab, die Viskosität des Glases steigt und es wird zähflüssiger. Feinste, in der Schmelze noch vorhandene Luftbläschen verschwinden beim Abstehen.

Die Verarbeitung und Formgebung des Glases erfolgt im zähflüssigen Zustand. Dabei ist auf den engen Zusammenhang zwischen der Zusammensetzung des Glases und der temperaturabhängigen Viskosität zu achten. Die Glaserzeugnisse können sowohl aus der Schmelze durch Pressen, Ziehen, Walzen und Blasen (Glasmachertätigkeit) oder durch erneutes Erwärmen eines bereits festen Glasproduktes (Glasbläsertätigkeit) hergestellt werden. Wichtig ist, dass die Verarbeitungsviskosität des Glases über einen breiten Temperaturbereich vorhanden ist. Für die meisten Gläser gilt für den Bereich der Verarbeitungsviskosität von 10^3 bis 10^5 Pa · s ein Temperaturbereich von 400 K um den Bereichsmittelwert von ca. 1000°C [5.115].

5.7.4 Eigenschaften des Glases

Allgemeine Angaben

Die Eigenschaften von Glas sind stark abhängig von ihrer Zusammensetzung und der Wirkung der Zusätze bei Mehrkomponentengläsern. Dadurch können die Gläser gezielt entsprechend ihren Anwendungsgebieten hergestellt werden. Die Eigenschaften der Gläser werden allgemein nach der mechanischen Beanspruchbarkeit (Zug- und Druckfestigkeit, Biegezugfestigkeit, Schlagfestigkeit), den physikalischen Eigenschaften (thermisches Ausdehnungsverhalten, Wärmeschutz, Schallschutz), der chemischen Beständigkeit und den optischen Eigenschaften (Lichtdurchlässigkeit) beurteilt. Auf Grund der silicatischen Grundmasse besitzt Glas eine relative hohe Festigkeit und Härte sowie eine gute chemische Resistenz gegenüber verschiedensten Medien. Eine allgemeine Zusammenstellung wichtiger Eigenschaften von Glas gibt Tabelle 5-74 [5.89] und [5.115].

Tabelle 5-74 Richtwerte zu den Eigenschaften von Gläsern und Emaille [5.89], [5.115]

Eigenschaft	**Silicatglas**	**Quarzglas**	**Weißemaille**
Härte nach Mohs	6...7	7	5...6
Vickershärte HV	400...800	710	500...600
Zugfestigkeit in MPa	50...80	115	50...80
Druckfestigkeit in MPa	900	2300	600...700
Biegezugfestigkeit in MPa	40...60	50	40...50
Zulässige Biegezugfestigkeit in MPa	8...30	–	–
Dichte in kg/dm^3	2,5	–	–
Schlagfestigkeit (zum Bruch erforderliche Schlagarbeit)	*d* = 4 mm: 1,2 Nm *d* = 6 mm: 4,1 Nm	–	–
Elastizitätsmodul in MPa	70000	76300	40000
Querdehnzahl	0,25	–	–
Wärmeleitfähigkeit in W/(m · K)	0,70...0,93	1,20	0,90
Wärmedurchgangskoeffizient in $W/(m^2 \cdot K)$	5,8	–	–
Wärmeausdehnungskoeffizient in K^{-1}	$9 \cdot 10^{-6}$	$5 \cdot 10^{-7}$	$8{,}5 \cdot 10^{-6}$
Erweichungstemperatur in °C	560...580	–	–
Spezifischer elektrischer Widerstand bei 20°C in Ω · cm	1010...1017	1018	–
Dielektrizitätszahl bei 20°C im statischen Feld	5...9	3,75	–
Brechzahl	1,48...1,75	1,458	–
Mittlere Dispersion in 10^5	700...2750	670	–

5.7.4.1 Mechanische Eigenschaften

Wegen der großen Bedeutung von Silicatglas im Bauwesen, steht es im Folgenden im Vordergrund. Die Dichte von Glas beträgt 2,5 kg/dm^3 und dadurch ist Glas ähnlich schwer wie Beton. Mit einer Druckfestigkeit von R_c = 600 bis 1200 MPa ist Glas jedoch eindeutig druckfester als Beton. Obwohl die theoretische Zugfestigkeit von Glas entsprechend der Bindungsenergie nach heutigem Erkenntnisstand immerhin 5000 bis 8000 MPa groß ist, fällt die tatsächliche Zugfestigkeit von Glas in der Praxis mit R_t = 30 bis 80 MPa deutlich geringer aus [5.116]. In Versuchen wurde festgestellt, dass die erreichten Festigkeiten keine absoluten Werte darstellen, sondern von folgenden Faktoren abhängen:

- *Oberflächenbeschaffenheit*: infolge des spröden Verhaltens ist Glas äußerst kerbempfindlich,

- *Größe der Oberfläche*: je größer der Glaskörper, desto größer ist die Oberfläche und desto wahrscheinlicher eine Vorschädigung der Oberfläche; mit wachsender Oberfläche fällt die Biegezugfestigkeit,
- *Belastungsdauer und Belastungsgeschwindigkeit*: je größer die Belastungsgeschwindigkeit, desto größer die ermittelte Zugfestigkeit,
- *Umgebendes Medium*: z.B. hat Glas unter Wasser eine deutlich geringere Zugfestigkeit als an Luft,
- *Lagerung und Kantenbeschaffenheit*: die größten Kerben und Vorschädigungen der Oberfläche befinden sich an den Kanten, wo das Glas geschnitten oder gebrochen wurde (insbesondere wichtig bei Belastung in Scheibenebene, wo maximale Zugspannungen an den Kanten auftreten können); die Lagerung bezieht sich auf das statische System einer Scheibe (vierseitige oder zweiseitige Lagerung).

Nicht die Materialfestigkeit und somit die verwendete Glasart ist für das Bruchverhalten eines auf Zug beanspruchten Glases primär maßgebend, sondern wegen der Sprödheit des Werkstoffes vor allem die mikroskopische und makroskopische Oberflächenbeschaffenheit der Scheibe. Kleinste Kratzer und Risse auf der Oberfläche erzeugen Kerben, an denen bei Belastung hohe Spannungsspitzen entstehen, die letztlich ohne Vorankündigung bei Überschreitung der Zugfestigkeit zum Aufreißen des Materials führen und somit die Festigkeit bestimmen (Bild 5-72).

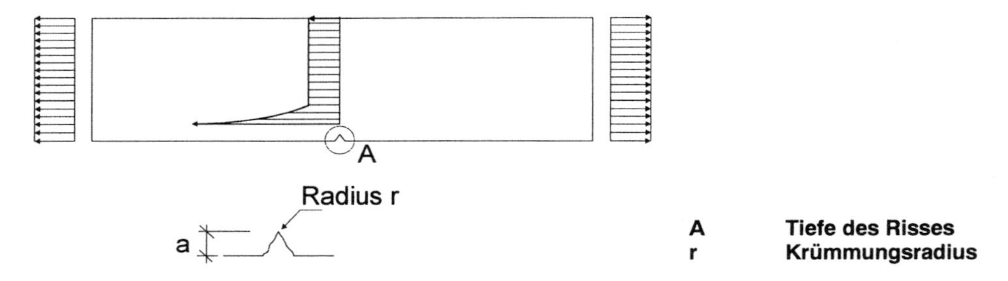

Bild 5-72 Spannungsverteilung an einer gekerbten und unter Zug stehenden Glasscheibe

Kratzer und Risse treten auch bei Beton, Stahl oder Holz auf. Diese Materialien sind aber, Dank ihrer Zähigkeit, in der Lage, die Kerbgründe durch lokales Materialplastizieren auszurunden und so die Spannungsspitzen abzubauen. Auf Grund des linearelastischen Werkstoffverhaltens ist der Werkstoff Glas dazu nicht in der Lage, so dass, verbunden mit einer sehr geringen Bruchdehnung, das Versagen plötzlich und spröde eintritt, sobald die aufnehmbare Spannung überschritten wurde [5.118]. Oberflächenschädigungen infolge mikroskopisch kleiner Risse und Kerben finden sich an allen Glasoberflächen und sind bei normalen Gläsern nicht vermeidbar. Deshalb nimmt bei großen Oberflächen die Wahrscheinlichkeit zu, dass Kerbwirkungen vorhanden sind, so dass mit wachsender Oberfläche die Biegezugfestigkeit fallen muss. Makroskopische „Kerben“ entstehen durch die Oberflächengestaltung, z.B. bei den Ornamentgläsern.

Aus den genannten Gründen bereitet die Normung von Glasprodukten hinsichtlich der ausnutzbaren Festigkeit derartige Schwierigkeiten, so dass die Normung der technischen Entwicklung im konstruktiven Glasbau weit hinterherhinkt. Die bisher angesetzten zulässigen Biegezugfestigkeiten (vgl. Tabelle 5-74) sind entsprechend vorsichtig angesetzt. Durch die Sprödheit des Glases wird die Biegezugfestigkeit sehr durch die Kanten der Scheibe beeinflusst. Daher gilt als allgemeiner Grundsatz, dass der Einfluss der Kanten verringert werden kann, je besser die Kantenbearbeitung ist.

Weitere Einflussfaktoren auf die Tragfähigkeit ergeben sich aus der Belastungsdauer (Bild 5-73) und Belastungsgeschwindigkeit (Bild 5-74). Je schneller die Lasteinleitung (Energieeintrag) erfolgt, desto weniger Zeit verbleibt dem Riss zum Nachwachsen (Energieverbrauch), so dass die Tragfähigkeit lange Zeit erhalten bleibt (unterkritisches Risswachstum). Bei langsamer Lasteinleitung erhält der Riss die für das Wachstum notwendige Energie relativ stetig, so dass er kontinuierlich wachsen kann (überkritisches Risswachstum). Dadurch fällt die Biegezugfestigkeit. Somit wird die Glasfestigkeit nicht allein durch die Oberflächenbeschaffenheit, sondern auch vom unterkritischen Risswachstum bestimmt, was insbesondere für die Bewertung der Glasfestigkeit bei Stößen zu beachten ist.

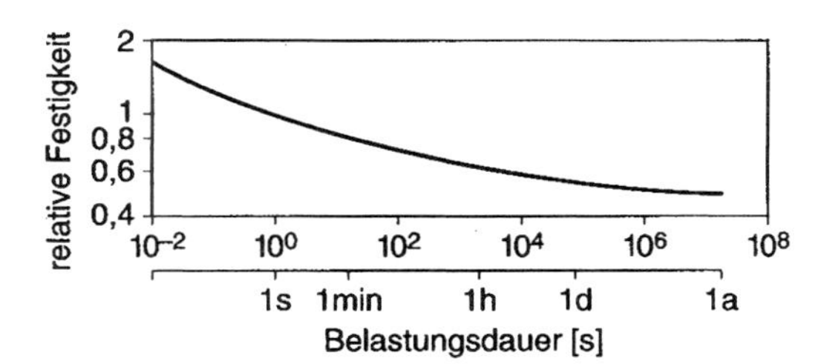

Bild 5-73 Einfluss der Belastungsdauer auf die Biegefestigkeit [5.116]

Ebenso sinkt die Festigkeit, wenn korrosive Medien vorhanden sind, die das Risswachstum beschleunigen. Z.B. sinkt die zum Aufbrechen der Silicium-Sauerstoffverbindung notwendige Energie um das 20-fache, wenn Wasser anwesend ist [5.116]. Diese Erkenntnis wird erfolgreich genutzt von Glashandwerkern, die das Glas vor dem Schneiden anfeuchten. Alle Abläufe, die zum Risswachstum und Bruch führen, werden im Rahmen der Bruchmechanik behandelt.

Die Zugfestigkeit von Glasfasern steigt mit abnehmendem Faserdurchmesser. So beträgt die Zugfestigkeit bei Fasern mit 1 mm Durchmesser 170 MPa, bei Fasern mit 3 µm Durchmesser dagegen schon 3400 MPa, so dass man sich dem theoretischen Wert annähert. Bei der Herstellung von glasfaserverstärkten Kunststoffen nutzt man diese Eigenschaft [5.115].

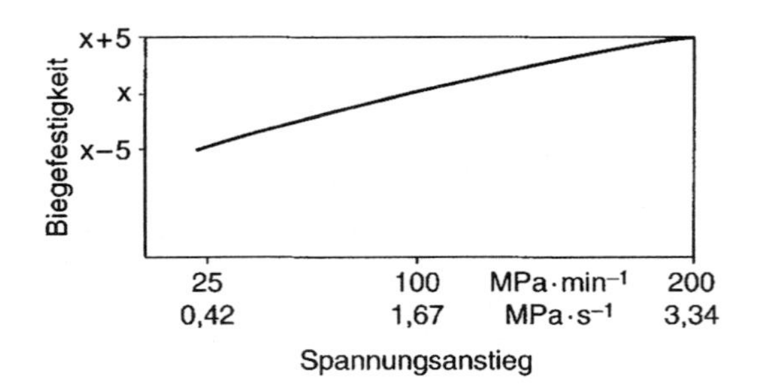

Bild 5-74 Einfluss der Belastungsgeschwindigkeit (Spannungszuwachs) auf die Biegefestigkeit [5.116]

Auch bei ordnungsgemäßer Planung von Glaskonstruktionen und Beachtung aller notwendigen Materialparameter gilt der folgende Planungsgrundsatz: Kann von einer gebrochenen Glasscheibe ein Sicherheitsrisiko ausgehen, muss die konstruktive Durchbildung der Glaskonstruktion darauf ausgerichtet sein, dass ein Lastabtrag auch im gebrochenen Zustand, uns zwar unabhängig von der Schwere der Zerstörung, möglich ist (Sicherung einer Resttragfähigkeit).

5.7.4.2 Thermische Eigenschaften

Glas ist nicht brennbar und entflammbar. Bei einer Temperatur von 1400 bis 1600°C ist Glas dünnflüssig wie Wasser. Beim Abkühlen des Glases auf Zimmertemperatur tritt keine Phasenänderung ein, sondern es wird lediglich immer zähflüssiger bis ein scheinbar fester Stoff entsteht. Bei einer Temperatur von ca. 600°C besitzt das Glas die für die Verarbeitung notwendige Zähflüssigkeit (Transformationstemperatur).

Der lineare Wärmeausdehnungskoeffizient α_T (Wärmedehnzahl) von technischem Glas beträgt etwa $9{\cdot}10^{-6}$ K^{-1} (Tabelle 5-74). Bei großflächigen Scheiben in Rahmenkonstruktionen sind mögliche große Verformungsdifferenzen wegen der erheblichen Bruchgefahr zu berücksichtigen. Es besteht ein enger Zusammenhang zwischen dem Ausdehnungskoeffizienten und der Temperaturwechselbeständigkeit. Gläser mit niedrigem Ausdehnungsvermögen, z.B. Jenaer Glas mit $\alpha_T = 3{\cdot}10^{-6}$, besitzen in der Regel auch eine hohe Temperaturwechselbeständigkeit.

Die Wärmeleitfähigkeit von Glas wird stark von dessen Zusammensetzung beeinflusst. Für normales Fensterglas liegt die Wärmeleitfähigkeit zwischen $\lambda = 0{,}70$ bis 0,93 W/(m · K) und ist hinsichtlich der tatsächlichen Wärmeverluste, verbunden mit dem notwendigen Heizbedarf von Bauwerken, nicht zu unterschätzen. Aus Wärmeschutzgründen wurden Entwicklungen vorangetrieben, die das Wärmedämmvermögen im Fensterbereich verbessern konnten. So werden die Glasscheiben hauchdünn mit Metalloxiden bedampft, die die Wärmestrahlung nach innen reflektieren und somit die Wärmeabstrahlung nach außen mindern.

5.7.4.3 Chemische Beständigkeit

Glas ist gegenüber fast allen Chemikalien (Wasser, Säuren, Laugen) beständig und entspricht damit dem Verhalten vieler natürlicher Silicate. Ausgenommen davon sind der Angriff aggressiver Medien, wie heiße, konzentrierte Alkalien (z.B. Laugen) und Fluorverbindungen (z.B. Flusssäure HF), die das SiO_2 angreifen und die Netzstruktur zerstören. Beim Angriff verdünnter Säuren wird jedoch nicht die gesamte Netzstruktur des Glases angegriffen, sondern die Netzwerkwandler (Alkalien und Erdalkalien) werden ausgelaugt und dadurch eine Glasschädigung herbeigeführt [5.115]. Die Glasscheiben werden matt und blind. Organische Stoffe greifen Glas nicht an. Insgesamt ist die chemische Beständigkeit von Glas um so höher, je weniger Alkali- und Erdalkaliverbindungen und je mehr Quarz SiO_2 enthalten sind.

Durch falsche Lagerung von Glasscheiben ist bei längerer Einwirkung von stehendem Kondenswasser oder sehr feuchter Industrieluft (hohe Luftfeuchte bei schlechter Lüftung) eine Auslaugung durch das alkalische Wasser möglich. Manche Betonfassaden führen kalkhaltige Niederschlagswässer auf Glasfenster, wo diese Wirkungen entstehen können.

5.7.4.4 Optische Eigenschaften

Die wesentlichen optischen Eigenschaften von technischem Glas im Bauwesen sind die Lichtdurchlässigkeit und Durchsichtigkeit im Bereich der optischen Strahlung. Die gute Transparenz des Werkstoffes ist begründet durch das Fehlen von Phasengrenzflächen in der Glasstruktur, so dass zwischen den elektromagnetischen Wellen des Lichts und den Eigenschwingungen der Struktureinheiten im Glas nur geringe Wechselwirkungen, wie Reflektion und Absorption (Umwandlung von Strahlungs- in Wärmeenergie), aufgebaut werden.

Alle drei Anteile Transmission, Reflektion und Absorption sind bestimmende Größen des Strahlungsdurchgangs durch Glasscheiben (vgl. Abschnitt 2.6.3). Es gilt:

$$\text{Transmission} + \text{Reflektion} + \text{Absorption} = 100\ \%\ \text{Strahlung} \qquad (5.36)$$

Die Licht- und Strahlungsdurchlässigkeit (Energiemenge) ist von der Wellenlänge der Strahlung, d.h. vom Spektralbereich der elektromagnetischen Wellen, abhängig (Bild 5-75).

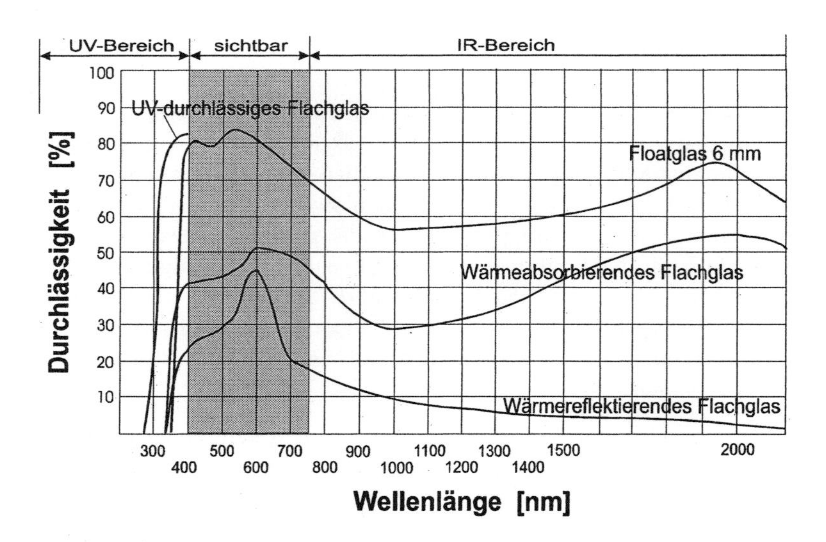

Bild 5-75 Lichtdurchlässigkeit (Transmission) von verschiedenen Gläsern [5.89]

Die spektrale Durchlässigkeit von üblichem Silicatglas (z.B. Floatglas) ist so groß, dass es vorrangig als Fensterglas eingesetzt wird. Für die biologisch wirksame ultraviolette Strahlung (UV-Strahlung) unterhalb 350 nm ist das Silicatglas undurchlässig, für Strahlung im sichtbaren Bereich (400 bis 760 nm) beträgt die Durchlässigkeit ungefähr 90 %, so dass der Anteil der kurzwelligen Infrarotstrahlung (IR-Strahlung) am Sonnenlicht nahezu unbehindert in die Räume eindringt und dort von Gegenständen, Umfassungswänden usw. absorbiert wird. Dabei erwärmen sich die Gegenstände, die ihrerseits nun langwelligere Wärmestrahlung abstrahlen. Für langwellige Wärmestrahlung bis 3000 nm aber ist Glas wesentlich undurchlässiger; die Transmissionsrate sinkt auf unter 80 %, was bei starker Sonneneinstrahlung zum Wärmestau und zur Raumaufheizung („Treibhauseffekt") führen kann (Tabelle 5-75). Deshalb wurden Gläser mit bestimmten Metalloxidzusätzen bzw. Oxidbedampfungen entwickelt, die die Durchlässigkeit im IR-Bereich (Wärmestrahlung) verringern. Dieses Wärmeschutzglas (WSA-Glas, WSR-Glas) weist je nach Farboxidgehalt (Eisen-, Nickel- oder Kobaltoxide) eine schwach grünliche oder blaue bis graue Färbung auf und absorbiert etwa 55 % der einfallenden Wärmestrahlung (zum Vergleich: normales Fensterglas absorbiert ca. 10 bis 15 %) [5.115]. In Tabelle 5-75 sind prozentuale Richtwerte der Lichtausbeute für verschiedene Gläser genannt.

Aber auch die Glasdicke und der Einfallwinkel der Strahlung beeinflussen die Lichtdurchlässigkeit. Die Lichtausbeute, d.h. der Anteil der Strahlung, die durch eine beschienene Glasscheibe gelangt, sinkt mit zunehmender Glasdicke, weil mehr Strahlung absorbiert und auch reflektiert wird. Ebenso sinkt der Anteil der transmittierten Strahlung mit größer werdender Abweichung des Einfallwinkels von der Lotrechten zur Glasscheibe, weil zunehmend mehr Strahlung reflektiert wird.

Tabelle 5-75 Lichtdurchlässigkeit von technischen Gläsern

Glasart	Lichtdurchlässigkeit [%]
Fensterglas	90...92
Kristallspiegelglas	90...92
Gartenglas	88...90
Drahtspiegelglas	88
Gussglas, Drahtglas	80...90
Verbundsicherheitsglas, Mehrscheibenglas	85...90

Weitere optische Parameter von technischem Glas, insbesondere für optische Gläser, sind die mittlere Dispersion und die Brechzahl; beide Eigenschaftswerte sind in Tabelle 5-74 genannt.

5.7.4.5 Elektrische Eigenschaften

Hinsichtlich der elektrischen Parameter verhält sich Glas bei Zimmertemperatur wie ein Isolator. Der spezifische elektrische Widerstand beträgt bei 20°C ca. 10^{10} bis 10^{17} $\Omega \cdot$ cm (Tabelle 5-74). Bei höherer Temperatur nimmt der Widerstand ab, so dass Glas bei hohen Temperaturen als Ionenleiter aufzufassen ist [5.115]. Bei einer Temperatur von ca. 1500°C sinkt der spezifische elektrische Widerstand auf 1 $\Omega \cdot$ cm. Diese Tendenz erlaubt die Schlussfolgerung, dass die elektrischen Eigenschaften des Glases von der Menge und der Beweglichkeit leitender Ionen abhängig ist. Somit erhöhen schwach gebundene Ionen die Leitfähigkeit der Gläser.

Die chemischen und physikalischen Eigenschaften der Gläser können sehr unterschiedlich und auf spezielle Anwendungen ausgerichtet sein. Meist kommt es dabei nur auf eine Glaseigenschaft an, die anderen ergeben sich zwangsläufig und sind oft ohne Bedeutung. Werden jedoch mehrere Eigenschaften gleichzeitig angestrebt, so ist es nicht selten, dass diese Eigenschaften sich eigentlich gegenseitig ausschließen, so dass Ideenreichtum gefragt ist, um zur gewünschten Eigenschaftskombination zu gelangen.

5.7.5 Einteilung der technischen Gläser

Technische Gläser umfassen alle technisch genutzten Gläser. Vom chemischen Gesichtspunkt her werden die technischen Gläser unterschieden in:

- *oxidische Gläser*: Silicatgläser (z.B. Alkali-Kalk-Silicatgläser, Kalknatrongläser), nichtsilicatische Gläser (z.B. Boratgläser),
- *nichtoxidische Gläser*: Fluoridgläser.

Von den genannten Glasarten haben die Silicatgläser und unter diesen die Alkali-Kalk-Silicatgläser (Kalknatrongläser) die größte Bedeutung in der Bauwirtschaft. Unter dem üblichen Begriff „Glas“ werden im Wesentlichen Silicatgläser verstanden [5.115].

Werden die Gläser nach dem Fertigungsprinzip und der Lieferform unterteilt, ergibt sich folgende Ordnung:

- *Flachglas:* Tafelglas (ebene Glastafeln konstanter Dicke ohne Blasen, Schlieren etc.,
- *Hohlglas*: Flaschen, Behälter,
- *stranggezogenes Glas:* Glasfasern,
- *Schaumglas*: Platten, Blöcke.

In der Regel werden die Gläser entsprechend den Anwendungsgebieten geordnet, so dass eine enge Beziehung zwischen den geforderten Eigenschaften und der Anwendung offenkundig wird [5.115]:

- *Baugläser*: meist farbloses Tafelglas (Dünnglas, Fensterglas, Dickglas), Glasbausteine (Kompaktglas, Pressglas, Hohlsteine, Dachsteine), Glasfasern meist in Kombination mit organischen/anorganischen Bindemitteln, Schaumglas (wärmedämmende Platten, Blöcke),

- *Verpackungs- und Wirtschaftsgläser*: überwiegend Hohl- und Pressglas in Form von Flaschen und Behältern, Glasrohstoff muss gut schmelz- und verarbeitbar sein, meist farblos oder speziell eingefärbt (Bier- und Weinflaschen), feuerfeste Gläser durch Zugabe von Bor,

- *Technische Gläser*: Geräteglas, Röhrenglas, Beleuchtungsglas, Hohlgläser; hohe Anforderungen an die Gläser hinsichtlich der Eigenschaften Homogenität, Farbe, thermische und chemische Beständigkeit, elektrische Parameter etc.,

- *Optische Gläser*: farbloses Glas (Linsen, astronomische Spiegel), Farb- und Filterglas (Signalgläser, Strahlenschutzgläser); erfordert eine sehr sorgfältige Herstellung, bestimmte optische Parameter müssen eingehalten werden,

- *Sonderglas*: Gläser mit Sondereigenschaften, wie z.B. höchste optische Qualität, Gläser mit Durchlässigkeit von elektromagnetischen Wellen nur bestimmter Frequenzen, Gläser mit veränderlicher Durchlässigkeit für elektromagnetische Wellen in Abhängigkeit von der Intensität (fotochrome Gläser, helligkeitsgesteuerte Sonnenbrillen, automatische Sonnenblenden), Gläser für die Lasertechnik.

5.7.6 Glas im Bauwesen

Der Einsatz von Glas im Bauwesen hat eine lange Tradition. Vorwiegend war bisher die Anwendung auf den Fensterbau beschränkt, so dass Normen und technische Regeln nur auf diesen Einsatz abgestimmt waren. Inzwischen gewinnt Glas als Konstruktionswerkstoff neben den bewährten Werkstoffen wie Holz, Stahl oder Beton immer mehr an Bedeutung. Großflächige Fassadenkonstruktionen oder Überkopfverglasungen, Schaufenster, Treppen, Geländer oder Glasbalken erfreuen sich zunehmender Beliebtheit und stellen die Ingenieure vor neue Herausforderungen hinsichtlich der Bemessung und Beurteilung der Standsicherheit derartiger Konstruktionen [5.117]. Wegen der besonderen Werkstoffeigenschaften erfordert Glas, wenn es als konstruktiver Werkstoff eingesetzt werden soll, vertiefte Werkstoffkenntnisse, die bisher nur in ungenügendem Maße erforscht und bekannt sind. Ein erhebliches Forschungspotential erwartet alle, die sich im Glasbau engagieren wollen. Dies trifft sowohl auf die im Bauwesen eingesetzten Glassorten zu als auch auf die Befestigungsmöglichkeiten und das statisch-konstruktive Verhalten von Glaskonstruktionen. Auf der Grundlage von Versuchen und probabilistischen Sicherheitsbetrachtungen wurden erste Berechungsmethoden entwickelt [5.117], die auf neue Regelwerke ausgerichtet sind, um den Einsatz von Glas im Bauwesen einfach und sicher zu machen.

Glas im Bauwesen ist vor allem als Flachglas bekannt, welches anhand der unterschiedlichen Eigenschaften in weitere Untergruppen unterteilt wird. Daneben werden Kompaktgläser, Schaumgläser und Glasfasern hergestellt und verwendet.

5.7.6.1 Flachglas

Floatglas

Floatglas (engl.: float = aufschwimmen, schweben) ist ein Flachglas, welches in einer Float-Anlage hergestellt wird. Hierbei fließt die Schmelze in einer Schutzgasatmosphäre auf ein flüssiges Zinnbad, wo sie sich entsprechend der Masse und Oberflächenspannung zu einer bestimmten Schichtdicke ausbreitet. Walzen unterstützen diesen Vorgang. In einem Kühlkanal kühlt die Schmelze langsam und spannungsfrei ab. Durch das Zinnbad entstehen ebene und planparallele Glasplatten bei denen eine mechanische Oberflächenbearbeitung nicht mehr erforderlich ist.

Floatglas ist heute das am meisten verwendete Glas und wird im Bauwesen für verschiedene Zwecke, vor allem in der Außenverglasung (Fenster, Schaufenster) und im Innenausbau (Vitrinen, Spiegel, Tischplatten, Oberlichter), verwendet. Darüber hinaus ist Floatglas das Ausgangsprodukt für viele Veredlungsprodukte, wie Verbund- und Einscheibensicherheitsgläser (VSG, ESG) sowie Isoliergläser. Bild 5-76 zeigt den Längsschnitt durch eine Float-Anlage [5.101].

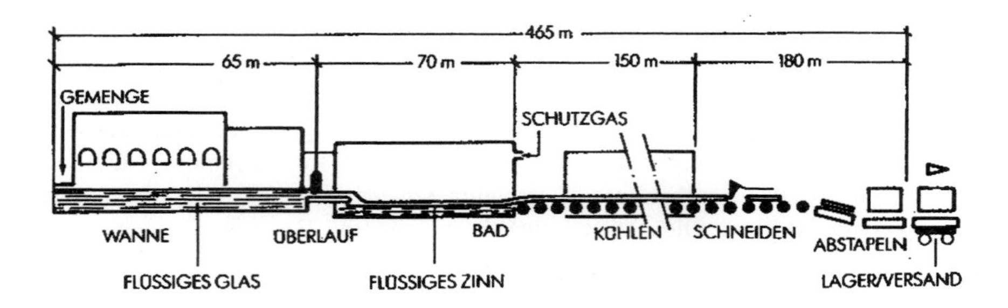

Bild 5-76 Float-Anlage [5.101]

Die Biegefestigkeit ist moderat und wird in DIN 1249 [5.119] bzw. DIN EN 52300-2 [5.120] als 5 %-Fraktilwert mit 45 N/mm^2 angegeben. Die charakteristische Festigkeit ist kein konstanter Wert, sondern hängt von der Oberflächenbeschaffenheit des Glases, der Dauer der Belastung sowie der Zugspannungsverteilung über den Querschnitt ab. Deshalb variieren die Angaben zu den zulässigen Biegefestigkeiten je nach Regelwerk zwischen 8 und 20 N/mm^2 [5.117]. Meistens wird in Berechnungen eine zulässige Biegezugspannung von 12 N/mm^2 angesetzt.

Gussglas

Gussglas ist ein gezogenes und gewalztes Flachglas, das lichtdurchlässig aber nicht klar durchsichtig ist. Bei Verwendung von Formwalzen lassen sich die Glasoberflächen zur Lichtstreuung strukturieren und Ornamentgläser fertigen. Im Bild 5-77 sind verschiedene Gussgläser dargestellt.

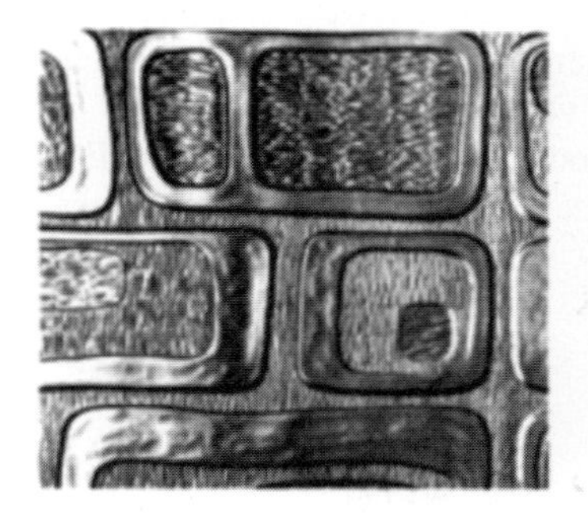

Bild 5-77 Gussgläser mit Ornamentstruktur [5.101]

Gussglas wird häufig zur Verglasung von Türen, Balkonbrüstungen, Terrassendächern, Sichtblenden und Industrieverglasung verwendet. Wegen der starken Zerklüftung der Oberfläche ist die Festigkeit des Gussglases kleiner als die des Floatglases. *Wörner* nennt eine charakteristische Biegefestigkeit von 25 N/mm^2 [5.117]. Als zulässige Biegezugspannung werden i.d.R. 8 N/mm^2 vorausgesetzt. Die sonst üblichen Abmessungen müssen den geringeren Festigkeiten angepasst und kleiner ausgeführt werden. Eine besondere Form des Gussglases ist das U-förmige Profilglas. Die geometrischen Abmessungen der Profile gestatten es, dass die Profilgläser selbsttragend in Fassaden eingebaut werden können.

Drahtglas

Drahtglas ist eine besondere Form des Gussglases, bei dem in die weiche Glasmasse ein Drahtgewebe eingewalzt wird (Bild 5-78). Dabei kann dem Glas auch eine Ornamentstruktur aufgewalzt werden. Wegen des eingebetteten Drahtgewebes hat Drahtglas eine Dichte von 2,7 kg/dm^3, die damit geringfügig über der vom üblichen Glas liegt. Die Festigkeit entspricht denen der Gussgläser. Drahtglas wirkt bruchhemmend und splitterbindend. Beim Bruch der Scheibe bleibt eine Resttragfähigkeit erhalten. Bei Drahtglas gilt zu beachten, dass es auf Grund eines unterschiedlichen Wärmeausdehnungskoeffizienten von Glas und Drahteinlage bei Temperaturbeanspruchung zur Ausbildung von Zwangspannungen kommen kann, die leicht die Bruchfestigkeit erreichen können. Ebenso ist Drahtglas an den Kanten anfällig gegenüber Korrosion des Drahtgewebes, weshalb die Kanten vor Feuchtigkeit zu schützen sind.

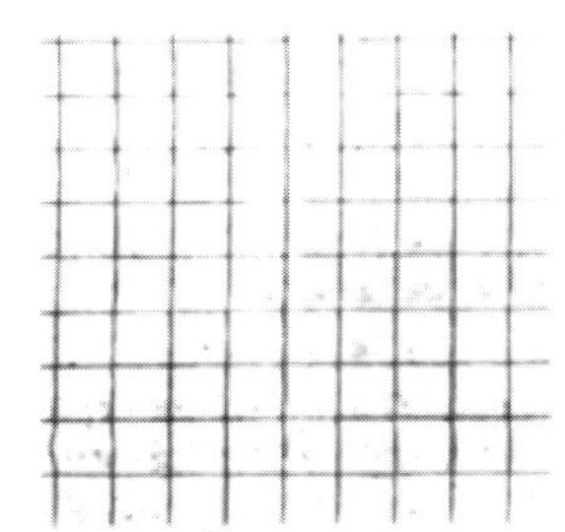

Bild 5-78 Drahtglas mit und ohne Ornamentstruktur [5.101]

Drahtglas wird meist in sicherheitsrelevanten Bereichen eingesetzt, z.B. Einbruchsicherung bei Hauseingangstüren, Industrieverglasung oder Brandschutzverglasung. Auf Grund der Resttragfähigkeit ist der Einsatz von Drahtglas als Überkopfverglasung zulässig.

Einscheibensicherheitsglas (ESG)

Normal gekühltes Floatglas kann wegen seiner geringen Biegefestigkeit nur moderaten Sicherheitsanforderungen genügen. Aus diesem Grunde wird für darüber hinausgehende Einsatzbereiche, z.B. Einscheibensicherheitsglas (ESG), eingesetzt, teilweise sogar vorgeschrieben.

Ausgangsprodukt für die Herstellung von Einscheibensicherheitsglas ist in der Regel Floatglas, selten Gussglas. Die Floatglastafeln werden hängend oder liegend einer Vorrichtung zugeführt, in der es auf über 650°C aufgeheizt wird. Anschließend wird das Glas durch ein in seiner Form angepasstes Düsensystem von beiden Seiten mit kalter Luft angeblasen und rasch abgekühlt. Dieser Abschreckvorgang führt zu einer Verhärtung der Glasoberflächen, während das Glasinnere noch heiß und weich ist. Die bereits verfestigten Oberflächen der Glasscheibe behindern die Verkürzung des Glaskerns während seines Abkühlvorgangs. Dadurch gerät die Oberflächenschicht unter Druckspannung und die Kernschicht in Scheibenmitte unter Zugspannung. Es entsteht ein so genannter Eigenspannungszustand innerhalb der Scheibe. Die Eintragung der Vorspannung wird wesentlich von der Abkühlgeschwindigkeit beeinflusst. Als Faustformel gilt, dass die Vorspannung ungefähr das 2,3-fache der in der Glasmitte wirkenden maximalen Zugspannung erreicht. Aus Gleichgewichtsgründen ergibt sich, dass die oberflächennahen Druckspannungen zum Scheibeninneren hin abklingen und bei einer Tiefe von etwa 0,2-facher Scheibendicke *d* in Zugspannungen umschlagen (Bild 5-79). Die genaue Spannungsverteilung, vor allem im Randbereich oder um Bohrungen herum, ist weitgehend unbekannt und gegenwärtig ein Schwerpunkt der Glasforschung.

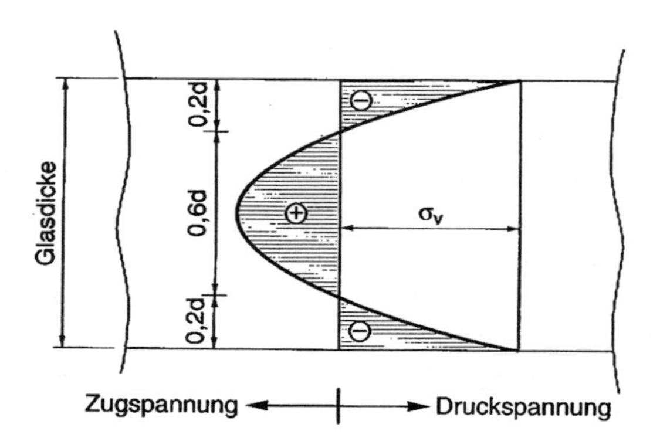

Bild 5-79 Eigenspannungszustand von ESG nach dem thermischen Vorspannen [5.116]

Der festigkeitsmindernde Einfluss der Oberflächendefekte wird durch die eingetragene Vorspannung vermindert, denn diese können erst wirksam werden, wenn die resultierenden Spannungen an der Oberfläche in Zugspannungen umschlagen. Die in den Oberflächen erzeugte Druckspannung kann in weiten Bereichen gesteuert werden und liegt mit ca. 75 bis 120 N/mm^2 weit unterhalb der ertragbaren Druckspannung [5.89]. Wie in Bild 5-80 ersichtlich ist, muss bei der Verformung von ESG auf der Zugseite zunächst die eingeprägte Oberflächendruckspannung abgebaut werden, bevor eine zum Bruch führende Zugspannung auftreten kann. Die Biegebruchfestigkeit von ESG setzt sich folglich aus der zu überwindenden Oberflächendruckspannung und der Eigenfestigkeit des Glases zusammen.

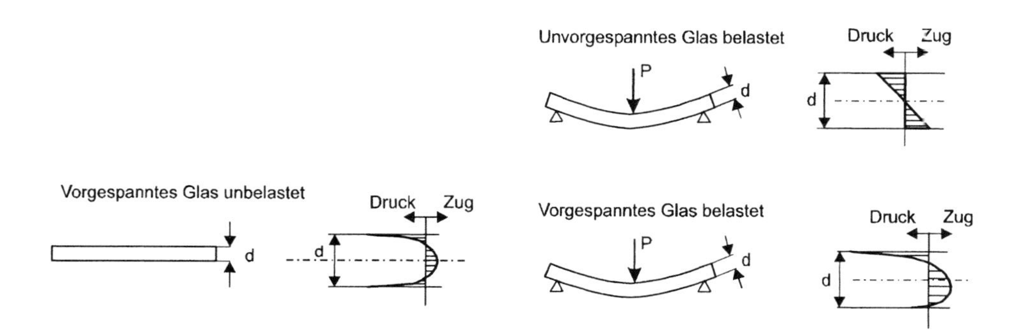

Bild 5-80 Einscheibensicherheitsglas - Überlagerung von Vorspannung und Biegespannung

Einscheibensicherheitsglas lässt sich nach dem thermischen Vorspannen nicht weiter bearbeiten. Daher müssen Kantenbearbeitung, Bohrungen und der genaue Zuschnitt vor dem Erwärmen durchgeführt werden. Auch sind mögliche thermische Verformungen während des Vorspannens bei der Planung der späteren Konstruktion zu beachten. Zur Unterscheidung von anderen Gläsern und zur Anzeige eines eingetragenen Spannungszustandes, sind ESG-Scheiben nach DIN 1249 [5.119] mit einer speziellen Kennzeichnung zu versehen. Auf Grund des eingetragenen Eigenspannungszustandes muss besonderer Wert darauf gelegt werden, die Scheiben vor dem Einbauen auf Kantenverletzung zu prüfen. Scheiben mit Kantenverletzung gelten als vorgeschädigt und dürfen nicht eingebaut werden, weil sie sehr empfindlich auf Stöße usw. reagieren.

Wird thermisch vorgespanntes Glas durch Belastung zerstört, so zerfällt es in viele kleine Stücke ohne scharfe Kanten. Die Größe der Glaskrümel ist umgekehrt proportional zum Vorspanngrad, d.h. je höher die thermische Vorspannung des Glases ist, desto feiner ist das Bruchbild. Die Ursache für dieses Verhalten besteht in der Zerstörung des inneren Gleichgewichts bei der Verletzung der Glasoberfläche bzw. bei der Belastung bis zum Bruch. Bei der Zerstörung des inneren Gleichgewichts wird eine große Energiemenge freigesetzt, die um so größer ist, je höher der Vorspanngrad gewählt wurde. Da das Risswachstum wesentlich langsamer verläuft als Energie frei wird, pflanzen sich die Risse von einem Punkt aus in alle Richtungen der Scheibe fort. Deshalb können bereits kleine Absplitterungen oder Kantenschäden zum Zerkrümeln der gesamten Scheibe führen [5.89].

Gemäß DIN 1249 [5.119], DIN 18516 [5.121] bzw. DIN EN 52300-2 [5.120] beträgt die Vorspannung im ESG ca. 75 N/mm^2, so dass eine charakteristische Biegefestigkeit von 120 N/mm^2 (5 %-Fraktilwert) vorausgesetzt werden kann. In realen Tests zur Ermittlung der charakteristischen Biegefestigkeit an 4-Punkt-Biegeplatten können Biegefestigkeiten von bis zu 200 N/mm^2 gemessen werden. Daraus ableitend wird für die Bemessung im Allgemeinen eine zulässige Biegezugfestigkeit von 50 N/mm^2 angenommen. Anforderungen an die Krümelgröße und Krümelanzahl pro Flächeneinheit im Schadensfall sind ebenfalls in DIN 1249 geregelt. Die Höhe der eingetragenen thermischen Vorspannung lässt sich durch spannungsoptische Methoden zerstörungsfrei messen.

Auf Grund seiner hohen Biegezugfestigkeit und seines Bruchverhaltens ist Einscheibensicherheitsglas sehr gut für den konstruktiven Glasbau und für großflächige Glasfassaden mit punkförmiger Halterung geeignet. Als Überkopfverglasung ist ESG nicht zulässig, da nach seinem Versagen keine Resttragfähigkeit mehr vorhandenen ist und Bruchscherben herabfallen würden.

ESG-Scheiben können infolge „Spontanbruch“ versagen. Ausgelöst wird das plötzliche Versagen durch Nickel-Sulfid-Kristalle (Kristalldurchmesser zwischen 70 und 200 µm), die beim Herstellungsprozess durch Verunreinigungen in das Glasgefüge gelangt sind und durch ihr Kristallwachstum das Glasgefüge zersprengen [5.122]. Diese Erscheinung ist physikalisch und chemisch bedingt und nicht beeinflussbar. Das Kristallwachstum ist lastunabhängig, tritt überwiegend im Zugzonenbereich auf und wird durch Wärmeeinwirkung gefördert. Durch einen Heißlagerungstest nach DIN 18516 [5.121] (heat soak test) kann ein Spontanbruch nach der ESG-Produktion künstlich herbeigeführt werden. Auf diese Weise lässt sich die Gefahr von Spontanbrüchen ermitteln. Alle Scheiben, die den Heißlagerungstest überstehen, sind frei von Nickel-Sulfid-Einschlüssen und ein daraus herrührender Spontanbruch ist unwahrscheinlich. Für Fassadenkonstruktionen ist dieser Test vorgeschrieben. Bisherige Erfahrungen zeigen, dass bei Glas-Chargen, bei denen ein Spontanbruch aufgetreten ist, die Wahrscheinlichkeit weiterer Spontanbrüche hoch ist. Im Extremfall waren bei einigen Fassaden bis zu 30 % der Scheiben betroffen.

Emailliertes Einscheibensicherheitsglas

Zur Verminderung der Sonneneinstrahlung oder zur Erzeugung gewünschter Farbtöne auf dem Glas, können Floatglas-Scheiben einseitig mit einer farbigen Emailleschicht (glasiger silicatischer Überzug) im Siebdruckverfahren bedruckt werden (Bild 5-81). Zum Schutz des Siebdruckes wird das Glas auf etwa 700°C erwärmt, wobei die Keramikfarbe dauerhaft und porenfrei eingebrannt und das Glas automatisch thermisch vorgespannt wird. Es entsteht ESG. Die Emailleschicht weist eine Härte nach *Mohs* von 5 bis 6 auf und ist ritz- und kratzfest. Durch den Emailleaufdruck verringert sich die Biegzugfestigkeit auf ca. 70 N/mm^2 (5 %-Fraktilwert), so dass als zulässige Beanspruchung auf der Zugseite nur noch ca. 30 N/mm^2 angesetzt werden können [5.117]. Deshalb sollte die beschichtete Seite nicht in die Biegezugzone eingebaut werden. Wird die bedruckte Floatglas-Scheibe thermisch nicht weiterbehandelt, sind selbsttrocknende Mehrkomponentenfarben zu verwenden, die allerdings nicht kratzfest aushärten. Alle bedruckten Scheiben können zu Verbundsicherheitsglas (VSG) oder zu Isolierglas weiterverarbeitet werden. Dabei muss aus Gründen der Beanspruchbarkeit die bedruckte Seite zur Zwischenlage (PVB-Folie) oder zum Scheibenzwischenraum zeigen.

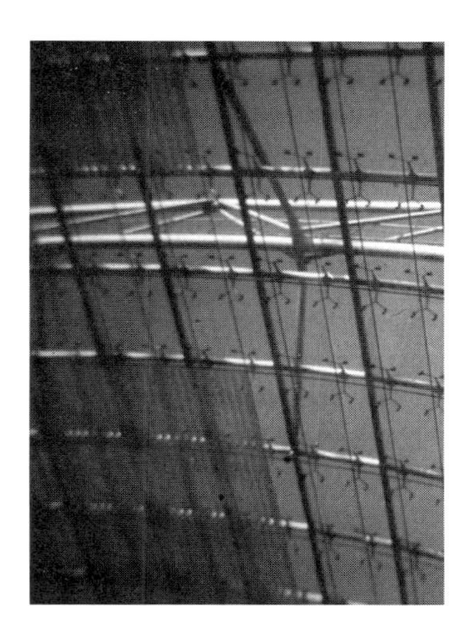

Bild 5-81 Emailliertes Glas im Dachbereich der Zentralen Glashalle der Neuen Messe Leipzig

Werden statt der Emaille dünne Kunststofffolien aufgeklebt, spricht man von laminiertem Glas. Die aufgeklebte Folie kann eine bessere Ausleuchtung der Räume bewirken, dekorative Effekte erzielen oder einen Sonnenschutz bieten.

Teilvorgespanntes Glas (TVG)

Für den konstruktiven Einsatz von Glas strebt man neben einer höheren Festigkeit auch eine ausreichende Resttragfähigkeit der Gläser an. Dafür ist es erforderlich, das krümelige Bruchbild von ESG zu vermeiden. Diese Forderung führte zur Entwicklung von teilvorgespanntem Glas (TVG). Teilvorgespanntes Glas wird nach dem gleichen Prinzip wie Einscheibensicherheitsglas hergestellt. Es unterscheidet sich nur durch das Maß der eingebrachten Vorspannung. Diese fällt gemäß DIN EN 52300-2 [5.120] beim TVG mit etwa 25 bis 70 N/mm^2 geringer aus als beim ESG, so dass eine Erhöhung der Biegefestigkeit gegenüber Floatglas (etwa 60 % höhere Bruchlast) eintritt, das Bruchbild jedoch nicht krümelig ausfällt wie beim ESG. Das Buchbild von TVG mit größeren Bruchstücken statt kleiner Krümel ähnelt dem von Floatglas. Daher wird TVG oft anstelle von ESG eingesetzt, wenn Resttragfähigkeiten gefordert werden. Optisch ist TVG von ESG nicht zu unterscheiden, nur die Bruchbilder erlauben eine Differenzierung. Aber auch beim TVG nimmt mit wachsender Vorspannung einerseits und mit wachsender Glasdicke andererseits die Krümelbildung zu. Deshalb ist momentan die Herstellung von TVG aus verfahrenstechnischen Gründen nur bis 12 mm Glasdicke möglich [5.117].

Eine spezielle Problematik beim TVG ist, dass es weder in der Herstellung noch in der Überwachung durch gültige Normen begleitet wird. Inzwischen gibt es je nach Hersteller eine Vielzahl von unterschiedlichen Kennwerten hinsichtlich der Biegefestigkeit und des Bruchbildes. In einem Normenentwurf von DIN EN 1863 [5.123] bzw. DIN EN 52300-2 [5.120] beträgt das 5 %-Fraktil der Biegezugfestigkeit von TVG 70 N/mm^2. Als zulässige Spannung werden unterschiedliche Ansätze vorgestellt; im Allgemeinen wird ein Wert von 29 bis 30 N/mm^2 genannt.

Chemisch vorgespannte Gläser

Bei dünneren Gläsern (Scheibendicke 2 bis 3 mm) kann alternativ zur thermischen Vorspannung auch durch chemische Prozesse im Glas eine Vorspannung eingetragen werden. Die Gläser werden dafür in eine Kalium-Nitratschmelze getaucht, so dass an der Glasoberfläche ein Ionenaustausch (Na wird durch Ca ersetzt) stattfinden kann. Hierdurch erhöht sich die Druckspannung in der Glasoberfläche, die zu einer erhöhten Biegefestigkeit führt. Die chemisch eingetragene Vorspannung ist größer als die thermisch verursachte. Chemisch vorgespanntes Glas ist bisher nur durch einen Normenentwurf DIN EN 12337 [5.124] geregelt.

Verbundsicherheitsglas (VSG)

Verbundsicherheitsglas besteht aus mindestens zwei oder mehreren einzelnen Floatglas-, TVG- oder ESG-Scheiben, die durch zähelastische und durchsichtige Kunststoffzwischenschichten, i.d.R. Polyvinylbutyral-Folie (PVB), in verschiedener Schichtdicke miteinander verbunden sind. Die feste Verbindung der Gläser mit der Folie geht unter gleichzeitiger Aufheizung (135 bis 145°C) und hohen Drücken (12 bis 13 bar) in einem Druckbehälter (Autoklaven) vor sich. Eine andere Herstelltechnologie basiert auf dem Vakuumverfahren, bei der dem unbehandelten Glassandwich bei einer Temperatur von ca. 120°C unter Vakuum die Luft entzogen wird, wodurch ein Anpressdruck erzeugt wird. Das Vakuumverfahren ist insbesondere für gekrümmte Scheiben, z.B. für den Fahrzeugbau, geeignet. Optisch sind die VSG-Gläser von monolithischen Glasscheiben nicht zu unterscheiden.

Bei einer Zerstörung von Verbundsicherheitsglas bleiben die Bruchstücke an der reißfesten Folieneinlage haften (Splitterbindung); die gebrochene Scheibe bleibt transparent und als Ganzes erhalten. Somit wird das Risiko von Verletzungen gemindert und nach dem Bruch eine Resttragfähigkeit der Scheibe aufrechterhalten. Sofern als Ausgangsglas Floatglasscheiben verwendet worden sind, ist das VSG durch den Folienverbund auch nach der Herstellung weiter verarbeitbar [5.101]. Zur lichttechnischen Gestaltung können die PVB-Folien auch farbig gehalten werden, wobei durch eine mehrlagige Anordnung der Folien auch Farbkombinationen erstellt werden können. Zusätzlich können zwischen zwei PVB-Folien auch Dekorfolien, wie z.B. Polyethylenterephalat-Folien (PET), eingelegt werden, wenn gemusterte Lichteffekte der VSG-Scheibe gewünscht werden.

Die Festigkeit der Verbundglasscheiben entspricht in etwa der Festigkeit der verwendeten Ausgangsgläser (Floatglas, TVG, ESG). Für VSG aus Floatglas wird i.d.R. eine zulässige Biegezugfestigkeit von 12 bis 15 N/mm^2 vorausgesetzt. Je nach Temperaturbereich, Belastungsdauer und Verformungszustand der PVB-Schicht (viskoelastisches Kriechverhalten der Zwischenlage) besteht zwischen den Scheiben und der Folienzwischenlage ein mehr oder weniger guter Schubverbund. Für Kurzzeitlasten (Wind oder Stöße) kann von einem vollen Verbund ausgegangen werden. Für Langzeitlasten (Schnee) existiert bei kalten Temperaturen ein guter Schubverbund, der sich bei höheren Temperaturen auflöst. So geht die Verbundwirkung zwischen Glas und Folie bei Temperaturen > 50°C, z.B. im Brandfall, im Regelfall verloren. Gemäß den geltenden Regeln

[5.125] und [5.126], darf für Berechnungen in Deutschland keine Verbundwirkung in Ansatz gebracht werden, obwohl dieser Sachverhalt auf europäischer Normungsebene heftig diskutiert wird und erste Werte für einen Schubmodul der PVB-Folien vorgeschlagen wurden. Aus Stoßversuchen (Pendelschlagversuchen, siehe Abschnitt 0) ist zudem bekannt, dass der kurzzeitig aktivierte Schubmodul so hoch ist, dass VSG-Scheiben in der Tat bei Nachrechnungen als monolithische Scheiben betrachtet werden können [5.143]. Bei Vernachlässigung der elastischen Verbundwirkung wird die Belastung entsprechend den Einzelsteifigkeiten der Gläser auf die Einzelscheiben aufgeteilt und die Einzelscheiben anschließend nachgewiesen. Das tatsächliche Tragverhalten von VSG liegt zwischen dem eines vollen Verbundes und dem ohne Verbund (Bild 5-82).

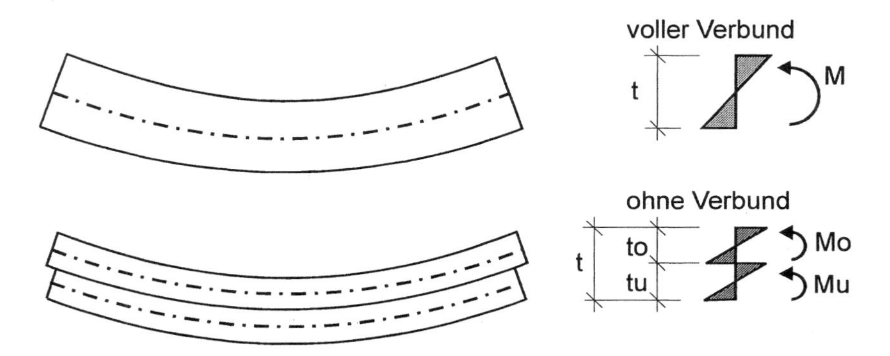

Bild 5-82 Biegetragwirkung von VSG mit und ohne Verbund zwischen den Einzelscheiben

Hauptsächliche Anwendungsgebiete von VSG finden sich in sicherheitsrelevanten Bereichen, z.B. einbruchhemmende Schaufenster, schusssichere Bankschalterverglasung oder Autowindschutzscheibe. VSG bietet sowohl passiven Schutz, indem die Splitterwirkung verhindert wird, als auch aktiven Schutz gegen Angriffe von außen. Im Bauwesen wird VSG vor allem als Überkopfverglasung eingesetzt.

Verbundglas (VG)

Der Aufbau von Verbundglas ist mit dem von Verbundsicherheitsglas identisch, nur dass statt der PVB-Folien Gießharze (Acrylharze) verwendet werden. Die Gießharze werden zwischen zwei, auf kleinem Abstand zueinander gehaltenen, trockenen Scheiben vergossen (Butylschnur als Abstandhalter und Abdichtung) und härten mittels UV-Strahlen zwischen den abgedichteten Glasscheiben bei Raumtemperatur aus. Die Acrylharze besitzen eine ausgezeichnete Haftung [5.116].

Verbundgläser verhalten sich ähnlich wie VSG. Bei tiefen Temperaturen sichert der Gießharz einen Verbund zwischen den Scheiben, der sogar besser ausfällt als bei VSG. Bei höheren Temperaturen geht der Verbund jedoch schneller als bei VSG verloren.

Verbundgläser verhalten sich ähnlich wie VSG. Bei tiefen Temperaturen sichert der Gießharz einen Verbund zwischen den Scheiben, der sogar besser ausfällt als bei VSG. Bei höheren Temperaturen geht der Verbund jedoch schneller als bei VSG verloren.

Durch die Verwendung von Gießharz ergeben sich neue Anwendungsfelder, indem z.B. Solarzellen in die Zwischenschicht eingebunden werden oder gebogene Verbundgläser hergestellt werden können [5.117]. Gemäß der Begriffsdefinition im Normenentwurf DIN 52317 [5.127] soll der Begriff „Verbundglas" als Oberbegriff für alle laminierten Gläser gelten. In diesem Sinne ist das VSG als Sonderform des Verbundglases zu verstehen. Zum Schutz der Zwischenmaterialien beim VSG und VG vor Witterungseinflüssen, z.B. Feuchtigkeit, sollten die Kanten mit Siliconverklebung abgedichtet werden.

Wärmeschutz- und Schallschutzglas (Isolierglas)

Im Wohnungsbau werden heute ausschließlich Isoliergläser verwendet. So dienen z.B. Wärmeschutzgläser der Verringerung von Wärmeverlusten bei Fenstern. Die maßgebende Kenngröße für die Wärmedämmung ist der Wärmedurchgangskoeffizient (k-Wert) gemäß DIN 4108-1 [5.128]. Der k-Wert gibt die Wärmemenge an, die pro Zeiteinheit durch 1 m^2 Fläche eines Bauteils bei einem anliegenden Temperaturunterschied von 1 K hindurchgeht. Die Wärmedämmwirkung ist um so größer, je kleiner der k-Wert ist. Ein anderer wichtiger Kennwert, der erst mit der 3. Wärmeschutzverordnung eingeführt wurde, ist der Gesamtenergiedurchlass (g-Wert). Der g-Wert erfasst sowohl die direkte Sonnenenergietransmission von außen nach innen als auch die sekundäre Wärmeabgabe nach innen infolge der durch Absorption aufgeheizten Scheibe und ist ein Maß des Sonnenenergiegewinns für die Ermittlung des Heizwärmebedarfs.

Die Isoliergläser bestehen als Verglasungseinheit aus zwei oder mehreren hintereinander angeordneten Scheiben (meistens Floatglas, VSG oder ESG) mit Zwischenräumen auf Abstandhaltern und umlaufender Dichtung [Bild 5-83]. Der abgeschlossene und dampfdichte Scheibenzwischenraum (SZR) ist trockenluft- oder edelgasgefüllt, z.B. mit Argon, Krypton oder Xenon, und hat zur Verhinderung einer Wärmeumwälzung der Gase innerhalb des Scheibenzwischenraumes ein geringe Dicke (gebräuchlich sind 8 bis 16 mm). Alle genannten Edelgase besitzen eine geringere Wärmeleitfähigkeit als Luft. Zusätzlich können hauchdünne Edelmetall- oder Metalloxidbeschichtungen auf die Außenseite (reflektierende Beschichtung) oder auf die Innenseite (absorbierende Beschichtung) aufgebracht werden. Dadurch lässt sich der Wärmeschutzeffekt erhöhen, indem die Transmission der Sonnenstrahlung von außen nach innen eingeschränkt und die Transmission der Wärmestrahlung vom Innenraum an die Umgebung fast unterbunden wird. Die Beschichtungen werden noch während der Floatglasherstellung entweder in Form von flüssigen Metalloxiden aufgesprüht (hard coating) oder durch neuere Verfahren (Kathodenbestäubung) unter Hochvakuumbedingungen bedampft (soft coating) [5.116]. Die komplette Beschichtung besteht i.d.R. aus 4 Einzelbeschichtungen und erreicht eine Gesamtdicke von bis zu 100 nm. Mit Hilfe der Beschichtungen können bei Dreischeiben-Isoliergläsern k-Werte von unter 0,7 $W/(m^2 \cdot K)$ erreicht werden. Dadurch, dass die SZR-Seiten eines Isolierglaselementes vor Umwelteinflüssen geschützt sind, weisen sie eine etwas höhere Festigkeit auf als die nach außen gewandten Scheibenseiten. Die

Langzeitstabilität der Isolierglaseinheiten wird hauptsächlich durch die Qualität des Randverbundes, der gelötet, geklebt oder verschmolzen ausgeführt werden kann, bestimmt.

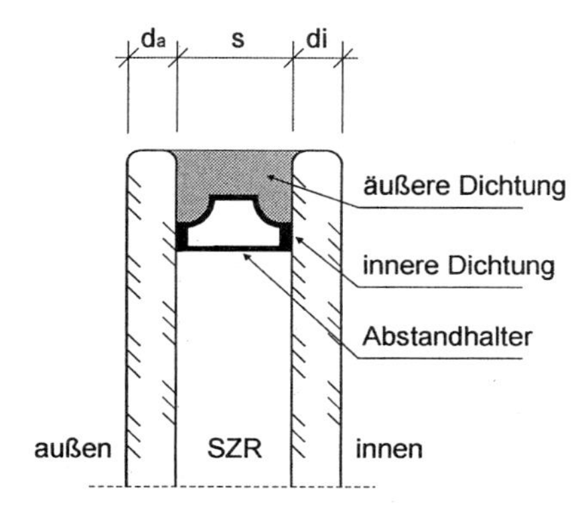

Bild 5-83 Isolierglas

Durch die Verwendung sehr dicker Einzelscheiben in der Verbundscheibe wird die Schallübertragung vermindert. Um die störende Doppelscheibenresonanz bei tiefen Frequenzen auszuschließen, wird die Verbundscheibe asymmetrisch aufgebaut, d.h. die Scheibendicke bei innerer und äußerer Scheibe wird variiert (außen bis 14 mm, innen bis 4 mm Dicke) und zugleich ein möglichst großer Scheibenzwischenraum (bis 100 mm) angestrebt. Eine Füllung des Scheibenzwischenraumes mit Schwergas (z.B. Schwefelhexafluorid) verbessert zusätzlich die Schalldämmung [5.89], [5.129].

Zu einer realistischeren Erfassung der mechanischen Scheibenbeanspruchung ist bei Isoliergläsern der so genannte Koppeleffekt zu berücksichtigen, der die Koppelwirkung beider Scheiben über den Scheibenzwischenraum hinweg erfasst. Wird z.B. die äußere Scheibe (Angriffsscheibe) durch Windbelastung oder einen Stoß verformt, ändert sich das Volumen im Scheibenzwischenraum, weshalb der ausgeübte Druck an die lastabgewandte Scheibe (Absturzscheibe) weitergeleitet wird. Dadurch entfaltet die Absturzscheibe eine mittragende Wirkung, die zu einer Stützung und Entlastung der Angriffsscheibe führt. Wie in [5.130] berichtet wird, fällt die mittragende Wirkung der Absturzscheibe bei Stößen sehr viel höher aus als bei statischer Belastung. Ist die Anprallgeschwindigkeit sehr hoch (z.B. bei großer Fallhöhe), kann u.U. die Absturzscheibe genauso stark beansprucht werden wie die Angriffsscheibe.

Sonnenschutzglas

Sonnenschutzgläser bieten eine wirksame Alternative zu herkömmlichen Sonnenschutzmaßnahmen, wie z.B. Jalousien. Bei den Sonnenschutzgläsern unterscheidet man zwischen Absorptions- und Reflexionsgläsern. Sie wirken jeweils selektiv, indem sie die durch die Scheibe hindurchtretende langwellige Strahlung im Infrarotbereich (IR-Bereich) stärker schwächen als die Strahlung im sichtbaren Bereich (Bild 5-84).

Absorptionsgläser, also Gläser, welche die Strahlung vorwiegend absorbieren und sich dabei erwärmen, vermögen das nur in geringem Maße und haben daher im Bauwesen eine geringere Bedeutung. Reflektierende Gläser erfüllen die o.g. Forderungen besser. Sie werden entweder durch Metallbedampfung oder durch Tauchbeschichtung mit Metalloxiden (Interferenzschichten) hergestellt. Mit einer Metallschicht (oft Gold oder Silber) bedampfte Gläser verursachen Farbverzerrungen in der Durchsichtigkeit von innen nach außen und lassen die Scheiben in der Ansicht von außen dunkler erscheinen. Mit Interferenzschichten versehene Gläser sind dagegen farbneutral, aber in ihrer Selektivwirkung auch schwächer. Sonnenschutzglas kann bei Dachverglasungen sowie bei Oberlichten in Wirtschaftsräumen, Turnhallen usw. eingesetzt werden [5.89].

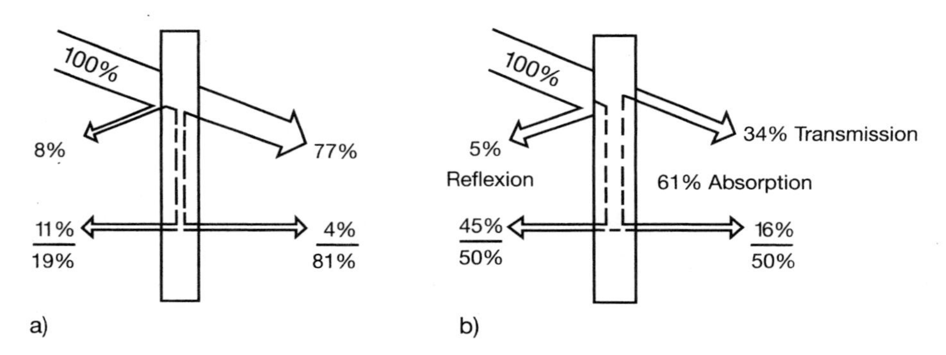

Bild 5-84 Wirkungsweise von Sonnenschutzgläsern [5.101]
a) normales Floatglas 8 mm, b) bronzebedampftes Absorptionsglas 8 mm

Mit Hilfe der Selektivitätszahl S, die dem Verhältnis von Lichtdurchlässigkeit zum Gesamtenergiedurchlass entspricht, können Sonnenschutzgläser bewertet werden. Je größer S ausfällt, desto mehr Lichtstrahlung und weniger Wärmestrahlung gelangt von außen durch die Scheibe nach innen. Dabei darf die Farbwiedergabe (Farbwiedergabeindex R_a) im Innenraum nicht zu sehr verfälscht werden.

Brandschutzglas

Obwohl Glas nicht brennbar ist, zerspringt es gewöhnlich unter Hitzeeinwirkung (großer Wärmeausdehnungskoeffizient, geringe Biegezugfestigkeit), so dass es für feuerhemmende Verwendungen denkbar ungeeignet ist. Die Ursachen sind vor allem in hohen thermischen Spannungen im Glas zu sehen, die gerade bei unveredelten Gläsern schnell zum Bruch führen. Erschwerend kommt hinzu, dass im Brandfall die Glasfläche schnell erhitzt wird, während sich die z.T. abgedeckten Scheibenränder durch Wärmeabgabe an die Unterkonstruktion wesentlich weniger aufheizen, wodurch hohe Temperaturzwänge auftreten können. Zusätzliche Maßnahmen sind erforderlich, die Nachteile zu kompensieren und das Glas für Brandschutzaufgaben zu ertüchtigen. So können Drahtnetze zur Splitterbindung in die Glasmasse eingelegt werden. Die Drahtgläser zerspringen zwar bei Temperatureinwirkung, werden aber durch die Drahteinlage zusammen gehalten. Dadurch bleibt der Raumabschluss bestehen.

Weiterhin führt die Verwendung von Gläsern mit kleinen thermischen Ausdehnungskoeffizienten (Brandschutzgläser aus Borosilicat) naturgemäß zu geringen Zugspannungen. Eingetragene Vorspannungszustände (ESG) erhöhen zudem die Biegezugfestigkeit, wodurch die im Brandfall auftretenden Zugspannungen z.T. aufgenommen werden können; i.d.R. reicht dies allein im Brandfall nicht aus. Aus heutiger Sicht ist das Aufbringen spezieller Brandschutzbeschichtungen am effektivsten, die Brandschutzfähigkeit von Glas herzustellen.

Für Brandschutzverglasungen darf jedoch nicht die Scheibe allein, sondern immer nur im Zusammenwirken mit den Rahmen, den Befestigungsmitteln sowie den anliegenden Decken und Wänden gesehen werden, um als Einheit über einen bestimmten Zeitraum einen wirksamen Widerstand der Feuerausbreitung und der Rauchverteilung entgegenzustellen. Nach DIN 4102-13 [5.131] sind zwei Brandschutzverglasungen (G- und F-Verglasung) zur Einteilung in Feuerwiderstandsklassen maßgebend (vgl. Abschnitt 2.5.5). Beide Brandschutzverglasungen schützen mindestens 30 oder 90 Minuten vor Feuer. Für die F-Verglasung ist zusätzlich eine thermische Isolation (Hitzeschutz-Schicht) gefordert. Die geforderte Beschichtung ist i.d.R. ein Brandschutzgel, welches den Durchgang der Wärmestrahlung im Brandfall deutlich reduziert, indem es aufschäumt und dabei Wasserdampf abgibt. Das Gel verbraucht sich dabei. Durch diesen Vorgang, verändern die Scheiben ihre Transparenz und werden blind („Opakwerden"), wodurch zusätzlich der Durchtritt von Wärme unterbunden wird.

5.7.6.2 Kompaktgläser

Glasbausteine

Glasbausteine werden in verschiedenen Maßen (bis 30 cm x 30 cm x 10 cm) und Formen in einer Vielzahl von Dekors und Farben durch Formpressen hergestellt. Sie sind in DIN 18175 [5.141] geregelt. Die dekorativen Strukturen streuen das Licht und machen die Glasbausteine durchscheinend. Auf Grund ihrer großen Masse und des Hohlraumes besitzen sie gute Schall- und Wärmedämmeigenschaften. Außerdem sind sie weitgehend stoß- und schlagfest. Vorrangig verwendet man Glasbausteine für die Herstellung lichtdurchlässiger Wände.

Betongläser, Glasdachziegel

Betongläser sind massive oder hohle Glaskörper, die im Zusammenwirken mit Beton und Betonstahl zur Herstellung begeh- und befahrbarer Oberlichter sowie räumlicher Tragwerke aus Glasstahlbeton dienen. Die Betongläser sind voll im Beton eingebettet und tragen mit (Bild 5-85). Dabei werden quadratische oder runde Betongläser zwischen Stahlbetonrippen eingesetzt. Die Hohlgläser können allseitig geschlossen oder unten offen gestaltet werden. Betongläser sind in DIN 4243 [5.132] geregelt.

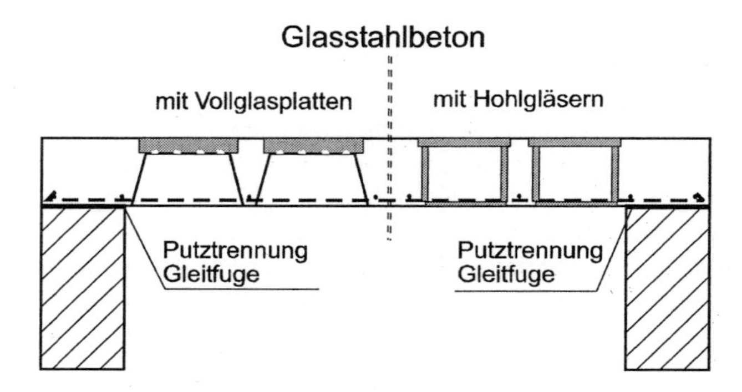

Bild 5-85 Glasstahlbeton mit verschiedenen Betongläsern

Glasdachziegel sind in Form und Abmessung den Dachziegeln gleich und werden wie diese im Dachverband verlegt. Sie dienen zur Herstellung lichtdurchlässiger Dachteilflächen.

5.7.6.3 Faserglas

Im Düsenzieh- oder Blasverfahren werden Glasfasern als Einzelfäden mit einem Durchmesser von < 40 µm (meist 13 bis 24 µm) hergestellt. Dabei wird die ca. 1550°C heiße Glasschmelze durch platinlegierte Spinndüsen mit definierten Durchmessern geführt und anschließend mittels Hochstreckgeschwindigkeitsziehen zu den einzelnen Glasfasern, den Filamenten; gestreckt. Die Ziehgeschwindigkeit bestimmt den Filamentdurchmesser. Aus der Ziehdüse kommend werden die Filamente gekühlt, mit Wasser benetzt und anschließend durch ein Schlichtebad (Lösung organischer Substanzen) gezogen. Die Schlichte besteht aus einer Mischung aus Klebstoffen, Filmbildnern und Antistatika und soll die Filamente für die weiteren Verarbeitungsschritte vorbereiten und schützen. Die Filamente werden anschließend zusammengefasst und aufgespult. Die Fasern tragen zur Unterscheidung eine Angabe zu ihrem Gewicht in ihrem Namen, z.B. Cemfil 2400 tex der Firma Vetrotex. Dabei entspricht 1 tex genau 1g/km.

Die einzelnen Fasern (Filamente) haben eine enorme Zugfestigkeit von größer 1500 N/mm^2. Je nach textiler Verarbeitbarkeit (Weben, Spinnen, Flechten) werden die Glasfaserprodukte voneinander unterschieden. Textil verarbeitete Glasfasern werden als Bewehrungs- und Trägermaterial im Verbund mit anderen Stoffen verwendet. Als linienförmiges Erzeugnis parallel liegender, feiner Spinnfäden aus Glas (Rovings, Garn) oder flächenförmiges Erzeugnis (Gewebe, Matte, Vlies) hat textiles Faserglas große Bedeutung bei der Herstellung von glasfaserverstärkten Kunststoffen (GFK, vgl. Abschnitt 4.2.5.5) und für die Armierung von Beschichtungen, Putzen und Abdichtungen (Bild 5-86). Mit neueren Entwicklungen von alkali-resistentem Glas (AR-Glas), das zudem noch in Textilmaschinen verarbeitet werden kann, war grundsätzlich der Weg freigemacht worden, textile Gelege (Rovings werden lose verlegt oder miteinander vernäht) oder Gewebe (Rovings werden miteinander verwebt) im zementgebundenen Beton als Bewehrungsmaterial einzusetzen. Ausgangsprodukt des AR-Glases ist das nicht alkalibeständige E-Glas, welches durch Zusätze (z.B. Zirkoniumoxid) gegenüber Alkalien stabilisiert werden muss.

In Versuchen hat sich gezeigt, dass nur die äußeren Filamente Kontakt haben zum Zementstein, so dass sich nur dort ein Verbund zur Zementmatrix aufbauen kann („fill in-zone"). In der Regel haben die Filamente einen kleineren Durchmesser als die Zementpartikel, weshalb kaum Zementpartikel zwischen die Filamente des Rovings gelangen können, um dort eine zementtypische Festigkeitsentwicklung und Verbundwirkung herbeiführen zu können (Bild 5-87). Deshalb wirken in erster Linie, im Gegensatz zu den vielen im Inneren des Rovings vorhandenen Filamenten, nur die äußeren Fasern an der Lastabtragung mit. Zwischen den einzelnen Filamenten gibt es von Natur aus keinen Verbund. Zur Erzeugung eines Verbundes zwischen den Filamenten werden die Rovings mit Polymerdispersionen getränkt, um durch die Verklebung auch die inneren Fasern zum Lastabtrag heranzuziehen. Ein gleichmäßigeres Tragverhalten aller Filamente im Roving muss folglich erzwungen werden. Ebenso können dem Beton Polymerdispersionen zugegeben werden, wodurch neuartige Verbundmechanismen zwischen Glasfasergewebe und Beton entstehen, die die Vorteile von zementgebundenen und polymergebundenen Systemen verknüpfen [5.133]. So kann sich neben der Zementmatrix eine zusammenhängende Sekundärmatrix aus Kunststoff ausbilden. Das Verhalten von Polymeren im Bauwesen (Kriechverhalten, Verhalten bei hohen Temperaturen) ist bekannt. Ihre weitergehende Anwendung auf neuartige textile Bewehrungseinlagen ist Gegenstand weiterer Forschung.

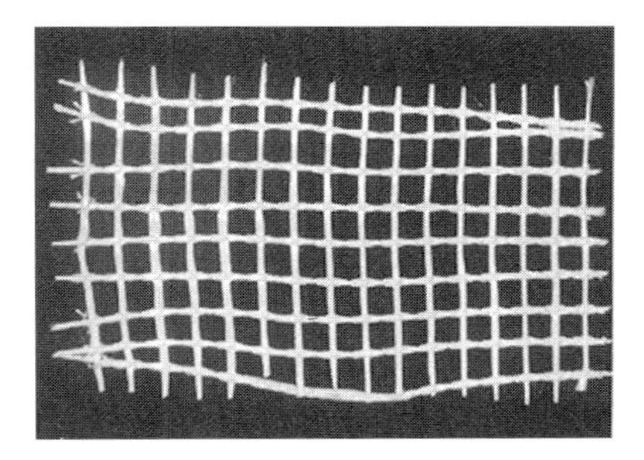

Bild 5-86 Textiles Glasfasergewebe mit Polymerimprägnierung [5.133]

Bild 5-87 In Feinbetonmatrix eingebettetes Filamentbündel ohne Polymerimprägnierung [5.133]

Textilbewehrter Beton kann sehr dünn ausgeführt und allen möglichen Schalungsformen angepasst werden, ggf. ist Feinbeton zu verwenden. Alkaliresistente Glasfasern benötigen keinen alkalischen Korrosionsschutz, wodurch deutlich kleinere Betondeckungen möglich werden. Textilbewehrter Beton ist in Hinsicht auf Verstärkung und Sanierung bestehender Stahlbeton- oder Mauerwerkkonstruktionen sehr leistungsfähig. Allerdings gestaltet es sich beim Betonieren schwierig, ungetränktes Glasgewebe in der vorgesehenen Position zu halten. Polymergetränkte Rovings lassen sich besser einbauen und sind dennoch flexibel genug, um selbst gekrümmten Lagen angepasst zu werden.

Nicht textil verarbeitbares Faserglas liegt als ungeordnete Anhäufung nicht verspinnbarer Glasfasern in Form von Glaswolle, Matten, Filz oder Zopf vor. Auf Grund des Lufteinschlusses besitzt es gute Wärmedämmeigenschaften und zeichnet sich durch ein hohes Schallabsorptionsvermögen aus.

Eine neuere Entwicklung des Einsatzes von Faserglas ist das Verspinnen und anschließende Polymerisieren von Filamenten zu Glas-Fiber-Reinforced-Polymer Bewehrungselementen (GFRP), die anstelle von Stahlbewehrung in chemisch stark beanspruchten Betonkonstruktionen eingesetzt werden können. Die GFRP-Stäbe sind profiliert und mit einer alkaliresistenten Beschichtung ausgestattet, sofern nicht das Glas selbst alkalibeständig ist. Der Vorteil der GFRP besteht in der Widerstandsfähigkeit gegenüber Korrosion und der einfachen Handhabbarkeit auf der Baustelle, weil GFRP nur ein Viertel des Gewichts von Stahl ausmacht. Die Stäbe besitzen eine beachtliche Zugfestigkeit von bis zu 630 MPa [5.134]. Ein spezielles Anwendungsgebiet sind Straßenbrücken, deren Decks durch Tausalze des Winterdienstes chemisch hoch beansprucht werden (Bild 5-88).

Bild 5-88 Glasfaserbewehrung (GFRP) in Brückendecks [5.134]

Nachteile ergeben sich aus dem vergleichsweise kleinen E-Modul der GFRP-Stäbe (ca. 1/3 der von Stahl), der zur größeren Verformung GFRP-bewehrter Konstruktionen beiträgt. Verformungsbegrenzungen spielen deshalb im Entwurf derartiger Konstruktionen ein beachtliche Rolle. Des Weiteren müssen GFRP-Stäbe maßgenau vorgefertigt werden, weil sie auf der Baustelle nicht gebogen, gekürzt oder erwärmt werden dürfen. Auch sind die Glasfaserstäbe vor UV-Licht zu schützen, weil die Strahlung zu einer vorzeitigen Alterung des Materials führt. Da die Bewehrungsstäbe von Beton umhüllt sind, ist der UV-Schutz i.d.R. automatisch gegeben.

5.7.6.4 Schaumglas

Durch gemeinsames Erhitzen von einem speziellem Glaspulver (Aluminium-Silicat) und einem gasbildenden Stoff (Kohlenstoff) entsteht ein geschlossenzelliger und sprödharter Schaumstoff, so genanntes Schaumglas. Bei über 1000°C oxidiert der Kohlenstoff und bildet in der Schmelze kleine Gasblasen, die eine geschlossene Zellstruktur ohne kapillare Verbindung bilden (Bild 5-89). Schaumglas besitzt infolge seiner kleinen Rohdichte (ρ = 1,20 bis 1,60 kg/dm^3) eine geringe Wärmeleitzahl (λ = 0,06 W/(m · K)) und auf Grund seines geschlossenzelligen Gefüges einen praktisch unendlich großen Wasserdampf-Diffusionswiderstand (wasserdampfundurchlässig) sowie keine kapillare Leitfähigkeit. Die Anwendungstemperaturen von Schaumglas liegen zwischen -250°C und +450°C. Seine Temperaturwechselbeständigkeit ist allerdings gering. Schaumglas kann gesägt oder geschnitten werden. Um zu verhindern, dass Wasser in die angeschnittenen Hohlräume eindringt und bei Frostwirkung diese zerstört, sind alle angeschnittenen Schaumglasflächen vollflächig, z.B. bituminös, abzudichten.

a)

b)

Bild 5-89 Schaumglas
a) porige Struktur, b) Wärmedämmung aus Schaumglasplatten (Foamglas)

Schaumglas besitzt eine Druckfestigkeit von etwa 2 N/mm^2, die groß genug ist, um es tragend unter Bodenplatten von Gebäuden anzuordnen. Auf diese Weise wird die wärmedämmende Schicht unter der Gebäudegründung durchgezogen, was hinsichtlich eines kontinuierlichen Wärmeschutzes im Kellerbereich von großer Bedeutung ist.

Schaumglas wird vorrangig als Plattenware hergestellt und eingesetzt, z.B. als selbsttragende Wände und Decken im Kühlraumbau oder für Dämmschichten hochtemperierter Rohrleitungen. „Foamglas“ ist ein weit verbreitetes Produkt von Schaumglas.

5.7.7 Konstruktionen aus Glas

5.7.7.1 Fassaden

Allgemeines

Es ist ein zeitgemäßer Trend in der Gestaltung von Fassaden, die Außenhülle eines Gebäudes transparent auszubilden. Auf Grund der verbesserten Glaseigenschaften können Ansprüche an Ästhetik, Schall- und Wärmeschutz, Sonnenschutz, Brandschutz und Schutz vor Einbruch und Vandalismus optimal miteinander kombiniert werden. Die Tatsache, dass eine ganze Palette von Anforderungen mit nur einem Konstruktionswerkstoff erfüllt werden kann, lässt die gegenwärtige und zukünftige Bedeutung des Konstruktionswerkstoffes Glas erahnen. Zunehmend gewinnt Glas auch als konstruktiver Werkstoff an Bedeutung, indem Glasfassaden selbsttragend gestaltet werden und Glas tragende sowie aussteifende Aufgaben wahrnimmt.

Punkt- und linienförmig gelagerte Glasfassaden

Um die filigrane Wirkung von Glasfassaden zu erhöhen, ging man von der linienförmigen Lagerung mit konstanter Stützung entlang den Glaskanten durch Metallrahmen oder gespannte Seilnetze zur punktförmigen Lagerung über, bei der die Glasscheibe nur noch an einigen Punkten gehalten ist. Die Punkthalterung ermöglicht eine Verkleinerung der Unterkonstruktion und stellt das Glas als Gestaltungselement in den Vordergrund (Bild 5-90).

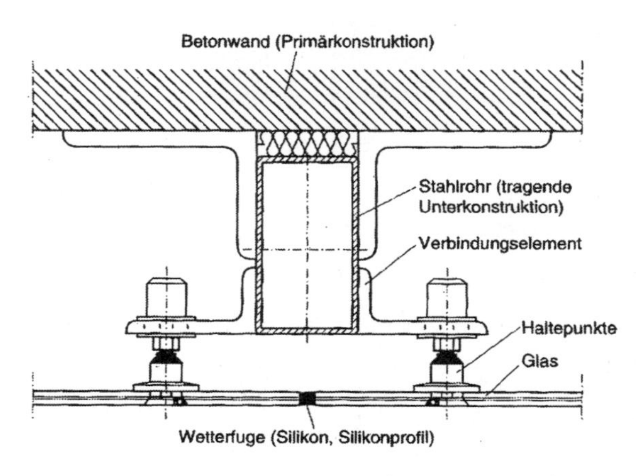

a) schematisch

b) Neue Messe Leipzig

Bild 5-90 Punkthalterung von Glasscheiben

Linienförmig gelagerte Gläser bedurften in der Vergangenheit einer aufwendigen bauaufsichtlichen Zustimmung im Einzelfall. Inzwischen wurden vom „Sachverständigenausschuss Glas im Bauwesen“ des DIBt die „Technischen Regeln für linienförmig gelagerte Vertikalverglasungen“ veröffentlicht, die Konstruktionsrichtlinien von vertikalen Glastragwerken bei Linienlagerung vorgeben [5.125], [5.126]. So sind die zulässigen Biegezugfestigkeiten bei linienförmig gelagerten Vertikalverglasungen aus Floatglas auf 18 N/mm^2 und aus Gussglas auf 10 N/mm^2 begrenzt. Für Glaswände aus ESG, emailliertem ESG und TVG gelten ebenfalls die genannten zulässigen Spannungen. Nicht erfasst von der Richtlinie sind hinterlüftete Außenwandverkleidungen, die bereits in DIN 18516-4 [5.121] geregelt sind. Für alle nicht in diesen Regelwerken enthaltenen Fassadenkonstruktionen, z.B. punktgelagerte Scheiben, sind auch weiterhin Zustimmungen im Einzelfall oder eine allgemeine bauaufsichtliche Zulassung erforderlich. Die Aussicht auf Erfolg eines Antrages auf Zustimmung im Einzelfall steigt, wenn bei der Bemessung und beim Konstruktionsaufbau die neusten Erkenntnisse des Werkstoffes Glas mit Verstand angewandt werden.

Punktgehaltene Glaselemente sind wie lochrandgestütze Platten zu betrachten. An den Bohrungen entstehen hohe lokale Spannungsspitzen, die durch den spröden Werkstoff nicht wegplastiziert werden können. Man versucht, diesem Umstand Rechnung zu tragen, indem weichere Kunststoffhülsen zwischen Bohrung und Schraube eingelegt werden oder der Hohlraum durch selbstaushärtende Gießharze ausgegossen wird, die eine bessere Lasteinleitung ermöglichen sollen. Inzwischen sind verschiedene Systeme von Punkthalterungen entwickelt worden, die sich grundsätzlich in gelenkige und starre Verbindungen unterscheiden lassen (Bild 5-91). Die gelenkigen Anschlüsse haben den Vorteil, dass sich die Glasscheiben spannungsfrei verformen können.

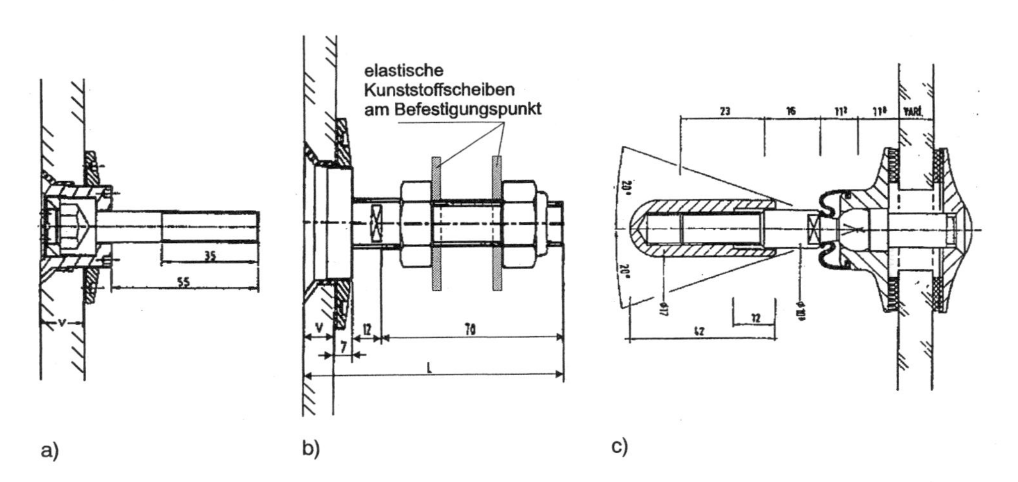

Bild 5-91 Arten von punktförmiger Halterung [5.140]
a) starre Halterung, b) elastische Halterung (Kunststoff), c) gelenkige Halterung (Kugelgelenk)

Hinsichtlich der Fixierung der Glaselemente wird differenziert zwischen reinen Klemmen, Tellerhaltern und Senkkopfhaltern (Bild 5-92). Die Klemmhalter umgreifen den Scheibenrand auf beiden Seiten der Scheibe, so dass die Scheibe an der Klemmstelle nicht ausgeschnitten werden muss. Für Tellerhalter und Senkkopfhalter sind die Glasscheiben kreisförmig auszuschneiden. Bei Isoliergläsern ist anschließend der Scheibenzwischenraum gasdicht abzuschließen. Für den Senkkopfhalter muss die Bohrung konisch ausgearbeitet werden, so dass der Halter sich flächenförmig der Scheibe anpasst, wodurch bei Vertikalverglasungen das Scheibeneigengewicht direkt in die Glasscheibe eingeleitet wird und nicht über Reibung abgetragen werden muss. Zwischen Fixierelement und Glasoberfläche sind in jedem Fall weiche Zwischenschichten, i.d.R. aus dauerelastischen Kunststoffen oder Aluminiumplättchen, einzufügen [5.116].

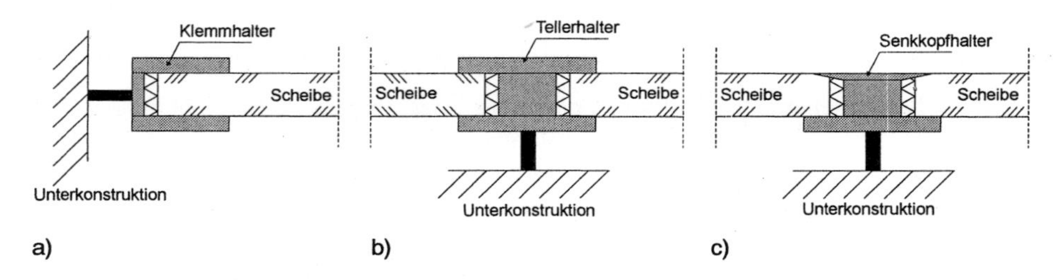

Bild 5-92 Verschiedene Bauarten von Punkthaltern [5.116]
a) Klemmhalter, b) Tellerhalter, c) Senkkopfhalter

Dabei können je nach ästhetischen Gesichtspunkten die Halter sichtbar, versenkt oder unsichtbar angeordnet werden (Bild 5-93).

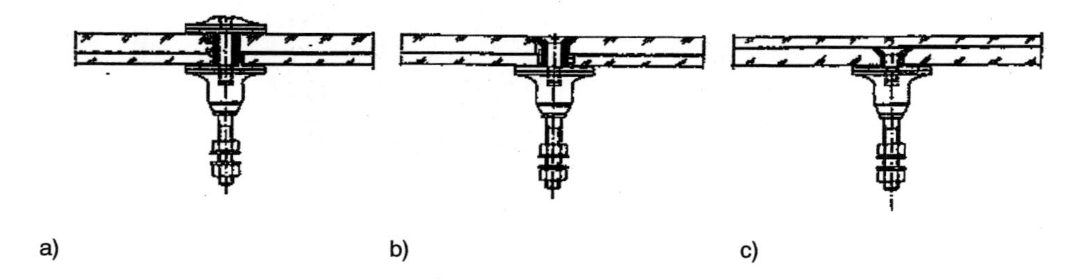

Bild 5-93 Äußere Gestaltungsmöglichkeiten der Punkthalterung [5.140]
a) Kopf voll sichtbar, b) versenkter Kopf, c) Kopf unsichtbar überblendet

Der Versiegelungsfuge zwischen den Glasscheiben soll die Oberflächendichtheit sicherstellen. Sie kann als Trockenversiegelung (Siliconprofile) oder Nassversiegelung (flüssiges, selbstaushärtendes Silicon) eingebaut werden. Im Gegensatz zur Linienlagerung ist die Versiegelungsfuge bei punktgelagerten Gläsern erheblichen Verformungsbeanspruchungen ausgesetzt, so dass diese Fuge nicht zu klein ausfallen darf.

Geklebte Glasfassaden (Structural Glazing)

Unter Structural Glazing versteht man geklebte oder vorgehängte, wetterdichte Ganzglasfassaden, die das Gebäude sehr transparent aussehen lassen. Bei Verwendung von reflektierenden Gläsern erscheinen die Fassaden wie riesige Spiegel. Aus Gründen des Brandschutzes und als Schutz vor Überbeanspruchung durch Überhitzung wird die äußere Scheibe meist in ESG ausgeführt.

Structural Glazing bietet den Vorteil, die gesamte Unterkonstruktion vor Witterung zu schützen und besitzt die beste Schlagregensicherheit aller Fassadentypen. Auch ergeben sich Verbesserungen hinsichtlich des Wärme- und wegen der elastischen Lagerung auch des Schallschutzes. Die glatte Oberfläche sichert bei Regen einen Selbstreinigungseffekt. Auf Grund der meist riesigen Gesamtfläche der Glasfassade verlaufen Aufheizung und Abkühlung wesentlich gleichmäßiger, was sich in einer Verringerung der thermischen Spannungen widerspiegelt. Die Glasfassade kann vor Ort geklebt oder in der Werkstatt vorgefertigt werden. Eine typische Structural-Glazing-Fassade ist im Bild 5-94 dargestellt.

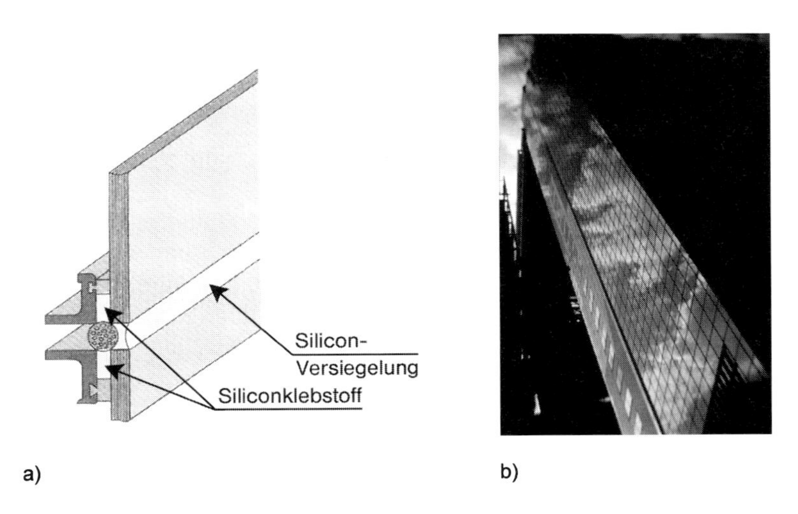

Bild 5-94 Structural Glazing
a) schematischer Aufbau [5.116], b) Fassade eines Hochhauses

Die Scheiben können aufliegend oder hängend in allen Positionen eingebaut werden. Meist werden Einfachgläser oder Isoliergläser verwendet. Die Versiegelung zwischen den Scheiben erfolgt, wie das Ankleben selbst, mittels Silicon-Dichtstoff, welcher neben der Witterungsdichtheit ebenfalls statische Aufgaben wahrnehmen muss. So soll das

Silicon auch Windlasten über die Glasscheibe in die Unterkonstruktion einleiten. In neueren Ausführungen ist das Silicon die einzige Befestigung zwischen Verglasungseinheit und Unterkonstruktion. In diesen Fällen sind vom Siliconklebstoff sowohl die Windlasten (Winddruck, Windsog) als auch die Eigenlasten der Glaseinheit abzutragen. Aus Gründen der Dauerhaftigkeit muss wegen der freien Bewitterung das verwendete Silicon eine genügende Dauerfestigkeit aufweisen sowie und wasserresistent und UV-stabil ausgelegt sein. In Deutschland sind, aus Mangel an spezifischen Regelwerken, eine allgemeine bauaufsichtliche Zulassung oder eine Zustimmung im Einzelfall für diese Art der Fassadenausbildung erforderlich.

Anders als in den USA oder den meisten europäischen Ländern müssen in Deutschland in Fassadenbereichen oberhalb 8 m über Geländeoberfläche neben der Klebehalterung zusätzlich mechanische Halterungen gegen Windsog vorgesehen werden. Unterhalb des 8 m-Bereiches darf auf mechanische Halterungen generell verzichtet werden [5.117].

Überkopfverglasungen

Zu den Überkopfverglasungen gehören entsprechend der Definition in den „Technischen Regeln für die Verwendung von linienförmig gelagerten Überkopfverglasungen" [5.125], [5.126] alle Verglasungen, die um mehr als 10° zur Vertikalen geneigt sind. Sofern übermäßige Biegebelastungen (Schneeanhäufungen) zu erwarten sind, sind auch Glasflächen kleinerer Neigung den Überkopfverglasungen zuzuordnen. Überkopfverglasungen können aus Floatglas, ESG, TVG oder VSG als Einfach- oder Mehrfachverglasung gefertigt werden. Dabei gilt zu beachten, dass als Einfachverglasung nur Drahtglas und VSG aus Floatglas zugelassen sind. Bei Verwendung von ESG oder VSG aus ESG ist unterhalb der Verglasung ein nicht brennbares Netz mit einer kleinen Maschenweite (< 40 mm) anzuordnen. Ursache dieser Regelung ist, dass ESG durch Nickel-Sulfid-Einschlüsse spontan versagen kann. Da ESG keine Resttragfähigkeit besitzt, würde die Scheibe zerkrümeln und bei Einfachverglasung herabfallen, was zu verhindern ist. Daher darf ESG oder Floatglas auch nur als obere Scheibe bei Mehrfachverglasung angeordnet werden. Generell ist auch die Verwendung von VG und TVG denkbar; jedoch sind beide Glasarten im Sinne der „Technischen Regeln" bisher noch nicht zugelassen. Einen Überblick, welche Glasart bei welcher Anordnung als Überkopfverglasung zugelassen ist, gibt Tabelle 5-76 [5.117].

Tabelle 5-76 Zulässige Glasarten bei linienförmig gelagerten Überkopfverglasungen [5.117]

• = zugelassen	Floatglas	ESG	VSG aus Float	VSG aus ESG	Drahtglas
Einfach-Verglasung			•		•
Isolierglas (oben)	•	•	•	•	•
Isolierglas (unten)			•		•

Weil bei Überkopfverglasungen der Einfluss von Dauerlasten (Eigengewicht, Schnee) vorhanden ist, muss die Glasfestigkeit entsprechend niedrig angesetzt werden. So darf die zulässige Spannung für Floatglas 12 N/mm^2 und für Gussglas (Drahtglas) 8 N/mm^2 nicht übersteigen. Die Glasfestigkeit darf bis auf 15 N/mm^2 angehoben werden, wenn VSG aus Floatglas als Überkopfverglasung eingebaut wird.

Für alle Überkopfverglasungen, die nicht den „Technischen Regeln" entsprechen, z.B. punktgelagerte Verglasungen, Verglasung aus nicht genormten Glasarten (z.B. TVG), Verglasung mit großer Spannweite, sind Zustimmungen im Einzelfall der jeweils obersten Baubehörden der Bundesländer erforderlich. Gegenwärtig ist es Stand der Technik, dass für Überkopfverglasungen neben dem Tragfähigkeitsnachweis auch der Nachweis einer ausreichenden Resttragfähigkeit abverlangt wird. Der Resttragfähigkeitsnachweis ist bisher in keiner Norm oder technischen Richtlinie erfasst und kann bisher nicht auf rechnerischem Wege erbracht werden. In der Regel wird die Resttragfähigkeit versuchsmäßig nachgewiesen, wobei den Anforderungen und Durchführungsbestimmungen der zuständigen Bauaufsicht Folge geleistet werden muss. Für die zentrale Glashalle der Neuen Messe Leipzig (Bild 5-95) zum Beispiel, sind sowohl für die Tragfähigkeitseinstufung als auch für die Ermittlung der Resttragfähigkeit Belastungsversuche durchgeführt worden, die durch gutachterliche Stellungnahmen und Bestätigungsversuche bis zur Erteilung der Zustimmung im Einzelfall durch die Sächsische Landesstelle für Baustatik begleitet worden sind [5.117]. Die Glashalle der Neuen Leipziger Messe gilt mit 250 m Länge, 80 m Breite und 30 m Höhe als das größte Glasgebäude Europas. Für die Glashülle wurden VSG-Scheiben aus 2 x 8 mm dickem ESG (im Firstbereich 2 x 10 mm) verwendet, die mit einer 1,25 mm dicken PVB-Folie als Zwischenlage verbunden sind. Die einzelnen VSG-Scheiben sind mit Punkthaltern über Gussarme an die tragende Stahlkonstruktion angeschlossen. Verglaste Verbindungsgänge aus 12 mm dickem, gekrümmtem ESG (Einfachverglasung) gestatten den Zugang zu den Ausstellungshallen. Im Überkopfbereich wurde die Glasfläche für den Fall eines Spontanbruches der ESG-Scheiben durch Nickel-Sulfid-Einschlüsse mit Stahlnetzen unterspannt. Ein weiteres herausragendes Beispiel einer gelungenen Überkopfverglasung ist z.B. die Glaskuppel auf dem Reichstagsgebäude [5.117] oder die Glasüberdachung des Lehrter Bahnhofes in Berlin.

Bild 5-95 Zentrale Glashalle der Neuen Messe Leipzig

Absturzsichernde Verglasung

Geländer, raumhoch verglaste Fassaden und Brüstungen gehören zu den absturzsichernden Verglasungen. Für diese Glaskonstruktionen sind gegenwärtig immer besondere Nachweise in Form einer Zustimmung im Einzelfall erforderlich, weil keine gültigen Regelwerke existieren. Für absturzsichernde Verglasungen kommen hauptsächlich Drahtglas, ESG und VSG in Betracht, die linien- oder punktförmig gelagert sein können. Über die Verwendung von ESG herrscht Uneinigkeit, solange an Verkehrsflächen mit intensiver Nutzung ein Personenschaden durch abgängige Glasbruchstücke (ESG besitzt keine Resttragfähigkeit) nicht durch andere konstruktive Maßnahmen sichergestellt werden kann [5.117]. Absturzsichernde Verglasungen müssen gemäß den Landesbauordnungen eine Mindesthöhe aufweisen und werden in drei verschiedene Kategorien unterteilt, je nachdem ob sie allein oder in Kombination mit anderen Sicherungselementen verwendet werden.

Mit der Einführung der Entwurfsfassung der „Technischen Regeln für die Verwendung von absturzsichernden Verglasungen" (TRAV) [5.142] wurden erstmals Regeln zur Ausführung, zur Bemessung und zum Nachweis von Glasbauteilen unter Stoßbeanspruchung vorgestellt, die neben der Handhabung von experimentellen Nachweisen auch rechnerische Nachweisverfahren für zwei- und vierseitig gelagerte Scheiben umfassen.

5.7.7.2 Begehbare Glaskonstruktionen

Zu den begehbaren Glaskonstruktionen gehören z.B. Treppenstufen und -podeste aus Glas sowie Überkopfverglasungen, die begehbar sind. Laut Baurecht werden Überkopfverglasungen, die nur zu Reinigungszwecken betreten werden, zu den betretbaren Gläsern gezählt. Begehbare und betretbare Glaskonstruktionen sind bisher nicht durch Normen geregelt. Bei diesen Konstruktionen ist neben der Tragfähigkeit vor allem die Begrenzung der Durchbiegung f ein maßgebendes Entwurfskriterium. In der Regel wird bei Einfachverglasung über die Stützweite L eine Durchbiegungsbeschränkung von $f = L/100$ und zwar lagerungsunabhängig angenommen. Die Ausführung derartiger Konstruktionen erfolgt aus mindestens 3 Scheiben Floatglas, ESG oder TVG jeweils als VSG oder VG, wobei die oberste Scheibe und auch die Verbundwirkung zwischen den Scheiben i.d.R. rechnerisch vernachlässigt wird. Wegen eines möglichen Aufenthalts von Personen unter den Glasflächen darf gemäß [5.125] und [5.126] die unterste Scheibe nicht aus ESG bestehen, weil herabfallende Krümel infolge eines Spontanbruches der ESG-Scheibe Personen verletzen können. Empfohlen wird TVG, das allerdings als nicht genormter Baustoff auch wieder eine Zustimmung im Einzelfall bedarf. Zum Schutz der stoßempfindlichen Kanten sind insbesondere die Vorderkanten durch Metallschienen abzudecken.

Der Nachweis der Resttragfähigkeit erfolgt experimentell (siehe Abschnitt 5.8.9). Die oberste Scheibe muss wegen der Begehbarkeit rutschhemmend ausgeführt werden (Nachweis der Nutzungssicherheit).

5.7.7.3 Aussteifende Glaselemente

Die konstruktive Nutzung von Glas in Scheibenebene als aussteifende Wandelemente in Rahmensystemen befindet sich erst im Forschungsstadium. Einerseits wird versucht, die Kapazitäten, die Glas bietet, besser zu erschließen und andererseits lassen sich auf diese Weise sehr filigrane Tragwerke entwickeln, die u.U. auf andere Aussteifungselemente verzichten können. *Bucak* berichtet über Versuche, bei denen VSG-Scheiben eingesetzt wurden [5.116]. Das Glas wirkte von Anfang an stabilisierend auf das Tragverhalten und führte zu einer Verdopplung der aufnehmbaren Last bei geringerer Verformung. Das Versagen der Glasscheiben erfolgte durch örtliches Splittern in den Ecken, wobei die Gesamttragwirkung davon nicht betroffen war.

5.7.7.4 Fügetechnik im Glasbau

Zur Erstellung von Glaskonstruktionen ist es erforderlich, Glasbauteile miteinander zu verbinden. Zur Fügetechnik von Glaskonstruktionen wurden grundlegende Arbeiten von *Techen* [5.135] vorgelegt. Prinzipiell stehen drei geeignete Techniken zur Verfügung: Reibverbindung, Lochleibungsverbindung, Klebeverbindung. Allen Verbindungstechniken liegt der Gedanke zugrunde, einen direkten Kontakt Glas-Stahl zu meiden, aber dennoch eine Kraftübertragung zu ermöglichen.

Bei der *Reibverbindung*, die dem Stahlbau entlehnt ist, werden die Glasscheiben durch vorgespannte Schraubmittel gegeneinander gepresst. Dadurch wird ein Reibschluss erzielt, der eine gewisse Kraftübertragung zulässt. Zur Verbesserung des Reibverhaltens werden in die Glas-Stahl-Kontaktfläche Reibschichten eingelegt, die allerdings sehr dauerhaft und kriechfest sein müssen. Durch den verformungsarmen Reibkontakt erfolgt die Lasteinleitung nahezu gleichmäßig ohne größere Spannungsspitzen.

Geschraubte Verbindungen werden als *Lochleibungsverbindungen* bezeichnet und stammen ebenfalls aus dem Stahlbau. Diese Verbindungen sind sehr einfach, robust, handlich auszuführen und damit baustellengerecht. Während die Lochleibungsdrücke im Stahl auf Grund des elasto-plastischen Materialverhaltens annähernd gleichmäßig verteilt sind, weil lokale Spannungsspitzen durch örtliche Materialplastizierung umgelagert werden können, bietet Glas diese Eigenschaft nicht. Bei Lochleibungsverbindungen im Glasbau muss deshalb zwischen Schraube und Glasbohrung eine Hülse eingelegt werden, die hart genug ist, die auftretenden Spannungen zu übertragen, aber dennoch zäh genug, um Spannungsspitzen abzubauen. In der Regel werden vorgefertigte Kunststoffhülsen (Teflon, Polyamid) eingesetzt. Sind die Hülsen eingegossen, werden Epoxidharze, Polyester oder Polyurethane verwendet. Die Hülsen müssen witterungsbeständig sein (UV-Strahlung, Wasser, Umweltgifte) und ein gutes Dauerstandsverhalten aufweisen (kriechfest). Alternativ können die mit Schrauben versehenen Bohrungen mit speziellen Gießharzen ausgegossen werden. Die Anforderungen an die Gießharze sind vergleichbar mit denen der Hülsen.

Eine sehr gleichförmige und gutmütige Lasteinleitung ermöglichen *Klebeverbindungen*. Je nach Schichtdicke und elastischen Eigenschaften des Klebers lässt sich der Kraftfluss und das Verformungsverhalten über die Steifigkeit der Verbindung steuern. Dafür sind jedoch die Umgebungsbedingungen, wie z.B. Lufttemperatur und -feuchtigkeit, zu beachten, so dass das Kleben recht kompliziert ist. Die Kleber sollten eine gute Haftung besitzen, wenig kriechen, sehr steif sein und eine lange Dauerhaftigkeit gewährleisten. Die Glasflächen bedürfen keiner speziellen Vorbereitung; sie müssen lediglich trocken und frei von Fett sein.

5.7.8 Bemessungsansätze im Glasbau

Bemessungsgrundsätze

Für den konstruktiven Glasbau wurde ein probabilistisches Bemessungskonzept umgesetzt, welches hauptsächlich auf Forschungsarbeiten von *Wörner* beruht und in [5.117] konzentriert wiedergegeben wird. Die Unsicherheiten auf der Einwirkungs- und Widerstandsseite werden jeweils durch Teilsicherheitsfaktoren abgedeckt. Damit wurde die alte Bemessungsstrategie der zulässigen Spannungen verlassen. Die vorgeschlagenen Teilsicherheitsfaktoren wurden anhand probabilistischer Überlegungen ermittelt. Zudem sind die Einflüsse infolge Einwirkungshäufigkeit und Einwirkungsstreuung, Streuung der Materialparameter, Flächeneinfluss (große Oberflächen sind stärker gefährdet) und Einwirkungsdauer erfasst und in praktikable Rechenfaktoren umgesetzt worden. Zur Berechnung der Schnittgrößen und Verformungen im konstruktiven Glasbau werden allgemeine Verfahren der Baustatik angewandt, die generell baustoffunabhängig sind. Dies gilt ausdrücklich nicht für die Befestigungspunkte und Verbindungsmittel im Glasbau, die mit FE-Berechnungen speziell zu untersuchen sind. Da insgesamt zu den Nachweisen im konstruktiven Glasbau bisher keine allgemeingültigen Erfahrungen vorliegen, sind häufig Bestätigungsversuche erforderlich, wenn nicht sogar der gesamte Nachweis versuchstechnisch zu erbringen ist (z.B. Nachweise der Resttragfähigkeit).

Durch die Besonderheiten des Werkstoffes Glas sind Lastfälle zu berücksichtigen, die nicht in den üblichen Regelwerken (DIN 1055, EC 1) enthalten sind. So sind, z.B. für Isoliergläser, neben den Lastfällen aus Eigengewicht, Wind und Schnee auch der Koppeleffekt des SZRs sowie klimatisch induzierte Druckdifferenzen zwischen dem Scheibenzwischenraum (SZR) und der Umgebung zu beachten. Hinweise dazu gibt *Feldmeier* [5.136].

Ebenso sind Glaskonstruktionen besonders empfindlich gegenüber Stoßbelastungen. Zur Abdeckung einer Vielzahl von unterschiedlichen Stößen hinsichtlich Masse, Form, Verformungsvermögen etc. unterscheidet man zwischen weichem und hartem Stoß. Harte Stöße (kleine Gegenstände) sind nur lokal an der Stoßstelle wirksam, weiche Stöße (menschlicher Körper) dagegen wirken auf das gesamte Bauteil. Hinsichtlich der Robustheit der Oberfläche gegenüber Stößen ist ESG anderen Gläsern überlegen. Bei VSG und VG ergibt sich die Stoßfestigkeit aus der verwendeten Glasart. Vorteilhaft wirkt sich die Zwischenlage aus, da sie einen Teil der Stoßenergie absorbiert.

Weil der Werkstoff Glas keine plastischen Verformungen zulässt, können Spannungsspitzen nicht abgebaut werden. Zwängungen infolge Verformungsbehinderung können deshalb schnell zum Bruch der Glaskonstruktion führen. Daher sind bei Glaskonstruktionen Zwänge möglichst auszuschließen, indem die unterschiedlichen Wärmeausdehnungskoeffizienten von Unterkonstruktion und Glas in der Bemessung berücksichtigt werden und genügend Verformungsspielraum eingeplant wird. Vorteilhaft für Glaskonstruktionen ist, die Glasscheiben statisch bestimmt zu lagern. Daher sollten die unmittelbar das Glas berührenden Werkstoffe einen kleineren E-Modul als Glas besitzen oder Kugelgelenke als Halterung verwendet werden. Die punktförmige Lasteinleitung macht eine aufwendige statische Berechnung zur Ermittlung der örtlichen Spannungsspitzen an den Befestigungspunkten erforderlich, die den Rechenaufwand im Vergleich zu einer Linienlagerung deutlich erhöht. In jedem Fall sollte das Berechnungsverfahren durch die zahlreichen, bisher nur unzureichend erfassbaren Einflussfaktoren versuchsmäßig abgesichert sein.

Liniengelagerte Fassaden- oder Überkopfverglasungen lassen sich auf Grund des klar bestimmbaren Spannungsverlaufes in Platten relativ einfach bemessen. Bei punktgelagerten Scheiben muss der Einfluss der Bohrungen, der Kantenbeschaffenheit und ggf. der Kunststoffhülsen als Führungsglied in den Bohrungen in der Modellierung sehr genau erfasst werden, um eine realitätsnahe Abbildung zu erhalten. In den meisten Fällen wird sich die größte Hauptzugspannung an den Aufhängepunkten ausbilden und die maßgebende Spannung für die Dimensionierung sein. Inwiefern vereinfachte Modelle angewandt würden können, muss durch Vergleichsrechnungen und Verifizierung mit Versuchsergebnissen geklärt werden.

Tragwirkung von Glasplatten

Das Tragverhalten von Platten ist durch einen flächenhaften Lastabtrag der Belastung zu den Auflagern hin gekennzeichnet. Die Lastabtragung ist im Wesentlichen zweiaxial ausgerichtet, wenn nicht die Auflageranordnung dem entgegen steht. Es treten i.d.R. große Durchbiegungen auf, die ein Vielfaches der Plattendicke ausmachen können. Gemäß der linearen Elastizitätstheorie (Kirchhoff'sche Plattentheorie) haben das Seitenverhältnis der Platte, die Lagerungsart (zwei-, drei-, vierseitig), der Lagerungstyp (gelenkig, eingespannt) und die Plattensteifigkeit (drillweich, drillsteif) Einfluss auf das Biegeverhalten und damit auf die Tragwirkung. Auf Grund ihres isotropen Materialverhaltens können Glasscheiben grundsätzlich als drillsteif angesehen werden [5.116]. Weil die lineare Plattentheorie eigentlich nur bis zu Verformungen in Größe der Plattendicke Gültigkeit besitzt, liefert sie für größere Durchbiegungen Ergebnisse, die i.d.R. auf der sicheren Seite liegen, jedoch unwirtschaftlich sein können und u.U. keine realistische Abschätzung des tatsächlich vorhandenen Sicherheitsniveaus erlauben. Es ist daher sinnvoll, das tatsächliche Tragverhalten ggf. mit Spannungs- und Verformungszuständen höherer Ordnung zu erfassen.

Vergleiche von Ergebnissen nach Plattentheorie und Versuchswerten zeigten, dass in Abhängigkeit von Scheibengeometrie und Belastung zum Teil deutliche Unterschiede bestehen. Mittels Berechnungen nach geometrisch nichtlinearer Schalentheorie konnte gezeigt werden, dass neben den Plattenmomenten und Querkräften aus der linearen Plattentheorie zusätzlich versteifende Membrankräfte vorhanden sind, die sich an der Lastableitung beteiligen. Die Membrankräfte werden durch Verformungen in Scheibenebene aktiviert, so dass sich innerhalb der Scheibe ein Druckring aufbauen kann, an den sich die Glasplatte einhängt. Dadurch können sich Membranzugkräfte ausbilden, die die Plattenverformung und die Biegebeanspruchung verringern (Bild 5-96).

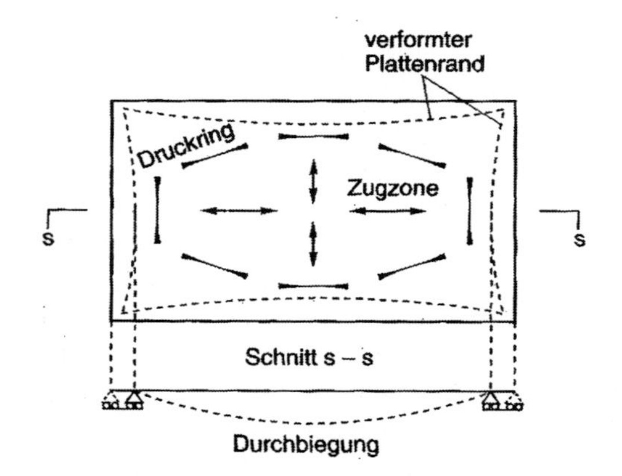

Bild 5-96 Wirkung der Membrankräfte in einer biegebeanspruchten Glasplatte [5.116]

Letztlich führt die Einbeziehung der Membrantragwirkung zu einer Versteifung des Systems mit der Folge, dass sich Durchbiegung und Biegespannung bei gleicher Belastung gegenüber alleiniger Betrachtung der Biegetragwirkung verringern (Bild 5-97).

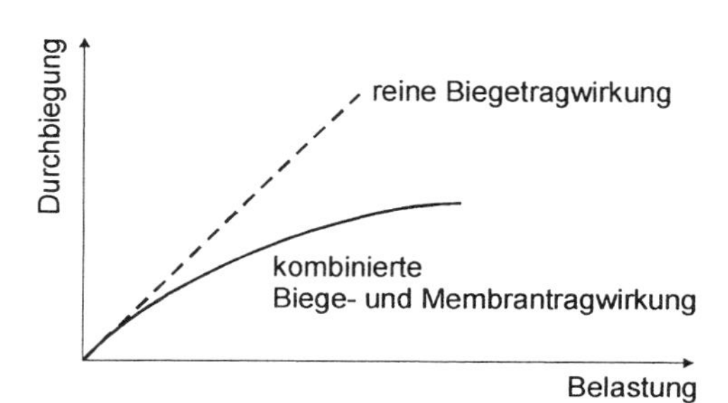

Bild 5-97 Tragunterschiede bei Berücksichtigung der reinen Biegetragwirkung und der kombinierten Biege-Membrantragwirkung [5.116]

5.7.9 Tragfähigkeitsversuche an Glaskonstruktionen

Im Rahmen von Zulassungen im Einzelfall sind fast immer praktische Versuche an Glaskonstruktionen erforderlich. Diese unterteilen sich in Belastungsversuche, Stoßversuche, Dauerstandsversuche und Versuche zur Ermittlung der Resttragfähigkeit.

Belastungsversuche

Im Rahmen von Belastungsversuchen wird eine Glaskonstruktion mit einer vorgegebenen Belastung (Gebrauchslast multipliziert mit Sicherheitsfaktor) beaufschlagt oder mit wachsender Last bis zum Bruch beansprucht, um im Nachhinein aus der Versagenslast die vorhandene Sicherheit zu ermitteln. Meist werden gefüllte Sandsäcke verwendet.

Stoßversuche

Weil Glas ein sprödes Materialverhalten mit plötzlichem Bruch aufweist, muss gerade im Hinblick auf den Einsatz von Glas als tragendes konstruktives Element der Sicherheitsaspekt für Personenanprall und der daraus abgeleiteten Absturzgefahr genauer betrachtet werden. Im Gegensatz zur statischen Beanspruchung muss unter Stoßbelastung das dynamisch reagierende System Scheibe-Stoßkörper untersucht werden. Wenn ein leicht deformierbarer Körper, z.B. eine stürzende Person, das Bauteil beansprucht, spricht man von einem weichen Stoß. Ein auf die Scheibe fallender kaum deformierbarer Körper, z.B. Metallwerkzeuge, kennzeichnen einen harten Stoß. Insbesondere bei absturzsichernden Verglasungen ohne weitere Sicherungselemente, z.B. Geländerholme, oder begehbaren Glasflächen ist der Nachweis eines weichen oder ggf. harten Stoßes entscheidend für die Dimensionierung der Glasscheiben.

Kugelfallversuche nach DIN 52338 [5.137] simulieren einen harten Stoß. Mit gummigefederten Pendelschlagversuchen gemäß DIN 52337 [5.138] bzw. E DIN EN 12600 [5.139] dagegen sind weiche Stöße auf Glaskonstruktionen möglich. Kugelfall- und Pendelschlagversuche können an Musterscheiben oder bereits eingebauten Verglasungen ausgeführt werden und dienen dem Nachweis der Standsicherheit.

Die Pendelschlagversuche werden mit einem 50 kg schweren Gummizwillingsreifen mit 4,0 bar Luftdruck gemäß Bild 5-98 ausgeführt. Der Pendelschlagkörper wird – je nach Art der zu untersuchenden Konstruktion – an einem Seil hängend auf Fallhöhen von

450 mm, 700 mm oder 900 mm ausgelenkt und gegen die Verglasung fallen gelassen. Aus vielen Untersuchungen ist bekannt, dass der Doppelreifen-Pendelkörper menschliche Körperstöße qualitativ gut abbilden kann, ja sogar zu etwas höheren Beanspruchungen des Glases führt und damit sichere Ergebnisse liefert.

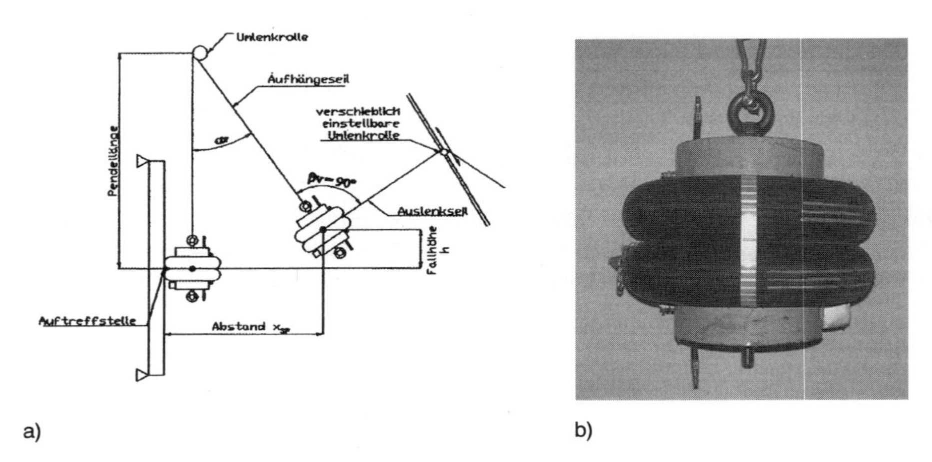

a) b)

Bild 5-98 Pendelschlagversuch
a) schematischer Versuchsaufbau, b) Stoßkörper

Da E DIN EN 12600 [5.139] nur für die Untersuchung vierseitig gelagerter Verglasungen mit definierten Abmessungen Gültigkeit besitzt, müssen für alle anderen Halterungsarten oder abweichende Scheibenabmessungen für die bauaufsichtliche Genehmigung Pendelschlagversuche z.Z. immer an Originalbauteilen durchgeführt werden.

Versuche, die Pendelschlagversuche rechnerisch abzubilden, stellten sich als nicht ganz einfach heraus. Die Nachrechnung der Pendelschlagversuche ist wegen der systemabhängigen Pendelbeschleunigung (Pendelbeschleunigung hängt sowohl von der Fallhöhe als auch von den Masse- und Steifigkeitsverhältnissen der Glas- und Unterkonstruktion ab) nicht allein durch statische Ersatzlasten, sondern nur durch wirklichkeitsnahe Berechnungen unter Berücksichtigung der Massen des gestoßenen als auch des stoßenden Körpers möglich. In vielen Fällen handelt es sich um Mehrmassenschwinger, die nicht entkoppelt betrachtet werden können.

Dauerstandsversuche

Da die Tragfähigkeit von Glas unter Dauerlasten erheblich abfällt, sind Dauerstandsversuche bei verschiedenen Temperaturen oder bei besonderen UV-Strahlenbelastung erforderlich. So zeigte sich z.B. bei Versuchen mit VSG, dass die Zwischenfolie auch bei sehr niedrigen Temperaturen kriecht und dadurch den Schubverbund zwischen den Scheiben mit der Zeit schwächt.

Versuche zur Ermittlung der Resttragfähigkeit

Die Resttragfähigkeit umfasst den Widerstand, den eine teilweise zerstörte Glaskonstruktion gegenüber einem vollständigen Versagen aufweist. Im konstruktiven Glasbau ist die Resttragfähigkeit nur für VSG, VG und Isolierglas von Bedeutung, bei denen eine oder mehrere Scheiben einer Glaskonstruktion durch Lastwirkung oder Spontanbruch (Nickel-Sulfid-Einschlüsse) zerstört wurden. Der Nachweis der Resttragfähigkeit steht nicht für sich allein, sondern muss immer im Zusammenhang mit dem Bauteil und den erforderlichen Sicherheitsanforderungen gesehen und abgestimmt werden. So unterscheiden sich die Anforderungen an die Resttragfähigkeit bei begehbarem Glas von denen, die bei Überkopfverglasungen gelten [5.117].

Während der Versuche zur Ermittlung der Resttragfähigkeit werden die betreffenden Scheiben der Glaskonstruktion zerstört und die Reststandzeit bis zum vollständigen Systemversagen (Herunterfallen der Scheibe) gemessen. Gegebenenfalls müssen weitere Zusatzlasten (Auflasten bei horizontalen Scheiben, Pendelschläge bei vertikalen Scheiben) und/oder erhöhte Umgebungstemperaturen berücksichtigt werden.

Für Überkopfverglasungen werden die gleichmäßig belasteten Scheiben (0,5 N/mm^2) einem Kugelfallversuch mit einem harten Stoßkörper unterzogen. Eine ausreichende Resttragfähigkeit ist gegeben, wenn unabhängig vom Zerstörungsgrad der Scheibe diese die zuvor aufgebrachte Flächenlast von 0,5 N/mm^2 mindestens 24 Stunden abtragen kann.

Für die Untersuchung von begehbarem Glas werden Flächen > 1 m^2 mit einer Flächenlast von 2 kN/m^2 belastet und zusätzlich wird ein 40 kg schwerer Versuchskörper mit einem M8-Schraubenkopf aus einer Höhe von 0,5 m auf das Glasbauteil fallen gelassen. Der Nachweis gilt als erbracht, wenn die zerstörte Glasscheibe dem Gewicht des Versuchskörpers und ggf. einer Zusatzlast mindestens 30 Minuten nach dem Fallversuch standhält und erst dann herabfällt. Es konnte demonstriert werden, dass neben der Glasart auch die Auflagerart und Auflagertiefe einen Einfluss auf die Resttragfähigkeit haben [5.117]. Floatglas- und TVG-Scheiben im VSG, VG und Isolierglas zeigten die besten Ergebnisse hinsichtlich der Resttragfähigkeit, während ESG-Scheiben wegen der erhöhten Schlagfestigkeit günstig die Robustheit des Systems beeinflussten.

Aus Versuchen ist bekannt, dass punktgehaltene Glasscheiben hinsichtlich der Resttragfähigkeit durch ihre „Vernadelung“ des Kopfes der Punkthalterung mit der Glasscheibe den linienförmig gelagerten Gläsern überlegen sind [5.116]. Telleranker gewährleisteten den höchsten Widerstand gegen das „Ausknöpfen“.

5.7.10 Entwicklungstendenzen beim Werkstoff Glas

Seit Jahren steigt die weltweite Glasproduktion. Hohe Zuwachsraten verzeichnete vor allem das für Glaskonstruktionen einsetzbare Tafelglas (Float, ESG, VSG, TVG etc.) und das Verpackungsglas, obwohl in der Verpackungsindustrie das Glas vielerorts durch Kunststoffe oder Metalle verdrängt wurde. Der Anteil der anderen Gläser an der Gesamtproduktion beträgt weniger als 10 Prozent. Wertmäßig gesehen liegen dagegen die Sonder- und Spezialgläser vorn.

Insgesamt sind für den Werkstoff Glas weitere Entwicklungstendenzen zu erwarten, die hauptsächlich den Werkstoff selbst betreffen: Temperaturverhalten (thermotrope Systeme zum automatischen Verdunkeln von Sonnenschutzgläsern), Verschmutzungs- und Reinigungsverhalten (z.B. schmutzabweisende Bi-Antisol Beschichtung), Sonnen- und Sichtschutz (automatische Einfärbung von Sonnenschutzgläsern, automatisches Einfahren einer bedruckten Scheibe zur Steuerung des Lichteinfalls) und mechanische Eigenschaften. Für die konstruktive Nutzung wird es von Bedeutung sein, die Bruchdehnung bei einer Zugbeanspruchung, zu erhöhen. Die Kombination mit organischen Stoffen, z.B. Hochpolymeren, zu Verbundwerkstoffen im Sinne einer günstigen Beeinflussung des Eigenschaftsprofils wird daher an Bedeutung gewinnen. Ebenso die Befestigungstechnik für Tafelglas und die konstruktive Nutzung von tragenden Glasbauteilen werden deutliche Fortschritte erwarten lassen. Im Allgemeinen wird sich der Trend durchsetzen, Glaskonstruktionen zu ermöglichen, die die erforderliche Sicherheit bei weitestgehender architektonischer Freiheit gewährleisten.

Die Glaskeramik (Vitrokeramik), bereits eingesetzt in Hitzeschilden von Raketen und temperaturwechselbeständigem Geschirr, wird neue Anwendungsfelder erschließen und weiterentwickelt werden. Optische Gläser für elektrische Schaltungen oder Lasertechnologie lassen ebenfalls weitere Fortschritte erwarten.

Weil Glas auch einen Stoffzustand beschreibt, ist es durch angepasste Abkühlungsbedingungen der Schmelze möglich, auch nicht oxidische Stoffe, wie z.B. Karbide oder Metalle, in einen glasigen Zustand zu überführen. Die ersten glasigen Metalle sind beim Abschrecken von Al-Si-Schmelzen entdeckt worden [5.115]. Inzwischen sind auch andere Kombinationen bekannt. Glasige Metalle (amorphe Metalle) sind, wie kristalline Metalle auch, undurchsichtig, gut formbar, sind elektrisch leitend, besitzen eine ausgeprägte Wärmeleitfähigkeit und magnetische Eigenschaften. Im Gegensatz zu gewöhnlichen Metallen zeigen amorphe Metalle einen hohen Korrosionswiderstand und sind ausgesprochen hart. Anhand der Eigenschaften amorpher Metalle ist erkennbar, dass sich diese neuen Gläser einerseits den silicatischen Gläsern, andererseits den kristallinen Metallen annähern.

Weitere vielversprechende Entwicklungen sind die kohlenstoffhaltigen Gläser. Glasartige Kohlenstoffe und organisch modifizierte Silicate, auch als Ormosile bezeichnet, sind Stoffe, bei der in das silicatische Netz organische Komponenten eingebaut werden. Die Ormosile besitzen organische als auch anorganische Eigenschaften und werden als „innere“ Verbundwerkstoffe angesehen [5.115]. Insgesamt bietet der Werkstoff Glas ein enormes Entwicklungspotential, welches aber stark durch die Rohstofflage und Rohstoffpreise beeinflusst wird.

5.8 Natürliche Mineralien und Gesteine

Natursteine sind aus Kristallen bzw. Mineralen in reiner oder wesentlich öfter in gemischter Form als Gemenge anzutreffen. Entsprechend der theoretischen Unterteilung in homogene und heterogene Stoffe werden Minerale und Gesteine voneinander unterschieden.

5.8.1 Abgrenzung zwischen Mineralen und Gesteinen

Der Begriff *Mineral* beschreibt in seiner ursprünglichen Form natürliche Kristallarten, also chemisch homogene Festkörper (Kristalle). Aber auch mineralähnliche Stoffe, wie z.B. einige amorphe Substanzen (Opal) oder flüssige Substanzen (Quecksilber) werden zu den Mineralen gezählt. Mehrheitlich wird der Begriff im Zusammenhang mit Mineralöl, Mineralwasser oder zur Bezeichnung anorganischer, zumeist nichtmetallischer Substanzen, zweckentfremdet.

Mineralien können in eine endliche Anzahl verschiedener Arten gegliedert werden, die sich im chemischen und physikalischen Aufbau voneinander unterscheiden und eindeutig identifizieren lassen. Mineralien sind Naturprodukte, die immer denselben Aufbau unabhängig vom Fundort, sei es auf oder in der Erde oder auf einem beliebigen Planeten unseres Sonnensystems, haben. Bisher sind etwa 3600 Mineralien bekannt. Nicht auszuschließen ist, dass es vor allem auf den anderen Planeten weitere Kristalle gibt, die für uns bisher unbekannt sind. So wird z.B. auf dem Jupiter kristallines Kohlendioxid vermutet, das wir in dieser Form auf der Erde nicht kennen [5.144].

Gesteine sind natürliche, heterogene Mineralgemische und unterscheiden sich somit deutlich von den homogenen Mineralarten. Dagegen sind Gesteine nicht genau abgrenzbar gegenüber:

- *Glasmassen*: durch Vulkanaktivität entstandene schaumige oder glasige Massen; werden zu den Gesteinen gezählt,
- *Gletscher*: Ansammlung von Eiskristallen; sind Gegenstand der Glaziologie und werden nicht zu den Gesteinen gezählt,
- *Böden*: verwitterte Gesteine, liegen in dünneren Schichten über den Gesteinen; werden nicht zu den Gesteinen gezählt,
- *Erze*: enthalten metallhaltige Minerale in wirtschaftlich verwertbarer Konzentration; werden nicht zu den Gesteinen gezählt,
- *Meteorite*: Gesteinsstücke aus dem außerirdischen Sonnensystem; werden nicht zu den Gesteinen gezählt.

Ein weiterer wesentlicher Unterschied zwischen Gesteinen und Mineralien ist, dass Gesteine nicht in endlicher Vielfalt auftreten. Da die Gesteine durch natürliche Prozesse gebildet werden, die in Abhängigkeit von der geologischen Zeitepoche und der entsprechenden Örtlichkeit stets verschieden voneinander ablaufen, gibt es theoretisch keine nach oben begrenzte Anzahl von Gesteinen. Weil aber von den etwa 3600 bekannten Mineralien nur 50 Mineralarten häufig und regelmäßig als Gemengeteil von Gesteinen auftreten, spricht man daher von den gesteinsbildenden Mineralien. Etwa ein bis zehn Mineralienarten davon bilden jeweils ein Gestein, so dass je nach Gemengekonzentration von Haupt- und Nebengemenge sowie von monomineralischen Gesteinen (nur eine Mineralart) und polymineralischen Gesteinen (mehrere Mineralarten) gesprochen wird.

5.8.2 Minerale

5.8.2.1 Mineralbildung

Mineralien entstehen auf verschiedenste Weise. Selbst gleiche Mineralarten können sich unter ganz unterschiedlichen Bedingungen bilden. Einige Minerale benötigen Tausende von Jahren um sich zu entwickeln, andere wiederum nur Stunden. Kristalle bzw. Mineralien „wachsen" aus einer Keimbildung heraus durch geordnete Anlagerung von atomaren Bausteinen an vorhandene Kristallflächen. Die atomaren Bausteine stammen aus einer ungeordneten Gas- oder Flüssigkeitsphase um das Kristall herum. Häufig besteht die flüssige Phase zu großen Teilen aus Wasser, welches im heißen Zustand Stoffe löst und im kalten Zustand wieder auskristallisieren lässt. Aus diesem Grunde finden Kristallisationsvorgänge hauptsächlich in sich abkühlenden Systemen statt. In den seltensten Fällen stimmen Minerale mit dem idealen atomaren Gitteraufbau und der theoretischen chemischen Zusammensetzung überein. Es entstehen Realkristalle mit Gitterfehlern und chemischen Verunreinigungen.

Mineralien entstehen, wachsen und verändern sich nach bestimmten Gesetzmäßigkeiten. Die Mineralbildung vollzieht sich entweder in der glutflüssigen Gesteinsschmelze (Magma) oder an bzw. in der Nähe der Erdkruste durch Sedimentation. Zum Teil verursachen metamorphe Kräfte in der Tiefe der Erdkruste ebenfalls eine Mineralbildung. Daher wird zwischen magmatischer, sedimentärer und metamorpher Abfolge unterschieden, die letztlich zum Aufbau von magmatischen, sedimentären und metamorphen Gesteinen führen.

Magmatische Abfolge

Viele Mineralien entstehen unmittelbar aus dem Magma. Quarz, Feldspat und Glimmer bilden sich z.B. beim Abkühlen der Gesteinsschmelze bei Temperaturen von 1100 bis 1500°C tief in der Erdkruste (Bild 5-99a). Aber auch aus der Magma-Gasaushauchung (Exhalation) entstehen Minerale, indem die abkühlenden Gase mit dem Nebengestein reagieren und sich auf diese Weise Sulfat-, Fluorid- und Chloridminerale, aber auch Gold und Silber bilden. Bei weiterer Abkühlung des Magmas unter 400°C führen Substanzabscheidungen und Stoffzufuhr aus den Nebengesteinen zu weiteren Mineralbildungen, die vorrangig in den Felsklüften anzutreffen sind [5.143]. Zu den gesteinsbildenden Mineralien der Magmatite gehören z.B. Quarze (Quarz, Holzstein, Opal), Feldspäte (Orthoklas, Plagioklas), Glimmer (Biotit, Muskovit), Pyroxene (Augit, Bronzit), Amphibole (Hornblende) und Zeolithe.

Sedimentäre Abfolge

Mineralien können auch durch Gesteinsverwitterung und Gesteinbildung nahe oder auf der Erdoberfläche entstehen. Dabei werden Substanzen in den oberen Erdschichten gelöst, sickern tiefer in den Boden ein und führen, insbesondere bei stärkerer Anreicherung, im Zusammenwirken mit dem Grundwasser zu Neubildungen von Mineralien. Auf diese Weise sind viele Silber- und Kupferlagerstätten entstanden. In warmen und niederschlagsarmen Gegenden führt eine hohe Wasserverdunstung in Salzseen oder abgeschlossenen Meeresbuchten zu chemischen Ausfällung von Salzmineralien. Auch zahlreiche Organismen habe durch Sauerstoffzuführung, Fäulnisvorgänge oder durch den Aufbau von kalkigen Schalen oder kieseligen Skeletten Einfluss auf die Mineralbildung [5.145], so z.B. beim Calcit (Bild 5-99b).

a)

b)

Bild 5-99 Minerale a) magmatischer und b) sedimentärer Entstehung
a) Quarz SiO_2 als Geröllstück [5.145], b) Calcit, Kalkspat $CaCO_3$ [5.146]

Eine Reihe von Mineralien tritt ausschließlich oder überwiegend in Sedimenten auf. Zu den gesteinsbildenden Mineralien der Sedimente gehören u.a. Tonminerale (Chlorit, Illit, Kaolionit, Montmorrillonit), Salzminerale, wie z.B. Chloride (Steinsalz), Sulfate (Gipsspat, Anhydritspat), Borate und Nitrate (Kalisalpeter, Natronsalpeter) sowie Karbonatminerale (Calcit, Dolomitspat, Baryt).

Metamorphe Abfolge

Gesteine in tieferen Teilen der Erdkruste können durch gebirgsbildende Vorgänge oder zunehmende Überdeckung durch andere Erdschichten überlagert werden. Unter dem Einfluss von hohen Temperaturen und hohen Drücken werden die betreffenden Mineralien und das betreffende Gestein tiefgreifenden Umwandlungsprozessen (Metamorphose) unterworfen, in deren Folge neue Mineralien durch Umbildung bereits vorhandener entstehen können. Metamorphe Vorgänge, allerdings in viel kleinerem Ausmaß, entstehen ebenfalls, wenn glühendflüssiges Magma entlang von Spalten oder in Schloten aufsteigt und dabei das Nachbargestein anlöst [5.145]. Gesteinsbildende Mineralien der Metamorphite sind z.B. Andalusit, Axinit, Granate, Graphit, Wollastonit und Talk.

5.8.2.2 Aufbau der Minerale

Alle Mineralien haben eine ganz bestimmte stoffliche Zusammensetzung, die durch eine chemische Formel beschrieben werden kann und für das betreffende Mineral stets gleich ist. Die Formel ist idealisiert, d.h. sie nennt nur die Hauptbestandteile des Minerals. Verunreinigungen oder farbliche Beimengungen bleiben unberücksichtigt. Trotz gleicher chemischer Zusammensetzung können Minerale voneinander abweichen und eigenständig auftreten, wenn die Kristallgitter voneinander abweichen. Diese Erscheinung wird Polymorphie genannt [5.145]. Kohlenstoff z.B. tritt in verschiedenen Kristallgestalten auf: Graphit (hexagonal) und Diamant (kubisch).

Maßgebend für die äußere Erscheinung und die physikalischen Eigenschaften eines Minerals ist sein innerer Aufbau, mit dem die Anordnung der Atome, Moleküle oder Ionen beschrieben wird. Sind fixierte Strukturen im Aufbau vorhanden, spricht man von einem Kristallgitter. Mineralien mit einem solchen Kristallgitter sind kristallin (z.B. Quarz). Besitzen Mineralien keine geordnete innere Struktur, sind sie amorph (z.B. Opal). Die meisten Minerale sind kristallin. Mischkristalle entstehen, wenn einzelne elementare Bausteine durch verwandte Stoffe ersetzt werden, ohne dass sich die chemische Struktur oder Kristallstruktur ändern. Dabei können sich Varietäten ausbilden, die eine farbliche Änderung oder eine ungewöhnliche Aggregatausbildung (Form) herbeiführen, was diese Mineralien für die Schmuck- und Edelsteinindustrie besonders attraktiv macht.

Kristalline Mineralien bilden unterschiedliche typische geometrische Körper (Kristallform), die nach dem Symmetrieprinzip in insgesamt 32 Kristallklassen untergliedert werden. Jedes Mineral besitzt eine eigene Form, da die Kristallform der sichtbare, äußerliche Ausdruck des atomaren Gitters ist. Alle Kristallformen lassen sich auf sieben Grundformen (Kristallsysteme) zurückführen: kubisch, hexagonal, tetragonal, trigonal, rhombisch, monoklin und triklin (Bild 5-100).

Obwohl die Einzelflächen des Kristalls unterschiedlich groß und verzerrt sein können, ist der Winkel zwischen den Flächen stets konstant [5.144]. Daher basiert die geometrische Mineralbestimmung immer auf der Bestimmung der Winkel zwischen den Kristallflächen.

5.8.2.3 Eigenschaften der Minerale

Minerale sind aus kleinsten atomaren Bausteinen aufgebaut, die einer strengen räumlich-geometrischen Ordnung (Kristallgitter) unterliegen. Diese ist die Grundlage und Voraussetzung für die makroskopisch zu betrachtende Kristallform und die chemischen und physikalischen Eigenschaften, die für das spezielle Mineral charakteristisch sind. Um Minerale zu bestimmen sind neben der Kristallform z.B. auch die optischen Eigenschaften (Farbe, Strich, Glanz), die chemischen Eigenschaften, die mechanischen Eigenschaften (Dichte, Härte, Bruch, Spaltbarkeit) und die thermischen Eigenschaften zu untersuchen.

Optische Eigenschaften

Farbe, Strich und Glanz

Farbe und Glanz ergeben sich aus der Reflexion, der Absorption und Refraktion von Licht. Farbliche Eindrücke entstehen vor allem durch selektive Absorption und Refraktion von „weißem" Licht. Die selektive Absorption ist an bestimmte Elemente im Kristallgitter als Farbträger gebunden, so dass die vorliegende Farbe typisch für das Mineral sein kann. So erscheinen Schwefelminerale immer gelb. Farblose Mineralien lassen Licht jeder Wellenlänge durch, so dass keine Selektion einer Farbe auftritt.

Mineralien sind jedoch selten an einer charakteristischen Farbe erkennbar, weil oftmals farbige Spurenelemente als chemische Verunreinigung im Gitter vertreten sind, die eine untypische Färbung hervorrufen. Die Strichfarbe (Farbe des Mineralpulvers) ist ein objektives Bestimmungsmittel für Mineralien, weil die Strichfarbe im Gegensatz zur Farbgebung des Minerals stets gleich und einmalig ist. Die Strichfarbe beim Fluorit ist z.B. immer weiß, ganz gleich ob das Mineral selbst blau, grün, schwarz oder gelb aussieht. Um die Strichfarbe zu erhalten, reibt man ein Mineralstück auf einer rauhen Porzellanfläche (Strichtafel). Dadurch zeigt sich ein typischer, farbiger und pulveriger Strich, der aus feinsten Mineralplättchen besteht, und bei dem sämtliche Fremdfärbungen verloren gehen. Ist kein Strich erkennbar, wird es als weißer oder farbloser Strich gewertet [5.144].

Viele Mineralien zeigen einen charakteristischen Glanz, der durch das an der Oberfläche reflektierte Licht entsteht und der vom Brechungsindex des Materials sowie von dessen Oberflächenbeschaffenheit (glatte Kristallfläche oder raue Bruchfläche), nicht jedoch von der Mineralfarbe, abhängt. Glatte Flächen erzeugen einen Glasglanz, faserige oder feinschuppige Flächen durch die mehrfache Lichtbrechung einen Seiden- oder Porzellanglanz. Wenn an dünnen Schichten des Kristalls Interferenz auftritt, entstehen farbige Glanzeffekte, z.B. der Perlmutt- oder Fettglanz. Metallglanz gibt es nur bei undurchsichtigen Mineralien, insbesondere bei Sulfiden und einigen Oxiden. Mineralien ohne Glanz sind matt.

Name	Kristallachsen	Name	Kristallachsen
Kubisch	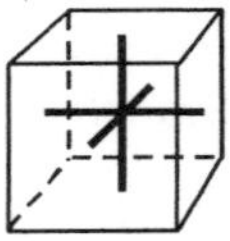 3 aufeinander senkrecht stehende, gleich lange Achsen.	Rhombisch	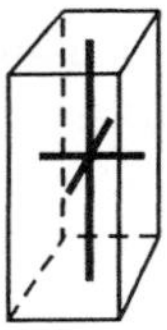 3 aufeinander senkrecht stehende, verschieden lange Achsen.
Tetragonal	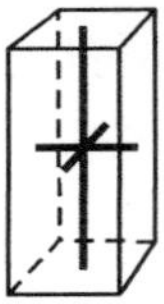 3 aufeinander senkrecht stehende Achsen. Die senkrecht stehende hat eine andere Länge als die beiden langen anderen.	Monoklin	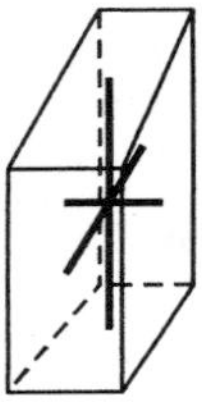 3 verschieden lange Achsen, 2 davon bilden keinen rechten Winkel, die 3. steht auf der durch sie beschriebenen Ebene senkrecht.
Hexagonal Trigonal	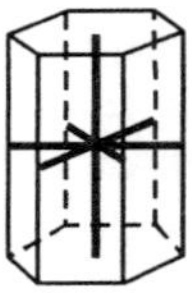 3 gleich lange Achsen in einer Ebene, Winkel untereinander 120° (bzw. 60°), eine 4. Achse senkrecht dazu.	Triklin	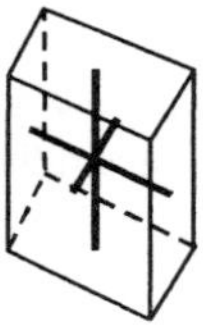 3 verschieden lange, in verschiedenen Winkeln aufeinander stehende Achsen.

Bild 5-100 Kristallformen der Mineralien [5.101]

Transparenz und Brechungsindex

Transparenz ist die Lichtdurchlässigkeit eines Minerals. Mineralien können durchsichtig, durchscheinend und undurchsichtig sein. Ein Großteil der farblosen Mineralien (z.B. Steinsalz) sind durchsichtig. Der Grad der Durchsichtigkeit wird auch durch die Erscheinungsform des Minerals beeinflusst. Während einzelne Minerale vom Gips durchsichtig sind, ist ein Gipsgemenge undurchsichtig, weil an den vielen Grenzflächen im Inneren des Gemenges das Licht derart oft gebrochen wird, dass es vollständig reflektiert oder absorbiert wird.

Der Brechungsindex stellt ein weiteres wichtiges optisches Merkmal eines jeden Minerals dar. Beim Durchgang eines Lichtstrahls durch ein anisotropes Kristall, wird dieser gebrochen und in zwei Teile zerlegt. Man spricht daher auch von Doppelbrechung, die beim Kalkspat (Calcit) besonders deutlich hervortritt [5.146].

Mechanische Eigenschaften

Dichte

Die Dichte von Mineralien ist eine sehr genaue Identifikationsgröße von Mineralien, allerdings ist sie wegen der chemischen Verunreinigung des Kristallgitters schwer zu bestimmen. Die Dichtewerte, insbesondere für gesteinsbildende Mineralien, liegen relativ eng nebeneinander und beschreiben einen Intervall zwischen 2,7 und 3,0 g/cm^3. Eine Übersicht ist in Tabelle 5-78 enthalten.

Festigkeit und Verformung

Als Festigkeit ist der Widerstand eines Materials gegenüber Verformungen bis zum Bruch zu verstehen. Homogene Verformungen erwachsen im Erdinneren aus Temperaturänderungen oder Änderung des allseits umgebenden Drucks. Inhomogene Verformungen treten an der Erdoberfläche auf und sind meist bedingt durch mechanische Kräfte. Prinzipiell lassen sich auch bei Mineralien elastische und plastische Verformungen voneinander unterscheiden. Plastische Verformungen sind an ebene Gleitverschiebung des atomaren Gitters gebunden (Bild 5-101).

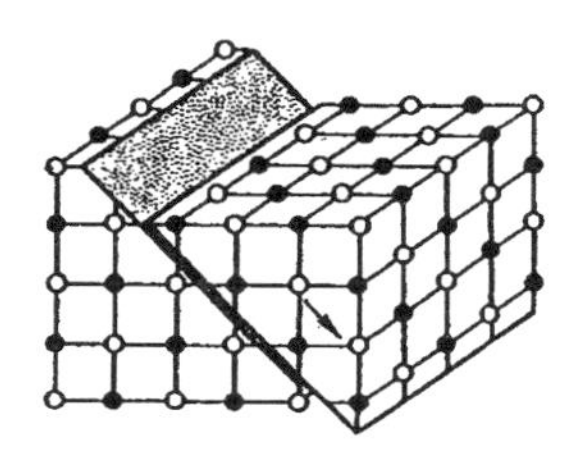
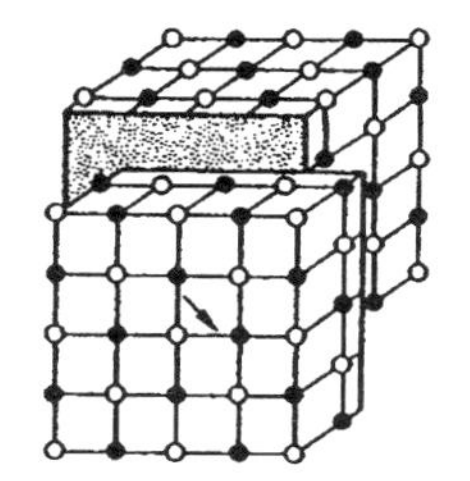

Bild 5-101 Gleitverschiebung an einem kubischen Kristallgitter [5.144]

Dabei muss die atomare Bindungsenergie überwunden werden. Dies ist um so schwieriger, wenn unterschiedliche Atome miteinander in Verbindung stehen. Fehler im Bau der Realkristalle erleichtern i.d.R. die Schubverformung. Der Bruch kann demzufolge mehr oder weniger spröde eintreten. Die meisten Minerale reagieren ausgesprochen spröde.

Bruch und Spaltbarkeit

Fallen Minerale durch Schläge oder hohen Druck in Teilstücke mit unregelmäßigen Flächen auseinander, wird dies Bruch genannt. Entstehen dagegen ebene Flächen, spricht man von Spaltbarkeit. Ob ein Mineral bricht oder sich spalten lässt, hängt vom Gitteraufbau ab. Sind die Bausteine des Gitters derart verteilt, dass sich keine Ebene hindurchschieben lässt, brechen die Mineralien und es entstehen muschelige, hakige oder splittrige Bruchflächen. Anderenfalls werden sie entsprechend der anisotropen Materialausrichtungen in glatte Ebenen gespalten. Ebene Spaltflächen entsprechen Kristallgitterebenen, die durch relativ geringe Bindungsenergie benachbarter Atomlagen (Wasserstoffbrückenbindung, Van-der-Waalsche-Kräfte gekennzeichnet und die unabhängig von der Kristallform sind. Spaltflächen können sich in paralleler Abfolge innerhalb eines Kristalls wiederholen. Die Spaltbarkeit kann oft schon an feinen parallelen Rissen an noch intakten Kristallen festgestellt werden. Zum Beispiel lassen sich Glimmermineralien schon mit dem Fingernagel in hauchdünne Plättchen zerlegen [5.144]. Einige Minerale lassen sich nur in einer Richtung spalten, andere kann man in zwei oder mehr Richtungen spalten.

Härte der Mineralien

Die Härte, definiert als Widerstand der Materialoberfläche gegenüber mechanischen Einwirkungen, wird als so genannte Ritzhärte nach *Mohs* geprüft. Der Mineraloge *Mohs* führte vor über 150 Jahren den Begriff der Ritzhärte ein, indem er aus 10 verschiedenen harten Mineralien eine Vergleichsskala (Mohs'sche Härteskala) einführte, die bis heute weltweit gültig ist. In Tabelle 5-77 sind die relativen Härten angegeben [5.144].

Tabelle 5-77 Härteskala von Mineralien nach *Mohs* [5.144]

Mohshärte	Vergleichsmineral	Einfache Härteprüfung
1	Talk	mit Fingernägel schabbar
2	Gips	mit Fingernägel ritzbar
3	Kalkspat	mit Kupfermünze ritzbar
4	Flussspat	mit Messer leicht ritzbar
5	Apatit	mit Messer noch ritzbar
6	Kalifeldspat	mit Stahlpfeile ritzbar
7	Quarz	ritzt Fensterglas
8	Topas	–
9	Korund	–
10	Diamant	–

Die Nummer 1 ist der weichste Grad und die Nummer 10 der härteste. Die Mineralien mit den dazwischen liegenden Härtegraden ritzen das mit der geringeren Härte bezeichnete Mineral und werden von den nachfolgend härteren geritzt. Gleichharte Mineralien ritzen sich nicht. Die Mohs'sche Härteskala gibt nur relative Härten vor, weil nur mitgeteilt wird, welches Mineral ritzt. Absolute Härten werden nicht genannt. Für ausgewählte Minerale sind die Härtegrade in Tabelle 5-78 zusammengestellt worden. Andere Verfahren der Härtebestimmung sind die Schleifhärte nach *Rosiwall* [5.144], wo eine bestimmte Menge an Schleifmitteln bis zur Unwirksamkeit verschliffen und danach der Masseverlust am Kristall gemessen wird, oder die Kugeldruckhärte nach *Brinell*, bei der eine Stahlkugel mit einer bestimmten Kraft in die Kristalloberfläche eingedrückt wird. *Vickers* ersetzte die Kugel durch einen pyramidenförmigen Prüfkörper.

Diamant ist das härteste bekannte Mineral. Obwohl sich gleichharte Mineralien nicht ritzen, ist es dennoch möglich, Diamant mit Diamant zu schleifen. Diamant kann nur mit Diamant geschliffen werden, weil Diamant erhebliche Härteunterschiede auf den einzelnen Kristallflächen aufweist, die zudem richtungsabhängig sind (Anisotropie der Härte). Statistisch gesehen, enthält Diamantpulver immer einige sehr harte Splitter und kann damit weniger harte Flächen des Diamantkristalls schleifen. Extrem harte Kristallflächen lassen sich folglich nie schleifen.

Thermische Eigenschaften

Schmelzpunkt

Der Schmelzpunkt von Kristallen ist eine eindeutige Messgröße zur Bestimmung von Mineralien. Der Schmelzpunkt variiert zwischen -39°C (Quecksilber), 0°C (Eis) und 3400°C (metallisches Wolfram). Jedoch kann man vom Schmelzpunkt der Mineralien nicht auf den Schmelzpunkt des Gesteins, in welchem sie vertreten sind, schließen, weil dieser deutlich tiefer als der niedrigste Schmelzpunkt des Einzelminerals liegt [5.144].

Tabelle 5-78 Physikalische Eigenschaften von ausgewählten Mineralien [5.144]

Mineral	Dichte [g/cm^3]	Ritzhärte nach *Mohs*	Schmelzpunkt [°C]
Orthoklas	2,57...2,59	6	1150[1)]
Quarz	2,65	7	1600
Augit	3,35...3,45	5...6	1390
Hornblende	3,06...3,40	5...6	–
Granat	1,70...1,89	6...8	–
Kalkspat	2,71	3	900[1)]
Dolomit	2,87	3...4	–
Gips	2,32	2	100[1)]
Anhydrit	2,96	3...4	1450
Steinsalz	2,17	2...3	800
Flussspat	3,18	4	1392
Korund	4,02	9	2040
Graphit	2,23	1...2	–
Diamant	3,50	10	–

[1)] Temperatur bei Zersetzung

Viele Kristallarten, z.B. Kalkspat (Kalkstein), zersetzen sich bei höherer Temperatur bevor sie den Schmelzpunkt erreichen. Kalkstein zerfällt bei ca. 900°C in Kalciumoxid und Kohlendioxid, wohingegen bei großen Überdrücken eine reine Schmelze von Kalkstein bei einer Temperatur von über 1300°C herbeigeführt werden kann. Eine Zusammenstellung von Schmelzpunkttemperaturen ist für ausgewählte Mineralien in Tabelle 5-78 gegeben.

Spezifische Wärmekapazität

Die spezifische Wärmekapazität ist ebenfalls eine eindeutig zuordnungsfähige thermische Eigenschaft von Mineralien. Sie gibt die Energiemenge an, die benötigt wird, um die Temperatur von 1 g eines Stoffes um 1 K zu erhöhen. Mineralien haben im Vergleich zu Wasser ($c = 4{,}19$ J/(g · K)) eine viel geringere Wärmekapazität, z.B. Gips = 1,09 J/(g · K) oder Gold = 0,13 J/(g · K). Daher ist die spezifische Wärmekapazität c von mineralischen Baustoffen stets kleiner als die von Wasser.

Wärmeleitung und Wärmeausdehnung

Bei Erwärmung zeigen Minerale eine räumliche Ausdehnung, die im Vergleich zu Flüssigkeiten jedoch sehr viel geringer ausfällt. Die Wärmedehnung ist der Anisotropie unterworfen, so dass sich das Kristall in den einzelnen Raumrichtungen unterschiedlich verhält. Eine Übersicht zu den thermischen Ausdehnungskoeffizienten gibt die Tabelle 5-79.

Tabelle 5-79 Linearer Wärmeausdehnungskoeffizient für einige ausgewiesene Minerale [5.144]

Mineral	Linearer Wärmeausdehnungskoeffizient α_T in $10^{-6} \cdot K^{-1}$
Steinsalz	40
Flussspat	19
Kalkspat (Kalkstein)	-6...26
Kalifeldspat	1...17
Quarz	9...14
Graphit	-1,2...26
Beryll	1...3

Wenn ein Wertebereich eingetragen ist, wird dies der Anisotropie des Minerals gerecht. In einigen Fällen ist die Anisotropie der Wärmedehnung so groß, dass in einer Richtung der Ausdehnungskoeffizient negative Werte annimmt und die Kristalle sich in dieser Richtung zusammenziehen statt auszudehnen. Die ungleichförmige Temperaturverformung von Kristallen ist Hauptursache der Temperaturverwitterung [5.144]. So erleiden Gesteine infolge der anisotropen Wärmedehnung der enthaltenen Minerale bei häufigem Temperaturwechsel schnell einen mürbenden Zerfall des Gefüges. Keramiken, die starken Temperaturwechseln ausgesetzt sind, sind in gleicher Weise davon betroffen.

Elektrische und magnetische Eigenschaften

Elektrische Leitfähigkeit

Mineralien gelten als Isolatoren, weshalb sie auch in Spezialkeramiken zum Einsatz kommen. Bei einigen Kristallen tritt ein so genannter piezoelektrischer Effekt auf, der besagt, dass durch Anlegen einer elektrischen Spannung die Kristalle verformt werden können. Tritt Wechselspannung auf, wird eine stabile Schwingungsfrequenz erzeugt, die für die Steuerung von Uhren und Sendern bedeutsam ist. Im Bauwesen wird der Einsatz von piezoelektrischen Mineralien für schwingungstechnische Untersuchungen von Brücken untersucht.

Magnetische Eigenschaften

Die magnetischen Eigenschaften sind auf die Elektronenkonfiguration der Atome im Kristallgitter zurückzuführen. Deshalb spielen chemische Verunreinigungen des Gitters eine signifikante Rolle. In der künstlichen Synthese von Mineralien wird dieses Wissen genutzt, um Magnetkeramik herzustellen.

Oberflächenaktivität

An den Gitterendflächen treten schwache elektrische Kräfte auf, die an Bedeutung gewinnen, wenn die Kristalle klein im Verhältnis zu ihrer Oberfläche sind. Vor allem bei einer Partikelgröße von kleiner 1 μm im Bereich der Kolloide können die positiven oder negative Restladungen wässriger Suspensionen andere Ionen in der Lösung binden und ausfällen lassen. Besitzen die kolloidalen Teilchen gleichwertige Restladungen, stoßen sich die Teilchen in der wässrigen Suspension gegenseitig ab und erzeugen auf diese Weise ein labiles räumliches Gerüst. Dadurch erlangt die Suspension eine gewisse Standfestigkeit (thixotroper Zustand), die verloren geht, wenn eine mechanische Erschütterung eingetragen wird, so dass die Suspension wieder flüssig wird. Thixotrope Zustände sind im Grundbau zur Gewährleistung einer temporären Standsicherheit von Bohrpfahllöchern oder Schlitzwänden von großer Bedeutung.

5.8.2.4 Klassifikation der Minerale

Mineralien können nach verschiedenen Gesichtspunkten geordnet werden: Kristallform, Härte, Glanz, Dichte usw. Aus wissenschaftlicher Sicht werden Minerale nach ihrer chemischen Zusammensetzung unterteilt. Die Gruppierung erfolgt dabei in 9 Klassen [5.144]:

1) *Gediegene Elemente*: Amalgam, Diamant, Gold, Kupfer, Quecksilber, Schwefel.
2) *Sulfide*: Bleiglanz PbS, Zinkblende ZnS, Zinnober HgS, Pyrit FeS_2, Magnetkies FeS.
3) *Halogenide*: Flussspat CaF_2, Steinsalz NaCl.
4) *Oxide und Hydroxide*: Opal, Quarz, Korund, Hämatit, Limonit.
5) *Nitrate, Karbonate, Borate*: Calcit, Kalisalpeter, Malachit, Marmor, Borax.
6) *Sulfate, Chromate, Molybdate, Wolframate*: Gipsspat, Wulfenit, Kainit.
7) *Phosphate, Arsenate, Vanadate*: Türkis, Vanadit, Apatit.
8) *Silicate* (als Insel-, Gruppen-, Ring-, Ketten-, Schicht- und Gerüstsilicate): Augit, Feldspäte, Glimmer, Granat, Hornblende, Bentonit, Montmorillonit,
9) *Organische Verbindungen*: Bernstein, Korallen, Perlen.

5.8.3 Gesteine

Gesteine sind natürliche Gemenge einzelner oder mehrerer Mineralarten. Weil die Gesteine auf natürlichem Wege entstanden sind, werden sie auch Natursteine genannt. Gesteine werden genetisch, d.h. nach der Art der Entstehung klassifiziert: Magmatite, Sedimente und Metamorphite.

5.8.3.1 Magmatite

Magmatite sind Gesteine, die durch Kristallisation in oder auf der Erdoberfläche aus natürlichen zäh- und glutflüssigen Gesteinsschmelzen (Magma, Temperatur etwa 1000 bis 1300 °C) entstanden sind [5.101]. Sie besitzen meistens ein richtungsloses und massiges Korngefüge mit homogener Verteilung der Gemengeteile. Durch Bewegungen der Erdkruste kann das Magma, welches selbst durch eingeschlossene Gase und Dämpfe unter hohem Druck steht, an tektonisch instabilen Stellen der Erdkruste durchbrechen und aufsteigen oder teilweise vorhandene Schlote und Gänge dazu nutzen. Während die Temperatur nach und nach abnimmt, kristallisieren zunächst die Mineralien mit dem höchsten Schmelzpunkt aus. Während des Kristallisationsprozesses steigen die spezifisch leichteren Minerale auf, während die spezifisch schwereren Mineralien absinken und sich, wie z.B. Magnetit und Chromit, in den unteren Bereichen der Schmelze ansiedeln und so Lagerstätten bilden können. Ausgehend von den Kristallkeimen, welche Ausgangspunkt des Kristallwachstums sind, kristallisieren in der Folge die verschiedenen Mineralien aus und bilden so den Gesteinskörper, das Magmatit.

Dringt z.B. Magma in die unteren Teile der Erdkruste ein, entstehen nach langsamer Abkühlung die Plutonite. Ergießt sich das Material auf die Erdoberfläche (man spricht dann von austretender Lava), tritt eine schnelle Abkühlung des Magmas ein und es bilden sich Vulkanite. Zwischen diesen beiden Gruppen liegen als Übergangsglieder die Ganggesteine (Bild 5-102). Der Kieselsäuregehalt (SiO_2) der Magmatite bestimmt ihr Aussehen. Kieselsäurereiche Gesteine, auch als saure Gesteine bezeichnet, enthalten viele helle Mineralien (Quarz) und erscheinen hell. Kieselsäurearme Gesteine, auch basische Gesteine genannt, erscheinen dunkel, weil sie mehr dunkle Mineralien (Hornblende, Augit, Olivin) enthalten [5.101]. Magmatite sind bis auf die porösen Lavagesteine dicht, besitzen eine ausgeprägte Druckfestigkeit und sind relativ verschleißfest sowie witterungsbeständig.

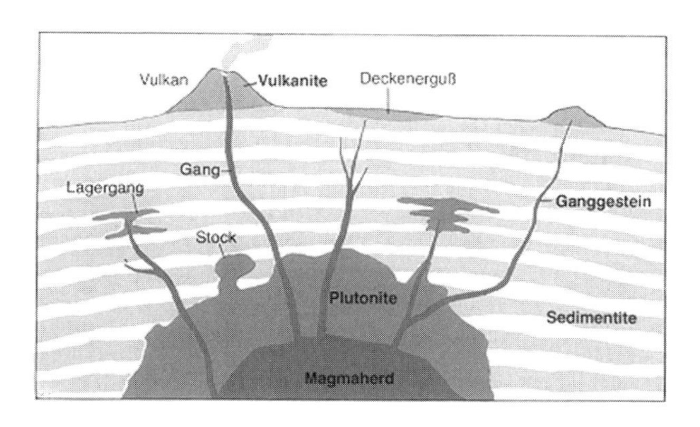

Bild 5-102 Entstehung von Magmatiten [5.145]

Plutonite

Plutonite, benannt nach dem Gott der Unterwelt Pluto, entstehen in der Tiefe der Erdkruste. Oft werden sie auch als Tiefengesteine bezeichnet. Die Magma dringt großflächig in die unteren Teile der festen Erdkruste ein und erstarrt allmählich zu grobkörnigen Gesteinen, den Plutoniten. Wegen der sehr langsamen Abkühlungsgeschwindigkeit und zusätzlicher Abschirmung durch mächtige Deckschichten von teilweise mehreren tausend Metern kristallisieren die Kristalle gut aus und erreichen Korngrößen, die mit dem bloßen Auge erkennbar sind. Der Druck der überlagernden Deckschichten verhindert Gasblasen, wodurch die Plutonite ein geringes Porenvolumen haben und sehr kompakt wirken. Die Kristalle sind in der Masse homogen verteilt. Aus dem Schmelzfluss vollzieht sich die Ausscheidung der verschiedenen Mineralarten nach einer bestimmten Reihenfolge. Zuerst bilden sich die Erze und Nebengemenge (z.B. Titanit, Zirkon) gefolgt von den dunklen Gemengeteilen (z.B. Augit, Hornblende), bevor letztlich die Quarze folgen. Über die gesamte Auskühlungshase hinweg kristallisieren die Feldspäte (z.B. Plagioklas, Orthoklas) aus. Zuerst ausgefällte Mineralien können wegen des großzügigen Platzangebotes ihre volle Kristallform entwickeln, die zuletzt ausgefällten Minerale können nur noch freie Zwischenräume ausfüllen. Deswegen ist Quarz nie in seiner eigenen Kristallform im Granit vertreten. Wegen der unterschiedlichen Ausfällzeiten sinken die schwereren Mineralien im Magma ab, so dass zusätzlich zur zeitlichen auch noch ein räumliche Trennung der Minerale und damit der Gesteine erfolgt. In den unteren Gesteinsschichten sammeln sich Peridotite, im Mittelfeld Syenite, Diorite und Gabbros und an der Oberfläche Granite. Niemals sind Fossilien in Plutoniten eingeschlossen [5.145].

Ein wichtiger und der häufigste Vertreter der Plutonite ist der Granit. Der Name Granit entstammt dem Lateinischen „granum“ = Korn. Granit besteht zu einem großen Teil aus hellen Mineralien (80 bis 100 %), wovon 40 bis 60 % aus Quarz und 40 bis 80 % aus Feldspäten gebildet werden. Nur ein kleiner Anteil am Granit (ca. 20 %) wird aus dunklen Mineralien geformt. Die unterschiedlichen Färbungen, die bei Granit beobachtet werden können, rühren von den Feldspäten her. Der Quarz erscheint nicht farblos wie als

Einzelkristall, sondern grau, weil die dunklen Minerale und einzelne Nebengemengeteile, wie z.B. Biotit oder Hornblende, hindurchschimmern. Der dunkle Glimmer ist i.d.R. gleichmäßig verteilt oder häufchenweise vertreten. Die Größe der Körner ist unterschiedlich, jedoch stets mit dem Auge erkennbar (Bild 5-103).

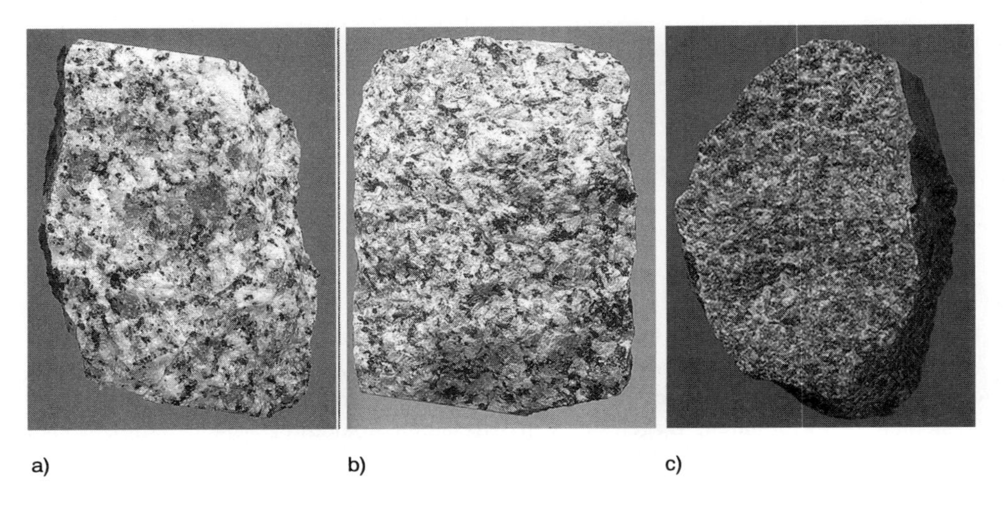

a) b) c)

Bild 5-103 Plutonite [5.145]
a) Granit, b) Syenit, c) Gabbro

Granit ist ein weit verbreiteter Bau- und Werkstein. Wegen des hohen Quarzgehaltes besitzt der Granit eine große Härte und Verwitterungsbeständigkeit. Granit ist wegen des Feldspatgehaltes spaltbar, so dass Quader und Granitplatten gewonnen werden können. Granite sind schleif- und polierbar, hohe Glimmergehalte wirken sich dabei jedoch nachteilig aus. Andere Vertreter der Plutonite sind Syenit, Diorit, Gabbro und ihre Untergruppen. Einige wichtige Eigenschaften der Plutonite sind in Tabelle 5-80 zusammengestellt.

Tabelle 5-80 Mechanische Eigenschaften einiger Plutonite [5.145]

Plutonite	Rohdichte [kg/dm^3]	Druckfestigkeit [N/mm^2]	Biegezugfestigkeit [N/mm^2]	Abriebfestigkeit Verlust in cm^3 auf 50 cm^2
Granit	2,54...2,80	160...240	10...20	5...8
Syenit	2,56...2,97	160...240	10...20	5...8
Diorit	2,80...3,15	170...300	10...22	5...8
Gabbro	2,80...3,15	170...300	10...22	5...8

Vulkanite

Vulkanite entstehen, wenn glutflüssiges Magma bis zur Erdoberfläche aufsteigt und dort rasch abkühlt. Daher werden Vulkanite auch als Ergussgesteine bezeichnet. Der Mineralbestand und die chemische Zusammensetzung der Vulkanite entspricht ungefähr denen der Plutonite. Mit abnehmendem Kieselsäuregehalt wird die Farbe von Vulkaniten wie bei den Plutoniten ebenfalls dunkler und das Gefüge schwerer. Der entscheidendste Unterschied zwischen Plutoniten und Vulkaniten besteht im Aufbau des Gefüges. Dadurch, dass die Abkühlung der Schmelze an der Erdoberfläche ungleich schneller abläuft als im Erdinneren, können sich die Kristalle nicht voll entwickeln und ihre Eigengestalt aufbauen. Die Kristalle der Vulkanite sind klein, oft mikroskopisch klein und mit bloßem Auge nicht mehr zu erkennen. Es bildet sich ein dichtes, mikrokristallines Gesteinsgefüge aus. Nur einzelne Kristalle sind in der Lage, ihre Eigengestalt auszubilden. Diese Kristalle liegen dann wie Fremdlinge in sonst gleichartiger Grundmasse. Auf diese Weise entsteht die porphyrische Struktur (Bild 5-104). Erfolgt die Abkühlung vulkanischer Gesteinsschmelzen besonders schnell, wenn z.B. der Schmelzstrom ins Meer stürzt oder die Lava an der Oberseite auskühlt, können sich überhaupt keine Kristalle bilden. Die Masse erstarrt amorph als Gesteinsglas. Viele Vulkanite enthalten kleine Hohlräume, die durch Gasblasen bei der Entgasung der Schmelze entstanden sind. Durch verzerrte und langgestreckte Hohlräume lässt sich nachträglich die Fließrichtung der Schmelze ausmachen. Ein charakteristisches Merkmal der Vulkanite, insbesondere der dunklen, basischen Vulkanite, sind säulenförmige Absonderungen, die man erst bei Bodenaufschlüssen in Steinbrüchen oder an Hängen erkennen kann. Die Säulen haben meist eine vier- bis achteckige Querschnittsform, die jedoch keine Kristallform widerspiegelt, sondern durch Abkühlungsschrumpfung entstandene Felsteile im Gesteinsverband darstellen. Fossilien sind meist nicht vertreten im Gefüge, weil diese in der heißen Lava verbrennen. Nur in Tuffablagerungen sind vereinzelt Lebensspuren nachweisbar [5.145]. Vulkanische Tuffe sind spezielle Vulkanite (Pyroklastite), die ausgeworfen werden (Lavafetzen, Reste von Schlotfüllungen) und dadurch sehr porenreich sind.

Basalt ist ein wichtiger Vertreter der Vulkanite. Der Name entstammt einer syrischen Landschaft. Basalt besteht aus 40 bis 80 % dunklen Mineralien und 30 bis 60 % hellen Mineralien, davon 80 bis 100 % Feldspäte, bis zu 20 % Quarz und bis zu 10 % Foide (kieselsäurearme Feldspatvertreter). Die enthaltenen Feldspäte können aufgespalten werden in 65 bis 100 % Plagioklas und bis zu 35 % Alkalifeldspat. Als Nebengemengeanteile sind oft Hornblende, Biotit, Magnetit und Zirkon anzutreffen. Basalt ist ein dunkles Gestein mit farblichen Nuancen von blau/grün bis grau/schwarz (Bild 5-105). Das Gefüge von Basalt ist sehr feinkörnig und dicht. Teilweise kann eine porphyrische Struktur nachgewiesen werden. Die enthaltenen Plagioklase verleihen dem Basalt ein sperriges Gefüge, was ihn sehr zäh, fest und witterungsbeständig macht [5.144].

Von allen Vulkaniten sind die Basalte, bedingt durch die Dünnflüssigkeit der kieselsäurearmen Schmelze, am weitesten verbreitet. Auch kleine Spalten und Risse können durch die Basaltlava ausgefüllt werden. Schichtdicken bis 3000 m sind gefunden worden. Charakteristisch für alle basischen Basalte sind säulenförmige Absonderungen, was auf Schwindprozesse während der Abkühlung der Schmelze zurückzuführen ist, wodurch kleine Spalten entstehen. An der Oberfläche eines Lavastroms bildet sich durch heftige Gasaustritte eine sehr poröse Basaltlava.

Basalte sind wegen sehr guter Eigenschaften und der weiten Verbreitung geschätzte Bau- und Werksteine. Es ist der witterungsbeständigste Naturstein überhaupt. Liegen porphyrische Strukturen vor, sind die Eigenschaften weniger gut, so dass nur eine Verwendung als Schotter im Gleisbau oder Splitt für Fahrbahnen sinnvoll erscheint. Die säulige Absonderung von Basalten verhindert eine Gewinnung von großen Blöcken. Blöcke fast beliebiger Größenordnung können jedoch der Basaltlava entnommen werden. Künstlich geschmolzener Basalt (Schmelzbasalt) ist Ausgangsprodukt für Mineralwolle oder hochwertige Auskleidungsplatten.

Bild 5-104 Granitporphyr, porphyrische Struktur infolge Kristalleinlagerung [5.145]

Bild 5-105 Basalt [5.145]

Entsprechend der Körnung und des Alters werden die Basalte im Allgemeinen feiner untergliedert als andere Vulkanite. So ist Diabas ein sehr alter Basalt, der durch mineralische Veränderungen eine grünliche Färbung annahm. Die „Vergrünung" der Basalte kann aber auch Folge von tektonischen Verschiebungen und/oder zirkulierendem Wasser sein [5.145]. Durch die grüne Färbung ist der Diabas ein effektvoller Naturstein und wird oft im Innen- und Außenbereich eingesetzt.

Tabelle 5-81 Mechanische Eigenschaften ausgewiesener Vulkanite [5.145]

Plutonite	Rohdichte [kg/dm³]	Druckfestigkeit [N/mm²]	Biegezugfestigkeit [N/mm²]	Abriebfestigkeit Verlust in cm³ auf 50 cm²
Basalt	2,74...3,20	250...400	15...25	5...8,5
Diabas	2,80...2,90	180...250	15...25	5...8
Basaltlava	2,20...2,45	80...150	8...12	12...15
Quarzporphyr	2,55...2,80	180...300	15...20	5...8

Weitere Vertreter der Vulkanite sind Tuffstein, Bimsstein, Rhyolith (Quarzporphyr), Basaltlava und Phonolith. Eine Zusammenstellung wichtiger Eigenschaften von Vulkaniten ist in der Tabelle 5-81 gegeben.

Ganggesteine

Die dritte große Gesteinsgruppe innerhalb der Magmatite bilden die Ganggesteine, die teilweise auch als Übergangsglied zwischen Plutoniten und Vulkaniten angesehen werden. Ganggesteine entstehen, wenn dünnflüssiges Magma in Spalten des umliegenden Gesteins eindringt und dort erkaltet. Ja nach Breite und Form der zumeist senkrechten Spalten und den herrschenden Abkühlungsbedingungen können die Ganggesteine dieselbe Zusammensetzung und das gleiche Gefüge wie Plutonite besitzen (z.B. Granit, Syenit, Diorit, Gabbro). Kühlt die Masse in den Spalten schnell aus, haben die Ganggesteine zwar die gleiche Zusammensetzung wie die Tiefengesteine, das Gefüge ist jedoch deutlich feinkörniger, wenn die Spalten sehr eng sind. Das oberflächennahe Gefüge kann auch grobkörniger ausfallen und porphyrischen Einschlüsse aufzeigen (z.B. Granitporphyr, Bild 5-104). Zum Teil kann das in den Gängen abgespaltene Restmagma völlig andersartig ausgebildet sein und dabei grobkörnig (z.B. Pegmatit) oder feinkörnig (z.B. Aplit, Lamprophyr) ausfallen. Gelegentlich sind verflüssigte Wasserdämpfe enthalten, die zusätzlich Minerale abscheiden. Auf diese Weise sind z.B. die Erzgänge (Kupfer, Blei, Zink etc.) entstanden [5.146].

5.8.3.2 Sedimentite

An der Erdoberfläche sind Mineralien und Gesteine ständigen Verwitterungsprozessen unterworfen. Solche Verwitterungsprozesse können zu tiefgreifenden Veränderungen der betreffenden Mineralien führen und neue Gesteine, die Sedimentite, entstehen lassen. Der Anteil der Sedimente am Aufbau der Erdkruste beträgt nur 8 %. Sie sind mehrheitlich an der Erdoberfläche zu finden. Hier jedoch bedecken sie über 75 % der kontinentalen Landfläche und wahrscheinlich noch mehr der Ozeanböden [5.145].

Verwitterung

Sedimentite, auch Ablagerungsstein oder allgemein als Sediment bezeichnet, sind Sekundärgesteine, d.h. sie sind an der Erdoberfläche aus den Verwitterungsprodukten anderer Gesteine, wie der Magmatite, der Metamorphite oder auch älterer Sedimente entstanden. Dabei hängt die Zerstörbarkeit der Gesteine hauptsächlich von ihrem Gefüge und vom Mineralbestand ab. Manche Mineralien verwittern leicht (Kalkfeldspäte), andere dagegen fast gar nicht (Quarz). Die Art der Verwitterung wird hauptsächlich vom Klima vorgegeben. Man unterscheidet zwischen Gesteinszerfall durch *physikalische Verwitterung* oder Gesteinszersetzung durch *chemische Verwitterung*. Die physikalische Verwitterung entspricht der mechanischen Gesteinszertrümmerung ohne Änderung der Zusammensetzung. Zum Beispiel können häufige Temperaturwechsel das Gesteinsgefüge zermürben, weil die enthaltenen Mineralien sich unterschiedlich ausdehnen bzw. zusammenziehen. Wenn das in Poren, Spalten oder Rissen eingedrungene Wasser gefriert, führt der Eisdruck zum Zertreiben des Gesteins. Die Salzverwitterung äußert sich ähnlich wie die Frostsprengung. Durch Wasseraufnahme werden Salze gelöst und können über Risse oder Spalten in das Gesteinsgefüge gelangen, die, nachdem das Wasser verdunstet ist, auskristallisieren. Dabei baut sich durch Volumenvergrößerung ein Kristallisierungsdruck auf, der die Gesteine zermürben und aufsprengen kann. Gelangen Organismen in das Gestein, so kann der Gewebedruck, z.B. beim Wachsen von Pflanzenwurzeln, ebenfalls eine gesteinslockernde Wirkung haben. Weitere Zerstörungen treten infolge fließenden Wassers oder durch Winderosion auf [5.145].

Die chemische Verwitterung beruht auf Umsetzungen des Gesteins und Wasser einschließlich aller darin gelösten Stoffe. Wasserlösliche Minerale werden gelöst, transportiert und an anderen Orten abgelagert. Wasserfreie Minerale lagern Wassermoleküle an und werden dadurch zu Hydraten. Zum Beispiel wird aus Anhydrit $CaSO_4$ durch Kristallwasseraufnahme Gips $CaSO_4 \cdot H_2O$. Durch Hydrolysevorgänge können z.B. aus Silicaten Wasserstoff-Ionen ausgelöst und durch Erdalkalien ausgetauscht werden. Auf diese Weise entstehen aus Feldspäten Tone. Oxidationsverwitterung tritt auf, wenn Sauerstoff unter Mitwirkung von Wasser einwirken kann. Eisenspat $FeCO_3$ wird z.B. aufoxidiert zu Brauneisenstein FeO(OH). Kohlensäure kann auch zerstörerisch einwirken. So wird der fast wasserunlösliche Kalkstein $CaCO_3$ durch Kohlensäure in das sehr viel besser lösliche Kalciumhydrogenkarbonat $Ca(HCO_3)$ umgewandelt.

Entstehung

Die Sedimentite sind in der Regel nicht an jenem Ort geformt worden, wo die Verwitterungsprodukte angefallen sind. Normalerweise haben die Verwitterungsprodukte der Ursprungsgesteine einen mehr oder weniger langen Transport durch Wasser, Eis, Schnee oder Wind hinter sich. Unter dem Einfluss der Gewichtskraft werden die Partikel während des Transportes separiert, durchmischt, chemisch oder physikalisch verändert, so dass sich an den Ablagerungsorten ein völlig neues Gestein entwickeln kann. Anfangs werden die Sedimentite als Lockermaterial, dem so genannten Lockergestein, abgelagert. Erst allmählich setzt durch Entwässerung und/oder eine Verkittung mit Ton, Kalk oder Kiesel eine Verfestigung ein, die letztlich zur Entstehung der Sedimentite führt. Dieser

Vorgang wird in der Wissenschaft als Diagenese bezeichnet. Für Bauzwecke sind kieselige Bindemittel besonders günstig, weil kalkige Kitte durch Kohlensäure oder Schwefelverbindungen angegriffen werden.

Fast alle Sedimentite sind geschichtet. Die Schichtung ist Folge einer zeitlich nicht kontinuierlichen Ablagerung von Partikeln. Auf diese Weise entstehen Grenzlinien mit beiderseits unterschiedlichem Gesteinsmaterial. Schichtgrenzen sind im Allgemeinen auch gute Spaltflächen für die Sedimente. Die Mächtigkeit der einzelnen Schichten kann zwischen Bruchteilen eines Millimeters und mehreren Metern liegen. Im Millimeterbereich spricht man von blättriger, im Zentimeterbereich von plattiger und im Dezimeterbereich von bankiger Schichtung [5.145]. Ein wesentliches Erkennungsmerkmal für Sedimentite sind mögliche Fossilieneinschlüsse, d.h. Abdrücke von Pflanzen und Tieren, Haarreste etc. Riffkalksteine sind ungeschichtet. Die Atolle entstanden durch fortwährende Kalkanlagerung kleinster Korallentierchen. Sedimentite verwittern ebenfalls. Feinkörnige Böden sind die Endphase einer Verwitterung.

Arten

Sedimentite werden in folgende Hauptgruppen unterteilt: klastische Sedimente, chemisch-biogene Sedimente, Rückstandsgesteine und Kohlegesteine.

Klastische Sedimente

Als klastische Sedimente werden Gesteine aller Korngrößen benannt, die durch physikalische Verwitterung entstanden sind. Grobe Sedimente wurden weniger weit transportiert, feine Sedimente haben oft einen weiten Weg zurückgelegt.

Tabelle 5-82 Korngrößen klastischer Sedimentite

Grobeinteilung	Einteilung nach DIN 4022		Korndurchmesser [mm]
Psephite	Stein	Stein	> 63
	Kies	Grobkies	20 ... 63
		Mittelkies	6,3 ... 20
		Feinkies	2,0 ... 6,3
Psammite	Sand	Grobsand	0,63 ... 2,0
		Mittelsand	0,2 ... 0,63
		Feinsand	0,063 ... 0,2
	Schluff	Grobschluff	0,02 ... 0,063
Pelite		Mittelschluff	0,006 ... 0,02
		Feinschluff	0,002 ... 0,006
	Ton	Ton	< 0,002

Die klastischen Sedimente werden nach der Korngröße sortiert und eingeteilt. Gesteinstrümmer mit Korngrößen größer als 2 mm werden als Psephite, solche mit Korngrößen zwischen 0,02 und 2 mm als Psammite und solche mit Korngrößen kleiner 0,02 mm als Pelite bezeichnet. In Tabelle 5-82 ist die Korngrößeneinteilung klastischer Sedimente der Einteilung nach DIN 4022 [5.147] gegenübergestellt worden.

Durch Verfestigung mittels Ton, Kalk oder Kieselsäure entstehen aus groben und eckigen Lockergesteinen z.B. Brekzien (Bild 5-106) und aus durch den Transport abgerundeten groben Steinen z.B. Konglomerate (Bild 5-107).

Bild 5-106 Brekzie [5.145]

Bild 5-107 Konglomerat [5.145]

Je nach Abtragungsgebiet sind die eingelagerten Brocken aus gleicher oder verschiedener Gesteinsart. Gewöhnlich treten keine Schichtung, keine Kornauslesung und keine Korngrößensortierung auf. Eine Verwendung in der Bauwirtschaft ist abhängig von der Zusammensetzung, Packungsdichte sowie Art und Menge des Bindemittels. Die eingepackten Brocken müssen fest im Verband sitzen. Im geschliffenen Zustand wirken Brekzien sehr dekorativ und werden sowohl im Innen- als auch im Außenbereich eingesetzt.

Sand ist die Bezeichnung für ein lockeres Gemenge von Mineralien und kleineren Steinbruchstücken. In der Korngrößenverteilung sind Sande meist sehr heterogen. Die Unterscheidung der Sande erfolgt nach dem Mineralbestand. So besteht Quarzsand aus mindestens 85 % Quarz. Lose, feinkörnige Sande selbst werden in der Bauwirtschaft als Teil der Gesteinskörnung für die Mörtel- und Betonherstellung verwendet. Quarzsande sind aber auch Hauptbestandteil der Glasherstellung und Rohstoff für Schleif- und Sandstrahlmaterialien.

Sandstein entsteht aus verfestigten Sanden und enthält vorwiegend Quarz, daneben aber auch Feldspat und Glimmer. Das Bindemittel bei Sandsteinen ist vorwiegend kieselig, z.T. auch tonig und kalkig. Sandsteine sind immer geschichtet und können unterschiedlichste Farbtönungen aufweisen (Bild 5-108). Vorherrschend sind gelbliche bis braune Farbtöne, die durch Limonit, einem Brauneisenerz, verursacht werden. Rötliche Farben entstehen durch Beimengung von Hämatit (rotbraunes Eisenoxid), blaue und schwarze Farben durch Bitumen und Kohlenstoff. Die Benennung der Sandsteine ist nicht einheitlich. In der Regel erfolgt sie nach dem Mineralbestand, dem Gefüge, dem Bindemittel, der Farbe, der Verwendung, dem Fundort oder der Entstehungszeit.

Ist Quarz überwiegend kieselig gebunden, spricht man von Quarziten (Sedimentärquarzit), nicht zu verwechseln mit den metamorphen Quarziten. Im Erdaltertum gebildete graue Sandsteine mit mindestens 25 % Feldspatgehalt und toniger Grundmasse werden Grauwacke genannt [5.101]. Infolge der Auskristallisation des kieseligen Bindemittels entsteht ein sehr kompaktes und festes Gestein (Bild 5-109).

Sehr tonhaltige Sedimente gehen nach der Diagenese (Verfestigung) in Schieferton oder Tongestein über. Sie werden vorwiegend aus Quarzen, Feldspäten und Glimmer sowie kleinsten Tonmineralien gebildet. Ölschiefer enthalten zusätzlich Bitumen und Teeröle, Kupferschiefer Anteile an Kupfermineralien.

Bild 5-108 Sandstein [5.145]

Bild 5-109 Grauwacke [5.145]

Die Tonmineralien sind Neubildungen und erst bei der Sedimentation entstanden. Tongesteine sind immer geschichtet und erreichen ihre Festigkeit durch Überlagerungsdruck und karbonatischen Bindemitteln. Mineralbeimengungen führen zu charakteristischen Farben: Limonit färbt gelblich, Hämatit rötlich und Kohle bzw. Bitumen schwärzlich. Von allen Sedimentiten sind Ton und Tonstein am weitesten verbreitet. Sie lassen sich in Schwemmlandschaften sowie einstigen Flusstälern und Seebecken nachweisen. Durch die Vielzahl kleinster Poren hält Ton Wasser und wird wegen der gefüllten Poren für anderes Wasser undurchlässig. Dadurch wirken Tonschichten als Grundwasserstauschichten. Tone mit hohem Anteil an Tonmineralien werden fette Tone, solche mit wenig Tonmineralien als magere Tone bezeichnet. Sind zusätzlich Sande enthalten, bezeichnet man das Gemenge als Lehm (siehe auch das Kapitel 5.1.).

Sandsteine sind vorwiegend als Naturbausteine für Dome, Burgen und andere repräsentative Bauten verwendet worden. Kalkgebundene Sandsteine sind jedoch durch Kohlensäure oder Schwefelverbindungen bedroht, weil sie entweder aufgelöst oder zu Gips umgewandelt werden können, der dann blättrig abfällt. Bituminöse Sandsteine (Teersande) oder Ölschiefer werden zunehmend zur Erdölerzeugung gewonnen [5.145].

Chemisch-biogene Sedimente

Chemisch-biogene Sedimente sind durch chemische Vorgänge oder durch das Wirken von Organismen entstanden. Infolge der chemische Verwitterung ist das Ausgangsmaterial, im Gegensatz zu den klastischen Sedimenten, optisch nicht mehr zu erkennen. Zu den chemisch-biogenen Sedimentiten gehören Kalksteine, Kieselsteine, Salzsteine, Phosphatsteine und Eisensteine.

Herausragende Vertreter dieser Sedimentart sind die Kalksteine. Diese weisen, unabhängig von ihrer Entstehung, einen überwiegenden Kalkgehalt auf. Kalksteine können limnisch (in Seen) oder maritim (im Meer) abgelagerte Kalksteine, daraus hervorgegangene Dolomitsteine oder festländische Kalksinter sein. Unter der herkömmlichen Bezeichnung „Kalkstein“, wird meist der maritim gebildete Kalkstein verstanden. Es ist im wesentlichen ein monomineralisches Gestein, welches bis zu 95 % nur aus Calcit besteht. Nebengemenge sind Quarz, Glimmer, Feldspäte und Tonminerale. Kalksteine sind eigentlich weiß, können aber durch Beimengungen farblich getönt sein.

Maritimer Kalkstein entsteht durch Abfällung von im Meerwasser enthaltenem Kalkschlamm. Neben kalkhaltigen Verwitterungslösungen vom Festland wird dieser Kalkschlamm hauptsächlich aus kalkigen Substanzen von Organismen (Kalkalgen, Korallen, Muscheln etc.) gebildet. Diese bauen aus dem im Wasser gelösten Kalk ihre Stützgerüste und Hartteile (Muschelschalen) auf, die sich nach dem Absterben der Organismen als Skelettreste oder aufgelöst als Kalkschlamm am Meeresboden ansammeln. Mit Ausnahme der Riffbildung sind Kalksteine immer geschichtet (Bild 5-110). Das Gefüge ist meist kompakt, kann aber auch porig sein und reicht von fein- bis grobkörnig. Kalkstein ist nicht sehr hart (Mohshärte 3 wie Calcit). Die Benennung ist nicht einheitlich; sie kann unter anderem nach Art des Mineralbestandes, des Gefüges, der Verbreitung, der Beimengungen, der Lagerung oder nach der Entstehung erfolgen.

Kalksteine sind weit verbreitet, ganze Gebirge können daraus gebildet worden sein. Kalkstein hat große Bedeutung für die Zementherstellung, als Naturbaustein, für die Glas- und Farbenproduktion, als Straßenschotter oder Splitt, als Dünger, als Zuschlag für die Verhüttung von Eisenerzen etc. Polierte Kalksteine werden oft als „Marmor“ bezeichnet, was jedoch ein reiner Handelsname und nicht mit dem echten metamorphen Marmor zu verwechseln ist. Vertreter des maritimen Kalksteins sind Kreidekalk (meist schneeweißer poröser Kalkstein), Plattenkalk (dünnschichtiger Kalkstein) oder Riffkalk (ungeschichtete Kalkanlagerung durch riffbildende Organismen).

Kalksinter sind festländische Kalksteinbildungen als Folge kalkhaltiger Quellausscheidungen. Vertreter der Kalksinter sind Kalktuff, ein porenreiches calcitisches Gestein, das durch Erwärmung von Quellwasser abgeschieden wird, und Travertin, eine porige, aber dennoch feste, kalkige Quellausscheidung (Bild 5-111). Tropfsteine in Höhlen werden ebenfalls zu den Kalksintern gezählt. Entsprechend der Wuchsrichtung der Tropfsteine werden Stalaktiten (hängende Tropfsteine) von den Stalagmiten (stehende Tropfsteine) unterschieden.

Rauchgase sind durch die darin enthaltenen Schwefelverbindung schädlich für Kalkstein, da diese das Kalkgerüst angreifen und auflösen können. Säurebelastete Niederschläge lösen den Kalkstein unmittelbar auf. Auf der regenabgewandten Seite bewirken Schwefelverbindungen eine Umwandlung zu Gips, der dann bei der Auskristallisierung den Kalkstein blättrig auseinander treibt.

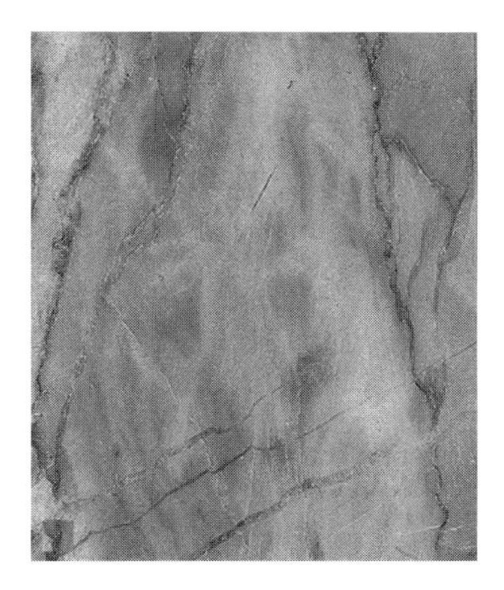

Bild 5-110 Polierter Kalkstein [5.145]

Bild 5-111 Angeschliffener Travertin [5.145]

Dolomit $CaMg(CO_3)_2$ ist dem Kalkstein $CaCO_3$ sehr ähnlich. Er besteht jedoch zu über 50 % aus Dolomitspat. Kalk- und Tonbeimengungen bewirken die Verwandtschaft zum Kalkstein. Dolomit hat ein raues Gefüge und tritt oft zusammen mit Kalkstein auf. Die Entstehung von Dolomit ist eng mit der Diagenese und Umwandlung von Calcit in magnesiumhaltigen Dolomitspat verbunden. Man spricht in diesem Zusammenhang von „Dolomitisierung“. Dabei kommt es zu einem Austausch von Kalcium- durch Magnesiumionen. Dolomite werden für die Produktion von Schamottsteinen oder als Rohstoff für die Magnesiumproduktion gewonnen, haben aber letztlich ein deutlich geringeres Einsatzgebiet als Kalksteine [5.145].

Weitere Vertreter der chemisch-biogenen Sedimente sind die Kieselgesteine (Flint, Kieselgur, Hornstein, Kieselschiefer), Phosphatgesteine, Eisengesteine oder Salzgesteine (Steinsalz, Gips, Anhydrit). Steinsalz ist ein monomineralisches Sedimentgestein mit dem Hauptanteil an Halit. Es ist weiß, kann aber durch Verunreinigungen andere Färbungen annehmen. Steinsalz wird überwiegend bergmännisch gewonnen, bei Verunreinigungen mit Wasser ausgespült und an der Oberfläche eingedampft. Daher kommt der viel geläufigere Name Kochsalz. In Trockengebieten kann Steinsalz ebenfalls durch Meerwasserverdunstung gewonnen werden.

Anhydrit, ein monomineralisches Gestein aus Anhydritspat, ist durch Fällung im Meerwasser entstanden. Es ist feinschichtig oder homogen, dicht oder körnig. Durch Wasseraufnahme wandelt sich Anhydritspat zu Gipsspat, was Hauptbestandteil vom Gipsstein ist, um.

Für einige, in der Bauwirtschaft bedeutende Sedimentgesteine sind mechanische Eigenschaften in Tabelle 5-83 zusammengestellt worden.

Tabelle 5-83 Mechanische Eigenschaften ausgewiesener Sedimentite [5.145]

Sedimentite	Rohdichte [kg/dm³]	Druckfestigkeit [N/mm²]	Biegezugfestigkeit [N/mm²]	Abriebfestigkeit Verlust in cm³ auf 50 cm²
Grauwacke	2,58...2,73	150...300	13...25	7...8
Kalkstein, Dolomit	2,65...2,85	80...180	6...15	15...40
Kalkstein, weich	1,70...2,60	20...90	5...8	–
Travertin	2,40...2,50	20...60	4...10	–
Quarzsandstein	2,00...2,65	30...180	3...15	10...14
Quarzitischer Sandstein	2,60...2,65	120...200	12...20	7...8

Rückstandsgesteine

Rückstandsgesteine oder Residualgesteine entstehen aus den Rückständen chemisch aufbereiteter Gesteine am Ort der Gesteinszerstörung. Obwohl kein Materialtransport vorliegt, werden sie wegen der Gesteinsumwandlung den Sedimenten zugeordnet.

Der wichtigste Vertreter der Rückstandsgesteine ist das Bauxit, welches Rohstoff zur Aluminiumherstellung ist. Bentonit ist für die Bauwirtschaft vor allem für Schlitzwandverfahren als Stützflüssigkeit bedeutsam. Kaolin (Porzellanerde) ist ein wesentlicher Ausgangsstoff für die Porzellanherstellung [5.145].

Kohlegestein

Kohlegesteine sind Rückstandsgesteine, werden aber wegen des organischen Ursprungs als eigene Gruppe betrachtet. Kohlegesteine entstehen aus angesammelten Pflanzenresten, die bei Wasserabschluss nicht verfaulen, statt dessen aber inkohlt werden. Dabei führt Sauerstoffarmut zu einer Anreicherung an Kohlenstoff. So wird aus Torf Braunkohle, und durch weitere Umwandlung entsteht daraus Steinkohle und Anthrazit. Unterstützt wird diese Art der Diagenese durch hohe Temperaturen und hohe Drücke infolge gebirgsbildender und vulkanischer Prozesse. Zu den Kohlegesteinen gehören entsprechend der Ordnung an Kohlenstoffgehalt: Torf (60 % C), Braunkohle (73 % C), Steinkohle (83 % C), Anthrazit (94 % C) und Graphit (100 % C). Bitumen bildet sich aus Fetten und Eiweißen niederer Organismen, die bei Sauerstoffzutritt zu Faulschlamm umgewandelt werden. Dabei entstehen flüssige Kohlenwasserstoffe (Erdöl) oder feste Kohlenwasserstoffe (Ölschiefer).

5.8.3.3 Metamorphite

Metamorphite sind Gesteine, die aus der Umwandlung (Metamorphose) bereits vorhandener Gesteine der Erdkruste, wie z.B. Magmatite, Sedimentite oder älterer Metamorphite, entstanden sind. Diese Umwandlung vollzieht sich meist unter Einfluss großer Drücke und hoher Temperaturen. Die Grenzen der Diagenese, die bei etwa 200 bis 300°C liegt, wird dabei überschritten [5.145]. Im Regelfall bleibt die umzuwandelnde Gesteinsmasse im festen Aggregatzustand; nur bei höherer Temperatur wird das Gestein angeschmolzen oder völlig aufgeschmolzen. Nach der räumlichen Aufteilung wird die Kontaktmetamorphose von der Regionalmetamorphose unterschieden.

Kontaktmetamorphose

Beim Eindringen von glutflüssiger Lava in die Erdkruste werden benachbarte Gesteine allein durch hohe Temperaturen weniger durch Drücke und vereinzelt auch durch Reaktionen mit entweichenden Gasen verändert. Im unmittelbaren Kontaktbereich ist die thermo-chemische Umwandlung am intensivsten. Der unmittelbare Bereich, in welchem die Gesteinsumwandlungen stattfindet, nennt sich Kontakthof und ist nur zwei bis drei Kilometer breit. Typische Gesteine der Kontaktmetamorphose sind Marmor, Granatgestein und Fruchtschiefer [5.145].

Regionalmetamorphose

Die Regionalmetamorphose findet hauptsächlich dort statt, wo tektonische Verschiebungen oder Absenkungen von Erdkrustenteilen zu großen Drücken und hohen Temperaturen führen. Dieser Bereich der metamorphen Umwandlung ist weit komplexer und kann mehrere Quadratkilometer Ausdehnung erfahren. Das Ausmaß und die Intensität der Metamorphose ist von der Höhe der Temperatur, der Größe des Druckes und, wie man heute weiß, vor allem vom Verhältnis der beiden Faktoren zueinander abhängig. Temperatur und Druck nehmen zum Erdinneren hin zu [5.145]. Regionalmetamorphite sind z.B. kristalline Schiefer.

Metamorphe Umwandlung

Die Metamorphose ist durch eine Gefügeänderung charakterisiert, die metamorphe Gesteine oder Umwandlungsgesteine entstehen lässt. Die Gefügeänderung tritt ein, wenn durch eine Mineralzufuhr gesteinsfremder Mineralien oder durch ein Mineralabgang eine Umkristallisation des Gefüges stattfindet. Auf diese Weise können neue Mineralien entstehen. Fossilieneinschlüsse gehen dabei im Allgemeinen verloren. Von den Mineralneubildungen haben Chlorite (MG-Fe-Al-Silicate) und Serizite (Glimmer) besondere Bedeutung. Wirkt der Druck durch Überlagerung nur einseitig, bilden sich neue Mineralien zumeist blättrig aus und erzeugen auf diese Weise die für die meisten Metamorphite typische Schieferung (kristalline Schiefer). Bei der Kontaktmetamorphose ist die Schieferung nur unvollkommen ausgebildet. Durch die Umkristallisation können aber auch kleinere Mineralien zu größeren Mineralen zusammenwachsen. Dabei entstehen dann keine neuen Mineralien. Insbesondere bei monomineralischen Gesteinen (Marmor, Quarzit) werden Kleingemengeteile aufgebraucht, wodurch feine Hohlräume entstehen und dem Gestein ein grobkörniges Aussehen verleihen.

Bei keiner Gesteinsgruppe ist der Überblick so schwierig wie bei den Metamorphiten. Sie werden sowohl nach dem Erscheinungsbild (Gefüge, Mineralbestand) als auch nach der Entstehung (Ursprungsgestein, Art der Metamorphose) benannt. So z.B. steht der Name Orthogestein für Metamorphite, die auf Magmatite zurückgehen. Paragesteine sind dagegen aus Sedimenten entstanden [5.101]. Obwohl kein wissenschaftlicher Anspruch besteht, ist es zweckmäßig und praxistauglich, eine Gliederung der Metamorphite nach äußeren, deutlich erkennbaren Gefügemerkmalen vorzunehmen: Gneis, Schiefer und Felse.

Ordnung der Metamorphite nach Gefügemerkmalen

Gneise

Gneisgesteine besitzen ein grobkörniges Gefüge und ein schwache bis deutliche Schieferung. Der Kieselsäuregehalt ist hoch. Gneise bestehen hauptsächlich aus Quarz und einem überwiegenden Anteil an Feldspäten. Die Farbe kann grau, bräunlich, grünlich oder rötlich sein (Bild 5-112). Ausgangsmaterial sind sowohl Magmatite (Orthogneis) als auch Sedimentite (Paragneis). Gneise werden in der Bauwirtschaft als Schotter oder Splitt verwendet. Weitere Vertreter der Gneisfamilie sind Granulit (glimmerfreier Gneis) und Migmatit (Mischgestein infolge einer Teilschmelze), Granitgneis und Syenitgneis.

Schiefer

Das deutlichste Merkmal der Schiefer ist das Parallelgefüge. Anders als bei der sedimentären Schichtung ist bei der Schieferung keine durchgängige Schichtgrenze zu erkennen. Auch sind die Bruchflächen bei einer Schieferung niemals so eben wie bei geschichteten Sedimenten, weil die plattigen Schiefermineralien nicht hintereinander, sondern nebeneinander liegen [5.145]. Ein herausragender Vertreter der Schiefer ist der Glimmerschiefer (Bild 5-113).

Bild 5-112 Granitgneis [5.145]

Bild 5-113 Glimmerschiefer [5.145]

Beim Glimmerschiefer sind die Glimmerteilchen mit bloßem Auge zu erkennen. Glimmerschiefer ist der Inbegriff der Schiefersteine, weil er im millimeterfeinen Raster fast

eben spaltet. Hauptgemengeteile sind Quarz und Muskovit, Nebengemengeteile sind Biotit und Graphit. Die Farbe ist hell und meist leicht grünlich. Glimmerschiefer wird meist als plattiger Baustein oder als Dachplatte verwendet.

Zur Familie der Schiefer gehören ebenfalls Phyllit (feinschuppiger Schiefer), Tonschiefer (sehr dichter Schiefer, gutes Dachdeckungsmaterial) und Grünschiefer.

Felse

Felse sind massig und nicht gerichtet. Marmor zum Beispiel ist ein bekannter Vertreter der felsigen calcitischen Metamorphite und stellt den eigentlichen, kristallinen Marmor dar. Zur Zeit wird jeder polierbare Kalkstein als „Marmor" bezeichnet, was durch die marmorierte Oberfläche begünstigt wird und zu Verwechslungen führe kann. Die Grenze zwischen kristallinem Marmor (Bild 5-114) und marmoriertem Kalkstein (Bild 5-110) ist fließend.

Der echte Marmor ist durch Kontakt- oder Regionalmetamorphose aus Kalkstein entstanden. Marmor ist massig, mittel- bis grobkristallin und wie Kalkstein monomineralisch (99 % Calcit). Bei der Gesteinsumwandlung werden die Calcitminerale $CaCO_3$ vergröbert, so dass sie mit dem Auge erkennbar werden. Dennoch ist der Marmor sehr dicht (Porenvolumen unter 1 %). Marmor ist an den Kanten lichtdurchscheinend. Das tiefe Eindringen des Lichts verleiht ihm den typischen Schimmer. Reiner Marmor ist weiß; metamorph beigemischte Fremdmineralien verursachen jedoch farbliche Varietäten oder führen zum bekannten gemaserten, durchgeäderten oder gefleckten Erscheinungsbild. Im Gegensatz zu Kalkstein enthält Marmor niemals Fossilien.

Bild 5-114 Marmor [5.145]

Bild 5-115 Dolomitmarmor [5.145]

In der Architektur hat der Marmor seit der Antike einen festen Platz als Dekorationsstein in und für Fassadenverkleidungen, Tischplatten, Ornamente etc. Die qualitativ und quantitativ weltweit bedeutendsten Fundorte von Marmor liegen in der Toskana, Italien, bei Carrara (Carrara-Marmor).

Weitere Vertreter der Felse sind Dolomitmarmor (metamorph aus Dolomitgestein entstanden), Hornfels, Kalksilicatfels (metamorph aus Kalksilicat entstanden) oder Felsquarzit.

Einige mechanische Eigenschaften von Metamorphiten sind in Tabelle 5-84 genannt.

Tabelle 5-84 Mechanische Eigenschaften einiger Sedimentite [5.145]

Metamorphite	**Rohdichte** $[kg/dm^3]$	**Druckfestigkeit** $[N/mm^2]$	**Biegezugfestigkeit** $[N/mm^2]$	**Abriebfestigkeit Verlust in cm^3 auf 50 cm^2**
Gneis	2,65...3,00	160...280	13...25	4...10
Marmor	2,65...2,85	80...180	6...15	15...40
Serpentinit	2,60...2,75	140...250	25...35	8...18
Tonschiefer	2,60...2,80	–	–	–
Quarzit	2,60...2,65	–	–	–
Dachschiefer	2,70...2,80	50...80	–	–

6 Dämmstoffe

6.1 Systematisierung der Dämmstoffe

Dämmstoffe können nach verschiedenen Gesichtspunkten systematisiert werden. Im Schrifttum lassen sich viele Systematisierungsvarianten finden. Folgend sind einige Gesichtspunkte genannt, nach denen unterschieden wird:

- Anwendungsbereich und Anwendungstyp,
- Oberbegriff,
- chemische Kategorie,
- Brandverhalten,
- Zellstruktur sowie
- Liefer- und Einbauform.

6.1.1 Anwendungsbereich und Anwendungstyp

Prinzipiell kann ein Dämmstoff Wärme- und/oder Schalldämmzwecken dienen, aber auch eine schützende Funktion besitzen. In verschiedenen Dämmstoff-Normen, z.B. DIN 18161 [6.2], DIN 18164-1 [6.3], DIN 18165-1 [6.4] und in der Fachliteratur werden die Dämmstoffe nach ihrer Anwendung im/am Gebäude in Anwendungstypen eingeteilt. Tabelle 6-1 zeigt eine Zusammenstellung der gebräuchlichsten Anwendungstypen.

Der Anwendungsbereich von Dämmstoffen im Bauwesen liegt i.d.R. oberirdisch in opaken (lichtundurchlässigen) gebäude- und raumabschließenden Bauteilen. Die Anwendung kann aber auch unterirdisch außerhalb der Baukonstruktion erfolgen. Dann wird von der so genannten Perimeterdämmung gesprochen. Heute werden Dämmstoffe auch über ihre eigentliche Aufgabe hinaus, nämlich Wärme und Schall zu dämmen, angewendet. Dazu zählen:

raumabschließende Funktion

- Formteile, z.B. als Wannen- oder Duschtassenträger, als Rolladen- und Spülkästen, als Rohrschale,
- Verbundelemente mit Gipskarton- oder Gipsfaserplatten, Zement und Fasergeweben, Metallen, Bitumen- oder Polymerbitumen-Bahnen und

entwässernde und schützende Funktion

- Dränage-Platten aus haufwerksporigem, expandiertem Polystyrol,
- Dränage-Matten aus extrudierten Polystyrol-Hartschaumlamellen.

Tabelle 6-1 Anwendungstypen von Dämmstoffen

Typkurzzeichen	Anwendung im Gebäude
W	Wärmedämmstoffe, nicht druckbeansprucht, z.B. in Wänden und belüfteten Dächern
WL	Wärmedämmstoffe, nicht druckbelastbar, z.B. für Dämmungen zwischen Sparren- und Balkenlagen
WV	Wärmedämmstoffe mit Beanspruchung auf Abreiß- und Scherfestigkeit, z.B. für angesetzte Vorsatzschalen ohne Unterkonstruktion
WD	Wärmedämmstoffe, druckbeansprucht, z.B. unter druckverteilenden Böden (ohne Trittschallanforderung) und in unbelüfteten Dächern
WS	Wärmedämmstoffe, druckbelastbar für Sondergebiete, z.B. Parkdecks
WDH	Wärmedämmstoffe, erhöht druckbelastbar, z.B. Parkdecks für LKW, Feuerwehr
T	Trittschalldämmstoffe, z.B. unter schwimmenden Estrichen
TK	Trittschalldämmstoffe mit geringer Zusammendrückbarkeit, z.B. unter Fertigteilestrichen
Zusätzliche Kennbuchstaben	
w (längenbezogener Strömungswiderstand für besseren Luftschallschutz)	Faserdämmstoff für Hohlraumdämpfung (z.B. in zweischaligen, leichten Trennwänden und bei Vorsatzschalen mit Unterkonstruktion) und Schallschluckzwecke (z.B. in Unterdecken)
s (dynamische Steifigkeit)	Faserdämmstoff für angesetzte schalldämmende Vorsatzschalen

6.1.2 Oberbegriff

Die in Deutschland im Bauwesen am meisten verwendeten Dämmstoffe sind die *Faserdämmstoffe*. Hierbei überwiegen mit großem Abstand die Mineralfasern, wie z.B. Glasfasern, Steinfasern und Schlackenfasern. Anstelle dieser anorganischen Fasern können auch organische Fasern verarbeitet werden. Hier ist die Varianz sehr groß, die Häufigkeit jedoch klein. Folgende unvollständige Aufzählung soll die Vielzahl verdeutlichen: Zellulosefasern (Papier), Holzfasern, Schaf- und Baumwolle, aber auch Jute- und Textilfasern, Heu, Stroh, Torffasern, Schilf, Kokosfasern, Lein- und Hanffasern.

Eine zweite sehr verbreitete Dämmstoffart sind die *Schaumstoffe*. In der Regel handelt es sich um Kunststoff-Hartschäume, wie z.B. Polystyrol-, Polyurethan-, Phenol-Formaldehydharz-, Harnstoff-Formaldehydharz-, Polyvinylchlorid-Hartschaum. Andere Kunststoffschäume sind Polyethylen-Schaum und Polyharnstoff-Schaumstoff. Des Weiteren gehören zu den Schaumstoffen: Kautschukschaum (Schaumgummi), Schaumglas, Gipsschaum und Schaumbeton.

Weniger verbreitet sind *schüttbare Dämmstoffe.* Sie werden auf der Baustelle in Form von Granulat eingebaut. Beispiele hierfür sind: Perlite, Glimmerschiefer, Zellulosefasern und granulierte Mineralfasern.

6.1.3 Chemische Kategorie

Eine Möglichkeit, die Dämmstoffe grob einzuteilen, ist ihre Unterscheidung auf Grund ihrer stofflichen Basis oder ihrer Einordnung in chemische Kategorien.

6.1.3.1 Anorganische bzw. mineralische Dämmstoffe

Hierbei handelt es sich um Dämmstoffe, die überwiegend aus Mineralien, also natürlichen Stoffen der Erdkruste, bestehen. Die bedeutendsten Vertreter sind die Mineralfaserdämmstoffe (Steinwolle, Schlackenwolle, Glaswolle). Darüber hinaus gehören Schaumglas, Gipsschaum, aus Naturgestein hergestellte Produkte, wie z.B. Perlite und Glimmerschiefer, sowie porosierte Leichtziegel, Poren- und Bimsbeton dazu. Anorganische Dämmstoffe zeichnen sich dadurch aus, dass sie auch ohne Feuerschutzkaschierung nicht brennbar und resistent gegen Fäulnis sind.

6.1.3.2 Künstlich-organische Dämmstoffe

Diese Materialien sind Stoffe aus der organischen Chemie, d.h. der „Kohlenstoff-Chemie“. Umgangssprachlich hat sich der Begriff „Kunststoff“ (vgl. Abschnitt 4.2) durchgesetzt. Die im Bauwesen am häufigsten verwendeten *Hartschäume* sind aus Polystyrol und Polyurethan. Seltener sind Hartschäume auf der Basis von Formaldehydharzen und Polyvinylchlorid. Zu den künstlich-organischen *Weichschäumen* zählen z.B. Polyethylen-Schaum und synthetischer Kautschuk.

Infolge ihrer für Dämmstoffe sehr günstigen Zellstruktur zeichnen sich fast alle Kunststoffschäume durch gute thermische und hygrische Eigenschaften aus. Das heißt i.d.R. besitzen sie eine niedrige Wärmeleitfähigkeit und eine geringe Feuchteaufnahme. Sie sind allerdings auch ausnahmslos brennbar.

6.1.3.3 Natürlich-organische Dämmstoffe

Hierzu gehören alle diejenigen Dämmstoffe, deren Hauptbestandteile Naturprodukte sind. Wenngleich diese Gruppe im Bauwesen eine untergeordnete Rolle spielt, etwa 3 %, weist sie doch die größte Vielfalt auf.

Dämmstoffe aus Naturprodukten sind in ihren bauphysikalischen Eigenschaften sehr unterschiedlich. Auch ihr Langzeitverhalten und ihre ökologische Bewertung sind sehr verschieden. Nicht jedes Naturprodukt ist ein ökologischer Baustoff. Ökologisch sinnvoll ist ein natürlich-organischer Dämmstoff oft erst dann, wenn er aus wiederverwendetem Altmaterial besteht, z.B. Zellulose-Dämmwolle aus gehäckseltem Altpapier. Korkdämmplatten zur Wärmedämmung, die direkt aus der Rinde der Korkeiche hergestellt werden, sind ökologisch bedenklich.

6.1.4 Brandverhalten

Konstruktionswerkstoffe, also auch Dämmstoffe, werden auf der Grundlage von DIN 4102-1 [6.1] ihrem Brandverhalten nach in Baustoffklassen (Tabelle 6-2) eingeteilt (vgl. Abschnitt 2.5).

Tabelle 6-2 Baustoffklassen nach DIN 4102-1 [6.1] für Dämmstoffe

Baustoffklasse	Benennung	Beispiele
A1	nichtbrennbar	Schaumglas, Mineralfaserdämmstoffe, Perlite
A2	nichtbrennbar, mit geringem Anteil brennbarer Stoffe	Mineralfaserdämmstoffe, Calciumsilicat-Dämmplatten, Perlite-Dämmplatten
B1	schwerentflammbar	Mineralfaserdämmstoffe (mit Kaschierung), Polystyrol-Hartschaum, Holzwolle-Leichtbauplatten, Polyurethan-Hart- u. Ortschaum, Formaldehydharz-Hartschäume, Zellulose-Dämmwolle
B2	normalentflammbar	Polystyrol-Hartschaum, Hartschaum-Mehrschicht-Leichtbauplatten, Polyurethan-Hart- und Ortschaum, Formaldehydharz-Hartschäume, Zellulose-Dämmwolle, Kork
B3	leichtentflammbar	(im Bauwesen i.d.R. unzulässig; unter bestimmten Bedingungen in Fußböden möglich)

6.1.5 Zellstruktur

Hinsichtlich der Zellstruktur wird in offenzellige, geschlossenzellige und gemischtzellige Dämmstoffe unterschieden.

Offenzellige Dämmstoffe, z.B. alle Faserdämmstoffe, sind für Luftschallschutzzwecke besser geeignet als geschlossenzellige. Sie besitzen jedoch i.d.R. auch eine deutlich höhere Feuchteaufnahme, da sie kapillar sind. Auch die Wasserdampfdurchlässigkeit ist bei offenzelliger Zellstruktur viel größer als bei geschlossenzelliger.

Die für den Wärmeschutz optimale Zellstruktur ist die *Geschlossenzelligkeit*. Die Dämmstoffe mit der niedrigsten Wärmeleitfähigkeit sind im Bauwesen geschlossenzellige Kunststoffschäume. Durch ihre kleinen Zellen ist eine konvektive Wärmeübertragung ausgeschlossen. Die Wärmeübertragung erfolgt fast ausschließlich durch Wärmeleitung über die extrem dünnen Zellwände und das Zellgas, i.d.R. Luft. Geschlossenzellige Dämmstoffe nehmen sehr wenig Feuchte auf.

Gemischtzellige Dämmstoffe, d.h. offen- und geschlossenzellige, sind wenig vorteilhaft und relativ selten. Kunststoffschäume können gemischtzellig sein. Sie sind im Unterschied zu den geschlossenzelligen Dämmstoffen feuchteempfindlich, weil kapillar, und damit hygroskopisch.

6.1.6 Liefer- und Einbauform

Dämmstoffe werden im Allgemeinen als Fertigprodukte geliefert, aber auch als Halbfertigprodukte, die erst auf der Baustelle zu einer Dämmschicht verarbeitet werden. Fertigprodukte sind Platten, Bahnen und Matten, aber auch Mehrschichtplatten, Gefälleplatten, Keile und Vliese. Halbfertigprodukte sind sowohl schütt-, blas- oder sprühbare Granulate als auch so genannte Ortschäume.

6.2 Eigenschaften von Dämmstoffen

Die Vielzahl der heute im Bauwesen eingesetzten Dämmstoffe erfordert es – auf Grund der teilweise sehr verschiedenen Ausgangsstoffe – diese Materialien wiederum durch sehr viele Eigenschaften zu charakterisieren. In Abhängigkeit von der Bedeutung für den jeweiligen Dämmstoff werden sowohl mechanische, strukturelle als auch bauphysikalische Eigenschaften berücksichtigt.

6.2.1 Rohdichte

Die i.d.R. im trockenen Zustand bei Normalklima ermittelte Rohdichte ρ in [kg/m^3] ist eine den Dämmstoff charakterisierende, aber in der Anwendung entbehrliche Eigenschaft. Aus ihr kann nicht unmittelbar auf die Größe der Wärmeleitfähigkeit geschlossen werden.

6.2.2 Zellstruktur und Zellgröße

Die Zellstruktur (auch Porenstruktur) hat einen entscheidenden Einfluss auf die Wärmeleitfähigkeit, die Schallabsorption und die Feuchteempfindlichkeit.

Die Zellgröße (auch Porengröße) hat besonders Einfluss auf die Wärmeleitfähigkeit und die Wasserdampfdurchlässigkeit. Große Poren, z.B. Haufwerksporen, vergrößern den Wärmedurchgang infolge Konvektion und den Wasserdampfdurchgang infolge Reduzierung der Anzahl dampfbremsender Zellwände.

6.2.3 Druckfestigkeit und Druckspannung

Für *spröd-harte* Dämmstoffe, z.B. Schaumglas, wird als Maß der Druckbelastbarkeit die Druckfestigkeit in [N/mm²] angegeben.

Da bei *zäh-elastischen* und *zäh-plastischen* Dämmstoffen dies auf Grund der starken Verformung nicht möglich ist, wird bei derartigen Materialien die Druckspannung σ_d in [N/mm²] bei einer festgelegten Grenzstauchung ermittelt. Zur Vergleichbarkeit der Dämmstoffe wird i.d.R. die Druckspannung bei 10 % Stauchung $\sigma_{d,10}$ angegeben.

6.2.4 Zugfestigkeit und Abreißfestigkeit

Für wenigfeste Dämmstoffe ist auch die Zugfestigkeit (in Plattenebene) in [N/mm²] anzugeben. Bei Dämmplatten aus Holzwerkstoffen wird die Zugfestigkeit senkrecht zur Plattenebene geprüft. Diese Art der Zugfestigkeit wird bei Mineralfaser-Dämmstoffen als Abreißfestigkeit bezeichnet.

6.2.5 Wärmeleitfähigkeit

Zur Charakteristik eines Wärmedämmstoffes dient die Wärmeleitfähigkeit λ in [W/(m · K)] (auch Wärmeleitwert) als Hauptkriterium. Die Angabe kann in verschiedener Weise erfolgen:

- $\lambda_{10,tr}$ Wärmeleitfähigkeit bei 10°C Mitteltemperatur und trockenem Dämmstoff,
- λ_Z Wärmeleitfähigkeit unter Berücksichtigung eines Zuschlagwertes Z,
- λ_R Rechenwert der Wärmeleitfähigkeit (oder Bemessungswert λ),
- WLG Wärmeleitfähigkeitsgruppe.

Für die bautechnische Planung sind immer nur die beiden zuletzt genannten Größen zu verwenden. Da die beiden zuerst genannten λ-Werte kleiner – also besser – sind, werden sie besonders bei Wärmedämmstoffen häufig in Firmenschriften angegeben. In Tabelle 6-3 sind zwei Beispiele wiedergegeben, wie auch ohne Angabe der Kurzzeichen die für die Planung verwendbaren λ-Werte erkannt werden:

Tabelle 6-3 Beispiele für die Angabe von λ-Werten

	Beispiel 1	Beispiel 2	Merkmal
$\lambda_{10,tr}$ =	0,0348 W/(m · K)	0,0318 W/(m · K)	auf drei wertanzeigende Ziffern gerundet
λ_Z =	0,038 W/(m · K)	0,033 W/(m · K)	auf zwei wertanzeigende Ziffern gerundet
λ_R =	0,040 W/(m · K)	0,035 W/(m · K)	die zweite wertanzeigende Ziffer ist 0 oder 5
WLG	040	035	nur die drei Ziffern nach dem Komma und mit 0 oder 5 endend

6.2.6 Wasserdampfdurchlässigkeit

Auch für die Wasserdampfdurchlässigkeit gibt es verschiedene Kenngrößen. Für Dämmstoffe ist es sinnvoll, die Wasserdampf-Diffusionswiderstandszahl μ (dimensionslos) anzugeben, da sie unabhängig von der Dicke der Dämmschicht ist. Unter Berücksichtigung der Schichtdicke d (früher: s) ist die wasserdampfdiffusionsäquivalente Luftschichtdicke s_d die charakterisierende Kenngröße der Wasserdampfdurchlässigkeit:

$$s_d = \mu \cdot d \text{ in [m]} \tag{6.1}$$

Seltener angegeben wird die Wasserdampf-Diffusionsstromdichte i oder „WDD" in [g/(m² · d)]. Dieser WDD-Wert ist die Wasserdampfmasse, die bei einer bestimmten Dampfdruckdifferenz an einem Tag durch einen Quadratmeter einer Stoffprobe diffundiert. Da die Kenngröße von der Schichtdicke abhängig ist, wird sie für Dämmstoffe kaum benutzt.

6.2.7 Formbeständigkeit

Speziell von künstlich-organischen Dämmstoffen wird eine bestimmte Formbeständigkeit bei Wärmeeinwirkung gefordert. Nicht druckbeanspruchte Hartschäume müssen diese Formbeständigkeit bis 70 °C nachweisen, während druckbeanspruchte Hartschäume bis 80 °C unter Belastung und druckbelastbare Hartschäume bis 70 °C unter erhöhter Belastung formbeständig sein müssen. Das Ergebnis wird in [%] (Dickenänderung nach der Belastung) angegeben. In Sonderfällen kann auch die Formbeständigkeit bei Biege- oder bei Druckbeanspruchung unter höherer Temperatur gefragt sein.

6.2.8 Brandverhalten

Die Baustoffklasse eines Dämmstoffes muss durch ein allgemeines bauaufsichtliches Prüfzeugnis auf der Grundlage von Brandversuchen nachgewiesen werden. Die in DIN 4102-4 [6.5] genannten Baustoffe sind ohne weiteren Nachweis in die dort angegebene Baustoffklasse einzureihen (vgl. Abschnitt 2.5 und Abschnitt 6.1.4).

6.2.9 Elastizität

Für künstlich-organische Dämmstoffe wird mitunter der im Druckversuch ermittelte Elastizitätsmodul E_d in [N/mm², MPa] angegeben. Bei natürlich-organischen Dämmstoffen wird der Elastizitätsmodul E_m in [N/mm²] im Biegeversuch unter Berücksichtigung des Last-Durchbiegungsdiagramms berechnet.

6.2.10 Feuchteaufnahme und wasserabweisende Eigenschaft

Die Feuchteaufnahme wird zum einen als:

- Feuchteaufnahme aus der Umgebungsluft oder hygroskopische Feuchteaufnahme oder Ausgleichsfeuchtegehalt (früher: praktischer Feuchtegehalt),
- Feuchte- oder Wasseraufnahme bei Unterwasserlagerung und
- wasserabweisende Eigenschaft gekennzeichnet.

Als Maßeinheit werden i.d.R. [Vol.-%], [M.-%] oder [kg/m²] verwendet.

Der Ausgleichsfeuchtegehalt von Dämmstoffen, der sich bei Wasserdampfabsorption im Gleichgewicht mit einer relativen Luftfeuchte von 80 % bei 23 °C Lufttemperatur einstellt, ist als Grundlage für die Festlegung eines feuchtebezogenen Zuschlags zur Bestimmung des Rechenwertes der Wärmeleitfähigkeit λ vereinbart (Bezugsfeuchtegehalt). Er dient allgemein zur Kennzeichnung der hygroskopischen Eigenschaften von Baustoffen, z.B. von kapillarporösen Dämmstoffen.

Eine andere Möglichkeit des Kennzeichnens der durch kapillare oder absorptive Kräfte bedingten flächenbezogenen Wasseraufnahme von Baustoffen (hier speziell von Wärmedämmputzen) bei Oberflächenbenetzung ist der Wasseraufnahmekoeffizient w in $[g/(m^2 \cdot h^{0,5})]$. Die Wasseraufnahme von künstlich-organischen Dämmstoffen wird nach einer Wasserlagerung von sieben Tagen bestimmt.

Mineralfaser-Dämmstoffe, die vom Hersteller als Wärmedämmstoffe für die Anwendung in hinterlüfteten Fassaden oder als Kerndämmplatten bezeichnet werden, müssen über die ganze Dicke wasserabweisend behandelt (hydrophobiert) sein.

6.2.11 Dynamische Steifigkeit

Dämmstoffe, die zur Verbesserung der Trittschalldämmung in Fußböden eingebaut werden, müssen ein ausreichendes Federungsvermögen besitzen. Dieses Federungsvermögen wird gekennzeichnet durch die dynamische Steifigkeit s' in [MN/m³] der Dämmschicht einschließlich der in ihr eingeschlossenen Luft. Die dynamische Steifigkeit s' ist das Verhältnis zwischen der einwirkenden dynamischen Kraft (auf die Fläche bezogen) und der resultierenden Auslenkung. Die Trittschalldämmstoffe werden nach ihrer dynamischen Steifigkeit in Steifigkeitsgruppen eingeteilt.

6.2.12 Zusammendrückbarkeit

Eine kleine dynamische Steifigkeit s' hat eine Dickenreduzierung des Trittschalldämmstoffes zur Folge. Sie wird als Zusammendrückbarkeit c bezeichnet und ist definiert als:

$$c = d_L - d_B \text{ in [mm]} \quad (6.2)$$

mit: d_L = Nenndicke ohne Belastung, d_B = Nenndicke unter Belastung (Estrich- und Verkehrslast).

Die Größe c darf Maximalwerte nicht überschreiten, um Schäden im Fußboden, Risse im Estrich oder am Wandanschluss zu vermeiden.

6.2.13 Strömungswiderstand

Der Strömungswiderstand ist neben der Porosität ausschlaggebend für die Wirksamkeit einer schallabsorbierenden, porösen Schicht. Er ist für Dämmschichten in mehrschaligen Bauteilen, z.B. in Doppelwänden und unter schwimmenden Estrichen, von Bedeutung. Berechnet wird der Strömungswiderstand W in $[N \cdot s/m^3]$ aus dem Quotienten der Druckdifferenz beiderseits einer schallabsorbierenden Schicht und der Strömungsgeschwindigkeit vor und hinter der Schicht, wenn durch diese Schicht ein Luftstrom fließt. Der längenbezogene Strömungswiderstand r (auch Ξ) ist eine von der Schichtdicke unabhängige Kenngröße für ein schallabsorbierendes Material:

$$r = \frac{W}{d} \text{ in } [N \cdot s/m^4] \quad (6.3)$$

mit: d = Schichtdicke.

Bei Faserdämmstoffen mit dem zusätzlichen Kennbuchstaben w darf der längenbezogene Strömungswiderstand r normal zur Dämmstoffebene $5\ N \cdot s/m^4$ nicht unterschreiten.

6.2.14 Spezifische Wärmekapazität

Die spezifische Wärmekapazität c in $[J/(kg \cdot K)]$ eines Stoffes gibt die Wärmemenge an, die nötig ist, um die Masse von 1 kg des Stoffes um 1 Kelvin zu erwärmen. Diese Kenngröße spielt für den sommerlichen Wärmeschutz eine Rolle. Je größer c ist, desto größer ist auch die Wärmespeicherung, d.h. desto besser ist die Behaglichkeit bei instationärem Wärmedurchgang durch ein Bauteil.

6.2.15 Quell- und Schwindverhalten

Für Dämmstoffe, die bei Feuchteaufnahme quellen und bei Feuchteabgabe (Trocknung) schwinden, sind auch die Dickenquellung und evtl. das Schwindmaß, d.h. Formänderungen, von Bedeutung. Dies betrifft in erster Linie natürlich-organische Dämmstoffe. Die

Feuchteaufnahme kann dabei durch Absorption aus der Luft oder durch Wasserlagerung erfolgen. Für Holzfaserdämmplatten werden i.d.R. die Längen-, Breiten- und Dickenänderungen in Abhängigkeit der Luftfeuchteänderung ermittelt. In Ausnahmefällen kann auch die Dickenquellung nach Wasserlagerung gefragt sein.

6.2.16 Chemische Beständigkeit und Aggressivität

Mit dieser Eigenschaft wird der Dämmstoff dahingehend charakterisiert, ob er:

- chemisch reagiert, z.B. auf Salze, Lösungsmittel, Klebstoffe oder in Verbindung mit anderen Baustoffen oder
- selbst chemisch aggressiv ist und auf benachbarte Schichten einwirken kann.

6.2.17 Bioresistenz

Besonders bei natürlich-organischen Dämmstoffen ist auf einen ausreichend großen Fäulniswiderstand Wert zu legen. Auch bei temporär höherer Feuchte darf ein Dämmstoff nicht faulen oder schimmeln.

6.2.18 Irreversible Längenänderung

Irreversible Längenänderungen sind Änderungen der Länge und Breite von künstlich-organischen Dämmplatten in [%], die durch Schrumpfen bzw. Quellen hervorgerufen werden können.

6.3 Charakterisierung der Dämmstoffe

6.3.1 Baumwolle

Allgemeine Charakteristik

Der Dämmstoff Baumwolle besteht aus dem nachwachsenden Naturprodukt Baumwolle, das zu einem Vlies verarbeitet, anschließend geschichtet, mechanisch verfestigt und mit einer Brandschutzausrüstung versehen wird (Bild 6-1).

Die Anwendungsbereiche sind Wärme-, Luftschall- und Trittschalldämmung in Dächern, in Wänden, Decken und Böden. Geliefert wird Baumwolle als Dämmmatte bzw. Vlies, Dämmfilz, Dämmzopf sowie lose Stopf- und Schüttwolle. Als Wärmedämmstoff wird bei Dämmmatten i.d.R. der Anwendungstyp W bzw. WL in Anlehnung an DIN 18165-1 [6.4] erreicht. Für Dämmmatten, die der Luftschalldämmung dienen, ist der Anwendungstyp W-w möglich. Da Baumwolle ein nicht geregeltes Bauprodukt ist, erfolgt ihr Verwendbarkeitsnachweis über eine allgemeine bauaufsichtliche Zulassung.

Ob Baumwolle als Dämmstoff ökologisch sinnvoll ist, ist umstritten. Zu beachten ist, dass Baumwolle hauptsächlich in tropischen und subtropischen Gebieten überwiegend in Monokulturen angebaut wird. In der Regel werden Pestizide und zum Teil chemische Entlaubungsmittel eingesetzt. Der Wasserbedarf ist sehr hoch. Für den Transport können Konservierungsmittel, unter anderem das krebserregende Polychlorbiphenyl (PCB), erforderlich werden.

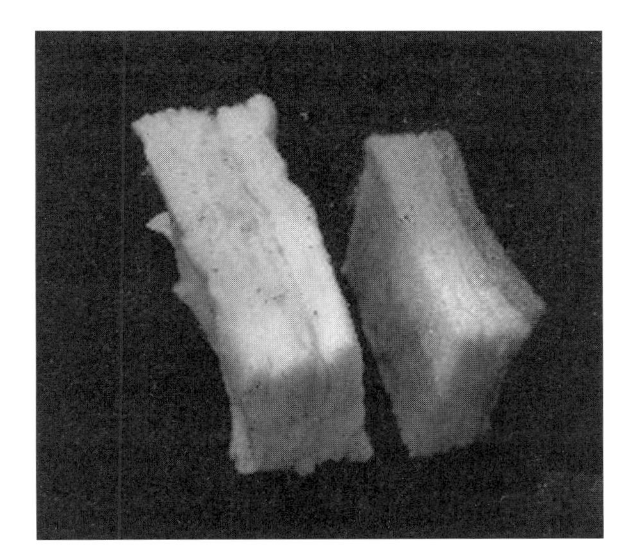

Bild 6-1 Baum- und Schafwolle

Physikalische, chemische und biologische Eigenschaften

- *Rohdichte*: zwischen 20 und 60 kg/m³, i.d.R. etwa 25 kg/m³; bei Dämmzöpfen und Stopfwolle ≥ 3 kg/m³.
- *Zellstruktur und Zellgröße*: offenzellig, sehr feinporig; positiv für Wärme- und Schalldämmung.
- *Zugfestigkeit, Abreißfestigkeit und Biegefestigkeit*: bei Anwendungstypen W und WL muss die Zugfestigkeit mindestens dem Doppelten der Eigenmasse einer Dämmmatte entsprechen; gekräuselte Faserstruktur sichert relativ hohe Zugfestigkeit und sehr gute Setzungssicherheit.
- *Wärmeleitfähigkeit*: Einordnung in die Wärmeleitfähigkeitsgruppe WLG 040 wenn $\lambda_{10,tr} \leq 0{,}036$ W/(m · K).
- *Wasserdampfdurchlässigkeit*: wegen der offenzelligen Struktur sehr große Diffusionsfähigkeit; Wasserdampf-Diffusionswiderstandszahl $\mu = 1$ bis 2; Material ist diffusionsoffen (im allgemeinen Sprachgebrauch nicht korrekt als „atmungsaktiv“ bezeichnet).

- *Brandverhalten*: mit zusätzlicher „Brandschutzausrüstung“ (meist Borate als Borsalz, z.B. Borax) Einordnung in Baustoffklasse B2, auch Baustoffklasse B1 möglich.
- *Feuchteaufnahme und wasserabweisende Eigenschaft*: Baumwolle-Dämmstoff ist wasserabweisend; Sorptionsfeuchtegehalt etwa 10 M.-%; Feuchteaufnahme darf 13 M.-% nicht überschreiten.
- *Strömungswiderstand*: längenbezogener Strömungswiderstand bei nicht kaschiertem Material ≥ 5 kN $\cdot$ s/m^4; erkennbar ist diese Eigenschaft am Anwendungstyp W-w.
- *Spezifische Wärmekapazität*: spezifische Wärmekapazität c = 840 J/(kg $\cdot$ K).
- *Chemische Beständigkeit und Aggressivität*: Baumwolle-Dämmstoff ist chemisch neutral und gegen Laugen gut und gegen Säuren mäßig beständig.
- *Bioresistenz*: gute Beständigkeit gegenüber Motten und Milben, da kein Eiweiß (Protein) vorhanden; durch Zugabe von Borsalz wird eine gewisse Bioresistenz (z.B. gegen Schimmelpilzbefall oder gegen eine Zerstörung durch Insekten und Nagetiere) erreicht; ob Bioresistenz auf Dauer – besonders bei luftdichtem Einbau – erhalten bleibt, kann durch fehlende Langzeiterfahrung nicht ausgesagt werden; das Ausmaß des Schimmelpilzwachstums sollte, geprüft nach DIN IEC 68-2-10 [6.20], höchstens der Bewertungsstufe 1 entsprechen.

6.3.2 Calciumsilicat

Allgemeine Charakteristik

Die Calciumsilicat-Dämmplatte (auch als *Mineralschaum* bezeichnet) ist ein fester mineralischer und porenreicher Dämmstoff, hergestellt aus gemahlenem Quarzsand, Portlandzement und/oder Kalk (Kalkhydrat) und Wasser. Er entspricht weitestgehend dem Porenbeton. Die Porenbildung, Erhärtung und Trocknung erfolgt in einem Autoklaven. Zur Herstellung kann ein Schaumbildner (z.B. Protein oder Al-Pulver) verwendet werden. Bei Platten für den Innenausbau wird i.d.R. Zellulose zugesetzt. Die Dämmplatten-Oberfläche kann mit einem hydrophob wirkenden Verfestiger versehen sein oder die gesamte Dämmplatte ist hydrophobiert.

Die Wärmedämmplatten können eine große Festigkeit erreichen und bis zum Anwendungstyp WDS im Sinne von DIN 18174 [6.6] eingeordnet werden. Die Anwendungsgebiete liegen sowohl im Außenbereich (Wärmedämm-Verbundsystem) als auch im Innenbereich (Innendämmung von Außenbauteilen).

Physikalische, chemische und biologische Eigenschaften

- *Rohdichte*: bei Dämmplatten für Außeneinsatz 90 bis 200 kg/m³ und für Inneneinsatz 200 bis 250 kg/m³.
- *Zellstruktur und Zellgröße*: geschlossenzellig, sehr feinporig (mikroporös); Zellwände sind sehr dünn und somit durchlässig für Wasserdampf; Zellcharakteristik positiv für Wärmedämmung, negativ für Schalldämmung.
- *Druckfestigkeit und Druckspannung*: Druckfestigkeit überdurchschnittlich hoch; bei $\rho \approx 100$ kg/m³ mindestens 0,15 N/mm², bei $\rho = 120$ kg/m³ bis 0,5 N/mm², bei $\rho \approx 200$ kg/m³ etwa 1,8 N/mm²; für zelluloseverstärkte Platten 1,2 bis 2,1 N/mm².
- *Zugfestigkeit, Abreißfestigkeit und Biegefestigkeit*: Abreißfestigkeit für Platten als Wärmedämm-Verbundsystem 0,030 bis 0,085 N/mm² sowie Biegefestigkeit von 1,0 N/mm²; Biegefestigkeit im trockenen Zustand bei Platten für den Innenausbau etwa 1,2 N/mm².
- *Wärmeleitfähigkeit*: Wärmeleitfähigkeitsgruppe der außen einsetzbaren Dämmplatten WLG 045 bis WLG 060; Wärmeleitfähigkeitsgruppe für Innenausbau-Platten mit Zellulose WLG 050 bis WLG 060.
- *Wasserdampfdurchlässigkeit*: durch geschlossenzellige, aber nicht dichte Zellstruktur verhältnismäßig große Diffusionsfähigkeit $\mu = 2$ bis 10.
- *Temperaturbeständigkeit*: obere Temperaturanwendungsgrenze für Kurzzeitbeanspruchung ca. 1050 °C und für Langzeitbeanspruchung ca. 900 °C.
- *Brandverhalten*: nichtbrennbar, Baustoffklasse A; nach Herstellerangaben Baustoffklasse A1 und A2; es entstehen keine giftigen Brandgase.
- *Elastizität*: Elastizitätsmodul etwa 600 N/mm².
- *Feuchteaufnahme und wasserabweisende Eigenschaft*: hygroskopische Feuchteaufnahme je nach Anwendung unterschiedlich; Feuchteaufnahme im Innenausbau sehr groß (wirkt daher regulierend auf die Raumluftfeuchte ein); die Dämmplatten können in kurzer Zeit Wasserdampf aus der Raumluft aufnehmen und ihn bei reduzierter Raumluftfeuchte (z.B. durch Lüftung) wieder abgeben; wirkt diffusionsoffen (im allgemeinen Sprachgebrauch nicht korrekt als „atmungsaktiv" bezeichnet); bei Anwendung im Außenbereich sollen Calciumsilicat-Dämmplatten nicht mehr als 5 M.-% Feuchte aufnehmen (oftmals nur durch Hydrophobierung zu erreichen).
- *Chemische Beständigkeit und Aggressivität*: unter Zugabe von Wasser basisch; Platten für Innenausbau besitzen einen pH-Wert zwischen 10 und 11.
- *Bioresistenz*: fäulnis- und ungeziefersicher gegen Nagetiere und Insekten; schimmelt und verrottet nicht.
- *linearer Wärmeausdehnungskoeffizient*: $\alpha_T =$ 0,005 bis 0,010 mm/(m · K).

6.3.3 Hanf

Allgemeine Charakteristik

Der Anbau von Hanf war in Deutschland seit den 50er Jahren nur mit Sondergenehmigung erlaubt und ist seit 1982 verboten, um den Missbrauch als Rauschmittel zu verhindern. Seit 1996 ist der Anbau von Hanf mit geringem Gehalt an Rauschmittel unter bestimmten Bedingungen wieder erlaubt. Von einem Hektar lassen sich bis zu 60 Tonnen dieser schnellwachsenden Pflanze ernten. Getrocknet sind das ca. 7,5 Tonnen; davon etwa 4 Tonnen Schäben, ein holzartiger Teil der Stängel von Hanfpflanzen und Fasern. Beides lässt sich zu Dämmstoffen verarbeiten.

Der Dämmstoff Hanf besteht aus der Naturfaser Hanf und ist lieferbar als technisches Textil (Vlies), lose Schäben oder gebundene Schäbenplatten (Bild 6-2). Zur Dämmvliesherstellung werden Hanffasern verwendet. Als Bindemittel kommen meist Kleber auf Stärkebasis zum Einsatz. Bei der Plattenherstellung wird zur Bindung Zement verwendet. Durch eine so genannte Brandschutzausrüstung wird der an sich leichtentflammbare Rohstoff so beeinflusst, dass er im Bauwesen einsetzbar wird. Lose Hanfschäben werden beispielsweise mit Bitumen imprägniert.

Bild 6-2 Hanf

Der Anwendungsbereich ist vorrangig die Wärmedämmung in Außen- und Trennwänden sowie Steildächern und Fußböden. Geliefert wird Hanf als Matte sowie lose. Die Matten erreichen den Anwendungstyp W bzw. WL in Anlehnung an DIN 18165-1 [6.4]. Da Hanf ein nicht geregeltes Bauprodukt ist, erfolgt sein Verwendbarkeitsnachweis über eine allgemeine bauaufsichtliche Zulassung.

Physikalische und biologische Eigenschaften

- *Rohdichte*: bei Dämmmatten 20 bis 40 kg/m³; wenn lose, bitumenimprägniert und verdichtet 130 bis 190 kg/m³; bei Zusatz von Naturkorkgranulat ca. 130 kg/m³; bei Zusatz von Tongranulat ca. 200 kg/m³.

- *Zellstruktur und Zellgröße*: ohne Bitumen offenzellig und feinporig; daher wirkt die Zellcharakteristik positiv auf die Wärmedämmung, Dampfdurchlässigkeit und Schalldämmung; bituminierte Schäben von 1 bis 10 mm Länge erzeugen eine Haufwerksporigkeit des Schüttgutes und somit eine großporige Zellstruktur mit geringerer Dämmwirkung.
- *Zugfestigkeit*: bei den Anwendungstypen W und WL (siehe Tabelle 6-1) muss die Zugfestigkeit mindestens dem Doppelten der Eigenmasse einer Dämmmatte entsprechen.
- *Wärmeleitfähigkeit*: Wärmeleitfähigkeit $\lambda_R = 0{,}040$ W/(m · K); bei bituminierten Hanfschäben wird der Rechenwert der Wärmeleitfähigkeit mit $\lambda_R = 0{,}060$ W/(m · K) angegeben (WLG 060); unter Zugabe von Korkgranulat verringert sich die Wärmeleitfähigkeit und vergrößert sich bei Zugabe von Tongranulat.
- *Wasserdampfdurchlässigkeit*: Wasserdampf-Diffusionswiderstandszahl $\mu = 1$ bis 2; wirkt diffusionsoffen (im allgemeinen Sprachgebrauch nicht korrekt als „atmungsaktiv" bezeichnet); bei bituminierten Hanfschäben ist die Wasserdampfdurchlässigkeit wesentlich kleiner; Wasserdampfdurchlässigkeit maßgeblich vom Bitumengehalt und der Verdichtung beeinflusst.
- *Brandverhalten*: mit zusätzlicher „Brandschutzausrüstung" Einstufung in Baustoffklasse B2; durch Zementbindung bei Hanfschäbenplatten wird Baustoffklasse B1 erreicht.
- *Feuchteaufnahme*: Sorptionsfeuchte 7 % nach DIN 52620 [6.7].
- *Bioresistenz*: Hanf als Dämmstoff, auch in Form bituminierter Hanfschäben, unterliegt in feuchter Umgebung Fäulnisprozessen; Insektenbefall ist möglich.

6.3.4 Hobelspäne, Holzspäne und Holzwolle

Allgemeine Charakteristik

Holzspäne (Maschinenhobelspäne von Fichte, Tanne, Kiefer) mit maximalen Abmessungen $50 \times 25 \times < 2$ mm³ und Holzwollefasern mit Abmessungen $\leq 500 \times 5 \times 0{,}4$ mm³ werden als loser, schüttbarer Dämmstoff verwendet. Zum Schutz gegen Schimmelpilze und zur Verbesserung des Brandschutzes wird das Holz mit Molke und Borsalz behandelt. Auch lose Holzspäne (5 bis 30 mm lang), die mit Zement ummantelt sind, sowie lose Holzfasern ohne Ummantelung kommen zur Anwendung. Der Anwendungsbereich ist vorrangig die Wärmedämmung von Hohlräumen. Da lose Holzspäne und Holzwolle nicht geregelte Bauprodukte sind, erfolgt ihr Verwendbarkeitsnachweis über allgemeine bauaufsichtliche Zulassungen.

Physikalische, chemische und biologische Eigenschaften

- *Rohdichte* (Schüttdichte) bei:

kurzen Holzfasern	30 bis 40 kg/m³ (freiliegend),
	30 bis 60 kg/m³ (raumausfüllend),
Holzspänen und langen Holzfasern	50 bis 90 kg/m³ (raumausfüllend),
ummantelten Holzspänen	80 bis 115 kg/m³ (freiliegend),
	95 bis 140 kg/m³ (raumausfüllend).

- *Zellstruktur und Zellgröße*: auf Grund der losen Schüttung ist die Dämmschicht offenzellig und großporig, d.h. haufwerksporig.
- *Wärmeleitfähigkeit*:

  λ_R = 0,045 W/(m · K) für kurze Holzfasern,
  λ_R = 0,055 W/(m · K) für Holzspäne (Hobelspäne),
  λ_R = 0,055 W/(m · K) für Holzspäne mit Ummantelung,
  λ_R = 0,080 W/(m · K) für lange Holzfasern (Holzwolle).

- *Wasserdampfdurchlässigkeit*: Wasserdampf-Diffusionswiderstandszahl für Hobelspäne $\mu = 2$, für Holzfasern (Holzwolle) liegt sie in der gleichen Größenordnung; wirkt diffusionsoffen (im allgemeinen Sprachgebrauch nicht korrekt als „atmungsaktiv" bezeichnet).
- *Brandverhalten*: mit zusätzlicher „Brandschutzausrüstung" bzw. durch die mineralische Ummantelung Einordnung in Baustoffklasse B2.
- *Feuchteaufnahme*: die Feuchteaufnahme darf bei Hobelspänen, ummantelten Holzspänen und bei kurzen Holzfasern 15 M.-% nicht überschreiten; Holzwolle darf mit maximal 20 M.-% Feuchte eingebaut werden, wenn gewährleistet ist, dass der Wärmedämmstoff im eingebauten Zustand bis auf seine Ausgleichsfeuchte (15 M.-%) austrocknen kann.
- *Chemische Beständigkeit und Aggressivität*: imprägnierte Späne liegen mit einem pH-Wert von 9 im schwach alkalischen Bereich; Korrosionsprobleme an metallischen Befestigungsmitteln sind nicht zu erwarten.
- *Bioresistenz*: Bioresistenz nur dann gegeben, wenn Schimmelpilzbildung durch pilzhemmende Substanzen, z.B. Molke oder Borsalz, durch mineralische Ummantelung oder durch einen Feuchtegehalt unter 15 M.-% verhindert wird.

6.3.5 Holzfaser-Dämmplatten (Holzweichfaserplatten)

Allgemeine Charakteristik

Holzfaser-Dämmplatten (Bild 6-3), auch Holzfaserplatten, Holzweichfaserplatten oder Holzschliff-Platten bestehen zu 79 bis 94,5 % aus Weichholzfasern (Fichte, Kiefer, Tanne). Für die Herstellung von Holzfaser-Dämmplatten wird zerfasertes Weichholz, i.d.R.

Sägemehl oder feine Sägespäne aus Restholz von Sägewerken, mit holzeigenem Harz (Lignin) und ggf. unter Zusatz von geringen Mengen chemischer Bindemittel oder Holzleim, neuerdings auch Kaliwasserglas, gebunden. Um die Feuchtebeständigkeit zu erhöhen, wird bei der Herstellung bis zu 15 % Bitumen- oder 5 % Latexemulsion ggf. Paraffin oder ein Hydrophobierungsmittel zugegeben.

Bild 6-3 Holzfaser-Dämmplatten; obere Platte mit Bitumenzusatz

Ein neuartiger Holzfaserdämmstoff wird in Finnland produziert. Er besteht aus sauerstoffgebleichten Zellulose- und Viskosefasern (Fichtenzellulose) sowie einem aus Zellulose erzeugten Leim. Zur Verbesserung des Brandverhaltens und der biologischen Beständigkeit wird auch hier Bor verwendet.

Für die Anforderungen gelten DIN 68755-1 [6.8], DIN 68755-2 [6.9], DIN 18165-1 [6.4], DIN 18165-2 [6.10] sowie DIN 68750 [6.11]. Der Anwendungsbereich ist vorrangig die Wärmedämmung von Steildächern, Wänden und Fußböden, aber auch die Trittschalldämmung und die Schallabsorption.

Physikalische, chemische und biologische Eigenschaften

- *Rohdichte*: zwischen 80 und 300 (450) kg/m³; bituminierte Platten 230 bis 310 kg/m³; der extrem feine Holzfaserdämmstoff nur 20 bis 40 kg/m³.
- *Zellstruktur und Zellgröße*: offenzellig und je nach Fasergröße und Rohdichte unterschiedlich feinporig; Zellstruktur positiv für Wärmedämmung, Dampfdurchlässigkeit und Schalldämmung.
- *Druckfestigkeit und Druckspannung*: wegen der sehr unterschiedlichen Rohdichte von Holzfaser-Dämmplatten schwankt die aufnehmbare Druckspannung; Platten ge-

ringer Dichte sind weich-elastisch und dürfen nicht druckbelastet werden; für sie ist die Druckspannung unbedeutend; ihr Anwendungstyp ist W; Platten höherer Dichte entsprechen dem Anwendungstyp WD; bei einer Stauchung von 10 % muss die eingetragene Druckspannung mindestens 0,04 N/mm² sein.

- *Zugfestigkeit, Abreißfestigkeit und Biegefestigkeit*: einige Hersteller geben die Biegefestigkeit an; sie ist bei den Produkten sehr verschieden und liegt zwischen 0,2 N/mm² und 2,0 N/mm².

- *Wärmeleitfähigkeit*: laut allgemeiner bauaufsichtlicher Zulassung:
  λ_R = 0,045 W/(m · K) für $\rho \leq$ 180 kg/m³ (auch mit 200 kg/m³ möglich),
  λ_R = 0,050 W/(m · K) für $\rho >$ 180 bis 210 kg/m³,
  λ_R = 0,055 W/(m · K) für $\rho >$ 210 bis 260 kg/m³,
  λ_R = 0,070 W/(m · K) bei größerer Dichte,
  λ_R = 0,055 bis 0,060 W/(m · K) bei bituminierten Holzfaser-Dämmplatten.
  Seit 1998 gibt es Anbieter, die nach eigenen Angaben die Wärmeleitfähigkeitsgruppe WLG 040 erreichen; dazu gehört auch die extrem feine Holzfaser.

- *Wasserdampfdurchlässigkeit*: offenzellige Faserstruktur des Dämmstoffes bewirkt eine große Diffusionsfähigkeit, die durch die Bindemittel wieder reduziert werden kann; Wasserdampf-Diffusionswiderstandszahl μ = 5 bis 10; bei bituminierten Platten μ = 5 bis 13.

- *Brandverhalten*: mit zusätzlicher „Brandschutzausrüstung", z.B. Wasserglas, Alaun (Aluminiumsulfat, 0,5 %), Einordnung in Baustoffklasse B2 möglich.

- *Feuchteaufnahme*: Holzfaser-Dämmplatten sind hygroskopisch und haben daher ein starkes Sorptionsvermögen; die Dämmplatten können in kurzer Zeit Wasserdampf aus der Raumluft aufnehmen und ihn bei reduzierter Raumluftfeuchte (z.B. durch Lüftung) wieder abgeben; Dämmplatten wirken diffusionsoffen (im allgemeinen Sprachgebrauch nicht korrekt als „atmungsaktiv" bezeichnet); bei starker Feuchteaufnahme quellen die Dämmplatten.

- *Dynamische Steifigkeit*: als Trittschalldämmplatte Steifigkeitsgruppen 30 bzw. 40 erreichbar.

- *Zusammendrückbarkeit*: die Zusammendrückbarkeit c von Trittschalldämmplatten beträgt ≥ 1 mm, d.h. die Platten weisen i.d.R. den Anwendungstyp TK auf.

- *Strömungswiderstand*: bei den Dämmplatten mit der Rohdichte 150 kg/m³ beträgt der längenbezogene Strömungswiderstand mindestens 5 kN · s/m⁴.

- *Spezifische Wärmekapazität*: c = 1640 bis 2100 J/(kg · K); i.d.R. liegt sie im mittleren Bereich; bei leichter Bauweise wird gegenüber anderen Materialien mit kleinerer spezifischer Wärmekapazität ein besserer Sommerwärmeschutz erreicht.

- *Chemische Beständigkeit und Aggressivität*: neutraler pH-Wert; Korrosionsprobleme an metallischen Befestigungsmitteln sind somit nicht zu erwarten.

- *Bioresistenz*: bei Verwendung von Kaliwasserglas führt der hohe pH-Wert von 11,5 zu einer ausreichenden Resistenz gegen Schimmelpilzbildung; Schäden durch Insekten können für wasserglasgebundene Dämmstoffe weitgehend ausgeschlossen werden, da das Material weder als Fraß- noch als Brutsubstrat in Frage kommt.

6.3.6 Holzwolle-Leichtbauplatten

Holzwolle-Leichtbauplatten, auch HWL-Platten, Heraklith-Platten oder im Volksmund „Sauerkraut-Platten“ genannt, basieren auf einer österreichischen Erfindung aus dem Jahre 1908. Sie bestehen aus gesunder, langfaseriger, gehobelter Holzwolle, die unter Verwendung von Magnesiabinder, Zement oder Gips gebunden wird (Bild 6-4). Bei Magnesia-gebundenen Platten ist Magnesit der Rohstoff. Gegen Verrottung kann die Holzwolle mit Bittersalz imprägniert sein. Für die Anforderungen gilt DIN 1101 [6.12]. Der Anwendungsbereich ist vorrangig der Innenausbau zur Tauwasservermeidung und zur Verbesserung des Sommerwärmeschutzes sowie die Schallabsorption. Für die Anwendung gilt DIN 1102 [6.13].

Bild 6-4 Holzwolle

Physikalische, chemische und biologische Eigenschaften

- Rohdichte:
  HWL 100, Plattendicke 100 mm, $\rho = 360$ kg/m³,
  HWL 75, Plattendicke 75 mm, $\rho = 375$ kg/m³,
  HWL 50, Plattendicke 50 mm, $\rho = 390$ kg/m³,
  HWL 35, Plattendicke 35 mm, $\rho = 415$ kg/m³,
  HWL 25, Plattendicke 25 mm, $\rho = 460$ kg/m³,
  HWL 15, Plattendicke 15 mm, $\rho = 570$ kg/m³.

- *Zellstruktur und Zellgröße*: offenzellig und sehr großporig, die Zellcharakteristik wirkt sich negativ auf Wärme- und Schalldämmung, aber positiv auf die Dampfdurchlässigkeit aus.
- *Druckfestigkeit und Druckspannung*: bei 10 % Stauchung Druckspannung von 0,15 bis 0,20 N/mm^2.
- *Zugfestigkeit, Abreißfestigkeit und Biegefestigkeit*: Biegefestigkeit bei Akustik-Dekorplatten HERAKUSTIK und TRAVERTIN in Abhängigkeit von der Dicke ca. 1,3 bis 3,0 N/mm^2.
- *Wärmeleitfähigkeit*: Rechenwert der Wärmeleitfähigkeit nach DIN V 4108-4 [6.14]
  $\lambda_R = 0{,}090$ W/(m · K) bei $\rho \approx 360$ bis ≈ 480 kg/m^3,
  $\lambda_R = 0{,}15$ W/(m · K) bei $\rho \approx 570$ kg/m^3.
  Im unteren Rohdichtebereich sinkt die Wärmeleitfähigkeit bis $\lambda_R = 0{,}065$ W/(m · K).
- *Wasserdampfdurchlässigkeit*: μ-Wert laut DIN V 4108-4 [6.14] $\mu = 2/5$; der ungünstigere der beiden Werte , z.B. 2 (Innenbereich) oder 5 (Außenbereich), ist rechnerisch anzusetzen.
- *Temperaturbeständigkeit*: obere Temperaturanwendungsgrenze für genormte und bauaufsichtlich zugelassene Produkte bei Kurzzeitbeanspruchung ca. 180°C und bei Langzeitbeanspruchung ca. 100°C.
- *Brandverhalten*: HWL-Platten sind nach DIN 4102-4 [6.5] als B1-Baustoffe klassifiziert.
- *Feuchteaufnahme*: HWL-Platten sind hygroskopisch und haben daher ein starkes Sorptionsvermögen.
- *Spezifische Wärmekapazität*: c = 1900 bis 2100 J/(kg · K).
- *Quell- und Schwindverhalten*: alle natürlich-organischen Stoffe reagieren auf Feuchteschwankungen; die zementgebundene HWL-Platte besitzt eine große lineare Längenänderung bei Feuchteaufnahme bzw. –abgabe (Größenordnung ca. 3,5 mm/m).
- *Chemische Aggressivität*: der Anteil wasserlöslicher Chloride in den HWL-Platten darf höchstens 0,35 M.-% betragen.
- *Bioresistenz*: der anfangs hohe pH-Wert von fast 12 (zementgebundene HWL-Platte) sinkt im Laufe der Zeit durch Karbonatisierung, so dass die natürliche Resistenz gegen Schimmelpilzbildung nachlässt; unter Feuchteeinfluss und bei dauerndem Luftabschluss ist keine Bioresistenz gegeben; Schäden durch Insekten und Holzschädlinge sind weitgehend ausgeschlossen.

6.3.7 Mehrschicht-Leichtbauplatten

Allgemeine Charakteristik

Mehrschicht-Leichtbauplatten (ML) sind Leichtbauplatten aus einer Schicht Hartschaum- oder Mineralfaserdämmstoff und einer einseitigen oder beidseitigen Beschichtung aus mineralisch gebundener Holzwolle (Bild 6-5). ML-Platten werden vorwiegend in den Dicken 25, 35, 50, 75 und 100 mm produziert, wobei i.d.R. die 5 mm bzw. 2 x 5 mm dicke HWL-Deckschicht enthalten ist. Andere übliche HWL-Deckschichtdicken sind 7,5 und 10 mm dick. Die ML-Platten besitzen Festigkeiten, die den Anwendungstypen W, WB, WV und WD gleichzeitig entsprechen. Für die Anforderungen gilt DIN 1101 [6.12]. Der Anwendungsbereich ist vorrangig die Wärmedämmung von Außenwänden, Decken und Stürzen, oft in Verbindung mit einer „verlorenen" Schalung.

Bild 6-5 Mehrschicht-Leichtbauplatten

Physikalische, chemische und biologische Eigenschaften

- *Rohdichte*: Rohdichte der ML-Platten ergibt sich in Abhängigkeit von der Kernschicht und den Deckschichten; die Gesamtrohdichte setzt sich aus den Einzel-Rohdichten zusammen.

- *Druckfestigkeit und Druckspannung*: Mindestdruckspannung bei 10 % Stauchung beträgt laut DIN 1101 [6.12] 0,05 N/mm²; Druckspannung bei 10 % Stauchung ist abhängig vom Material der Kernschicht; nach Herstellerangaben gilt:
  EPS mit ρ = 15 bis 30 kg/m³ $\geq$ 0,05 N/mm²,
  PUR mit $\rho \geq$ 30 kg/m³ $\geq$ 0,10 N/mm²,
  EPS mit $\rho \geq$ 30 kg/m³ $\geq$ 0,15 N/mm².

- *Querzugfestigkeit und Biegefestigkeit*: Mindestwert für die Querzugfestigkeit beträgt laut DIN 1101 [6.12] 0,02 N/mm²; für die Biegefestigkeit der ML-Platten als Dreischichtplatten gelten folgende Anforderungen in Abhängigkeit von der Kernschichtdicke:
  d = 25 mm: 1,0 N/mm²,
  d = 35 mm: 0,7 N/mm²,
  d = 50 mm: 0,5 N/mm²,
  d = 75 mm: 0,4 N/mm²,
  d = 100 mm: 0,3 N/mm²,
  d = 125 mm: 0,2 N/mm².

- *Wärmeleitfähigkeit*: da in die dünnen Holzwolledeckschichten Mörtel bzw. Beton eindringt, wird für die Berechnung der Wärmedämmung nur die Kernschicht betrachtet; die Kernschichten haben eine Wärmeleitfähigkeit nach DIN V 4108-4 [6.14] und Herstellerangaben von:
  $\lambda_R = 0{,}045$ W/(m · K) für Mineralfaser,
  $\lambda_R = 0{,}040$ W/(m · K) für Mineralfaser bzw. EPS-Hartschaum (PS 15),
  $\lambda_R = 0{,}035$ W/(m · K) für Mineralfaser bzw. EPS-Hartschaum (PS 30),
  $\lambda_R = 0{,}030$ W/(m · K) für PUR-Hartschaum.
  Dickere Holzwolledeckschichten (10 < 25 mm) werden mit $\lambda_R = 0{,}15$ W/(m · K), noch dickere mit $\lambda_R = 0{,}090$ W/(m · K) berücksichtigt.

- *Wasserdampfdurchlässigkeit*: die Wasserdampf-Diffusionswiderstandszahl μ ist laut DIN 4108-4 [6.14] anzunehmen mit:
  $\mu = 1$ für Mineralfaser,
  $\mu = 2/5$ für Holzwolle,
  $\mu = 20/50$ für PS 15,
  $\mu = 30/70$ für PS 20,
  $\mu = 40/100$ für PS 30,
  $\mu = 30/100$ für PUR.
  Der ungünstigere der beiden Werte (z.B. 2 oder 5) ist rechnerisch zu berücksichtigen,

- *Temperaturbeständigkeit*: obere Temperaturanwendungsgrenze für genormte und bauaufsichtlich zugelassene Produkte:
  - Mineralfaser-ML-Platten bei Kurzzeitbeanspruchung ca. 180°C und bei Langzeitbeanspruchung ca. 100°C,
  - Hartschaum-ML-Platten bei Kurzzeitbeanspruchung ca. 100°C und bei Langzeitbeanspruchung ca. 85°C.

- *Brandverhalten*: Mineralfaser-Mehrschicht-Leichtbauplatten mit ein- oder beidseitigem mineralischen Porenverschluss der Holzwollestruktur durch Oberflächenbeschichtung sind nach DIN 4102-4 [6.5] in die Baustoffklasse B1 eingeordnet; Hartschaum-Mehrschicht-Leichtbauplatten sind nach DIN 4102-4 [6.5] klassifiziert in die Baustoffklasse B2; nach Herstellerangaben gibt es inzwischen dreischichtige Hartschaum-Mehrschicht-Leichtbauplatten (EPS) der Baustoffklasse B1.

- Weitere Eigenschaften siehe HWL-Platten, Abschnitt 6.3.6.

6.3.8 Mineralfasern und Mineralwolle

Allgemeine Charakteristik

Mineralfaser-Dämmstoff ist der im deutschen Bauwesen am meisten verwendete Dämmstoff. Etwa 60 % des gesamten Dämmstoffbedarfs wird heute mit Mineralwolle gedeckt.

Tabelle 6-4 Unterscheidung von Mineralfasern und Mineralwolle

Mineralwolle/ Mineralfasern	Schlackenwolle	Steinwolle	Glaswolle	Glaswatte
Farbe	graugrün	graugrün, braun dunkelgelb	gelb	weiß
Schmelzperlen	Schmelzperlen	wenig Schmelzperlen	schmelzperlen-frei	schmelzperlen-frei
Temperatur-beständigkeit	bis ca. 250°C	bis ca. 750°C, auch bis 1000°C	bis ca. 500°C	bis ca. 500°C

Bei Mineralfaser-Dämmstoffen ist zwischen Schlackenwolle, Steinwolle (Bild 6-6), Glaswolle (Bild 6-7) und Glaswatte zu unterscheiden (Tabelle 6-4). Der Unterschied zwischen den o.g. Produkten besteht in den verschiedenen Rohstoffen bzw. in der Faserbindung.

- *Schlackenwolle*: der Rohstoff für Schlackenwolle sind Schlacken der Stahl- und Buntmetallindustrie,
- *Steinwolle*: der Rohstoff für Steinwolle ist das magmatische Gestein Diabas; aus 1 m³ Naturstein können ca. 100 m³ Steinwolle hergestellt werden (vgl. Abschnitt 5.9),
- *Glaswolle und Glaswatte*: der Rohstoff für Glaswolle/-watte ist Quarzsand.

Bild 6-6 Steinwolle

Mineralfaser-Dämmstoff enthält mindestens 90 % künstliche Mineralfasern (KMF), bis zu 7 % Bindemittel – meist Kunstharz aus Phenol, Harnstoff oder Formaldehyd – und ca. 1 % Zusätze. Um die Wasseraufnahme des Dämmstoffes zu verringern, werden wasserabweisende Stoffe, z.B. Wasserglas, zugesetzt. Um einem Brechen der Fasern entgegenzuwirken, werden Öle zugegeben. Dies hat gleichzeitig auch den Zweck, den Staubanteil bei der Herstellung zu reduzieren.

Die in Mineralfaser-Dämmstoffen enthaltenen Stein-, Schlacken- bzw. Glasfasern haben überwiegend eine mittlere Länge von mehreren Zentimetern und einen mittleren Durchmesser von 3 bis 5 µm. Auch wenn diese langen Fasern nicht lungengängig sind, können die gebrochenen kurzen Faserstücke eingeatmet werden.

Das vielfach befürchtete krebserregende (kanzerogene) Potential besteht bei KMF nicht. Sie dürfen nicht mit den natürlichen Asbestfasern gleichgesetzt werden. Kanzerogene Fasern müssen zum einen lungengängig sein und zum anderen eine längere Beständigkeit im Körper aufweisen. Beides trifft für KMF nicht zu.

Lungengängige Fasern müssen einen Durchmesser < 3 µm und eine Länge $< 0{,}1$ mm besitzen. Um kanzerogen zu wirken, müssen die Fasern mindestens drei mal so lang wie dick und > 5 µm lang sein. Die Summe dieser Randbedingungen liegt bei richtigem Umgang mit KMF nur selten vor. Hinzu kommt, dass KMF nur quer zur Faser brechen kann; hingegen die Asbestfaser auch längs zur Faser aufgespleißt wird. Das bedeutet, dass durch Zerkleinerung die künstliche Mineralfaser zu „normalem“ Staub wird, während die Asbestfaser in kanzerogene Faserteile zerfällt.

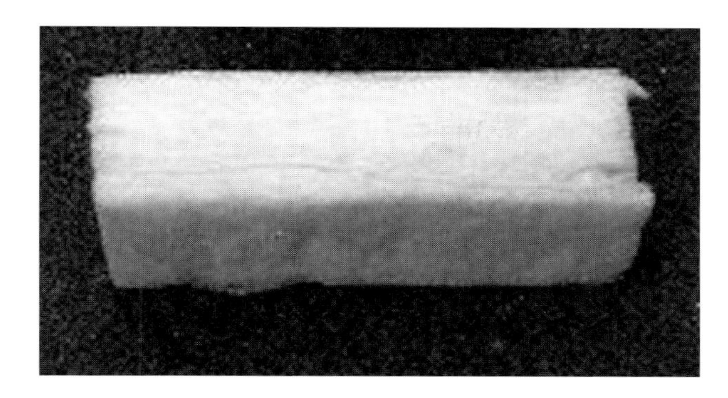

Bild 6-7 Glaswolle

Auch in der Beständigkeit unterscheiden sich KMF und Asbestfaser (z.B. Blauasbestfaser) sehr voneinander. Während sich KMF im Lungensekret nach einigen Jahren aufgelöst hat, sind Asbestfasern noch nach Jahrzehnten in der Lunge nachweisbar.

Eine gemeinsam vom Bundesgesundheitsamt, Umweltbundesamt und Bundesanstalt für Arbeitsschutz vorgenommene Risikoabschätzung besagt, dass ein faserbedingtes Krebsrisiko bei der Herstellung von Dämmstoffen aus Glas- und Steinwolle nicht nachgewiesen werden konnte.

Für die Anforderungen gelten DIN 18165-1 [6.4] und DIN 18165-2 [6.10]. Eine neue Norm, DIN V 18165-1 [6.16], ist erschienen, aber baurechtlich noch nicht eingeführt. Die Anwendungsbereiche im Hochbau sind Wärme-, Luftschall- und Trittschalldämmung im Steil- und Flachdach, in Wand, Decke und Boden. Geliefert wird Mineralwolle als Dämmmatte, Dämmfilz, Dämmplatte, Dämmkeil, Trittschalldämmplatte und lose Stopfwolle. In Industrie- und Haustechnik wird Mineralwolle u.a. zur Dämmung von Apparaten, Behältern, Kanälen, Kesseln und Rohrleitungen verwendet. Geliefert wird sie hier als Lamellenmatte, Dämmfilz, Drahtnetzmatte, Dämmplatte, Rohrsegmentplatte, und Rohrschale.

Als Wärmedämmstoff wird bei Dämmmatten i.d.R. der Anwendungstyp W bzw. WL nach DIN 18165-1 [6.4] erreicht. Für Dämmmatten, die der Luftschalldämmung dienen, ist der Anwendungstyp W-w möglich. Zukünftig wird DIN 18165-1 [6.4] durch DIN EN 13162 [6.17] ersetzt werden.

6.3.8.1 Physikalische, chemische und biologische Eigenschaften

- *Rohdichte*: zwischen 50 und 250 kg/m³; wird i.d.R. nicht angegeben.
- *Zellstruktur und Zellgröße*: offenzellig und sehr feinporig; positiv für Wärmedämmung, Dampfdurchlässigkeit und Schalldämmung.
- *Zugfestigkeit, Abreißfestigkeit und Biegefestigkeit*: bei den Anwendungstypen W und WL muss die Zugfestigkeit mindestens dem Doppelten der Eigenmasse einer Dämmmatte entsprechen.

- *Wärmeleitfähigkeit*: Bemessungswert der Wärmeleitfähigkeit nach DIN V 4108-4 [6.14] beträgt λ_R = 0,035; 0,040; 0,045 oder 0,050 W/(m · K).
- *Wasserdampfdurchlässigkeit*: Wasserdampf-Diffusionswiderstandszahl μ nach DIN V 4108-4 [6.14] beträgt $\mu = 1$; Material wirkt diffusionsoffen (im allgemeinen Sprachgebrauch nicht korrekt als „atmungsaktiv bezeichnet).
- *Brandverhalten*: Mineralfaser-Dämmstoffe sind nichtbrennbar; Zuordnung in Baustoffklasse A; je nach Bindemittelart und -anteil Zuordnung in Baustoffklasse A1 bzw. A2 möglich; es entstehen keine giftigen Brandgase.
- *Feuchteaufnahme und wasserabweisende Eigenschaft*: Mineralfaser-Dämmstoffe, die vom Hersteller als Wärmedämmstoffe für die Anwendung in hinterlüfteten Fassaden oder als Kerndämmung bezeichnet werden, müssen nach DIN 18165-1 [6.4] über die ganze Dicke hydrophobiert sein.
- *Dynamische Steifigkeit*: Trittschalldämmplatten aus Mineralwolle werden in den Steifigkeitsgruppen 90, 70, 50, 40, 30, 20, 15, 10 und 7 angeboten.
- *Zusammendrückbarkeit*: für die Zusammendrückbarkeit c von Trittschalldämmplatten gilt:
  c = 3 mm, d.h. die Platten haben den Anwendungstyp TK oder
  c = 5 mm, d.h. die Platten haben den Anwendungstyp T.
- *Strömungswiderstand*: längenbezogener Strömungswiderstand bei nicht kaschiertem Material i.d.R. ≥ 5 kN · s/m^4; erkennbar ist diese Eigenschaft am Anwendungstyp W-w.
- *Chemische Beständigkeit und Aggressivität*: Mineralfaser-Produkte sind chemisch neutral; die Aggressivität gegenüber Metallen ist unterschiedlich; Glasfasern sind nicht metallaggressiv.
- *Bioresistenz*: Mineralfaser-Dämmstoffe sind fäulnissicher und sicher gegen Nagetiere und Insekten; ebenso schimmeln Mineralfaser-Dämmstoffe nicht.

6.3.9 Polyethylen-Schaum

Allgemeine Charakteristik

Polyethylen-Folien (PE) werden im Bauwesen schon sehr lange verwendet, meist als Dampfbremsen/-sperren. In neuerer Zeit verwendet man vor allem extrudiertes PE in Form von sehr elastischen Polyethylenschaum-Folien (Bild 6-8). Der sehr großporige Schaum in Folienform ist speziell für Trittschallschutzzwecke entwickelt worden. Die Trittschallschutz-Folien sind im Vergleich zu anderen Trittschalldämmstoffen dünner und somit für Sanierungen geeignet. Die Anwendungsbereiche sind neben Trittschall-Dämmmatten auch Randdämmstreifen, Parkettunterlagen, Trennlagen bzw. Gleitfolien, Schallentkopplungsstreifen, Fugenprofile u.a.

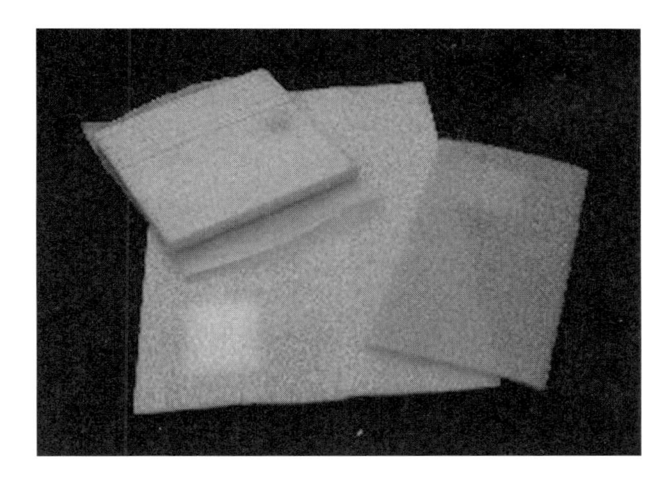

Bild 6-8 Polyethylen-Schaumfolien

Physikalische, chemische und biologische Eigenschaften

- *Rohdichte*: ca. 25 kg/m³.
- *Zellstruktur und Zellgröße*: geschlossenzellig und sehr großporig; Zellcharakteristik wirkt sich positiv auf die Trittschalldämmung aus.
- *Wärmeleitfähigkeit*: da es sich um keinen Wärmedämmstoff handelt, gibt es kaum Aussagen zur Wärmeleitfähigkeit; größenordnungsmäßig liegt λ zwischen 0,040 und 0,045 W/(m · K).
- *Brandverhalten*: PE-Schaum-Folien sind in den Baustoffklassen B1 und B2 auf dem Markt; allgemeine bauaufsichtliche Zulassungen sind zu beachten.
- *Feuchteaufnahme*: PE-Schaum-Folien sind nicht kapillar und nehmen kein Wasser auf; sie sind feuchtigkeitsunempfindlich.
- *Trittschallverbesserungsmaß*: Foliendicken von 5 mm im eingebauten Zustand bewirken eine Trittschallverbesserung um $\Delta L_W = 19$ dB.
- *chemische Beständigkeit und Aggressivität*: PE-Schaum-Folien sind chemikalienbeständig und verträglich mit Bitumen, PVC-weich, Öl und Zement.

6.3.10 Polystyrol-Hartschaum

Allgemeine Charakteristik

Polystyrol-Hartschaum (Bild 6-9) ist der im Bauwesen in Deutschland am zweithäufigsten verwendete Dämmstoff. Etwa 30 % des gesamten Dämmstoffbedarfs werden heute mit diesem Schaum gedeckt. Bei Polystyrol-Hartschaum (PS) ist zwischen expandiertem Polystyrol (EPS, „Styropor“) und extrudiertem Polystyrol (XPS, „Styrodur“) zu unterscheiden. Der Rohstoff für die Dämmstoffherstellung ist i.d.R. Erdöl, aus dem durch

Polymerisation Styrol erzeugt wird. Dem Styrol werden bei der EPS-Produktion ein Treibmittel und andere Additive zur Beeinflussung der Eigenschaften zugesetzt. Es entsteht ein perlenförmiges, glasähnliches Granulat, der Rohstoff für das nun folgende Verschäumen in drei Stufen. Diese Stufen beinhalten: Vorschäumen, Zwischenlagern und Ausschäumen. Das Ausschäumen erfolgt entweder zu Blöcken, die später zu Platten geschnitten werden, oder zu Automatenplatten (Formteilen). Trittschalldämmplatten werden zusätzlich durch Zusammendrücken elastifiziert. Chemisch sind EPS- und XPS-Hartschaum nahezu gleich. Das XPS wird in einem Extruder in Plattenform hergestellt. Die Platten haben beidseitig eine Schäumhaut.

Bild 6-9 Polystyrol-Hartschaum

Seit vielen Jahren wird als Treibmittel Kohlendioxid anstelle von FCKW, HFCKW und HFKW verwendet. Nach der Herstellung kommt es zu einem relativ schnellen Gasaustausch zwischen CO_2 und der Umgebungsluft.

Für die Anforderungen gelten DIN 18164-1 [6.3] und DIN 18164-2 [6.15]. Die Anwendungsbereiche im Hochbau sind Wärme-, Luftschall- und Trittschalldämmung in Flachdächern (auch Umkehrdach), in Wänden und Decken sowie als Perimeterdämmung im Kellerbereich. Als Wärmedämmstoff wird eine Klassifizierung von W, WD und WS nach [6.3] erreicht. Für Trittschalldämmplatten sind die Anwendungstypen T und TK gemäß [6.15] möglich. Zukünftig wird DIN 18164-1 [6.3] durch DIN EN 13163 [6.18] ersetzt werden.

Physikalische, chemische und biologische Eigenschaften

- *Rohdichte*: sie ist abhängig vom Anwendungstyp; bei T und TK beträgt sie < 15 kg/m³, bei W beträgt sie ≥ 15 kg/m³, bei WD beträgt sie ≥ 20 kg/m³ und bei WS beträgt sie ≥ 30 kg/m³.

- *Zellstruktur und Zellgröße*: überwiegend geschlossenzellig und sehr feinporig; positiv für die Wärmedämmung; EPS auch haufwerksporig herstellbar.

- *Druckfestigkeit und Druckspannung*: Mindestdruckspannung bei 10 % Stauchung beträgt laut DIN 18164-1 [6.3] bei den Anwendungstypen WD mindestens $\geq 0{,}10$ N/mm² und WS mindestens $\geq 0{,}15$ N/mm²; nach Herstellerangaben und allgemeinen bauaufsichtlichen Zulassungen werden diese Werte bei XPS-Produkten mit 0,25 bis 0,70 N/mm² meist deutlich überschritten.

- *Wärmeleitfähigkeit*: Bemessungswert der Wärmeleitfähigkeit nach DIN V 4108-4 [6.14] beträgt bei EPS $\lambda = 0{,}035$ und 0,040 W/(m · K) und bei XPS $\lambda = 0{,}030$, 0,035 und 0,040 W/(m · K).

- *Wasserdampfdurchlässigkeit*: Richtwert der Wasserdampf-Diffusionswiderstandszahl μ beträgt nach DIN V 4108-4 [6.14] für EPS 15 ca. $\mu = 20/50$, für EPS 20 ca. $\mu = 30/70$, für EPS 30 etwa $\mu = 40/100$ und für XPS ca. $\mu = 80/250$; der ungünstigere der beiden Werte, z.B. 20 oder 50 ist rechnerisch in Ansatz zu bringen.

- *Formbeständigkeit*: nach DIN 18164-1 [6.3] wird die Formbeständigkeit bei unterschiedlichen Belastungen geprüft:
  Anwendungstyp W bei 70°C, Anwendungstyp WD bei 80°C unter Belastung und Anwendungstyp WS bei 70°C unter erhöhter Belastung.
  Die jeweilige Verkürzung darf nicht mehr als 5 % betragen.

- *Brandverhalten*: Polystyrol-Hartschäume sind heute fast immer schwerentflammbar, Zuordnung in Baustoffklasse B1; in Ausnahmefällen sind die Produkte der Baustoffklasse B2 (normalentflammbar) zuzuordnen.

- *Feuchteaufnahme*:
  XPS: Wasseraufnahme beträgt bei den meisten Produkten 0,1 bis 0,2 Vol.-%; bei wenigen Produkten bis 1,5 Vol.-%; das kapillare Saugvermögen ist praktisch Null;
  EPS: Wasseraufnahme bei Unterwasserlagerung nach 7 Tagen je nach Rohdichte 2 bis 3 Vol.-%.

- *Spezifische Wärmekapazität*: $c = 1500$ J/(kg · K).

- *Dynamische Steifigkeit*: expandierte Polystyrol-Hartschaum-Trittschalldämmplatten (EPS) erreichen die Steifigkeitsgruppen 50, 40, 30, 20, 15, 10 und 7.

- *Zusammendrückbarkeit*: Zusammendrückbarkeit c von Trittschalldämmplatten:
  $c = 3$ mm, d.h. die Platten haben den Anwendungstyp TK oder
  $c = 5$ mm, d.h. die Platten haben den Anwendungstyp T.

- *Irreversible Längenänderung*: für EPS wird sie mit + 1,0 % und - 0,3 % angegeben.

6.3.11 Schaumglas

Allgemeine Charakteristik

Schaumglas (Bild 6-10) besteht hauptsächlich aus Quarzsand, Dolomit und Kalk. Diese Bestandteile werden unter Zugabe von Spezialzusätzen bei ca. 1400 °C zu hochwertigem Glas verarbeitet. Dem gemahlenen Glas wird Kohlenstoff (daher die graue Farbe) dosiert zugesetzt, das Gemisch in Formen eingebracht und in einem Ofen bis zu einer homogenen Schmelze erhitzt. Der Kohlenstoff oxydiert unter Freisetzung von Gas, welches das Aufschäumen bewirkt. Es folgen ein kontrolliertes (langsames) Abkühlen und das Schneiden der Dämmplatten (vgl. Abschnitt 5.8).

Bild 6-10 Schaumglas-Platte und Schaumglas-Granulat

Für die Anforderungen gilt DIN 18174 [6.6]. Die Anwendungsbereiche im Hochbau sind Wärmedämmung in Flachdächern (besonders Terrassendach und Parkdeck), in Industriehallenfußböden, als Perimeterdämmung im Wandfuß, als Innendämmung und als Schornsteindämmung. Anwendungstypen sind WDS und WDH nach [6.6].

Heute wird auf dem Markt ein Schaumglasgranulat in Form von Splitt und Schotter angeboten. Der Ausgangsstoff ist Altglas. Nach dem Mahlen werden ähnliche Zusätze wie bei der Schaumglasherstellung hinzugegeben. Das Erhitzen im Ofen erfolgt nicht bis zur Schmelze, sondern nur bis zur Sinterung, also mit weniger Energie. Das Abkühlen erfolgt unkontrolliert (schneller), was ein Reißen und Brechen des Schaumglases zur Folge hat. Anschließend werden die unregelmäßigen Stücke gebrochen und gesiebt. Für die Anforderungen gilt eine allgemeine bauaufsichtliche Zulassung. Die Hauptanwendung liegt in der Wärmedämm-Schüttung. Zukünftig wird DIN 18174 [6.6] durch DIN EN 13167 [6.19] ersetzt werden.

Physikalische, chemische und biologische Eigenschaften

- *Rohdichte*: bei Platten zwischen 100 kg/m³ und etwa 165 kg/m³.
- *Zellstruktur und Zellgröße:* bei Platten geschlossenzellig; bei haufwerksporiger Schüttung ist das Granulat ebenfalls geschlossenzellig, nur gibt es durch die große Oberfläche des Granulats mehr angeschnittene (offene) Zellen.
- *Druckfestigkeit und Druckspannung*: Mindestdruckfestigkeit laut DIN 18174 [6.6] bei den Anwendungstypen WDS beträgt mindestens ≥ 0,50 N/mm² und bei WDH mindestens ≥ 0,70 N/mm²; nach Herstellerangaben und allgemeinen bauaufsichtlichen Zulassungen werden diese Werte bei Platten meist deutlich überschritten mit 0,50 bis 2,00 N/mm².
- *Wärmeleitfähigkeit*: Bemessungswert der Wärmeleitfähigkeit nach DIN V 4108-4 [6.14] beträgt λ = 0,038 bis 0,066 W/(m · K); bei Granulat wird vom Hersteller λ = 0,08 W/(m · K) angegeben.
- *Wasserdampfdurchlässigkeit*: Richtwert der Wasserdampf-Diffusionswiderstandszahl μ nach DIN V 4108-4 [6.14] ist sehr groß und damit ist das Material praktisch dampfdicht, d.h. $s_d \geq 1500$.
- *Formbeständigkeit*: sehr formstabil im Temperaturbereich - 260°C bis + 430°C; schrumpft nicht und schüsselt nicht.
- *Brandverhalten*: nicht brennbar; Einordnung in Baustoffklasse A1 wenn ohne Kaschierung; es entstehen keine giftigen Brandgase; Achtung: Platten mit Kaschierung können der Baustoffklasse B2 zugeordnet sein.
- *Feuchteaufnahme*: Feuchteaufnahme bei 23°C und 80 % relativer Luftfeuchte ca. 0 Vol.-%.
- *spezifische Wärmekapazität*: c = 1000 J/(kg · K).
- *Quell- und Schwindverhalten*: quillt und schwindet nicht, weil keinerlei Wasseraufnahme und -abgabe stattfindet.
- *Chemische Beständigkeit und Aggressivität*: gute Beständigkeit gegen Säuren (Ausnahme Fluorwasserstoffsäure); chemikalienbeständig, insbesondere gegenüber organischen Lösungsmitteln.

6.3.12 Zellulose-Dämmwolle

Allgemeine Charakteristik

Zellulose-Dämmwolle ist ein seit den 20er Jahren des 20. Jahrhunderts im Recyclingverfahren hergestellter Dämmstoff aus zerkleinertem Tageszeitungspapier (Bild 6-11). Zur Verbesserung des Brandverhaltens und der biologischen Beständigkeit wird Borsalz verwendet. Bei der Herstellung von Dämmplatten werden zur Bewehrung Jutefasern (auch Stroh oder Heu) hinzugegeben. Verbreiteter als die Verarbeitung zu Platten ist jedoch die Verwendung des Granulats zur Anwendung vor Ort im Blas- oder Sprühverfahren. Mit dieser Technik kann eine sehr homogene, lückenlose Dämmschicht erzeugt werden.

Bild 6-11 Zellulose-Dämmwolle (hier verpackt in Kunststoffschachtel bzw. -beutel)

Da Zellulose-Dämmwolle ein nicht geregeltes Bauprodukt ist, erfolgt ihr Verwendbarkeitsnachweis über allgemeine bauaufsichtliche Zulassungen. Der Anwendungsbereich ist vorrangig die Dämmung zwischen einer Tragkonstruktion aus Holz, so zu finden im Steildach (Sparrendämmung), in der Wand, der Decke und im Flachdach.

Physikalische, chemische und biologische Eigenschaften

- *Rohdichte*: schwankt zwischen 20 und 80 kg/m³; meist > 35 kg/m³.
- *Zellstruktur und Zellgröße*: offenzellig und je nach Fasergröße und Rohdichte unterschiedlich feinporig; positiv für Wärmedämmung, Dampfdurchlässigkeit und Schalldämmung.
- *Wärmeleitfähigkeit*: laut allgemeiner bauaufsichtlicher Zulassungen gilt $\lambda_R = 0{,}040$ bis 0,045 W/(m · K).
- *Wasserdampfdurchlässigkeit*: durch die offenzellige Faserstruktur des Dämmstoffes besitzt er eine große Diffusionsfähigkeit; $\mu = 1$ bis 2; diffusionsoffen (im allgemeinen Sprachgebrauch nicht korrekt als „atmungsaktiv" bezeichnet).
- *Brandverhalten*: mit zusätzlicher „Brandschutzausrüstung", meist Borax oder Borsäure, Zuordnung in Baustoffklasse B2; es ist unter bestimmten Bedingungen (im

Herstellwerk und auf der Baustelle) möglich, Baustoffklasse B1 zu erreichen; das Material glimmt bei Beflammung.

- *Feuchteaufnahme*: der Dämmstoff ist hygroskopisch und hat daher ein starkes Sorptionsvermögen; er kann in kurzer Zeit Wasserdampf aus der Raumluft aufnehmen und sie bei reduzierter Raumluftfeuchte (z.B. durch Lüftung) wieder abgeben; Sorptionsfeuchte bei 50 % relativer Luftfeuchte 8 bis 10 Vol.-%; bei 80 % relativer Luftfeuchte 16 bis 18 Vol.-%.
- *Spezifische Wärmekapazität*: c = 1600 bis 1950 J/(kg · K).
- *Chemische Beständigkeit und Aggressivität*: pH-Wert ca. 8; Korrosionsprobleme an metallischen Befestigungsmitteln sind somit nicht zu erwarten,
- *Bioresistenz*: sicher vor Mäuse- und Ungezieferfraß; durch Konservierung kein Schimmelpilzbefall.

7 Zerstörungsfreie Prüfverfahren im Bauwesen

Die Aufgaben der zerstörungsfreien Prüfung (ZfP) ergeben sich aus einer ganzheitlichen Betrachtung und Analyse der Qualitätsverbesserung und Komponentensicherheit. Es geht hierbei um die physikalischen Methoden der ZfP, der Werkstoffcharakterisierung sowie der Kontrolle und Überwachung von Fertigungsprozessen und Anlagenkomponenten. Im Zuge der raschen und grundlegenden Entwicklungen auf vielen Gebieten von Technik und Naturwissenschaften erfahren die Arbeitsmittel zur Entwicklung von zerstörungsfreien Prüfverfahren auf den Gebieten der Mikroelektronik, der Rechnertechnik und der Mikrosensorik sowie der physikalischen Messtechnik insgesamt rasche Fortschritte [7.1].

Eine spezielle Richtung innerhalb der ZfP ist die zerstörungsfreie Prüfung im Bauwesen, kurz Bau-ZfP genannt. Normalerweise wird die ZfP im Bauwesen oftmals nur für Sonderaufgaben bei Schadensfällen eingesetzt. Die Bau-ZfP kann aber viel mehr leisten. Bereits während der Bauausführung kann sie als wertvolles Instrumentarium zur Qualitätssicherung wichtige Beiträge für dauerhafte und sichere Bauwerke liefern. Weiterhin wird in [7.2] ein wachsendes Interesse der Industrie und der öffentlichen Verwaltung hinsichtlich der Bau-ZfP konstatiert.

7.1 Einsatz der zerstörungsfreien Prüfung

Ausgehend von der Wertschöpfung der gesamten Bausubstanz in Deutschland beträgt der jährliche Aufwand für deren Instandhaltung einen beträchtlichen Teil der Gesamtkosten. Die künftigen und tatsächlichen Erhaltungskosten sind in starkem Maße abhängig von:

- Umweltbelastung,
- Konstruktion und Bauausführung,
- Nutzung und
- Überwachung.

Qualitätssicherung bei der Bauausführung, Schadensfrüherkennung sowie genaue Schadensbestimmung bei der Überwachung sind Aufgabenfelder der ZfP. Verbesserte Methoden führen unmittelbar zu reduzierten Erhaltungskosten. Sehr wichtig, aber mit greifbaren Zahlen schwer zu belegen, ist der Sicherheitsaspekt, um eventuelle Risiken, z.B. Spannungsrisskorrosion, Schweißnahtfehler und fehlerhafte Positionierung der Bewehrung, frühzeitig zu erkennen und einschätzen zu können.

Im Vergleich zum Stand der ZfP im Maschinenbau (Luft- und Raumfahrttechnik, Anlagenbau, Werkstofftechnik, Nuklearbereich) oder der Medizin (Ultraschall- und Röntgendiagnostik) erscheint der Stand im Bauingenieurwesen defizitär. Bereits auf dem Markt befindliche und zertifizierte Verfahren der Bau-ZfP haben mitunter einen noch nicht befriedigenden Eingang in die Prüfpraxis auf der Baustelle gefunden.

Einerseits kommt die ZfP im Bauwesen noch nicht genügend oft zum Einsatz, andererseits werden unzählige Einsatzfelder evident, welche in Zukunft an Bedeutung gewinnen werden. Zunehmend wird erkannt, dass man durch den Einsatz der ZfP im Bauwesen dem Ziel der Verbesserung der Wirtschaftlichkeit näher kommt. Auch wachsende Qualitätsansprüche in Verbindung mit einem zunehmenden Kostendruck drängen in diese Richtung [7.3].

Einige Beispiele relevanter Arbeitsgebiete der Bau-ZfP sind:

- Wärmeschutz,
- Feuchteschutz (inkl. Dichtigkeit von Bauwerken),
- Schallschutz,
- Bewertung der Gesundheitsgefährdung durch Fasern,
- ZfP von Brücken- und Hochstraßenkonstruktionen,
- Rissdetektion (Nachweis und Ortung),
- Betonkorrosion,
- Denkmalschutz und -pflege sowie
- Boden- und Baugrunduntersuchungen.

Für die meisten der ZfP-Verfahren, die derzeit im Bauwesen zur Anwendung kommen, gibt es keine Standards. Es ist daher von entscheidender Bedeutung, genau festzulegen, was geleistet werden soll (Spezifikation/Lastenheft) und was man leisten kann (Beschreibung des Anbieters). Auch im Bereich der Bau-ZfP gilt, dass Qualität gefertigt und nicht erprüft werden kann. In diesem Sinn hat die ZfP nur eine absichernde Wirkung neben der durch Organisation deterministisch erzeugten Qualität [7.4].

Eine physikalische Prüfung kann in zwei Richtungen verlaufen. Bei der Bestimmung von definierten physikalischen Eigenschaften liegt eine Prüfung im engeren Sinn vor. Erfolgt dagegen eine Prüfung auf ein Baustoffverhalten, welches auf einer oder mehreren physikalischen Eigenschaften beruht, bedient man sich oftmals phänomenologischer Prüfmethoden bzw. praxisnaher Testmethoden. Hier werden Erscheinungen getestet, ohne diese mit aller Konsequenz auf deren physikalische Wurzeln zurückzuführen [7.5]. Diese Situation liegt zum überwiegenden Teil bei den erfolgreich eingeführten und traditionellen Prüfverfahren der Bau-ZfP vor.

Zur Durchführung von zerstörungsfreien Prüfungen im Bauwesen werden zumeist physikalische Effekte ausgenutzt und in verschiedenen Prüfverfahren angewendet:

- akustische Eigenschaften,
- thermische Eigenschaften,
- optische Eigenschaften,
- magnetische und elektrische Eigenschaften sowie
- Eigenschaften bezüglich der Ausbreitung von elektromagnetischen Wellen.

Insbesondere zur Feststellung und Begutachtung von Bauschäden sind oft nur zerstörungsfreie Prüfverfahren akzeptabel. Dabei müssen beispielsweise zur Qualitätssicherung von Betonbauteilen Problemstellungen wie:

- Bauteilfehler inklusive Defektoskopie (z.B. Detektion von Hohlräumen),

- Werkstoffeigenschaften (Festigkeit),
- Geometrie (Dicke, Betonüberdeckung) und
- bauphysikalische Kennwerte (Wärmedämmung, Bestimmung und Verifizierung der Dampfdiffusionswerte, Schallschutz)

nicht nur bestimmt, sondern auch bewertet werden. Als Idealziel wird dabei angesehen, dass die Werkstoffeigenschaften und der Aufbau „transparent“ werden. Beim Beton bedeutet dies, dass man den Feuchtegehalt, die Betonzusammensetzung, den Gesteinskörnungstyp, die Bewehrung (Durchmesser, Lage), den Korrosionsgrad der Bewehrung, den Verfüllgrad der Hüllrohre im Spannbetonbau sowie den Zustand der Spanndrähte am Bauwerk oder Bauteil ermittelt, ohne dass man sichtbare oder die Trag- bzw. Dauerhaftigkeit beeinträchtigende Prüfmethoden anwenden muss.

Die Forschungen auf dem Gebiet der zerstörungsfreien Prüfung im Bauwesen konzentrieren sich auf die Übertragbarkeit der aus anderen Bereichen der Materialprüfung bekannten Verfahren auf die Probleme des Bauwesens. So werden folgende Verfahren bereits eingesetzt bzw. befinden sich in der Erprobungsphase:

- Ultraschall-Impulsecho zur Strukturuntersuchung und Defektoskopie von Beton, Impakt-Echographie [7.6] bis [7.10],
- Radar zur Struktur- und Feuchteuntersuchung von Beton und Mauerwerk [7.8],
- Mikrowellentransmissionsmessung zur Bestimmung der Mauerwerksfeuchte,
- IR-Thermographie zur Strukturuntersuchung oberflächennaher Bereiche und zur Messung der Oberflächenfeuchte,
- Radiographie zur Bestimmung der inneren Struktur von bewehrten und unbewehrten Betonbauteilen [7.9] sowie Defektoskopie,
- Magnetische Verfahren zur Bewertung der Spannungsrisskorrosion und Betonüberdeckungsmessung [7.11],
- Nukleare Verfahren, wie z.B. die Radiotracertechnik, zur zeitlichen und räumlichen Beschreibung von Stoffströmen, Rissdetektion, oder Neutronensonde zur Feuchtedetektion und -lokalisation [7.12] bis [7.14],
- Streuverfahren, wie z.B. die Neutronendiffraktion und -kleinwinkelstreuung zur Charakterisierung von Baustoffen [7.15] bis [7.17],
- NMR-Verfahren, wie z.B. die Aufsatz-NMR (Kernmagnetische Resonanz) zur Ermittlung des Feuchteprofils. Mit ortsauflösenden NMR-Verfahren lässt sich der Feuchtetransportprozess im Beton aber auch direkt analysieren. Auf diese Weise können Kenngrößen bestimmt werden, die den makroskopischen Feuchtetransport beschreiben (hydraulische Leitfähigkeit, Durchlässigkeitsbeiwert). Bei der am Fraunhofer-Institut (IZFP) Saarbrücken entwickelten Apparatur dieser Messtechnik [7.18] ist die maximale Messtiefe 26 mm. Das auflösbare Tiefeninkrement Δx_S beträgt ca. 1 mm. Mit Hilfe der NMR-Aufsatztechnik sind diese Untersuchungen an beliebig großen und somit „realitätsnahen“ Prüfobjekten möglich und
- Computertomographie [7.13].

Die Einbeziehung weiterer physikalischer Messverfahren in das Arsenal anerkannter und gegebenenfalls zertifizierter Prüfverfahren ist ein permanenter Prozess und wohl niemals abgeschlossen. In diesem Sinn wird auch die Bau-ZfP von dieser aktuellen Entwicklung profitieren. Allerdings muss man stets die Spezifika beim Einsatz von Prüfverfahren im Auge behalten. Sowohl die Werkstoffe (z.B. Beton, Mauerwerk, Stahl etc.) als auch die Prüf- und Existenzbedingungen der Prüfobjekte (im Freien oder in Räumen) führen zu spezifischen Randbedingungen. Einige dieser Probleme bei der Überführung sollen kurz angesprochen werden:

- *Ultraschall* wird an den unzähligen inneren Oberflächen (Zuschlagkörner, Bewehrung) und an den geometrischen Begrenzungen des Bauteils gestreut; die Ausbreitungsbedingungen sind vergleichsweise schlecht, wodurch die Modellierung der Ultraschallausbreitung erschwert ist [7.19].
- *Röntgenstrahlung* niedriger Energie hat nicht genügend Durchdringungsfähigkeit; die Strahlenschwächung bei Beton ist zwar in diesem Energiebereich mit Aluminium vergleichbar, die typische Bauteildicke ist jedoch ein Vielfaches größer als im Maschinenbau.
- *Mikrowellen* hoher Frequenz (>> 1 GHz) haben wegen des Wassergehalts im Beton eine zu geringe Eindringtiefe.
- *Magnetische Verfahren* können zwar den großen Unterschied der magnetischen Eigenschaften von Bewehrungsmaterial und Beton nutzen, sind jedoch aus physikalischen Gründen noch nicht vollständig in der Lage, komplexe Bewehrungskonfigurationen, wie sie praktisch in jeder Konstruktion vorkommen, aufzulösen (mehrlagige Bewehrung, Spannstahl im Hüllrohr, Spannstahlbündel).
- *Radar* ist für den großflächigen Baueinsatz gut geeignet; bis zu einem Frequenzbereich von ca. 1 GHz können Salze die Messung negativ beeinflussen.

Im Folgenden sollen exemplarisch nur Verfahren zum Bewehrungsnachweis und zur Messung der Betonüberdeckung bei Stahl- und Spannbetonbauteilen beleuchtet werden. Diese Prüfaufgabe ist von besonderer Relevanz. Überdies entwickeln sich durch die Schnelllebigkeit der Technik alte Verfahren ständig weiter und neue Verfahren kommen hinzu.

7.2 Bewehrungsnachweis und Messung der Betonüberdeckung

Bisher wurden Strukturanalysen von Stahlbetonbauteilen überwiegend durch Öffnen des interessierenden Bereiches bzw. mit Endoskopie gelöst. Dabei handelt es sich um eine zerstörende Prüfung mit anschließender Sanierung, die nur stichprobenartig angewendet werden kann. In den letzten Jahren sind jedoch zerstörungsfreie Prüfverfahren, die entweder mit elektromagnetischen oder akustischen Impulsen oder auch mit γ-Strahlung arbeiten, mit zunehmendem Erfolg in die Praxis eingeführt worden. Dabei steht die Lösung folgender Prüfprobleme im Vordergrund:

- Ortung von Bewehrungsstäben oder Spannkanälen, auch mit einer Betondeckung > 60 mm,

- Defektoskopie, d.h. die Detektion von Hohlräumen. Hierzu gehört das Auffinden von unverfüllten Bereichen innerhalb der Spannkanäle bei Spannbetonkonstruktionen,
- Verdichtungsmängel im Beton (z.B. Kiesnester) und
- genaue Bestimmung der Abmessungen bei einseitiger Zugänglichkeit.

Insbesondere die Impulsecho- und Impaktecho-Verfahren bieten das Potenzial, Bauteile von einer Seite aus großflächig zerstörungsfrei zu untersuchen. Es wird dabei ein möglichst kurzer elektromagnetischer (Radar-), Ultraschall- oder mechanischer Impuls (Impact) an der Oberfläche impliziert und dessen Reflektion bzw. Rückstreuung aus dem Inneren des Bauteils analysiert. Bei zweiseitiger Zugänglichkeit des zu prüfenden Bauteils ist auch der Einsatz von Verfahren, welche eine Transmissionsgeometrie erfordern, denkbar. Als Beispiel seien hier die radiographischen Durchstrahlungsverfahren genannt.

Die zerstörungsfreie Bestimmung der Betonüberdeckung über der äußeren Bewehrung ist vor allem bei Schadensanalysen an Bauwerken und Bauteilen sowie auch bei statischen Problemstellungen von großer Bedeutung. Ziel und Zweck dabei ist es, die Lage der Bewehrung zu erkennen und ihren Verlauf sicher zu beschreiben. Es müssen abhängig von den korrosiven Umgebungsbedingungen für die unterschiedlichsten Durchmesser der Bewehrungsstäbe unterschiedlich starke Betonüberdeckungen eingehalten werden. Bei den verschiedenen Methoden der zerstörungsfreien Prüfung wird grundsätzlich zwischen dem *Ortungsverfahren* und dem *Analyseverfahren* unterschieden. Während das Ortungsverfahren relativ schnell, bei eingeschränkter Prüfgenauigkeit vor allem Ja-Nein-Aussagen zum „Ort" der Bewehrung liefert, dient der Einsatz des Analyseverfahrens der Bestimmung der Betonüberdeckung und in Abhängigkeit vom Prüfverfahren der Ermittlung des Betonstahldurchmessers. Dieser Einsatz setzt jedoch einen vorausgegangenen Einsatz eines Ortungsverfahrens, einen hohen Zeitaufwand und entsprechendes Fachpersonal zur Ausführung voraus. Die heute bekannten Messverfahren zum Bewehrungsnachweis und Überdeckungsmessung lassen sich einteilen nach:

- magnetischen Verfahren,
- Wirbelstrom-Verfahren,
- Mikrowellen-Radar-Verfahren und
- Durchstrahlungsverfahren (Röntgen- und Gammastrahlung, Ionen/LINAC).

Magnetische und speziell Wirbelstromverfahren werden kurz beschrieben, ohne die Bedeutung der anderen Verfahren einschränken zu wollen.

Magnetische Verfahren

Diese beruhen darauf, dass die Bewehrung aus magnetisierbaren Stählen besteht. Befindet sich ein solcher Stahl im Einflussbereich eines Magnetfeldes, wird er magnetisiert. Prinzipiell ist zu unterscheiden zwischen der Gleichfeldmagnetisierung mittels Gleichfeldjochmagnet bzw. Permanentmagnet und der Wechselfeldmagnetisierung. Während bei der Gleichfeldmagnetisierung der Magnetisierungszustand das gesamte vom Magnetfeld durchströmte Stahlvolumen umfasst, ist er bei der Wechselfeldmagnetisierung in Abhängigkeit von der Frequenz des erregenden Wechselstromes mehr (hohe Frequenz) oder weniger (niedrige Frequenz) auf oberflächennahe Bereiche beschränkt. Für dieses Phänomen ist der frequenzabhängige Skineffekt (engl. skin = Haut) verantwortlich. Infolge des magnetischen Feldes des Leiterstroms werden wiederum Wirbelströme hervorgerufen, die eine ungleichmäßige Stromverteilung über den Leiterquerschnitt bewirken. Der Strom wird fast ausschließlich in einer dünnen Oberflächenschicht des Leiters geführt; daher der Begriff Skineffekt. Neben den typischen Charakteristiken zur Beschreibung magnetischer Materialeigenschaften (Hysterese, Permeabilität) wird der Magnetisierungszustand (Grad der Magnetisierung, räumliche Verteilung) bei Wechselfeldmagnetisierung auch von der elektrischen Leitfähigkeit des Stahls beeinflusst.

Wirbelstromverfahren

Wirbelstromverfahren basieren gleichfalls auf der Beobachtung von Effekten bei der Durchdringung von Magnetfeldern. Sie unterscheiden sich von den oben genannten magnetischen Wechselfeldverfahren nur durch die Stärke der erzeugten Magnetfelder. Diese sind bei den Wirbelstromverfahren so klein, dass die Magnetisierung des Stahls keine Hysterese durchläuft. Die Permeabilität ist für entmagnetisierte Stähle dann durch die so genannte Anfangspermeabilität gegeben.

Bei der Wirbelstromprüftechnik wird im Allgemeinen der Wechselstromwiderstand (Spulenimpedanz) der Prüfkopfwicklung gemessen. Dazu wird die Prüfkopfspule von einem Wechselstrom durchflossen, der von einem Generator geliefert wird. Im Einflussbereich der Spule wird ein magnetisches Wechselfeld erzeugt. Liegt in diesem Einflussbereich ein Bewehrungsstab, werden nach dem Induktionsgesetz in diesem Objekt Wirbelströme erzeugt. Deren Stärke ist um so größer, je höher die Prüffrequenz (üblicherweise unterhalb 10 MHz), je leitfähiger das Material und je größer seine magnetische Anfangspermeabilität ist. Die Wirbelströme in ihrer Gesamtheit werden begleitet von Magnetfeldern (Sekundärfeldern), die sich nach Größe und Richtung mit dem primären magnetischen Erregerfeld der Spule überlagern. Als Ergebnis ändert sich die Spannung, die dann entsprechend angezeigt werden kann.

Anwendungsbereich und Anwendungsgrenzen

Sämtliche unter Abschnitt 7.2 genannten Verfahren sind unter Baustellenbedingungen einsetzbar. Sie finden ihre Grenzen, wenn die Kalibrierungsbedingungen nicht mit den örtlichen Gegebenheiten übereinstimmen.

Bei Betonrippenstählen oder anderen strukturierten Bauelementen geben die Analyseverfahren einen magnetisch wirksamen, im Idealfall runden Querschnitt mit Nenndurchmesser an. Die im Einzelfall vorliegende Lage der Rippen kann einen Messfehler bei der Messung der Betonüberdeckung bewirken.

Für die magnetischen Verfahren und Wirbelstromverfahren können bei der Durchmesseranalyse von Bewehrungsstäben Fehler in der Größenordnung von 30 bis 40 % auftreten. Da insbesondere bei Sanierungsmaßnahmen dem Wahrheitsgehalt von Bauzeichnungen nicht unabdingbar vertraut werden kann, bleibt als Referenz nur das stichprobenartige zerstörende Untersuchen der vermuteten Schadstelle durch Freilegung (z.B. Bohren) der relevanten Regionen. Ein weiterer Störeinfluss ergibt sich bei Anwesenheit von magnetisierbaren bzw. elektrisch leitenden Medien, z.B. Betonbestandteilen oder Beschichtungen. Prinzipiell lassen die genannten Verfahren eine Messung der Betonüberdeckung bis in großen Tiefenlagen zu. Sichere Aussagen unter baupraktisch auftretenden Bewehrungsanordnungen sind jedoch nur für die erste Bewehrungsebene zu gewinnen (Abschirmung). Die auf dem Markt verfügbaren Geräte sind in der Regel handlich und netzunabhängig. Analysegeräte, die eine Messung der Betonüberdeckung erlauben, bedürfen eines Kalibrierkörpers, der die Prüfsituation repräsentativ abdeckt.

Vorbereitung und Realisierung der Prüfung

Unabhängig von der Wahl der jeweiligen Prüfmethode gliedert sich der Ablauf einer Prüfung in vier Abschnitte:

- Vorbereitung,
- Messungen,
- Dokumentation der Randbedingungen und der Messergebnisse sowie
- Bewertung (Prüfergebnis).

Bei der Einsatzvorbereitung einer Prüfung müssen selbstverständlich die aktuellen Bestimmungen des Arbeitsschutzes, inklusive des Strahlenschutzes, sowie weitere geltende Rechtsvorschriften und Regelungen (Brandschutz etc.) beachtet werden und zur Anwendung kommen. Dies ist insbesondere dann (beispielsweise beim Einsatz der Radiotracertechnik, Röntgenprüfung etc.) wichtig, wenn sich hieraus Modifikationen in der Prüfstrategie ableiten. Weiterhin bedürfen in-situ-Prüfungen, d.h. während laufender Produktion, einer spezifischen Vorgehensweise.

Abschließend wird noch einmal betont, dass neue Erkenntnisse physikalischer Mechanismen und deren Umsetzung in Messverfahren auch zu neuen potenziell einsetzbaren Verfahren der ZfP führen. Jene Verfahren, welche im Bauwesen im engeren (am Bauobjekt) und im weiteren (qualitätsgesicherte Herstellung von Baustoffen und Baumaterial) Sinne eingesetzt werden, sind hinsichtlich des angewandten Messeffekts und deren prüftechnischer Ausführung (inklusive Zertifizierung) variabel [7.17] und [7.19].

Literaturverzeichnis

Literatur zu Kapitel 1: Einführung zu den Konstruktionswerkstoffen

[1.1] *Rostásy, F.S.*: Baustoffe. Verlag W. Kohlhammer, Stuttgart 1983

[1.2] Umweltbundesamt: Besser Leben durch Umweltschutz - die Zukunft dauerhaft umweltgerecht gestalten. Informationsblatt Oktober 2002

[1.3] DAfSb: Sachstandbericht - Nachhaltig Bauen mit Beton. Heft 521, Beuth Verlag, Berlin 2001

[1.4] Bundesministerium für Verkehr, Bau- und Wohnungswesen: Leitfaden Nachhaltiges Bauen. Berlin 2001

[1.5] *Bruckner, H.*; *Schneider, U.*: Naturbaustoffe. Werner-Ingenieurtexte WIT, Werner Verlag, Düsseldorf 1998

[1.6] ACSE: The World's Tallest Towers. Civil Engineering Journal, Vol. 72, No. 1, January 2002

[1.7] ACSE: The Messina Strait Bridge. Civil Engineering Journal, Vol. 72, No. 9, September 2002

[1.8] *Gottstein, G.*: Physikalische Grundlagen der Materialkunde. Springer-Verlag, Berlin/Heidelberg 1998

[1.9] *Jaworski, B.M.; Detlaf, A.A.*: Physik griffbereit. Akademie-Verlag, Berlin 1977

[1.10] *Stöcker, H.* (Hrsg.): Taschenbuch der Physik. Harry Deutsch Verlag, Thun/Frankfurt am Main 1994

[1.11] *Stroppe, H.*: Physik - Teilchen, Felder, Ströme, Wellen, Quanten. Fachbuchverlag Leipzig im Carl Hanser Verlag, Leipzig 1976

[1.12] DIN EN ISO 14040 [08.97]: Umweltmanagement - Ökobilanz - Prinzipien und allgemeine Anforderungen. Beuth Verlag, Berlin 1997

[1.13] DIN EN ISO 14041 [01.98]: Festlegung des Ziels und des Untersuchungsrahmens. Beuth Verlag, Berlin 1998

[1.14] DIN EN ISO 14042 [07.00]: Wirkungsabschätzung. Beuth Verlag, Berlin 2000

[1.15] DIN EN ISO 14043 [07.00]: Auswertung. Beuth Verlag, Berlin 2000

[1.16] ISO 15686-1 [09.00]: Hochbau und Bauwerke - Planung der Lebensdauer. Allgemeine Grundlage. Beuth Verlag, Berlin 2000

Literatur zu Kapitel 2: Grundlagen des Werkstoffverhaltens

[2.1] *Wesche, K.*: Baustoffe für tragende Bauteile. Band 1-4. Bauverlag, Wiesbaden und Berlin 1993

[2.2] *Schweda, E.*: Baustatik - Festigkeitslehre. Werner Verlag, Düsseldorf 1987

[2.3] *Rostásy, F. S.*: Baustoffe. Verlag W. Kohlhammer, Stuttgart 1993

[2.4] *Scholz, W.* (Hrsg.): Baustoffkenntnis. Werner Verlag, Düsseldorf 1995

[2.5] DIN 52108 [08.88]: Prüfung anorganischer nichtmetallischer Werkstoffe, Verschleißprüfung mit der Schleifscheibe nach Böhme. Beuth Verlag, Berlin 1988

[2.6] DIN EN 154 [01.92]: Keramische Fliesen und Platten, Bestimmung des Widerstandes gegen Oberflächenverschleiß, glasierte Fliesen und Platten. Beuth Verlag, Berlin 1992

[2.7] *Schweda, E.*: Baustatik - Festigkeitslehre. Werner Verlag, Düsseldorf 1987

[2.8] *Neimke, W.*: Naturwissenschaftliches Grundwissen für Ingenieure des Bauwesens. Band 2: Physik im Bauwesen. Verlag für Bauwesen, Berlin 1992

[2.9] DIN V 4108-4 [10.98]: Wärmeschutz und Energie-Einsparung in Gebäuden; Wärme- und feuchteschutztechnische Kennwerte. Beuth Verlag, Berlin 1998

[2.10] *Kordina, K.; Meyer-Ottens, C.*: Holz-Brandschutz-Handbuch. Deutsche Gesellschaft für Holzforschung e.V., München 1994

[2.11] DIN 4102-1 [05.98]: Brandverhalten von Baustoffen und Bauteilen. Baustoffe, Begriffe, Anforderungen und Prüfungen, Beuth Verlag, Berlin 1998

[2.12] DIN 4102-2 [09.77]: Brandverhalten von Baustoffen und Bauteilen. Bauteile; Begriffe, Anforderungen und Prüfungen, Beuth Verlag, Berlin 1977

[2.13] DIN EN 13 501-1 [06.02]: Klassifizierung von Bauprodukten und Bauarten zu ihrem Brandverhalten. Klassifizierung mit den Ergebnissen aus den Prüfungen zum Brandverhalten von Bauprodukten, Beuth Verlag, Berlin 2002

[2.14] DIN EN 13 501-2 [06.02]: Klassifizierung von Bauprodukten und Bauarten zu ihrem Brandverhalten. Klassifizierung mit den Ergebnissen aus den Feuerwiderstandsprüfungen (mit Ausnahme von Produkten für Lüftungsanlagen), Beuth Verlag, Berlin 2002

[2.15] Deutsches Institut für Bautechnik: Bauregelliste A, Bauregelliste B und Liste C. DIBt Mitteilungen, Sonderheft 26, Ausgabe 1/2002

[2.16] *Gottstein, G.*: Physikalische Grundlagen der Materialkunde. Springer-Verlag, Berlin/Heidelberg 1998

[2.17] *Jaworsk, B.M.; Detlaf, A.A.*: Physik griffbereit. Akademie-Verlag, Berlin 1977

[2.18] *Koschkin, N.I.; Schirkewitsch, M.G.*: Elementare Physik. Definitionen-Gesetze-Tabellen, Hrsg. der dt. Übersetzung W. Stolz, Verlag MIR Moskau und Akademieverlag, Berlin 1987

[2.19] *Orear, J.*: Physik. Carl-Hanser-Verlag, München und Wien 1982

[2.20] *Weißmantel, Ch.* (Hrsg.): Kleine Enzyklopädie "Struktur der Materie". Bibliographisches Institut, Leipzig 1982

[2.21] *Stöcker, H.* (Hrsg.): Taschenbuch der Physik. Harry Deutsch Verlag, Thun und Frankfurt am Main 1994

[2.22] *Stroppe, H.*: Physik-Teilchen, Felder, Ströme, Wellen, Quanten. Fachbuchverlag Leipzig im Carl Hanser Verlag, München und Wien 1976

[2.23] DIN 5036-1 [07.78]: Strahlungsphysikalische und lichttechnische Eigenschaften von Materialien; Begriffe und Kennzahlen, Beuth Verlag, Berlin 1978

Literatur zu Kapitel 3: Metallische Werkstoffe

[3.1] *Rostásy, F.S.*: Baustoffe. Verlag W. Kohlhammer, Stuttgart 1993

[3.2] *Wesche, K.*: Baustoffe für tragende Bauteile. Band 3: Stahl und Aluminium, Bauverlag GmbH, Wiesbaden/Berlin 1993

[3.3] *Scholz, W.* (Hrsg.): Baustoffkenntnis. 13. Auflage, Werner Verlag, Düsseldorf 1995

[3.4] *Nürnberger, U.*: Korrosion und Korrosionsschutz im Bauwesen. Band 1 und Band 2, Bauverlag GmbH, Wiesbaden/Berlin 1995

[3.5] *Köstermann, H.* u.a.: Schweißen von Stahl- und Gussrohren. DVGW-Schriftenreihe, Vulkan-Verlag Essen 1997

[3.6] DIN 488-1 [09.84]: Betonstahl, Sorten, Eigenschaften, Kennzeichen. Beuth Verlag, Berlin 1984

[3.7] DIN 488-2 [06.86]: Betonstahl, Betonstabstahl, Maße und Gewicht. Beuth Verlag, Berlin 1986

[3.8] DIN 488-4 [06.86]: Betonstahl, Betonstahlmatten und Bewehrung, Aufbau, Maße und Gewicht. Beuth Verlag, Berlin 1986

[3.9] DIN 4035 [08.95]: Stahlbetonrohre und zugehörige Formstücke - Maße, Technische Lieferbedingungen. Beuth Verlag, Berlin 1995

[3.10] DIN 4223 [06.00]: Vorgefertigte Bauteile aus dampfgehärtetem Porenbeton. Beuth Verlag, Berlin 2000

[3.11] DIN EN 10020 [07.00]: Begriffsbestimmung für die Einteilung der Stähle. Beuth Verlag, Berlin 2000

[3.12] DIN EN 10025 [12.00]: Warmgewalzte Erzeugnisse aus unlegierten Baustählen. Beuth Verlag, Berlin 2000

[3.13] DIN EN 10027-1 [08.01]: Bezeichnungssysteme für Stähle. Beuth Verlag, Berlin 2001

[3.14] DIN EN 10138-1 bis 3 [10.00]: Spannstähle. Beuth Verlag, Berlin 2000

[3.15] DIN EN 10088 1 bis 3 [08.95]: Nichtrostende Stähle. Beuth Verlag, Berlin 1995

[3.16] DIN 17006-100 [04.99]: Bezeichnungssysteme für Stähle - Zusatzsymbole. Beuth Verlag, Berlin 1999

[3.17] DIN 17100 [12.87]: Warmgewalzte Erzeugnisse aus unlegierten Stählen für den allgemeinen Stahlbau. Beuth Verlag, Berlin 1987

[3.18] DIN 17140-1 bis 2 [06.80]: Walzdraht aus Grundstahl sowie aus unlegierten Qualitäts- und Edelstählen. Beuth Verlag, Berlin 1980

[3.19] DIN 17440 [03.01]: Nichtrostende Stähle - Technische Lieferbedingungen für gezogenen Draht. Beuth Verlag, Berlin 2001

[3.20] DIN EN 10113-1 bis 3 [04.93]: Warmgewalzte Erzeugnisse aus schweißgeeigneten Feinkornbaustählen. Beuth Verlag, Berlin 1993

[3.21] DIN EN 10155 [08.93]: Wetterfeste Baustähle. Beuth Verlag, Berlin 1993

[3.22] DIN EN 20898-1 [04.92]: Mechanische Eigenschaften von Verbindungselementen. Beuth Verlag, Berlin 1992

[3.23] DASt-Richtlinie 007: Lieferung, Verarbeitung und Anwendung wetterfester Baustähle. Deutscher Ausschuss für Stahlbau DASt, Köln ã Stahlbau-Verlagsgesellschaft mbH, Köln, 05.1993

[3.24] DASt-Richtlinie 009: Empfehlungen zur Wahl der Stahlsorte für geschweißte Stahlbauten. Deutscher Ausschuss für Stahlbau DASt, Köln ã Stahlbau-Verlagsgesellschaft mbH, Köln, 09.1998

[3.25] DASt-Richtlinie 014: Empfehlungen zum Vermeiden vom Terrassenbrüchen in geschweißten Konstruktionen aus Baustahl. Deutscher Ausschuss für Stahlbau DASt, Köln ã Stahlbau-Verlagsgesellschaft mbH, Köln, 01.1981

[3.26] Allgemeine bauaufsichtliche Zulassung Nr. Z-30-1-1: Bauprodukte aus hochfesten schweißgeeigneten Feinkornbaustählen S460N und NL, S460NH und NLH, S690QL und S690QL1. DIBt Berlin, 29.12.1998

[3.27] Allgemeine bauaufsichtliche Zulassung Nr. Z-30.10-13: Warmfeste Flacherzeugnisse aus warmgewalztem, schweißgeeignetem Feinkornsonderbaustahl FRS275N und warmfeste mechanische Verbindungselemente der Festigkeitsklasse 8.8 für den Einsatz bei klimabedingten Temperaturen und im Brandfall. DIBt Berlin, 22.02.2001

[3.28] ikz praxis. 2000/2001

[3.29] DIN 1262 [03.77]: Druckrohre aus Blei für Nichttrinkwasser-Leitungen. Beuth Verlag, Berlin 1977

[3.30] DIN 1263 [09.66]: Abflussrohre und -bogen aus Blei, für Entwässerungsanlagen. Beuth Verlag, Berlin 1966

[3.31] DIN 1787 [01.73]: Kupfer Halbzeug. Beuth Verlag, Berlin 1973

[3.32] DIN 4113-1 und 2 [09.02]: Aluminiumkonstruktionen unter vorwiegend ruhender Belastung. Beuth Verlag, Berlin 2002

[3.33] DIN 1745-1 [02.83]: Bänder und Bleche aus Aluminium und Aluminium-Knetlegierungen mit Dicken über 0,35 mm. Beuth Verlag, Berlin 1983

[3.34] DIN 1747-1 [02.83]: Stangen aus Aluminium und Aluminium- Knetlegierungen. Beuth Verlag, Berlin 1983

[3.35] DIN 1748-1 [02.83]: Stangenpressprofile aus Aluminium und Aluminium-Knetlegierungen. Beuth Verlag, Berlin 1983

[3.36] DIN 1771 [09.81]: Winkel - Profile aus Aluminium und Aluminium- Knetlegierungen, gepresst, Maße, statische Werte. Beuth Verlag, Berlin 1981

[3.37] DIN 9712 [08.69]: Doppel T-Profile aus Aluminium und Magnesium, gepresst, Maße, statische Werte. Beuth Verlag, Berlin 1969

[3.38] DIN 9713 [09.81]: U-Profile aus Aluminium und Aluminium- Knetlegierungen, gepresst, Maße, statische Werte. Beuth Verlag, Berlin 1981

[3.39] DIN 17770 [02.90]: Bänder und Bleche aus legiertem Zink für das Bauwesen, Technische Lieferbedingungen. Beuth Verlag, Berlin 1990

[3.40] DIN 1910-1 [09.77]: Schweißen Begriffe, Einteilung der Schweißverfahren. Beuth Verlag, Berlin 1977

[3.41] Kompendium der Schweißtechnik. Bd. 1-4, Deutscher Verlag für Schweißtechnik, 1997

[3.42] Fügetechnik, Schweißtechnik. Deutscher Verlag für Schweißtechnik, 1990

[3.43] DVS - Gefügerichtreihe Stahl. Deutscher Verlag für Schweißtechnik, 1979

[3.44] DIN EN 10025 [03.94]; Warmgewalzte Erzeugnisse aus unlegierten Baustählen - Technische Lieferbedingungen. Beuth Verlag, Berlin 1994

[3.45] Großer Atlas Schweiß-ZTU-Schaubilder. Deutscher Verlag für Schweißtechnik, 1992

[3.46] ISO 2560 [11.02]: Schweißzusätze - Umhüllte Stabelektroden zum Lichtbogenhandschweißen von unlegierten Stählen und Feinkornstählen - Einteilung. Beuth Verlag, Berlin

[3.47] DIN EN 26848 [10.91]: Wolframelektroden für Wolfram-Schutzgasschweißen und für Plasmaschneiden und -schweißen. Beuth Verlag, Berlin

[3.48] *Trillmich, R., Welz, W.*: Bolzenschweißen. Deutscher Verlag für Schweißtechnik, 1997

[3.49] DIN EN ISO13918 [12.98]: Bolzen und Keramikringe für das Lichtbogenbolzenschweißen. Beuth Verlag, Berlin

[3.50] DIN 4099 [02.98]:Schweißen von Betonstahl; Ausführung und Prüfung. Beuth Verlag, Berlin

[3.51] *Rußwurm, D., Martin H.*: Betonstähle für den Stahlbetonbau. Bauverlag, Wiesbaden/Berlin, 1993

[3.52] DIN 488-7 [06.86]: Betonstahl; Nachweis der Schweißeignung von Betonstabstahl; Durchführung und Bewertung der Prüfungen. Beuth Verlag, Berlin 1986

[3.53] DIN 50900 [06.02]: Korrosion der Metalle - Begriffe - Teil 2: Elektrochemische Begriffe. Beuth Verlag, Berlin 2002

[3.54] DIN 55928-4 [07.94]: Korrosionsschutz von Stahlbauten durch Beschichtungen und Überzüge. Beuth Verlag, Berlin 1994

Literatur zu Kapitel 4: Organische Werkstoffe

[4.1] *Niemz, P.*: Physik des Holzes und der Holzwerkstoffe. DRW-Verlag, Leinfelden-Echterdingen 1993

[4.2] *Lohmann, U.*: Holz Handbuch. DRW-Verlag, Leinfelden-Echterdingen 1998

[4.3] *Brunner-Hildebrand*: Die Schnittholztrocknung. Eigenverlag, Ronnenberg bei Hannover 1987

Glos, P.: Qualitätsschnittholz als unternehmerische Notwendigkeit. In: bauen

[4.4] *Glos, P.*: Qualitätsschnittholz als unternehmerische Notwendigkeit. In: bauen mit holz, S. 502-508, Bruderverlag, Karlsruhe 1995

[4.5] DIN 4074-1 [in Bearbeitung]: Sortierung von Holz nach der Tragfähigkeit - Teil 1, Nadelschnittholz. Beuth Verlag, Berlin 2002

[4.6] E DIN EN 338 [02.01]: Bauholz für tragende Zwecke, Festigkeitsklassen. Beuth Verlag, Berlin 2001

[4.7] E DIN 1052 [in Bearbeitung]: Entwurf, Berechnung und Bemessung von Holzbauwerken, Allgemeine Bemessungsregeln und Bemessungsregeln für den Hochbau. Beuth Verlag, Berlin 2002

[4.8] *Colling, F.*: Brettschichtholz - Herstellung und Festigkeitsklassen. In: Structural Timber Education Program 1 (STEP 1), Holzbauwerke - Bemessung und Baustoffe nach Eurocode 5. Informationsdienst Holz, Düsseldorf 1995

[4.9] Hrsg. Arbeitsgemeinschaft Holz: Holzbau Handbuch: Reihe 4, Teil 4, Folge 1, Holzwerkstoffe - Konstruktive Holzwerkstoffe, Informationsdienst Holz, Düsseldorf 1997

[4.10] DIN 68705-3 [12.81]: Sperrholz; Baufurnier-Sperrholz. Beuth Verlag, Berlin 1981

[4.11] DIN 68705-4 [12.81]: Sperrholz; Bau-Stabsperrholz und Bau-Stäbchensperrholz. Beuth Verlag, Berlin 1981

[4.12] DIN V ENV 14272 [12.02]: Sperrholz - Rechenverfahren für einige mechanische Eigenschaften. Beuth Verlag, Berlin 2002

[4.13] DIN 68763 [09.90]: Spanplatten; Flachpressplatten für das Bauwesen. Beuth Verlag, Berlin 1990

[4.14] E DIN EN 312 [12.02]: Spanplatten - Anforderungen. Beuth Verlag, Berlin 2002

[4.15] DIN 68 754-1 [02.76]: Harte und mittelharte Holzfaserplatten für das Bauwesen; Holzwerkstoffklasse 20. Beuth Verlag, Berlin 1976

[4.16] DIN 68755 [07.92]: Holzfaserdämmplatten für das Bauwesen; Begriffe, Anforderungen, Prüfung, Überwachung. Beuth Verlag, Berlin 1992

[4.17] E DIN EN 622 T 1-5 [08.00]: Faserplatten - Anforderungen. Beuth Verlag, Berlin 2000

[4.18] DIN 1101 [06.00]: Holzwolle-Leichtbauplatten und Mehrschicht-Leichtbauplatten als Dämmstoffe für das Bauwesen; Anforderungen und Prüfungen. Beuth Verlag, Berlin 2000

[4.19] DIN EN 633 [12.93]: Zementgebundene Spanplatten - Definition, Klassifizierung. Beuth Verlag, Berlin 1993

[4.20] DIN EN 300 [06.97]: Platten aus langen, schlanken, ausgerichteten Spänen (OSB) - Definitionen, Klassifizierung, Anforderungen. Beuth Verlag, Berlin 1997

[4.21] E DIN EN 14279 [12.01]: Furnierschichtholz (LVL) - Spezifikationen, Definitionen, Klassifizierung, Anforderungen. Beuth Verlag, Berlin 2001

[4.22] E DIN EN 13353 T 1-3 [01.99]: Massivholzplatten - Anforderungen. Beuth Verlag, Berlin 1999

[4.23] *Halász, R.* und *Scheer, C.*: Holzbautaschenbuch Band 1, Grundlagen, Entwurf, Bemessung und Konstruktion. Verlag Ernst und Sohn, Berlin 1996

[4.24] DIN 68800-2 [05.96]: Holzschutz - Vorbeugende bauliche Maßnahmen im Hochbau. Beuth Verlag, Berlin 1996

[4.25] DIN V ENV 1995-1-1 (EC5) [08.99]: Bemessung und Konstruktion von Holzbauten. Beuth Verlag, Berlin 1999

[4.26] DIN 4102-1 [09.77]:Brandverhalten von Baustoffen und Bauteilen: Baustoffe; Begriffe, Anforderungen und Prüfungen. Beuth Verlag, Berlin 1977

[4.27] DIN 7865 [02.82]: Elastomer-Fugenbänder zur Abdichtung von Fugen in Beton; Form und Maße. Beuth Verlag, Berlin 1977

[4.28] *Wesche, K.*: Baustoffe für tragende Bauteile. Band 4: Holz und Kunststoffe; Bauverlag, Wiesbaden/Berlin 1993

[4.29] *Scholz, W.* (Hrsg.): Baustoffkenntnis. 13. Auflage, Werner Verlag, Düsseldorf 1995

[4.30] *Rostásy, F. S.*: Baustoffe. Verlag W. Kohlhammer, Stuttgart 1993

[4.31] *Henning, O; Knöfel, D.*: Baustoffchemie. 5. Auflage, Bauverlag GmbH, Berlin 1997

[4.32] *Ettel, W.-P*: Kunstharze und Kunststoffdispersionen. Beton-Verlag, Düsseldorf 1998

[4.33] Allgemeine Grundsätze, Beiblatt 1 zu DIN 55945 [09.96] [09.96]: Lacke und Anstrichstoffe; Fachausdrücke und Definitionen für Beschichtungsstoffe

[4.34] DIN ISO 175 [04.89]: Kunststoffe; Bestimmung des Verhaltens gegen Flüssigkeiten einschließlich Wasser. Beuth Verlag, Berlin 1989

[4.35] DIN EN ISO 527-1 [04.96]: Kunststoffe; Bestimmung der Zugeigenschaften. Beuth Verlag, Berlin 1996

[4.36] DIN EN 971-1 [09.96]: Lacke und Anstrichstoffe; Fachausdrücke und Definitionen für Beschichtungsstoffe. Beuth Verlag, Berlin 1996

[4.37] DIN ISO 1043-2 [08.91]: Kunststoffe; Kurzzeichen, Füllstoffe und Verstär-

[4.38] DIN ISO 1629 [03.92]: Kautschuk Latices; Einteilung. Beuth Verlag, Berlin 1992

[4.39] DIN 7726 [05.82]: Schaumstoffe; Begriffe und Einteilung. Beuth Verlag, Berlin 1992

[4.40] DIN 7728-1 [01.88]: Kunststoffe; Kennbuchstaben und Kurzzeichen für Polymere und ihre besonderen Eigenschaften. Beuth Verlag, Berlin 1988

[4.41] DIN 7865-1 [02.82]: Elastomer-Fugenbänder zur Abdichtung von Fugen in Beton; Form und Maße. Beuth Verlag, Berlin 1982

[4.42] DIN 7865-2 [02.82]: Elastomer-Fugenbänder zur Abdichtung von Fugen in Beton; Werkstoff-Anforderungen und Prüfung. Beuth Verlag, Berlin 1982

[4.43] DIN 16945 [03.89]: Reaktionsharze, Reaktionsmittel und Reaktionsharzmassen; Prüfverfahren. Beuth Verlag, Berlin 1989

[4.44] DIN 16946-1 [03.89]: Reaktionsharzformstoffe, Gießharzformstoffe; Prüfverfahren. Beuth Verlag, Berlin 1989

[4.45] DIN 16946-2 [03.89]: Reaktionsharzformstoffe, Gießharzformstoffe; Typen. Beuth Verlag, Berlin 1989

[4.46] DIN 18164-1 [08.92]: Schaumkunststoffe als Dämmstoffe für das Bauwesen; Dämmstoffe für die Wärmedämmung. Beuth Verlag, Berlin 1992

[4.47] E DIN 18197 [12.95]: Abdichtung von Fugen in Beton mit Fugenbändern. Beuth Verlag, Berlin 1995

[4.48] DIN EN 26927 [05.91]: Hochbau; Fugendichtstoffe - Begriffe Beiblatt 1 [09.96]: Lacke und Anstrichstoffe, Fachausdrücke und Definitionen für Beschichtungsstoffe, Teil 1: Allgemeine Begriffe, Erläuterungen. Beuth Verlag, Berlin 1991

[4.49] DIN 50035-1 [03.89]: Begriffe auf dem Gebiet der Alterung von Materialien; Grundbegriffe. Beuth Verlag, Berlin 1989

[4.50] DIN 50035-2 [03.89]: Begriffe auf dem Gebiet der Alterung von Materialien; Polymere Werkstoffe. Beuth Verlag, Berlin 1989

[4.51] DIN 55945 [09.96]: Lacke und Anstrichstoffe; Fachausdrücke und Definitionen für Beschichtungsstoffe. Beuth Verlag, Berlin 1996

[4.52] DIN 55958 [12.88]: Harze, Begriffe. Beuth Verlag, Berlin 1988

[4.53] DIN 55950 [04.78]: Anstrichstoffe und ähnliche Beschichtungsstoffe; Kurzzeichen für die Bindemittelgrundlage. Beuth Verlag, Berlin 1978

[4.54] DIN 78078 [08.86]: Elastomere; Klassifizierung. Beuth Verlag, Berlin 1986

Literatur zu Kapitel 5: Mineralische Werkstoffe

[5.1] *Dierks, K.; Ziegert, Ch.*: Tragender Stampflehm. In: Stahlbetonbau aktuell - Praxishandbuch 2002, Avak, R. und Goris, A. (Hrsg.), Bauwerk Verlag, Berlin 2002

[5.2] *Volhard, F.*: Leichtlehmbau, Alter Baustoff - Neue Technik. C.F. Müller Verlag, Karlsruhe1995

[5.3] *Von Soos, P.*: Eigenschaften von Boden und Fels; ihre Ermittlung im Labor. In: Grundbau-Taschenbuch, Teil 1, Smoltczyk, U. (Hrsg.), Ernst & Sohn, Berlin 1996

[5.4] *Wagenbreth, O.*: Naturwissenschaftliches Grundwissen für Ingenieure des Bauwesens, Technische Gesteinskunde. VEB Verlag für Bauwesen, Berlin 1979

[5.5] *Bruckner, H.; Schneider, U.*: Naturbaustoffe. Werner Verlag, Düsseldorf 1998

[5.6] *Niemeyer, R.*: Der Lehmbau. Ökobuch Verlag Staufen, Nachdruck der Originalausgabe von 1946

[5.7] DIN 18951 [01.51]: Lehmbauten - Vorschriften für die Ausführung.1970, nicht mehr lieferbar

[5.8] DIN 18953 [05.56]: Baulehm, Lehmbauteile. 1970, nicht mehr lieferbar

[5.9] *Volhard, F.; Röhlen, U.*: Lehmbau Regeln - Begriffe, Baustoffe, Bauteile. Dachverband Lehm e.V. (Hrsg.), Vieweg Verlag, Braunschweig/Wiesbaden 1998

[5.10] DIN 18954 [05.56]: Ausführung von Lehmbauten, Richtlinien. 1970, nicht mehr lieferbar

[5.11] *Minke, G.*: Lehmbau - Handbuch. Der Baustoff Lehm und seine Anwendung, Ökobuch Verlag, Stauffen 1995

[5.12] DIN 1048 [06.91]: Prüfverfahren für Beton. Beuth Verlag, Berlin 1991

[5.13] DIN 18952 [05.56]: Baulehm. 1970, nicht mehr lieferbar

[5.14] *Reinsch, D.*: Natursteinkunde. Ferdinand Enke Verlag, Stuttgart 1991

[5.15] DIN 4102-4 [03.94]: Brandverhalten von Baustoffen und Bauteilen. Zusammenstellung und Anwendung klassifizierter Baustoffe, Bauteile und Sonderbauteile, Beuth Verlag, Berlin 1994

[5.16] DIN 1164-1 [11.00]: Zemente mit besonderen Eigenschaften - Zusammensetzung, Anforderungen, Übereinstimmungsnachweis. Beuth Verlag, Berlin 2000

[5.17] DIN EN 197-1 [06.00]: Zement - Zusammensetzung, Anforderung und Konformitätskriterien von Normalzementen. Beuth Verlag, Berlin 2000

[5.18] DIN 1060-1 [11.82]: Baukalk. Begriffe, Anforderung, Lieferung, Überwachung, Beuth Verlag, Berlin 1982

[5.19] DIN 1168-1 [01.86]: Baugipse. Begriff, Sorten, Verwendung, Lieferung, Kennzeichnung, Beuth Verlag, Berlin 1986

[5.20] DIN 272 [02.86]: Prüfung von Magnesiaestrich. Beuth Verlag, Berlin 1986

[5.21] DIN 1045-2 [07.01]: Tragwerke aus Beton, Stahlbeton und Spannbeton, Beton-Festlegung, Eigenschaften, Herstellung und Konformität. Beuth Verlag, Berlin 2001

[5.22] DIN EN 206-1 [07.01]: Beton. Festlegungen, Eigenschaften, Herstellung, Konformität, Beuth Verlag, Berlin 2001

[5.23] DIN EN 196-1 [05.95]: Prüfverfahren für Zement, Bestimmung der Festigkeit. Beuth Verlag, Berlin 1995

[5.24] DIN EN 196-3 [05.95]: Prüfverfahren für Zement, Bestimmung der Erstarrungszeit und der Raumbeständigkeit. Beuth Verlag, Berlin 1995

[5.25] DIN 19569-1 [02.87]: Kläranlagen-Baugrundsätze für Bauwerke und technische Ausrüstung, Teil 1, Allgemeine Baugrundstücke. Beuth Verlag, Berlin 1987

[5.26] DIN 51043 [08.97]: Trass-Anforderungen, Prüfung. Beuth Verlag, Berlin 1997

[5.27] *Powers, T.C., Brownyard, T.L.*: Studies of the physical properties of hardened Portland Cement paste. Research Laboratories, Portland Cement Association (PCA), Bulletin No. 22, 1948

[5.28] E DIN EN 933-10 [08.95]: Prüfverfahren für geometrische Eigenschaften von Gesteinskörnungen: Bestimmung des Muschelschalengehaltes in groben Gesteinskörnungen. Beuth Verlag, Berlin 1995

[5.29] DIN 4301 [04.81]: Eisenhüttenschlacke und Metallhüttenschlacke im Bauwesen. Beuth Verlag, Berlin 1981

[5.30] DIN 4226-1 [06.83]: Zuschlag für Beton, Zuschlag mit dichtem Gefüge, Begriffe, Bezeichnung und Anforderungen. Beuth Verlag, Berlin 1983

[5.31] DIN 4226-1 [07.01]: Gesteinskörnung für Beton und Mörtel. Leichte Gesteinskörnungen. Beuth Verlag, Berlin 2002

[5.32] DIN 4226-2 [02.02]: Gesteinskörnung für Beton und Mörtel. Normale und schwere Gesteinskörnungen. Beuth Verlag, Berlin 2001

[5.33] DIN 4226-100 [02.02]: Gesteinkörnungen für Beton und Mörtel-Rezyklierte Gesteinskörnung. Beuth Verlag, Berlin 2002

[5.34] DIN EN 12620 [02.97]: Gesteinskörnungen für Beton einschließlich Beton für Straßen- und Deckschichten. Beuth Verlag, Berlin 1997

[5.35] DIN EN 1097-6 [01.01]: Prüfverfahren für mechanische und physikalische Eigenschaften von Gesteinskörnungen: Bestimmung der Rohdichte und Wasseraufnahme. Beuth Verlag, Berlin 2001

[5.36] DIN 18200 [05.00]: Überwachung (Güteüberwachung) von Baustoffen, Bauteilen und Bauarten-Allgemeine Grundsätze. Beuth Verlag, Berlin 2000

[5.37] DIN EN 933-1 [10.97]: Prüfverfahren für geometrische Eigenschaften von Gesteinskörnungen: Bestimmung der Korngrößenverteilung (Sieblinie). Beuth Verlag, Berlin 1997

[5.38] DIN ISO 3310-1 [09.01]: Analysensiebe; Anforderung und Prüfung Analysensiebe mit Metalldrahtgewebe. Beuth Verlag, Berlin 2001

[5.39] DIN ISO 3310-2 [09.01]: Analysensiebe; Anforderung und Prüfung Analysensiebe mit Lochblechen. Beuth Verlag, Berlin 2001

[5.40] DIN ISO 565 [09.01]: Analysensiebe; Metalldrahtgewebe; Lochplatten und elektrogeformte Siebfolien; Nennöffnungsweiten. Beuth Verlag, Berlin 2001

[5.41] DIN EN 933-3 [02.03]: Prüfverfahren für geometrische Eigenschaften von Gesteinskörnungen: Bestimmung der Kornform (Plattigkeitskennzahl). Beuth Verlag, Berlin 2003

[5.42] DIN EN 933-8 [05.99]: Prüfverfahren für geometrische Eigenschaften von Gesteinskörnungen: Beurteilung von Feinanteilen (Sandäquivalent-Verfahren). Beuth Verlag, Berlin 1999

[5.43] DIN EN 933-9 [12.98]: Prüfverfahren für geometrische Eigenschaften von Gesteinskörnungen: Beurteilung von Feinanteilen (Beurteilung von Feinanteilen - Methylenblau-Verfahren). Beuth Verlag, Berlin 1998

[5.44] DIN EN 1097-2 [06.98]: Prüfverfahren für mechanische und physikalische Eigenschaften von Gesteinskörnungen: Verfahren zur Bestimmung des Widerstandes gegen Zertrümmerung. Beuth Verlag, Berlin 1998

[5.45] DIN EN 1097-1 [02.03]: Prüfverfahren für mechanische und physikalische Eigenschaften von Gesteinskörnungen: Bestimmung des Widerstandes gegen Verschleiß. Beuth Verlag, Berlin 2003

[5.46] DIN EN 1097-8 [01.00]: Prüfverfahren für mechanische und physikalische Eigenschaften von Gesteinskörnungen: Bestimmung des Polierwertes. Beuth Verlag, Berlin 2000

[5.47] DIN EN 1097-6 [03.03]: Prüfverfahren für mechanische und physikalische Eigenschaften von Gesteinskörnungen: Bestimmung der Rohdichte und der Wasseraufnahme. Beuth Verlag, Berlin 2003

[5.48] DIN EN 1097-5 [10.97]: Prüfverfahren für mechanische und physikalische Eigenschaften von Gesteinskörnungen: Bestimmung des Wassergehaltes durch Ofentrocknung. Beuth Verlag, Berlin 2003

[5.49] DIN EN 932-3 [11.96]: Prüfverfahren für allgemeine Eigenschaften von Gesteinskörnungen: Durchführung und Terminologie einer vereinfachten petrographischen Beschreibung. Beuth Verlag, Berlin 1996

[5.50] DIN EN 1367-1 [01.01]: Prüfverfahren für allgemeine Eigenschaften von Gesteinskörnungen: Durchführung und Terminologie einer vereinfachten petrographischen Beschreibung. Beuth Verlag, Berlin 2001

[5.51] DIN EN 1367-2 [05.98]: Prüfverfahren für thermische Eigenschaften und Verwitterungsbeständigkeit von Gesteinskörnungen: Magnesiumsulfat-Verfahren. Beuth Verlag, Berlin 1998

[5.52] DIN EN 1744-1 [05.98]: Prüfverfahren für chemische Eigenschaften von Gesteinskörnungen: Chemische Analyse. Beuth Verlag, Berlin 1998

[5.53] Richtlinie des DAfStb (AKR) [05.01]: Richtlinie Alkalireaktion im Beton Vorbeugende Maßnahmen gegen schädigende Alkalireaktion im Beton; Teil 1: Allgemeines, Feuchtigkeitsklassen und Anforderungen; Teil 2: Eignungsnachweis und Überwachung des Zuschlags; Teil 3: Prüfung des Zuschlags. Beuth Verlag, Berlin 2001

[5.54] DIN EN 1097-3 [06.01]: Prüfverfahren für mechanische und physikalische Eigenschaften von Gesteinskörnungen: Bestimmung von Schüttdichte und Hohlraumgehalt. Beuth Verlag, Berlin 2001

[5.55] DIN 1045-1 [07.01]: Tragwerke aus Beton, Stahlbeton und Spannbeton; Bemessung und Konstruktion. Beuth Verlag, Berlin 2001

[5.56] *König,G; Holschemacher, K.; Dehn, F.* (Hrsg.): Faserbeton-Inovationen im Bauwesen. Bauwerk-Verlag Berlin, Berlin 2002

[5.57] DIN 1045-2 [07.01]: Tragwerke aus Beton, Stahlbeton und Spannbeton; Festlegung, Eigenschaften, Herstellung und Konformität. Beuth Verlag, Berlin 2001

[5.58] DIN EN 206-1 [07.01]: Beton; Festlegung, Eigenschaften, Herstellung und Konformität. Beuth Verlag, Berlin 2001

[5.59] DIN EN 12390-2 [06.01]: Prüfung von Festbeton; Herstellung und Lagerung von Probekörpern für Festigkeitsprüfungen, Beuth Verlag, Berlin 2001

[5.60] DIN 1045 [07.88] Beton und Stahlbeton; Bemessung und Ausführung. Beuth Verlag, Berlin 1988

[5.61] DIN 1045-3 [07.01] Tragwerke aus Beton, Stahlbeton und Spannbeton; Bauausführung. Beuth Verlag, Berlin 2001

[5.62] DAfStb-Richtlinie [08.98]: Beton mit rezykliertem Zuschlag: Betontechnik - Teil 2: Betonzuschlag aus Betonsplitt und Betonbrechsand.

[5.63] DAfStb-Richtlinie [05.01]: Vorbeugende Maßnahmen gegen schädliche Alkalireaktion im Beton (Alkali-Richtlinie). Beuth Verlag, Berlin 1998

[5.64] DIN EN 1008 [10.02]: Zugabewasser für Beton - Festlegung für die Probenahme, Prüfung und Beurteilung der Eignung von Wasser, einschließlich bei der Betonherstellung anfallendem Wasser, als Zugabewasser für Beton. Beuth Verlag, Berlin 2002

[5.65] DIN 18952 [05.56]: Baulehm; Begriffe, Arten (Vornorm). Beuth Verlag 1956, Berlin 1956

[5.66] DIN EN 12878 [09.99]: Pigmente zum Einfärben von zement- und kalkgebundenen Baustoffen; Anforderungen und Prüfungen. Beuth Verlag, Berlin 1999

[5.67] DIN 4226-1 [04.83]: Zuschlag mit dichtem Gefüge Beuth Verlag 1956, Berlin 1983

[5.68] DIN EN 450 [01.95]: Flugasche für Beton; Definition, Anforderungen und Güteüberwachungen. Beuth Verlag, Berlin 1995

[5.69] DIN EN 13263-1 (Norm-Entwurf) [10.02]: Silicastaub für Beton; Definitionen, Anforderungen und Konformitätskriterien; Deutsche Fassung prEN 13263-1: 2002. Beuth Verlag, Berlin 2002

[5.70] DIN 1048-5 [06.91]: Prüfverfahren für Beton; Festbeton, gesondert hergestellte Probekörper. Beuth Verlag, Berlin 1991

[5.71] DIN 4030-1 [06.91]: Beurteilung betonangreifender Wässer, Böden und Gase; Grundlagen und Grenzwerte. Beuth Verlag, Berlin 1991

[5.72] DAfStb-Richtlinie [08.95]: Richtlinie für Beton mit verlängerter Verarbeitbarkeitszeit (Verzögerter Beton)-Eignungsprüfung, Herstellung Verarbeitung und Nachbearbeitung. Beuth Verlag, Berlin

[5.73] DIN EN 12350-4 [06.00]: Prüfverfahren für Frischbeton; Verdichtungsmaß. Beuth Verlag, Berlin 2000

[5.74] DIN EN 12350-5 [06.00]: Prüfverfahren für Frischbeton; Ausbreitmaß. Beuth Verlag, Berlin 2000

[5.75] DIN EN 12350-2 [03.00]: Prüfverfahren für Frischbeton; Stetzmaß. Beuth Verlag, Berlin 2000

[5.76] DIN EN 12350-3 [03.00]: Prüfverfahren für Frischbeton; Vébé Prüfung. Beuth Verlag, Berlin 2000

[5.77] DIN EN 12350-6 [03.00]: Prüfverfahren für Frischbeton; Frischbetonrohdichte. Beuth Verlag, Berlin 2000

[5.78] DIN EN 12350-7 [11.00]: Prüfverfahren für Frischbeton; Luftgehalte. Beuth Verlag, Berlin 2000

[5.79] DAfStb-Richtlinie [09.96]: Betonbau beim Umgang mit wassergefährdenden Stoffen, Teil 1-6.Beuth Verlag, Berlin 1996

[5.80] Deutscher Ausschuss für Stahlbeton (DAfStb) erstellt gegenwärtig eine Richtlinie zum Stahlfaserbeton

[5.81] *König, G., Tue, N. V., Zink, M.*: Hochleistungsbeton, Bemessung, Herstellung und Anwendung. Ernst & Sohn Verlag, Berlin 2001

[5.82] DAfStb-Richtlinie: Selbstverdichtender Beton. Beuth Verlag, Berlin 2001

[5.83] *Pfeifer, G. et al.*: Mauerwerk Atlas. Institut für internationale Architektur-Dokumentation, Edition Detail, München 2001

[5.84] DIN 1053-1 [11.96]: Mauerwerk, Berechnung und Ausführung. Ausgabe November 1996. Beuth Verlag, Berlin 1996

[5.85] E DIN 1053-100 [Entwurf 12.02] Mauerwerk, Teil 1: Berechnung und Ausführung. Deutsches Institut für Normung, Berlin 2002

[5.86] Kalksandstein-Information: KS-Mauerfibel. Beton-Verlag, Düsseldorf 1992

[5.87] *Reinsch, D.*: Natursteinkunde. Ferdinand Enke Verlag, Stuttgart 1991

[5.88] DIN 106-1 [01.80]: Kalksandsteine; Vollsteine, Lochsteine, Blocksteine, Hohlblocksteine. Beuth Verlag, Berlin 1980

[5.89] *Rostásy, F.S.*: Baustoffe. W. Kohlhammer Verlag, Stuttgart 1983

[5.90] DIN 105-1 [08.89]: Mauerziegel; Vollziegel und Hochlochziegel. Beuth Verlag, Berlin 1989

[5.91] DIN 18153 [09.89]: Mauerstein aus Beton (Normalbeton). Beuth Verlag, Berlin 1989

[5.92] DIN 18151 [09.87]: Hohlblöcke aus Leichtbeton. Beuth Verlag, Berlin 1987

[5.93] DIN 18152 [04.87]: Vollsteine und Vollblöcke aus Leichtbeton. Beuth Verlag, Berlin 1987

[5.94] DIN 18148 [10.00]: Hohlwandplatten aus Leichtbeton. Beuth Verlag, Berlin 2000

[5.95] DIN 18162 [10.00]: Wandplatten aus Leichtbeton, unbewehrt. Beuth Verlag, Berlin 2000

[5.96] DIN 4165 [11.96]: Porenbeton-Blocksteine und Porenbeton-Plansteine. Beuth Verlag, Berlin 1996

[5.97] DIN 4166 [11.96]: Porenbeton-Bauplatten und Porenbeton-Planbauplatten. Beuth Verlag, Berlin 1996

[5.98] DIN 398 [06.76]: Hüttensteine; Vollsteine, Lochsteine, Hohlblocksteine. Beuth Verlag, Berlin 1976

[5.99] *Pohl, R. et al.*: Mauerwerksbau - Baustoffe, Konstruktion, Berechnung, Ausführung. Werner Verlag, Düsseldorf 1992

[5.100] *Irmscher, H.-J., Schubert, P.* (Hrsg.): Mauerwerk-Kalender .Ernst & Sohn, Berlin 2003

[5.101] *Scholz, W.* (Hrsg.): Baustoffkenntnis. Werner Verlag Düsseldorf, 1995

[5.102] *Marzahn, G.*: Untersuchungen zum Trag- und Verformungsverhalten von vorgespanntem Trockenmauerwerk. B. G. Teubner Verlag, Stuttgart/Leipzig 2000

[5.103] *Bruckner, H.; Schneider, U.*: Naturbaustoffe. Werner Verlag Düsseldorf, 1998

[5.104] *Wesche; K.*: Baustoffe für tragende Bauteile, Band 2: Beton und Mauerwerk, Bauverlag GmbH Wiesbaden, Berlin 1993

[5.105] DIN 18554-1 [12.85]: Prüfung von Mauerwerk; Ermittlung der Druckfestigkeit und des Elastizitätsmoduls. Beuth Verlag, Berlin 1985

[5.106] pr EN 1996-1-1 [09.01]: Design of Masoury Structures, Part 1-1: common rules for reinforced and unreinforced masoury structures . Eurocode 6 European Committee for Standardsation (CEM), 2001

[5.107] *Briehl, H.*: Chemie der Werkstoffe. B.G. Teubner Verlag, Stuttgart/Leipzig, 1991

[5.108] *Göpel. W.; Ziegler C.*: Einführung in die Materialwissenschaften. Physikalisch-chemische Grundlagen und Anwendungen, B. G. Teubner Verlag, Stuttgart/Leipzig 1996

[5.109] *Scholz W.* (Hrsg.): Keramisch und Mineralisch gebundene Baustoffe. In: Baustoffkenntnis, 14. Auflage, Werner Verlag, 1999

[5.110] Universität Bayreuth: Didaktik der Chemie. URL: www.uni-bayreuth.de/

[5.111] Keramik-Technologien und Sinterwerkstoffe. Fraunhofer Institut, Jahresbericht 2000

[5.112] Werkstoffe der technischen Keramik. www.keramikverband.de/werkstoffe_m.html

[5.113] *Stark, J.; Wicht, B.*: Geschichte der Baustoffe. In: Schriften der Hochschule für Architektur und Bauwesen Weimar - Universität -, Band 99

[5.114] *Wörner, J.D. et al.*: Konstruieren mit Glas. In: Darmstädter Massivbau-Seminar, Band 9, Darmstadt 1993

[5.115] *Merkel, M.; Thomas, K.-H.*: Taschenbuch der Werkstoffe. Fachbuchverlag Leipzig im Carl Hanser Verlag , München/Wien 2000

[5.116] *Bucak, Ö.*: Glas im Konstruktiven Ingenieurbau. In: Stahlbau-Kalender 1999, Ernst & Sohn, Berlin 1999, S. 515-643

[5.117] *Wörner, J.-D. et al.*: Konstruktiver Glasbau - Grundlagen, Bemessung und Konstruktion. In: Bautechnik 75 (1998), Heft 5, S. 280-293

[5.118] *Scholze, H.*: Glas - Natur, Struktur und Eigenschaften. Vieweg Verlag, Braunschweig/Wiesbaden 1977

[5.119] DIN 1249-1 [08.81]: Flachglas im Bauwesen, Fensterglas, Beuth Verlag, Berlin 1981

[5.120] DIN 52300-2 [04.93]: Glas im Bauwesen - Bestimmung der Biegefestigkeit von Glas, Doppelring-Biegeversuch an plattenförmige Proben mit großen Prüfflächen. Beuth Verlag, Berlin 1993

[5.121] DIN 18516 [02/90]: Außenwandbekleidung, hinterlüftet. Beuth Verlag, Berlin 1990

[5.122] *Wagner, R.*: Nickel-Sulfid-Einschlüsse in Glas. In: Glastechnische Berichte (1977), Nr. 22, S. 296 ff.

[5.123] DIN EN 1863 [Entwurf 06.95]: Glas im Bauwesen, Teilvorgespanntes Glas. Entwurf CEN-TC 129/W62, Deutsches Institut für Normung, Berlin 1996

[5.124] DIN EN 12337 [Entwurf 06.96]: Glas im Bauwesen, chemisch vorgespanntes Glas. Deutsches Institut für Normung, Berlin 1995

[5.125] Technische Regeln für die Verwendung von linienförmig gelagerten Überkopfverglasungen, Ausgabe September 1996, Mitteilungen des Deutschen Instituts für Bautechnik 5/1996, S. 223-227

[5.126] Technische Regeln für die Verwendung von linienförmig gelagerten Verglasungen, Ausgabe September 1998, Mitteilungen des Deutschen Instituts für Bautechnik 6/1998, S. 146-151

[5.127] E DIN 52317 [in Bearbeitung]: Glas im Bauwesen, Verbundglas und Verbund-Sicherheitsglas. Deutsches Institut für Normung, 1996

[5.128] DIN 4108-1 [08.81]: Wärmeschutz im Hochbau. Beuth Verlag, Berlin 1981

[5.129] *Wesche, K.*: Baustoffe für tragende Bauteile. Band 4, Bauverlag, Wiesbaden/ Berlin, 1993

[5.130] *Rück, R.; Reinhardt, H.-W.*: Verhalten von Mehrscheiben-Isolierglas bei statischer und stoßartiger Einwirkung. In: Bauingenieur, Band 77, Oktober 2002, S. 498-504

[5.131] DIN 4102-13 [05.90]: Brandverhalten von Baustoffen und Bauteilen, Teil 13 Brandschutzverglasungen, Beuth Verlag, Berlin 1990

[5.132] DIN 4243 [03.78]: Betongläser. Beuth Verlag, Berlin 1978

[5.133] *Schorn, H.; Puterman, M.*: Textile Glasfasergewebe mit Polymerdispersionen als Bewehrung für Beton. In: Bautechnik 79 (2002), Heft 10, Oktober 2002, S. 671-675

[5.134] ACSE: Double Mat of GFRP Debuts on Vermont Bridge. Civil Engineering Journal, Vol. 72, No. 10, October 2002, p. 30

[5.135] *Techen, H.*: Fügetechnik für den konstruktiven Glasbau, Dissertation TH Darmstadt, Darmstadt 1997

[5.136] *Feldmeier, F.*: Zur Berücksichtigung der Klimabelastung bei der Bemessung von Isolierglas bei Überkopfverglasung. In: Stahlbau 65 (1996), Heft 8, S. 285-290

[5.137] DIN 52338 [09.85]: Prüfverfahren für Flachglas im Bauwesen, Kugelfallversuch für Verbundglas. Beuth Verlag, Berlin 1985

[5.138] DIN 52337 [09.85]: Prüfverfahren für Flachglas im Bauwesen, Pendelschlagversuche. Beuth Verlag, Berlin 1985

[5.139] E DIN EN 12600 [12.96]: Glas im Bauwesen - Pendelschlagversuch - Verfahren und Durchführungsanforderungen der Stoßprüfung von Flachglas. Deutsches Institut für Normung, Berlin 1996

[5.140] Büro-Journal der Bergmann + Partner Ingenieurgesellschaft mbh, Hannover 1998

[5.141] DIN 18175 [05.77]: Glasbausteine. Beuth Verlag, Berlin 1977

[5.142] Deutsches Institut für Bautechnik: Technische Regeln für die Verwendung von absturzsichernden Verglasungen. Entwurf März 2001, Mitteilungen des Deutschen Instituts für Bautechnik, Berlin 2001

[5.143] *Schneider, J.; Bohmann, D.*: Glasscheiben unter Stoßbelastung - Experimentelle und theoretische Untersuchung für absturzsichernde Verglasungen bei weichem Stoß. In: Der Bauingenieur 77 (2002), S. 581-592

[5.144] *Reinsch, D.*: Natursteinkunde. Ferdinand Enke Verlag, Stuttgart, 1991

[5.145] *Schumann, W.*: Der neue BLV Steine- und Mineralienführer. BLV Verlagsgesellschaft, München, 1994

[5.146] Studio Booksystem Novara: Mineralien und Edelsteine. Neuer Kaiser Verlag, Klagenfurt, Österreich, 2002

[5.147] DIN 4022-1 [09.97] Bemessen und Beschreiben von Boden und Fels, Schichtenverzeichnis von Bohrungen. Beuth Verlag, Berlin 1997

[5.148] DIN 52100 [02.49]: Prüfung von Naturstein; Richtlinien zur Prüfung und Auswahl von Naturstein. Beuth Verlag, Berlin 1949

[5.149] DIN 52101 [03.88]: Prüfung von Naturstein und Gesteinskörnungen. Beuth Verlag, Berlin 1988

[5.150] DIN 52102 [09.65]: Prüfung von Naturstein; Bestimmung der Dichte; Rohdichte, Reindichte, Dichtigkeitsgrad, Gesamtporosität. Beuth Verlag, Berlin 1965

[5.151] DIN 52103 [11.72]: Prüfung von Naturstein; Bestimmung der Wasseraufnahme. Beuth Verlag, Berlin 1972

[5.152] DIN 52104 [11.82]: Prüfung von Naturstein; Frost-Tau-Wechsel-Versuch. Beuth Verlag, 1982

[5.153] DIN 52105 [12.85]: Prüfung von Naturstein; Druckversuch. Beuth Verlag , Berlin, 1985

[5.154] DIN 52106 [11.72]: Prüfung von Naturstein; Beurteilungsgrundlagen für die Verwitterungsbeständigkeit. Beuth Verlag, Berlin1972

[5.155] DIN 52107 [10.47]: Prüfung von Naturstein; Schlagfestigkeit an Würfeln ermittelt (Stoffeigenschaft). Beuth Verlag, Berlin 1947

[5.156] DIN 52108 [08.68]: Prüfung anorganischer nichtmetallischer Werkstoffe; Verschleißprüfung mit der Scheibe nach Böhme, Schleifscheibenverfahren. Beuth Verlag, 1968

[5.157] DIN 52109 [03.64]: Prüfung von Naturstein; Schlagversuch an Schotter und Splitt. Beuth Verlag, Berlin 1964

[5.158] DIN 52110 [08.85]: Prüfung von Naturstein; Bestimmung der Schüttdichte von Gesteinskörnungen. Beuth Verlag, Berlin 1985

[5.159] DIN 52112 [12.85]: Prüfung von Naturstein; Biegeversuch. Beuth Verlag, Berlin 1985

[5.160] DIN 52115 [11.82]: Prüfung von Naturstein; Schlagversuch an Gesteinskörnungen. Entwurf Dezember 1985

[5.161] DAfStb-Richtlinie [08.95]: Richtlinie zur Herstellung von Beton unter Verwendung von Restwasser, Restbeton und Restmörtel. Beuth Verlag, Berlin 1998

Literatur zu Kapitel 6: Dämmstoffe

[6.1] DIN 4102-1 [05.81]: Brandverhalten von Baustoffen und Bauteilen - Baustoffe; Begriffe, Anforderungen und Prüfungen. Beuth Verlag, Berlin 1981

[6.2] DIN 18161-1 [12.76]: Korkerzeugnisse als Dämmstoffe für das Bauwesen; Dämmstoffe für die Wärmedämmung. Beuth Verlag, Berlin 1976

[6.3] DIN 18164-1 [08.92]: Schaumkunststoffe als Dämmstoffe für das Bauwesen; Dämmstoffe für die Wärmedämmung. Beuth Verlag, Berlin 1992

[6.4] DIN 18165-1 [07.91]: Faserdämmstoffe für das Bauwesen; Dämmstoffe für die Wärmedämmung. Beuth Verlag, Berlin 1991

[6.5] DIN 4102-4 [03.94]: Brandverhalten von Baustoffen und Bauteilen; Zusammenstellung und Anwendung klassifizierter Baustoffe, Bauteile und Sonderbauteile. Beuth Verlag, Berlin 1994

[6.6] DIN 18174 [01.81]: Schaumglas als Dämmstoff für das Bauwesen; Dämmstoffe für die Wärmedämmung. Beuth Verlag, Berlin 1981

[6.7] DIN 52620 [04.91]: Wärmeschutztechnische Prüfungen; Bestimmung des Bezugsfeuchtegehalts von Baustoffen; Ausgleichsfeuchtegehalt bei 23°C und 80 % relativer Luftfeuchte. Beuth Verlag, Berlin 1991

[6.8] DIN 68755-1 [06.00]: Holzfaserdämmstoffe für das Bauwesen. Dämmstoffe für die Wärmedämmung. Beuth Verlag, Berlin 2000

[6.9] DIN 68755-2 [06.00]: Holzfaserdämmstoffe für das Bauwesen. Dämmstoffe für die Trittschalldämmung. Beuth Verlag, Berlin 2000

[6.10] DIN 18165-2 [09.01]: Faserdämmstoffe für das Bauwesen. Dämmstoffe für die Trittschalldämmung. Beuth Verlag, Berlin 2001

[6.11] DIN 68750 [04.58]: Holzfaserplatten; Poröse und harte Holzfaserplatten; Gütebedingungen. Beuth Verlag, Berlin 1958

[6.12] DIN 1101 [11.89]: Holzwolle-Leichtbauplatten und Mehrschichtbauplatten als Dämmstoffe für das Bauwesen; Anforderungen, Prüfung. Beuth Verlag, Berlin 1989

[6.13] DIN 1102 [11.89]: Holzwolle-Leichtbauplatten und Mehrschichtbauplatten nach DIN 1101 als Dämmstoffe für das Bauwesen; Verwenddung, Verarbeitung. Beuth Verlag, Berlin 1989

[6.14] DIN V 4108-4 [02.02]: Wärmeschutz und Energie-Einsparung in Gebäuden; Wärme- und feuchteschutztechnische Bemessungswerte. Beuth Verlag, Berlin 2002

[6.15] DIN 18164-2 [09.01]: Schaumkunststoffe als Dämmstoffe für das Bauwesen; Teil 2: Dämmstoffe für die Trittschalldämmung aus expandiertem Polystyrol-Hartschaum. Beuth Verlag, Berlin 2001

[6.16] DIN V 18165-1 [01.02]: Faserdämmstoffe für das Bauwesen. Dämmstoffe für die Wärmedämmung. Beuth Verlag, Berlin 2002

[6.17] DIN EN 13162 [10.01]: Wärmedämmstoffe für Gebäude; Werkmäßig hergestellte Produkte aus Mineralwolle (MW), Spezifikation. Beuth Verlag, Berlin 2001

[6.18] DIN EN 13163 [10.01]: Wärmedämmstoffe für Gebäude; Werkmäßig hergestellte Produkte aus expandiertem Polystyrol (EPS), Spezifikation. Beuth Verlag, Berlin 2001

[6.19] DIN EN 13167 [10.01]: Wärmedämmstoffe für Gebäude; Werkmäßig hergestellte Produkte aus Schaumglas (CG), Spezifikation. Beuth Verlag, Berlin 2001

[6.20] DIN IEC 68-2-10 [04.91]: Elektrotechnik - Grundlegende Umweltprüfverfahren, Prüfung J: Schimmelwachstum, Prüfverfahren 1. Beuth Verlag, Berlin 1991

Literatur zu Kapitel 7: Zerstörungsfreie Prüfverfahren im Bauwesen

[7.1] Fraunhofer Institut für Zerstörungsfreie Prüfverfahren IZFP Saarbrücken, Leistungen und Ergebnisse. Jahresbericht 2000, Saabrücken 2001

[7.2] *Wiggenhauser, H.*: Bauwerksdiagnose - Zerstörungsfreie Prüfung im Bauwesen. In: Jahresbericht 2000, Bundesanstalt für Materialforschung und -prüfung (BAM), Berlin 2001

[7.3] *Dobmann, G.; Kraus, S.; Kröning, M.*: Entwicklung der ZfP zur Wirtschaftlichkeit - Qualitätsbeherrschung statt Qualitätskontrolle. DGZfP-Jahrestagung, Fulda, 1992, S. 453-464

[7.4] *Dobmann, G.*: Zuverlässigkeit und Qualifizierung der ZfP-Leistungsmerkmale zur Bestimmung ihres Stellenwertes als eine qualitätssichernde Maßnahme (Vortrag). Fachtagung "Bauwerksdiagnose - Praktische Anwendungen Zerstörungsfreier Prüfungen", Leipzig, Oktober 25-26, 2001

[7.5] *Harmuth, H. et al.*: Basische Feuerfeste Baustoffe. Vorlesungsskript, 2000

[7.6] *Krause, M., Kretzschmar F. et al.*: Comparison of pulse-echo methods for testing concrete. NDT&E International, Vol. 30, No.4, 1997, S. 195-204

[7.7] *Jansohn, R.; Kroggel, O.*: Detection of Thickness, Voids, Honeycombs and Tendon Ducts Utilising Ultrasonic Impulse-Echo-Technique. NDTnet, Vol. 2, No. 04, 1997

[7.8] *Pöpel, M.; Florer, C.*: Combination of a Covermeter with a Radar System - an Improvement of Radar Application in Civil Engineering. NDTnet Vol. 2 (1997) No. 04

[7.9] *Neumann, R.; Dobmann, G.*: Neue magnetische Gerätetechnik bei der Betondeckungsmessung. Proceedings Symposium Zerstörungsfreie Prüfung im Bauwe-sen (DGZfP), Berlin 27.2.-01.03.1991

[7.10] *Kretzschmar F.; Häußler, F.; Hempel, R.* und *Franzke, G.*: Investigations of durability on concrete samples reinforced by alkali resistant and non-alkali resistant glass fibres. TECHTEXTIL Symposium, Innovative Construction 5.1 Textile-Reinforced Concrete - Material and Products, Frankfurt am Main, April 13-15, 1999

[7.11] *Dobmann, G.*: Messung der Vorspannung mit magnetischen Methoden. Symposium Zerstörungsfreie Prüfung im Bauwesen, Berlin 27.02.-01.03., 1991,

[7.12] *Langrock, E.-J.; Häußler, F.; Baumbach, H.; Vocke, J.*: Determination of Crack-Depth in Concrete by means of Radiotracer-Methods and special Collimators (Poster). 4th Conference on Radioisotope Application and Radiation Processing in Industry, Leipzig, Sept. 19-23, 1988 S. 3-90

[7.13] *Kröning, M.; Jentsch, T.; Reiter, H.; Maisl, M.*: Non-destructive testing and process control using x-ray methods and radioisotopes. International Conference on Application of Radioisotopes and Radiation in Industrial Development, Mumbai, India 1998

[7.14] *Jentsch, T.; Zeuner, A.; Baumbach, H.*: Erfassung von Feuchteprofilen in Betonkörpern mit Hilfe von Radiotracern. Vortrag P8 auf dem Feuchtetag, DGZfP-Berichtsband, Berlin Sept. 1995, S. 210-218

[7.15] *Häussler, F.; Hempel, M.* and *Baumbach, H.*: Long-time monitoring of the microstructural change in hardening cement paste by SANS. Advances in Cement Research 9 (1997), pp. 139-147

[7.16] *Häußler, F.; Palzer, S.; Eckart, A.*: Mikrostrukturuntersuchungen an hydratisierenden Zementklinkerphasen mittels Neutronenkleinwinkelstreuung. Thesis, Beiträge zur Baustoff-Forschung 2001, Wissenschaftliche Zeitschrift der Bauhaus-Universität, Heft 5/6 (2001), pp. 108-119

[7.17] *Häußler, F.; Baumbach, H.; Kröning, M.*: Non-destructive Characterization of Materials with Neutron Experiments at the Pulsed Reactor IBR-2. Nondestructive Characterization of Materials 6 (1994) pp. 435-444

[7.18] *Wolter B., Netzelmann U., Dobmann G., Ploem P.*: Investigation of moisture transport in concrete using a single-side nuclear magnetic resonance testing system. Intern. Symposium Non-Destructive Testing in Civil Engineering (NDT-CE), Berlin, Proc. Vol 1, p. 167, Sept. 26-28, 1995

[7.19] *Schubert, F.; Koehler, B.*: "Numerical Modeling of Ultrasonic Attenuation and Dispersion in Concrete - The Effect of Aggregates and Porosity." In: Proceedings of the Int. Conf. 'Nondestructive Testing in Civil Engineering', Liverpool, 1997, pp. 143-157

Stichwortverzeichnis

Druck und Bindung: Strauss Offsetdruck GmbH